UNITEXT – La Matematica per il 3+2

Volume 97

Sandro Salsa

Equazioni a derivate parziali

Metodi, modelli e applicazioni

3a edizione

 Springer

Sandro Salsa
Dipartimento di Matematica
Politecnico di Milano
Milano, Italia

ISSN versione cartacea: 2038-5722   ISSN versione elettronica: 2038-5757
UNITEXT – La Matematica per il 3+2
ISBN 978-88-470-5783-8   ISBN 978-88-470-5785-2 (eBook)
DOI 10.1007/978-88-470-5785-2

9 8 7 6 5 4 3 2 1

Layout copertina: Beatrice Ɓ., Milano, Italia
Immagine di copertina: L'immagine di copertina "A Twig in the Stream, with capillary waves ahead of
it and gravity waves behind it" é modificata da Tucker VA (1971) Waves and Water Beatles. Physics
Teacher (9) 10-14, 19. In Siegel LA: Mathematics applied to continuum mechanics. New York: Dover
Publications Inc. 1987
Impaginazione: PTP-Berlin, Protago TEX-Production GmbH, Germany (www.ptp-berlin.eu)
Stampa: Grafiche Porpora, Segrate (MI), Italia

Questa edizione é pubblicata da SpringerNature
La societá registrata é Springer-Verlag Italia Srl

Prefazione

Prima edizione

L'esigenza di scrivere un libro di testo di introduzione alle Equazioni a Derivate Parziali è maturata durante i corsi di Metodi Matematici per l'Ingegneria e di Equazioni a Derivate Parziali, tenuti dall'Autore presso il Politecnico di Milano. La principale finalità dei corsi era confrontare gli allievi con un percorso didattico che, da un lato, li abituasse ad una sinergia di metodologie teoriche e modellistiche nell'affrontare un dato problema, dall'altro li fornisse di solide basi teoriche per l'utilizzo di tecniche di approssimazione numerica, sviluppate in altri corsi coordinati con questi.

Ne è scaturito un libro diviso in due parti. La prima, dal Capitolo 2 al 5, ha un carattere elementare e l'obiettivo di sviluppare aspetti fenomenologici e modellistici, idealmente raggruppati nelle tre macro-aree, *diffusione, propagazione e trasporto, onde e vibrazioni*. Si è cercato di evidenziare, ove possibile, idee, connessioni e aspetti concreti, a volte sacrificando un po' di rigore nell'esposizione. Quando se ne presenta l'opportunità, vengono introdotti i metodi classici di risoluzione di un problema, come la separazione di variabili o l'uso della trasformata di Fourier.

I *prerequisiti* per questa prima parte sono una buona conoscenza del calcolo differenziale ed integrale, multidimensionali, delle equazioni differenziali ordinarie, delle serie di Fourier e dei primi elementi di calcolo delle probabilità (per parte dei Capitoli 2 e 3).

La seconda parte, dal capitolo 6 al 9, è dedicata all'analisi di problemi soprattutto *lineari* ed alla loro *formulazione variazionale o debole*. Si sviluppano così i metodi di Analisi Funzionale negli spazi di Hilbert, con una "brochure di sopravvivenza" su Distribuzioni e spazi di Sobolev, fondamento dei metodi numerici di approssimazione del tipo Galerkin ed in particolare degli elementi finiti. In questa parte si fa uso sistematico della misura e dell'integrazione secondo Lebesgue, almeno nei suoi aspetti basilari (definizioni, proprietà principali, teoremi della convergenza dominata e di Fubini), richiamati in Appendice B.

Il testo "*Modellistica Numerica per Problemi Differenziali*" di A. Quarteroni si presenta come un importante e naturale avanzamento verso le tecniche di approssimazione numerica.

Seconda edizione

Questa seconda edizione mantiene obiettivi e finalità didattiche della prima e si presenta significativamente arricchita da un considerevole numero di esercizi posti alla fine di ogni capitolo. Per i più complessi è indicato un suggerimento o la risposta. Soluzioni e complementi si trovano nel testo "*Equazioni a Derivate Parziali, Complementi ed Esercizi*" di S. Salsa e G. Verzini.

Tutti i capitoli sono stati riveduti ed alcuni sono stati ampliati come indicato sotto.

Il Capitolo 1 costituisce una breve introduzione ai concetti generali relativi alle equazioni a derivate parziali. Le Sezioni finali contengono richiami di alcune nozioni e teoremi di uso costante, su topologia negli spazi euclidei, serie (di funzioni, di Fourier) e formule di integrazione per parti multidimensionali.

Il Capitolo 2 è dedicato all'equazione di diffusione o del calore e ad alcune sue varianti con termini di trasporto e reazione. Oltre agli aspetti classici, viene sottolineata la connessione con semplici processi stocastici, come la passeggiata aleatoria ed il moto Browniano. Nelle sezioni finali, un'applicazione alla Finanza Matematica esemplifica la sinergia tra aspetti modellistici, deterministici e probabilistici mentre un modello di diffusione non lineare in mezzi porosi ed uno di diffusione e reazione logistica (inseriti in questa edizione) presentano tipici fenomeni legati alle diverse non linearità.

Nel Capitolo 3 si considera l'equazione di Laplace/Poisson. Si descrivono le principali proprietà delle funzioni armoniche, sottolineando la connessione con aspetti probabilistici legati al moto Browniano. La seconda parte del capitolo è incentrata sulla rappresentazione di una funzione in termini di potenziali di Green, Newtoniani, di semplice e doppio strato, dei quali si esaminano le principali proprietà.

Il Capitolo 4 è dedicato alle equazioni del prim'ordine, in particolare alle leggi di conservazione. Il metodo delle caratteristiche e la nozione di soluzione integrale sono sviluppati attraverso un semplice modello di traffico. Si introducono così i concetti di onde di rarefazione e d'urto. L'ultima parte è riservata al metodo delle caratteristiche per equazioni quasilineari e completamente non lineari, in due variabili.

Il Capitolo 5 è rivolto agli aspetti fondamentali e classici della propagazione di onde. Si passa dalle vibrazioni trasversali di una corda alla classica formula di d'Alembert, dalle onde sonore alla formula di Kirchhoff e al principio di Huygens. Nella sezione finale l'attenzione è rivolta a fenomeni di dispersione, presentati attraverso un modello per onde superficiali in acqua profonda e analizzati col metodo della fase stazionaria.

Il Capitolo 6 introduce gli strumenti di Analisi Funzionale necessari ad una corretta formulazione variazionale dei più comuni problemi associati ad equazioni da derivate parziali di tipo ellittico, parabolico ed iperbolico. I risultati principali sono i teoremi di Lax-Milgram, dell'Alternativa di Fredholm e l'analisi spettrale degli operatori compatti autoaggiunti. Data la natura astratta di questi risultati, uno sforzo particolare è stato fatto per inquadrarne e motivarne la presentazione.

Il Capitolo 7 costituisce un breve introduzione alla teoria delle distribuzioni di L. Schwarz e agli spazi di Sobolev più comuni. Un po' più di enfasi, rispetto alla prima edizione, è data al problema delle tracce.

Nel Capitolo 8 gli strumenti di Analisi Funzionale introdotti nei capitoli precedenti vengono utilizzati per la formulazione variazionale di problemi al contorno per equazioni ellittiche. Si parte dall'equazione di Poisson, per poi arrivare ad equazioni generali in forma di divergenza. Sono state inserite applicazioni della teoria ad alcune equazioni semilineari, al sistema di Stokes e a semplici problemi di controllo.

Il Capitolo 9 è dedicato alla formulazione debole di problemi iniziali/al bordo per operatori parabolici e per l'equazione delle onde.

È stata infine inserita una nuova Appendice con alcuni rudimenti di Analisi Dimensionale ed il cosiddetto Teorema Pi, di Buckingham.

Terza edizione

Questa terza edizione presenta ulteriori ampliamenti e modifiche rispetto alla seconda. Segnaliamo le variazioni più rilevanti. Nel Capitolo 3 abbiamo inserito il metodo delle sopra/sottosoluzioni di Perron, data la sua rinnovata importanza come tecnica di soluzione per equazioni completamente non lineari. Nel Capitolo 8 abbiamo aggiunto applicazioni della teoria variazionale al sistema di Navier dell'elastostatica e al sistema di Navier-Stokes stazionario in fluidodinamica. Il Capitolo 9 è stato significativamente rimodellato, unificando il trattamento dei vari problemi iniziali-al bordo per le equazioni paraboliche sotto un'unica struttura astratta.

Il Capitolo 10 è nuovo e contiene una breve introduzione alla teoria dei sistemi conservativi del prim'ordine, in una dimensione spaziale. Si estendono a questo caso i concetti di onda di rarefazione, d'urto e di discontinuità a contatto, nonché la relazione di Rankine-Hugoniot e la nozione di soluzione entropica. Particolare attenzione è dedicata alla soluzione del problema di Riemann.

I Capitoli sono suddivisi in Sezioni e le Sezioni in sottosezioni (o paragrafi). L'ordine di presentazione degli argomenti riflette inevitabilmente le convinzioni dell'Autore, ma nella prima parte esso può essere cambiato senza compromettere la comprensione. Solo il Paragrafo 3.3.6 (Capitolo 3, Sezione 3, paragrafo 6) presuppone la conoscenza della Sezione 2.6 (Capitolo 2, Sezione 6).

La seconda parte può essere trattata in modo praticamente indipendente dalla prima, ma occorre prestare maggiore attenzione all'ordine degli argomenti. In particolare, il Capitolo 6, le Sezioni 7.1, 7.2 e le Sezioni da 7.5 a 7.8 sono propedeutiche al Capitolo 8, mentre la Sezione 7.9 è funzionale al Capitolo 9. Le Sezioni da 4.1 a 4.4 inclusa, sono propedeutiche al Capitolo 10.

Durante la stesura della prima edizione del testo ho potuto beneficiare di commenti e suggerimenti da parte di numerosi colleghi e studenti ai quali sono riconoscente.

Tra i colleghi, desidero ringraziare Donato Michele Cifarelli, Leonede De Michele, Maurizio Grasselli, Daniela Lupo, Edie Miglio, Stefano Micheletti, Kevin Payne, Lorenzo Peccati, Fausto Saleri, Alessandro Veneziani e, in modo particolare, Alfio Quarteroni.

Tra gli studenti (a quel tempo), ringrazio Lucia Mirabella e Ludovico Zaraga, del corso di Laurea in Ingegneria Matematica.

Per le edizioni seconda e terza, Michele di Cristo, Carlo Sgarra, Fausto Ferrari, Andrea Manzoni, Cristina Cerutti, Anna Grimaldi-Piro e Gianmaria Verzini sono stati preziosi nel migliorare sia l'esposizione che i contenuti.

Con vero piacere, desidero infine ringraziare Francesca Bonadei e Francesca Ferrari, di Springer, per aver incoraggiato e seguito con la loro profonda competenza la stesura della nuova edizione.

Milano, febbraio 2016   Sandro Salsa

Indice

Capitolo 1
Introduzione

1.1 Modelli matematici

Nella descrizione di una gran parte di fenomeni nelle scienze applicate e in molteplici aspetti dell'attività tecnica e industriale si fa uso di *modelli matematici*.

Per "modello" intendiamo un insieme di equazioni e/o altre relazioni matematiche in grado di catturare le caratteristiche della situazione in esame e poi di descriverne, preverderne e controllarne lo sviluppo. Le scienze applicate non sono solo quelle classiche; oltre alla fisica e alla chimica, la modellistica matematica è entrata pesantemente in discipline complesse come la *finanza, la biologia, l'ecologia, la medicina*. Nell'attività industriale (per esempio nelle realizzazioni aeronautiche spaziali o in quelle navali, nei reattori nucleari, nei problemi di combustione, nella generazione e distribuzione di elettricità, nel controllo del traffico, ecc.), la modellazione matematica, seguita dall'analisi e dalla simulazione numerica e poi dal confronto sperimentale, è diventata una procedura diffusa, indispensabile all'innovazione, anche per motivi pratici ed economici. È chiaro che ciò è reso possibile dalle capacità di calcolo di cui oggi si dispone.

Un modello matematico è in generale costruito a partire da due mattoni principali:

leggi generali e *relazioni costitutive.*

Qui ci occuperemo di modelli in cui le leggi generali sono quelle della Meccanica dei Continui e si presentano come leggi di conservazione o di bilancio (della massa, dell'energia, del momento lineare, ecc.).

Le relazioni costitutive sono di natura sperimentale e dipendono dalle caratteristiche contingenti del fenomeno in esame. Ne sono esempi la legge di Fourier per il flusso di calore o quella di Fick per la diffusione di una sostanza o la legge di Ohm per la corrente elettrica.

Il risultato della combinazione dei due mattoni è di solito un'*equazione o un sistema di equazioni a derivate parziali.*

© Springer-Verlag Italia 2016
S. Salsa, *Equazioni a derivate parziali. Metodi, modelli e applicazioni*, 3a edizione, UNITEXT – La Matematica per il 3+2 97, DOI 10.1007/978-88-470-5785-2_1

1.2 Equazioni a derivate parziali

Un'equazione a derivate parziali è una relazione del tipo

$$F\left(x_1, ..., x_n, u, u_{x_1}, ..., u_{x_n}, u_{x_1 x_1}, u_{x_1 x_2} ..., u_{x_n x_n}, u_{x_1 x_1 x_1}, ...\right) = 0 \qquad (1.1)$$

dove $u = u\left(x_1, ...x_n\right)$ è una funzione di n variabili. L'*ordine* dell'equazione è dato dal massimo ordine di derivazione che vi appare.

Una prima importante distinzione è quella tra equazioni *lineari* e *non lineari*.

La (1.1) è *lineare* se F è lineare rispetto ad u e a tutte le sue derivate, altrimenti è *nonlineare*.

Tra i tipi di nonlinearità distinguiamo:

• Equazioni *semilineari*, se F è non lineare solo rispetto ad u ma è lineare rispetto a tutte le sue derivate, con coefficienti dipendenti solo da **x**.

• Equazioni *quasi-lineari,* se F è lineare rispetto alle derivate di u di ordine massimo, con coefficienti dipendenti solo da **x**,u e dalle derivate di ordine inferiore.

• Equazioni *completamente non lineari,* se F è nonlineare rispetto alle derivate di u di ordine massimo.

Si può ritenere che la teoria delle equazioni lineari sia sufficientemente ben sviluppata e consolidata, almeno per quanto riguarda le questioni più rilevanti. Al contrario, le equazioni non lineari presentano una varietà così ricca di aspetti e complicazione che non sembra concepibile una teoria generale. I risultati esistenti e le nuove ricerche si concentrano su casi più o meno specifici, di interesse per le scienze applicate.

Per dare al lettore un'idea della vastità di possibili applicazioni, presentiamo una serie di esempi, indicando una possibile (spesso non l'unica!) interpretazione. Negli esempi, **x** rappresenta una variabile spaziale (di solito in dimensione $n = 1, 2, 3$) e t è una variabile temporale.

Incominciamo con **equazioni lineari**. In particolare, le equazioni (1.2)–(1.5) sono fondamentali e la loro teoria costituisce una base per molte altre.

1. *Equazione del trasporto* (prim'ordine): $u = u\left(\mathbf{x}, t\right)$, $\mathbf{x} \in \mathbb{R}^n$, $t \in \mathbb{R}$

$$u_t + \mathbf{v}\left(x, t\right) \cdot \nabla u = 0. \qquad (1.2)$$

Descrive, per esempio, il trasporto di un inquinante (solido) lungo un canale; qui u è la concentrazione della sostanza e **v** è la velocità della corrente. La incontreremo nella Sezione 4.2.

2. *Equazione di diffusione o del calore* (second'ordine): $u = u\left(\mathbf{x}, t\right)$, $\mathbf{x} \in \mathbb{R}^n$, $t \in \mathbb{R}$

$$u_t - D\Delta u = 0 \qquad (1.3)$$

dove $\Delta = \partial_{x_1 x_1} + \partial_{x_2 x_2} + \ldots + \partial_{x_n x_n}$ è l'*operatore di Laplace o Laplaciano*. Descrive, per esempio, la propagazione del calore per conduzione attraverso un mezzo omogeneo ed isotropo; u è la temperatura e D codifica le proprietà termiche di un materiale. Il Capitolo 2 è dedicato all'equazione di diffusione ed ad alcune sue varianti.

3. *Equazione delle Onde* (second'ordine): $u = u(\mathbf{x},t)$, $\mathbf{x} \in \mathbb{R}^n$ $(n = 1,2,3)$, $t \in \mathbb{R}$

$$u_{tt} - c^2 \Delta u = 0. \tag{1.4}$$

Descrive la propagazione di onde trasversali di piccola ampiezza in una corda (e.g. di violino) se $n = 1$, in una membrana elastica (e.g. di un tamburo) se $n = 2$; se $n = 3$ descrive onde sonore o anche onde elettromagnetiche nel vuoto. Qui u è legata all'ampiezza delle vibrazioni e c è la velocità di propagazione. La sua variante

$$u_{tt} - c^2 \Delta u + m^2 u = 0,$$

ottenuta aggiungendo il *termine di reazione* $m^2 u$, si chiama equazione *di Klein-Gordon*, importante in meccanica quantistica. La variante unidimensionale

$$u_{tt} - c^2 u_{xx} + k^2 u_t = 0,$$

ottenuta aggiungendo il *termine di dissipazione* $k^2 u_t$, si chiama equazione dei *telegrafi*, poiché governa la trasmissione di impulsi elettrici attraverso un cavo, quando vi siano perdite di corrente a terra. Gran parte del Capitolo 5 è dedicato all'equazione delle onde.

4. *Equazione del potenziale o di Laplace* (second'ordine): $u = u(\mathbf{x})$, $\mathbf{x} \in \mathbb{R}^n$

$$\Delta u = 0. \tag{1.5}$$

Le equazioni di diffusione e delle onde descrivono fenomeni in evoluzione col tempo; l'equazione di Laplace (Capitolo 3) descrive lo *stato stazionario o di regime* corrispondente, in cui la soluzione non dipende più dal tempo. La sua versione non-omogenea

$$\Delta u = f$$

si chiama *equazione di Poisson,* importante in problemi di elettrostatica.

5. *Equazione di Black-Scholes* (second'ordine): $u = u(x,t)$, $x \geq 0$, $t \geq 0$

$$u_t + \frac{1}{2}\sigma^2 x^2 u_{xx} + rx u_x - ru = 0.$$

Fondamentale in finanza matematica, descrive l'evoluzione del prezzo u di un prodotto finanziario derivato (un'*opzione europea*, per esempio), basato su un bene sottostante (un'azione, una valuta, ecc.) il cui prezzo è x (si veda la Sezione 2.8).

6. *Equazione della piastra vibrante* (quart'ordine): $u = u(\mathbf{x},t)$, $\mathbf{x} \in \mathbb{R}^2$, $t \in \mathbb{R}$

$$u_{tt} - \Delta^2 u = 0$$

dove $\Delta^2 u = \Delta(\Delta u) = \frac{\partial^4 u}{\partial x_1^4} + 2\frac{\partial^4 u}{\partial x_1^2 \partial x_2^2} + \frac{\partial^4 u}{\partial x_2^4}$ è l'operatore *biarmonico*. In teoria dell'elasticità lineare, descrive le piccole vibrazioni di una piastra omogenea e isotropa (Paragrafo 8.7.2).

7. *Equazione di Schrödinger* (second'ordine): $u = u(\mathbf{x},t)$, $\mathbf{x} \in \mathbb{R}^n$ ($n = 1, 2, 3$), $t \geq 0$, i unità complessa,

$$-iu_t = \Delta u + V(\mathbf{x})\,u.$$

Interviene in meccanica quantistica e descrive l'evoluzione di una particella soggetta al potenziale V. La funzione $\psi = |u|^2$ ha il significato di *densità di probabilità* (si veda il Problema 6.6).

Vediamo ora qualche esempio di *equazione* **non lineare**.

8. *Equazione di Burgers* (semilineare, prim'ordine): $u = u(x,t)$, $x \in \mathbb{R}$, $t \in \mathbb{R}$,

$$u_t + cuu_x = \varepsilon u_{xx}.$$

Descrive un flusso unidimensionale di particelle di un fluido con viscosità ε. La troviamo nel Paragrafo 4.4.5.

9. *Equazione di Korteveg de Vries* (semilineare, terz'ordine): $u = u(x,t)$, $x \in \mathbb{R}$, $t \in \mathbb{R}$,

$$u_t + cuu_x + u_{xxx} = 0.$$

Appare nello studio delle onde *dispersive* (per la presenza del termine u_{xxx}) e descrive la formazione di onde solitarie.

10. *Equazione di Fisher* (semilineare, second'ordine): $u = u(\mathbf{x},t)$, $\mathbf{x} \in \mathbb{R}^n$, $t \in \mathbb{R}$

$$u_t - D\Delta u = ru\left(1 - \frac{u}{M}\right).$$

È un modello per la crescita di una popolazione di cui u rappresenta la densità, soggetta a diffusione e crescita logistica, espressa dal termine a secondo membro (Sezioni 2.10 e 9.4).

11. *Equazione dei mezzi porosi* (quasilineare, second'ordine): $u = u(\mathbf{x},t)$, $\mathbf{x} \in \mathbb{R}^n$, $t \in \mathbb{R}$

$$u_t = k \operatorname{div}(u^\gamma \nabla u) = ku^\gamma \Delta u + k\gamma u^{\gamma-1} |\nabla u|^2$$

dove $k > 0$ e $\gamma > 1$ sono costanti. Questa equazione descrive fenomeni di filtrazione, per esempio quella dell'acqua attraverso il suolo (Sezione 2.10).

12. *Equazione delle superfici minime* (quasilineare, second'ordine): $u = u(\mathbf{x})$, $\mathbf{x} \in \mathbb{R}^2$,

$$\text{div} \left(\frac{\nabla u}{\sqrt{1 + |\nabla u|^2}} \right) = 0.$$

Il grafico di una soluzione u minimizza l'area tra tutte le superfici cartesiane[1] il cui bordo si appoggia su una data curva. Per esempio, le bolle di sapone sono superfici minime.

13. *Equazione ikonale* (completamente non-lineare, del prim'ordine): $u = u(\mathbf{x})$, $\mathbf{x} \in \mathbb{R}^3$,

$$|\nabla u| = c(\mathbf{x}).$$

È importante in ottica geometrica: le superfici di livello $u(\mathbf{x}) = t$ descrivono la posizione del fronte d'onda (luminosa) al tempo t (Paragrafo 4.6.3).

14. *Equazione di Monge-Ampère* (completamente non-lineare, del second'ordine): $u = u(\mathbf{x})$, $\mathbf{x} \in \mathbb{R}^n$,

$$\det D^2 u = f(\mathbf{x})$$

dove $D^2 u$ indica la matrice Hessiana di u. Originariamente apparsa in problemi di geometria differenziale, è diventata fondamentale nei problemi di *allocazione ottima*.

Veniamo ora ad esempi di **sistemi**.

15. *Elasticità lineare*: $\mathbf{u} = (u_1(\mathbf{x},t), u_2(\mathbf{x},t), u_3(\mathbf{x},t))$, $\mathbf{x} \in \mathbb{R}^3$, $t \in \mathbb{R}$

$$\varrho \mathbf{u}_{tt} = \mu \Delta \mathbf{u} + (\mu + \lambda)\text{grad div } \mathbf{u}.$$

Si tratta di tre equazioni scalari del second'ordine. Il vettore $\mathbf{u}$ descrive lo spostamento dalla posizione iniziale di un continuo deformabile di densità ϱ.

16. *Equazioni di Maxwell nel vuoto* (sei equazioni lineari scalari del prim'ordine):

$$\mathbf{E}_t - \text{rot } \mathbf{B} = \mathbf{0}, \qquad \mathbf{B}_t + \text{rot } \mathbf{E} = \mathbf{0} \qquad \text{(leggi di Ampère e di Faraday)}$$

$$\text{div } \mathbf{E} = 0 \qquad \text{div } \mathbf{B} = 0 \qquad \text{(leggi di Gauss)}$$

dove $\mathbf{E}$ è il campo elettrico e $\mathbf{B}$ è il campo di induzione magnetica. Le unità di misura sono quelle "naturali" dove la velocità della luce nel vuoto è $c = 1$ e la permeabilità magnetica nel vuoto è $\mu_0 = 1$.

---

[1] Che siano cioé grafici di funzioni $z = v(x,y)$.

17. *Equazioni di Navier-Stokes:* $\mathbf{u} = (u_1(\mathbf{x},t), u_2(\mathbf{x},t), u_3(\mathbf{x},t))$, $p = p(\mathbf{x},t)$, $\mathbf{x} \in \mathbb{R}^3$, $t \in \mathbb{R}$,

$$\begin{cases} \mathbf{u}_t + (\mathbf{u} \cdot \boldsymbol{\nabla})\mathbf{u} = -\frac{1}{\rho}\nabla p + \nu\Delta\mathbf{u} \\ \operatorname{div} \mathbf{u} = 0. \end{cases}$$

Questo sistema è costituito da quattro equazioni, di cui tre quasi-lineari. Descrive il moto di un fluido viscoso, omogeneo e incomprimibile. Qui $\mathbf{u}$ è la velocità del fluido, p la pressione, ρ la densità (qui costante) e ν è la viscosità cinematica, data dal rapporto tra la viscosità del fluido e la sua densità.

1.3 Problemi ben posti

Nella costruzione di un modello, intervengono solo alcune tra le equazioni generali di campo, altre vengono semplificate o eliminate attraverso le relazioni costitutive o procedimenti di approssimazione coerenti con la situazione in esame. Ulteriori informazioni sono comunque necessarie per selezionare o predire l'esistenza e/o l'unicità di una soluzione e si presentano in generale sotto forma di *condizioni iniziali e/o condizioni al bordo del dominio di riferimento* o altre ancora. Per esempio, tipiche condizioni al bordo prevedono di assegnare la soluzione o la sua derivata normale. Spesso sono appropriate combinazioni di queste condizioni. La teoria si occupa allora di stabilire condizioni sui dati affinché il problema abbia le seguenti caratteristiche:

a) *esista almeno una soluzione;*

b) *esista una sola soluzione;*

c) *la soluzione dipenda con continuità dai dati.*

Quest'ultima condizione richiede qualche parola di spiegazione: in sintesi la c) afferma che la corrispondenza

$$dati \rightarrow soluzione \tag{1.6}$$

sia *continua* ossia che, *un piccolo errore sui dati provochi un piccolo errore sulla soluzione.* Si tratta di una proprietà estremamente importante, che si chiama anche **stabilità locale della soluzione rispetto ai dati**. Per esempio, pensiamo al caso in cui occorra usare un computer (cioè quasi sempre) per il calcolo della soluzione: automaticamente, l'inserimento dei dati e le procedure di calcolo comportano errori di approssimazione di vario tipo. Una sensibilità eccessiva della soluzione a piccole variazioni dei dati produrrebbe una soluzione approssimata, neppure lontana parente di quella originale.

La nozione di continuità, ma anche la misura degli errori, sia sui dati sia sulla soluzione, si precisa introducendo un'opportuna *distanza*. Se i dati sono numeri o vettori finito dimensionali, le distanze sono le solite, per esempio, quella *euclidea:* se $\mathbf{x} = (x_1, x_2, ..., x_n)$, $\mathbf{y} = (y_1, y_2, ..., y_n)$

$$\text{dist}(\mathbf{x}, \mathbf{y}) = \|\mathbf{x} - \mathbf{y}\| = \sqrt{\sum_{k=1}^{n} (x_k - y_k)^2}.$$

Se si tratta di funzioni, per esempio reali e definite su un dominio I, distanze molto usate sono:

$$\text{dist}(f, g) = \max_I |f - g|$$

che misura il massimo scarto tra f e g e

$$\text{dist}(f, g) = \sqrt{\int_I (f - g)^2}$$

che misura lo scarto quadratico tra f e g. Una volta in possesso di una nozione di distanza, la continuità della corrispondenza (1.6) è facile da precisare: *se la distanza tra i dati tende a zero allora anche la distanza delle rispettive soluzioni tende a zero.*

Quando un problema possiede le caratteristiche a), b), c) si dice che è **ben posto**. Per chi costruisce modelli matematici è molto comodo, a volte essenziale, avere a che fare con problemi ben posti: l'esistenza di una soluzione segnala che il modello ha una sua coerenza, l'unicità e la stabilità aumentano la possibilità di calcoli numerici accurati. Come si può immaginare, in generale, modelli complessi richiedono tecniche di analisi teorica e numerica piuttosto sofisticate. Problemi di una certa complessità diventano tuttavia ben posti e trattabili numericamente in modo efficiente se riformulati e ambientati opportunamente, utilizzando i metodi dell'Analisi Funzionale.

Non solo i problemi ben posti sono tuttavia interessanti per le applicazioni. Vi sono problemi che sono intrinsecamente mal posti per mancanza di unicità oppure per mancanza di stabilità ma di grande importanza per la tecnologia moderna. Una classe tipica è quella dei cosiddetti *problemi inversi,* di cui fa parte, per esempio, la T.A.C. (*Tomografia Assiale Computerizzata*). Il trattamento di questo tipo di problemi esula però da un'introduzione come questa.

1.4 Notazioni e nozioni preliminari

In questa sezione introduciamo alcuni simboli usati costantemente nel seguito e richiamiamo alcune nozioni e formule di Topologia e Analisi in $\mathbb{R}^n$.

Insiemi e topologia. Indichiamo rispettivamente con: $\mathbb{N}, \mathbb{Z}, \mathbb{Q}, \mathbb{R}, \mathbb{C}$ gli insiemi dei numeri naturali, interi (relativi), razionali, reali e complessi. $\mathbb{R}^n$ è lo spazio vettoriale n−dimensionale delle n−uple di numeri reali. Indichiamo con $\mathbf{e}^1, ..., \mathbf{e}^n$ i vettori della base canonica in $\mathbb{R}^n$. In $\mathbb{R}^2$ e $\mathbb{R}^3$ possiamo usare anche $\mathbf{i}, \mathbf{j}$ e $\mathbf{k}$.

Il simbolo $B_r(\mathbf{x})$ indica la (iper)sfera *aperta* in $\mathbb{R}^n$, con raggio r e centro in $\mathbf{x}$, cioè

$$B_r(\mathbf{x}) = \{\mathbf{y} \in \mathbb{R}^n;\ |\mathbf{x} - \mathbf{y}| < r\}.$$

Se non c'è necessità di specificare il raggio o centro, scriviamo semplicemente $B(\mathbf{x})$ o B. Il volume di B_r e l'area della superficie sferica S_r sono dati da

$$|B_r| = \frac{\omega_n}{n}r^n \qquad e \qquad |S_r| = \omega_n r^{n-1}$$

dove ω_n è l'area della superficie della sfera unitaria[2] S_1 in $\mathbb{R}^n$; in particolare, $\omega_2 = 2\pi$ e $\omega_3 = 4\pi$.

Sia $E \subseteq \mathbb{R}^n$. Un punto $\mathbf{x} \in E$ è:

• *interno* se esiste $B_r(\mathbf{x}) \subset E$;

• *di frontiera* se ogni sfera $B_r(\mathbf{x})$ contiene punti di E **e** del suo complementare $\mathbb{R}^n \backslash E$. L'insieme dei punti di frontiera di E, la *frontiera di E*, si indica con ∂E; in particolare $S_r = \partial B_r$;

• *punto limite* di E se esiste una successione $\{\mathbf{x}_k\}_{k \geq 1} \subset E$ tale che $\mathbf{x}_k \to \mathbf{x}$.

E è *aperto* se ogni punto di E è interno; l'insieme $\overline{E} = E \cup \partial E$ si chiama *chiusura di E*; E è *chiuso* se $E = \overline{E}$. Un insieme è chiuso se e solo se contiene tutti i suoi punti limite, se e solo se il suo complementare è aperto.

Poiché $\mathbb{R}^n$ è aperto e chiuso simultaneamente, anche l'insieme vuoto $\emptyset$ è da considerarsi aperto e chiuso. È importante sottolineare che **solo** $\mathbb{R}^n$ e $\emptyset$ hanno questa proprietà.

Un insieme aperto E è *connesso* se per ogni coppia di punti $\mathbf{x}, \mathbf{y} \in E$ esiste una curva regolare che li connette, interamente contenuta in E. Gli insiemi *aperti* e *connessi* si chiamano *domini*, per i quali useremo prevalentemente la lettera Ω.

Un insieme E si dice *convesso* se per ogni coppia di punti $\mathbf{x}, \mathbf{y} \in E$ il segmento di retta che li unisce è interamente contenuto in E. Evidentemente ogni convesso è anche connesso.

Se $U \subset E$, diciamo che U è *denso in E* se $\overline{U} = \overline{E}$. Questo significa, in particolare, che se $\mathbf{x} \in E$, esiste una successione $\{\mathbf{x}_k\} \subset U$ tale che $\mathbf{x}_k \to \mathbf{x}$, per $k \to \infty$. Per esempio $\mathbb{Q}$ è denso in $\mathbb{R}$.

E è *limitato* se esiste una sfera $B_r(\mathbf{0})$ che lo contiene.

La categoria degli insiemi *compatti* è particolarmente importante. Si dice che una famiglia $\mathcal{F}$ di *aperti* è una *copertura* di un insieme $E \subset \mathbb{R}^n$ se E è contenuto nell'unione degli elementi di $\mathcal{F}$.

Un insieme si dice *compatto* se ogni copertura $\mathcal{F}$ di E contiene una sottofamiglia di un numero finito di elementi, che sia ancora una copertura di E. K è *sequenzialmente compatto* se da ogni successione $\{\mathbf{x}_m\} \subset K$, si può estrarre una sottosuccessione $\{\mathbf{x}_{m_k}\}$ tale che $\mathbf{x}_{m_k} \to \mathbf{x} \in K$ se $k \to +\infty$.

---

[2] In generale, $\omega_n = n\pi^{n/2}/\Gamma\left(\frac{1}{2}n + 1\right)$ dove $\Gamma(s) = \int_0^{+\infty} t^{s-1}e^{-t}dt$ è la funzione *gamma di Eulero*.

In $\mathbb{R}^n$ un sottoinsieme K è compatto se e solo se è sequenzialmente compatto, se e solo se è *chiuso* e *limitato*. Se $\overline{E}_0$ è compatto e contenuto in E, si scrive $E_0 \subset\subset E$ e si dice che E_0 è *contenuto con compattezza* in E.

• *Topologia indotta* Sia $E \subset \mathbb{R}^n$. Si dice che $A \subseteq E$ è *aperto (chiuso) relativamente ad* E, rispetto alla topologia indotta da $\mathbb{R}^n$, se A è intersezione di E con un insieme aperto (chiuso) in $\mathbb{R}^n$. Tipicamente, dovremo considerare aperti e chiusi relativamente alla frontiera $\partial\Omega$ di un dominio.

N.B: L'intervallo $[-1, 1/2)$ è *aperto relativamente ad* $E = [-1, 1]$, rispetto alla topologia indotta da $\mathbb{R}$!

Se E è connesso, E e l'insieme vuoto $\emptyset$ sono gli unici sottoinsiemi simultaneamente aperti e chiusi in E.

Estremo superiore ed inferiore di un insieme di numeri reali. Un insieme $E \subset \mathbb{R}$ è *inferiormente limitato* se esiste un numero K tale che

$$K \leq x \quad \text{per ogni } x \in E. \tag{1.7}$$

Il maggiore tra i numeri K con la proprietà (1.7) è detto *estremo inferiore* di E e si indica con $\inf E$.

Più precisamente, $\lambda = \inf E$ se $\lambda \leq x$ per ogni $x \in E$ e se, per ogni $\varepsilon > 0$, possiamo trovare $\bar{x} \in E$ tale che $\bar{x} < \lambda + \varepsilon$. Se $\inf E \in E$, allora $\inf E$ è il *minimo di* E, che si indica con $\min E$.

Analogamente, un insieme $E \subset \mathbb{R}$ è *superiormente limitato* se esiste un numero K tale che

$$x \leq K \quad \text{per ogni } x \in E. \tag{1.8}$$

Il minore tra i numeri K con la proprietà (1.8) è detto *estremo superiore* di E e si indica con $\sup E$.

Più precisamente, $\Lambda = \sup E$ se $\Lambda \geq x$ per ogni $x \in E$ e se, per ogni $\varepsilon > 0$, possiamo trovare $\bar{x} \in E$ tale che $\bar{x} > \Lambda - \varepsilon$. Se $\sup E \in E$, allora $\sup E$ è il *massimo di* E, che si indica con $\max E$.

Limite inferiore e superiore di una successione di numeri reali. Sia $\{x_n\}_{n \geq 1}$ una successione di numeri reali. Si dice che l (finito o infinito) è *punto limite di* $\{x_n\}_{n \geq 1}$ *se esiste una sottosuccessione* $\{x_{n_k}\}$ *tale che* $x_{n_k} \to l$. La *classe limite* di $\{x_n\}_{n \geq 1}$ è l'insieme dei suoi punti limite. L'estremo inferiore λ della classe limite, si chiama *limite inferiore di* x_n e si scrive

$$\liminf_{n \to \infty} x_n = \lambda.$$

Analogamente, l'estremo superiore Λ della classe limite, si chiama *limite superiore di* x_n e si scrive

$$\limsup_{n \to \infty} x_n = \Lambda.$$

Per esempio, La classe limite della successione $\{\cos n\}_{n \geq 1}$ è l'intervallo $[-1, 1]$ e quindi

$$\liminf_{n \to \infty} \cos n = -1, \quad \limsup_{n \to \infty} \cos n = 1.$$

Se la classe limite si riduce ad un punto l, allora questo è il limite della successione.

Funzioni. Sia $\Omega \subseteq \mathbb{R}^n$ e $u : \Omega \to \mathbb{R}$ una funzione reale definita in Ω. Diciamo che u è *continua* in $\mathbf{x} \in \Omega$ se $u(\mathbf{y}) \to u(\mathbf{x})$ per $\mathbf{y} \to \mathbf{x}$. Se u è continua in ogni punto di Ω, diciamo che u è continua in Ω. L'insieme delle funzioni continue in Ω si indica col simbolo $C(\Omega)$. Il simbolo $C(\overline{\Omega})$ denota il sottoinsieme di $C(\Omega)$ delle funzioni estendibili con continuità fino al bordo di Ω.

Il *supporto* di una funzione continua in Ω è *la chiusura* (relativamente ad Ω) *dell'insieme dei punti in cui è diversa da zero*. Si dice che $u \in C(\Omega)$ è a *supporto compatto* se è nulla fuori da un compatto contenuto in Ω. L'insieme di queste funzioni si indica con $C_0(\Omega)$.

Il simbolo χ_Ω indica la *funzione caratteristica di* Ω: $\chi_\Omega = 1$ in Ω e $\chi_\Omega = 0$ in $\mathbb{R}^n \backslash \Omega$.

Diciamo che u è *inferiormente* (risp. *superiormente*) *limitata* in Ω se l'immagine

$$u(\Omega) = \{y \in \mathbb{R}, \ y = u(\mathbf{x}) \text{ per qualche } \mathbf{x} \in \Omega\}$$

è *inferiormente* (risp. *superiormente*) *limitata*. L'*estremo inferiore* (risp. *superiore*) di u in Ω è l'estremo inferiore (risp. superiore) di $u(\Omega)$ e si indica col simbolo

$$\inf_{\mathbf{x} \in \Omega} u(\mathbf{x}) \qquad (\text{risp. } \sup_{\mathbf{x} \in \Omega} u(\mathbf{x})).$$

Se Ω è limitato e $u \in C(\overline{\Omega})$ allora esistono il *massimo* ed il *minimo globali* di u (Teorema di Weierstrass).

Useremo uno dei simboli u_{x_j}, $\partial_{x_j} u$, $\dfrac{\partial u}{\partial x_j}$ per indicare le derivate parziali prime di u, e ∇u oppure grad u per il *gradiente* di u. Coerentemente, per le derivate di ordine più elevato useremo le notazioni $u_{x_j x_k}$, $\partial_{x_j x_k} u$, $\dfrac{\partial^2 u}{\partial x_j \partial x_k}$ e così via.

Diciamo che u è *di classe* $C^k(\Omega)$, $k \geq 1$, se u è derivabile con continuità in Ω, fino all'ordine k incluso. L'insieme delle funzioni derivabili con continuità in Ω fino a qualunque ordine si indica con $C^\infty(\Omega)$.

Se $u \in C^1(\Omega)$ allora u is differenziabile in Ω e possiamo scrivere, per $\mathbf{x} \in \Omega$ e $\mathbf{h} \in \mathbb{R}^n$, piccolo:

$$u(\mathbf{x} + \mathbf{h}) - u(\mathbf{x}) = \nabla u(\mathbf{x}) \cdot \mathbf{h} + o(\mathbf{h})$$

dove il simbolo $o(\mathbf{h})$, che si legge "*o piccolo di* $\mathbf{h}$" denota una quantità tale che $o(\mathbf{h})/|\mathbf{h}| \to 0$ per $|\mathbf{h}| \to 0$.

Il simbolo $C^k(\overline{\Omega})$ denota l'insieme delle funzioni appartenenti a $C^k(\Omega)$ le cui derivate fino all'ordine k incluso, possono essere estese con continuità fino a $\partial\Omega$.

Integrali. Fino al Capitolo 5 incluso, gli integrali possono essere intesi nel senso di Riemann (proprio o improprio). Una breve introduzione alla misura e all'integrale di Lebesgue si può trovare nell'Appendice A. Siano $1 \leq p < \infty$ e $q = p/(p-1)$, l'*esponente coniugato di* p. Vale la seguente importante disuguaglianza di Hölder:

$$\left|\int_{\Omega} uv\right| \leq \left(\int_{\Omega} |u|^p\right)^{1/p} \left(\int_{\Omega} |v|^q\right)^{1/q}. \tag{1.9}$$

Il caso $p = q = 2$ è noto come disuguaglianza di Schwarz.

Convergenza uniforme. Una serie $\sum_{m=1}^{\infty} u_m$, dove $u_m : \Omega \subseteq \mathbb{R}^n \to \mathbb{R}$, si dice *uniformemente convergente in* Ω, con *somma* u, se, posto $S_N = \sum_{m=1}^{N} u_m$, si ha

$$\sup_{\mathbf{x} \in \Omega} |S_N(\mathbf{x}) - u(\mathbf{x})| \to 0 \quad \text{per } N \to \infty.$$

Invece di ricorrere alla definizione, per stabilire la convergenza uniforme di una serie di funzioni si usa spesso il seguente criterio:

Test di Weierstrass. Sia $|u_m(\mathbf{x})| \leq a_m$, per ogni $m \geq 1$ e $\mathbf{x} \in \Omega$. Se la serie numerica $\sum_{m=1}^{\infty} a_m$ è convergente, allora $\sum_{m=1}^{\infty} u_m$ converge assolutamente e uniformemente in Ω.

Limiti e serie. Sia $\sum_{m=1}^{\infty} u_m$ uniformemente convergente in Ω. Se u_m è continua in $\mathbf{x}_0$ per ogni $m \geq 1$, allora la somma u è continua in $\mathbf{x}_0$ e

$$\lim_{\mathbf{x} \to \mathbf{x}_0} \sum_{m=1}^{\infty} u_m(\mathbf{x}) = \sum_{m=1}^{\infty} u_m(\mathbf{x}_0) = u(\mathbf{x}_0).$$

Integrazione per serie. Sia $\sum_{m=1}^{\infty} u_m$ uniformemente convergente in Ω. Se Ω è limitato e u_m è integrabile in Ω per ogni $m \geq 1$, allora:

$$\int_{\Omega} \sum_{m=1}^{\infty} u_m = \sum_{m=1}^{\infty} \int_{\Omega} u_m.$$

Derivazione per serie. Sia Ω limitato e $u_m \in C^1(\overline{\Omega})$ per ogni $m \geq 1$. Se:

i) la serie $\sum_{m=1}^{\infty} u_m(\mathbf{x})$ è convergente in almeno un punto $\mathbf{x}_0 \in \Omega$;

ii) le serie $\sum_{m=1}^{\infty} \partial_{x_j} u_m$ sono uniformemente convergenti in $\overline{\Omega}$ per ogni $j = 1, ..., n$.

Allora $\sum_{m=1}^{\infty} u_m$ converge uniformemente in $\overline{\Omega}$, con somma $u \in C^1(\overline{\Omega})$ e, per ogni $\mathbf{x} \in \overline{\Omega}$,

$$\partial_{x_j} \sum_{m=1}^{\infty} u_m(\mathbf{x}) = \sum_{m=1}^{\infty} \partial_{x_j} u_m(\mathbf{x}) \qquad (j = 1, ..., n).$$

1.5 Serie di Fourier

Richiamiamo i risultati principali riguardanti la convergenza in media quadratica, puntuale ed uniforme delle serie di Fourier.

Coefficienti e serie di Fourier. Sia u una funzione periodica di periodo $2T$, integrabile su $(-T, T)$. I coefficienti di Fourier di u sono definiti dalle seguenti formule, dove $\omega = \pi/T$:

$$a_n = \frac{1}{T} \int_{-T}^{T} u(x) \cos n\omega x \; dx, \qquad b_n = \frac{1}{T} \int_{-T}^{T} u(x) \sin n\omega x \; dx. \qquad (1.10)$$

Ricordiamo le seguenti relazioni di ortogonalità:

$$\int_{-T}^{T} \cos k\omega x \, \cos m\omega x \; dx = \int_{-T}^{T} \sin k\omega x \, \sin m\omega x \; dx = 0 \;\; \text{per } k \neq m$$

$$\int_{-T}^{T} \cos k\omega x \, \sin m\omega x \; dx = 0 \quad \text{per ogni } k, m \geq 0.$$

Inoltre:

$$\int_{-T}^{T} (\cos k\omega x)^2 \, dx = \int_{-T}^{T} (\sin k\omega x)^2 \, dx = T. \qquad (1.11)$$

Ad u possiamo *associare* la sua serie di Fourier, scrivendo

$$u(x) \sim \frac{a_0}{2} + \sum_{k=1}^{\infty} \{a_k \cos k\omega x + b_k \sin k\omega x\}. \qquad (1.12)$$

• *Funzioni pari e dispari.* Se u è una funzione *dispari*, cioè $u(-x) = -u(x)$, abbiamo $a_k = 0$ per ogni $k \geq 0$, mentre

$$b_k = \frac{2}{T} \int_{0}^{T} u(x) \sin k\omega x \; dx.$$

Pertanto, se u è dispari, la sua serie di Fourier è di soli *seni:*

$$u \sim \sum_{k=1}^{\infty} b_k \sin k\omega x.$$

Analogamente, se u è *pari*, i.e. $u(-x) = u(x)$, abbiamo $b_k = 0$ per ogni $k \geq 1$, mentre

$$a_k = \frac{2}{T} \int_{0}^{T} u(x) \cos k\omega x \; dx.$$

Pertanto, se u è pari, la sua serie di Fourier è di soli *coseni:*

$$u \sim \frac{a_0}{2} + \sum_{k=1}^{\infty} a_k \cos k\omega x.$$

• *Forma complessa.* Usando l'identità di Eulero

$$e^{ik\omega x} = \cos k\omega x + i \sin k\omega x$$

la serie di Fourier (1.12) può essere espressa nella forma

$$\sum_{k=-\infty}^{\infty} \hat{u}_k e^{ik\omega x},$$

dove i coefficienti complessi di Fourier $\hat{u}_k$ sono dati da

$$\hat{u}_k = \frac{1}{2T} \int_{-T}^{T} u(x) e^{-ik\omega x} dx.$$

Le relazioni tra i coefficienti reali e complessi sono le seguenti:

$$\hat{u}_0 = \frac{1}{2} a_0, \quad e \quad \hat{u}_k = \frac{1}{2} (a_k - b_k), \quad \hat{u}_{-k} = \overline{\hat{u}_k} \quad \text{per } k > 0.$$

Convergenza in media quadratica. Questa è la più naturale nozione di convergenza di una serie di Fourier (si veda il Paragrafo 6.4.2).
Sia

$$S_N(x) = \frac{a_0}{2} + \sum_{k=1}^{N} \{a_k \cos k\omega x + b_k \sin k\omega x\}$$

la somma parziale $N-$esima della serie di Fourier di u. Abbiamo:

Teorema 5.1. *Se u è una funzione a quadrato integrabile[3] in $(-T, T)$ allora*

$$\lim_{N \to +\infty} \int_{-T}^{T} [S_N(x) - u(x)]^2 dx = 0.$$

Inoltre, vale la seguente formula di Bessel:

$$\frac{1}{T} \int_{-T}^{T} u^2 = \frac{a_0^2}{2} + \sum_{k=1}^{\infty} (a_k^2 + b_k^2). \tag{1.13}$$

Poiché la serie numerica a secondo membro della (1.13) è convergente, deduciamo la seguente importante conseguenza:

Corollario 5.2 (Riemann-Lebesgue)

$$\lim_{k \to +\infty} a_k = \lim_{k \to +\infty} b_k = 0.$$

Nota 5.1. Dal Teorema 5.1 si deducono le seguenti notevoli identità in termini di coefficienti complessi $(T = \pi)$:

$$\frac{1}{2\pi} \int_{-\pi}^{\pi} uv = \sum_{k=-\infty}^{\infty} \hat{u}_k \hat{v}_{-k} \qquad \text{(formula di Parseval)}$$

e

$$\frac{1}{2\pi} \int_{-\pi}^{\pi} u^2 = \sum_{k=-\infty}^{\infty} |\hat{u}_k|^2 \qquad \text{(formula di Bessel)}.$$

Convergenza puntuale. Diciamo che u soddisfa le *condizioni di Dirichlet* in $[-T, T]$ se:

i) è continua in $[-T, T]$ eccetto al più un numero di punti di discontinuità a salto;

---

[3] Cioè $\int_{-T}^{T} u^2 < \infty$.

ii) l'intervallo $[-T, T]$ può essere ripartito nell'unione di un numero finito di sottointervalli in ciascuno dei quali u è monotona.

Vale il seguente teorema.

Teorema 5.3. *Se u soddisfa le condizioni di Dirichlet in $[-T, T]$ allora la serie di Fourier di u converge in ogni punto di $[-T, T]$. Inoltre[4]:*

$$\frac{a_0}{2} + \sum_{k=1}^{\infty} \{a_k \cos k\omega x + b_k \sin k\omega x\} = \begin{cases} \dfrac{u(x+) + u(x-)}{2} & x \in (-T, T) \\ \dfrac{u(T-) + u(-T+)}{2} & x = \pm T. \end{cases}$$

In particolare, sotto le ipotesi del Teorema 5.3, in ogni punto x di continuità per u, la serie di Fourier di u converge a $u(x)$.

Convergenza uniforme. Un semplice criterio di convergenza uniforme segue dal test di Weierstras. Poiché

$$|a_k \cos k\omega x + b_k \sin k\omega x| \le |a_k| + |b_k|$$

si deduce che: *se le serie numeriche*

$$\sum_{k=1}^{\infty} |a_k| \quad e \quad \sum_{k=1}^{\infty} |b_k|$$

sono convergenti, allora la serie di Fourier di u converge uniformemente in $\mathbb{R}$, con somma u.

D'altra parte, possiamo rifinire il Teorema 5.3 come segue.

Teorema 5.4. *Valgano per u le condizioni di Dirichlet in $[-T, T]$. Allora:*

a) se u è continua in $[a, b] \subset (-T, T)$, allora la sua serie di Fourier converge uniformemente in $[a, b]$;

b) se u è continua in $[-T, T]$ e $u(-T) = u(T)$, allora la sua serie di Fourier converge uniformemente in $[-T, T]$ (e quindi in $\mathbb{R}$).

1.6 Domini regolari e Lipschitziani

Avremo bisogno di classificare i domini Ω in $\mathbb{R}^n$ secondo il grado di regolarità della loro frontiera.

Definizione 6.1. *Diciamo che Ω è un dominio di classe C^1 se per ogni punto $\mathbf{x} \in \partial\Omega$, esistono un sistema di coordinate $(y_1, y_2, ..., y_n) \equiv (\mathbf{y}', y_n)$ con origine in $\mathbf{x}$, una sfera $B(\mathbf{x})$ e una funzione φ, definita in un intorno $\mathcal{N} \subset \mathbb{R}^{n-1}$ di $\mathbf{y}' = \mathbf{0}'$, tale che*

$$\varphi \in C^1(\mathcal{N}), \, \varphi(\mathbf{0}') = 0$$

e

---

[4] Poniamo $f(x\pm) = \lim_{y \to x^{\pm}} f(y)$.

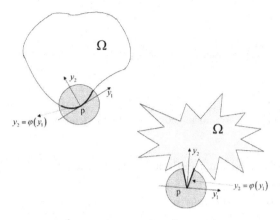

Figura 1.1 Un dominio C^1 e un dominio Lipschitziano

1. $\partial\Omega \cap B(\mathbf{x}) = \{(\mathbf{y}', y_n) : y_n = \varphi(\mathbf{y}'), \mathbf{y}' \in \mathcal{N}\}$;
2. $\Omega \cap B(\mathbf{x}) = \{(\mathbf{y}', y_n) : y_n > \varphi(\mathbf{y}'), \mathbf{y}' \in \mathcal{N}\}$.

La prima condizione esprime il fatto che $\partial\Omega$ coincide localmente con il grafico di una funzione di classe C^1. La seconda richiede che Ω si trovi localmente da una sola parte rispetto alla frontiera (Figura 1.1 a sinistra).

La frontiera di un dominio di classe C^1 non presenta angoli o spigoli e in ogni punto $\mathbf{x} \in \partial\Omega$ è ben definito un iperpiano tangente (una retta se $n = 2$, un piano se $n = 3$), insieme ai due versori normali *esterno ed interno*. Inoltre, questi versori variano con continuità su $\partial\Omega$.

Le coppie $(\varphi, \mathcal{N})$ nella Definizione 6.1 sono dette *carte locali*. Se le φ sono tutte funzioni di classe C^k, $k \geq 1$, si dice che Ω è un dominio di classe C^k. Se Ω è di classe C^k per ogni $k \geq 1$, si dice che è un dominio di classe C^∞. A questi ultimi ci riferiamo con la locuzione *domini regolari*.

Osserviamo che se Ω è *limitato* è possibile trovare una copertura di $\partial\Omega$ (che è un insieme compatto) costituita da un numero finito di sfere $B_j = B(\mathbf{x}_j)$, $j = 1, ..., N$, centrate in $\mathbf{x}_j \in \partial\Omega$. La frontiera $\partial\Omega$ può essere dunque descritta tramite N carte locali $(\varphi_j, \mathcal{N}_j)$.

Considerata una carta locale $(\varphi_j, \mathcal{N}_j)$, la trasformazione biunivoca $\mathbf{z} = \mathbf{\Phi}_j(\mathbf{y})$ data da

$$\begin{cases} \mathbf{z}' = \mathbf{y}' \\ z_n = y_n - \varphi_j(\mathbf{y}') \end{cases} \tag{1.14}$$

trasforma $\Omega \cap B_j$ in un sottoinsieme aperto U_j del semispazio $z_n > 0$ e $\partial\Omega \cap B_j$ in un sottoinsieme dell'iperpiano $z_n = 0$, cosicché il suo effetto è di *spianare* $\partial\Omega \cap B_j$, come mostrato in Figura 1.2.

In una gran parte delle applicazioni i domini rilevanti sono rettangoli, prismi, coni, cilindri o loro unioni. Molto importanti per esempio sono i domini ottenuti con procedure di triangolazione di domini regolari nei metodi di approssimazione numerica. Questi tipi di domini appartengono alla classe dei

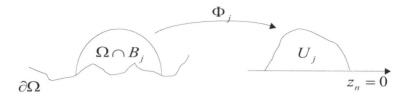

Figura 1.2 Azione della trasformazione (1.14) sulla frontiera $\partial\Omega$

domini *Lipschitziani*, la cui frontiera coincide localmente col grafico di una funzione Lipschitziana.

Definizione 6.2. *Si dice che* $u : \Omega \to \mathbb{R}^n$ *è Lipschitziana con costante* L, *se*

$$|u(\mathbf{x}) - u(\mathbf{y})| \leq L\,|\mathbf{x} - \mathbf{y}|$$

per ogni $\mathbf{x}, \mathbf{y} \in \Omega$.

Sostanzialmente, una funzione è Lipschitziana in Ω se i suoi rapporti incrementali lungo ogni direzione sono limitati. Tipiche funzioni reali Lipschitziane in $\mathbb{R}^n$ sono $f(\mathbf{x}) = |\mathbf{x}|$ o, più generalmente, la *funzione distanza da un insieme chiuso* C, definita da

$$f(\mathbf{x}) = \operatorname{dist}(\mathbf{x},\,C) = \inf_{\mathbf{y}\in C} |\mathbf{x} - \mathbf{y}|.$$

Poiché il grafico di una funzione Lipschiziana può presentare angoli e/o spigoli, non ci si può aspettare l'esistenza di un iperpiano tangente in ogni suo punto. Tuttavia, l'insieme dei punti "irregolari" costituisce un insieme di misura nulla (secondo Lebesgue). Precisamente, vale il seguente teorema (si veda e.g. *Evans and Gariepy*, 1997):

Teorema 6.1. (di Rademacher). *Sia* u *una funzione Lipschitziana in* $\Omega \subseteq \mathbb{R}^n$. *Allora* u *è differenziabile in ogni punto di* Ω, *tranne che in un insieme di misura nulla (secondo Lebesgue).*

Diciamo allora che un **dominio è Lipschitziano** se nella Definizione 6.1 le funzioni φ *sono Lipschitziane* o, equivalentemente, se le trasformazioni (1.14) indotte dalle carte locali sono *bi-Lipschitziane*, ossia se $\boldsymbol{\Phi}$ e $\boldsymbol{\Phi}^{-1}$ sono Lipschitziane (Figura 1.1 a destra).

1.7 Formule di integrazione per parti

Siano $\Omega \subset \mathbb{R}^n$ un dominio limitato di classe C^1 e $\mathbf{F} : \overline{\Omega} \to \mathbb{R}^n$, un campo vettoriale di classe $C^1\left(\overline{\Omega}\right)$. Essendo $\mathbf{F}$ a valori in $\mathbb{R}^n$, scriviamo $\mathbf{F} \in C^1\left(\overline{\Omega}; \mathbb{R}^n\right)$. Vale la **formula di Gauss o della divergenza**:

$$\int_\Omega \operatorname{div}\mathbf{F}\ d\mathbf{x} = \int_{\partial\Omega} \mathbf{F} \cdot \boldsymbol{\nu}\ d\sigma \tag{1.15}$$

dove $\mathrm{div}\mathbf{F} = \sum_{j=1}^{n} \partial_{x_j} F_j$ indica la divergenza di $\mathbf{F}$, $\boldsymbol{\nu}$ denota il *versore normale esterno* a $\partial\Omega$ e $d\sigma$ è l'elemento di "superficie" su $\partial\Omega$. In termini di carte locali si ha:

$$d\sigma = \sqrt{1 + |\nabla\varphi(\mathbf{y}')|^2}d\mathbf{y}'.$$

Dalla (1.15) si possono dedurre alcune formule notevoli. Applicando la (1.15) a $v\mathbf{F}$, con $v \in C^1(\overline{\Omega})$, e ricordando l'identità

$$\mathrm{div}(v\mathbf{F}) = v\,\mathrm{div}\mathbf{F} + \nabla v \cdot \mathbf{F},$$

otteniamo la seguente formula di **integrazione per parti**:

$$\int_\Omega v\,\mathrm{div}\mathbf{F}\,d\mathbf{x} = \int_{\partial\Omega} v\mathbf{F} \cdot \boldsymbol{\nu}\,d\sigma - \int_\Omega \nabla v \cdot \mathbf{F}\,d\mathbf{x}. \qquad (1.16)$$

Scegliendo $\mathbf{F} = \nabla u$, $u \in C^2(\Omega) \cap C^1(\overline{\Omega})$, poiché $\mathrm{div}\nabla u = \Delta u$ e $\nabla u \cdot \boldsymbol{\nu} = \partial_\nu u$, si ricava la seguente **identità di Green**:

$$\int_\Omega v\Delta u\,d\mathbf{x} = \int_{\partial\Omega} v\partial_\nu u\,d\sigma - \int_\Omega \nabla v \cdot \nabla u\,d\mathbf{x}. \qquad (1.17)$$

In particolare, la scelta $v \equiv 1$ dà

$$\int_\Omega \Delta u\,d\mathbf{x} = \int_{\partial\Omega} \partial_\nu u\,d\sigma. \qquad (1.18)$$

Se anche $v \in C^2(\Omega) \cap C^1(\overline{\Omega})$, scambiando i ruoli di u e v nella (1.17) e sottraendo membro a membro, deduciamo una seconda **identità di Green**:

$$\int_\Omega v\Delta u - u\Delta v\,d\mathbf{x} = \int_{\partial\Omega} (v\partial_\nu u - u\partial_\nu v)\,d\sigma. \qquad (1.19)$$

Nota 7.1. Tutte le formule in questa sezione valgono anche in domini Lipschitziani limitati. Infatti il Teorema di Rademacher implica che, in ogni punto della frontiera di un dominio Lipschitziano, tranne un insieme di punti di misura superficiale zero, esiste un iperpiano tangente, e quindi un versore normale esterno, ben definiti. Ciò è sufficiente per estendere le formule (1.16), (1.17) e (1.19) ai domini Lipschitziani.

Capitolo 2
Diffusione

2.1 L'equazione di diffusione

2.1.1 Introduzione e prime proprietà

L'equazione di *diffusione* o del *calore* per una funzione $u = u(x,t)$, x variabile reale spaziale, t variabile temporale, ha la forma

$$u_t - D u_{xx} = f \tag{2.1}$$

dove D è una costante positiva che prende il nome di *coefficiente di diffusione*. In dimensione spaziale $n > 1$, cioè quando $\mathbf{x} \in \mathbb{R}^n$, l'equazione di diffusione è

$$u_t - D \Delta u = f \tag{2.2}$$

dove Δ indica l'*operatore di Laplace*:

$$\Delta = \sum_{k=1}^{n} \partial_{x_k x_k}.$$

La denominazione "equazione di diffusione o del calore" è dovuta al fatto che essa è soddisfatta dalla temperatura in un mezzo omogeneo e isotropo rispetto alla propagazione del calore; f rappresenta l'"intensità" di una sorgente esogena di calore, distribuita nel mezzo. D'altra parte, le (2.1), (2.2) costituiscono modelli di diffusione molto più generali, dove per **diffusione** si intende, per esempio, il *trasporto di materia dovuto al moto molecolare del mezzo in cui essa è immersa*. In tal caso, la soluzione u potrebbe rappresentare la concentrazione di un soluto o di un inquinante oppure anche una densità di probabilità. In ultima analisi si potrebbe dire che l'equazione sintetizza e unifica sotto una scala macroscopica una molteplicità di fenomeni assai differenti tra loro se osservati in scala microscopica. Ci serviremo della (2.2) e di alcune varianti, come prototipo per esplorare la profonda connessione esistente tra alcuni modelli probabilistici e deterministici, secondo lo schema

processi di diffusione $\rightarrow$ densità di probabilità $\rightarrow$ equazioni differenziali,

© Springer-Verlag Italia 2016
S. Salsa, *Equazioni a derivate parziali. Metodi, modelli e applicazioni*, 3a edizione,
UNITEXT – La Matematica per il 3+2 97, DOI 10.1007/978-88-470-5785-2_2

leggibile nei due sensi. La *star* indiscussa in questo genere di questioni è il moto Browniano, dal nome del botanico Brown che osservò, verso la metà del secolo scorso, il comportamento apparentemente caotico di particelle (pollini) sull'acqua, dovuto agli urti con le molecole in moto. Ad opera principalmente di Einstein e di Wiener, tale comportamento irregolare è stato inquadrato nella teoria dei *processi stocastici* e prende il nome di *processo di Wiener o moto Browniano*.

In condizioni di equilibrio, cioè quando non c'è evoluzione nel tempo, la soluzione dell'equazione di diffusione soddisfa la versione *stazionaria* ($D = 1$)

$$-\Delta u = f \tag{2.3}$$

($-u_{xx} = f$, in dimensione $n = 1$). La (2.3) si chiama equazione *di Poisson* o *del potenziale*. Se $f = 0$ si chiama *equazione di Laplace* e le sue soluzioni sono così importanti in così tanti campi da meritarsi il nome speciale di **funzioni armoniche**. L'operatore

$$\frac{1}{2}\Delta$$

è legato a filo doppio al moto Browniano[1] e infatti, cattura e sintetizza le caratteristiche microscopiche di quel processo.

Come accennato nel primo capitolo, l'equazione di Poisson/Laplace non si presenta solo come versione stazionaria dell'equazione di diffusione e, data la sua importanza, ad essa è dedicato il prossimo capitolo.

Se $f \equiv 0$, l'equazione (2.2) si dice *omogenea* e possiamo subito metterne in evidenza alcune semplici ma importanti proprietà.

• *Linearità e principio di sovrapposizione*. Se u e v sono soluzioni e a, b scalari (reali o complessi), anche $au+bv$ è soluzione. Più in generale, se $u_k(\mathbf{x},t)$ è soluzione di $u_t - D\Delta u = 0$ per ogni valore (intero o reale) di k e $g = g(k)$ è una funzione che si annulla abbastanza rapidamente all'infinito, allora

$$\sum_{k=1}^{\infty} u_k(\mathbf{x},t)\, g(k) \qquad \text{e} \qquad \int_{-\infty}^{+\infty} u_k(\mathbf{x},t)\, g(k)\, dk$$

sono formalmente ancora soluzioni.

• *Cambio di direzione temporale*. Sia $u = u(\mathbf{x},t)$ una soluzione di $u_t - D\Delta u = 0$. La funzione

$$v(\mathbf{x},t) = u(\mathbf{x}, -t),$$

ottenuta con il cambiamento di variabile $t \longmapsto -t$, è soluzione dell'equazione **aggiunta** o **backward**:

$$v_t + D\Delta v = 0.$$

---

[1] Nella teoria dei processi stocastici, $\frac{1}{2}\Delta$ costituisce il *generatore infinitesimale del moto Browniano*.

Coerentemente l'equazione originale è, a volte, denominata **forward**. La non-invarianza dell'equazione del calore rispetto ad un cambio di segno nel tempo segnala l'irreversibilità temporale dei fenomeni che essa descrive.

Si noti invece che la trasformazione $\mathbf{x} \longmapsto -\mathbf{x}$ lascia invariata l'equazione: $w(\mathbf{x},t) = u(-\mathbf{x}, t)$ è soluzione di $w_t - D\Delta w = 0$ (*invarianza rispetto a riflessioni nello spazio*).

- *Invarianza rispetto a traslazioni (nello spazio e nel tempo)*. Sia $u = u(\mathbf{x}, t)$ una soluzione di $u_t - D\Delta u = 0$ in un dominio spazio-temporale $\Omega \times (0, T)$, dove $\Omega \subseteq \mathbb{R}^n$. La funzione

$$v(\mathbf{x},t) = u(\mathbf{x} - \mathbf{y}, t - s)$$

per $\mathbf{y}$, s fissati, è ancora soluzione della stessa equazione, nel dominio traslato $(\mathbf{y}+\Omega) \times (s, s + T)$. La verifica è immediata. Naturalmente, rispetto ad $\mathbf{y}$ ed s, la funzione $u(\mathbf{x} - \mathbf{y}, t - s)$ è soluzione dell'equazione *backward*.

- *Invarianza rispetto a dilatazioni paraboliche*. La trasformazione

$$\mathbf{x} \longmapsto a\mathbf{x}, \qquad t \longmapsto bt, \quad (a, b > 0)$$

rappresenta geometricamente una dilatazione/contrazione (precisamente un' *omotetia*) spazio-temporale. Cerchiamo condizioni sui coefficienti a, b affinché la funzione

$$u^* (\mathbf{x},t) = u(a\mathbf{x},bt)$$

sia ancora soluzione dell'equazione omogenea. Abbiamo:

$$u_t^* (\mathbf{x},t) - D\Delta u^* (\mathbf{x},t) = bu_t (a\mathbf{x},bt) - a^2 D\Delta u (a\mathbf{x},bt)$$

e quindi u^* è soluzione dell'equazione omogenea se $b = a^2$.

Poiché il coefficiente di dilatazione temporale è il quadrato di quello spaziale, la trasformazione delle variabili indipendenti data da

$$\mathbf{x} \longmapsto a\mathbf{x}, \qquad t \longmapsto a^2 t \qquad (a, b > 0)$$

prende il nome di *dilatazione parabolica (di rapporto a)*. Le dilatazioni paraboliche lasciano invariati i blocchi

$$\frac{|\mathbf{x}|^2}{t} \qquad \text{oppure} \qquad \frac{\mathbf{x}}{\sqrt{t}}$$

e non è quindi sorprendente che tale combinazione di variabili compaia frequentemente nello studio dei fenomeni di diffusione.

2.1.2 La conduzione del calore

Il *calore* è una forma di energia che frequentemente conviene considerare isolata da altre forme. Per ragioni storiche, si usa come unità di misura la *caloria*, che corrisponde a 4.182 *joules*. Vogliamo derivare un modello matematico per la *conduzione* del calore in un corpo rigido. Assumiamo che il corpo rigido sia omogeneo ed isotropo, con densità costante ρ e che possa ricevere energia da una sorgente esogena (per esempio, dal passaggio di corrente elettrica o da una reazione chimica oppure dal calore prodotto per assorbimento o irraggiamento dall'esterno). Indichiamo con r il tasso di calore per unità di massa fornito al corpo dall'esterno[2].

Poiché il calore è una forma di energia, è naturale usare la relativa legge di conservazione che possiamo formulare nel modo seguente:

Sia V un elemento arbitrario di volume all'interno del corpo rigido. *Il tasso di variazione dell'energia interna in V eguaglia il flusso di calore attraverso il bordo ∂V di V, dovuto alla conduzione, più quello dovuto alla sorgente esterna.*

Se indichiamo con $e = e(\mathbf{x}, t)$ l'energia interna per unità di massa, la quantità di energia interna in V è data da

$$\int_V e\rho \, d\mathbf{x}$$

cosicché il suo tasso di variazione è[3]

$$\frac{d}{dt} \int_V e\rho \, d\mathbf{x} = \int_V e_t\rho \, d\mathbf{x}.$$

Indichiamo il vettore *flusso di calore*[4] *con* $\mathbf{q}$. Questo vettore assegna la direzione del flusso di calore e la sua velocità per unità di area. Precisamente, se $d\sigma$ è un elemento d'area contenuto in ∂V con versore normale esterno $\boldsymbol{\nu}$, $\mathbf{q} \cdot \boldsymbol{\nu} d\sigma$ è la velocità con la quale l'energia fluisce attraverso $d\sigma$ e quindi il flusso di calore *entrante* attraverso ∂V è dato da

$$-\int_{\partial V} \mathbf{q} \cdot \boldsymbol{\nu} \, d\sigma \underset{\text{(Teorema di Gauss)}}{=} -\int_V \text{div}\mathbf{q} \, d\mathbf{x}.$$

Infine, il contributo dovuto alla sorgente esterna è uguale a

$$\int_V r\rho \, d\mathbf{x}.$$

Il bilancio dell'energia richiede dunque:

$$\int_V e_t\rho \, d\mathbf{x} = -\int_V \text{div}\mathbf{q} \, d\mathbf{x} + \int_V r\rho \, d\mathbf{x}. \tag{2.4}$$

L'arbitrarietà di V permette di convertire l'equazione integrale (2.4) nell'equazione

$$e_t\rho = -\text{div}\mathbf{q} + r\rho \tag{2.5}$$

---

[2] Le dimensioni di r sono: $[r] = cal \times tempo^{-1} \times massa^{-1}$.

[3] Assumendo di poter derivare sotto il segno di integrale.

[4] $[\mathbf{q}] = cal \times lunghezza^{-2} \times tempo^{-1}$.

che costituisce la legge fondamentale della conduzione del calore. Poiché e e $\mathbf{q}$ sono incognite occorrono *leggi costitutive* per queste quantità. Assumiamo le seguenti:

- **legge di Fourier** per la conduzione del calore; in condizioni "normali", il flusso è proporzionale al gradiente di temperatura:

$$\mathbf{q} = -\kappa\nabla\theta \qquad (2.6)$$

dove θ è la temperatura assoluta e $\kappa > 0$, *conduttività termica*[5], è legata alle proprietà del materiale. Il segno meno tiene conto del fatto che il calore fluisce verso regioni dove la temperatura è minore. In generale, κ può dipendere da θ, ma in molti casi concreti la sua variazione è trascurabile. Qui la consideriamo costante per cui

$$\text{div}\mathbf{q} = -\kappa\Delta\theta. \qquad (2.7)$$

- L'energia interna è proporzionale alla temperatura assoluta

$$e = c_v\theta \qquad (2.8)$$

ove c_v è il *calore specifico*[6] (a volume costante) del materiale. Anche c_v, nei casi concreti più comuni, può essere considerato costante.

Tenuto conto di queste leggi, la (2.5) diventa

$$\theta_t = \frac{\kappa}{c_v\rho}\Delta\theta + \frac{1}{c_v}r$$

che è l'equazione di diffusione con $D = \kappa/(c_v\rho)$ e $f = r/c_v$. Nel coefficiente D è sintetizzata la *risposta termica del materiale*.

2.1.3 Problemi ben posti ($n = 1$)

Come abbiamo accennato nel primo capitolo, per ottenere un problema ben posto in un modello matematico occorrono ulteriori informazioni. *Quali sono i problemi ben posti per l'equazione di diffusione?*

Cominciamo in *dimensione* (spaziale) $n = 1$. Consideriamo l'evoluzione della temperatura u di una sbarra cilindrica con sezione di area A e di lunghezza L molto superiore al raggio della sezione, *isolata termicamente* ai lati. Sebbene la sbarra sia tridimensionale, possiamo assumere che il calore fluisca solo lungo l'asse del cilindro e che sia distribuito uniformemente in ogni sezione della sbarra. Possiamo dunque adottare un modello unidimensionale, identificando la sbarra con un segmento del tipo $0 \leq x \leq L$ e assumere che $e = e(x,t)$, $r = r(x,t)$, con $0 \leq x \leq L$. Coerentemente, $u = u(x,t)$ e le relazioni costitutive (2.6) e (2.8) diventano

$$e(x,t) = c_v u(x,t), \quad \mathbf{q} = -\kappa u_x\mathbf{i}.$$

---

[5] $[\kappa] = cal \times grado^{-1} \times tempo^{-1} \times lunghezza^{-1}$.

[6] $[c_v] = cal \times grado^{-1} \times massa^{-1}$.

Scegliendo $V = A \times [x, x + \Delta x]$ in (2.4), l'area A della sezione si semplifica e otteniamo

$$\int_x^{x+\Delta x} c_v \rho u_t \, dx = \int_x^{x+\Delta x} \kappa u_{xx} \, dx + \int_x^{x+\Delta x} r\rho \, dx$$

che dà per u l'equazione unidimensionale

$$u_t - D u_{xx} = f.$$

Vogliamo studiare l'evoluzione della temperatura in un intervallo di tempo, diciamo da $t = 0$ fino a $t = T$. È allora ragionevole precisare qual è la distribuzione iniziale: diverse configurazioni iniziali corrisponderanno, in generale, a differenti evoluzioni della temperatura lungo la sbarra. Occorre dunque assegnare il **dato iniziale** (o *di Cauchy*) $u(x, 0)$.

Questo però non è sufficiente; è necessario tener conto di come la sbarra interagisce con l'ambiente circostante; per convincersene, basti pensare al fatto che, partendo da una data configurazione iniziale, potremmo influire sull'evoluzione di u controllando ciò che succede agli estremi della sbarra; un modo per farlo è, per esempio, usare un termostato per mantenere la temperatura al livello desiderato. Ciò equivale ad assegnare

$$u(0, t) = h_1(t), \quad u(L, t) = h_2(t) \qquad t \in (0, T], \tag{2.9}$$

che si chiamano **condizioni di Dirichlet**.

Anziché la temperatura, si può controllare il flusso di calore uscente/entrante dagli estremi. Adottando sempre la legge di Fourier, si ha:

$$\text{flusso di calore entrante in } x = 0 : -\kappa u_x(0, t),$$

$$\text{flusso di calore entrante in } x = L : \kappa u_x(L, t)$$

dove $\kappa > 0$ è la costante di conduttività termica. Controllare il flusso agli estremi corrisponde dunque ad assegnare

$$-u_x(0, t) = h_1(t), \, u_x(L, t) = h_2(t) \qquad t \in (0, T], \tag{2.10}$$

che si chiamano **condizioni di Neumann**.

Può presentarsi il caso in cui occorra assegnare **condizioni miste**: in un estremo una condizione di Dirichlet, nell'altro una di Neumann.

In altre situazioni è appropriata una **condizione di radiazione** (o *di Robin*) in uno o in entrambi gli estremi. Supponiamo che il mezzo circostante sia tenuto alla temperatura U e che il flusso di calore entrante attraverso un estremo, per esempio $x = L$, sia proporzionale alla differenza $U - u$, cioè[7]

$$\kappa u_x(L, t) = \gamma(U - u(L, t)) \qquad t \in (0, T] \tag{2.11}$$

---

[7] La formula (2.11) è basata sulla *legge (lineare) di raffreddamento di Newton*: la perdita di calore dalla superficie di un corpo è funzione lineare della differenza di temperatura $U - u$ dall'ambiente esterno alla superficie. Rappresenta una buona approssimazione della perdita di calore irradiato da un corpo quando $|U - u|/u \ll 1$.

dove $\gamma > 0$. Ponendo $\alpha = \gamma/\kappa > 0$ e $\beta = \gamma U/\kappa$ la condizione di Robin in $x = L$ si scrive

$$u_x(L,t) + \alpha u(L,t) = \beta \qquad t \in (0,T]. \qquad (2.12)$$

Le condizioni agli estremi (2.9), (2.10), (2.12) e miste, sono fra le più usate e i problemi ad esse associati ne ereditano il nome.

Riassumendo, abbiamo i seguenti tipi di problemi: *dati $f = f(x,t)$ (sorgente esterna) e $g = g(x)$ (dato iniziale o di Cauchy), determinare $u = u(x,t)$ tale che*

$$\begin{cases} u_t - Du_{xx} = f & 0 < x < L, 0 < t < T \\ u(x,0) = g(x) & 0 \leq x \leq L \\ + \text{ condizioni agli estremi } 0 < t \leq T \end{cases}$$

dove le condizioni agli estremi possono essere le seguenti:

- di Dirichlet:

$$u(0,t) = h_1(t), \; u(L,t) = h_2(t);$$

- di Neumann:

$$-u_x(0,t) = h_1(t), \; u_x(L,t) = h_2(t);$$

- di radiazione o di Robin:

$$-u_x(0,t) + \alpha u(0,t) = h_1(t), \; u_x(L,t) + \alpha u(L,t) = h_2(t) \qquad (\alpha > 0).$$

Coerentemente, abbiamo i problemi di Cauchy-Dirichlet, Cauchy-Neumann e così via. Quando $h_1 = h_2 = 0$, diciamo che le condizioni al bordo sono **omogenee**.

Frontiera parabolica. Notiamo espressamente che *nessuna condizione finale per $0 < x < L$, $t = T$* è assegnata. Le condizioni sono assegnate solo sulla cosiddetta *frontiera parabolica* del cilindro Q_T, indicata con $\partial_p Q_T$ e data dall'unione della base $[0, L] \times \{t = 0\}$ e della parte laterale costituita dai punti $(0,t)$ e (L,t) con $0 < t \leq T$ (Figura 2.1).

In importanti applicazioni, come per esempio alla Finanza Matematica, si presenta il caso in cui x varia in insiemi illimitati, tipicamente intervalli del tipo $(0, \infty)$ o anche tutto $\mathbb{R}$, che corrisponderebbe al caso di una sbarra ideale, infinita. In questi casi occorre richiedere che la soluzione non diverga all'infinito troppo rapidamente. Vedremo condizioni precise più avanti. Abbiamo dunque il

- *Problema di Cauchy globale*

$$\begin{cases} u_t - Du_{xx} = f & x \in \mathbb{R}, 0 < t < T \\ u(x,0) = g(x) & x \in \mathbb{R} \\ + \text{ condizioni per } x \to \pm\infty. \end{cases}$$

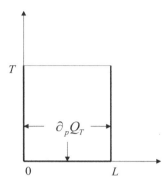

Figura 2.1 La frontiera parabolica di Q_T

2.1.4 Un esempio elementare. Il metodo di separazione delle variabili

Dimostreremo che, sotto ipotesi non troppo onerose sui dati, i problemi considerati sopra sono ben posti, cioè la soluzione esiste, è unica e dipende con continuità dai dati. A volte ciò si può fare con metodi elementari, come quello di *separazione delle variabili,* che presentiamo servendoci di un semplice esempio di conduzione del calore. Consideriamo la situazione seguente. Una sbarra (che consideriamo unidimensionale) di lunghezza L è tenuta inizialmente a temperatura θ_0. Successivamente, l'estremo $x = 0$ è mantenuto alla stessa temperatura, mentre l'estremo $x = L$ viene mantenuto ad una temperatura costante $\theta_1 > \theta_0$. Vogliamo sapere come evolve la temperatura.

Prima di fare calcoli, proviamo a congetturare che cosa può succedere. Dato che $\theta_1 > \theta_0$, dall'estremo *caldo* comincerà a fluire calore causando un aumento della temperatura all'interno e una fuoruscita di calore dall'estremo *freddo*. All'inizio, il flusso entrante sarà superiore al flusso uscente, ma col tempo, con l'aumento di temperatura all'interno, esso comincerà a diminuire, mentre il flusso uscente aumenterà. Ci si aspetta che prima o poi i due flussi si bilancino e si assesteranno su una situazione stazionaria. Sarebbe poi interessante avere informazioni sul tempo d'assestamento.

Cerchiamo ora di dimostrare che questo è esattamente il comportamento che il nostro modello matematico riproduce. Il problema è:

$$\theta_t - D\theta_{xx} = 0 \quad t > 0, 0 < x < L$$

con le condizioni

$$\theta(x,0) = \theta_0 \qquad\qquad 0 \le x \le L$$
$$\theta(0,t) = \theta_0, \; \theta(L,t) = \theta_1 \qquad t > 0.$$

Poiché siamo interessati al comportamento a regime della soluzione, lasciamo t illimitato. Non lasciamoci impressionare dal fatto che il dato iniziale *non si raccordi con continuità con quello laterale all'estremo* $x = L$; vedremo dopo che cosa ciò comporti.

- *Variabili adimensionali.* Conviene riformulare il problema passando a *variabili adimensionali*. A tale scopo, occorre *riscalare spazio, tempo e temperatura rispetto a grandezze caratteristiche del problema*. Per la variabile spaziale è facile. Una grandezza caratteristica è la lunghezza della sbarra. Poniamo quindi

$$y = \frac{x}{L}$$

che è ovviamente una grandezza adimensionale, essendo rapporto di lunghezze. Notiamo che

$$0 \leq y \leq 1.$$

Come riscalare il tempo? Osserviamo che le dimensioni di D sono

$$lunghezza^2 \times tempo^{-1}.$$

La costante $\tau = \frac{L^2}{D}$ ha dunque le dimensioni di un tempo ed è indubbiamente legata alle caratteristiche del problema. Introduciamo perciò il tempo adimensionale

$$s = \frac{t}{\tau}.$$

Poniamo infine

$$u(y, s) = \frac{\theta(Ly, \tau s) - \theta_0}{\theta_1 - \theta_0}.$$

Risulta

$$u(y, 0) = \frac{\theta(Ly, 0) - \theta_0}{\theta_1 - \theta_0} = 0, \quad 0 \leq y \leq 1$$

$$u(0, s) = \frac{\theta(0, \tau s) - \theta_0}{\theta_1 - \theta_0} = 0, \quad u(1, s) = \frac{\theta(L, \tau s) - \theta_0}{\theta_1 - \theta_0} = 1.$$

Inoltre,

$$(\theta_1 - \theta_0)u_s = \frac{\partial t}{\partial s}\theta_t = \tau\theta_t = \frac{L^2}{D}\theta_t$$

$$(\theta_1 - \theta_0)u_{yy} = \left(\frac{\partial x}{\partial y}\right)^2 \theta_{xx} = L^2\theta_{xx}$$

per cui, essendo $\theta_t = D\theta_{xx}$,

$$(\theta_1 - \theta_0)(u_s - u_{yy}) = \frac{L^2}{D}\theta_t - L^2\theta_{xx} = \frac{L^2}{D}D\theta_{xx} - L^2\theta_{xx} = 0.$$

Riassumendo, si ha

$$u_s - u_{yy} = 0 \tag{2.13}$$

con le condizioni $u(y,0) = 0$ e

$$u(0,s) = 0, \quad u(1,s) = 1. \tag{2.14}$$

Osserviamo che nella formulazione adimensionale i parametri L e D non compaiono, evidenziando la struttura matematica del problema. D'altro canto, vedremo più avanti l'utilità dell'adimensionalizzazione nella modellistica.

• *La solutione stazionaria.* Cominciamo a determinare la soluzione stazionaria u^{St}, che si dimentica della condizione iniziale e soddisfa l'equazione $u_{yy} = 0$, oltre alle condizioni (2.14). Si trova immediatamente

$$u^{St}(y) = y.$$

Tornando alle variabili originali, la soluzione stazionaria è

$$\theta^{St}(x) = \theta_0 + (\theta_1 - \theta_0)\frac{x}{L}$$

che corrisponde ad un flusso uniforme di calore lungo la sbarra, dato dalla legge di Fourier:

$$\text{flusso di calore} = -\kappa\theta_x = -\kappa\frac{(\theta_1 - \theta_0)}{L}.$$

• *Il regime transitorio.* Conviene a questo punto porre

$$U(y,s) = u^{St}(y,s) - u(y,s) = y - u(y,s).$$

U rappresenta il *regime transitorio* che ci aspettiamo tenda a zero per $s \to +\infty$. La velocità di convergenza a zero di U dà informazioni sul tempo che la temperatura impiega ad assestarsi sulla posizione di equilibrio u^{St}. U soddisfa l'equazione (2.13) con la condizione iniziale

$$U(y,0) = y \qquad 0 < y < 1 \tag{2.15}$$

e le condizioni di Dirichlet *omogenee*

$$U(0,s) = 0 \quad \text{e} \quad U(1,s) = 0 \qquad s > 0. \tag{2.16}$$

• *Separazione delle variabili.* Cerchiamo ora una formula esplicita per U, usando, come abbiamo anticipato, il metodo di separazione delle variabili. L'idea è di sfruttare la natura lineare del problema costruendo la soluzione mediante sovrapposizione di soluzioni della forma $w(s)v(y)$ in cui le variabili s e y si presentano *separate*. Sottolineiamo che è **essenziale avere condizioni agli estremi omogenee**.

Passo **1.** Si comincia a cercare soluzioni della (2.13) della forma

$$U(y,s) = w(s)v(y)$$

con $v(0) = v(1) = 0$. Sostituendo, si trova

$$0 = U_s - U_{yy} = w'(s) v(y) - w(s) v''(y)$$

da cui, separando le variabili,

$$\frac{w'(s)}{w(s)} = \frac{v''(y)}{v(y)}. \tag{2.17}$$

Ora, la (2.17) è un'*identità*, valida per ogni $s > 0$ ed ogni $y \in (0,1)$. Essendo il primo membro funzione *solo* della variabile s ed il secondo funzione *solo* della variabile y, l'identità è possibile unicamente nel caso in cui entrambi i membri siano uguali ad una costante comune, diciamo λ. Abbiamo, dunque,

$$v''(y) - \lambda v(y) = 0 \tag{2.18}$$

con

$$v(0) = v(1) = 0 \tag{2.19}$$

e

$$w'(s) - \lambda w(s) = 0. \tag{2.20}$$

Passo **2.** Risolviamo prima il problema (2.18), (2.19). Vi sono tre possibili forme dell'integrale generale di (2.18).

a) Se $\lambda = 0$, $v(y) = A + By$ (A, B constanti arbitrarie) e le condizioni (2.19) implicano $A = B = 0$.

b) Se λ è positivo, diciamo $\lambda = \mu^2 > 0$, allora

$$v(y) = Ae^{-\mu y} + Be^{\mu y}$$

e ancora le condizioni (2.19) implicano $A = B = 0$.

c) Se infine $\lambda = -\mu^2 < 0$, allora

$$v(y) = A \sin \mu y + B \cos \mu y.$$

Imponendo le condizioni (2.19), si trova

$$v(0) = B = 0,$$
$$v(1) = A \sin \mu + B \cos \mu = 0$$

da cui

$$A \text{ arbitrario}, \ B = 0, \ \mu = m\pi, \ m = 1, 2, \dots .$$

Solo il terzo caso produce soluzioni non nulle del tipo

$$v_m(y) = A \sin m\pi y.$$

Problemi come (2.18), (2.19) si chiamano *problemi agli autovalori*. I valori μ_m si chiamano *autovalori* e le soluzioni v_m sono le corrispondenti *autofunzioni*.

Con i valori $\lambda = -\mu^2 = -m^2\pi^2$, la (2.20) ha come integrale generale,

$$w_m(s) = Ce^{-m^2\pi^2 s} \quad (C \text{ costante arbitraria}).$$

Otteniamo così soluzioni della forma

$$U_m(y, s) = A_m e^{-m^2\pi^2 s} \sin m\pi y.$$

Passo **3**. Nessuna tra le soluzioni U_m soddisfa la condizione iniziale $U(y, 0) = y$. Come abbiamo già accennato, cerchiamo di costruire la soluzione desiderata sovrapponendo le infinite soluzioni U_m mediante la formula

$$U(y, s) = \sum_{m=1}^{\infty} A_m e^{-m^2\pi^2 s} \sin m\pi y.$$

Si presentano spontaneamente tre questioni.

Q1. La condizione iniziale impone

$$U(y, 0) = \sum_{m=1}^{\infty} A_m \sin m\pi y = y \qquad \text{per } 0 \le y \le 1. \qquad (2.21)$$

È possibile scegliere le costanti A_m in modo che la (2.21) sia verificata? In quale senso U soddisfa la condizione iniziale? Per esempio, è vero che

$$U(x, s) \to y \quad \text{se} \quad (x, s) \to (y, 0)?$$

Q2. Ogni singola funzione U_m è soluzione dell'equazione del calore, ma lo sarà anche U? Per verificarlo occorrerebbe poter differenziare sotto il segno di somma cosicché:

$$(\partial_s - \partial_{yy})U(y, s) = \sum_{m=1}^{\infty} (\partial_s - \partial_{yy})U_m(y, s) = 0. \qquad (2.22)$$

E le condizioni agli estremi?

Q3. Anche supponendo che tutto vada bene, siamo sicuri che U sia l'unica soluzione del problema e quindi descrive senza ombra di dubbio l'evoluzione della temperatura?

Q1. La questione 1 è di carattere molto generale e riguarda la possibilità di *sviluppare una funzione in serie di Fourier* ed in particolare la funzione $f(y) = y$, nell'intervallo $(0, 1)$. Per via delle condizioni di Dirichlet omogenee agli estremi è naturale sviluppare $f(y) = y$ con una serie di soli *seni*, ossia sviluppare la funzione *dispari, periodica di periodo 2, che coincide con y nell'intervallo* $[0, 1]$. I coefficienti di Fourier si calcolano con la formula

$$A_k = 2\int_0^1 y \sin k\pi y \, dy = -\frac{2}{k\pi}[y \cos k\pi y]_0^1 + \frac{2}{k\pi}\int_0^1 \cos k\pi y \, dy =$$

$$= -2\frac{\cos k\pi}{k\pi} = (-1)^{k+1}\frac{2}{k\pi}.$$

Lo sviluppo di $f(y) = y$ è, dunque:

$$y = \sum_{m=1}^{\infty} (-1)^{m+1} \frac{2}{m\pi} \sin m\pi y. \tag{2.23}$$

Dove è valido lo sviluppo (2.23)? Si vede subito che in $y = 1$ non può essere vero, in quanto $\sin m\pi = 0$ per ogni m e si otterrebbe $1 = 0$.

La teoria delle serie di Fourier implica che lo sviluppo (2.23) è valido nell'intervallo $(-1, 1)$, mentre agli estremi la serie è ovviamente nulla. Inoltre, la serie converge uniformemente in ogni intervallo $[a, b] \subset (-1, 1)$.

L'uguaglianza (2.23) vale anche **in media quadratica** (o nel senso della convergenza in $L^2(0, 1)$), cioè nel senso che

$$\int_0^1 [y - \sum_{m=1}^{N} (-1)^{m+1} \frac{2}{m\pi} \sin m\pi y]^2 dy \to 0 \qquad \text{per } N \to +\infty.$$

In conclusione, la nostra (per ora solo candidata) soluzione è

$$U(y, s) = \sum_{m=1}^{\infty} (-1)^{m+1} \frac{2}{m\pi} e^{-m^2 \pi^2 s} \sin m\pi y. \tag{2.24}$$

Controlliamo che il dato iniziale è assunto in media quadratica, ossia che

$$\lim_{s \to 0} \int_0^1 [U(y, s) - y]^2 dy = 0. \tag{2.25}$$

Infatti, dall'uguaglianza di Bessel, possiamo scrivere

$$\int_0^1 [U(y, s) - y]^2 dy = \frac{4}{\pi^2} \sum_{m=1}^{\infty} \frac{\left(e^{-m^2 \pi^2 s} - 1\right)^2}{m^2}. \tag{2.26}$$

Ora, per $s \geq 0$, si ha

$$\frac{\left(e^{-m^2 \pi^2 s} - 1\right)^2}{m^2} \leq \frac{1}{m^2}$$

e la serie $\sum 1/m^2$ è convergente. Per il test di Weierstrass, segue che la serie (2.26) converge uniformemente in $[0, \infty)$ e che possiamo passare al limite per $s \to 0^+$ sotto il segno di somma, ottenendo la (2.25).

Un pò più delicato è mostrare[8] che $U(x, s) \to y$ se $(x, s) \to (y, 0)$, con l'unica eccezione del punto $y = 1$, dove, del resto, già i dati non si raccordano con continuità.

Q2. L'espressione di U è abbastanza confortante: è una sovrapposizione di vibrazioni sinusoidali di frequenza m sempre maggiore e di ampiezza fortemente attenuata dalla presenza dell'esponenziale, *almeno per $s > 0$*. Infatti,

---

[8] Omettiamo la dimostrazione, un po' troppo tecnica.

la rapida convergenza a zero del termine generale della serie (2.24) e delle sue derivate di qualunque ordine, sia rispetto al tempo, sia rispetto allo spazio, permette di scambiare le operazioni di derivazione con quella di somma. Precisamente, abbiamo:

$$\frac{\partial U_m}{\partial s} = \frac{\partial^2 U_m}{\partial y^2} = (-1)^{m+2} 2m\pi e^{-m^2 \pi^2 s} \sin m\pi y,$$

e quindi, se $s \geq s_0 > 0$,

$$\left| \frac{\partial U_m}{\partial s} \right|, \left| \frac{\partial^2 U_m}{\partial y^2} \right| \leq 2m\pi e^{-m^2 \pi^2 s_0}.$$

Poiché la serie numerica

$$\sum_{m=1}^{\infty} m e^{-m^2 \pi^2 s_0}$$

è convergente, concludiamo ancora per il test di Weierstrass che le serie

$$\sum_{m=1}^{\infty} \frac{\partial U_m}{\partial s} \quad e \quad \sum_{m=1}^{\infty} \frac{\partial^2 U_m}{\partial y^2}$$

convergono uniformemente in $[0, 1] \times [s_0, \infty)$, cosicché la (2.22) è corretta e U è una soluzione della (2.13).

Rimangono da verificare le condizioni di Dirichlet: se $s_0 > 0$,

$$U(z, s) \to 0 \quad \text{per} \ (z, s) \to (0, s_0) \quad \text{oppure} \ (z, s) \to (1, s_0).$$

Ciò è vero poiché, sempre per la convergenza uniforme della serie (2.24), possiamo passare al limite sotto il segno di somma in ogni regione $[0, 1] \times (b, +\infty)$ con $b > 0$. Per la stessa ragione, U ha derivate continue di ogni ordine, fino alla frontiera laterale della striscia $[0, 1] \times (b, +\infty)$.

Sottolineiamo che la soluzione s'è "dimenticata" *immediatamente* della discontinuità iniziale.

Q3. Per mostrare che U è l'unica soluzione seguiamo un metodo detto "dell'energia", che svilupperemo in seguito in contesti molto più generali. Moltiplichiamo per u l'equazione

$$u_s - u_{yy} = 0$$

e integriamo rispetto ad y sull'intervallo $[0, 1]$, mantenendo $s > 0$, fissato; si trova:

$$\int_0^1 u u_s \, dx - \int_0^1 u u_{yy} \, dy = 0. \tag{2.27}$$

Osserviamo ora che

$$\int_0^1 u u_s \, dx = \frac{1}{2} \int_0^1 \frac{d}{ds} (u^2) \, dy = \frac{1}{2} \frac{d}{ds} \int_0^1 u^2 dy$$

mentre, integrando per parti,

$$\int_0^1 u u_{yy}\, dy = [u\,(1,s)\,u_y\,(1,s) - u\,(0,s)\,u_y\,(0,s)] - \int_0^1 (u_y)^2\, dy.$$

La (2.27) è allora equivalente a

$$\frac{1}{2}\frac{d}{ds}\int_0^1 u^2 dy = [u\,(1,s)\,u_y\,(1,s) - u\,(0,s)\,u_y\,(0,s)] - \int_0^1 (u_y)^2\, dy. \qquad (2.28)$$

Se ora u e v sono soluzioni del nostro problema di Cauchy-Dirichlet, cioè con *gli stessi dati iniziali e al bordo*, la differenza $w = u - v$ è soluzione dell'equazione $w_s - w_{yy} = 0$ con dati iniziali e al bordo nulli. Applicando la (2.28) a w, si trova

$$\frac{1}{2}\frac{d}{ds}\int_0^1 w^2 dy = -\int_0^1 (w_y)^2\, dy \le 0 \qquad (2.29)$$

essendo

$$w\,(1,s)\,w_y\,(1,s) - w\,(0,s)\,w_y\,(0,s) = 0.$$

La (2.29) indica che la funzione non negativa

$$E\,(s) = \int_0^1 w^2\,(y,s)\, dy$$

ha derivata minore o uguale a zero e perciò è decrescente. Ma dalla (2.25) applicata a w, che ha dato iniziale nullo, segue che

$$E\,(s) \to 0 \qquad \text{se } s \to 0^+$$

e quindi si deduce che $E\,(s) = 0$, per ogni $s > 0$. Essendo $w^2\,(y,s)$ continua e non negativa se $s > 0$, deve essere $w = 0$ per ogni $s > 0$, che significa $u = v$.

• *Ritorno alle origini.* Ritornando al problema di partenza, la soluzione nelle variabili originali risulta

$$\theta\,(x,t) = \theta_0 + (\theta_1 - \theta_0)\frac{x}{L} - (\theta_1 - \theta_0)\sum_{m=1}^{\infty}(-1)^{m+1}\frac{2}{m\pi}e^{\frac{-m^2\pi^2 D}{L^2}t}\sin\frac{m\pi}{L}x.$$

Dalla formula per la soluzione troviamo conferma della congettura sull'evoluzione della temperatura, fatta all'inizio. Infatti, tutti i termini della serie convergono a zero esponenzialmente per $t \to +\infty$ e quindi è facile dimostrare che, a regime, la temperatura si assesta, almeno in media quadratica, sulla soluzione stazionaria:

$$\theta\,(x,t) \to \theta_0 + (\theta_1 - \theta_0)\frac{x}{L} \qquad t \to +\infty.$$

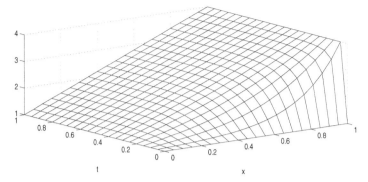

Figura 2.2 La soluzione del problema (2.13), (2.14)

Non solo. Dei vari termini della serie, il primo $(m = 1)$ è quello che decade più lentamente e perciò, coll'andar del tempo, è quello che determina la deviazione dall'equilibrio, indipendentemente dalla condizione iniziale. Questo termine è

$$\frac{2}{\pi}e^{\frac{-\pi^2 D}{L^2}t}\sin\frac{\pi}{L}x$$

e ha un andamento sinusoidale smorzato, di ampiezza massima $\frac{2}{\pi}e^{\frac{-\pi^2 D}{L^2}t}$. In un tempo t dell'ordine di $L^2/4D$ tale ampiezza è minore di $e^{-\pi^2/4}$, circa l' 8% del suo valore iniziale. Questo semplice calcolo fornisce l'importante informazione che, per raggiungere lo stato di equilibrio, ci vuole un tempo dell'ordine di grandezza di L^2/D.

Non a caso, il fattore di scala del tempo adimensionale τ era esattamente L^2/D. La formulazione adimensionale, oltre che semplificare i calcoli, è estremamente utile nel fare predizioni usando modelli sperimentali. Per avere risultati attendibili, questi modelli devono riprodurre le stesse caratteristiche a scale differenti. Per esempio, se la nostra sbarra fosse un modello sperimentale di una trave molto più grande, lunga L_0, con coefficiente di diffusione D_0, per avere gli stessi effetti temporali di diffusione del calore, occorre scegliere materiale (D) e lunghezza (L) in modo che $\frac{L^2}{D} = \frac{L_0^2}{D_0}$. In Figura 2.2: la soluzione del problema (2.13), (2.14) per $0 < t \le 1$.

2.1.5 Problemi in dimensione $n > 1$

Ragioniamo ora in dimensione spaziale n generica, appoggiando l'intuizione sui casi $n = 2$ o $n = 3$. Supponiamo di voler determinare l'evoluzione della temperatura in un corpo conduttore del calore, che occupi nello spazio un dominio[9] Ω *limitato*, nell'intervallo di tempo $[0, T]$. Sotto le ipotesi della Sezione

---

[9] Ricordiamo che *dominio* significa *aperto connesso in* $\mathbb{R}^n$. Occorre naturalmente evitare confusioni con la definizione di *dominio di una funzione*, che può essere un insieme qualunque.

1.2, la temperatura sarà una funzione $u = u(\mathbf{x}, t)$, che soddisfa l'equazione del calore $u_t - D\Delta u = f$ nel *cilindro spazio-temporale*

$$Q_T = \Omega \times (0, T).$$

Per determinarla univocamente occorre assegnare prima di tutto la sua *distribuzione iniziale*

$$u(\mathbf{x}, 0) = g(\mathbf{x}) \qquad \mathbf{x} \in \overline{\Omega},$$

dove, ricordiamo, $\overline{\Omega} = \Omega \cup \partial\Omega$ indica la *chiusura* of Ω.

Il controllo dell'interazione con l'ambiente circostante si modella mediante *opportune condizioni sul bordo* $\partial\Omega$. Le più comuni sono le seguenti.

Condizione di Dirichlet. La temperatura è mantenuta in ogni punto di $\partial\Omega$ ad un livello assegnato; in formule ciò si traduce nell'assegnare

$$u(\boldsymbol{\sigma}, t) = h(\boldsymbol{\sigma}, t), \qquad \boldsymbol{\sigma} \in \partial\Omega \ \text{ and } \ t \in (0, T].$$

Condizione di Neumann. Si assegna il flusso di calore entrante/uscente attraverso $\partial\Omega$, che supponiamo essere una curva o una superficie "liscia", ossia dotata di retta o piano tangente in ogni suo punto[10]. Per esprimere questa condizione, indichiamo con $\boldsymbol{\nu} = \boldsymbol{\nu}(\boldsymbol{\sigma})$ il versore normale al piano tangente a $\partial\Omega$ nel punto $\boldsymbol{\sigma}$, *orientato esternamente a* Ω. Dalla legge di Fourier abbiamo

$$\mathbf{q} = \text{ flusso di calore} = -\kappa\nabla u$$

per cui il flusso *entrante* è

$$-\mathbf{q} \cdot \boldsymbol{\nu} = \kappa\nabla u \cdot \boldsymbol{\nu} = \kappa\partial_{\boldsymbol{\nu}} u.$$

Di conseguenza, la condizione di Neumann equivale ad assegnare la derivata normale $\partial_{\boldsymbol{\nu}} u(\boldsymbol{\sigma}, t)$, per ogni $\boldsymbol{\sigma} \in \partial\Omega$ e $t \in [0, T]$:

$$\partial_{\boldsymbol{\nu}} u(\boldsymbol{\sigma}, t) = h(\boldsymbol{\sigma}, t), \qquad \boldsymbol{\sigma} \in \partial\Omega \ \text{ and } \ t \in (0, T].$$

Condizione di radiazione o di Robin. Il flusso (per esempio *entrante*) attraverso $\partial\Omega$ dipende linearmente dalla differenza[11] $U - u$:

$$-\mathbf{q} \cdot \boldsymbol{\nu} = \gamma(U - u) \qquad (\gamma > 0)$$

dove U è la temperatura ambiente. Dalla legge di Fourier si ottiene

$$\partial_{\boldsymbol{\nu}} u + \alpha u = \beta \qquad \text{su } \partial\Omega$$

con $\alpha = \gamma/\kappa > 0$, $\beta = \gamma U/\kappa$.

---

[10] Ossia Ω è un dominio di classe C^1 secondo la Definizione 1.6.1. Possiamo anche ammettere alcuni punti angolosi, come nel caso di un un cono, e anche qualche spigolo, come nel caso di un cubo ed in generale anche i domini Lipschitziani (Sezione 1.6).

[11] Legge (lineare) del raffreddamento di Newton.

Condizioni miste. La frontiera di Ω è scomposta in varie parti, su ciascuna delle quali è assegnata una diversa condizione. Per esempio, per una formulazione del problema misto Dirichlet-Neumann consideriamo due sottoinsiemi non vuoti e *disgiunti* $\partial_D\Omega$ e $\partial_N\Omega$ di $\partial\Omega$, relativamente aperti in $\partial\Omega$ (Sezione 1.4), tali che

$$\partial\Omega = \overline{\partial_D\Omega} \cup \partial_N\Omega.$$

Assegniamo poi

$$u = h_1 \text{ su } \overline{\partial_D\Omega} \times (0,T]$$
$$\partial_\nu u = h_2 \text{ su } \partial_N\Omega \times (0,T].$$

Riassumendo, abbiamo i seguenti tipi di problemi: *dati $f = f(\mathbf{x},t)$ e $g = g(\mathbf{x})$, determinare $u = u(\mathbf{x},t)$ tale che*

$$\begin{cases} u_t - D\Delta u = f & \text{in } Q_T \\ u(\mathbf{x},0) = g(\mathbf{x}) & \text{in } \overline{\Omega} \\ + \text{ condizioni al bordo su } \partial\Omega \times (0,T] \end{cases}$$

dove le condizioni al bordo possono essere le seguenti:

• *Dirichlet*
$$u = h;$$

• *Neumann*
$$\partial_\nu u = h;$$

• *radiazione o Robin*
$$\partial_\nu u + \alpha u = \beta \qquad (\alpha > 0);$$

• *miste (Dirichlet/Neumann)*
$$u = h_1 \text{ su } \overline{\partial_D\Omega}, \quad \partial_\nu u = h_2 \text{ su } \partial_N\Omega.$$

In dimensione $n > 1$, importanti applicazioni fanno intervenire domini illimitati di vario tipo. Un esempio tipico è il problema di Cauchy globale:

$$\begin{cases} u_t - D\Delta u = f & \mathbf{x} \in \mathbb{R}^n, 0 < t < T \\ u(\mathbf{x},0) = g(\mathbf{x}) & \mathbf{x} \in \mathbb{R}^n \end{cases}$$

a cui va aggiunta una condizione per $|\mathbf{x}| \to \infty$.

Frontiera parabolica. Notiamo ancora espressamente che *nessuna condizione finale (per $t = T$, $\mathbf{x} \in \Omega$) è assegnata.*

Le condizioni sono assegnate solo sulla cosiddetta *frontiera parabolica* del cilindro Q_T, data dall'unione della base $\overline{\Omega} \times \{t = 0\}$ e della parte laterale $S_T = \partial\Omega \times (0,T]$:

$$\partial_p Q_T = \left(\overline{\Omega} \times \{t = 0\}\right) \cup S_T.$$

2.2 Principi di massimo e questioni di unicità

Il fatto che il calore fluisca sempre verso regioni dove la temperatura è più bassa ha come conseguenza che una soluzione dell'equazione omogenea del calore *assume massimi e minimi globali sulla frontiera parabolica* $\partial_p Q_T$. Questo risultato è noto come *principio di massimo*. Inoltre, l'equazione risente dell'irreversibilità temporale nel senso che il futuro è influenzato dal passato ma non viceversa (*principio di causalità*). In altri termini, il valore di una soluzione u al tempo t è indipendente da ogni cambiamento nei dati dopo t. In termini matematici, abbiamo il seguente teorema, che vale per funzioni continue fino al bordo del cilindro, con derivata prima temporale e derivate seconde rispetto alle variabili spaziali continue nell'interno di Q_T. Indichiamo questa classe di funzioni col simbolo $C^{2,1}(Q_T) \cap C(\overline{Q}_T)$.

Teorema 2.1. *Sia* $w \in C^{2,1}(Q_T) \cap C(\overline{Q}_T)$ *tale che*

$$w_t - D\Delta w = q \le 0 \qquad (\text{risp. } \ge 0) \text{ in } Q_T. \tag{2.30}$$

Allora il massimo (risp. minimo) di w *è assunto sulla frontiera parabolica* $\partial_p Q_T$ *di* Q_T:

$$\max_{\overline{Q}_T} w = \max_{\partial_p Q_T} w \qquad (\text{risp. } \min_{\overline{Q}_T} w = \min_{\partial_p Q_T} w).$$

In particolare, se w *è negativa (risp. positiva) su* $\partial_p Q_T$*, allora è negativa (risp. positiva) in tutto* $\overline{Q}_T$.

Dimostrazione. Ricordiamo che la frontiera parabolica è costituita dai punti sulla base del cilindro Q_T e da quelli sulla parte laterale. Sia $q \le 0$. La dimostrazione nell'altro caso è analoga. Distinguiamo due passi.

Passo 1. Sia $\varepsilon > 0$ tale che $T - \varepsilon > 0$. Dimostriamo che

$$\max_{\overline{Q}_{T-\varepsilon}} w \le \max_{\partial_p Q_T} w + \varepsilon T. \tag{2.31}$$

Poniamo $u = w - \varepsilon t$. Allora

$$u_t - D\Delta u = q - \varepsilon < 0 \tag{2.32}$$

e il massimo di u in $\overline{Q}_{T-\varepsilon}$ è assunto in un punto di $\partial_p Q_{T-\varepsilon}$. Infatti, supponiamo che ciò non sia vero. Allora esiste un punto $(\mathbf{x}_0, t_0)$, $\mathbf{x}_0 \in \Omega$, $0 < t_0 \le T - \varepsilon$, tale che $u(\mathbf{x}_0, t_0)$ è il massimo di u in $\overline{Q}_{T-\varepsilon}$.

Ma allora, essendo $u_{x_j x_j}(\mathbf{x}_0, t_0) \le 0$ per ogni $j = 1, ..., n$, si avrebbe

$$\Delta u(\mathbf{x}_0, t_0) \le 0$$

mentre

$$u_t(\mathbf{x}_0, t_0) = 0 \qquad \text{se } t_0 < T - \varepsilon$$

oppure

$$u_t(\mathbf{x}_0, t_0) \ge 0 \qquad \text{se } t_0 = T - \varepsilon.$$

In ogni caso si avrebbe $u_t(\mathbf{x}_0, t_0) - D\Delta u(\mathbf{x}_0, t_0) \geq 0$, incompatibile con (2.32). Pertanto,

$$\max_{\overline{Q}_{T-\varepsilon}} u = \max_{\partial_p Q_{T-\varepsilon}} u$$

ed essendo $u \leq w$, si ha

$$\max_{\partial_p Q_{T-\varepsilon}} u \leq \max_{\partial_p Q_T} w.$$

D'altra parte, $w \leq u + \varepsilon T$ in $\overline{Q}_T$ e quindi

$$\max_{\overline{Q}_{T-\varepsilon}} w \leq \max_{\partial_p Q_{T-\varepsilon}} u + \varepsilon T \leq \max_{\partial_p Q_T} w + \varepsilon T \qquad (2.33)$$

che è la (2.31).

Passo 2. Poiché w è continua in $\overline{Q}_T$, deduciamo che (controllare)

$$\max_{\overline{Q}_{T-\varepsilon}} w \to \max_{\overline{Q}_T} w \quad \text{per } \varepsilon \to 0.$$

Passando allora al limite per $\varepsilon \to 0$ nella (2.31) si ricava

$$\max_{\overline{Q}_T} w \leq \max_{\partial_p Q_T} w$$

che conclude la dimostrazione. □

Definizione 2.1. *Le funzioni tali che $w_t - D\Delta w \leq 0$ (risp. ≥ 0) si chiamano sottosoluzioni (risp. soprasoluzioni) dell'equazione del calore.*

Come conseguenza immediata del Teorema 2.1 abbiamo che: *se*

$$w_t - D\Delta w = 0 \qquad \text{in } Q_T \qquad (2.34)$$

il massimo ed il minimo di w sono assunti sulla frontiera parabolica $\partial_p Q_T$ di Q_T. In particolare

$$\min_{\partial_p Q_T} w \leq w(\mathbf{x},t) \leq \max_{\partial_p Q_T} w \qquad \text{per ogni } (\mathbf{x},t) \in \overline{Q}_T.$$

Inoltre (per la dimostrazione si veda il Problema 2.5):

Corollario 2.2 (Confronto, unicità e stabilità. Problema di Cauchy-Dirichlet). *Siano v e w soluzioni in $C^{2,1}(Q_T) \cap C(\overline{Q}_T)$ di*

$$v_t - D\Delta v_t = f_1 \qquad e \qquad w_t - D\Delta w = f_2$$

rispettivamente, con f_1, f_2 limitate in Q_T. Si ha:

a) *se $v \geq w$ su $\partial_p Q_T$ e $f_1 \geq f_2$ in Q_T allora $v \geq w$ in tutto Q_T;*

b) *vale la stima di stabilità*

$$\max_{\overline{Q}_T} |v - w| \leq \max_{\partial_p Q_T} |v - w| + T \sup_{\overline{Q}_T} |f_1 - f_2|. \qquad (2.35)$$

In particolare il problema di Cauchy-Dirichlet ha al più una soluzione che dipende con continuità dai dati.

La disuguaglianza (2.35) è una *stima di stabilità uniforme*, utile in molte situazioni. Infatti, se $v = g_1$ e $w = g_2$ su $\partial_p Q_T$ e

$$\max_{\overline{Q}_T} |g_1 - g_2| \le \varepsilon, \ \sup_{\overline{Q}_T} |f_1 - f_2| \le \varepsilon,$$

allora

$$\max_{\overline{Q}_T} |v - w| \le \varepsilon (1 + T).$$

Ne segue che, su un intervallo temporale finito, una piccola distanza tra i dati implica una piccola distanza tra le corrispondenti soluzioni.

Il Teorema 2.1 è una versione del cosiddetto *principio di massimo debole*. L'aggettivo debole è dovuto al fatto che questo teorema non esclude la possibilità che il massimo o il minimo possano essere assunti anche in un punto che non si trova sulla frontiera parabolica.

In realtà, vale un risultato più preciso, noto come *principio di massimo forte* che ci limitiamo ad enunciare:

Teorema 2.3 (Principio di massimo forte). *Sia* $u \in C^{2,1}(Q_T) \cap C(\overline{Q}_T)$ *una sottosoluzione dell'equazione di diffusione.*

Se u *assume il massimo* M *in un punto* $(\mathbf{x}_1, t_1)$ *con* $\mathbf{x}_1 \in \Omega$ *e* $0 < t_1 \le T$, *allora* $u \equiv M$ *in* $\overline{\Omega} \times [0, t_1]$.

Un enunciato analogo vale per il minimo se u è una soprasoluzione in Q_T.

Un altro importante risultato riguarda la pendenza con la quale u raggiunge un punto di massimo o minimo sulla frontiera laterale S_T in un punto in cui esiste una sfera tangente internamente ad Ω (Figura 2.3). Precisamente:

Teorema 2.4 (Principio di Hopf). *Sia* $u \in C^{2,1}(Q_T) \cap C(\overline{Q}_T)$ *una sottosoluzione dell'equazione di diffusione. Assumiamo che:*

1. $\mathbf{x}_0 \in \partial \Omega$ *ha la proprietà della sfera interna, cioè: esiste una sfera* $B_R \subset \Omega$ *tangente a* $\partial \Omega$ *in* $\mathbf{x}_0$;

2. $(\mathbf{x}_0, t_0) \in S_T$ *è punto di minimo per* u *in* $\overline{Q}_T$ *ed inoltre* $u(\mathbf{x}_0, t_0) < u(\mathbf{x}, t)$ *in* $\Omega \times [0, t_0)$;

3. *esiste* $\partial_{\boldsymbol{\nu}} u(\mathbf{x}_0, t_0)$.

Allora

$$\partial_{\boldsymbol{\nu}} u(\mathbf{x}_0, t_0) < 0.$$

Se il punto è di massimo, tutte le disuguaglianze vanno rovesciate. Il punto chiave espresso nel teorema è che la derivata normale **non** può essere nulla in $(\mathbf{x}_0, t_0)$.

Dimostrazione. In riferimento alla Figura 2.3, sia $B_R = B_R(\mathbf{p}) \subset \Omega$, tangente a $\partial \Omega$ in $\mathbf{x}_0$. Possiamo sempre supporre che $u(\mathbf{x}_0, t_0) = 0$ e che quindi $u(\mathbf{x}, t) > 0$ in $\Omega \times [0, t_0)$. Poniamo $\mathbf{p}_t = \mathbf{p} + \beta(t_0 - t)(\mathbf{p} - \mathbf{x}_0)$ e consideriamo il cilindro "obliquo"

$$C_{R, t_0} = \cup \left[B_R(\mathbf{p}_t, t) \cap B_{R/2}(\mathbf{x}_0, t) \right]$$

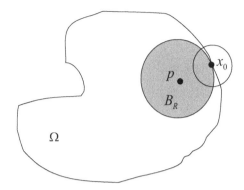

Figura 2.3 Proprietà della sfera interna nel punto $\mathbf{x}_0$

dove l'unione è fatta al variare di t tra $t_0 - a$ e t_0; a e β sono numeri positivi che sceglieremo opportunamente in seguito, in particolare, in modo che $C_{R,t_0} \subset Q_T$. Vogliamo costruire una *sottosoluzione* w che si annulli in $(\mathbf{x}_0, t_0)$, tale che $\partial_{\boldsymbol{\nu}} w(\mathbf{x}_0, t_0) < 0$ e che sia minore o uguale di u sulla frontiera parabolica di C_{R,t_0}, data dall'unione dei seguenti tre insiemi:

$$\Gamma_1 = \cup \left[\partial B_R \left(\mathbf{p}_t, t \right) \cap B_{R/2} \left(\mathbf{x}_0, t \right) \right], \, \Gamma_2 = \cup \left[B_R \left(\mathbf{p}_t, t \right) \cap \partial B_{R/2} \left(\mathbf{x}_0, t \right) \right]$$

e

$$\Gamma_0 = \overline{C}_{R,t_0} \cap \{ t = t_0 - a \}.$$

Una volta costruita w, per il principio di massimo abbiamo $w \leq u$ in $\overline{C}_{R,t_0}$. Inoltre, essendo $w(\mathbf{x}_0, t_0) = u(\mathbf{x}_0, t_0) = 0$, possiamo scrivere (ricordiamo che $\boldsymbol{\nu}$ è la normale esterna):

$$\frac{w(\mathbf{x}_0 - h\boldsymbol{\nu}, t_0) - w(\mathbf{x}_0, t_0)}{h} \leq \frac{u(\mathbf{x}_0 - h\boldsymbol{\nu}, t_0) - u(\mathbf{x}_0, t_0)}{h} \qquad h > 0.$$

Passando al limite per $h \to 0^+$, si ottiene

$$\partial_{\boldsymbol{\nu}} u(\mathbf{x}_0, t_0) \leq \partial_{\boldsymbol{\nu}} w(\mathbf{x}_0, t_0) < 0$$

che conclude la dimostrazione.
Resta da costruire w. Definiamo

$$w(\mathbf{x}, t) = e^{-\alpha |\mathbf{x} - \mathbf{p}_t|^2} - e^{-\alpha R^2}, \text{ con } \alpha > 0.$$

Abbiamo $w(\mathbf{x}_0, t_0) = 0$ e, essendo $\boldsymbol{\nu} = (\mathbf{x}_0 - \mathbf{p}) / R$,

$$\partial_{\boldsymbol{\nu}} w(\mathbf{x}_0, t_0) = -2\alpha e^{-\alpha R^2} (\mathbf{x}_0 - \mathbf{p}) \cdot \frac{(\mathbf{x}_0 - \mathbf{p})}{R} = -2\alpha R e^{-\alpha R^2} < 0.$$

Vogliamo scegliere α, β, in modo tale che $w_t - D\Delta w < 0$ e che $w \leq u$ su $\partial_p C_{R,t_0}$. Si controlla subito che

$$w_t - D\Delta w = \alpha e^{-\alpha |\mathbf{x} - \mathbf{p}_t|^2} \left\{ 2\beta (\mathbf{p}_t - \mathbf{x}) \cdot (\mathbf{p} - \mathbf{x}_0) + 2nD - 2\alpha |\mathbf{x} - \mathbf{p}_t|^2 \right\}$$

$$\leq \alpha e^{-\alpha |\mathbf{x} - \mathbf{p}_t|^2} \left\{ 2\beta C + 2nD - \alpha R^2 / 2 \right\}$$

essendo $|(\mathbf{p}_t - \mathbf{x}) \cdot (\mathbf{p} - \mathbf{x}_0)|$ limitato e $|\mathbf{x} - \mathbf{p}_t| \geq R/2$. Quindi, se α è sufficiente-
mente grande e β piccolo, si ha $w_t - D\Delta w < 0$ in C_{R,t_0}.
Osserviamo ora che su $\Gamma_2 \cup \Gamma_0$ si ha $u \geq M_0 > 0$ e quindi per α grande si ha $w < u$
su $\Gamma_2 \cup \Gamma_0$.
Infine su Γ_1 si ha $w = 0$ mentre $u \geq 0$.
Se dunque α è grande e a, β sono sufficientemente piccoli, concludiamo che w ha
tutte le proprietà richieste. $\qquad\qquad\qquad\qquad\qquad\qquad\qquad\qquad\qquad\qquad$ $\square$

Un'immediata conseguenza è il seguente risultato di unicità per il próblema
di Neumann/Robin.

Corollario 2.5 (Unicità per i problemi di Cauchy-Neumann/Robin). *Esi-
ste un'unica $u \in C^{2,1}(Q_T) \cap C(\overline{Q}_T)$ tale che $\partial_\nu u$ esiste su $\partial\Omega$, soluzione
di*

$$\begin{cases} u_t - D\Delta u = f & \text{in } Q_T \\ \partial_\nu u + \alpha u = h & \text{su } S_T \quad (\alpha \geq 0) \\ u(\mathbf{x}, 0) = g(\mathbf{x}) & \text{in } \Omega. \end{cases} \qquad (2.36)$$

Dimostrazione. Se u e v sono soluzioni di (2.36) soddisfacenti le ipotesi del teorema, allora $w = u - v$ è soluzione dell'equazione omogenea, con $w(\mathbf{x}, 0) = 0$ e
$\partial_\nu w + \alpha w = 0$ su S_T. Se w è costante allora è zero. Altrimenti, se w avesse un
massimo positivo in $(\mathbf{x}_0, t_0)$ dovrebbe essere $(\mathbf{x}_0, t_0) \in S_T$ e $w(\mathbf{x}_0, t_0) > w(\mathbf{x}, t)$ in
$\Omega \times [0, t_0)$ (per il Teorema 2.3). Il principio di Hopf dà allora $\partial_\nu w(\mathbf{x}_0, t_0) > 0$, in
contraddizione con la condizione al bordo

$$\partial_\nu w(\mathbf{x}_0, t_0) = -\alpha w(\mathbf{x}_0, t_0) \leq 0.$$

Per identiche ragioni, w non può avere un minimo negativo. Pertanto $w = 0$ e la
soluzione di (2.36) è unica. $\qquad\qquad\qquad\qquad\qquad\qquad\qquad\qquad\qquad\qquad\qquad$ $\square$

2.3 La soluzione fondamentale

Vi sono alcune soluzioni "privilegiate" dell'equazione di diffusione, mediante
le quali se ne possono costruire molte altre. In questa sezione ci proponiamo
di scoprire uno di questi mattoni, il più importante.

2.3.1 Soluzione fondamentale ($n = 1$)

Costruiamo la nostra soluzione speciale, ragionando per il momento in dimensione $n = 1$. Ci proponiamo di studiare la propagazione del calore in una
sbarra infinita (posta lungo l'asse reale) da una sorgente istantanea di calore
inizialmente concentrata in un punto, diciamo l'origine. Sebbene il problema
appaia piuttosto irrealistico, rivelerà più avanti la sua notevole importanza.

Indichiamo con u^* la temperatura, soluzione dell'equazione del calore
omogenea.

$$u_t^* - Du_{xx}^* = 0. \qquad (2.37)$$

Per il momento non ci preoccupiamo di modellare la sorgente puntiforme; ritorneremo ampiamente in seguito sul questo problema. Il nostro scopo è di capire cosa succede per $t > 0$.

Osserviamo anzitutto che, data l'assenza di sorgenti distribuite, non c'é produzione né assorbimento di calore e quindi l'energia deve mantenersi costante:

$$\rho c_v \int_{\mathbb{R}} u^* (x,t)\, dx = E, \qquad \text{per ogni } t > 0. \tag{2.38}$$

Inoltre, data la "simmetria" del profilo iniziale e l'invarianza della (2.37) per riflessioni nello spazio (Paragrafo. 2.2.1), ci aspettiamo che u^* sia una funzione positiva e pari rispetto a $x : u^* (-x,t) = u^* (x,t)$.

Per determinare la soluzione procediamo in due passi.

Passo 1. Dimostriamo che u^* ha un'espressione analitica del tipo seguente

$$u^* (x,t) = \frac{Q}{\sqrt{Dt}} U \left(\frac{x}{\sqrt{Dt}} \right) \tag{2.39}$$

dove $Q = E/\rho c_v$ e $U = U(\xi)$, $\xi \in \mathbb{R}$, è una funzione *positiva e pari*, per il momento incognita. Per la dimostrazione, useremo un tipico ragionamento di *analisi dimensionale*, basato sul cosiddetto Teorema Pi di Buckingham, illustrato in Appendice A.

Passo 2. Dimostriamo che

$$U(\xi) = \frac{1}{2\sqrt{\pi}} e^{-\frac{\xi^2}{4}}. \tag{2.40}$$

Passo 1. La temperatura u^* in x all'istante t è determinata dalle seguenti quantità: il tempo t, la distanza x dall'origine, i parametri D e Q. Possiamo dunque postulare l'esistenza di una relazione del tipo

$$u^* = \mathcal{U}(x,t,D,Q). \tag{2.41}$$

Tutte le quantità che appaiono nella (2.41) sono *dimensionali*. Il Teorema Pi di Buckingham afferma che si può convertire la (2.41) in una relazione tra quantità *adimensionali*.

A questo scopo elenchiamo le dimensioni fisiche di ciascuno degli argomenti di $\mathcal{U}$, in termini delle dimensioni delle 3 quantità fondamentali Θ (grado), L (lunghezza) e T (tempo):

$$[x] = L, \ [t] = T, \ [D] = L^2 T^{-1}, \ [Q] = \Theta L. \tag{2.42}$$

Possiamo esprimere queste relazioni algebricamente, introducendo i seguenti vettori, le cui componenti sono gli esponenti che compaiono nella (2.42), rispetto a Θ, L, T, nell'ordine:

$$[x] \leftrightarrows \begin{pmatrix} 0 \\ 1 \\ 0 \end{pmatrix}, \ [t] \leftrightarrows \begin{pmatrix} 0 \\ 0 \\ 1 \end{pmatrix}, \ [D] \leftrightarrows \begin{pmatrix} 0 \\ 2 \\ -1 \end{pmatrix}, \ [Q] \leftrightarrows \begin{pmatrix} 1 \\ 1 \\ 0 \end{pmatrix}. \tag{2.43}$$

Si vede facilmente che i vettori (2.43) generano tutto $\mathbb{R}^3$. Selezioniamo allora tre tra le quantità sopra elencate, i cui vettori siano linearmente indipendenti. Chiamiamo queste quantità *primarie*, le altre *secondarie*. Possiamo scegliere (la scelta non è unica) t, D e Q. Esprimiamo ora le dimensioni di u^* e della rimanente quantità secondaria x in funzione delle dimensioni di t, D e Q. Si trova:

$$[u^*] = [Q] [D]^{-1/2} [t]^{-1/2} \quad \text{e} \quad [x] = [D]^{1/2} [t]^{1/2}.$$

Di conseguenza, le quantità

$$\Pi = \frac{u^* \sqrt{Dt}}{Q} \quad \text{e} \quad \Pi_1 = \frac{x}{\sqrt{Dt}}$$

sono adimensionali. Torniamo alla (2.41). Se moltiplichiamo entrambi i membri per $\sqrt{Dt}/Q$ e sostituiamo $x = \Pi_1 \sqrt{Dt}$, otteniamo la relazione

$$\Pi = \frac{\sqrt{Dt}}{Q} \mathcal{U}\left(x, t, D, Q\right) = \frac{\sqrt{Dt}}{Q} \mathcal{U}\left(\Pi_1 \sqrt{Dt}, t, D, Q\right)$$

che si può scrivere nella forma

$$\Pi = U\left(\Pi_1, t, D, Q\right). \tag{2.44}$$

Nella (2.44), a sinistra, c'è una quantità adimensionale. Ne segue che anche l'espressione $U\left(\Pi_1, t, D, Q\right)$ deve essere adimensionale. Ma questo implica che U *deve essere indipendente dalle quantità primarie* t, D, Q, altrimenti, cambiando per queste le unità di misura, a destra della (2.44) avremmo una variazione mentre Π rimarrebbe invariato.

In conclusione si deduce che deve essere $\Pi = U\left(\Pi_1\right)$ e cioé, ritornando alle variabili originali, troviamo

$$u^*\left(x, t\right) = \frac{Q}{\sqrt{Dt}} U\left(\frac{x}{\sqrt{Dt}}\right)$$

dove $U > 0$ essendo $u^* > 0$. Si noti che per arrivare alla formula (2.39) non abbiamo usato l'equazione del calore!!

Soluzioni della forma (2.39) si chiamano *soluzioni di autosimilarità* (*self similar solutions*[12]).

Passo 2. Occorre determinare $U = U\left(\xi\right)$, $\xi \in \mathbb{R}$, in modo che u^* sia soluzione della (2.37). Per la conservazione dell'energia (2.38) deve poi essere

$$Q = \frac{Q}{\sqrt{Dt}} \int_{\mathbb{R}} U\left(\frac{x}{\sqrt{Dt}}\right) dx \underset{\xi = x/\sqrt{Dt}}{=} Q \int_{\mathbb{R}} U\left(\xi\right) d\xi$$

[12] Una soluzione di un particolare problema di evoluzione si dice di *autosimilarità o auto-simile* se la sua configurazione spaziale (grafico) rimane simile a sé stessa per ogni tempo durante l'evoluzione. In una dimensione spaziale, le soluzioni *autosimili* hanno la forma generale

$$u\left(x, t\right) = a\left(t\right) F\left(x/b\left(t\right)\right)$$

dove, preferibilmente, u/a and x/b sono quantità adimensionali.

per cui richiediamo che

$$\int_{\mathbb{R}} U(\xi)\, d\xi = 1. \tag{2.45}$$

Per determinare U imponiamo che u^* sia soluzione di (2.37). Abbiamo:

$$u_t^* = \frac{Q}{\sqrt{D}}\left[-\frac{1}{2}t^{-\frac{3}{2}}U(\xi) - \frac{1}{2\sqrt{D}}xt^{-2}U'(\xi)\right]$$

$$= -\frac{Q}{2t\sqrt{Dt}}\left[U(\xi) + \xi U'(\xi)\right]$$

$$u_{xx}^* = \frac{Q}{(Dt)^{3/2}}U''(\xi),$$

e perciò

$$u_t^* - Du_{xx}^* = -\frac{Q}{t\sqrt{Dt}}\left\{U''(\xi) + \frac{1}{2}\xi U'(\xi) + \frac{1}{2}U(\xi)\right\}.$$

Affinché u^* sia soluzione della (2.37) occorre dunque che la funzione U soddisfi l'equazione differenziale ordinaria in $\mathbb{R}$

$$U''(\xi) + \frac{1}{2}\xi U'(\xi) + \frac{1}{2}U(\xi) = 0. \tag{2.46}$$

Essendo un'equazione del secondo ordine, per selezionare una soluzione ci vogliono due condizioni supplementari. La (2.45) implica[13]:

$$U(-\infty) = U(+\infty) = 0.$$

Poiché cerchiamo soluzioni *pari* (osserviamo che anche l'equazione (2.46) è invariante rispetto alla riflessione $\xi \mapsto -\xi$) ci possiamo limitare al semiasse $\xi \geq 0$, imponendo le condizioni

$$U'(0) = 0 \text{ e } U(+\infty) = 0. \tag{2.47}$$

Per risolvere la (2.46), riscriviamola nella forma

$$\frac{d}{d\xi}\left\{U'(\xi) + \frac{1}{2}\xi U(\xi)\right\} = 0$$

da cui

$$U'(\xi) + \frac{1}{2}\xi U(\xi) = C \qquad (C \in \mathbb{R}). \tag{2.48}$$

Inserendo $\xi = 0$ nella (2.48) e ricordando la (2.47) si deduce che $C = 0$. La (2.48) diventa

$$U'(\xi) + \frac{1}{2}\xi U(\xi) = 0$$

---

[13] Rigorosamente, implica solo

$$\liminf_{x \to \pm\infty} U(x) = 0.$$

che è a variabili separabili ed ha come integrale generale la famiglia di esponenziali

$$U\left(\xi\right) = c_0 e^{-\frac{\xi^2}{4}} \qquad (c_0 \in \mathbb{R}).$$

Queste funzioni sono pari e si annullano all'infinito. Rimane solo da scegliere c_0 in modo che valga (2.45). Poiché[14]

$$\int_{\mathbb{R}} e^{-\frac{\xi^2}{4}} d\xi \underset{\xi = 2z}{=} 2 \int_{\mathbb{R}} e^{-z^2} dz = 2\sqrt{\pi}$$

la scelta corretta è

$$c_0 = (4\pi)^{-1/2}.$$

Ritornando alle variabili originali, abbiamo trovato un'unica soluzione positiva dell'equazione del calore della forma

$$u^*\left(x, t\right) = \frac{Q}{\sqrt{4\pi Dt}} e^{-\frac{x^2}{4Dt}}, \qquad x \in \mathbb{R}, \ t > 0$$

e tale che

$$\int_{\mathbb{R}} u^*\left(x, t\right) dx = Q \qquad \text{per ogni } t > 0.$$

Se $Q = 1$ si tratta di una *famiglia di Gaussiane* e la mente corre alla densità di una *distribuzione normale* di probabilità. Approfondiremo più avanti questa connessione.

Definizione 3.1. *La funzione*

$$\Gamma_D\left(x, t\right) = \frac{1}{\sqrt{4\pi Dt}} e^{-\frac{x^2}{4Dt}}, \qquad x \in \mathbb{R}, \ t > 0 \qquad (2.49)$$

si chiama **soluzione fondamentale** *dell'equazione di diffusione in dimensione uno.*

2.3.2 La distribuzione di Dirac

La soluzione fondamentale descrive l'evoluzione della temperatura da una sorgente unitaria puntiforme. Esiste un modello matematico per tale sorgente? Per arrivarci esaminiamo il comportamento della soluzione fondamentale per $t \to 0^+$. Per ogni $x \neq 0$, fissato, si ha:

$$\lim_{t \downarrow 0} \Gamma_D\left(x, t\right) = \lim_{t \downarrow 0} \frac{1}{\sqrt{4\pi Dt}} e^{-\frac{x^2}{4Dt}} = 0 \qquad (2.50)$$

mentre

$$\lim_{t \downarrow 0} \Gamma_D\left(0, t\right) = \lim_{t \downarrow 0} \frac{1}{\sqrt{4\pi Dt}} = +\infty. \qquad (2.51)$$

[14] Ricordare che

$$\int_{\mathbb{R}} e^{-z^2} = \sqrt{\pi}.$$

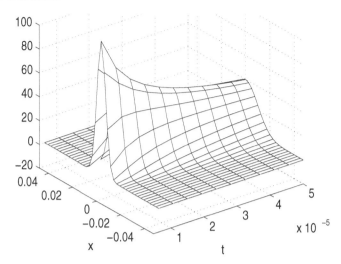

Figura 2.4 Il grafico della soluzione fondamentale Γ_1

Le (2.50), (2.51) insieme a $\int_{\mathbb{R}} \Gamma_D(x,t)\,dx = 1$ per ogni $t > 0$, implicano che, quando si fa tendere t a 0, la soluzione fondamentale tende a concentrarsi intorno all'origine. Se interpretiamo Γ_D come densità (di massa o di probabilità), al limite tutta la massa (unitaria) è concentrata in $x = 0$ (in Figura 2.4, il grafico di Γ_1).

La distribuzione limite di massa si può modellare matematicamente introducendo la *distribuzione* (*o misura*) di Dirac nell'origine, che si indica con il simbolo δ_0 o semplicemente con δ. La sua denominazione indica che non si tratta di una funzione nel solito senso dell'analisi poiché dovrebbe avere le proprietà seguenti:

- $\delta(0) = \infty$, $\delta(x) = 0$ per $x \neq 0$;
- $\int_{\mathbb{R}} \delta(x)\,dx = 1$,

chiaramente incompatibili con ogni concetto classico di funzione e di integrale. La sua definizione rigorosa si colloca all'interno della teoria delle *funzioni generalizzate* o *distribuzioni* (non nel senso probabilistico) di L. Schwartz, che tratteremo nel Capitolo 7. Qui ci limitiamo a qualche considerazione euristica. Consideriamo la funzione caratteristica dell'intervallo $[0, \infty)$, spesso denominata *funzione di Heaviside:*

$$\mathcal{H}(x) = \begin{cases} 1 & \text{se } x \geq 0 \\ 0 & \text{se } x < 0, \end{cases}$$

e osserviamo che

$$I_\varepsilon(x) \equiv \frac{\mathcal{H}(x + \varepsilon) - \mathcal{H}(x - \varepsilon)}{2\varepsilon} = \begin{cases} \dfrac{1}{2\varepsilon} & \text{se } -\varepsilon \leq x < \varepsilon \\ 0 & \text{altrove.} \end{cases}$$

Valgono le seguenti proprietà:

i) per ogni $\varepsilon > 0$,

$$\int_{\mathbb{R}} I_\varepsilon(x)\,dx = \frac{1}{2\varepsilon} \times 2\varepsilon = 1.$$

Si può interpretare I_ε come un *impulso unitario di durata* 2ε (Figura 2.5).

ii)

$$\lim_{\varepsilon \downarrow 0} I_\varepsilon(x) = \begin{cases} 0 & \text{se } x \neq 0 \\ \infty & \text{se } x = 0. \end{cases}$$

iii) Se $\varphi = \varphi(x)$ è una funzione regolare, nulla al di fuori di un intervallo limitato (*funzione test*), si ha

$$\int_{\mathbb{R}} I_\varepsilon(x)\,\varphi(x)\,dx = \frac{1}{2\varepsilon}\int_{-\varepsilon}^{\varepsilon}\varphi(x)\,dx \xrightarrow[\varepsilon \to 0]{} \varphi(0).$$

Le proprietà i) e ii) indicano che I_ε ha come limite un oggetto, che ha precisamente le proprietà formali della distribuzione di Dirac nell'origine. La iii) suggerisce come identificare questo oggetto e cioè *attraverso la sua azione su una funzione test*.

Definizione 3.2. *Si chiama distribuzione di Dirac nell'origine la funzione generalizzata che si indica con δ e che agisce su una funzione test φ nel seguente modo:*

$$\varphi \overset{\delta}{\longmapsto} \varphi(0). \tag{2.52}$$

La relazione (2.52) viene spesso scritta nella forma $\langle \delta, \varphi \rangle = \varphi(0)$ o anche

$$\int \delta(x)\,\varphi(x)\,dx = \varphi(0)$$

dove, naturalmente, il simbolo di integrale è puramente formale. Notiamo anche che la proprietà ii) indica che vale la formula notevole

$$\mathcal{H}' = \delta$$

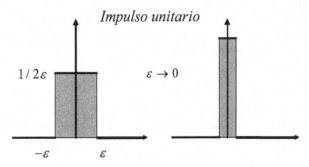

Figura 2.5 Approssimazione della *delta di Dirac*

il cui significato sta nel calcolo seguente, dove si usa un'integrazione per parti
e φ è la solita funzione test:

$$\int_{\mathbb{R}} \varphi \, d\mathcal{H} = -\int_{\mathbb{R}} \mathcal{H} \varphi' = -\int_0^\infty \varphi' = \varphi(0) \qquad (2.53)$$

essendo φ nulla per x grande[15]. Se anzichè nell'origine, la massa unitaria è
concentrata in un punto y, si parla di *distribuzione di Dirac in* y, indicata
con $\delta(x-y)$, definita dalla relazione

$$\int \delta(x-y)\,\varphi(x)\,dx = \varphi(y). \qquad (2.54)$$

La funzione $\Gamma_D(x-y,t)$ è allora l'unica soluzione dell'equazione del calore
con massa totale unitaria per ogni tempo, che soddisfi la condizione iniziale

$$\Gamma_D(x-y,0) = \delta(x-y).$$

Nota 2.1. Abbiamo dimostrato che la (2.49) descrive l'evoluzione della
temperatura da una sorgente *unitaria* di calore *inizialmente concentrata* nel-
l'origine. Così come una soluzione u dell'equazione del calore ha molte interpretazioni anche la soluzione fondamentale si può interpretare in vari modi,
per esempio, come concentrazione di una sostanza che diffonde o una densità
di probabilità.

In generale si può pensarla come una **unit source solution**: $\Gamma_D(x,t)$ dà
la concentrazione in x all'istante t tra x e $x+dx$, generata dalla diffusione di
una massa unitaria inizialmente (per $t=0$) **concentrata nell'origine**.
Da un altro punto di vista, se immaginiamo la massa unitaria composta da un
enorme numero N di particelle, $\Gamma_D(x,t)\,dx$ dà la probabilità che una singola
particella si trovi tra x e $x+dx$ al tempo t, ovvero la percentuale delle N
particelle che si trovano nell'intervallo $(x,x+dx)$ all'istante t.

Inizialmente Γ_D è nulla al di fuori dell'origine. Appena $t>0$, Γ_D è sempre
positiva su tutto $\mathbb{R}$: questo fatto indica che la massa concentrata in $x=0$
diffonde istantaneamente su tutto l'asse reale e quindi con **velocità di propagazione infinita**. Ciò, a volte, costituisce un limite all'uso della (2.1) come
modello realistico, anche se, come si vede in Figura 2.4, per $t>0$, piccolo,
Γ_D è praticamente nulla al di fuori di un intervallo centrato nell'origine, di
ampiezza un poco più grande di $4D$.

---

[15] Il primo integralenella (2.53) è da intendersi nel senso di Riemann-Stieltjes e formalmente
coincide con

$$\int \varphi(x)\,\mathcal{H}'(x)\,dx$$

e cioè con *l'azione della funzione generalizzata* $\mathcal{H}'$ *sulla funzione test* φ.

2.3.3 Soluzione fondamentale ($n > 1$)

In dimensione spaziale maggiore di 1, si possono ripetere sostanzialmente gli stessi discorsi. Studiamo la diffusione del calore o di una massa Q in tutto $\mathbb{R}^n$, da una sorgente istantanea inizialmente concentrata nell'origine. L'assenza di sorgenti distribuite implica per la soluzione u^* (temperatura o concentrazione di massa) la legge di conservazione (di energia o massa)

$$\int_{\mathbb{R}^n} u^*(\mathbf{x},t)\,d\mathbf{x} = Q \qquad \text{per ogni } t > 0. \tag{2.55}$$

Usando il metodo dell'analisi dimensionale si trova per u^* l'espressione analitica

$$u^*(\mathbf{x},t) = \frac{Q}{(Dt)^{n/2}}U(\xi), \qquad \xi = |\mathbf{x}|/\sqrt{Dt}$$

dove U è una funzione positiva.

Per determinare U imponiamo che u^* sia soluzione di $u_t^* - D\Delta u^* = 0$. Ricordando l'espressione dell'operatore di Laplace per funzioni radiali (Appendice D), possiamo scrivere:

$$u_t^* = -\frac{1}{2t(Dt)^{n/2}}\left[nU(\xi) + \xi U'(\xi)\right]$$

$$\Delta u^* = \frac{1}{(Dt)^{1+n/2}}\left\{U''(\xi) + \frac{n-1}{\xi}U'(\xi)\right\}.$$

Pertanto, affinché u^* sia soluzione di (2.2), U deve essere una soluzione in $(0, +\infty)$ dell'equazione differenziale ordinaria

$$\xi U''(\xi) + (n-1)U'(\xi) + \frac{\xi^2}{2}U'(\xi) + \frac{n}{2}\xi U(\xi) = 0. \tag{2.56}$$

Moltiplicando per ξ^{n-2}, possiamo scrivere la (2.56) nella forma

$$(\xi^{n-1}U'(\xi))' + \frac{1}{2}(\xi^n U(\xi))' = 0$$

che dà

$$\xi^{n-1}U'(\xi) + \frac{1}{2}\xi^n U(\xi) = C \qquad (C \in \mathbb{R}). \tag{2.57}$$

Assumendo che i limiti per $\xi \to 0^+$ di U e U' siano finiti, passando al limite per $\xi \to 0^+$ nella (2.57), deduciamo che $C = 0$ e quindi

$$U'(\xi) + \frac{1}{2}\xi U(\xi) = 0.$$

Otteniamo ancora la famiglia di soluzioni

$$U(\xi) = c_0 e^{-\frac{\xi^2}{4}}, \qquad (c_0 \in \mathbb{R}).$$

Usando la conservazione della massa ricaviamo, dividendo per Q:

$$1 = \frac{1}{(Dt)^{n/2}} \int_{\mathbb{R}^n} U\left(\frac{|\mathbf{x}|}{\sqrt{Dt}}\right) d\mathbf{x} = \frac{c_0}{(Dt)^{n/2}} \int_{\mathbb{R}^n} \exp\left(-\frac{|\mathbf{x}|^2}{4Dt}\right) d\mathbf{x}$$

$$\underset{\mathbf{y} = \mathbf{x}/\sqrt{4Dt}}{=} c_0 2^n \int_{\mathbb{R}^n} e^{-|\mathbf{y}|^2} d\mathbf{y} = c_0 2^n \left(\int_{\mathbb{R}} e^{-z^2} dz\right)^n = c_0 (4\pi)^{n/2}$$

da cui $c_0 = (4\pi)^{-n/2}$. In conclusione, abbiamo trovato soluzioni della forma

$$u^*(\mathbf{x}, t) = \frac{Q}{(4\pi Dt)^{n/2}} e^{-\frac{|\mathbf{x}|^2}{4Dt}}, \qquad (\mathbf{x} \in \mathbb{R}^n, t > 0).$$

Come in dimensione $n = 1$, la scelta $Q = 1$ è speciale.

Definizione 3.3 *La funzione*

$$\Gamma_D(\mathbf{x}, t) = \frac{1}{(4\pi Dt)^{n/2}} e^{-\frac{|\mathbf{x}|^2}{4Dt}} \qquad (\mathbf{x} \in \mathbb{R}^n, t > 0)$$

si chiama **soluzione fondamentale** *dell'equazione di diffusione in dimensione* n.

Le osservazioni fatte dopo la Definizione 3.1 si possono facilmente generalizzare al caso multidimensionale. Si può, in particolare, definire la distribuzione di Dirac in $\mathbb{R}^n$ in un punto $\mathbf{y}$ mediante la relazione

$$\int \delta_n(\mathbf{x} - \mathbf{y}) \varphi(\mathbf{x}) dx = \varphi(\mathbf{y})$$

dove φ è una funzione *test*, continua in $\mathbb{R}^n$ e nulla al di fuori di un insieme chiuso e limitato (cioè *compatto*). La soluzione fondamentale $\Gamma_D(\mathbf{x} - \mathbf{y}, t)$, per $\mathbf{y}$ fissato, è l'unica soluzione del problema di Cauchy

$$\begin{cases} u_t - D\Delta u = 0 & \mathbf{x} \in \mathbb{R}^n, t > 0 \\ u(\mathbf{x}, 0) = \delta_n(\mathbf{x} - \mathbf{y}) & \mathbf{x} \in \mathbb{R}^n \end{cases}$$

che soddisfi la (2.55) con $Q = 1$. Per $n = 1$, poniamo $\delta_1 = \delta$.

2.4 Passeggiata aleatoria simmetrica ($n = 1$)

In questa sezione, cominciamo ad esplorare la connessione tra modelli probabilistici e deterministici, lavorando in dimensione spaziale $n = 1$. Come obiettivo ci proponiamo di costruire il moto Browniano, che è un modello **continuo,** come limite di un semplice processo stocastico, amichevolmente denominato *passeggiata aleatoria* (*random walk*), che è invece un modello **discreto.**

Nel realizzare il procedimento di limite, si vede come l'equazione del calore (che è un modello **continuo**) possa essere approssimata con un'equazione alle differenze che la "discretizza", stabilendo così anche un collegamento con alcuni metodi numerici, che permettono il calcolo approssimato delle soluzioni. Tra l'altro si chiarirà la natura del coefficiente di diffusione D.

2.4.1 Calcoli preliminari

Nella nostra *passeggiata aleatoria,* un'ipotetica particella di massa unitaria[16] è in moto lungo una retta (l'asse x), secondo le seguenti regole. Fissiamo:

- un passo di lunghezza h;
- un intervallo di tempo di durata τ.

1. In un tempo τ la particella si muove di h, partendo da $x = 0$.
2. Essa si muove a destra o a sinistra con probabilità $p = \frac{1}{2}$, in modo indipendente dal passo precedente (Figura 2.6).

All'istante $t = N\tau$, cioè dopo N passi, la particella si troverà in un punto $x = mh$, dove N è un intero naturale ed m è un intero relativo tale che

$$-N \leq m \leq N.$$

Le variabili x ed m sono dunque variabili aleatorie[17]. Poniamoci il seguente problema: *Calcolare la probabilità $p(x, t)$ che la particella si trovi in x al tempo t.*

Un'interpretazione possibile: ad intervalli di tempo τ, lanciamo una moneta (non truccata!). Se esce *testa,* la particella si muove a destra e vince 1 euro; se esce *croce,* si muove a sinistra e perde 1 euro: $p(x, t)$ è la probabilità di possedere m euro dopo N lanci.

- *Calcolo di $p(x, t)$.*

Sia $x = mh$ la posizione della particella dopo N passi. Per raggiungere x, la particella esegue un certo numero di passi a destra, diciamo k, ed $N - k$ passi a sinistra. Evidentemente, $0 \leq k \leq N$ e

$$m = k - (N - k) = 2k - N \tag{2.58}$$

cosicché N ed m hanno la stessa parità (entrambi pari o entrambi dispari) e

$$k = \frac{1}{2}(N + m).$$

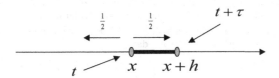

Figura 2.6 Passeggiata aleatoria simmetrica

---

[16] Ma è possibile pensare ad una massa unitaria costituita da un grande numero di particelle.

[17] Rigorosamente occorrerebbe usare due simboli diversi, per esempio X e M.

Ne segue che $p(x,t) = p_k$ dove

$$p_k = \frac{\text{numero di cammini con } k \text{ passi a destra su } N}{\text{numero dei cammini con } N \text{ passi}}. \qquad (2.59)$$

Ora, il numero di cammini con k passi a destra ed $N - k$ a sinistra è dato dal coefficiente binomiale[18]

$$C_{N,k} = \binom{N}{k} = \frac{N!}{k!\,(N-k)!}.$$

D'altra parte, il numero dei possibili cammini è 2^N (perché?). Abbiamo, dunque:

$$p_k = \frac{C_{N,k}}{2^N} \qquad x = mh,\; t = N\tau,\; k = \frac{1}{2}(N+m). \qquad (2.60)$$

• *Media e deviazione standard di* x.

Per passare "al continuo" dobbiamo far tendere a 0 sia h, sia τ. Se desideriamo costruire una *copia continua* e *fedele* della passeggiata aleatoria, occorre isolare alcuni parametri quantitativi che codifichino le caratteristiche essenziali del moto e mantenerli sostanzialmente inalterati nel passaggio al limite. Questi due parametri sono[19]:

a) la **media** (o valore atteso) di x dopo N passi $= \langle x \rangle = \langle m \rangle\, h$;

b) il **momento secondo** di x dopo N passi $= \langle x^2 \rangle = \langle m^2 \rangle\, h^2$.

Si noti che la quantità $\sqrt{\langle m^2 \rangle}\, h$ rappresenta essenzialmente la distanza media dall'origine dopo N passi. Dalla (2.58) abbiamo

$$\langle m \rangle = 2\langle k \rangle - N \qquad (2.61)$$

e

$$\langle m^2 \rangle = 4\langle k^2 \rangle - 4\langle k \rangle N + N^2. \qquad (2.62)$$

Per calcolare $\langle m \rangle$ e $\langle m^2 \rangle$ è quindi sufficiente calcolare $\langle k \rangle$ e $\langle k^2 \rangle$. Per

---

[18] L'insieme dei cammini con k passi a destra ed $N-k$ a sinistra è in corrispondenza biunivoca con l'insieme delle *permutazioni* di N lettere alfabetiche, di cui k uguali a D (*destra*) ed $N-k$ uguali a S (*sinistra*). Il numero di tali permutazioni è precisamente $C_{N,k}$.

[19] Se una variabile aleatoria x assume solo N possibili $x_1,..., x_N$ con probabilità $p_1,...,p_N$, i suoi *momenti di ordine* (*intero*) $q \geq 1$ sono dati da

$$E(x^q) = \langle x^q \rangle = \sum_{j=1}^{N} x_j^q p_j.$$

Il momento primo ($q=1$) è la *media* o *valore atteso di* x, mentre

$$var(x) = \langle x^2 \rangle - \langle x \rangle^2$$

è la *varianza* di x. La radice quadrata della varianza è detta *deviazione standard*.

definizione e per la (2.60), possiamo scrivere

$$\langle k \rangle = \sum_{k=1}^{N} k p_k = \frac{1}{2^N} \sum_{k=1}^{N} k C_{N,k}, \qquad \langle k^2 \rangle = \sum_{k=1}^{N} k^2 p_k = \frac{1}{2^N} \sum_{k=1}^{N} k^2 C_{N,k}.$$

$$(2.63)$$

Sebbene sia possibile eseguire i calcoli direttamente dalla (2.63), è più facile usare la *funzione generatrice delle probabilità*, definita da:

$$G(s) = \sum_{k=0}^{N} p_k s^k = \frac{1}{2^N} \sum_{k=1}^{N} C_{N,k} s^k.$$

La funzione G contiene in forma compatta le informazioni sui momenti di k e funziona per le variabili aleatorie a valori interi. In particolare, abbiamo:

$$G'(s) = \frac{1}{2^N} \sum_{k=1}^{N} k C_{N,k} s^{k-1}, \qquad G''(s) = \frac{1}{2^N} \sum_{k=2}^{N} k(k-1) C_{N,k} s^{k-2}.$$

$$(2.64)$$

Ponendo $s = 1$ e usando (2.63), otteniamo:

$$G'(1) = \frac{1}{2^N} \sum_{k=1}^{N} k C_{N,k} = \langle k \rangle \qquad (2.65)$$

e

$$G''(1) = \frac{1}{2^N} \sum_{k=2}^{N} k(k-1) C_{N,k} = \langle k(k-1) \rangle = \langle k^2 \rangle - \langle k \rangle. \qquad (2.66)$$

D'altra parte, inserendo $a = 1$ e $b = s$ nella formula del binomio

$$(a+b)^N = \sum_{k=0}^{N} C_{N,k} a^{N-k} b^k,$$

deduciamo che

$$G(s) = \frac{1}{2^N} \sum_{k=0}^{N} C_{N,k} s^k = \frac{1}{2^N} (1+s)^N$$

da cui

$$G'(1) = \frac{N}{2} \quad \text{e} \quad G''(1) = \frac{N(N-1)}{4}. \qquad (2.67)$$

Dalle (2.67), (2.65) e (2.66) ricaviamo allora:

$$\langle k \rangle = \frac{N}{2} \quad \text{e} \quad \langle k^2 \rangle = \frac{N(N+1)}{4}.$$

Finalmente, ricordando che $m = 2k - N$, abbiamo

$$\langle m \rangle = 2\langle k \rangle - N = 2\frac{N}{2} - N = 0$$

e quindi anche $\langle x \rangle = 0$. Risultato non sorprendente, data la simmetria della passeggiata. Inoltre

$$\langle m^2 \rangle = 4 \langle k^2 \rangle - 4N \langle k \rangle + N^2 = N^2 + N - 2N^2 + N^2 = N$$

da cui

$$\sqrt{\langle x^2 \rangle} = \sqrt{N} h \qquad (2.68)$$

che è la *deviazione standard di* x, essendo $\langle x \rangle = 0$. La (2.68) contiene un'importante informazione: dopo $N\tau$ istanti, la distanza dall'origine è dell'ordine di $\sqrt{N} h$. Euristicamente: *la scala temporale è dell'ordine del quadrato della scala spaziale.* In altri termini, se si vuole lasciare invariata la deviazione standard, occorre riscalare il tempo come il quadrato dello spazio ossia usare le dilatazioni paraboliche, incontrate nella sezione precedente!

Ma procediamo con ordine. Il prossimo passo è ricavare un'equazione alle differenze per $p = p(x, t)$; è su questa equazione che effettueremo il passaggio al limite.

2.4.2 La probabilità di transizione limite

Nel valutare $p(x, t)$, teniamo presente che la nostra particella si muove ad ogni passo in modo *independente dal cammino percorso precedentemente*. Se essa si trova in x al tempo $t + \tau$, significa che, al tempo t, si trovava in $x - h$ oppure in $x + h$, con ugual probabilità. Il teorema delle probabilità totali fornisce allora la relazione

$$p(x, t + \tau) = \frac{1}{2} p(x - h, t) + \frac{1}{2} p(x + h, t) \qquad (2.69)$$

con le condizioni iniziali

$$p(0, 0) = 1 \quad \text{e} \quad p(x, 0) = 0 \quad \text{se } x \neq 0$$

che ricordano quelle della soluzione fondamentale Γ.

Fissati x e t, vogliamo ora esaminare cosa succede se passiamo al limite per $h \to 0, \tau \to 0$. Intanto conviene pensare che $p(x, t)$ sia una funzione definita su tutto $\mathbb{R} \times (0, \infty)$ e non solo nei punti $(mh, N\tau)$.

C'è un'altra osservazione da fare. Dopo il passaggio al limite ci troveremo con una distribuzione continua di probabilità e quindi $p(x, t)$ dovrebbe essere nulla in ogni punto. Ma se interpretiamo p *come densità di probabilità* l'anomalia scompare. Supponendo p differenziabile quanto occorre, possiamo scrivere

$$p(x, t + \tau) = p(x, t) + p_t(x, t) \tau + o(\tau),$$

$$p(x \pm h, t) = p(x, t) \pm p_x(x, t) h + \frac{1}{2} p_{xx}(x, t) h^2 + o(h^2).$$

Sostituendo nella (2.69), dopo alcune semplificazioni, si trova

$$p_t \tau + o(\tau) = \frac{1}{2} p_{xx} h^2 + o(h^2)$$

e, dividendo per τ,

$$p_t + o\,(1) = \frac{1}{2}\frac{h^2}{\tau}p_{xx} + o\left(\frac{h^2}{\tau}\right). \tag{2.70}$$

Siamo ad un punto cruciale: nell'ultima equazione ritroviamo la combinazione $\frac{h^2}{\tau}$!!

Se vogliamo ottenere qualcosa di sensato quando $h, \tau \to 0$, **occorre che il rapporto h^2/τ si mantenga finito e positivo**. Assumiamo dunque che

$$\frac{h^2}{\tau} = 2D \qquad (D > 0) \tag{2.71}$$

(l'inserimento del 2 ha ragioni puramente estetiche).

Passando al limite nella (2.70) si ottiene per p l'equazione del calore

$$p_t = Dp_{xx} \tag{2.72}$$

e le condizioni iniziali diventano

$$\lim_{t \to 0^+} p\,(x, t) = \delta. \tag{2.73}$$

Abbiamo già constatato che l'unica soluzione del problema (2.72), (2.73) è data dalla soluzione fondamentale dell'equazione di diffusione

$$p\,(x, t) = \Gamma_D\,(x, t),$$

essendo

$$\int_{\mathbb{R}} p\,(x, t)\,dx = 1.$$

La costante D nella (2.71) è dunque il *coefficiente di diffusione*. La nostra costruzione rivela che il nome è appropriato. Ricordando infatti i calcoli svolti sopra, si ha

$$\langle x^2 \rangle = Nh^2 \qquad t = N\tau$$

e quindi

$$\frac{\langle x^2 \rangle}{t} = \frac{h^2}{\tau} = 2D$$

che significa: *nell'unità di tempo, la particella diffonde ad una distanza media di $\sqrt{2D}$*. È questa la caratteristica della passeggiata aleatoria che si conserva nel passaggio al limite. Sempre dalla (2.71) ricaviamo che

$$\frac{h}{\tau} = \frac{2D}{h} \to \infty$$

e cioè che la velocità h/τ, con la quale la particella effettua ogni passo, diventa infinita. Il fatto, quindi, che la particella diffonda ad una distanza media finita nell'unità di tempo è dovuto alle continue fluttuazioni del suo moto.

2.4.3 Dalla passeggiata aleatoria al moto Browniano

Che cosa è diventata la passeggiata aleatoria? Che tipo di moto si ottiene? Possiamo rispondere usando il Teorema Centrale Limite del calcolo delle probabilità. Indichiamo con $x_j = x(j\tau)$ la posizione raggiunta dopo j passi e poniamo, per $j \geq 1$,

$$h\xi_j = x_j - x_{j-1}.$$

Le ξ_j sono variabili aleatorie *indipendenti e identicamente distribuite*: valgono 1 o -1 con probabilità $\frac{1}{2}$. Hanno media $\langle \xi_j \rangle = 0$ e varianza $\langle \xi_j^2 \rangle = 1$. La posizione della particella dopo N passi è

$$x_N = h \sum_{j=1}^{N} \xi_j.$$

Se scegliamo

$$h = \sqrt{\frac{2Dt}{N}},$$

cioè in modo che $\frac{h^2}{\tau} = 2D$, e passiamo al limite per $N \to \infty$, il Teorema Centrale Limite assicura che x_N converge in legge[20] ad una variabile aleatoria $X = X(t)$, che ha una distribuzione normale con media 0 e varianza $2Dt$, la cui densità è $\Gamma_D(x,t)$.

La passeggiata aleatoria è diventata un cammino continuo; nel caso $D = 1/2$, essa si chiama **moto Browniano**, che caratterizzeremo più avanti attraverso le sue proprietà essenziali.

Di solito, si usa la notazione $B = B(t)$ per indicare la posizione (aleatoria) di una particella che si muove di moto Browniano. In realtà, al variare del tempo, le variabili aleatorie $B(t)$ sono definite su un comune spazio di probabilità $(\Omega, \mathcal{F}, P)$, dove Ω è un insieme (degli eventi elementari), $\mathcal{F}$ una $\sigma-$algebra in Ω (degli eventi misurabili) e P un'opportuna misura di probabilità in $\mathcal{F}$[21]; quindi, la notazione corretta dovrebbe essere $B(t,\omega)$ con $\omega \in \Omega$; per comodità (o pigrizia), la dipendenza da ω viene di solito sottintesa.

La famiglia di variabili aleatorie $B(t,\omega)$, col tempo t come parametro reale, costituisce un **processo stocastico**, **continuo**. Pensando di fissare $\omega \in \Omega$, otteniamo la funzione reale

$$t \longmapsto B(t,\omega)$$

che descrive uno dei possibili cammini di una particella Browniana. Bloccando t, otteniamo la variabile aleatoria

$$\omega \longmapsto B(t,\omega).$$

[20] Cioè: se $N \to \infty$,

$$\text{Prob}\{a < x_N < b\} \to \int_a^b \Gamma_D(x,t) \ dx.$$

[21] Appendice B.

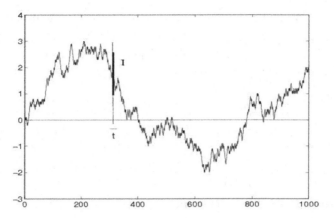

Figura 2.7 Traiettoria Browniana

Senza curarci troppo di definire rigorosamente Ω, è importante saper calcolare probabilità del tipo

$$P\{B(t) \in I\}$$

dove $I \subseteq \mathbb{R}$ è un sottoinsieme ragionevole, tecnicamente *un insieme di Borel o boreliano*[22].

La Figura 2.7 mostra il significato di questo calcolo: fissare t equivale a fissare una retta verticale, diciamo $t = \bar{t}$. Pensiamo che I sia sottoinsieme di questa retta; in Figura 2.7, I è un intervallo e $P\{B(t) \in I\}$ è la probabilità che la nostra particella "visiti" I all'istante $\bar{t}$.

Richiamiamo le proprietà caratterizzanti del moto Browniano, senza essere troppo esigenti. Volendo essere minimalisti, si potrebbe sintetizzare tutto con la formula[23]

$$dB \sim \sqrt{dt}N(0,1) = N(0, dt) \tag{2.74}$$

dove $N(0,1)$ indica una variabile aleatoria normale standard, cioè con media nulla e varianza uno. Si noti che la particella con D generico si muove come un multiplo di un moto Browniano; per essa si avrebbe infatti.

$$dX = \sqrt{2D}\, dB.$$

- *Continuità delle traiettorie.* Con probabilità 1, i possibili cammini di una particella Browniana sono funzioni

$$t \longmapsto B(t)$$

continue per $t \geq 0$. Naturalmente, il fatto che la velocità istantanea sia infinita, indica che la traiettoria *non* è differenziabile in alcun punto! Inoltre si può

---

[22] Si può pensare ad un intervallo o ad un insieme ottenuto con unioni ed intersezioni di un numero qualunque, anche un'infinità numerabile, di intervalli. Si veda l'Appendice B.

[23] Se X è una variabile aleatoria, scriviamo $X \sim N(\nu, \sigma^2)$ se X è distribuita secondo una legge normale con media ν e varianza σ^2.

dimostrare che la lunghezza del cammino in ogni intervallo finito di tempo è infinita.

• *Legge di Gauss per gli incrementi*. Si può partire da un punto $x \neq 0$, considerando il processo

$$B^x(t) = x + B(t).$$

Ad ogni punto x corrisponde una probabilità P^x, da interpretarsi come la distribuzione associata ai cammini effettuati da una particella che inizialmente si trova in x, con le seguenti proprietà (se $x = 0$, poniamo $P^0 = P$, omettendo l'indice):

a) $P^x \{B^x(0) = x\} = P\{B(0) = 0\} = 1$;

b) per ogni $s \geq 0, t \geq 0$, l'incremento

$$B^x(t+s) - B^x(s) = B(t+s) - B(s)$$

ha distribuzione (o legge) normale con **media zero e varianza** t, quindi con densità

$$\Gamma(x,t) \equiv \Gamma_{\frac{1}{2}}(x,t) = \frac{1}{\sqrt{2\pi t}} e^{-\frac{x^2}{2t}}$$

ed è indipendente da ogni evento accaduto in un tempo $\leq s$. Per esempio, gli eventi

$$\{B^x(t_2) - B^x(t_1) \in I_2\}, \qquad \{B^x(t_1) - B^x(t_0) \in I_1\}$$

sono indipendenti se $t_0 < t_1 < t_2$.

• *Probabilità di transizione*. Per ogni insieme di Borel $I \subseteq \mathbb{R}$, è definita una *funzione di transizione*

$$P(x,t,I) = P^x \{B^x(t) \in I\}$$

che rappresenta la probabilità che la particella, inizialmente in x, si trovi in I all'istante t. Si ha:

$$P(x,t,I) = P\{B(t) \in I - x\} = \int_{I-x} \Gamma(y,t)\,dy = \int_I \Gamma(y-x,t)\,dy.$$

• *Proprietà di Markov e proprietà di Markov Forte*. Sia μ una misura di probabilità[24] su $\mathbb{R}$. Se la posizione iniziale della particella è aleatoria con una distribuzione di probabilità μ, parliamo allora di *moto Browniano con distribuzione iniziale* μ, che indichiamo con B^μ. A questo processo è associata una distribuzione di probabilità P^μ tale che per ogni boreliano $I \subseteq \mathbb{R}$,

$$P^\mu \{B^\mu(0) \in I\} = \mu(I).$$

---

[24] Si veda l'Appendice B per la definizione di una misura di probabilità μ e di integrale rispetto alla misura μ.

La probabilità che la particella si trovi in I al tempo t si calcola con la formula (Teorema delle Probabilità Totali)

$$P^{\mu} \{B^{\mu}(t) \in I\} = \int_{\mathbb{R}} P^{x} \{B^{x}(t) \in I\} \, d\mu(x) = \int_{\mathbb{R}} P(x, t, I) \, d\mu(x).$$

La *proprietà di Markov* si può esprimere così: data una qualunque condizione H, relativa al comportamento della particella prima dell'istante $s \geq 0$, il processo $Y(t) = B^{x}(t + s)$ è un moto Browniano con distribuzione iniziale[25]

$$\mu(I) = P^{x} \{B^{x}(s) \in I \mid H\}.$$

Sostanzialmente, questa proprietà stabilisce l'indipendenza del processo *futuro* $B^{x}(t + s)$ da quello *passato*(*prima di s*), quando il presente $B^{x}(s)$ è noto e riflette l'*assenza di memoria* della passegiata aleatoria.

Nella *proprietà di Markov forte*, s è sostituito da un tempo τ aleatorio, che dipende solo dal comportamento della particella nell'intervallo $[0, \tau]$. In altri termini, per decidere se $\tau \leq t$, è sufficiente la conoscenza della traiettoria fino al tempo t e non oltre.

Tali tempi aleatori prendono il nome di *tempi di arresto*. Un esempio importante è il *tempo di prima uscita da un dominio (aperto connesso)*, che avremo modo di considerare nel prossimo capitolo. Un esempio di tempo τ, aleatorio, che *non sia un tempo d'arresto* è il seguente:

$$\tau = \inf \{t : B(t) > 10 \text{ e } B(t + 1) < 10\}.$$

Infatti (misurando il tempo in secondi), τ è "il più piccolo" fra gli istanti t tali che: la traiettoria al tempo t si mantiene sopra il livello 10 e un secondo dopo si trova sotto tale livello. Evidentemente, per decidere se il valore di τ è minore o uguale (per esempio) a 3, non è sufficiente conoscere la traiettoria fino all'istante $t = 3$, ma occorre esaminare la traiettoria anche all'istante "futuro" 4.

- *Valore atteso.* Per x, t fissati, la funzione di transizione $P(x, t, I)$ coincide con la *legge di un moto Browniano uscente da x*. Data una funzione (sufficientemente regolare) $g = g(y)$, $y \in \mathbb{R}$, si può definire la variabile aleatoria

$$Z(t) = (g \circ B^{x})(t) = g(B^{x}(t)).$$

Il suo *valore atteso* è assegnato dalla formula

$$E[Z(t)] = \int_{\mathbb{R}} g(y) P(x, t, dy) = \int_{\mathbb{R}} g(y) \Gamma(x - y, t) \, dy.$$

Vedremo più avanti la rilevanza di questa formula.

---

[25] $P(A \mid H)$ indica la probabilità di A, condizionata ad H.

2.5 Diffusione, trasporto e reazione

2.5.1 Passeggiata aleatoria con deriva (drift)

Una variante della passeggiata aleatoria si ottiene abbandonando l'ipotesi di *simmetria del moto*. Assumiamo dunque che la nostra ipotetica particella di massa unitaria sia in moto lungo l'asse x secondo le seguenti regole.

1. In un tempo τ la particella si muove di h, partendo da $x = 0$.
2. Essa si muove a destra con probabilità $p_0 \neq \frac{1}{2}$ e a sinistra con probabilità $q_0 = 1 - p_0$, in modo indipendente dal passo precedente (Figura 2.8).

Indichiamo ancora con $p = p(x, t)$ la probabilità che la particella ha di trovarsi in $x = mh$ al tempo $t = N\tau$. Se indichiamo ancora con k la *variabile aleatoria* che conta il numero di passi a destra, questa volta troviamo (Problema 2.12.)

$$p_k = C_{N,k} p_0^k q_0^{N-k} \qquad (2.75)$$

per cui la funzione generatrice delle probabilità è data da

$$G(s) = (p_0 s + q_0)^N.$$

Si trovano poi seguenti valori per la media e varianza di x:

a) **valore atteso** di x dopo N passi: $\langle x \rangle = N(p_0 - q_0)h$;

b) **varianza** di x dopo N passi $= \langle x^2 \rangle - \langle x \rangle^2 = 4p_0 q_0 N h^2$.

Il primo valore indica la posizione media rispetto all'origine. Essendo $t = N\tau$ abbiamo

$$\frac{\langle x \rangle}{t} = \frac{(p_0 - q_0)h}{\tau} \qquad (2.76)$$

che indica la posizione media raggiunta nell'unità di tempo e codifica l'asimmetria del moto. Nel passaggio al limite per $h, \tau \to 0$ **occorrerà mantenere questa caratteristica** del moto, attraverso un controllo del rapporto a secondo membro della (2.76).

Notiamo che la fluttuazione dalla media (*deviazione standard*), data da $\sqrt{\mathrm{Var}(x)}$, è sempre di ordine $\sqrt{N}h$. Le caratteristiche della diffusione sono dunque rimaste invariate rispetto al caso simmetrico e sono codificate nel rapporto

$$\frac{\mathrm{Var}(x)}{t} \simeq \frac{h^2}{\tau},$$

anche questo da mantenere costante.

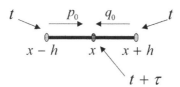

Figura 2.8 Passeggiata aleatoria con deriva

Passiamo ora al calcolo della probabilità di transizione limite. Dal teorema delle probabilità totali, abbiamo

$$p(x, t+\tau) = p_0 p(x-h, t) + q_0 p(x+h, t) \qquad (2.77)$$

con le solite condizioni iniziali

$$p(0,0) = 1 \text{ e } p(x, 0) = 0 \quad \text{se } x \neq 0.$$

Fissati x e t, vogliamo esaminare che cosa succede passando al limite per $h \to 0, \tau \to 0$. Proviamo a procedere come nel caso simmetrico. Supponendo p differenziabile quanto occorre, scriviamo ancora

$$p(x, t+\tau) = p(x, t) + p_t(x, t)\tau + o(\tau)$$

$$p(x \pm h, t) = p(x, t) \pm p_x(x, t)h + \frac{1}{2}p_{xx}(x, t)h^2 + o(h^2).$$

Sostituendo nella (2.77), dopo alcune semplificazioni, si trova

$$p_t \tau + o(\tau) = \frac{1}{2}p_{xx}h^2 + (q_0 - p_0)hp_x + o(h^2). \qquad (2.78)$$

Dividendo per τ, si ottiene

$$p_t + o(1) = \frac{1}{2}\frac{h^2}{\tau}p_{xx} + \left| \frac{(q_0 - p_0)h}{\tau}p_x \right| + o\left(\frac{h^2}{\tau}\right). \qquad (2.79)$$

Rispetto al caso simmetrico è comparso un nuovo termine, indicato nel riquadro. Si noti che il coefficiente di p_x **coincide con il secondo membro** della (2.76).

Proviamo a passare al limite per $h, \tau \to 0$, assumendo (come prima) che

$$\frac{h^2}{\tau} = 2D.$$

Come era prevedibile, questo non è sufficiente: se manteniamo p_0 e q_0 costanti si ha

$$\frac{(q_0 - p_0)h}{\tau} \to \infty$$

e dalla (2.79) si ottiene una contraddizione. D'altra parte abbiamo visto che è naturale un controllo del rapporto $(q_0 - p_0)h/\tau$. Scrivendo

$$\frac{(q_0 - p_0)h}{\tau} = \frac{(q_0 - p_0)}{h}\frac{h^2}{\tau} = \frac{(q_0 - p_0)}{h}2D$$

si vede che occorre richiedere che

$$\frac{q_0 - p_0}{h} \to \beta \qquad (2.80)$$

con β finito. Poiché $q_0 + p_0 = 1$, la (2.80) equivale a

$$p_0 = \frac{1}{2} - \frac{\beta}{2}h + o(h) \quad \text{e} \quad q_0 = \frac{1}{2} + \frac{\beta}{2}h + o(h), \qquad (2.81)$$

che si potrebbe interpretare come una condizione di *simmetria del moto a livello microscopico*[26]. In tal caso

$$\frac{(q_0 - p_0)\,h^2}{h\,\,\tau} \to 2D\beta \equiv b$$

e la (2.79) diventa

$$p_t = Dp_{xx} + bp_x \qquad (2.82)$$

dove è possibile che D e b dipendano da x e t.

Smascheriamo il termine bp_x incominciando ad esaminare le dimensioni (fisiche) di b. Poiché $q_0 - p_0$ è adimensionale, essendo una differenza di probabilità, b ha le dimensioni di h/τ e cioè di una **velocità**:

$$[b] = spazio \times tempo^{-1}.$$

Il coefficiente b codifica dunque la tendenza del moto continuo, risultante dal passaggio al limite, a muoversi verso una direzione privilegiata con velocità (scalare) $|b|$: a destra se $b < 0$, a sinistra se $b > 0$. In altri termini, esiste *una corrente* di intensità $|b|$ che *trasporta* la particella in una direzione mentre questa diffonde con costante D.

La passeggiata aleatoria è diventata un **processo di diffusione con deriva.**

Quest'ultimo punto di vista incita all'analogia con una sostanza che diffonde mentre viene trasportata, ad esempio, lungo un corso d'acqua.

2.5.2 Inquinante in un canale

Esaminiamo un semplice modello di trasporto e diffusione di una sostanza inquinante lungo un canale con corrente che si muove con velocità v *costante* lungo la direzione positiva dell'asse x. Implicitamente stiamo trascurando la profondità (pensando che l'inquinante galleggi) e la dimensione trasversale del canale (pensando ad un canale molto stretto).

Vogliamo derivare un modello matematico, capace di descrivere l'evoluzione della concentrazione $c = c(x,t)$ della sostanza. Le dimensioni fisiche di c sono *massa $\times$ lunghezza*$^{-1}$ per cui $c(x,t)\,dx$ rappresenta la massa presente al tempo t nell'intervallo $[x, x+dx]$ (di lunghezza infinitesima, Figura 2.9). Coerentemente, l'integrale

$$\int_x^{x+\Delta x} c(y,t)\,dy \qquad (2.83)$$

---

[26] Se a livello microscopico non ci fosse simmetria, la velocità istantanea infinita farebbe schizzare immediatamente la particella all'infinito (chiedo contemporaneamente perdono per aver osato scrivere una frase del genere).

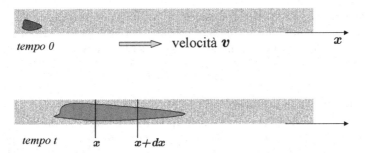

Figura 2.9 Trasporto di inquinante

rappresenta la massa presente al tempo t nell'intervallo $[x, x + \Delta x]$. Per costruire un modello matematico per c ricorriamo alle leggi generali di bilancio e/o conservazione. Nel caso presente, in assenza di sorgenti esogene (cioè di aggiunta o sottrazione di massa) vige il principio di **conservazione della massa**: *il tasso di variazione dela massa contenuta in un intervallo $[x, x + \Delta x]$ uguaglia il flusso netto di massa attraverso gli estremi.*

Ricordando la (2.83), il tasso di variazione della massa che si trova nell'intervallo $[x, x + \Delta x]$ è dato da[27]

$$\frac{d}{dt} \int_x^{x+\Delta x} c(y,t)\, dy = \int_x^{x+\Delta x} c_t(y,t)\, dy \qquad (2.84)$$

e ha segno positivo (negativo) se entra più (meno) massa di quanta ne esca.

Indichiamo con $q = q(x,t)$ il flusso di massa che **entra** nell'intervallo $[x, x + \Delta x]$ attraverso il punto x al tempo t. Le dimensioni fisiche di q sono *massa* $\times$ *tempo*$^{-1}$. Il flusso netto di massa agli estremi dell'intervallo è dato da

$$q(x,t) - q(x + \Delta x, t). \qquad (2.85)$$

Uguagliando (2.84) e (2.85), la legge di conservazione della massa si scrive

$$\int_x^{x+\Delta x} c_t(y,t)\, dy = q(x,t) - q(x + \Delta x, t).$$

Dividendo per Δx e passando al limite per $\Delta x \to 0$, si trova

$$c_t = -q_x. \qquad (2.86)$$

A questo punto dobbiamo decidere con che tipo di flusso di massa abbiamo a che fare o, in altri termini, *stabilire una legge costitutiva per q*. Vi sono varie possibilità, tra cui:

---

[27] Presumendo di poter effettuare la derivazione sotto il segno di integrale.

a) *Convezione o trasporto.* Il flusso è determinato dalla sola corrente d'acqua, come se l'inquinante formasse una macchia che viene trasportata dal fluido, senza deformarsi o espandersi. In tal caso è ragionevole supporre che

$$q(x,t) = vc(x,t)$$

dove, ricordiamo, v indica la velocità (costante) della corrente.

b) *Diffusione.* Abbiamo già trovato qualcosa di simile a proposito della diffusione del calore. Secondo la legge di Fourier il flusso di calore è proporzionale e di segno opposto al gradiente di temperatura. Qui si può adottare una legge analoga, che nella circostanza prende il nome di *legge di Fick*:

$$q(x,t) = -Dc_x(x,t)$$

dove D è una costante che dipende dalla sostanza ed ha le solite dimensioni *lunghezza^2 × tempo^{-1}*. L'idea è che la sostanza si espanda in zone da alta a bassa concentrazione, da cui il segno meno nell'espressione di q.

Nel nostro caso, trasporto e diffusione sono entrambe presenti, e quindi sovrapponiamo i due effetti scrivendo

$$q(x,t) = vc(x,t) - Dc_x(x,t).$$

Dalla (2.86) deduciamo

$$c_t = Dc_{xx} - vc_x. \tag{2.87}$$

Poiché D e v sono costanti, è facile determinare l'evoluzione di una massa Q di inquinante posta inizialmente nell'origine. Si tratta di determinare la soluzione di (2.87) con la condizione iniziale

$$c(x,0) = Q\delta(x)$$

dove δ è la distribuzione di Dirac nell'origine. Ci si può liberare del termine $-vc_x$ con un semplice cambiamento di variabili. Infatti, poniamo

$$w(x,t) = c(x,t)e^{hx+kt}$$

con h, k da determinarsi opportunamente. Si ha:

$$w_t = [c_t + kc]e^{hx+kt}$$
$$w_x = [c_x + hc]e^{hx+kt}, \qquad w_{xx} = [c_{xx} + 2hc_x + h^2c]e^{hx+kt}$$

e quindi, usando l'uguaglianza $c_t = Dc_{xx} - vc_x$,

$$w_t - Dw_{xx} = e^{hx+kt}[c_t - Dc_{xx} - 2Dhc_x + (k - Dh^2)c] =$$
$$= e^{hx+kt}[(-v - 2Dh)c_x + (k - Dh^2)c]$$

per cui, se scegliamo

$$h = -\frac{v}{2D}, \qquad k = \frac{v^2}{4D}$$

la funzione w è soluzione dell'equazione del calore $w_t - Dw_{xx} = 0$, con la condizione iniziale

$$w(x,t) = c(x,0)e^{-\frac{v}{2D}x} = Q\delta(x)e^{-\frac{v}{2D}x}.$$

Nel Capitolo 7 vedremo che $\delta(x)e^{-\frac{v}{2D}x} = \delta(x)$, per cui $w(x,t) = \Gamma_D(x,t)$ e di conseguenza

$$c(x,t) = Q\Gamma_D(x,t)\exp\left\{\frac{v}{2D}\left(x - \frac{v}{2}t\right)\right\}$$

che è la Γ_D "trasportata e modulata" dall'onda progressiva $Qe^{\frac{v}{2D}\left(x-\frac{vt}{2}\right)}$, in moto verso destra con velocità $v/2$.

In situazioni realistiche, l'inquinante è soggetto a decadimento per decomposizione biologica. L'equazione che ne deriva diventa

$$c_t = Dc_{xx} - vc_x - \gamma c \tag{2.88}$$

dove γ è il tasso percentuale di decadimento[28]. Ci occupiamo di questo caso nella prossima sezione, per mezzo di un'altra variante della passeggiata aleatoria.

Nota 2.2. Se D e v *non* fossero costanti, la (2.88) diventerebbe

$$c_t = (Dc)_x - (vc)_x - \gamma c. \tag{2.89}$$

Tratteremo questo tipo di equazioni nel Capitolo 9.

2.5.3 Passeggiata aleatoria con deriva e reazione

Torniamo alla nostra passeggiata aleatoria con deriva, ipotizzando che la particella o meglio, la massa unitaria, si estingua o scompaia, per assorbimento o decadimento di qualche natura, ad un tasso percentuale costante $\gamma > 0$. Ciò significa che in un intervallo di tempo da t a $t + \tau$ scompare una massa pari a

$$Q(x,t) = \tau\gamma p(x,t).$$

L'equazione alle differenze per p diventa

$$p(x,t+\tau) = p_0[p(x-h,t) - Q(x-h,t)] + q_0[p(x+h,t) - Q(x+h,t)].$$

Essendo[29]

$$p_0Q(x-h,t) + q_0Q(x+h,t) = Q(x,t) + (q_0 - p_0)hQ_x(x,t) + \dots$$
$$= \tau\gamma p(x,t) + O(\tau h)$$

---

[28] $[\gamma] = tempo^{-1}$.

[29] Il simbolo di "$O(h)$" ("O grande di h") indica qui una quantità dell'ordine di grandezza di h.

con i soliti calcoli si perviene a

$$p_t\tau + o\left(\tau\right) = \frac{1}{2}p_{xx}h^2 - (q_0 - p_0)hp_x - \tau\gamma p + O\left(\tau h\right) + o\left(h^2\right).$$

Dividiamo per τ e passiamo al limite per $h, \tau \to 0$; assumendo

$$\frac{h^2}{\tau} = 2D \quad \text{e} \quad \frac{q_0 - p_0}{h} \to \beta,$$

otteniamo l'equazione *di diffusione, trasporto e reazione* (*o assorbimento*)

$$p_t = Dp_{xx} + bp_x - \gamma p \qquad (b = 2D\beta). \tag{2.90}$$

Nota 2.3. Il termine $-\gamma p$ appare nella (2.90) come un termine di decadimento. D'altra parte, in importanti situazioni, γ potrebbe essere *negativo*, modellando questa volta una *creazione di massa* al tasso percentuale $|\gamma|$. Per questa ragione l'ultimo termine prende il nome generico di *termine di reazione* e la (2.90) costituisce un modello di *diffusione con deriva e reazione*.

Riassumendo, esaminiamo separatamente gli effetti dei tre termini a secondo membro della (2.90).

• $p_t = Dp_{xx}$ modella la sola diffusione. Il comportamento della soluzione fondamentale Γ_D ne codifica l'evoluzione tipica, caratterizzata dagli effetti di espansione, regolarizzazione (smoothing) e appiattimento del dato iniziale.

• $p_t = bp_x$ è un'equazione di puro trasporto, che considereremo in dettaglio nel Capitolo 4. Le soluzioni sono onde progressive della forma $g\left(x + bt\right)$.

• $p_t = -\gamma p$ è un modello di reazione lineare. Le soluzioni sono multipli di $e^{-\gamma t}$ che decadono (crescono) se $\gamma > 0$ $(\gamma < 0)$.

Finora abbiamo dato un'interpretazione probabilistica per un moto su tutto $\mathbb{R}$, dove non vi sono condizioni al bordo. Nei Problemi 2.10 e 2.11 si trovano le interpretazioni probabilistiche delle condizioni di Dirichlet e Neumann in termini di barriere *assorbenti* e *riflettenti*, rispettivamente.

2.6 Passeggiata aleatoria multidimensionale

2.6.1 Il caso simmetrico

Quanto fatto in dimensione $n = 1$ si può estendere a dimensione $n > 1$; tipicamente $n = 2, 3$. Cominciamo a considerare la passeggiata aleatoria simmetrica. Conviene introdurre il *reticolo* $\mathbb{Z}^n$ ($= \mathbb{Z} \times \mathbb{Z}$ per $n = 2$, $= \mathbb{Z} \times \mathbb{Z} \times \mathbb{Z}$ per $n = 3$) dei punti $\mathbf{x} \in \mathbb{R}^n$ le cui coordinate sono interi relativi. Introdotto il *passo spaziale* $h > 0$, il simbolo $h\mathbb{Z}^n$ indica il reticolo dei punti le cui coordinate sono *interi relativi moltiplicati per h*.

Ogni punto $\mathbf{x} \in h\mathbb{Z}^n$, possiede un "intorno discreto" di $2n$ punti a distanza h, dati da

$$\mathbf{x} + h\mathbf{e}_j \quad \text{e} \quad \mathbf{x} - h\mathbf{e}_j \qquad (j = 1, \ldots, n),$$

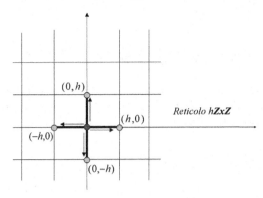

Figura 2.10 Passeggiata simmetrica bidimensionale

dove i vettori $\mathbf{e}_j$ sono quelli della base canonica in $\mathbb{R}^n$. La nostra particella si muove in $h\mathbb{Z}^n$ secondo le seguenti regole.

1. Parte da $\mathbf{x} = \mathbf{0}$.
2. Se essa si trova in $\mathbf{x}$ al tempo t, al tempo $t + \tau$ la particella si troverà in uno dei punti $\mathbf{x} \pm h\mathbf{e}_j$ con probabilità $p = \frac{1}{2n}$.
3. Essa si muove in modo indipendente dal passo precedente (Figura 2.10).

Come prima, ci poniamo il problema di *calcolare la probabilità* $p(\mathbf{x}, t)$ *che la particella si trovi in* $\mathbf{x}$ *al tempo* t. Il teorema delle probabilità totali fornisce la relazione

$$p(\mathbf{x}, t + \tau) = \frac{1}{2n} \sum_{j=1}^{n} \{p(\mathbf{x}+h\mathbf{e}_j, t) + p(\mathbf{x}-h\mathbf{e}_j, t)\} \qquad (2.91)$$

con le condizioni iniziali

$$p(\mathbf{0}, 0) = 1 \text{ e } p(\mathbf{x}, 0) = 0 \quad \text{se } \mathbf{x} \neq 0.$$

Infatti, per raggiungere il punto $\mathbf{x}$ al tempo $t + \tau$, la particella deve trovarsi al tempo t in uno dei punti dell'intorno discreto di $\mathbf{x}$ e da lì muoversi verso $\mathbf{x}$ con probabilità $1/2n$.

Fissati $\mathbf{x}$ e t, vogliamo ora esaminare cosa succede se passiamo al limite per $h \to 0, \tau \to 0$. Supponendo p differenziabile quanto occorre, possiamo scrivere

$$p(\mathbf{x}, t + \tau) = p(\mathbf{x}, t) + p_t(\mathbf{x}, t)\tau + o(\tau)$$

$$p(\mathbf{x} \pm h\mathbf{e}_j, t) = p(\mathbf{x}, t) \pm p_{x_j}(\mathbf{x}, t)h + \frac{1}{2}p_{x_j x_j}(\mathbf{x}, t)h^2 + o(h^2).$$

Sostituendo nella (2.91), dopo alcune semplificazioni, si trova

$$p_t \tau + o(\tau) = \frac{h^2}{2n} \Delta p + o(h^2)$$

e dividendo per τ,

$$p_t + o\,(1) = \frac{1}{2n}\frac{h^2}{\tau}\Delta p + o\left(\frac{h^2}{\tau}\right). \tag{2.92}$$

La situazione è pressochè identica al caso uni-dimensionale: per ottenere un risultato significativo quando $h, \tau \to 0$, occorre ancora che il rapporto h^2/τ si mantenga finito e positivo. Assumiamo dunque che

$$\frac{h^2}{\tau} = 2nD. \tag{2.93}$$

Da (2.93), si deduce che *nell'unità di tempo, la particella diffonde ad una distanza media di* $\sqrt{2nD}$. Le dimensioni fisiche di D non sono cambiate. Passando al limite nella (2.92) si ottiene per p l'equazione del calore

$$p_t = D\Delta p$$

e le condizioni iniziali diventano

$$\lim_{t\downarrow 0} p\,(\mathbf{x}, t) = \delta_n(\mathbf{x}).$$

Come prima, l'unica soluzione è data dalla soluzione fondamentale

$$p\,(\mathbf{x}, t) \equiv \Gamma_D\,(\mathbf{x}, t) = \frac{1}{(4\pi Dt)^{n/2}} e^{-\frac{|\mathbf{x}|^2}{4Dt}}, \qquad t > 0.$$

La passeggiata aleatoria $n-$dimensionale è diventata un **cammino continuo** che, nel caso $D = \frac{1}{2}$, prende il nome di *moto Browniano n-dimensionale*. Indichiamo con

$$\mathbf{B} = \mathbf{B}\,(t) = \mathbf{B}\,(t, \omega)$$

la posizione di una particella "Browniana". Le sue proprietà caratteristiche sono le seguenti.

• Con probabilità 1, i possibili cammini di una particella Browniana sono funzioni

$$t \longmapsto \mathbf{B}\,(t)$$

continue per $t \geq 0$.

• Il processo $\mathbf{B}^{\mathbf{x}}\,(t) = \mathbf{x} + \mathbf{B}\,(t)$ definisce il moto Browniano con partenza da $\mathbf{x}$. Ad ogni punto $\mathbf{x}$ è associata una probabilità $P^{\mathbf{x}}$, da interpretarsi come la distribuzione associata ai cammini effettuati da una particella che inizialmente si trova in $\mathbf{x}$, con le seguenti proprietà (se $\mathbf{x} = \mathbf{0}$, poniamo $P^0 = P$, omettendo l'indice):

a) $P^{\mathbf{x}}\{\mathbf{B}^{\mathbf{x}}\,(0) = \mathbf{x}\} = P\{\mathbf{B}\,(0) = \mathbf{0}\} = 1;$

b) per ogni $s \geq 0, t \geq 0$, l'incremento

$$\mathbf{B}^{\mathbf{x}}\,(t + s) - \mathbf{B}^{\mathbf{x}}\,(s) = \mathbf{B}\,(t + s) - \mathbf{B}\,(s)$$

segue una legge *normale con media zero e matrice di covarianza* $t\mathbf{I}_n$, quindi con densità

$$\Gamma\left(\mathbf{x}, t\right) = \Gamma_{\frac{1}{2}}\left(\mathbf{x}, t\right) = \frac{1}{\left(2\pi t\right)^{n/2}} e^{-\frac{|\mathbf{x}|^2}{2t}},$$

ed è indipendente da ogni evento accaduto in un tempo $\leq s$. Per esempio, gli eventi

$$\{\mathbf{B}\left(t_2\right) - \mathbf{B}\left(t_1\right) \in A_1\} \qquad \{\mathbf{B}\left(t_1\right) - \mathbf{B}\left(t_0\right) \in A_2\}$$

sono indipendenti se $t_0 < t_1 < t_2$.

• *Funzione di transizione*. Per ogni insieme di Borel $A \subseteq \mathbb{R}^n$, è definita una *funzione di transizione*

$$P\left(\mathbf{x}, t, A\right) = P^{\mathbf{x}}\{\mathbf{B}^{\mathbf{x}}\left(t\right) \in A\}$$

che rappresenta la probabilità che la particella, inizialmente in $\mathbf{x}$, si trovi in A all'istante t. Si ha:

$$P\left(\mathbf{x}, t, A\right) = P\{\mathbf{B}\left(t\right) \in A - \mathbf{x}\} = \int_{A-\mathbf{x}} \Gamma\left(\mathbf{y}, t\right) d\mathbf{y} = \int_A \Gamma\left(\mathbf{y} - \mathbf{x}, t\right) d\mathbf{y}.$$

• *Invarianza*. Il moto è invariante per rotazioni.

• *Proprietà di Markov e proprietà di Markov Forte*. Se la posizione iniziale è aleatoria con una distribuzione di probabilità μ definita sui boreliani di $\mathbb{R}^n$, parliamo di *moto Browniano con distribuzione iniziale* μ, che si può indicare con $\mathbf{B}^{\mu}$. A questo processo è associata una distribuzione di probabilità P^{μ} tale che

$$P^{\mu}\{\mathbf{B}^{\mu}\left(0\right) \in A\} = \mu\left(A\right)$$

mentre la probabilità che la particella si trovi in A al tempo t si calcola con la formula

$$P^{\mu}\{\mathbf{B}^{\mu}\left(t\right) \in A\} = \int_{\mathbb{R}^n} P\left(\mathbf{x}, t, A\right) d\mu\left(\mathbf{x}\right). \tag{2.94}$$

La **proprietà di Markov** si può esprimere così: data una qualunque condizione H, riguardante il comportamento della particella prima dell'istante $s \geq 0$, il processo dopo s, $\mathbf{Y}\left(t\right) = \mathbf{B}^{\mathbf{x}}\left(t + s\right)$, è un moto Browniano con distribuzione iniziale

$$\mu\left(A\right) = P^{\mathbf{x}}\{\mathbf{B}^{\mathbf{x}}\left(s\right) \in A \,|H\,\}.$$

Ancora, questa proprietà stabilisce l'indipendenza del processo *futuro* $\mathbf{B}^{\mathbf{x}}$ $(t+s)$ dal *passato* quando il *presente* $\mathbf{B}^{\mathbf{x}}\left(s\right)$ è noto e codifica l' *assenza di memoria* del processo.

Nella **proprietà di Markov forte**, s è sostituito da un tempo d'arresto τ, che dipende solo dal comportamento della particella nell'intervallo $[0, \tau]$.

2.6.2 Passeggiata con deriva e reazione

Come nel caso unidimensionale, si possono costruire varianti non simmetriche o con reazione della passeggiata aleatoria in $\mathbb{Z}^n$. Per esempio, possiamo ammettere comportamenti diversi lungo le direzioni degli assi coordinati scegliendo un passo spaziale h_j lungo la direzione $\mathbf{e}_j$, per ogni $j = 1, ..., n$. Il corrispondente processo limite modella un moto anisotropo, le cui caratteristiche sono codificate nella matrice

$$\mathbf{D} = \begin{pmatrix} D_1 & 0 & \cdots & 0 \\ 0 & D_2 & & 0 \\ \vdots & & \ddots & \vdots \\ 0 & 0 & \cdots & D_n \end{pmatrix}$$

dove $D_j = h_j^2/2n\tau$ è il coefficiente di diffusione nella direzione $\mathbf{e}_j$. L'equazione che governa la probabilità di transizione $p(\mathbf{x},t)$ è

$$p_t = \sum_{j=1}^{n} D_j p_{x_j x_j}. \tag{2.95}$$

Possiamo ulteriormente rompere la simmetria richiedendo che, lungo la direzione $\mathbf{e}_j$, le probabilità di muoversi nei due versi sia p_j e q_j, con $p_j + q_j = 1$. Se per h_j e τ tendenti a zero si assume che

$$\frac{q_j - p_j}{h_j} \to \beta_j \qquad \text{e} \qquad b_j = 2D_j\beta_j,$$

il vettore *di trasporto o deriva* $\mathbf{b} = (b_1, ..., b_n)$ codifica l'asimmetria del moto. Aggiungendo un termine di reazione della forma ap, si ottiene l'equazione di *diffusione-trasporto-reazione*

$$u_t = \sum_{j=1}^{n} D_j p_{x_j x_j} + \sum_{j=1}^{n} b_j u_{x_j} + au. \tag{2.96}$$

Nel Problema 2.20 chiediamo al lettore di completare i dettagli nella derivazione delle equazioni (2.95) e (2.96). Tratteremo questo tipo di equazioni da un punto di vista più generale nel Capitolo 9.

2.7 Un esempio di diffusione e reazione ($n = 3$)

In questa sezione esaminiamo un modello di diffusione-reazione in un materiale fissile. Sebbene la situazione sia molto semplificata rispetto alla realtà, si possono già cogliere alcuni aspetti interessanti.

Sparando neutroni su un nucleo di uranio può succedere che il nucleo si spezzi in 2 parti liberando altri neutroni già presenti nel nucleo e provocando il fenomeno della *fissione nucleare*. Alcuni aspetti macroscopici del fenomeno possono essere modellati elementarmente. Supponiamo di avere un cilindro di materiale fissile di altezza h e raggio R, con massa totale

$$M = \pi \varrho R^2 h$$

dove ϱ è la densità di massa. A livello macroscopico, i neutroni liberi diffondono come una sostanza chimica in un mezzo poroso. Se $N = N(x, y, z, t)$ è la *densità dei neutroni*, avremo, in assenza di fissione, una legge del tipo: *flusso di neutroni uguale a* $-D\nabla N$. La legge di conservazione della massa, fornisce allora

$$N_t = D\Delta N.$$

Se all'interno del cilindro vengono liberati neutroni ad un tasso relativo $\gamma > 0$, avremo l'equazione

$$N_t = D\Delta N + \gamma N, \tag{2.97}$$

dove diffusione e reazione sono presenti e antagoniste: la diffusione tende a diminuire N mentre, ovviamente, il termine di reazione provocherebbe da solo un aumento esponenziale. Cruciale è il comportamento asintotico di N per $t \to +\infty$.

Cerchiamo soluzioni *limitate*, soddisfacenti condizioni di Dirichlet omogenee sul bordo del cilindro, con l'idea che la densità sia maggiore al centro e molto bassa vicino al bordo. È allora ragionevole assumere che N abbia una simmetria rispetto all'asse del cilindro, che pensiamo dislocato lungo l'asse z. Usando le coordinate spaziali cilindriche (r, θ, z), con

$$x = r\cos\theta, \ y = r\sin\theta,$$

possiamo scrivere $N = N(r, z, t)$ e le condizioni di Dirichlet sul bordo del cilindro diventano

$$\begin{aligned} N(R, z, t) &= 0 & 0 &< z < h \\ N(r, 0, t) &= N(r, h, t) = 0 & 0 &< r < R, \end{aligned} \tag{2.98}$$

per ogni $t > 0$. Coerentemente, assegniamo una condizione iniziale

$$N(r, z, 0) = N_0(r, z) \tag{2.99}$$

tale che

$$N_0(R, z) = 0 \ \text{ per } \ 0 < z < h \ \text{ e } \ N_0(r, 0) = N_0(r, h) = 0. \tag{2.100}$$

Per risolvere il problema (2.97), (2.98), (2.99), liberiamoci anzitutto del termine di reazione, ponendo

$$N(r, z, t) = \mathcal{N}(r, z, t) e^{\gamma t}. \tag{2.101}$$

Scrivendo poi l'operatore di Laplace in coordinate cilindriche[30] l'equazione
per $\mathcal{N}$ è la seguente:

$$\mathcal{N}_t = D\left[\mathcal{N}_{rr} + \frac{1}{r}\mathcal{N}_r + \mathcal{N}_{zz}\right]. \tag{2.102}$$

Con le stesse condizioni iniziali e al bordo di N. Per il principio di massimo,
sappiamo che esiste solo una soluzione, continua fino al bordo del cilindro. Per
trovare una formula esplicita, usiamo il metodo di separazione delle variabili,
cercando prima soluzioni limitate della forma

$$\mathcal{N}(r, z, t) = u(r)\, v(z)\, w(t), \tag{2.103}$$

soddisfacenti le condizioni di Dirichlet omogenee $u(R) = 0$ e $v(0) = v(h)$
$= 0$.

Sostituendo (2.103) nella (2.102), si trova

$$u(r)\, v(z)\, w'(t) = D[u''(r)\, v(z)\, w(t) + \frac{1}{r}u'(r)\, v(z)\, w(t) + u(r)\, v''(z)\, w(t)].$$

Dividendo per $\mathcal{N}$ e riordinando i termini, otteniamo

$$\frac{w'(t)}{Dw(t)} - \left[\frac{u''(r)}{u(r)} + \frac{1}{r}\frac{u'(r)}{u(r)}\right] = \frac{v''(z)}{v(z)}. \tag{2.104}$$

I due membri della (2.104) dipendono da variabili diverse e pertanto devono
essere entrambi uguali ad una costante b. Per v abbiamo dunque il problema
agli autovalori

$$v''(z) - bv(z) = 0$$

$$v(0) = v(h) = 0.$$

Gli autovalori sono $b_m \equiv -\nu_m^2 = -\frac{m^2\pi^2}{h^2}$, $m \geq 1$ intero, con corrispondenti
autofunzioni

$$v(z) = \sin\nu_m z.$$

L'equazione per w e u si può scrivere nella forma:

$$\frac{w'(t)}{Dw(t)} + \nu_m^2 = \frac{u''(r)}{u(r)} + \frac{1}{r}\frac{u'(r)}{u(r)} \tag{2.105}$$

dove le variabili r e t sono ancora separate. I due membri della (2.105) devono
perciò essere uguali ad una costante comune μ. Per w otteniamo dunque
l'equazione

$$w'(t) = D(\mu - \nu_m^2)w(t)$$

che dà

$$w(t) = c\exp\left[D\left(\mu - \nu_m^2\right)t\right], \qquad c \in \mathbb{R}. \tag{2.106}$$

---

[30] In coordinate cilindriche rispetto all'asse z si ha $\Delta = \partial_{rr} + \frac{1}{r}\partial_r + \partial_{zz}$.

L'equazione per u è

$$u'' (r) + \frac{1}{r} u' (r) - \mu u (r) = 0 \qquad (2.107)$$

con

$$u (R) = 0 \quad \text{e} \quad u \text{ limitata in } [0, R] . \qquad (2.108)$$

La (2.107) è un'*equazione parametrica di Bessel, di ordine zero, con parametro* $-\mu$; le condizioni (2.108) implicano[31] $\mu = -\lambda^2 < 0$.

A meno di costanti moltiplicative, la sola soluzione non nulla e limitata di (2.107), (2.108) è $J_0 (\lambda r)$, dove

$$J_0 (x) = \sum_{k=0}^{\infty} \frac{(-1)^k}{(k!)^2} \left(\frac{x}{2} \right)^{2k}$$

è la *funzione di Bessel di primo genere e ordine zero*. Imponendo $u (R) = 0$, si trova $J_0 (\lambda R) = 0$. Ora, la funzione di Bessel J_0 ha infiniti zeri positivi e semplici[32] λ_n, $n \geq 1$; come indicato in Figura 2.11:

$$0 < \lambda_1 < \lambda_2 < ... < \lambda_n < ...$$

per cui, se $\lambda R = \lambda_n$, si trovano infinite soluzioni date da

$$u_n (r) = J_0 \left(\frac{\lambda_n r}{R} \right) .$$

Quindi

$$\mu = \mu_n = - \frac{\lambda_n^2}{R^2} .$$

Riassumendo, abbiamo determinato infinite soluzioni a variabili separate della forma

$$\mathcal{N}_{mn} (r, z, t) = u_n (r) v_m (z) w_{m,n} (t) =$$

$$= J_0 \left(\frac{\lambda_n r}{R} \right) \sin \nu_m z \, \exp \left[-D \left(\nu_m^2 + \frac{\lambda_n^2}{R^2} \right) t \right]$$

---

[31] Infatti, scriviamo l'equazione di Bessel (2.107) nella forma

$$(ru')' - \mu ru = 0.$$

Moltiplicando per u e integrando su $(0, R)$, si trova

$$\int_0^R (ru')' u dr = \mu \int_0^R u^2 dr. \qquad (2.109)$$

Integrando per parti e usando la (2.108), si ottiene

$$\int_0^R (ru')' u dr = [(ru') u]_0^R - \int_0^R (u')^2 dr = - \int_0^R (u')^2 dr < 0$$

e infine, della (2.109) si deduce $\mu < 0$.

[32] Questi zeri sono noti con elevato grado di accuratezza e si trovano tabulati in vari testi. I primi 5 sono, con 4 decimali esatti: 2.4048, 5.5201, 8.6537, 11.7915, 14.9309.

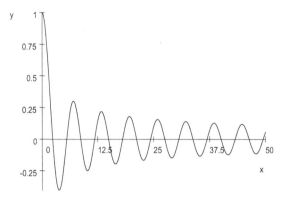

Figura 2.11 La funzione di Bessel J_0

soddisfacenti le condizioni di Dirichlet. Rimane da soddisfare la condizione iniziale. Poiché l'equazione e le condizioni di Dirichlet omogenee costituiscono un problema lineare, usiamo il principio di sovrapposizione e scriviamo la candidata soluzione finale come

$$\mathcal{N}(r,z,t) = \sum_{n,m=1}^{\infty} c_{mn}\mathcal{N}_{mn}(r,z,t).$$

I coefficienti $c_{m,n}$ devono essere scelti in modo che

$$\sum_{n,m=1}^{\infty} c_{mn}\mathcal{N}_{mn}(r,z,0) = \sum_{n,m=1}^{\infty} c_{mn}J_0\left(\frac{\lambda_n r}{R}\right)\sin\frac{m\pi}{h}z = N_0(r,z). \quad (2.110)$$

La seconda delle (2.100) e la (2.110) suggeriscono uno sviluppo di N_0 in serie di Fourier di soli seni rispetto a z. Sia, allora,

$$c_m(r) = \frac{2}{h}\int_0^h N(r,z)\sin\frac{m\pi}{h}z, \qquad m \geq 1,$$

e

$$N_0(r,z) = \sum_{m=1}^{\infty} c_m(r)\sin\frac{m\pi}{h}z.$$

La (2.110) indica che per ogni m, i c_{mn} sono i coefficienti dello sviluppo di $c_m(r)$ nella *serie di Fourier-Bessel*

$$\sum_{n=1}^{\infty} c_{mn}J_0\left(\frac{\lambda_n r}{R}\right) = c_m(r).$$

Non siamo realmente interessati all'esatta formula per i c_{mn}, ma, comunque, torneremo tra breve su questo punto.

In conclusione, ricordando la (2.101), l'espressione analitica del nostro problema originale è la seguente:

$$N(r, z, t) = \sum_{n,m=1}^{\infty} c_{mn} J_0 \left(\frac{\lambda_n r}{R} \right) \exp \left\{ \left(\gamma - D\nu_m^2 - D\frac{\lambda_n^2}{R^2} \right) t \right\} \sin \nu_m z.$$

(2.111)

Naturalmente, la (2.111) è solo una soluzione formale, poiché dovremmo stabilire in che senso i dati iniziali e al bordo vengono assunti e controllare che le necessarie differenziazioni termine a termine possano essere effettuate. Ciò può essere assicurato sotto ragionevoli ipotesi di regolarità di N_0, ma non intendiamo addentrarci nei calcoli. Piuttosto, l'espressione analitica della soluzione permette già di trarre una conclusione abbastanza interessante sulla sua evoluzione temporale. Consideriamo per esempio il valore di N al centro del cilindro, cioè per $r = 0$ e $z = h/2$; si ha, essendo $J_0(0) = 1$ e $\nu_m^2 = \frac{m^2 \pi^2}{h^2}$,

$$N \left(0, \frac{h}{2}, t \right) = \sum_{n,m=1}^{\infty} c_{mn} \sin \frac{m\pi}{2} \exp \left\{ \left(\gamma - D\frac{m^2 \pi^2}{h^2} - D\frac{\lambda_n^2}{R^2} \right) t \right\}.$$

Il fattore esponenziale è massimo per $m = n = 1$, per cui il termine prevalente nella somma è

$$c_{11} \exp \left\{ \left(\gamma - D\frac{\pi^2}{h^2} - D\frac{\lambda_1^2}{R^2} \right) t \right\}.$$

Se ora

$$\gamma - D \left(\frac{\pi^2}{h^2} + \frac{\lambda_1^2}{R^2} \right) < 0,$$

ogni termine tende a zero per $t \to \infty$ e la reazione si spegne. Se invece

$$\gamma - D \left(\frac{\pi^2}{h^2} + \frac{\lambda_1^2}{R^2} \right) > 0$$

ossia

$$\frac{\gamma}{D} > \frac{\pi^2}{h^2} + \frac{\lambda_1^2}{R^2},$$

(2.112)

allora si ha una crescita esponenziale almeno nel primo termine e quindi anche per $N(0, h/2, t)$. La (2.112) è *possibile solo se sono verificate entrambe le relazioni*

$$h^2 > \frac{D\pi^2}{\gamma} \quad e \quad R^2 > \frac{D\lambda_1^2}{\gamma}.$$

(2.113)

Le (2.113) costituiscono una limitazione inferiore per l'altezza e per il raggio del cilindro. Pertanto, deduciamo l'esistenza *di una massa critica al di sotto della quale la reazione non si sostiene.*

Nota 7.1. Il problema di sviluppare in serie di funzioni di Bessel una data funzione è analogo a quello dello sviluppo in serie di Fourier, con le funzioni $J_0 \left(\frac{\lambda_n r}{R} \right)$ che fanno la parte delle funzioni trigonometriche. Assumiamo per semplicità $R = 1$. Le funzioni di Bessel $J_0(\lambda_n r)$ soddisfano le seguenti proprietà di ortogonalità,

$$\int_0^1 x J_0(\lambda_m x) J_0(\lambda_n x) dx = \begin{cases} 0 & m \neq n \\ \frac{1}{2} c_n & m = n \end{cases}$$

dove

$$c_n = \sum_{k=0}^{\infty} \frac{(-1)^k}{k! \, (k+1)!} \left(\frac{\lambda_n}{2} \right)^{2k+1}.$$

Una funzione f abbastanza regolare (per esempio di classe $C^1([0,1])$) ammette uno sviluppo del tipo

$$f(x) = \sum_{n=0}^{\infty} a_n J_0(\lambda_n x) \tag{2.114}$$

dove i coefficienti a_k sono assegnati dalla formula

$$a_n = \frac{2}{c_n^2} \int_0^1 x f(x) J_0(\lambda_n x) \, dx.$$

La serie (2.114) converge nel senso seguente: se

$$S_N(x) = \sum_{n=0}^{N} f_n J_0(\lambda_n x)$$

allora

$$\lim_{N \to +\infty} \int_0^R [f(x) - S_N(x)]^2 x dx = 0. \tag{2.115}$$

Nel Capitolo 6 inquadreremo il problema in un ambito più generale.

2.8 Il problema di Cauchy globale ($n = 1$)

2.8.1 Il caso omogeneo

In questa sezione ci occupiamo del *problema di Cauchy globale*, limitandoci alla dimensione 1; idee, tecniche e formule si estendono senza difficoltà e con pochi cambiamenti al caso multidimensionale.

Cominciamo col problema omogeneo

$$\begin{cases} u_t - D u_{xx} = 0 & \text{in } \mathbb{R} \times (0, \infty) \\ u(x,0) = g(x) & \text{in } \mathbb{R} \end{cases} \tag{2.116}$$

dove g, il *dato iniziale*, è assegnato. Il problema (2.116) si presenta, per esempio, quando si voglia determinare l'evoluzione della temperatura o di una concentrazione di massa lungo un filo molto lungo (infinito), conoscendone la distribuzione al tempo iniziale $t = 0$.

Un ragionamento intuitivo porta a congetturare quale possa essere la soluzione, ammesso per il momento che esista e sia unica. Interpretiamo $u(x, t)$ come concentrazione (o densità lineare di massa), nel senso che $u(x, t)\, dx$ assegna la massa che si trova nell'intervallo $(x, x + dx)$ al tempo t.

Vogliamo determinare la concentrazione dovuta alla diffusione di una massa la cui concentrazione iniziale è data da g.

La quantità $g(y)\, dy$ rappresenta la massa concentrata nell'intervallo $(y, y + dy)$ al tempo $t = 0$. Come abbiamo visto, la funzione $\Gamma_D(x - y, t)$ è una *unit source solution,* che descrive la diffusione di una massa unitaria inizialmente concentrata nel punto y. Di conseguenza

$$\Gamma_D(x - y, t)\, g(y)\, dy$$

fornisce la concentrazione in x al tempo t, dovuta alla diffusione della massa $g(y)\, dy$. Grazie alla linearità dell'equazione di diffusione, possiamo usare il *principio di sovrapposizione,* che permette di calcolare la soluzione come somma dei singoli contributi. Si trova così la formula:

$$u(x, t) = \int_{\mathbb{R}} \Gamma_D(x - y, t)\, g(y)\, dy = \frac{1}{\sqrt{4\pi D t}} \int_{\mathbb{R}} g(y)\, e^{-\frac{(x-y)^2}{4Dt}}\, dy. \quad (2.117)$$

Per ogni $t > 0$ fissato, la (2.117) è la *convoluzione* del dato iniziale con la Gaussiana ed ha un'interessante interpretazione probabilistica, in termini di valore atteso. Assumiamo per semplicità $D = \frac{1}{2}$. Sia $B^x(t)$ la posizione di una particella Browniana partita dal punto x e sia $g(y)$ il *guadagno* acquisito al passaggio per il punto y. Allora si può scrivere (E sta per *valore atteso* rispetto alla misura di probabilità P^x, con densità $\Gamma(x - y, t)$):

$$u(x, t) = E\left[g\left(B^x(t)\right)\right]$$

da cui la "ricetta stocastica" per la costruzione della soluzione u: *per calcolare u nel punto (x, t), si considera una particella Browniana con partenza in x, se ne calcola la posizione $B^x(t)$ al tempo t, si calcola il valore atteso del guadagno $g(B^x(t))$.*

Naturalmente, tutto ciò è euristico ed occorre assicurarsi che le cose funzionino rigorosamente. In particolare bisogna accertarsi che, sotto ipotesi ragionevoli sul dato iniziale g, la (2.117) sia effettivamente l'unica soluzione del problema di Cauchy.

Per esempio, si vede che se g cresce troppo per $x \to \pm\infty$, per esempio più di un esponenziale del tipo e^{ax^2}, $a > 0$, la pur rapida convergenza a 0 della gaussiana non è sufficiente a far convergere l'integrale la (2.117). Ancora più delicata è l'unicità della soluzione, come vedremo più avanti.

2.8.2 Esistenza della soluzione

Il seguente teorema assicura che la (2.117) sia effettivamente soluzione del problema di Cauchy sotto ipotesi abbastanza naturali sul dato iniziale, verificate nei casi importanti per le applicazioni. La dimostrazione è piuttosto tecnica e preferiamo ometterla. Tuttavia, nel caso *g continua e limitata* la prova si semplifica notevolmente ed un suggerimento è indicato nel Problema 2.15.

Teorema 8.1 *Sia g una funzione con un numero finito di punti di discontinuità in $\mathbb{R}$, tale che*

$$|g(x)| \le ce^{ax^2}, \qquad \forall x \in \mathbb{R} \tag{2.118}$$

con a e c numeri positivi opportuni, e sia u definita dalla (2.117). Allora:

i) u è ben definita ed è differenziabile fino a qualunque ordine nella striscia $\mathbb{R} \times (0, T)$, con $T < \frac{1}{4Da}$ e in tale striscia

$$u_t - Du_{xx} = 0;$$

ii) se x_0 è un punto in cui g è continua, allora

$$u(y, t) \to g(x_0) \qquad per \ (y, t) \to (x_0, 0), \, t > 0;$$

iii) esistono due costanti c_1 e A tali che

$$|u(x, t)| \le c_1 e^{Ax^2}, \qquad \forall x, t \in \mathbb{R} \times (0, T).$$

Nota 8.1. Il teorema indica che, se ammettiamo un dato iniziale con una crescita esponenziale come quella indicata, la (2.117) è una soluzione del problema di Cauchy, che esiste in un intervallo di tempo finito.

Vedremo più avanti che, sotto le ipotesi indicate, *è anche l'unica soluzione*. In molte applicazioni, i dati iniziali hanno un andamento all'infinito di tipo polinomiale, per cui la disuguaglianza (2.118) risulta soddisfatta per qualunque $A > 0$. Ciò comporta che, in realtà, non vi sia nessuna limitazione sull'intervallo temporale di esistenza di questa soluzione, essendo

$$T < \frac{1}{4Da}$$

con *a* arbitrario, e, in particolare, piccolo quanto si vuole.

Nota 8.2. La proprietà *i)* enuncia un fatto piuttosto interessante: anche se il dato iniziale è discontinuo in qualche punto, immediatamente dopo la soluzione è diventata continua e anzi dotata di derivate di ogni ordine (di classe C^∞). La diffusione è quindi un **processo regolarizzante**, che tende cioè a smussare le irregolarità. In Figura 2.12 il fenomeno è illustrato per il dato iniziale

$$g(x) = \chi_{(-2,0)}(x) + \chi_{(1,4)}(x).$$

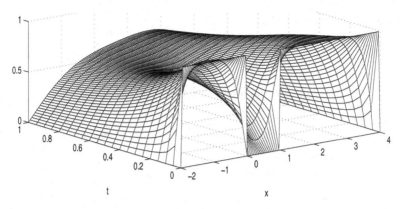

Figura 2.12 Effetto regolarizzante dell'equazione del calore

Nota 8.3. La proprietà ii) indica in particolare che, se il dato iniziale g è continuo in $\mathbb{R}$, allora la soluzione è continua in $\mathbb{R} \times [0, T)$ e cioè

$$\lim_{(x,t) \to (x_0, 0)} \frac{1}{\sqrt{4\pi Dt}} \int_{\mathbb{R}} g(y) \, e^{-\frac{(x-y)^2}{4Dt}} \, dy = g(x_0) \qquad \text{per ogni } x_0 \in \mathbb{R}.$$

Un'interessante conseguenza di questo fatto è che *ogni funzione continua in un intervallo* $[a, b]$ *può essere uniformemente approssimata da polinomi.* Precisamente, abbiamo il seguente importante

Teorema di Approssimazione (di Weierstrass). *Sia* $g \in C([a, b])$. *Allora, per ogni* $\varepsilon > 0$, *esiste un polinomio* $p = p(x)$ *tale che*

$$\max_{x \in [a,b]} |g(x) - p(x)| \le \varepsilon. \tag{2.119}$$

Dimostrazione. Estendiamo g con continuità su tutto $\mathbb{R}$, in modo che sia nulla al di fuori di un intervallo che contenga $[a, b]$, diciamo $[-L, L]$. In tal modo, risulta anche che g è limitata su $\mathbb{R}$. Poniamo $M = \max |g|$.
Fissiamo ora $\varepsilon > 0$. Dal Teorema 8.1 deduciamo che la funzione

$$u(x, t) = \frac{1}{2\sqrt{\pi t}} \int_{-L}^{L} g(y) \, e^{-\frac{(x-y)^2}{4t}} \, dy$$

è soluzione dell'equazione $u_t - u_{xx} = 0$ in $\mathbb{R} \times (0, +\infty)$ e che, per ogni $\varepsilon' > 0$, se t_0 è sufficientemente piccolo, si ha

$$\max_{x \in [a,b]} |g(x) - u(x, t_0)| \le \varepsilon'. \tag{2.120}$$

D'altra parte, usando la formula di Taylor di ordine N per la funzione esponenziale, con N sufficientemente grande, possiamo scrivere

$$\left| e^{-\frac{(x-y)^2}{4t_0}} - \sum_{k=0}^{N} \frac{(-1)^k}{k!} \left[\frac{(x-y)^2}{4t_0} \right]^k \right| \le \varepsilon' \sqrt{t_0}, \tag{2.121}$$

per ogni $x \in [a, b]$ e $y \in [-L, L]$. Definiamo

$$p_N(x) = \frac{1}{2\sqrt{\pi t_0}} \int_{-L}^{L} g(y) \sum_{k=0}^{N} \frac{(-1)^k}{k!} \left[\frac{(x-y)^2}{4t_0} \right]^k dy.$$

Allora $p_N(x)$ è un polinomio di grado $2N$ e dalla (2.121) si ricava

$$|u(x, t_0) - p_N(x)| \leq \frac{\varepsilon'}{2\sqrt{\pi}} \int_{-L}^{L} |g(y)| \, dy \leq \frac{\varepsilon' LM}{\sqrt{\pi}} \qquad (2.122)$$

per ogni $x \in [a, b]$. Dalle (2.120) e (2.122) otteniamo allora

$$\max_{x \in [a,b]} |g(x) - p_N(x)| \leq \max_{x \in [a,b]} |g(x) - u(x, t_0)| + \max_{x \in [a,b]} |u(x, t_0) - p_N(x)|$$

$$\leq \varepsilon' \left(1 + \frac{LM}{\sqrt{\pi}} \right).$$

Basta ora scegliere $\varepsilon' = \varepsilon(1 + LM/\sqrt{\pi})^{-1}$ per avere la (2.119).   □

2.8.3 Il caso non omogeneo. Metodo di Duhamel

L'equazione alle differenze

$$p(x, t + \tau) = \frac{1}{2} p(x - h, t) + \frac{1}{2} p(x + h, t)$$

che abbiamo ricavato nella Sezione 4.2 durante l'analisi della passeggiata aleatoria simmetrica, può essere considerata come una versione probabilistica del *principio di conservazione della massa: la densità di massa presente in* $(x, t + \tau)$ *è la somma delle densità diffuse da* $(x + h, t)$ *e da* $(x - h, t)$; non si è aggiunta o tolta massa alla quantità originariamente presente. Coerentemente, la differenza

$$p(x, t + \tau) - \left[\frac{1}{2} p(x - h, t) + \frac{1}{2} p(x + h, t) \right]$$

può essere considerata una misura della densità di massa aggiunta/tolta nell'intervallo di tempo da t a $t + \tau$. Dividendo per τ e passando al limite per h e $\tau \to 0$ con le modalità indicate nella Sezione 4.2, si trova

$$p_t - D p_{xx}$$

per cui l'operatore differenziale $\partial_t - D\partial_{xx}$ **misura il tasso istantaneo di produzione della densità di massa**. Supponiamo ora che dal tempo $t = 0$ fino ad un certo istante $t = s > 0$ non vi sia massa presente e che all'istante s si produca nel punto y una massa unitaria. Sappiamo modellare una sorgente del genere mediante una misura di Dirac in y, che pensiamo anche funzione del tempo, essendo presente solo al tempo s. La scriviamo nella forma

$$\delta(x - y, t - s).$$

Siamo condotti allora all'equazione non omogenea

$$p_t - Dp_{xx} = \delta\,(x - y, t - s)$$

con la condizione iniziale $p\,(x, 0) = 0$. Quale può essere la soluzione? Fino all'istante $t = s$ non succede niente e *dopo* questo istante $\delta\,(x - y, t - s) = 0$, quindi è come se cominciassimo da $t = s$ e risolvessimo il problema

$$p_t - Dp_{xx} = 0, \quad x \in \mathbb{R},\ t > s$$

con condizione iniziale $p\,(x, s) = \delta\,(x - y, t - s)$. Abbiamo già risolto questo problema quando $s = 0$: la soluzione è $\Gamma_D\,(x - y, t)$. Una traslazione nel tempo fornisce la soluzione per s generico:

$$p\,(x, t) = \Gamma_D\,(x - y, t - s)\,.$$

Generalizziamo, considerando una sorgente distribuita nella striscia $\mathbb{R} \times (0, T)$ che produca/tolga densità di massa al tasso $f\,(x, t)$. Precisamente, $f\,(x, t)\,dxdt$ è la massa prodotta/tolta (dipende dal segno di f) tra x e $x + dx$, nell'intervallo di tempo $(t, t + dt)$. Se inizialmente non è presente alcuna massa, siamo condotti al problema

$$\begin{cases} v_t - Dv_{xx} = f\,(x, t) \text{ in } \mathbb{R} \times (0, T) \\ v\,(x, 0) = 0 \qquad\qquad \text{ in } \mathbb{R}. \end{cases} \tag{2.123}$$

Per costruire la soluzione nel punto (x, t), ragioniamo euristicamente come prima. Calcoliamo il contributo di una massa $f\,(y, s)\,dyds$, concentrata tra y e $y + dy$ e prodotta nell'intervallo $(s, s + ds)$. È come se avessimo un secondo membro della forma $f^*\,(x, t) = f\,(x, t)\,\delta\,(x - y, t - s)$, per cui la quantità

$$f\,(y, s)\,\Gamma_D\,(x - y, t - s)\,dyds$$

rappresenta la densità di massa presente in x all'istante t, dovuta alla diffusione della massa $f\,(y, s)\,dyds$. Il contributo totale (la soluzione) si ottiene per sovrapposizione e cioè:

• sommando i contributi delle masse concentrate tra y e $y + dy$ per s fissato. Il risultato è $w\,(x, t; s)\,ds$, dove

$$w\,(x, t; s) = \int_{\mathbb{R}} \Gamma_D\,(x - y, t - s)\,f\,(y, s)\,dy; \tag{2.124}$$

• sommando ulteriormente i contributi in ciascun intervallo di tempo per s da 0 a t:

$$v\,(x, t) = \int_0^t \int_{\mathbb{R}} f\,(y, s)\,\Gamma_D\,(x - y, t - s)\,dyds.$$

La costruzione euristica che abbiamo presentato è un esempio di applicazione del *metodo di Duhamel*, che enunciamo nel nostro caso.

Metodo di Duhamel. *Per costruire la soluzione del problema (2.123), si eseguono i seguenti passi.*

1. *Si costruisce una famiglia di soluzioni del problema di Cauchy omogeneo, in cui il tempo iniziale, anzichè essere* $t = 0$, *fissato, è un tempo* $s > 0$, *variabile, ed il dato iniziale è* $f(x, s)$.

2. *Si integra la famiglia così trovata rispetto ad* s, *tra* 0 *e* t.

Esaminiamo i due passi.

1. Consideriamo il problema di Cauchy omogeneo

$$\begin{cases} w_t - Dw_{xx} = 0 & x \in \mathbb{R}, \ t > s \\ w(x, s; s) = f(x, s) & x \in \mathbb{R} \end{cases} \qquad (2.125)$$

dove il tempo iniziale s funge da parametro.

La funzione $\Gamma^{y,s}(x, t) = \Gamma_D(x - y, t - s)$ è la soluzione fondamentale che soddisfa, per $t = s$, la condizione iniziale

$$\Gamma^{y,s}(x, s) = \delta(x - y)$$

e quindi, la soluzione di (2.125) è data dalla (2.124):

$$w(x, t; s) = \int_{\mathbb{R}} \Gamma_D(x - y, t - s) f(y, s) \, dy.$$

La famiglia di soluzioni richiesta è dunque $w(x, t; s)$.

2. Integriamo w rispetto a s; si trova

$$v(x, t) = \int_0^t w(x, t; s) \, ds = \int_0^t \int_{\mathbb{R}} \Gamma_D(x - y, t - s) f(y, s) \, dy \, ds. \qquad (2.126)$$

La (2.126) è soluzione del problema (2.123). Infatti $v(x, 0) = 0$ e si ha, usando le (2.125)

$$v_t - Dv_{xx} = w(x, t; t) + \int_0^t [w_t(x, t; s) - Dw_{xx}(x, t; s)] = f(x, t).$$

Tutto funziona sotto ipotesi ragionevoli su f, precisate nel Teorema 8.2.

• Anche la (2.126) ha un'*interpretazione probabilistica*. Per semplicità riferiamoci al caso $D = 1/2$. Osserviamo che la funzione w, costruita al passo 1 del principio di Duhamel, coincide col *valore atteso del guadagno di una particella Browniana partita in* x *al tempo* s, *la cui posizione è* $B^x(t - s)$[33], e pertanto si può scrivere

$$w(x, t; s) = \int_{\mathbb{R}} \Gamma(x - y, t - s) f(y, s) \, dy = E[f(B^x(t - s), s)].$$

[33] Abbiamo usato l'omogeneità nel tempo del moto Browniano.

La (2.126) rappresenta l'accumulo (ossia l'integrale) di questi guadagni medi al variare di s tra 0 e t. Con uno scambio dell'ordine di integrazione, si ottiene

$$v(x,t) = \int_0^t E\left[f(B^x(t-s), s)\right] ds = E\left[\int_0^t f(B^x(t-s), s)\, ds\right].$$

Per la linearità dei problemi omogeneo e non omogeneo, la formula per il caso generale si trova per sovrapposizione delle (2.117) e (2.126). Sintetizziamo tutto nel seguente

Teorema 8.2. *Sia g come nel Teorema 8.1. Se f e le sue derivate f_t, f_x, f_{xx} sono continue e limitate in $\mathbb{R} \times [0, T)$, la funzione*

$$z(x,t) = \int_{\mathbb{R}} \Gamma_D(x-y, t)\, g(y)\, dy + \int_0^t \int_{\mathbb{R}} \Gamma(x-y, t-s)\, f(y, s)\, dy ds \tag{2.127}$$

è continua in $\mathbb{R} \times (0, T)$ con le sue derivate z_t, z_x, z_{xx} ed è soluzione del problema di Cauchy non omogeneo

$$\begin{cases} z_t - D z_{xx} = f & \text{in } \mathbb{R} \times (0, T) \\ z(x,0) = g & \text{in } \mathbb{R} \end{cases} \tag{2.128}$$

dove $T < \frac{1}{4Da}$. La condizione iniziale va intesa nel senso che, se x_0 è un punto di continuità di g, allora $z(x,t) \to g(x_0)$ quando $(x,t) \to (x_0, 0)$, $t > 0$. In particolare, se g è continua in $\mathbb{R}$, allora z è continua in $\mathbb{R} \times [0, T)$.

2.8.4 Principio di massimo globale. Unicità

Rimane aperta l'importante questione dell'unicità della soluzione. Il seguente contro-esempio di Tychonov, mostra che non c'è unicità, in generale. Sia

$$h(t) = \begin{cases} \exp\left[-t^{-2}\right] & \text{per } t > 0 \\ 0 & \text{per } t \le 0. \end{cases}$$

La funzione

$$\mathcal{T}(x,t) = \sum_{k=0}^{\infty} \frac{h^{(k)}(t)}{(2k)!} x^{2k}$$

è soluzione continua fino a $t = 0$ del problema di Cauchy con dato iniziale nullo. Infatti[34], esiste $\theta > 0$ tale che, per ogni $t > 0$,

$$\left| h^{(k)}(t) \right| \le \frac{k!}{(\theta t)^k} \exp\left(-\frac{1}{2} t^{-2}\right).$$

Poiché $k!/(2k)! < 1/k!$, per ogni $t > 0$ e ogni $x \in \mathbb{R}$, abbiamo

$$\mathcal{T}(x,t) \le \sum_0^{\infty} \frac{x^{2k}}{k!\, (\theta t)^k} \exp\left(-\frac{1}{2} t^{-2}\right) = \exp\left(\frac{x^2}{\theta t} - \frac{1}{2t^2}\right). \tag{2.129}$$

---

[34] Si veda *F. John*, 1982.

Quindi, quando $t \to 0^+$, $\mathcal{T}(x, t) \to 0$, uniformemente in x su ogni intervallo limitato. Poiché anche $u(x, t) \equiv 0$ è soluzione dello stesso problema, si deduce che, in generale, il problema di Cauchy *non ha soluzione unica* e pertanto non è ben posto. In ultima analisi, il problema è che $\mathcal{T}$ cresce troppo all'infinito per tempi piccoli. Per esempio, la stima (2.129) peggiora rapidamente per $t > 0$, piccolo, e x molto grande (per esempio $x > 1/t^2$).

Se invece di $1/\theta t$ ci fosse una costante, come nella *iii*) del Teorema 8.1, allora le cose cambiano. Infatti, nella classe di soluzioni a crescita controllata da un esponenziale del tipo ce^{Ax^2}, la cosiddetta *classe di Tychonov*, la soluzione del problema di Cauchy omogeneo è unica.

Ciò è conseguenza del seguente principio di massimo.

Teorema 8.3. (Principio di massimo globale). *Sia z continua in $\mathbb{R} \times [0, T]$, con derivate z_x, z_{xx}, z_t continue in $\mathbb{R} \times (0, T)$, tale che in $\mathbb{R} \times (0, T)$:*

$$z_t - D z_{xx} \leq 0 \qquad (\text{risp.} \geq 0)$$

e

$$z(x, t) \leq ce^{Ax^2}, \qquad \left(\text{risp.} \geq -ce^{Ax^2}\right) \qquad (2.130)$$

dove c è una costante positiva. Allora

$$\sup_{\mathbb{R} \times [0,T]} z(x, t) \leq \sup_{\mathbb{R}} z(x, 0) \qquad \left(\text{risp.} \inf_{\mathbb{R} \times [0,T]} z(x, t) \geq \inf_{\mathbb{R}} z(x, 0)\right).$$

La dimostrazione non è facile, ma se si assume che z sia anche limitata da sopra o da sotto (cioè $A = 0$ in (2.130)), allora la dimostrazione è una semplice conseguenza del principio di massimo debole, Teorema 2.2 (si veda il Problema 2.16).

Possiamo ora dimostrare il seguente risultato di unicità.

Corollario 8.4 (Unicità I). *Sia u soluzione di*

$$\begin{cases} u_t - D u_{xx} = 0 & \text{in } \mathbb{R} \times (0, T) \\ u(x, 0) = 0 & \text{in } \mathbb{R}, \end{cases}$$

continua in $\mathbb{R} \times [0, T]$, con derivate u_x, u_{xx}, u_t continue in $\mathbb{R} \times (0, T)$. Se $|u|$ soddisfa la (2.130) allora $u \equiv 0$.

Dimostrazione. Dal Teorema 8.3 abbiamo

$$0 = \inf_{\mathbb{R}} u(x, 0) \leq \inf_{\mathbb{R} \times [0,T]} u(x, t) \leq \sup_{\mathbb{R} \times [0,T]} u(x, t) \leq \sup_{\mathbb{R}} u(x, 0) = 0$$

cosicché $u \equiv 0$. $\qquad \square$

Notiamo che se

$$|g(x)| \leq ce^{ax^2} \qquad \text{per ogni } x \in \mathbb{R} \quad (a > 0) \qquad (2.131)$$

e

$$u(x,t) = \int_{\mathbb{R}} \Gamma_D(x - y, t) g(y) \, dy,$$

in base al Teorema 8.1 vale la stima

$$|u(x,t)| \leq Ce^{Ax^2} \quad \text{in } \mathbb{R} \times (0, T) \tag{2.132}$$

per cui u appartiene alla classe di Tychonov in $\mathbb{R} \times (0, T)$, per $T < 1/4Da$.

Inoltre, se f è come nel Teorema 8.2 e

$$v(x,t) = \int_0^t \int_{\mathbb{R}} \Gamma_D(x - y, t - s) f(y, s) \, dy \, ds,$$

ricaviamo facilmente la stima

$$t \inf_{\mathbb{R} \times [0,T)} f \leq v(x,t) \leq t \sup_{\mathbb{R} \times [0,T)} f, \tag{2.133}$$

per ogni $x \in \mathbb{R}$, $0 \leq t \leq T$. Infatti, possiamo scrivere:

$$v(x,t) \leq \sup_{\mathbb{R} \times [0,T)} f \int_0^t \int_{\mathbb{R}} \Gamma_D(x - y, t - s) \, dy \, ds = t \sup_{\mathbb{R} \times [0,T)} f$$

poiché

$$\int_{\mathbb{R}} \Gamma_D(x - y, t - s) \, dy = 1$$

per ogni x, t, s, $t > s$. Analogamente si dimostra che $v(x,t) \geq t \inf_{\mathbb{R} \times [0,T)} f$. Come conseguenza, abbiamo:

Teorema 8.5 (Unicità II). *Supponiamo che f e g soddisfino le ipotesi indicate nel Teorema 8.2. Allora il problema (2.128), ha esattamente una soluzione z nella classe di Tychonov in $\mathbb{R} \times (0, T)$ per $T < (4Da)^{-1}$. Questa soluzione coincide con la (2.127) ed inoltre, per ogni $(x, t) \in \mathbb{R} \times [0, T]$.*

$$\inf_{\mathbb{R}} g + t \inf_{\mathbb{R} \times [0,T)} f \leq z(x,t) \leq \sup_{\mathbb{R}} g + t \sup_{\mathbb{R} \times [0,T)} f. \tag{2.134}$$

Dimostrazione. Se z_1 e z_2 sono soluzioni dello stesso problema con gli stessi dati, allora $w = z_1 - z_2$ è soluzione di (2.128) con $f = g = 0$ e soddisfa le ipotesi del principio di massimo. Ne segue che

$$\sup_{\mathbb{R} \times [0,T]} w(x,t) = 0$$

che implica $z_1 \leq z_2$. Applicando lo stesso ragionamento a $w = z_2 - z_1$ si deduce anche $z_2 \leq z_1$. □

• *Stabilità e confronto.* La (2.134) è una stima di stabilità della corrispondenza

$$dati \rightarrow soluzione.$$

Infatti, siano u_1 e v_2 soluzioni di (2.128), con dati g_1, f_1 e g_2, f_2 rispettivamente. Se le ipotesi del Teorema 8.4 unicità sono soddisfatte, possiamo scrivere

$$\sup_{\mathbb{R} \times [0,T]} |u - v| \le T \sup_{\mathbb{R} \times [0,T)} |f_1 - f_2| + \sup_{\mathbb{R}} |g_1 - g_2| .$$

Quindi, se

$$\sup_{\mathbb{R} \times [0,T)} |f_1 - f_2| \le \varepsilon, \quad \sup_{\mathbb{R}} |g_1 - g_2| \le \varepsilon$$

allora

$$\sup_{\mathbb{R} \times [0,T]} |u_1 - u_2| \le \varepsilon (1 + T)$$

che implica *stabilità puntuale uniforme* su tutto l'asse reale. Il problema di Cauchy risulta così *ben posto*.

Questa non è la sola conseguanza della (2.134). Possiamo usarla per confrontare due soluzioni. Per esempio, da $f \ge 0$ e $g \ge 0$ segue subito che anche $u \ge 0$. Analogamente, se $f_1 \ge f_2$ e $g_1 \ge g_2$ si ha

$$u_1 \ge u_2 .$$

• *L'equazione backward*. Nelle applicazioni alla finanza, ma anche al calcolo delle probabilità, si incontrano equazioni backward, come, per esempio, la ormai mitica *equazione di Black and Scholes*, oggetto della Sezione 9.2. L'irreversibilità del tempo, indica che un problema ben posto per l'equazione backward nell'intervallo temporale $[0, T]$ prevede **una condizione finale**, cioè per $t = T$, anziché iniziale. D'altra parte, il cambiamento di variabili $t \longmapsto T - t$ muta l'equazione backward nella forward e quindi, dal punto di vista matematico, le due equazioni sono equivalenti. Modulo questa osservazione, la teoria svolta rimane valida.

2.9 Un'applicazione alla finanza matematica

In questa sezione applichiamo alcuni dei risultati visti finora al problema di determinare il prezzo di alcuni prodotti finanziari, in particolare dellecosiddette *opzioni Europee*.

Le **opzioni** più semplici sono chiamate **call** o **put**. Si tratta di *contratti su un bene di riferimento,* in gergo **il sottostante** (per esempio, azioni, buoni di vario tipo, valuta, merci...), stipulati, diciamo, al tempo $t = 0$, tra un *possessore* (*holder*) ed un *sottoscrittore* (*subscriber*), con la seguente caratteristica.

Al momento della stipula del contratto un **prezzo di esercizio** E (*strike price, exercise price*) è fissato.

A un tempo futuro T, fissato (**data di scadenza, expiry date**),

• il possessore di un'opzione **call può** (**ma non è obbligato**) esercitare l'opzione comprando il sottostante al prezzo E; nel caso che il possessore decida di comprare, il sottoscrittore **deve** vendere.

• Il possessore di un'opzione **put può** (**ma non è obbligato**) vendere il sottostante al prezzo E; nel caso che il possessore decida di vendere, il sottoscrittore **deve** comprare.

Poiché un'opzione conferisce al possessore un diritto senza alcun obbligo (il possessore **può**, ma **non deve**, in entrambi i casi) mentre al contempo conferisce un obbligo al sottoscrittore, l'opzione ha un prezzo e il punto cruciale è: **qual è il prezzo "equo" che deve essere pagato al tempo** $t = 0$?

Sicuramente tale prezzo dipende dall'evoluzione del prezzo del sottostante, che indicheremo con S, dal prezzo d'esercizio E, dal tempo di scadenza T e dal tasso d'interesse corrente, r.

Per esempio, per il possessore di una *call,* minore è E e più elevato sarà il suo prezzo; il contrario capita per il possessore di una *put*. Le fluttuazioni del prezzo del sottostante hanno un'influenza decisiva, in quanto sono proprio esse che incorporano i fattori di rischio e determineranno, a scadenza, il valore dell'opzione.

Per rispondere alla nostra domanda, introduciamo la **funzione valore** $V = V(S, t)$, che rappresenta il prezzo dell'opzione al tempo t quando il prezzo del sottostante è S. Ci serve conoscere $V(S(0), 0)$. Quando vogliamo distinguere tra **call** e **put**, usiamo le notazioni $C(S, t)$ e $P(S, t)$, rispettivamente.

Il problema è determinare V in modo coerente col funzionamento di mercato ove sono scambiati sia il sottostante sia tali opzioni. Per risolverlo useremo il metodo di Black-Scholes, basato sostanzialmente sulla fondata assunzione di un modello evolutivo per S e su un principio generale di buon funzionamento dei mercati, ossia l'*impossibilità di arbitraggio*.

2.9.1 Un modello di evoluzione per il prezzo

Poiché S dipende da fattori più o meno prevedibili, è chiaro che non è ipotizzabile un modello deterministico per descriverne l'evoluzione. Per costruirne uno, assumiamo l'ipotesi di *efficienza del mercato,* riflessa nelle seguenti condizioni:

a) il mercato risponde immediatamente a nuove informazioni sul bene;

b) l'evoluzione non ha memoria: la storia passata è interamente riprodotta nel prezzo attuale, che non dà ulteriori informazioni.

La condizione a) presuppone un modello d'evoluzione *continuo*. La condizione b) equivale in sostanza a richiedere che un cambiamento dS nel prezzo abbia una proprietà di Markov, come il moto Browniano.

Più che per dS, è significativo un modello per cambiamenti relativi di prezzo e cioè per dS/S (che si chiama *rendimento o return* e che ha il pregio di essere *adimensionale*). Ipotizziamo che dS/S si possa scomporre nella somma di due termini.

• Un termine è deterministico, prevedibile, e dà al *rendimento* il contributo μdt, dovuto alla crescita media μ (*drift*) del prezzo del bene. Assumiamo che μ sia costante. Se ci fosse solo questo termine avremmo

$$\frac{dS}{S} = \mu dt$$

e, di conseguenza, $d \log S = \mu dt$, da cui la crescita esponenziale

$$S(t) = S(0) e^{\mu t}.$$

• L'altro termine è stocastico, tiene conto degli aspetti aleatori legati all'evoluzione del prezzo e dà il contributo

$$\sigma dB$$

dove dB è l'incremento di un moto Browniano con valore atteso zero e varianza dt. Il coefficiente σ, che assumiamo costante, prende il nome di **volatilità** del prezzo e misura la deviazione standard del rendimento.

Riunendo i contributi, si trova

$$\frac{dS}{S} = \mu dt + \sigma dB. \tag{2.135}$$

Si notino le dimensioni "fisiche" di μ e σ: $[\mu] = tempo^{-1}$, $[\sigma] = tempo^{-1/2}$.

La (2.135) è un'**equazione differenziale stocastica.** Per risolverla si potrebbe essere tentati di scrivere

$$d \log S = \mu dt + \sigma dB$$

e integrare tra 0 e t, ottenendo

$$\log \frac{S(t)}{S(0)} = \mu t + \sigma (B(t) - B(0)) = \mu t + \sigma B(t).$$

Ciò non è corretto. La presenza del termine di diffusione σdB impone l'uso della **formula di Itô** che è una formula per il differenziale stocastico di una funzione composta. Facciamo una breve parentesi su questa importante formula, limitandoci a procedere in modo euristico.

Digressione sulla formula di Itô. Sia $B = B(t)$ il solito moto Browniano. Un processo di Itô è un processo $X = X(t)$ che soddisfa un'equazione differenziale stocastica del tipo

$$dX = a(X, t) dt + \sigma(X, t) dB \tag{2.136}$$

dove a è il coefficiente di *deriva* (*drift*) e σ quello di *diffusione*. Se σ fosse nullo, l'equazione sarebbe deterministica e le traiettorie si calcolerebbero con i soliti metodi dell'analisi. Inoltre, data una qualunque funzione abbastanza regolare, $F = F(x,t)$, potremmo facilmente calcolare il tasso di variazione di F lungo le traiettorie dell'equazione. Basta calcolare

$$dF = F_t dt + F_x dX = \{F_t + aF_x\} dt.$$

Esaminiamo ora il tasso di variazione nel caso σ non nullo; il calcolo precedente **non fornisce tutto il differenziale di** F. Infatti, usando la formula di Taylor, si ha, ponendo $X(0) = X_0$:

$$F(X,t) =$$

$$F(X_0, 0) + F_t dt + F_x dX + \frac{1}{2}\left\{F_{xx}(dX)^2 + 2F_{xt}dXdt + F_{tt}(dt)^2\right\} + \dots.$$

Il differenziale di F lungo le traiettorie di (2.136) si ottiene selezionando nella formula precedente i termini **lineari** rispetto a dt e dX. Troviamo, quindi, ancora i termini

$$F_t dt + F_x dX = \{F_t + aF_x\} dt + \sigma F_x dB.$$

I termini $2F_{xt}dXdt + F_{tt}(dt)^2$ non sono lineari rispetto a dt e dX e perciò non entrano nel differenziale. Ma controlliamo il termine in $(dX)^2$. Sempre formalmente, si ha:

$$(dX)^2 = [adt + \sigma dB]^2 = a^2(dt)^2 + 2a\sigma dBdt + \boxed{\sigma^2(dB)^2}.$$

Mentre gli altri termini sono di ordine superiore, **quello incorniciato è di ordine esattamente**

$$\sigma^2 dt.$$

In ultima analisi, ciò è ancora una conseguenza del fatto che $dB \sim \sqrt{dt}N(0,1)$.

Il differenziale di F lungo le traiettorie di (2.136) è dunque dato dalla seguente importante **formula di Itô**:

$$dF = \left\{F_t + aF_x + \frac{1}{2}\sigma^2 F_{xx}\right\} dt + \sigma F_x dB.$$

Osserviamo incidentalmente che la formula di Itô associa all'equazione differenziale stocastica l'operatore differenziale alle derivate parziali

$$\mathcal{L} = \partial_t + \frac{1}{2}\sigma^2 \partial_{xx} + a\partial_x.$$

Siamo ora pronti a risolvere la (2.135), che scriviamo nella forma

$$dS = \mu S dt + \sigma S dB.$$

Scegliamo $F(S) = \log S$. Essendo

$$F_t = 0, \qquad F_S = \frac{1}{S}, \qquad F_{ss} = -\frac{1}{S^2}$$

la formula di Itô dà, con $X = S$, $a(S,t) = \mu S$, $\sigma(S,t) = \sigma S$:

$$d \log S = \left(\mu - \frac{1}{2}\sigma^2\right) dt + \sigma dB.$$

Adesso si può integrare tra 0 e t, ottenendo

$$\log S = \log S_0 + \left(\mu - \frac{1}{2}\sigma^2\right) t + \sigma B(t)$$

essendo $B(0) = 0$. La variabile aleatoria

$$Y = \log S$$

ha perciò una distribuzione normale con media $\log S_0 + \left(\mu - \frac{1}{2}\sigma^2\right) t$ e varianza $\sigma^2 t$. La sua densità di probabilità è pertanto

$$f(y) = \frac{1}{\sqrt{2\pi\sigma^2 t}} \exp\left\{ -\frac{\left(y - \log S_0 - \left(\mu - \frac{1}{2}\sigma^2\right) t\right)^2}{2\sigma^2 t} \right\}.$$

La densità di S è data allora dalla formula

$$p(s) = \frac{1}{s} f(\log s) = \frac{1}{s\sqrt{2\pi\sigma^2 t}} \exp\left\{ -\frac{\left(\log s - \log S_0 - \left(\mu - \frac{1}{2}\sigma^2\right) t\right)^2}{2\sigma^2 t} \right\}$$

che definisce la *distribuzione lognormale*.

2.9.2 L'equazione di Black-Scholes

Costruiamo adesso l'equazione differenziale che regge l'evoluzione di $V(S,t)$. Fissiamo bene le principali ipotesi di lavoro:

- S segue una legge *lognormale*.
- La volatilità σ è nota.
- Non consideriamo costi di transazione o dividendi.
- Possiamo comprare o vendere una qualunque quantità del bene.
- Assumiamo che vi sia un tasso prevalente di interesse $r > 0$, per un investimento privo di rischio. Ciò significa che un euro posto in banca al tempo $t = 0$ diventa e^{rT} euro al tempo T.
- **Impossibilità di arbitraggio**.

L'ultima ipotesi è quella veramente sostanziale nella costruzione del modello e potremmo enunciarla nella forma: *ogni guadagno istantaneo senza rischio deve avere rendimento r.*

È una specie di legge di conservazione del denaro!! Per tradurre questo principio in termini matematici useremo preliminarmente un metodo intuitivo. Più avanti useremo un metodo più rigoroso, legato al concetto di *copertura* (hedging) e di *portafoglio autofinanziante* (self-financing portfolio).

L'idea è anzitutto di calcolare il differenziale di V per mezzo della formula di Itô e poi di costruire un portafoglio Π, privo di rischio e consistente dell'opzione e di un'opportuna quantità di sottostante S. Usando poi il principio di non arbitraggio, si deduce che Π deve crescere al tasso di interesse corrente r, i.e. $d\Pi = r\Pi dt$. Quest'ultima equazione coincide con la fondamentale equazione di Black-Scholes.

Essendo

$$dS = \mu S dt + \sigma S dB$$

si ha

$$dV = \left\{ V_t + \mu S V_S + \frac{1}{2}\sigma^2 S^2 V_{SS} \right\} dt + \sigma S V_S dB. \qquad (2.137)$$

Il passo successivo è cercare di togliere il termine legato al rischio dall'espressione di dV, cioè il termine aleatorio $\sigma S V_S dB$, costruendo un portafoglio Π, consistente dell'opzione e di una quantità $-\Delta$ (niente a che fare con l'operatore di Laplace!) di sottostante:

$$\Pi = V - S\Delta.$$

Consideriamo ora l'intervallo di tempo $(t, t+dt)$, durante il quale Π subisce una variazione $d\Pi$. Se riusciamo a mantenere Δ uguale al suo valore al tempo t durante tutto l'intervallo $(t, t+dt)$, la variazione di Π è data da

$$d\Pi = dV - \Delta dS.$$

Questo è un punto chiave nella costruzione del modello e richiede una giustificazione rigorosa. Sebbene ci accontentiamo di mantenere un livello intuitivo, torneremo su questa questione nella Sezione 9.4.

Usando (2.137), troviamo

$$d\Pi = dV - \Delta dS = \qquad\qquad\qquad\qquad\qquad\qquad (2.138)$$

$$= \left\{ V_t + \mu S V_s + \frac{1}{2}\sigma^2 S^2 V_{SS} - \mu S\Delta \right\} dt + \sigma S (V_S - \Delta) dB.$$

Se scegliamo

$$\Delta = V_S,$$

intendendo che in riferimento all'intervallo di tempo $(t, t+dt)$ il valore di V_S in t è Δ, allora scompare la componente stocastica nella (2.138). La scelta appare un po'... miracolosa, ma è giustificata dal fatto che V ed S sono dipendenti e la componente aleatoria nei loro movimenti è proporzionale ad S. Scegliendo un'opportuna combinazione lineare di V ed S, tale componente svanisce.

L'evoluzione del portafoglio Π è ora interamente deterministica, retta dall'equazione

$$d\Pi = \left\{ V_t + \frac{1}{2}\sigma^2 S^2 V_{SS} \right\} dt.$$

Ed è qui che entra il principio di **non arbitraggio**. Se si investe Π al tasso d'interesse r, senza rischio, in un tempo dt si avrà un incremento pari a $r\Pi dt$. Confrontiamo ora $d\Pi$ con $r\Pi dt$.

• Se fosse $d\Pi > r\Pi dt$, ci si fa prestare Π, si investe nel portafoglio, si ricava $d\Pi$, con un costo di prestito pari a $r\Pi dt$. Si avrebbe così un guadagno istantaneo senza rischio pari a

$$d\Pi - r\Pi dt.$$

• Se fosse $d\Pi < r\Pi dt$, si vende Π, si investe in banca al tasso d'interesse r e si ricava $r\Pi dt$, con un guadagno istantaneo senza rischio pari a

$$r\Pi dt - d\Pi.$$

Deve quindi essere

$$d\Pi = \left\{ V_t + \frac{1}{2}\sigma^2 S^2 V_{SS} \right\} dt = r\Pi dt$$

da cui, ricordando che $\Pi = V - V_S S$, si ottiene la celebrata equazione di **Black-Scholes**:

$$V_t + \frac{1}{2}\sigma^2 S^2 V_{SS} + rSV_S - rV = 0.$$

Si noti che l'equazione non fa intervenire il coefficiente μ (*drift*) presente nell'equazione per S. Ciò è apparentemente controintuitivo e costituisce uno degli aspetti più interessanti del modello. Il significato finanziario dell'equazione di Black-Scholes si evidenzia scomponendo il primo membro nel seguente modo:

$$\mathcal{L}V = \underbrace{V_t + \frac{1}{2}\sigma^2 S^2 V_{SS}}_{\text{rendimento del portafoglio}} - \underbrace{rV - rSV_S}_{\text{rendimento investimento in banca}}.$$

L'equazione di Black-Scholes è un'equazione un po' più generale di quelle viste finora ma che, come vedremo subito, si può ricondurre all'equazione del calore. Poiché il coefficiente di V_{SS} è positivo, si tratta di un'equazione **backward**. Per avere un problema ben posto, occorre una **condizione finale** (per $t = T$), una condizione per $S = 0$ ed una condizione all'infinito, cioè per $S \to +\infty$.

• *Condizione finale.* Vediamo quale condizione finale occorre imporre per le opzioni che stiamo trattando.

Call. Se al tempo T si ha $S > E$ allora si esercita l'opzione, con guadagno $S - E$. Se invece $S \leq E$, non si esercita l'opzione con guadagno nullo. Il valore finale (*final payoff*) dell'opzione è dunque

$$C(S, T) = \max\{S - E, 0\}, \qquad S > 0. \tag{2.139}$$

Put. Se al tempo T si ha $S \geq E$, non ha senso esercitare l'opzione, mentre si esercita se $S < E$. Il valore finale dell'opzione è dunque

$$P(S, T) = \max\{E - S, 0\}, \qquad S > 0. \tag{2.140}$$

• *Condizioni agli estremi.* Esaminiamo ora le condizioni da imporre per $S = 0$ e per $S \to +\infty$.

Call. Se ad un certo istante è $S = 0$, l'equazione (2.135) implica che $S = 0$ dopo quell'istante e quindi l'opzione è senza valore:

$$C(0, t) = 0, \qquad t \geq 0. \tag{2.141}$$

Per $S \to +\infty$, la grandezza del prezzo d'esercizio diventa sempre meno importante e quindi l'opzione avrà valore

$$C(S, t) \sim S, \qquad \text{per } S \to +\infty. \tag{2.142}$$

Put. Se ad un certo istante è $S = 0$, e quindi $S = 0$ anche dopo, il guadagno finale sarà certamente E. Per determinare il valore $P(0, t)$ occorre quindi determinare il valore attuale della quantità E ricevuta al tempo T. Si trova, perciò,

$$P(0, t) = Ee^{-r(T-t)}.$$

Per $S \to +\infty$, l'opzione non sarà probabilmente esercitata, per cui

$$P(S, t) = 0, \qquad \text{per } S \to +\infty.$$

2.9.3 Le soluzioni

Riassumiamo i dati del problema.

Equazione di Black-Scholes:

$$V_t + \frac{1}{2}\sigma^2 S^2 V_{SS} + rSV_S - rV = 0.$$

Condizione finale.

$$C(S, T) = \max\{S - E, 0\}, \qquad \text{per la } \textit{call},$$

$$P(S, T) = \max\{E - S, 0\}, \qquad \text{per la } \textit{put}.$$

Condizioni agli estremi

$$C(0,t) = 0, \qquad\qquad C(S,t) \sim S \quad S \to +\infty, \qquad \text{per la } call,$$

$$P(0,t) = Ee^{-r(T-t)}, \qquad P(S,T) = 0 \quad S \to +\infty, \qquad \text{per la } put.$$

Osserviamo l'equazione di Black-Scholes da un punto di vista dimensionale. Si noti come SV_S e $S^2 V_{ss}$ abbiano le stesse dimensioni di V; diciamo che sono misurate in *euro*. Le dimensioni di tutti i termini sono *euro* $\times$ *tempo*$^{-1}$.

Abbiamo inoltre a disposizione grandezze caratteristiche di riferimento per S, V e t. Per S e V una grandezza di riferimento naturale è il prezzo di esercizio E. Ricordiamo poi che σ^2 ha le dimensioni di *tempo*$^{-1}$ e perciò $1/\sigma^2$ rappresenta una misura intrinseca temporale. Operiamo quindi il seguente cambiamento di variabili, che permette inoltre di ridurre l'equazione a coefficienti costanti e passare dall'equazione backward alla forward.

$$x = \log \frac{S}{E}, \quad \tau = \frac{1}{2}\sigma^2(T-t), \quad v(x,\tau) = \frac{1}{E}V\left(Ee^x, T - \frac{2\tau}{\sigma^2}\right)$$

con $-\infty < x < +\infty$. Si ha:

$$V_t = -\frac{1}{2}\sigma^2 E v_\tau$$

$$V_S = \frac{E}{S}v_x, \qquad V_{SS} = -\frac{E}{S^2}v_x + \frac{E}{S^2}v_{xx}.$$

Sostituendo nell'equazione di Black-Scholes, si ha, dopo alcune semplificazioni,

$$-\frac{1}{2}\sigma^2 v_\tau + \frac{1}{2}\sigma^2(-v_x + v_{xx}) + rv_x - rv = 0$$

ossia

$$v_\tau = v_{xx} + (k-1)v_x - kv \tag{2.143}$$

dove $k = \frac{2r}{\sigma^2}$ è un parametro adimensionale. Le condizioni iniziali diventano

$$v(x,0) = \max\{e^x - 1, 0\}$$

per la *call* e

$$v(x,0) = \max\{1 - e^x, 0\}$$

per la *put*.

Siamo nelle condizioni di usare la teoria svolta nelle sezioni precedenti. La (2.143) è un'equazione che si può ricondurre a quella del calore, come indicato nel Problema 2.17. La soluzione è **unica** e per scriverla possiamo usare la formula (2.166), con $D = 1$, $b = k - 1$, $c = -k$. Le condizioni iniziali sono:

$$g(y) = e^{\frac{1}{2}ky}\max\left\{e^{\frac{1}{2}y} - e^{-\frac{1}{2}y}, 0\right\} = \begin{cases} e^{\frac{1}{2}(k+1)y} - e^{\frac{1}{2}(k-1)y} & y > 0 \\ 0 & y \leq 0 \end{cases} \tag{2.144}$$

per la *call*, e

$$g(y) = e^{\frac{1}{2}ky} \max\left\{e^{-\frac{1}{2}y} - e^{\frac{1}{2}y}, 0\right\} = \begin{cases} e^{\frac{1}{2}(k-1)y} - e^{\frac{1}{2}(k+1)y} & y < 0 \\ 0 & y \geq 0 \end{cases} \quad (2.145)$$

per la *put*. Si trova

$$v(x, \tau) = e^{-\frac{k-1}{2}x - \frac{(k+1)^2}{4}\tau} \frac{1}{\sqrt{4\pi\tau}} \int_{\mathbb{R}} g(y) e^{-\frac{(x-y)^2}{4\tau}} dy.$$

Per avere una formula più significativa, poniamo $y = \sqrt{2\tau}z + x$; abbiamo allora, fissando l'attenzione sulla *call*:

$$v(x, \tau) = e^{-\frac{k-1}{2}x - \frac{(k+1)^2}{4}\tau} \frac{1}{\sqrt{2\pi}} \int_{\mathbb{R}} g\left(\sqrt{2\tau}z + x\right) e^{-\frac{z^2}{2}} dz =$$

$$\frac{e^{-\frac{k-1}{2}x - \frac{(k+1)^2}{4}\tau}}{\sqrt{2\pi}} \int_{-\frac{x}{\sqrt{2\tau}}}^{+\infty} \left\{e^{\frac{1}{2}(k+1)\left(\sqrt{2\tau}z+x\right)} - e^{\frac{1}{2}(k-1)\left(\sqrt{2\tau}z+x\right)}\right\} e^{-\frac{1}{2}z^2} dz.$$

Dopo un altro po' di calcoli[35], si trova

$$v(x, \tau) = e^x N(d_+) - e^{-k\tau} N(d_-)$$

dove

$$N(z) = \frac{1}{\sqrt{2\pi}} \int_{-\infty}^{z} e^{-\frac{1}{2}y^2} dy$$

è la funzione di distribuzione normale standard e

$$d_\pm = \frac{x}{\sqrt{2\tau}} + \frac{1}{2}(k \pm 1)\sqrt{2\tau}.$$

Ritornando alle variabili originali, si trova, per la *call*:

$$C(S, t) = S N(d_+) - E e^{-r(T-t)} N(d_-)$$

---

[35] Per esempio, per calcolare l'integrale del primo termine, si completa il quadrato ad esponente scrivendo

$$\frac{1}{2}(k+1)\left(\sqrt{2\tau}z + x\right) - \frac{1}{2}z^2 = \frac{1}{2}(k+1)x + \frac{1}{4}(k+1)^2\tau - \frac{1}{2}\left[z - \frac{1}{2}(k+1)\sqrt{2\tau}\right]^2.$$

Poi, ponendo $y = \frac{1}{2}(k+1)\sqrt{2\tau}$, si ottiene

$$\int_{-x/\sqrt{2\tau}}^{\infty} e^{\frac{1}{2}(k+1)\left(\sqrt{2\tau}z+x\right) - \frac{1}{2}z^2} dz =$$

$$e^{\frac{1}{2}(k+1)x + \frac{1}{4}(k+1)^2\tau} \int_{-x/\sqrt{2\tau}-(k+1)\sqrt{\tau}/\sqrt{2}}^{\infty} e^{-\frac{1}{2}y^2} dz.$$

con

$$d_\pm = \frac{\log (S/E) + \left(r \pm \frac{1}{2}\sigma^2\right)(T-t)}{\sigma\sqrt{T-t}}.$$

Nel caso della *put,* si mostra che la formula è

$$P(S,t) = Ee^{-r(T-t)}N(-d_-) - SN(-d_+).$$

Infine, si ha (risparmiandoci i calcoli):

$$\Delta = C_S = N(d_+) > 0 \qquad \text{per la } call,$$
$$\Delta = P_S = N(d_+) - 1 < 0 \quad \text{per la } put.$$

Si noti come C_S e P_S siano strettamente crescenti rispetto ad S, essendo N funzione strettamente crescente e d_+ funzione strettamente crescente di S. *Le funzioni C, P sono perciò funzioni strettamente convesse di S, per ogni t,* in particolare, $C_{ss} > 0$, $P_{ss} > 0$.

• *Parità call-put.* Le opzioni **put** e **call** con lo stesso prezzo d'esercizio e lo stesso tempo di scadenza sono correlate tra loro e col sottostante tramite il seguente portafoglio:

$$\Pi = S + P - C$$

dove il segno meno davanti a C indica una posizione di vendita (*short position*). Per questo portafoglio, il guadagno alla scadenza è

$$\Pi(S,T) = S + \max\{E - S, 0\} - \max\{S - E, 0\} = E$$

essendo Π uguale a $S + (E - S) = E$ se $E \geq S$ e uguale a $S - (S - E) = E$ se $E \leq S$. Si tratta dunque di un guadagno certo, senza rischio, il cui valore al tempo t deve coincidere col guadagno di un deposito bancario pari ad E, in base all'assenza di arbitraggio. Si trova quindi la relazione di parità (**put–call parity**)

$$S + P - C = Ee^{-r(T-t)}. \tag{2.146}$$

La (2.146) indica, tra l'altro, che, noto il valore di C (o di P), si può ricavare facilmente il valore di P (o di C).

Dalla (2.146), essendo $Ee^{-r(T-t)} \leq E$ e $P \geq 0$, si ricava

$$C(S,t) = S + P - Ee^{-r(T-t)} \geq S - E$$

da cui, essendo sempre $C \geq 0$, si ha

$$C(S,t) \geq \max\{S - E, 0\}.$$

Si deduce che il valore C si mantiene sempre sopra il guadagno finale. Non è così per il valore di una **put**. Infatti,

$$P(0,t) = Ee^{-r(T-t)} \leq E$$

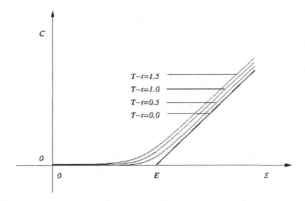

Figura 2.13 La funzione valore di un'opzione call

e quindi il valore di P si trova sotto il guadagno finale per S vicino a 0, per poi superarlo un po' prima che S raggiunga il valore E. Tutto ciò è visibile nelle Figure 2.13 e 2.14, dove sono illustrati gli andamenti di C e P in funzione di S, per alcuni valori di $T - t$.

• *Volatilità diverse.* Confrontiamo il valore di un'opzione relativa a due beni con volatilità σ_1 e σ_2, diverse tra loro, con identici tempo e prezzo di esercizio. Assumiamo $\sigma_1 > \sigma_2$ ed indichiamo con $C^{(1)}$, $C^{(2)}$ il valore delle opzioni call relative. Vogliamo mostrare che

$$C^{(1)}(S,t) > C^{(2)}(S,t)$$

per $0 < t < T$, $S > 0$, cosa del resto non sorprendente: diminuendo il rischio, il valore dell'opzione decresce. Per confrontare $C^{(1)}$ e $C^{(2)}$, osserviamo che la

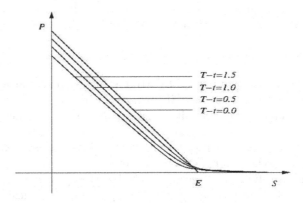

Figura 2.14 La funzione valore di un'opzione put

funzione $W = C^{(1)} - C^{(2)}$ soddisfa l'equazione

$$W_t + \frac{1}{2}\sigma_2^2 S^2 W_{SS} + rSW_S - rW = \frac{1}{2}(\sigma_2^2 - \sigma_1^2)S^2 C_{SS}^{(1)} \qquad (2.147)$$

con $W(S,T) = 0$, $W(0,t) = 0$ e $W \to 0$ per $S \to +\infty$.

La (2.147) è un'equazione non omogenea, con secondo membro *negativo* per $S > 0$, poiché $C_{SS}^{(1)} > 0$. Essendo W continua in $[0, +\infty) \times [0, T]$ e nulla all'infinito, essa assume minimo globale $m \leq 0$. Essendo l'equazione di tipo backward, tale punto non può appartenere a $(0, +\infty) \times \{0\}$.

Vogliamo mostrare che $m = 0$. Date le condizioni finali e a agli estremi, basta dimostrare che $W(S,t) > 0$ per $S > 0$ e $0 < t < T$. Se non fosse vero, esisterebbe un punto di minimo globale (S_0, t_0) con $S_0 > 0$ e $0 < t_0 < T$. Abbiamo allora

$$W_t(S_0, t_0) = 0$$

e

$$W_S(S_0, t_0) = 0, \qquad W_{SS}(S_0, t_0) \geq 0.$$

Sostituendo $S = S_0, t = t_0$ nella (2.147) si ottiene una contraddizione, per cui $W = C^{(1)} - C^{(2)} > 0$ per ogni $S > 0$ e ogni $0 < t_0 < T$.

Per la *put* vale un risultato analogo, come si può controllare subito usando la parità **put-call**.

2.9.4 Strategia di copertura (self-financing strategy)

La traduzione del principio di non arbitraggio in termini matematici si può fare più rigorosamente introducendo il concetto di *portafoglio autofinanziante*. L'idea è "replicare" V mediante un portafoglio consistente di un certo numero d'unità del sottostante S e di un certo numero d'unità di un'obbligazione Z, che costituisca un investimento privo di rischio al tasso di interesse r, tale cioè che $dZ = rZdt$. Se $Z(0) = 1$, abbiamo dunque $Z(t) = e^{rt}$. La possibilità effettuare questa operazione è garantita dall'ipotesi di *completezza del mercato*. A tale scopo, cerchiamo di determinare due processi ϕ e ψ in modo che

$$V = \phi S + \psi Z \qquad (0 \leq t \leq T), \qquad (2.148)$$

per eliminare ogni fattore di rischio. Infatti, mettendosi dalla parte del sottoscrittore (colui che vende l'opzione), il rischio è che al tempo T il prezzo $S(T)$ superi E e il compratore eserciti di conseguenza l'opzione. Se però nel frattempo egli ha costruito il portafoglio (2.148), il profitto che ne deriva uguaglia esattamente i fondi necessari a pagare il cliente. Viceversa, se l'opzione vale zero al tempo T, anche il portafoglio varrà zero.

Ma affinché tutto funzioni è necessario che il sottoscrittore *non investa denaro extra in questa strategia (hedging)*. Ciò si può assicurare richiedendo che il portafoglio (2.148) si autofinanzi cioè che **i cambi in valore dipendano**

solo dai cambiamenti di S **e di** Z. In formule, si richiede che

$$dV = \phi dS + \psi dZ \qquad (0 \le t \le T). \tag{2.149}$$

Abbiamo già incontrato una formula del genere quando abbiamo costruito il portafoglio $\Pi = V - S\Delta$ o

$$V = \Pi + S\Delta,$$

richiedendo che $dV = d\Pi + \Delta dS$. Questa costruzione non è altro che la duplicazione di V per mezzo di un *portafoglio autofinanziante*, con Π nel ruolo di Z e $\psi = 1$.

Qual è il reale significato della (2.149)? Lo si vede meglio in un modello a tempo discreto, nel quale t assuma solo valori in un insieme del tipo

$$t_0 < t_1 < \dots < t_N.$$

Supponiamo che gli intervalli $(t_j - t_{j-1})$ siano piccoli ed indichiamo con S_j e Z_j i valori assunti al tempo t_j da S e Z. Conseguentemente, cerchiamo due sequenze

$$\phi_j \ e \ \psi_j$$

corrispondenti alle quantità scelte di S e Z per formare il portafoglio (2.148) dal tempo t_{j-1} al tempo t_j. In particolare, la coppia $\left(\phi_j, \psi_j\right)$ è scelta al tempo t_{j-1}. Dato l'intervallo (t_{j-1}, t_j),

$$V_j = \phi_j S_j + \psi_j Z_j$$

rappresenta il valore di chiusura del portafoglio mentre

$$\phi_{j+1} S_j + \psi_{j+1} Z_j$$

è il valore d'acquisto del nuovo. La condizione di **autofinanziamento** significa che il valore di mercato del portafoglio al tempo t_j, individuato dalla coppia $\left(\phi_j, \psi_j\right)$, *finanzia esattamente l'acquisto del nuovo portafoglio*, individuato dalla coppia $\left(\phi_{j+1}, \psi_{j+1}\right)$, decisa al tempo t_j, che occorre mantenere fino a t_{j+1}. In formule,

$$\phi_{j+1} S_j + \psi_{j+1} Z_j = \phi_j S_j + \psi_j Z_j \tag{2.150}$$

e cioè il *gap* finanziario

$$D_j = \phi_{j+1} S_j + \psi_{j+1} Z_j - V_j$$

deve essere nullo (altrimenti dovrebbe essere immesso denaro fresco per sostenere l'operazione o dalla stessa se ne potrebbe "spillare"). La (2.150) equivale ad affermare che

$$\begin{aligned}
V_{j+1} - V_j &= (\phi_{j+1} S_{j+1} + \psi_{j+1} Z_{j+1}) - (\phi_j S_j + \psi_j Z_j) \\
&= (\phi_{j+1} S_{j+1} + \psi_{j+1} Z_{j+1}) - (\phi_{j+1} S_j + \psi_{j+1} Z_j) \\
&= \phi_{j+1}(S_{j+1} - S_j) + \psi_{j+1}(Z_{j+1} - Z_j)
\end{aligned}$$

ossia

$$\Delta V_j = \phi_{j+1} \Delta S_j + \psi_{j+1} \Delta Z_j$$

la cui versione continua è esattamente la (2.149).

Combinando la formula (2.137) per dV con la (2.149) si ottiene

$$\left\{ V_t + \mu S V_S + \frac{1}{2}\sigma^2 S^2 V_{SS} \right\} dt + \sigma S V_S dB = (\phi \mu S + \psi r Z)\, dt + \sigma S \phi dB.$$

Scegliendo $\phi = V_S$ si eliminano i termini in dB (fattori di rischio) e si elidono anche anche i termini $\mu S V_S$. Ricordando che

$$\psi Z = V - \phi S = V - V_S S,$$

si ritrova l'equazione

$$V_t + \frac{1}{2}\sigma^2 S^2 V_{SS} + r S V_S - r V = 0. \qquad (2.151)$$

Per il controllo che il portafoglio $V_S S + \psi Z$ sia effettivamente autofinanziante, rimandiamo ai testi specializzati in bibliografia.

2.10 Due modelli non lineari

Tutti i modelli matematici che abbiamo esaminato finora sono *lineari*. D'altra parte, la natura della maggior parte dei problemi reali è non lineare.

Per esempio, problemi di filtrazione richiedono modelli di *diffusione non lineare*; termini di *trasporto non lineari* si presentano in fluidodinamica; termini di reazione *non lineare* sono molto frequenti in dinamica delle popolazioni o in modelli di cinetica chimica.

La presenza di una non linearità in un modello matematico dà origine a una varietà di fenomeni interessanti che non hanno corrispettivo nel caso lineare. Per esempio, la velocità di diffusione può essere *finita* oppure la soluzione può diventare *non limitata in un tempo finito* oppure ancora possono esistere soluzioni in forma di *onde progressive* con profili speciali, ciascuno con la propria velocità di propagazione.

In questa sezione cerchiamo di indurre un po' d'intuizione su che cosa possa succedere in due tipici ed importanti esempi: uno riguarda la diffusione di un gas in un mezzo poroso, l'altro la dinamica delle popolazioni. Nel Capitolo 4, esamineremo modelli di trasporto non lineari.

2.10.1 Diffusione non lineare. Equazione dei mezzi porosi

Consideriamo la diffusione di un gas di densità $\rho = \rho(\mathbf{x}, t)$ in un mezzo poroso. Siano $\mathbf{v} = \mathbf{v}(\mathbf{x}, t)$ la velocità del gas e κ la *porosità del mezzo*, che rappresenta la frazione di volume occupato dal gas. La legge di conservatione della massa dà, in questo caso:

$$\kappa \rho_t + \mathrm{div}(\rho \mathbf{v}) = 0. \tag{2.152}$$

Oltre alla (2.152), il flusso è governato dalle seguenti due leggi costitutive (empiriche).

• **Legge di Darcy**:
$$\mathbf{v} = -\frac{\mu}{\nu} \nabla p \tag{2.153}$$

dove $p = p(\mathbf{x}, t)$ è la pressione, μ è la *permeabilità* del mezzo è ν è la *viscosità* del gas. Assumiamo che μ e ν siano costanti positive.

• **Equazione di stato**:
$$p = p_0 \rho^a \qquad p_0 > 0, a > 0. \tag{2.154}$$

Da (2.153) e (2.154) abbiamo:

$$\rho \mathbf{v} = -\frac{\mu p_0 a}{\nu} \rho^a \nabla \rho = -\frac{\mu p_0 a}{\nu (a+1)} \nabla \rho^{a+1}$$

per cui

$$\mathrm{div}(\rho \boldsymbol{\nu}) = -\frac{\mu p_0 a}{\nu(a+1)} \Delta \rho^{a+1}.$$

Ponendo $m = 1 + a > 1$, dalla (2.152) otteniamo

$$\rho_t = \frac{(m-1)\mu p_0}{\kappa m \nu} \Delta(\rho^m).$$

Riscalando il tempo $(t \mapsto \dfrac{(m-1)\mu p_0}{\kappa m \nu} t)$ otteniamo infine l'**equazione dei mezzi porosi**

$$\rho_t = \Delta(\rho^m). \tag{2.155}$$

Poiché

$$\Delta(\rho^m) = \mathrm{div}\left(m \rho^{m-1} \nabla \rho\right),$$

il coefficiente di diffusione nella (2.155) è $D(\rho) = m\rho^{m-1}$ e perciò l'effetto di diffusione cresce con la densità.

Si può scrivere l'equazione dei mezzi porosi in termini della pressione

$$u = p/p_0 = \rho^{m-1}.$$

Si controlla subito che l'equazione per u è data da

$$u_t = mu\Delta u + \frac{m}{m-1}\left|\nabla u\right|^2 \tag{2.156}$$

che mostra ancora una volta la dipendenza da u del coefficiente di diffusione.

Uno dei problemi relativi alla (2.155) o alla (2.156) consiste nel capire come un dato iniziale ρ_0, confinato in una piccola regione Ω evolva col tempo. Il punto chiave è quindi esaminare l'evoluzione della frontiera incognita $\partial\Omega$, la cosiddetta *frontiera libera* del gas, la cui velocità di espansione, dalla (2.153), dovrebbe risultare proporzionale a $\left|\nabla u\right|$. Ciò significa che ci aspettiamo una *velocità finita di propagazione,* in contrasto con il caso classico $m = 1$.

L'equazione dei mezzi porosi non può essere trattata con strumenti elementari, poiché per densità molto basse l'effetto diffusivo è tenue e l'equazione degenera. Tuttavia possiamo ricavare un po' di intuizione su ciò che può succedere esaminando una specie di soluzioni fondamentali, le cosiddette *soluzioni di Barenblatt*, in dimensione spaziale 1.

Consideriamo dunque l'equazione

$$\rho_t = (\rho^m)_{xx}. \tag{2.157}$$

Cerchiamo *soluzioni di autosimilarità non negative* della forma

$$\rho(x,t) = t^{-\alpha}U\left(xt^{-\beta}\right) \equiv t^{-\alpha}U(\xi)$$

e soddisfacenti la condizione (conservazione della massa)

$$\int_{-\infty}^{+\infty} \rho(x,t)\,dx = 1.$$

Quest'ultima condizione richiede che

$$1 = \int_{-\infty}^{+\infty} t^{-\alpha}U\left(xt^{-\beta}\right)dx = t^{\beta-\alpha}\int_{-\infty}^{+\infty} U(\xi)\,d\xi$$

cosicché deve essere $\alpha = \beta$ e $\int_{-\infty}^{+\infty} U(\xi)\,d\xi = 1$. Sostituendo nella (2.157), troviamo

$$\alpha t^{-\alpha-1}(-U - \xi U') = t^{-m\alpha-2\alpha}(U^m)''.$$

Quindi, se scegliamo $\alpha = 1/(m+1)$, otteniamo per U l'equazione differenziale ordinaria

$$(m+1)(U^m)'' + \xi U' + U = 0$$

che può essere scritta nella forma

$$\frac{d}{d\xi}\left[(m+1)(U^m)' + \xi U\right] = 0.$$

Abbiamo dunque

$$(m+1)(U^m)' + \xi U = \text{costante}.$$

Scegliendo la costante uguale a zero, si ha

$$(m+1)\left(U^m\right)' = (m+1)\,mU^{m-1}U' = -\xi U$$

ossia

$$(m+1)\,mU^{m-2}U' = -\xi$$

che è equivalente a

$$\frac{(m+1)\,m}{m-1}\left(U^{m-1}\right)' = -\xi.$$

Integrando, troviamo.

$$U\left(\xi\right) = \left[A - B_m\xi^2\right]^{1/(m-1)}$$

dove A è una costante arbitraria e

$$B_m = (m-1)/2m\,(m+1).$$

Naturalmente, per mantenere un significato fisico, dobbiamo avere $A > 0$ e $A - B_m\xi^2 \geq 0$.

In conclusione abbiamo trovato soluzioni dell'equazione dei mezzi porosi della forma

$$\rho\left(x,t\right) = \begin{cases} \dfrac{1}{t^\alpha}\left[A - B_m\dfrac{x^2}{t^{2\alpha}}\right]^{1/(m-1)} & \text{se } x^2 \leq At^{2\alpha}/B_m \\ 0 & \text{se } x^2 > At^{2\alpha}/B_m \end{cases} \qquad (\alpha = 1/(m+1))$$

note come *soluzioni di Barenblatt* (Figura 2.15). I punti

$$x = \pm\sqrt{A/B_m}\,t^\alpha \equiv \pm r\left(t\right)$$

rappresentano la frontiera della regione dove si trova il gas. La sua velocità di propagazione è dunque

$$\dot{r}\left(t\right) = \alpha\sqrt{A/B_m}\,t^{\alpha-1}.$$

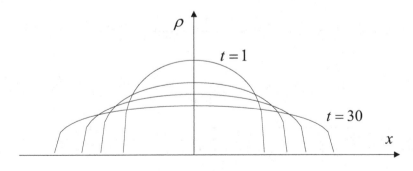

Figura 2.15 La soluzione di Barenblatt $\rho\left(x,t\right) = t^{-1/5}\left[1 - x^2t^{-2/5}\right]_+^{1/3}$ per $t = 1, 4, 10, 30$

2.10.2 Reazione non lineare. Equazione di Fischer

Nel 1937 Fisher[36] introdusse un modello per la dispersione spaziale di un cosiddetto *gene favorevole*[37] *in una popolazione,* in un habitat unidimensionale
di lunghezza infinita. Se v indica la concentrazione del gene, l'equazione di
Fisher è

$$v_\tau = Dv_{yy} + rv\left(1 - \frac{v}{M}\right) \qquad \tau > 0, \, y \in \mathbb{R}, \qquad (2.158)$$

dove D, r e M sono parametri positivi. Una questione importante è determinare se il gene può propagarsi come un'*onda progressiva,* con una sua specifica
velocità di propagazione.

Secondo la terminologia della Sezione 1.2, (2.158) è un'*equazione semilineare*, in cui la diffusione è accoppiata ad una *crescita logistica*, attraverso il
termine di reazione

$$f(v) = rv\left(1 - \frac{v}{M}\right).$$

Il parametro r rappresenta il *potenziale biologico* (tasso netto di nascita-morte,
con dimensione *tempo*$^{-1}$), mentre M è la *capacità* dell'habitat. Se riscaliamo
tempo, spazio e concentrazione ponendo

$$t = r\tau, \quad x = \sqrt{r/D}\,y, \quad u = v/M,$$

la (2.158) assume la forma adimensionale

$$u_t = u_{xx} + u(1 - u), \qquad t > 0. \qquad (2.159)$$

Notiamo i due equilibri $u \equiv 0$ e $u \equiv 1$. In assenza di diffusione, 0 è instabile e
1 è asintoticamente stabile. Una traiettoria con dato iniziale $u(0) = u_0$ tra 0
e 1 ha il tipico comportamento mostrato in Figura 2.16.

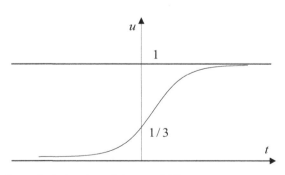

Figura 2.16 Curva logistica ($r = 0.1, u_0 = 1/3$)

[36] Fisher, R. A. (1937), *The wave of advance of advantageous gene.* Ann. Eugenics, **7**,
355–369.
[37] Cioè un *gene* che ha un vantaggio nella lotta per la sopravvivenza.

Se quindi

$$u(x,0) = u_0(x), \qquad x \in \mathbb{R}, \qquad (2.160)$$

è un dato iniziale per l'equazione (2.158) tale che $0 < u_0(x) < 1$, ci aspettiamo che diffusione e reazione siano in competizione, con l'effetto di una diminuzione di u dovuta alla diffusione, contro la tendenza della reazione ad accrescere u verso la soluzione di equilibrio 1.

Vogliamo dimostrare l'esistenza di *onde progressive* in grado di connettere i due stati di equilibrio, cioè soluzioni della forma

$$u(x,t) = U(z), \qquad z = x - ct,$$

dove c rappresenta la velocità di propagazione, soddisfacenti le condizioni

$$0 < u < 1, \qquad t > 0, x \in \mathbb{R}$$

e

$$\lim_{x \to -\infty} u(x,t) = 1 \quad \text{e} \quad \lim_{x \to +\infty} u(x,t) = 0. \qquad (2.161)$$

La prima delle (2.161) stabilisce che la concentrazione del gene è saturata all'"estremo sinistro" mentre la seconda indica che questa è zero in quello destro.

Chiaramente, questo genere di soluzioni realizza un bilancio tra diffusione e reazione.

Essendo la (2.158) invariante rispetto alla trasformazione $x \mapsto -x$, è sufficiente considerare $c > 0$, cioè onde progressive in moto verso destra. Poiché

$$u_t = -cU', \quad u_x = U', \quad u_{xx} = U'', \qquad (' = d/dz)$$

sostituendo $u(x,t) = U(z)$ in (2.159), troviamo per U l'equazione differenziale ordinaria

$$U'' + cU' + U - U^2 = 0 \qquad (2.162)$$

con

$$\lim_{z \to -\infty} U(z) = 1 \quad \text{e} \quad \lim_{z \to +\infty} U(z) = 0. \qquad (2.163)$$

Ponendo $U' = V$, la (2.162) è equivalente al sistema

$$\frac{dU}{dz} = V, \qquad \frac{dV}{dz} = -cV - U + U^2 \qquad (2.164)$$

nel piano (U, V). Questo sistema ha i due punti di equilibrio $(0,0)$ e $(1,0)$, corrispondenti ai due della logistica. La nostra onda progressiva corrisponde a un'orbita (*eteroclina*) che congiunge $(1,0)$ a $(0,0)$, con $0 < U < 1$.

Esaminiamo prima il comportamento delle orbite vicino ai punti di equilibrio. Le matrici dei coefficienti del sistema linearizzato nei punti $(0,0)$ e $(1,0)$ sono, rispettivamente,

$$J(0,0) = \begin{pmatrix} 0 & 1 \\ -1 & -c \end{pmatrix} \qquad \text{e} \qquad J(1,0) = \begin{pmatrix} 0 & 1 \\ 1 & -c \end{pmatrix}.$$

Gli autovalori di $J(0,0)$ sono

$$\lambda_\pm = \frac{1}{2}\left[-c \pm \sqrt{c^2 - 4}\right],$$

con autovettori corrispondenti

$$\mathbf{h}_\pm = \begin{pmatrix} -c \mp \sqrt{c^2 - 4} \\ 2 \end{pmatrix}.$$

Se $c \geq 2$ gli autovalori sono entrambi negativi mentre se $c < 2$ sono complessi. Pertanto,

$$(0,0) \text{ è } \begin{cases} \text{nodo stabile} & \text{se } c \geq 2 \\ \text{fuoco stabile} & \text{se } c < 2. \end{cases}$$

Gli autovalori di $J(1,0)$ sono

$$\mu_\pm = \frac{1}{2}\left[-c \pm \sqrt{c^2 + 4}\right],$$

di segno opposto, e quindi $(1,0)$ è un punto di sella. Le varietà instabile e stabile escono da $(1,0)$ secondo le direzioni dei due autovettori

$$\mathbf{k}_+ = \begin{pmatrix} c + \sqrt{c^2 + 4} \\ 2 \end{pmatrix} \quad \text{e} \quad \mathbf{k}_- = \begin{pmatrix} c - \sqrt{c^2 + 4} \\ 2 \end{pmatrix},$$

rispettivamente.

Ora, il vincolo $0 < U < 1$ esclude il caso $c < 2$, poiché in questo caso U cambia segno lungo le orbite che tendono all'origine. Per $c \geq 2$, tutte le orbite[38] in un intorno dell'origine $(0,0)$ tendono a $(0,0)$ per $z \to +\infty$, con pendenza limite λ_+. D'altra parte, la sola orbita che tende a $(1,0)$ per $z \to -\infty$ rimanendo nella regione $0 < U < 1$ è la varietà instabile γ del punto di sella.

La Figura 2.17 mostra la configurazione delle orbite nella regione di interesse (Problema 2.23). La conclusione è che *per ogni $c \geq 2$ esiste un'unica onda progressiva, che sia soluzione della* (2.158) *con velocità c*. Inoltre, *U è strettamente decrescente*.

Nelle variabili originali, esiste un'unica onda progressiva, che sia soluzione della (2.158) per ogni velocità $c \geq c_{\min} = 2\sqrt{rD}$.

Abbiamo, dunque, uno "spettro" continuo di velocità di propagazione. La velocità minima $c = c_{\min}$ è particolarmente importante.

Infatti, l'aver trovato onde progressive è solo l'inizio. Molte questioni sorgono naturalmente. Tra queste, lo studio della *stabilità* di queste soluzioni o anche il comportamento asintotico (per $t \to +\infty$) di una soluzione con dato iniziale u_0 di tipo *transizionale*, cioè

$$u_0(x) = \begin{cases} 1 & x \leq a \\ 0 < u_0 < 1 & a < x < b \\ 0 & x \geq b. \end{cases} \tag{2.165}$$

---

[38] Ad eccezione delle due orbite sulla varietà stabile tangente ad $\mathbf{h}_-$ in $(0,0)$, nel caso $c > 2$.

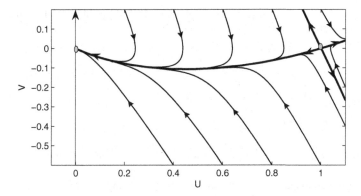

Figura 2.17 Orbite del sistema (2.164)

Per esempio, ci si aspetta che un'onda progressiva sia insensibile a piccole perturbazioni? La soluzione dell'equazione con dati iniziali (2.165) evolve verso una delle onde progressive che abbiamo trovato?

Il lettore interessato può trovare la risposta nei testi o negli articoli scientifici specializzati su questo argomento[39]. Qui ci limitiamo ad osservare che, tra le onde progressive trovate, *solo quella con velocità minima* può essere la rappresentazione asintotica delle soluzioni con dato iniziale di tipo *transizionale*. L'implicazione biologica di questo risultato è che $c_{\min}$ *determina la velocità di propagazione del gene favorevole*.

Problemi

2.1. Usare il metodo di separazione delle variabili per risolvere il seguente problema di Cauchy-Neumann:

$$\begin{cases} u_t - u_{xx} = 0 & 0 < x < L, t > 0 \\ u(x,0) = x & 0 < x < L \\ u_x(0,t) = u_x(L,t) = 0 & t > 0. \end{cases}$$

Esaminare il comportamento asintotico di $u(x,t)$ per $t \to +\infty$.

2.2. Usare il metodo di separazione delle variabili per risolvere il seguente problema di Cauchy-Neumann:

$$\begin{cases} u_t - u_{xx} = tx & 0 < x < \pi, t > 0 \\ u(x,0) = 1 & 0 \le x \le \pi \\ u_x(0,t) = u_x(\pi,t) = 0 & t > 0. \end{cases}$$

[*Suggerimento.* Scrivere la soluzione come $u(x,t) = \sum_{k \ge 0} c_k(t) v_k(x)$ dove le v_k sono le autofunzioni del problema agli autovalori associato all'equazione omogenea].

---

[39] Per esempio, il libro di *Murray*, vol I, 2001, o di *Grindrod*, 1991.

2.3. Usare il metodo di separazione delle variabili per risolvere (almeno formalmente) il seguente problema misto Neumann-Robin.

$$\begin{cases} u_t - Du_{xx} = 0 & 0 < x < \pi, t > 0 \\ u(x,0) = g(x) & 0 \le x \le \pi \\ u_x(0,t) = 0 \\ u_x(\pi,t) + u(\pi,t) = U & t > 0. \end{cases}$$

[*Risposta*. La soluzione è

$$u(x,t) = U + \sum_{k \ge 0} c_k e^{-D\mu_k^2 t} \cos \mu_k x,$$

dove i numeri μ_k sono gli zeri positivi dell'equazione $\mu \tan \pi\mu = 1$ e c_k è il coefficiente dello sviluppo in serie di $g - U$ rispetto a $\cos \mu_k$].

2.4. *Evoluzione di una soluzione chimica.* Consideriamo un tubo di lunghezza L e sezione di area A costante, con asse nella direzione dell'asse x, contenente una soluzione salina di concentrazione c $(\mathrm{gr}/\mathrm{cm}^3)$. Assumiamo che:

a. A sia abbastanza piccola da poter ritenere che la concentrazione c dipenda solo da x e t;

b. la diffusione del sale sia uni-dimensionale, nella direzione x;

c. la velocità del fluido sia trascurabile;

d. all'estremità sinistra $x = 0$ del tubo si immette una soluzione di concentrazione costante $C_0 \, \mathrm{gr}/\mathrm{cm}^3$ ad una velocità di $R_0 \, \mathrm{cm}^3/\mathrm{sec}$ ed all'altro estremo $x = L$, la soluzione è rimossa alla stessa velocità.

1. Utilizzando la *legge di Fick*, mostrare che c è soluzione di un opportuno problema di Neumann-Robin.

2. Risolvere esplicitamente il problema e mostrare che, per $t \to +\infty$, $c(x,t)$ tende ad una concentrazione di equilibrio $c_\infty(x)$.

[*Risposte. 1.* le condizioni agli estremi sono:

$$c_x(0,t) = -C_0 R_0 / DA, \quad c_x(L,t) = -(R_0/DA)c(L,t).$$

2. $c_\infty(x) = C_0 + (R_0/DA)(L-x)$].

2.5. Dimostrare il Corollario 2.2.

[*Suggerimento.* b). Porre $u = v - w$, $M = \sup_{\overline{Q}_T} |f_1 - f_2|$ e applicare il Teorema 2.2 a $z_\pm = \pm u - Mt$].

2.6. Siano $Q_2 = (0,2) \times (0,2)$ ed u la soluzione del problema

$$\begin{cases} u_t - u_{xx} = 0 & \text{in } Q_2 \\ u = g & \text{su } \partial Q_2 \end{cases}$$

dove $g(t) = M$ per $0 \le t \le 1$ e $g(t) = M - (1-t)^4$ per $1 < t \le 2$.

Calcolare $u(1,1)$ e controllare che è il massimo u in $\overline{Q}_2$. Non è questo in contraddizione con il principio di massimo forte nella Sezione 2.2?

2.7. Sia $u = u(x,t)$ una soluzione dell'equazione del calore nel dominio piano $D_T = Q_T \setminus (\bar{Q}_1 \cup \bar{Q}_2)$ dove Q_1 e Q_2 sono i rettangoli in Figura 2.18. Supponiamo che u assuma il suo massimo M in un punto interno (x_1, t_1). In quali altri punti u è uguale ad M?

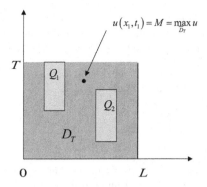

Figura 2.18 In quali punti (x, t), $u(x, t) = M$?

2.8. *Diffusione da sorgente concentrata in un punto, costante nel tempo.*

a) Trovare soluzioni autosimili di $u_t - u_{xx} = 0$ della forma $u(x, t) = U(x/\sqrt{t})$, esprimendo il risultato in termini della *funzione errore*

$$\operatorname{erf}(x) = \frac{2}{\sqrt{\pi}} \int_0^x e^{-z^2} dz.$$

b) Usare il risultato per risolvere il seguente problema di diffusione su una semiretta, con concentrazione mantenuta costante in $x = 0$ per $t > 0$:

$$\begin{cases} u_t - u_{xx} = 0 & x > 0, t > 0 \\ u(0, t) = C, \ \lim_{x \to +\infty} u(x, t) = 0 & x > 0 \\ u(x, 0) = 0 & t > 0. \end{cases}$$

2.9. Determinare per quali α e β esistono soluzioni autosimili di $u_t - u_{xx} = f(x)$ della forma $t^\alpha U(x/t^\beta)$, in ciascuno dei casi seguenti:

(a) $f(x) = 0$,   (b) $f(x) = 1$,   (c) $f(x) = x$.

[*Risposta*. (a) α arbitrario, $\beta = 1/2$.   (b) $\alpha = 1$, $\beta = 1/2$.   (c) $\alpha = 3/2$, $\beta = 1/2$].

2.10. *Barriere riflettenti e condizione di Neumann.* Consideriamo la passeggiata aleatoria della Sezione 4. Supponiamo che una barriera perfettamente *riflettente* sia posta nel punto $L = \overline{m}h + \frac{h}{2} > 0$. Con ciò intendiamo che, se la particella raggiunge il punto $L - \frac{h}{2}$ al tempo t e si muove verso destra, allora subisce una riflessione e ritorna in $L - \frac{h}{2}$ al tempo $t + \tau$.

Mostrare che, quando $h, \tau \to 0$ e $h^2/\tau = 2D$, $p = p(x, t)$ è soluzione del problema

$$\begin{cases} p_t - D p_{xx} = 0 & x < L, t > 0 \\ p(x, 0) = \delta(x) & x < L \\ p_x(L, t) = 0 & t > 0 \end{cases}$$

e inoltre $\int_{-\infty}^L p(x, t) \, dx = 1$. Determinare esplicitamente la soluzione.

[*Risposta*: $p(x, t) = \Gamma_D(x, t) + \Gamma_D(x - 2L, t)$].

2.11. *Barriere assorbenti e condizione di Dirichlet.* Consideriamo la passeggiata aleatoria della Sezione 4. Supponiamo che una barriera perfettamente *assorbente* sia posta nel punto $L = \overline{m}h > 0$. Con ciò intendiamo che, se la particella raggiunge il punto $L - h$ al tempo t e si muove verso destra, allora è assorbita e si ferma in L.

Mostrare che, quando $h, \tau \to 0$ e $h^2/\tau = 2D$, $p = p(x,t)$ è soluzione del problema

$$\begin{cases} p_t - Dp_{xx} = 0 & x < L, t > 0 \\ p(x,0) = \delta(x) & x < L \\ p(L,t) = 0 & t > 0. \end{cases}$$

Determinare esplicitamente la soluzione.

[*Risposta*: $p(x,t) = \Gamma_D(x,t) - \Gamma_D(x - 2L, t)$].

2.12. Nel caso della passeggiata aleatoria con deriva, dimostrare che, indicata con k la variabile aleatoria che conta il numero dei passi a destra dopo N passi, si ha

$$p_k = C_{N,k} p_0^k q_0^{N-k},$$

per cui la funzione generatrice delle probabilità è data da $G(s) = (p_0 s + q_0)^N$. Usare la funzione G per mostrare che:

(a) *valore atteso* di x dopo N passi: $\langle x \rangle = N(p_0 - q_0)h$;

(b) *varianza* di x dopo N passi: $\langle x^2 \rangle - \langle x \rangle^2 = 4p_0 q_0 N h^2$.

2.13. *Passeggiata aleatoria simmetrica con forza elastica di richiamo*. Il moto di una particella aleatoria unidimensionale è soggetto alle seguenti regole. Sia N un intero naturale fissato.

1. In un tempo τ la particella si muove di h, partendo da $x = 0$.

2. Se si trova nel punto mh, con $-N \leq m \leq N$, si muove verso destra e verso sinistra, rispettivamente, con probabilità

$$p = \frac{1}{2}\left(1 - \frac{m}{N}\right) \qquad e \qquad q = \frac{1}{2}\left(1 + \frac{m}{N}\right)$$

in modo indipendente dal passo precedente.

Dimostrare che, se $h^2/\tau = 2D$ e $N\tau = \gamma > 0$, quando $h, \tau \to 0$ ed $N \to +\infty$ la probabilità di transizione limite è soluzione dell'equazione

$$p_t = Dp_{xx} + \frac{1}{\gamma}(xp)_x.$$

2.14. Dimostrare il Teorema 8.1 nel caso g continua e limitata in $\mathbb{R}$.

[*Suggerimento*. Scrivere

$$u(x,t) - g(x_0) = \int_{\mathbb{R}} [g(y) - g(x_0)]\Gamma_D(x - y, t)\,dy.$$

Fissato $\varepsilon > 0$, sia $|g(y) - g(x_0)| < \varepsilon$ se $|y - x_0| < \delta$ (continuità di g). Dividere l'intervallo di integrazione negli insiemi

$$I_1 = \{y : |y - x_0| < \delta\} \qquad e \qquad I_2 = \{y : |y - x_0| \geq \delta\}.$$

Mostrare che il modulo dell'integrale su I_1 è minore di ε e che l'integrale su I_2 tende a zero se $(x,t) \to (x_0, 0)$, $t > 0$].

2.15. Sia

$$g(x) = 0 \qquad \text{per } x < 0$$

e

$$g(x) = 1 \qquad \text{per } x \geq 0.$$

Dimostrare che

$$\lim_{(x,t)\to(0,0)} \int_{\mathbb{R}} \Gamma_D (x - y, t) \, g(y) \, dy$$

non esiste.

2.16. Provare il Teorema 8.3 assumendo la condizione

$$z (x, t) \leq C, \ x \in \mathbb{R}, 0 \leq t \leq T$$

e spezzando la dimostrazione nei seguenti passi:

a) Sia $\sup_{\mathbb{R}} z (x, 0) = M_0$ e definiamo

$$w (x, t) = \frac{2C}{L^2} (\frac{x^2}{2} + Dt) + M_0.$$

Controllare che $w_t - D w_{xx} = 0$ e usare il principio di massimo per dimostrare che $w \geq z$ nel rettangolo $R_L = [-L, L] \times [0, T]$.

b) Fissare arbitrariamente (x_0, t_0) e scegliere L in modo che $(x_0, t_0) \in R_L$. Usando a) dedurre che $z (x_0, t_0) \leq M_0$.

2.17. Scrivere la formula per la soluzione del problema di Cauchy

$$\begin{cases} u_t = D u_{xx} + b u_x + c u & x \in \mathbb{R}, \, t > 0 \\ u (x, 0) = g (x) & x \in \mathbb{R} \end{cases}$$

dove D, b, c sono coefficienti costanti. Mostrare che, se $c < 0$ e g è limitata, $u (x, t) \to 0$ per $t \to +\infty$.

[*Risposta.* Ricondursi all'equazione del calore con un opportuno cambio di variabili. La soluzione è:

$$u (x, t) = e^{\left(c - \frac{b^2}{4D}\right)t} \int_{\mathbb{R}} e^{\frac{b}{2D}(y-x)} g (y) \, \Gamma_D (x - y, t) \, dy \qquad (2.166)$$

dove Γ_D è la soluzione fondamentale dell'equazione del calore].

2.18. *Problema in un quadrante.* Trovare una formula esplicita per la soluzione del problema di Cauchy

$$\begin{cases} u_t = u_{xx} & x > 0, t > 0 \\ u (x, 0) = g (x) & x \geq 0 \\ u (0, t) = 0 & t > 0 \end{cases}$$

con g continua e $g (0) = 0$.

[*Suggerimento.* Estendere g al semiasse $x < 0$ per riflessione dispari: $g (-x) = -g (x)$. Risolvere il corrispondente problema di Cauchy globale e scrivere il risultato come integrale su $(0, +\infty)$].

2.19. *Un principio di massimo.* Sia $Q_T = \Omega \times (0, T)$, con Ω dominio limitata in $\mathbb{R}^n$. Sia $u \in C^{2,1}(Q_T) \cap C(\overline{Q}_T)$ soluzione dell'equazione

$$u_t = D\Delta u + \mathbf{b}(\mathbf{x},t) \cdot \nabla u + c(\mathbf{x},t)\,u \qquad \text{in } Q_T$$

dove $\mathbf{b}$ e c sono continue in $\overline{Q}_T$. Mostrare che, se $u \geq 0$ (risp. $u \leq 0$) su $\partial_p Q_T$ allora $u \geq 0$ (risp. $u \leq 0$) in Q_T.

[*Suggerimento.* Assumere prima che $c(\mathbf{x},t) \leq a < 0$. Ridursi poi a questo caso ponendo $u(\mathbf{x},t) = v(\mathbf{x},t)\,e^{kt}$ con $k > 0$ opportuno].

2.20. Completare i dettagli delle dimostrazioni delle formule (2.95) e (2.96) nella Sezione 6.2.

2.21. *Inquinante in dimensione $n \geq 2$.* Usando la legge di conservazione della massa, scrivere un modello di diffusione e trasporto per un inquinante, in dimensione 2 e 3, assumendo la seguente legge costitutiva per il vettore di flusso

$$\mathbf{q} = \underbrace{\mathbf{v}(\mathbf{x},t)\,c(\mathbf{x},t)}_{\text{trasporto}} \underbrace{-\kappa(\mathbf{x},t)\,\nabla c(\mathbf{x},t)}_{\text{legge di Fick}}.$$

[*Risposta.* Si trova l'equazione

$$c_t + \operatorname{div}(\mathbf{v}c - \kappa(\mathbf{x},t)\,\nabla c(\mathbf{x},t)) = 0$$

che si dice *in forma di divergenza* (Capitolo 9)].

2.22. *Reazione e diffusione lineare in dimensione 2.* Sia $R = (0, p) \times (0, q)$. Consideriamo l'equazione

$$u_t = D(u_{xx} + u_{yy}) + \lambda u \qquad \text{per } t > 0, (x, y) \in R \qquad (2.167)$$

e la condizione iniziale

$$u(x, y, 0) = g(x, y) \qquad (x, y) \in \overline{R}. \qquad (2.168)$$

D, λ, p, q sono costanti positive.

Usando il metodo di separazione delle variabili, trovare la soluzione di (2.167) e (2.168) che soddisfa le seguenti condizioni su ∂R:

a. $\nabla u \cdot \mathbf{n} = 0$;

b. $u = 0$.

Determinare e confrontare nei due casi il comportamento della soluzione per $t \to +\infty$ e darne un'interpretazione fisica (in termini di concentrazione di una sostanza o di conduzione del calore).

2.23. *Un problema di … invasione.* Una popolazione di densità $P = P(x, y, t)$ e massa totale $M(t)$ è inizialmente ($t = 0$) concentrata in un punto isolato del piano (diciamo l'origine $(0, 0)$) e cresce ad un tasso lineare $a > 0$ diffondendosi con costante D.

a) Scrivere il problema che governa l'evoluzione di P e risolverlo.

b) Determinare l'evoluzione della massa

$$M(t) = \int_{\mathbb{R}^2} P(x, y, t)\,dx\,dy.$$

c) Sia B_R il cerchio centrato in $(0,0)$ e raggio R. Determinare $R = R(t)$ in modo che

$$\int_{\mathbb{R}^2 \setminus B_{R(t)}} P(x,y,t)\,dxdy = M(0).$$

d) Definiamo *area metropolitana* la regione $B_{R(t)}$ e *area rurale* la regione $\mathbb{R}^2 \setminus B_{R(t)}$. Determinare la velocità di avanzamento del *fronte metropolitano*.

[*Suggerimento.* c) Si trova:

$$\int_{\mathbb{R}^2 \setminus B_{R(t)}} P(x,y,t)\,dxdy = M(0)\exp\left\{at - \frac{R^2(t)}{4Dt}\right\}$$

da cui $R(t) = ...$].

2.24. Risolvere il seguente problema di Cauchy-Dirichlet in $B_1 = \{\mathbf{x} \in \mathbb{R}^3 : |\mathbf{x}| < 1\}$:

$$\begin{cases} u_t = \Delta u & \mathbf{x} \in B_1, t > 0 \\ u(\mathbf{x}, 0) = 0 & \mathbf{x} \in B_1 \\ u(\boldsymbol{\sigma}, t) = 1 & \boldsymbol{\sigma} \in \partial B_1, t > 0. \end{cases}$$

Calcolare $\lim_{t \to +\infty} u(\mathbf{x},t)$.

[*Suggerimento.* La soluzione è radiale, per cui $u = u(r,t)$, $r = |\mathbf{x}|$. Osservare che

$$\Delta u = u_{rr} + \frac{2}{r}u_r = \frac{1}{r}(ru)_{rr}.$$

Porre $v = ru$, ricondursi a condizioni di Dirichlet omogenee e usare il metodo di separazione delle variabili].

2.25. Risolvere il seguente problema di Cauchy-Dirichlet

$$\begin{cases} u_t = \Delta u & \mathbf{x} \in K, t > 0 \\ u(\mathbf{x}, 0) = 0 & \mathbf{x} \in K \\ u(\boldsymbol{\sigma}, t) = 1 & \boldsymbol{\sigma} \in \partial K, t > 0 \end{cases}$$

dove K è il parallelepipedo

$$K = \left\{(x,y,z) \in \mathbb{R}^3 : 0 < x < a, 0 < y < b, 0 < z < c\right\}.$$

Calcolare $\lim_{t \to +\infty} u(\mathbf{x},t)$.

2.26. In $B_1 = \{\mathbf{x} \in \mathbb{R}^3 : |\mathbf{x}| < 1\}$, risolvere il seguente problema di Cauchy-Neumann:

$$\begin{cases} u_t = \Delta u & \mathbf{x} \in B_1, t > 0 \\ u(\mathbf{x}, 0) = |\mathbf{x}| & \mathbf{x} \in B_1 \\ u_\nu(\boldsymbol{\sigma}, t) = 1 & \boldsymbol{\sigma} \in \partial B_1, t > 0. \end{cases}$$

2.27. Risolvere il seguente problema di Cauchy-Dirichlet nonomogeneo nella sfera unitaria B_1 in $\mathbb{R}^3$ ($u = u(r,t)$, $r = |\mathbf{x}|$):

$$\begin{cases} u_t - (u_{rr} + \frac{2}{r}u_r) = qe^{-t} & 0 < r < 1, t > 0 \\ u(r,0) = U & 0 \le r \le 1 \\ u(1,t) = 0 & t > 0. \end{cases}$$

[*Risposta*. La soluzione è

$$u\left(r,t\right) = \frac{2}{r} \sum_{n=1}^{\infty} \frac{(-1)^n}{\lambda_n} \sin(\lambda_n r) \left\{ \frac{q}{1-\lambda_n^2} \left(e^{-t} - e^{-\lambda_n^2 t} \right) - U e^{-\lambda_n^2 t} \right\}$$

dove $\lambda_n = n\pi$].

2.28. Usando il principio di massimo, confrontare i valori di due opzioni call $C^{(1)}$ and $C^{(2)}$, con la stessa volatilità, nei seguenti casi:
(*a*) stesso prezzo di esercizio e $T_1 > T_2$. (*b*) Stesso tempo di esercizio ed $E_1 > E_2$.

2.29. Giustificare rigorosamente la configurazione delle orbite in Figura 2.17 ed in particolare dedurre che l'orbita instabile γ connette i due punti di equilibrio del sistema (2.164), completando i dettagli nei passi seguenti.

1. Siano $\mathbf{F} = V\mathbf{i} + \left(-cV + U^2 - U\right)\mathbf{j}$ ed $\mathbf{n}$ la normale *interna* alla frontiera del triangolo Ω in Figura 2.19. Mostrare che, se β è scelto opportunamente, si ha $\mathbf{F} \cdot \mathbf{n} > 0$ lungo $\partial\Omega$.

2. Dedurre che tutte le orbite del sistema (2.164) che partono da un punto in Ω non possono uscire da Ω (si dice che Ω è una *regione positivamente invariante*) e convergono all'origine quando $z \to +\infty$.

3. Infine, dedurre che la separatrice instabile γ del punto di sella $(1,0)$ tende a $(0,0)$ per $z \to +\infty$.

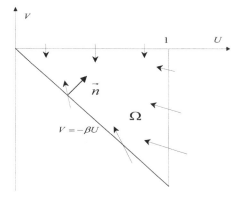

Figura 2.19 Regione di intrappolamento (*positivamente invariante*) per le orbite del campo vettoriale $\mathbf{F} = V\mathbf{i} + \left(-cV + U^2 - U\right)\mathbf{j}$

Capitolo 3
Equazione di Laplace

3.1 Introduzione

L'equazione di Laplace $\Delta u = 0$ appare frequentemente nelle scienze applicate, in particolare nello studio dei fenomeni *stazionari*, e le sue soluzioni prendono il nome di funzioni *armoniche*. Per esempio, la posizione di equilibrio di una membrana perfettamente elastica è una funzione armonica, come pure il potenziale di velocità di un fluido omogeneo. La temperatura di un corpo omogeneo e isotropo in condizioni di equilibrio è armonica ed in questo caso l'equazione di Laplace costituisce la controparte stazionaria (indipendente dal tempo) dell'equazione di diffusione.

Insieme alla sua versione non omogenea (equazione di Poisson) $\Delta u = f$ svolge un ruolo importante nella *teoria dei campi conservativi* (elettrico, magnetico, gravitazionale ed altri ancora) dove il vettore campo è gradiente di un potenziale.

Per esempio, sia $\mathbf{E}$ un campo elettrostatico generato da una distribuzione di cariche in un dominio Ω di $\mathbb{R}^3$. Allora, in unità standard, div $\mathbf{E} = \frac{4\pi\rho}{\varepsilon}$, dove ρ è la densità di carica ed ε è la costante dielettrica del mezzo. Quando esiste un *potenziale* u tale che $\nabla u = -\mathbf{E}$, allora $\Delta u = \mathrm{div}\nabla u = -4\pi\rho/\varepsilon$, che è l'equazione di Poisson. Nella regione dello spazio priva di cariche si ha $\rho = 0$ ed u è una funzione armonica in quella regione.

In dimensione 2, la teoria delle funzioni armoniche è strettamente legata a quella delle funzioni olomorfe[1]. Infatti, le parti reale ed immaginaria di una funzione olomorfa sono armoniche. Per esempio, poiché le funzioni

$$z^m = \rho^m (\cos m\theta + i \sin m\theta) \qquad m \in \mathbb{N}$$

---

[1] Una funzione $f = f(z)$ si dice *olomorfa* in un aperto Ω del piano complesso se è ivi derivabile in senso complesso, cioè se in ogni punto $z_0 \in \Omega$ il limite

$$\lim_{z \to z_0} \frac{f(z) - f(z_0)}{z - z_0} = f'(z_0)$$

esiste finito.

© Springer-Verlag Italia 2016

S. Salsa, *Equazioni a derivate parziali. Metodi, modelli e applicazioni*, 3a edizione, UNITEXT – La Matematica per il 3+2 97, DOI 10.1007/978-88-470-5785-2_3

(ρ, θ coordinate polari) sono olomorfe in tutto il piano complesso $\mathbb{C}$, le funzioni

$$u(\rho, \theta) = \rho^m \cos m\theta \quad \text{e} \quad v(\rho, \theta) = \rho^m \sin m\theta$$

risultano armoniche in $\mathbb{R}^2$ (dette *armoniche elementari*). In coordinate Cartesiane sono polinomi armonici; per $m = 1, 2, 3$ sono i seguenti:

$$x, \ y, \ xy, \ x^2 - y^2, \ x^3 - 3xy^2, 3x^2y - y^3.$$

Altri esempi sono

$$u(x, y) = e^{\alpha x} \cos \alpha y, \quad v(x, y) = e^{\alpha x} \sin \alpha y \qquad (\alpha \in \mathbb{R}),$$

che corrispondono alle parti reale ed immaginaria di $f(z) = e^{\alpha z}$, $z = x + iy$, entrambe armoniche in $\mathbb{R}^2$, e

$$u(r, \theta) = \log r, \quad v(r, \theta) = \theta,$$

parti reale ed immaginaria di $f(z) = \log_0 z \equiv \log r + i\theta$, armoniche in $\mathbb{R}^2 \backslash (0, 0)$ e $\mathbb{R}^2 \backslash \{\theta = 0\}$, rispettivamente.

In questo capitolo presentiamo la formulazione dei più importanti problemi ben posti e le proprietà classiche delle funzioni armoniche, con particolare attenzione alle dimensioni due e tre. Come nel Capitolo 2, sottolineiamo alcuni aspetti probabilistici, sfruttando la connessione tra passeggiata, aleatoria, moto Browniano e operatore di Laplace. Centrale è la nozione di *soluzione fondamentale*, che sviluppiamo con i primi elementi della cosiddetta *teoria del potenziale*. Nell'ultima sezione presentiamo la soluzione del problema di Dirichlet con il metodo di Perron delle funzioni sub/superarmoniche.

3.2 Problemi ben posti. Unicità

Consideriamo l'equazione di Poisson

$$\Delta u = f \qquad \text{in } \Omega \tag{3.1}$$

dove $\Omega \subset \mathbb{R}^n$ è un **dominio limitato**.

I problemi ben posti associati all'equazione di Poisson sono sostanzialmente quelli già visti per l'equazione di diffusione, naturalmente senza condizione iniziale. Sulla frontiera $\partial \Omega$ possiamo assegnare:

- una *condizione di Dirichlet*. Si assegnano i valori di u:

$$u = g; \tag{3.2}$$

- una *condizione di Neumann*. Si assegna la derivata normale di u:

$$\partial_\nu u = h \tag{3.3}$$

dove ν è la normale esterna a $\partial \Omega$;

• una *condizione di Robin* o *di radiazione*. Si assegna

$$\partial_\nu u + \alpha u = h \qquad (\alpha > 0);$$

• *condizioni miste*. Per esempio, si assegna

$$u = g \quad \text{su } \overline{\Gamma}_D \tag{3.4}$$
$$\partial_\nu u = h \quad \text{su } \Gamma_N,$$

dove Γ_D e Γ_N sono sottoinsiemi non vuoti, disgiunti, relativamente aperti in $\partial\Omega$ e tali che $\overline{\Gamma}_D \cup \Gamma_N = \partial\Omega$.

Quando $g = h = 0$ diciamo che le precedenti condizioni sono *omogenee*.

Alcune interpretazioni sono le seguenti. Se u è la posizione di una membrana perfettamente flessibile ed f è un carico esterno distribuito (forza verticale per unità di superficie), allora (3.1) modella uno stato d'equilibrio.

La condizione di Dirichlet corrisponde a fissare la posizione del bordo della membrana. La condizione di Robin descrive un attacco elastico al bordo mentre una condizione di Neumann omogenea indica che il bordo della membrana è libero di muoversi verticalmente senz'attrito.

Se u è la concentrazione di equilibrio di una sostanza, la condizione di Dirichlet prescrive il livello di u al bordo, mentre quella di Neumann assegna il flusso di u attraverso il bordo

Usando l'identità di Green (1.17), possiamo dimostrare il seguente teorema di unicità:

Teorema 2.1. *Sia $\Omega \subset \mathbb{R}^n$ un dominio limitato regolare. Allora esiste al più una funzione di classe $C^2(\Omega) \cap C^1(\overline{\Omega})$ soluzione di $\Delta u = f$ in Ω e tale che, su $\partial\Omega$,*

$$u = g \quad \text{oppure} \quad \partial_\nu u + \alpha u = h \qquad (\alpha > 0)$$

oppure ancora

$$u = g \quad \text{su } \overline{\Gamma}_D \subset \partial\Omega \quad \text{e} \quad \partial_\nu u = h \quad \text{su } \Gamma_N$$

dove f, g, h sono funzioni continue assegnate. Nel caso del problema di Neumann, cioè

$$\partial_\nu u = h \quad \text{su } \partial\Omega,$$

due soluzioni differiscono per una costante.

Dimostrazione. Siano u e v soluzioni dello stesso problema. Poniamo $w = u - v$. Allora $\Delta w = 0$ e soddisfa condizioni (una delle quattro indicate) nulle al bordo. Sostituendo $u = v = w$ nella (1.17) si trova

$$\int_\Omega |\nabla w|^2 \, d\mathbf{x} = \int_{\partial\Omega} w \partial_\nu w \, d\sigma.$$

Ma

$$\int_{\partial\Omega} w \partial_\nu w \, d\sigma = 0$$

nel caso del problema di Dirichlet, di Neumann e di quello misto, mentre

$$\int_{\partial\Omega} w\partial_\nu w \, d\sigma = -\int_{\partial\Omega} \alpha w^2 d\sigma \le 0$$

nel caso del problema di Robin. In ogni caso si deduce che

$$\int_\Omega |\nabla w|^2 \, d\mathbf{x} \le 0$$

che implica $\nabla w = 0$ e cioè $w = u - v =$ costante essendo Ω connesso. Questo conclude la dimostrazione nel caso del problema di Neumann. Negli altri casi la costante deve essere nulla (perché?), da cui $u = v$.   □

Nota 2.1. Se $\Delta u = f$ in Ω e $\partial_\nu u = h$ su $\partial\Omega$ e sostituiamo u nella (1.18), si trova

$$\int_\Omega f \, d\mathbf{x} = \int_{\partial\Omega} h \, d\sigma. \tag{3.5}$$

È questa una condizione di compatibilità sui dati f ed h, necessaria per l'esistenza di una soluzione del problema di Neumann. Quando dunque si deve risolvere un problema di Neumann per l'equazione di Poisson, la prima cosa da fare è controllare la validità della (3.5): se non è verificata, il problema non ha soluzione. Vedremo più avanti il significato fisico di questa condizione.

3.3 Funzioni armoniche

3.3.1 Funzioni armoniche nel discreto

Nel capitolo precedente abbiamo esplorato la connessione tra moto Browniano ed equazione di diffusione. Vogliamo ora esaminare le proprietà principali delle funzioni armoniche e per farlo ritorniamo alla passeggiata aleatoria considerata nella Sezione 2.4, analizzando meglio la relazione con l'operatore di Laplace Δ. Per fissare le idee lavoriamo in dimensione $n = 2$, ma ragionamenti e conclusioni possono essere facilmente estesi a ogni dimensione $n > 2$.

Siano $\tau > 0$ il passo temporale e $h > 0$ quello spaziale. Indichiamo con $h\mathbb{Z}^2$ il *reticolo* dei punti $\mathbf{x} = (x_1, x_2)$ le cui coordinate sono multipli interi di h. Sia $p(\mathbf{x}, t) = p(x_1, x_2, t)$ la probabilità di transizione, cha assegna la probabilità di trovare la nostra particella aleatoria nel punto $\mathbf{x}$ al tempo t. Nella Sezione 2.4 abbiamo ricavato un'equazione alle differenze per p, che qui riscriviamo in dimensione due:

$$p(\mathbf{x}, t + \tau) = \frac{1}{4} \{ p(\mathbf{x}+h\mathbf{e}_1, t) + p(\mathbf{x}-h\mathbf{e}_1, t) + p(\mathbf{x}+h\mathbf{e}_2, t) + p(\mathbf{x}-h\mathbf{e}_2, t) \}. \tag{3.6}$$

Possiamo scrivere questa formula in modo più significativo introducendo *l'operatore di media* M_h che agisce su una generica funzione $u = u(\mathbf{x})$ secondo la formula

$$M_h u\left(\mathbf{x}\right) = \frac{1}{4}\left\{u\left(\mathbf{x}+h\mathbf{e}_1\right) + u\left(\mathbf{x}-h\mathbf{e}_1\right) + u\left(\mathbf{x}+h\mathbf{e}_2\right) + u\left(\mathbf{x}-h\mathbf{e}_2\right)\right\}$$

$$= \frac{1}{4}\sum_{|\mathbf{x}-\mathbf{y}|=h} u\left(\mathbf{y}\right).$$

Osserviamo che $M_h u\left(\mathbf{x}\right)$ è la media aritmetica dei valori di u nei punti del reticolo $h\mathbb{Z}^2$, che si trovano a distanza h da $\mathbf{x}$. Diciamo che questi punti costituiscono *l'intorno discreto di* $\mathbf{x}$, *di raggio* h.

È chiaro che la (3.6) si può scrivere nella forma

$$p\left(\mathbf{x}, t + \tau\right) = M_h p\left(\mathbf{x}, t\right). \tag{3.7}$$

Nella (3.7), la probabilità p al tempo $t + \tau$ è determinata dall'azione di M_h su p al tempo precedente ed è allora naturale interpretare l'operatore di media come *generatore della passeggiata aleatoria*.

Veniamo ora all'operatore di Laplace. Se u è di classe C^2, non è difficile mostrare che[2]

$$\lim_{h \to 0} \frac{M_h u\left(\mathbf{x}\right) - u\left(\mathbf{x}\right)}{h^2} \to \frac{1}{4}\Delta u\left(\mathbf{x}\right). \tag{3.8}$$

Non è sorprendente, quindi, che l'operatore di Laplace sia strettamente connesso col moto Browniano. La (3.8) incita a definire, per ogni $h > 0$ fissato, l'*operatore di Laplace discreto* con la formula

$$\Delta_h^* = M_h - I$$

dove I indica l'operatore *identità* (cioè $Iu = u$). L'operatore Δ_h^* è ben definito sulle funzioni u definite in tutto il reticolo $h\mathbb{Z}^2$ e, coerentemente, diciamo che u è *d-armonica* (*d* sta per *discreto*) se $\Delta_h^* u = 0$.

Le funzioni *d-armoniche*, dunque, sono quelle che in ogni punto $\mathbf{x}$, coincidono con la media dei propri valori nei punti dell'intorno discreto di $\mathbf{x}$ di raggio h.

Possiamo andare oltre e definire il problema di Dirichlet discreto. A questo scopo sia A un sottoinsieme limitato di $h\mathbb{Z}^2$.

Diciamo che $\mathbf{x} \in A$:

• è un *punto interno* di A se il suo intorno discreto di raggio h è contenuto in A;

• è un *punto di frontiera* (Figura 3.1) se non è interno ma il suo intorno discreto di raggio h contiene almeno un punto interno. L'insieme dei punti di frontiera di A, la *frontiera* di A, si indica con ∂A.

---

[2] Si ha, usando la formula di Taylor al secondo ordine, dopo aver eliso i termini opposti di prim'ordine:

$$Mu(\mathbf{x}) = u\left(\mathbf{x}\right) + \frac{h^2}{4}\left\{u_{x_1 x_1}\left(\mathbf{x}\right) + u_{x_2 x_2}\left(\mathbf{x}\right)\right\} + o\left(h^2\right)$$

da cui la formula discende facilmente.

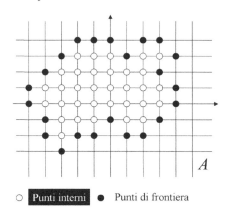

○ █Punti interni█   ● Punti di frontiera

Figura 3.1 Dominio per il problema di Dirichlet discreto

I punti di A il cui intorno discreto di raggio h non contiene alcun punto interno di A sono detti *punti isolati*.

Diciamo che A è *connesso* se A non ha punti isolati e, data una qualunque coppia di punti $\mathbf{x}_0$, $\mathbf{x}_1$ appartenenti ad A, è possibile congiungerli con un cammino[3] in $h\mathbb{Z}^2$, interamente contenuto in A.

Problema di Dirichlet discreto. Siano A un sottoinsieme *limitato e connesso* di $h\mathbb{Z}^2$. Sia g una funzione definita sulla frontiera ∂A di A. Vogliamo determinare u, definita in A, tale che

$$\begin{cases} \Delta_h^* u = 0 & \text{nei punti interni di } A \\ u = g & \text{su } \partial A. \end{cases} \tag{3.9}$$

Sia u soluzione di (3.9); due importanti proprietà discendono "quasi gratis".

1. Principio di massimo: *Se u assume il suo massimo o il suo minimo in un punto interno allora u è costante.* Infatti, supponiamo che $\mathbf{x} \in A$ sia un punto interno e che $u(\mathbf{x}) = M \geq u(\mathbf{y})$ per ogni $\mathbf{y} \in A$. Poiché $u(\mathbf{x})$ è la media aritmetica dei valori che assume nei quattro punti a distanza h da $\mathbf{x}$, in tutti questi punti u deve esse uguale a M. Sia $\mathbf{x}_1 \neq \mathbf{x}$ uno dei quattro punti. Per la medesima ragione, $u(\mathbf{y}) = M$ per ogni $\mathbf{y}$ nell'intorno di raggio h di $\mathbf{x}_1$. Poiché A è connesso, procedendo in questo modo possiamo dimostrare che $u(\mathbf{y}) = M$ in ogni punto di A.
2. *u assume massimo e minimo su ∂A.* Immediata conseguenza di 1.
3. *La soluzione del problema di Dirichlet è unica* (esercizio).

Il problema (3.9) ha una notevole interpretazione probabilistica che si può usare per costruire la soluzione. Ritorniamo alla passeggiata aleatoria della nostra particella e interpretiamo g come *un guadagno*: se la particella parte da $\mathbf{x}$ e raggiunge la frontiera di A in $\mathbf{y}$ otteniamo un guadagno $g(\mathbf{y})$.

---

[3] Ricordiamo che due punti consecutivi in un cammino hanno distanza h.

Vogliamo mostrare che, qualunque sia il punto di partenza $\mathbf{x}$, la **particella raggiunge ∂A con probabilità uno** e che il valore di $u(\mathbf{x})$ è *il valore atteso del guadagno g*, rispetto ad un'opportuna distribuzione di probabilità su ∂A. Per ogni $\Gamma \subseteq \partial A$, indichiamo con

$$P(\mathbf{x}, \Gamma)$$

la *probabilità che la particella aleatoria con partenza in $\mathbf{x} \in A$ raggiunga per la prima volta ∂A in un punto $\mathbf{y} \in \Gamma$*. Dobbiamo provare che $P(\mathbf{x}, \partial A) = 1$ per ogni $\mathbf{x} \in A$.

Chiaramente, se $\mathbf{x} \in \Gamma$ si ha $P(\mathbf{x}, \Gamma) = 1$, mentre se $\mathbf{x} \in \partial A \backslash \Gamma$, allora $P(\mathbf{x}, \Gamma) = 0$. Facciamo vedere che, per Γ fissato, la funzione

$$\mathbf{x} \longmapsto w_\Gamma(\mathbf{x}) \equiv P(\mathbf{x}, \Gamma)$$

è *d-armonica* nei punti interni ad A, cioé $\Delta_h^* w_\Gamma = 0$. A tale scopo, introduciamo la *probabilità di transizione*

$$p(1, \mathbf{x}, \mathbf{y}),$$

ovvero la probabilità di passare da $\mathbf{x}$ a $\mathbf{y}$ in un passo. Data la simmetria del moto, abbiamo $p(1, \mathbf{x}, \mathbf{y}) = 1/4$ se $|\mathbf{x} - \mathbf{y}| = 1$, altrimenti $p(1, \mathbf{x}, \mathbf{y}) = 0$. Per il teorema delle probabilità totali, si può ottenere $w_\Gamma(\mathbf{x})$ come la somma delle probabilità dei seguenti eventi disgiunti ed esaustivi (cioè la cui unione è l'evento certo): la particella parte da $\mathbf{x}$, al passo successivo si trova in $\mathbf{y}$ e da qui raggiunge Γ. Si può allora scrivere

$$w_\Gamma(\mathbf{x}) = \sum\nolimits_{\mathbf{y} \in h\mathbb{Z}^2} p(1, \mathbf{x}, \mathbf{y}) \, w_\Gamma(\mathbf{y}) = M_h w_\Gamma(\mathbf{x})$$

che equivale a

$$(I - M_h) w_\Gamma = \Delta_h^* w_\Gamma = 0.$$

Dunque w_Γ è $d - armonica$ in A. In particolare, se scegliamo $\Gamma = \partial A$, la funzione $w_{\partial A}(\mathbf{x})$ è *d-armonica* e assume valore 1 sul bordo, essendo $w_{\partial A}(\mathbf{x}) = P(\mathbf{x}, \partial A) = 1$ se $\mathbf{x} \in \partial A$.

D'altra parte, anche la funzione $z(\mathbf{x}) \equiv 1$ è *d-armonica* con gli stessi valori al bordo. Poiché la soluzione del problema di Dirichlet è unica (proprietà 3) deve essere $w_{\partial A}(\mathbf{x}) \equiv 1$ in tutto A.

Pertanto, la probabilità di raggiungere ∂A partendo da un qualunque punto interno ad A è uguale ad 1. D'altra parte, si controlla subito che la funzione d'insieme

$$\Gamma \mapsto P(\mathbf{x}, \Gamma)$$

è additiva e perció definisce una misura di probabilità su ∂A, per ogni $\mathbf{x} \in A$, fissato.

È ora facile costruire la soluzione u di (3.9).

Microteorema 3.1. *Il valore della soluzione di* (3.9) *nel punto* **x** *è dato dal valore atteso del guadagno* $g(\cdot)$ *rispetto alla probabilità* $P(\mathbf{x},\cdot)$. *Cioè:*

$$u(\mathbf{x}) = \sum_{\mathbf{y} \in \partial A} g(\mathbf{y}) P(\mathbf{x}, \{\mathbf{y}\}). \qquad (3.10)$$

Dimostrazione. Ogni addendo

$$g(\mathbf{y}) P(\mathbf{x}, \{\mathbf{y}\}) = g(\mathbf{y}) w_{\{\mathbf{y}\}}(\mathbf{x})$$

è *d-armonico* in A e quindi anche u lo è.

Inoltre, se $\mathbf{x} \in \partial A$ allora $u(\mathbf{x}) = g(\mathbf{x})$ poiché ogni termine nella somma è uguale a $g(\mathbf{x})$ se $\mathbf{y} = \mathbf{x}$ oppure a zero se $\mathbf{y} \neq \mathbf{x}$. $\square$

Quando $h \to 0$, la (3.8) mostra che, formalmente, le funzioni *d-armoniche* "diventano" armoniche. Sembra dunque ragionevole che versioni appropriate delle precedenti proprietà continuino a valere nel caso continuo. Cominciamo con la proprietà di media.

3.3.2 Proprietà di media

Lasciandoci guidare dal caso discreto esaminato nella sottosezione precedente, vogliamo stabilire alcune proprietà fondamentali delle funzioni armoniche. Per essere precisi, diciamo che u è *armonica* in un dominio $\Omega \subseteq \mathbb{R}^n$ se $u \in C^2(\Omega)$ e $\Delta u = 0$ in Ω. Ora, poiché le funzioni *d-armoniche*, per definizione, sono definite in termini di proprietà di media, è ragionevole aspettarsi che le funzioni armoniche ereditino una proprietà di media del tipo: il valore al centro di ogni sfera[4] $B_R \subset\subset \Omega$ uguaglia la media aritmetica dei valori al bordo ∂B_R. In realtà, si può dire di più. Ricordiamo che ω_n indica la misura superficiale di ∂B_1 e $|B_1| = \omega_n/n$ il suo volume.

Teorema 3.2. *Sia u armonica in $\Omega \subset \mathbb{R}^n$. Allora, per ogni sfera $B_R(\mathbf{x}) \subset\subset \Omega$, con raggio R e centro $\mathbf{x}$, valgono le formule:*

$$u(\mathbf{x}) = \frac{n}{\omega_n R^n} \int_{B_R(\mathbf{x})} u(\mathbf{y}) \, d\mathbf{y} \qquad (3.11)$$

$$u(\mathbf{x}) = \frac{1}{\omega_n R^{n-1}} \int_{\partial B_R(\mathbf{x})} u(\boldsymbol{\sigma}) \, d\sigma \qquad (3.12)$$

dove $d\sigma$ è l'elemento di superficie su $\partial B_R(\mathbf{x})$.

Dimostrazione. Cominciamo dalla seconda formula. Poniamo, per $r < R$,

$$g(r) = \frac{1}{\omega_n r^{n-1}} \int_{\partial B_r(\mathbf{x})} u(\boldsymbol{\sigma}) \, d\sigma$$

---

[4] Ricordiamo che il simbolo

$$A \subset\subset B$$

significa che $\overline{A}$ è un insieme compatto (chiuso e limitato) contenuto in B. Si legge: A è *a chiusura compatta contenuta in B*.

e cambiamo variabili, ponendo $\boldsymbol{\sigma} = \mathbf{x} + r\boldsymbol{\sigma}'$. Allora $\boldsymbol{\sigma}' \in \partial B_1(\mathbf{0})$, $d\sigma = r^{n-1}d\sigma'$ e quindi

$$g(r) = \frac{1}{\omega_n} \int_{\partial B_1(\mathbf{0})} u(\mathbf{x} + r\boldsymbol{\sigma}') \, d\sigma'.$$

Poniamo $v(\mathbf{y}) = u(\mathbf{x} + r\mathbf{y})$ e osserviamo che

$$\nabla v(\mathbf{y}) = r\nabla u(\mathbf{x} + r\mathbf{y})$$
$$\Delta v(\mathbf{y}) = r^2 \Delta u(\mathbf{x} + r\mathbf{y}).$$

Si ha, dunque,

$$g'(r) = \frac{1}{\omega_n} \int_{\partial B_1(\mathbf{0})} \frac{d}{dr} u(\mathbf{x} + r\boldsymbol{\sigma}') \, d\sigma' = \frac{1}{\omega_n} \int_{\partial B_1(\mathbf{0})} \nabla u(\mathbf{x} + r\boldsymbol{\sigma}') \cdot \boldsymbol{\sigma}' d\sigma'$$

$$= \frac{1}{\omega_n r} \int_{\partial B_1(\mathbf{0})} \nabla v(\boldsymbol{\sigma}') \cdot \boldsymbol{\sigma}' d\sigma' = \quad \text{(Teorema della Divergenza)}$$

$$= \frac{1}{\omega_n r} \int_{B_1(\mathbf{0})} \Delta v(\mathbf{y}) \, d\mathbf{y} = \frac{r}{\omega_n} \int_{B_1(\mathbf{0})} \Delta u(\mathbf{x} + r\mathbf{y}) \, d\mathbf{y} = 0.$$

Dunque g è costante e poiché $g(r) \to u(\mathbf{x})$ per $r \to 0$, si ha la (3.12).
Per dimostrare la (3.11), moltiplichiamo la (3.12) (con $R = r$) per r^{n-1} e integriamo entrambi i membri tra 0 ed R. Si trova

$$\frac{R^n}{n} u(\mathbf{x}) = \frac{1}{\omega_n} \int_0^R dr \int_{\partial B_r(\mathbf{x})} u(\boldsymbol{\sigma}) \, d\sigma = \frac{1}{\omega_n} \int_{B_R(\mathbf{x})} u(\mathbf{y}) \, d\mathbf{y}$$

da cui la (3.11). $\square$

Molto più significativo è l'inverso del Teorema 3.2. Diciamo che una funzione **continua** u soddisfa la proprietà di media in Ω se (3.11) oppure (3.12) vale per ogni sfera $B_R(\mathbf{x}) \subset\subset \Omega$.

Ora, una funzione continua con la proprietà di media in un dominio Ω risulta necessariamente armonica in Ω. Si ottiene così una caratterizzazione delle funzioni armoniche mediante la proprietà di media proprio come nel caso discreto. Come sottoprodotto si deduce che ogni funzione armonica in un dominio Ω è automaticamente dotata di derivate di ogni ordine e cioè è di classe $C^\infty(\Omega)$. Si noti che questo fatto non è banale. Per esempio, $u(x, y) = x + y|y|$ è soluzione dell'equazione $u_{xx} + u_{xy} = 0$ in tutto $\mathbb{R}^2$, tuttavia non è due volte differenziabile rispetto ad y in $(0, 0)$.

Teorema 3.4. *Sia $u \in C(\Omega)$. Se u ha la proprietà di media, allora $u \in C^\infty(\Omega)$ ed è armonica in Ω.*

Posticipiamo la dimostrazione alla fine della prossima sezione.

3.3.3 Principi di massimo

Come nel caso discreto, se una funzione possiede la proprietà di media in un dominio[5] Ω, non può assumere massimi o minimi globali in punti *interni a* Ω, a meno che essa non sia costante. Se Ω è limitato e u (non costante) è continua in $\overline{\Omega}$, segue che u assume massimo e minimo **solo su** $\partial\Omega$. Precisamente:

Teorema 3.5 (Principio di massimo). *Se* $u \in C(\Omega)$ *ha la proprietà di media nel dominio* $\Omega \subseteq \mathbb{R}^n$ *e* $\mathbf{p} \in \Omega$ *è un punto di estremo (massimo o minimo) globale per* u, *allora* u *è costante. In particolare, se* Ω *è limitato e* $u \in C(\overline{\Omega})$ *non è costante, allora, per ogni* $\mathbf{x} \in \Omega$,

$$u(\mathbf{x}) < \max_{\partial\Omega} u \quad e \quad u(\mathbf{x}) > \min_{\partial\Omega} u.$$

Dimostrazione. Sia u non costante e $\mathbf{p}$ sia, per fissare le idee, punto di minimo:

$$m = u(\mathbf{p}) \leq u(\mathbf{y}) \qquad \forall \mathbf{y} \in \Omega.$$

Facciamo vedere che $u \equiv m$ in Ω. Sia $\mathbf{q}$ un altro punto di Ω. Poiché Ω è connesso, è sempre possibile determinare una sequenza finita di sfere $B(\mathbf{x}_j) \subset\subset \Omega$, $j = 0, ..., N$, tali che (Figura 3.2):

- $\mathbf{x}_j \in B(\mathbf{x}_{j-1})$, per ogni $j = 1, ..., N$;

- $x_0 = \mathbf{p}$, $x_N = \mathbf{q}$.

Per la proprietà di media ($|B(\mathbf{p})|$ indica il volume della sfera $B(\mathbf{p})$),

$$m = u(\mathbf{p}) = \frac{1}{|B(\mathbf{p})|} \int_{B(\mathbf{p})} u(\mathbf{y})\, d\mathbf{y}.$$

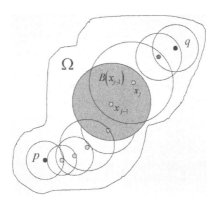

Figura 3.2 Sequenza di cerchi sovrapposti che connettono i punti $\mathbf{p}$ e $\mathbf{q}$

[5] Ricordiamo che per *dominio* si intende un insieme *aperto e connesso*.

Supponiamo che esista $\mathbf{z} \in B(\mathbf{p})$ tale che $u(\mathbf{z}) > m$. Presa una sfera $B_r(\mathbf{z}) \subset B(\mathbf{p})$ possiamo scrivere:

$$m = \frac{1}{|B(\mathbf{p})|} \int_{B(\mathbf{p})} u(\mathbf{y}) \, d\mathbf{y} \qquad (3.13)$$

$$= \frac{1}{|B(\mathbf{p})|} \left\{ \int_{B(\mathbf{p}) \setminus B_r(\mathbf{z})} u(\mathbf{y}) \, d\mathbf{y} + \int_{B_r(\mathbf{z})} u(\mathbf{y}) \, d\mathbf{y} \right\}.$$

Usando ancora la proprietà di media si ha

$$\int_{B_r(\mathbf{z})} u(\mathbf{y}) \, d\mathbf{y} = u(\mathbf{z}) \, |B_r(\mathbf{z})| > m \, |B_r(\mathbf{z})| . \qquad (3.14)$$

Essendo $u(\mathbf{y}) \geq m$ per ogni $\mathbf{y}$, dalle (3.13) e (3.14) otteniamo la contraddizione

$$m > \frac{1}{|B(\mathbf{p})|} \{ m \, |B(\mathbf{p}) \setminus B_r(\mathbf{z})| + m \, |B_r(\mathbf{z})| \} = m.$$

Ne segue che $u = m$ in $B(\mathbf{p})$ e in particolare in $\mathbf{x}_1$. Ripetendo il ragionamento appena fatto si trova che $u = m$ in $B(\mathbf{x}_1)$ e, in particolare, in $\mathbf{x}_2$. Iterando il procedimento, si deduce che $u = m$ anche in $\mathbf{x}_N = \mathbf{q}$. Essendo $\mathbf{q}$ un punto arbitrario di Ω, si conclude che $u = m$ in tutto Ω. $\square$

Come semplice corollario si ricava un teorema di unicità per il problema di Dirichlet, migliore del Teorema 2.1, e di stabilità della corrispondenza

$$dati \rightarrow soluzione.$$

Per ogni funzione g definita su $\partial\Omega$, indichiamo con u_g la soluzione di

$$\begin{cases} \Delta u = 0 & \text{in } \Omega \\ u = g & \text{su } \partial\Omega. \end{cases} \qquad (3.15)$$

Corollario 3.6. *Siano Ω un dominio limitato di $\mathbb{R}^n$ e $g \in C(\partial\Omega)$. Il problema (3.15) ha al massimo una soluzione appartenente a $C^2(\Omega) \cap C(\overline{\Omega})$. Siano inoltre $g_1, g_2 \in C(\partial\Omega)$.*

a) Confronto: se $g_1 \geq g_2$ su $\partial\Omega$ e $g_1 \neq g_2$ in almeno un punto di $\partial\Omega$, allora

$$u_{g_1} > u_{g_2} \quad \text{in } \Omega. \qquad (3.16)$$

b) Stabilità:

$$\max_{\overline{\Omega}} |u_{g_1} - u_{g_2}| = \max_{\partial\Omega} |g_1 - g_2| . \qquad (3.17)$$

Dimostrazione. Dimostriamo prima (a) e (b). La funzione $w = u_{g_1} - u_{g_2}$ è armonica ed è uguale a $g_1 - g_2$ su $\partial\Omega$. Poiché g_1 e g_2 differiscono in almeno un punto di $\partial\Omega$, w non è costante e dal Teorema 3.5 deduciamo che

$$w(\mathbf{x}) > \min_{\partial\Omega}(g_1 - g_2) \geq 0 \quad \text{per ogni } \mathbf{x} \in \Omega,$$

che è la (3.16). Per provare (*b*), applichiamo il Teorema 3.5 a w e $-w$. Deduciamo le disuguaglianze

$$\pm w\left(\mathbf{x}\right) \leq \max_{\partial\Omega} |g_1 - g_2| \quad \text{per ogni } \mathbf{x} \in \Omega$$

che equivalgono a (3.17).

Se ora $g_1 = g_2$, la (3.17) implica $\max_{\overline{\Omega}} |u_1 - u_2| = 0$ e cioè $u_1 = u_2$, da cui l'unicità per il problema di Dirichlet (3.15). $\square$

Nota 3.1. Un teorema di unicità per il problema di Robin segue da un principio di Hopf analogo a quello del Teorema 2.4 del Capitolo 2. Per i dettagli si veda il Problema 3.9.

3.3.4 Il problema di Dirichlet in un cerchio. Formula di Poisson

Dimostrare l'esistenza di una soluzione di uno dei problemi al contorno per l'equazione di Laplace/Poisson, sotto ipotesi ragionevoli sui dati, non è elementare. Come abbiamo gié anticipato, nella Sezione 8 risolveremo il problema di Dirichlet col metodo delle funzioni sub/superarmoniche. Nella seconda parte del testo, in particolare nel Capitolo 8, affronteremo il problema in grande generalità. Nel caso di geometrie particolarmente favorevoli, si può ricorrere a metodi speciali, come il metodo di separazione delle variabili. Usiamolo per calcolare la soluzione del problema di Dirichlet in un cerchio nel piano. Siano $B_R\left(\mathbf{p}\right)$ il cerchio di raggio R e centro $\mathbf{p} = (p_1, p_2)$ e $g \in C\left(\partial B_R\left(\mathbf{p}\right)\right)$. Vogliamo determinare la soluzione $u \in C^2\left(B_R\left(\mathbf{p}\right)\right) \cap C\left(\overline{B}_R\left(\mathbf{p}\right)\right)$ del problema di Dirichlet:

$$\begin{cases} \Delta u = 0 & \text{in } B_R\left(\mathbf{p}\right) \\ u = g & \text{su } \partial B_R\left(\mathbf{p}\right). \end{cases} \tag{3.18}$$

Teorema 3.7. *L'unica soluzione* $u \in C^2\left(B_R\left(\mathbf{p}\right)\right) \cap C\left(\overline{B}_R\left(\mathbf{p}\right)\right)$ *del problema* (3.18) *è data dalla seguente formula di Poisson:*

$$u\left(\mathbf{x}\right) = \frac{R^2 - |\mathbf{x} - \mathbf{p}|^2}{2\pi R} \int_{\partial B_R(\mathbf{p})} \frac{g\left(\boldsymbol{\sigma}\right)}{|\mathbf{x} - \boldsymbol{\sigma}|^2} d\sigma. \tag{3.19}$$

In particolare, $u \in C^\infty\left(B_R\left(\mathbf{p}\right)\right)$.

Dimostrazione. Possiamo senz'altro supporre che $\mathbf{p} = \mathbf{0}$ e scriviamo $B_R = B_R\left(\mathbf{0}\right)$. La simmetria del dominio suggerisce il passaggio a coordinate polari; poniamo

$$x_1 = r\cos\theta \qquad x_2 = r\sin\theta$$

e

$$U\left(r, \theta\right) = u\left(r\cos\theta, r\sin\theta\right), \quad G\left(\theta\right) = g\left(R\cos\theta, R\sin\theta\right).$$

Scrivendo l'operatore di Laplace in coordinate polari[6], si perviene all'equazione

$$U_{rr} + \frac{1}{r}U_r + \frac{1}{r^2}U_{\theta\theta} = 0, \qquad 0 < r < R, \, 0 \leq \theta \leq 2\pi, \tag{3.20}$$

---

[6] Appendice C.

con la condizione di Dirichlet

$$U(R, \theta) = G(\theta), \qquad 0 \le \theta \le 2\pi.$$

Poiché la soluzione u dev'essere continua nel cerchio (chiuso), U e G devono essere continue in $[0, R] \times [0, 2\pi]$ e $[0, 2\pi]$, rispettivamente, e inoltre periodiche di periodo 2π rispetto a θ.

Utilizziamo il metodo di separazione delle variabili, cercando prima soluzioni della forma

$$U(r, \theta) = v(r)\, w(\theta)$$

con v, w limitate e w periodica di periodo 2π. Sostituendo nella (3.20) si trova

$$v''(r)\, w(\theta) + \frac{1}{r} v'(r)\, w(\theta) + \frac{1}{r^2} v(r)\, w''(\theta) = 0$$

ossia, separando le variabili

$$-\frac{r^2 v''(r) + r v'(r)}{v(r)} = \frac{w''(\theta)}{w(\theta)}.$$

Questa identità è possibile solo quando i due quozienti hanno un valore comune costante λ. Siamo così ricondotti all'equazione ordinaria

$$r^2 v''(r) + r v'(r) + \lambda v(r) = 0 \tag{3.21}$$

e al problema di autovalori

$$\begin{cases} w''(\theta) - \lambda w(\theta) = 0 \\ w \text{ periodica di periodo } (2\pi). \end{cases} \tag{3.22}$$

Si controlla facilmente che il problema (3.22) ha solo la soluzione nulla se $\lambda \ge 0$. Se $\lambda = -\mu^2$, $\mu > 0$, l'equazione differenziale nella (3.22) ha l'integrale generale

$$w(\theta) = a \cos \mu\theta + b \sin \mu\theta \qquad (a, b \in \mathbb{R}).$$

La periodicità 2π di w forza $\mu = m$, intero ≥ 0.

La (3.21), con $\lambda = -m^2$, è risolta da[7]

$$v(r) = d_1 r^{-m} + d_2 r^m \qquad (d_1, d_2 \in \mathbb{R}).$$

Dovendo essere v limitata, occorre escludere r^{-m}, $m > 0$, e ciò implica $d_1 = 0$. Abbiamo così trovato le infinite armoniche elementari

$$r^m \{a_m \cos m\theta + b_m \sin m\theta\} \qquad m = 0, 1, 2, \ldots$$

sovrapponendo le quali (l'equazione di Laplace è lineare) confezioniamo la candidata soluzione:

$$U(r, \theta) = a_0 + \sum_{m=1}^{\infty} r^m \{a_m \cos m\theta + b_m \sin m\theta\}. \tag{3.23}$$

I coefficienti a_m e b_m devono essere scelti in modo da soddisfare la condizione al bordo

$$\lim_{(r, \theta) \to (R, \xi)} U(r, \theta) = G(\xi) \qquad \forall \xi \in [0, 2\pi]. \tag{3.24}$$

---

[7] È un'equazione di Eulero. Si riconduce a coefficienti costanti col cambio di variabile $s = \log r$.

Caso $G \in C^1([0, 2\pi])$. Cominciamo a considerare il caso in cui G sia una funzione regolare, in particolare dotata di derivata G' continua in $[0, 2\pi]$. Si può quindi sviluppare G in serie di Fourier:

$$G(\xi) = \frac{\alpha_0}{2} + \sum_{m=1}^{\infty} \{\alpha_m \cos m\xi + \beta_m \sin m\xi\}$$

dove la serie converge uniformemente e

$$\alpha_m = \frac{1}{\pi} \int_0^{2\pi} G(\varphi) \cos m\varphi \, d\varphi, \qquad \beta_m = \frac{1}{\pi} \int_0^{2\pi} G(\varphi) \sin m\varphi \, d\varphi.$$

La (3.24) è quindi soddisfatta se scegliamo

$$a_0 = \frac{\alpha_0}{2}, \quad a_m = R^{-m}\alpha_m, \quad b_m = R^{-m}\beta_m.$$

Sostituiamo questi valori di a_0, a_m, b_m nella (3.23) e riordiniamo opportunamente i termini; per $r \leq R$ otteniamo:

$$U(r, \theta)$$
$$= \frac{\alpha_0}{2} + \frac{1}{\pi} \sum_{m=1}^{\infty} \left(\frac{r}{R}\right)^m \int_0^{2\pi} G(\varphi) \{\cos m\varphi \cos m\theta + \sin m\varphi \sin m\theta\} \, d\varphi$$
$$= \frac{1}{\pi} \int_0^{2\pi} G(\varphi) \left[\frac{1}{2} + \sum_{m=1}^{\infty} \left(\frac{r}{R}\right)^m \{\cos m\varphi \cos m\theta + \sin m\varphi \sin m\theta\}\right] d\varphi$$
$$= \frac{1}{\pi} \int_0^{2\pi} G(\varphi) \left[\frac{1}{2} + \sum_{m=1}^{\infty} \left(\frac{r}{R}\right)^m \cos m(\varphi - \theta)\right] d\varphi.$$

L'integrazione termine a termine è giustificata dalla convergenza uniforme della serie. Osserviamo inoltre che, per $r < R$, la serie nell'ultimo integrale converge uniformemente insieme alle derivate di qualunque ordine, cosicché non ci sono problemi nel derivare prima sotto il segno di integrale e poi termine a termine. Poiché tutti gli addendi sono funzioni armoniche, anche la $U(r, \theta)$ risulta armonica per $r < R$ (e anche $C^\infty(B_R)$).

Per ottenere un'espressione analitica migliore, notiamo che la serie entro parentesi quadre è la parte reale di una serie geometrica e precisamente:

$$\sum_{m=1}^{\infty} \left(\frac{r}{R}\right)^m \cos m(\varphi - \theta) = \text{Re}\left[\sum_{m=1}^{\infty} \left(e^{i(\varphi-\theta)}\frac{r}{R}\right)^m\right].$$

Poiché

$$\text{Re} \sum_{m=1}^{\infty} \left(e^{i(\varphi-\theta)}\frac{r}{R}\right)^m = \text{Re} \frac{1}{1 - e^{i(\varphi-\theta)}\frac{r}{R}} - 1$$
$$= \frac{R^2 - rR\cos(\varphi - \theta)}{R^2 + r^2 - 2rR\cos(\varphi - \theta)} - 1$$
$$= \frac{rR\cos(\varphi - \theta) - r^2}{R^2 + r^2 - 2rR\cos(\varphi - \theta)}$$

si ottiene

$$\frac{1}{2} + \sum_{m=1}^{\infty} \left(\frac{r}{R}\right)^m \cos m(\varphi - \theta) = \frac{1}{2} \frac{R^2 - r^2}{R^2 + r^2 - 2rR\cos(\varphi - \theta)}, \tag{3.25}$$

che, sostituita nella formula per U, dà la **formula di Poisson** in coordinate polari:

$$U(r,\theta) = \frac{R^2 - r^2}{2\pi} \int_0^{2\pi} \frac{G(\varphi)}{R^2 + r^2 - 2Rr\cos(\theta - \varphi)} d\varphi. \tag{3.26}$$

Ritornando a variabili cartesiane si trova[8]

$$u(\mathbf{x}) = \frac{R^2 - |\mathbf{x}|^2}{2\pi R} \int_{\partial B_R} \frac{g(\boldsymbol{\sigma})}{|\mathbf{x} - \boldsymbol{\sigma}|^2} d\sigma \tag{3.27}$$

che è la (3.19) con $\mathbf{p} = \mathbf{0}$.

Il Corollario 3.6 assicura che la (3.27) è l'unica soluzione del problema di Dirichlet (3.18). In particolare, essendo $u(\mathbf{x}) \equiv 1$ la soluzione del problema di Dirichlet con dato $g \equiv 1$, si deduce la formula

$$1 = \frac{R^2 - |\mathbf{x}|^2}{2\pi R} \int_{\partial B_R} \frac{1}{|\boldsymbol{\sigma} - \mathbf{x}|^2} d\sigma. \tag{3.28}$$

Caso $g \in C(\partial B_R)$. Abbiamo mostrato che la (3.27) è soluzione del problema (3.18) sotto l'ipotesi aggiuntiva che $G(\theta) = g(R\cos\theta, R\sin\theta)$ avesse derivate continue. Anche se g è solo continua, la formula (3.27) ha perfettamente senso e definisce una funzione armonica in B_R (e anche di classe $C^\infty(B_R)$). Il problema è dimostrare che

$$\lim_{\mathbf{x} \to \boldsymbol{\xi}} u(\mathbf{x}) = g(\boldsymbol{\xi}), \qquad \forall \boldsymbol{\xi} \in \partial B_R. \tag{3.29}$$

Fissiamo ora $\boldsymbol{\xi} \in \partial B_R$ ed $\varepsilon > 0$. Per la continuità di g si può scegliere un arco $\Gamma_\delta \subset \partial B_R$ di lunghezza δ, centrato in $\boldsymbol{\xi}$, tale che

$$|g(\boldsymbol{\sigma}) - g(\boldsymbol{\xi})| < \varepsilon \text{ su } \Gamma_\delta. \tag{3.30}$$

Possiamo allora scrivere, usando la (3.28),

$$u(\mathbf{x}) - g(\boldsymbol{\xi}) = \frac{R^2 - |\mathbf{x}|^2}{2\pi R} \int_{\partial B_R} \frac{g(\boldsymbol{\sigma}) - g(\boldsymbol{\xi})}{|\boldsymbol{\sigma} - \mathbf{x}|^2} d\sigma$$

$$= \frac{R^2 - |\mathbf{x}|^2}{2\pi R} \int_{\Gamma_\delta} (\cdots) d\sigma + \frac{R^2 - |\mathbf{x}|^2}{2\pi R} \int_{\partial B_R \setminus \Gamma_\delta} (\cdots) d\sigma \equiv I + II.$$

Essendo $|u(\mathbf{x}) - g(\boldsymbol{\xi})| \leq |I| + |II|$, basta dimostrare che $|I| < \varepsilon$ e che $|II| \to 0$ se $\mathbf{x} \to \boldsymbol{\xi}$.

Per la (3.30) e la (3.28) si ha:

$$|I| \leq \frac{R^2 - |\mathbf{x}|^2}{2\pi R} \int_{\Gamma_\delta} \frac{|g(\boldsymbol{\sigma}) - g(\boldsymbol{\xi})|}{|\boldsymbol{\sigma} - \mathbf{x}|^2} d\sigma < \varepsilon \frac{R^2 - |\mathbf{x}|^2}{2\pi R} \int_{\Gamma_\delta} \frac{1}{|\boldsymbol{\sigma} - \mathbf{x}|^2} d\sigma < \varepsilon. \tag{3.31}$$

---

[8] Si ha $\boldsymbol{\sigma} = R(\cos\varphi, \sin\varphi)$, $d\sigma = R d\varphi$ e

$$\begin{aligned}
|\mathbf{x} - \boldsymbol{\sigma}|^2 &= (R\cos\varphi - r\cos\theta)^2 + (R\sin\varphi - r\sin\theta)^2 \\
&= R^2 + r^2 - 2Rr(\cos\varphi\cos\theta + \sin\varphi\sin\theta) \\
&= R^2 + r^2 - 2Rr\cos(\theta - \varphi).
\end{aligned}$$

D'altra parte, se $\mathbf{x} \to \boldsymbol{\xi}$ e $\boldsymbol{\sigma} \in \partial B_R \backslash \Gamma_\delta$, si ha

$$R^2 - |\mathbf{x}|^2 \to 0 \qquad e \qquad |\boldsymbol{\sigma} - \mathbf{x}| \geq \delta/2.$$

Allora si può scrivere:

$$|II| \leq \frac{R^2 - |\mathbf{x}|^2}{2\pi R} \int_{\partial B_R \backslash \Gamma_\delta} \frac{|g(\boldsymbol{\sigma}) - g(\boldsymbol{\xi})|}{|\boldsymbol{\sigma} - \mathbf{x}|^2} d\sigma \leq \frac{4 \max |g|}{\delta^2} (R^2 - |\mathbf{x}|^2) \to 0.$$

La (3.27) è dunque soluzione del problema (3.18); il Corollario 3.6 ne assicura ancora l'unicità. $\qquad \square$

• *Formula di Poisson in dimensione $n \geq 3$.* Il Teorema 3.7 ha un'appropriata estensione in dimensione $n \geq 3$. Se $B_R(\mathbf{p}) \subset \mathbb{R}^n$ e $g \in C(\partial B_R(\mathbf{p}))$, la soluzione $u \in C^2(B_R(\mathbf{p})) \cap C(\overline{B}_R(\mathbf{p}))$ del problema di Dirichlet (3.18) è data da

$$u(\mathbf{x}) = \frac{R^2 - |\mathbf{x} - \mathbf{p}|^2}{\omega_n R} \int_{\partial B_R(\mathbf{p})} \frac{g(\boldsymbol{\sigma})}{|\mathbf{x} - \boldsymbol{\sigma}|^n} d\sigma. \tag{3.32}$$

Possiamo ora procedere con la dimostrazione del Teorema 3.4.

Dimostrazione del Teorema 3.4. Osserviamo preliminarmenteche se due funzioni hanno la proprietà di media in un dominio Ω, allora anche la loro differenza ha la stessa proprietà. Sia ora $u \in C(\Omega)$ con la proprietà di media e consideriamo una sfera $B \subset\subset \Omega$. Sia v la soluzione del problema

$$\Delta v = 0 \quad \text{in } B, \qquad v = u \quad \text{su } \partial B.$$

Dal Teorema 3.7, $v \in C^\infty(B) \cap C(\overline{B})$ ed essendo armonica ha la proprietà di media in B. Allora anche la funzione $w = v - u$ ha la proprietà di media in B e pertanto assume massimo e minimo su ∂B. Essendo $w = 0$ su ∂B si conclude che $u = v$ e quindi $u \in C^\infty(B)$ ed è armonica. Per l'arbitrarietà di B segue la tesi. $\qquad \square$

Un'immediata conseguenza del Teorema 3.7 è che se u è armonica in un dominio Ω, allora $u \in C^\infty(\Omega)$. Ciò implica che *ogni derivata di qualunque ordine* di una funzione armonica è ancora armonica; infatti, potendosi scambiare l'ordine di derivazione, si ha:

$$\Delta u_{x_j} = (\Delta u)_{x_j} = 0$$

e così per ogni altra derivata.

Un'altra importante conseguenza è la possibilità di controllare le derivate di ogni ordine di una funzione armonica u in un punto $\mathbf{p}$ mediante il massimo di u in una sfera centrata in $\mathbf{p}$. Lo dimostriamo per le derivate prime e seconde nel seguente corollario.

Corollario 3.8. *Siano u armonica in $\Omega \subseteq \mathbb{R}^n$ e $B_R(\mathbf{p}) \subset\subset \Omega$. Allora, per ogni $j, k = 1, ..., n$,*

$$\left| u_{x_j}(\mathbf{p}) \right| \leq \frac{n}{R} \max_{\partial B_R(\mathbf{p})} |u|, \qquad \left| u_{x_j x_k}(\mathbf{p}) \right| \leq \frac{(2n)^2}{R^2} \max_{\partial B_R(\mathbf{p})} |u|. \tag{3.33}$$

Dimostrazione. Poiché u_{x_j} è armonica in Ω, dalla proprietà di media e dalla formula di Gauss, possiamo scrivere:

$$u_{x_j}(\mathbf{p}) = \frac{n}{\omega_n R^n} \int_{B_R(\mathbf{p})} u_{x_j}(\mathbf{y})\, d\mathbf{y} = \frac{n}{\omega_n R^n} \int_{\partial B_R(\mathbf{p})} u(\boldsymbol{\sigma})\, \nu_j d\sigma$$

e quindi, essendo $|\partial B_R(\mathbf{p})| = \omega_n R^{n-1}$

$$\left| u_{x_j}(\mathbf{p}) \right| \le \frac{n}{\omega_n R^n} \int_{\partial B_R(\mathbf{p})} |u(\boldsymbol{\sigma})|\, d\sigma \le \frac{n}{R} \max_{\partial B_R(\mathbf{p})} |u|. \tag{3.34}$$

Dalla (3.34) con u_{x_k} al posto di u e $R/2$ al posto di R, si trova:

$$\left| u_{x_j x_k}(\mathbf{p}) \right| \le \frac{2n}{R} \max_{\partial B_{R/2}(\mathbf{p})} |u_{x_k}|.$$

Applicando ora la (3.34) ad u_{x_k}, con $R/2$ al posto di R, per ogni $\mathbf{q} \in \partial B_{R/2}(\mathbf{p})$ si ha:

$$\left| u_{x_k}(\mathbf{q}) \right| \le \frac{2n}{R} \max_{\partial B_{R/2}(\mathbf{q})} |u|$$

si deduce:

$$\left| u_{x_j x_k}(\mathbf{p}) \right| \le \frac{2n}{R} \max_{\partial B_{R/2}(\mathbf{p})} |u_{x_k}| \le \frac{(2n)^2}{R^2} \max_{\partial B_R(\mathbf{p})} |u|$$

essendo $\partial B_{R/2}(\mathbf{q}) \subset \overline{B_R}(\mathbf{p})$. $\qquad\qquad\qquad\qquad\qquad\qquad\qquad\square$

3.3.5 Disuguaglianza di Harnack e teorema di Liouville

Dalle formule di Poisson e di media si ricava un altro principio di massimo, noto come *disuguaglianza di Harnack*.

Teorema 3.9. *Sia u armonica e nonnegativa in $B_R = B_R(\mathbf{0}) \subset \mathbb{R}^n$. Allora, per ogni $\mathbf{x} \in B_R$,*

$$\frac{R^{n-2}(R - |\mathbf{x}|)}{(R + |\mathbf{x}|)^{n-1}}\, u(\mathbf{0}) \le u(\mathbf{x}) \le \frac{R^{n-2}(R + |\mathbf{x}|)}{(R - |\mathbf{x}|)^{n-1}}\, u(\mathbf{0}). \tag{3.35}$$

Dimostrazione. Dalla formula di Poisson:

$$u(\mathbf{x}) = \frac{R^2 - |\mathbf{x}|^2}{\omega_n R} \int_{\partial B_R} \frac{u(\boldsymbol{\sigma})}{|\boldsymbol{\sigma} - \mathbf{x}|^n}\, d\sigma.$$

Osserviamo che $R - |\mathbf{x}| \le |\boldsymbol{\sigma} - \mathbf{x}| \le R + |\mathbf{x}|$ e che $R^2 - |\mathbf{x}|^2 = (R - |\mathbf{x}|)(R + |\mathbf{x}|)$. Allora

$$u(\mathbf{x}) \le \frac{R^{n-2}(R + |\mathbf{x}|)}{(R - |\mathbf{x}|)^{n-1}} \frac{1}{\omega_n R^{n-1}} \int_{\partial B_R} u(\boldsymbol{\sigma})\, d\sigma = \frac{R^{n-2}(R + |\mathbf{x}|)}{(R - |\mathbf{x}|)^{n-1}}\, u(\mathbf{0}).$$

Analogamente

$$u(\mathbf{x}) \ge \frac{R^{n-2}(R - |\mathbf{x}|)}{(R + |\mathbf{x}|)^{n-1}} \frac{1}{4\pi R^2} \int_{\partial B_R} u(\boldsymbol{\sigma})\, d\sigma = \frac{R^{n-2}(R - |\mathbf{x}|)}{(R + |\mathbf{x}|)^{n-1}}\, u(\mathbf{0}). \qquad\square$$

La disuguaglianza di Harnack ha un'importante conseguenza: le uniche funzioni armoniche in $\mathbb{R}^n$, limitate inferiormente (o superiormente), sono le costanti.

Corollario 3.10 (Teorema di Liouville). *Se u è armonica in $\mathbb{R}^n$ e $u(\mathbf{x}) \geq M$, allora u è costante.*

Dimostrazione. La funzione $w = u - M$ è armonica in $\mathbb{R}^n$ e nonnegativa. Fissiamo $\mathbf{x} \in \mathbb{R}^n$ e scegliamo $R > |\mathbf{x}|$; la disuguaglianza di Harnack dà

$$\frac{R^{n-2}(R - |\mathbf{x}|)}{(R + |\mathbf{x}|)^{n-1}} w(\mathbf{0}) \leq w(\mathbf{x}) \leq \frac{R^{n-2}(R + |\mathbf{x}|)}{(R - |\mathbf{x}|)^{n-1}} w(\mathbf{0}).$$

Passando al limite per $R \to \infty$ si trova

$$w(\mathbf{0}) \leq w(\mathbf{x}) \leq w(\mathbf{0})$$

ossia $w(\mathbf{0}) = w(\mathbf{x})$. Essendo $\mathbf{x}$ arbitrario, si conclude che w, e quindi anche u, è costante. $\qquad\square$

Corollario 3.11. *Siano $\Omega \subset \mathbb{R}^n$ un dominio e $\{u_k\}_{k \geq 1}$ una successione di funzioni armoniche in Ω. Assumiamo che:*
  i) per ogni $k \geq 1$, $u_k \leq u_{k+1}$ in Ω;

  ii) $u_k(\mathbf{x})$ converge in un punto $\mathbf{x}_0 \in \Omega$.

Allora $\{u_k\}_{k \geq 1}$ converge a una funzione u, armonica in Ω, uniformemente in ogni sottoinsieme compatto $K \subset \Omega$.

Dimostrazione. Possiamo senz'altro supporre che $\mathbf{x}_0 \in K$. Sia $k > j$. Allora $u_k - u_j$ è armonica e non negativa in Ω. Per la disuguaglianza di Harnack, possiamo scrivere (perché?)

$$u_k(\mathbf{x}) - u_j(\mathbf{x}) \leq C_K(u_k(\mathbf{x}_0) - u_j(\mathbf{x}_0)) \qquad \mathbf{x} \in K$$

dove C_K dipende dalla distanza di K da $\partial\Omega$. Quindi $\{u_k\}$ converge uniformemente a una funzione u, che risulta armonica nei punti interni a K (si veda il Problema 3.1). Per l'arbitrarietà di K, u è definita e armonica in tutto Ω. $\qquad\square$

3.3.6 Una soluzione probabilistica per il problema di Dirichlet

Nella Sezione 3.1 abbiamo risolto il problema di Dirichlet *discreto* per via probabilistica. Gli strumenti chiave nella costruzione della soluzione, espressa nella formula (3.10), sono stati la proprietà di media e l'assenza di memoria della passeggiata aleatoria (ogni passo è indipendente dai precedenti). Nel caso continuo valgono appropriate versioni di queste proprietà e, in particolare, la proprietà di Markov del moto Browniano ne codifica l'assenza di memoria[9] È dunque ragionevole aspettarsi che esista un'opportuna versione della formula (3.10) per la soluzione del problema di Dirichlet per l'operatore di Laplace.

---

[9] Sezione 2.6.

Ragioniamo ancora nel caso bidimensionale, tenendo sempre presente che tutto vale, con ovvi cambiamenti, in dimensione maggiore di due.

Sia Ω un dominio limitato di $\mathbb{R}^2$ e $g \in C(\partial\Omega)$. Vogliamo ricavare una formula di rappresentazione per la soluzione $u \in C^2(\Omega) \cap C(\overline{\Omega})$ del problema

$$\begin{cases} \Delta u = 0 & \text{in } \Omega \\ u = g & \text{su } \partial\Omega. \end{cases} \tag{3.36}$$

Sia $\mathbf{X}(t)$ la posizione di una particella Browniana con partenza in $\mathbf{x} \in \Omega$ e introduciamo il *tempo $\tau = \tau(\mathbf{x})$ di prima uscita* da Ω:

$$\tau(\mathbf{x}) = \left\{ \inf_{t \geq 0} t : \mathbf{X}(t) \in \mathbb{R}^2 \backslash \Omega \right\}$$

che si può anche definire come il *tempo di prima visita* a $\partial\Omega$ (Figura 3.3).

Il tempo τ è un *tempo d'arresto*: per decidere se l'evento $\{\tau \leq t\}$ si è verificato o meno, *è sufficiente osservare il processo fino al tempo t*. Osserviamo infatti che, fissato $t \geq 0$, per decidere se $\tau \leq t$ è sufficiente considerare l'evento

$$E = \{\mathbf{X}(s) \in \Omega \text{ per tutti i tempi } s \text{ da } 0 \text{ fino a } t, \, t \text{ incluso}\}.$$

Se E si verifica, allora deve essere $\tau > t$ per cui $\{\tau \leq t\}$ è falso mentre se E non si verifica vuol dire che vi sono punti della traiettoria fuori da Ω per tempi $s \leq t$ e quindi $\{\tau \leq t\}$ è vero.

Verifichiamo ora che prima o poi la particella esce da Ω quasi certamente. Vale infatti il seguente

Lemma 3.12. *Per ogni $x \in \Omega$, $\tau(\mathbf{x})$ è finito con probabilità 1, cioè:*

$$P\{\tau(\mathbf{x}) < \infty\} = 1.$$

Dimostrazione. Basta far vedere che la particella rimane dentro un qualunque cerchio $B_r = B_r(\mathbf{x}) \subset \Omega$, di raggio r e centro $\mathbf{x}$, con probabilità zero. Se indichiamo con τ_r il tempo di prima uscita da B_r, dobbiamo mostrare che $P\{\tau_r = \infty\} = 0$.

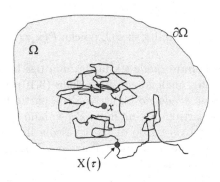

Figura 3.3 Punto di prima visita a $\partial\Omega$

Supponiamo che $\mathbf{X}(t) \in B_r$ fino all'istante $t = k$ (k intero naturale). Allora, per $j = 1, 2, ..., k$ deve essere

$$|\mathbf{X}(j) - \mathbf{X}(j-1)| < 2r.$$

L'evento $\{\tau_r > k\}$ implica dunque tutti gli eventi

$$E_j = \{|\mathbf{X}(j) - \mathbf{X}(j-1)| < 2r\} \qquad j = 1, 2, ..., k$$

e quindi anche la loro intersezione. Ne segue che

$$P\{\tau_r > k\} \leq P\left\{\cap_{j=1}^k E_j\right\}. \tag{3.37}$$

D'altra parte, gli incrementi $\mathbf{X}(j) - \mathbf{X}(j-1)$ sono equidistribuiti secondo una legge normale standard e mutuamente indipendenti, per cui possiamo scrivere

$$P\{|\mathbf{X}(j) - \mathbf{X}(j-1)| < 2r\} = \frac{1}{2\pi} \int_{\{|\mathbf{z}|<2r\}} \exp\left(-\frac{|\mathbf{z}|^2}{2}\right) d\mathbf{z} \equiv \gamma < 1$$

e

$$P\left\{\cap_{j=1}^k E_j\right\} = \prod_{j=1}^k P\{E_j\} = \gamma^k. \tag{3.38}$$

Poiché l'evento $\{\tau_r = \infty\}$ implica l'evento $\{\tau_r > k\}$, dalle (3.37) e (3.38) deduciamo

$$P\{\tau_r = \infty\} \leq P\{\tau_r > k\} \leq \gamma^k.$$

Facendo tendere k a $+\infty$ si trova $P\{\tau_r = \infty\} = 0$. $\square$

Il Lemma 3.12 implica che $\mathbf{X}(\tau) \in \partial\Omega$ in un tempo finito, con probabilità uno. Possiamo allora introdurre su $\partial\Omega$ una distribuzione di probabilità associata alla variabile aleatoria $\mathbf{X}(\tau)$, ponendo, per ogni insieme di Borel[10] $F \subset \partial\Omega$,

$$P(\mathbf{x},\tau,F) = P\{\mathbf{X}(\tau) \in F\} \qquad (\tau = \tau(\mathbf{x})).$$

$P(\mathbf{x},\tau,F)$ rappresenta la *probabilità di fuga da Ω attraverso F*. Per ogni $\mathbf{x}$ fissato in Ω, la funzione d'insieme

$$F \longmapsto P(\mathbf{x},\tau(\mathbf{x}),F)$$

definisce una misura di probabilità su $\partial\Omega$, poiché $P(\mathbf{x},\tau(\mathbf{x}),\partial\Omega) = 1$, in base al Lemma 3.12.

Possiamo ora congetturare quale sia la formula per la soluzione del problema di Dirichlet (3.36), analogo continuo della (3.10). Per ogni $\boldsymbol{\sigma} \in \partial\Omega$, interpretiamo $g(\boldsymbol{\sigma})$ come *guadagno* all'arrivo della particella in $\boldsymbol{\sigma}$. Per calcolare il valore $u(\mathbf{x})$ si fa partire da $\mathbf{x}$ un moto Browniano $\mathbf{X}$, si calcola il primo punto $\mathbf{X}(\tau)$ in cui $\mathbf{X}$ tocca il bordo di Ω. Si calcola il guadagno $g(\mathbf{X}(\tau))$ e se ne fa il valore atteso rispetto alla distribuzione $P(\mathbf{x},\tau,\cdot)$. Tutto funziona se $\partial\Omega$ è sufficientemente regolare. Precisamente:

---

[10] Appendice B.

Teorema 3.13. *Siano Ω un dominio limitato e Lipschitziano e $g \in C\left(\partial\Omega\right)$. L'unica soluzione $u \in C^2\left(\Omega\right) \cap C\left(\overline{\Omega}\right)$ del problema (3.36) è data dalla formula seguente:*

$$u\left(\mathbf{x}\right) = \int_{\partial\Omega} g\ \left(\boldsymbol{\sigma}\right) P\left(\mathbf{x}, \tau\left(\mathbf{x}\right), d\sigma\right) = E^{\mathbf{x}}\left[g\left(\mathbf{X}\left(\tau\right)\right)\right]. \tag{3.39}$$

Dimostrazione (parzialmente euristica). Per $F \subseteq \partial\Omega$, fissato, consideriamo la funzione

$$u_F : \mathbf{x} \longmapsto P(\mathbf{x}, \tau\left(\mathbf{x}\right), F)).$$

Si può dimostrare (e dovrebbe essere intuitivamente plausibile) che u_F è continua in Ω. Facciamo vedere che u_F è *armonica* mostrando che possiede la proprietà di media (Teorema 3.4). Sia $B_R = B_R\left(\mathbf{x}\right) \subset\subset \Omega$. Se $\tau_R = \tau_R\left(\mathbf{x}\right)$ è il tempo di prima uscita da B_R, allora $\mathbf{X}\left(\tau_R\right)$ ha una distribuzione uniforme su ∂B_R, data l'invarianza per rotazioni del moto Browniano.

Ciò significa che, per esempio, la probabilità di uscire da B_R attraverso un arco $K \subset \partial B_R$, partendo dal centro, è pari a

$$\frac{\text{lunghezza di } K}{2\pi R}.$$

Ora, prima di raggiungere F, la particella deve attraversare ∂B_R, dove, come abbiamo appena osservato, ha posizione aleatoria uniforme. Poiché τ_R è un tempo d'arresto, possiamo usare la proprietà di Markov forte (Sezione 2.6) secondo la quale, dopo τ_R, $\mathbf{X}\left(t\right)$ può essere considerato come un moto Browniano con distribuzione iniziale uniforme su ∂B_R, espressa dalla formula (Figura 3.4)

$$\mu\left(d\sigma\right) = \frac{d\sigma}{2\pi R}$$

dove $d\sigma$ è elemento di lunghezza su ∂B_R. Pertanto, la particella esce da B_R attraverso un arco di lunghezza $d\sigma$, centrato in $\boldsymbol{\sigma}$, e da lì raggiunge F con probabilità

$$P\left(\boldsymbol{\sigma}, \tau\left(\boldsymbol{\sigma}\right), F\right) \mu\left(d\sigma\right) = u_F\left(\boldsymbol{\sigma}\right) \frac{d\sigma}{2\pi R}.$$

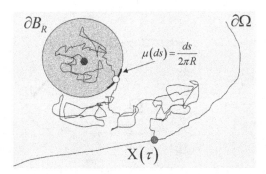

Figura 3.4 Proprietà di Markov per una particella Browniana

Integrando questa probabilità su ∂B_R otteniamo $u_F(\mathbf{x})$, cioè:

$$u_F(\mathbf{x}) = \frac{1}{2\pi R} \int_{\partial B_R(\mathbf{x})} u_F(\boldsymbol{\sigma})\, d\sigma$$

che è precisamente la proprietà di media per u_F. Quindi u_F è armonica in Ω. Osserviamo anche che, se $\boldsymbol{\sigma} \in \partial\Omega$, allora $\tau(\boldsymbol{\sigma}) = 0$ e pertanto

$$u_F(\boldsymbol{\sigma}) = P(\boldsymbol{\sigma}, 0, F) = \begin{cases} 1 & \text{se } \boldsymbol{\sigma} \in F \\ 0 & \text{se } \boldsymbol{\sigma} \in \partial\Omega \backslash F \end{cases}$$

ossia: su $\partial\Omega$, u_F coincide con la funzione caratteristica dell'insieme F. Se dunque $d\sigma$ è un elemento d'arco su $\partial\Omega$ centrato in $\boldsymbol{\sigma}$, euristicamente, la funzione

$$\mathbf{x} \longmapsto g(\boldsymbol{\sigma})\, P(\mathbf{x}, \tau(\mathbf{x}), d\sigma) \tag{3.40}$$

è armonica in Ω, assume il valore $g(\boldsymbol{\sigma})$ in $d\sigma$ e il valore zero su $\partial\Omega \backslash d\sigma$. Per avere la funzione armonica uguale a g su tutto $\partial\Omega$, basta sommare i contributi di ciascuna delle (3.40) integrando su $\partial\Omega$. Si ottiene così la (3.39).
Rigorosamente, per affermare che (3.39) è effettivamente la soluzione cercata, occorre sincerarsi che assuma con continuità i dati al bordo di Ω. Si può dimostrare che tutto funziona perfettamente se Ω è abbastanza regolare, per esempio un dominio Lipschitziano.

L'unicità segue dal Corollario 3.6.   □

Nota 3.2. La (3.39) vale inalterata in dimensione $n \geq 3$. La misura

$$F \longmapsto P(\mathbf{x}, \tau(\mathbf{x}), F)$$

si chiama *misura armonica in* $\mathbf{x}$ del dominio Ω ed in generale non si può esprimere con formule esplicite. Nel caso particolare $\Omega = B_R(\mathbf{p})$ abbiamo però calcolato la soluzione del problema di Dirichlet, pervenendo alla *formula di Poisson* (3.32). Un rapido esame di questa formula indica che la *misura armonica in* $\mathbf{x}$ di $B_R(\mathbf{p})$ è data da

$$P(\mathbf{x}, \tau(\mathbf{x}), d\sigma) = \frac{1}{\omega_n R} \frac{R^2 - |\mathbf{x} - \mathbf{p}|^2}{|\boldsymbol{\sigma} - \mathbf{x}|^n}\, d\sigma.$$

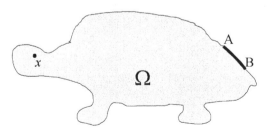

Figura 3.5 Una modifica dei dati di Dirichlet sull'arco AB influenza il valore della soluzione in $\mathbf{x}$

Nota 3.3. La (3.39) indica che *il valore della soluzione in un punto* **x** *dipende dai valori del dato di Dirichlet su tutto* $\partial\Omega$ (a meno di modifiche di misura superficiale nulla). Nella situazione in Figura 3.5, un cambiamento del dato g sull'arco AB influenza il valore della soluzione nel punto **x**, anche se questo è molto distante e vicino a $\partial\Omega$. Questo fatto va tenuto ben presente nella costruzione di metodi numerici.

3.3.7 Ricorrenza e moto Browniano

Abbiamo visto che la soluzione di un problema di Dirichlet può essere costruita usando le proprietà generali di un moto Browniano. Viceversa, la conoscenza per via deterministica della soluzione di alcuni problemi di Dirichlet, permette di ricavare interessanti proprietà del moto Browniano. Vediamo un esempio molto semplice in due dimensioni.

Siano a, R due numeri reali con $R > a > 0$. Ricordando che $\ln|\mathbf{x}|$ è armonica in $\mathbb{R}^2 \backslash \{\mathbf{0}\}$, si controlla facilmente che la funzione

$$u_R(\mathbf{x}) = \frac{\ln|R| - \ln|\mathbf{x}|}{\ln R - \ln a}$$

è armonica nella corona circolare $C_{a,R} = \left\{\mathbf{x} \in \mathbb{R}^2; a < |\mathbf{x}| < R\right\}$ e inoltre

$$u_R(\mathbf{x}) = 1 \text{ su } \partial B_a(\mathbf{0}), \qquad u_R(\mathbf{x}) = 0 \text{ su } \partial B_R(\mathbf{0}).$$

Si può dunque interpretare $u_R(\mathbf{x})$ come la probabilità di fuga dalla corona circolare attraverso $\partial B_a(\mathbf{0})$, partendo da **x**:

$$u_R(\mathbf{x}) = P_R(\mathbf{x}, \tau(\mathbf{x}), \partial B_a(\mathbf{0})).$$

Se passiamo al limite per $R \to +\infty$, si ha

$$P_R(\mathbf{x}, \tau(\mathbf{x}), \partial B_a(\mathbf{0})) = \frac{\ln R - \ln|\mathbf{x}|}{\ln R - \ln a} \to 1 = P_\infty(\mathbf{x}, \tau(\mathbf{x}), \partial B_a(\mathbf{0}))$$

e cioè la probabilità di partire da **x** ed *entrare prima o poi* nel cerchio $B_a(\mathbf{0})$ è uguale a 1. Data l'invarianza per traslazioni nello spazio del moto Browniano, si arriva alle stesse conclusioni se l'origine è sostituita da un qualunque altro punto. Poiché, inoltre, abbiamo mostrato che anche la probabilità *di uscire* da un qualunque cerchio è uguale a 1, siamo condotti al seguente enunciato: *fissato* **x** *e fissato un qualunque cerchio nel piano, un moto Browniano con partenza in* **x** *entra ed esce dal cerchio infinite volte con probabilità* 1. Si dice che il moto Browniano bidimensionale è *ricorrente*.

In tre dimensioni il moto Browniano *non* è ricorrente. Infatti, la funzione

$$u_R(\mathbf{x}) = \frac{\frac{1}{|\mathbf{x}|} - \frac{1}{R}}{\frac{1}{a} - \frac{1}{R}}$$

è armonica nella corona sferica $S_{a,R} = \{\mathbf{x} \in \mathbb{R}^3; a < |\mathbf{x}| < R\}$ e inoltre

$$u_R(\mathbf{x}) = 1 \text{ su } \partial B_a(\mathbf{0}), \qquad u_R(\mathbf{x}) = 0 \text{ su } \partial B_R(\mathbf{0}).$$

Si può dunque interpretare $u_R(\mathbf{x})$ come la probabilità di fuga dalla corona sferica attraverso $\partial B_a(\mathbf{0})$, partendo da $\mathbf{x}$:

$$u_R(\mathbf{x}) = P_R(\mathbf{x}, \tau(\mathbf{x}), \partial B_a(\mathbf{0})).$$

Se passiamo al limite per $R \to +\infty$, si ha

$$P_R(\mathbf{x}, \tau(\mathbf{x}), \partial B_a(\mathbf{0})) = \frac{\frac{1}{|\mathbf{x}|} - \frac{1}{R}}{\frac{1}{a} - \frac{1}{R}} \to \frac{a}{|\mathbf{x}|} = P_\infty(\mathbf{x}, \tau(\mathbf{x}), \partial B_a(\mathbf{0})).$$

La probabilità di entrare prima o poi nella sfera $B_a(\mathbf{0})$ *non è più* 1 e diventa sempre più piccola all'allontanarsi di $\mathbf{x}$ dall'origine.

3.4 Soluzione fondamentale e potenziale Newtoniano

3.4.1 La soluzione fondamentale

La (3.39) non è l'unica formula di rappresentazione per la soluzione del problema di Dirichlet. In questa sezione vedremo formule che coinvolgono *potenziali* di vario tipo costruiti usando come mattone priciple una particolare funzione armonica in tutto $\mathbb{R}^n$ tranne che in un punto, che chiameremo *soluzione fondamentale dell'operatore di Laplace*.

Come per l'equazione di diffusione, cominciamo a considerare due proprietà che caratterizzano l'operatore Δ: l'*invarianza per traslazioni e l'invarianza per rotazioni dello spazio*.

Sia $u = u(\mathbf{x})$ armonica in $\mathbb{R}^n$. Invarianza per traslazioni significa che anche la funzione $v(\mathbf{x}) = u(\mathbf{x} - \mathbf{y})$, per ogni $\mathbf{y}$ fissato, è armonica. Il controllo è immediato.

Invarianza per rotazioni significa che, data una rotazione in $\mathbb{R}^n$, rappresentata da una matrice ortogonale $\mathbf{M}$ (i.e. $\mathbf{M}^T = \mathbf{M}^{-1}$), anche $v(\mathbf{x}) = u(\mathbf{Mx})$ è armonica in $\mathbb{R}^n$. Per dimostrarlo, osserviamo che, se indichiamo con $D^2 u$ la matrice Hessiana di u, si ha

$$\Delta u = \text{Tr} D^2 u = \text{ traccia della Hessiana di } u.$$

Poiché

$$D^2 v(\mathbf{x}) = \mathbf{M}^T D^2 u(\mathbf{Mx}) \mathbf{M}$$

e $\mathbf{M}$ è ortogonale, abbiamo

$$\Delta v(\mathbf{x}) = \text{Tr}[\mathbf{M}^T D^2 u(\mathbf{Mx}) \mathbf{M}] = \text{Tr} D^2 u(\mathbf{Mx}) = \Delta u(\mathbf{Mx}) = 0$$

e perciò v è armonica.

Ora, una tipica espressione invariante per rotazioni è *la distanza di un punto* (diciamo) *dall'origine*, cioè $r = |\mathbf{x}|$. Cerchiamo allora funzioni armoniche che dipendano solo da r, ovvero *soluzioni a simmetria radiale* $u = u(r)$. Ragioniamo in dimensione $n = 3$. Se passiamo a coordinate sferiche (r, ψ, θ), $r > 0$, $0 < \psi < \pi$, $0 < \theta < 2\pi$, l'operatore Δ ha l'espressione seguente[11]:

$$\Delta = \underbrace{\frac{\partial^2}{\partial r^2} + \frac{2}{r}\frac{\partial}{\partial r}}_{\text{parte radiale}} + \underbrace{\frac{1}{r^2}\left\{ \frac{1}{(\sin\psi)^2}\frac{\partial^2}{\partial\theta^2} + \frac{\partial^2}{\partial\psi^2} + \cot\psi\frac{\partial}{\partial\psi} \right\}}_{\text{parte sferica (operatore di Laplace-Beltrami)}}$$

e l'equazione di Laplace per $u = u(r)$ si riduce all'equazione differenziale ordinaria

$$\frac{\partial^2 u}{\partial r^2} + \frac{2}{r}\frac{\partial u}{\partial r} = 0$$

il cui integrale generale è

$$u(r) = \frac{C}{r} + C_1 \qquad \text{con } C, C_1 \text{ costanti arbitrarie.}$$

Se $n = 2$, si trova (passando a coordinate polari)

$$\frac{\partial^2 u}{\partial r^2} + \frac{1}{r}\frac{\partial u}{\partial r} = 0$$

e quindi

$$u(r) = C\log r + C_1.$$

Scegliamo $C = \frac{1}{4\pi}$ se $n = 3$, $C = -\frac{1}{2\pi}$ se $n = 2$ e in entrambi i casi $C_1 = 0$. La funzione

$$\Phi(\mathbf{x}) = \begin{cases} -\frac{1}{2\pi}\log|\mathbf{x}| & n = 2 \\[2mm] \dfrac{1}{4\pi|\mathbf{x}|} & n = 3 \end{cases} \qquad\qquad (3.41)$$

si chiama **soluzione fondamentale** per l'operatore di Laplace Δ. Φ è definita per $\mathbf{x} \neq \mathbf{0}$ e, come dimostreremo nel Capitolo 7, la scelta della costante C è stata fatta in modo che

$$\Delta\Phi = -\delta_n \qquad \text{in } \mathbb{R}^n$$

dove δ_n indica la *distribuzione di Dirac in* $\mathbf{x} = \mathbf{0}$.

Notevole è il significato fisico di Φ: se $n = 3$, in unità di misura standard, $4\pi\Phi$ rappresenta il potenziale elettrostatico (o gravitazionale) generato da una carica (o massa) unitaria posta nell'origine che si annulla all'infinito.

In dimensione 2,

$$2\pi\Phi(x_1, x_2) = -\log\sqrt{x_1^2 + x_2^2}$$

---

[11] Appendice C.

rappresenta il potenziale generato da una carica di densità totale 1, distribuita lungo l'asse x_3.

Se la carica è posta in un punto $\mathbf{y}$, abbiamo

$$\Delta_{\mathbf{x}} \Phi \left(\mathbf{x} - \mathbf{y}\right) = -\delta_n \left(\mathbf{x} - \mathbf{y}\right).$$

Per simmetria, si ha anche $\Delta_{\mathbf{y}} \Phi \left(\mathbf{x} - \mathbf{y}\right) = -\delta_n \left(\mathbf{x} - \mathbf{y}\right)$, dove stavolta è fissato $\mathbf{x}$.

Nota 4.1. In dimensione $n > 3$, la soluzione fondamentale dell'operatore di Laplace è

$$\Phi \left(\mathbf{x}\right) = \frac{1}{(n - 2) \, \omega_n} \frac{1}{|\mathbf{x}|^{n-2}}.$$

3.4.2 Il potenziale Newtoniano

Supponiamo che $(4\pi)^{-1} f \left(\mathbf{x}\right)$ rappresenti la densità di una carica localizzata all'interno di un sottoinsieme compatto di $\mathbb{R}^3$. Allora $\Phi \left(\mathbf{x} - \mathbf{y}\right) f \left(\mathbf{y}\right) d\mathbf{y}$ rappresenta il potenziale in $\mathbf{x}$ generato dalla carica $(4\pi)^{-1} f \left(\mathbf{y}\right) d\mathbf{y}$, presente in una piccola regione di volume $d\mathbf{y}$, centrata in $\mathbf{y}$. Il potenziale totale si ottiene sommando tutti i contributi e si trova

$$\mathcal{N}_f \left(\mathbf{x}\right) = \int_{\mathbb{R}^3} \Phi \left(\mathbf{x} - \mathbf{y}\right) f \left(\mathbf{y}\right) d\mathbf{y} = \frac{1}{4\pi} \int_{\mathbb{R}^3} \frac{f \left(\mathbf{y}\right)}{|\mathbf{x} - \mathbf{y}|} d\mathbf{y} \qquad (3.42)$$

che è la *convoluzione* tra f e Φ ed è chiamato **potenziale Newtoniano** di f. Formalmente, abbiamo

$$\Delta \mathcal{N}_f \left(\mathbf{x}\right) = \int_{\mathbb{R}^3} \Delta_{\mathbf{x}} \Phi \left(\mathbf{x} - \mathbf{y}\right) f \left(\mathbf{y}\right) d\mathbf{y} = - \int_{\mathbb{R}^3} \delta_3 \left(\mathbf{x} - \mathbf{y}\right) f \left(\mathbf{y}\right) d\mathbf{y} = -f \left(\mathbf{x}\right).$$
$$(3.43)$$

Sotto opportune ipotesi su f, la (3.43) è infatti vera (Teorema 4.1). Chiaramente, $\mathcal{N}_f \left(\mathbf{x}\right)$ non è la sola soluzione di $\Delta v = -f$, poiché se c è costante anche $\mathcal{N}_f + c$ è soluzione della stessa equazione. Tuttavia, il potenziale Newtoniano è la sola soluzione che si annulla all'infinito. Precisamente, vale il seguente risultato, dove, per semplicità, assumiamo che $f \in C^2 \left(\mathbb{R}^3\right)$ con supporto compatto[12]:

Teorema 4.1. *Sia $f \in C^2 \left(\mathbb{R}^3\right)$ a supporto **compatto**. Allora $\mathcal{N}_f \in C^2 \left(\mathbb{R}^3\right)$ ed è l'unica soluzione in $\mathbb{R}^3$ dell'equazione di Poisson*

$$\Delta u = -f \qquad (3.44)$$

che si annulla all'infinito.

---

[12] Ricordiamo che il *supporto* di una funzione continua f è la *chiusura dell'insieme dove f è non nulla*.

Dimostrazione. Unicità. Sia $v \in C^2\left(\mathbb{R}^3\right)$ un'altra soluzione di (3.44) che si annulla all'infinito. Allora $w = u-v$ è una funzione armonica *limitata* in $\mathbb{R}^3$ e quindi costante, in base al Teorema di Liouville (Corollario 3.10). Poiché w si annulla all'infinito deve essere zero, cioé $u = v$.

Per dimostrare che $\mathcal{N}_f \in C^2\left(\mathbb{R}^3\right)$, osserviamo che possiamo scrivere la (3.42) nella forma alternativa

$$\mathcal{N}_f\left(\mathbf{x}\right) = \int_{\mathbb{R}^3} \Phi\left(\mathbf{y}\right) f\left(\mathbf{x}-\mathbf{y}\right) d\mathbf{y} = \frac{1}{4\pi} \int_{\mathbb{R}^3} \frac{f\left(\mathbf{x}-\mathbf{y}\right)}{|\mathbf{y}|} d\mathbf{y}.$$

Poiché $1/|\mathbf{y}|$ è integrabile in un intorno dell'origine ed f è nulla fuori da un compatto, possiamo differenziare due volte sotto il segno di integrale per ottenere, per ogni $j,k = 1,...,n$:

$$\partial_{x_j x_k} \mathcal{N}_f\left(\mathbf{x}\right) = \int_{\mathbb{R}^3} \Phi\left(\mathbf{y}\right) f_{x_j x_k}\left(\mathbf{x}-\mathbf{y}\right) \; d\mathbf{y}. \tag{3.45}$$

Poiché $f_{x_j x_k} \in C\left(\mathbb{R}^3\right)$, la (3.45) mostra che ognuna delle derivate $\partial_{x_j x_k}\mathcal{N}_f$ è continua, per cui $\mathcal{N}_f \in C^2\left(\mathbb{R}^3\right)$.

Resta da dimostrare la (3.44). Poiché $\Delta_{\mathbf{x}} f\left(\mathbf{x}-\mathbf{y}\right) = \Delta_{\mathbf{y}} f\left(\mathbf{x}-\mathbf{y}\right)$, dalla (3.45) abbiamo

$$\Delta \mathcal{N}_f(\mathbf{x}) = \int_{\mathbb{R}^3} \Phi\left(\mathbf{y}\right) \Delta_{\mathbf{x}} f\left(\mathbf{x}-\mathbf{y}\right) d\mathbf{y} = \int_{\mathbb{R}^3} \Phi\left(\mathbf{y}\right) \Delta_{\mathbf{y}} f\left(\mathbf{x}-\mathbf{y}\right) d\mathbf{y}.$$

Vogliamo integrare per parti usando la formula (1.17). Tuttavia, poiché Φ ha una singolarità in $\mathbf{y} = \mathbf{0}$, occorre prima isolare l'origine, scegliendo $B_r = B_r\left(\mathbf{0}\right)$ e scrivendo

$$\Delta \mathcal{N}_f(\mathbf{x}) = \int_{B_r} \cdots \; d\mathbf{y} + \int_{\mathbb{R}^3 \setminus B_r} \cdots \; d\mathbf{y} \equiv \mathbf{I}_r(\mathbf{x}) + \mathbf{J}_r(\mathbf{x}), \tag{3.46}$$

riservandoci poi di passare al limite per $r \to 0$. Usando coordinate sferiche, troviamo:

$$|\mathbf{I}_r(\mathbf{x})| \leq \frac{\max |\Delta f|}{4\pi} \int_{B_r} \frac{1}{|\mathbf{y}|} \; d\mathbf{y} = \max |\Delta f| \int_0^r \rho \; d\rho = \frac{\max |\Delta f|}{2} r^2$$

da cui

$$\mathbf{I}_r(\mathbf{x}) \to 0 \quad \text{se } r \to 0.$$

Ricordando che f si annulla fuori da un compatto, possiamo integrare $\mathbf{J}_r$ per parti (due volte); si ottiene ($\boldsymbol{\nu}_\sigma$ indica il versore normale esterno a $\partial\Omega$ nel punto $\boldsymbol{\sigma}$):

$$\mathbf{J}_r(\mathbf{x}) = \frac{1}{4\pi r} \int_{\partial B_r} \nabla_\sigma f\left(\mathbf{x}-\boldsymbol{\sigma}\right) \cdot \boldsymbol{\nu}_\sigma \; d\sigma - \int_{\mathbb{R}^3 \setminus B_r} \nabla\Phi\left(\mathbf{y}\right) \cdot \nabla_{\mathbf{y}} f\left(\mathbf{x}-\mathbf{y}\right) \; d\mathbf{y}$$

$$= \frac{1}{4\pi r} \int_{\partial B_r} \nabla_\sigma f\left(\mathbf{x}-\boldsymbol{\sigma}\right) \cdot \boldsymbol{\nu}_\sigma \; d\sigma - \int_{\partial B_r} f\left(\mathbf{x}-\boldsymbol{\sigma}\right) \nabla\Phi\left(\boldsymbol{\sigma}\right) \cdot \boldsymbol{\nu}_\sigma \; d\sigma$$

poiché $\Delta\Phi = 0$ in $\mathbb{R}^3 \setminus B_r$. Abbiamo:

$$\frac{1}{4\pi r} \left| \int_{\partial B_r} \nabla_\sigma f\left(\mathbf{x}-\boldsymbol{\sigma}\right) \cdot \boldsymbol{\nu}_\sigma \; d\sigma \right| \leq r \max |\nabla f| \to 0 \quad \text{se } r \to 0.$$

D'altra parte, $\nabla\Phi\left(\mathbf{y}\right) = -\mathbf{y} |\mathbf{y}|^{-3}/4\pi$ e il versore normale esterno a ∂B_r (rispetto a $\mathbb{R}^3 \setminus B_r$) è $\boldsymbol{\nu}_\sigma = -\boldsymbol{\sigma}/r$, cosicché

$$\int_{\partial B_r} f\left(\mathbf{x}-\boldsymbol{\sigma}\right) \nabla\Phi\left(\boldsymbol{\sigma}\right) \cdot \boldsymbol{\nu}_\sigma \; d\sigma = \frac{1}{4\pi r^2} \int_{\partial B_r} f\left(\mathbf{x}-\boldsymbol{\sigma}\right) d\sigma \to f\left(\mathbf{x}\right) \quad \text{se } r \to 0.$$

Concludiamo che, $\mathbf{J}_r(\mathbf{x}) \to -f\left(\mathbf{x}\right)$ se $r \to 0$.

Infine, passando al limite per $r \to 0$ nella (3.46), ricaviamo $\Delta u\left(\mathbf{x}\right) = -f\left(\mathbf{x}\right)$.

$\square$

Nota 4.2. Il Teorema 4.1 vale in realtà sotto ipotesi molto meno restrittive su f. Per esempio, è sufficiente che $f \in C^1\left(\mathbb{R}^3\right)$ e che, per $|\mathbf{x}|$ grande,

$$|f(\mathbf{x})| \leq C |\mathbf{x}|^{-2-\varepsilon}, \ \varepsilon > 0.$$

Nota 4.3. Una versione appropriata del Teorema 4.1 vale in dimensione $n = 2$, con il potenziale Newtoniano sostituito dal *potenziale logaritmico*

$$\mathcal{L}_f(\mathbf{x}) = \int_{\mathbb{R}^2} \varPhi(\mathbf{x} - \mathbf{y}) f(\mathbf{y}) \, d\mathbf{y} = -\frac{1}{2\pi} \int_{\mathbb{R}^2} \log|\mathbf{x} - \mathbf{y}| \ f(\mathbf{y}) \, d\mathbf{y}. \qquad (3.47)$$

Il potenziale logaritmico non si annulla all'infinito; il suo andamento asintotico è il seguente (Problema 3.11):

$$u(\mathbf{x}) = -\frac{M}{2\pi} \log|\mathbf{x}| + O\left(\frac{1}{|\mathbf{x}|}\right) \qquad \text{per } |\mathbf{x}| \to +\infty \qquad (3.48)$$

dove

$$M = \int_{\mathbb{R}^2} f(\mathbf{y}) \, d\mathbf{y}.$$

Precisamente, il potenziale logaritmico è l'unica soluzione dell'equazione $\Delta u = -f$ in $\mathbb{R}^2$ con l'andamento asintotico (3.48).

3.4.3 Formula di scomposizione di Helmholtz

Usando le proprietà del potenziale Newtoniano possiamo risolvere i seguenti due problemi, che intervengono in numerose applicazioni, e.g. in elasticità lineare, fluidodinamica o elettrostatica.

1) *Ricostruzione di un campo vettoriale in* $\mathbb{R}^3$ *conoscendo divergenza e rotore.*

Si tratta di risolvere il seguente problema. Dati uno scalare f ed un campo vettoriale $\boldsymbol{\omega}$, determinare $\mathbf{u} \in C^2\left(\mathbb{R}^3; \mathbb{R}^3\right)$ tale che

$$\begin{cases} \operatorname{div} \mathbf{u} = f \\ \operatorname{rot} \mathbf{u} = \boldsymbol{\omega} \end{cases} \quad \text{in } \mathbb{R}^3 \qquad (3.49)$$

e inoltre

$$\mathbf{u}(\mathbf{x}) \to \mathbf{0} \ \text{ se } \ |\mathbf{x}| \to \infty.$$

2) *Scomposizione di un campo vettoriale* $\mathbf{u}$ *nella somma di un campo irrotazionale e di uno solenoidale (a divergenza nulla).*

Precisamente, dato $\mathbf{u}$, si vuole trovare uno scalare φ e un campo vettoriale $\mathbf{w}$ tali che valga la seguente formula di scomposizione di *Helmholtz*:

$$\mathbf{u} = \nabla\varphi + \operatorname{rot} \mathbf{w}. \qquad (3.50)$$

$\Rightarrow$ Consideriamo il problema (1). Anzitutto osserviamo che div rot $\mathbf{u} = 0$ per cui **deve essere** div $\boldsymbol{\omega} = 0$, altrimenti non c'è soluzione.

Occupiamoci di stabilire se la soluzione è unica. Vista la linearità degli operatori differenziali coinvolti, ragioniamo come al solito e supponiamo che $\mathbf{u}_1$ e $\mathbf{u}_2$ siano soluzioni del problema con gli stessi dati f e $\boldsymbol{\omega}$. Poniamo $\mathbf{w} = \mathbf{u}_1 - \mathbf{u}_2$ ed osserviamo che

$$\text{div } \mathbf{w} = 0 \quad \text{e} \quad \text{rot } \mathbf{w} = \mathbf{0} \quad \text{in } \mathbb{R}^3$$

ed inoltre $\mathbf{w}$ si annulla all'infinito. Da rot $\mathbf{w} = \mathbf{0}$ si deduce che esiste uno scalare U tale che

$$\nabla U = \mathbf{w}$$

mentre da div $\mathbf{w} = 0$ si ha

$$\text{div} \nabla U = \Delta U = 0.$$

Dunque U è armonica ed allora lo sono anche le sue derivate, ossia le componenti w_j di $\mathbf{w}$. Ma ogni w_j è continua in $\mathbb{R}^3$ e tende a zero all'infinito, per cui è limitata. Il Teorema di Liouville (Corollario 3.10) implica che w_j è costante e perciò nulla. Pertanto *la soluzione del problema* (1) *è unica*.

Per determinare $\mathbf{u}$, scriviamo $\mathbf{u} = \mathbf{z} + \mathbf{v}$ e cerchiamo $\mathbf{z}$ e $\mathbf{v}$ in modo che

$$\text{div } \mathbf{v} = f \qquad \text{rot } \mathbf{v} = \mathbf{0}$$
$$\text{div } \mathbf{z} = 0 \qquad \text{rot } \mathbf{z} = \boldsymbol{\omega}.$$

Da rot $\mathbf{v} = \mathbf{0}$ si deduce l'esistenza di uno scalare φ tale che $\nabla \varphi = \mathbf{v}$ mentre div $\mathbf{v} = f$ implica $\Delta \varphi = f$. Sotto ipotesi opportune su f, in base al Teorema 4.1, l'unica soluzione di $\Delta \varphi = f$ che si annulla all'infinito è

$$-\mathcal{N}_f (\mathbf{x}) = - \int_{\mathbb{R}^3} \Phi (\mathbf{x} - \mathbf{y}) f (\mathbf{y}) \, dy$$

e quindi $\mathbf{v} = -\nabla \mathcal{N}_f$.

Per determinare $\mathbf{z}$, ricordiamo l'identità (Appendice C)

$$\text{rot rot } \mathbf{z} = \nabla \text{div } \mathbf{z} - \Delta \mathbf{z} \tag{3.51}$$

che, dovendo essere div $\mathbf{z} = 0$ e rot $\mathbf{z} = \boldsymbol{\omega}$, si riduce a

$$\text{rot } \boldsymbol{\omega} = -\Delta \mathbf{z}.$$

Usando ancora il Teorema 4.1, possiamo scrivere

$$\mathbf{z}(\mathbf{x}) = \mathcal{N}_{\text{rot } \omega}(\mathbf{x}) = \int_{\mathbb{R}^3} \Phi(\mathbf{x} - \mathbf{y}) \text{rot } \boldsymbol{\omega}(\mathbf{y}) \, dy.$$

La candidata soluzione per il nostro problema è dunque il campo vettoriale

$$\mathbf{u}(\mathbf{x}) = \mathcal{N}_{\text{rot } \omega}(\mathbf{x}) - \nabla \mathcal{N}_f(\mathbf{x}). \tag{3.52}$$

A questo punto occorre verificare che la (3.52) sia effettivamente la soluzione richiesta, sotto ipotesi ragionevoli su f e $\boldsymbol{\omega}$. Riassumiamo le conclusioni nel seguente teorema (si veda la Nota 4.2).

Teorema 4.2. *Siano* $f \in C^1\left(\mathbb{R}^3\right)$, $\boldsymbol{\omega} \in C^2\left(\mathbb{R}^3; \mathbb{R}^3\right)$ *con* div $\boldsymbol{\omega} = 0$ *e tali che, per* $|\mathbf{x}|$ *abbastanza grande,*

$$|f(\mathbf{x})| \le \frac{M}{|\mathbf{x}|^{2+\varepsilon}}, \qquad |\text{rot }\boldsymbol{\omega}| \le \frac{M}{|\mathbf{x}|^{2+\varepsilon}} \qquad (\varepsilon > 0). \qquad (3.53)$$

Allora il campo vettoriale (3.52) *è l'unica soluzione del sistema* (3.49) *che tende a zero all'infinito.*

Dimostrazione (cenno). L'unicità è già stata dimostrata. Ora, le ipotesi su f ed $\boldsymbol{\omega}$ permettono di differenziare sotto il segno di integrale. Inoltre, poiché

$$\nabla_{\mathbf{x}}\Phi(\mathbf{x} - \mathbf{y}) = -\nabla_{\mathbf{y}}\Phi(\mathbf{x} - \mathbf{y}),$$

possiamo scrivere (nel Problema 3.21 si chiede di giustificare l'integrazione per parti):

$$\text{div}\mathcal{N}_{\text{rot }\boldsymbol{\omega}}(\mathbf{x}) = \text{div}\int_{\mathbb{R}^3} \Phi(\mathbf{x} - \mathbf{y})\,\text{rot }\boldsymbol{\omega}(\mathbf{y})\ d\mathbf{y}$$

$$= \int_{\mathbb{R}^3} -\nabla_{\mathbf{y}}\Phi(\mathbf{x} - \mathbf{y}) \cdot \text{rot }\boldsymbol{\omega}(\mathbf{y})\ d\mathbf{y}$$

$$= \int_{\mathbb{R}^3} \Phi(\mathbf{x} - \mathbf{y})\ \text{div rot }\boldsymbol{\omega}(\mathbf{y})\, d\mathbf{y} = 0.$$

Essendo div$\nabla\mathcal{N}_f = -f$, si deduce che

$$\text{div } \mathbf{u} = \text{div}\mathcal{N}_{\text{rot }\boldsymbol{\omega}} - \text{div}\nabla\mathcal{N}_f = f.$$

Analogamente, usando la (3.51) e la formula 8 di Gauss in Appendice C.2, abbiamo:

$$\text{rot}\mathcal{N}_{\text{rot }\boldsymbol{\omega}}(\mathbf{x}) = \int_{\mathbb{R}^3} \text{rot}_{\mathbf{x}}[\Phi(\mathbf{x} - \mathbf{y})\,\text{rot }\boldsymbol{\omega}(\mathbf{y})]\ d\mathbf{y}$$

$$= \int_{\mathbb{R}^3} \nabla_{\mathbf{x}}\Phi(\mathbf{x} - \mathbf{y}) \times \text{rot }\boldsymbol{\omega}(\mathbf{y})\ d\mathbf{y}$$

$$= -\int_{\mathbb{R}^3} \nabla_{\mathbf{y}}\Phi(\mathbf{x} - \mathbf{y}) \times \text{rot }\boldsymbol{\omega}(\mathbf{y})\, d\mathbf{y}$$

$$= \int_{\mathbb{R}^3} \Phi(\mathbf{x} - \mathbf{y})\ \text{rot rot }\boldsymbol{\omega}(\mathbf{y})\, d\mathbf{y}$$

$$= -\mathcal{N}_{\Delta\boldsymbol{\omega}}(\mathbf{x}) = \boldsymbol{\omega}(\mathbf{x})$$

che conclude la dimostrazione, essendo rot$\nabla\mathcal{N}_f(\mathbf{x}) = \mathbf{0}$. □

$\Rightarrow$ Veniamo ora al problema (**2**). Se $\mathbf{u}$, $f = \text{div }\mathbf{u}$ e $\boldsymbol{\omega} = \text{rot }\mathbf{u}$ verificano le ipotesi del Teorema 4.2, si può scrivere

$$\mathbf{u}(\mathbf{x}) = \int_{\mathbb{R}^3} \Phi(\mathbf{x} - \mathbf{y})\ \text{rot rot }\mathbf{u}(\mathbf{y})\ d\mathbf{y} - \nabla\int_{\mathbb{R}^3} \Phi(\mathbf{x} - \mathbf{y})\ \text{div }\mathbf{u}(\mathbf{y})\ d\mathbf{y}.$$

Dalla dimostrazione del Teorema 4.2 si ha

$$\int_{\mathbb{R}^3} \Phi(\mathbf{x} - \mathbf{y})\ \text{rotrot }\mathbf{u}(\mathbf{y})\ d\mathbf{y} = \text{rot}\int_{\mathbb{R}^3} \Phi(\mathbf{x} - \mathbf{y})\ \text{rot }\mathbf{u}(\mathbf{y})\ d\mathbf{y} \qquad (3.54)$$

e perciò si conclude che

$$\mathbf{u} = \nabla\varphi + \mathrm{rot}\ \mathbf{w} \tag{3.55}$$

con

$$\varphi(\mathbf{x}) = -\mathcal{N}_{\mathrm{div}\ \mathbf{u}}(\mathbf{x}) \qquad \text{e} \qquad \mathbf{w}(\mathbf{x}) = \mathcal{N}_{\mathrm{rot}\ \mathbf{u}}(\mathbf{x}).$$

La (3.55) è la formula richiesta. □

• *Un'applicazione alla fluidodinamica.* Consideriamo il moto tridimensionale di un fluido Newtoniano incomprimibile (per esempio l'acqua) di densità ρ e viscosità μ, costanti, soggetto all'azione di un campo di forze conservativo[13] $\mathbf{F} = \nabla f$. Siano $\mathbf{u} = \mathbf{u}(\mathbf{x},t)$ la velocità del fluido, $p = p(\mathbf{x},t)$ la pressione idrostatica e $\mathbf{T}$ il tensore degli sforzi. Ricordiamo le leggi di conservazione per la massa e quella di bilancio del momento lineare, date, rispettivamente, da

$$\frac{D\rho}{Dt} + \rho\ \mathrm{div}\mathbf{u} = \rho_t + \mathrm{div}\rho\mathbf{u} = 0 \tag{3.56}$$

e

$$\rho\frac{D\mathbf{u}}{Dt} = \rho(\mathbf{u}_t + (\mathbf{u}\cdot\nabla)\mathbf{u}) = \mathbf{F} + \mathrm{div}\mathbf{T}. \tag{3.57}$$

La quantità $\frac{D\rho}{Dt} = \rho_t + \nabla\rho\cdot\mathbf{u}$ si chiama *derivata materiale* di ρ ed esprime la variazione di densità lungo il cammino di una particella di fluido. La *derivata materiale di* $\mathbf{u}$, $\frac{D\mathbf{u}}{Dt}$, è data dalla somma di $\mathbf{u}_t$, l'accelerazione del fluido dovuta al carattere non stazionario del moto, e di $(\mathbf{u}\cdot\nabla)\mathbf{u}$, l'accelerazione inerziale dovuta al trasporto di fluido[14].

Per i fluidi Newtoniani si adotta per il tensore $\mathbf{T}$ la legge costitutiva

$$\mathbf{T} = -p\mathbf{I} + \mu\nabla\mathbf{u}. \tag{3.58}$$

Essendo ρ costante, dalle (3.56), (3.57), (3.58) ricaviamo per $\mathbf{u}$ e p le celebri *equazioni di Navier-Stokes*:

$$\mathrm{div}\ \mathbf{u} = 0 \tag{3.59}$$

e

$$\frac{D\mathbf{u}}{Dt} = \mathbf{u}_t + (\mathbf{u}\cdot\nabla)\mathbf{u} = -\frac{1}{\rho}\nabla p + \nu\Delta\mathbf{u} + \frac{1}{\rho}\nabla f \qquad (\nu = \mu/\rho). \tag{3.60}$$

Cerchiamo una soluzione di (3.59), (3.60) in $\mathbb{R}^3 \times (0,+\infty)$, che soddisfi la condizione iniziale

$$\mathbf{u}(\mathbf{x},0) = \mathbf{g}(\mathbf{x}) \qquad \mathbf{x} \in \mathbb{R}^3, \tag{3.61}$$

---

[13] Il campo gravitazionale, per esempio.

[14] La $i-esima$ componente di $(\mathbf{u}\cdot\nabla)\mathbf{u}$ è data da $\sum_{j=1}^{3} u_j \frac{\partial u_i}{\partial x_j}$. Per esempio, calcoliamo $\frac{D\mathbf{u}}{Dt}$ per un fluido che ruota uniformemente nel piano x,y con velocità angolare $\omega\mathbf{k}$. Allora $\mathbf{u}(x,y) = -\omega y\mathbf{i} + \omega x\mathbf{j}$. Poiché $\mathbf{u}_t = \mathbf{0}$, il moto è stazionario e

$$\frac{D\mathbf{u}}{Dt} = (\mathbf{u}\cdot\nabla)\mathbf{u} = \left(-\omega y\frac{\partial}{\partial x} + \omega x\frac{\partial}{\partial y}\right)(-\omega y\mathbf{i} + \omega x\mathbf{j}) = -\omega^2(-x\mathbf{i} + y\mathbf{j})$$

che è l'accelerazione centrifuga.

dove anche **g** è solenoidale:

$$\operatorname{div} \mathbf{g} = 0.$$

In generale, il sistema (3.59), (3.60) è difficile da risolvere. Nel caso in cui la velocità è bassa, per esempio a causa dell'elevata viscosità, il termine inerziale diventa trascurabile rispetto, per esempio, a $\nu \Delta \mathbf{u}$, e la (3.60) si riduce all'equazione linearizzata

$$\mathbf{u}_t = -\frac{1}{\rho} \nabla p + \nu \Delta \mathbf{u} + \frac{1}{\rho} \nabla f. \tag{3.62}$$

È possibile scrivere una formula per la soluzione di (3.59), (3.61), (3.62) scrivendo l'equazione per $\boldsymbol{\omega} = \operatorname{rot} \mathbf{u}$. Infatti, calcolando il rotore di (3.62) e (3.61), essendo $\operatorname{rot}(\nabla p + \nu \Delta \mathbf{u} + \nabla f) = \nu \Delta \boldsymbol{\omega}$, otteniamo:

$$\begin{cases} \boldsymbol{\omega}_t = \nu \Delta \boldsymbol{\omega} & \mathbf{x} \in \mathbb{R}^3,\, t > 0 \\ \boldsymbol{\omega}(\mathbf{x},0) = \operatorname{rot} \mathbf{g}(\mathbf{x}) & \mathbf{x} \in \mathbb{R}^3. \end{cases}$$

Questo è un problema di Cauchy globale per l'equazione del calore.

Se $\mathbf{g} \in C^2(\mathbb{R}^3; \mathbb{R}^3)$ e rot **g** è limitato, possiamo scrivere

$$\boldsymbol{\omega}(\mathbf{x}, t) = \frac{1}{(4\pi\nu t)^{3/2}} \int_{\mathbb{R}^3} \exp\left(-\frac{|\mathbf{y}|^2}{4\nu t}\right) \operatorname{rot} \mathbf{g}(\mathbf{x} - \mathbf{y})\, d\mathbf{y}. \tag{3.63}$$

Inoltre, per $t > 0$, differenziando sotto il segno di integrale in (3.63) deduciamo che div $\boldsymbol{\omega} = 0$. Ne segue che, se rot $\mathbf{g}(\mathbf{x})$ si annulla rapidamente all'infinito[15], possiamo risalire a **u** risolvendo il sistema

$$\operatorname{rot} \mathbf{u} = \boldsymbol{\omega}, \quad \operatorname{div} \mathbf{u} = 0$$

e usando la formula (3.52) con $f = 0$.

Resta da calcolare la pressione. Da (3.62) abbiamo l'equazione per p:

$$\nabla p = -\rho \mathbf{u}_t + \mu \Delta \mathbf{u} - \nabla f. \tag{3.64}$$

Poiché $\boldsymbol{\omega}_t = \nu \Delta \boldsymbol{\omega}$, il secondo membro della (3.64) ha rotore nullo e quindi la (3.64) si può risovere e determina p a meno di una costante additiva (come deve essere).

In conclusione: *Siano $f \in C^1(\mathbb{R}^3)$, $\mathbf{g} \in C^2(\mathbb{R}^3; \mathbb{R}^3)$, con div $\mathbf{g} = 0$ e rot $\mathbf{g}$ che si annulla rapidamente all'infinito. Esistono un'unica $\mathbf{u} \in C^2(\mathbb{R}^3; \mathbb{R}^3)$, con rot $\mathbf{u}$ che si annulla all'infinito, e $p \in C^1(\mathbb{R}^3)$, unica a meno di una costante additiva, soddisfacenti il sistema (3.59), (3.61), (3.62).*

---

[15] $|\operatorname{rot} \mathbf{g}(\mathbf{x})| \le M/|\mathbf{x}|^{2+\varepsilon}$, $\varepsilon > 0$, è sufficiente.

3.5 La funzione di Green

3.5.1 Potenziali (domini limitati)

La (3.42) dà una rappresentazione della soluzione dell'equazione di Poisson in tutto $\mathbb{R}^3$. In domini limitati, ogni formula di rappresentazione deve tener conto dei valori di u e della sua derivata normale al bordo, come indicato nel seguente teorema.

Consideriamo la soluzione fondamentale

$$\Phi\left(\mathbf{x} - \mathbf{y}\right) = \frac{1}{4\pi r_{\mathbf{xy}}} \qquad r_{\mathbf{xy}} = |\mathbf{x} - \mathbf{y}|.$$

Se $\mathbf{x} \in \Omega$ è fissato, il simbolo $\Phi\left(\mathbf{x} - \cdot\right)$ indica la funzione $\mathbf{y} \longmapsto \Phi\left(\mathbf{x} - \mathbf{y}\right)$. Poniamo

$$\partial_{\boldsymbol{\nu}}\Phi\left(\mathbf{x} - \boldsymbol{\sigma}\right) = \nabla_{\mathbf{y}}\Phi\left(\mathbf{x} - \boldsymbol{\sigma}\right) \cdot \boldsymbol{\nu}_{\boldsymbol{\sigma}}$$

dove $\nabla_{\mathbf{y}}\Phi\left(\mathbf{x} - \boldsymbol{\sigma}\right)$ denota $\nabla_{\mathbf{y}}\Phi$ calcolato in $\mathbf{x} - \boldsymbol{\sigma}$ e $\boldsymbol{\nu}_{\boldsymbol{\sigma}}$ indica il versore normale esterno a $\partial\Omega$ nel punto $\boldsymbol{\sigma}$.

Teorema 5.1. *Siano $\Omega \subset \mathbb{R}^3$ un dominio limitato regolare e $u \in C^2\left(\overline{\Omega}\right)$. Allora*

$$u\left(\mathbf{x}\right) = -\int_{\Omega} \Phi\left(\mathbf{x} - \mathbf{y}\right)\Delta u\left(\mathbf{y}\right) d\mathbf{y}$$
$$+ \int_{\partial\Omega} \Phi\left(\mathbf{x} - \boldsymbol{\sigma}\right)\partial_{\boldsymbol{\nu}} u\left(\boldsymbol{\sigma}\right) d\sigma - \int_{\partial\Omega} \partial_{\boldsymbol{\nu}}\Phi\left(\mathbf{x} - \boldsymbol{\sigma}\right) u\left(\boldsymbol{\sigma}\right) d\sigma. \quad (3.65)$$

Il primo integrale è il potenziale Newtoniano di $-\Delta u$ in Ω. Gli integrali di superficie nella (3.65) prendono il nome di *potenziali di strato semplice* con *densità* $\partial_{\boldsymbol{\nu}} u$ e *di doppio strato* con *momento* u, rispettivamente. Esamineremo più avanti questi potenziali.

Dimostrazione. Vogliamo applicare l'*identità di Green* (si veda la (1.19))

$$\int_{\Omega} (v\Delta u - u\Delta v)d\mathbf{x} = \int_{\partial\Omega} (v\partial_{\boldsymbol{\nu}} u - u\partial_{\boldsymbol{\nu}} v)d\sigma \qquad (3.66)$$

a u e $\Phi\left(\mathbf{x} - \cdot\right)$. Tuttavia, $\Phi\left(\mathbf{x} - \cdot\right)$ ha una singolarità in $\mathbf{x}$, per cui non può essere inserita direttamente in (3.66). Isoliamo la singolarità considerando una sfera $B_\varepsilon\left(\mathbf{x}\right)$, con ε piccolo e definendo $\Omega_\varepsilon = \Omega \backslash \overline{B}_\varepsilon\left(\mathbf{x}\right)$. In Ω_ε, $\Phi\left(\mathbf{x} - \cdot\right)$ è regolare ed armonica. Sostituendo dunque Ω con Ω_ε, possiamo applicare la (3.66) a u e $\Phi\left(\mathbf{x} - \cdot\right)$. Poiché

$$\partial\Omega_\varepsilon = \partial\Omega \cup \partial B_\varepsilon\left(\mathbf{x}\right)$$

e $\Delta_{\mathbf{y}}\Phi\left(\mathbf{x} - \mathbf{y}\right) = 0$, troviamo:

$$\int_{\Omega_\varepsilon} \frac{1}{r_{\mathbf{xy}}}\Delta u \, d\mathbf{y} = \int_{\partial\Omega_\varepsilon} \left(\frac{1}{r_{\mathbf{x}\boldsymbol{\sigma}}}\frac{\partial u}{\partial\boldsymbol{\nu}} - u\frac{\partial}{\partial\boldsymbol{\nu}}\frac{1}{r_{\mathbf{x}\boldsymbol{\sigma}}}\right) d\sigma$$

$$= \int_{\partial\Omega} (\cdots) \, d\sigma + \int_{\partial B_\varepsilon(\mathbf{x})} \frac{1}{r_{\mathbf{x}\boldsymbol{\sigma}}}\frac{\partial u}{\partial\boldsymbol{\nu}} \, d\sigma - \int_{\partial B_\varepsilon(\mathbf{x})} u\frac{\partial}{\partial\boldsymbol{\nu}}\frac{1}{r_{\mathbf{x}\boldsymbol{\sigma}}} \, d\sigma.$$

$$(3.67)$$

Vogliamo ora far tendere ε a zero nella (3.67). Esaminiamo separatamente i tre integrali dipendenti da ε; si ha:

$$\int_{\Omega_\varepsilon} \frac{1}{r_{\mathbf{xy}}} \Delta u \; d\mathbf{y} \to \int_\Omega \frac{1}{r_{\mathbf{xy}}} \Delta u \; d\mathbf{y} \qquad \text{per } \varepsilon \to 0 \qquad (3.68)$$

essendo $1/r_{\mathbf{xy}}$ positiva e integrabile in Ω e $\Delta u \in C\left(\overline{\Omega}\right)$.
Su $\partial B_\varepsilon\left(\mathbf{x}\right)$, abbiamo $r_{\mathbf{x}\sigma} = \varepsilon$ e $|\partial_{\boldsymbol{\nu}} u| \leq M$, poiché $|\nabla u|$ è limitato; allora

$$\left| \int_{\partial B_\varepsilon(\mathbf{x})} \frac{1}{r_{\mathbf{x}\sigma}} \partial_{\boldsymbol{\nu}} u \; d\sigma \right| \leq 4\pi\varepsilon M \to 0 \qquad \text{per } \varepsilon \to 0. \qquad (3.69)$$

Consideriamo infine il termine più delicato,

$$\int_{\partial B_\varepsilon(\mathbf{x})} u \frac{\partial}{\partial \boldsymbol{\nu}} \frac{1}{r_{\mathbf{x}\sigma}} \; d\sigma.$$

Sul bordo della sfera $B_\varepsilon\left(\mathbf{x}\right)$, il versore normale esterno ad Ω_ε nel punto $\boldsymbol{\sigma}$ è $\boldsymbol{\nu}_\sigma = \frac{\mathbf{x}-\boldsymbol{\sigma}}{\varepsilon}$ e quindi

$$\frac{\partial}{\partial \boldsymbol{\nu}} \frac{1}{r_{\mathbf{x}\sigma}} = \nabla_{\mathbf{y}} \frac{1}{r_{\mathbf{x}\sigma}} \cdot \boldsymbol{\nu}_\sigma = \frac{\mathbf{x}-\boldsymbol{\sigma}}{\varepsilon^3} \frac{\mathbf{x}-\boldsymbol{\sigma}}{\varepsilon} = \frac{1}{\varepsilon^2}.$$

Di conseguenza,

$$\int_{\partial B_\varepsilon(\mathbf{x})} u \frac{\partial}{\partial \boldsymbol{\nu}} \frac{1}{r_{\mathbf{x}\sigma}} \; d\sigma = \frac{1}{\varepsilon^2} \int_{\partial B_\varepsilon(\mathbf{x})} u \; d\sigma \to 4\pi u\left(\mathbf{x}\right), \qquad (3.70)$$

per la continuità di u.
Passando al limite per $\varepsilon \to 0$ nella (3.67), dalle (3.68), (3.69), (3.70) si ottiene la (3.65). $\qquad\qquad\qquad\qquad\qquad\qquad\qquad\qquad\qquad\qquad\qquad\qquad\qquad\square$

Sebbene interessante, la (3.65) non risulta completamente soddisfacente per rappresentare soluzioni di problemi al bordo, come vedremo più avanti. Per ottenere una formula migliore, abbiamo bisogno di introdurre un nuovo tipo di soluzione fondamentale.

3.5.2 La funzione di Green per il problema di Dirichlet

La funzione Φ definita in (3.41) è la soluzione fondamentale dell'operatore Δ in tutto lo spazio $\mathbb{R}^n$ ($n = 2, 3$). Si può definire anche la soluzione fondamentale per l'operatore Δ in un dominio $\Omega \subset \mathbb{R}^n$, limitato o illimitato, con l'idea che essa rappresenti il potenziale generato da una carica unitaria posta in un punto $\mathbf{x}$ all'interno di un conduttore che occupa la regione Ω e che sia *messo a terra* al bordo. Indichiamo con $G\left(\mathbf{x}, \mathbf{y}\right)$ questa funzione, che prende il nome di *funzione di Green in* Ω per l'operatore Δ. Per $\mathbf{x} \in \Omega$, fissato, G soddisfa

$$\Delta_{\mathbf{y}} G\left(\mathbf{x}, \mathbf{y}\right) = -\delta_n\left(\mathbf{x} - \mathbf{y}\right) \qquad \text{in } \Omega$$

e

$$G\left(\mathbf{x}, \boldsymbol{\sigma}\right) = 0, \qquad \boldsymbol{\sigma} \in \partial\Omega$$

per via della messa a terra del conduttore. Si vede allora che vale la formula

$$G\left(\mathbf{x},\mathbf{y}\right) = \Phi\left(\mathbf{x}-\mathbf{y}\right) - \varphi\left(\mathbf{x},\mathbf{y}\right)$$

dove φ, come funzione di $\mathbf{y}$, per $\mathbf{x}$ fissato, è soluzione del problema di Dirichlet

$$\begin{cases} \Delta_{\mathbf{y}}\varphi\left(\mathbf{x},\mathbf{y}\right) = 0 & \text{in } \Omega \\ \varphi\left(\mathbf{x},\boldsymbol{\sigma}\right) = \Phi\left(\mathbf{x}-\boldsymbol{\sigma}\right) & \text{su } \partial\Omega. \end{cases} \tag{3.71}$$

Due importanti proprietà della funzione di Green sono le seguenti (Problema 3.14):

(a) *Positività:* $G\left(\mathbf{x},\mathbf{y}\right) > 0$, *per ogni* $\mathbf{x},\mathbf{y} \in \Omega$, *e* $G\left(\mathbf{x},\mathbf{y}\right) \to +\infty$ *se* $\mathbf{x}-\mathbf{y} \to \mathbf{0}$.

(b) *Simmetria:* $G\left(\mathbf{x},\mathbf{y}\right) = G\left(\mathbf{y},\mathbf{x}\right)$.

L'esistenza delle funzione di Green per un particolare dominio dipende dalla risolubilità del problema di Dirichlet (3.71). Dal Teorema 3.13, esistenza ed unicità sono assicurate se Ω è un dominio Lipschitziano e limitato.

Tuttavia, anche sapendo che la funzione di Green esiste, si conoscono formule esplicite solo per domini molto particolari. A volte funziona una tecnica nota come *metodo delle immagini*. In questo metodo, $\varphi\left(\mathbf{x},\cdot\right)$ è considerato come il potenziale generato da una carica virtuale q posta in un opportuno punto $\mathbf{x}^*$, l'*immagine di* $\mathbf{x}$, appartenente al complementare di Ω. La carica q e il punto $\mathbf{x}^*$ devono essere scelti in modo che, su $\partial\Omega$, $\varphi\left(\mathbf{x},\cdot\right)$ sia uguale al potenziale generato da una carica unitaria posta in $\mathbf{x}$.

Il modo più semplice per illustrare il metodo è calcolare la funzione di Green per un semispazio. Naturalmente, trattandosi di una funzione di Green, richiediamo che G si annulli all'infinito.

• *La funzione di Green per il semispazio superiore in* $\mathbb{R}^3$. Sia $\mathbb{R}^3_+$ il semispazio

$$\mathbb{R}^3_+ = \left\{(x_1, x_2, x_3) : x_3 > 0\right\}.$$

Fissiamo $\mathbf{x} = (x_1, x_2, x_3)$ e osserviamo che se scegliamo $\mathbf{x}^* = (x_1, x_2, -x_3)$, allora, su $y_3 = 0$ abbiamo:

$$\left|\mathbf{x}^* - \mathbf{y}\right| = \left|\mathbf{x} - \mathbf{y}\right|.$$

Dunque, se $\mathbf{x} \in \mathbb{R}^3_+$, allora $\mathbf{x}^*$ appartiene al complementare di $\mathbb{R}^3_+$ e la funzione

$$\varphi\left(\mathbf{x},\mathbf{y}\right) = \Phi\left(\mathbf{x}^*-\mathbf{y}\right) = \frac{1}{4\pi\left|\mathbf{x}^* - \mathbf{y}\right|}$$

risulta armonica in $\mathbb{R}^3_+$ con $\varphi\left(\mathbf{x},\mathbf{y}\right) = \Phi\left(\mathbf{x}-\mathbf{y}\right)$ sul piano $y_3 = 0$. In conclusione,

$$G\left(\mathbf{x},\mathbf{y}\right) = \frac{1}{4\pi\left|\mathbf{x} - \mathbf{y}\right|} - \frac{1}{4\pi\left|\mathbf{x}^* - \mathbf{y}\right|} \tag{3.72}$$

è la funzione di Green per il semispazio superiore.

• *La funzione di Green per la sfera.* Sia $\Omega = B_R = B_R(0) \subset \mathbb{R}^3$. Per trovare la funzione di Green per B_R, siano

$$\varphi(\mathbf{x}, \mathbf{y}) = \frac{q}{4\pi |\mathbf{x}^* - \mathbf{y}|}$$

e $\mathbf{x}$ fissato in B_R. Cerchiamo di determinare $\mathbf{x}^*$ nel complementare di B_R e q in modo che

$$\frac{q}{4\pi |\mathbf{x}^* - \mathbf{y}|} = \frac{1}{4\pi |\mathbf{x} - \mathbf{y}|} \tag{3.73}$$

quando $|\mathbf{y}| = R$. La (3.73) dà,

$$|\mathbf{x}^* - \mathbf{y}|^2 = q^2 |\mathbf{x} - \mathbf{y}|^2 \tag{3.74}$$

e per $|\mathbf{y}| = R$,

$$|\mathbf{x}^*|^2 - 2\mathbf{x}^* \cdot \mathbf{y} + R^2 = q^2(|\mathbf{x}|^2 - 2\mathbf{x} \cdot \mathbf{y} + R^2).$$

Riordinando i termini, possiamo scrivere

$$|\mathbf{x}^*|^2 + R^2 - q^2(R^2 + |\mathbf{x}|^2) = 2\mathbf{y} \cdot (\mathbf{x}^* - q^2 \mathbf{x}). \tag{3.75}$$

Poiché il primo membro non dipende da $\mathbf{y}$, deve essere $\mathbf{x}^* = q^2 \mathbf{x}$ e quindi

$$q^4 |\mathbf{x}|^2 - q^2(R^2 + |\mathbf{x}|^2) + R^2 = 0$$

da cui $q = R/|\mathbf{x}|$. Tutto funziona per $\mathbf{x} \neq \mathbf{0}$ e dà

$$G(\mathbf{x}, \mathbf{y}) = \frac{1}{4\pi} \left[\frac{1}{|\mathbf{x} - \mathbf{y}|} - \frac{R}{|\mathbf{x}| |\mathbf{x}^* - \mathbf{y}|} \right] = \Phi(\mathbf{x} - \mathbf{y}) - \Phi\left(\frac{|\mathbf{x}|}{R}(\mathbf{x}^* - \mathbf{y}) \right), \tag{3.76}$$

dove $\mathbf{x}^* = \dfrac{R^2}{|\mathbf{x}|^2} \mathbf{x}$, $\mathbf{x} \neq \mathbf{0}$ (Figura 3.6). Poiché

$$|\mathbf{x}^* - \mathbf{y}| = |\mathbf{x}|^{-1} \left(R^4 - 2R^2 \mathbf{x} \cdot \mathbf{y} + |\mathbf{y}|^2 |\mathbf{x}|^2 \right)^{1/2},$$

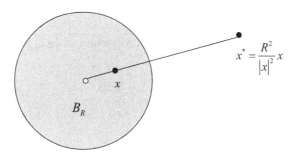

Figura 3.6 L'immagine $\mathbf{x}^*$ di $\mathbf{x}$ nella costruzione della funzione di Green per la sfera

quando $\mathbf{x} \to \mathbf{0}$ abbiamo

$$\varphi\left(\mathbf{x}, \mathbf{y}\right) = \frac{1}{4\pi} \frac{R}{|\mathbf{x}| \, |\mathbf{x}^* - \mathbf{y}|} \to \frac{1}{4\pi R}$$

e quindi possiamo definire

$$G\left(\mathbf{0}, \mathbf{y}\right) = \frac{1}{4\pi} \left[\frac{1}{|\mathbf{y}|} - \frac{1}{R} \right].$$

3.5.3 Formula di rappresentazione di Green

Dal Teorema 5.1 sappiamo che ogni funzione regolare u può essere scritta come somma di un potenziale di volume (Newtoniano) con densità $-\Delta u$, di un potenziale di strato semplice con densità $\partial_\nu u$ e di un potenziale di doppio strato di *momento u*. Supponiamo che u sia soluzione del seguente problema di Dirichlet:

$$\begin{cases} \Delta u = f & \text{in } \Omega \\ u = g & \text{su } \partial\Omega. \end{cases} \tag{3.77}$$

Dalla (3.65) ricaviamo, per $\mathbf{x} \in \Omega$, fissato:

$$u\left(\mathbf{x}\right) = - \int_\Omega \Phi\left(\mathbf{x} - \mathbf{y}\right) f\left(\mathbf{y}\right) d\mathbf{y} + \\ + \int_{\partial\Omega} \Phi\left(\mathbf{x} - \boldsymbol{\sigma}\right) \partial_\nu u\left(\boldsymbol{\sigma}\right) d\sigma - \int_{\partial\Omega} g\left(\boldsymbol{\sigma}\right) \partial_\nu \Phi\left(\mathbf{x} - \boldsymbol{\sigma}\right) d\sigma \tag{3.78}$$

dove, come al solito, $\partial_\nu \Phi\left(\mathbf{x} - \boldsymbol{\sigma}\right)$ indica la derivata di $\Phi\left(\mathbf{x} - \cdot\right)$ lungo la normale esterna a $\partial\Omega$. Questa formula di rappresentazione esprime u in termini dei dati f e g ma fa intervenire anche la derivata normale $\partial_\nu u$, sulla quale non si hanno informazioni. Per liberarsi del termine contenente $\partial_\nu u$, consideriamo la funzione di Green $G\left(\mathbf{x}, \mathbf{y}\right) = \Phi\left(\mathbf{x} - \mathbf{y}\right) - \varphi\left(\mathbf{x}, \mathbf{y}\right)$ in Ω. Poiché $\varphi\left(\mathbf{x}, \cdot\right)$ è armonica in Ω, possiamo applicare la (3.66) a u e $\varphi\left(\mathbf{x}, \cdot\right)$; troviamo:

$$0 = \int_\Omega \varphi\left(\mathbf{x}, \mathbf{y}\right) f\left(\mathbf{y}\right) d\mathbf{y} + \\ - \int_{\partial\Omega} \varphi\left(\mathbf{x}, \boldsymbol{\sigma}\right) \partial_\nu u\left(\boldsymbol{\sigma}\right) d\sigma + \int_{\partial\Omega} g\left(\boldsymbol{\sigma}\right) \partial_\nu \varphi\left(\mathbf{x}, \boldsymbol{\sigma}\right) d\sigma. \tag{3.79}$$

Sommando le (3.78), (3.79) e ricordando che $\varphi\left(\mathbf{x}, \boldsymbol{\sigma}\right) = \Phi\left(\mathbf{x} - \boldsymbol{\sigma}\right)$ su $\partial\Omega$, otteniamo:

Teorema 5.2. *Sia Ω un dominio regolare e u una funzione regolare del problema (3.77). Allora, per ogni $\mathbf{x} \in \Omega$:*

$$u\left(\mathbf{x}\right) = - \int_\Omega f\left(\mathbf{y}\right) G\left(\mathbf{x}, \mathbf{y}\right) d\mathbf{y} - \int_{\partial\Omega} g\left(\boldsymbol{\sigma}\right) \partial_\nu G\left(\mathbf{x}, \boldsymbol{\sigma}\right) d\sigma. \tag{3.80}$$

Pertanto, la soluzione del problema (3.77) può essere scritta come somma dei due potenziali di Green a secondo membro delle (3.80), che fanno intervenire solo i dati del problema. In particolare, se u è armonica, allora

$$u\left(\mathbf{x}\right) = - \int_{\partial\Omega} g\left(\boldsymbol{\sigma}\right) \partial_{\nu} G\left(\mathbf{x}, \boldsymbol{\sigma}\right) d\sigma. \tag{3.81}$$

Conrontando la (3.81) con la (3.39), deduciamo che

$$-\partial_{\nu} G\left(\mathbf{x}, \boldsymbol{\sigma}\right) d\sigma$$

rappresenta la *misura armonica* in Ω. La funzione

$$P\left(\mathbf{x}, \boldsymbol{\sigma}\right) = -\partial_{\nu} G\left(\mathbf{x}, \boldsymbol{\sigma}\right)$$

si chiama **nucleo di Poisson**. Poiché $G\left(\cdot, \mathbf{y}\right) > 0$ in Ω e si annulla su Ω, P è *nonnegativo* (in realtà positivo, per il Principio di Hopf, Problema 3.10).

D'altra parte, la formula

$$u\left(\mathbf{x}\right) = - \int_{\Omega} f\left(\mathbf{y}\right) G\left(\mathbf{x}, \mathbf{y}\right) d\mathbf{y}$$

dà la soluzione dell'equazione di Poisson $\Delta u = f$ in Ω, che si annulla su $\partial\Omega$. Dalla positività di G deduciamo che:

$$f \geq 0 \quad \text{in } \Omega \text{ implica } u \leq 0 \text{ in } \Omega,$$

che è un'altra forma del principio di massimo.

• *Nucleo di Poisson e formula di Poisson per la sfera.* Dalla (3.76) possiamo calcolare il nucleo di Poisson per la sfera $B = B_R\left(\mathbf{0}\right) \subset \mathbb{R}^3$. Abbiamo, ricordando che $\mathbf{x}^* = R^2 \left|\mathbf{x}\right|^{-2} \mathbf{x}$, se $\mathbf{x} \neq \mathbf{0}$:

$$\nabla_{\mathbf{y}}\left[\frac{1}{\left|\mathbf{x} - \mathbf{y}\right|} - \frac{R}{\left|\mathbf{x}\right|\left|\mathbf{x}^* - \mathbf{y}\right|}\right] = \frac{\mathbf{x} - \mathbf{y}}{\left|\mathbf{x} - \mathbf{y}\right|^3} - \frac{R}{\left|\mathbf{x}\right|}\frac{\mathbf{x}^* - \mathbf{y}}{\left|\mathbf{x}^* - \mathbf{y}\right|^3}.$$

Se $\boldsymbol{\sigma} \in \partial B_R$, dalla (3.74) abbiamo $\left|\mathbf{x}^* - \boldsymbol{\sigma}\right| = R\left|\mathbf{x}\right|^{-1}\left|\mathbf{x} - \boldsymbol{\sigma}\right|$ e quindi

$$\nabla_{\mathbf{y}} G\left(\mathbf{x}, \boldsymbol{\sigma}\right) = \frac{1}{4\pi}\left[\frac{\mathbf{x} - \boldsymbol{\sigma}}{\left|\mathbf{x} - \boldsymbol{\sigma}\right|^3} - \frac{\left|\mathbf{x}\right|^2}{R^2}\frac{\mathbf{x}^* - \boldsymbol{\sigma}}{\left|\mathbf{x} - \boldsymbol{\sigma}\right|^3}\right] = \frac{-\boldsymbol{\sigma}}{4\pi\left|\mathbf{x} - \boldsymbol{\sigma}\right|^3}\left[1 - \frac{\left|\mathbf{x}\right|^2}{R^2}\right].$$

Poiché su ∂B_R la normale esterna è $\boldsymbol{\nu}_{\boldsymbol{\sigma}} = \boldsymbol{\sigma}/R$, abbiamo

$$P\left(\mathbf{x}, \boldsymbol{\sigma}\right) = -\partial_{\nu} G\left(\mathbf{x}, \boldsymbol{\sigma}\right) = -\nabla_{\mathbf{y}} G\left(\mathbf{x}, \boldsymbol{\sigma}\right) \cdot \boldsymbol{\nu}_{\boldsymbol{\sigma}} = \frac{R^2 - \left|\mathbf{x}\right|^2}{4\pi R}\frac{1}{\left|\mathbf{x} - \boldsymbol{\sigma}\right|^3}.$$

Come conseguenza, ritroviamo la formula di Poisson (si veda la (3.32) per $n = 3$)

$$u\left(\mathbf{x}\right) = \frac{R^2 - \left|\mathbf{x}\right|^2}{4\pi R} \int_{\partial B_R(\mathbf{0})} \frac{g\left(\boldsymbol{\sigma}\right)}{\left|\mathbf{x} - \boldsymbol{\sigma}\right|^3} d\sigma \tag{3.82}$$

per l'unica soluzione del problema di Dirichlet $\Delta u = 0$ in B_R e $u = g$ su ∂B_R.

3.5.4 La funzione di Neumann

Possiamo ricavare una formula di rappresentazione anche per la soluzione dei problemi di Neumann o di Robin. Per esempio, sia u una soluzione regolare del problema

$$\begin{cases} \Delta u = f & \text{in } \Omega \\ \partial_\nu u = h & \text{su } \partial\Omega \end{cases} \tag{3.83}$$

dove f e h devono soddisfare le condizioni di compatibilità

$$\int_{\partial\Omega} h(\boldsymbol{\sigma})\, d\sigma = \int_\Omega f(\mathbf{y})\, d\mathbf{y}. \tag{3.84}$$

Ricordiamo che u è univocamente determinata a meno di costanti additive. Dal Teorema 4.1 possiamo scrivere

$$u(\mathbf{x}) = - \int_\Omega \Phi(\mathbf{x} - \mathbf{y}) f(\mathbf{y})\, d\mathbf{y} +$$
$$+ \int_{\partial\Omega} h(\boldsymbol{\sigma}) \Phi(\mathbf{x} - \boldsymbol{\sigma})\, d\sigma - \int_{\partial\Omega} u(\boldsymbol{\sigma}) \partial_\nu \Phi(\mathbf{x} - \boldsymbol{\sigma})\, d\sigma. \tag{3.85}$$

Questa volta non abbiamo informazioni sul valore di u su $\partial\Omega$ e perciò occorre liberarsi del secondo integrale. Imitando il procedimento seguito per il problema di Dirichlet, cerchiamo di trovare un analogo della funzione di Green, cioè una funzione $N = N(\mathbf{x}, \mathbf{y})$ data da

$$N(\mathbf{x}, \mathbf{y}) = \Phi(\mathbf{x} - \mathbf{y}) - \psi(\mathbf{x}, \mathbf{y})$$

dove, per $\mathbf{x}$ fissato, ψ è soluzione di

$$\begin{cases} \Delta_\mathbf{y} \psi = 0 & \text{in } \Omega \\ \partial_\nu \psi(\mathbf{x}, \boldsymbol{\sigma}) = \partial_\nu \Phi(\mathbf{x} - \boldsymbol{\sigma}) & \text{su } \partial\Omega, \end{cases}$$

in modo da avere $\partial_\nu N(\mathbf{x}, \boldsymbol{\sigma}) = 0$ su $\partial\Omega$. Ma questo problema di Neumann **non ha soluzione** in quanto la condizione di compatibilità

$$\int_{\partial\Omega} \partial_\nu \Phi(\mathbf{x} - \boldsymbol{\sigma})\, d\sigma = 0$$

non è soddisfatta. Infatti, ponendo $u \equiv 1$ in (3.65), otteniamo

$$\int_{\partial\Omega} \partial_\nu \Phi(\mathbf{x} - \boldsymbol{\sigma})\, d\sigma = -1. \tag{3.86}$$

Tenendo conto della (3.86), chiediamo allora che ψ sia soluzione del problema

$$\begin{cases} \Delta_\mathbf{y} \psi = 0 & \text{in } \Omega \\ \partial_\nu \psi(\mathbf{x}, \boldsymbol{\sigma}) = \partial_\nu \Phi(\mathbf{x} - \boldsymbol{\sigma}) + \dfrac{1}{|\partial\Omega|} & \text{su } \partial\Omega. \end{cases} \tag{3.87}$$

In questo modo si ha

$$\int_{\partial\Omega} \left(\partial_{\nu}\Phi\left(\mathbf{x}-\boldsymbol{\sigma}\right) + \frac{1}{|\partial\Omega|} \right) d\sigma = 0$$

e il problema (3.87) è risolubile. Osserviamo che, con questa scelta di ψ, abbiamo

$$\partial_{\nu}N\left(\mathbf{x},\boldsymbol{\sigma}\right) = -\frac{1}{|\partial\Omega|} \qquad \text{su } \partial\Omega. \tag{3.88}$$

Applicando ora la formula (3.66) a u e $\psi\left(\mathbf{x},\cdot\right)$ si trova:

$$0 = -\int_{\partial\Omega} \psi\left(\mathbf{x},\boldsymbol{\sigma}\right) \partial_{\nu}u\left(\boldsymbol{\sigma}\right) d\sigma + \int_{\partial\Omega} h\left(\boldsymbol{\sigma}\right) \partial_{\nu}\psi\left(\boldsymbol{\sigma}\right) d\sigma + \int_{\Omega} \psi\left(\mathbf{y}\right) f\left(\mathbf{y}\right) d\mathbf{y}. \tag{3.89}$$

Sommando la (3.89) alla (3.85) ed usando la (3.88) si trova infine:

Teorema 5.3. *Sia Ω un dominio regolare e u una soluzione regolare di* (3.83). *Allora:*

$$u\left(\mathbf{x}\right) - \frac{1}{|\partial\Omega|} \int_{\partial\Omega} u\left(\boldsymbol{\sigma}\right) d\sigma = \int_{\partial\Omega} h\left(\boldsymbol{\sigma}\right) N\left(\mathbf{x},\boldsymbol{\sigma}\right) d\sigma - \int_{\Omega} f\left(\mathbf{y}\right) N\left(\mathbf{x},\mathbf{y}\right) d\mathbf{y}.$$

Pertanto, anche la soluzione del problema di Neumann (3.83) può essere scritta come somma di due potenziali, a meno della costante additiva $c = \frac{1}{|\partial\Omega|} \int_{\partial\Omega} u\left(\boldsymbol{\sigma}\right) d\sigma$, il valor medio di u in Ω.

La funzione N si chiama *funzione di Neumann* (o anche funzione di Green per il problema di Neumann).

3.6 Unicità in domini illimitati

3.6.1 Problemi esterni

Problemi in domini illimitati si presentano per esempio nel moto di un fluido in presenza di un ostacolo, in problemi di capacità o di *scattering* per onde acustiche o elettromagnetiche. Come nel caso del problema di Poisson in tutto $\mathbb{R}^n$, in un problema in un dominio illimitato occorre assegnare opportune condizioni all'infinito per ottenere un problema ben posto.

Consideriamo, per esempio, il problema di Dirichlet

$$\begin{cases} \Delta u = 0 & \text{in } |\mathbf{x}| > 1 \\ u = 0 & \text{su } |\mathbf{x}| = 1. \end{cases} \tag{3.90}$$

Per ogni numero reale a,

$$u\left(\mathbf{x}\right) = a \log|\mathbf{x}| \quad \text{e} \quad u\left(\mathbf{x}\right) = a\left(1 - 1/|\mathbf{x}|\right)$$

sono soluzioni di (3.90) in dimensione due e tre, rispettivamente. Manca visibilmente l'unicità.

Se siamo in dimensione due, per ripristinarla è sufficiente richiedere che u sia *limitata*. In dimensione $n \geq 3$ basta prescrivere che $u(x)$ tenda ad un limite finito u_∞ per $|x| \to \infty$. Ció significa che, $\forall \varepsilon > 0$, $|u(x) - u_\infty| < \varepsilon$ se $|x| > N_\varepsilon$. Queste condizioni sono sufficienti a selezionare un'unica soluzione.

Il problema (3.90) è un *problema di Dirichlet esterno*. Dato un dominio limitato Ω chiamiamo *esterno di Ω* l'insieme

$$\Omega_e = \mathbb{R}^n \setminus \overline{\Omega}.$$

Senza perdere in generalità, assumiamo che $\mathbf{0} \in \Omega$ e, per semplicità, consideriamo solo insiemi esterni *connessi*, cioè **domini esterni**. Si noti che $\partial\Omega_e = \partial\Omega$.

Come abbiamo visto in più occasioni, i principi di massimo risultano utilissimi in questioni di unicità. In domini esterni abbiamo:

Teorema 6.1. *Siano $\Omega_e \subset \mathbb{R}^n$, $n \geq 3$, un dominio esterno e $u \in C^2(\Omega_e) \cap C(\overline{\Omega}_e)$ armonica in Ω^e. Se $u \to 0$ per $|\mathbf{x}| \to \infty$ e $u \geq 0$ (risp. $u \leq 0$) su $\partial\Omega_e$, allora $u \geq 0$ (risp. $u \leq 0$) in Ω_e.*

Dimostrazione. Sia $u \geq 0$ su $\partial\Omega_e$. Fissiamo $\varepsilon > 0$ e scegliamo r_0 tale che, per ogni $r \geq r_0$, si abbia $\Omega \subset \{|\mathbf{x}| < r\}$ e $u \geq -\varepsilon$ su $\{|\mathbf{x}| = r\}$.
Nell'insieme limitato $\Omega_{e,r} = \Omega_e \cap \{|\mathbf{x}| < r\}$ possiamo applicare principio di massimo e dedurre che $u \geq -\varepsilon$ in questo insieme. Poiché ε è arbitrario e r può essere arbitrariamente grande, segue che $u \geq 0$ in Ω_e.
La dimostrazione nel caso $u \leq 0$ su $\partial\Omega_e$ è analoga; lasciamo i dettagli al lettore. $\square$

Un'immediata conseguenza è il seguente risultato di unicità in dimensione $n \geq 3$ (per $n = 2$ vedere il Problema 3.15):

Teorema 6.2 (Unicità per il problema di Dirichlet esterno). *Sia $\Omega_e \subset \mathbb{R}^n$, $n \geq 3$, un dominio esterno. Esiste al più una soluzione $u \in C^2(\Omega_e) \cap C(\overline{\Omega}_e)$ del problema di Dirichlet*

$$\begin{cases} \Delta u = f & \text{in } \Omega_e \\ u = g & \text{su } \partial\Omega_e \\ u(\mathbf{x}) \to u_\infty & \text{per } |\mathbf{x}| \to \infty, \end{cases} \qquad (3.91)$$

Dimostrazione. Basta applicare il Teorema 6.1 alla differenza di due soluzioni. $\square$

Segnaliamo un'importante conseguenza del Teorema 6.1 e del Corollario 3.8: una funzione armonica che si annulla all'infinito è controllata, per $|\mathbf{x}|$ grande, dalla soluzione fondamentale. In realtà c'è di più.

Teorema 6.3. *Sia u armonica in $\Omega_e \subset \mathbb{R}^n$, $n \geq 3$, tale che $u(\mathbf{x}) \to 0$ per $|\mathbf{x}| \to \infty$. Allora esistono r_0 e una costante M dipendente da r_0, tali che se $|\mathbf{x}| \geq r_0$, si ha, per ogni $j, k = 1, 2, 3$:*

$$|u(\mathbf{x})| \leq \frac{M}{|\mathbf{x}|^{n-2}}, \qquad |u_{x_j}(\mathbf{x})| \leq \frac{M}{|\mathbf{x}|^{n-1}}, \qquad |u_{x_j x_k}(\mathbf{x})| \leq \frac{M}{|\mathbf{x}|^n}. \qquad (3.92)$$

Dimostrazione (per $n = 3$). Scegliamo $a \gg 1$, in modo che $\Omega \subset \{|\mathbf{x}| < a\}$ e che $|u(\mathbf{x})| \leq 1$ se $|\mathbf{x}| \geq a$.

Per dimostrare la prima delle (3.92), poniamo $w(\mathbf{x}) = u(\mathbf{x}) - a/|\mathbf{x}|$. Allora w è armonica per $|\mathbf{x}| \geq a$, $w(\mathbf{x}) \leq 0$ su $|\mathbf{x}| = a$ e si annulla all'infinito. Dal Teorema 6.1,

$$w(\mathbf{x}) \leq 0 \qquad \text{se } |\mathbf{x}| \geq a. \tag{3.93}$$

Ponendo $v(\mathbf{x}) = a/|\mathbf{x}| - u(\mathbf{x})$, con un ragionamento analogo si deduce

$$v(\mathbf{x}) \geq 0 \qquad \text{se } |\mathbf{x}| \geq a. \tag{3.94}$$

Le (3.93) e (3.94) implicano

$$|u(\mathbf{x})| \leq \frac{a}{|\mathbf{x}|} \qquad \text{se } \{|\mathbf{x}| \geq a\}. \tag{3.95}$$

La stima sulle derivate prima segue da (3.33) e (3.95). Infatti, sia $\mathbf{x}$ con $|\mathbf{x}| \geq 2a$. Possiamo sempre trovare un intero $m \geq 2$ tale che $ma \leq |\mathbf{x}| < (m+1)a$. Allora $B_{(m-1)a}(\mathbf{x}) \subset \Omega_e$ e dalla (3.33) si ha

$$\left|u_{x_j}(\mathbf{x})\right| \leq \frac{3}{(m-1)a} \max_{\partial B_{(m-1)a}(\mathbf{x})} |u|.$$

Ma per quanto visto precedentemente, sappiamo che $\max_{\partial B_{(m-1)a}(\mathbf{x})} |u| \leq a/|\mathbf{x}|$, per cui otteniamo

$$\left|u_{x_j}(\mathbf{x})\right| \leq \frac{3}{(m-1)} \frac{1}{|\mathbf{x}|}.$$

D'altra parte, essendo $m \geq 2$, si ha $m - 1 \geq (m+1)/3 \geq |\mathbf{x}|/3a$, per cui si ottiene

$$\left|u_{x_j}(\mathbf{x})\right| \leq \frac{9a}{|\mathbf{x}|^2}.$$

Analogamente si dimostra che, per $|\mathbf{x}| \geq 2a$,

$$\left|u_{x_j x_k}(\mathbf{x})\right| \leq \frac{27a}{|\mathbf{x}|^3}.$$

Le (3.92) valgono dunque con $r_0 = 2a$ ed $M = 27a$. □

Se Ω è regolare, le stime (3.92) assicurano la validità dell'identità di Green

$$\int_{\Omega_e} \nabla u \cdot \nabla v \, d\mathbf{x} = \int_{\partial \Omega_e} v \partial_{\boldsymbol{\nu}} u \, d\sigma \tag{3.96}$$

per ogni coppia di funzioni $u, v \in C^2(\Omega_e) \cap C^1(\overline{\Omega}_e)$, armoniche in Ω_e e che si annullano all'infinito. Per dimostrarlo, si applica l'identità (3.96) nel dominio limitato $\Omega_{e,r} = \Omega_e \cap \{|\mathbf{x}| < r\}$. Si passa poi al limite per $r \to \infty$ e si ottiene la (3.96) in Ω_e. Invitiamo il lettore a sviluppare i dettagli.

D'altra parte, per mezzo dell'identità (3.96), possiamo dimostrare una versione appropriata del Teorema 6.2 per il problema di Neumann/Robin esterno:

$$\begin{cases} \Delta u = f & \text{in } \Omega_e \\ \partial_{\boldsymbol{\nu}} u + ku = g & \text{su } \partial\Omega_e \ (k \geq 0) \\ u \to u_\infty & \text{per } |\mathbf{x}| \to \infty. \end{cases} \tag{3.97}$$

Si noti che il caso $k \neq 0$ corrisponde al problema di Robin mentre il caso $k = 0$ corrisponde al problema di Neumann.

Teorema 6.4. (Unicità per il problema esterno di Neumann/Robin). *Sia $\Omega_e \subset \mathbb{R}^n, n \geq 3$, un dominio esterno con frontiera regolare. Allora esiste al più una soluzione $u \in C^2(\Omega_e) \cap C^1(\overline{\Omega}_e)$ del problema (3.97).*

Dimostrazione. Siano u, v soluzioni del problema (3.97) e poniamo $w = u - v$. Allora w è armonica in Ω_e, $\partial_\nu w + kw = 0$ su $\partial\Omega_e$ e tende a 0 per $|\mathbf{x}| \to \infty$. Applichiamo l'identità (3.96) con $u = v = w$. Si ha, essendo $\partial_\nu w = -kw$ su $\partial\Omega_e$:

$$\int_{\Omega_e} |\nabla w|^2 \, d\mathbf{x} = \int_{\partial\Omega_e} w \partial_\nu w \, d\sigma = -\int_{\partial\Omega_e} kw^2 d\sigma \leq 0.$$

Deve dunque essere $\nabla w = 0$ che implica $w = 0$, poiché si annulla all'infinito. □

3.7 Potenziali di superficie

In questa sezione esaminiamo il significato e le principali proprietà dei potenziali di superficie presenti nella formula (3.65). Una notevole conseguenza è la possibilità di convertire un problema di valori al bordo in un'**equazione integrale sul bordo**. Questo genere di formulazione può essere ottenuto per operatori e problemi più generali non appena sia nota la soluzione fondamentale ad essi corrispondente. Pertanto costituisce un metodo flessibile con importanti applicazioni. In particolare, fornisce la base teorica per il cosiddetto metodo degli *elementi al bordo* che può offrire numerosi vantaggi dal punto di vista del costo computazionale per l'approssimazione numerica, per via della riduzione della dimensione.

Qui presentiamo la formulazione integrale dei problemi di Dirichlet e Neumann, con alcuni risultati fondamentali. Il lettore può trovare dimostrazioni complete e la formulazione integrale di problemi più generali nella letteratura alla fine del libro.

3.7.1 Il potenziale di doppio strato

L'ultimo integrale nella (3.65) è della forma

$$\mathcal{D}(\mathbf{x};\mu) = \int_{\partial\Omega} \mu(\boldsymbol{\sigma}) \partial_\nu \Phi(\mathbf{x} - \boldsymbol{\sigma}) \, d\sigma \tag{3.98}$$

ed è chiamato *potenziale di doppio strato di μ*. In tre dimensioni rappresenta il potenziale generato da una distribuzione superficiale di dipoli[16] di *momento* μ su $\partial\Omega$.

---

[16] Per ogni $\boldsymbol{\sigma} \in \partial\Omega$, siano $-q(\boldsymbol{\sigma})$ e $q(\boldsymbol{\sigma})$ due cariche puntiformi collocate nei punti $\boldsymbol{\sigma}$ e $\boldsymbol{\sigma}+h\boldsymbol{\nu}$, rispettivamente. Se h è molto piccolo, la coppia di cariche si chiama *dipolo, di*

Per capire quali possano essere le proprietà di $\mathcal{D}(\mathbf{x};\mu)$, è utile considerare prima il caso particolare $\mu(\boldsymbol{\sigma}) \equiv 1$, cioè

$$\mathcal{D}(\mathbf{x};1) = \int_{\partial\Omega} \partial_{\boldsymbol{\nu}} \Phi(\mathbf{x} - \boldsymbol{\sigma}) \, d\sigma. \qquad (3.99)$$

Inserendo $u \equiv 1$ nella (3.65) troviamo

$$\mathcal{D}(\mathbf{x};1) = -1 \qquad \text{per ogni } \mathbf{x} \in \Omega. \qquad (3.100)$$

D'altra parte, se $\mathbf{x} \in \mathbb{R}^n \backslash \overline{\Omega}$ è fissato, $\Phi(\mathbf{x} - \cdot)$ è armonica in Ω e può essere inserita nella (3.66) con $u \equiv 1$; il risultato è

$$\mathcal{D}(\mathbf{x};1) = 0 \qquad \text{per ogni } \mathbf{x} \in \mathbb{R}^n \backslash \overline{\Omega}. \qquad (3.101)$$

Che cosa succede per $\mathbf{x} \in \partial\Omega$? Anzitutto occorre controllare se $\mathcal{D}(\mathbf{x};1)$ è ben definito su $\partial\Omega$, cioè se l'integrale è convergente. Infatti la singolarità di $\partial_{\boldsymbol{\nu}} \Phi(\mathbf{x} - \boldsymbol{\sigma})$ diventa critica se $\mathbf{x} \in \partial\Omega$ poiché per $\boldsymbol{\sigma} \to \mathbf{x}$ il suo ordine di infinito è uguale alla dimensione topologica di $\partial\Omega$. In questo caso l'integrale può non esistere.

Per esempio, nel caso $n = 2$, abbiamo

$$\mathcal{D}(\mathbf{x};1) = -\frac{1}{2\pi} \int_{\partial\Omega} \partial_{\boldsymbol{\nu}} \log|\mathbf{x} - \boldsymbol{\sigma}| \, d\sigma = \frac{1}{2\pi} \int_{\partial\Omega} \frac{(\mathbf{x} - \boldsymbol{\sigma}) \cdot \boldsymbol{\nu}_{\boldsymbol{\sigma}}}{|\mathbf{x} - \boldsymbol{\sigma}|^2} \, d\sigma.$$

L'ordine d'infinito dell'integranda per $\boldsymbol{\sigma} \to \mathbf{x}$ è *uno* e $\partial\Omega$ è una curva, un oggetto *unidimensionale*. Per $n = 3$ abbiamo

$$\mathcal{D}(\mathbf{x};1) = \frac{1}{4\pi} \int_{\partial\Omega} \frac{\partial}{\partial\boldsymbol{\nu}} \frac{1}{|\mathbf{x} - \boldsymbol{\sigma}|} \, d\sigma = \frac{1}{4\pi} \int_{\partial\Omega} \frac{(\mathbf{x} - \boldsymbol{\sigma}) \cdot \boldsymbol{\nu}_{\boldsymbol{\sigma}}}{|\mathbf{x} - \boldsymbol{\sigma}|^3} \, d\sigma.$$

L'ordine d'infinito dell'integranda per $\boldsymbol{\sigma} \to \mathbf{x}$ è *due* e $\partial\Omega$ è una superficie, un oggetto *bidimensionale*.

Tuttavia, se assumiamo che Ω è **di classe** C^2, allora si può dimostrare che $\mathcal{D}(\mathbf{x};1)$ è ben definito e *continuo* su $\partial\Omega$.

Per calcolare il valore di $\mathcal{D}(\mathbf{x};1)$ su $\partial\Omega$, osserviamo prima che le formule (3.100) e (3.101) si possono dedurre immediatamente dall'interpretazione

asse $\boldsymbol{\nu}$. Il potenziale indotto in un punto $\mathbf{x}$ è dato da

$$u_h(\mathbf{x}, \boldsymbol{\sigma}) = q(\boldsymbol{\sigma}) \left[\Phi(\mathbf{x} - (\boldsymbol{\sigma} + h\boldsymbol{\nu})) - \Phi(\mathbf{x} - \boldsymbol{\sigma}) \right]$$
$$= q(\boldsymbol{\sigma}) h \left[\frac{\Phi(\mathbf{x} - (\boldsymbol{\sigma} + h\boldsymbol{\nu})) - \Phi(\mathbf{x} - \boldsymbol{\sigma})}{h} \right].$$

Poiché h è molto piccolo, ponendo $q(\boldsymbol{\sigma}) h = \mu(\boldsymbol{\sigma})$, possiamo scrivere, approssimando al prim'ordine,

$$u_h(\mathbf{x}, \boldsymbol{\sigma}) \simeq \mu(\boldsymbol{\sigma}) \partial_{\boldsymbol{\nu}} \Phi(\mathbf{x} - \boldsymbol{\sigma}).$$

Integrando su $\partial\Omega$ si ottiene $\mathcal{D}(\mathbf{x};\mu)$.

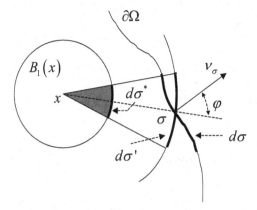

Figura 3.7 Interpretazione geometrica dell'integranda in $\mathcal{D}(\mathbf{x}, 1)$ $(n = 2)$

geometrica dell'integranda in $\mathcal{D}(\mathbf{x};1)$. Precisamente, poniamo $r_{\mathbf{x}\sigma} = |\mathbf{x} - \boldsymbol{\sigma}|$ e, per $n = 2$, consideriamo la quantità

$$d\sigma^* = -\frac{(\mathbf{x} - \boldsymbol{\sigma}) \cdot \boldsymbol{\nu}_\sigma}{r_{\mathbf{x}\sigma}^2} \, d\sigma = \frac{(\boldsymbol{\sigma} - \mathbf{x}) \cdot \boldsymbol{\nu}_\sigma}{r_{\mathbf{x}\sigma}^2} \, d\sigma.$$

Abbiamo, in riferimento alla Figura 3.7:

$$\frac{(\boldsymbol{\sigma} - \mathbf{x})}{r_{\mathbf{x}\sigma}} \cdot \boldsymbol{\nu}_\sigma = \cos \varphi$$

e quindi

$$d\sigma' = \frac{(\boldsymbol{\sigma} - \mathbf{x}) \cdot \boldsymbol{\nu}_\sigma}{r_{\mathbf{x}\sigma}} \, d\sigma = \cos \varphi \, d\sigma$$

è la proiezione dell'elemento di lunghezza $d\sigma$ sul cerchio $\partial B_{r_{\mathbf{x}\sigma}}(\mathbf{x})$, a meno di infinitesimi di ordine superiore. Allora

$$d\sigma^* = \frac{d\sigma'}{r_{\mathbf{x}\sigma}}$$

è la proiezione di $d\sigma$ su $\partial B_1(\mathbf{x})$.

Integrando $d\sigma^*$ su $\partial\Omega$, il contributo totale è 2π se $\mathbf{x} \in \Omega$ (caso a) di Figura 3.8) mentre è 0 se $\mathbf{x} \in \mathbb{R}^2 \backslash \overline{\Omega}$, per via delle compensazioni di segno indotte dall'orientazione di $\boldsymbol{\nu}_\sigma$ (caso c) di Figura 3.8). In conclusione

$$\int_{\partial\Omega} d\sigma^* = \begin{cases} 2\pi & \text{se } \mathbf{x} \in \Omega \\ 0 & \text{se } \mathbf{x} \in \mathbb{R}^2 \backslash \overline{\Omega} \end{cases}$$

che sono equivalenti alle (3.100) e (3.101), essendo

$$\mathcal{D}(\mathbf{x};1) = -\frac{1}{2\pi} \int_{\partial\Omega} d\sigma^*.$$

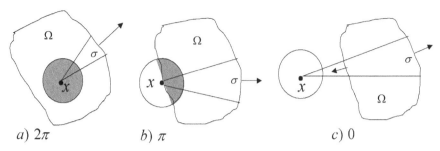

$a)\ 2\pi$ $b)\ \pi$ $c)\ 0$

Figura 3.8 Valori di $\int_{\partial\Omega} d\sigma^*$ per $n = 2$

Il caso $b)$ in Figura 3.8 corrisponde a $\mathbf{x} \in \partial\Omega$. Dovrebbe essere intuitivamente chiaro che il punto $\mathbf{x}$ "vede" un angolo totale di π radianti per cui $\mathcal{D}(\mathbf{x};1) = -1/2$.

Le stesse considerazioni si possono fare in dimensione $n = 3$. Questa volta, la quantità (Figura 3.9)

$$d\sigma^* = -\frac{(\mathbf{x} - \boldsymbol{\sigma}) \cdot \boldsymbol{\nu}_\sigma}{r_{\mathbf{x}\sigma}^3}\, d\sigma = \frac{(\boldsymbol{\sigma} - \mathbf{x}) \cdot \boldsymbol{\nu}_\sigma}{r_{\mathbf{x}\sigma}^3}\, d\sigma$$

è la proiezione su $\partial B_1(\mathbf{x})$ (cioè l'*angolo solido*) dell'elemento di superficie $d\sigma$. Integrando su $\partial\Omega$, si ottiene la misura dell'*angolo solido sotteso da $\partial\Omega$ visto dal punto $\mathbf{x}$*[17]. Se $\mathbf{x}$ è interno ad Ω, tale angolo solido coincide con tutto lo spazio e pertanto la sua misura è uguale a quella della superficie della sfera unitaria 4π. Se $\mathbf{x}$ è esterno ad Ω, i contributi all'integrale da ogni elemento di superficie appaiono con due segni diversi e quindi si elidono.

Se $\mathbf{x}$ è su $\partial\Omega$, "vede" solo un semispazio e l'angolo solido è uguale a 2π. Poiché

$$\mathcal{D}(\mathbf{x};1) = -\frac{1}{4\pi} \int_{\partial\Omega} d\sigma^*,$$

troviamo ancora $-1, 0, -1/2$ nei tre casi, rispettivamente.

Riassumiamo i risultati nel seguente lemma.

---

[17] Sia S una superficie regolare tale che $\mathbf{0} \notin S$ e tale che ogni retta passante per $\mathbf{0}$ intersechi S solo in un punto. Si chiama *angolo solido sotteso da S con vertice in $\mathbf{0}$*, e si indica con $\Omega(S)$, l' insieme delle semirette uscenti da $\mathbf{0}$ che intersecano S. Se S_1 è la proiezione di S sulla superficie sferica di raggio 1 centrata in $\mathbf{0}$, la quantità

$$|\Omega(S)| = \text{area}\ (S_1)$$

definisce la misura dell'angolo solido. Il teorema della divergenza implica che (esercizio):

$$|\Omega(S)| = \int_S \frac{\boldsymbol{\sigma} \cdot \boldsymbol{\nu}}{|\boldsymbol{\sigma}|^3}\, d\sigma.$$

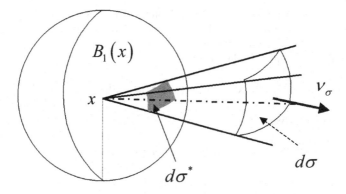

Figura 3.9 L'angolo solido $d\sigma^*$, proiettato da $d\sigma$

Lemma 7.1 (di Gauss). *Sia Ω limitato, di classe C^2. Allora $(n = 2, 3)$*

$$\mathcal{D}(\mathbf{x};1) = \int_{\partial\Omega} \partial_\nu \Phi(\mathbf{x} - \boldsymbol{\sigma}) \, d\sigma = \begin{cases} -1 & \mathbf{x} \in \Omega \\ -\frac{1}{2} & \mathbf{x} \in \partial\Omega \\ 0 & \mathbf{x} \in \mathbb{R}^n \backslash \overline{\Omega}. \end{cases} \qquad (3.102)$$

Dunque, quando $\mu \equiv 1$, il potenziale di doppio strato ha una *discontinuità a salto* attraverso $\partial\Omega$. Osserviamo che se $\mathbf{x} \in \partial\Omega$, dalle (3.102) si ha:

$$\lim_{\mathbf{z} \to \mathbf{x}, \, \mathbf{z} \in \mathbb{R}^n \backslash \Omega} \mathcal{D}(\mathbf{z};1) = \mathcal{D}(\mathbf{x};1) + \frac{1}{2}$$

e

$$\lim_{\mathbf{z} \to \mathbf{x}, \, \mathbf{z} \in \Omega} \mathcal{D}(\mathbf{z};1) = \mathcal{D}(\mathbf{x};1) - \frac{1}{2}.$$

Queste due formule sono la chiave per capire le proprietà principali di $\mathcal{D}(\mathbf{z};\mu)$, enunciate nel seguente teorema.

Teorema 7.2. *Siano $\Omega \subset \mathbb{R}^n$ limitato, di classe C^2 e μ continua su $\partial\Omega$ $(n = 2, 3)$. Allora $\mathcal{D}(\mathbf{x};\mu)$ è armonica in $\mathbb{R}^n \backslash \partial\Omega$ e le seguenti relazioni valgono per ogni $\mathbf{x} \in \partial\Omega$:*

$$\lim_{\mathbf{z} \to \mathbf{x}, \, \mathbf{z} \in \Omega} \mathcal{D}(\mathbf{z};\mu) = \mathcal{D}(\mathbf{x};\mu) - \frac{1}{2}\mu(\mathbf{x}) \qquad (3.103)$$

e

$$\lim_{\mathbf{z} \to \mathbf{x}, \, \mathbf{z} \in \mathbb{R}^n \backslash \overline{\Omega}} \mathcal{D}(\mathbf{z};\mu) = \mathcal{D}(\mathbf{x};\mu) + \frac{1}{2}\mu(\mathbf{x}). \qquad (3.104)$$

Dimostrazione. Ci limitiamo ad illustrare i passi principali, omettendo i dettagli più tecnici. Se $\mathbf{x} \notin \partial\Omega$, non ci sono problemi nel derivare sotto il segno di integrale. D'altra parte, per $\boldsymbol{\sigma}$ fissato $\partial\Omega$, la funzione

$$\mathbf{x} \longmapsto \partial_\nu \Phi(\mathbf{x} - \boldsymbol{\sigma}) = \nabla_y \Phi(\mathbf{x} - \boldsymbol{\sigma}) \cdot \boldsymbol{\nu}_\sigma$$

è armonica e quindi $\mathcal{D}(\mathbf{x};\mu)$ risulta armonica in $\mathbb{R}^n \backslash \partial\Omega$.

Consideriamo la (3.103). Questa non è una formula elementare e non si può ricavare passando al limite sotto il segno di integrale, sempre per il fatto che la singolarità di $\partial_\nu \Phi (\mathbf{x} - \boldsymbol{\sigma})$ è critica quando $\mathbf{x} \in \partial\Omega$.

Sia $\mathbf{z} \in \mathbb{R}^n \backslash \overline{\Omega}$. Dal Lemma di Gauss si ha

$$\mu (\mathbf{x}) \int_{\partial\Omega} \partial_\nu \Phi (\mathbf{z} - \boldsymbol{\sigma}) \, d\sigma = 0$$

e quindi possiamo scrivere

$$\mathcal{D} (\mathbf{x};\mu) = \int_{\partial\Omega} \partial_\nu \Phi (\mathbf{x} - \boldsymbol{\sigma}) [\mu (\boldsymbol{\sigma}) - \mu (\mathbf{x})] \, d\sigma. \tag{3.105}$$

Ora, se $\boldsymbol{\sigma}$ è vicino ad $\mathbf{x}$, la regolarità del dominio e la continuità di μ mitigano la singolarità di $\partial_\nu \Phi (\mathbf{x} - \boldsymbol{\sigma})$ permettendo di passare al limite sotto il segno d integrale. Abbiamo allora:

$$\lim_{\mathbf{z} \to \mathbf{x}} \int_{\partial\Omega} \partial_\nu \Phi (\mathbf{z} - \boldsymbol{\sigma}) [\mu (\boldsymbol{\sigma}) - \mu (\mathbf{x})] \, d\sigma = \int_{\partial\Omega} \partial_\nu \Phi (\mathbf{x} - \boldsymbol{\sigma}) [\mu (\boldsymbol{\sigma}) - \mu (\mathbf{x})] \, d\sigma.$$

Usando ancora il Lemma di Gauss, abbiamo:

$$= \int_{\partial\Omega} \partial_\nu \Phi (\mathbf{x} - \boldsymbol{\sigma}) \mu (\boldsymbol{\sigma}) \, d\sigma - \mu (\mathbf{x}) \int_{\partial\Omega} \partial_\nu \Phi (\mathbf{x} - \boldsymbol{\sigma}) \, d\sigma$$

$$= \mathcal{D} (\mathbf{x};\mu) + \frac{1}{2} \mu (\mathbf{x}).$$

La dimostrazione della (3.104) è simile.   □

Nota 7.1. Dalle (3.103) e (3.104) segue subito che *il salto di* $\mathcal{D} (\mathbf{x};\mu)$ *attraverso* $\partial\Omega$ *riproduce il momento* μ:

$$\lim_{\mathbf{z} \to \mathbf{x}, \, \mathbf{z} \in \mathbb{R}^n \backslash \overline{\Omega}} \mathcal{D} (\mathbf{z}; \mu) - \lim_{\mathbf{z} \to \mathbf{x}, \, \mathbf{z} \in \Omega} \mathcal{D} (\mathbf{z}; \mu) = \mu (\mathbf{x}).$$

3.7.2 Il potenziale di strato semplice

Il secondo integrale nella (3.65) è della forma

$$\mathcal{S} (\mathbf{x},\psi) = \int_{\partial\Omega} \Phi (\mathbf{x} - \boldsymbol{\sigma}) \psi (\boldsymbol{\sigma}) \, d\sigma$$

ed è chiamato **potenziale di strato semplice di** ψ.

In tre dimensioni rappresenta il potenziale generato da una distribuzione superficiale di cariche di densità ψ su $\partial\Omega$. Se Ω è un dominio di classe C^2 e ψ è continua su $\partial\Omega$, allora $\mathcal{S}$ è *continuo attraverso* $\partial\Omega$ e

$$\Delta \mathcal{S} = 0 \qquad \text{in } \mathbb{R}^n \backslash \partial\Omega,$$

poiché non ci sono problemi nel derivare sotto il segno di integrale.

È ben noto dalla Fisica che il flusso di un potenziale presenta una discontinuità a salto attraverso una superficie portante una carica eletrostatica ed il salto riproduce esattamente la densità di carica ψ. Ci aspettiamo quindi un salto delle derivate normali di $\mathcal{S}$ attraverso $\partial\Omega$ pari a ψ. Precisamente si ha il sequente Teorema.

Teorema 7.3. *Siano* $\Omega \subset \mathbb{R}^n$ *limitato, di classe* C^2 *e* ψ *continua su* $\partial\Omega$ *($n = 2, 3$). Allora* $\mathcal{S}(\mathbf{x};\psi)$ *è armonica in* $\mathbb{R}^n \backslash \partial\Omega$ *e le seguenti relazioni valgono per ogni* $\mathbf{z} \in \partial\Omega$ *dove* $\mathbf{z}_h = \mathbf{z} + h\boldsymbol{\nu}_{\mathbf{z}}$:

$$\lim_{h \to 0^-} \partial_{\boldsymbol{\nu}_{\mathbf{z}}}\mathcal{S}(\mathbf{z}_h; \psi) = \int_{\partial\Omega} \partial_{\boldsymbol{\nu}_{\mathbf{z}}}\Phi(\mathbf{z} - \boldsymbol{\sigma})\ \psi(\boldsymbol{\sigma})\,d\sigma + \frac{1}{2}\psi(\mathbf{z}) \qquad (3.106)$$

e

$$\lim_{h \to 0^-} \partial_{\boldsymbol{\nu}_{\mathbf{z}}}\mathcal{S}(\mathbf{z}_h; \psi) = \int_{\partial\Omega} \partial_{\boldsymbol{\nu}_{\mathbf{z}}}\Phi(\mathbf{z} - \boldsymbol{\sigma})\,\psi(\boldsymbol{\sigma})\,d\sigma - \frac{1}{2}\psi(\mathbf{z}) \qquad (3.107)$$

dove $\partial_{\boldsymbol{\nu}_{\mathbf{z}}} = \nabla_{\mathbf{z}} \cdot \boldsymbol{\nu}_{\mathbf{z}}$.

Omettiamo la dimostrazione, che si può condurre sulla falsariga di quella del Teorema 7.2.

3.7.3 Cenno alle equazioni integrali della teoria del potenziale

Per mezzo delle relazioni (3.103)–(3.107) possiamo ridurre i principali problemi al bordo della teoria del potenziale, interni o esterni, ad equazioni integrali di forma speciale. Sia $\Omega \subset \mathbb{R}^n$ ($n = 2, 3$) un dominio regolare e $g \in C(\partial\Omega)$. Descriviamo il procedimento di riduzione per il *problema di Dirichlet interno*:

$$\begin{cases} \Delta u = 0 & \text{in } \Omega \\ u = g & \text{su } \partial\Omega. \end{cases} \qquad (3.108)$$

Il punto di partenza è ancora una volta la formula (3.65), che dà per la soluzione u di (3.108) la rappresentazione

$$u(\mathbf{x}) = \int_{\partial\Omega} \Phi(\mathbf{x} - \boldsymbol{\sigma})\,\partial_{\boldsymbol{\nu}} u(\boldsymbol{\sigma})\,d\sigma - \int_{\partial\Omega} g(\boldsymbol{\sigma})\,\partial_{\boldsymbol{\nu}}\Phi(\mathbf{x} - \boldsymbol{\sigma})\,d\sigma.$$

Nella sezione 3.5.3 abbiamo usato la funzione di Green per liberarci del potenziale di strato semplice, contenente la derivata normale $\partial_{\boldsymbol{\nu}_{\boldsymbol{\sigma}}} u$, sulla quale non abbiamo informazioni. Qui adottiamo una strategia diversa: ci dimentichiamo semplicemente del potenziale di strato semplice e cerchiamo di rappresentare u come potenziale di doppio strato, scegliendo opportunamente il momento μ. In altri termini, *cerchiamo una funzione continua* μ *su* $\partial\Omega$, *tale che la soluzione* u *di* (3.108) *sia data da*

$$u(\mathbf{x}) = \int_{\partial\Omega} \mu(\boldsymbol{\sigma})\,\partial_{\boldsymbol{\nu}}\Phi(\mathbf{x} - \boldsymbol{\sigma})\,d\sigma = \mathcal{D}(\mathbf{x};\mu). \qquad (3.109)$$

La (3.109) è armonica in Ω, per cui occorre solo controllare i valori al bordo cioè che

$$\lim_{\mathbf{x} \to \mathbf{z} \in \partial\Omega} u(\mathbf{x}) = g(\mathbf{z}).$$

Tenendo conto della (3.103), se $\mathbf{x} \in \Omega$ e $\mathbf{x} \to \mathbf{z} \in \partial\Omega$, otteniamo per μ l'equazione integrale

$$\int_{\partial\Omega} \mu(\boldsymbol{\sigma})\, \partial_{\boldsymbol{\nu}}\Phi(\mathbf{z} - \boldsymbol{\sigma})\, d\sigma - \frac{1}{2}\mu(\mathbf{z}) = g(\mathbf{z}) \qquad\qquad \mathbf{z} \in \partial\Omega. \qquad (3.110)$$

Se $\mu \in C(\partial\Omega)$ è soluzione di (3.110), allora la (3.109) è la soluzione di (3.108) in $C^2(\Omega) \cap C(\overline{\Omega})$. Precisamente, vale il seguente teorema, che ci limitiamo ad enunciare.

Teorema 7.4. *Sia Ω un dominio limitato di classe C^2 e $g \in C(\partial\Omega)$. Allora l'equazione integrale (3.110) ha un'unica soluzione $\mu \in C(\partial\Omega)$ e la soluzione $u \in C^2(\Omega) \cap C(\overline{\Omega})$ del problema di Dirichlet (3.108) può essere rappresentata come potenziale di doppio strato di μ.*

Consideriamo ora il *problema di Neumann interno*

$$\begin{cases} \Delta u = 0 & \text{in } \Omega \\ \partial_{\boldsymbol{\nu}} u = g & \text{su } \partial\Omega \end{cases} \qquad\qquad (3.111)$$

dove $g \in C(\partial\Omega)$ soddisfa la condizione di compatibilità.

$$\int_{\partial\Omega} g\, d\sigma = 0. \qquad\qquad (3.112)$$

Sappiamo che u è unica a meno di una costante additiva.

Questa volta *cerchiamo una funzione ψ, continua su $\partial\Omega$, tale che la soluzione u di* (3.111) *sia data dal potenziale di strato semplice di ψ*:

$$u(\mathbf{x}) = \int_{\partial\Omega} \psi(\boldsymbol{\sigma})\, \Phi(\mathbf{x} - \boldsymbol{\sigma})\, d\sigma = \mathcal{S}(\mathbf{x}, \psi). \qquad\qquad (3.113)$$

La (3.113) è armonica in Ω; controlliamo la condizione di Neumann che interpretiamo nel senso seguente (si veda la (3.106)): per ogni $\mathbf{z} \in \partial\Omega$,

$$\lim_{h \to \overline{0}} \partial_{\boldsymbol{\nu}_{\mathbf{z}}} u(\mathbf{z}_h) = g(\mathbf{z}). \qquad\qquad (3.114)$$

Tenendo conto della (3.106), otteniamo per ψ l'equazione integrale

$$\int_{\partial\Omega} \psi(\boldsymbol{\sigma})\, \partial_{\boldsymbol{\nu}_{\mathbf{z}}}\Phi(\mathbf{z} - \boldsymbol{\sigma})\, d\sigma + \frac{1}{2}\psi(\mathbf{z}) = g(\mathbf{z}) \qquad\qquad \mathbf{z} \in \partial\Omega. \qquad (3.115)$$

Se $\psi \in C(\partial\Omega)$ è soluzione di (3.115), allora (3.113) è soluzione di (3.111) in $C^2(\Omega) \cap C^1(\overline{\Omega})$.

Si può mostrare che la soluzione generale della (3.115) è data dalla famiglia ad un parametro

$$\psi = \overline{\psi} + C_0 \psi_0 \qquad C_0 \in \mathbb{R},$$

dove $\overline{\psi}$ è una soluzione particolare della (3.115) e ψ_0 è soluzione dell'equazione omogenea

$$\int_{\partial\Omega} \psi_0(\boldsymbol{\sigma}) \partial_{\boldsymbol{\nu}_z} \Phi(\mathbf{z} - \boldsymbol{\sigma}) \, d\sigma + \frac{1}{2}\psi_0(\mathbf{z}) = 0 \qquad\qquad \mathbf{z} \in \partial\Omega. \qquad (3.116)$$

Come ci si aspettava, si trovano infinite soluzioni del problema di Neumann. Osserviamo che

$$\mathcal{S}(\mathbf{x},\psi_0) = \int_{\partial\Omega} \psi_0(\boldsymbol{\sigma}) \Phi(\mathbf{x} - \boldsymbol{\sigma}) \, d\sigma$$

è armonica in Ω e la sua derivata normale si annulla su $\partial\Omega$, a causa delle (3.107) e (3.116). Di conseguenza, $\mathcal{S}(\mathbf{x},\psi_0)$ è costante e vale il seguente teorema, che ancora ci limitiamo ad enunciare.

Teorema 7.5. *Sia Ω un dominio limitato di classe C^2 e $g \in C(\partial\Omega)$ soddisfacente la (3.112). Allora, il problema di Neumann (3.111) ha infinite soluzioni $u \in C^2(\Omega) \cap C^1(\overline{\Omega})$ della forma*

$$u(\mathbf{x}) = \mathcal{S}(\mathbf{x},\overline{\psi}) + C,$$

dove $\overline{\psi}$ è una particolare soluzione della (3.115) e C è una costante arbitraria.

Un ulteriore vantaggio del metodo è che, il linea di principio, i problemi esterni sono trattabili nello stesso modo, con lo stesso livello di difficoltà. È sufficiente usare le condizioni (3.104), (3.107) e procedere anologamente.

Come esempio di applicazione del metodo, risolviamo il problema di Neumann interno per il cerchio.

• *Problema di Neumann per il cerchio.* Consideriamo il problema di Neumann in $B_R = B_R(\mathbf{0}) \subset \mathbb{R}^2$:

$$\begin{cases} \Delta u = 0 & \text{in } B_R \\ \partial_\nu u = g & \text{su } \partial B_R \end{cases}$$

dove $g \in C(\partial B_R)$ soddisfa la condizione di compatibilità (3.112). Sappiamo che u è unica a meno di una costante additiva. Vogliamo esprimere una soluzione come potenziale di strato semplice:

$$u(\mathbf{x}) = -\frac{1}{2\pi} \int_{\partial B_R} \psi(\boldsymbol{\sigma}) \log|\mathbf{x} - \boldsymbol{\sigma}| \, d\sigma. \qquad (3.117)$$

La condizione di Neumann $\partial_\nu u = g$ su ∂B_R, nel senso della (3.114), conduce alla seguente equazione integrale per la densità ψ:

$$-\frac{1}{2\pi} \int_{\partial B_R} \frac{(\mathbf{z} - \boldsymbol{\sigma}) \cdot \boldsymbol{\nu}_z}{|\mathbf{z} - \boldsymbol{\sigma}|^2} \psi(\boldsymbol{\sigma}) \, d\sigma + \frac{1}{2}\psi(\mathbf{z}) = g(\mathbf{z}) \qquad (\mathbf{z} \in \partial B_R). \qquad (3.118)$$

Su ∂B_R si ha $\boldsymbol{\nu}_z = \mathbf{z}/R$,

$$(\mathbf{z} - \boldsymbol{\sigma}) \cdot \mathbf{z} = R^2 - \mathbf{z} \cdot \boldsymbol{\sigma}, \qquad |\mathbf{z} - \boldsymbol{\sigma}|^2 = 2\left(R^2 - \mathbf{z} \cdot \boldsymbol{\sigma}\right)$$

per cui l'equazione integrale (3.118) si riduce a

$$-\frac{1}{4\pi R} \int_{\partial B_R} \psi\left(\boldsymbol{\sigma}\right) d\sigma + \frac{1}{2} \psi\left(\mathbf{z}\right) = g\left(\mathbf{z}\right) \qquad (\mathbf{z} \in \partial B_R). \qquad (3.119)$$

Le soluzioni dell'equazione omogenea $(g = 0)$ sono le funzioni costanti $\psi_0\left(x\right) \equiv C$ (perché?). Una soluzione particolare $\bar{\psi}$ della (3.119) con

$$\int_{\partial B_R} \bar{\psi}\left(\boldsymbol{\sigma}\right) d\sigma = 0$$

è data da

$$\bar{\psi}\left(\mathbf{z}\right) = 2g\left(\mathbf{z}\right).$$

Dunque, la soluzione generale della (3.119) ha la forma

$$\psi\left(\mathbf{z}\right) = 2g\left(\mathbf{z}\right) + C \qquad C \in \mathbb{R}$$

per cui, a meno di una costante additiva, la soluzione del problema di Neumann è

$$u\left(\mathbf{x}\right) = -\frac{1}{\pi} \int_{B_R} g\left(\boldsymbol{\sigma}\right) \log|\mathbf{x} - \boldsymbol{\sigma}| \, d\sigma.$$

Nota 7.2. Le equazioni integrali (3.110) e (3.118) sono della forma

$$\int_{\partial \Omega} K\left(\mathbf{z}, \boldsymbol{\sigma}\right) \rho(\boldsymbol{\sigma}) d\sigma \pm \frac{1}{2} \rho\left(\mathbf{z}\right) = g\left(\mathbf{z}\right), \qquad (3.120)$$

note come *equazioni integrali di Fredholm di seconda specie*. La loro soluzione si basa sulla seguente **alternativa di Fredholm**: o la (3.120) ha esattamente *una soluzione per ogni* $g \in C(\partial \Omega)$, oppure l'equazione omogenea

$$\int_{\partial \Omega} K\left(\mathbf{z}, \boldsymbol{\sigma}\right) \phi(\boldsymbol{\sigma}) d\sigma \pm \frac{1}{2} \phi\left(\mathbf{z}\right) = 0$$

ha un numero finito $\phi_1, ..., \phi_N$ di soluzioni linearmente indipendenti.

In quest'ultimo caso, la (3.120) non è sempre risolubile e si ha:

a) l'equazione omogenea **aggiunta**

$$\int_{\partial \Omega} K\left(\boldsymbol{\sigma}, \mathbf{z}\right) \phi^*(\boldsymbol{\sigma}) d\sigma \pm \frac{1}{2} \phi^*\left(\mathbf{z}\right) = 0$$

ha N soluzioni linearmente indipendenti $\phi_1^*, ..., \phi_N^*$;

b) l'equazione (3.120) è risolubile se e solo se g soddisfa le seguenti N condizioni di compatibilità:

$$\int_{\partial \Omega} \phi_j^*(\boldsymbol{\sigma}) g\left(\boldsymbol{\sigma}\right) d\sigma = 0, \quad j = 1, ..., N; \qquad (3.121)$$

c) se g soddisfa le (3.121), la soluzione generale della (3.120) è data da

$$\rho = \overline{\rho} + C_1\phi_1 + ...C_N\phi_N$$

dove $\overline{\rho}$ è una soluzione particolare dell'equazione (3.120) e $C_1, ..., C_N$ sono costanti arbitrarie.

L'analogia con la risolubilità dei sistemi lineari algebrici dovrebbe essere evidente. Torneremo sull'alternativa di Fredholm in un contesto generale, nel Capitolo 6.

3.8 Funzioni super e subarmoniche. Il metodo di Perron

In questa sezione presentiamo un metodo dovuto a O. Perron per costruire la soluzione del problema di Dirichlet

$$\begin{cases} \Delta u = 0 & \text{in } \Omega \\ u = g & \text{on } \partial\Omega \end{cases} \tag{3.122}$$

dove $\Omega \subset \mathbb{R}^n$ è un dominio **limitato** e $g \in C(\partial\Omega)$.

Una delle peculiarità del metodo di Perron è la sua flessibilità e infatti funziona con operatori molto più generali del Laplaciano e in particolare con operatori completamente non lineari, di grande importanza in numerose applicazioni.

3.8.1 Funzioni super e subarmoniche

Abbiamo bisogno di introdurre le classi delle funzioni sub e superarmoniche e di stabilire alcune delle loro proprietà. Data una funzione $u \in C(\Omega)$, $\Omega \subseteq \mathbb{R}^n$, indichiamo la sua media volumetrica in una sfera $B_r(\mathbf{x}) \subset\subset \Omega$ con la notazione

$$A(u; \mathbf{x}, r) = \frac{n}{\omega_n r^n} \int_{B_r(\mathbf{x})} u(\mathbf{y}) \, d\mathbf{y}$$

e la sua media superficiale con

$$S(u; \mathbf{x}, r) = \frac{1}{\omega_n r^{n-1}} \int_{\partial B_r(\mathbf{x})} u(\boldsymbol{\sigma}) \, d\sigma.$$

Definizione 8.1. *Una funzione $u \in C(\Omega)$ è subarmonica (risp. superarmonica) in Ω se*

$$u(\mathbf{x}) \leq S(u; \mathbf{x}, r) \quad (\text{risp.} \geq) \tag{3.123}$$

per ogni $\mathbf{x} \in \Omega$ e ogni $B_r(\mathbf{x}) \subset\subset \Omega$.

Nella (3.123) è equivalente usare le medie volumetriche (si veda il Problema 3.21 a)).

Tipiche funzioni subarmoniche sono $u(\mathbf{x}) = |\mathbf{x} - \mathbf{p}|^\alpha$, per $\alpha \geq 1$. Se $u \in C^2(\Omega)$, u è subarmonica in Ω se e solo se $\Delta u \geq 0$ (Problema 3.21 d)). Le proprietà di cui avremo bisogno sono le seguenti.

1. Principio di massimo. *Se $u \in C(\overline{\Omega})$ è subarmonica (superarmonica) e non costante, allora*

$$u(\mathbf{x}) < \max_{\partial\Omega} u, \quad (u(\mathbf{x}) > \min_{\partial\Omega} u), \qquad \text{per ogni } \mathbf{x} \in \Omega.$$

2. *Se $u_1, u_2, ..., u_N$ sono subarmoniche (superarmoniche) in Ω, allora*

$$u = \max\{u_1, u_2, ..., u_N\}, \qquad (u = \min\{u_1, u_2, ..., u_N\})$$

è subarmonica (superarmonica) in Ω.

3. *Sia u subarmonica (superarmonica) in Ω. Data una sfera $B \subset\subset \Omega$, sia $P(u; B)$ la funzione armonica in B, tale che $P(u; B) = u$ on ∂B. $P(u; B)$ prende il nome di rilevamento armonico di u in B. Allora, la funzione*

$$u^B = \begin{cases} P(u, B) & \text{in } B \\ u & \text{in } \Omega \backslash B \end{cases}$$

è subarmonica (superarmonica) in Ω

Dimostrazione. 1. Segue ripetendo passo passo la dimostrazione del Teorema 3.5.
2. Per ogni $j = 1, ..., N$ e ogni sfera $B_r(\mathbf{x}) \subset\subset \Omega$, abbiamo

$$u_j(\mathbf{x}) \leq S(u_j; \mathbf{x}, r) \leq S(u; \mathbf{x}, r).$$

Quindi $u(\mathbf{x}) \leq S(u; \mathbf{x}, r)$ e u è subarmonica.
3. Per il rincipio di massimo, $u \leq P(u, B)$. Sia $B_r(\mathbf{x}) \subset\subset \Omega$. Se $B_r(\mathbf{x}) \cap B = \emptyset$ oppure $B_r(\mathbf{x}) \subset B$ non c'è nulla da dimostrare. Nell'altro caso, sia w il rilevamento armonico di u^B in $B_r(\mathbf{x})$. Allora, per il principio di massimo,

$$u^B(\mathbf{x}) \leq w(\mathbf{x}) = S(w; \mathbf{x}, r) = S(u^B; \mathbf{x}, r)$$

e quindi u^B è subarmonica. □

3.8.2 Il metodo

Torniamo ora al problema di Dirichlet. L'idea è di costruire la soluzione considerando la classe delle funzioni subarmoniche in Ω, minori di g sulla frontiera, e prendere il loro estremo superiore. In dimensione $n = 1$, ciò equivale a costruire un segmento di retta l, mediante l'estremo superiore di tutte le funzioni convesse il cui grafico sta sotto l. Sia dunque

$$S_g = \left\{ v \in C(\overline{\Omega}) : v \text{ subarmonica in } \Omega, \ v \leq g \text{ su } \partial\Omega \right\}.$$

La nostra candidata soluzione è:

$$u_g(\mathbf{x}) = \sup\{v(\mathbf{x}) : v \in S_g\}, \ \mathbf{x} \in \overline{\Omega}.$$

Osserviamo che:

• S_g non è vuota, poiché

$$v\left(\mathbf{x}\right) \equiv \min_{\partial\Omega} g \in S_g.$$

• La funzione u_g è ben definita, poiché, per il principio di massimo, $u_g \leq \max_{\partial\Omega} g$ in $\overline{\Omega}$.

Vogliamo dimostrare che u_g è armonica in Ω ed esaminarne il comportamento alla frontiera di u_g, per controllare se u_g assume i dati al bordo con continuità. Cominciamo col dimostrare che u_g è armonica.

Teorema 8.1. u_g è armonica in Ω.

Dimostrazione. Dato $\mathbf{x}_0 \in \Omega$, per la definizione di u_g, esiste $\{u_k\} \subset S_g$ tale che $u_k\left(\mathbf{x}_0\right) \to u_g\left(\mathbf{x}_0\right)$. Le funzioni

$$w_k = \max\{u_1, u_2, ..., u_k\}, \, k \geq 1,$$

appartengono a S_g (per la proprietà 2 del paragrafo precedente) e $w_k \leq w_{k+1}$. Inoltre, poichè $u_k\left(\mathbf{x}_0\right) \leq w_k\left(\mathbf{x}_0\right) \leq w_g\left(\mathbf{x}_0\right)$, deduciamo che

$$\lim_{k \to +\infty} w_k\left(\mathbf{x}_0\right) = u_g\left(\mathbf{x}_0\right).$$

Sia B una sfera tale che $\overline{B} \subset \Omega$. Per ogni $k \geq 1$, abbiamo $w_k \leq w_k^B \leq w_{k+1}^B$ e quindi,

$$\lim_{k \to +\infty} w_k^B\left(\mathbf{x}_0\right) = u_g\left(\mathbf{x}_0\right).$$

Per il Corollario 3.11,

$$\lim_{k \to +\infty} w_k^B\left(\mathbf{x}\right) = w\left(\mathbf{x}\right)$$

uniformemente in $\overline{B}$, con w è armonica in B, e chiaramente si ha $w\left(\mathbf{x}_0\right) = u_g\left(\mathbf{x}_0\right)$.

Mostriamo che $w = u_g$ in B. Per definizione di u_g abbiamo $w \leq u_g$. Supponiamo che esista $\mathbf{x}_1$ tale che

$$w\left(\mathbf{x}_1\right) < u_g\left(\mathbf{x}_1\right).$$

Sia $\{v_k\} \subset S_g$ tale che $v_k\left(\mathbf{x}_1\right) \to u_g\left(\mathbf{x}_1\right)$. Definiamo, per $k \geq 1$,

$$z_k = \max\{v_1, v_2, ..., v_k, w_k\}.$$

Allora z_k^B appartiene a S_g e $w_k \leq z_k^B \leq u_g$, $v_k \leq z_k^B \leq u_g$ in $\overline{\Omega}$. Pertanto

$$\lim_{k \to +\infty} z_k^B\left(\mathbf{x}_1\right) = u_g\left(\mathbf{x}_1\right) \quad \text{and} \quad \lim_{k \to +\infty} z_k^B\left(\mathbf{x}_0\right) = u_g\left(\mathbf{x}_0\right).$$

Per il Corollario 3.11, la successione $\{z_k^B\}$ converge in B alla funzione armonica z con $z\left(\mathbf{x}_1\right) = u_g\left(\mathbf{x}_1\right)$. Per costruzione si ha $w \leq z$ in B e $w\left(\mathbf{x}_0\right) = z\left(\mathbf{x}_0\right) = u_g\left(\mathbf{x}_0\right)$.

Di conseguenza, la funzione armonica e non negativa $z - w$, ha un minimo interno uguale a zero in $\mathbf{x}_0$ Il principio di massimo implica allora $h - w \equiv 0$ in B che porta alla contraddizione

$$w\left(\mathbf{x}_1\right) = z\left(\mathbf{x}_1\right) = u_g\left(\mathbf{x}_1\right) > w\left(\mathbf{x}_1\right).$$

Quindi, $u_g = w$ in B e u_g è armonica in B. Poiché $\mathbf{x}_0$ è arbitrario, concludiamo che u_g è armonica in Ω. □

3.8.3 Comportamento alla frontiera

Grazie al Teorema 8.1 possiamo associare a ogni $g \in C(\partial\Omega)$ la funzione armonica u_g. Occorre ora controllare se

$$u_g(\mathbf{x}) \to g(\mathbf{p})$$

se $\mathbf{x} \to \mathbf{p}$, per ogni $\mathbf{p} \in \partial\Omega$. Ciò non è sempre vero, come vedremo più avanti, e dipende da opportune proprietà di regolarità di $\partial\Omega$. Per controllare il comportamento di u in un punto di frontiera $\mathbf{p}$, la nozione chiave è quella di *barriera*.

Definizione 8.2 *Sia* $\mathbf{p} \in \partial\Omega$. *Una funzione* $h \in C(\overline{\Omega})$ *è una barriera in* $\mathbf{p}$ *rispetto a* Ω *se:*

i) h *è superarmonica in* Ω;

ii) $h > 0$ *in* $\overline{\Omega} \backslash \{\mathbf{p}\}$ *e* $h(\mathbf{p}) = 0$.

Nota 8.1. La nozione di barriera è di natura locale. Infatti si può provare[18] che esiste una barriera in $\mathbf{p}$ se e solo se esiste una barriera in $\mathbf{p}$ rispetto a $B(\mathbf{p}) \cap \Omega$ per qualche sfera $B(\mathbf{p})$.

Definizione 8.3. *Diciamo che* $\mathbf{p} \in \partial\Omega$ *è un punto regolare se esiste una barriera in* $\mathbf{p}$ *rispetto a* Ω. *Se ogni* $\mathbf{p} \in \partial\Omega$ *è regolare, diciamo che* Ω *è regolare (per il problema di Dirichlet).*

Il seguente teorema chiarisce il ruolo delle barriere.

Teoema 8.2. *Sia* $\mathbf{p} \in \partial\Omega$. *Allora,* $\forall g \in C(\partial\Omega)$, $u_g(\mathbf{x}) \to g(\mathbf{p})$ *se* $\mathbf{x} \to \mathbf{p}$ *se e solo se* $\mathbf{p}$ *è un punto regolare.*

Dimostrazione. Assumiamo che $u_g(\mathbf{x}) \to g(\mathbf{p})$ per $\mathbf{x} \to \mathbf{p}$, $\forall g \in C(\partial\Omega)$. La funzione $\tilde{g}(\mathbf{x}) = |\mathbf{x} - \mathbf{p}|^2$ è subarmonica, poiché $\Delta\tilde{g} = 2n > 0$. Allora la funzone $u_{\tilde{g}}$ è una barriera in $\mathbf{p}$, poiché è armonica in Ω, $u_{\tilde{g}}(\mathbf{x}) \to \tilde{g}(\mathbf{p}) = 0$ se $\mathbf{x} \to \mathbf{p}$, per ipotesi, e $u_{\tilde{g}}(\mathbf{x}) \geq |\mathbf{x} - \mathbf{p}|^2$ per la definizione di $u_{\tilde{g}}$, per cui vale anche la $ii)$ della Definizione 8.2.

Viceversa, sia h una barriera in $\mathbf{p}$ e $g \in C(\partial\Omega)$. Per dimostrare che $u_g(\mathbf{x}) \to g(\mathbf{p})$ per $\mathbf{x} \to \mathbf{p}$, è sufficiente provare che, per ogni $\varepsilon > 0$, esiste $k_\varepsilon > 0$ tale che

$$g(\mathbf{p}) - \varepsilon - k_\varepsilon h(\mathbf{x}) \leq u_g(\mathbf{x}) \leq g(\mathbf{p}) + \varepsilon + k_\varepsilon h(\mathbf{x}) \qquad \forall \mathbf{x} \in \overline{\Omega}.$$

Poniamo

$$z(\mathbf{x}) = g(\mathbf{p}) + \varepsilon + k_\varepsilon h(\mathbf{x}).$$

Allora $z \in C(\Omega)$ ed è superarmonica in Ω. Vogliamo scegliere $k_\varepsilon > 0$ in modo che $z \geq g$ su $\partial\Omega$.

Per la continuità di g, esiste δ_ε tale che, se $\mathbf{y} \in \partial\Omega$ e $|\mathbf{y} - \mathbf{p}| \leq \delta_\varepsilon$, allora $|g(\mathbf{y}) - g(\mathbf{p})| \leq \varepsilon$. Per questi punti $\mathbf{y}$, abbiamo:

$$z(\mathbf{y}) = g(\mathbf{p}) - g(\mathbf{y}) + \varepsilon + k_\varepsilon h(\mathbf{y}) + g(\mathbf{y}) \geq g(\mathbf{y}),$$

---

[18] Si veda, per esempio, *Gilbarg-Trudinger*, 1998.

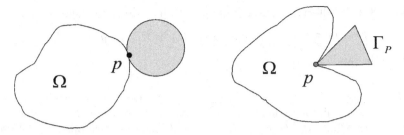

Figura 3.10 Punti regolari

poiché $h(\mathbf{y}) \geq 0$ in $\overline{\Omega}$. Se invece $|\mathbf{y} - \mathbf{p}| > \delta_\varepsilon$, da i) abbiamo $h(\mathbf{y}) \geq m_{\delta_\varepsilon} > 0$ e quindi

$$z(\mathbf{y}) \geq g(\mathbf{y})$$

se $k_\varepsilon > \max |g| / m_{\delta_\varepsilon}$. Il principio di massimo dà

$$z \geq v, \text{ in } \overline{\Omega}, \quad \forall v \in S_g,$$

da cui $z \geq u_g$ in $\overline{\Omega}$. Un ragionamento analogo dà $g(\mathbf{p}) - \varepsilon - k_\varepsilon h(\mathbf{x}) \leq u_g(\mathbf{x})$ in $\overline{\Omega}$. $\square$

Come conseguenza immediata si ha:

Corollario 8.3. *Se Ω è regolare per il problema di Dirichlet, u_g è l'unica soluzione del problema (3.122).*

Alcune condizioni sufficienti affinché un punto di frontiera **p** sia regolare sono le seguenti (in ordine di crescente complessità).

a) Ω *è convesso.* In ogni punto $\mathbf{p} \in \partial\Omega$, esiste un *iperpiano supporto* $\pi(\mathbf{p})$ di equazione $(\mathbf{x} - \mathbf{p}) \cdot \boldsymbol{\nu} = 0$, tale che Ω è contenuto nel semispazio

$$S^+ = \{\mathbf{x} : (\mathbf{x} - \mathbf{p}) \cdot \boldsymbol{\nu} > 0\}$$

e $\pi(\mathbf{p}) \cap \partial\Omega = \{\mathbf{p}\}$. Una barriera in **p** è data dalla funzione lineare affine $h(\mathbf{x}) = (\mathbf{x} - \mathbf{p}) \cdot \boldsymbol{\nu}$.

b) *Condizione di sfera esterna (Figura 3.10).* Esiste $B_r(\mathbf{x}_0) \subset \mathbb{R}^n \backslash \Omega$ tale che $B_r(\mathbf{x}_0) \cap \partial\Omega = \{\mathbf{p}\}$. Una barriera in **p** è data da

$$h(\mathbf{x}) = 1 - \frac{r^{n-2}}{|\mathbf{x} - \mathbf{x}_0|^{n-2}} \qquad \text{per } n > 2$$

e

$$h(\mathbf{x}) = 1 - \log \frac{r}{|\mathbf{x} - \mathbf{x}_0|} \qquad \text{per } n = 2.$$

c) *Condizione di cono esterno (Figura 3.10).* Esiste un cono chiuso $\Gamma_\mathbf{p}$ con vertice in **p** e una sfera $B_r(\mathbf{p})$ tale che $\overline{B_r}(\mathbf{p}) \cap \Gamma_\mathbf{p} \subset \mathbb{R}^n \backslash \Omega$. Una barriera in **p** rispetto a $\overline{B_r}(\mathbf{p}) \cap \Gamma_\mathbf{p}$ è data da[19] u_g, dove $g(\mathbf{x}) = |\mathbf{x} - \mathbf{p}|$. In particolare, un dominio limitato e Lipschitziano è regolare.

[19] Si veda e.g., *Helms* 1969.

Nota 8.2. In alternativa, avremmo potuto introdurre la classe

$$S^g = \left\{ v \in C\left(\overline{\Omega}\right) : v \text{ superarmonica in } \Omega, \; v \geq g \text{ su } \partial\Omega \right\}$$

e definire la candidata soluzione come

$$u^g\left(\mathbf{x}\right) = \inf\left\{v\left(\mathbf{x}\right) : v \in S^g\right\}.$$

Con la stessa dimostrazione e ovvi cambiamenti, si dimostra che u^g è armonica in Ω. Chiaramente $u_g \leq u^g$ e le due funzioni coincidono se e solo se Ω è regolare per il problema di Dirichlet.

Il Teorema 8.2 fornisce una caratterizzazione dei punti regolari in termini di funzioni barriera. Come abbiamo anticipato, esistono punti non regolari. Il seguente esempio in dimensione $n = 3$, è noto come *la spina di Lebesgue*.

Esempio 8.1 Siano $S_c = \left\{\rho = e^{-c/x_1}, x_1 > 0\right\}$, $0 < c \leq 1$, $\rho^2 = x_2^2 + x_3^2$ e $\Omega = B_1\backslash\overline{S}_1$ (Figura 3.11). *L'origine non è un punto regolare.*

Dimostrazione. Definiamo

$$w\left(\mathbf{x}\right) = \int_0^1 \frac{t}{\sqrt{\left(x_1 - t\right)^2 + \rho^2}}\, dt.$$

Abbiamo:

1. w è il potenziale Newtoniano di densità t sul segmento $l = \{(x_1, 0, 0) : 0 \leq x_1 \leq 1\}$, armonico in $\mathbb{R}^3\backslash\{(x_1, 0, 0) : 0 \leq x_1 \leq 1\}$.

2. w è limitato in Ω.

Per provarlo, consideriamo prima $x_1 \leq 0$. Allora

$$t/\sqrt{\left(x_1 - t\right)^2 + \rho^2} \leq t/\sqrt{t + |x_1| + \rho^2} \leq 1$$

e quindi $|w| \leq 1$. Se $0 < x_1 < 1$, scriviamo:

$$w\left(\mathbf{x}\right) = \int_0^1 \frac{t - x_1}{\sqrt{\left(x_1 - t\right)^2 + \rho^2}}\, dt + x_1 \int_0^1 \frac{1}{\sqrt{\left(x_1 - t\right)^2 + \rho^2}}\, dt \equiv A\left(x_1, \rho\right) + B\left(x_1, \rho\right).$$

Chiaramente, $|A\left(x_1, \rho\right)| \leq 1$. Inoltre, poiché $\rho < e^{-1/x_1}$, abbiamo

$$|B\left(x_1, \rho\right)| \leq x_1 \int_{\rho \leq |x_1 - t| \leq 1} \frac{dt}{|x_1 - t|} + \frac{x_1}{\rho}\int_{|x_1 - t| \leq \rho} dt \leq -x_1 \log \varrho + \frac{x_1}{\rho}2\rho \leq 3.$$

3. Se $0 < c < 1$, la superficie S_c è contenuta in Ω e

$$\lim_{\mathbf{x} \in S_c, \mathbf{x} \to 0} w\left(\mathbf{x}\right) = 1 + 2c. \tag{3.124}$$

Infatti, i due termini $A\left(x_1, \rho\right)$ e $B\left(x_1, \rho\right)$ possono essere calcolati esplicitamente:

$$A\left(x_1, \rho\right) = \sqrt{\left(x_1 - 1\right)^2 + \rho^2} - \sqrt{x_1^2 + \rho^2}$$

$$B\left(x_1, \rho\right) = x_1 \log\left|\left(1 - x_1 + \sqrt{\left(x_1 - 1\right)^2 + \rho^2}\right)\left(x_1 + \sqrt{\left(x_1 - 1\right)^2 + \rho^2}\right)\right| - 2x_1 \log \rho.$$

Da queste formule, la (3.124) segue facilmente.

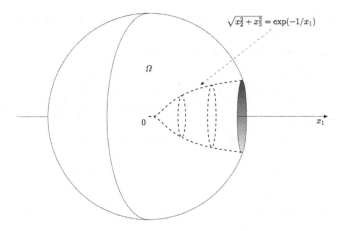

Figura 3.11 Spina di Lebesgue

In particolare, per $c = 1$, la restrizione $g = w_{|\partial\Omega}$ è ben definita e continua fino a $\mathbf{x} = \mathbf{0}$. Consideriamo u_g. Ogni punto di $\partial\Omega \setminus \{\mathbf{p}\}$ è regolare e quindi, se $\mathbf{p} \neq \mathbf{0}$,

$$\lim_{\mathbf{x}\to\mathbf{p}} \left(w\left(\mathbf{x}\right) - u_g\left(\mathbf{x}\right) \right) = 0.$$

Essendo $u - u_g$ limitata, concludiamo che $w - u_g \equiv 0$ (Problema 3.23 b.). D'altra parte, dalla (3.124), su ogni superficie S_c, $0 < c < 1$, w ha limite per $\mathbf{x} \to \mathbf{0}$ che dipende da c. Dunque il limite di u_g per $\mathbf{x} \to \mathbf{0}$ non esiste e $\mathbf{0}$ non è regolare. $\qquad\square$

Problemi

3.1. Sia $\{u_k\}_{k\geq 1}$ una successione di funzioni armoniche in un aperto $\Omega \subseteq \mathbb{R}^n$. Dimostrare che se $u_k \to u$ uniformemente in Ω, allora u é armonica in Ω.

3.2. Sia $B_R = \left\{(x,y) \in \mathbb{R}^2 : x^2 + y^2 < R\right\}$. Usare il metodo di separazione delle variabili per risolvere il problema

$$\begin{cases} \Delta u = y & \text{in } B_R \\ u = 1 & \text{su } \partial B_R. \end{cases}$$

3.3. Sia u armonica in $\mathbb{R}^n$, $n \geq 2$, tale che

$$\int_{\mathbb{R}^n} u^2 d\mathbf{x} < \infty.$$

Mostrare che $u \equiv 0$.

[*Suggerimento.* Scrivere la formula di media in $B_R\left(\mathbf{p}\right)$ per u. Usare la disuguaglianza di Schwarz e passare al limite per $R \to +\infty$].

3.4. Sia u armonica in un dominio $\Omega \subseteq \mathbb{R}^n$. Dimostrare le seguenti proprietà di u:

a) se $B_R(\mathbf{p}) \subset\subset \Omega$ allora, per ogni multiindice $\alpha = (\alpha_1, ..., \alpha_n)$

$$|D^\alpha u(\mathbf{p})| \leq \frac{(n|\alpha|)^{|\alpha|}}{R^{|\alpha|}} \max_{\partial B_R(\mathbf{p})} |u| \qquad (|\alpha| = \alpha_1 + \cdots + \alpha_n)$$

(usare il principio di induzione);

b) dedurre che vale il seguente sviluppo di Taylor

$$u(\mathbf{x}) = \sum_{|\alpha|=0}^{\infty} \frac{D^\alpha u(\mathbf{p})}{\alpha!} (\mathbf{x} - \mathbf{p})^\alpha \qquad (\alpha! = \alpha_1! \cdots \alpha_n!)$$

per $\mathbf{x}$ opportunamente vicino a $\mathbf{p}$ e quindi che u è *analitica* (*reale*) in Ω;

c) dedurre che se u ha un massimo o un minimo *locale* in $\mathbf{p} \in \Omega$, allora u è costante in Ω.

3.5. Sia $B_{1,2} = \{(r, \theta) \in \mathbb{R}^2; 1 < r < 2\}$. Esaminare la risolubilità del problema di Neumann

$$\begin{cases} \Delta u = -1 & \text{in } B_{1,2} \\ u = \cos\theta & \text{su } r = 1 \\ u = \lambda(\cos\theta)^2 & \text{su } r = 2 \end{cases} \qquad (\lambda \in \mathbb{R})$$

e scrivere una formula esplicita della soluzione, quando esiste.

3.6. (*Principio di riflessione di Schwarz*). Sia

$$B_1^+ = \{(x, y) \in \mathbb{R}^2 : x^2 + y^2 < 1, y > 0\}$$

e $u \in C^2(B_1^+) \cap C(\overline{B_1^+})$, armonica in B_1^+, $u(x, 0) = 0$. Mostrare che la funzione

$$U(x, y) = \begin{cases} u(x, y) & y \geq 0 \\ -u(x, -y) & y < 0, \end{cases}$$

ottenuta da u per riflessione dispari rispetto a y, è armonica in tutto B_1.
[*Suggerimento*. Sia v la soluzione di $\Delta v = 0$ in B_1, $v = U$ su ∂B_1. Definire

$$w(x, y) = v(x, y) + v(x, -y)$$

e mostrare che $w \equiv 0$ ...].

3.7. Enunciare e dimostrare il *principio di riflessione di Schwarz* in dimensione tre.

3.8. Sia u armonica in $\mathbb{R}^n$ e $\mathbf{M}$ una matrice ortogonale di ordine n. Usando la proprietà di media, mostrare che $v(\mathbf{x}) = u(\mathbf{Mx})$ è armonica in $\mathbb{R}^n$.

3.9. *Principio di Hopf*. Sia $\Omega \subset \mathbb{R}^2$ and $u \in C^2(\Omega) \cap C^1(\overline{\Omega})$, *armonica e positiva* in Ω. Supponiamo che nel punto $\mathbf{x}_0 \in \partial\Omega$ valga la seguente condizione (Figura 3.12): *esiste un cerchio* $C_R(\mathbf{p}) \subset \Omega$ *tale che*

$$C_R(\mathbf{p}) \cap \partial\Omega = \{\mathbf{x}_0\}$$

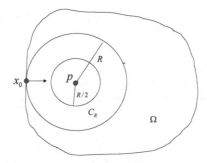

Figura 3.12 Cerchio interno tangente in $\mathbf{x}_0$

a) mostrare che se $u(\mathbf{x}_0) = 0$, allora $u_\nu(\mathbf{x}_0) < 0$;

b) dedurre che il problema di Robin ha una sola soluzione in $C^2(\Omega) \cap C^1(\overline{\Omega})$;

c) generalizzare a dimensione $n > 2$.

[*Suggerimento.* a) Usare il principio di massimo per confrontare u con la funzione armonica

$$w(\mathbf{x}) = \frac{\ln R - \ln|\mathbf{x} - \mathbf{p}|}{\ln R - \ln(R/2)} \min_{\partial C_{R/2}(\mathbf{p})} u$$

nella corona circolare

$$A = C_R(\mathbf{p}) \setminus C_{R/2}(\mathbf{p}).$$

Confrontare poi le derivate normali in $\mathbf{x}_0$].

3.10. Sia $f \in C^2(\mathbb{R}^2)$ con supporto K, compatto, e

$$u(\mathbf{x}) = -\frac{1}{2\pi} \int_{\mathbb{R}^2} \log|\mathbf{x} - \mathbf{y}| \ f(\mathbf{y}) \, d\mathbf{y}.$$

Mostrare che

$$u(\mathbf{x}) = -\frac{M}{2\pi} \log|\mathbf{x}| + O(|\mathbf{x}|^{-1}), \qquad \text{per } |\mathbf{x}| \to +\infty$$

dove

$$M = \int_{\mathbb{R}^2} f(\mathbf{y}) \, d\mathbf{y}.$$

[*Suggerimento.* Scrivere

$$\log|\mathbf{x} - \mathbf{y}| = \log(|\mathbf{x} - \mathbf{y}| / |\mathbf{x}|) + \log|\mathbf{x}|$$

e mostrare che, se $\mathbf{y} \in K$,

$$|\log(|\mathbf{x} - \mathbf{y}| / |\mathbf{x}|)| \le C/|\mathbf{x}| \ ].$$

3.11. Ricavare la formula di rappresentazione (3.65) in dimensione due.

3.12. Calcolare la funzione di Green per il cerchio di raggio R.

[*Risposta parziale*:

$$G(\mathbf{x}, \mathbf{y}) = -\frac{1}{2\pi} [\log|\mathbf{x} - \mathbf{y}| - \log(\frac{|\mathbf{x}|}{R} |\mathbf{x}^* - \mathbf{y}|)],$$

dove $\mathbf{x}^* = R^2 \mathbf{x} |\mathbf{x}|^{-2}$, $\mathbf{x} \ne \mathbf{0}$].

3.13. Siano $\Omega \subset \mathbb{R}^n$ limitato, regolare e G la funzione di Green in Ω. Dimostrare che, per ogni $\mathbf{x}, \mathbf{y} \in \Omega$, $\mathbf{x} \neq \mathbf{y}$, si ha:

a) $G(\mathbf{x}, \mathbf{y}) > 0$;

b) $G(\mathbf{x}, \mathbf{y}) = G(\mathbf{y}, \mathbf{x})$.

[*Suggerimento.* a) Siano $B_r(\mathbf{x}) \subset \Omega$ e w la funzione armonica in $\Omega \backslash \overline{B}_r(\mathbf{x})$ tale che $w = 0$ su $\partial \Omega$ e $w = 1$ su $\partial B_r(\mathbf{x})$. Mostrare che, per ogni r abbastanza piccolo, si ha

$$G(\mathbf{x}, \cdot) > w(\cdot)$$

in $\Omega \backslash \overline{B}_r(\mathbf{x})$.

b) Fissato $\mathbf{x} \in \Omega$, definire $w_1(\mathbf{y}) = G(\mathbf{x}, \mathbf{y})$ e $w_2(\mathbf{y}) = G(\mathbf{y}, \mathbf{x})$. Applicare l'identità di Green (3.66) in $\Omega \backslash B_r(\mathbf{x})$ a w_1 e w_2. Far tendere r a 0].

3.14. Calcolare la funzione di Green per il semipiano $\mathbb{R}^2_+ = \{(x, y); y > 0\}$ e ricavare (formalmente) la formula di Poisson

$$u(x, y) = \frac{y}{\pi} \int_{\mathbb{R}} \frac{u(x, 0)}{(x - \xi)^2 + y^2} \, d\xi$$

per una funzione armonica e limitata in $\mathbb{R}^2_+$.

3.15. Dimostrare che il problema di Dirichlet esterno nel piano ha un'unica soluzione limitata $u \in C^2(\Omega_e) \cap C(\overline{\Omega}_e)$, eseguendo i passi seguenti. Sia w la differenza di due soluzioni limitate. Allora w è armonica in Ω_e, si annulla su $\partial \Omega_e$ ed è limitata, diciamo $|w| \leq M$.

Passo **1**. Possiamo assumere che $\mathbf{0} \in \Omega$. Siano $B_a(\mathbf{0})$ e $B_R(\mathbf{0})$ tali che

$$B_a(\mathbf{0}) \subset \Omega \subset B_R(\mathbf{0})$$

e definiamo

$$u_R(\mathbf{x}) = M \frac{\ln |\mathbf{x}| - \ln |a|}{\ln R - \ln a}.$$

Usando il principio di massimo dedurre che $w \leq u_R$, nella corona circolare

$$B_{a,R} = \{\mathbf{x} \in \mathbb{R}^2; a < |\mathbf{x}| < R\}.$$

Passo **2**. Far tendere R a $+\infty$ e dedurre che $w \leq 0$ in Ω_e.

Passo **3**. Procedendo in modo analogo, mostrare che $w \geq 0$ in Ω_e.

3.16. Ritrovare la formula di Poisson per il cerchio B_R, rappresentando la soluzione di $\Delta u = 0$ in B_R, $u = g$ su ∂B_R, come potenziale di doppio strato.

3.17. Considerare il problema esterno di Neumann-Robin in $\mathbb{R}^3$

$$\begin{cases} \Delta u = 0 & \text{in } \Omega_e \\ \partial_{\boldsymbol{\nu}} u + ku = g & \text{su } \partial \Omega_e, \ (k \geq 0) \\ u \to 0 & \text{per } |\mathbf{x}| \to \infty. \end{cases} \qquad (3.125)$$

a) Sia $k = 0$. Mostrare che se per $|\mathbf{x}| \to \infty$, $|u(\mathbf{x})| \leq M|\mathbf{x}|^{-1-\varepsilon}$, con $\varepsilon > 0$, la condizione

$$\int_{\partial \Omega} g \, d\sigma = 0$$

è necessaria per la risolubilità di (3.125).

b) Rappresentare la soluzione come potenziale di strato semplice e ricavare l'equazione integrale per la densità incognita.

[*Suggerimento. a*) Mostrare che, per $R \gg 1$,

$$\int_{\partial \Omega} g \, d\sigma = \int_{\{|\mathbf{x}|=R\}} \partial_\nu u \, d\sigma.$$

Mostrare che $|\nabla u(x)| \le M|x|^{-2-\varepsilon}$ per $|x|$ abbastanza grande e far tendere R a $+\infty$.

3.18. Risolvere (formalmente) il problema di Neumann nel semispazio $\mathbb{R}^3_+$, usando un potenziale di strato semplice.

3.19. Considerare l'equazione

$$Lu \equiv \Delta u + k^2 u = 0 \qquad \text{in } \mathbb{R}^3$$

detta *equazione di Helmoltz* o *equazione ridotta delle onde*.

a) Mostrare che le soluzioni radiali $u = u(r)$, $r = |\mathbf{x}|$, soddisfacenti la condizione *uscente di Sommerfeld*

$$u_r + iku = O\left(\frac{1}{r^2}\right) \qquad \text{per } r \to +\infty,$$

sono della forma

$$\varphi(r;k) = c \frac{e^{-ikr}}{r} \qquad c \in \mathbb{C}.$$

b) Per f regolare e a supporto compatto in $\mathbb{R}^3$, definire il potenziale

$$U(\mathbf{x}) = c_0 \int_{\mathbb{R}^3} f(\mathbf{y}) \frac{e^{-ik|\mathbf{x}-\mathbf{y}|}}{|\mathbf{x}-\mathbf{y}|} d\mathbf{y}.$$

Determinare c_0 in modo che

$$LU(\mathbf{x}) = -f(\mathbf{x}).$$

[*Risposta. b*): $c_0 = (4\pi)^{-1}$].

3.20. Giustificare le integrazioni per parti nella dimostrazione del Teorema 4.2, integrando prima sulla corona sferica $\mathbb{B}_R(\mathbf{x}) \setminus B_r(\mathbf{x})$ e poi passando al limite per $R \to +\infty$ e $r \to 0$.

3.21. Sia $u \in C(\Omega)$, $\Omega \subseteq \mathbb{R}^n$. Usando le notazioni della sottosezione 3.8.1, provare le seguenti affermazioni:

a) $u(\mathbf{x}) \le S(u; \mathbf{x}, r)$ se e solo se $u(\mathbf{x}) \le A(u; \mathbf{x}, r)$.

b) Se $u \in C(\Omega)$ è subarmonica in Ω allora le funzioni

$$r \longmapsto S(u; \mathbf{x}, r), \qquad r \longmapsto A(u; \mathbf{x}, r)$$

sono non decrescenti.

c) Se u è armonica in Ω allora u^2 è subarmonica in Ω.

d) Se $u \in C^2(\Omega)$, u è subarmonica in Ω se e solo se $\Delta u \ge 0$ in Ω.

Inoltre:

e) Sia u subarmonica in Ω e $F : \mathbb{R} \to \mathbb{R}$, regolare. Sotto quali condizioni su F la funzione composta $F \circ u$ è subarmonica?

3.22. Sia Ω la sezione trasversale di un cilindro con asse parallelo all'asse z; torcendolo, si produce uno sforzo tangenziale in ogni sezione. Se σ_1 e σ_2 sono le componenti scalari dello sforzo nei piani (x, z) e (y, z), esiste una funzione $v = v(x, y; z)$ (*stress function*) tale che

$$v_x = \sigma_1, \qquad v_y = \sigma_2.$$

In opportune unità di misura, v è soluzione del problema

$$\begin{cases} v_{xx} + v_{yy} = -2 & \text{in } \Omega \\ v = 0 & \text{su } \partial\Omega. \end{cases}$$

Assumendo che $v \in C^2(\Omega) \cap C^1(\overline{\Omega})$, dimostrare che lo sforzo, rappresentato da $|\nabla v|^2$, assume il massimo su $\partial\Omega$.

3.23. Sia Ω un dominio limitato e $u \in C(\Omega)$ subarmonica e limitata.

a) Supponiamo che, per ogni $\mathbf{p} \in \partial\Omega \setminus \{\mathbf{p}_1, \ldots, \mathbf{p}_N\}$,

$$\lim_{\mathbf{x} \to \mathbf{p}} u(\mathbf{x}) \le 0.$$

Dimostrare che $u \le 0$ in Ω.

b) Dedurre da a) che se u é armonica e limitata in Ω e $\lim_{\mathbf{x} \to \mathbf{p}} u(\mathbf{x}) = 0$ per ogni $\mathbf{p} \in \partial\Omega \setminus \{\mathbf{p}_1, \ldots, \mathbf{p}_N\}$, allora $u \equiv 0$ in Ω.

[Suggerimento: a) $(n > 2)$ Sia $w(\mathbf{x}) = u(\mathbf{n}) - \varepsilon \sum_{j=1}^N |\mathbf{x} - p_j|^{2-n}$, $\varepsilon > 0$. Osservare che w é subarmonica in Ω e che esistono N sfere $B_{\rho_j}(\mathbf{p}_j)$, con ρ_j piccoli, tali che $w < 0$ in ogni $B_{\rho_j}(\mathbf{p}_j)$. Inoltre, sulla frontiera di $\Omega \setminus U_{j=1}^N B_{\rho_j}(\mathbf{p}_j)$, $w \le 0$. Concludere usando il principio di massimo.]

Capitolo 4
Leggi di conservazione scalari ed equazioni del prim'ordine

4.1 Leggi di conservazione

In questa prima parte del capitolo ci concentriamo su equazioni a derivate parziali del prim'ordine del tipo

$$u_t + q(u)_x = 0, \qquad x \in \mathbb{R}, t > 0. \tag{4.1}$$

In generale, $u = u(x,t)$ rappresenta la *densità o la concentrazione di una quantità fisica* Q e $q(u)$ è la sua *funzione flusso*[1]. La (4.1) costituisce una relazione tra densità e flusso e prende il nome di **legge di conservazione**, per il seguente motivo. Se consideriamo un intervallo arbitrario $[x_1, x_2]$, l'integrale

$$\int_{x_1}^{x_2} u(x,t)\, dx$$

rappresenta la quantità presente tra x_1 e x_2 al tempo t. Una *legge di conservazione* esprime il fatto che, in assenza di sorgenti esterne (ossia senza aggiunta o sottrazione di Q), il tasso di variazione di Q all'interno di $[x_1, x_2]$ è determinato dal flusso netto attraverso gli estremi dell'intervallo. Se il flusso è modellato da una funzione $q = q(u)$, la legge di conservazione si esprime mediante l'equazione

$$\frac{d}{dt} \int_{x_1}^{x_2} u(x,t)\, dx = -q(u(x_2,t)) + q(u(x_1,t)) \tag{4.2}$$

dove assumiamo che $q > 0$ ($q < 0$) se il flusso avviene nella direzione positiva (negativa) dell'asse x. In ipotesi di regolarità di u e q, la (4.2) si può riscrivere nella forma

$$\int_{x_1}^{x_2} \left[u_t(x,t) + q(u(x,t))_x \right] dx = 0$$

che implica la (4.1), in virtù dell'arbitrarietà dell'intervallo $[x_1, x_2]$.

[1] Le dimensioni di q sono *massa* $\times$ *tempo*$^{-1}$.

© Springer-Verlag Italia 2016
S. Salsa, *Equazioni a derivate parziali. Metodi, modelli e applicazioni*, 3a edizione,
UNITEXT – La Matematica per il 3+2 97, DOI 10.1007/978-88-470-5785-2_4

A questo punto dobbiamo decidere con che tipo di funzione flusso abbiamo a che fare o, in altri termini, *stabilire una legge costitutiva per q*.

Nella prossima sezione riprenderemo il modello dell'inquinante sul fiume, considerato nel Capitolo 2, trascurando gli effetti della diffusione ed esaminando l'effetto del puro trasporto. In questo caso si ha una legge *lineare in u*, in cui cioè la funzione di flusso è proporzionale a u:

$$q(u) = vu$$

dove v è costante. Si tratta di un modello di *convezione o trasporto* nel quale $v\mathbf{i}$ è la velocità di deriva. Successivamente esamineremo un modello non lineare con velocità dipendente da u, che servirà per introdurre e motivare lo sviluppo della teoria.

La (4.1) appare in molti fenomeni di fluidodinamica unidimensionale e spesso sta alla base della formazione e propagazione delle cosiddette *onde d'urto* (*shock waves*). Queste ultime sono soluzioni che presentano linee di *discontinuità* a salto e si pone quindi il problema di interpretare l'equazione (4.1) in modo da consentire ad una funzione discontinua di essere soluzione.

Un tipico problema associato alla (4.1) è quello *ai valori iniziali*:

$$\begin{cases} u_t + q(u)_x = 0 \\ u(x,0) = g(x) \end{cases} \qquad (4.3)$$

dove $x \in \mathbb{R}$. Se x varia in un intervallo semi-infinito o finito, per avere un problema ben posto, occorre aggiungere opportune condizioni al bordo, come vedremo più avanti.

La legge di conservazione (4.1) è un caso particolare di equazione *quasi-lineare* del prim'ordine del tipo

$$a(x,y,u)u_x + b(x,y,z)u_y = c(x,y,u),$$

trattate nella Sezione 4.5. In particolare, per questo tipo di equazioni, studiamo i problema di Cauchy, estendendo il metodo delle caratteristiche. Infine, nella Sezione 4.6, generalizziamo ulteriormente considerando equazioni completamente non lineari della forma

$$F(u_x, u_y, u, x, y) = 0$$

e concludendo con una semplice applicazione all'ottica geometrica.

4.2 Equazione lineare del trasporto

4.2.1 Inquinante in un fiume

Riprendiamo il modello di evoluzione di un inquinante in canale stretto considerato nelle sottosezione 2.5.2. Se diffusione e trasporto sono entrambi

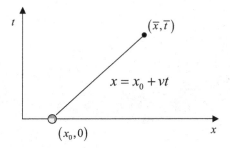

Figura 4.1 Caratteristica per il problema di trasporto lineare

presenti, abbiamo ricavato l'equazione

$$c_t = Dc_{xx} - vc_x$$

dove c è la concentrazione e $v\mathbf{i}$ è la velocità della corrente ($v > 0$). Se $D = 0$ ci si riduce all'equazione di puro trasporto,

$$c_t + vc_x = 0 \qquad (4.4)$$

che, introducendo il vettore

$$\mathbf{v} = v\mathbf{i} + \mathbf{j},$$

si può scrivere come

$$vc_x + c_t = \nabla c \cdot \mathbf{v} = 0$$

evidenziando la perpendicolarità del gradiente di c e del vettore $\mathbf{v}$. Ma ∇c è ortogonale alle linee di livello di c, lungo le quali c è costante. Le linee di livello di c sono perciò le rette parallele a $\mathbf{v}$, di equazione

$$x = vt + x_0.$$

Tali rette si chiamano **caratteristiche** (Figura 4.1). Proponiamoci ora di studiare l'evoluzione della concentrazione c conoscendone il profilo iniziale

$$c(x, 0) = g(x). \qquad (4.5)$$

Il calcolo della soluzione in un punto generico $(\bar{x}, \bar{t})$, $\bar{t} > 0$, è molto semplice. Sia $x = vt + x_0$ l'equazione della caratteristica che passa per $(\bar{x}, \bar{t})$. Retrocediamo lungo tale retta dal punto $(\bar{x}, \bar{t})$ fino al punto $(x_0, 0)$ nel quale essa interseca l'asse x. Poiché c è costante lungo la caratteristica e $x_0 = \bar{x} - v\bar{t}$, deve essere

$$c(\bar{x}, \bar{t}) = g(x_0) = g(\bar{x} - v\bar{t}).$$

Pertanto, se $g \in C^1(\mathbb{R})$, la soluzione del problema di Cauchy (4.4), (4.5) è data da

$$c(x, t) = g(x - vt). \qquad (4.6)$$

La (4.6) rappresenta *un'onda progressiva che si muove con velocità* v, nella direzione positiva dell'asse x. In Figura 4.2, un profilo iniziale di concentrazione $g(x) = \sin(\pi x)\chi_{[0,1]}(x)$ è *trasportato* nel piano x, t lungo le rette $x + t =$ costante, cioè con velocità unitaria $v = 1$, nella direzione negativa dell'asse x.

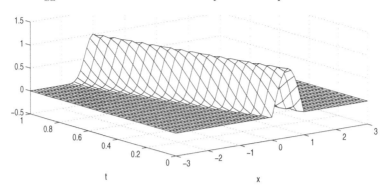

Figura 4.2 Onda progressiva

4.2.2 Sorgente distribuita

Consideriamo ora la presenza di una *sorgente* (o *pozzo*) di inquinante distribuita lungo il canale, di *intensità* $f = f(x, t)$. La funzione f ha le dimensioni di concentrazione per unità di tempo. Invece della (4.2) abbiamo

$$\frac{d}{dt} \int_{x_1}^{x_2} c(x, t)\, dx = -q\left(c\left(x_2, t\right)\right) + q\left(c\left(x_1, t\right)\right) + \int_{x_1}^{x_2} f(x, t)\, dx$$

e con calcoli analoghi ai precedenti, il nostro modello diventa

$$c_t + v c_x = f(x, t) \tag{4.7}$$

con la condizione iniziale

$$c(x, 0) = g(x). \tag{4.8}$$

Anche in questo caso, il calcolo della soluzione u in un punto generico $(\overline{x}, \overline{t})$ non presenta particolari difficoltà. Sia $x = x_0 + vt$ l'equazione della caratteristica passante per $(\overline{x}, \overline{t})$. Calcoliamo u lungo questa caratteristica ponendo $w(t) = c(x_0 + vt, t)$. Usando la (4.7), si vede che w è la soluzione dell'equazione *differenziale ordinaria*

$$\dot{w}(t) = v c_x(x_0 + vt, t) + c_t(x_0 + vt, t) = f(x_0 + vt, t)$$

con la condizione iniziale

$$w(0) = g(x_0).$$

Integrando tra 0 e $\overline{t}$ si trova

$$w(\overline{t}) = g(x_0) + \int_0^{\overline{t}} f(x_0 + vs, s)\, ds.$$

Ricordando che $x_0 = \overline{x} - v\overline{t}$, otteniamo

$$c(\overline{x}, \overline{t}) = w(\overline{t}) = g(\overline{x} - v\overline{t}) + \int_0^{\overline{t}} f(\overline{x} - v(\overline{t} - s), s)\, ds. \tag{4.9}$$

Poiché $(\overline{x}, \overline{t})$ è arbitrario, se g e f sono sufficientemente regolari, la (4.9) è la formula della soluzione.

Alternativamente, la (4.9) si può ricavare col *metodo di Duhamel*, come nel paragrafo 2.8.3 (Problema 4.1).

Microteorema 1.1. *Siano $g \in C^1(\mathbb{R})$ ed $f, f_x \in C(\mathbb{R} \times [0, +\infty))$. La soluzione del problema*

$$\begin{cases} c_t + vc_x = f(x,t) & x \in \mathbb{R}, \, t > 0 \\ c(x,0) = g(x) & x \in \mathbb{R} \end{cases}$$

appartiene a $C^1(\mathbb{R} \times [0, +\infty))$ ed è data dalla formula

$$c(x,t) = g(x - vt) + \int_0^t f(x - v(t-s), s) \, ds. \qquad (4.10)$$

Esempio 1.1. La soluzione del problema

$$\begin{cases} c_t + vc_x = e^{-t} \sin x & x \in \mathbb{R}, \, t > 0 \\ c(x,0) = 0 & x \in \mathbb{R} \end{cases}$$

è data da

$$c(x,t) = \int_0^t e^{-s} \sin(x - v(t-s)) \, ds$$
$$= \frac{1}{1 + v^2} \left\{ -e^{-t} (\sin x + v \cos x) + \sin(x - vt) + v \cos(x - vt) \right\}.$$

4.2.3 Estinzione e sorgente localizzata

Supponiamo che l'inquinante si *estingua* per *decomposizione batteriologica* ad un tasso

$$r(x,t) = -\gamma c(x,t) \qquad \gamma > 0.$$

In assenza di diffusione ($D = 0$) e di sorgenti esterne, il modello matematico è

$$c_t + vc_x = -\gamma c$$

con la condizione iniziale

$$c(x,0) = g(x).$$

Se poniamo

$$u(x,t) = c(x,t) e^{\frac{\gamma}{v} x}, \qquad (4.11)$$

abbiamo

$$u_x = \left(c_x + \frac{\gamma}{v} c \right) e^{\frac{\gamma}{v} x} \quad \text{e} \quad u_t = c_t e^{\frac{\gamma}{v} x}$$

e quindi l'equazione per u è

$$u_t + vu_x = 0$$

con condizione iniziale

$$u(x,0) = g(x) e^{\frac{\gamma}{v} x}.$$

Dal Microteorema 1.1 abbiamo

$$u(x,t) = g(x - vt) e^{\frac{\gamma}{v}(x-vt)}$$

e dalla (4.11):

$$c(x,t) = g(x - vt) e^{-\gamma t}$$

che rappresenta *un'onda progressiva smorzata*.

Esaminiamo ora l'effetto di una sorgente d'inquinante posta in un dato punto del canale, per esempio in $x = 0$. Tipicamente, si può pensare ad acque di rifiuto in impianti industriali. Supponiamo che, prima che l'impianto entri in funzione, per esempio prima dell'istante $t = 0$, il fiume sia pulito. Vogliamo determinare la concentrazione di inquinante, assumendo *che questa sia mantenuta ad un livello costante $\beta > 0$ per $t > 0$*.

Un modello per la sorgente si ottiene introducendo la funzione di Heaviside

$$\mathcal{H}(t) = \begin{cases} 1 & t \geq 0 \\ 0 & t < 0 \end{cases}$$

con la *condizione al bordo*

$$c(0,t) = \beta \mathcal{H}(t)$$

dove $\mathcal{H}$ è adimensionale, e la condizione iniziale

$$c(x,0) = 0 \qquad \text{per } x > 0.$$

Come prima, poniamo $u(x,t) = c(x,t) e^{\frac{\gamma}{v}x}$, che è soluzione di $u_t + vu_x = 0$ con le condizioni:

$$u(x,0) = c(x,0) e^{\frac{\gamma}{v}x} = 0 \qquad x > 0$$
$$u(0,t) = c(0,t) = \beta \mathcal{H}(t) \qquad t \in \mathbb{R}.$$

Poiché u è costante lungo le caratteristiche, abbiamo una soluzione della forma

$$u(x,t) = u_0(x - vt) \tag{4.12}$$

dove u_0 è da determinarsi usando le condizioni al bordo e la condizione iniziale.

Per calcolare u nel settore $0 < x < vt$, osserviamo che le caratteristiche uscenti da un punto $(0,t)$ sull'asse t trasportano il dato $\beta \mathcal{H}(t)$. Quindi deve essere

$$u_0(-vt) = \beta \mathcal{H}(t).$$

Ponendo $s = -vt$ si ha

$$u_0(s) = \beta \mathcal{H}\left(-\frac{s}{v}\right)$$

e da (4.12)

$$u(x,t) = \beta \mathcal{H}\left(t - \frac{x}{v}\right).$$

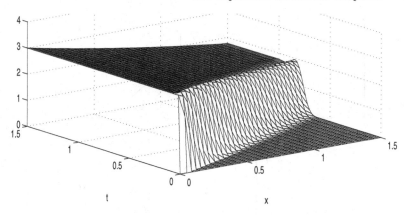

Figura 4.3 Propagazione di una discontinuità

Questa formula dà la soluzione anche nel settore

$$x > vt, \quad t > 0,$$

poiché la caratteristiche uscenti dall'asse x trasportano dati *nulli* e quindi deduciamo $u = c = 0$. Ciò significa che l'inquinante non ha ancora raggiunto il punto x al tempo t, se $x > vt$.

Infine, ricordando la (4.11), troviamo

$$c(x, t) = \beta \mathcal{H}\left(t - \frac{x}{v}\right) e^{-\frac{\gamma}{v}x}.$$

Si osservi che in $(0, 0)$ c'è *una discontinuità che si trasporta lungo la caratteristica* $x = vt$. La Figura 4.3 mostra la soluzione per $\beta = 3$, $\gamma = 0.7$, $v = 2$.

4.2.4 Caratteristiche inflow e outflow

Il problema precedente è un problema nel quadrante $x > 0, t > 0$. Per determinare univocamente la soluzione abbiamo usato, oltre al dato iniziale, un dato sul semiasse positivo $x = 0$, $t > 0$. Il nuovo problema risulta così ben posto. Ciò è dovuto al fatto che, essendo $v > 0$, *all'aumentare del tempo, tutte le caratteristiche che escono dal bordo trasportano le informazioni* (i dati) *verso l'interno* del quadrante $x > 0, t > 0$. Si dice che le caratteristiche sono **inflow** rispetto al quadrante.

Esaminiamo in generale la situazione per un'equazione del tipo

$$u_t + au_x = f(x, t)$$

nel quadrante $x > 0$, $t > 0$, dove a è costante ($a \neq 0$). Le caratteristiche sono le rette

$$x - at = \text{costante}$$

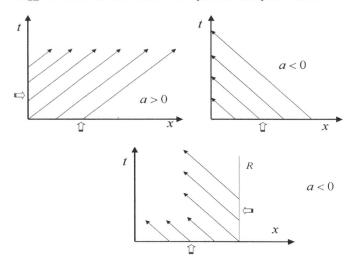

Figura 4.4 Le frecce indicano dove vanno assegnati i dati

la cui configurazione è illustrata in Figura 4.4. Si vede che, se $a > 0$, siamo nella situazione dell'inquinante: le caratteristiche uscenti dal bordo **entrano nel dominio** ed occorre **assegnare i dati su entrambi i semiassi**.

Se invece $a < 0$, le caratteristiche che partono dall'asse x **entrano nel dominio** (*inflow characteristics*) mentre quelle che partono dall'asse t **sono uscenti** (*outflow characteristics*). In questo caso i dati iniziali sono sufficienti a determinare il valore della soluzione mentre **non deve essere assegnato il valore su** $x = 0, t > 0$.

Se ora abbiamo un problema nella striscia $x \in [0, R]$, $t > 0$, oltre alla condizione iniziale occorre assegnare i dati

$$\begin{cases} u(0,t) = h_0(t) & \text{se } a > 0 \\ u(R,t) = h_R(t) & \text{se } a < 0. \end{cases}$$

Il problema che si ottiene risulta ben posto, in quanto la soluzione è determinata univocamente in ogni punto della striscia dai valori lungo le caratteristiche. La stabilità della soluzione rispetto ai dati segue poi dal seguente semplice calcolo. Per fissare le idee, siano $a > 0$ e u soluzione del problema[2]

$$\begin{cases} u_t + au_x = 0 & 0 < x < R, t > 0 \\ u(0,t) = h(t) & t > 0 \\ u(x,0) = g(x) & 0 < x < R. \end{cases} \tag{4.13}$$

Moltiplichiamo l'equazione per u e scriviamo

$$uu_t + auu_x = \frac{1}{2}\frac{d}{dt}u^2 + \frac{a}{2}\frac{d}{dx}u^2 = 0.$$

[2] Per il caso $u_t + au_x = f$, vedere il Problema 4.2.

Integriamo rispetto ad x in $(0, R)$; si trova:

$$\frac{d}{dt} \int_0^R u^2(x,t)\, dx + a \left[u^2(R,t) - u^2(0,t) \right] = 0.$$

Usiamo il dato $u(0,t) = h(t)$ e la positività di a per ottenere

$$\frac{d}{dt} \int_0^R u^2(x,t)\, dx \le a h^2(t).$$

Integrando in t ed usando la condizione iniziale $u(x,0) = g(x)$, si ha

$$\int_0^R u^2(x,t)\, dx \le \int_0^R g^2(x)\, dx + a \int_0^t h^2(s)\, ds. \qquad (4.14)$$

Siano ora u_1 e u_2 soluzioni del problema con dati iniziali g_1 e g_2 e dati laterali h_1 e h_2 su $x = 0$. Per la linearità del problema, $w = u_1 - u_2$ è soluzione del problema (4.13) con dato iniziale $g_1 - g_2$ e dato laterale $h_1 - h_2$ su $x = 0$. Applicando la (4.14) a w si trova

$$\int_0^R \left[u_1(x,t) - u_2(x,t) \right]^2 dx \le \int_0^R (g_1 - g_2)^2 dx + a \int_0^t (h_1 - h_2)^2 ds$$

che mostra come lo scarto quadratico tra le soluzioni sia controllato da quello tra i dati, per ogni $t > 0$. In questo senso la soluzione del problema (4.13) dipende con continuità dal dato iniziale e da quello laterale su $x = 0$. Si noti che i valori di u su $x = R$ non intervengono nella (4.14).

4.3 Traffico su strada

4.3.1 Un modello di dinamica del traffico

Un intenso traffico su un tratto rettilineo di una grande arteria stradale, si può assimilare da lontano al flusso di un fluido descritto per mezzo di variabili macroscopiche come la *densità di auto* ρ (auto per unità di lunghezza), la loro *velocità media* v e il loro *flusso* q (auto per unità di tempo). Le tre funzioni ρ, u e q (più o meno regolari) sono legate tra loro dalla semplice relazione convettiva

$$q = v\rho.$$

Per costruire un modello matematico che governi l'evoluzione di ρ adottiamo le seguenti ipotesi.

1. *C'è una sola corsia e non sono permessi sorpassi.* Questo è realistico per esempio per il traffico in un tunnel (Problema 4.7). Modelli a più corsie con sorpasso consentito sono al di là degli scopi di questa introduzione.

2. *Assenza di "sorgenti" o "pozzi" di auto.* Stiamo cioè assumendo che le auto non possano aumentare o diminuire all'interno del tratto di strada considerato, eccetto che attraverso i caselli di uscita/entrata. Un casello può essere modellato come nel caso della sorgente/pozzo puntiforme di inquinante. Qui considereremo, per semplicità, tratti privi di caselli.

3. *La velocità non è costante e dipende dalla sola densità,* cioè

$$v = v(\rho).$$

Quest'ultima ipotesi, piuttosto controversa, implica che ogni autista viaggia alla stessa velocità in presenza di una data densità e che, se la densità cambia, la variazione in velocità è istantanea. Chiaramente

$$v'(\rho) = \frac{dv}{d\rho} \leq 0$$

poiché ci aspettiamo che la velocità decresca al crescere della densità.

Le ipotesi **2** e **3** conducono alla legge di conservazione:

$$\rho_t + q(\rho)_x = 0$$

dove

$$q(\rho) = v(\rho)\,\rho.$$

Ci serve una legge costitutiva per $v = v(\rho)$. Quando ρ è piccola, è ragionevole ritenere che v sia sostanzialmente uguale alla velocità massima consentita v_m. Quando ρ cresce, il traffico rallenta e si arresta alla densità massima ρ_m (quando la distanza tra le auto è minima). Adottiamo il più semplice modello in accordo con queste considerazioni: cioè che v sia proporzionale allo scarto $(\rho_m - \rho)/\rho_m$. In formule:

$$v(\rho) = v_m \left(1 - \frac{\rho}{\rho_m}\right). \tag{4.15}$$

Abbiamo, dunque,

$$q(\rho) = v_m \rho \left(1 - \frac{\rho}{\rho_m}\right)$$

e

$$q(\rho)_x = q'(\rho)\,\rho_x = v_m \left(1 - \frac{2\rho}{\rho_m}\right)\rho_x.$$

Pertanto, l'equazione finale è

$$\rho_t + \underbrace{v_m \left(1 - \frac{2\rho}{\rho_m}\right)}_{q'(\rho)}\rho_x = 0. \tag{4.16}$$

Questa equazione non è lineare a causa del termine in $\rho\rho_x$ ma è *quasi-lineare*, in quanto lineare rispetto alle derivate parziali. Notiamo anche che

$$q''(\rho) = -\frac{2v_m}{\rho_m} < 0$$

e cioè che q è *concava*. All'equazione aggiungiamo la condizione iniziale

$$\rho(x,0) = g(x). \tag{4.17}$$

4.3.2 Il metodo delle caratteristiche

Vogliamo ora risolvere il problema ai valori iniziali (4.16), (4.17). Per calcolare la densità ρ nel punto (x,t) proviamo ad utilizzare l'idea che ha funzionato nel caso lineare omogeneo: *connettere il punto (x,t) con un punto $(x_0,0)$ sull'asse x,portante il dato iniziale, mediante una curva lungo la quale ρ sia costante.* Una curva di questo tipo prende ancora il nome di **caratteristica**, uscente da $(x_0,0)$ (Figura 4.5).

È chiaro che se si riesce nell'impresa, il valore di ρ nel punto (x,t) coincide con il valore *noto* $\rho(x_0,0) = g(x_0)$. Se poi il procedimento si può ripetere per ogni punto (x,t), $x \in \mathbb{R}$, $t > 0$, possiamo calcolare ρ in ogni punto ed il problema è risolto. Questo è il *metodo delle caratteristiche*.

L'idea si può esprimere assumendo un atteggiamento "lagrangiano", che rovescia in un certo senso il punto di vista adottato prima: *partiamo dal punto $(x_0,0)$ e muoviamoci lungo una curva caratteristica, per esempio di equazione $x = x(t)$, in modo da osservare sempre la stessa densità iniziale $g(x_0)$.* In formule, ciò che vogliamo è che

$$\rho(x(t),t) = g(x_0) \tag{4.18}$$

per ogni $t > 0$. Derivando l'identità (4.18) si ottiene

$$\frac{d}{dt}\rho(x(t),t) = \rho_x(x(t),t)\dot{x}(t) + \rho_t(x(t),t) = 0 \qquad (t > 0).$$

D'altra parte, la (4.16) dà

$$\rho_t(x(t),t) + q'(g(x_0))\rho_x(x(t),t) = 0$$

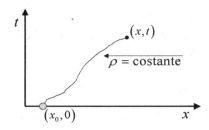

Figura 4.5 Curva caratteristica

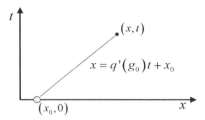

Figura 4.6 Retta caratteristica

e quindi, sottraendo membro a membro le due ultime equazioni, si ha:

$$\rho_x \left(x \left(t \right), t \right) \left[\dot{x} \left(t \right) - q' \left(g \left(x_0 \right) \right) \right] = 0.$$

Assumendo $\rho_x \left(x \left(t \right), t \right) \neq 0$, otteniamo l'equazione

$$\dot{x} \left(t \right) = q' \left(g \left(x_0 \right) \right)$$

con la condizione iniziale $x \left(0 \right) = x_0$. Integrando, si ottiene

$$x \left(t \right) = q' \left(g \left(x_0 \right) \right) t + x_0. \tag{4.19}$$

Le caratteristiche sono dunque **rette** con pendenza $q' \left(g \left(x_0 \right) \right)$. Valori diversi di x_0 danno, in generale, valori diversi di $g(x_0)$. Noto $g \left(x_0 \right)$, risulta nota la densità lungo la caratteristica uscente da x_0.

Siamo ora in grado di assegnare una formula generale per ρ. Per calcolare $\rho \left(x, t \right)$, $t > 0$, si considera la caratteristica che passa per il punto $\left(x, t \right)$ e si va indietro nel tempo lungo la caratteristica, fino a determinare il punto $\left(x_0, 0 \right)$ nel quale essa interseca l'asse x (Figura 4.6); si ha allora $\rho \left(x, t \right) = g \left(x_0 \right)$.

Dalla (4.19) si ricava, essendo $x \left(t \right) = x$,

$$x_0 = x - q' \left(g \left(x_0 \right) \right) t$$

da cui la formula

$$\rho \left(x, t \right) = g \left(x - q' \left(g \left(x_0 \right) \right) t \right) \tag{4.20}$$

che rappresenta **un'onda progressiva** *che si muove con velocità* $q' \left(g \left(x_0 \right) \right)$ nella direzione positiva dell'asse x. Se, dato $\left(x, t \right)$, si riesce a calcolare x_0, la (4.20) fornisce il valore di ρ in $\left(x, t \right)$. In generale, la (4.20) determina ρ in forma implicita[3]:

$$\rho = g \left(x - q' \left(\rho \right) t \right).$$

Notiamo espressamente che $q' \left(g \left(x_0 \right) \right)$ è la *velocità locale dell'onda* e non va confusa con la velocità del traffico. Infatti

$$\frac{dq}{d\rho} = \frac{d \left(\rho v \right)}{d\rho} = v + \rho \frac{dv}{d\rho} \leq v$$

essendo $\rho \geq 0$ e $\frac{dv}{d\rho} \leq 0$.

---

[3] Ricordare che $g \left(x_0 \right) = \rho \left(x, t \right)$.

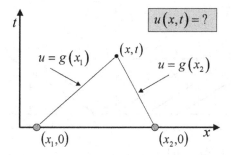

Figura 4.7 Intersezione di caratteristiche

La diversa natura delle due velocità diventa più evidente se si pensa che la velocità locale dell'onda *può anche essere negativa*. Questo significa che, mentre il traffico avanza nella direzione positiva dell'asse x, la perturbazione rappresentata dall'onda progressiva può muoversi in direzione opposta. Nel modello (4.15), si ha infatti $\frac{dv}{d\rho} < 0$ per $\rho > \frac{\rho_m}{2}$.

La (4.20) sembra essere una formula piuttosto soddisfacente poiché, apparentemente, dà la soluzione del problema (4.16), (4.17) in ogni punto. In realtà un'analisi più precisa mostra che anche se il dato iniziale g è regolare, la soluzione può dare origine a singolarità che rendono inefficace il metodo delle caratteristiche ed inutilizzabile la formula (4.20). Un caso tipico è quello rappresentato in Figura 4.7, in cui due caratteristiche uscenti da punti diversi $(x_1, 0)$ e $(x_2, 0)$ si intersecano in un punto (x, t).

Se $g(x_1) \neq g(x_2)$ il valore in (x, t) non è univocamente determinato, in quanto dovrebbe assumere simultaneamente i valori $g(x_1)$ e $g(x_2)$. In questo caso occorre rivedere il concetto di soluzione e la tecnica di calcolo. Ritorneremo più avanti su questa questione. Cominciamo comunque ad analizzare in dettaglio il metodo delle caratteristiche in qualche caso particolarmente significativo.

4.3.3 Coda al semaforo

Immaginiamo che ad un semaforo rosso, posto in $x = 0$, si sia formata una coda, mentre la strada è libera per $x > 0$. Coerentemente, il profilo iniziale della densità è

$$g(x) = \begin{cases} \rho_m & x < 0 \\ 0 & x > 0. \end{cases}$$

La scelta di un eventuale valore di g in $x = 0$ non è rilevante. Supponiamo che al tempo $t = 0$ il semaforo diventi verde. Analizziamo quel che succede. Al verde, il traffico comincia a muoversi: all'inizio, solo le macchine più vicine al semaforo lo superano mentre la maggior parte rimane ferma.

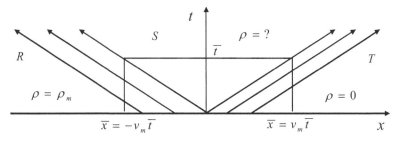

Figura 4.8 Traffico al verde del semaforo

Essendo $q'(\rho) = v_m \left(1 - \frac{2\rho}{\rho_m}\right)$, la velocità locale dell'onda progressiva è data da

$$q'(g(x_0)) = \begin{cases} -v_m & x_0 < 0 \\ v_m & x_0 > 0 \end{cases}$$

per cui le caratteristiche sono le rette

$$x = -v_m t + x_0 \qquad \text{se } x_0 < 0$$
$$x = v_m t + x_0 \qquad \text{se } x_0 > 0.$$

Le rette $x = v_m t$ e $x = -v_m t$ dividono il piano in tre regioni, indicate in Figura 4.8 con R, S e T.

In R si ha $\rho(x,t) = \rho_m$, mentre in T si ha $\rho(x,t) = 0$. Consideriamo i punti sulla retta orizzontale $t = \bar{t}$ (Figura 4.8). Nei punti $(x, \bar{t})$ che si trovano in T la densità è nulla: il traffico non è ancora arrivato in x al tempo $t = \bar{t}$. I punti che si trovano in R corrispondono alle auto che all'istante $t = \bar{t}$ non si sono ancora mosse. Nel punto

$$\bar{x} = v_m \bar{t}$$

si trova l'auto in avanguardia, che si muove alla massima velocità, trovandosi davanti la strada completamente libera. Nel punto

$$\bar{x} = -v_m \bar{t}$$

si trova la prima auto che comincia a muoversi all'istante $t = \bar{t}$. Ne segue, in particolare, che *il segnale di via libera si propaga a sinistra con velocità* v_m.

Qual è il valore della densità nel settore S? Nessuna caratteristica entra in S a causa della discontinuità del dato iniziale nell'origine ed il metodo non sembra fornire alcuna informazione sul valore di ρ in S.

Una strategia che potrebbe dare una risposta ragionevole è la seguente:

a) approssimiamo il dato iniziale con una funzione continua g_ε, che converge a g per $\varepsilon \to 0$ in ogni punto x, eccetto $x = 0$;

b) costruiamo la soluzione ρ_ε del problema approssimato col metodo delle caratteristiche;

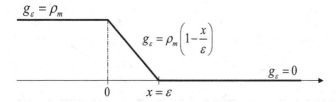

Figura 4.9 Regolarizzazione del dato iniziale nel problema del traffico al semaforo

c) passiamo al limite per $\varepsilon \to 0$ e controlliamo che il limite di ρ_ε sia effettivamente una soluzione del problema originale.

Naturalmente corriamo il rischio di costruire soluzioni che dipendono dal modo di regolarizzare il dato iniziale, ma per il momento ci accontentiamo di costruire *almeno una* soluzione.

a) Scegliamo come g_ε la funzione seguente (Figura 4.9)

$$g_\varepsilon(x) = \begin{cases} \rho_m & x \leq 0 \\ \rho_m(1 - \dfrac{x}{\varepsilon}) & 0 < x < \varepsilon \\ 0 & x \geq \varepsilon. \end{cases}$$

Osserviamo che se $\varepsilon \to 0$, $g_\varepsilon(x) \to g(x)$ per ogni $x \neq 0$.

b) Le caratteristiche per il problema approssimato sono:

$$x = -v_m t + x_0 \qquad \text{se } x_0 < 0$$

$$x = -v_m \left(1 - 2\frac{x_0}{\varepsilon}\right) t + x_0 \qquad \text{se } 0 \leq x_0 < \varepsilon$$

$$x = v_m t + x_0 \qquad \text{se } x_0 \geq \varepsilon$$

essendo, per $0 \leq x_0 < \varepsilon$,

$$q'(g_\varepsilon(x_0)) = v_m \left(1 - \frac{2g_\varepsilon(x_0)}{\rho_m}\right) = -v_m \left(1 - 2\frac{x_0}{\varepsilon}\right).$$

Le caratteristiche nella regione $-v_m t < x < v_m t + \varepsilon$ si distribuiscono a ventaglio (*rarefaction fan*, Figura 4.10).

Abbiamo $\rho_\varepsilon(x,t) = 0$ per $x \geq v_m t + \varepsilon$ e $\rho_\varepsilon(x,t) = \rho_m$ per $x \leq -v_m t$. Sia ora (x,t) nella regione

$$-v_m t < x < v_m t + \varepsilon.$$

Ricavando x_0 nell'equazione della caratteristica $x = -v_m \left(1 - 2\frac{x_0}{\varepsilon}\right) t + x_0$, troviamo

$$x_0 = \varepsilon \frac{x + v_m t}{2v_m t + \varepsilon}.$$

Di conseguenza:

$$\rho_\varepsilon(x,t) = g_\varepsilon(x_0) = \rho_m(1 - \frac{x_0}{\varepsilon}) = \rho_m \left(1 - \frac{x + v_m t}{2v_m t + \varepsilon}\right). \qquad (4.21)$$

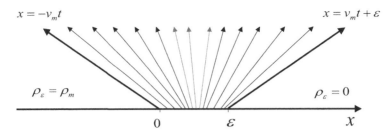

Figura 4.10 Ventaglio di caratteristiche

c) Passando al limite per $\varepsilon \to 0$ in (4.21) otteniamo

$$\rho\left(x,t\right) = \begin{cases} \rho_m & \text{per } x \leq -v_m t \\ \dfrac{\rho_m}{2}\left(1 - \dfrac{x}{v_m t}\right) & \text{per } -v_m t < x < v_m t \\ 0 & \text{per } x \geq v_m t. \end{cases} \qquad (4.22)$$

È facile verificare che ρ è soluzione dell'equazione (4.16) nelle regioni R, S, T. Per t fissato, la funzione ρ decresce linearmente da ρ_m a 0 quando x varia da $-v_m t$ a $v_m t$. Inoltre, ρ è costante sul ventaglio di rette

$$x = ht \qquad -v_m < h < v_m.$$

Queste soluzioni prendono il nome di **onde di rarefazione** (*rarefaction waves*), centrate nell'origine.

La formula per $\rho\left(x,t\right)$ nel settore S può essere ottenuta, a posteriori, con una procedura formale, che ne sottolinea la struttura generale. Infatti, l'equazione delle caratteristiche può essere scritta nella forma

$$x = v_m\left(1 - \frac{2g\left(x_0\right)}{\rho_m}\right)t + x_0 = v_m\left(1 - \frac{2\rho\left(x,t\right)}{\rho_m}\right)t + x_0$$

essendo $\rho\left(x,t\right) = g\left(x_0\right)$. Inserendo $x_0 = 0$ otteniamo

$$x = v_m\left(1 - \frac{2\rho\left(x,t\right)}{\rho_m}\right)t.$$

Ricavando ρ si ritrova

$$\rho\left(x,t\right) = \frac{\rho_m}{2}\left(1 - \frac{x}{v_m t}\right) \qquad (t > 0). \qquad (4.23)$$

Poiché $v_m\left(1 - \frac{2\rho}{\rho_m}\right) = q'\left(\rho\right)$, vediamo che la (4.23) equivale a

$$\rho\left(x,t\right) = r\left(\frac{x}{t}\right)$$

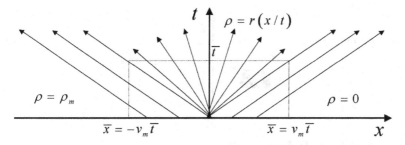

Figura 4.11 Caratteristiche in un'onda di rarefazione

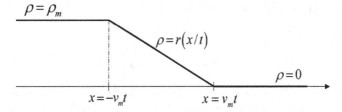

Figura 4.12 Profilo di un'onda di rarefazione al tempo t

dove $r = (q')^{-1}$ è la funzione inversa di q'. Infatti, questa è la forma generale di un'onda di rarefazione (centrata nell'origine) per una legge di conservazione $\rho_t + q(\rho)_x = 0$.

Abbiamo costruito una soluzione ρ, continua in tutto il piano, raccordando i due stati costanti ρ_m e 0 con un'onda di rarefazione (Figure 4.11, 4.12). Si noti, comunque, che non è ancora chiaro in quale senso ρ sia soluzione attraverso le rette $x = \pm v_m t$, sulle quali le derivate di ρ hanno una discontinuità a salto. Dobbiamo dedurre che su queste rette l'equazione differenziale non ha senso? Torneremo in seguito su questa importante questione.

4.3.4 Traffico crescente con x

Supponiamo ora che il dato iniziale sia

$$g(x) = \begin{cases} \frac{1}{8}\rho_m & x < 0 \\ \rho_m & x > 0. \end{cases}$$

In questa configurazione iniziale, per $x > 0$ le auto sono ferme, in quanto la densità è massima. Quelle a sinistra si muoveranno verso destra con velocità $v = \frac{7}{8}v_m$ per cui sarà inevitabile una collisione. Abbiamo:

$$q'(g(x_0)) = \begin{cases} \frac{3}{4}v_m & \text{se } g(x_0) = \frac{\rho_m}{8} \\ -v_m & \text{se } g(x_0) = \rho_m \end{cases}$$

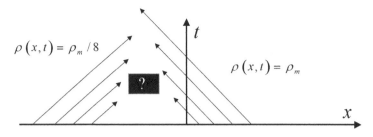

Figura 4.13 Ci si aspetta uno ... shock

e quindi le caratteristiche sono le rette

$$x = \frac{3}{4} v_m t + x_0 \qquad \text{se } x_0 < 0$$
$$x = -v_m t + x_0 \qquad \text{se } x_0 > 0.$$

La configurazione delle caratteristiche (Figura 4.13) indica che esse si intersecano in un tempo finito. Da questo istante in poi il metodo delle caratteristiche non funziona più. Occorre ammettere discontinuità a salto della soluzione. Ma in questo caso la derivazione dell'equazione di conservazione va rivista, in quanto è stata ricavata presupponendo condizioni di regolarità della soluzione.

Ritorniamo dunque alla legge di conservazione

$$\frac{d}{dt} \int_{x_1}^{x_2} \rho(x,t) \ dx = q\left[\rho(x_1,t)\right] - q\left[\rho(x_2,t)\right], \tag{4.24}$$

valida in ogni intervallo $[x_1, x_2]$, e sia ρ una soluzione che presenti al tempo t una *discontinuità a salto* nel punto

$$x = s(t).$$

Se ciò succede per tutti i t appartenenti ad un intervallo temporale $[t_1, t_2]$ allora $x = s(t)$ definisce una linea che prende il nome di **linea d'urto o di shock**. L'idea è che una discontinuità segnali un brusco cambiamento (shock) e che questo si propaghi lungo una linea nel piano x, t.

Cerchiamo un'equazione per la funzione $s(t)$, supponendola almeno differenziabile. Al di fuori della linea d'urto assumiamo che la nostra soluzione sia regolare, dotata di derivate continue. Per t fissato, consideriamo un intervallo $[x_1, x_2]$ che contenga il punto di discontinuità $s(t)$. Dalla (4.24) abbiamo

$$\frac{d}{dt} \left\{ \int_{x_1}^{s(t)} \rho(y,t) \, dy + \int_{s(t)}^{x_2} \rho(y,t) \, dy \right\} = -q\left[\rho(x_2,t)\right] + q\left[\rho(x_1,t)\right]. \tag{4.25}$$

Osserviamo ora che

$$\frac{d}{dt} \int_{x_1}^{s(t)} \rho(y,t) \, dy = \int_{x_1}^{s(t)} \rho_t(y,t) \, dy + \rho^-(s(t),t) \, \dot{s}(t)$$

e

$$\frac{d}{dt} \int_{s(t)}^{x_2} \rho(y,t)\, dy = \int_{s(t)}^{x_2} \rho_t(y,t)\, dy - \rho^+(s(t),t)\, \dot{s}(t)$$

dove abbiamo posto

$$\rho^-(s(t),t) = \lim_{y \uparrow s(t)} \rho(y,t), \qquad \rho^+(s(t),t) = \lim_{y \downarrow s(t)} \rho(y,t)$$

per cui la (4.25) diventa

$$\int_{x_1}^{x_2} \rho_t(y,t)\, dy + \left[\rho^-(s(t),t) - \rho^+(s(t),t)\right]\dot{s}(t) = q\left[\rho(x_1,t)\right] - q\left[\rho(x_2,t)\right].$$

Passando al limite per $x_2 \downarrow s(t)$ e $x_1 \uparrow s(t)$ otteniamo

$$\left[\rho^-(s(t),t) - \rho^+(s(t),t)\right]\dot{s}(t) = q\left[\rho^-(s(t),t)\right] - q\left[\rho^+(s(t),t)\right]$$

ossia

$$\dot{s}(t) = \frac{q\left[\rho^+(s(t),t)\right] - q\left[\rho^-(s(t),t)\right]}{\rho^+(s(t),t) - \rho^-(s(t),t)} \tag{4.26}$$

che possiamo scrivere sinteticamente nella forma

$$\dot{s} = \frac{[q(\rho)]_-^+}{[\rho]_-^+}$$

dove $[\cdot]_-^+$ indica il salto da sinistra a destra della linea d'urto.

La (4.26) è un'equazione differenziale per $s = s(t)$ e prende il nome di **condizione di Rankine-Hugoniot**. Essa indica che *la velocità di propagazione dello shock è determinata dal salto della funzione di flusso diviso per il salto della densità*. Se quindi si conoscono i valori di ρ da entrambi i lati della linea d'urto ed *il punto iniziale di quest'ultima*, si può determinarne la locazione.

Una soluzione discontinua che soddisfa la condizione di Rankine-Hugoniot prende il nome di **onda d'urto** (*shock wave*).

Applichiamo queste considerazioni al nostro problema di traffico[4]. Si ha

$$\rho^+ = \rho_m, \qquad \rho^- = \frac{\rho_m}{8}$$

mentre

$$q\left(\rho^+\right) = 0 \qquad q\left(\rho^-\right) = \frac{7}{64} v_m \rho_m$$

---

[4] Nel caso presente si può usare la formuletta (di facile verifica)

$$\frac{q(w) - q(z)}{w - z} = v_m \left(1 - \frac{w+z}{\rho_m}\right).$$

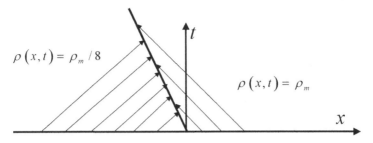

Figura 4.14 Onda d'urto

e quindi la (4.26) è

$$\dot{s} = \frac{q(\rho^+) - q(\rho^-)}{\rho^+ - \rho^-} = -\frac{1}{8}v_m.$$

Essendo poi $s(0) = 0$, si trova che la linea d'urto è la retta di equazione

$$x = -\frac{1}{8}v_m t.$$

Si noti che la *pendenza è negativa*: *lo shock si propaga all'indietro con velocità* $-\frac{1}{8}v_m$. Ciò è in perfetto accordo con l'esperienza: ad un improvviso rallentamento rileviamo che le luci dei freni delle auto davanti a noi si propagano all'indietro.

La costruzione della soluzione discontinua è illustrata nella Figura 4.14, dove le caratteristiche sono separate questa volta da un'onda d'urto. La formula per la densità è

$$\rho(x,t) = \begin{cases} \frac{1}{8}\rho_m & x < -\frac{1}{8}v_m t \\ \rho_m & x > -\frac{1}{8}v_m t. \end{cases}$$

4.4 Soluzioni integrali

4.4.1 Riesame del metodo delle caratteristiche

Il metodo delle caratteristiche usato per il modello di traffico funziona in generale per il problema

$$\begin{cases} u_t + q(u)_x = 0 \\ u(x,0) = g(x). \end{cases} \tag{4.27}$$

La soluzione u è definita dalla (4.20) (con $x_0 = \xi$):

$$u(x,t) = g[x - q'(g(\xi))t] \qquad \left(q' = \frac{dq}{du}\right) \tag{4.28}$$

e rappresenta una famiglia di onde progressive con velocità locale $q'(g(\xi))$. Essendo $u(x,t) \equiv g(\xi)$ lungo la caratteristica

$$x = q'(g(\xi))t + \xi \qquad (4.29)$$

uscente dal punto $(\xi, 0)$, la (4.28) indica che u è definita implicitamente dall'equazione

$$G(x,t,u) \equiv u - g[x - q'(u)t] = 0. \qquad (4.30)$$

Se g e q' sono funzioni regolari, il teorema delle funzioni implicite implica che la (4.30) definisce u come funzione di (x,t) finché vale la condizione

$$G_u(x,t,u) = 1 + tq''(u)g'[x - q'(u)t] \neq 0.$$

Calcolando G_u lungo le caratteristiche (4.29), abbiamo

$$u = g(\xi) \quad \text{e} \quad \xi = x - q'(g(\xi))t,$$

per cui

$$G_u(x,t,u) = 1 + tq''(g(\xi))g'(\xi). \qquad (4.31)$$

Un'immediata conseguenza è che se $q''(g(\xi))g'(\xi) \geq 0$ in $\mathbb{R}$, ossia se $q'' \circ g$ e g' hanno lo stesso segno, la soluzione costruita col metodo delle caratteristiche è definita e regolare per ogni $t \geq 0$. Ciò non è sorprendente, in quanto

$$q''(g(\xi))g'(\xi) = \frac{d}{d\xi}q'(g(\xi))$$

e la condizione $q''(g(\xi))g'(\xi) \geq 0$ esprime il fatto che le caratteristiche hanno pendenza crescente con ξ, cosicché non possono intersecarsi.

Precisamente, abbiamo:

Microteorema 4.1. *Assumiamo che* $q \in C^2(\mathbb{R})$, $g \in C^1(\mathbb{R})$ *e inoltre* $q''(g(\xi))g'(\xi) \geq 0$ *in* $\mathbb{R}$. *Allora la* (4.30) *definisce* $u = u(x,t)$ *come l'unica soluzione del problema* (4.3). *Inoltre* $u \in C^1(\mathbb{R} \times [0, +\infty))$.

Dimostrazione. Sotto le ipotesi indicate, lungo ogni caratteristica $\xi = x - q'(u)t$ si ha

$$G_u(x,t,u) = 1 + tq''(u)g'(x - q'(u)t) \geq 1, \qquad \forall t > 0$$

e inoltre, sempre dal teorema delle funzioni implicite,

$$u_t = -\frac{G_t(x,t,u)}{G_u(x,t,u)} = -\frac{g'(x - q'(u)t)q'(u)}{1 + tq''(u)g'(x - q'(u)t)}$$

e

$$u_x = -\frac{G_x(x,t,u)}{G_u(x,t,u)} = \frac{g'(x - q'(u)t)}{1 + tq''(u)g'(x - q'(u)t)} \qquad (4.32)$$

e quindi u_t, u_x sono rapporti di funzioni continue, con denominatore positivo. $\qquad \square$

Abbiamo constatato che, se $q'' \circ g$ e g' hanno lo stesso segno, le caratteristiche non si intersecano.

Per esempio, nella ε−approssimazione del problema al semaforo, q è concava g_ε è decrescente. Sebbene g_ε non sia differenziabile nei due punti $x = 0$ e $x = \varepsilon$, le caratteristiche non si intersecano e ρ_ε è ben definita per tutti i tempi $t > 0$. Nel passaggio al limite per $\varepsilon \to 0$, la discontinuità di g riappare e il ventaglio di caratteristiche produce l'onda di rarefazione. Che cosa succede se $q''(g(\xi))g'(\xi) < 0$ in un intervallo $[a, b]$, per esempio? Il Microteorema 4.1 continua a valere per tempi piccoli, poiché $G_u \sim 1$ se $t \sim 0$, ma all'avanzare del tempo ci aspettiamo la formazione di uno shock.

Infatti, supponiamo per esempio che q sia concava e g sia crescente, per cui $q''(g(\xi))g'(\xi) < 0$. Quando ξ cresce, g cresce, mentre $q'(g(\xi))$ decresce cosicché ci aspettiamo un'intersezione di caratteristiche lungo una linea d'urto. Il problema che si presenta è determinare l'istante t_s (*breaking time*) e il punto x_s in cui **parte la linea d'urto**.

Osserviamo che, essendo $q''(g(\xi))g'(\xi) < 0$ in $[a, b]$, l'espressione

$$G_u(x, t, u) = 1 + tq''(g(\xi))g'(\xi)$$

si azzera per $t(\xi) = -[q''(g(\xi))g'(\xi)]^{-1}$. L'istante t_s è il *più piccolo* fra questi tempi. In altri termini, il punto (x_s, t_s) si trova sulla caratteristica uscente dal punto ξ_M che *minimizza* $t(\xi)$.

Consideriamo perciò la funzione positiva

$$z(\xi) = -q''(g(\xi))g'(\xi) \qquad \xi \in [a, b]$$

e supponiamo che assuma il suo massimo *solo* nel punto ξ_M. Allora $z(\xi_M) > 0$ e

$$t_s = \min_{\xi \in [a,b]} \frac{1}{z(\xi)} = \frac{1}{z(\xi_M)}. \tag{4.33}$$

Poiché x_s appartiene alla caratteristica $x = q'(g(\xi_M))t + \xi_M$, troviamo

$$x_s = \frac{q'(g(\xi_M))}{z(\xi_M)} + \xi_M. \tag{4.34}$$

Il punto (x_s, t_s) ha un'interessante significato geometrico.

Infatti, se $q''(g(\xi))g'(\xi) < 0$ in qualche intervallo, la famiglia di caratteristiche (4.29) ammette un *inviluppo*[5] e (x_s, t_s) è il punto dell'inviluppo con la minima coordinata temporale (Problema 4.8).

Esempio 4.1. Consideriamo il problema

$$\begin{cases} u_t + (1 - 2u)u_x = 0 \\ u(x, 0) = \arctan x. \end{cases} \tag{4.35}$$

---

[5] Ricordiamo (si veda *C. Pagani e S. Salsa,* vol I, 1991) che l'*inviluppo* di una famiglia di curve $\phi(x, t, \xi) = 0$, dipendenti dal parametro ξ, è una curva $\psi(x, t) = 0$ *tangente in ogni suo punto ad una curva della famiglia*. Se la famiglia di curve $\phi(x, t, \xi) = 0$ ha un inviluppo, le sue equazioni parametriche si ottengono risolvendo rispetto a x e t il sistema

$$\begin{cases} \phi(x, t, \xi) = 0 \\ \phi_\xi(x, t, \xi) = 0. \end{cases}$$

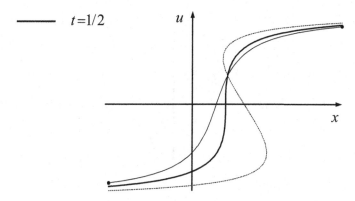

$t = 1/2$

Figura 4.15 Breaking time per il problema (4.35)

Abbiamo $q(u) = u - u^2$, $q'(u) = 1 - 2u$, $q''(u) = -2$ e $g(\xi) = \arctan\xi$, $g'(\xi) = 1/(1 + \xi^2)$. La funzione

$$z(\xi) = -q''(g(\xi))g'(\xi) = \frac{2}{(1 + \xi^2)}$$

assume il massimo in $\xi_M = 0$ e $z(0) = 2$. Il breaking-time è $t_s = 1/2$ e $x_s = 1/2$. Pertanto, l'onda d'urto parte dal punto $(1/2, 1/2)$. Per $0 \le t < 1/2$ la soluzione u è regolare e definita implicitamente dall'equazione

$$u - \arctan[x - (1 - 2u)t] = 0. \tag{4.36}$$

Dopo $t = 1/2$, la (4.36) definisce u come funzione di (x, t) a più valori, che non ha più significato fisico. La Figura 4.15 mostra che cosa succede per $t = 1/4$, $1/2$ e 1. Si noti che il punto comune di intersezione è $(\tan 1/2, 1/2)$.

Come evolve la soluzione dopo $t = 1/2$? Dobbiamo inserire uno shock nel grafico in Figura 4.15 in modo da preservare la legge di conservazione. Vedremo che la posizione corretta di inserimento è quella prescritta dalla condizione di Rankine-Hugoniot. Si può mostrare che ciò corrisponde a tagliare dal grafico in Figura 4.15 due regioni A e B di **aree uguali** come descritto in Figura 4.16 (*equal area rule*, si veda G. B. Whitham, 1974).

4.4.2 Definizione di soluzione integrale

Abbiamo visto che il metodo delle caratteristiche, usato nella sezione precedente per costruire una soluzione dell'equazione (4.1), può non essere sufficiente a determinarne il valore in tutto il semipiano $t > 0$ o, peggio, non è applicabile in presenza di discontinuità. Nell'esempio del traffico, nel primo caso, ce la siamo cavata utilizzando onde di rarefazione per costruire la soluzione nelle zone non coperte da caratteristiche. Nel secondo caso, abbiamo

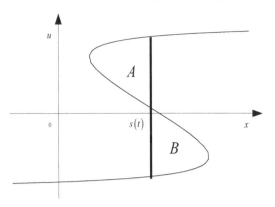

Figura 4.16 Inserimento di uno shock con la regola di Whitham

costruito una soluzione in tutto il piano, con uno shock che si propaga in accordo alla condizione di Rankine-Hugoniot.

Alcuni dubbi e perplessità si presentano spontaneamente.

- *In che senso l'equazione differenziale è soddisfatta attraverso una linea d'urto o, più in generale, attraverso una linea di separazione tra onde ti tipo diverso, dove la soluzione costruita non è differenziabile?* Un'alternativa potrebbe essere quella di rinunciare a dare un significato all'equazione in quei punti, ma questo darebbe la possibilità di costruire soluzioni che non hanno nulla a che vedere con il significato fisico che una legge di conservazione si porta dietro.
- La soluzione costruita è l'unica possibile?
- Se non è l'unica, esiste un criterio di scelta in base al quale si può scegliere la soluzione "giusta" dal punto di vista della "fisica" sottostante il problema?

Per rispondere, occorre innanzitutto introdurre una nozione di soluzione più flessibile di quella classica. Riprendiamo dunque il problema

$$\begin{cases} u_t + q(u)_x = 0 & x \in \mathbb{R}, \, t > 0 \\ u(x,0) = g(x) & x \in \mathbb{R} \end{cases} \tag{4.37}$$

e supponiamo che u sia una soluzione regolare, almeno di classe C^1 in $\mathbb{R} \times [0, \infty)$. Diciamo allora che u è **soluzione classica**. Scegliamo ora una funzione $v \in C^1(\mathbb{R} \times [0, \infty))$, a supporto compatto, che chiameremo *funzione test*. Moltiplichiamo l'equazione differenziale per v ed integriamo su $\mathbb{R} \times (0, \infty)$. Si trova

$$\int_0^\infty \int_{\mathbb{R}} [u_t + q(u)_x] \, v \, dx dt = 0. \tag{4.38}$$

Integriamo per parti rispetto alla variabile t il primo termine; si ha (non ci sono problemi nello scambiare l'ordine di integrazione):

$$\int_0^\infty \int_{\mathbb{R}} u_t v \, dxdt = -\int_0^\infty \int_{\mathbb{R}} uv_t \, dxdt - \int_{\mathbb{R}} u(x,0) v(x,0) \, dx$$

$$= -\int_0^\infty \int_{\mathbb{R}} uv_t \, dxdt - \int_{\mathbb{R}} g(x) v(x,0) \, dx.$$

Integriamo per parti rispetto alla variabile x il secondo termine; si ha:

$$\int_0^\infty \int_{\mathbb{R}} q(u)_x v \, dxdt = -\int_0^\infty \int_{\mathbb{R}} q(u)v_x \, dxdt.$$

La (4.38) diventa

$$\int_0^\infty \int_{\mathbb{R}} [uv_t + q(u)v_x] \, dxdt + \int_{\mathbb{R}} g(x) v(x,0) \, dx = 0. \qquad (4.39)$$

Abbiamo ottenuto un'equazione integrale, valida **qualunque sia la funzione test** v. Osserviamo che nella (4.39) *non compaiono derivate di u*. D'altra parte, se u è regolare, integrando per parti in senso inverso, si arriva facilmente all'equazione

$$\int_0^\infty \int_{\mathbb{R}} [u_t + q(u)_x] v \, dxdt - \int_{\mathbb{R}} [g(x) - u(x,0)] v(x,0) \, dx = 0 \qquad (4.40)$$

vera per ogni funzione test v. Scegliendo le test che si annullano per $t = 0$, il secondo integrale è nullo per cui si ritrova la (4.38) che, per l'arbitrarietà di v, implica[6]

$$u_t + q(u)_x = 0 \qquad \text{in } \mathbb{R} \times (0, +\infty).$$

La (4.40) si riduce allora a

$$\int_{\mathbb{R}} [g(x) - u(x,0)] v(x,0) \, dx = 0$$

che, ancora per l'arbitrarietà di v, implica

$$u(x,0) = g(x) \qquad \text{in } \mathbb{R}.$$

Conclusione: *per funzioni regolari, il problema* (4.37) *equivale a richiedere che la* (4.39) *valga per ogni funzione test.*

---

[6] Useremo spesso il seguente *lemma di annullamento*: Sia $f \colon \Omega \to \mathbb{R}$, Ω aperto di $\mathbb{R}^n$, continua. Se

$$\int_{\Omega} fv \, dx = 0$$

per ogni $v \in C^1(\Omega)$ a supporto compatto, allora $f \equiv 0$. Lasciamo la dimostrazione come (utile) esercizio.

Poiché la (4.39) ha senso anche per funzioni *non derivabili,* essa costituisce *una formulazione* **integrale o debole** del problema (4.37). Ciò motiva la seguente definizione.

Definizione 4.1. *Una funzione u, limitata in* $\mathbb{R}\times[0,\infty)$, *si dice soluzione integrale (o debole) del problema (4.37) se l'equazione (4.39) vale per ogni funzione test v in* $\mathbb{R}\times[0,\infty)$, *a supporto compatto.*

Poiché richiediamo che una soluzione integrale sia solo limitata, può benissimo ammettere discontinuità. La Definizione 4.1 sembra dunque abbastanza soddisfacente, data la sua flessibilità. Occorre tuttavia capire quali informazioni sul comportamento di una soluzione debole, per esempio attraverso una linea d'urto, siano nascoste nella formulazione integrale.

4.4.3 Condizione di Rankine-Hugoniot

Consideriamo un aperto V contenuto nel semipiano $t > 0$, diviso in due domini disgiunti V^+ e V^-, separati, come mostrato in Figura 4.17, da una curva (regolare) Γ di equazione $x = s\,(t)$.

Supponiamo ora che u sia una soluzione integrale, di classe C^1 in $\overline{V^+}$ e $\overline{V^-}$, separatamente, e che lungo Γ presenti una discontinuità a salto. Sappiamo, per quanto visto nella Sezione 4.2, che in V^+ e V^- u è soluzione classica dell'equazione $u_t + q\,(u)_x = 0$. Scegliamo una funzione test v il cui supporto sia contenuto in V ma che intersechi la curva Γ. Possiamo allora scrivere, essendo $v\,(x,0) = 0$:

$$0 = \int_0^\infty \int_{\mathbb{R}} [uv_t + q(u)v_x]\,dxdt$$

$$= \int_{V^+} [uv_t + q(u)v_x]\,dxdt + \int_{V^-} [uv_t + q(u)v_x]\,dxdt.$$

Utilizzando la formula di Gauss-Green e ricordando che $v = 0$ su $\partial V^+\backslash\Gamma$, si

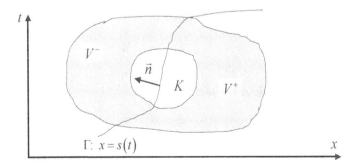

Figura 4.17 Dominio diviso da una linea di discontinuità

ha:

$$\int_{V^+} [uv_t + q(u)v_x]\, dxdt =$$

$$= -\int_{V^+} [u_t + q(u)_x]\, v\, dxdt + \int_{\Gamma} [u^+ n_2 + q(u^+)n_1]\, v\, dl$$

$$= \int_{\Gamma} [u^+ n_2 + q(u^+)n_1]\, v\, dl$$

dove: u^+ indica il valore a cui tende u quando ci si avvicina a Γ da destra, $\mathbf{n} = (n_1, n_2)$ è il versore normale a Γ nel verso uscente da V^+ e dl indica la lunghezza d'arco su Γ. Analogamente:

$$\int_{V^-} [uv_t + q(u)v_x]\, dxdt = -\int_{\Gamma} [u^- n_2 + q(u^-)n_1]\, v\, dl$$

dove u^- indica il valore a cui tende u quando ci si avvicina a Γ dà sinistra. Si deduce quindi che

$$\int_{\Gamma} \left\{ [q(u^+) - q(u^-)]\, n_1 + [u^+ - u^-]\, n_2 \right\} v\, dl = 0.$$

L'arbitrarietà di v implica che su Γ vale la condizione

$$[q(u^+) - q(u^-)]\, n_1 + [u^+ - u^-]\, n_2 = 0. \tag{4.41}$$

Scriviamo la (4.41) in modo più esplicito. Se $x = s(t)$ è l'equazione di Γ ed $s \in C^1([0, T])$, si può scrivere

$$\mathbf{n} = (n_1, n_2) = \frac{1}{\sqrt{1 + \dot{s}(t)^2}} (-1, \dot{s}(t))$$

e quindi (4.41) diventa, dopo semplici riaggiustamenti,

$$\dot{s} = \frac{q(u^+(s,t)) - q(u^-(s,t))}{u^+(s,t) - u^-(s,t)}. \tag{4.42}$$

Abbiamo così ritrovato la **condizione di Rankine-Hugoniot** e quindi u è un'onda d'urto.

Viceversa, è facile controllare che un'onda d'urto u è anche soluzione integrale. Così pure, raccordando con continuità soluzioni classiche e onde di rarefazione, si costruiscono soluzioni integrali. Le soluzioni che abbiamo trovato nell'esempio del traffico sono dunque soluzioni integrali.

La Definizione 4.1 dà una risposta soddisfacente alla prima delle questioni poste all'inizio del Paragrafo 4.4.2. La seconda questione richiede un'ulteriore analisi, come dimostra il prossimo esempio.

Esempio 4.2. *Non unicità*. Immaginiamo un flusso di particelle in moto lungo l'asse x, ciascuna con velocità costante, ed indichiamo con $u = u(x, t)$ il *campo di velocità* associato, che assegna la velocità della particella che si trova in x al tempo t. Adottiamo un punto di vista lagrangiano introducendo il cammino $x = x(t)$ di una particella. La sua velocità al tempo t è allora assegnata dalla funzione costante $\dot{x}(t) = u(x(t), t)$. Differenziando, otteniamo

$$0 = \frac{d}{dt} u(x(t), t) = u_t(x(t), t) + u_x(x(t), t) \dot{x}(t)$$
$$= u_t(x(t), t) + u_x(x(t), t) \, u(x(t), t)$$

che, ritornando ad una visione euleriana, si scrive nella forma

$$u_t + u u_x = u_t + \left(\frac{u^2}{2} \right)_x = 0.$$

Questa equazione differenziale si chiama *equazione di Burgers* e corrisponde ad una legge di conservazione in cui

$$q(u) = \frac{u^2}{2}.$$

Si noti che q è strettamente convessa, $q'(u) = u$ e $q''(u) = 1$. Vogliamo esaminare la soluzione del problema ai valori iniziali con condizioni iniziali iniziali $u(x, 0) = g(x)$ dove

$$g(x) = \begin{cases} 0 & x < 0 \\ 1 & x > 0. \end{cases}$$

Le caratteristiche sono le rette di equazione

$$x = g(x_0) t + x_0. \tag{4.43}$$

Pertanto, si trova $u = 0$ se $x < 0$ e $u = 1$ se $x > t$. Nel settore $S = \{0 < x < t\}$ non passano caratteristiche. Procedendo come nel caso del modello per la coda al semaforo, in S definiamo u come un'*onda di rarefazione* che raccordi con continuità i valori 0 e 1. Essendo $r(s) = (q')^{-1}(s) = s$, si perviene alla soluzione continua[7]

$$u(x, t) = \begin{cases} 0 & x \leq 0 \\ \dfrac{x}{t} & 0 < x < t \\ 1 & x \geq t, \end{cases} \tag{4.44}$$

che risulta naturalmente anche soluzione integrale (Figura 4.18 in alto).

Non è l'unica soluzione integrale! Esiste anche un'onda d'urto che è soluzione, con curva di shock uscente dall'origine. Infatti, poiché

$$u^- = 0, \, u^+ = 1, \, q(u^-) = 0, \, q(u^+) = \frac{1}{2}$$

---

[7] Vedremo più avanti un metodo generale per costruire onde di rarefazione.

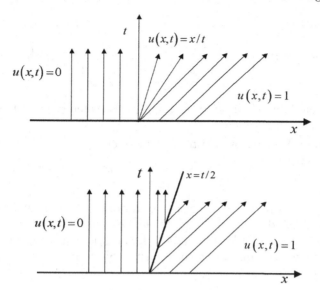

Figura 4.18 Onda di rarefazione e shock *non fisico* nell'Esempio 4.2

la condizione di Rankine-Hugoniot dà

$$\dot{s}\left(t\right) = \frac{q(u^+) - q(u^-)}{u^+ - u^-} = \frac{1}{2}.$$

Dovendo poi essere $s\left(0\right) = 0$, la linea d'urto è la retta di equazione

$$x = \frac{t}{2}.$$

La funzione

$$w\left(x,t\right) = \begin{cases} 0 & x < \frac{t}{2} \\ 1 & x > \frac{t}{2} \end{cases}$$

è un'altra soluzione integrale (*shock non fisico*) illustrata in Figura 4.18, in basso.

4.4.4 Condizione di entropia. Problema di Riemann

La risposta alla seconda questione posta all'inizio del Paragrafo 4.4.2 è dunque *negativa*: **l'unicità di una soluzione integrale non è garantita**. Si pone quindi il problema di stabilire un criterio che permetta di riconoscere quale tra le eventuali soluzioni è quella significativa dal punto di vista fisico.

Ritorniamo alle osservazioni fatte a proposito del Microteorema 4.1. Assumiamo $g' > 0$ e $q'' \geq q''_{\min} > 0$. La soluzione è classica e unica e inoltre dalla

(4.32), ricaviamo che

$$u_x(x,t) = \frac{g'(x - q'(u)t)}{1 + tq''(u)g'(x - q'(u)t)} \leq \frac{1}{tq''(u)} \leq \frac{E}{t}$$

dove $E = 1/q''_{min}$.

Dal teorema del valor medio di Lagrange, deduciamo che vale la seguente condizione, detta *di entropia*.

Condizione di entropia *Esiste* $E > 0$ *tale che, per ogni* $x, z \in \mathbb{R}$, $z > 0$, *e per ogni* $t > 0$,

$$u(x + z, t) - u(x, t) \leq \frac{E}{t}z. \qquad (4.45)$$

La condizione di entropia non coinvolge operazioni di derivazione ed ha senso anche per soluzioni discontinue, in particolare per una soluzione integrale. Se una soluzione integrale soddisfa la (4.45) diremo che è una soluzione **entropica**. Esaminiamone significato e conseguenze. Sia u una soluzione integrale che soddisfi la (4.45).

• La funzione

$$x \longmapsto u(x, t) - \frac{E}{t}x$$

è *non crescente*. Infatti, posto $x + z = x_2$, $x = x_1$, se $z > 0$ si ha $x_2 > x_1$ e la (4.45) equivale a

$$u(x_2, t) - \frac{E}{t}x_2 \leq u(x_1, t) - \frac{E}{t}x_1. \qquad (4.46)$$

• Se (x, t) è un punto di discontinuità per u allora

$$u^+(x, t) < u^-(x, t) \qquad (4.47)$$

dove $u^\pm(x, t) = \lim_{y \to x^\pm} u(y, t)$. Basta infatti scegliere $x_1 < x < x_2$ e passare al limite nella (4.46).

Se q è **strettamente convessa**, si ha, dalla (4.47),

$$q'(u^+) < \frac{q(u^+) - q(u^-)}{u^+ - u^-} < q'(u^-). \qquad (4.48)$$

La condizione di Rankine-Hugoniot implica allora che, se $x = s(t)$ è una linea d'urto,

$$q'(u^+) < \dot{s} < q'(u^-) \qquad (4.49)$$

che si chiama **disuguaglianza dell'entropia**. In termini geometrici: *la pendenza di una linea d'urto è minore di quella delle caratteristiche che vi arrivano da sinistra e maggiore di quella delle caratteristiche che vi arrivano da destra*. In termini un po' pittoreschi, le caratteristiche **entrano** nella linea d'urto, cosicché *non è possibile percorrere a ritroso nel tempo una caratteristica e imbattersi in uno shock*. Quest'ultima osservazione fornisce una vaga giustificazione del termine entropia, poiché esprime una sorta di irreversibilità degli eventi dopo un urto. Infatti, la denominazione ha le sue origini nella dinamica dei gas, dove una condizione come la (4.45) implica che l'entropia cresca attraverso uno shock, come richiesto dalla seconda legge della termodinamica. Queste considerazioni suggeriscono che le soluzioni entropiche sono le sole ad avere un significato fisico.

Nell'Esempio 4.3 abbiamo esaminato un caso di non unicità. La soluzione w non soddisfa la condizione di entropia e va considerata come uno *shock non fisico*. La soluzione corretta in questo caso è l'onda di rarefazione (4.44).

Nota 4.1. Nel caso $g' < 0$ e $q'' \leq q''_{max} < 0$ la (4.45) diventerebbe

$$u\left(x+z,t\right) - u\left(x,t\right) \geq -\frac{E}{t}z \quad \text{con } E = \frac{1}{|q''_{max}|}.$$

Di conseguenza, in un punto (x,t) di discontinuità, si avrebbe $u^+(x,t) > u^-(x,t)$ mentre le (4.48) e (4.49) rimarrebbero invariate.

Vale il seguente risultato, che ci limitiamo ad enunciare (per la dimostrazione, si veda e.g. *Smoller*, 1983).

Teorema 4.2. *Se* $q \in C^2(\mathbb{R})$ *è convessa (o concava) e* g *è limitata, esiste un'unica soluzione integrale del problema*

$$\begin{cases} u_t + q\left(u\right)_x = 0 & x \in \mathbb{R}, \, t > 0 \\ u\left(x,0\right) = g\left(x\right) & x \in \mathbb{R} \end{cases} \qquad (4.50)$$

che soddisfi la condizione di entropia.

Applichiamo il Teorema 4.2 per risolvere esplicitamente il problema (4.50) con dati iniziali

$$g\left(x\right) = \begin{cases} u^+ & x > 0 \\ u^- & x < 0 \end{cases}$$

dove u^+ e u^- sono costanti, $u^+ \neq u^-$. Assumiamo q convessa; il caso q concava è analogo. Questo problema è noto come **problema di Riemann** e riveste particolare imortanza nell'approssimazione numerica per problemi più complessi.

Teorema 4.3. *Sia* q *strettamente convessa e di classe* $C^2(\mathbb{R})$, *con* $q'' \geq h > 0$.
a) *Se* $u^+ < u^-$, *l'unica soluzione integrale che soddisfa la condizione di entropia è l'onda d'urto*

$$u\left(x,t\right) = \begin{cases} u^+ & x > s\left(t\right) \\ u^- & x < s\left(t\right) \end{cases}$$

dove $s\left(0\right) = 0$ *e*

$$\dot{s} = \frac{q(u^+) - q(u^-)}{u^+ - u^-}.$$

b) Se $u^+ > u^-$, l'unica soluzione integrale che soddisfa la condizione di entropia è l'onda di rarefazione

$$u\left(x,t\right) = \begin{cases} u^- & \frac{x}{t} < q'\left(u^-\right) \\ r\left(\frac{x}{t}\right) & q'\left(u^-\right) < \frac{x}{t} < q'\left(u^+\right) \\ u^+ & \frac{x}{t} > q'\left(u^+\right) \end{cases}$$

dove $r = (q')^{-1}$, funzione inversa di q'.

Dimostrazione. a) u è ovviamente una soluzione integrale e poiché $u^+ < u^-$, vale certamente la condizione di entropia. La conclusione segue dal Teorema 4.2.

b) Poiché

$$r\left(q'\left(u_+\right)\right) = u^+ \quad \text{e} \quad r\left(q'\left(u_-\right)\right) = u^-,$$

u è continua nel semipiano $t > 0$. Controlliamo se u soddisfa l'equazione $u_t + q\left(u\right)_x = 0$ nella regione

$$S = \left\{(x,t) : q'\left(u^-\right) < \frac{x}{t} < q'\left(u^+\right)\right\}.$$

Posto

$$u\left(x,t\right) = r\left(\frac{x}{t}\right)$$

si ha:

$$u_t + q\left(u\right)_x = -r'\left(\frac{x}{t}\right)\frac{x}{t^2} + q'\left(r\right)r'\left(\frac{x}{t}\right)\frac{1}{t} = r'\left(\frac{x}{t}\right)\frac{1}{t}\left[q'\left(r\right) - \frac{x}{t}\right] \equiv 0$$

essendo $r = (q')^{-1}$. Ciò implica, in particolare, che u è una soluzione integrale. Controlliamo infine la condizione di entropia. Basta considerare il caso (perché?)

$$q'\left(u^-\right)t \le x < x + z \le q'\left(u^+\right)t.$$

Poiché $q'' \ge h > 0$, si ha

$$r'\left(s\right) = \frac{1}{q''\left(r\right)} \le \frac{1}{h} \quad \left(s = q'\left(r\right)\right)$$

e quindi, per z^* opportuno, $0 < z^* < z$, possiamo scrivere:

$$u\left(x+z,t\right) - u\left(x,t\right) = r\left(\frac{x+z}{t}\right) - r\left(\frac{x}{t}\right)$$
$$= r'\left(\frac{x+z^*}{t}\right)\frac{z}{t} \le \frac{1}{h}\frac{z}{t}$$

che è la condizione di entropia con $E = \frac{1}{h}$.   □

4.4.5 Soluzioni nel senso della viscosità

C'è un altro modo, forse più istruttivo e naturale, per costruire soluzioni discontinue di una legge di conservazione

$$u_t + q\,(u)_x = 0, \tag{4.51}$$

il cosiddetto *metodo di viscosità*. Questo metodo consiste nel riguardare l'equazione (4.51) come limite per $\varepsilon \to 0^+$ dell'equazione

$$u_t + q\,(u)_x = \varepsilon u_{xx}, \tag{4.52}$$

che corrisponde ad una scelta della funzione di flusso

$$\tilde{q}\,(u, u_x) = q\,(u) - \varepsilon u_x, \tag{4.53}$$

dove ε è un numero *positivo piccolo*. Sebbene riconosciamo εu_{xx} come un termine di diffusione, questo genere di modello si trova frequentemente in fluidodinamica, dove u e ε rappresentano, rispettivamente, velocità e *viscosità* del fluido, da cui la denominazione del metodo.

Ci sono varie ragioni in favore del metodo di viscosità. Prima di tutto, l'inserimento di una diffusione o di una viscosità, seppur modeste, rende il modello matematico più realistico nella maggior parte delle applicazioni.

Osserviamo che il termine εu_{xx} diventa rilevante solo quando u_{xx} è grande, cioè in regioni dove u_x subisce rapide variazioni. Per esempio, nel modello di traffico, è naturale ritenere che un automobilista rallenterebbe alla vista di un aumento di traffico. Pertanto, un modello appropriato per la velocità è

$$\tilde{v}\,(\rho, \rho_x) = v\,(\rho) - \varepsilon\frac{\rho_x}{\rho}$$

che corrisponde a $\tilde{q}\,(\rho, \rho_x) = \rho v\,(\rho) - \varepsilon \rho_x$ per il flusso di auto.

Un'altra ragione risiede nel fatto che un'onda d'urto costruita col metodo della viscosità soddisfa la condizione di entropia e quindi è sempre uno *shock fisico*.

Come per l'equazione di diffusione, in teoria ci aspettiamo un effetto di regolarizzazione istantaneo, anche con dati iniziali discontinui. D'altra parte, il termine di trasporto non lineare $q\,(u)_x$ potrebbe forzare l'evoluzione verso un'onda d'urto.

Ci proponiamo di esaminare l'esistenza di soluzioni della (4.52), che connettano due stati costanti u_L e u_R, ossia che soddisfino le condizioni

$$\lim_{x \to -\infty} u\,(x,t) = u_L, \qquad \lim_{x \to +\infty} u\,(x,t) = u_R. \tag{4.54}$$

L'idea è che queste soluzioni, per ε piccolo, approssimino un'onda d'urto per l'equazione senza viscosità. Poiché un'onda d'urto è un'onda progressiva, dove lo shock si muove con la velocità prescritta dalla condizione di Rankine-Hugoniot, cerchiamo soluzioni della (4.52), che siano *onde progressive (limitate)* che si muovano ad una velocità v, a priori incognita. Queste soluzioni sono della forma

$$u(x,t) = U(x - vt) \equiv U(\xi)$$

dove abbiamo posto $\xi = x - vt$, tali che

$$U(-\infty) = u_L \quad \text{e} \quad U(+\infty) = u_R \tag{4.55}$$

con $u_L \neq u_R$. Abbiamo:

$$u_t = -v \frac{dU}{d\xi}, \quad u_x = \frac{dU}{d\xi}, \quad u_{xx} = \frac{d^2 U}{d\xi^2}$$

per cui otteniamo per U l'equazione differenziale ordinaria

$$(q'(U) - v) \frac{dU}{d\xi} = \varepsilon \frac{d^2 U}{d\xi^2}.$$

Integrando, si trova

$$q(U) - vU + A = \varepsilon \frac{dU}{d\xi}$$

dove A è una costante arbitraria. Assumendo che $\dfrac{dU}{d\xi} \to 0$ per $\xi \to \pm\infty$ e usando (4.55), abbiamo

$$q(u_L) - vu_L + A = 0 \quad \text{e} \quad q(u_R) - vu_R + A = 0. \tag{4.56}$$

Sottraendo membro a membro queste due equazioni, si ottiene

$$v = \frac{q(u_R) - q(u_L)}{u_R - u_L} \equiv \bar{v} \tag{4.57}$$

e quindi $A = \dfrac{-q(u_R) u_L + q(u_L) u_R}{u_R - u_L} \equiv \bar{A}$.

Se dunque esiste un'onda progressiva soddisfacente le condizioni (4.54), essa si muove con la velocità $\bar{v}$ predetta dalla formula di Rankine-Hugoniot. Tuttavia, non è ancora chiaro se questa soluzione esista o meno. Esaminiamo allora l'equazione

$$\varepsilon \frac{dU}{d\xi} = q(U) - \bar{v}U + \bar{A}. \tag{4.58}$$

Dalla (4.56), l'equazione (4.58) ha due punti di equilibrio $U = u_R$ e $U = u_L$. Un'onda progressiva limitata che connetta gli stati u_R e u_L corrisponde a una soluzione della (4.58) uscente da un punto ξ_0 tra u_R e u_L. D'altra parte, le condizioni (4.55) richiedono che u_R sia *asintoticamente stabile* e che u_L sia *instabile*.

A questo punto occorrono informazioni sulla forma di q. Assumiamo $q'' < 0$. Allora il diagramma di fase per l'equazione (4.58) è descritto in Figura 4.19, nei due casi $u_L > u_R$ e $u_L < u_R$. Tra u_L e u_R si ha $q(U) - \bar{v}U + \bar{A} > 0$ e U

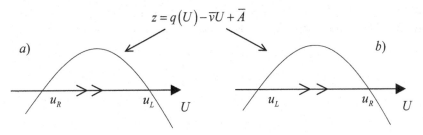

Figura 4.19 Solo il caso b) è compatibile con le (4.54)

è *crescente*, come indicano le frecce. Deduciamo allora che solo il caso $u_L < u_R$ è compatibile con le condizioni (4.55) e ciò corrisponde precisamente alla formazione di uno shock fisico per l'equazione non viscosa. Di conseguenza, abbiamo

$$q'(u_L) - \bar{v} > 0 \quad \text{e} \quad q'(u_R) - \bar{v} < 0$$

ossia

$$q'(u_R) < \bar{v} < q'(u_L) \tag{4.59}$$

che è la *disuguaglianza dell'entropia*.

Analogamente, se $q'' > 0$, un'onda progressiva che connetta i due stati u_R e u_L esiste solo se $u_L > u_R$ e vale la (4.59).

Vediamo che cosa succede quando $\varepsilon \to 0^+$. Sia $q'' < 0$. Per ε piccolo, ci aspettiamo che l'onda progressiva cresca bruscamente da un valore $U(\xi_1)$ vicino a u_L ad un valore $U(\xi_2)$ vicino a u_R, in un piccolo intervallo $[\xi_1, \xi_2]$, detto *regione di transizione*. Per esempio, $\beta > 0$, molto vicino a 0 e siano ξ_1 e ξ_2 tali che

$$U(\xi_2) - U(\xi_1) \geq (1 - \beta)(u_R - u_L).$$

Definiamo il numero $\varkappa(\beta) = \xi_2 - \xi_1$ come *ampiezza* della regione di transizione. Per calcolarlo, separiamo le variabili U e ξ in (4.58) e integriamo su (ξ_1, ξ_2); si ottiene:

$$\xi_2 - \xi_1 = \varepsilon \int_{U(\xi_1)}^{U(\xi_2)} \frac{ds}{q(s) - vs + \bar{A}}.$$

L'ampiezza della regione di transizione è dunque proporzionale a ε. Quando $\varepsilon \to 0^+$, l'intervallo di transizione diventa sempre più piccolo ed alla fine si forma un'onda d'urto che soddisfa la disuguaglianza dell'entropia.

Questo fenomeno si vede chiaramente nell'importante caso dell'equazione di Burgers con viscosità che esamineremo in maggior dettaglio nella prossima sottosezione.

Esempio 4.3. *Onda d'urto per l'equazione di Burgers.* Determiniamo un'onda progressiva per l'equazione di Burgers con viscosità

$$u_t + u u_x = \varepsilon u_{xx}, \tag{4.60}$$

che connetta gli stati $u_L = 1$ e $u_R = 0$. Osserviamo che $q(u) = u^2/2$ è convessa. Allora $\bar{v} = 1/2$ e $\bar{A} = 0$. L'equazione (4.58) diventa

$$2\varepsilon \frac{dU}{d\xi} = U^2 - U$$

con

$$U(-\infty) = 1 \quad \text{e} \quad U(+\infty) = 0.$$

L'equazione differenziale è a variabili separabili è si trova facilmente la soluzione

$$U(\xi) = \frac{1}{1 + \exp\left(\dfrac{\xi}{2\varepsilon}\right)}.$$

L'onda progressiva è dunque data da (Figura 4.20)

$$u(x,t) = U\left(x - \frac{t}{2}\right) = \frac{1}{1 + \exp\left(\dfrac{2x - t}{4\varepsilon}\right)}. \qquad (4.61)$$

Quando $\varepsilon \to 0^+$,

$$u(x,t) \to w(x,t) = \begin{cases} 0 & x > t/2 \\ 1 & x < t/2 \end{cases}$$

che è l'onda d'urto entropica per l'equazione di Burgers senza viscosità, con dato iniziale 1 se $x < 0$ e 0 se $x > 0$.

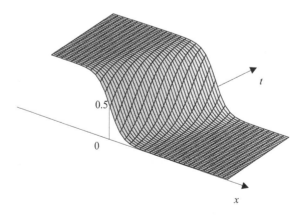

Figura 4.20 L'onda progressiva dell'Esempio 4.3

4.4.6 L'equazione di Burgers con viscosità

L'equazione di Burgers con viscosità è uno degli esempi più popolari di equazione di diffusione e trasporto nonlineare. La introdusse Burgers nel 1948, come semplificazione dell'equazione di Navier-Stokes, nel tentativo di studiare qualche aspetto della turbolenza. Appare anche in dinamica dei gas, nella teoria delle onde sonore, in alcuni modelli di traffico e costituisce un esempio fondamentale di competizione tra *dissipazione* (dovuto alla diffusione lineare) e *formazione di singolarità* (formazione di onde d'urto dovute al termine di trasporto nonlineare uu_x).

Il successo dell'equazione di Burgers è in larga misura dovuto al fatto, piuttosto sorprendente, che il problema di Cauchy globale può essere risolto analiticamente. Infatti, per mezzo della cosiddetta trasformazione di *Hopf-Cole*, l'equazione di Burgers si converte nell'equazione del calore. Vediamo come si fa. Scriviamo l'equazione nella forma

$$\frac{\partial u}{\partial t} + \frac{\partial}{\partial x}\left(\frac{1}{2}u^2 - \varepsilon u_x\right) = 0. \tag{4.62}$$

La (4.62) implica che il vettore piano $\left(-u, \frac{1}{2}u^2 - \varepsilon u_x\right)$ è irrotazionale e quindi che esiste un potenziale $\psi = \psi(x,t)$ tale che

$$\psi_x = -u \quad \text{e} \quad \psi_t = \frac{1}{2}u^2 - \varepsilon u_x.$$

Pertanto, ψ è soluzione dell'equazione

$$\psi_t = \frac{1}{2}\psi_x^2 + \varepsilon\psi_{xx}. \tag{4.63}$$

Cerchiamo di liberarci del termine quadratico, ponendo $\psi = g(\varphi)$ e scegliendo g opportunamente. Abbiamo:

$$\psi_t = g'(\varphi)\varphi_t, \quad \psi_x = g'(\varphi)\varphi_x, \quad \psi_{xx} = g''(\varphi)(\varphi_x)^2 + g'(\varphi)\varphi_{xx}.$$

Sostituendo in (4.63) troviamo

$$g'(\varphi)[\varphi_t - \varepsilon\varphi_{xx}] = [\frac{1}{2}(g'(\varphi))^2 + \varepsilon g''(\varphi)](\varphi_x)^2.$$

Scegliendo $g(s) = 2\varepsilon \log s$, il secondo membro si annulla e l'equazione per φ si riduce a

$$\varphi_t - \varepsilon\varphi_{xx} = 0. \tag{4.64}$$

Se poniamo

$$\psi = 2\varepsilon \log\varphi,$$

da $u = -\psi_x$ otteniamo

$$u = -2\varepsilon\frac{\varphi_x}{\varphi} \tag{4.65}$$

che costituisce la *trasformazione di Hopf-Cole*. Un dato iniziale

$$u(x,0) = u_0(x) \tag{4.66}$$

si trasforma in[8]

$$\varphi(x,0) = \varphi_0(x) = \exp\left\{-\frac{1}{2\varepsilon}\int_a^x u_0(z)\,dz\right\} \qquad (a \in \mathbb{R}). \tag{4.67}$$

Se (Teorema 2.8.2)

$$\frac{1}{x^2}\int_a^x u_0(z)\,dz \to 0 \qquad \text{per } |x| \to \infty,$$

il problema di Cauchy (4.64), (4.67) ha un'unica soluzione regolare nel semipiano $t > 0$, data dalla formula (2.117):

$$\varphi(x,t) = \frac{1}{\sqrt{4\pi\varepsilon t}}\int_{-\infty}^{+\infty}\varphi_0(y)\exp\left(-\frac{(x-y)^2}{4\varepsilon t}\right)dy.$$

Questa soluzione è continua con la sua derivata φ_x fino a $t = 0$ in ogni punto di continuità di u_0[9]. Di conseguenza, ricordando la (4.65), il problema (4.60), (4.66) ha un'unica soluzione regolare nel semipiano $t > 0$, continua fino a $t = 0$ in ogni punto di continuità di u_0, data da

$$u(x,t) = \frac{\int\limits_{-\infty}^{+\infty}\varphi_0(y)\dfrac{x-y}{t}\exp\left(-\dfrac{(x-y)^2}{4\varepsilon t}\right)dy}{\int\limits_{-\infty}^{+\infty}\varphi_0(y)\exp\left(-\dfrac{(x-y)^2}{4\varepsilon t}\right)dy}. \tag{4.68}$$

Usiamo la formula (4.68) per risolvere il problema di Cauchy per un impulso iniziale.

Esempio 4.4. *Impulso iniziale.* Consideriamo il problema (4.60), (4.66) con la condizione iniziale

$$u_0(x) = M\delta(x)$$

dove δ indica la misura di Dirac nell'origine. Abbiamo, scegliendo $a = 1$,

$$\varphi_0(x) = \exp\left\{-\int_1^x \frac{u_0(y)}{2\varepsilon}dy\right\} = \begin{cases} 1 & x > 0 \\ \exp\left(\dfrac{M}{2\varepsilon}\right) & x < 0. \end{cases}$$

---

[8] La scelta di a è arbitraria e non influisce sul valore finale di u.

[9] Controllare.

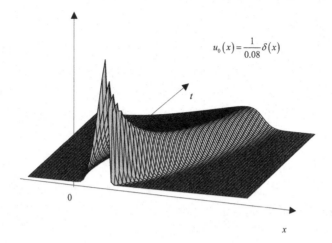

$$u_0(x) = \frac{1}{0.08}\delta(x)$$

Figura 4.21 Evoluzione di un impulso iniziale per l'equazione di Burger con viscosità ($M = 1, \varepsilon = 0.04$)

La (4.68) dà, dopo qualche calcolo elementare,

$$u(x,t) = \sqrt{\frac{4\varepsilon}{\pi t}} \; \frac{\exp\left(-\dfrac{x^2}{4\varepsilon t}\right)}{\dfrac{2}{\exp(M/2\varepsilon) - 1} + \dfrac{\sqrt{\pi}}{2}\left[1 - \operatorname{erf}\left(\dfrac{x}{\sqrt{4\varepsilon t}}\right)\right]}$$

dove

$$\operatorname{erf}(x) = \frac{2}{\sqrt{\pi}} \int_0^x e^{-z^2} dz$$

è la cosiddetta *funzione errore* (Figura 4.21).

4.5 Equazioni quasilineari

Il metodo delle caratteristiche usato per le leggi di conservazione ha una portata più generale. Ci limitiamo ad illustrare il metodo per equazioni *nonlineari* in due variabili, dove l'intuizione è facilitata dall'interpretazione geometrica. La generalizzazione a dimensioni superiori non dovrebbe comportare troppe difficoltà e comunque si può consultare, per esempio, *F. John*, 1974.

4.5.1 Caratteristiche

Consideriamo equazioni della forma

$$a(x,y,u)\,u_x + b(x,y,u)\,u_y = c(x,y,u) \tag{4.69}$$

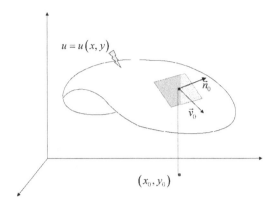

Figura 4.22 Superficie integrale

dove $u = u(x, y)$ e a, b, c sono funzioni *continue con le loro derivate prime* in $\Omega \times \mathbb{R}$, dove $\Omega \subseteq \mathbb{R}^2$ è un aperto connesso. Vediamo subito l'interpretazione geometrica della (4.69).

Sia $u = u(x, y)$ una soluzione di classe $C^1(\Omega)$ e consideriamo un punto (x_0, y_0, z_0) sul suo grafico (quindi $z_0 = u(x_0, y_0)$). Il piano tangente al grafico di u in questo punto ha equazione

$$z - z_0 = u_x(x_0, y_0)(x - x_0) + u_y(x_0, y_0)(y - y_0)$$

e il vettore

$$\mathbf{n}_0 = (-u_x(x_0, y_0), -u_y(x_0, y_0), 1)$$

è *normale* al piano. Se introduciamo il vettore

$$\mathbf{v}_0 = (a(x_0, y_0, z_0), b(x_0, y_0, z_0), c(x_0, y_0, z_0))$$

la (4.69) implica che

$$\mathbf{n}_0 \cdot \mathbf{v}_0 = 0$$

e cioè che $\mathbf{v}_0$ è *tangente al grafico di* u (Figura 4.22). In altri termini, la (4.69) indica che

$$\mathbf{v} = (a, b, c)$$

definisce un campo di direzioni tangenti al grafico di ogni soluzione.

Si dice allora che i grafici delle soluzioni sono **superfici integrali del campo di vettori v**. Possiamo dunque pensare di costruire queste ultime come unione di **linee integrali** del campo **v**, cioè linee tangenti in ogni punto ad un vettore del campo. Queste curve si trovano risolvendo il sistema autonomo di equazioni ordinarie

$$\frac{dx}{dt} = a(x, y, z), \qquad \frac{dy}{dt} = b(x, y, z), \qquad \frac{dz}{dt} = c(x, y, z) \qquad (4.70)$$

e si chiamano **caratteristiche** della (4.69). Si noti che z identifica u lungo le caratteristiche, cioè

$$z(t) = u(x(t), y(t)).$$ (4.71)

Infatti differenziando la (4.71) ed usando le (4.70) e (4.69), abbiamo

$$\frac{dz}{dt} = u_x(x(t), y(t))\frac{dx}{dt} + u_y(x(t), y(t))\frac{dy}{dt}$$
$$= a(x(t), y(t), z(t))u_x(x(t), y(t)) + b((x(t), y(t), z(t))u_y(x(t), y(t))$$
$$= c(x(t), y(t), z(t)).$$

Il calcolo appena fatto indica che, lungo una caratteristica, l'equazione a derivate parziali (4.69) degenera in un'equazione ordinaria.

Il seguente teorema è conseguenza dei ragionamenti precedenti e del teorema di esistenza ed unicità per sistemi di equazioni differenziali ordinarie (lasciamo i dettagli della dimostrazione al lettore).

Microteorema 5.1. a) *Sia S il grafico di una funzione $u = u(x, y)$ di classe $C^1(\Omega)$. Se S è unione di caratteristiche, allora u è soluzione della (4.69).*

b) *Ogni superficie integrale S del campo **v** è unione di caratteristiche; precisamente, per ogni punto di S passa una e una sola caratteristica, la quale giace interamente su S.*

c) *Due superfici integrali che hanno un punto in comune, hanno in comune la caratteristica che passa per quel punto (esistenza ed unicità della soluzione del problema di Cauchy per equazioni differenziali ordinarie).*

4.5.2 Il problema di Cauchy (I)

Dal Microteorema 5.1 abbiamo una caratterizzazione generale per le superfici integrali della (4.69) come unione di curve caratteristiche. In situazioni concrete abbiamo avuto modo di constatare che si hanno a disposizione ulteriori informazioni, sotto forma di *dati "iniziali"*, mediante i quali è desiderabile selezionare una soluzione, possibilmente l'unica.

Un modo semplice di assegnare i dati per la (4.69) consiste nel considerare una curva γ_0 nel piano x, y, contenuta in Ω, e prescrivere il valore che u assume su γ_0. Se

$$x(s) = f(s), \qquad y(s) = g(s) \qquad s \in I \subseteq \mathbb{R}$$

sono le equazioni parametriche di γ_0, si richiede che

$$u(f(s), g(s)) = h(s) \qquad s \in I,$$ (4.72)

dove $h = h(s)$ è una funzione assegnata. Assumeremo che I sia un intervallo contenente l'origine $s = 0$ e che f, g, h siano funzioni **derivabili con continuità** in I. Il sistema (4.69), (4.72) prende il nome di *problema di Cauchy* e h si chiama *dato iniziale o di Cauchy*.

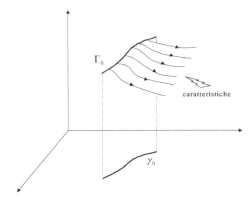

Figura 4.23 Caratteristiche uscenti da un lato di Γ_0

L'interpretazione geometrica del problema di Cauchy è la seguente. Consideriamo, invece della curva γ_0, la curva Γ_0 nello spazio tridimensionale di equazioni parametriche

$$x\,(s) = f\,(s)\,, \qquad y\,(s) = g\,(s)\,, \qquad z\,(s) = h\,(s)\,,$$

che, come si vede, incorporano il dato di Cauchy: *si vuole determinare una superficie integrale che contenga Γ_0* (Figura 4.23).

La denominazione *dato iniziale* proviene dal caso particolare in cui si assegna il valore

$$u\,(x,0) = h\,(x)$$

con y che gioca il ruolo di variabile temporale. In questo caso γ_0 è un segmento dell'asse $y = 0$ e come parametro s si può scegliere x. Le equazioni parametriche di Γ_0 sono allora

$$x = x\,, \qquad y = 0\,, \qquad z\,(x) = h\,(x)\,.$$

Per analogia, considereremo spesso Γ_0 come *curva iniziale*. La strategia per risolvere il problema di Cauchy si ricava dal significato geometrico: il grafico di una soluzione $u = u\,(x,y)$ si costruisce mediante l'unione delle caratteristiche *uscenti da Γ_0*. Non sempre tuttavia il metodo funziona, come vedremo tra breve.

Per determinare le caratteristiche uscenti da Γ_0 occorre risolvere il sistema

$$\frac{dx}{dt} = a\,(x,y,z)\,, \qquad \frac{dy}{dt} = b\,(x,y,z)\,, \qquad \frac{dz}{dt} = c\,(x,y,z)\,, \qquad (4.73)$$

con la famiglia di condizioni iniziali

$$x\,(s,0) = f\,(s)\,, \qquad y\,(s,0) = g\,(s)\,, \qquad z\,(s,0) = h\,(s)\,, \qquad (4.74)$$

al variare del parametro s. Nelle nostre ipotesi, il problema di Cauchy (4.73),

(4.74) ha esattamente una soluzione

$$x = X\left(s,t\right), \quad y = Y\left(s,t\right), \quad z = Z\left(s,t\right) \tag{4.75}$$

per t in un intorno di 0 e per i valori del parametro s vicino a 0.

Le questioni che si pongono sono le seguenti.

a) L'unione delle caratteristiche definite dalla terna di equazioni (4.75) definisce sempre una superficie di equazione $z = u\left(x,y\right)$?

b) Quand'anche la risposta alla questione **a)** fosse positiva, la u così trovata è veramente l'unica soluzione del problema di Cauchy (4.69), (4.72)?

Ragioniamo in un intorno di $s = t = 0$, ponendo

$$X\left(0,0\right) = f\left(0\right) = x_0, \quad X\left(0,0\right) = g\left(0\right) = y_0, \quad Z\left(0,0\right) = h\left(0\right) = z_0.$$

La risposta alla questione **a)** è positiva quando dalle prime due relazioni in (4.75) si possono ricavare $s = S\left(x,y\right)$ e $t = T\left(x,y\right)$, di classe C^1 in un intorno di $\left(x_0, y_0\right)$, tali che

$$S\left(x_0, y_0\right) = 0, \qquad T\left(x_0, y_0\right) = 0$$

e che, sostituite nella terza, forniscano

$$z = Z\left(S\left(x,y\right), T\left(x,y\right)\right) = u\left(x,y\right). \tag{4.76}$$

In base al Teorema di Dini sulle funzioni implicite, il sistema

$$\begin{cases} X\left(s,t\right) = x \\ Y\left(s,t\right) = y \end{cases}$$

definisce

$$s = S\left(x,y\right) \quad \text{and} \quad t = T\left(x,y\right)$$

in un intorno di $\left(x_0, y_0\right)$ se

$$J\left(0,0\right) = \begin{vmatrix} \partial_s X\left(0,0\right) & \partial_s Y\left(0,0\right) \\ \partial_t X\left(0,0\right) & \partial_t Y\left(0,0\right) \end{vmatrix} \neq 0. \tag{4.77}$$

Dalle (4.74) e (4.73) si ha

$$\partial_s X\left(0,0\right) = f'\left(0\right), \quad \partial_s Y\left(0,0\right) = g'\left(0\right)$$

e

$$\partial_t X\left(0,0\right) = a\left(x_0, y_0, z_0\right), \quad \partial_t Y\left(0,0\right) = b\left(x_0, y_0, z_0\right),$$

per cui la (4.77) equivale a

$$J\left(0,0\right) = \begin{vmatrix} f'\left(0\right) & g'\left(0\right) \\ a\left(x_0, y_0, z_0\right) & b\left(x_0, y_0, z_0\right) \end{vmatrix} \neq 0. \tag{4.78}$$

La (4.78) significa che *i vettori*

$$(a (x_0, y_0, z_0), b (x_0, y_0, z_0)) \quad \text{e} \quad (f' (0), g' (0))$$

non sono paralleli.

In conclusione: *se vale (4.78), la (4.76) definisce una superficie di classe C^1.*

Veniamo ora alla questione **b)**. La superficie (4.76) di equazione $z = u (x, y)$ è certamente una *superficie integrale,* per cui u è soluzione dell'equazione (4.69). Infatti essa è stata costruita in modo che il piano tangente in ogni suo punto contenga le direzioni caratteristiche. Inoltre contiene Γ_0 e perciò è soluzione del problema di Cauchy. Infine, se ci fossero due soluzioni "passanti" per Γ_0, in base al Microteorema 5.1.c) dovrebbero contenere le stesse caratteristiche, per cui coinciderebbero.

Sintetizziamo le conclusioni nel seguente teorema, dove, ricordiamo,

$$(x_0, y_0, z_0) = (f (0), g (0), h (0)).$$

Teorema 5.2. *Siano a, b, c funzioni di classe C^1 in un intorno di (x_0, y_0, z_0) e f, g, h di classe C^1 in I. Se $J (0, 0) \neq 0$, in un intorno del punto (x_0, y_0) esiste un'unica soluzione u di classe C^1 del problema di Cauchy*

$$\begin{cases} a (x, y, u) u_x + b (x, y, u) u_y = c (x, y, u) \\ u (f (s), g (s)) = h (s). \end{cases} \tag{4.79}$$

Nota 5.1. Se i dati a, b, c ed f, g, h sono di classe C^k, $k \geq 2$, allora anche u è di classe C^k (segue dal teorema delle funzioni implicite).

Rimane da esaminare che cosa succede quando $J (0, 0) = 0$, cioè quando i vettori $(a (x_0, y_0, z_0), b (x_0, y_0, z_0))$ e $(f' (0), g' (0))$ sono *paralleli.*

Se supponiamo che esista una soluzione u di classe C^1 del problema di Cauchy, derivando la seconda delle (4.79) si trova

$$h' (s) = u_x (f (s), g (s)) f' (s) + u_y (f (s), g (s)) g' (s). \tag{4.80}$$

Calcolando la (4.69) in $x = x_0$, $y = y_0$, $z = z_0$ e la (4.80) in $s = 0$, otteniamo il sistema algebrico

$$\begin{cases} a (x_0, y_0, z_0) u_x (x_0, y_0) + b (x_0, y_0, z_0) u_y (x_0, y_0) = c (x_0, y_0, z_0) \\ f' (0) u_x (x_0, y_0) + g' (0) u_y (x_0, y_0) = h' (0). \end{cases} \tag{4.81}$$

Poiché u è una soluzione del problema di Cauchy il vettore $(u_x (x_0, y_0), u_y (x_0, y_0))$ deve essere soluzione del sistema (4.81) ed allora, dall'Algebra Lineare sappiamo che deve valere la seguente *condizione di compatibilità:*

$$\text{rango di} \begin{pmatrix} a (x_0, y_0, z_0) & b (x_0, y_0, z_0) & c (x_0, y_0, z_0) \\ f' (0) & g' (0) & h' (0) \end{pmatrix} = 1. \tag{4.82}$$

Di conseguenza, i due vettori

$$(a\,(x_0,y_0,z_0)\,b\,(x_0,y_0,z_0)\,,c\,(x_0,y_0,z_0)) \quad \text{e} \quad (f'\,(0)\,,g'\,(0)\,,h'\,(0)) \quad (4.83)$$

sono paralleli. Ciò significa che la tangente a Γ_0 è parallela alla direzione caratteristica nel punto $P_0 = (x_0,y_0,z_0)$; si dice allora che Γ_0 è **caratteristica in P_0** oppure che **il punto P_0 è caratteristico** per Γ_0.

Conclusione: *Se $J\,(0,0) = 0$, una condizione necessaria per l'esistenza di una soluzione di classe C^1 del problema di Cauchy è che Γ_0 sia caratteristica in $P_0 = (x_0,y_0,z_0)$.*

Supponiamo ora che l'intera curva Γ_0 sia caratteristica e sia $P_0 = (x_0,y_0,z_0)$ $\in \Gamma_0$. Se scegliamo una curva Γ^* trasversale (cioè non tangente) a Γ_0 in P_0 e risolviamo il problema di Cauchy con Γ^* come curva iniziale, dal Teorema 5.2 esiste un'unica superficie integrale che contiene Γ^* e che, in base al Microteorema 5.1 c), contiene anche tutta Γ_0. In questo modo possiamo costruire infinite superfici integrali che contengono Γ_0.

Sottolineiamo che la condizione (4.82) è compatibile con l'esistenza di una *soluzione di classe C^1* in un intorno di P_0 *solo se* Γ_0 è caratteristica in P_0. D'altra parte, potrebbe verificarsi il caso in cui $J\,(0,0) = 0$, che Γ_0 **non** sia caratteristica in P_0 e che esistano ugualmente soluzioni del problema di Cauchy: naturalmente queste soluzioni **non** possono essere di classe C^1.

Riassumiamo i passi per risolvere il problema di Cauchy.

1. Al variare del parametro s, si determina la soluzione

$$x = X\,(s,t)\,, \quad y = Y\,(s,t)\,, \quad z = Z\,(s,t) \quad (4.84)$$

del sistema di equazioni caratteristiche

$$\frac{dx}{dt} = a\,(x,y,z)\,, \qquad \frac{dy}{dt} = b\,(x,y,z)\,, \qquad \frac{dz}{dt} = c\,(x,y,z)\,,$$

con le condizioni iniziali

$$x\,(s,0) = f\,(s)\,, \quad y\,(s,0) = g\,(s)\,, \quad z\,(s,0) = h\,(s) \qquad s \in I.$$

2. Si calcola $J\,(s,t)$ sulla linea Γ_0 portante i dati, cioè per $t = 0$:

$$J\,(s,0) = \begin{vmatrix} f'\,(s) & g'\,(s) \\ X_t\,(s,0) & Y_t\,(s,0) \end{vmatrix}$$

$$= \begin{vmatrix} f'\,(s) & g'\,(s) \\ a\,(f\,(s)\,,g\,(s)\,,h\,(s)) & b\,(f\,(s)\,,g\,(s)\,,h\,(s)) \end{vmatrix}.$$

Si possono verificare i seguenti casi:

a. $J\,(s,0)$ è sempre diverso da zero in I. In particolare, ciò implica che Γ_0 non ha punti caratteristici (cioè punti in cui il vettore tangente è parallelo ad una linea caratteristica). In tal caso, in un intorno di Γ_0, esiste un'unica soluzione $u = u(x, y)$ del problema di Cauchy, definita dalle equazioni parametriche (4.84);

b. $J(s_0, 0) = 0$ per qualche $s_0 \in I$ e Γ_0 è caratteristica nel punto $P_0 = (f(s_0), g(s_0), h(s_0))$: una soluzione di classe C^1 in un intorno di P_0 può esistere solo se la condizione (4.82) è verificata;

c. $J(s_0, 0) = 0$ per qualche $s_0 \in I$ e Γ_0 **non** è caratteristica nel punto P_0: non esistono soluzioni di classe C^1 in un intorno di P_0. Possono esistere soluzioni meno regolari;

d. Γ_0 è caratteristica: esistono infinite soluzioni di classe C^1 in un intorno di Γ_0.

• *Leggi di conservazione non omogenee*. Consideriamo una legge di conservazione non omogenea (con $t = y$)

$$q(u)_x + u_y = c(x, y, u)$$

con condizione iniziale

$$u(x, 0) = h(x) \qquad x \in \mathbb{R}. \tag{4.85}$$

Le linee caratteristiche sono le curve in $\mathbb{R}^3$ soluzioni del sistema

$$\frac{dx}{dt} = q'(z), \qquad \frac{dy}{dt} = 1, \qquad \frac{dz}{dt} = c(x, y, z), \tag{4.86}$$

dove si pensa $z(t) = u(x(t), y(t))$, mentre la curva Γ_0 portante i dati ha equazioni parametriche

$$x(s) = s, \quad y(s) = 0, \quad z(s) = h(s) \qquad s \in \mathbb{R}. \tag{4.87}$$

Le caratteristiche uscenti da Γ_0 si ottengono integrando il sistema (4.86) con le condizioni iniziali (4.87).

Nel caso omogeneo, cioè $c \equiv 0$, integrando si trova la famiglia di rette

$$z = h(s), \qquad x = q'(h(s))t + s, \qquad y = t.$$

Essendo z costante, queste rette sono parallele al piano x, y e le loro *proiezioni su tale piano*, cioè

$$x = q'(h(s))y + s,$$

coincidono con le caratteristiche secondo la definizione data nel Paragrafo 4.3.2.

Esempio 5.2. Consideriamo l'equazione di Burgers non omogenea

$$uu_x + u_y = 1 \tag{4.88}$$

con la condizione iniziale (4.85).

Come nell'Esempio 4.2, se y è la variabile temporale, $u = u(x, y)$ rappresenta il *campo di velocità* di un flusso diparticelle distribuite lungo l'asse x.

La (4.88) equivale ad affermare che l'accelerazione di ogni particella sia uguale a 1.

Le curve caratteristiche sono soluzioni del sistema

$$\frac{dx}{dt} = z(t), \quad \frac{dy}{dt} = 1, \quad \frac{dz}{dt} = 1 \qquad (4.89)$$

e quelle uscenti da Γ_0 si ottengono integrando il sistema (4.89) con le condizioni iniziali (4.87). Si trova:

$$X(s,t) = s + \frac{t^2}{2} + th(s), \qquad Y(s,t) = t, \qquad Z(s,t) = t + h(s).$$

Poiché

$$J(s,t) = \begin{vmatrix} 1 + th'(s) & 0 \\ t + h(s) & 1 \end{vmatrix} = 1 + th'(s),$$

abbiamo $J(s,0) = 1$ e siamo nel caso **2a**: in un intorno di Γ_0 esiste un'unica soluzione di classe C^1. Se per esempio $h(s) = s$, si trova la soluzione

$$z = y + \frac{2x - y^2}{2 + 2y} \qquad (x \in \mathbb{R}, \; y \geq -1).$$

Consideriamo ora il problema di Cauchy per la stessa equazione ma con la condizione iniziale

$$u\left(y^2, 2y\right) = y$$

che equivale ad assegnare il valore di u sulla parabola $x = \frac{y^2}{4}$. Una parametrizzazione di Γ_0 in questo caso è data da

$$x = s^2, \quad y = 2s, \quad z = s.$$

Risolvendo il sistema (4.89) con queste condizioni iniziali si trova

$$x = s^2 + ts + \frac{t^2}{2}, \qquad y = 2s + t, \qquad z = s + t. \qquad (4.90)$$

Osserviamo che Γ_0 **non** è caratteristica in nessun punto, in quanto il vettore tangente $(2s, 2, 1)$ non è parallelo per alcun valore di s alla direzione caratteristica $(s, 1, 1)$. Tuttavia

$$J(s,t) = \begin{vmatrix} 2s + t & 2 \\ s + t & 1 \end{vmatrix} = -t$$

che si annulla per $t = 0$ e cioè **esattamente su** Γ_0. Siamo nel caso **2c**.

Ricavando s, t in funzione di x, y dalle prime due equazioni in (4.90), per $t \neq 0$, e sostituendo nella terza troviamo

$$u(x,y) = \frac{y}{2} \pm \sqrt{x - \frac{y^2}{4}}.$$

e cioè **due** soluzioni del problema di Cauchy che, nella regione $x > \frac{y^2}{4}$ soddisfano l'equazione differenziale. Nessuna delle due è però di classe C^1 in $x \geq \frac{y^2}{4}$: sulla parabola Γ_0 non sono differenziabili.

- *Il caso delle equazioni lineari.* C'è un altro caso in cui è sufficiente conoscere la proiezione delle caratteristiche[10] sul piano x, y per determinare le soluzioni ed è il caso *lineare*, in cui i coefficienti a, b e c non dipendono da u. Consideriamo un'equazione della forma

$$a(x, y) u_x + b(x, y) u_y = 0. \tag{4.91}$$

Se introduciamo il vettore $\mathbf{w} = (a, b)$ l'equazione si può scrivere nella forma

$$D_{\mathbf{w}} u = \nabla u \cdot \mathbf{w} = 0.$$

Ogni soluzione è dunque costante lungo le linee di flusso del vettore $\mathbf{w}$ (*proiezioni delle caratteristiche sul piano* x, y), soluzioni del sistema caratteristico ridotto,

$$\frac{dx}{dt} = a(x, y), \qquad \frac{dy}{dt} = b(x, y)$$

localmente equivalente all'equazione ordinaria

$$b(x, y)\, dx - a(x, y)\, dy = 0.$$

Se si riesce a trovare un integrale primo[11] della forma $\psi = \psi(x, y)$, allora la famiglia delle caratteristiche è data in forma implicita da

$$\psi(x, y) = k, \qquad k \in \mathbb{R}$$

e la soluzione generale della (4.91) è assegnata dalla formula

$$u(x, y) = G(\psi(x, y)),$$

con G funzione arbitraria (regolare), che si seleziona in base ai dati di Cauchy.

Esempio 5.3. Risolviamo il problema

$$\begin{cases} y u_x + x u_y = 0 \\ u(x, 0) = x^4. \end{cases}$$

Abbiamo $\mathbf{w} = (y, x)$ ed il sistema caratteristico ridotto è

$$\frac{dx}{dt} = y, \qquad \frac{dy}{dt} = x,$$

---

[10] Che continuiamo a chiamare *caratteristiche* se non c'è rischio di confusione.

[11] Un *integrale primo* (detto anche *costante del moto*) per un sistema di equazioni ordinarie, $\dot{\mathbf{x}} = \mathbf{f}(\mathbf{x})$, è una funzione $\varphi = \varphi(\mathbf{x})$ di classe C^1, costante lungo le traiettorie del sistema, cioè tale che $\nabla\varphi \cdot \mathbf{f} \equiv 0$.

localmente equivalente a

$$x\,dx - y\,dy = 0.$$

Le linee di flusso di $\mathbf{w}$ (le caratteristiche) sono le iperboli di equazione

$$\psi(x,y) = x^2 - y^2 = \text{ costante}.$$

La generica soluzione dell'equazione è pertanto

$$u(x,y) = G(x^2 - y^2).$$

Imponendo la condizione di Cauchy si trova

$$G\left(x^2\right) = x^4$$

da cui $G(r) = r^2$. La soluzione del problema di Cauchy è, dunque,

$$u(x,y) = (x^2 - y^2)^2.$$

Esempio 5.4. Un caso interessante si presenta quando si voglia risolvere il problema di Cauchy all'interno di una regione piana D, assegnando i dati su un sottoinsieme del bordo γ di D, che supponiamo sia una curva regolare. In Figura 4.24 è indicata una delle possibili situazioni. Dove occorre assegnare i dati affinché il problema sia ben posto? Poiché ogni soluzione è costante sulle linee di flusso di $\mathbf{w}$, occorre assegnare i dati solo sul sottoinsieme γ^- di γ in cui quelle linee *entrano nel dominio* (**inflow boundary**):

$$\gamma^- = \{\sigma \in \gamma : \mathbf{w} \cdot \boldsymbol{\nu} < 0\}$$

dove $\boldsymbol{\nu}$ è il versore normale esterno a γ.

I punti in cui $\mathbf{w}$ è tangente a γ sono caratteristici; si noti che la condizione di compatibilità (4.82) è sempre verificata, essendo $c = 0$, $h = 0$.

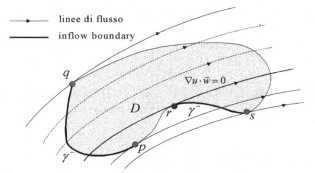

I punti p, q, r, s sono caratteristici. Si può assegnare arbitrariamente il dato di Cauchy nel punto r?

Figura 4.24 Frontiera *outflow* e *inflow*

4.5.3 Il metodo degli integrali primi

Abbiamo visto che, nel caso lineare, possiamo costruire una soluzione generale, dipendente da una funzione arbitraria, dalla conoscenza di un integrale primo del sistema caratteristico ridotto. Il metodo (dovuto a Lagrange) può essere esteso ad equazioni della forma

$$a\left(x,y,u\right)u_x + b\left(x,y,u\right)u_y = c\left(x,y,u\right). \tag{4.92}$$

Se $\varphi = \varphi\left(x,y,z\right)$ e $\psi = \psi\left(x,y,z\right)$ sono due integrali primi del sistema caratteristico (4.70), cioè $\nabla\varphi \cdot \left(a,b,c\right) \equiv 0$, $\nabla\psi \cdot \left(a,b,c\right) \equiv 0$, diciamo che essi sono *indipendenti* se $\nabla\varphi$ e $\nabla\psi$ sono ovunque linearmente indipendenti.

Vale allora il seguente Teorema.

Teorema 5.3. *Siano* $\varphi = \varphi\left(x,y,z\right)$, $\psi = \psi\left(x,y,z\right)$ *due integrali primi indipendenti del sistema caratteristico ed* $F = F\left(h,k\right)$ *una funzione di classe* $C^1\left(\mathbb{R}^2\right)$. *Se*

$$F_h\varphi_z + F_k\psi_z \neq 0,$$

l'equazione

$$F\left(\varphi\left(x,y,z\right),\psi\left(x,y,z\right)\right) = 0$$

definisce la soluzione generale $z = u\left(x,y\right)$ *di* (4.92) *in forma implicita.*

Dimostrazione. È basata sulle due osservazioni seguenti. Primo, la funzione

$$w = F\left(\varphi\left(x,y,z\right),\psi\left(x,y,z\right)\right) \tag{4.93}$$

è un integrale primo per il sistema caratteristico. Infatti,

$$\nabla w = F_h\nabla\varphi + F_k\nabla\psi$$

e quindi

$$\nabla w \cdot \left(a,b,c\right) = F_h\nabla\varphi \cdot \left(a,b,c\right) + F_k\nabla\psi \cdot \left(a,b,c\right) \equiv 0$$

essendo φ e ψ *integrali primi*. Inoltre, per ipotesi,

$$w_z = F_h\varphi_z + F_k\psi_z \neq 0.$$

Secondo, se w è un integrale primo e $w_z \neq 0$, per il teorema sulle funzioni implicite, l'equazione

$$w\left(x,y,z\right) = 0 \tag{4.94}$$

definisce implicitamente, nell'intorno di ogni punto una superficie integrale $z = u\left(x,y\right)$ of (4.92). Infatti, poiché w è un integrale primo, soddisfa l'equazione

$$a\left(x,y,z\right)w_x + b\left(x,y,z\right)w_y + c\left(x,y,z\right)w_z = 0. \tag{4.95}$$

Inoltre, ancora dal teorema della funzioni implicite, abbiamo

$$u_x = -\frac{w_x}{w_u}, \qquad u_y = -\frac{w_y}{w_u}$$

e dalla (4.95) ricaviamo facilmente la (4.92).   □

Nota 5.2. Come conseguenza della dimostrazione, si ricava che la soluzione generale dell'equazione (4.95) è data da $w = F\left(\varphi\left(x, y, z\right), \psi\left(x, y, z\right)\right)$.

Nota 5.3. La ricerca di integrali primi è talvolta semplificata scrivendo il sistema caratteristico nella forma

$$\frac{dx}{a\left(x, y, u\right)} = \frac{dy}{b\left(x, y, u\right)} = \frac{du}{c\left(x, y, u\right)}.$$

Esempio 5.3. Riprendiamo l'equazione

$$uu_x + u_y = 1 \tag{4.96}$$

e consideriamo il problema di Cauchy con la condizione iniziale

$$u\left(\frac{1}{2}y^2, y\right) = y,$$

che equivale ad assegnare il valore di u sulla caratteristica Γ_0 data da

$$x = \frac{1}{2}s^2, \quad y = s, \quad z = s.$$

Siamo dunque nel caso **2d**. Per determinare le soluzioni del problema di Cauchy usiamo il metodo di Lagrange. Il sistema caratteristico si può scrivere nella forma

$$\frac{dx}{z} = dy = dz$$

ossia

$$dx = zdz, \qquad dy = dz.$$

Integrando le due equazioni differenziali si trova, rispettivamente,

$$x - \frac{1}{2}z^2 = c_2, \qquad y - z = c_1$$

da cui gli integrali primi

$$\varphi\left(x, y, z\right) = x - \frac{1}{2}z^2, \qquad \psi\left(x, y, z\right) = y - z.$$

Poiché $\nabla\varphi = (1, 0, -z)$ e $\nabla\psi = (0, 1, -1)$ questi due integrali primi sono indipendenti. Ne segue che la formula

$$F\left(x - \frac{1}{2}z^2, y - z\right) = 0,$$

definisce implicitamente una famiglia soluzioni della (4.96), dipendente dalla funzione arbitraria (regolare) F.

Se si sceglie F in modo che $F(0, 0) = 0$, anche la condizione di Cauchy è verificata. Si vede così che esistono *infinite soluzioni* $z = u(x, y)$ del problema originale.

4.5.4 Moto di fluidi nel sottosuolo

Consideriamo un fluido (tipo l'acqua) che scorra nel sottosuolo. In ogni volumetto V saranno presenti particelle solide e particelle di fluido, cosicché solo una frazione dello spazio è disponibile per il fluido. Questa frazione, che indichiamo con ϕ, si chiama *porosità* e in generale dipende da posizione, temperatura e pressione. Qui supponiamo che ϕ dipenda solo dalla posizione: $\phi = \phi(x, y, z)$.

Se ρ è la densità del fluido e $\mathbf{q} = (q_1, q_2, q_3)$ è il flusso (velocità per unità di area, con la quale un volume di fluido attraversa una superficie trasversale), la legge di conservazione della massa dà:

$$\phi \rho_t + \mathrm{div}(\rho \mathbf{q}) = 0.$$

La legge costitutiva (sperimentale) adottata comunemente per $\mathbf{q}$ è la *legge di Darcy*:

$$\mathbf{q} = -\frac{k}{\mu} \left(\nabla p + \rho \mathbf{g} \right)$$

dove p è la pressione, $\mathbf{g}$ è il vettore accelerazione di gravità, $k > 0$ è detta *permeabilità* del mezzo (adimensionale) e μ è la viscosità del fluido[12]. Si ha allora

$$\phi \rho_t - \mathrm{div} \left[\frac{\rho k}{\mu} \left(\nabla p + \rho \mathbf{g} \right) \right] = 0.$$

Supponiamo ora che due fluidi *immiscibili* scorrano nel sottosuolo. Immiscibilità significa che i due fluidi mantengono la loro identità, senza reazioni chimiche o dissoluzione di uno nell'altro. Il coefficiente di porosità ϕ indica la frazione di spazio disponibile che i due fluidi devono dividersi. Indichiamo con S_1 ed S_2 le frazioni dello spazio disponibile occupato dai due fluidi. L'ipotesi di immiscibilità implica che le masse dei due fluidi si conservino e quindi abbiamo:

$$\phi \left(S_1 \rho_1 \right)_t + \mathrm{div}(\rho_1 \mathbf{q}_1) = 0$$

$$\phi \left(S_2 \rho_2 \right)_t + \mathrm{div}(\rho_2 \mathbf{q}_2) = 0.$$

La legge di Darcy va modificata inserendo i coefficienti di permeabilità relativa k_1, k_2 che dipendono in generale da S_1 ed S_2:

$$\mathbf{q}_1 = -k \frac{k_1}{\mu_1} \left(\nabla p + \rho_1 \mathbf{g} \right)$$

$$\mathbf{q}_2 = -k \frac{k_2}{\mu_2} \left(\nabla p + \rho_2 \mathbf{g} \right).$$

Mettismoci ora in condizioni di *saturazione*. Assumiamo cioè che tutto lo spazio disponibile sia occupato dai fluidi, ossia che

$$S_1 + S_2 = 1.$$

---

[12] Viscosità dell'acqua: $\mu = 1.14 \cdot 10^3 \, Kg \times m^{-1} \times s^{-1}$.

Poniamo $S = S_1$ (cosicché $S_2 = 1 - S$) e cerchiamo un'equazione per l'evoluzione di S sotto le seguenti ipotesi:

- gli effetti gravitazionali e di capillarità sono trascurabili;
- $k, \phi, \rho_1, \rho_2, \mu_1, \mu_2$ sono costanti;
- k_1, k_2 sono funzioni note di S.

Le equazioni di conservazione della massa diventano

$$\phi S_t + \operatorname{div} \mathbf{q}_1 = 0, \qquad -\phi S_t + \operatorname{div} \mathbf{q}_2 = 0 \qquad (4.97)$$

e le leggi di Darcy si riducono a

$$\mathbf{q}_1 = -k\frac{k_1}{\mu_1}\nabla p, \qquad \mathbf{q}_2 = -k\frac{k_2}{\mu_2}\nabla p. \qquad (4.98)$$

Sommando le (4.97) e ponendo $\mathbf{q} = \mathbf{q}_1 + \mathbf{q}_2$ e si trova

$$\operatorname{div} \mathbf{q} = 0.$$

Sommando le (4.98) si ha

$$\nabla p = -\frac{1}{k}\left(\frac{k_1}{\mu_1} + \frac{k_2}{\mu_2}\right)^{-1}\mathbf{q} \qquad (4.99)$$

da cui

$$\operatorname{div}\nabla p = \Delta p = -\frac{1}{k}\mathbf{q}\cdot\nabla\left(\frac{k_1}{\mu_1} + \frac{k_2}{\mu_2}\right)^{-1}.$$

Dalle prime delle (4.97) e (4.98) e dalla (4.99) si ha allora

$$\phi S_t = -\operatorname{div}\mathbf{q}_1 = k\nabla\left(\frac{k_1}{\mu_1}\right)\cdot\nabla p + k\frac{k_1}{\mu_1}\Delta p$$

$$= -\left(\frac{k_1}{\mu_1} + \frac{k_2}{\mu_2}\right)^{-1}\mathbf{q}\cdot\nabla\left(\frac{k_1}{\mu_1}\right) - \frac{k_1}{\mu_1}\mathbf{q}\cdot\nabla\left(\frac{k_1}{\mu_1} + \frac{k_2}{\mu_2}\right)^{-1}$$

$$= \mathbf{q}\cdot\nabla H(S) = H'(S)\mathbf{q}\cdot\nabla S$$

dove abbiamo posto

$$H(S) = -\frac{k_1(S)}{\mu_1}\left(\frac{k_1(S)}{\mu_1} + \frac{k_2(S)}{\mu_2}\right)^{-1}.$$

Quando $\mathbf{q}$ è noto, la risultante equazione quasilineare per la saturazione S è

$$\phi S_t = H'(S)\mathbf{q}\cdot\nabla S,$$

nota come equazione di *Bukley-Leverett*.

In particolare, se il flusso può essere considerato unidimensionale e costante, cioè $\mathbf{q} = q\mathbf{i}$, abbiamo

$$qH'(S)S_x - \phi S_t = 0$$

che è della forma (4.92), con $u = S$ e $y = t$. Il sistema caratteristico è

$$\frac{dx}{qH'(S)S} = -\frac{dt}{\phi} = \frac{dS}{0}.$$

Due integrali primi sono

$$w_1 = \phi x + qH'(S)t \quad \text{e} \quad w_2 = S.$$

La soluzione generale è quindi data da

$$F(\phi x + qH'(S)t, S) = 0.$$

La scelta

$$F(w_1, w_2) = w_2 - f(w_1)$$

dà

$$S = f(\phi x + qH'(S)t)$$

che soddisfa la condizione iniziale $S(x, 0) = f(\phi x)$.

4.6 Equazioni generali del prim'ordine

4.6.1 Strisce caratteristiche

Estendiamo ora il metodo delle caratteristiche a equazioni nonlineari della forma

$$F(x, y, u, u_x, u_y) = 0. \tag{4.100}$$

Assumiamo che $F = F(x, y, u, p, q)$ sia di classe C^2 in un dominio $D \subseteq \mathbb{R}^5$ e, per evitare casi banali, che $F_p^2 + F_q^2 \neq 0$. Nel caso quasilineare

$$F(x, y, u, p, q) = a(x, y, u)p + b(x, y, u)q$$

e

$$F_p = a(x, y, u), \quad F_q = b(x, y, u) \tag{4.101}$$

per cui $F_p^2 + F_q^2 \neq 0$ equivale ad affermare che a e b non siano entrambe nulle.

Anche la (4.100) ha un'interpretazione geometrica. Sia $u = u(x, y)$ una soluzione regolare e consideriamo un punto (x_0, y_0, z_0) sul suo grafico. La (4.100) costituisce un legame tra le componenti u_x e u_y del vettore

$$\mathbf{n}_0 = (-u_x(x_0, y_0), -u_y(x_0, y_0), 1),$$

normale al grafico, ma è più complicato che nel caso quasilineare e non è chiaro a priori quale possa essere il sistema caratteristico[13]. Ragionando per

---

[13] Se, per esempio, $F_q \neq 0$ ed (x_0, y_0, z_0) è fissato, per il Teorema di Dini l'equazione $F(x_0, y_0, z_0, p, q) = 0$ definisce $q = q(p)$ per cui

$$F(x_0, y_0, z_0, p, q(p)) \equiv 0.$$

analogia col caso lineare, dalle (4.101) siamo condotti alle equazioni

$$\frac{dx}{dt} = F_p(x, y, z, p, q) \tag{4.102}$$

$$\frac{dy}{dt} = F_q(x, y, z, p, q);$$

dove si deve intendere

$$z = z(t) = u(x(t), y(t))$$

e

$$p = p(t) = u_x(x(t), y(t)), \qquad q = q(t) = u_y(x(t), y(t)). \tag{4.103}$$

Per z si ricava allora l'equazione differenziale

$$\frac{dz}{dt} = u_x \frac{dx}{dt} + u_y \frac{dy}{dt} = pF_p + qF_q. \tag{4.104}$$

Le (4.102) e la (4.104) corrispondono al sistema caratteristico (4.70), ma *con due funzioni incognite in più*: $p(t)$ e $q(t)$.

Occorre trovare altre due equazioni differenziali. Procedendo formalmente e usando le (4.102), possiamo scrivere:

$$\frac{dp}{dt} = u_{xx} \frac{dx}{dt} + u_{xy} \frac{dy}{dt} = u_{xx}F_p + u_{xy}F_q. \tag{4.105}$$

Si noti che stiamo supponendo che la soluzione u abbia derivate seconde continue! D'altra parte, l'equazione coinvolge solo derivate prime e quindi è bene eliminare le derivate seconde di u dal sistema caratteristico. Poiché u è soluzione di (4.100), si ha l'identità.

$$F(x, y, u(x, y), u_x(x, y), u_y(x, y)) \equiv 0. \tag{4.106}$$

Derivando la (4.106) rispetto ad x, si ottiene, essendo $u_{xy} = u_{yx}$:

$$F_x + F_u u_x + F_p u_{xx} + F_q u_{xy} \equiv 0. \tag{4.107}$$

Calcolando lungo $x = x(t)$, $y = y(t)$, otteniamo

$$u_{xx}F_p + u_{xy}F_q = -F_x - pF_u.$$

Ricordando la (4.105) deduciamo per p la seguente equazione differenziale (che non coinvolge derivate seconde):

$$\frac{dp}{dt} = -F_x(x, y, z, p, q) - pF_u(x, y, z, p, q).$$

Con calcoli analoghi, si ricava

$$\frac{dq}{dt} = -F_y(x, y, z, p, q) - qF_u(x, y, z, p, q).$$

Quindi esiste una famiglia ad un parametro di piani tangenti al grafico di u nel punto (x_0, y_0, z_0), data da

$$p(x - x_0) + q(p)(y - y_0) - (z - z_0) = 0.$$

In generale, questa famiglia inviluppa un cono con vertice in (x_0, y_0, z_0), detto *cono di Monge*. Ogni piano tangente tocca il cono di Monge lungo una generatrice.

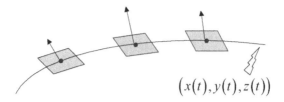

$$\bigl(x(t),y(t),z(t)\bigr)$$

Figura 4.25 Striscia caratteristica

In conclusione, abbiamo il seguente *sistema caratteristico di 5 equazioni autonome:*

$$\frac{dx}{dt} = F_p, \qquad \frac{dy}{dt} = F_q, \qquad \frac{dz}{dt} = pF_p + qF_q \tag{4.108}$$

e

$$\frac{dp}{dt} = -F_x - pF_u, \qquad \frac{dq}{dt} = -F_y - qF_u. \tag{4.109}$$

Una soluzione $(x(t), y(t), z(t), p(t), q(t))$ di questo sistema si chiama *striscia caratteristica* (Figura 4.25). Le equazioni

$$x = x(t), \qquad y = y(t), \qquad z = z(t)$$

rappresentano una *curva caratteristica* che giace sulla superficie soluzione, mentre

$$p = p(t), \qquad q = q(t)$$

assegnano in ogni punto la direzione del vettore normale ad essa, che possiamo associare ad un pezzo di piano tangente, come mostrato in figura (da cui il nome "striscia").

È importante osservare che la funzione $F = F(x, y, u, p, q)$ è un **integrale primo** di (4.108), (4.109). Infatti:

$$\frac{d}{dt} F(x(t), y(t), z(t), p(t), q(t))$$

$$= F_x \frac{dx}{dt} + F_y \frac{dy}{dt} + F_u \frac{dz}{dt} + F_p \frac{dp}{dt} + F_q \frac{dq}{dt}$$

$$= F_x F_p + F_y F_q + F_u (pF_p + qF_q) + F_p (-F_x - pF_u) + F_q (-F_y - qF_u)$$

$$\equiv 0$$

e quindi, se $F(x(t_0), y(t_0), z(t_0), p(t_0), q(t_0)) = 0$ in un punto t_0, allora

$$F(x(t), y(t), z(t), p(t), q(t)) \equiv 0 \tag{4.110}$$

su tutta la *striscia caratteristica* (Figura 4.25) passante per $(x(t_0), y(t_0), z(t_0), p(t_0), q(t_0))$.

4.6.2 Il problema di Cauchy (II)

Come nel caso quasilineare, il *problema di Cauchy* consiste nel cercare una soluzione u of (4.100), che assuma valori dati su una curva γ_0 assegnata nel piano x, y. Se γ_0 ha la parametrizzazione

$$x = f(s), \qquad y = g(s) \qquad s \in I \subseteq \mathbb{R},$$

vogliamo che

$$u(f(s), g(s)) = h(s), \qquad s \in I,$$

dove $h = h(s)$ è una funzione assegnata. Assumiamo che $0 \in I$ e che f, g, h siano funzioni almeno di classe C^1 in I.

Sia dunque Γ_0 la *curva iniziale*, parametrizzata da

$$x = f(s), \qquad y = g(s), \qquad z = h(s). \qquad (4.111)$$

Le equazioni (4.111) specificano la condizione "iniziale" solo per x, y e z. Per risolvere il sistema caratteristico dobbiamo prima associare a Γ_0 una *striscia*

$$(f(s), g(s), h(s), \varphi(s), \psi(s))$$

dove $\varphi(s) = u_x(f(s), g(s))$ e $\psi(s) = u_y(f(s), g(s))$. Le due funzioni $\varphi(s)$ e $\psi(s)$ rappresentano le condizioni iniziali per p e q e non possono essere assegnate arbitrariamente. Infatti, una prima condizione che $\varphi(s)$ e $\psi(s)$ devono soddisfare è (ricordare la (4.110))

$$F(f(s), g(s), h(s), \varphi(s), \psi(s)) \equiv 0. \qquad (4.112)$$

Una seconda condizione si ricava differenziando la relazione $h(s) = u(f(s), g(s))$. Il risultato è l'equazione

$$h'(s) = \varphi(s) f'(s) + \psi(s) g'(s), \qquad (4.113)$$

detta *condizione di aderenza* (*strip condition*).

Siamo ora in posizione per indicare una procedura (formale, per ora) per costruire una soluzione del nostro problema di Cauchy: *Determinare una superficie integrale $u = u(x, y)$ di*

$$F(x, y, u, u_x, u_y) = 0,$$

contenente la curva iniziale $(f(s), g(s), h(s))$, con s in un intorno di 0.

1. Per completare la striscia iniziale si determinano $\varphi(s)$ e $\psi(s)$ dal sistema

$$\begin{cases} F(f(s), g(s), h(s), \varphi(s), \psi(s)) = 0 \\ \varphi(s) f'(s) + \psi(s) g'(s) = h'(s). \end{cases} \qquad (4.114)$$

2. Si risolve il sistema caratteristico (4.108), (4.109) con condizioni iniziali

$$x(0) = f(s), y(0) = g(s), z(0) = h(s), p(0) = \varphi(s), q(0) = \psi(s).$$

Poiché F è di classe C^2, esiste un'unica soluzione in un intorno di $t = 0$, per ogni $s \in I$. Supponiamo di aver trovato le soluzioni

$$x = X(s, t), \ y = Y(s, t), \ z = Z(s, t), \ p = P(s, t), \ q = Q(s, t).$$

3. Si risolve il sistema $x = X(s, t), y = Y(s, t)$ determinando $s = S(x, y)$ e $t = T(x, y)$. Sostituendo in $z = Z(s, t)$, si ottiene una soluzione della forma $z = u(x, y)$.

Esempio 6.1 (accademico). Risolviamo l'equazione

$$u = u_x^2 - 3u_y^2$$

con la condizione iniziale $u(x,0) = x^2$. Abbiamo $F(p,q) = p^2 - 3q^2 - u$ e il sistema caratteristico è

$$\frac{dx}{dt} = 2p, \quad \frac{dy}{dt} = -6q, \quad \frac{dz}{dt} = 2p^2 - 6q^2 = 2z \qquad (4.115)$$

$$\frac{dp}{dt} = p, \qquad \frac{dq}{dt} = q. \qquad (4.116)$$

Una parametrizzazione della curva iniziale Γ_0 è data da

$$f(s) = s, \ g(s) = 0, \ h(s) = s^2.$$

1. Per completare la striscia iniziale, risolviamo il sistema

$$\begin{cases} \varphi^2 - 3\psi^2 = s^2 \\ \varphi = 2s. \end{cases}$$

Si trovano le due soluzioni

$$\varphi(s) = 2s, \qquad \psi(s) = \pm s.$$

2. Scegliamo prima $\psi(s) = s$ e integriamo il sistema caratteristico con le condizioni iniziali

$$x(0) = s, \ y(0) = 0, \ z(0) = s^2, \ p(0) = 2s, \ q(0) = s.$$

Integrando le (4.116), si trova

$$P(s,t) = 2se^t, \qquad Q(s,t) = se^t$$

e quindi, dalle (4.115),

$$x = X(t,s) = 4s(e^t - 1) + s, \quad y = Y(t,s) = -6s(e^t - 1),$$
$$z = Z(t,s) = s^2 e^{2t}.$$

3. Ricavando s,t in funzione di x,y dalle prime due equazioni e sostituendo nella terza si ottiene

$$u(x,y) = \left(x + \frac{y}{2}\right)^2.$$

Scegliendo $\psi(s) = -s$ si trova

$$u(x,y) = \left(x - \frac{y}{2}\right)^2.$$

Come si vede *non ci si può aspettare in generale unicità* per la soluzione del problema di Cauchy, a meno che il sistema (4.114) abbia un'unica soluzione. D'altro canto, se questo sistema non ha soluzioni (reali), allora anche il problema di Cauchy non ha soluzioni.

Osserviamo, inoltre, che, posto $(x_0, y_0, z_0) = (f(0), g(0), h(0))$, se (p_0, q_0) è una soluzione del sistema

$$\begin{cases} F(x_0, y_0, z_0, p_0, q_0) = 0 \\ p_0 f'(0) + q_0 g'(0) = h'(0), \end{cases} \qquad (4.117)$$

per il teorema delle funzioni implicite, la condizione

$$\begin{vmatrix} f'(0) & F_p(x_0, y_0, z_0, p_0, q_0) \\ g'(0) & F_q(x_0, y_0, z_0, p_0, q_0) \end{vmatrix} \neq 0 \qquad (4.118)$$

assicura l'esistenza di una soluzione $\varphi(s)$ e $\psi(s)$ di (4.114) in un intorno di $s = 0$. Se f, g, h, sono di classe C^2, φ e ψ risultano di classe C^1. La (4.118) corrisponde alla (4.78) nel caso quasilineare.

Il seguente teorema formalizza e raccoglie i rsultati sul problema di Cauchy

$$F(x, y, u, u_x, u_y) = 0 \qquad (4.119)$$

con curva iniziale Γ_0 di equazioni parametriche

$$x = f(s), \quad y = g(s), \quad z = h(s). \qquad (4.120)$$

Teorema 6.1. *Assumiamo che:*

i) F ha due derivate continue rispetto a tutti i suoi argomenti in un dominio $D \subseteq \mathbb{R}^5$ e $F_p^2 + F_q^2 \neq 0$;

ii) f, g, h hanno due derivate continue in un intorno di 0;

iii) (p_0, q_0) è soluzione del sistema (4.117) e vale la (4.118).

Allora, in un intorno del punto (x_0, y_0), esiste una soluzione $z = u(x, y)$ di classe C^2 del problema (4.119), (4.120).

4.6.3 Ottica geometrica

• *Ottica geometrica.* In ottica geometrica si studia la propagazione di un'onda in termini della posizione del fronte d'onda. Ragionando per semplicità in due dimensioni spaziali, supponiamo che un'onda si propaghi nel piano x, y con velocità c, costante, e che i fronti d'onda siano curve γ_t descritte al variare del tempo t dall'equazione $u(x, y) = t$. Vogliamo ricavare un'equazione per u. Osserviamo che le traiettorie luminose (raggi) costituiscono la famiglia delle traiettorie ortogonali ai fronti d'onda. Pertanto, se $(x(t), y(t))$ è la posizione di un punto generico su un raggio luminoso al tempo t, vale l'identità

$$u(x(t), y(t)) = t \qquad (4.121)$$

e il vettore velocità $\mathbf{v}(t) = (\dot{x}(t), \dot{y}(t))$ soddisfa le condizioni

$$\begin{cases} |\mathbf{v}| = \sqrt{\dot{x}^2 + \dot{y}^2} = c \\ \mathbf{v} \text{ parallelo a } \nabla u. \end{cases} \qquad (4.122)$$

Differenziando la (4.121), si ha

$$\nabla u \cdot \mathbf{v} = u_x \dot{x} + u_y \dot{y} = 1.$$

Essendo $\mathbf{v}$ parallelo a ∇u deve essere $|\nabla u \cdot \mathbf{v}| = |\nabla u| \, |\mathbf{v}| = c \, |\nabla u|$ e quindi $c \, |\nabla u| = 1$, ossia

$$c^2 \left(u_x^2 + u_y^2 \right) = 1 \qquad (4.123)$$

che si chiama *equazione iconale*.

Osserviamo che, fissato il punto (x_0, y_0, z_0), l'equazione $c^2(p^2 + q^2) = 1$ definisce una famiglia di piani passanti per (x_0, y_0, z_0), di equazione

$$z - z_0 = p\,(x - x_0) + q\,(y - y_0)$$

che formano con l'asse z un angolo fisso $\theta = \arctan c$. Questi piani sono i possibili piani tangenti alla superficie soluzione nel punto (x_0, y_0, z_0) e inviluppano un cono, detto *cono di luce*[14], con asse coincidente con l'asse z e apertura 2θ. L'equazione di questo cono è, dunque,

$$(x - x_0)^2 + (y - y_0)^2 = c^2 \,(z - z_0)^2 .$$

L'equazione ikonale è della forma (4.100) con[15]

$$F\,(x, y, u, p, q) = \frac{1}{2} \left[c^2(p^2 + q^2) - 1 \right].$$

Il sistema caratteristico è, usando τ come parametro per evitare confusioni con la variabile temporale:

$$\frac{dx}{d\tau} = c^2 p, \quad \frac{dy}{d\tau} = c^2 q, \quad \frac{dz}{d\tau} = c^2 p^2 + c^2 q^2 = 1$$

$$\frac{dp}{d\tau} = 0, \qquad \frac{dq}{d\tau} = 0.$$

Dalle ultime due equazioni, p e q risultano costanti lungo le caratteristiche. Dati i valori iniziali $(x_0, y_0, z_0, p_0, q_0)$ con p_0, q_0 tali che $c^2(p_0^2 + q_0^2) = 1$, la caratteristica corrispondente è la retta

$$x = x_0 + c^2 p_0 \tau, \qquad y = y_0 + c^2 q_0 \tau, \qquad z = z_0 + \tau \qquad (4.124)$$

ed è naturale identificare il parametro τ con il tempo trascorso da un tempo iniziale z_0.

Una curva iniziale Γ di equazioni parametriche

$$x = f\,(s), \qquad y = g\,(s), \qquad z = h\,(s)$$

può essere completata in una striscia iniziale, scegliendo ϕ e ψ in modo da soddisfare il sistema

$$\begin{cases} c^2 \left(\phi\,(s)^2 + \psi\,(s)^2 \right) = 1 \\ \phi\,(s)\, f'\,(s) + \psi\,(s)\, g'\,(s) = h'\,(s) . \end{cases} \qquad (4.125)$$

---

[14] Per equazioni generali coincide col *cono di Monge*.
[15] Il fattore $\frac{1}{2}$ è inserito per ragioni estetiche.

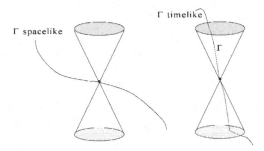

Figura 4.26 Curve *space-like* e *time-like*

Ci si convince facilmente che tale sistema ha *due soluzioni distinte se*

$$f'(s)^2 + g'(s)^2 > c^2 h'(s)^2 \qquad (4.126)$$

mentre *non ha soluzioni se*[16]

$$f'(s)^2 + g'(s)^2 < c^2 h'(s)^2. \qquad (4.127)$$

Se vale la (4.126), il vettore tangente a Γ in ogni suo punto forma un angolo maggiore di θ con l'asse z e quindi Γ si trova all'esterno del cono di luce, ad eccezione ovviamente del vertice. In questo caso Γ si dice *spacelike* ed esistono due soluzioni distinte del problema di Cauchy.

Se vale la (4.127), la curva Γ è interna al cono di luce e non esistono superfici passanti per Γ, tangenti ad una generatrice del cono di luce (Figura 4.26). La curva si dice *timelike* e non esistono soluzioni del problema di Cauchy.

Date una curva *space-like* Γ e due soluzioni ϕ, ψ del sistema (4.125), la striscia caratteristica corrispondente è, per s fissato:

$$x(t) = f(s) + c^2 \phi(s) t, \quad y(t) = g(s) + c^2 \psi(s) t, \quad z(t) = h(s) + t \quad (4.128)$$

$$p(t) = \phi(s), \quad q(t) = \psi(s).$$

Osserviamo che il punto $(x(t), y(t))$ si muove lungo la caratteristica con velocità

$$\sqrt{\dot{x}^2(t) + \dot{y}^2(t)} = \sqrt{\phi^2(s) + \psi^2(s)} = c$$

e direzione

$$(\phi(s), \psi(s)) = (p(t), q(t)).$$

Le linee caratteristiche sono dunque coincidenti con i raggi di luce. Inoltre i fronti d'onda γ_t possono essere costruiti a partire da γ_0 spostando ogni punto

---

[16] Risolvere il sistema (4.125) equivale a determinare l'intersezione tra la circonferenza $\xi^2 + \eta^2 = c^{-2}$ e la retta $f'\xi + g'\eta = h'$. La distanza del centro $(0,0)$ dalla retta è data da

$$d = \frac{|h'|}{\sqrt{(f')^2 + (g')^2}}$$

per cui ci sono sue intersezioni $d < c^{-1}$, nessuna se $d > c^{-1}$.

di γ_0 lungo una caratteristica alla distanza ct. I fronti d'onda costituiscono dunque una famiglia di curve "parallele".

Esempio 6.2. Risolviamo il problema di Cauchy con condizioni iniziali date da

$$x = \cos s, \qquad y = \sin s, \qquad z = 0$$

che corrisponde al cerchio unitario nel piano x, y. Questa curva è certamente *spacelike*, essendo $h(s) = 0$ e $(-\sin s)^2 + (\cos s)^2 = 1$. Per completare la striscia iniziale, occorre scegliere ϕ e ψ tali che

$$c^2 \left(\phi(s)^2 + \psi(s)^2 \right) = 1, \qquad \phi(s)(-\sin s) + \psi(s)(\cos s) = 0.$$

Si trovano le due soluzioni

$$\phi(s) = \pm \frac{\cos s}{c}, \qquad \psi(s) = \pm \frac{\sin s}{c}.$$

Dalle (4.124) si trovano le caratteristiche

$$x = \cos s(1 \pm c\tau), \qquad y = \sin s(1 \pm c\tau), \qquad z = \tau.$$

Quadrando e sommando le prime due equazioni e tenendo conto della terza, si trova

$$x^2 + y^2 = (1 \pm cz)^2$$

da cui le due soluzioni (coni)

$$z^{\pm} = u^{\pm}(x, y) = \frac{\pm 1}{c} \left\{ 1 - \sqrt{x^2 + y^2} \right\}.$$

I fronti d'onda di $u^+ = t$ sono cerchi concentrici che convergono all'origine al tempo $t = 1/c$; quelli di u^- si allontanano dall'origine (Figura 4.27).

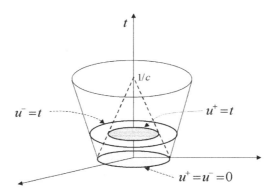

Figura 4.27 Fronti d'onda nell'Esempio 6.2

Problemi

4.1. Usando il metodo di *Duhamel* (Paragrafo 2.8.3) risolvere il problema

$$\begin{cases} c_t + vc_x = f(x,t) & x \in \mathbb{R}, t > 0 \\ c(x,0) = 0 & x \in \mathbb{R}. \end{cases}$$

[*Suggerimento.* Per $s \geq 0$ fissato e $t > s$, risolvere il problema

$$\begin{cases} w_t + vw_x = 0 \\ w(x,s;s) = f(x,s). \end{cases}$$

Integrare poi w rispetto ad s su $(0,t)$].

4.2. Si consideri il seguente problema ($a > 0$):

$$\begin{cases} u_t + au_x = f(x,t) & 0 < x < R, t > 0 \\ u(0,t) = 0 & t > 0 \\ u(x,0) = 0 & 0 < x < R. \end{cases}$$

Dimostrare la stima di stabilità

$$\int_0^R u^2(x,t)\,dx \leq e^t \int_0^t \int_0^R f^2(x,s)\,dx ds, \qquad t > 0.$$

[*Suggerimento.* Moltiplicare per u l'equazione. Usare $a > 0$ e la disuguaglianza $2fu \leq f^2 + u^2$ per ottenere

$$\frac{d}{dt}\int_0^R u^2(x,t)\,dx \leq \int_0^R f^2(x,t)\,dx + \int_0^R u^2(x,t)\,dx.$$

Porre $E(t) = \int_0^R u^2(x,t)\,dx$, $G(t) = \int_0^R f^2(x,t)\,dx$. Dimostrare che se $E(t)$ soddisfa le condizioni

$$E'(t) \leq G(t) + E(t), \quad E(0) = 0,$$

allora $E(t) \leq e^t \int_0^t G(s)\,ds$].

4.3. Studiare il problema

$$\begin{cases} u_t + uu_x = 0 & x \in \mathbb{R}, t > 0 \\ u(x,0) = g(x) & x \in \mathbb{R} \end{cases}$$

con dato iniziale

$$g(x) = \begin{cases} 2 & x < 0 \\ 1 & 0 < x < 1 \\ 0 & x > 1. \end{cases}$$

4.4. Nel caso del traffico al semaforo della Sezione 4.3, calcolare:

a) la densità di auto al semaforo per $t > 0$;

b) il tempo impiegato da un'auto che si trova al tempo t_0 nel punto $x_0 = -v_m t_0$ per superare il semaforo.

[*Suggerimento.* b) Se $x = x(t)$ è la posizione dell'auto al tempo t, mostrare che $\dot{x}(t) = \frac{v_m}{2} + \frac{x(t)}{2t}$].

4.5. Supponiamo che la densità iniziale di traffico sia data da

$$\rho_0(x) = \begin{cases} \rho_1 & x < 0 \\ \rho_m & x > 0. \end{cases}$$

Al variare di $0 < \rho_1 < \rho_m$, determinare le caratteristiche, le eventuali onde d'urto e costruire una soluzione in tutto il piano (x,t). Interpretare il risultato.

4.6. *Traffico al semaforo seguito da luce verde.* Utilizzando il modello di traffico della Sezione 4.3, considerare il seguente problema, in cui un semaforo è posto nell'origine. All'istante $t = 0$, la luce al semaforo diventa rossa e ridiventa verde al tempo $t = 2$.

1) Scrivere il modello matematico del problema. Analizzarlo nei due casi in cui la densità iniziale di traffico per $x < 0$ è uguale a $\rho(x,0) = \rho_m/2$ oppure a $\rho(x,0) = \rho_m/8$. In particolare, determinare le caratteristiche e la linea di schock prima e dopo $t = 2$.

2) Disegnare le traiettorie della auto, al variare della loro posizione iniziale $x_0 < 0$.

[*Risposta parziale.* 1) L'equazione della linea d'urto è

$$s(t) = \begin{cases} \dfrac{-v_m}{2}t & 0 < t \le 4 \\ -v_m\sqrt{2(t-2)} & t > 4. \end{cases}$$

2) La traiettoria dell'auto che si trova in $x_0 = -4v_m$ al tempo $t = 0$ ha equazione $x(t) = \frac{v_m}{2}t - 4v_m$ per $0 < t \le 4$ e $x(t) = -2v_m\sqrt{t-2} + v_m(t-2)$ per $t > 4$].

4.7. *Traffico in un tunnel.* Un modello realistico per la velocità in un tunnel molto lungo è il seguente

$$v(\rho) = \begin{cases} v_m & 0 \le \rho \le \rho_c \\ \lambda \log\left(\dfrac{\rho_m}{\rho}\right) & \rho_c \le \rho \le \rho_m \end{cases}$$

dove $\lambda = \frac{v_m}{\log(\rho_m/\rho_c)}$. Si noti che v è continua anche nel punto $\rho_c = \rho_m e^{-v_m/\lambda}$, che rappresenta una densità *critica*, al di sotto della quale gli automobilisti sono liberi di viaggiare alla velocità massima. Valori attendibili sono $\rho_c = 7$ auto/Km, $v_m = 90$ Km/h, $\rho_m = 110$ auto/Km, $v_m/\lambda = 2.75$.

Supponiamo che l'ingresso del tunnel sia in $x = 0$, che il tunnel apra al traffico al tempo $t = 0$ e che precedentemente si sia accumulata una coda prima dell'ingresso. Il dato iniziale è quindi

$$\rho = \begin{cases} \rho_m & x < 0 \\ 0 & x > 0. \end{cases}$$

a) Determinare densità e velocità del traffico e disegnarne i grafici in funzione del tempo.

b) Determinare e disegnare nel piano x, t la traiettoria di un'auto che si trova inizialmente in $x = x_0 < 0$ e calcolare quanto tempo impiega ad entrare nel tunnel.

4.8. Consideriamo l'equazione $u_t + q'(u)u_x = 0$, con condizione iniziale $u(x,0) = g(x)$. Supponiamo che $g, q' \in C^1(\mathbb{R})$ e $g'(\xi)q''(g(\xi)) < 0$ in $[a,b]$. Mostrare che la famiglia di caratteristiche

$$x = q'(u)t + \xi, \qquad \xi \in [a,b] \tag{4.129}$$

ammette *inviluppo* e che il punto (x_s, t_s) di partenza dello shock, dato dalle formule (4.33) e (4.34), è il punto dell'inviluppo con la minima coordinata temporale (Figura 4.28).

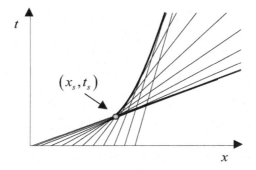

Figura 4.28 Inviluppo di caratteristiche e formazione di uno shock

4.9. Sia dato il seguente problema nel quadrante $x > 0, t > 0$:

$$
\begin{cases}
u_t + uu_x = 0 & x > 0, t > 0 \\
u(x,0) = 1 - x & x > 0 \\
u(0,t) = 1 & t > 0.
\end{cases}
$$

a) Scrivere l'equazione delle caratteristiche uscenti sia dall'asse x, sia dal'asse t.

b) Controllare che si forma uno shock e determinare l'equazione della linea d'urto.

4.10. Disegnare le caratteristiche e descrivere qualitativamente l'evoluzione per $t \to +\infty$ della soluzione del seguente problema (Figura 4.29):

$$
\begin{cases}
u_t + uu_x = 0 & t > 0, x \in \mathbb{R} \\
u(x,0) = \begin{cases} \sin x & 0 < x < \pi \\ 0 & x \le 0 \text{ o } x \ge \pi. \end{cases}
\end{cases}
$$

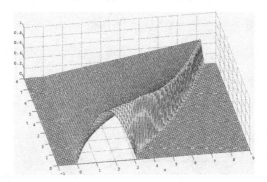

Figura 4.29 La soluzione del Problema 4.10. Visibili l'onda di rarefazione e la successiva formazione di un'onda d'urto

4.11. Mostrare che, per ogni $\alpha > 1$, la funzione

$$u_\alpha(x, t) = \begin{cases} -1 & 2x < (1-\alpha)\, t \\ -\alpha & (1-\alpha)\, t < 2x < 0 \\ \alpha & 0 < 2x < (\alpha - 1)\, t \\ 1 & (\alpha - 1)\, t < 2x \end{cases}$$

è soluzione debole del problema

$$\begin{cases} u_t + u u_x = 0 & t > 0, x \in \mathbb{R} \\ u(x, 0) = \begin{cases} -1 & x < 0 \\ 1 & x > 0. \end{cases} \end{cases}$$

È anche una soluzione entropica, almeno per qualche α?

4.12. Usando la trasformazione di Hopf-Cole, determinare la soluzione del seguente problema:

$$\begin{cases} u_t + u u_x = \varepsilon u_{xx} & t > 0, x \in \mathbb{R} \\ u(x, 0) = 1 - \mathcal{H}(x) & x \in \mathbb{R}, \end{cases}$$

dove $\mathcal{H}$ è la funzione di Heaviside.

Mostrare poi che $u(x, t)$ converge ad un'onda progressiva simile alla (4.61) per $t \to +\infty$ (Figura 4.30).

[*Risposta*. La soluzione è

$$u(x, t) = \cfrac{1}{1 + \cfrac{\mathrm{erfc}\left(-x/\sqrt{4\varepsilon t}\right)}{\mathrm{erfc}\left((x-t)/\sqrt{4\varepsilon t}\right)}\, \exp\left(\dfrac{x - t/2}{2\varepsilon}\right)}$$

dove

$$\mathrm{erfc}(s) = \frac{2}{\sqrt{\pi}} \int_s^{+\infty} \exp\left(-z^2\right) dz$$

è la *funzione errore complementare*].

4.13. Determinare la soluzione dell'equazione lineare $u_x + x u_y = y$ soddisfacente la condizione iniziale $u(0, y) = g(y)$, $y \in \mathbb{R}$, con

$$(a)\ \ g(y) = \cos y \qquad e \qquad (b)\ \ g(y) = y^2.$$

[*Risposta*. (a): $u(x, y) = xy - \frac{x^3}{3} + \cos\left(y - \frac{x^2}{2}\right)$].

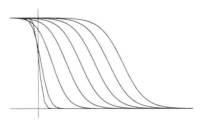

Figura 4.30 Evoluzione della soluzione del Problema 4.12 verso un'onda progressiva per $t = 0.5, 2, 10, 20, 30, 40, 50, 60$, con $\varepsilon = 2$

4.14. Sia $D = \{(x,y) : y > x^2\}$ e $a = a(x,y)$ sia una funzione continua in $\overline{D}$.

1) Studiare la risolubilità del problema semilineare

$$\begin{cases} a(x,y)\, u_x - u_y = -u & (x,y) \in D \\ u(x,x^2) = g(x) & x \in \mathbb{R}. \end{cases}$$

2) Esaminare il caso

$$a(x,y) = y/2 \quad \text{e} \quad g(x) = \exp\left(-\gamma x^2\right),$$

dove γ è un parametro reale.

4.15. Risolvere il problema di Cauchy

$$\begin{cases} x u_x - y u_y = u - y & x > 0, y > 0 \\ u(y^2, y) = y & y > 0. \end{cases}$$

Esistono soluzioni in un intorno dell'origine?

[*Risposta:* $u(x,y) = \left(y + x^{2/3} y^{-1/3}\right)/2$. Non possono esistere soluzioni in alcun intorno dell'origine].

4.16. Si consideri un tubo cilindrico con asse lungo l'asse x, occupato da un fluido che si muove nel verso destra. Siano $\rho = \rho(x,t)$ and $q = \frac{1}{2}\rho^2$ la densità del fluido e la funzione flusso, rispettivamente. Assumiamo che le pareti del tubo siano composte da materiale poroso, da cui il fluido esce al tasso (densità su tempo) $H = k\rho^2$.

a) Seguendo la derivazione della legge di conservazione data nella prima sezione, mostrare che ρ soddisfa l'equazione

$$\rho_t + \rho \rho_x = -k\rho^2.$$

b) Risolvere il problema di Cauchy con $\rho(x,0) = 1$.

[*Risposta.* *b)* $\rho(x,t) = 1/(1 + kt)$].

4.17. Risolvere il problema di Cauchy

$$\begin{cases} u_x = -(u_y)^2 & x > 0, y \in \mathbb{R} \\ u(0,y) = 3y & y \in \mathbb{R}. \end{cases}$$

4.18. Risolvere il problema di Cauchy

$$\begin{cases} u_x^2 + u_y^2 = 4u \\ u(x,-1) = x^2 & x \in \mathbb{R}. \end{cases}$$

[*Risposta:* $u(x,y) = x^2 + (y+1)^2$].

Capitolo 5
Onde e vibrazioni

5.1 Concetti generali

Quotidianamente abbiamo a che fare con onde sonore, onde elettromagnetiche (come le onde radio o quelle luminose), onde d'acqua, in superficie o in profondità, onde elastiche nei solidi. Fenomeni ondosi emergono anche in contesti e in modi meno macroscopici e noti, come nel caso di onde di rarefazione e d'urto in un flusso di traffico o in quello delle onde elettrochimiche che regolano il battito del cuore o il controllo dei movimenti attraverso impulsi nervosi. La fisica quantistica, poi, ci ha rivelato che tutto può essere descritto in termini di onde, ad una scala sufficientemente piccola.

Sorprendentemente, la definizione di onda non è così facile da confezionare in modo da comprendere, per esempio, tutti i fenomeni appena citati. Consultando lo *Zingarelli,* alla voce onda o meglio *onde* (fis.) si trova: ≪Movimenti periodici oscillatori e vibratori propagati attraverso un mezzo continuo≫.

Possiamo certamente adottare un un atteggiamento pragmatico e accontentarci di questa definizione anche se: le onde *stazionarie* non si propagano; nelle onde di rarefazione o d'urto in un flusso di traffico ciò che si propaga non è un movimento, ma un segnale (aumento o diminuzione della densità d'auto); l'interazione con il mezzo circostante è molto diversa quando si tratti di onde d'acqua in uno stagno, che lasciano invariato il mezzo al loro passaggio, o quando si tratti di onde chimiche che mutano lo stato delle specie reagenti al loro passaggio; vi sono onde che non hanno bisogno di un mezzo che le "sostenga" per propagarsi, per esempio le onde elettromagnetiche.

Forse, semplicemente, non esiste una singola definizione di onda!

5.1.1 Tipi di onde

In questa sezione introduciamo un po' di terminologia ed alcuni concetti generali. Cominciamo in dimensione spaziale $n = 1$.

a. Onde **progressive** (**travelling** waves). Sono onde descritte da una

© Springer-Verlag Italia 2016
S. Salsa, *Equazioni a derivate parziali. Metodi, modelli e applicazioni*, 3a edizione, UNITEXT – La Matematica per il 3+2 97, DOI 10.1007/978-88-470-5785-2_5

funzione del tipo

$$u\left(x,t\right) = g\left(x - ct\right).$$

Per $t = 0$, si ha $u\left(x,0\right) = g\left(x\right)$, che è il profilo "iniziale" della perturbazione. Questo profilo si propaga inalterato nella forma con velocità $|c|$, verso destra (sinistra) se $c > 0$ ($c < 0$). Abbiamo già incontrato onde di questo tipo nei capitoli 2 e 4.

b. Fra le onde progressive, hanno particolare importanza le onde **armoniche**, della forma

$$u\left(x,t\right) = A \exp\left\{i\left(kx - \omega t\right)\right\}, \qquad A, k, \omega \in \mathbb{R} \tag{5.1}$$

con la tacita intesa di considerarne solo la *parte reale*

$$A \cos\left(kx - \omega t\right).$$

La forma esponenziale complessa è spesso più maneggevole nei calcoli. Nella Figura 5.1 distinguiamo, considerando per semplicità ω e k positivi:

• l'*ampiezza* dell'onda $|A|$;

• il *numero d'onde k*, ossia il numero di oscillazioni complete nell'intervallo $[0, 2\pi]$, e la *lunghezza d'onda*

$$\lambda = \frac{2\pi}{k}$$

ossia la distanza tra successivi massimi (creste) o minimi;

• la *frequenza angolare* ω e la *frequenza*

$$f = \frac{\omega}{2\pi}$$

ossia il numero di oscillazioni complete nell'unità di tempo (Hertz);

• la *velocità dell'onda o velocità di fase*,

$$c_p = \frac{\omega}{k}$$

ossia la velocità con cui viaggiano le creste (per esempio).

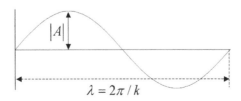

Figura 5.1 Onda sinusoidale

c. Onde **stazionarie**. Sono onde descritte da espressioni del tipo

$$u\left(x,t\right) = B \cos kx \cos \omega t.$$

Queste onde presentano un'onda base sinusoidale $\cos kx$, modulata nel tempo in ampiezza da $B \cos \omega t$. Un'onda stazionaria si ottiene, per esempio, sovrapponendo due onde armoniche con ampiezza identica, propagantisi in direzioni opposte:

$$A \cos(kx - \omega t) + A \cos(kx + \omega t) = 2A \cos kx \cos \omega t. \tag{5.2}$$

Passiamo in dimensione spaziale $n > 1$.

d. Onde **piane**. Le onde progressive scalari sono della forma

$$u\left(\mathbf{x},t\right) = f\left(\mathbf{k} \cdot \mathbf{x} - \omega t\right).$$

La perturbazione si propaga nella direzione $\mathbf{k}$ con velocità $c_p = \omega / \left|\mathbf{k}\right|$. I piani ortogonali a $\mathbf{k}$ di equazione

$$\theta\left(\mathbf{x},\mathbf{t}\right) = \mathbf{k} \cdot \mathbf{x} - \omega t = \text{costante},$$

costituiscono i *fronti d'onda*. Il caso particolare

$$u\left(\mathbf{x},t\right) = A \exp\left\{i\left(\mathbf{k} \cdot \mathbf{x} - \omega t\right)\right\}$$

corrisponde alle onde piane *armoniche o monocromatiche*. Qui $\mathbf{k}$ è il vettore *numero d'onde* e ω è la *frequenza angolare*. Gli scalari $\left|\mathbf{k}\right|/2\pi$ e $\omega/2\pi$ danno, rispettivamente, numero d'onde per unità di lunghezza e numero di oscillazioni complete al secondo (Hertz) in una posizione fissata.

e. Le onde **sferiche** hanno la forma

$$u\left(\mathbf{x},t\right) = v\left(r,t\right)$$

dove $r = \left|\mathbf{x} - \mathbf{x}_0\right|$ e $\mathbf{x}_0 \in \mathbb{R}^n$ è un punto fisso. In particolare, $u\left(\mathbf{x},t\right) = e^{i\omega t}v\left(r\right)$ rappresenta un'onda stazionaria sferica mentre $u\left(\mathbf{x},t\right) = v\left(r - ct\right)$ è un'onda progressiva i cui fronti d'onda coincidono con le sfere di equazione $r - ct = $ costante, in moto a velocità $\left|c\right|$ (uscenti o *outgoing* se $c > 0$, entranti o *incoming* se $c < 0$).

5.1.2 Velocità di gruppo e relazione di dispersione.

Molti sistemi fisici possono essere modellati da equazioni che hanno onde armoniche come soluzioni ma *con la frequenza angolare funzione nota del numero d'onde,* in generale **non lineare**:

$$\omega = \omega\left(k\right). \tag{5.3}$$

Un esempio tipico è il sistema d'onde prodotto da un sasso che cade in uno stagno.

Nel caso lineare, se cioè $\omega(k) = ck$, c costante, le creste si muovono con velocità c indipendente dal numero d'onde (quindi indipendente dalla lunghezza d'onda). Se però $\omega(k)$ non è proporzionale a k, le creste si muovono con velocità $c_p = \omega(k)/k$, che *dipende* dal numero d'onde. In altri termini, le creste si muovono con velocità diverse in corrispondenza a diverse lunghezze d'onda. In un pacchetto d'onde costituito dalla sovrapposizione di onde armoniche di diversa lunghezza d'onda, ciò comporta, a regime, una separazione o *dispersione* delle varie componenti.

Per questa ragione, la relazione $\omega = \omega(k)$ è detta **relazione di dispersione**. Nella teoria delle onde dispersive, la **velocita di gruppo**, data da

$$c_g = \omega'(k),$$

è un concetto centrale, per i seguenti motivi.

1. È la velocità alla quale *viaggia* (*come insieme*) un *pacchetto d'onde isolato*. Un pacchetto d'onde si ottiene dalla sovrapposizione di onde armoniche dispersive, per esempio attraverso un integrale di Fourier del tipo

$$u(x,t) = \int_{-\infty}^{+\infty} a(k) e^{i[kx - \omega(k)t]} dk \tag{5.4}$$

dove sempre s'intende che si debba considerare solo la parte reale. Consideriamo un pacchetto d'onde localizzato, con numero d'onde quasi costante $k \approx k_0$ e con ampiezze lentamente variabili rispetto a x. Allora il pacchetto contiene un grande numero di creste e le ampiezze $|a(k)|$ delle varie componenti di Fourier saranno molto piccole, tranne che in prossimità di k_0, diciamo in un intervallo $(k_0 - \delta, k_0 + \delta)$. La Figura 5.2 mostra il profilo iniziale, al tempo $t = 0$, di un pacchetto d'onde Gaussiano,

$$\operatorname{Re} u(x,0) = \frac{3}{\sqrt{2}} \exp\left\{-\frac{x^2}{32}\right\} \cos 14x,$$

lentamente modulato in x, con $k_0 = 14$, e la sua trasformata di Fourier:

$$a(k) = 6\exp\left\{-8(k-14)^2\right\}.$$

Come si vede, le ampiezze $|a(k)|$ delle componenti di Fourier sono apprezzabilmente non nulle solo per k in prossimità di k_0.

Possiamo allora scrivere, al prim'ordine,

$$\omega(k) \approx \omega(k_0) + \omega'(k_0)(k - k_0) = \omega(k_0) + c_g(k - k_0)$$

e quindi

$$u(x,t) \approx e^{i\{k_0 x - \omega(k_0)t\}} \int_{k_0 - \delta}^{k_0 + \delta} a(k) e^{i(k-k_0)(x - c_g t)} dk. \tag{5.5}$$

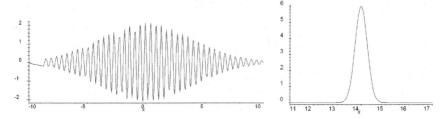

Figura 5.2 Pacchetto d'onde e sua trasformata di Fourier

Dunque, u risulta essere ben approssimata dal prodotto di due onde. La prima è un'onda armonica pura di lunghezza d'onda relativamente piccola $2\pi/k_0$ e velocità di fase $\omega(k_0)/k_0$. La seconda dipende da x, t attraverso la combinazione $(x - c_g t)$ ed è la sovrapposizione di onde con numeri d'onda $k - k_0$, molto piccoli, e quindi con lunghezza d'onda molto grande. Possiamo interpretare il secondo fattore come l'inviluppo del pacchetto d'onde (quindi il pacchetto nel suo insieme), che pertanto si muove con la velocità di gruppo.

2. Spariti gli effetti di una perturbazione iniziale localizzata (tipo il sasso che entra nello stagno) c_g è la velocità alla quale *un osservatore deve viaggiare se vuole vedere onde della stessa lunghezza* $2\pi/k$. In altri termini, c_g è la velocità di propagazione dei numeri d'onda.

Immaginiamo di lanciare un sasso in uno stagno. Nei primi istanti dopo il lancio, la perturbazione è molto complicata ma, dopo un tempo sufficientemente lungo, le varie componenti di Fourier si disperdono e la perturbazione si presenta come un treno d'onde lentamente modulato, quasi sinusoidale in prossimità di ogni punto, con un *numero d'onde locale* $k(x,t)$ *e una frequenza locale* $\omega(x,t)$, che cambiano gradualmente con x e t. Se l'acqua è abbastanza profonda, ci aspettiamo che ad ogni istante t fissato, la lunghezza d'onda aumenti con la distanza dal punto in cui è entrato il sasso (onde più lunghe si propagano più velocemente) e, nello stesso tempo, ad ogni punto x la lunghezza d'onda tenderà a diminuire col tempo.

Ciò significa che le caratteristiche essenziali del sistema di onde possono essere osservate solo dopo un transitorio e ad una distanza relativamente grande dalla perturbazione iniziale.

Tipicamente, assumendo che il profilo della superficie libera u sia dato da un integrale di Fourier come (5.4), interessa esaminare il comportamento di u per $t \gg 1$. Un importante strumento d'indagine è costituito dal *metodo della fase stazionaria*[1], che fornisce una formula asintotica per $t \to +\infty$, per integrali del tipo

$$I(t) = \int_{-\infty}^{+\infty} f(k)\, e^{it\varphi(k)} dk. \tag{5.6}$$

---

[1] Vedere il Paragrafo 5.10.6.

Possiamo porre u nella forma (5.6) scrivendo

$$u(x, t) = \int_{-\infty}^{+\infty} a(k) \, e^{it[k\frac{x}{t} - \omega(k)]} dk,$$

muovendosi dall'origine ad una velocità fissata V (quindi $x = Vt$) ed infine definendo

$$\varphi(k) = kV - \omega(k).$$

Assumiamo per semplicità che φ abbia solo un punto stazionario k_0, cioè

$$\omega'(k_0) = V,$$

e che $\omega''(k_0) \neq 0$. Allora, il *metodo della fase stazionaria* dà

$$u(Vt, t) = \sqrt{\frac{\pi}{|\omega''(k_0)|}} \frac{a(k_0)}{\sqrt{t}} \exp\{it[k_0 V - \omega(k_0)]\} + O(t^{-1}). \qquad (5.7)$$

Quindi, a meno di errori dell'ordine di t^{-1}, muovendosi con velocità $V = \omega'(k_0) = c_g$, nella posizione $x = c_g t$ si osserva sempre lo stesso numero d'onde k_0. Si noti che l'ampiezza u decresce come $t^{-1/2}$ per $t \to +\infty$. Questo è un importante aspetto dei fenomeni di dispersione.

3. c_g è la velocità alla quale *l'energia viene trasportata da onde di lunghezza* $2\pi/k$. In un pacchetto d'onde come (5.5), l'energia è proporzionale a[2]

$$\int_{k_0-\delta}^{k_0+\delta} |a(k)|^2 dk \simeq 2\delta |a(k_0)|^2$$

cosicchè ha la stessa velocità di propagazione di k_0, cioè c_g.

Un osservatore di onde d'acqua di superficie tende a concentrare l'attenzione sul movimento delle creste, che si muovono con la velocità di fase. Ma la propagazione di energia ha un ruolo generalmente più importante. Per esempio è la velocità d'arrivo dell'energia che determina il danno provocato da esplosioni o terremoti. In ogni sistema fisico supporto di un moto ondoso è la velocità di gruppo e non quella di fase che determina quanto rapido sia il fronte di propagazione. Inoltre, poiché l'energia viaggia alla velocità di gruppo, vi sono significative differenze nel moto ondoso a seconda che la velocità di gruppo sia maggiore o minore di quella di fase.

Nel primo caso (risp. secondo) l'energia viaggia nella stessa direzione (in direzione opposta) rispetto al sistema di creste. Poiché

$$\frac{\partial}{\partial k} \frac{\omega(k)}{k} = \frac{k\omega'(k) - \omega(k)}{k^2} = \frac{1}{k}(c_g - c_p),$$

si vede che ($k > 0$)

$$c_g < c_p$$

---

[2] Si veda A. *Segel*, 1987.

se e solo se *la velocità di fase è una funzione decrescente del numero d'onde* (*ovvero crescente della lunghezza d'onda*).

Per onde d'acqua in superficie[3], le forze di richiamo all'equilibrio sono sostanzialmente la *gravità* (*onde di gravità*) e/o la *tensione superficiale* (*onde di capillarità*). Quando prevale l'effetto gravitazionale (sasso nello stagno) si ha $c_g < c_p$ e le onde aumentano la velocità con la lunghezza. Nel secondo caso (gocce di pioggia nello stagno) vale la disuguaglianza opposta e le onde corte sono più veloci. La configurazione del sistema di onde è molto diversa nei due casi e si nota molto bene quando sono presenti entrambi gli effetti, per esempio nel caso di un rametto tenuto in verticale e fatto scorrere in acqua ferma e abbastanza profonda. Dietro il ramo dominano gli effetti gravitazionali con onde che si allungano e si allontanano, davanti domina la tensione superficiale con onde corte che precedono il ramo e si attenuano rapidamente per effetto della viscosità (si veda il Paragrafo 5.10.4).

5.2 Onde trasversali in una corda

5.2.1 Derivazione del modello

Vogliamo ricavare un modello per le piccole vibrazioni trasversali di una corda, come può essere quella di un violino. Assumiamo le seguenti ipotesi.

1. *Le vibrazioni della corda sono piccole.* Ciò significa che abbiamo piccoli cambiamenti nella forma della corda rispetto all'orizzontale.
2. *Lo spostamento di un punto della corda è considerato verticale.* Vibrazioni orizzontali sono trascurate.
3. *Lo spostamento verticale di un punto dipende dal tempo e dalla sua posizione sulla corda.* Se si indica con u lo spostamento verticale di un punto che si trova in posizione x quando la corda è a riposo, abbiamo dunque $u = u(x,t)$ e, per la 1, $|u_x(x,t)| \ll 1$.
4. *La corda è perfettamente flessibile.* Non offre cioè nessuna resistenza alla flessione. In particolare, lo sforzo può essere modellato con una forza **T** diretta tangenzialmente alla corda[4], di intensità τ, detta *tensione*.
5. *L'attrito è trascurabile.*

Sotto le ipotesi indicate, l'equazione del moto può essere dedotta dalla legge di conservazione della massa e da quella del bilancio del momento lineare.

Sia $\rho_0 = \rho_0(x)$ la densità lineare di massa della corda in posizione di equilibrio e $\rho = \rho(x,t)$ la densità al tempo t. Consideriamo il tratto di corda corrispondente ad un arbitrario intervallo $[x, x + \Delta x]$ e indichiamo con Δs l'elemento di lunghezza corrispondente al tempo t. La legge di conservazione

---

[3] Di ampiezza molto minore della lunghezza d'onda; si veda la Sezione 9.

[4] Conseguenza dell'assenza di momenti distribuiti lungo la corda.

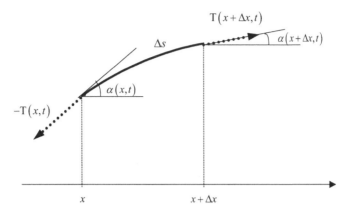

Figura 5.3 Tensione agli estremi di un piccolo arco di corda

della massa implica che

$$\rho_0\left(x\right)\Delta x = \rho\left(x,t\right)\Delta s \qquad t \geq 0. \tag{5.8}$$

L'equazione del bilancio del momento si ricava uguagliando la forza totale agente sul generico tratto considerato al tasso di variazione del momento lineare.

Poiché il moto è verticale, le componenti orizzontali delle forze devono bilanciarsi. Se $\tau\left(x,t\right)$ indica la tensione (scalare) in x, deve essere (in riferimento alla Figura 5.3)

$$\tau\left(x + \Delta x, t\right)\cos\alpha\left(x + \Delta x, t\right) - \tau\left(x,t\right)\cos\alpha\left(x,t\right) = 0.$$

Dividendo per Δx e passando al limite per $\Delta x \to 0$, si ha

$$\frac{\partial}{\partial x}\left[\tau\left(x,t\right)\cos\alpha\left(x,t\right)\right] = 0$$

da cui

$$\tau\left(x,t\right)\cos\alpha\left(x,t\right) = \tau_0\left(t\right) \tag{5.9}$$

dove $\tau_0\left(t\right)$ è *positiva,* essendo l'intensità della componente orizzontale della tensione.

Calcoliamo le componenti verticali delle forze agenti sul tratto in esame. Per la tensione si ha, usando la (5.9):

$$\tau_{vert}\left(x,t\right) = \tau\left(x,t\right)\sin\alpha\left(x,t\right) = \tau_0\left(t\right)\tan\alpha(x,t) = \tau_0\left(t\right)u_x\left(x,t\right).$$

Quindi, la componente verticale (scalare) della tensione è data da

$$\tau_{vert}\left(x + \Delta x, t\right) - \tau_{vert}\left(x,t\right) = \tau_0\left(t\right)\left[u_x\left(x + \Delta x, t\right) - u_x\left(x,t\right)\right].$$

Possiamo poi considerare forze (verticali) di volume come il peso ed eventuali carichi. Sia $f(x,t)$ l'intensità per unità di massa della risultante di tali forze. Usando la (5.8), la forza agente sul tratto di corda è data da

$$\rho(x,t) f(x,t) \Delta s = \rho_0(x) f(x,t) \Delta x.$$

Usando ancora la (5.8) e osservando che u_{tt} è l'accelerazione scalare, la legge di Newton dà:

$$\rho_0(x) \Delta x \, u_{tt} = \tau_0(t) [u_x(x + \Delta x) - u_x(x)] + \rho_0(x) f(x,t) \Delta x.$$

Dividendo per Δx e passando al limite per $\Delta x \to 0$, si ha infine

$$u_{tt} - c^2 u_{xx} = f \tag{5.10}$$

dove $c^2(x,t) = \tau_0(t)/\rho_0(x)$. Se la corda è omogenea ρ_0 è costante; se inoltre è **perfettamente elastica**[5] allora anche τ_0 è costante, poiché la tensione orizzontale è praticamente la stessa della corda a riposo, in posizione orizzontale.

5.2.2 Energia

Supponiamo che al tempo $t = 0$, una corda *perfettamente flessibile ed elastica* sia a riposo, in posizione orizzontale, ed occupi l segmento $[0, L]$ sull'asse x. Poiché $u_t(x,t)$ è la velocità di vibrazione verticale della particella di corda localizzata in x, l'espressione

$$E_{cin}(t) = \frac{1}{2} \int_0^L \rho_0 u_t^2 \, dx$$

rappresenta l'**energia cinetica totale** durante la vibrazione. La corda immagazzina anche energia potenziale dovuta al lavoro delle forze elastiche. Poiché stiamo trattando piccole vibrazioni, abbiamo visto che la tensione τ non dipende da x. In un elemento di corda con lunghezza a riposo Δx, queste forze provocano un allungamento pari a[6]

$$\int_x^{x+\Delta x} \sqrt{1 + u_x^2} \, dx - \Delta x = \int_x^{x+\Delta x} \left(\sqrt{1 + u_x^2} - 1 \right) dx \approx \frac{1}{2} u_x^2 \Delta x.$$

Pertanto, il lavoro compiuto dalle forze elastiche su questo elemento di corda è

$$dW = \frac{1}{2} \tau_0 u_x^2 \Delta x.$$

---

[5] Per esempio, corde di chitarra e violino possono essere considerate omogenee, perfettamente flessibili ed elastiche.

[6] Ricordiamo che, al prim'ordine, se $\varepsilon \ll 1$, si ha $\sqrt{1 + \varepsilon} - 1 \simeq \varepsilon/2$.

Sommando i contributi di tutti gli elementi di corda si ottiene per l'**energia potenziale** totale l'espressione

$$E_{pot}(t) = \frac{1}{2} \int_0^L \tau_0 u_x^2 \, dx. \tag{5.11}$$

In conclusione, l'energia meccanica totale della corda è

$$E(t) = E_{cin}(t) + E_{pot}(t) = \frac{1}{2} \int_0^L [\rho_0 u_t^2 + \tau_0 u_x^2] \, dx. \tag{5.12}$$

Calcoliamo la variazione di energia. Si ha, derivando sotto il segno di integrale (ricordiamo che $\rho_0 = \rho_0(x)$ e τ_0 è costante),

$$\dot{E}(t) = \int_0^L [\rho_0 u_t u_{tt} + \tau_0 u_x u_{xt}] \, dx.$$

Integrando per parti il secondo termine si trova

$$\int_0^L \tau_0 u_x u_{xt} \, dx = \tau_0 [u_x(L,t) u_t(L,t) - u_x(0,t) u_t(0,t)] - \tau_0 \int_0^L u_t u_{xx} dx$$

per cui

$$\dot{E}(t) = \int_0^L [\rho_0 u_{tt} - \tau_0 u_{xx}] u_t dx + \tau_0 [u_x(L,t) u_t(L,t) - u_x(0,t) u_t(0,t)].$$

Usando l'equazione (5.10), si ha infine:

$$\dot{E}(t) = \int_0^L \rho_0 f u_t \, dx + \tau_0 [u_x(L,t) u_t(L,t) - u_x(0,t) u_t(0,t)]. \tag{5.13}$$

In particolare, se $f = 0$ e agli estremi u è costante (quindi $u_t(L,t) = u_t(0,t) = 0$) si deduce $\dot{E}(t) = 0$ da cui

$$E(t) = E(0)$$

che esprime la *conservazione dell'energia*.

5.3 L'equazione delle onde unidimensionale

5.3.1 Condizioni iniziali e al bordo

La (5.10) si chiama *equazione delle onde (unidimensionale)*. Il coefficiente c (che d'ora in poi riterremo costante) ha le dimensioni di una velocità ed è infatti la velocità della perturbazione. Se $f \equiv 0$, l'equazione si dice *omogenea* e vale il *principio di sovrapposizione* (si veda la Sezione 2.1).

Per l'equazione del calore, nella quale appare una derivata rispetto al tempo, è appropriato assegnare una condizione che descriva la distribuzione di temperatura allo stato iniziale. Nell'equazione (5.10) appare una derivata seconda rispetto al tempo ed è quindi appropriato (ricordando il problema di Cauchy per le equazioni ordinarie del secondo ordine) assegnare oltre alla posizione della corda, anche la sua velocità iniziale. Supponiamo, per esempio, di pizzicare una corda di violino e di lasciarla vibrare un paio di secondi. Poi, all'istante $t = 0$, fotografiamo la situazione "iniziale" che prevede posizione e velocità istantanea della corda. Questi sono i dati iniziali. In formule, se la corda occupa a riposo il segmento $[0, L]$ dell'asse x, le condizioni iniziali si scrivono:

$$u(x, 0) = g(x), \qquad u_t(x, 0) = h(x), \qquad x \in [0, L].$$

Veniamo alle condizioni agli estremi della corda, che sono formalmente dello stesso tipo di quelle considerate per l'equazione del calore. Come vedremo, si ottengono problemi che sono *ben posti*, sotto ragionevoli ipotesi sui dati.

Condizioni di Dirichlet. Tipicamente si bloccano gli estremi della corda:

$$u(0, t) = u(L, t) = 0, \qquad t > 0$$

oppure si può descrivere come gli estremi si muovano verticalmente:

$$u(0, t) = a(t), \qquad u(L, t) = b(t), \qquad t > 0.$$

Condizioni di Neumann. La condizione di Neumann descrive la tensione (verticale) esercitata agli estremi della corda, che possiamo modellare con $\tau_0 u_x$; per esempio

$$\tau_0 u_x(0, t) = a(t), \qquad -\tau_0 u_x(L, t) = b(t), \qquad t > 0$$

indica che la tensione applicata agli estremi varia nel tempo secondo le funzioni a e b. Nel caso molto speciale $a(t) = b(t) = 0$, entrambi gli estremi della corda sono fissati ad una guida e sono liberi di muoversi verticalmente senza attrito.

Condizioni di Robin. Descrivono un tipo di attacco elastico agli estremi che si può realizzare, per esempio, fissando gli estremi ad una molla (lineare) di costante elastica k. Analiticamente, ciò si traduce nelle condizioni

$$\tau_0 u_x(0, t) = ku(0, t), \qquad \tau_0 u_x(L, t) = -ku(L, t), \qquad t > 0$$

dove k (positiva) è la costante elastica della molla.

Condizioni miste. In molte situazioni concrete occorre assegnare *condizioni miste* ossia condizioni diverse nei due estremi, per esempio del tipo descritto sopra.

Problema di Cauchy globale. Si può idealmente pensare ad una corda di lunghezza infinita ed assegnare solo i dati iniziali

$$u(x, 0) = g(x), \qquad u_t(x, 0) = h(x), \qquad x \in \mathbb{R}.$$

Anche se questa situazione è irrealistica, la soluzione del problema di Cauchy globale è di estrema importanza e ce ne occuperemo prossimamente. Intanto, cominciamo ad esaminare un problema classico.

5.3.2 Separazione delle variabili

Supponiamo che le vibrazioni di una corda di violino siano governate dal problema di Cauchy-Dirichlet,

$$\begin{cases} u_{tt} - c^2 u_{xx} = 0 & 0 < x < L, \, t > 0 \\ u(0,t) = u(L,t) = 0 & t \geq 0 \\ u(x,0) = g(x), \, u_t(x,0) = h(x) & 0 \leq x \leq L \end{cases} \tag{5.14}$$

dove $c^2 = \tau_0/\rho_0$ è costante.

Vogliamo controllare se il problema è *ben posto,* se cioè una soluzione esiste, è unica e se dipende con continuità dai dati g ed h. Per ora non preoccupiamoci troppo delle ipotesi sui dati g ed h né della regolarità della soluzione.

• *Esistenza.* Poiché le condizioni di Dirichlet sono omogenee[7], proviamo a trovare una soluzione usando il metodo di separazione delle variabili.

Passo 1. Si comincia a cercare soluzioni della forma

$$U(x,t) = w(t)v(x)$$

con $v(0) = v(L) = 0$. Sostituendo U nell'equazione delle onde, si trova

$$0 = U_{tt} - c^2 U_{xx} = w''(t)v(x) - c^2 w(t)v''(x)$$

da cui, separando le variabili,

$$\frac{1}{c^2} \frac{w''(t)}{w(t)} = \frac{v''(x)}{v(x)}. \tag{5.15}$$

Abbiamo raggiunto una situazione familiare: la (5.15) è un'identità tra una funzione della sola variabile t ed una della sola variabile x. Ciò è possibile unicamente nel caso in cui entrambi i membri siano uguali ad una costante comune, diciamo λ. Abbiamo, dunque, l'equazione

$$w''(t) - \lambda c^2 w(t) = 0 \tag{5.16}$$

e il *problema agli autovalori*

$$v''(x) - \lambda v(x) = 0, \tag{5.17}$$

$$v(0) = v(L) = 0. \tag{5.18}$$

---

[7] Ricordiamo che questa è una condizione essenziale per usare il metodo di separazione delle variabili.

Passo **2**. Soluzione del problema agli autovalori. Vi sono tre possibili forme dell'integrale generale della (5.17).

a) Se $\lambda = 0$, $v(x) = A + Bx$ e le condizioni (5.18) implicano $A = B = 0$.

b) Se $\lambda = \mu^2 > 0$, $v(x) = Ae^{-\mu x} + Be^{\mu x}$ e ancora le condizioni (5.18) implicano $A = B = 0$.

c) Se infine $\lambda = -\mu^2 < 0$, $v(x) = A \sin \mu x + B \cos \mu x$. Imponendo le condizioni (5.18) si trova

$$v(0) = B = 0$$
$$v(L) = A \sin \mu L + B \cos \mu L = 0$$

da cui

$$A \text{ arbitrario}, \ B = 0, \ \mu L = m\pi, \ m = 1, 2, \dots .$$

Solo il terzo caso produce soluzioni non nulle, del tipo

$$v_m(x) = A_m \sin \mu_m x, \qquad \mu_m = \frac{m\pi}{L}. \tag{5.19}$$

Passo **3**. Con i valori $\lambda = -\mu_m^2 = -m^2\pi^2/L^2$, la (5.16) ha come integrale generale,

$$w_m(t) = C_m \cos(\mu_m ct) + D_m \sin(\mu_m ct). \tag{5.20}$$

Da (5.19) e (5.20) otteniamo la famiglia di soluzioni

$$U_m(x,t) = [a_m \cos(\mu_m ct) + b_m \sin(\mu_m ct)] \sin \mu_m x \qquad m = 1, 2, \dots$$

con a_m e b_m costanti arbitrarie.

Ciascuna delle U_m rappresenta un possibile moto della corda, noto come $m-esimo$ $modo$ di $vibrazione$ o $m-armonica$, e rappresenta un'onda stazionaria di frequenza $mc/2L$. La prima armonica e la sua frequenza $c/2L$, la più bassa, si dicono $fondamentali$, mentre le altre frequenze sono **multipli interi** di quella fondamentale: sembra la capacità di una corda di produrre toni di buona qualità musicale sia dovuta a questa proprietà che (così non è, come vedremo, per una membrana vibrante).

Passo **4**. Se le condizioni iniziali sono del tipo

$$u(x,0) = a_m \sin \mu_m x \qquad u_t(x,0) = cb_m \mu_m \sin \mu_m x$$

allora la soluzione del nostro problema è esattamente U_m e la corda vibra nel suo $m-esimo$ modo. In generale, l'idea è di costruire la soluzione sovrapponendo le infinite armoniche U_m mediante la formula

$$u(x,t) = \sum_{m=1}^{\infty} [a_m \cos(\mu_m ct) + b_m \sin(\mu_m ct)] \sin \mu_m x \tag{5.21}$$

dove i coefficienti a_m e b_m devono essere scelti in modo che le condizioni iniziali

$$u(x,0) = \sum_{m=1}^{\infty} a_m \sin \mu_m x = g(x) \tag{5.22}$$

e

$$u_t (x, 0) = \sum_{m=1}^{\infty} c\mu_m b_m \sin \mu_m x = h(x) \tag{5.23}$$

siano soddisfatte per $0 \le x \le L$.

Le (5.22) e (5.23) indicano che è naturale assumere che le funzioni g e h siano sviluppabili in serie di Fourierdi soli seni nell'intervallo $[0, L]$. Siano dunque

$$\hat{g}_m = \frac{2}{L} \int_0^L g(x) \sin \left(\frac{m\pi}{L} x \right) dx \quad e \quad \hat{h}_m = \frac{2}{L} \int_0^L h(x) \sin \left(\frac{m\pi}{L} x \right) dx$$

i coefficienti di Fourier di g e h. Se scegliamo

$$a_m = \hat{g}_m, \qquad b_m = \frac{\hat{h}_m}{c\mu_m}, \tag{5.24}$$

allora la (5.21) diventa

$$u(x, t) = \sum_{m=1}^{\infty} \left[\hat{g}_m \cos(\mu_m ct) + \frac{\hat{h}_m}{c\mu_m} \sin(\mu_m ct) \right] \sin \mu_m x \tag{5.25}$$

e soddisfa le (5.22), (5.23).

Sebbene ogni U_m sia una soluzione regolare dell'equazione delle onde, in linea di principio la (5.25) è solo una soluzione formale, a meno che si possa derivare termine a termine due volte rispetto a x e t. Infatti, in tal caso, si può scrivere

$$(\partial_{tt} - c^2 \partial_{xx}^2) u(x, t) = \sum_{m=1}^{\infty} (\partial_{tt} - c^2 \partial_{xx}^2) U_m(x, t) = 0. \tag{5.26}$$

Ciò è possibile se $\hat{g}_m$ e $\hat{h}_m$ si annullano abbastanza rapidamente per $m \to +\infty$. Infatti, derivando due volte termine a termine, si ha:

$$u_{xx}(x, t) = -\sum_{m=1}^{\infty} \left[\mu_m^2 \hat{g}_m \cos(\mu_m ct) + \frac{\mu_m \hat{h}_m}{c} \sin(\mu_m ct) \right] \sin \mu_m x \tag{5.27}$$

e

$$u_{tt}(x, t) = -\sum_{m=1}^{\infty} \left[\mu_m^2 \hat{g}_m c^2 \cos(\mu_m ct) + \mu_m \hat{h}_m c \sin(\mu_m ct) \right] \sin \mu_m x. \tag{5.28}$$

Se, per esempio, si ha che

$$|\hat{g}_m| \le \frac{K}{m^4}, \qquad \left| \hat{h}_m \right| \le \frac{K}{m^3}, \tag{5.29}$$

allora

$$\left|\mu_m^2 \hat{g}_m \cos(\mu_m ct)\right| \le \frac{K\pi^2}{L^2 m^2}, \quad e \quad \left|\mu_m \hat{h}_m c \sin(\mu_m ct)\right| \le \frac{cK}{Lm^2}$$

cosicché, per il test di Weierstrass, le serie (5.27), (5.28) convergono uniformemente in $[0, L] \times [0, +\infty)$. Poiché anche la serie (5.25) è uniformemente convergente in $[0, L] \times [0, +\infty)$, la derivazione termine a termine è permessa ed u è una soluzione regolare dell'equazione delle onde in $(0, L) \times (0, +\infty)$.

Inoltre, sotto le stesse ipotesi, non è difficile controllare che

$$u(y, t) \to g(x), \, u_t(y, t) \to h(x), \qquad \text{per } (y, t) \to (x, 0) \tag{5.30}$$

per ogni $x \in [0, L]$ per cui concludiamo che u è una soluzione regolare del problema (5.14).

Quando valgono le (5.29)? Dipende dalla regolarità dei dati. Si può dimostrare[8] che: se $g \in C^4([0, L])$, $h \in C^3([0, L])$ e inoltre valgono le condizioni di compatibilità

$$g(0) = g(L) = g''(0) = g''(L) = 0$$
$$h(0) = h(L) = 0$$

allora le (5.29) sono valide.

- *Unicità.* Per mostrare che (5.25) è l'unica soluzione del problema (5.14) usiamo la formula dell'energia (5.13). Siano u e v soluzioni di (5.14). Allora $w = u - v$ è soluzione dello stesso problema con dati iniziali e di Dirichlet nulli. Vogliamo dimostrare che $w \equiv 0$. Ricordiamo che l'energia meccanica totale è data dalla formula

$$E(t) = E_{cin}(t) + E_{pot}(t) = \frac{1}{2} \int_0^L [\rho_0 w_t^2 + \tau_0 w_x^2] \, dx.$$

Poiché $f = 0$ e $w_t(L, t) = w_t(0, t) = 0$, si ha

$$\dot{E}(t) = 0$$

e cioè l'energia totale si conserva:

$$E(t) = E(0) \tag{5.31}$$

---

[8] È un esercizio di integrazione per parti. Per esempio, se $f \in C^4([0, L])$ e $f(0) = f(L) = f''(0) = f''(L) = 0$, allora, integrando per parti quattro volte, si ha:

$$\hat{f}_m = \int_0^L f(x) \sin\left(\frac{m\pi}{L}\right) dx = \frac{1}{m^4} \int_0^L f^{(4)}(x) \sin\left(\frac{m\pi}{L}\right) dx$$

e

$$\left|\hat{f}_m\right| \le \max\left|f^{(4)}\right| \frac{L}{m^4}.$$

per ogni $t \geq 0$. Essendo $w_t(x,0) = w_x(x,0) = 0$ deduciamo

$$E(t) = E(0) = 0$$

per ogni $t > 0$. D'altra parte, poiché $E_{cin}(t) \geq 0$, $E_{pot}(t) \geq 0$, deve essere

$$E_{cin}(t) = 0, \; E_{pot}(t) = 0$$

che implicano $w_t = w_x = 0$ e cioè che w è costante. Essendo $w(x,0) = 0$, deve essere $w(x,t) = 0$ per ogni $t > 0$, che significa $u = v$. La soluzione trovata è quindi l'unica.

• *Dipendenza continua.* Per stabilire se la soluzione dipende con continuità dai dati dobbiamo chiarire come si intende valutare la distanza dei dati e delle soluzioni corrispondenti. Un buon criterio di misura per funzioni indipendenti dal tempo (da usarsi sui dati iniziali, per esempio) è la *distanza in media quadratica.* Definiamo cioè[9]

$$\|g_1 - g_2\|_0 = \left(\int_0^L |g_1(x) - g_2(x)|^2 \, dx \right)^{1/2}.$$

Per funzioni dipendenti dal tempo si può allora valutare il *massimo al variare del tempo della distanza in media quadratica:*

$$\|u - v\|_{0,\infty} = \sup_{t>0} \left(\int_0^L |u(x,t) - v(x,t)|^2 \, dx \right)^{1/2}.$$

Siano ora u_1 e u_2 soluzioni del problema (5.14), corrispondenti ai dati g_1, g_2 e h_1, h_2, rispettivamente. La differenza $w = u_1 - u_2$ soddisfa lo stesso problema con dati iniziali $g = g_1 - g_2$ e $h = h_1 - h_2$. Dalla (5.25) sappiamo che

$$w(x,t) = \sum_{m=1}^{\infty} \left[\hat{g}_m \cos(\mu_m ct) + \frac{\hat{h}_m}{\mu_m c} \sin(\mu_m ct) \right] \sin \mu_m x.$$

Dall'identità di Parseval ed usando la disuguaglianza elementare $(a+b)^2 \leq 2(a^2 + b^2)$, possiamo scrivere:

$$\int_0^L |w(x,t)|^2 \, dx = \frac{L}{2} \sum_{m=1}^{\infty} \left[\hat{g}_m \cos(\mu_m ct) + \frac{\hat{h}_m}{\mu_m c} \sin(\mu_m ct) \right]^2$$

$$\leq L \sum_{m=1}^{\infty} \left[\hat{g}_m^2 + \left(\frac{\hat{h}_m}{\mu_m c} \right)^2 \right].$$

---

[9] Il simbolo $\|g\|_0$ si legge *norma di g in* $L^2(0,L)$ (si veda il Capitolo 6).

Essendo $\mu_m \geq \pi/L$, abbiamo

$$\int_0^L |w(x,t)|^2\,dx \leq L\max\left\{1,\frac{L}{\pi c}\right\}\sum_{m=1}^\infty \left[\hat{g}_m^2 + \hat{h}_m^2\right]$$

$$= 2\max\left\{1,\left(\frac{L}{\pi c}\right)^2\right\}\left[\|g\|_0^2 + \|h\|_0^2\right]$$

da cui la stima di stabilità

$$\|u_1 - u_2\|_{0,\infty}^2 \leq 2\max\left\{1,\left(\frac{L}{\pi c}\right)^2\right\}\left[\|g_1 - g_2\|_0^2 + \|h_1 - h_2\|_0^2\right] \qquad (5.32)$$

che mostra come dati "vicini" generino soluzioni "vicine".

Nota 3.1. La formula (5.25) indica che la vibrazione della corda è costituita dalla sovrapposizione di quelle armoniche la cui ampiezza corrisponde ai coefficienti di Fourier non nulli dei dati iniziali. La presenza o meno di varie armoniche conferisce al suono emesso da una corda una particolare caratteristica nota come "timbro", in contrasto col "tono puro" prodotto da uno strumento elettronico, corrispondente ad una singola frequenza.

Nota 3.2. Le ipotesi che abbiamo assunto su g ed h sono troppo restrittive. Se si pizzica una corda di violino, il profilo iniziale ha un punto angoloso: è continuo ma non ha neppure una derivata. Un'ipotesi realistica per il profilo iniziale g è la *continuità*. Analogamente, una corda messa in vibrazione da un urto corrisponde ad un dato h discontinuo. Un'ipotesi realistica è che h sia *limitata*.

Sotto queste ipotesi, il metodo di separazione delle variabili non funziona. Siamo di fronte ad una situazione analoga a quella che abbiamo trovato nel caso delle leggi di conservazione, dove la necessità di ammettere soluzioni discontinue ha condotto ad una formulazione più generale e flessibile del problema. Anche nel caso dell'equazione delle onde, occorre una riformulazione del problema che legittimi soluzioni e dati "poco" regolari. Una prima definizione di soluzione generalizzata si trova nel Paragrafo 5.4.2. Una formulazione debole più generale ed adatta ai metodi numerici è presentata nel Capitolo 10.

5.4 La formula di d'Alembert

5.4.1 L'equazione omogenea

In questa sezione ricaviamo la celebre formula di d'Alembert per la soluzione del seguente problema di Cauchy globale:

$$\begin{cases} u_{tt} - c^2 u_{xx} = 0 & x \in \mathbb{R},\, t > 0 \\ u(x,0) = g(x),\, u_t(x,0) = h(x) & x \in \mathbb{R}. \end{cases} \qquad (5.33)$$

Per prima cosa, fattorizziamo l'equazione delle onde nel modo seguente:

$$(\partial_t - c\partial_x)(\partial_t + c\partial_x)u = 0. \tag{5.34}$$

Se poniamo

$$v = u_t + cu_x \tag{5.35}$$

allora v soddisfa l'equazione del trasporto

$$v_t - cv_x = 0$$

e quindi, dalla Sezione 4.2,

$$v(x,t) = \psi(x + ct)$$

con ψ arbitraria, differenziabile. Da (5.35)

$$u_t + cu_x = \psi(x + ct)$$

e dal Microteorema 4.1.1 sappiamo che la soluzione generale è

$$u(x,t) = \int_0^t \psi(x - c(t - s) + cs)\ ds + \varphi(x - ct) = \tag{5.36}$$

$$[x - ct + 2cs = y] = \frac{1}{2c} \int_{x-ct}^{x+ct} \psi(y)\, dy + \varphi(x - ct)$$

con φ, ψ da scegliere mediante le condizioni iniziali. Si ha:

$$u(x,0) = \varphi(x) = g(x)$$

e

$$u_t(x,0) = \psi(x) - c\varphi'(x) = h(x)$$

da cui

$$\psi(x) = h(x) + cg'(x).$$

Sostituendo nella (5.36) si trova:

$$u(x,t) = \frac{1}{2c} \int_{x-ct}^{x+ct} [h(y) + cg'(y)]\ dy + g(x - ct)$$

$$= \frac{1}{2c} \int_{x-ct}^{x+ct} h(y)\, dy + \frac{1}{2}[g(x + ct) - g(x - ct)] + g(x - ct)$$

e infine l'importante **formula di d'Alembert**

$$u(x,t) = \frac{1}{2}[g(x + ct) + g(x - ct)] + \frac{1}{2c} \int_{x-ct}^{x+ct} h(y)\, dy. \tag{5.37}$$

Esaminiamo subito alcune informazioni contenute nella (5.37) attraverso una serie di osservazioni. Altre sono inserite nella prossima sezione. La prima indica che il problema di Cauchy è *ben posto* se g ed h sono sufficientemente regolari.

Nota 4.1. *Unicità e dipendenza continua.* Se $g \in C^2(\mathbb{R})$ e $h \in C^1(\mathbb{R})$ la (5.37) definisce una soluzione di classe C^2 nel semipiano $\mathbb{R} \times [0, +\infty)$. Viceversa, una soluzione u di classe C^2 nel semipiano $\mathbb{R} \times [0, +\infty)$ deve essere data dalla (5.37), proprio per il ragionamento fatto per arrivare alla formula. La soluzione è quindi *unica*.

Osserviamo che nessun effetto regolarizzante ha luogo: la soluzione non diventa più di C^2 per ogni $t > 0$. Questa è una notevole differenza con i fenomeni di diffusione retti dall'equazione del calore

Inoltre, la soluzione *dipende con continuità dai dati h e g*. Siano u_1 and u_2 le soluzioni corrispondenti ai dati g_1, h_1 and g_2, h_2, rispettivamente. Usiamo la seguente distanza (si chiama *norma in L^∞*):

$$\|h_1 - h_2\|_\infty = \sup_{x \in \mathbb{R}} |h_1(x) - h_2(x)| \qquad \|g_1 - g_2\|_\infty = \sup_{x \in \mathbb{R}} |g_1(x) - g_2(x)|.$$

Allora, direttamente dalla formula di d'Alembert, si ha, per ogni $x \in \mathbb{R}$ e $t \in [0, T]$,

$$|u_1(x,t) - u_2(x,t)| \leq \|g_1 - g_2\|_\infty + T \|h_1 - h_2\|_\infty$$

e quindi una piccola variazione sui dati provoca piccola variazione sulle soluzioni, almeno su un intervallo temporale fissato.

Nota 4.2. *Onde progressive.* Riordinando i termini della (5.36) si deduce che ogni soluzione dell'equazione delle onde si può scrivere nella forma[10]

$$u(x,t) = F(x + ct) + G(x - ct) \tag{5.38}$$

ossia come *sovrapposizione di un'onda progressiva che si muove verso sinistra con velocità c e di una che si muove verso destra con la stessa velocità*, senza effetti di dispersione. La (5.38) indica che le famiglie di rette γ^+ e γ^- di equazione

$$x + ct = \text{costante}, \qquad x - ct = \text{costante}$$

"trasportano i dati iniziali" e si chiamano *caratteristiche*. Sono infatti le caratteristiche dei due fattori del prim'ordine nella fattorizzazione (5.34).

---

[10] Per esempio:

$$F(x + ct) = \frac{1}{2} g(x + ct) + \frac{1}{2c} \int_0^{x+ct} h(y)\, dy$$

e

$$G(x - ct) = \frac{1}{2} g(x - ct) + \frac{1}{2c} \int_{x-ct}^0 h(y)\, dy.$$

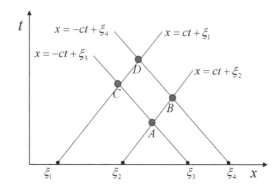

Figura 5.4 Quadrilatero caratteristico

Nota 4.3. Consideriamo il *parallelogramma caratteristico* con vertici nei punti A, B, C, D in Figura 5.4. Dalla (5.38) si ha

$$F(A) = F(C), \quad G(A) = G(B)$$
$$F(D) = F(B), \quad G(D) = G(C).$$

Sommando queste quattro relazioni si ottiene

$$[F(A) + G(A)] + [F(D) + G(D)] = [F(C) + G(C)] + [F(B) + G(B)],$$

equivalente a

$$u(A) + u(D) = u(C) + u(B). \tag{5.39}$$

Conoscendo il valore di u in tre vertici di un rettangolo caratteristico si può dunque calcolarne il valore nel quarto.

Nota 4.4. *Domini di dipendenza e di influenza.* Dalla formula di d'Alembert, il valore di u nel punto (x, t) è determinato dai valori di h nell'intervallo $[x - ct, x + ct]$ e da quelli di g agli estremi $x - ct$ e $x + ct$. Questo intervallo prende il nome di **dominio di dipendenza** del punto (x, t) (Figura 5.5).

Da un altro punto di vista, i valori di g e h nel punto $(z, 0)$ sull'asse x influenzano il valore di u nei punti (x, t) del settore

$$z - ct \leq x \leq z + ct$$

che si chiama **dominio di influenza di** z (Figura 5.5). Dal punto di vista fisico, ciò significa che il *segnale viaggia con velocità c* lungo le caratteristiche γ_z^+, di equazione $x + ct = z$ e γ_z^-, di equazione $x - ct = z$: una perturbazione inizialmente localizzata in z *non viene avvertita nel punto x* fino al tempo

$$t = \frac{|x - z|}{c}.$$

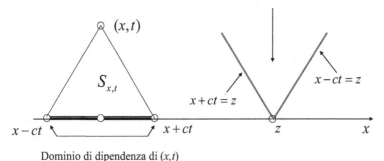

Figura 5.5 Domini di dipendenza e di influenza

Nota 4.5. Consideriamo il secondo termine della (5.37) e facciamone la derivata rispetto al tempo; si trova:

$$\frac{\partial}{\partial t}\frac{1}{2c}\int_{x-ct}^{x+ct}h\left(y\right)dy=\frac{1}{2c}\left[ch\left(x+ct\right)-(-c)h\left(x-ct\right)\right]$$

$$=\frac{1}{2}\left[h\left(x+ct\right)+h\left(x-ct\right)\right]$$

che ha la forma del primo termine con h al posto di g. Da questa semplice osservazione segue che, per risolvere il problema di Cauchy completo, è sufficiente saperlo risolvere con dati $u\left(x,0\right)=0$ e $u_t\left(x,0\right)=h\left(x\right)$ generico. Infatti, se $w_\varphi=w_\varphi\left(x,t\right)$ indica la soluzione del problema

$$\begin{cases} w_{tt}-c^2w_{xx}=0 & x\in\mathbb{R},\, t>0 \\ w\left(x,0\right)=0,\, w_t\left(x,0\right)=\varphi\left(x\right) & x\in\mathbb{R} \end{cases} \tag{5.40}$$

allora la (5.37) può essere scritta nella forma seguente

$$u\left(x,t\right)=\frac{1}{2c}\frac{\partial}{\partial t}\int_{x-ct}^{x+ct}g\left(y\right)dy+\frac{1}{2c}\int_{x-ct}^{x+ct}h\left(y\right)dy=\frac{\partial}{\partial t}w_g\left(x,t\right)+w_h\left(x,t\right).$$

Riprenderemo questa formula nel Paragrafo 5.9.2.

5.4.2 Soluzioni generalizzate e propagazione delle singolarità

Nella Nota 3.2 abbiamo sottolineato la necessità di includere dati realistici. D'altra parte, osserviamo che la formula di d'Alembert ha perfettamente senso anche per g *continua* e h *limitata*. Il problema è allora capire in quale senso la (5.37) è soluzione dell'equazione dell'equazione delle onde, non essendo differenziabile ma solo continua. Esistono vari modi di indebolire la nozione di soluzione per includere questo caso; qui imitiamo il procedimento usato per le leggi di conservazione, nel Capitolo 4.

Assumiamo per il momento che u sia una soluzione regolare del problema di Cauchy globale. Diremo che u è *soluzione classica*. Moltiplichiamo l'equazione delle onde per una *funzione test* $v \in C^2(\mathbb{R} \times [0, +\infty))$ a supporto compatto. Integrando su $\mathbb{R} \times [0, +\infty)$ otteniamo

$$\int_0^\infty \int_\mathbb{R} [u_{tt} - c^2 u_{xx}]v \, dx dt = 0.$$

Integriamo due volte per parti entrambi i termini, scaricando le derivate da u su v. Essendo v nulla al di fuori di un sottoinsieme compatto di $\mathbb{R} \times [0, +\infty)$, si trova:

$$\int_0^\infty \int_\mathbb{R} c^2 u_{xx} v \, dx dt = \int_0^\infty \int_\mathbb{R} c^2 u v_{xx} \, dx dt$$

e

$$\int_0^\infty \int_\mathbb{R} u_{tt} v \, dx dt = -\int_\mathbb{R} u_t(x,0) \, v(x,0) \, dx - \int_0^\infty \int_\mathbb{R} u_t v_t \, dx dt$$

$$= -\int_\mathbb{R} [u_t(x,0) \, v(x,0) - u(x,0) \, v_t(x,0)] \, dx$$

$$+ \int_0^\infty \int_\mathbb{R} u v_{tt} dx dt.$$

Usando i dati di Cauchy $u(x,0) = g(x)$ e $u_t(x,0) = h(x)$, arriviamo all'equazione integrale

$$\int_0^\infty \int_\mathbb{R} u[v_{tt} - c^2 v_{xx}] \, dx dt - \int_\mathbb{R} [h(x) \, v(x,0) - g(x) \, v_t(x,0)] \, dx = 0. \quad (5.41)$$

Notiamo che la (5.41) ha senso anche per u continua, g continua e h limitata. Viceversa, se $u \in C^2(\mathbb{R} \times [0, +\infty))$ soddisfa la (5.41) **per ogni** funzione test v, allora (il lettore è invitato a controllare) u è una soluzione classica di (5.33).

Pertanto, possiamo introdurre la seguente definizione.

Definizione 4.1. *Siano $g \in C(\mathbb{R})$ e h limitata in $\mathbb{R}$. Diciamo che u, continua in $\mathbb{R} \times [0, +\infty)$ è una soluzione generalizzata del problema (5.33) se (5.41) vale per ogni funzione test v.*

Se $g \in C(\mathbb{R})$ e h limitata in $\mathbb{R}$, non è difficile dimostrare che la (5.37) costituisce precisamente una soluzione generalizzata.

La Figura 5.6 illustra in vari istanti la propagazione di onde in una corda infinita, "pizzicata" in un punto e inizialmente a riposo, governata dal problema

$$\begin{cases} u_{tt} - u_{xx} = 0 & x \in \mathbb{R}, \, t > 0 \\ u(x,0) = g(x), \, u_t(x,0) = 0 & x \in \mathbb{R} \end{cases}$$

dove g ha un profilo triangolare. Come si vede, questa soluzione generalizzata mostra linee di discontinuità del gradiente, mentre al di fuori di queste linee è una funzione regolare.

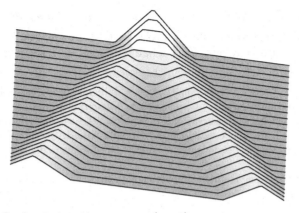

Figura 5.6 Corda pizzicata in un punto ($c = 1$)

Vogliamo mostrare che queste linee sono *linee caratteristiche*. Più generalmente, consideriamo una regione $G \subset \mathbb{R} \times (0, +\infty)$, divisa in due domini $G^{(1)}$ e $G^{(2)}$ da una curva regolare Γ di equazione $x = s(t)$, come in Figura 5.7. Sia

$$\boldsymbol{\nu} = \nu_1 \mathbf{i} + \nu_2 \mathbf{j} = \frac{1}{\sqrt{1 + (\dot{s}(t))^2}} \left(-\mathbf{i} + \dot{s}(t) \mathbf{j} \right) \tag{5.42}$$

il versore normale a Γ, interno rispetto a $G^{(1)}$.

Data una qualunque funzione f definita in G, indichiamo con

$$f^{(1)} \text{ e } f^{(2)}$$

le restrizioni di f su $\overline{G}^{(1)}$ e $\overline{G}^{(2)}$, rispettivamente, e usiamo il simbolo

$$[f(s(t), t)] = f^{(1)}(s(t), t) - f^{(2)}(s(t), t)$$

per indicare il salto di f attraverso Γ, o semplicemente $[f]$, ove non vi sia rischio di confusione.

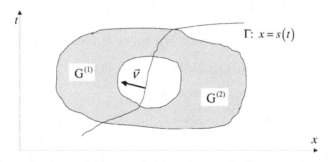

Figura 5.7 Linee di discontinuità del gradiente

Sia ora u una soluzione generalizzata del nostro problema di Cauchy che sia di classe C^2 separatamente[11] in $\overline{G}^{(1)}$ e $\overline{G}^{(2)}$, il cui gradiente ha una discontinuità a salto attraverso Γ. Vogliamo dimostrare il seguente risultato.

Microteorema 4.1. *Γ è una caratteristica.*

Dimostrazione. Osserviamo innanzitutto che, dalle nostre ipotesi, abbiamo $[u] = 0$ e $[u_x], [u_t] \neq 0$. Inoltre, i salti $[u_x]$ e $[u_t]$ sono *funzioni continue su* Γ.
Per analogia con le leggi di conservazione, ci aspettiamo che la formulazione integrale (5.41) debba implicare una condizione del tipo Rankine-Hugoniot, che colleghi il salto delle derivate con la pendenza di Γ ed esprima il bilancio del momento lineare attraverso Γ.
Infatti, sia v una funzione test con supporto compatto in G. Inserendo v nella (5.41), possiamo scrivere

$$0 = \int_G \left(c^2 u v_{xx} - u v_{tt} \right) \, dx dt = \int_{G^{(2)}} (\ldots) \, dx dt + \int_{G^{(1)}} (\ldots) \, dx dt. \qquad (5.43)$$

Integrando per parti, essendo $v = 0$ su ∂G (*dl* denota il differenziale d'arco su Γ), si ricava

$$\int_{G^{(2)}} \left(c^2 u^{(2)} v_{xx} - u^{(2)} v_{tt} \right) dx dt$$
$$= \int_\Gamma (\nu_1 c^2 u^{(2)} v_x - \nu_2 u^{(2)} v_t) \, dl - \int_{G^{(2)}} (c_x^2 u^{(2)} v_x - u_t^{(2)} v_t) \, dx dt$$
$$= \int_\Gamma \left(\nu_1 c^2 v_x - \nu_2 v_t \right) u^{(2)} \, dl - \int_\Gamma (\nu_1 c^2 u_x^{(2)} - \nu_2 u_t^{(2)}) v \, dl,$$

poiché $\int_{G^{(2)}} [c^2 u_{xx}^{(2)} - u_{tt}^{(2)}] v \, dx dt = 0$. Analogamente,

$$\int_{G^{(1)}} (c^2 u^{(1)} v_{xx} - u^{(1)} v_{tt}) \, dx dt$$
$$= -\int_\Gamma \left(\nu_1 c^2 v_x - \nu_2 v_t \right) u^{(1)} \, dl + \int_\Gamma (\nu_1 c^2 u_x^{(1)} - \nu_2 u_t^{(1)}) v \, dl,$$

poiché anche $\int_{G^{(2)}} [c^2 u_{xx}^{(1)} - u_{tt}^{(1)}] v \, dx dt = 0$.
Pertanto, essendo $[u] = 0$ su Γ, o più esplicitamente $[u(s(t), t)] \equiv 0$, la (5.43) dà

$$\int_\Gamma \left(c^2 [u_x] \nu_1 - [u_t] \nu_2 \right) v \, dl = 0.$$

Data l'arbitrarietà di v e la continuità di $[u_x] [u_t]$ on Γ, deduciamo che

$$c^2 [u_x] \nu_1 - [u_t] \nu_2 = 0, \qquad \text{su } \Gamma.$$

Essendo per la (5.42) $\dot{s} = -\nu_2 / \nu_1$ ricaviamo

$$\dot{s} = -c^2 \frac{[u_x]}{[u_t]} \qquad \text{su } \Gamma, \qquad (5.44)$$

---

[11] Ciò significa che le derivate prime e seconde di u si estendono con continuità fino a Γ, da entrambi i lati di Γ, separatamente.

che è l'analogo della condizione di Rankine-Hugoniot per le leggi di conservazione. D'altra parte, differenziando l'identità $[u\,(s\,(t)\,,t)] \equiv 0$, troviamo

$$\frac{d}{dt}\,[u\,(s\,(t)\,,t)] = [u_x\,(s\,(t)\,,t)]\dot{s}\,(t) + [u_t\,(s\,(t)\,,t)] \equiv 0$$

ossia

$$\dot{s} = -\frac{[u_t]}{[u_x]} \qquad \text{su } \Gamma. \tag{5.45}$$

Le (5.44) e (5.45) implicano

$$\dot{s}\,(t) = \pm c$$

cioè

$$s\,(t) = \pm ct + \text{costante}$$

per cui Γ è una caratteristica.   □

5.4.3 Soluzione fondamentale

È piuttosto istruttivo risolvere il problema di Cauchy con $g \equiv 0$ ed un dato h molto particolare: *la delta di Dirac in un punto z* e cioè $h\,(x) = \delta(x - z)$. In pratica, stiamo considerando le vibrazioni di una corda generate da un *impulso unitario localizzato nel punto z*. La soluzione corrispondente si chiama *soluzione fondamentale* e svolge un ruolo analogo a quella dell'equazione di diffusione. Vedremo infatti che la conoscenza di questa soluzione permette di costruire la soluzione del problema di Cauchy globale.

Scegliere come dato *la delta di Dirac* non rientra certo nella teoria svolta finora, ma non ci preoccupiamo troppo: procediamo formalmente, fiduciosi che i calcoli si potranno rendere rigorosi in seguito.

Indichiamo dunque la soluzione con $K = K\,(x,z,t)$ e applichiamo la formula di d'Alembert; si trova

$$K\,(x,z,t) = \frac{1}{2c}\int_{x-ct}^{x+ct} \delta\,(y - z)\,dy \tag{5.46}$$

che a prima vista assomiglia molto ad un *UFO*. Per ricavarne un'espressione esplicita, cominciamo a calcolare $\int_{-\infty}^{x} \delta\,(y)\,dy$. Per farlo, ricordiamo dal Capitolo 2 che se

$$\mathcal{H}\,(x) = \begin{cases} 1 & \text{se } x \geq 0 \\ 0 & \text{se } x < 0 \end{cases}$$

è la *funzione di Heaviside* e

$$I_\varepsilon\,(x) = \frac{\mathcal{H}\,(x + \varepsilon) - \mathcal{H}\,(x - \varepsilon)}{2\varepsilon} = \begin{array}{ll} \dfrac{1}{2\varepsilon} & \text{se } -\varepsilon \leq x < \varepsilon \\[2mm] 0 & \text{altrove} \end{array} \tag{5.47}$$

è un impulso unitario di durata ε, allora $\lim_{\varepsilon \downarrow 0} I_\varepsilon\,(x) = \delta\,(x)$. Sembra allora coerente calcolare $\int_{-\infty}^{x} \delta\,(y)\,dy$ mediante la formula

$$\int_{-\infty}^{x} \delta\,(y)\,dy = \lim_{\varepsilon \downarrow 0}\int_{-\infty}^{x} I_\varepsilon\,(y)\,dy$$

Figura 5.8 La soluzione fondamentale

che ha un'aria innocua. Infatti, se $x < -\varepsilon$, $\int_{-\infty}^{x} I_\varepsilon(y)\,dy = 0$ mentre se $x > \varepsilon$, $\int_{-\infty}^{x} I_\varepsilon(y)\,dy = 1$. Se facciamo tendere ε a zero otteniamo 0 se $x > 0$ ed 1 se $x > 0$, che è la funzione di Heaviside. Il risultato è dunque

$$\int_{-\infty}^{x} \delta(y)\,dy = \mathcal{H}(x) \tag{5.48}$$

neppure tanto sorprendente, se si ricorda che $\mathcal{H}' = \delta$. Tutto quadra. Torniamo all'*UFO*, ormai identificato; scriviamo[12]

$$\int_{x-ct}^{x+ct} \delta(y - z)\,dy = \int_{-\infty}^{x+ct} \delta(y - z)\,dy - \int_{-\infty}^{x-ct} \delta(y - z)\,dy$$

da cui, usando (5.46) e (5.48):

$$K(x, z, t) = \frac{1}{2c}\{\mathcal{H}(x - z + ct) - \mathcal{H}(x - z - ct)\}. \tag{5.49}$$

La funzione K prende il nome di **soluzione fondamentale** dell'equazione delle onde unidimensionale e il suo grafico è illustrato in Figura 5.8. Si noti come la discontinuità iniziale ($t = 0$) in $x = z$ si "trasporti" lungo le caratteristiche $x = z \pm ct$.

Per ricavare la (5.49) abbiamo utilizzato la formula di d'Alembert. Ma la procedura si può rovesciare: dalla conoscenza della soluzione fondamentale si può ricavare la formula di d'Alembert. Vediamo come si fa.

Risolviamo il problema

$$\begin{cases} w_{tt} - c^2 w_{xx} = 0 & x \in \mathbb{R},\, t > 0 \\ w(x, 0) = 0,\, w_t(x, 0) = h(x) & x \in \mathbb{R}. \end{cases} \tag{5.50}$$

Pensiamo il dato h come sovrapposizione di impulsi e scriviamo

$$h(x) = \int_{-\infty}^{+\infty} \delta(x - z)\,h(z)\,dz.$$

Possiamo allora ottenere la soluzione di (5.50) dalla sovrapposizione delle soluzioni dello stesso problema con dato $\delta(x - z)\,h(z)$. Essendo queste date

---

[12] Come se fossero... i soliti integrali!

da $K\left(x,z,t\right)h\left(z\right)$, troviamo

$$w\left(x,t\right)=\int_{-\infty}^{+\infty}K\left(x,z,t\right)h\left(z\right)dz.$$

Sostituendo nell'integrale l'espressione analitica di K, abbiamo

$$
\begin{aligned}
w\left(x,t\right)&=\frac{1}{2c}\int_{-\infty}^{+\infty}\left\{\mathcal{H}\left(x-z+ct\right)-\mathcal{H}\left(x-z-ct\right)\right\}h\left(z\right)dz\\
&=\frac{1}{2c}\int_{-\infty}^{x+ct}h\left(z\right)dz-\frac{1}{2c}\int_{-\infty}^{x-ct}h\left(z\right)dz\\
&=\frac{1}{2c}\int_{x-ct}^{x+ct}h\left(y\right)dy.
\end{aligned}
$$

Dalla Nota 4.6, la soluzione del problema completo (5.33) è

$$
\begin{aligned}
u\left(x,t\right)&=\frac{1}{2c}\int_{x-ct}^{x+ct}h\left(y\right)dy+\frac{\partial}{\partial t}\frac{1}{2c}\int_{x-ct}^{x+ct}g\left(y\right)dy\\
&=\frac{1}{2c}\int_{x-ct}^{x+ct}h\left(y\right)dy+\frac{1}{2}\left\{g\left(x+ct\right)+g\left(x-ct\right)\right\}
\end{aligned}
$$

che è la formula di d'Alembert.

Useremo un metodo analogo per ricavare le formule per la soluzione del problema di Cauchy globale in dimensione 3.

5.4.4 L'equazione non omogenea. Metodo di Duhamel

Consideriamo ora il problema non omogeneo

$$
\begin{cases}
u_{tt}-c^2u_{xx}=f\left(x,t\right) & x\in\mathbb{R},\ t>0\\
u\left(x,0\right)=0,\ u_t\left(x,0\right)=0 & x\in\mathbb{R}.
\end{cases}
\tag{5.51}
$$

Per risolverlo usiamo il metodo di Duhamel. Per s fissato, sia $w=w\left(x,t;s\right)$ soluzione del problema

$$
\begin{cases}
w_{tt}-c^2w_{xx}=0 & x\in\mathbb{R},\ t>s\\
w\left(x,s;s\right)=0,\ w_t\left(x,s;s\right)=f\left(x,s\right) & x\in\mathbb{R}.
\end{cases}
$$

Poiché l'equazione delle onde omogenea è invariante per traslazioni (temporali e spaziali), dalla (5.37) abbiamo

$$w\left(x,t;s\right)=\frac{1}{2c}\int_{x-c(t-s)}^{x+c(t-s)}f\left(y,s\right)dy.$$

La soluzione di (5.51) è

$$u\left(x,t\right) = \int_0^t w\left(x,t;s\right)\,ds = \frac{1}{2c}\int_0^t ds \int_{x-c(t-s)}^{x+c(t-s)} f\left(y,s\right)dy.$$

Infatti, $u\left(x,0\right) = 0$ e

$$u_t\left(x,t\right) = w\left(x,t;t\right) + \int_0^t w_t\left(x,t;s\right)\,ds = \int_0^t w_t\left(x,t;s\right)\,ds$$

poiché $w\left(x,t;t\right) = 0$. Dunque $u_t\left(x,0\right) = 0$. Inoltre,

$$u_{tt}\left(x,t\right) = w_t\left(x,t;t\right) + \int_0^t w_{tt}\left(x,t;s\right)\,ds = f\left(x,t\right) + \int_0^t w_{tt}\left(x,t;s\right)\,ds$$

e

$$u_{xx}\left(x,t\right) = \int_0^t w_{xx}\left(x,t;s\right)\,ds.$$

Ne segue che, essendo $w_{tt} - c^2 w_{xx} = 0$,

$$u_{tt}\left(x,t\right) - c^2 u_{xx}\left(x,t\right) = f\left(x,t\right) + \int_0^t w_{tt}\left(x,t;s\right)\,ds - c^2 \int_0^t w_{xx}\left(x,t;s\right)\,ds$$
$$= f\left(x,t\right).$$

Tutto funziona e dà l'*unica* soluzione in $C^2(\mathbb{R} \times [0, +\infty))$, sotto ipotesi ragionevoli su f: richiediamo che f e f_x siano continue $\mathbb{R} \times [0, +\infty)$. La formula mostra come il valore di u nel punto (x,t) dipenda dai valori della forzante esterna *in tutto il settore* triangolare $S_{x,t}$ indicato in Figura 5.5.

5.4.5 *Effetti di dispersione e dissipazione*

Nei fenomeni di propagazione ondosa sono importanti gli effetti di *dissipazione e dispersione*. Ritorniamo al modello della corda vibrante, assumendo che il suo peso sia trascurabile e che non vi siano carichi esterni.

• *Dissipazione esogena*. Forze dissipative (esogene) quali l'attrito esterno possono benissimo essere incluse nel modello. La loro espressione analitica è determinata sperimentalmente. Se, per esempio, si ritiene ragionevole una resistenza proporzionale alla velocità, sul tratto di corda tra x e $x + \Delta x$ agisce una forza data da

$$-k\rho u_t \Delta s\,\mathbf{j} = -k\rho_0 u_t \Delta x\,\mathbf{j}$$

dove $k > 0$ è costante, e l'equazione finale prende la forma

$$\rho_0 u_{tt} - \tau_0 u_{xx} + k\rho_0 u_t = 0.$$

Se la corda è fissata agli estremi, con gli stessi calcoli del Paragrafo 5.2.2, troviamo

$$\dot{E}\left(t\right) = -\int_0^L k\rho_0 u_t^2 = -2kE_{cin}\left(t\right) \le 0$$

che mostra una velocità di dissipazione dell'energia proporzionale all'energia cinetica. Il corrispondente problema ai valori iniziali è ancora ben posto, sotto ragionevoli ipotesi sui dati. In particolare, l'unicità della soluzione segue ancora dal fatto che, se $E(0) = 0$, essendo $E(t)$ decrescente e non negativa, deve essere nulla per ogni $t > 0$.

• *Dissipazione interna.* La derivazione dell'equazione della corda vibrante conduce all'equazione

$$\rho_0 u_{tt} = (\tau_{vert})_x$$

dove τ_{vert} è la componente verticale della tensione. L'ipotesi di piccola ampiezza delle vibrazioni corrisponde sostanzialmente ad assumere che

$$\tau_{vert} \simeq \tau_0 u_x \tag{5.52}$$

dove τ_0 è la componente orizzontale (costante) della tensione. In altri termini, s'è assunto che le forze verticali agenti agli estremi di un elemento di corda fossero proporzionali allo spostamento relativo delle particelle che la compongono. D'altra parte queste particelle sono costantemente in frizione tra loro quando la corda vibra, convertendo energia cinetica in calore. Più rapida è la vibrazione (quindi più rapido è lo spostamento relativo tra le particelle) più calore è generato[13]. Ciò implica una diminuzione della tensione e uno smorzamento della vibrazione. La tensione verticale nella corda dipende dunque anche dalla velocità di variazione di u_x e siamo portati a modificare la (5.52) inserendo un termine proporzionale a u_{xt}:

$$\tau_{vert} = \tau_0 u_x + \gamma u_{xt}. \tag{5.53}$$

La costante γ è da ritenersi *non negativa:* infatti se in un punto si ha, per esempio, $u_x > 0$ e l'energia decresce, ci aspettiamo che la pendenza della corda *decresca nel tempo* e cioè che $(u_x)_t < 0$. Poiché anche la tensione decresce, coerentemente deve essere $\gamma \geq 0$. Si ottiene allora l'equazione del terz'ordine

$$\rho_0 u_{tt} - \tau_0 u_{xx} - \gamma u_{xxt} = 0. \tag{5.54}$$

Nonostante la presenza del termine u_{xxt} i problemi ben posti per l'equazione della corda continuano ad essere ben posti per la (5.54). In particolare, i problemi di Cauchy-Dirichlet e di Cauchy-Neumann sono ben posti sotto ragionevoli condizioni sui dati. L'unicità della soluzione segue ancora una volta dal fatto che l'energia meccanica totale decresce; infatti, con i soliti calcoli si trova[14]

$$\dot{E}(t) = -\int_0^L \gamma u_{xt}^2 \leq 0.$$

• *Dispersione.* Se la corda è sottoposta ad una forza elastica di richiamo proporzionale ad u, l'equazione diventa

$$u_{tt} - c^2 u_{xx} + \lambda u = 0 \qquad (\lambda > 0)$$

---

[13] Nel film *La leggenda del pianista sull'oceano* c'è una dimostrazione pratica del fenomeno.
[14] Il lettore è invitato a sviluppare i calcoli.

rilevante anche in meccanica quantistica relativistica, dove prende il nome di equazione *di Klein-Gordon linearizzata*. Per sottolineare l'effetto del termine λu, cerchiamo soluzioni che siano *onde armoniche* del tipo

$$u(x,t) = Ae^{i(kx-\omega t)}.$$

Sostituendo nell'equazione differenziale si trova la *relazione di dispersione*

$$\omega^2 - c^2 k^2 = \lambda \qquad \Longrightarrow \qquad \omega(k) = \pm\sqrt{c^2 k^2 + \lambda}.$$

Abbiamo dunque onde che si propagano verso destra e verso sinistra con velocità di fase e di gruppo date rispettivamente da

$$c_p(k) = \frac{\sqrt{c^2 k^2 + \lambda}}{|k|}, \quad c_g = \frac{d\omega}{dk} = \frac{c^2 |k|}{\sqrt{c^2 k^2 + \lambda}}.$$

Osserviamo che $c_g < c_p$.

Possiamo ottenere un *pacchetto d'onde* con un integrazione su tutti i possibili numeri d'onda k:

$$u(x,t) = \int_{-\infty}^{+\infty} A(k) e^{i[kx-\omega(k)t]} dk \qquad (5.55)$$

dove $A(k)$ è la trasformata di Fourier della condizione iniziale:

$$A(k) = \int_{-\infty}^{+\infty} u(x,0) e^{-ikx} dx.$$

Ciò significa che, anche se la condizione iniziale è *localizzata* in un intervallo molto piccolo, *tutte* le lunghezze d'onda contribuiscono al valore della soluzione. Si noti che la dispersione non comporta effetti di dissipazione di energia. Per esempio, nel caso della corda fissata agli estremi, l'energia meccanica totale è data da

$$E(t) = \frac{\rho_0}{2} \int_0^L \left(u_t^2 + c^2 u_x^2 + \lambda u^2\right) dx$$

ed è facile verificare che $\dot{E}(t) = 0$, per ogni $t > 0$.

Nella prossima sezione ci occupiamo di equazioni più generali, in particolare, con termini di dissipazione e reazione. Nell'ultima sezione esamineremo effetti di dispersione in onde d'acqua superficiali.

5.5 Equazioni lineari del secondo ordine

5.5.1 Classificazione

Alla formula (5.38) si può arrivare usando l'equazione delle caratteristiche nel modo seguente. Cambiamo variabili nell'equazione $u_{tt} - c^2 u_{xx} = 0$ ponendo

$$\xi = x + ct, \qquad \eta = x - ct \qquad (5.56)$$

o

$$x = \frac{\xi + \eta}{2}, \qquad t = \frac{\xi - \eta}{2c}.$$

Posto poi $U(\xi, \eta) = u\left(\frac{\xi+\eta}{2}, \frac{\xi-\eta}{2c}\right)$, si ha

$$U_\xi = \frac{1}{2}u_x + \frac{1}{2c}u_t, \quad U_{\xi\eta} = \frac{1}{4}u_{xx} - \frac{1}{4c}u_{xt} + \frac{1}{4c}u_{xt} - \frac{1}{4c^2}u_{tt} = 0.$$

L'equazione $u_{tt} - c^2 u_{xx} = 0$ diventa dunque

$$U_{\xi\eta} = 0 \tag{5.57}$$

e si chiama (seconda) *forma canonica*[15] dell'equazione delle onde; la soluzione è immediata:

$$U(\xi, \eta) = F(\xi) + G(\eta)$$

da cui, ritornando alle variabili originali, la (5.38).

Consideriamo ora un'equazione lineare generale della forma seguente:

$$au_{tt} + 2bu_{xt} + cu_{xx} + du_t + eu_x + hu = f \tag{5.58}$$

con x, t variabili, in generale, in un aperto Ω del piano. Assumiamo che i coefficienti a, b, c, d, e, h, f siano funzioni di classe $C^2(\Omega)$. Il complesso dei termini del second'ordine

$$a(x,t)\partial_{tt} + 2b(x,t)\partial_{xt} + c(x,t)\partial_{xx} \tag{5.59}$$

si chiama **parte principale** dell'operatore differenziale a primo membro della (5.58) e determina il tipo di equazione secondo la classificazione seguente, in analogia con la classificazione delle *coniche*. Nel piano p, q consideriamo l'equazione

$$H(p, q) = ap^2 + 2bpq + cq^2 = 1 \qquad (a > 0).$$

Essa definisce un'iperbole se $b^2 - ac > 0$, una parabola se $b^2 - ac = 0$ e un'ellisse se $b^2 - ac < 0$. Coerentemente, l'equazione (5.58) si dice:

a) **iperbolica** se $b^2 - ac > 0$;

b) **parabolica** se $b^2 - ac = 0$;

c) **ellittica** se $b^2 - ac < 0$.

Si noti che la forma quadratica $H(p, q)$ è, nei tre casi, *indefinita, semidefinita positiva, definita positiva*, rispettivamente. In quest'ultima forma, la classificazione si generalizza ad equazioni in n variabili, come vedremo nel Capitolo 9.

Come casi particolari ritroviamo quasi tutte le equazioni trattate finora; in particolare:

---

[15] La prima è l'equazione originale.

• l'equazione *delle onde*

$$u_{tt} - c^2 u_{xx} = 0$$

è *iperbolica*: $a\,(x,t) = 1$, $c\,(x,t) = -c^2$, gli altri coefficienti sono nulli;

• l'equazione di *diffusione*

$$u_t - D u_{xx} = 0$$

è *parabolica*: $e\,(x,t) = 1$, $c\,(x,t) = -D$, gli altri coefficienti sono nulli;

• l'equazione di *Laplace* (con y al posto di t)

$$u_{xx} + u_{yy} = 0$$

è *ellittica*: $a = 1$, $c = 1$, gli altri coefficienti sono nulli.

Può succedere che un'equazione sia di tipo diverso in domini diversi. Per esempio, l'equazione *di Tricomi* $u_{tt} - t u_{xx} = 0$ è iperbolica se $t > 0$, *parabolica* se $t = 0$, *ellittica* se $t < 0$.

Ci chiediamo: possiamo ridurre ad una forma simile alla (5.57) anche l'equazione di diffusione e di Laplace? Proviamo a cercare le caratteristiche per queste equazioni, rivedendo prima brevemente il procedimento per l'equazione delle onde.

Scomponiamo l'operatore differenziale (che coincide con la sua parte principale) in fattori del prim'ordine nel modo seguente:

$$\partial_{tt} - c^2 \partial_{xx} = (\partial_t + c \partial_x)\,(\partial_t - c \partial_x). \tag{5.60}$$

Se introduciamo i vettori $\mathbf{v} = (c, 1)$ e $\mathbf{w} = (-c, 1)$, allora possiamo riscrivere la (5.60) nella forma

$$\partial_{tt} - c^2 \partial_{xx} = \partial_{\mathbf{v}} \partial_{\mathbf{w}}.$$

D'altra parte, le caratteristiche

$$x + ct = \text{costante}, \qquad x - ct = \text{costante}$$

delle due equazioni del prim'ordine

$$\phi_t - c\phi_x = 0 \quad \text{and} \quad \psi_t + c\psi_t = 0,$$

corrispondenti ai due fattori in (5.60), sono rette nella direzione di $\mathbf{w}$ e $\mathbf{v}$, rispettivamente. Il cambio di variabili

$$\xi = \phi\,(x,t) = x + ct \qquad \eta = \psi\,(x,t) = x - ct$$

trasforma queste rette nelle rette $\xi = 0$ e $\eta = 0$ e

$$\partial_\xi = \frac{1}{2c}\,(\partial_t + c\partial_x) = \frac{1}{2c}\partial_{\mathbf{v}}, \qquad \partial_\eta = \frac{1}{2c}\,(\partial_t - c\partial_x) = \frac{1}{2c}\partial_{\mathbf{w}}.$$

Di conseguenza, l'operatore differenziale $\partial_{tt} - c^2 \partial_{xx}$ si trasforma in un multiplo della sua forma canonica:

$$\partial_{tt} - c^2 \partial_{xx} = \partial_{\mathbf{v}} \partial_{\mathbf{w}} = 4c^2 \partial_{\xi\eta}.$$

Note le caratteristiche, il cambio di variabili (5.56) riduce l'equazione alla forma (5.57). Procedendo in modo analogo, per l'operatore di diffusione si avrebbe, dovendo considerare solo la parte principale,

$$\partial_{xx} = \partial_x \partial_x,$$

per cui troviamo una sola famiglia di linee caratteristiche, data da $t = $ costante[16]. Perciò l'equazione di diffusione è già nella sua unica forma "canonica".

Per l'operatore di Laplace abbiamo

$$\partial_{tt} + \partial_{xx} = (\partial_t + i\partial_x)(\partial_t - i\partial_x)$$

per cui le caratteristiche sono costituite dalla doppia famiglia di rette *complesse*

$$\varphi(x,t) = x + it = \text{costante}, \qquad \psi(x,t) = x - it = \text{costante}.$$

Il cambio di variabili

$$z = x + it, \qquad \overline{z} = x - it$$

conduce all'equazione

$$\partial_{z\overline{z}} U = 0$$

con soluzione generale

$$U(z, \overline{z}) = F(z) + G(\overline{z})$$

che può essere considerata una caratterizzazione delle funzioni armoniche nel piano complesso. Dovrebbe risultare chiaro, comunque, che le caratteristiche per le equazioni di diffusione e di Laplace non svolgono un ruolo così rilevante come per l'equazione delle onde.

5.5.2 Caratteristiche e forma canonica

Torniamo all'equazione (5.58): qual è la forma canonica della sua parte principale? Ci sono almeno due ragioni sostanziali, strettamente collegate, per cercare una risposta.

La prima è legata al tipo di problema ben posto associato alla (5.58): quali tipi di dati occorre assegnare e dove, per produrre un'unica soluzione che dipenda con continuità dai dati? Per equazioni ellittiche, paraboliche o iperboliche i problemi ben posti sono esattamente quelli per i loro prototipi: le equazioni di Laplace, di diffusione e delle onde, rispettivamente. Naturalmente, ciò influisce anche sulla scelta dei metodi numerici da usarsi per calcolare una soluzione approssimata, in assenza di formule esplicite.

---

[16] L'equazione delle caratteristiche per l'equazione del prim'ordine $u_x = 0$ è (si veda la Nota 4.5.3):

$$\frac{dx}{1} = \frac{dt}{0}$$

da cui $dt = 0$, ossia $t = $ costante.

La seconda ragione è legata alle differenti caratteristiche che i tre tipi di equazione presentano. Le equazioni iperboliche modellano fenomeni oscillatori con *velocità di propagazione finita del segnale*, mentre per equazioni paraboliche come quella del calore, l' *informazione* si trasmette con velocità infinita. Infine, le equazioni ellittiche modellano situazioni stazionarie, senza evoluzione nel tempo.

Per arrivare alla forma canonica della parte principale, seguiamo il procedimento usato prima. Anzitutto, se $a = c = 0$, la parte principale è già nella forma canonica (5.57); supponiamo dunque $a > 0$. Il caso $c > 0$ si tratta in modo analogo. Scomponiamo ora la parte principale (5.59) in fattori di primo grado; si trova[17]

$$a \left(\partial_t - \Lambda^+ \partial_x \right) \left(\partial_t - \Lambda^- \partial_x \right) \tag{5.61}$$

dove

$$\Lambda^\pm = \frac{-b \pm \sqrt{b^2 - ac}}{a}.$$

Caso 1: $b^2 - ac > 0$, **equazioni iperboliche.** I due fattori nella (5.61) sono operatori di derivazione lungo i campi vettoriali

$$\mathbf{v} (x, t) = \left(-\Lambda^+ (x, t), 1 \right) \quad \text{e} \quad \mathbf{w} (x, t) = \left(-\Lambda^- (x, t), 1 \right),$$

rispettivamente, per cui possiamo scrivere

$$a \partial_{tt} + 2b \partial_{xt} + c \partial_{xx} = a \partial_\mathbf{v} \partial_\mathbf{w}.$$

I campi vettoriali $\mathbf{v}$ e $\mathbf{w}$ sono tangenti in ogni punto alle caratteristiche

$$\phi (x, t) = k_1 \quad \text{and} \quad \psi (x, t) = k_2 \tag{5.62}$$

delle seguenti equazioni *quasilineari del prim'ordine*

$$\phi_t - \Lambda^+ \phi_x = 0 \quad \text{e} \quad \psi_t - \Lambda^- \psi_x = 0. \tag{5.63}$$

Coerentemente, le curve (5.62) sono dette *caratteristiche* per la (5.58) e sono le soluzioni delle equazioni ordinarie

$$\frac{dx}{dt} = -\Lambda^+, \quad \frac{dx}{dt} = -\Lambda^-, \tag{5.64}$$

che possiamo compattare nella seguente equazione (*delle caratteristiche*)

$$a \left(\frac{dx}{dt} \right)^2 - 2b \frac{dx}{dt} + c = 0. \tag{5.65}$$

Si noti che anche le (5.63) si possono compattare nell'unica equazione

$$a v_t^2 + 2b v_x v_t + c v_x^2 = 0. \tag{5.66}$$

---

[17] Scomposizione di un trinomio di secondo grado.

Per analogia col caso dell'equazione delle onde, ci aspettiamo che il cambio di variabili

$$\xi = \phi\,(x,t)\,, \qquad \eta = \psi\,(x,t)\,. \qquad (5.67)$$

dovrebbe "spianare" le caratteristiche, almeno localmente, trasformando $\partial_{\mathbf{v}}\partial_{\mathbf{w}}$ in un multiplo di $\partial_{\xi\eta}$.

Prima di tutto, dobbiamo accertarci che la trasformazione (5.67) sia *invertibile*, almeno localmente, ossia, in altri termini, che lo jacobiano della trasformazione non si annulli:

$$\phi_t\psi_x - \phi_x\psi_t \neq 0. \qquad (5.68)$$

D'altra parte, ciò segue dal fatto che i vettori $\nabla\phi$ e $\nabla\psi$ sono ortogonali a $\mathbf{v}$ e $\mathbf{w}$, rispettivamente, e che $\mathbf{v}$, $\mathbf{w}$ non sono paralleli in alcun punto (poiché $b^2 - ac > 0$). Pertanto, almeno localmente, esiste la trasformazione inversa. Poniamo

$$U\,(\xi,\eta) = u\,(\Phi\,(\xi,\eta)\,,\Psi\,(\xi,\eta))\,.$$

Allora

$$u_x = U_\xi\phi_x + U_\eta\psi_x, \qquad u_t = U_\xi\phi_t + U_\eta\psi_t$$

e inoltre (con un poco di pazienza)

$$u_{tt} = \phi_t^2 U_{\xi\xi} + 2\phi_t\psi_t U_{\xi\eta} + \psi_t^2 U_{\eta\eta} + \phi_{tt}U_\xi + \psi_{tt}U_\eta$$

$$u_{xx} = \phi_x^2 U_{\xi\xi} + 2\phi_x\psi_x U_{\xi\eta} + \psi_x^2 U_{\eta\eta} + \phi_{xx}U_\xi + \psi_{xx}U_\eta$$

$$u_{xt} = \phi_x\phi_t U_{\xi\xi} + (\phi_x\psi_t + \phi_t\psi_x)U_{\xi\eta} + \psi_x\psi_t U_{\eta\eta} + \phi_{xt}U_\xi + \psi_{xt}U_\eta.$$

Allora

$$au_{tt} + 2bu_{xy} + cu_{xx} = AU_{\xi\xi} + 2BU_{\xi\eta} + CU_{\eta\eta} + DU_\xi + EU_\eta$$

dove[18]

$$A = a\phi_t^2 + 2b\phi_t\phi_x + c\phi_x^2, \qquad C = a\psi_t^2 + 2b\psi_t\psi_x + c\psi_x^2$$
$$B = a\phi_t\psi_t + b(\phi_x\psi_t + \phi_t\psi_x) + c\phi_x\psi_x$$
$$D = a\phi_{tt} + 2b\phi_{xt} + c\phi_{xx}, \qquad E = a\psi_{tt} + 2b\psi_{xt} + c\psi_{xx}.$$

Poiché entrambe ϕ e ψ sono soluzioni di (5.66), si ha $A = C = 0$ per cui

$$au_{tt} + 2bu_{xt} + cu_{xx} = 2BU_{\xi\eta} + DU_\xi + EU_\eta.$$

Osserviamo ora che $B \neq 0$; infatti, ricordando che $\Lambda^+\Lambda^- = c/a$, $\Lambda^+ + \Lambda^+ = -2b/a$ e

$$\phi_t = \Lambda^+\phi_x, \qquad \psi_t = \Lambda^-\psi_x,$$

[18] Tutte le funzioni si intendono calcolate in $x = \Phi\,(\xi,\eta)$ e $t = \Psi\,(\xi,\eta)$.

si trova

$$B = \frac{2}{a} \left(ac - b^2 \right) \phi_x \psi_x$$

e dalla (5.68) deduciamo che $B \neq 0$. La (5.58) diventa dunque un'equazione del tipo

$$U_{\xi\eta} = F\left(\xi, \eta, U, U_\xi, U_\eta \right)$$

che costituisce la sua *forma canonica*.

Esempio 5.1. Consideriamo l'equazione

$$u_{tt} - 5u_{xt} + 6u_{xx} = 0. \tag{5.69}$$

Essendo $5^2 - 4 \cdot 6 = 1 > 0$, l'equazione è iperbolica. L'equazione delle caratteristiche è

$$\left(\frac{dx}{dt} \right)^2 + 5\frac{dx}{dt} + 6 = 0$$

da cui

$$\frac{dx}{dt} = -2, \qquad \frac{dx}{dt} = -3.$$

Integrando troviamo la doppia famiglia di caratteristiche

$$\phi\left(x, t \right) = x + 2t = k_1, \qquad \psi\left(x, t \right) = x + 3t = k_2.$$

Cambiamo variabili ponendo:

$$\xi = x + 2t, \qquad \eta = x + 3t$$

ovvero

$$x = 3\xi - 2\eta, \qquad t = \eta - \xi.$$

Sia $U\left(\xi, \eta \right) = u\left(3\xi - 2\eta, \eta - \xi \right)$; l'equazione per U è

$$U_{\xi\eta} = 0$$

da cui $U\left(\xi, \eta \right) = F\left(\xi \right) + G\left(\eta \right)$ con F, G arbitrarie. Ritornando alle variabili orginali si ottiene

$$u\left(x, t \right) = F\left(x + 2t \right) + G\left(x + 3t \right)$$

che è la soluzione generale della (5.69).

Caso 2: $b^2 - ac \equiv 0$, **equazioni paraboliche.** Esiste **una sola** famiglia di linee caratteristiche $\phi\left(x, t \right) = k$, dove ϕ è soluzione dell'equazione di prim'ordine

$$a\phi_t + b\phi_x = 0.$$

Nota ϕ, scegliamo una qualunque funzione regolare ψ in modo che $\nabla\phi$ e $\nabla\psi$ siano indipendenti e che $a\psi_t^2 + 2b\psi_t\psi_x + c\psi_x^2 = C \neq 0$. Effettuiamo il cambio di variabili

$$\xi = \phi\left(x, t \right), \qquad \eta = \psi\left(x, t \right)$$

e, come nel caso **1**, poniamo

$$U(\xi, \eta) = u(\Phi(\xi, \eta), \Psi(\xi, \eta)).$$

Osserviamo ora che, essendo $b^2 - ac = 0$, si ha

$$B = a\phi_t\psi_t + b(\phi_x\psi_t + \phi_t\psi_x) + c\phi_x\psi_x = \psi_t(a\phi_t + b\phi_x) + \psi_x(b\phi_t + c\phi_x)$$

$$= b\psi_x\left(\phi_t + \frac{c}{b}\phi_x\right) = b\psi_x\left(\phi_t + \frac{b}{a}\phi_x\right) = \frac{b}{a}\psi_x(a\phi_t + b\phi_x) = 0.$$

Come nel caso **1**, abbiamo $A = 0$ e si arriva ad un'equazione del tipo

$$CU_{\eta\eta} = F(\xi, \eta, U, U_\xi, U_\eta)$$

che costituisce la *forma canonica*.

Esempio 5.2. L'equazione

$$u_{tt} - 6u_{xt} + 9u_{xx} = 0$$

è parabolica, con l'unica famiglia di caratteristiche $\phi(x, t) = 3t + x = $ costante. Poniamo

$$\xi = 3t + x, \qquad \eta = x$$

e

$$U(\xi, \eta) = u\left(\frac{\xi - \eta}{3}, x\right).$$

Si trova per U l'equazione $U_{\eta\eta} = 0$ che ha come soluzione generale

$$U(\xi, \eta) = F(\xi) + \eta G(\xi)$$

con F, G arbitrarie. Tornando alle variabili originali, si trova infine

$$u(x, t) = F(3t + x) + xG(3t + x).$$

Caso 3: $b^2 - ac < 0$, **equazioni ellittiche.** In questo caso non vi sono caratteristiche reali. Se i coefficienti a, b, c sono funzioni analitiche[19] si può procedere come nel caso **1**, però con due famiglie complesse di caratteristiche, pervenendo ad una forma canonica del tipo

$$U_{zw} = G(z, w, U, U_z, U_w) \qquad z, w \in \mathbb{C}.$$

Per eliminare le variabili complesse si pone

$$z = \xi + i\eta, \ w = \xi - i\eta$$

e $\widetilde{U}(\xi, \eta) = U(\xi + i\eta, \xi + i\eta)$. Si arriva infine alla forma canonica reale

$$\widetilde{U}_{\xi\xi} + \widetilde{U}_{\eta\eta} = G\left(\xi, \eta, \widetilde{U}, \widetilde{U}_\xi, \widetilde{U}_\eta\right).$$

---

[19] Rappresentabili cioè localmente come serie di Taylor.

5.6 Equazione delle onde ($n > 1$)

5.6.1 Soluzioni speciali

L'*equazione delle onde*

$$u_{tt} - c^2 \Delta u = f \tag{5.70}$$

dove $u = u(\mathbf{x},t)$, $\mathbf{x} \in \mathbb{R}^n$, costituisce il modello base per descrivere un notevole numero di fenomeni vibratori in dimensione spaziale $n > 1$, in particolare $n = 2, 3$. Come nel caso unidimensionale, il coefficiente c ha le dimensioni di una velocità ed è infatti la velocità della perturbazione. Se $f \equiv 0$, l'equazione si dice *omogenea* e vale il *principio di sovrapposizione*. Esaminiamo subito qualche importante soluzione della (5.70).

- *Onde progressive piane.* Se $\mathbf{k} \in \mathbb{R}^n$ e $\omega^2 = c^2 |\mathbf{k}|^2$, la funzione

$$u(\mathbf{x},t) = w(\mathbf{x} \cdot \mathbf{k} - \omega t)$$

è soluzione dell'equazione omogenea. Infatti,

$$u_{tt}(\mathbf{x},t) - c^2 \Delta u(\mathbf{x},t) = \omega^2 w''(\mathbf{x} \cdot \mathbf{n} - \omega t) - c^2 |\mathbf{k}|^2 w''(\mathbf{x} \cdot \mathbf{n} - \omega t) = 0.$$

I piani di equazione

$$\mathbf{x} \cdot \mathbf{k} - \omega t = \text{costante}$$

rappresentano i fronti d'onda, che si muovono con velocità $\omega/|\mathbf{k}|$ nella direzione $\mathbf{k}$. Il numero $\lambda = 2\pi/|\mathbf{k}|$ è la lunghezza d'onda. Se $w(z) = Ae^{iz}$, l'onda si dice *monocromatica o armonica*.

- *Onde cilindriche* ($n = 3$). Sono della forma

$$u(\mathbf{x},t) = w(r,t)$$

dove $\mathbf{x} = (x_1, x_2, x_3)$, $r = \sqrt{x_1^2 + x_2^2}$. In particolare, soluzioni del tipo $u(\mathbf{x},t) = e^{i\omega t} w(r)$ rappresentano onde cilindriche stazionarie. Queste ultime si trovano risolvendo la (5.70) con $f = 0$ per separazione di variabili in domini Ω a simmetria assiale. Se l'asse coincide con l'asse x_3, conviene usare le coordinate cilindriche $x_1 = r \cos\theta$, $x_2 = r \sin\theta$, x_3, nelle quali l'equazione si può scrivere (Appendice C)

$$u_{tt} - c^2 \left(u_{rr} + \frac{1}{r} u_r + \frac{1}{r^2} u_{\theta\theta} + u_{x_3 x_3} \right) = 0.$$

Cercando onde stazionarie della forma $u(\mathbf{x},t) = e^{i\lambda ct} w(r)$, $\lambda \geq 0$, si trova, semplificando per $c^2 e^{i\lambda ct}$,

$$w''(r) + \frac{1}{r} w' + \lambda^2 w = 0.$$

Questa è un'equazione di Bessel di ordine zero. Le soluzioni limitate in $r = 0$ sono del tipo

$$w(r) = a J_0(\lambda r), \qquad a \in \mathbb{R}$$

dove, ricordiamo, $J_0(x) = \sum_{k=0}^{\infty} \frac{(-1)^k}{(k!)^2} \left(\frac{x}{2}\right)^{2k}$ è la funzione di Bessel di ordine zero. Si ottengono così onde cilindriche stazionarie della forma

$$w(r,t) = aJ_0(\lambda r) e^{i\lambda ct}.$$

- *Onde sferiche* $(n = 3)$. Sono della forma

$$u(\mathbf{x},t) = w(r,t)$$

dove $\mathbf{x} = (x_1, x_2, x_3)$, $r = |\mathbf{x}| = \sqrt{x_1^2 + x_2^2 + x_3^2}$. In particolare, soluzioni del tipo $u(\mathbf{x},t) = e^{i\omega t} w(r)$ rappresentano onde sferiche stazionarie. Anche queste soluzioni si trovano risolvendo la (5.70) omogenea per separazione di variabili, questavolta in domini Ω a simmetria sferica. Conviene in tal caso usare le coordinate sferiche

$$x_1 = r\cos\theta\sin\psi, x_2 = r\sin\theta\sin\psi, x_3 = \cos\psi,$$

nelle quali l'equazione si può scrivere (Appendice C)

$$\frac{1}{c^2} u_{tt} - u_{rr} - \frac{2}{r} u_r - \frac{1}{r^2}\left\{\frac{1}{(\sin\psi)^2} u_{\theta\theta} + u_{\psi\psi} + \frac{\cos\psi}{\sin\psi} u_\psi\right\} = 0. \qquad (5.71)$$

Cerchiamo onde stazionarie del tipo $w(r,t) = e^{i\lambda ct} w(r)$, $\lambda \geq 0$. Si trova, semplificando per $c^2 e^{i\lambda ct}$,

$$w''(r) + \frac{2}{r} w' + \lambda^2 w = 0$$

che si può scrivere nella forma[20]

$$(rw)'' + \lambda^2 rw = 0.$$

Se dunque poniamo $v = rw$, v è soluzione dell'equazione

$$v'' + \lambda^2 v = 0$$

da cui $v(r) = a\cos(\lambda r) + b\sin(\lambda r)$. Si ottengono così onde sferiche stazionarie del tipo

$$e^{i\lambda ct}\frac{\cos(\lambda r)}{r}, \qquad e^{i\lambda ct}\frac{\sin(\lambda r)}{r} \qquad (5.72)$$

smorzate all'infinito, di cui le seconde limitate nell'origine.

Cerchiamo ora di determinare la forma generale di un'onda sferica in $\mathbb{R}^3$. Sostituendo $u(\mathbf{x},t) = w(r,t)$ nella (5.71), si trova

$$w_{tt} - c^2\left\{w_{rr}(r) + \frac{2}{r} w_r\right\} = 0.$$

---

[20] Grazie alla miracolosa presenza del 2 nel coefficiente di w'.

Che si può scrivere nella forma

$$(rw)_{tt} - c^2 (rw)_{rr} = 0. \qquad (5.73)$$

Dalla (5.38) troviamo

$$w(r,t) = \frac{F(r+ct)}{r} + \frac{G(r-ct)}{r} \equiv w_i(r,t) + w_o(r,t) \qquad (5.74)$$

che rappresenta la sovrapposizione di due onde sferiche progressive smorzate. I fronti d'onda di w_o sono le sfere $r - ct = costante$, che hanno raggio crescente con t, per cui u_o rappresenta un'onda che si allontana dall'origine (*outgoing wave*). La w_i rappresenta invece un'onda che si avvicina all'origine (*incoming wave*) poiché i suoi fronti d'onda sono dati dalle sfere $r + ct = costante$, che hanno raggio decrescente col tempo.

In molti problemi concreti che coinvolgono onde progressive, per esempio in presenza di onde generate da una sorgente localizzata (si veda l'Esempio 7.1), si impone una *condizione*, detta *di radiazione*, che esclude l'esistenza di onde di quest'ultimo tipo[21].

5.6.2 Problemi ben posti. Unicità

I problemi ben posti più comuni sono gli stessi del caso unidimensionale. Sia

$$Q_T = \Omega \times (0, T)$$

un *cilindro spazio-temporale*, dove Ω è un dominio *limitato* in $\mathbb{R}^n$. Una soluzione $u(\mathbf{x}, t)$ è univocamente determinata assegnando le *condizioni iniziali* e *opportune condizioni sul bordo* $\partial\Omega$ del dominio Ω, che supponiamo di classe C^1 secondo la Definizione 1.6.1.[22]

Sintetizzando, abbiamo i seguenti tipi di problemi: *determinare* $u = u(\mathbf{x}, t)$ tale che:

$$\begin{cases} u_{tt} - c^2 \Delta u = f & \mathbf{x} \in \Omega, \, 0 < t < T \\ u(\mathbf{x}, 0) = g(\mathbf{x}), \, u_t(\mathbf{x}, 0) = h(\mathbf{x}) & \mathbf{x} \in \Omega \\ + \text{ condizioni al bordo} & \boldsymbol{\sigma} \in \partial\Omega, \, 0 \leq t < T \end{cases} \qquad (5.75)$$

dove le condizioni al bordo sono le solite, per esempio:

a) Dirichlet: $u = h$;

b) Neumann: $\partial_\nu u = h$;

c) Robin: $\partial_\nu u + \alpha u = h \, (\alpha \geq 0)$;

d) miste Dirichlet/Neumann: $u = h_1$ su $\overline{\partial_D \Omega}$ e $\partial_\nu u = h_2$ su $\partial_N \Omega$, con $\partial\Omega = \overline{\partial_D \Omega} \cup \partial_N \Omega$, $\partial_D \Omega$ e $\partial_N \Omega$ aperti in $\partial\Omega$.

---

[21] Che implicherebbero sorgenti lontane o "all'infinito".

[22] Possiamo anche ammettere domini Lipschitziani (Sezione 1.6).

Anche in dimensione $n > 1$ ha particolare importanza il *problema di Cauchy globale*.

$$\begin{cases} u_{tt} - c^2 \Delta u = f & \mathbf{x} \in \mathbb{R}^n, t > 0 \\ u(\mathbf{x}, 0) = g(\mathbf{x}), \, u_t(\mathbf{x}, 0) = h(\mathbf{x}) & \mathbf{x} \in \mathbb{R}^n \end{cases} \qquad (5.76)$$

che avremo modo di esaminare in dettaglio. Vedremo, in particolare che per $n = 1, 2, 3$ le soluzioni hanno proprietà molto diverse tra loro.

Sotto ipotesi abbastanza naturali sui dati si può provare che il problema (5.75) ha al massimo una soluzione. Usiamo ancora la conservazione dell'energia, che definiamo con la formula[23]

$$E(t) = \frac{1}{2} \int_\Omega \left\{ u_t^2 + c^2 |\nabla u|^2 \right\} d\mathbf{x}.$$

Calcoliamo la derivata di E:

$$\dot{E}(t) = \int_\Omega \left\{ u_t u_{tt} + c^2 \nabla u \cdot \nabla u_t \right\} d\mathbf{x}.$$

Integrando per parti il secondo termine si ha:

$$\int_\Omega c^2 \nabla u_t \cdot \nabla u \; d\mathbf{x} = c^2 \int_{\partial \Omega} u_\nu u_t \; d\sigma - \int_\Omega c^2 u_t \Delta u \; d\mathbf{x}$$

da cui, essendo $u_{tt} - c^2 \Delta u = f$,

$$\dot{E}(t) = \int_\Omega \left\{ u_{tt} - c^2 \Delta u \right\} u_t \; d\mathbf{x} + c^2 \int_{\partial \Omega} u_t u_\nu \; d\sigma$$

$$= \int_\Omega f u_t \; d\mathbf{x} + c^2 \int_{\partial \Omega} u_t u_\nu \; d\sigma.$$

È ora semplice dimostrare il seguente risultato.

Microteorema 7.1. *Il problema* (5.75), *con le condizioni al bordo indicate, ha al massimo una soluzione in* $C^2(Q_T) \cap C^1(\overline{Q}_T)$.

Dimostrazione. Siano u_1 e u_2 soluzioni dello stesso problema con gli stessi dati iniziali e al bordo. La differenza $w = u_1 - u_2$ è soluzione del problema omogeneo, cioè con dati nulli. Dimostriamo che $w \equiv 0$.

Nel caso di dati di Dirichlet, Neumann e misti, poiché o $w_\nu = 0$ oppure $w_t = 0$ su $\partial \Omega \times (0, T)$, si ha $\dot{E}(t) = 0$. Pertanto $E(t)$ è costante e, dato che inizialmente è zero, deve essere sempre uguale a zero:

$$E(t) = \frac{1}{2} \int_\Omega \left\{ w_t^2 + c^2 |\nabla w|^2 \right\} d\mathbf{x} = 0, \qquad \forall t > 0.$$

Quindi, per ogni $t > 0$, sia w_t sia $|\nabla w(\mathbf{x}, t)|$ sono nulli per cui $w(\mathbf{x}, t)$ è costante; essendo nulla inizialmente deve essere nulla per ogni $t > 0$.

Nel caso del problema di Robin, si ha

$$\dot{E}(t) = -c^2 \int_{\partial \Omega} \alpha w w_t \; d\sigma = -\frac{c^2}{2} \frac{d}{dt} \int_{\partial \Omega} \alpha w^2 \; d\sigma$$

---

[23] Nei casi concreti possono apparire altre costanti legate alla natura del problema.

e cioè

$$\frac{d}{dt}\left\{ E\left(t\right) + \frac{c^2}{2}\int_{\partial\Omega}\alpha w^2\, d\sigma \right\} = 0.$$

La quantità $E\left(t\right) + \frac{c^2}{2}\int_{\partial\Omega}\alpha w^2\, d\sigma$ è dunque costante ed essendo nulla inizialmente, è nulla per $t > 0$. Poiché $\alpha \geq 0$, si conclude ancora che $w \equiv 0$. □

L'unicità per il problema di Cauchy globale segue da un'altra disuguaglianza dell'energia, che ha altre importanti conseguenze.

Prima, un'osservazione. Per maggior chiarezza ragioniamo per $n = 2$. Supponiamo che una perturbazione ondosa, governata dall'equazione delle onde omogenea ($f = 0$) è avvertita in un punto $\mathbf{x}_0$ all'istante t_0. Poiché la perturbazione si muove con velocità c, il valore $u\left(\mathbf{x}_0, t_0\right)$ dipende dal valore dei dati iniziali all'interno del cerchio $B_{ct_0}\left(\mathbf{x}_0\right)$. Più in generale, $u\left(\mathbf{x}_0, t_0\right)$ è determinato dai suoi valori all'istante $t_0 - t$ all'interno del cerchio $B_{c(t_0-t)}\left(\mathbf{x}_0\right)$. Al variare di t da 0 a t_0, l'unione dei cerchi $B_{c(t_0-t)}\left(\mathbf{x}_0\right)$ nello spazio-tempo $\mathbf{x}, t$ coincide con il *cono caratteristico retrogrado* o *backward*, con vertice in $\left(\mathbf{x}_0, t_0\right)$ e apertura $\theta = \tan^{-1} c$, dato da (Figura 5.9):

$$C_{\mathbf{x}_0, t_0} = \left\{ (\mathbf{x}, t)\colon |\mathbf{x} - \mathbf{x}_0| \leq c(t_0 - t),\, 0 \leq t \leq t_0 \right\}. \tag{5.77}$$

Pertanto, dato un punto $\mathbf{x}_0$, è naturale introdurre un'energia associata al cono retrogrado $C_{\mathbf{x}_0, t_0}$ mediante la formula

$$e\left(t\right) = \frac{1}{2}\int_{B_{c(t_0-t)}(x_0)}\left(u_t^2 + c^2\left|\nabla u\right|^2 \right) d\mathbf{x}.$$

Vogliamo dimostrare che $e\left(t\right)$ è decrescente. Infatti:

Lemma 7.2. *Sia u una soluzione dell'equazione omogenea delle onde, di classe C^2 in $\mathbb{R}^n \times [0, +\infty)$. Allora*

$$\dot{e}\left(t\right) \leq 0.$$

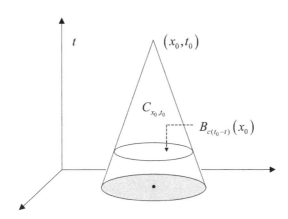

Figura 5.9 Cono retrogrado

Dimostrazione. Possiamo scrivere (si veda la (B.1))

$$e(t) = \frac{1}{2} \int_0^{c(t_0-t)} dr \int_{B_r(x_0)} \left(u_t^2 + c^2 |\nabla u|^2 \right) d\sigma$$

cosicché

$$\dot{e}(t) = -\frac{c}{2} \int_{\partial B_{c(t_0-t)}(x_0)} \left(u_t^2 + c^2 |\nabla u|^2 \right) d\sigma + \int_{B_{c(t_0-t)}(x_0)} \left(u_t u_{tt} + c^2 \nabla u \cdot \nabla u_t \right) dx.$$

Integrando per parti, abbiamo:

$$\int_{B_{c(t_0-t)}(x_0)} \nabla u \cdot \nabla u_t \, dx = \int_{\partial B_{c(t_0-t)}(x_0)} u_t u_\nu \, d\sigma - \int_{B_{c(t_0-t)}(x_0)} u_t \Delta u \, dx$$

da cui

$$\dot{e}(t) = \int_{B_{c(t_0-t)}(x_0)} u_t(u_{tt} - c^2 \Delta u) dx + \frac{c}{2} \int_{\partial B_{c(t_0-t)}(x_0)} \left(2c u_t u_\nu - u_t^2 - c^2 |\nabla u|^2 \right) d\sigma$$

$$= \frac{c}{2} \int_{\partial B_{c(t_0-t)}(x_0)} \left(2c u_t u_\nu - u_t^2 - c^2 |\nabla u|^2 \right) d\sigma.$$

Ora,

$$|u_t u_\nu| \leq |u_t| |\nabla u|$$

quindi

$$2c u_t u_\nu - u_t^2 - c^2 |\nabla u|^2 \leq 2 |u_t| |\nabla u| - u_t^2 - c^2 |\nabla u|^2 = -(u_t - c|\nabla u|)^2 \leq 0$$

e infine $\dot{e}(t) \leq 0$. $\qquad\qquad\qquad\qquad\qquad\qquad\qquad\qquad\qquad\square$

Due conseguenze immediate sono contenute nel seguente teorema di unicità.

Teorema 7.3. *Sia $u \in C^2(\mathbb{R}^n \times [0, +\infty))$ una soluzione del problema di Cauchy (5.76). Allora:*

a) se $g \equiv h \equiv 0$ in $B_{ct_0}(\mathbf{x}_0)$ e $f \equiv 0$ in $C_{\mathbf{x}_0,t_0}$ allora $u \equiv 0$ in $C_{\mathbf{x}_0,t_0}$;

b) il problema (5.76) ha al più una soluzione in $C^2(\mathbb{R}^n \times [0, +\infty))$.

5.7 Due modelli classici

5.7.1 Piccole vibrazioni di una membrana elastica

Nel Paragrafo 5.3.2 abbiamo ricavato un modello per le piccole vibrazioni di una corda. Analogamente, possiamo ricavare le equazioni che governano le vibrazioni di piccola ampiezza di una membrana la cui posizione a riposo è orizzontale, come per esempio nel caso di un tamburo. Presentiamo brevemente la derivazione, invitando il lettore a completare i dettagli. Assumiamo le seguenti ipotesi.

1. *Le vibrazioni della membrana sono piccole e verticali.* Ciò significa che abbiamo piccoli cambiamenti nella forma della membrana rispetto al piano orizzontale e che spostamenti orizzontali sono trascurati.

2. *Lo spostamento verticale di un punto sulla membrana dipende dal tempo e dalla sua posizione a riposo.* Se dunque si indica con u lo spostamento verticale di un punto che si trova in posizione (x, y) quando la membrana è a riposo, abbiamo $u = u(x, y, t)$.

3. *La membrana è perfettamente flessibile ed elastica.* Non offre, in particolare, nessuna resistenza alla flessione. Inoltre, lo sforzo nella membrana durante la vibrazione può essere modellato con una forza $\mathbf{T}$ diretta tangenzialmente alla membrana, di intensità τ, detta *tensione*[24].

4. *Gli attriti sono trascurabili.*

Sotto queste ipotesi, l'equazione di moto della membrana può essere dedotta dalle leggi di *conservazione della massa* e di *Newton*.

Sia $\rho_0 = \rho_0(x, y)$ la densità superficiale di massa della membrana in posizione di equilibrio e consideriamo una piccola porzione "rettangolare" della membrana, con vertici nei punti A, B, C, D di coordinate (x, y), $(x + \Delta x, y)$, $(x, y + \Delta y)$ e $(x + \Delta x, y + \Delta y)$, rispettivamente. Indichiamo con ΔS l'area corrispondente all'istante t. La legge di conservazione della massa dà

$$\rho_0(x, y)\, \Delta x \Delta y = \rho(x, y, t)\, \Delta S. \tag{5.78}$$

Per scrivere la legge di Newton occorre determinare le forze che agiscono sulla porzione di membrana. Poiché il moto è verticale, le forze orizzontali devono bilanciarsi.

Le forze verticali sono costituite da forze di volume (e.g. la gravità o carichi esterni) e dalla componente verticale della tensione.

Sia $f(x, y, t)\, \mathbf{k}$ la risultante delle forze di volume per unità di massa. Allora, usando la (5.78), le forze di volume agenti sulla porzione di membrana sono date da:

$$\rho(x, y, t)\, f(x, y, t)\, \Delta S\, \mathbf{k} = \rho_0(x, y)\, f(x, y, t)\, \Delta x \Delta y\, \mathbf{k}.$$

Lungo i lati AB e CD, la tensione è normale all'asse x e, con buona approssimazione, parallela all'asse y. Con ragionamenti analoghi a quelli fatti per la corda vibrante, si trova che le componenti verticali (scalari) sono date da

$$\tau_{vert}(x, y, t) \simeq \tau u_y(x, y, t)\, \Delta x, \quad \tau_{vert}(x, y + \Delta y, t) \simeq \tau u_y(x, y + \Delta y, t)\, \Delta x$$

rispettivamente su AB e CD.

---

[24] La tensione $\mathbf{T}$ ha il seguente significato. Consideriamo una piccola porzione di membrana, delimitato da una curva chiusa γ. Il materiale da un lato di γ esercita sul materiale dall'altro lato una *forza (traente) per unità di lunghezza* $\mathbf{T}$ lungo γ. Una legge costitutiva per $\mathbf{T}$ è

$$\mathbf{T}(x, y, t) = \tau(x, y, t)\, \mathbf{N}(x, y, t) \qquad (x, y) \in \gamma$$

dove $\mathbf{N}$ è il versore normale esterno a γ, tangente alla membrana. La tangenzialità della tensione è dovuta ancora una volta all'assenza di momenti distribuiti nella membrana.

Analogamente, lungo i lati AC e BD la tensione è perpendicolare all'asse y e, con buona approssimazione, parallela all'asse x. Le componenti verticali sui due lati sono date rispettivamente da:

$$\tau_{vert}\left(x,y,t\right) \simeq \tau u_x\left(x,y,t\right)\Delta y, \quad \tau_{vert}\left(x+\Delta x,y,t\right) \simeq \tau u_x\left(x+\Delta x,y,t\right)\Delta y.$$

Usando ancora la (5.78) e osservando che u_{tt} è l'accelerazione (scalare) verticale, la legge di Newton dà:

$$\rho_0\left(x,y\right)\Delta x \Delta y\, u_{tt} =$$

$$= \tau[u_y\left(x,y+\Delta y,t\right) - u_y\left(x,y,t\right)]\Delta x + \tau[u_x\left(x+\Delta x,y,t\right) - u_x\left(x,y,t\right)]\Delta y +$$
$$+\rho_0\left(x,y\right)f\left(x,y,t\right)\Delta x \Delta y.$$

Dividendo per $\Delta x \Delta y$ e passando al limite per $\Delta x, \Delta y \rightarrow 0$, otteniamo l'equazione

$$u_{tt} - c^2\Delta u = f \tag{5.79}$$

dove $c^2\left(x,y,t\right) = \tau/\rho_0\left(x,y\right)$.

• *Membrana quadrata.* Consideriamo una membrana quadrata di lato a, fissata al bordo; studiamone le vibrazioni quando la membrana, inizialmente nella sua posizione di riposo (orizzontale), è sollecitata in modo in modo che la sua velocità iniziale sia $h = h\left(x,y\right)$. Se il peso della membrana è trascurabile e non vi sono carichi esterni, le vibrazioni della membrana sono governate dal seguente problema:

$$\begin{cases} u_{tt} - c^2\Delta u = 0 & 0 < x < a,\, 0 < y < a,\, t > 0 \\[2mm] u\left(x,y,0\right) = 0, \\ u_t\left(x,y,0\right) = h\left(x,y\right) & 0 < x < a,\, 0 < y < a \\[1mm] u\left(0,y,t\right) = u\left(a,y,t\right) = 0 & 0 < y < a,\, t \geq 0 \\ u\left(x,0,t\right) = u\left(x,a,t\right) = 0 & 0 < x < a,\, t \geq 0. \end{cases}$$

Come nel caso della corda vibrante, usiamo il metodo di separazione delle variabili, cercando prima soluzioni della forma

$$u\left(x,y,t\right) = v\left(x,y\right)q\left(t\right).$$

Sostituendo nell'equazione delle onde troviamo

$$q''\left(t\right)v\left(x,y\right) - c^2 q\left(t\right)\Delta v\left(x,y\right) = 0$$

ossia, separando le variabili[25],

$$\frac{q''\left(t\right)}{c^2 q\left(t\right)} = \frac{\Delta v\left(x,y\right)}{v\left(x,y\right)} = -\lambda^2$$

---

[25] I due rapporti devono essere uguali ad una costante, che, guidati dall'esperienza unidimensionale, chiamiamo $-\lambda^2$.

da cui il problema *agli autovalori*

$$\Delta v + \lambda^2 v = 0 \tag{5.80}$$

$$v(0,y) = v(a,y) = v(x,0) = v(x,a) = 0, \qquad 0 \le x, y \le a$$

e l'equazione

$$q''(t) + c^2 \lambda^2 q(t) = 0. \tag{5.81}$$

Occupiamoci prima del problema agli autovalori. Separiamo ancora le variabili ponendo $v(x,y) = X(x)Y(y)$, con le condizioni

$$X(0) = X(a) = 0, \qquad Y(0) = Y(a) = 0.$$

Sostituendo nella (5.80), si trova che deve essere

$$\frac{Y''(y)}{Y(y)} + \lambda^2 = -\frac{X''(x)}{X(x)} = \mu^2$$

dove μ è una nuova costante. Ponendo $\nu^2 = \lambda^2 - \mu^2$, occorre risolvere i due sottoproblemi seguenti, in $0 < x < a$ e $0 < y < a$, rispettivamente:

$$\begin{cases} X''(x) + \mu^2 X(x) = 0 \\ X(0) = X(a) = 0 \end{cases} \qquad \begin{cases} Y''(y) + \nu^2 Y(y) = 0 \\ Y(0) = Y(a) = 0. \end{cases}$$

Le soluzioni si trovano senza eccessivo sforzo:

$$X(x) = A_m \sin \mu_m x, \qquad \mu_m = \frac{m\pi}{a}$$

$$Y(y) = B_n \sin \nu_n y, \qquad \nu_n = \frac{n\pi}{a}$$

con $m, n = 1, 2, \ldots$ e A_m, B_m costanti arbitrarie. Poiché $\lambda^2 = \nu^2 + \mu^2$, abbiamo

$$\lambda_{mn}^2 = \frac{\pi^2}{a^2}\left(m^2 + n^2\right), \qquad m, n = 1, 2, \ldots \tag{5.82}$$

corrispondenti alle soluzioni

$$v_{mn}(x,y) = \sin \mu_m x \sin \nu_n y.$$

Quando λ è uno dei valori λ_{mn}, l'integrale generale della (5.81) è

$$q_{mn}(t) = a_{mn} \cos c\lambda_{mn} t + b_m \sin c\lambda_{mn} t.$$

Abbiamo così trovato la seguente successione doppia di soluzioni, che si annullano al bordo:

$$u_{mn} = (a_{mn} \cos c\lambda_{mn} t + b_{mn} \sin c\lambda_{mn} t) \sin \mu_m x \sin \nu_n y.$$

Ciascuna delle u_{mn} corrisponde ad un particolare modo di vibrazione della membrana. La *frequenza fondamentale* di vibrazione è $f_{11} = c\sqrt{2}/2a$, corrispondente a $m = n = 1$, mentre le frequenze degli altri modi di vibrazione sono $f_{mn} = c\sqrt{m^2 + n^2}/2a$. Quando un tamburo è sollecitato in maniera arbitraria, molti modi di vibrazione sono simultaneamente presenti. Il fatto che le frequenze di tali modi **non** siano multipli interi di quella fondamentale sembra essere la causa della bassa qualità musicale dei toni emessi.

Tornando al problema di partenza, per trovare la soluzione che soddisfi anche i dati iniziali, sovrapponiamo le u_{mn}, definendo

$$u(x,y,t) = \sum_{m,n=1}^{\infty} (a_{mn} \cos c\lambda_{mn}t + b_{mn} \sin c\lambda_{mn}t) \sin \mu_m x \sin \nu_n y.$$

Da $u(x,y,0) = 0$ deduciamo $a_{mn} = 0$ per ogni $m, n \geq 1$. Da $u_t(x,y,0) = h(x,y)$ deduciamo

$$\sum_{m,n=1}^{\infty} cb_{mn}\lambda_{mn} \sin \mu_m x \sin \nu_n x = h(x,y). \tag{5.83}$$

Se, quindi, h è sviluppabile nella serie doppia di Fourier:

$$h(x,y) = \sum_{m,n=1}^{\infty} h_{mn} \sin \mu_m x \sin \nu_n y,$$

dove i coefficienti h_{mn} sono dati da

$$h_{mn} = \frac{4}{a^2} \int_Q h(x,y) \sin \frac{m\pi}{a} x \sin \frac{n\pi}{a} y \, dxdy,$$

basterà scegliere $b_{mn} = h_{mn}/c\lambda_{mn}$ affinché la (5.83) sia soddisfatta. In conclusione, la candidata soluzione è

$$u(x,y,t) = \sum_{m,n=1}^{\infty} \frac{h_{mn}}{c\lambda_{mn}} \sin c\lambda_{mn}t \sin \mu_m x \sin \nu_n y. \tag{5.84}$$

Se poi i coefficienti $h_{mn}/c\lambda_{mn}$ tendono a zero abbastanza rapidamente, si può provare che la (5.84) è effettivamente l'unica soluzione.

5.7.2 Onde sonore nei gas

La propagazione di onde sonore in un gas *isotropo*, proprio in virtù dell'isotropia del gas, può essere descritta in termini di una singola quantità scalare. Le onde sonore sono perturbazioni di piccola ampiezza nella pressione e nella densità di un gas. Il fatto che l'ampiezza sia piccola permette la *linearizzazione* delle equazioni della Meccanica dei Continui entro limiti ragionevoli. Due di queste equazioni entrano in maniera rilevante. La prima è l'equazione di *conservazione della massa* che esprime la relazione tra la densità ρ del gas e la sua velocità $\mathbf{v}$:

$$\rho_t + \operatorname{div}(\rho \mathbf{v}) = 0. \tag{5.85}$$

La seconda è l'*equazione del momento lineare*, che descrive come un volume di gas reagisce alla pressione esercitata su di esso dal resto del gas. Assumendo di poter trascurare la viscosità del gas, la forza esercitata su un volumetto dal resto del gas è data dalla *pressione normale* $-p\boldsymbol{\nu}$ sul bordo del volume ($\boldsymbol{\nu}$ è la normale esterna).

In assenza di forze di volume significative, l'equazione del momento lineare è

$$\frac{D\mathbf{v}}{Dt} \equiv \mathbf{v}_t + (\mathbf{v}\cdot\nabla)\,\mathbf{v} = -\frac{1}{\rho}\nabla p. \tag{5.86}$$

Una terza ed ultima equazione, l'equazione di stato (una legge costitutiva empirica) esprime la relazione tra pressione e densità.

Come Laplace fece osservare già nel 19-esimo secolo, le fluttuazioni della pressione in un'onda sonora sono così rapide che la temperatura del gas *non rimane costante*. Infatti, la compressione/espansione del gas avviene in modo *adiabatico, senza perdita di calore*. In queste condizioni, se $\gamma = c_p/c_v$ è il rapporto tra i calori specifici del gas ($\gamma = 1.4$ circa per l'aria).si può ritenere che il rapporto p/ρ^γ sia costante, e quindi che l'equazione di stato abbia la forma

$$p = f(\rho) = C\rho^\gamma \tag{5.87}$$

dove C è una costante.

Il sistema di equazioni (5.85), (5.86), (5.87) è piuttosto complicato e difficile da risolvere nella sua forma generale. Tuttavia, il fatto che le onde sonore siano piccole perturbazioni delle normali condizioni atmosferiche permette notevoli semplificazioni ed in particolare la *linearizzazione* delle equazioni del sistema.

Consideriamo uno stato atmosferico in quiete, dove ρ_0 e p_0 (costanti) indicano densità e pressione, nel quale si ha ovviamente $\mathbf{v} = \mathbf{0}$. In seguito ad una piccola perturbazione di questo stato, possiamo scrivere

$$\rho = (1 + s)\,\rho_0 \approx \rho_0$$

dove s è una quantità piccola e adimensionale che si chiama *condensazione* e che rappresenta lo scostamento relativo della densità dall'equilibrio. Per la pressione abbiamo allora dalla (5.87):

$$p - p_0 \approx f'(\rho_0)(\rho - \rho_0) = s\rho_0 c_0^2 \tag{5.88}$$

e

$$\nabla p \approx \rho_0 f'(\rho_0)\nabla s = \rho_0 c_0^2 \nabla s$$

dove abbiamo posto $c_0^2 = f'(\rho_0) = C\gamma\rho_0^{\gamma-1}$.

Se ora **anche v è piccola**, possiamo trascurare nelle equazioni di stato i termini non lineari in ρ e **v**. Di conseguenza, possiamo trascurare l'accelerazione convettiva $(\mathbf{v}\cdot\nabla)\mathbf{v}$ e, dopo aver semplificato in entrambe per ρ_0, approssimare le (5.86) e (5.85) con le equazioni lineari

$$\mathbf{v}_t = -c_0^2 \nabla s \qquad (5.89)$$

e la conservazione della massa con

$$s_t + \operatorname{div} \mathbf{v} = 0. \qquad (5.90)$$

Nota 8.1. *Pausa di riflessione.* Fermiamoci un momento ad esaminare quali implicazioni ha la linearizzazione effettuata. Supponiamo che V e S siano valori medi di $|\mathbf{v}|$ e s, rispettivamente, e che λ e T siano ordini di grandezza medi per spazio e tempo nella propagazione ondosa, tipicamente la lunghezza d'onda e il periodo. Riscaliamo $\mathbf{v}$, s, $\mathbf{x}$ e t introducendo corrispondenti variabili adimensionali:

$$\boldsymbol{\xi} = \frac{\mathbf{x}}{\lambda}, \quad \tau = \frac{t}{T}, \quad \mathbf{U}(\boldsymbol{\xi},\tau) = \frac{\mathbf{v}(\lambda\boldsymbol{\xi}, T\tau)}{V}, \quad \sigma(\boldsymbol{\xi},\tau) = \frac{s(\lambda\boldsymbol{\xi}, T\tau)}{S}. \qquad (5.91)$$

Sostituendo le (5.91) nelle (5.89) e (5.90) si trova:

$$\frac{V}{T}\mathbf{U}_\tau + \frac{c_0^2 S}{\lambda}\nabla\sigma = \mathbf{0} \quad \text{e} \quad \frac{S}{T}\sigma_\tau + \frac{V}{\lambda}\operatorname{div}\mathbf{U} = 0. \qquad (5.92)$$

In queste equazioni adimensionali, essendovi solo due termini, i coefficienti devono essere dello stesso ordine di grandezza e perciò

$$\frac{V}{T} \approx \frac{c_0^2 S}{\lambda} \quad \text{e} \quad \frac{S}{T} \approx \frac{V}{\lambda}$$

che implicano

$$\frac{\lambda}{T} \approx c_0.$$

Si vede perciò che c_0 è la velocità di propagazione ed infatti è **la velocità del suono**.

Nella derivazione delle equazioni abbiamo trascurato: 1) il termine $(\mathbf{v}\cdot\nabla)\mathbf{v}$ che corrisponde all'accelerazione convettiva; 2) la viscosità; 3) la gravità.

Ora, l'accelerazione convettiva è trascurabile, per esempio rispetto a $\mathbf{v}_t$, se

$$\frac{V^2}{\lambda}\mathbf{U}\cdot\nabla\mathbf{U} \ll \frac{V}{T}\mathbf{U}_\tau$$

ossia $\frac{V^2}{\lambda} \ll \frac{V}{T}$ e cioè $|\mathbf{v}| \ll c_0$.

Ciò significa che se la velocità del gas è molto più piccola di quella del suono, la linearizzazione è giustificata. Il rapporto $M = |\mathbf{v}|/c_0$ si chiama **numero di Mach**.

Se non si trascura la viscosità del gas, a secondo membro dell'equazione del momento lineare occorre inserire il termine $\mu \Delta \mathbf{v}$, dove μ è la *viscosità cinematica*. Con conti analoghi ai precedenti, ci si convince che questo termine è molto piccolo rispetto, per esempio, al gradiente di pressione, quando

$$\lambda \gg \mu/\rho_0 c_0.$$

Nell'aria $\mu/\rho_0 c_0 \sim 3 \times 10^{-7} m$. In termini di frequenza dell'onda richiediamo che $f = c_0/\lambda \ll 10^9$ Hertz, ampiamente sopra la soglia dell'udibile.

Si può poi mostrare che trascurare la gravità è ragionevole non appena $f \gg 0.03$ Hertz, ampiamente sotto la soglia dell'udibile.

Vogliamo ora mostrare il seguente risultato.

Microteorema 8.1. a) *La condensazione s soddisfa l'equazione delle onde*

$$s_{tt} - c_0^2 \Delta s = 0 \qquad (5.93)$$

dove $c_0 = \sqrt{f'(\rho_0)} = \sqrt{\gamma p_0/\rho_0}$ *è la velocità del suono.*

b) *Se* $\mathbf{v}(\mathbf{x},0) = \mathbf{0}$, *allora* $\mathbf{v}$ *è irrotazionale e, in particolare, esiste un potenziale* ϕ *di velocità (potenziale acustico), tale cioè che* $\mathbf{v} = \nabla \phi$, *che soddisfa la stessa equazione.*

Dimostrazione. a) Calcoliamo la divergenza in entrambi i membri della (5.89) e la derivata rispetto a t di entrambi i membri della (5.90); troviamo:

$$\operatorname{div} \mathbf{v}_t = -c_0^2 \Delta s$$

e

$$s_{tt} = -(\operatorname{div} \mathbf{v})_t.$$

Scambiando l'ordine di derivazione, $(\operatorname{div} \mathbf{v})_t = \operatorname{div} \mathbf{v}_t$, e sommando le due equazioni si ottiene subito la (5.93).

b) Dalla (5.89) si ha $\mathbf{v}_t = --c_0^2 \nabla s$. Poniamo

$$\phi(\mathbf{x},t) = -c_0^2 \int_0^t s(\mathbf{x},z)\,dz.$$

Allora $\phi_t = -c_0^2 s$ e possiamo scrivere la (5.89) nella forma

$$\frac{\partial}{\partial t}[\mathbf{v} - \nabla \phi] = \mathbf{0}.$$

Ne segue che, essendo $\phi(\mathbf{x},0) = 0$, $\mathbf{v}(\mathbf{x},0) = \mathbf{0}$,

$$\mathbf{v}(\mathbf{x},t) - \nabla \phi(\mathbf{x},t) = \mathbf{v}(\mathbf{x},0) - \nabla \phi(\mathbf{x},0) = \mathbf{0}$$

e quindi $\mathbf{v} = \nabla \phi$. Infine, dalla (5.90),

$$\phi_{tt} = -c_0^2 s_t = c_0^2 \operatorname{div} \mathbf{v} = c_0^2 \Delta \phi$$

che è ancora l'equazione (5.93). $\qquad\qquad\qquad\qquad\qquad\qquad \square$

Nota 8.2. Una volta noto il potenziale ϕ di velocità, si possono calcolare la velocità $\mathbf{v}$, la condensazione s e la fluttuazione della pressione $p - p_0$ dalle formule

$$\mathbf{v} = \nabla \phi, \qquad s = -\frac{1}{c_0^2}\phi_t, \qquad p - p_0 = -\rho_0 \phi_t.$$

Consideriamo per esempio un'onda piana rappresentata da un potenziale del tipo

$$\phi(\mathbf{x},t) = w(\mathbf{x} \cdot \mathbf{k} - \omega t).$$

Sappiamo che se $c_0^2 |\mathbf{k}|^2 = \omega^2$, ϕ è soluzione dell'equazione (5.93). Per questo potenziale si ha:

$$\mathbf{v} = w'\mathbf{k}, \qquad s = -\frac{\omega}{c_0^2}w', \qquad p - p_0 = \rho_0\omega w'.$$

Esempio 8.1. *Moto di un gas generato da un pistone.* Consideriamo un tubo rettilineo di sezione costante con asse parallelo all'asse x_1, contenente gas nella regione $x_1 > 0$. Il movimento di un pistone mette in moto il gas. Assumiamo che la posizione della superficie del pistone a contatto col gas sia descritta dall'equazione $x_1 = h(t)$, che essa rimanga molto vicina a $x_1 = 0$, cioè $|h(t)| \ll 1$, e che la sua velocità sia piccola rispetto a quella del suono nel gas, cioè $|h'(t)| \ll c_0$. In tal caso il moto del pistone genera onde sonore di piccola ampiezza e il potenziale di velocità ϕ del gas soddisfa l'equazione delle onde tridimensionale omogenea. Per calcolare ϕ occorrono condizioni al bordo. La velocità normale del gas sulla superficie del pistone deve coincidere con quella del pistone stesso e quindi

$$\phi_{x_1}(h(t), x_2, x_3, t) = h'(t).$$

Essendo $h(t) \sim 0$, possiamo approssimare questa condizione con

$$\phi_{x_1}(0, x_2, x_3, t) = h'(t). \tag{5.94}$$

Sulle pareti del tubo la velocità normale del gas è nulla per cui

$$\nabla\phi \cdot \boldsymbol{\nu} = 0 \tag{5.95}$$

sulle pareti del tubo. Infine, poiché le onde sono generate dal movimento del pistone, non ci aspettiamo onde "provenienti da lontano". Cerchiamo dunque soluzioni sotto forma di **onda piana,** che si allontanano lungo il tubo:

$$\phi(\mathbf{x},t) = w(\mathbf{x} \cdot \mathbf{n} - c_0 t)$$

con $\mathbf{n}$ *versore.* Dalla (5.95) si ha

$$\nabla\phi \cdot \boldsymbol{\nu} = w'(\mathbf{x} \cdot \mathbf{n} - c_0 t)\mathbf{n} \cdot \boldsymbol{\nu} = 0$$

per cui $\mathbf{n} \cdot \boldsymbol{\nu} = 0$ per ogni versore $\boldsymbol{\nu}$ ortogonale alla superficie del tubo. Deve dunque essere $\mathbf{n} = (1, 0, 0)$ e, di conseguenza

$$\phi(\mathbf{x},t) = w(x_1 - c_0 t).$$

Imponendo la (5.94) si ottiene

$$w'\left(-c_0 t\right) = h'\left(t\right)$$

da cui, (assumendo $h\left(0\right) = 0$),

$$w\left(s\right) = -c_0 h\left(-\frac{s}{c_0}\right).$$

Il potenziale acustico è quindi dato da

$$\phi\left(\mathbf{x}, t\right) = -c_0 h\left(t - \frac{x_1}{c_0}\right)$$

che rappresenta l'onda sonora generata dal pistone. Abbiamo quindi

$$\mathbf{v} = c_0 \mathbf{i}, \quad s = \frac{1}{c_0} h'\left(t - \frac{x_1}{c_0}\right), \quad p = c_0 \rho_0 h'\left(t - \frac{x_1}{c_0}\right) + p_0.$$

Nota 8.3. Un'ultima osservazione riguarda la velocità iniziale. Se $\mathbf{v}\left(\mathbf{x}, 0\right) \neq \mathbf{0}$, il termine convettivo $(\mathbf{v} \cdot \nabla)\mathbf{v}$ non è più trascurabile e i ragionamenti precedenti non sono più validi. Infatti, $\mathbf{v}$ non è più irrotazionale ed effetti di dispersione possono entrare pesantemente in gioco. È una situazione che si riscontra per esempio quando, in presenza di vento forte, occorre avvicinare l'orecchio ad un nostro interlocutore per distinguerne le parole.

5.8 Il problema di Cauchy

5.8.1 Soluzione fondamentale in dimensione $n = 3$ e principio di Huygens

In questa sezione consideriamo il problema di Cauchy globale

$$\begin{cases} u_{tt} - c^2 \Delta u = 0 & \mathbf{x} \in \mathbb{R}^3, \, t > 0 \\ u\left(\mathbf{x}, 0\right) = g\left(\mathbf{x}\right), \quad u_t\left(\mathbf{x}, 0\right) = h\left(\mathbf{x}\right) & \mathbf{x} \in \mathbb{R}^3. \end{cases} \tag{5.96}$$

Dal Teorema 7.3 sappiamo che il problema (5.96) ha al più una soluzione $u \in C^2\left(\mathbb{R}^3 \times [0, +\infty)\right)$. Il nostro scopo è trovare una formula esplicita per la soluzione u in termini dei dati g e h. La derivazione ha un carattere euristico per cui, per il momento, non ci preoccupiamo troppo delle corrette ipotesi su h e g, che assumiamo sufficientemente regolari da giustificare i calcoli. Per il momento supporremo che la soluzione sia di classe C^2 in tutto il semispazio $\mathbb{R}^3 \times [0, +\infty)$.

L'osservazione contenuta nel seguente lemma (che vale in ogni dimensione) permette di ricondursi ad un problema con $g = 0$. Indichiamo con w_φ la soluzione del problema

$$\begin{cases} w_{tt} - c^2 \Delta w = 0 & \mathbf{x} \in \mathbb{R}^3,\, t > 0 \\ w(\mathbf{x}, 0) = 0, \quad w_t(\mathbf{x},0) = \varphi(\mathbf{x}) & \mathbf{x} \in \mathbb{R}^3. \end{cases} \tag{5.97}$$

Lemma 9.1. *Se w_φ è di classe C^3 nel semispazio $\mathbb{R} \times [0, +\infty)$, allora $v = \partial_t w_\varphi$ è soluzione del problema*

$$\begin{cases} v_{tt} - c^2 \Delta v = 0 & \mathbf{x} \in \mathbb{R}^3,\, t > 0 \\ v(\mathbf{x}, 0) = \varphi(\mathbf{x}), \quad v_t(\mathbf{x},0) = 0 & \mathbf{x} \in \mathbb{R}^3. \end{cases} \tag{5.98}$$

Di conseguenza, La soluzione del problema (5.96) è data da

$$u = \partial_t w_g + w_h. \tag{5.99}$$

Dimostrazione. Sia $v = \partial_t w_\varphi$. Derivando l'equazione delle onde rispetto a t abbiamo

$$0 = \partial_t(\partial_{tt} w_\varphi - c^2 \Delta w_\varphi) = (\partial_{tt} - c^2 \Delta)\partial_t w_\varphi = (\partial_{tt} - c^2 \Delta)v.$$

Inoltre,

$$v(\mathbf{x},0) = \partial_t w_\varphi(\mathbf{x},0) = \varphi(\mathbf{x}), \quad v_t(\mathbf{x},0) = \partial_{tt} w_\varphi(\mathbf{x},0) = c^2 \Delta w_\varphi(\mathbf{x},0) = 0.$$

Di conseguenza, v è soluzione di (5.98) e $u = v + w_h$ soddisfa (5.96). □

Il Lemma indica che, trovata una formula per la soluzione di (5.97), la soluzione del problema completo (5.96) si deduce dalla (5.99).

Ci concentriamo quindi sul problema (5.97). Cominciamo a considerare un dato h particolare, che corrisponde, per esempio nel caso delle onde sonore, ad un improvviso cambiamento di densità dell'aria concentrato in un punto, diciamo $\mathbf{y}$, rispetto ad un livello costante di riferimento. Se w rappresenta la variazione di densità rispetto a tale livello e l'intensità della perturbazione iniziale è unitaria, allora w è soluzione del problema

$$\begin{cases} w_{tt} - c^2 \Delta w = 0 & \mathbf{x} \in \mathbb{R}^3,\, t > 0 \\ w(\mathbf{x}, 0) = 0, \, w_t(\mathbf{x},0) = \delta_3(\mathbf{x} - \mathbf{y}) & \mathbf{x} \in \mathbb{R}^3 \end{cases} \tag{5.100}$$

dove $\delta(\mathbf{x} - \mathbf{y})$ è la distribuzione di Dirac in $\mathbf{y}$, tridimensionale. La soluzione di questo problema si chiama **soluzione fondamentale dell'equazione delle onde**, che indichiamo con $K(\mathbf{x}, \mathbf{y}, t)$. Poiché il dato è tutto fuorché regolare, per risolvere il problema approssimiamo la distribuzione di Dirac con una funzione opportuna riservandoci poi di passare al limite. Come approssimante possiamo scegliere la soluzione fondamentale dell'equazione di diffusione in dimensione $n = 3$; sappiamo infatti che (Paragrafo 2.3.4, con $t = \varepsilon$, $D = 1$, $n = 3$)

$$\Gamma\left(\mathbf{x} - \mathbf{y},\varepsilon\right) = \frac{1}{(4\pi\varepsilon)^{3/2}} \exp\left\{-\frac{|\mathbf{x} - \mathbf{y}|^2}{4\varepsilon}\right\} \to \delta_3\left(\mathbf{x} - \mathbf{y}\right)$$

se $\varepsilon \to 0$.

Indichiamo con w_ε la soluzione del problema (5.100) con $\Gamma\left(\mathbf{x} - \mathbf{y},\varepsilon\right)$ al posto di $\delta_3\left(\mathbf{x} - \mathbf{y}\right)$. Poiché $\Gamma\left(\mathbf{x} - \mathbf{y},\varepsilon\right)$ ha simmetria radiale con centro in $\mathbf{y}$, ci aspettiamo che w_ε abbia lo stesso tipo di simmetria e cioè che $w_\varepsilon = w_\varepsilon\left(r,t\right)$, $r = |\mathbf{x} - \mathbf{y}|$, ovvero che sia un'onda sferica. Abbiamo visto nel Paragrafo 5.7.1 che le onde sferiche hanno la forma generale

$$w\left(r,t\right) = \frac{F\left(r + ct\right)}{r} + \frac{G\left(r - ct\right)}{r}. \tag{5.101}$$

Le condizioni iniziali richiedono

$$F\left(r\right) + G\left(r\right) = 0 \qquad \text{e} \qquad c(F'\left(r\right) - G'\left(r\right)) = r\Gamma\left(r,\varepsilon\right).$$

Pertanto

$$F = -G \qquad \text{e} \qquad G'\left(r\right) = -r\Gamma\left(r,\varepsilon\right)/2c.$$

Integrando la seconda relazione, troviamo

$$G\left(r\right) = -\frac{1}{2c(4\pi\varepsilon)^{3/2}} \int_0^r s\exp\left\{-\frac{s^2}{4\varepsilon}\right\} ds = \frac{1}{4\pi c}\frac{1}{\sqrt{4\pi\varepsilon}}\left(\exp\left\{-\frac{r^2}{4\varepsilon}\right\} - 1\right)$$

e infine

$$w_\varepsilon\left(r,t\right) = \frac{1}{4\pi cr}\left\{\frac{1}{\sqrt{4\pi\varepsilon}}\exp\left\{-\frac{(r - ct)^2}{4\varepsilon}\right\} - \frac{1}{\sqrt{4\pi\varepsilon}}\exp\left\{-\frac{(r + ct)^2}{4\varepsilon}\right\}\right\}.$$

Osserviamo ora che la funzione

$$\widetilde{\Gamma}\left(r,\varepsilon\right) = \frac{1}{\sqrt{4\pi\varepsilon}}\exp\left\{-\frac{r^2}{4\varepsilon}\right\}$$

è la soluzione fondamentale dell'equazione di diffusione in dimensione $n = 1$, con $x = r$ e $t = \varepsilon$. Passando al limite per $\varepsilon \to 0$ si trova[26]

$$w_\varepsilon\left(r,t\right) \to \frac{1}{4\pi cr}\left\{\delta(r - ct) - \delta(r + ct)\right\}.$$

Essendo $r + ct > 0$, si ha $\delta(r + ct) = 0$, da cui la formula

$$K\left(\mathbf{x},\mathbf{y},t\right) = \frac{\delta(r - ct)}{4\pi cr} \qquad r = |\mathbf{x} - \mathbf{y}|. \tag{5.102}$$

---

[26] La δ è ora unidimensionale!

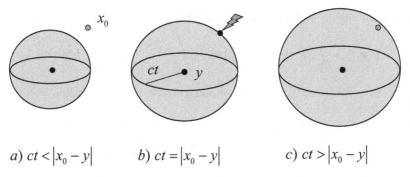

a) $ct < |x_0 - y|$ *b)* $ct = |x_0 - y|$ *c)* $ct > |x_0 - y|$

Figura 5.10 Il principio di Huygens

La soluzione fondamentale rappresenta quindi un'onda sferica progressiva smorzata (*outgoing wave*), concentrata inizialmente in **y** e successivamente sulla superficie sferica

$$\partial B_{ct}(\mathbf{y}) = \{\mathbf{x} : |\mathbf{x} - \mathbf{y}| = ct\}.$$

L'unione delle superfici $\partial B_{ct}(\mathbf{y})$ costituisce il **supporto** di K e coincide con **la frontiera** *del cono caratteristico forward, con vertice in* $(\mathbf{y}, 0)$ e apertura $\theta = \tan^{-1} c$, definito da

$$C_{\mathbf{y},0}^* = \{(\mathbf{x}, t) : |\mathbf{x} - \mathbf{y}| \le ct,\, t > 0\}.$$

Nella terminologia della Sezione 4, $\partial C_{\mathbf{y},0}^*$ costituisce il **dominio di influenza del punto y**. Il fatto che tale dominio sia costituito solo dalla frontiera del cono forward e *non da tutto* il cono ha importanti conseguenze sulla natura della perturbazione governata dall'equazione delle onde tridimensionale.

Il fenomeno più notevole è che una perturbazione generata all'istante $t = 0$ da una sorgente concentrata in un punto **y** è avvertita in un punto $\mathbf{x}_0$ **soltanto all'istante** $t_0 = |\mathbf{x}_0 - \mathbf{y}|/c$ (Figura 5.10). Questo è noto come *principio di Huygens forte* e spiega come *segnali istantanei (sharp signals)* possono essere propagati da una sorgente puntiforme. Vedremo che non sarà così in dimensione due.

5.8.2 Formula di Kirchhoff

Procedendo come per il caso unidimensionale nel Paragrafo 5.4.3, possiamo facilmente scrivere una formula per la soluzione del problema (5.97) con dato h generale. Poiché

$$h(\mathbf{x}) = \int_{\mathbb{R}^3} \delta_3(\mathbf{x} - \mathbf{y}) h(\mathbf{y})\, d\mathbf{y},$$

possiamo pensare h come sovrapposizione di impulsi $\delta_3(\mathbf{x} - \mathbf{y}) h(\mathbf{y})$, concentrati in **y** e di intensità $h(\mathbf{y})$. La soluzione di (5.97) è allora la sovrapposizione delle corrispondenti soluzioni $K(\mathbf{x}, \mathbf{y}, t) h(\mathbf{y})$, cioè

$$w_h(\mathbf{x}, t) = \int_{\mathbb{R}^3} K(\mathbf{x}, \mathbf{y}, t) h(\mathbf{y}) d\mathbf{y} = \int_{\mathbb{R}^3} \frac{\delta(|\mathbf{x} - \mathbf{y}| - ct)}{4\pi c |\mathbf{x} - \mathbf{y}|} h(\mathbf{y}) d\mathbf{y}$$

che scriviamo subito meglio. Infatti, si può scrivere, usando coordinate sferiche con polo in $\mathbf{x}$:

$$w_h(\mathbf{x}, t) = \int_0^\infty \frac{\delta(r - ct)}{4\pi cr} dr \int_{\partial B_r(\mathbf{x})} h(\boldsymbol{\sigma}) d\sigma = \frac{1}{4\pi c^2 t} \int_{\partial B_{ct}(\mathbf{x})} h(\boldsymbol{\sigma}) d\sigma, \tag{5.103}$$

dove, nell'ultima uguaglianza, abbiamo usato la formula

$$\int_0^\infty \delta(r - ct) f(r) dr = f(ct).$$

Il Lemma 9.1 e il nostro ragionamento euristico portano al seguente enunciato.

Teorema 9.2 (Formula di Kirchhoff). *Siano* $g \in C^3(\mathbb{R}^3)$ *e* $h \in C^2(\mathbb{R}^3)$. *Allora,*

$$u(\mathbf{x}, t) = \frac{\partial}{\partial t} \left[\frac{1}{4\pi c^2 t} \int_{\partial B_{ct}(\mathbf{x})} g(\boldsymbol{\sigma}) d\sigma \right] + \frac{1}{4\pi c^2 t} \int_{\partial B_{ct}(\mathbf{x})} h(\boldsymbol{\sigma}) d\sigma \tag{5.104}$$

è l'unica soluzione $u \in C^2(\mathbb{R}^3 \times [0, +\infty))$ *del problema* (5.96).

Dimostrazione. Poiché $g \in C^3(\mathbb{R}^3)$, la funzione

$$w_g(\mathbf{x}, t) = \frac{1}{4\pi c^2 t} \int_{\partial B_{ct}(\mathbf{x})} g(\boldsymbol{\sigma}) d\sigma$$

soddisfa le ipotesi del Lemma 9.1 e quindi è sufficiente controllare che

$$w_h(\mathbf{x}, t) = \frac{1}{4\pi c^2 t} \int_{\partial B_{ct}(\mathbf{x})} h(\boldsymbol{\sigma}) d\sigma$$

sia soluzione del problema (5.97) con $\varphi = h$. Ponendo $\boldsymbol{\sigma} = \mathbf{x} + ct\boldsymbol{\omega}$, con $\boldsymbol{\omega} \in \partial B_1(\mathbf{0})$, abbiamo $d\sigma = c^2 t^2 d\omega$ e

$$w_h(\mathbf{x}, t) = \frac{1}{4\pi c^2 t} \int_{\partial B_{ct}(\mathbf{x})} h(\boldsymbol{\sigma}) d\sigma = \frac{t}{4\pi} \int_{\partial B_1(\mathbf{0})} h(\mathbf{x} + ct\boldsymbol{\omega}) d\omega.$$

Quindi

$$\partial_t w_h(\mathbf{x}, t) = \frac{1}{4\pi} \int_{\partial B_1(\mathbf{0})} h(\mathbf{x} + ct\boldsymbol{\omega}) d\omega + \frac{ct}{4\pi} \int_{\partial B_1(\mathbf{0})} \nabla h(\mathbf{x} + ct\boldsymbol{\omega}) \cdot \boldsymbol{\omega} \, d\omega. \tag{5.105}$$

Pertanto

$$w_h(\mathbf{x}, 0) = 0 \quad \text{e} \quad \partial_t w_h(\mathbf{x}, 0) = h(\mathbf{x}).$$

Inoltre, dalla formula della divergenza, possiamo scrivere, tornando alla variabile originale $\boldsymbol{\sigma}$:

$$\frac{ct}{4\pi}\int_{\partial B_1(0)}\nabla h\left(\mathbf{x}+ct\boldsymbol{\omega}\right)\cdot\boldsymbol{\omega}\,d\omega=\frac{1}{4\pi ct}\int_{\partial B_{ct}(\mathbf{x})}\partial_\nu h\left(\boldsymbol{\sigma}\right)\,d\sigma$$

$$=\frac{1}{4\pi ct}\int_{B_{ct}(\mathbf{x})}\Delta h\left(\mathbf{y}\right)\,d\mathbf{y}$$

$$=\frac{1}{4\pi ct}\int_0^{ct}dr\int_{\partial B_r(\mathbf{x})}\Delta h\left(\boldsymbol{\sigma}\right)\,d\sigma$$

per cui, dalla (5.105),

$$\partial_{tt}w_h\left(\mathbf{x},t\right)=\frac{c}{4\pi}\int_{\partial B_1(0)}\nabla h\left(\mathbf{x}+ct\boldsymbol{\omega}\right)\cdot\boldsymbol{\omega}\,d\omega-\frac{1}{4\pi ct^2}\int_{B_{ct}(\mathbf{x})}\Delta h\left(\mathbf{y}\right)\,d\mathbf{y}$$

$$+\frac{1}{4\pi t}\int_{\partial B_{ct}(\mathbf{x})}\Delta h\left(\boldsymbol{\sigma}\right)\,d\sigma$$

$$=\frac{1}{4\pi t}\int_{\partial B_{ct}(\mathbf{x})}\Delta h\left(\boldsymbol{\sigma}\right)\,d\sigma.$$

D'altra parte,

$$\Delta w_h\left(\mathbf{x},t\right)=\frac{t}{4\pi}\int_{\partial B_1(0)}\Delta h\left(\mathbf{x}+ct\boldsymbol{\omega}\right)d\omega=\frac{1}{4\pi c^2t}\int_{\partial B_{ct}(\mathbf{x})}\Delta h\left(\boldsymbol{\sigma}\right)d\sigma$$

e quindi $\partial_{tt}w_h-c^2\Delta w_h=0$. $\qquad\qquad\qquad\qquad\qquad\qquad\qquad\square$

Usando la (5.105) con g al posto di $h_{,,}$ si vede che possiamo scrivere la formula di Kirchhoff nella forma seguente:

$$u\left(\mathbf{x},t\right)=\frac{1}{4\pi c^2t^2}\int_{\partial B_{ct}(\mathbf{x})}\left\{g\left(\boldsymbol{\sigma}\right)+\nabla g\left(\boldsymbol{\sigma}\right)\cdot\left(\boldsymbol{\sigma}-\mathbf{x}\right)+th\left(\boldsymbol{\sigma}\right)\right\}d\sigma.\quad(5.106)$$

La presenza del gradiente di g nella (5.106) indica che, in contrasto col caso unidimensionale, la soluzione *può essere più irregolare dei dati*. Infatti, se $g\in C^k\left(\mathbb{R}^3\right)$ e $h\in C^{k-1}\left(\mathbb{R}^3\right)$ possiamo garantire solo che u è di classe C^{k-1} e u_t di classe C^{k-2} negli istanti successivi.

Si noti poi che la (5.106) ha perfettamente senso anche se $g\in C^1\left(\mathbb{R}^3\right)$ e h è solo limitata; naturalmente, sotto queste ipotesi più deboli, la (5.106) soddisfa l'equazione in un appropriato senso generalizzato, come nel Paragrafo 5.4.2, per esempio.

In questo caso, irregolarità sparse nei dati si possono *focalizzare* in insiemi più piccoli dando luogo a singolarità più forti (Problema 5.17).

Le formule (5.104) o (5.106) contengono importanti informazioni. Anzitutto, il valore di u nel punto $(\mathbf{x}_0,t_0)$ dipende **solo** dai valori di g e h **sulla superficie sferica**

$$\partial B_{ct_0}\left(\mathbf{x}_0\right)=\{|\boldsymbol{\sigma}-\mathbf{x}_0|=ct_0\}$$

che si chiama *dominio di dipendenza del punto* $(\mathbf{x}_0, t_0)$. Questa superficie è l'intersezione della superficie del cono retrogrado $C_{\mathbf{x}_0, t_0}$ con l'iperpiano $t = 0$.

Supponiamo ora che i dati iniziali g e h abbiano supporto in un compatto $D \subset \mathbb{R}^3$. Allora $u(\mathbf{x}, t)$ è diversa da zero solo per $t_{\min} < t < t_{\max}$, dove $t_{\min}$ e $t_{\max}$ sono, rispettivamente, il *primo* e l'*ultimo* tempo t tale che $D \cap \partial B_{ct}(\mathbf{x}) \neq \emptyset$.

In altri termini, una perturbazione inizialmente localizzata in D, comincia ad essere avvertita nel punto $\mathbf{x}$ all'istante $t_{\min}$, mentre il suo effetto scompare dopo il tempo $t_{\max}$. Questo è un altro modo di esprimere il principio di Huygens forte.

Fissato t, consideriamo l'unione di tutte le superfici sferiche di raggio ct e centro in un punto di ∂D. L'inviluppo di queste sfere costituisce il *fronte d'onda*[27] al tempo t e si espande alla velocità c. Al di fuori della regione che ha come bordo il fronte d'onda, si ha $u = 0$.

5.8.3 Il problema di Cauchy in dimensione $n = 2$

La soluzione del problema di Cauchy bidimensionale può essere ottenuta dalla formula di Kirchhoff utilizzando il cosiddetto *metodo della discesa* di Hadamard. Per maggior chiarezza, poniamo $\Delta_n = \partial_{x_1 x_1} + \cdots + \partial_{x_n x_n}$. Consideriamo prima il problema

$$\begin{cases} w_{tt} - c^2 \Delta_2 w = 0 & \mathbf{x} \in \mathbb{R}^2, \, t > 0 \\ w(\mathbf{x}, 0) = 0, \, w_t(\mathbf{x}, 0) = h(\mathbf{x}) & \mathbf{x} \in \mathbb{R}^2. \end{cases} \tag{5.107}$$

L'idea consiste nel considerare il problema bidimensionale come un problema in dimensione $n = 3$, pensando di aggiungere una terza variabile. Aggiungiamo ora la variabile x_3 e indichiamo con $(\mathbf{x}, x_3)$ i punti di $\mathbb{R}^3$. Sia la soluzione $w = w(\mathbf{x}, t)$ del problema (5.107) che il dato $h(\mathbf{x})$ possono essere pensati come funzioni di $(\mathbf{x}, x_3)$ ed allora w è soluzione del problema

$$w_{tt} - c^2 \Delta_3 w = 0, \quad (\mathbf{x}, x_3) \in \mathbb{R}^3, \, t > 0$$

con le stesse condizioni iniziali, ma pensate in $\mathbb{R}^3$:

$$w(\mathbf{x}, 0) = 0, \quad w_t(\mathbf{x}, 0) = h(\mathbf{x}), \quad (\mathbf{x}, x_3) \in \mathbb{R}^3.$$

Usiamo ora la formula di Kirchhoff. Per x_3 fissato, qualunque, possiamo scrivere:

$$w(\mathbf{x}, t) = \frac{1}{4\pi c^2 t} \int_{\partial B_{ct}(\mathbf{x}, x_3)} h \, d\sigma.$$

Si noti che la dipendenza da x_3 nell'integrale è solo apparente, come evidenziato dai calcoli che seguono. La superficie sferica $\partial B_{ct}(\mathbf{x}, x_3)$ è unione dei due emisferi di equazione

$$y_3 = F(y_1, y_2) = x_3 \pm \sqrt{c^2 t^2 - r^2},$$

---

[27] Questo fatto è noto come principio di Huygens in *forma debole*.

dove $r^2 = (y_1 - x_1)^2 + (y_2 - x_2)^2$. Su entrambi gli emisferi si ha:

$$d\sigma = \sqrt{1 + |\nabla F|^2}\, dy_1 dy_2 = \sqrt{1 + \frac{r^2}{c^2 t^2 - r^2}}\, dy_1 dy_2$$

$$= \frac{ct}{\sqrt{c^2 t^2 - r^2}}\, dy_1 dy_2$$

e quindi i contributi dei due emisferi al valore di w sono uguali. Abbiamo perciò ($dy = dy_1 dy_2$)

$$w(\mathbf{x}, t) = \frac{1}{2\pi c} \int_{B_{ct}(\mathbf{x})} \frac{h(\mathbf{y})}{\sqrt{c^2 t^2 - |\mathbf{x} - \mathbf{y}|^2}}\, dy$$

dove $B_{ct}(\mathbf{x})$ è il cerchio di centro $\mathbf{x}$ e raggio ct. Usando ancora una volta il Lemma 9.1, deduciamo il seguente teorema.

Teorema 9.3. (Formula di Poisson). *Siano* $g \in C^3(\mathbb{R}^2)$ *e* $h \in C^2(\mathbb{R}^2)$. *Allora*

$$u(\mathbf{x}, t) = \frac{1}{2\pi c}\left\{\frac{\partial}{\partial t} \int_{B_{ct}(\mathbf{x})} \frac{g(\mathbf{y})}{\sqrt{c^2 t^2 - |\mathbf{x} - \mathbf{y}|^2}}\, dy + \int_{B_{ct}(\mathbf{x})} \frac{h(\mathbf{y})}{\sqrt{c^2 t^2 - |\mathbf{x} - \mathbf{y}|^2}}\, dy\right\}$$

è l'unica soluzione di classe C^2 *nel semipiano* $\mathbb{R}^2 \times [0, +\infty)$ *del problema* (5.107).

Anche la formula di Poisson si può rendere più esplicita se osserviamo che, ponendo $\mathbf{y} - \mathbf{x} = ct\mathbf{z}$, si ha

$$d\mathbf{y} = c^2 t^2 d\mathbf{z}, \quad |\mathbf{x} - \mathbf{y}|^2 = c^2 t^2 |\mathbf{z}|^2$$

e quindi

$$\int_{B_{ct}(\mathbf{x})} \frac{g(\mathbf{y})}{\sqrt{c^2 t^2 - |\mathbf{x} - \mathbf{y}|^2}}\, dy = ct \int_{B_1(\mathbf{0})} \frac{g(\mathbf{x} + ct\mathbf{z})}{\sqrt{1 - |\mathbf{z}|^2}}\, d\mathbf{z}.$$

Allora

$$\frac{\partial}{\partial t} \int_{B_{ct}(\mathbf{x})} \frac{g(\mathbf{y})}{\sqrt{c^2 t^2 - |\mathbf{x} - \mathbf{y}|^2}}\, dy$$

$$= c \int_{B_1(\mathbf{0})} \frac{g(\mathbf{x} + ct\mathbf{z})}{\sqrt{1 - |\mathbf{z}|^2}}\, d\mathbf{z} + c^2 t \int_{B_1(\mathbf{0})} \frac{\nabla g(\mathbf{x} + ct\mathbf{z}) \cdot \mathbf{z}}{\sqrt{1 - |\mathbf{z}|^2}}\, d\mathbf{z}$$

e, ritornando agli integrali su $B_{ct}(\mathbf{x})$, si ottiene

$$u(\mathbf{x}, t) = \frac{1}{2\pi ct} \int_{B_{ct}(\mathbf{x})} \frac{g(\mathbf{y}) + \nabla g(\mathbf{y}) \cdot (\mathbf{y} - \mathbf{x}) + th(\mathbf{y})}{\sqrt{c^2 t^2 - |\mathbf{x} - \mathbf{y}|^2}}\, d\mathbf{y}. \qquad (5.108)$$

La formula per la soluzione in dimensione $n = 2$ presenta un'importante differenza rispetto al caso tridimensionale. Infatti il *dominio di dipendenza* della soluzione è costituito dal cerchio *pieno* $B_{ct}(\mathbf{x})$. Ciò comporta che una perturbazione localizzata in un punto $\boldsymbol{\xi}$ del piano comincia a far sentire il suo effetto nel punto $\mathbf{x}$ all'istante $t_{\min} = |\mathbf{x} - \boldsymbol{\xi}|/c$, ma questo effetto continua anche dopo in quanto, per $t > t_{\min}$, $\boldsymbol{\xi}$ continua ad appartenere al cerchio $B_{ct}(\mathbf{x})$. Di conseguenza il *principio di Huygens forte non vale in dimensione 2* e non esistono segnali *istantanei*. Il fenomeno si può osservare ponendo un turacciolo in acqua calma e lasciando cadere un sasso poco distante. Il tappo rimane in quiete fino all'arrivo del primo fronte d'onda ma persiste nell'oscillazione anche dopo che questo è passato.

5.8.4 Equazione non omogenea. Potenziali ritardati

La soluzione del problema di Cauchy non omogeneo si può risolvere col metodo di Duhamel (Problema 5.4). È istruttivo segnalare un altro metodo che consiste nell'usare la trasformata di Laplace rispetto al tempo e quella di Fourier rispetto alle variabili spaziali. Il metodo funziona particolarmente bene in dimensione 3. Il problema è

$$\begin{cases} u_{tt} - c^2 \Delta u = f & \mathbf{x} \in \mathbb{R}^3, \, t > 0 \\ u(\mathbf{x}, 0) = 0, \, u_t(\mathbf{x}, 0) = 0 & \mathbf{x} \in \mathbb{R}^3. \end{cases} \tag{5.109}$$

Per semplicità, supponiamo che f sia un funzione *regolare a supporto compatto*, contenuto nel semispazio $t > 0$.

La trasformata di Laplace $\mathcal{L}[v]$ di una funzione $v = v(t)$, definita in $\mathbb{R}$ e nulla per $t < 0$, è definita dalla formula

$$\mathcal{L}[v](p) = \int_0^\infty e^{-pt} v(t) \, dt,$$

dove p è un numero complesso, ed in generale esiste solo in un semipiano del tipo $\operatorname{Re} p > \alpha$.

Ci interessano solo due di proprietà della trasformata di Laplace. La *trasformata di una derivata* e la *formula del ritardo*. Abbiamo in particolare le seguenti formule:

$$\mathcal{L}[v'](p) = p\mathcal{L}[v](p) - v(0), \quad \mathcal{L}[v''](p) = p^2\mathcal{L}[v](p) - pv(0) - v'(0)$$

e

$$\mathcal{L}[v(t - t_0)](p) = e^{-pt_0}\mathcal{L}[v](p). \tag{5.110}$$

La trasformata tridimensionale di Fourier di una funzione w definita in $\mathbb{R}^3$ è

$$\widehat{w}(\boldsymbol{\xi}) = \int_{\mathbb{R}^3} w(\mathbf{x}) e^{-i\mathbf{x} \cdot \boldsymbol{\xi}} d\xi.$$

Le proprietà della trasformata che ci servono sono:

$$\widehat{w_{x_j}}(\boldsymbol{\xi}) = i\xi_j\widehat{w}(\boldsymbol{\xi}), \qquad \widehat{\Delta w}(\boldsymbol{\xi}) = -|\boldsymbol{\xi}|^2\,\widehat{w}(\boldsymbol{\xi}).$$

Se w e $\widehat{w}$ sono integrabili in modulo[28], allora w è la *trasformata inversa di $\widehat{w}$* e cioè

$$w(\mathbf{x}) = \frac{1}{(2\pi)^3}\int_{\mathbb{R}^3}\widehat{w}(\boldsymbol{\xi})\,e^{i\mathbf{x}\cdot\boldsymbol{\xi}}d\xi.$$

Per esempio abbiamo

$$w(\mathbf{x}) = \frac{1}{4\pi\,|\mathbf{x}|}e^{-a|\mathbf{x}|} \qquad \text{e} \qquad \widehat{w}(\boldsymbol{\xi}) = \frac{1}{a^2+|\boldsymbol{\xi}|^2}. \qquad (5.111)$$

Si noti che w è integrabile in $\mathbb{R}^3$ e che $\widehat{w}$ è a quadrato sommabile in $\mathbb{R}^3$.

Infine ricordiamo che la trasformata di una convoluzione

$$(w*v)(\mathbf{x}) = \int_{\mathbb{R}^3} w(\mathbf{x}-\mathbf{y})\,v(\mathbf{y})\,dy$$

è il prodotto delle trasformate $\widehat{w}(\boldsymbol{\xi})\,\widehat{v}(\boldsymbol{\xi})$.

Siamo ora pronti per risolvere il problema di Cauchy. Poniamo

$$U(\mathbf{x},p) = \mathcal{L}[u](\mathbf{x},p) \quad \text{e} \quad F(\mathbf{x},p) = \mathcal{L}[f](\mathbf{x},p)$$

ricordando che $f(\mathbf{x},t) = 0$ per $t < 0$. Eseguendo la trasformata di Laplace (rispetto a t) di entrambi i membri dell'equazione $u_{tt} - c^2\Delta u = f$ si trova

$$p^2U - c^2\Delta U = F$$

essendo $u(\mathbf{x},0) = 0$, $u_t(\mathbf{x},0) = 0$. Eseguiamo ora la trasformata di Fourier dell'equazione così ottenuta; si trova

$$\left(p^2 + c^2|\boldsymbol{\xi}|^2\right)\widehat{U}(\boldsymbol{\xi},p) = \widehat{F}(\boldsymbol{\xi},p)$$

ovvero

$$\widehat{U}(\boldsymbol{\xi},p) = \frac{1}{c^2}\frac{1}{|\boldsymbol{\xi}|^2 + p^2/c^2}\widehat{F}(\boldsymbol{\xi},p).$$

Dalla (5.111), $\frac{1}{|\boldsymbol{\xi}|^2+p^2/c^2}$ è la trasformata di Fourier di $\frac{1}{4\pi|\mathbf{x}|}e^{-(p/c)|\mathbf{x}|}$ e quindi il teorema sulla convoluzione dà

$$U(\mathbf{x},p) = \frac{1}{4\pi c^2}\int_{\mathbb{R}^3}\frac{1}{|\mathbf{x}-\mathbf{y}|}e^{-(p/c)|\mathbf{x}-\mathbf{y}|}F(\mathbf{y},p)\,dy.$$

Infine, usando la formula del ritardo (5.110) con $t_0 = |\mathbf{x}-\mathbf{y}|/c$, si ottiene

$$u(\mathbf{x},t) = \frac{1}{4\pi c^2}\int_{\mathbb{R}^3}\frac{1}{|\mathbf{x}-\mathbf{y}|}f\left(\mathbf{y},t-\frac{|\mathbf{x}-\mathbf{y}|}{c}\right)dy. \qquad (5.112)$$

---

[28] O anche a quadrato sommabile.

La (5.112) definisce la soluzione del problema (5.109) come *potenziale ritarda-to*. Infatti, la perturbazione al tempo t nel punto $\mathbf{x}$ non dipende dai contributi della sorgente nei singoli punti $\mathbf{y}$ al tempo t, bensì da questi contributi ad un tempo precedente $t' = t - |\mathbf{x} - \mathbf{y}|/c$. La differenza $t - t'$ è il tempo necessario alla perturbazione per propagarsi da $\mathbf{y}$ a $\mathbf{x}$.

Si noti che, essendo $f = 0$ per $t < 0$, l'integrale è in realtà esteso alla sfera $B_{ct}(\mathbf{x}) = \{\mathbf{y} : |\mathbf{x} - \mathbf{y}| \leq ct\}$. L'integrale nella (5.112) si può scrivere nella forma (Appendice B):

$$\int_{B_{ct}(\mathbf{x})} \cdots \, d\mathbf{y} = \int_0^{ct} ds \int_{\partial B_s(\mathbf{x})} \cdots \, d\sigma = c \int_0^t ds \int_{\partial B_{c(t-s)}(\mathbf{x})} \cdots \, d\sigma.$$

Poiché su $\partial B_{c(t-s)}(\mathbf{x})$ si ha $|\mathbf{x} - \mathbf{y}| = c(t - s)$, troviamo infine:

$$u(\mathbf{x},t) = \frac{1}{4\pi c^2} \int_0^t \frac{ds}{t - s} \int_{\partial B_{c(t-s)}(\mathbf{x})} f(\boldsymbol{\sigma},s) \, d\sigma.$$

Questa formula indica che il valore della soluzione in $(\mathbf{x},t)$ dipende dai valori di f nel *cono caratteristico all'indietro* $C_{\mathbf{x},t}$, troncato a $t \geq 0$.

Importanti applicazioni all'Acustica o all'elettromagnetismo richiedono sorgenti più generali, per esempio concentrate in un punto. La formula (5.126) continua a funzionare, come si vede nel prossimo esempio.

• *Sorgente concentrata*. Sia

$$f(\mathbf{x},t) = \delta_3(\mathbf{x}) q(t) \tag{5.113}$$

dove $\delta_3(\mathbf{x})$ è la delta di Dirac in dimensione 3. Questa f modella una sorgente concentrata in $\mathbf{x} = \mathbf{0}$ con intensità $q = q(t)$, che assumiamo regolare per $t \geq 0$ e *zero per $t < 0$*. Formalmente, sostituendo questa sorgente in (5.112), poiché $\delta_3(\mathbf{y})$ richiede di porre $\mathbf{y} = \mathbf{0}$ nell'integrale, otteniamo.

$$u(\mathbf{x},t) = \frac{1}{4\pi c^2} \frac{1}{|\mathbf{x}|} q\left(t - \frac{|\mathbf{x}|}{c}\right). \tag{5.114}$$

Si osservi che $u = 0$ per $|\mathbf{x}| > ct$. Per giustificare la formula (5.114), approssimiamo δ_3 con una funzione regolare $\psi_\varepsilon = \psi_\varepsilon(\mathbf{x})$, avente supporto nella sfera $B_\varepsilon = B_\varepsilon(\mathbf{0})$, tale che

$$\int_{B_\varepsilon} \psi_\varepsilon(\mathbf{x}) \, d\mathbf{x} = 1, \tag{5.115}$$

e

$$\psi_\varepsilon \to \delta_3 \quad \text{per } \varepsilon \to 0. \tag{5.116}$$

Una funzione come ψ_ε è detta *approssimazione dell'identità* e può essere costruita in diversi modi (si veda il Problema 7.1). Ricordiamo che il limite in (5.116) significa

$$\int_{\mathbb{R}^n} \psi_\varepsilon(\mathbf{x}) \varphi(\mathbf{x}) \, d\mathbf{x} \to \varphi(\mathbf{0})$$

per ogni funzione regolare φ, con supporto compatto in $\mathbb{R}^3$.

Sia $f_\varepsilon(\mathbf{x}, t) = \psi_\varepsilon(\mathbf{x}) q(t) \mathcal{H}(t)$, dove $\mathcal{H}$ è la funzione di Heaviside. Assumiamo che $|\mathbf{x}| < ct$ e $\varepsilon < ct - |\mathbf{x}|$. Allora $B_\varepsilon \subset B_{ct}(\mathbf{x})$ e l'integrazione in (5.112) è ristretta a B_ε. Troviamo.

$$u_\varepsilon(\mathbf{x}, t) = \frac{1}{4\pi c^2} \int_{B_\varepsilon} q\left(t - \frac{|\mathbf{x} - \mathbf{y}|}{c}\right) \frac{\psi_\varepsilon(\mathbf{y})}{|\mathbf{x} - \mathbf{y}|} d\mathbf{y} \tag{5.117}$$

e passando al limite per $\varepsilon \to 0$ otteniamo

$$u(\mathbf{x}, t) = \frac{1}{4\pi c^2} \frac{1}{|\mathbf{x}|} q\left(t - \frac{|\mathbf{x}|}{c}\right)$$

che è la (5.114).

Nota 9.1. Come vedremo nel Capitolo 7, paragrafo 7.5.2, il "prodotto" $\delta_3(\mathbf{x}) q(t)$ nella (5.113), prende il nome di *prodotto tensoriale o diretto* tra $\delta_3(\mathbf{x})$ and $q(t)$, per il quale si dovrebbe più propriamente usare il simbolo $\delta_3(\mathbf{x}) \otimes q(t)$. Il simbolo $\otimes$ sottolinea che i due fattori nel prodotto tensoriale agiscono su una funzione test $\psi(\mathbf{x}, t)$ separatamente, ciascuno rispetto alla propria variabile.

5.9 Onde d'acqua lineari

Nello studio delle onde d'acqua si presenta una miriade di fenomeni interessanti. Analizzeremo brevemente alcune tipi di *onde di superficie*, costituite da perturbazioni della superficie libera risultanti dal bilancio tra forze che tendono a ripristinare l'equilibrio, come la gravità e la tensione superficiale, e l'inerzia del fluido, provvocata da un'agente esterno, come per esempio il vento, il passaggio di un'imbarcazione o un maremoto. In particolare, ci concentreremo su *onde lineari*, la cui ampiezza è molto minore della lunghezza d'onda, analizzando la relazione di dispersione nel caso di acque profonde.

5.9.1 Un modello per onde di superficie

Cominciamo col ricavare un modello base per onde d'acqua di superficie, assumendo le seguenti ipotesi.

1. Il fluido ha *densità costante* ρ e *viscosità trascurabile*. In particolare, la forza esercitata su un volumetto di fluido dal fluido circostante è data dalla pressione normale $-p\boldsymbol{\nu}$ sul bordo del volume.

2. Il moto è *laminare* (assenza di rottura di onde o turbolenza) e *bidimensionale*. Ciò significa che in un opportuno sistema di coordinate x, z, dove l'asse x è orizzontale e l'asse z è verticale, possiamo descrivere la superficie libera con una funzione $z = h(x, t)$ mentre il vettore velocità nella direzione ortogonale alla sezione è praticamente uniforme ed ha la forma $\mathbf{w} = u(x, z, t)\mathbf{i} + v(x, z, t)\mathbf{k}$.

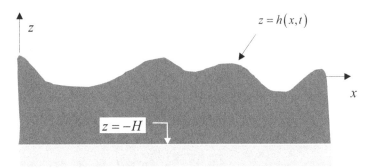

Figura 5.11 Sezione verticale della regione occupata dal fluido

3. Il moto è **irrotazionale** e quindi il vettore velocità può essere scritto come gradiente di un potenziale $\phi = \phi(x, z, t)$:

$$\mathbf{w} = \nabla\phi = \phi_x \mathbf{i} + \phi_y \mathbf{k}.$$

Le nostre incognite sono il profilo della superficie libera $h = h(x, t)$ e il potenziale ϕ. Occorrono equazioni differenziali per h e ϕ oltre a condizioni sul bordo del dominio occupato dal fluido, in particolare sulla superficie libera e sul fondo rigido.

Assumiamo che i lati del nostro dominio siano molto lontani e che la loro influenza possa essere trascurata. Possiamo allora supporre che il dominio si estenda lungo tutto l'asse x. Inoltre, per semplicità, supponiamo che il fondo sia piatto, al livello $z = -H$ ($H > 0$) (Figura 5.11).

Le equazioni per h e ϕ si ricavano dalle leggi di conservazione di massa e del momento lineare. Tenendo conto delle ipotesi 2 e 3, possiamo scrivere:

Conservazione della massa:

$$\text{div } \mathbf{w} = \Delta\phi = 0 \qquad x \in \mathbb{R}, \ -H < z < h(x, t) \tag{5.118}$$

e quindi ϕ è una funzione armonica.

Conservazione del momento lineare:

$$\mathbf{w}_t + (\mathbf{w} \cdot \nabla)\mathbf{w} = \mathbf{g} - \frac{1}{\rho}\nabla p \tag{5.119}$$

dove $\mathbf{g}$ è l'accelerazione di gravità. Riscriviamo la (5.119) in termini del potenziale ϕ. Dall'identità (Appendice C)

$$(\mathbf{w} \cdot \nabla)\mathbf{w} = \frac{1}{2}\nabla(|\mathbf{w}|^2) - \mathbf{w} \times \text{rot } \mathbf{w}$$

otteniamo, essendo rot $\mathbf{w} = \mathbf{0}$,

$$(\mathbf{w} \cdot \nabla)\mathbf{w} = \frac{1}{2}\nabla(|\nabla\phi|^2).$$

Inoltre, scrivendo $\mathbf{g} = \nabla(-gz)$, la (5.119) diventa

$$\frac{\partial}{\partial t}(\nabla \phi) + \frac{1}{2}\nabla(|\nabla \phi|^2) = -\frac{1}{\rho}\nabla p + \nabla(-gz)$$

ossia

$$\nabla\left\{\phi_t + \frac{1}{2}|\nabla \phi|^2 + \frac{p}{\rho} + gz\right\} = 0.$$

Di conseguenza

$$\phi_t + \frac{1}{2}|\nabla \phi|^2 + \frac{p}{\rho} + gz = C(t)$$

con $C = C(t)$ funzione arbitraria. Poiché il potenziale ϕ è definito a meno di una funzione additiva di t, aggiungendo a ϕ la funzione $\int_0^t C(s)\,ds$ ci si riporta a $C(t) = 0$. Otteniamo dunque l'**equazione di Bernoulli**

$$\phi_t + \frac{1}{2}|\nabla \phi|^2 + \frac{p}{\rho} + gz = 0. \tag{5.120}$$

Consideriamo ora le condizioni al bordo. Sul fondo, la componente verticale della velocità si annulla e perciò abbiamo la condizione di Neumann

$$\phi_z(x, -H, t) = 0, \qquad x \in \mathbb{R}. \tag{5.121}$$

Più delicata è la condizione sulla superficie libera $z = h(x, t)$; infatti, poiché questa superficie è essa stessa un'incognita del problema, occorrono in realtà *due condizioni* su di essa.

La prima si deduce dall'equazione di Bernoulli. Infatti, la pressione totale sulla superficie libera è data da

$$p = p_{at} - \sigma h_{xx}\left\{1 + h_x^2\right\}^{-3/2}. \tag{5.122}$$

Nella (5.122) il termine p_{at} è la pressione atmosferica, che possiamo sempre supporre nulla, mentre il secondo termine è dovuto alla *tensione superficiale*, come sarà chiaro più avanti.

Inserendo la (5.122) e $z = h(x, t)$ nell'equazione di Bernoulli, otteniamo la seguente **condizione dinamica** in superficie:

$$\phi_t + \frac{1}{2}|\nabla \phi|^2 - \frac{\sigma h_{xx}}{\rho\{1 + h_x^2\}^{3/2}} + gh = 0, \qquad x \in \mathbb{R},\ z = h(x, t). \tag{5.123}$$

Una seconda condizione si ricava imponendo che una particella di fluido in superficie rimanga sempre in superficie. Se il cammino di una particella è descritto dalle equazioni $x = x(t)$, $z = z(t)$, imporre che la particella rimanga in superficie equivale a richiedere che, per ogni t, si abbia

$$z(t) - h(x(t), t) \equiv 0.$$

Differenziando questa equazione si ottiene

$$\dot{z}(t) - h_x(x(t), t)\dot{x}(t) - h_t(x(t), t) = 0$$

cioè, essendo $\dot{x}(t) = \phi_x(x(t), z(t), t)$ e $\dot{z} = \phi_z(x(t), z(t), t)$,

$$\phi_z - h_t - \phi_x h_x = 0, \qquad x \in \mathbb{R}, \, z = h(x, t), \qquad (5.124)$$

che chiamiamo **condizione cinematica** in superficie.

Infine, richiediamo un comportamento ragionevole di ϕ e h per $x \to \pm\infty$, per esempio,

$$\int_{\mathbb{R}} |\phi(x, t)| \, dx < \infty, \, \int_{\mathbb{R}} |h(x, t)| \, dx < \infty \quad \text{e} \quad \phi, h \to 0 \text{ per } x \to \pm\infty.$$

$$(5.125)$$

L'equazione (5.118) e le condizioni al bordo (5.121), (5.123), (5.124) costituiscono il nostro modello per onde di superficie. Dopo una breve giustificazione della Formula (5.122), nel prossimo paragrafo ritorneremo al modello, ricavandone una formulazione adimensionale e successivamente una versione linearizzata.

• *Effetto della tensione superficiale.* In una molecola d'acqua i due atomi d'idrogeno mantengono una posizione asimmetrica rispetto all'atomo di ossigeno e questa asimmetria genera un momento di dipolo elettrico. Sotto la superficie libera questi momenti si bilanciano cosicché la loro risultante è nulla. In superficie essi tendono a diventare paralleli, creando una forza intermolecolare, confinata in superficie. È questa forza che permette ad un ago di galleggiare o ad un insetto di camminare sull'acqua ed è nota come *tensione superficiale.*

Il modo con cui tale forza si manifesta è simile all'azione esercitata su una piccola porzione di un materiale elastico dal materiale circostante, descritta mediante il vettore **sforzo** (**stress**),che è una forza per unità di area, definito sul bordo della porzione. Analogamente, possiamo pensare che, isolata una regione sulla superficie di un fluido delimitata da una curva chiusa γ, l'influenza del fluido circostante su di essa sia descritta da una **forza** (traente) **f** **per unità di lunghezza** agente lungo la curva γ.

Siano **n** un versore normale alla superficie e $\boldsymbol{\tau}$ un versore tangente a γ. Una ragionevole legge costitutiva per **f** è

$$\mathbf{f}(\mathbf{x}, t) = \sigma(\mathbf{x}, t)\mathbf{N}(\mathbf{x}, t)$$

dove $\mathbf{x} \in \gamma$ e $\mathbf{N} = \boldsymbol{\tau} \wedge \mathbf{n}$. La forza **f** agisce dunque nella direzione di **N**, in modo indipendente da **N** stesso e puntando fuori da γ (Figura 5.12a). Lo scalare σ, modulo della forza **f**, prende il nome di **tensione superficiale**.

Cerchiamo ora di determinare la relazione tra tensione superficiale e pressione alla superficie libera di un fluido (non viscoso) imponendo che la tensione

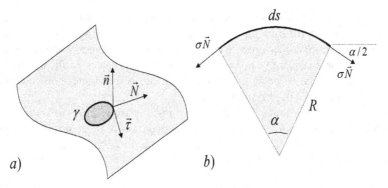

Figura 5.12 Tensione superficiale $\sigma\mathbf{N}$

superficiale e le forze dovute alla differenza di pressione attraverso la superficie si bilancino.

Consideriamo la sezione verticale ds di un piccolo elemento di superficie come quello indicato in Figura 5.12b. Ai due estremi agisce tangenzialmente la tensione superficiale di modulo σ (forza per unità di lunghezza). A meno di infinitesimi di ordine superiore, la componente verticale è data da $2\sigma\sin{(\alpha/2)}$. La forza verso il basso, dovuta alla differenza di pressione attraverso la superficie, è (sempre al prim'ordine) $(p_{at} - p)ds$ dove p è la pressione del fluido appena sotto la superficie. Deve dunque essere

$$(p_{at} - p)ds = 2\sigma\sin{(\alpha/2)}.$$

Poiché per $\alpha \to 0$, $ds \approx Rd\alpha$ e $2\sin{(\alpha/2)} \approx \alpha$, si ha

$$p_{at} - p = \frac{\sigma}{R} = \sigma\kappa \tag{5.126}$$

dove $\kappa = R^{-1}$ è la **curvatura della superficie**. Se la pressione atmosferica prevale, la curvatura è positiva e la superficie è convessa altrimenti la curvatura è negativa e la superficie concava, come in Figura 5.12b. Se la superficie è descritta da $z = h(x, t)$, si ha

$$\kappa = \frac{h_{xx}}{\{1 + h_x^2\}^{3/2}}.$$

Avendo scelto nel nostro caso $p_{at} = 0$, abbiamo dunque per la pressione in superficie

$$p = -\sigma h_{xx}\left\{1 + h_x^2\right\}^{-3/2}$$

che, inserita nella (5.126), dà la (5.122).

5.9.2 Adimensionalizzazione e linearizzazione

Il problema (5.118), (5.121), (5.123), (5.124) è molto complesso sia per le non-linearità presenti sia perché le condizioni al bordo sono imposte su una curva che è un'incognita del problema. Se però restringiamo le nostre considerazioni al caso delle **onde lineari**, in cui l'*ampiezza delle onde sia piccola rispetto alla lunghezza d'onda*, entrambe le difficoltà spariscono. Nonostante la semplificazione, la teoria risultante ha un campo piuttosto vasto di aplicazione. Non è raro infatti, osservare onde di ampiezza di uno o due metri con lunghezza d'onda dell'ordine di un chilometro.

Per meglio renderci conto dell'effetto di questa ipotesi, *adimensionalizziamo* il problema introducendo una *lunghezza d'onda media* L, *un'ampiezza media* A *e un periodo medio* P (tempo impiegato da una cresta per percorrere una distanza dell'ordine di L). Poniamo ora

$$\tau = \frac{t}{P}, \qquad \xi = \frac{x}{L}, \qquad \eta = \frac{z}{L}.$$

Il potenziale ϕ ha dimensioni *lunghezza*$^2 \times$*tempo*$^{-1}$ mentre h ha le dimensioni di una lunghezza; riscaliamo ϕ ed h ponendo

$$\Phi(\xi, \eta, \tau) = \frac{P}{LA}\phi(L\xi, L\eta, P\tau), \qquad \Gamma(\xi, \tau) = \frac{1}{A}h(L\xi, L\eta, P\tau).$$

In termini di queste nuove variabili adimensionali, il sistema diventa, dopo calcoli elementari:

$$\Delta\Phi = 0, \qquad\qquad\qquad\qquad - H_0 < \eta < \varepsilon\Gamma(\xi, \tau)$$

$$\Phi_\tau + \tfrac{\varepsilon}{2}|\nabla\Phi|^2 + \mathcal{F}\left\{\Gamma - \mathcal{B}\Gamma_{\xi\xi}\left\{1 + \varepsilon^2\Gamma_\xi^2\right\}^{3/2}\right\} = 0, \qquad \eta = \varepsilon\Gamma(\xi, \tau)$$

$$\Phi_\eta - \Gamma_\tau - \varepsilon\Phi_\xi\Gamma_\xi = 0, \qquad\qquad\qquad \eta = \varepsilon\Gamma(\xi, \tau)$$

$$\Phi_\eta(\xi, -H_0, \tau) = 0,$$

dove $\xi \in \mathbb{R}$ e dove abbiamo messo in evidenza i parametri adimensionali

$$\varepsilon = \frac{A}{L}, \qquad H_0 = \frac{H}{L}, \qquad \mathcal{F} = \frac{gP^2}{L}, \qquad \mathcal{B} = \frac{\sigma}{\rho g L^2}.$$

Incidentalmente si osservi che, da sette parametri iniziali $A, L, P, H, g, \sigma, \rho$ si è passati a quattro combinazioni adimensionali. I primi due parametri sono di natura geometrica. Il parametro $\mathcal{B}$, detto *numero di Bond*, misura l'importanza della tensione superficiale mentre $\mathcal{F}$, *numero di Froude*, misura l'importanza della gravità.

A questo punto, l'ipotesi che *l'ampiezza della perturbazione della superficie libera sia molto minore della sua lunghezza d'onda* si traduce semplicemente con

$$\varepsilon = \frac{A}{L} \ll 1$$

e il sistema di equazioni adimensionali si linearizza semplicemente ponendo $\varepsilon = 0$:

$$\Delta\Phi = 0, \qquad\qquad -H_0 < \eta < 0$$

$$\Phi_\tau + 0\mathcal{F}\{\Gamma - \mathcal{B}\Gamma_{\xi\xi}\} = 0, \qquad \eta = 0$$

$$\Phi_\eta - \Gamma_\tau = 0, \qquad\qquad \eta = 0$$

$$\Phi_\eta(\xi, -H_0, \tau) = 0.$$

Ritornando a variabili dimensionali, il sistema linearizzato si scrive:

$$
\begin{array}{llll}
\phi_{xx} + \phi_{zz} = 0 & -H < z < 0,\, x \in \mathbb{R} & \text{(Laplace)} & \\
\phi_t + gh - \frac{\sigma}{\rho}h_{xx} = 0 & z = 0,\, x \in \mathbb{R} & \text{(Bernoulli)} & \\
\phi_z - h_t = 0 & z = 0,\, x \in \mathbb{R} & \text{(Cinematica)} & (5.127)\\
\phi_z(x, -H, t) = 0 & x \in \mathbb{R} & \text{(Neumann)}. &
\end{array}
$$

È possibile ricavare un'equazione nella sola ϕ. Deriviamo due volte rispetto ad x l'equazione cinematica ed usiamo $\phi_{xx} = -\phi_{zz}$; si trova:

$$h_{txx} = \phi_{zxx} = -\phi_{zzz}. \tag{5.128}$$

Deriviamo l'equazione di Bernoulli rispetto a t ed usiamo la (5.128) e $h_t = \phi_z$. Si trova la seguente equazione nella sola ϕ:

$$\phi_{tt} + g\phi_z + \frac{\sigma}{\rho}\phi_{zzz} = 0, \qquad z = 0,\, x \in \mathbb{R}. \tag{5.129}$$

5.9.3 Onde lineari in acqua profonda

Risolviamo ora il problema linearizzato (5.127) con le seguenti condizioni iniziali

$$\phi(x, z, 0) = 0, \quad h(x, 0) = h_0(x), \quad h_t(x, 0) = 0. \tag{5.130}$$

Le (5.130) corrispondono ad un fluido inizialmente ($t = 0$) a riposo, con la superficie libera "perturbata" che assume un profilo h_0, non orizzontale. Per semplicità assumiamo che h_0 sia *regolare, pari* (i.e. $h_0(-x) = h_0(x)$) e a *supporto compatto* (cioè la perturbazione iniziale è localizzata).

Inoltre, consideriamo il caso di *acqua profonda* ($H \gg 1$), cosicché la condizione di Neumann può essere sostituita da[29]

$$\phi_z(x, z, t) \to 0 \quad \text{as } z \to -\infty. \tag{5.131}$$

Il problema risultante non rientra in una delle classi di problemi che abbiamo studiato finora e non è chiaro che sia ben posto. Controlliamo se le condizioni poste individuano una sola soluzione.

---

[29] Per il caso di profondità finita si veda il Problema 5.20.

Poiché x varia su tutto $\mathbb{R}$, possiamo usare la trasformata di Fourier rispetto ad x, definita da

$$\widehat{\phi}(k, z, t) = \int_{\mathbb{R}} e^{-ikx} \phi(x, z, t)\, dx, \qquad \widehat{h}(k, t) = \int_{\mathbb{R}} e^{-ikx} h(x, t)\, dx.$$

Le potesi su h_0 implicano che $\widehat{h}_0(k) = \widehat{h}_0(k, 0)$ si annulli rapidamente per $|k| \to \infty$ e che $\widehat{h}_0(-k) = \widehat{h}_0(k)$.

Essendo $\widehat{\phi}_{xx} = -k^2 \widehat{\phi}$, l'equazione di Laplace si trasforma nell'equazione differenziale ordinaria

$$\widehat{\phi}_{zz} - k^2 \widehat{\phi} = 0$$

la cui soluzione generale è

$$\widehat{\phi}(k, y, t) = A(k, t)\, e^{|k|z} + B(k, t)\, e^{-|k|z}.$$

Dalla (5.131) deduciamo che deve essere $B(k, t) \equiv 0$ cosicché

$$\widehat{\phi}(k, z, t) = A(k, t)\, e^{|k|z}. \tag{5.132}$$

Trasformando la (5.129) otteniamo

$$\widehat{\phi}_{tt} + g\widehat{\phi}_z + \frac{\sigma}{\rho}\widehat{\phi}_{zzz} = 0, \qquad z = 0,\ k \in \mathbb{R}.$$

Inserendo per $\widehat{\phi}$ la formula (5.132), si ricava per A l'equazione

$$A_{tt} + \left(g|k| + \frac{\sigma}{\rho}|k|^3 \right) A = 0$$

il cui integrale generale è

$$A(k, t) = a(k)\, e^{i\omega t} + b(k)\, e^{-i\omega t},$$

dove abbiamo posto (**relazione di dispersione**)

$$\omega = \omega(k) = \sqrt{g|k| + \frac{\sigma}{\rho}|k|^3}.$$

Troviamo, dunque,

$$\widehat{\phi}(k, z, t) = \left\{ a(k)\, e^{i\omega(k)t} + b(k)\, e^{-i\omega(k)t} \right\} e^{|k|z}.$$

Determiniamo ora $a(k)$ e $b(k)$ usando le condizioni iniziali. Anzitutto osserviamo che dall'equazione di Bernoulli si ha

$$\widehat{\phi}_t(k, 0, t) + \left\{ g + \frac{\sigma}{\rho}k^2 \right\} \widehat{h}(k, t) = 0, \qquad k \in \mathbb{R} \tag{5.133}$$

da cui

$$i\omega \left\{ a\left(k\right)e^{i\omega t} - b\left(k\right)e^{-i\omega t} \right\} + \left(g + \frac{\sigma}{\rho}k^2 \right) \widehat{h} = 0, \qquad k \in \mathbb{R}$$

e per $t = 0$

$$i\omega \left\{ a\left(k\right) - b\left(k\right) \right\} + \left(g + \frac{\sigma}{\rho}k^2 \right) \widehat{h}_0 = 0. \qquad (5.134)$$

Analogamente, dalla condizione cinematica $\phi_z = h_t$ si ha

$$\widehat{\phi}_z \left(k, 0, t\right) + \widehat{h}_t \left(k, t\right) = 0, \qquad k \in \mathbb{R}. \qquad (5.135)$$

Poiché

$$\widehat{\phi}_z \left(k, 0, t\right) = |k| \left\{ a\left(k\right)e^{i\omega(k)t} + b\left(k\right)e^{-i\omega(k)t} \right\}$$

ed essendo dalla (5.130) $\widehat{h}_t \left(k, 0\right) = 0$, otteniamo da (5.135) per $t = 0$ e $k \neq 0$,

$$a\left(k\right) + b\left(k\right) = 0. \qquad (5.136)$$

Da (5.134) e (5.136) si ha allora ($k \neq 0$)

$$a\left(k\right) = -b\left(k\right) = \frac{i\left(g + \frac{\sigma}{\rho}k^2\right)}{2\omega\left(k\right)} \widehat{h}_0\left(k\right)$$

e quindi

$$\widehat{\phi}\left(k, z, t\right) = \frac{i\left(g + \frac{\sigma}{\rho}k^2\right)}{2\omega} \left\{ e^{i\omega t} - e^{-i\omega t} \right\} e^{|k|z} \widehat{h}_0\left(k\right).$$

Dall'espressione di $\widehat{\phi}$ e da (5.133) ricaviamo

$$\widehat{h}\left(k, t\right) = \left(g + \frac{\sigma}{\rho}k^2 \right)^{-1} \widehat{\phi}_t\left(k, 0, t\right) = \frac{1}{2} \left\{ e^{i\omega t} + e^{-i\omega t} \right\} \widehat{h}_0\left(k\right)$$

e infine, antitrasformando[30]:

$$h\left(x, t\right) = \frac{1}{4\pi} \int_{\mathbb{R}} \left\{ e^{i(kx - \omega(k)t)} + e^{i(kx + \omega(k)t)} \right\} \widehat{h}_0\left(k\right) \, dk. \qquad (5.137)$$

[30] Notiamo che, poiché anche $\omega\left(k\right)$ è pari, possiamo scrivere

$$h\left(x, t\right) = \frac{1}{2\pi} \int_{\mathbb{R}} \cos\left[kx - \omega\left(k\right)t\right] \widehat{h}_0\left(k\right) dk.$$

5.9.4 Interpretazione della soluzione

La (5.137) si presenta in forma di **pacchetto d'onde**. La relazione di dispersione

$$\omega\left(k\right) = \sqrt{g\left|k\right| + \frac{\sigma}{\rho}\left|k\right|^3}$$

indica che ogni componente di Fourier del profilo iniziale si propaga lungo l'asse x in entrambe le direzioni. Le velocità di fase e di gruppo sono date da (considerando solo $k > 0$, per semplicità)

$$c_p = \frac{\omega}{k} = \sqrt{\frac{g}{k} + \frac{\sigma k}{\rho}}$$

e

$$c_g = \frac{g + 3\sigma k^2/\rho}{2\sqrt{gk + \sigma k^3/\rho}}.$$

Vediamo quindi che la velocità di un'onda di lunghezza $\lambda = 2\pi/k$ **dipende dalla sua lunghezza**. Il parametro fondamentale è

$$B^* = 4\pi^2 \mathcal{B} = \frac{\sigma k^2}{\rho g}$$

dove $\mathcal{B}$ è il numero di Bond. Per l'acqua (in condizioni "normali"),

$$\rho = 1 \ \mathrm{gr/cm}^3, \ \sigma = 72 \ \mathrm{gr/sec}^2, \ g = 980 \ \mathrm{cm/sec}^2 \qquad (5.138)$$

per cui $B^* = 1$ quando la lunghezza d'onda è circa $\lambda = 1.7$ cm. Per lunghezze d'onda molto maggiori di 1.7 cm, si ha $B^* < 1$, $k = \frac{2\pi}{\lambda} \ll 1$ e l'effetto della tensione superficiale è trascurabile. In questo caso si parla di **onde di gravità** e le loro velocità di fase e di gruppo sono ben approssimate da

$$c_p = \sqrt{\frac{g}{k}} = \sqrt{\frac{g\lambda}{2\pi}}$$

e

$$c_g = \frac{1}{2}\sqrt{\frac{g}{k}} = \frac{1}{2}c_p.$$

Si vede che onde di **lunghezza maggiore viaggiano ad una velocità superiore**.

D'altra parte, se $\lambda \ll 1.7$ cm, allora $B^* > 1$, $k = \frac{2\pi}{\lambda} \gg 1$ e l'effetto della tensione superficiale è dominante. In questo caso si parla di **onde di capillarità** e le loro velocità di fase e di gruppo sono ben approssimate da

$$c_p = \sqrt{\frac{\sigma\left|k\right|}{\rho}} = \sqrt{\frac{2\pi\sigma}{\lambda\rho}}$$

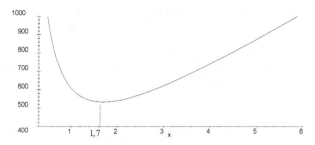

Figura 5.13 c_p^2 in funzione di λ

e

$$c_g = \frac{3}{2}\sqrt{\frac{\sigma k}{\rho}} = \frac{3}{2}c_p.$$

Si vede che onde di **lunghezza minore viaggiano ad una velocità superiore.**

È interessante il caso in cui gravità e tensione superficiale sono entrambe rilevanti. La Figura 5.13 mostra il grafico di c_p^2 in funzione di λ (con i parametri (5.138)):

$$c_p^2 = 156.97\,\lambda + \frac{452.39}{\lambda}.$$

La caratteristica principale del grafico è la presenza del minimo

$$c_{\min} \sim 23 \text{ cm/sec}$$

proprio in corrispondenza del valore $\lambda \sim 1.7$ cm. La conseguenza è curiosa: onde di gravità e di capillarità di piccola ampiezza (relativamente alla lunghezza d'onda) possono apparire simultaneamente solo quando $c_p > 23$ cm/sec.

Una situazione tipica, ricordata nel Paragrafo 5.1.2, si osserva nel caso di un rametto tenuto in verticale e fatto scorrere a velocità costante v in acqua ferma e abbastanza profonda. Nel sistema di onde che si genera, dietro il ramo dominano gli effetti gravitazionali con onde che si allungano e si allontanano, mentre davanti domina la tensione superficiale con onde corte che precedono il ramo. Il risultato precedente implica che si può sostenere questo sistema di onde solo se $v > 23$ cm/sec.

5.9.5 Comportamento asintotico

Come abbiamo già osservato nel Paragrafo 5.1.2, il comportamento di un pacchetto d'onde è dominato nel breve periodo dalle condizioni iniziali e solo dopo un tempo relativamente lungo è possibile osservare le caratteristiche intrinseche della perturbazione. Per questa ragione, risulta significativo analizzare il comportamento del pacchetto per $t \to +\infty$. A tale scopo occorre una buona formula asintotica per l'integrale nella (5.137) quando $t \gg 1$.

Per brevità, consideriamo solo onde di gravità, per le quali

$$\omega\left(k\right) = \sqrt{g\left|k\right|}.$$

Seguiamo il cammino $x = x\left(t\right)$ di una particella in moto nella direzione positiva dell'asse x con velocità costante $v > 0$, cosicché $x = vt$. Inserendo $x = vt$ nella (5.137) abbiamo

$$h\left(vt, t\right) = \frac{1}{4\pi}\int_{\mathbb{R}} e^{it(kv - \omega(k))}\widehat{h}_0\left(k\right)\,dk + \frac{1}{4\pi}\int_{\mathbb{R}} e^{it(kv + \omega(k))}\widehat{h}_0\left(k\right)\,dk$$
$$\equiv h_1\left(vt, t\right) + h_2\left(vt, t\right).$$

Dal Teorema 10.1 nel prossimo paragrafo, con $\varphi\left(k\right) = kv - \omega\left(k\right)$, deduciamo che se esiste esattamente un punto k_0 tale che

$$\omega'\left(k_0\right) = v \quad e \quad \varphi''\left(k_0\right) = -\omega''\left(k_0\right) \neq 0,$$

allora il comportamento di h_1 per $t \gg 1$ è descritto dalla formula seguente:

$$h_1\left(vt, t\right) = \frac{A\left(k_0\right)}{t}\exp\left\{it[k_0 v - \omega\left(k_0\right)]\right\} + O\left(\frac{1}{t}\right) \tag{5.139}$$

dove

$$A\left(k_0\right) = \widehat{h}_0\left(k_0\right)\sqrt{\frac{1}{8\pi\left|\omega''\left(k_0\right)\right|}}\,\exp i\left\{-\frac{\pi}{4}\text{sign }\omega''\left(k_0\right)\right\}.$$

Nel nostro caso abbiamo (possiamo escludere $k = 0$)

$$\omega'\left(k\right) = \frac{1}{2}\sqrt{g}\left|k\right|^{-1/2}\text{sign}\left(k\right) \quad e \quad \omega''\left(k\right) = -\frac{\sqrt{g}}{4}\left|k\right|^{-3/2}.$$

Poiché $v > 0$, l'equazione $\omega'\left(k_0\right) = v$ dà l'unico *punto di fase stationaria*

$$k_0 = \frac{g}{4v^2} = \frac{gt^2}{4x^2}.$$

Inoltre,

$$k_0 v - \omega\left(k_0\right) = -\frac{g}{4v} = -\frac{gt}{4x} \quad e \quad \omega''\left(k_0\right) = -\frac{2v^3}{g} = -\frac{2x^3}{gt^3} < 0$$

per cui, dalla (5.139), troviamo

$$h_1\left(vt, t\right) = \frac{1}{4}\widehat{h}_0\left(\frac{g}{4v^2}\right)\sqrt{\frac{g}{\pi t v^3}}\exp i\left\{-\frac{gt}{4v} + \frac{\pi}{4}\right\} + O\left(t^{-1}\right).$$

Analogamente, ricordando che $\widehat{h}_0\left(k_0\right) = \widehat{h}_0\left(-k_0\right)$, troviamo

$$h_2\left(vt, t\right) = \frac{1}{4}\widehat{h}_0\left(\frac{g}{4v^2}\right)\sqrt{\frac{g}{\pi t v^3}}\exp i\left\{\frac{gt}{4v} - \frac{\pi}{4}\right\} + O\left(t^{-1}\right).$$

Infine, usando la formula di Eulero $\cos \theta = (e^{i\theta} + e^{-i\theta})/2$:

$$h\left(vt,t\right) = h_1\left(vt,t\right) + h_2\left(vt,t\right)$$

$$= \frac{1}{2}\widehat{h}_0\left(\frac{g}{4v^2}\right)\sqrt{\frac{g}{\pi t v^3}}\cos\left\{\frac{gt}{4v} - \frac{\pi}{4}\right\} + O\left(t^{-1}\right).$$

Questa formula mostra che, se $x \gg 1$ e $t \gg 1$, il pacchetto d'onde è localmente sinusoidale in un intorno del punto $x = vt$, con numero d'onde $k\left(x,t\right) = gt^2/4x^2$.

In altri termini, un osservatore che si muove alla velocità $v = x/t$ registra una lunghezza d'onda dominante pari a $2\pi/k_0$, dove k_0 è la soluzione di $\omega'\left(k_0\right) = x/t$. L'ampiezza decresce con una velocità dell'ordine di $t^{-1/2}$. Ciò è dovuto alla dispersione delle componenti di Fourier della configurazione iniziale, dopo un tempo sufficientemente lungo.

5.9.6 Il metodo della fase stazionaria

Il *metodo della fase stazionaria*, dovuto a Laplace, dà una formula asintotica per $t \to +\infty$ per integrali della forma

$$I\left(t\right) = \int_{\mathbb{R}} f\left(k\right) e^{it\varphi(k)} dk$$

dove φ è una funzione con un numero finito di punti stazionari. In realtà, interessa solo la parte reale di $I(t)$, in cui appare il fattore $\cos[t\varphi\left(k\right)]$. Ora, al crescere di t, la frequenza delle oscillazioni dell funzione $k \longmapsto \cos[t\varphi\left(k\right)]$ aumenta e prima o poi supera ampiamente quella di f. Per questa ragione si crea un effetto di cancellazione tra i contributi all'integrale corrispondenti agli intervalli dove $\cos[t\varphi\left(k\right)] > 0$ e quelli in cui $\cos[t\varphi\left(k\right)] < 0$. Ci aspettiamo quindi che $I\left(t\right) \to 0$ per $t \to +\infty$, proprio come nel caso dei coefficienti di Fourier di una funzione integrabile quando la frequenza tende all'infinito.

L'informazione che si vuole ottenere è: *qual è la velocità con la quale $I\left(t\right)$ converge a zero ?* Per rispondere, occorre capire quali siano gli intervalli che contribuiscono in misura maggiore al valore di $I\left(t\right)$. Dal ragionamento precedente, si capisce che per $t \gg 1$, i contributi rilevanti a $I\left(t\right)$ provengono dagli intervalli in cui φ è *quasi* costante, in quanto, in questi intervalli, anche la funzione $k \longmapsto \cos[t\varphi\left(k\right)]$ è *quasi* costante e quindi oscillazioni e cancellazioni avvengono in misura minore. Queste considerazioni, a loro volta, suggeriscono che un intervallo comunque piccolo, ma contenente un punto k_0, stazionario per φ, contribuirà al valore di $I\left(t\right)$ molto di più di ogni altro intervallo, limitato o meno, privo di punti stazionari per φ.

Il metodo della fase stazionaria precisa le argomentazioni fatte sopra, attraverso il seguente teorema, in cui, per brevità, assumiamo che φ abbia un solo punto stazionario e non degenere.

Teorema 10.1. *Siano $f \in C^1\left(\mathbb{R}\right)$, $|f| \leq K$, e $\varphi \in C^2\left(\mathbb{R}\right)$. Assumiamo che*

$$\varphi'\left(k_0\right) = 0, \, \varphi''\left(k_0\right) \neq 0 \quad e \quad \varphi'\left(k\right) \neq 0 \, \text{ per } k \neq k_0.$$

Inoltre, sia:

$$|\varphi'(\pm\infty)| > 0 \quad e \quad \int_{\mathbb{R}} |f'\varphi' - f\varphi''|(\varphi')^{-2} dk = K < \infty.$$

Allora, per $t \to +\infty$,

$$\int_{\mathbb{R}} f(k) e^{it\varphi(k)} dk$$

$$= \sqrt{\frac{2\pi}{|\varphi''(k_0)|}} \frac{f(k_0)}{\sqrt{t}} \exp\left\{i\left[t\varphi(k_0) + \frac{\pi}{4}\text{sign }\varphi''(k_0)\right]\right\} + O\left(\frac{1}{t}\right).$$

Essendo $O(t^{-1})$ una quantità che va a zero come t^{-1} (o più rapidamente), si vede che la velocità con cui $I(t)$ converge a zero è dell'ordine di $t^{-1/2}$. Per la dimostrazione ci serviamo del seguente lemma "di localizzazione".

Lemma 10.2. *Siano* f, g *e* φ *come nel Teorema 10.1. Sia inoltre* $|\varphi'(k)| \geq C > 0$ *in* $(c, +\infty)$. *Allora*

$$\int_c^{+\infty} f(k) e^{it\varphi(k)} dk = O\left(\frac{1}{t}\right) \qquad \text{per } t \to +\infty. \tag{5.140}$$

Dimostrazione. Sia $d > c$. Moltiplicando e dividendo per φ' ed integrando per parti, abbiamo:

$$\int_c^d \frac{f}{\varphi'} \varphi' e^{it\varphi} dk = \frac{1}{it} \left\{ \frac{f(d) e^{it\varphi(d)}}{\varphi'(d)} - \frac{f(c) e^{it\varphi(c)}}{\varphi'(c)} - \int_c^d \frac{f'\varphi' - f\varphi''}{(\varphi')^2} e^{it\varphi} dk \right\}.$$

Poiché $\left|e^{it\varphi(k)}\right| \leq 1$, dalle nostre ipotesi, possiamo scrivere

$$\left| \int_c^d f(k) \ e^{it\varphi(k)} dk \right| \leq \frac{1}{t} \left\{ \frac{2K}{C} + K \right\} \equiv \frac{K_0}{t}.$$

Passando al limite per $d \to \infty$ si ottiene la (5.140). □

Un risultato analogo vale per l'integrale su $(-\infty, c)$ se $|\varphi'(k)| \geq C > 0$ in $(-\infty, c)$.

Dimostrazione del Teorema 10.1. Essendo molto tecnica, la facciamo solo nel caso in cui φ è un polinomio di secondo grado. Il caso generale si riduce a questo con opportuni cambi di variabile. Senza perdere in generalità, possiamo supporre che sia $k_0 = 0$, cosicché $\varphi'(0) = 0$, $\varphi''(0) \neq 0$ e

$$\varphi(k) = \varphi(0) + Ak^2, \qquad A = \frac{1}{2}\varphi''(0).$$

Dal Lemma 10.2, è sufficiente considerare l'integrale

$$\int_{-\varepsilon}^{\varepsilon} f(k) e^{it\varphi(k)} dk.$$

Scriviamo

$$f(k) = f(0) + \frac{f(k) - f(0)}{k} k \equiv f(0) + q(k)k,$$

e osserviamo che, essendo $f \in C^2 \left([-\varepsilon, \varepsilon]\right)$, $q'(k)$ è limitata in $[-\varepsilon, \varepsilon]$. Allora abbiamo:

$$\int_{-\varepsilon}^{\varepsilon} f(k) e^{it\varphi(k)} dk = 2f(0)e^{it\varphi(0)} \int_0^{\varepsilon} e^{itAk^2} dk + e^{it\varphi(0)} \int_{-\varepsilon}^{\varepsilon} q(k) k e^{itAk^2} dk.$$

Ora, integrando per parti il secondo integrale, si trova

$$\int_{-\varepsilon}^{\varepsilon} q(k) k e^{itAk^2} dk \tag{5.141}$$

$$= \frac{1}{2iAt} \left\{ [q(\varepsilon) - q(-\varepsilon)] e^{itA\varepsilon^2} - \int_{-\varepsilon}^{\varepsilon} q'(k) e^{itAk^2} dk \right\} = O(1/t)$$

per $t \to \infty$, poiché la quantità tra parentesi graffe è limitata.
Nel primo integrale, se $A > 0$, poniamo

$$tAk^2 = y^2.$$

Allora

$$\int_0^{\varepsilon} e^{itAk^2} dk = \frac{1}{\sqrt{tA}} \int_0^{\varepsilon\sqrt{tA}} e^{iy^2} dy.$$

Poiché[31]

$$\int_0^{\varepsilon\sqrt{tA}} e^{iy^2} dy = \frac{\sqrt{\pi}}{2} e^{i\frac{\pi}{4}} + O\left(\frac{1}{\varepsilon\sqrt{tA}}\right),$$

otteniamo

$$\int_0^{\varepsilon} f(k) e^{it\varphi(k)} dk = \sqrt{\frac{2\pi}{|\varphi''(0)|}} \frac{f(0)}{\sqrt{t}} \exp\left\{ i\left[\varphi(0)t + \frac{\pi}{4}\right]\right\} + O\left(\frac{1}{t}\right). \tag{5.142}$$

Le (5.142), (5.141) provano il teorema quando $A > 0$. Il caso $A < 0$ è simile.
□

Problemi

5.1. Una corda di chitarra di lunghezza L è pizzicata nel suo punto medio e poi rilasciata. Formulare il modello matematico ed esaminare i modi di vibrazione. Calcolare l'energia $E(t)$.

5.2. Usando il metodo dell'energia come nel Paragrafo 5.3.2, dimostrare un risultato di unicità per i problemi di Cauchy-Neumann, Cauchy-Robin e misto.

5.3. Risolvere il problema

$$\begin{cases} u_{tt} - u_{xx} = 0 & 0 < x < 1,\ t > 0 \\ u(x,0) = u_t(x,0) = 0 & 0 \le x \le 1 \\ u_x(0,t) = 1,\ u(1,t) = 0 & t \ge 0. \end{cases}$$

---

[31] Valgono le seguenti formule (*Courant, Hilbert*, 1953):

$$\left| \frac{\sqrt{\pi}}{2\sqrt{2}} - \int_0^{\lambda} \cos(y^2) dy \right| \le \frac{1}{\lambda}, \qquad \left| \frac{\sqrt{\pi}}{2\sqrt{2}} - \int_0^{\lambda} \sin(y^2) dy \right| \le \frac{1}{\lambda}.$$

5.4. *Vibrazioni forzate.* Risolvere il problema

$$\begin{cases} u_{tt} - u_{xx} = g(t)\sin x & 0 < x < \pi,\, t > 0 \\ u(x,0) = u_t(x,0) = 0 & 0 \le x \le \pi \\ u(0,t) = u(\pi,t) = 0 & t \ge 0. \end{cases}$$

[*Risposta:* $u(x,t) = \sin x \int_0^t g(t-\tau)\sin\tau\,d\tau$].

5.5. *Equipartizione dell'energia.* Sia u la soluzione del problema

$$\begin{cases} u_{tt} - c^2 u_{xx} = 0 & x \in \mathbb{R},\, t > 0 \\ u(x,0) = g(x),\, u_t(x,0) = h(x) & x \in \mathbb{R}. \end{cases}$$

Supponiamo che g ed h siano funzioni regolari, nulle fuori da un intervallo chiuso e limitato $[a,b]$. Dimostrare che esiste T tale che, per $t \ge T$,

$$E_{cin}(t) = E_{pot}(t).$$

5.6. Risolvere il problema di Cauchy globale per l'equazione $u_{tt} - c u_{xx} = 0$ con i seguenti dati iniziali e analizzare l'andamento della soluzione:

a) $u(x,0) = 1$ se $|x| < a$, $u(x,0) = 0$ se $|x| > a$; $u_t(x,0) = 0$;

b) $u(x,0) = 0$; $u_t(x,0) = 1$ se $|x| < a$, $u_t(x,0) = 0$ se $|x| > a$.

5.7. Verificare che la formula (5.39) può essere scritta nella forma seguente:

$$u(x + c\xi - c\eta, t + \xi + \eta) - u(x + c\xi, t + \xi) - u(x - c\eta, t + \eta) + u(x,t) = 0.$$

Mostrare che se $u = u(x,t)$ è una funzione di classe C^2 nel semipiano $\mathbb{R} \times (0,+\infty)$ e soddisfa la (5.39), allora

$$u_{tt} - c^2 u_{xx} = 0.$$

· La (5.39) può pertanto essere considerata una formulazione debole dell'equazione delle onde.

5.8. Le piccole vibrazioni longitudinali di una sbarra elastica cilindrica sono governate dalla seguente equazione:

$$\rho(x)\,\sigma(x)\,\frac{\partial^2 u}{\partial t^2} = \frac{\partial}{\partial x}\left[E(x)\,\sigma(x)\,\frac{\partial u}{\partial x}\right] \tag{5.143}$$

dove $u = u(x,t)$ è lo spostamento longitudinale della sezione di sbarra di ascissa x, ρ è la densità lineare del materiale, σ è la sezione ed E è il suo *modulo di Young*[32].

Assumiamo che la sbarra abbia sezione costante ma che sia costruita saldando due sbarre con diversi moduli di Young E_1, E_2 (costanti) e densità ρ_1, ρ_2 (costanti), rispettivamente.

Poiché le due sbarre sono saldate, lo spostamento u è continuo attraverso la saldatura, che localizziamo in $x = 0$. In questo caso:

---

[32] E è il fattore di proporzionalità nella relazione *sforzo-deformazione* data dalla legge di Hooke: T (deformazione) $= E\,\varepsilon$ (sforzo). Qui $\varepsilon \simeq u_x$. Per l'acciaio, $E = 2 \times 10^{11}$ dine/cm^2, per l'alluminio, $E = 7 \times 10^{12}$ dine/cm^2.

a) dare una formulazione debole del problema di Cauchy globale per l'equazione (5.143);

b) dedurre che in $x = 0$ deve valere la condizione

$$E_1 u_x(0-, t) = E_2 u_x(0+, t) \qquad t > 0 \qquad (5.144)$$

e darne l'interpretazione fisica;

c) poniamo $c_j^2 = E_j / \rho_j$, $j = 1, 2$. Sia

$$u_{inc}(x, t) = \exp[i(x - c_1 t)]$$

un'onda armonica proveniente da sinistra verso l'origine che genera alla giunzione un'onda riflessa $u_{ref}(x, t) = a \exp[i\alpha(x + c_1 t)]$ e un'onda rifratta $u_{tr}(x, t) = b \exp[i\beta(x - c_2 t)]$. Determinare a, b, α, β e interpretare il risultato.

[*Suggerimento.* (*c*) Cercare una soluzione della forma

$$u = \begin{cases} u_{inc} + u_{ref} & \text{per } x < 0 \\ u = u_{tr} & \text{per } x > 0. \end{cases}$$

Usare la continuità di u e la condizione (5.144)].

5.9. Determinare le caratteristiche dell'equazione di Tricomi

$$u_{tt} - t u_{xx} = 0.$$

[*Risposta*: $3x \pm 2t^{3/2} = k$, for $t > 0$].

5.10. Classificare l'equazione

$$t^2 u_{tt} + 2t u_{xt} + u_{xx} - u_x = 0$$

e determinarne le caratteristiche. Trovare la forma canonica e scrivere la soluzione generale.
[*Risposta*:

$$u(x, t) = F(te^{-x}) + G(te^{-x}) e^x,$$

con F, G arbitrarie, due volte differenziabili].

5.11. Considerare il seguente *problema di Cauchy caratteristico* per l'equazione delle onde nel semipiano $x > t$:

$$\begin{cases} u_{tt} - u_{xx} = 0 & x > t \\ u(x, x) = f(x) & x \in \mathbb{R} \\ u_\nu(x, x) = g(x) & x \in \mathbb{R} \end{cases}$$

dove $\nu = (1, -1)/\sqrt{2}$. Stabilire se il problema è ben posto. Si noti che i dati sono i valori di u e della sua derivata normale lungo la caratteristica $y = x$.

5.12. Considerare il seguente problema detto *di Goursat* per l'equazione delle onde nel settore $-t < x < t$:

$$\begin{cases} u_{tt} - u_{xx} = 0 & -t < x < t \\ u(x, x) = f(x),\ u(x, -x) = g(x) & x > 0 \\ f(0) = g(0). \end{cases}$$

Stabilire se il problema è ben posto. Si noti che i dati sono costituiti dai valori di u sulle caratteristiche $y = x$ e $y = -x$, per $x > 0$.

5.12. *Problema di Cauchy non-caratteristico e mal posto per l'equazione del calore.* Verificare che per ogni intero k, la funzione

$$u_k(x,t) = \frac{1}{k}[\cosh kx \cos kx \cos 2k^2 t - \sinh kx \sin kx \sin 2k^2 t]$$

è soluzione dell'equazione $u_t = u_{xx}$ e che inoltre sulla linea non caratteristica $x = 0$ si ha:

$$u(0,t) = \frac{1}{k} \cos 2k^2 t, \quad u_x(0,t) = 0.$$

Dedurre che il corrispondente problema di Cauchy per l'equazione del calore nel semipiano $x > 0$ è **mal posto**.

5.13. In riferimento all'equazione

$$LCI_{tt} - 1I_{xx} + (RC + GL)I_t + RGI = 0$$

nella Nota 6.1, porre

$$I = e^{-kt}v$$

e scegliere k in modo che v soddisfi un'equazione della forma

$$v_{tt} - \frac{1}{LC}v_{xx} + hv = 0.$$

Controllare che la condizione $RC = GL$ è necessaria per avere onde non dispersive (*distorsionless transmission* line).

5.14. *Membrana circolare.* Supponiamo che una membrana elastica e perfettamente flessibile occupi a riposo il cerchio $B_1 = \{(x,y) : x^2 + y^2 \leq 1\}$ e sia mantenuta fissa agli estremi. Se il peso della membrana è trascurabile e non vi sono carichi esterni, le vibrazioni della membrana sono descritte dal seguente problema che conviene scrivere in coordinate polari, data la simmetria circolare:

$$\begin{cases} u_{tt} - c^2\left(u_{rr} + \frac{1}{r}u_r + \frac{1}{r^2}u_{\theta\theta}\right) = 0 & 0 < r < 1, \, 0 \leq \theta \leq 2\pi, \, t > 0 \\ u(r,\theta,0) = g(r,\theta), \, u_t(r,\theta,0) = h(r,\theta) & 0 < r < 1, \, 0 \leq \theta \leq 2\pi \\ u(1,\theta,t) = 0 & 0 \leq \theta \leq 2\pi, \, t \geq 0. \end{cases}$$

Mostrare che nel caso $h = 0$ e $g = g(r)$, usando il metodo di separazione delle variabili si trova la soluzione

$$u(r,t) = \sum_{n=1}^{\infty} a_n J_0(\lambda_n r) \cos \lambda_n t$$

dove J_0 è la funzione di Bessel di ordine zero, $\lambda_1, \lambda_2, \ldots$ sono gli zeri di J_0 e i coefficienti a_n sono dati da

$$a_n = \frac{2}{J_1(\lambda_n)^2} \int_0^1 sg(s) J_0(\lambda_n s)\, ds$$

dove

$$c_n = \sum_{n=1}^{\infty} \frac{(-1)^k}{k!(k+1)!} \left(\frac{\lambda_n}{2}\right)^{2k+1}$$

(ricordare la Nota 2.7.1).

5.15. *Guida d'onda circolare.* Considerare l'equazione $u_{tt} - c^2 \Delta u = 0$ nel cilindro

$$C_R = \{(r, \theta, z) : 0 \leq r \leq R, \, 0 \leq \theta \leq 2\pi, \, -\infty < z < +\infty\}.$$

Determinare le soluzioni a simmetria assiale della forma

$$u(r, z, t) = v(r) \, w(z) \, h(t)$$

che soddisfino la condizione di Neumann $u_r = 0$ sul bordo $r = R$.
[*Risposta*:

$$u_n(r, z, t) = \exp\{-i(\omega t - kz)\} \, J_0(\mu_n r / R), \qquad n \in \mathbb{N}$$

dove J_0 è la funzione di Bessel di prima specie e ordine zero, μ_n sono i suoi punti stazionari $(J_0'(\mu_n) = 0)$ e

$$\frac{\omega^2}{c^2} = k^2 + \frac{\mu_n^2}{R^2} \,].$$

5.16. Sia u la soluzione del problema

$$\begin{cases} u_{tt} - c^2 \Delta u = 0 & \mathbf{x} \in \mathbb{R}^3, \, t > 0 \\ u(\mathbf{x}, 0) = g(\mathbf{x}), \, u_t(\mathbf{x}, 0) = h(\mathbf{x}) & \mathbf{x} \in \mathbb{R}^3 \end{cases}$$

dove g ed h hanno supporto nella sfera $\bar{B}_\rho(\mathbf{0})$. Descrivere il supporto di u per $t > 0$.
[*Risposta.* La corona sferica $\{ct - \rho \leq |\mathbf{x}| \leq ct + \rho\}$, di larghezza 2ρ, che si espande con velocità c].

5.17. *Effetto di focalizzazione.* Risolvere il problema

$$\begin{cases} w_{tt} - c^2 \Delta w = 0 & \mathbf{x} \in \mathbb{R}^3, \, t > 0 \\ w(\mathbf{x}, 0) = 0, \quad w_t(\mathbf{x}, 0) = h(|\mathbf{x}|) & \mathbf{x} \in \mathbb{R}^3 \end{cases}$$

dove $(r = |\mathbf{x}|)$

$$h(r) = \begin{cases} 1 & 0 \leq r \leq 1 \\ 0 & r > 1. \end{cases}$$

Controllare che $w(r, t)$ ha una discontinuità nell'origine all'istante $t = 1/c$.

5.18. *Soluzione fondamentale in dimensione 2.* Esaminando la formula di Poisson, scrivere l'espressione della soluzione fondamentale in dimensione 2.
[*Risposta*:

$$K(\mathbf{x}, \mathbf{y}, t) = \frac{1}{2\pi c} \frac{\mathcal{H}(c^2 t^2 - r^2)}{\sqrt{c^2 t^2 - r^2}}$$

dove $r = |\mathbf{x} - \mathbf{y}|$ e $\mathcal{H}$ è la funzione di Heaviside].

5.19. Dimostrare che la soluzione del problema di Cauchy globale

$$\begin{cases} w_{tt} - c^2 \Delta w = f & \mathbf{x} \in \mathbb{R}^2, \, t > 0 \\ w(\mathbf{x}, 0) = 0, \, w_t(\mathbf{x}, 0) = 0 & \mathbf{x} \in \mathbb{R}^2 \end{cases}$$

è data da

$$u(\mathbf{x}, t) = \frac{1}{2\pi c} \int_0^t \int_{B_{c(t-s)}(\mathbf{x})} \frac{1}{\sqrt{c^2 (t-s)^2 + |\mathbf{x} - \mathbf{y}|^2}} f(\mathbf{y}, s) \, d\mathbf{y} \, ds.$$

5.20. Per onde di *gravità lineari* ($\sigma = 0$), esaminare il caso di profondità uniforme e *finita*, sostituendo la condizione (5.131) con

$$\phi_z \left(x, -H, t\right) = 0$$

e con la condizione iniziale (5.130).

a) Scrivere la relazione di dispersione.

Dedurre che:

b) La velocità di fase e di gruppo hanno una limitazione da sopra.

c) Il quadrato della velocità di fase in acqua profonda ($H \gg \lambda$) è proporzionale alla lunghezza d'onda.

d) Le onde lineari in acqua bassa ($H \ll \lambda$) non sono dispersive.

[*Risposta: a*) $\omega^2 = gk \tanh\left(kH\right)$.

b) $c_{p\,\max} = \sqrt{kH}$.

c) $c_p^2 \sim g\lambda/2\pi$.

d) $c_p^2 \sim gH$].

5.21. Determinare soluzioni del sistema linearizzato (5.127) della forma

$$\phi\left(x, z, t\right) = F\left(x - ct\right) G\left(z\right).$$

Ritrovare la relazione di dispersione c'è nella Problema 5.20 (*a*).

[*Risposta:*

$$\phi\left(x, z, t\right) = \cosh k\left(z + H\right) \left\{A \cos k\left(x - ct\right) + B \sin k\left(x - ct\right)\right\},$$

A, B costanti arbitrarie e $c^2 = g \tanh\left(kH\right)/k$].

Capitolo 6
Elementi di analisi funzionale

6.1 Motivazione

L'obiettivo principale nei capitoli precedenti è stata l'introduzione di una parte della teoria classica di alcune importanti equazioni della fisica matematica. L'enfasi sugli aspetti fenomenologici e la connessione con un punto di vista probabilistico dovrebbe aver sviluppato nel lettore un po' di intuizione e di "feeling" sull'interpretazione e sui limiti dei modelli presentati.

Abbiamo enunciato pochi teoremi con relativa dimostrazione, con lo scopo di mettere in luce le principali proprietà qualitative delle soluzioni e giustificare, almeno in parte, la buona posizione dei problemi considerati.

Tuttavia, questi obiettivi contrastano in certo modo con uno dei ruoli più importanti della matematica moderna, che consiste nel raggiungere una visione unificata di una vasta classe di problemi, evidenziandone una struttura comune, capace non solo di accrescere la comprensione teorica ma anche di fornire la flessibilità necessaria allo sviluppo dei metodi numerici usati nel calcolo approssimato delle soluzioni.

Si tratta di un salto concettuale che richiede un cambio di prospettiva, basato sull'introduzione di metodi astratti, originati storicamente da vani tentativi di risolvere alcuni problemi fondamentali (e.g. in elettrostatica) alla fine del 19° secolo. Il nuovo livello di conoscenza permette di affrontare questioni di notevole complessità, poste dalla tecnologia moderna.

I metodi astratti di cui parliamo costituiscono il nocciolo di un settore della matematica, noto come Analisi Funzionale, in cui si fondono aspetti analitici e geometrici.

Per capire lo sviluppo della teoria, può essere utile esaminare in modo informale come hanno origine le idee fondamentali, lavorando su un paio di esempi specifici.

Ritorniamo alla derivazione dell'equazione di diffusione, nella sottosezione 2.1.2. Se il conduttore è eterogeneo e anisotropo, con eventuali discontinuità nei parametri termici (e.g. dovute alla mistura di due materiali diversi),

© Springer-Verlag Italia 2016
S. Salsa, *Equazioni a derivate parziali. Metodi, modelli e applicazioni*, 3a edizione,
UNITEXT – La Matematica per il 3+2 97, DOI 10.1007/978-88-470-5785-2_6

la legge di Fourier per il flusso $\mathbf{q}$ assegna la relazione

$$\mathbf{q} = -\,\mathbf{A}\,(\mathbf{x})\,\nabla u,$$

dove la matrice $\mathbf{A}$ soddisfa la condizione

$$\mathbf{q} \cdot \nabla u = -\mathbf{A}\,(\mathbf{x})\,\nabla u \cdot \nabla u \le 0 \qquad (\textit{condizione di ellitticità}),$$

che riflette la tendenza del flusso di calore a muoversi da regioni più calde a più fredde. Se $\rho = \rho\,(\mathbf{x})$ e $c_v = c_v\,(\mathbf{x})$ sono la densità ed il calore specifico del materiale e $f = f\,(\mathbf{x})$ è l'intensità della sorgente esogena, siamo condotti all'equazione di diffusione

$$\rho c_v u_t - \operatorname{div}\,(\mathbf{A}\,(\mathbf{x})\,\nabla u) = f.$$

In condizioni stazionarie si ha $u\,(\mathbf{x},t) = u\,(\mathbf{x})$ e ci si riduce a

$$-\operatorname{div}\,(\mathbf{A}\,(\mathbf{x})\,\nabla u) = f. \tag{6.1}$$

Poiché la matrice $\mathbf{A}$ codifica le proprietà di conduzione di un materiale "discontinuo", ci aspettiamo un basso grado di regolarità di $\mathbf{A}$ ed allora sorge un problema:

qual è il significato della (6.1) *se non si può calcolare la divergenza?*

Abbiamo già affrontato situazioni del genere nel Paragrafo 4.4.2, quando abbiamo introdotto soluzioni discontinue di una legge di conservazione, e nel Paragrafo 5.4.2, dove abbiamo considerato soluzioni dell'equazione delle onde con dati iniziali irregolari. Seguiamo le stesse idee.

Supponiamo di voler risolvere l'equazione (6.1) in un dominio limitato Ω, con condizioni di Dirichlet omogenee. Procedendo formalmente, moltiplichiamo l'equazione differenziale per una funzione *test* che si *annulla* su $\partial\Omega$ e integriamo su Ω:

$$\int_\Omega -\operatorname{div}\,(\mathbf{A}\,(\mathbf{x})\,\nabla u)\,v\,d\mathbf{x} = \int_\Omega fv\,d\mathbf{x}. \tag{6.2}$$

Poiché $v = 0$ su $\partial\Omega$, usando la formula di Gauss otteniamo l'equazione

$$\int_\Omega \mathbf{A}\,(\mathbf{x})\,\nabla u \cdot \nabla v\,d\mathbf{x} = \int_\Omega fv\,d\mathbf{x}, \tag{6.3}$$

valida per ogni funzione test v nulla su $\partial\Omega$, che adottiamo come formulazione *debole* del nostro problema di Dirichlet.

Si noti che la (6.3) ha senso se $\mathbf{A}$ e f sono limitate (anche discontinue) e $u, v \in \mathring{C}^1\,(\overline{\Omega})$, l'insieme delle funzioni in $C^1\,(\overline{\Omega})$ che si annullano su $\partial\Omega$. Possiamo dire allora che $u \in \mathring{C}^1\,(\overline{\Omega})$ è una soluzione *debole* del nostro problema di Dirichlet se (6.3) vale *per ogni* $v \in \mathring{C}^1\,(\overline{\Omega})$.

Occorre naturalmente sincerarsi che, se $\mathbf{A}$ e f sono funzioni regolari, una soluzione debole dotata di due derivate continue sia soluzione del problema originale, rendendo di fatto le due formulazioni equivalenti. Questo è facile da controllare: procedendo in senso inverso con la formula di Gauss, dalla (6.3) ricaviamo la (6.2) che scriviamo nella forma

$$\int_\Omega [-\text{div}\,(\mathbf{A}\,(\mathbf{x})\,\nabla u) - f]v\ d\mathbf{x} = 0.$$

A questo punto, l'arbitrarietà di v forza $-\text{div}(\mathbf{A}\,(\mathbf{x})\,\nabla u) - f = 0$, recuperando l'equazione in forma originale. Bene, ma:

il problema in forma debole è ben posto?

Le cose non sono così semplici, come abbiamo sperimentato nella Sezione 4.4.3, e in realtà cercare soluzioni nello spazio $\overset{\circ}{C}^1\left(\overline{\Omega}\right)$ non è appropriato, sebbene all'apparenza lo sembri. Per rendersene conto, consideriamo un altro esempio, in un certo senso più rivelatore.

Consideriamo la posizione di equilibrio di una membrana elastica, perfettamente flessibile, avente la forma di un quadrato Ω, soggetta ad un carico esterno f (forza per unità di massa) e mantenuta a livello zero su $\partial\Omega$.

Poiché non c'è evoluzione nel tempo, la posizione della membrana è descritta da una funzione $u = u\,(\mathbf{x})$, soluzione del problema di Dirichlet

$$\begin{cases} -\Delta u = f & \text{in } \Omega \\ u = 0 & \text{su } \partial\Omega. \end{cases} \qquad (6.4)$$

Per il problema (6.4), la (6.3) diventa

$$\int_\Omega \nabla u \cdot \nabla v\ d\mathbf{x} = \int_\Omega fv\ d\mathbf{x} \qquad \forall v \in \overset{\circ}{C}^1\left(\overline{\Omega}\right). \qquad (6.5)$$

Ora, questa equazione ha un'interessante interpretazione fisica. L'integrale a primo membro rappresenta il lavoro compiuto dalle forze elastiche interne, dovuto ad uno *spostamento virtuale* v. D'altra parte, $\int_\Omega fv$ esprime il lavoro compiuto dalla forze esterne per lo spostamento v.

La formulazione debole (6.5) stabilisce il bilancio tra questi due lavori e costituisce una versione del *principio dei lavori virtuali*.

C'è di più, se entra in gioco l'energia. Infatti, l'*energia potenziale totale* è proporzionale a

$$E\,(v) = \underbrace{\frac{1}{2}\int_\Omega |\nabla v|^2\,d\mathbf{x}}_{\text{energia elastica interna}} - \underbrace{\int_\Omega fv\ d\mathbf{x}}_{\text{energia potenziale esterna}}. \qquad (6.6)$$

Poiché la natura tende a risparmiare energia, la posizione di equilibrio u è quella che minimizza (6.6) rispetto a tutte le configurazioni *ammissibili* v. Questo fatto è strettamente connesso al principio dei lavori virtuali ed in realtà vedremo che è equivalente ad esso (si veda la sottosezione 8.4.1).

Pertanto, cambiando punto di vista, invece di cercare una soluzione debole della (6.5) possiamo, equivalentemente, cercare un elemento che minimizzi $E(v)$, al variare di v in $\overset{\circ}{C}{}^1\left(\overline{\Omega}\right)$.

Anche così, c'è un inconveniente. Infatti, così posto, il problema di minimo *non ha soluzione*, tranne che in casi banali. La ragione è che stiamo considerando un insieme troppo ristretto di funzioni ammissibili. E allora:

qual è lo spazio giusto di funzioni ammissibili?

Vediamo perché $\overset{\circ}{C}{}^1\left(\overline{\Omega}\right)$ non è la scelta corretta. Per essere minimalisti, è come cercare tra i *numeri razionali* quello che minimizza la funzione

$$f(x) = (x - \pi)^2.$$

È vero che $\inf_{x \in \mathbb{Q}} f(x) = 0$ ma *non è il minimo*! Se però allarghiamo l'insieme numerico da $\mathbb{Q}$ ad $\mathbb{R}$ abbiamo ovviamente $\min_{x \in \mathbb{R}} f(x) = f(\pi) = 0$. Analogamente, lo spazio $\overset{\circ}{C}{}^1\left(\overline{\Omega}\right)$ è troppo ristretto per avere una speranza di trovarvi una minimizzante di E e di conseguenza siamo costretti ad allargare l'insieme delle funzioni ammissibili. A tale scopo, osserviamo che $E(v)$ richiede solo che *il gradiente di v sia a quadrato integrabile,* cioè $|\nabla v| \in L^2(\Omega)$. Non c'è bisogno di richiedere *a priori* la continuità delle derivate, in realtà neppure di v, per cui l'insieme corretto di funzioni ammissibili risulta essere il cosiddetto *spazio di Sobolev* $H_0^1(\Omega)$, i cui elementi sono esattamente le funzioni appartenenti ad $L^2(\Omega)$, insieme con le loro derivate prime, che si annullano su $\partial\Omega$. Ricordando che $E(v)$ rappresenta un'energia, potremmo chiamarle funzioni *ad energia finita*!

Sebbene la sensazione sia quella di essere sulla strada giusta, c'è un prezzo da pagare per inquadrare rigorosamente ogni concetto ed evitare rischi di contraddizioni o affermazioni senza senso. Infatti, numerose questioni sorgono immediatamente.

Per esempio, una funzione a quadrato sommabile può avere molte discontinuità e allora:

che cosa intendiamo per gradiente di una funzione che è "solo" in $L^2(\Omega)$?

Di più: una funzione in $L^2(\Omega)$ è, in linea di principio, definita a meno di insiemi di misura nulla. Ma allora, essendo $\partial\Omega$ precisamente un insieme di misura nulla,

qual è il significato della frase "f si annulla su $\partial\Omega$"?

Risponderemo a queste domande nel Capitolo 7. Possiamo anticipare che, riguardo alla prima domanda, l'idea è la stessa usata per definire la *delta di Dirac* come derivata della funzione di Heaviside, che conduce a una nozione più debole di derivata (diremo *nel senso delle distribuzioni*), basata sulla miracolosa formula di Gauss e sull'introduzione di un opportuno insieme di funzioni test.

Riguardo alla seconda domanda, c'è un modo di introdurre un *operatore di traccia* che associa a una funzione $u \in L^2(\Omega)$, con gradiente in $L^2(\Omega)$, una funzione $u_{|\partial\Omega}$ che rappresenta i suoi valori su $\partial\Omega$ e che si riduce alla restrizione di u su $\partial\Omega$ quando u è continua in $\overline{\Omega}$ (si veda il Paragrafo 6.6.1). Coerentemente, gli elementi di $H_0^1(\Omega)$ si annullano su $\partial\Omega$ nel senso che hanno traccia nulla su $\partial\Omega$.

Un altro punto da chiarire è:

che cosa rende lo spazio $H_0^1(\Omega)$ così speciale?

È qui che la fusione tra aspetti geometrici ed analitici entra in gioco. Prima di tutto, sebbene $H_0^1(\Omega)$ sia uno spazio vettoriale *infinito-dimensionale*, possiamo dotarlo di una struttura che riflette il più possibile quella di uno spazio *finito-dimensionale* come $\mathbb{R}^n$, dove la vita scorre ovviamente più serena.

Infatti, in questo spazio, come vedremo nel Capitolo 7, possiamo introdurre un *prodotto interno* (o *scalare*) dato da

$$(u, v)_1 = \int_\Omega \nabla u \cdot \nabla v$$

che possiede le stesse proprietà del prodotto scalare classico in $\mathbb{R}^n$. Ha senso allora, parlare di *ortogonalità tra due funzioni u e v in $H_0^1(\Omega)$*, espressa dall'annullarsi del loro prodotto interno:

$$(u, v)_1 = 0.$$

Avendo definito il prodotto interno $(\cdot, \cdot)_1$, possiamo definire la *lunghezza* (*norma*) di un elemento u con la formula

$$\|u\|_1 = \sqrt{(u, u)_1}$$

nonché la *distanza* tra due elementi u e v, assegnata da:

$$\text{dist}(u, v) = \|u - v\|_1.$$

Da qui è facile introdurre una nozione di limite e/o di convergenza per successioni o funzioni: per esempio, una successione $\{u_n\} \subset H_0^1(\Omega)$ converge a u in $H_0^1(\Omega)$ se

$$\text{dist}(u_n, u) \to 0 \quad \text{per } n \to \infty.$$

Si potrebbe osservare che tutto ciò può essere fatto, e anche più comodamente, nello spazio $\overset{\circ}{C}^1(\overline{\Omega})$. Questo è vero, ma con una differenza fondamentale.

Usiamo ancora un'analogia con un fatto elementare. Tra i numeri razionali $\mathbb{Q}$ non ne esiste alcuno che minimizzi la funzione $f(x) = (x - \pi)^2$ sebbene π possa essere approssimato con accuratezza arbitraria da numeri razionali. Se da un punto di vista strettamente operativo, ci si potrebbe limitare ai razionali, certamente non è così dal punto di vista dello sviluppo della scienza e della tecnologia, poiché, per esempio, non sarebbero concepibili i successi del calcolo infinitesimale senza i numeri reali.

Così come $\mathbb{R}$ è il *completamento di* $\mathbb{Q}$, nel senso che $\mathbb{R}$ contiene tutti i punti limite delle successioni in $\mathbb{Q}$, lo stesso è vero per $H_0^1(\Omega)$ rispetto a $\mathring{C}^1(\overline{\Omega})$. Ciò conferisce a $H_0^1(\Omega)$ una struttura di *spazio di Hilbert,* che lo rende molto più vantaggioso da usare rispetto a $\mathring{C}^1(\overline{\Omega})$. Ci spieghiamo riesaminando il problema della membrana e precisamente l'equazione (6.5). Questa volta usiamo un'interpretazione geometrica.

Infatti, la (6.5) significa che stiamo cercando un elemento u, il cui prodotto interno con ogni altro elemento v di $H_0^1(\Omega)$ riproduce "l'azione di f su v", data dalla funzione lineare

$$v \longmapsto \int_\Omega fv.$$

Ricorriamo ora ad un'analogia finito-dimensionale. In Algebra Lineare, ad ogni funzione $L : \mathbb{R}^n \to \mathbb{R}$, che sia *lineare*, tale cioè che

$$L(a\mathbf{x} + b\mathbf{y}) = aL\mathbf{x} + bL\mathbf{y} \qquad \forall a, b \in \mathbb{R}, \forall \mathbf{x}, \mathbf{y} \in \mathbb{R}^n,$$

corrisponde *un unico elemento* $\mathbf{u}_L \in \mathbb{R}^n$ *tale che* $L\mathbf{x} = \mathbf{u}_L \cdot \mathbf{x}$ per ogni $\mathbf{x} \in \mathbb{R}^n$ (Teorema di Rappresentazione). In altri termini, esiste un'unica soluzione $\mathbf{u}_L$ dell'equazione

$$\mathbf{u}_L \cdot \mathbf{x} = L\mathbf{x} \qquad \text{per ogni } \mathbf{x} \in \mathbb{R}^n. \tag{6.7}$$

La struttura delle due equazioni (6.5), (6.7) è la stessa: a primo membro si trova un *prodotto interno* e a secondo membro una funzione *lineare.*

La domanda naturale è allora:

c'è un analogo del Teorema di Rappresentazione in $H_0^1(\Omega)$?

La risposta è affermativa (Teorema 6.3, di Riesz) e vale in ogni spazio di Hilbert, non solo in $H_0^1(\Omega)$. La dimensione dello spazio, in generale infinita, richiede lo studio dell'insieme delle funzioni lineari e continue (in questo contesto chiamati *funzionali lineari e continui*) e l'introduzione del relativo concetto di *spazio duale.* Si vede allora, come un risultato astratto di natura geometrica implichi la buona posizione di problemi applicativi concreti.

Che cosa si può dire dell'equazione (6.3)? Bene, se la matrice $\mathbf{A}$ è simmetrica e definita positiva, il primo membro della (6.3) *definisce ancora un prodotto interno* in $H_0^1(\Omega)$ e il Teorema di Riesz implica la buona posizione del problema di Dirichlet in forma debole.

Se $\mathbf{A}$ non è simmetrica le cose non cambiano molto. Varie generalizzazioni del Teorema di Riesz (e.g. il Teorema 6.4 di Lax-Milgram) permettono un trattamento unificato di problemi molto generali, attraverso la loro *formulazione variazionale* o *debole.* In realtà, come abbiamo constatato con l'equazione (6.3), la formulazione variazionale è spesso l'unico modo di formulare e risolvere un problema, senza perderne le caratteristiche originali.

Le argomentazioni precedenti dovrebbero aver convinto il lettore dell'esistenza di una struttura generale (quella di spazio di Hilbert), comune ad una vasta classe di problemi che nascono dalle scienze applicate. In questo capitolo sviluppiamo gli strumenti di Analisi Funzionale, essenziali per una corretta formulazione variazionale dei più comuni problemi di valori al bordo. I risultati che presentiamo costituiscono la base teorica per metodi di approssimazione numerica quali *gli elementi finiti* o, più in generale, i *metodi di Galerkin*, e ciò rende la teoria ancor più attraente ed importante.

Risultati più avanzati, legati a questioni generali di risolubilità e alle cosiddette proprietà spettrali degli operatori ellittici (formalizzando i concetti di autovalore ed autofunzione) sono inclusi alla fine del capitolo.

Un commento finale. Consideriamo ancora il problema di minimizzazione di cui sopra. Abbiamo allargato la classe delle configurazioni ammissibili da un insieme ristretto di funzioni regolari ad una classe di funzioni piuttosto ampia. Ma:

che tipo di soluzioni troviamo con i metodi variazionali?

Se i dati del problema (e.g. Ω e f, per la membrana) sono regolari, può essere che la soluzione variazionale sia irregolare? Se così fosse, la teoria non sembrerebbe molto promettente! In realtà, sebbene lavoriamo in un insieme di configurazioni anche molto irregolari, la soluzione variazionale possiede il grado di regolarità naturale, confermando ancora una volta l'intrinseca coerenza del metodo.

La conoscenza della regolarità massima possibile della soluzione svolge un ruolo importante nel controllo degli errori nei metodi numerici e quindi non è un mero esercizio teorico. Tuttavia, questa parte di teoria è piuttosto tecnica e non abbiamo spazio per un trattamento adeguato. Ci limiteremo ad enunciare alcuni dei risultati più comuni.

La potenza dei metodi astratti non è ristretta a problemi stazionari. Come vedremo, si possono introdurre spazi di Sobolev dipendenti dal tempo, adatti al trattamento di problemi di evoluzione per equazioni sia di diffusione sia delle onde (Capitolo 9).

In questo testo introduttivo, l'enfasi è maggiormente sui problemi *lineari*.

6.2 Spazi normati, metrici e topologici. Spazi di Banach

Può essere utile per sviluppi futuri introdurre brevemente le nozioni di *norma* e di *distanza* indipendentemente da quella di *prodotto interno*, per metterne meglio in luce le proprietà assiomatiche.

Sia X uno spazio vettoriale sul campo reale o complesso. Una *norma* in X è un'applicazione

$$\|\cdot\| : X \to \mathbb{R}$$

tale che, per ogni scalare λ e ogni $x,y \in X$, valgano le seguenti proprietà:

$\mathcal{N}_1)$ $\|x\| \geq 0; \|x\| = 0$ se e solo se $x = 0$ *(annullamento)*

$\mathcal{N}_2)$ $\|\lambda x\| = |\lambda| \, \|x\|$ *(omogeneità)*

$\mathcal{N}_3)$ $\|x + y\| \leq \|x\| + \|y\|$ *(disuguaglianza triangolare)*.

Una norma vuole rappresentare una misura della *lunghezza* di un vettore $x \in X$, per cui le proprietà $1, 2, 3$ dovrebbero apparire come una naturale richiesta.

Una coppia $(X, \|\cdot\|)$, composta da uno spazio vettoriale X e da una norma in esso introdotta prende il nome di *spazio normato*. Uno spazio normato è anche *metrico*, con la distanza *indotta dalla norma*:

$$d(x, y) = \|x - y\|. \tag{6.8}$$

Per *spazio metrico* si intende una coppia (M, d) dove M è un insieme (non necessariamente uno spazio vettoriale!) e d una *distanza in M*, ossia una funzione

$$d : M \times M \to \mathbb{R}$$

tale che, per ogni scalare λ e ogni $x,y,z \in M$, valgano le seguenti proprietà, che il lettore non avrà difficoltà a riconoscere come naturali:

$\mathcal{D}_1)$ $d(x,y) \geq 0$ e $d(x,y) = 0$ se e solo se $x = y$ *(annullamento)*

$\mathcal{D}_2)$ $d(x,y) = d(y,x)$ *(simmetria)*

$\mathcal{D}_3)$ $d(x,z) \leq d(x,y) + d(y,z)$ *(disuguaglianza triangolare)*.

Usando le proprietà della norma, non è difficile controllare che la (6.8) soddisfa le proprietà di una distanza e quindi $(X, \|\cdot\|)$ è anche spazio metrico.

La presenza di una distanza permette a sua volta di introdurre in X una *struttura topologica* (o in breve, una *topologia*) che rende X uno *spazio topologico*.

In generale, uno *spazio topologico* è costituito da una coppia $(\mathcal{T}, \mathcal{A})$ dove $\mathcal{T}$ è un insieme ed $\mathcal{A}$ è una famiglia di sottoinsiemi di $\mathcal{T}$, ai quali si conferisce lo status di *aperti*, con le seguenti proprietà.

$\mathcal{T}_1)$ $\mathcal{T}$ e $\emptyset$ (l'insieme vuoto) appartengono ad $\mathcal{A}$.

$\mathcal{T}_1)$ *Una qualunque unione di elementi di $\mathcal{A}$ appartiene ad $\mathcal{A}$.*

$\mathcal{T}_3)$ *L'intersezione di un numero **finito** di elementi di $\mathcal{A}$ appartiene ad $\mathcal{A}$.*

Si possono ora definire tutti gli altri concetti topologici come si fa in $\mathbb{R}^n$. Per esempio, un insieme $E \subset \mathcal{T}$ si dice *chiuso* se il suo complementare è aperto. Un **intorno** di un punto $x \in \mathcal{T}$ è definito come *un aperto che contiene x*.

Rispetto a un insieme $E \subset \mathcal{T}$, un punto x si dice:

– di *accumulazione* per E se **ogni** intorno di x contiene infiniti punti di E;

– *interno* ad E, se **esiste** un intorno di x contenuto in E;

– *di frontiera* per E, se **ogni** *intorno di x* contiene sia punti di E sia punti del complementare. L'insieme dei punti di frontiera è indicato con ∂E.

Si dimostra facilmente che un insieme è chiuso *se e solo se* contiene tutti i suoi punti di accumulazione ed anche *se e solo se* contiene tutti i suoi punti di frontiera. L'insieme $\overline{E} = E \cup \partial E$ si chiama *chiusura di E*. Se $U \subset E$, diciamo che U è *denso in E* se $\overline{U} = \overline{E}$.

Vi sono altre possibilità per introdurre una topologia. Per esempio, si può introdurre la famiglia dei *chiusi* anziché degli aperti (quali proprietà dovrebbe avere tale famiglia?).

Tornando agli spazi normati $(X, \|\cdot\|)$, la famiglia di aperti si definisce nel modo seguente. Prima si definisce la sfera (aperta) con raggio $r > 0$ e centro in x, data dall'insieme

$$B_r(x) = \{y \in X : \ \|x - y\| < r\}$$

e conseguentemente si definisce *aperto* un insieme A tale che per ogni $x \in A$ esiste $B_r(x) \subset A$.

Un insieme E si dice *limitato* se esiste una sfera $B_r(0)$ che lo contiene, ossia se esiste r tale che $\|x\| < r$ per ogni $x \in E$.

La nozione di convergenza si introduce in modo molto semplice.
Diciamo che una successione $\{x_m\} \subset X$ *converge a x in X*, e scriviamo $x_m \to x$ in X, se $d(x_m, x) = \|x_m - x\| \to 0$ per $m \to \infty$. Il limite é unico, infatti, se $d(x_m, x) \to 0$ e $d(x_m, y) \to 0$, abbiamo

$$0 \le d(x, y) \le d(x_m, x) + d(x_m, y) \to 0 \qquad \text{se } m \to +\infty$$

da cui $x = y$.

Un'importante distinzione è quella tra successioni convergenti e successioni di *Cauchy* o *fondamentali*. Una successione $\{x_n\}$ di elementi di X si dice *fondamentale o di Cauchy* se

$$d(x_m, x_n) = \|x_m - x_n\| \to 0 \qquad \text{per } m, n \to \infty.$$

In ogni spazio metrico,

$$\{x_n\} \text{ convergente } \textbf{implica } \{x_n\} \text{ fondamentale.} \tag{6.9}$$

Ciò segue subito dalla disuguaglianza triangolare per la distanza:

$$d(x_m, x_n) \le d(x_m, x) + d(x_n, x).$$

Infatti, se $\{x_n\}$ è convergente, i due addendi a destra tendono a 0 e quindi anche $d(x_m, x_n) \to 0$, per cui $\{x_n\}$ è fondamentale. Per convincersi che l'implicazione opposta non è sempre vera, basta pensare allo spazio metrico $\mathbb{Q}$ dei numeri razionali, con la solita distanza $d(x, y) = |x - y|$, ed alla successione

$$x_n = \left(1 + \frac{1}{n}\right)^n$$

che è fondamentale ma non convergente in $\mathbb{Q}$ (converge in $\mathbb{R}$ al numero $e \notin \mathbb{Q}$).

Se nella (6.9) vale l'implicazione opposta, lo spazio metrico si dice **completo**.

Definizione 2.1. *Uno spazio* **normato completo** *prende il nome di* **spazio di Banach.**

In linea di principio, in uno spazio vettoriale è possibile introdurre norme diverse. La scelta "giusta" è spesso dettata proprio dalla proprietà di completezza, come si vedrà dagli esempi che seguono.

La definizione di limite per funzioni operanti tra spazi metrici o normati si riconduce a limiti per funzioni reali (le distanze). Siano X, Y spazi normati, con rispettive norme $\|\cdot\|_X$ e $\|\cdot\|_Y$, e sia F una funzione da X a Y. F si dice *continua in* $x \in X$ quando

$$\|F(y) - F(x)\|_Y \to 0 \qquad \text{se } \|y - x\|_X \to 0$$

o, equivalentemente, quando, per ogni successione $\{x_n\} \subset X$,

$$\|x_n - x\|_X \to 0 \quad \text{implica} \quad \|F(x_n) - F(x)\|_Y \to 0.$$

F si dice *continua in* X quando è *continua in ogni* $x \in X$.

Microteorema 2.1. *Ogni norma in uno spazio* X *è continua in* X.

Dimostrazione. Sia $\|\cdot\|$ una norma in X. Dalla disuguaglianza triangolare, si ha

$$\|y\| \le \|y - x\| + \|x\| \quad \text{e} \quad \|x\| \le \|y - x\| + \|y\|$$

da cui $|\|y\| - \|x\|| \le \|y - x\|$.

Perciò, se $\|y - x\| \to 0$ anche $|\|y\| - \|x\|| \to 0$, che esprime la continuità della norma.   □

• Due norme $\|\cdot\|_1$ e $\|\cdot\|_2$ definite nello stesso spazio vettoriale X si dicono *equivalenti* quando esistono due numeri positivi c_1 e c_2 tali che

$$c_1 \|x\|_2 \le \|x\|_1 \le c_2 \|x\|_2 \qquad \text{per ogni } x \in X.$$

In tal caso, una successione $\{x_n\} \subset X$ è fondamentale rispetto alla norma $\|\cdot\|_1$ se e solo se lo è rispetto alla norma $\|\cdot\|_2$. In particolare, X è completo rispetto alla norma $\|\cdot\|_1$ se e solo se lo è rispetto alla norma $\|\cdot\|_2$.

Vediamo qualche esempio significativo.

Spazi di funzioni continue. Sia Ω un dominio limitato di $\mathbb{R}^n$.

Lo spazio $C\left(\overline{\Omega}\right)$. Il simbolo $C\left(\overline{\Omega}\right)$, o anche $C^0\left(\overline{\Omega}\right)$, indica lo spazio vettoriale delle funzioni reali o complesse, continue in $\overline{\Omega}$. Con la norma

$$\|f\|_{C(\overline{\Omega})} = \max_{\overline{\Omega}} |f|$$

$C\left(\overline{\Omega}\right)$ è uno spazio di Banach. Infatti, una successione di funzioni $\{f_m\}$ converge a f in $C\left(\overline{\Omega}\right)$ se

$$\max_{\overline{\Omega}} |f_m - f| \to 0,$$

cioè se f_m converge uniformemente a f in $\overline{\Omega}$. Una successione $\{f_m\} \subset C\left(\overline{\Omega}\right)$ è fondamentale se

$$\max_{\overline{\Omega}} |f_m - f_k| \to 0, \qquad \text{per } m, k \to +\infty$$

per cui esiste una funzione limite f alla quale f_m converge uniformemente. Poiché il limite uniforme di funzioni continue è continuo, segue che $f \in C\left(\overline{\Omega}\right)$, per cui $C\left(\overline{\Omega}\right)$ è completo.

Si noti che altre norme sono possibili in $C\left(\overline{\Omega}\right)$; infatti

$$\|f\|_2 = \left(\int_\Omega |f|^2\right)^{1/2}$$

è un'altra possibile norma, detta norma *integrale di ordine* 2 o norma $L^2\left(\Omega\right)$, rispetto alla quale, però, lo spazio non è completo. Per provarlo, sia per esempio $\Omega = (-1, 1) \subset \mathbb{R}$. La successione

$$f_m(t) = \begin{cases} 0 & t \le 0 \\ mt & 0 < t \le \frac{1}{m} \\ 1 & t > \frac{1}{m} \end{cases} \qquad (m \ge 1)$$

è contenuta in $C\left([-1, 1]\right)$ ed è di Cauchy rispetto alla norma integrale di ordine 2. Infatti $(m > k)$ si ha

$$\|f_m - f_k\|_{L^2(\Omega)}^2 = \int_{-1}^1 |f_m(t) - f_k(t)|^2 \, dt$$

$$= (m - k)^2 \int_0^{1/m} t^2 dt + \int_0^{1/k} (1 - kt)^2 \, dt$$

$$= \frac{(m - k)^2}{3m^3} + \frac{1}{3k} < \frac{1}{3}\left(\frac{1}{m} + \frac{1}{k}\right) \to 0 \qquad \text{per } m, k \to \infty.$$

Tuttavia f_n converge nella norma $L^2\left(-1, 1\right)$ alla funzione di Heaviside

$$\mathcal{H}(t) = \begin{cases} 1 & t \ge 0 \\ 0 & t < 0 \end{cases}$$

che è discontinua in $t = 0$ e quindi non appartiene a $C\left([-1, 1]\right)$. Naturalmente, la successione $\{f_m\}$ non è di Cauchy rispetto alla norma $\|f\|_{C(\overline{\Omega})}$.

Gli spazi $C^k\left(\overline{\Omega}\right)$. Più in generale, consideriamo lo spazio $C^k\left(\overline{\Omega}\right)$, $k \ge 1$ intero naturale, costituito dalle funzioni differenziabili con continuità in $\overline{\Omega}$ fino all'ordine k incluso.

Per indicare una generica derivata di ordine m, è comodo introdurre l'$n-$*upla* di interi non negativi (o *multi-indice*) $\alpha = (\alpha_1, ..., \alpha_n)$, di *lunghezza* $|\alpha| = \alpha_1 + ... + \alpha_n = m$, e porre

$$D^\alpha = \frac{\partial^{\alpha_1}}{\partial x_1^{\alpha_1}} \cdots \frac{\partial^{\alpha_n}}{\partial x_n^{\alpha_n}}.$$

Naturalmente, ricorreremo a questo simbolo solo in caso di stretta necessità! Introduciamo in $C^k\left(\overline{\Omega}\right)$ la norma (*norma Lagrangiana di ordine k*):

$$\|f\|_{C^k(\overline{\Omega})} = \|f\|_{C(\overline{\Omega})} + \sum_{|\alpha|=1}^{k} \|D^\alpha f\|_{C(\overline{\Omega})}.$$

Se $\{f_n\}$ è di Cauchy in $C^k\left(\overline{\Omega}\right)$, tutte le successioni $\{D^\alpha f_n\}$ con $0 \le |\alpha| \le k$ sono di Cauchy in $C\left(\overline{\Omega}\right)$. Dai teoremi di derivazione termine a termine, segue che lo spazio risultante è di Banach.

Gli spazi $C^{0,\alpha}\left(\overline{\Omega}\right)$, $0 \le \alpha \le 1$. Diciamo che una funzione f è *Hölderiana in Ω con esponente* α se

$$\sup_{\substack{\mathbf{x},\mathbf{y}\in\Omega \\ \mathbf{x}\neq\mathbf{y}}} \frac{|f(\mathbf{x}) - f(\mathbf{y})|}{|\mathbf{x}-\mathbf{y}|^\alpha} \equiv C_H(f;\Omega) < \infty. \tag{6.10}$$

A primo membro della (6.10) appare un "rapporto incrementale di ordine α". Il numero $C_H(f;\Omega)$ si chiama *costante di Hölder* di f in Ω. Se $\alpha = 1$, f è Lipschitziana. Tipiche funzioni Hölderiane in $\mathbb{R}^n$ con esponente α sono le potenze $|\mathbf{x}|^\alpha$.

Il simbolo $C^{0,\alpha}\left(\overline{\Omega}\right)$ indica il sottospazio di $C\left(\overline{\Omega}\right)$ costituito dalle funzioni Hölderiane in Ω con esponente α. Con la norma

$$\|f\|_{C^{0,\alpha}(\overline{\Omega})} = \|f\|_{C(\overline{\Omega})} + C_H(f;\Omega)$$

$C^{0,\alpha}\left(\overline{\Omega}\right)$ risulta uno spazio di Banach (perché?).

Gli spazi $C^{k,\alpha}\left(\overline{\Omega}\right)$, $k \ge 1$ intero naturale, $0 \le \alpha \le 1$. $C^{k,\alpha}\left(\overline{\Omega}\right)$ indica il sottospazio di $C^k\left(\overline{\Omega}\right)$ costituito dalle funzioni che hanno tutte derivate di ordine k Hölderiane in Ω con esponente α. Con la norma

$$\|f\|_{C^{k,\alpha}(\overline{\Omega})} = \|f\|_{C^k(\overline{\Omega})} + \sum_{|\beta|=k} C_H\left(D^\beta f;\Omega\right)$$

$C^{k,\alpha}\left(\overline{\Omega}\right)$ diventa uno spazio di Banach.

Vedremo più avanti l'utilità di tutti questi spazi.

Nota 2.1. Con l'introduzione degli spazi funzionali stiamo facendo un importante passo verso l'astrazione, riguardando le singole funzioni da una diversa prospettiva. Nei corsi introduttivi di Analisi Matematica una funzione è un'applicazione univoca da un insieme in un altro (una *point map*); qui una funzione è un *singolo elemento* o *punto* o *vettore* di uno spazio.

Spazi di funzioni sommabili e di funzioni limitate. Sia Ω un insieme *aperto* in $\mathbb{R}^n$ e $p \ge 1$ un numero reale. Indichiamo col simbolo $L^p(\Omega)$ l'insieme delle funzioni f che sono $p-$*sommabili* in Ω secondo Lebesgue, tali cioè che $\int_\Omega |f|^p < \infty$, ritenendo due funzioni identiche quando sono uguali quasi ovunque[1]. $L^p(\Omega)$ è uno spazio di Banach[2] con la norma integrale di ordine p:

$$\|f\|_{L^p(\Omega)} = \left(\int_\Omega |f|^p\right)^{1/p}.$$

L'identificazione di due funzioni uguali q.o. implica che ogni elemento di $L^p(\Omega)$ non è una singola funzione bensì una *classe di equivalenza* di funzioni, che differiscono a due a due solo su un insieme di misura nulla. Una situazione perfettamente analoga è quella dei *numeri razionali*. Infatti, rigorosamente, un numero razionale è definito come una classe di equivalenza di frazioni: per esempio, le frazioni $2/3$, $4/6$, $8/12$ .... rappresentano lo *stesso* numero, anche se per un uso concreto ci si può riferire al rappresentante (la frazione) più conveniente. Lo stesso accade con le funzioni di L^p anche se vedremo che in alcune circostanze occorre cautela.

Una funzione $f : \Omega \to \mathbb{R}$ (o $\mathbb{C}$) si dice *essenzialmente limitata*[3] se esiste un numero reale M tale che

$$|f(x)| \le M \qquad \text{q.o. in } \Omega. \tag{6.11}$$

Indichiamo col simbolo $L^\infty(\Omega)$ l'insieme delle funzioni *essenzialmente* limitate in Ω, ritenendo due funzioni identiche quando differiscono su un insieme di misura (di Lebesgue) nulla. L'estremo inferiore dei numeri M con la proprietà (6.11) si chiama *estremo superiore essenziale di* $|f|$ ed è una norma su $L^\infty(\Omega)$, che indicheremo con

$$\|f\|_{L^\infty(\Omega)} = \operatorname*{ess\,sup}_\Omega |f|.$$

Si noti che l'estremo superiore essenziale può differire dall'estremo superiore (Problema 1.2). Rispetto alla norma $\|f\|_{L^\infty(\Omega)}$, $L^\infty(\Omega)$ risulta uno spazio di Banach.

• *Disuguaglianza di Hölder.* La disuguaglianza (1.9) può essere riscritta in termini di norme:

$$\left|\int_\Omega fg\right| \le \|f\|_{L^p(\Omega)}\|g\|_{L^q(\Omega)}, \tag{6.12}$$

dove $q = p/(p-1)$ è l'*esponente coniugato di* p, includendo anche il caso $p = 1$, $q = \infty$.

Si noti che, se Ω ha misura *finita* e $1 \le p_1 < p_2 \le \infty$, dalla (6.12) si deduce, scegliendo $g \equiv 1$, $p = p_2/p_1$ e $q = p_2/(p_2 - p_1)$:

$$\left|\int_\Omega |f|^{p_1}\right| \le |\Omega|^{1/q}\|f\|_{L^{p_2}(\Omega)}^{p_1}$$

---

[1] Precisamente, si *passa al quoziente* nell'insieme delle funzioni p–sommabili rispetto alla relazione di equivalenza di *uguaglianza quasi ovunque*. Si ottiene un nuovo spazio che si indica con $L^p(\Omega)$, i cui elementi sono *classi di equivalenza*. Ad ogni classe appartengono tutte le funzioni p–sommabili che differiscono a due a due solo su un insieme di misura nulla.

[2] Si veda e.g. *Yoshida*, 1965.

[3] Appendice B.

e quindi $L^{p_2}(\Omega) \subset L^{p_1}(\Omega)$. Se la misura di Ω è *infinita*, questa inclusione non è vera, in generale; per esempio, $f \equiv 1$ appartiene a $L^\infty(\mathbb{R})$ ma non a $L^p(\mathbb{R})$ per $1 \le p < \infty$.

Infine, osserviamo che, se Ω è limitato, $C(\overline{\Omega}) \subset L^p(\Omega)$ per ogni $1 \le p \le \infty$. Se inoltre, $p < \infty$, dal Teorema B.6 si deduce che $C(\overline{\Omega})$ è denso in $L^p(\Omega)$.

Ciò significa che se $f \in L^p(\Omega)$, $1 \le p < \infty$, esiste una successione $\{f_k\} \subset C(\overline{\Omega})$ tale che $f_k \to f$ in $L^p(\Omega)$. $C(\overline{\Omega})$ risulta dunque un sottospazio **non chiuso** di $L^p(\Omega)$, $1 \le p < \infty$.

6.3 Spazi di Hilbert

Veniamo ora agli *spazi di Hilbert*. Sia X uno spazio vettoriale sul campo *reale*. Si dice che X è uno spazio *pre-Hilbertiano* oppure uno spazio *dotato di prodotto interno* se è definita una funzione

$$(\cdot, \cdot) : X \times X \to \mathbb{R}$$

detta *prodotto interno o scalare*, tale che, per ogni x, y, $z \in X$ e ogni λ, $\mu \in \mathbb{R}$ si abbia

$\mathcal{H}_1)$ $(x, x) \ge 0$ e $(x, x) = 0$ se e solo se $x = 0$ *(annullamento)*

$\mathcal{H}_2)$ $(x, y) = (y, x)$ *(simmetria)*

$\mathcal{H}_3)$ $(\mu x + \lambda y, z) = \mu(x, z) + \lambda(y, z)$ *(bilinearità)*.

La $\mathcal{H}_3$ indica che il prodotto interno è lineare rispetto al primo argomento. Dalla 2 si deduce che esso è lineare anche rispetto al secondo. Si dice allora che $(\cdot, \cdot)$ è una *forma bilineare simmetrica* da $X \times X$ in $\mathbb{R}$. Se sono coinvolti spazi pre-Hilbertiani differenti, useremo notazioni come $(\cdot, \cdot)_X$, $(\cdot, \cdot)_Y$ per evitare confusioni.

Nota 3.1. Se il campo di scalari è quello dei numeri complessi $\mathbb{C}$, allora si ha

$$(\cdot, \cdot) : X \times X \to \mathbb{C}$$

e la proprietà di simmetria 2 è sostituita dalla seguente:

$\mathcal{H}_2)_{bis}.$ $(x, y) = \overline{(y, x)}$

dove la barra sta per *coniugato*. La proprietà di linearità rispetto al secondo argomento si modifica di conseguenza nel modo seguente:

$$(z, \mu x + \lambda y) = \overline{\mu}(z, x) + \overline{\lambda}(z, y).$$

Si dice allora che $(\cdot, \cdot)$ è *antilineare rispetto al secondo argomento* e che è una forma *sesquilineare da $X \times X$ in $\mathbb{C}$*.

Un prodotto interno *induce* nello spazio una norma tramite la formula

$$\|x\| = \sqrt{(x, x)}$$

ben definita grazie alla proprietà 1 del prodotto scalare. Pertanto uno spazio pre-Hilbertiano è anche normato. Valgono le seguenti importanti proprietà.

Teorema 3.1. *Siano X pre-Hilbertiano e $x, y \in X$. Allora:*

(1) **Disuguaglianza di Schwarz**

$$|(x, y)| \leq \|x\| \, \|y\|$$

con uguaglianza se e solo se x e y sono linearmente dipendenti.

(2) **Legge del parallelogramma**

$$\|x + y\|^2 + \|x - y\|^2 = 2 \|x\|^2 + 2 \|y\|^2 \, .$$

Se si interpreta $\|x\|$ come la lunghezza del vettore x, la legge del parallelogramma generalizza un risultato della geometria Euclidea elementare: *la somma dei quadrati delle lunghezze delle diagonali di un parallelogramma uguaglia la somma dei quadrati della lunghezza dei suoi lati.*

Dimostrazione. (1) La dimostrazione ricalca quella valida in spazi vettoriali a dimensione finita. Per ogni $t \in \mathbb{R}$ ed ogni $x, y \in X$, si ha, utilizzando le proprietà del prodotto interno,

$$0 \leq (tx + y, tx + y) = t^2 \|x\|^2 + 2t\,(x, y) + \|y\|^2 \equiv P\,(t) \, .$$

Ciò significa che il trinomio $P(t)$ è sempre non negativo e pertanto deve avere discriminante non positivo, ossia

$$(x, y)^2 - \|x\|^2 \|y\|^2 \leq 0,$$

che equivale alla disuguaglianza di Schwarz. L'uguaglianza si ha solo se $tx + y = 0$ ossia se x e y sono dipendenti.

(2) Basta osservare che

$$\|x \pm y\|^2 = (x \pm y, y \pm y) = \|x\|^2 \pm 2\,(x, y) + \|y\|^2 \, . \tag{6.13}$$

$\square$

La disuguaglianza di Schwarz implica che il prodotto interno è continuo. Precisamente: *sia X pre-Hilbertiano. Allora, per ogni $y \in X$, fissato, la funzione*

$$x \longmapsto (x, y)$$

è continua in X.

Dimostrazione. Dalla linearità e dalla disuguaglianza di Schwarz:

$$|(z, y) - (x, y)| = |(z - x, y)| \leq \|z - x\| \, \|y\|$$

e quindi, se $\|z - x\| \to 0$, anche il primo membro tende a zero, da cui la continuità richiesta. $\square$

Definizione 3.1. *Si chiama* **spazio di Hilbert** *uno spazio dotato di prodotto interno,* **completo** *rispetto alla norma indotta.*

Due spazi di Hilbert H_1 e H_2 sono *isomorfi* se esiste un'applicazione lineare biunivoca $L : H_1 \to H_2$, detta *isomorfismo*. Se inoltre L *preserva le norme,* cioè

$$\|x\|_{H_1} = \|Lx\|_{H_2}\,,$$

H_1 e H_2 si dicono *isometrici*. In questo caso l'applicazione L si chiama *isometria* e permette a tutti gli effetti pratici di identificare H_1 ed H_2, in quanto L conserva anche i prodotti interni (esercizio):

$$(x, y)_{H_1} = (Lx, Ly)_{H_2} \qquad \forall x, y \in H_1.$$

Esempio 3.1. $\mathbb{R}^n$ è uno spazio di Hilbert rispetto al prodotto scalare usuale

$$(\mathbf{x}, \mathbf{y})_{\mathbb{R}^n} = \mathbf{x} \cdot \mathbf{y} = \sum_{i=1}^n x_i y_i, \qquad \mathbf{x} = (x_1, ..., x_n)\,,\ \mathbf{y} = (y_1, ..., y_n).$$

La norma indotta è

$$|\mathbf{x}| = \sqrt{\mathbf{x} \cdot \mathbf{x}} = \sqrt{\sum_{i=1}^n x_i^2}.$$

Più in generale, se $\mathbf{A} = (a_{ij})_{i,j=1,...,n}$ è una matrice quadrata di ordine n, *simmetrica e definita positiva*, l'espressione

$$(\mathbf{x}, \mathbf{y})_{\mathbf{A}} = \sum_{i=1}^n a_{ij} x_i y_j \tag{6.14}$$

definisce un prodotto scalare in $\mathbb{R}^n$. Anzi, si può mostrare che *ogni* prodotto scalare in $\mathbb{R}^n$ si può scrivere nella forma (6.14), con un'opportuna matrice $\mathbf{A}$.

$\mathbb{C}^n$ è uno spazio di Hilbert rispetto al prodotto scalare

$$(\mathbf{x}, \mathbf{y})_{\mathbb{C}^n} = \sum_{i=1}^n x_i \bar{y}_i \qquad \mathbf{x} = (x_1, ..., x_n)\,,\ \mathbf{y} = (y_1, ..., y_n).$$

N.B. Non è difficile dimostrare che ogni spazio vettoriale reale (risp. complesso) di dimensione n è isometrico a $\mathbb{R}^n$ (risp. $\mathbb{C}^n$).

Esempio 3.2. Lo spazio $L^2(\Omega)$ è uno spazio di Hilbert rispetto al prodotto scalare

$$(u, v)_{L^2(\Omega)} = \int_\Omega uv.$$

$C^0(\overline{\Omega})$ è spazio pre-Hilbertiano rispetto allo stesso prodotto interno, ma, come abbiamo già visto, non è completo.

$\Rightarrow$ *Notazioni.* Se Ω è fissato, **useremo le notazioni**

$$(u, v)_0 \text{ anziché } (u, v)_{L^2(\Omega)} \text{ e } \|u\|_0 \text{ anziché } \|u\|_{L^2(\Omega)}.$$

Esempio 3.3. Sia $l_{\mathbb{C}}^2$ l'insieme delle successioni $\mathbf{x} = \{x_m\}$ a valori in $\mathbb{C}$, tali che

$$\sum_{i=1}^\infty |x_m|^2 < \infty.$$

Per $\mathbf{x} = \{x_m\}$ e $\mathbf{y} = \{y_m\}$, definiamo

$$(\mathbf{x}, \mathbf{y})_{l_{\mathbb{C}}^2} = \sum_{i=1}^{\infty} x_i \bar{y}_j.$$

Allora $(\mathbf{x}, \mathbf{y})_{l_{\mathbb{C}}^2}$ definisce un prodotto interno rispetto al quale $l_{\mathbb{C}}^2$ risulta uno spazio di Hilbert su $\mathbb{C}$ (Problema 6.3) che costituisce l'analogo discreto (detto spazio *delle frequenze*) di $L^2(0, 2\pi)$. Infatti, ogni $u \in L^2(0, 2\pi)$ ha uno sviluppo in serie di Fourier

$$u(x) = \sum_{m \in \mathbb{Z}} \widehat{u}_m e^{imx},$$

dove

$$\widehat{u}_m = \frac{1}{2\pi} \int_0^{2\pi} u(x) e^{-imx} dx.$$

Si noti che $\overline{\widehat{u}}_m = \widehat{u}_{-m}$, poiché u è una funzione reale. Dall'identità di Parseval (Nota 1.5.1) abbiamo

$$(u, v)_0 = \int_0^{2\pi} uv = (2\pi) \sum_{m \in \mathbb{Z}} \widehat{u}_m \widehat{v}_{-m}$$

e (equazione di Bessel)

$$\|u\|_0^2 = \int_0^{2\pi} u^2 = (2\pi) \sum_{m \in \mathbb{Z}} |\widehat{u}_m|^2.$$

Esempio 3.4. *Uno spazio di Sobolev.* È possibile usare lo spazio delle frequenze introdotto nell'esempio precedente per definire le derivate di una funzione in $L^2(0, 2\pi)$ in senso debole o generalizzato. Per cominciare, sia $u \in C^1(\mathbb{R})$, 2π−periodica. I coefficienti di Fourier di u' sono dati da $\widehat{u'}_m = im\widehat{u}_m$ e possiamo scrivere

$$\|u'\|_0^2 = \int_0^{2\pi} (u')^2 = (2\pi) \sum_{m \in \mathbb{Z}} m^2 |\widehat{u}_m|^2. \qquad (6.15)$$

Pertanto, entrambe le successioni $\{\widehat{u}_m\}$ e $\{m\widehat{u}_m\}$ appartengono a $l_{\mathbb{C}}^2$. Ma il secondo membro in (6.15) non coinvolge u' direttamente, cosicché ha senso definire lo spazio

$$H^1_{per}(0, 2\pi) = \left\{ u \in L^2(0, 2\pi) : \{\widehat{u}_m\}, \{m\widehat{u}_m\} \in l_{\mathbb{C}}^2 \right\}$$

e introdurre il prodotto interno

$$(u, v)_{1, per} = (2\pi) \sum_{m \in \mathbb{Z}} [1 + m^2] \widehat{u}_m \widehat{v}_{-m}$$

rispetto al quale $H^1_{per}(0, 2\pi)$ è uno spazio di Hilbert.

Poiché $\{m\widehat{u}_m\} \in l_{\mathbb{C}}^2$, a ogni $u \in H_{per}^1 (0, 2\pi)$ si può associare biunivocamente la funzione $v \in L^2 (0, 2\pi)$ data da

$$v(x) = \sum_{m \in \mathbb{Z}} im\widehat{u}_m e^{imx}.$$

Confrontando con (6.15), si vede che v può essere considerata come *la derivata debole di* u e che quindi lo spazio $H_{per}^1 (0, 2\pi)$ diventa uno spazio di funzioni che appartengono ad $L^2 (0, 2\pi)$, insieme alla loro derivata prima debole.

Sia $u \in H_{per}^1 (0, 2\pi)$ e

$$u(x) = \sum_{m \in \mathbb{Z}} \widehat{u}_m e^{imx}. \qquad (6.16)$$

Poiché

$$\left| \widehat{u}_m e^{imx} \right| = \frac{1}{m} m \left| \widehat{u}_m \right| \le \frac{1}{2} \left(\frac{1}{m^2} + m^2 \left| \widehat{u}_m \right|^2 \right)$$

il test di Weierstrass implica che la serie (6.16) converge uniformemente in $\mathbb{R}$. Dunque, u ha un prolungamente continuo e $2\pi-$periodico in tutto $\mathbb{R}$.

Infine, osserviamo che, se usiamo il simbolo u' anche per la derivata debole di u, il prodotto interno in $H_{per}^1 (0, 2\pi)$ può essere scritto nella forma

$$(u, v)_{1,per} = \int_0^{2\pi} (u'v' + uv).$$

Lo spazio $H_{per}^1 (0, 2\pi)$ è un esempio dei cosiddetti *spazi di Sobolev*, sui quali torneremo nel Capitolo 7.

6.4 Ortogonalità e proiezioni negli spazi di Hilbert

6.4.1 Il Teorema di Proiezione

Gli *spazi di Hilbert* sono l'ambiente ideale per risolvere problemi in dimensione infinita. Unificano, attraverso il prodotto interno e la norma indotta, le strutture di spazio vettoriale e metrico in un modo molto più efficiente di quanto non faccia una norma generica. Si può parlare di ortogonalità e di proiezioni, di un Teorema di Pitagora infinito dimensionale (un'istanza ne è la formula di Bessel per le serie di Fourier) e di altre operazioni che rendono la struttura estremamente ricca e comoda da usare. È in questo ambiente che inquadreremo e risolveremo i problemi al contorno per equazioni a derivate parziali.

In analogia a quanto accade negli spazi vettoriali a dimensione finita, due elementi x, y di uno spazio dotato di prodotto interno $(\cdot, \cdot)$ si dicono **ortogonali** se $(x, y) = 0$ e si scrive $x \perp y$.

Ora, se si considera un sottospazio V di $\mathbb{R}^n$, per esempio un iperpiano passante per l'origine, ogni elemento $\mathbf{x} \in \mathbb{R}^n$ ha una proiezione ortogonale su V. Infatti, se $\dim V = k$ e i versori $\mathbf{v}_1, \mathbf{v}_2, ..., \mathbf{v}_k$ costituiscono una *base ortonormale* per V, si può trovare una base ortonormale per $\mathbb{R}^n$ data da

$$\mathbf{v}_1, \mathbf{v}_2, ..., \mathbf{v}_k, \mathbf{w}_{k+1}, ..., \mathbf{w}_n$$

dove $\mathbf{w}_{k+1}, ..., \mathbf{w}_n$ sono opportuni versori. Dunque, se

$$\mathbf{x} = \sum_{j=1}^{k} x_j v_j + \sum_{j=k+1}^{n} x_j w_j,$$

la proiezione di $\mathbf{x}$ su V è data da

$$P_V \mathbf{x} = \sum_{j=1}^{k} x_j v_j.$$

D'altra parte, è possibile caratterizzare $P_V \mathbf{x}$ evitando il ricorso ad una base dello spazio[4]; infatti, $P_V x$ è *l'elemento di V a minima distanza da* $\mathbf{x}$, nel senso che:

$$|P_V \mathbf{x} - \mathbf{x}| = \inf_{y \in V} |\mathbf{y} - \mathbf{x}|. \tag{6.17}$$

Per provarlo, sia $\mathbf{y} = \sum_{j=1}^{k} y_j \mathbf{v}_j$; si ha

$$|\mathbf{y} - \mathbf{x}|^2 = \sum_{j=1}^{k} (y_j - x_j)^2 + \sum_{j=k+1}^{n} x_j^2 \geq \sum_{j=k+1}^{n} x_j^2 = |P_V \mathbf{x} - \mathbf{x}|^2.$$

In questo caso, si vede che l'estremo inferiore in (6.17) è in realtà un minimo. Si noti che l'unicità di $P_V \mathbf{x}$ segue dal fatto che, se $\mathbf{y}^* \in V$ e

$$|\mathbf{y}^* - \mathbf{x}| = |P_V \mathbf{x} - \mathbf{x}|,$$

necessariamente deve essere

$$\sum_{j=1}^{k} (y_j^* - x_j)^2 = 0,$$

da cui $y_j^* = x_j$ per $j = 1, ..., k$ e quindi $\mathbf{y}^* = P_V \mathbf{x}$. Poiché

$$(\mathbf{x} - P_V \mathbf{x}) \perp \mathbf{v}, \qquad \forall \mathbf{v} \in V,$$

ogni $\mathbf{x} \in \mathbb{R}^n$ può essere scritto in modo unico nella forma (Figura 6.1)

$$\mathbf{x} = \mathbf{y} + \mathbf{z}$$

---

[4] ... che in dimensione infinita potrebbe diventare non agevole.

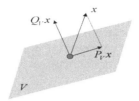

Figura 6.1 Teorema di Proiezione

con $\mathbf{y} = P_V\mathbf{x} \in V$ e $\mathbf{z} \in V^\perp$, dove $V^\perp$ indica il sottospazio dei vettori ortogonali a V. Si dice allora che $\mathbb{R}^n$ è *somma diretta* dei sottospazi V e $V^\perp$ e si scrive

$$\mathbb{R}^n = V \oplus V^\perp.$$

Inoltre, $|\mathbf{x}|^2 = |\mathbf{y}|^2 + |\mathbf{z}|^2$, che è il Teorema di Pitagora in $\mathbb{R}^n$.

Tutto quanto si può estendere agli spazi di Hilbert a dimensione *non finita*, pur di considerare **sottospazi chiusi** (nella topologia indotta dalla norma). Si noti che i sottospazi di dimensione k, *finita*, sono automaticamente chiusi, essendo isometrici a $\mathbb{R}^k$ (o $\mathbb{C}^k$). D'altra parte, abbiamo visto che possono esistere anche sottospazi non chiusi; per esempio, se Ω è limitato, $C\left(\overline{\Omega}\right)$ è un sottospazio non chiuso di $L^2\left(\Omega\right)$.

Osserviamo infine che *un sottospazio chiuso V di uno spazio di Hilbert H è anch'esso uno spazio di Hilbert rispetto allo stesso prodotto interno di H.*

Infatti, se $\{x_n\} \subset V$ è di Cauchy, esiste $x \in H$ tale che $x_n \to x$. Essendo V chiuso, $x \in V$ e perciò V è completo. Salvo avviso contrario **considereremo spazi di Hilbert sul campo reale**, con prodotto interno $(\cdot, \cdot)$ e norma indotta $\|\cdot\|$. Iniziamo con il seguente importante teorema.

Teorema 4.1 (di Proiezione). *Sia V un sottospazio chiuso di uno spazio di Hilbert H. Allora, per ogni $x \in H$, esiste un unico elemento $P_V x \in V$ tale che*

$$\|P_V x - x\| = \inf_{v \in V} \|v - x\|. \tag{6.18}$$

Valgono inoltre le seguenti proprietà:

1. $P_V x = x$ *se e solo se $x \in V$.*
2. *Posto $Q_V x = x - P_V x$, si ha $Q_V x \in V^\perp$ e*

$$\|x\|^2 = \|P_V x\|^2 + \|Q_V x\|^2.$$

Dimostrazione. Sia

$$d = \inf_{v \in V} \|v - x\|.$$

Dalla definizione di estremo inferiore, per ogni intero $n \geq 1$ esiste $v_n \in V$ tale che

$$d \leq \|v_n - x\| < d + \frac{1}{n}$$

e quindi $\|v_n - x\| \to d$, se $n \to \infty$.

Facciamo vedere che la successione $\{v_n\}$ è di Cauchy. Infatti, utilizzando la legge del parallelogramma per i vettori $v_n - x$ e $v_m - x$, si ha

$$\|v_n + v_m - 2x\|^2 + \|v_n - v_m\|^2 = 2\|v_n - x\|^2 + 2\|v_m - x\|^2. \tag{6.19}$$

Poiché $\frac{v_n + v_m}{2} \in V$, si può scrivere

$$\|v_n + v_m - 2x\|^2 = 4\left\|\frac{v_n + v_m}{2} - x\right\|^2 \geq 4d^2$$

e quindi, dalla (6.19)

$$\begin{aligned}\|v_n - v_m\|^2 &= 2\|v_n - x\|^2 + 2\|v_m - x\|^2 - \|v_n + v_m - 2x\|^2 \\ &\leq 2\|v_n - x\|^2 + 2\|v_m - x\|^2 - 4d^2.\end{aligned}$$

Passando al limite per $m, n \to \infty$, il secondo membro tende a zero, forzando

$$\|v_n - v_m\| \to 0.$$

Pertanto $\{v_n\}$ è di Cauchy. Essendo H completo, v_n converge ad un elemento $v \in H$, che appartiene anche a V, *essendo V chiuso*.

Usando la continuità della norma (e l'unicità del limite...), deduciamo

$$\|v_n - x\| \to \|v - x\| = d$$

e quindi v realizza la minima distanza da x, tra gli elementi di V.

Proviamo ora che l'elemento v di V tale che $\|v - x\| = d$ è unico. Se infatti ci fosse un altro elemento $w \in V$ tale che $\|w - x\| = d$, usando ancora la legge del parallelogramma, si avrebbe

$$\begin{aligned}\|w - v\|^2 &= 2\|w - x\|^2 + 2\|v - x\|^2 - 4\left\|\frac{w + v}{2} - x\right\|^2 \\ &\leq 2d^2 + 2d^2 - 4d^2 = 0\end{aligned}$$

da cui $w = v$. Abbiamo così dimostrato che esiste un unico elemento $v = P_V x \in V$ tale che

$$\|x - P_V x\| = d.$$

Per dimostrare la 1, osserviamo che, poiché V è chiuso, $x \in V$ se e solo se $d = 0$ ossia se e solo se $x = P_V x$.

Rimane da dimostrare la 2. Siano $Q_V x = x - P_V x$, $w \in V$ e $t \in \mathbb{R}$. Poiché $P_V x + tw \in V$ per ogni t, si ha

$$\begin{aligned}d^2 &\leq \|x - (P_V x + tw)\|^2 = \|Q_V x - tw\|^2 \\ &= \|Q_V x\|^2 - 2t(Q_V x, w) + t^2\|w\|^2 \\ &= d^2 - 2t(Q_V x, w) + t^2\|w\|^2\end{aligned}$$

ossia

$$P(t) \equiv t^2\|w\|^2 - 2t(Q_V x, w) \geq 0.$$

Il trinomio $P(t)$ è sempre non negativo e pertanto deve avere discriminante non positivo, per cui

$$(Q_V x, w)^2 \leq 0.$$

Pertanto $(Q_V x, w) = 0$ per ogni $w \in V$, che significa $Q_V x \in V^\perp$ e implica

$$\|x\|^2 = \|P_V x + Q_V x\|^2 = \|P_V x\|^2 + \|Q_V x\|^2 .$$

La dimostrazione è conclusa. $\square$

Gli elementi $P_V x$, $Q_V x$ si chiamano **proiezioni ortogonali di** x **su** V e $V^\perp$, rispettivamente. L'estremo inferiore in (6.18) è in realtà un minimo; inoltre, le 1, 2 equivalgono all'affermazione che H è *somma diretta di* V e $V^\perp$:

$$H = V \oplus V^\perp .$$

Dalla 1 si ricava poi che, se V è chiuso,

$$V^\perp = \{0\} \qquad \text{se e solo se} \qquad V = H.$$

Nota 4.1. Nelle stesse ipotesi del Teorema 4.1, un'altra caratterizzazione di $P_V x$ è la seguente (Problema 6.3): $u = P_V x$ *se e solo se*

$$\begin{cases} \textbf{1. } u \in V \\ \textbf{2. } (x - u, v) = 0 \quad \forall v \in V. \end{cases} \tag{6.20}$$

Nota 4.2. È utile sottolineare che anche se V è un sottospazio *non chiuso* di H, il sottospazio $V^\perp$ dei vettori ortogonali a V è *sempre chiuso*. Infatti se $y_n \to y$ e $\{y_n\} \subset V^\perp$, si ha, per ogni $x \in V$,

$$(y, x) = \lim (y_n, x) = 0$$

e quindi $y \in V^\perp$.

Esempio 4.1. Sia $\Omega \subset \mathbb{R}^n$, con misura di Lebesgue finita. In $L^2(\Omega)$, consideriamo il sottospazio V delle funzioni costanti. Una base di V è data per esempio dalla funzione

$$f \equiv 1 \qquad \text{in } \Omega$$

per cui V ha dimensione 1 ed è chiuso in $L^2(\Omega)$.

Data $f \in L^2(\Omega)$, la proiezione $P_V f$ si ottiene risolvendo il problema

$$\min_{\lambda \in \mathbb{R}} \int_\Omega (f - \lambda)^2 .$$

Essendo

$$\int_\Omega (f - \lambda)^2 = \int_\Omega f^2 - 2\lambda \int_\Omega f + \lambda^2 |\Omega| ,$$

si vede che il valore di λ minimizzante è

$$\lambda = \frac{1}{|\Omega|} \int_\Omega f$$

e cioè la media di f. Quindi

$$P_V f = \frac{1}{|\Omega|} \int_\Omega f, \quad e \quad Q_V f = f - \frac{1}{|\Omega|} \int_\Omega f.$$

Il sottospazio $V^\perp$ è dunque costituito dalle *funzioni* $g \in L^2(\Omega)$ *a media nulla*. Infatti, queste funzioni (e solo queste) sono ortogonali a $f \equiv 1$:

$$(g, 1)_0 = \int_\Omega g = 0.$$

6.4.2 Basi ortonormali

Anche in spazi a dimensione infinita si può, a volte, parlare di *base*, per esempio quando H è **separabile**, ossia quando esiste un sottoinsieme di H *numerabile* e *denso*. Una successione $\{e_k\}_{k \geq 1}$ di elementi di H costituisce una *base ortonormale* se

$$\begin{cases} (e_k, e_j) = \delta_{kj} & k, j \geq 1 \\ \|e_k\| = 1 & k \geq 1 \end{cases}$$

e se *ogni $x \in H$ si può scrivere nella forma*

$$x = \sum_{k=1}^\infty (x, e_k) e_k. \tag{6.21}$$

La (6.21) si chiama *serie di Fourier generalizzata* ed i numeri $\hat{x}_k = (x, e_k)$ si chiamano *coefficienti di Fourier di x* rispetto alla base considerata. Inoltre (Teorema di Pitagora!)

$$\|x\|^2 = \sum_{k=1}^\infty \hat{x}_k^2.$$

Avendo a disposizione una base ortonormale $\{e_k\}_{k \geq 1}$, la proiezione di un elemento $x \in H$ sul sottospazio V_N generato, diciamo, da $e_1, ..., e_N$ è

$$P_{V_N} x = \sum_{k=1}^N \hat{x}_k e_k.$$

Un classico esempio di spazio di Hilbert separabile è $L^2(\Omega)$, $\Omega \subseteq \mathbb{R}^n$. In particolare, l'insieme di funzioni

$$\frac{1}{\sqrt{2\pi}}, \frac{\cos x}{\sqrt{\pi}}, \frac{\sin x}{\sqrt{\pi}}, \frac{\cos 2x}{\sqrt{\pi}}, \frac{\sin 2x}{\sqrt{\pi}}, ..., \frac{\cos mx}{\sqrt{\pi}}, \frac{\sin mx}{\sqrt{\pi}}, ...$$

costituisce una base numerabile ortonormale in $L^2(0, 2\pi)$ (Sezione 1.5).

Il seguente microteorema è utile per controllare se una successione ortonormale $\{w_k\}_{k \geq 1}$ è una base in H.

Microteorema 4.2. *Una successione ortonormale* $\{w_k\}_{k\geq1} \subset H$ *è una base in H se e solo se è soddisfatta una delle seguenti condizioni.*

i)   Se $x \in H$ è ortogonale a w_k per ogni $k \geq 1$, allora $x = 0$.

ii)   L'insieme delle combinazioni lineari finite degli elementi di $\{w_k\}_{k\geq1}$ è denso in H.

Dimostrazione. Se $\{w_k\}_{k\geq1} \subset H$ è una base in H e $x \in H$ è ortogonale a w_k per ogni $k \geq 1$, dalla (6.21) deduciamo $x = 0$. Viceversa, se $x \in H$ è ortogonale a w_k per ogni $k \geq 1$ e $x \neq 0$, allora x non può essere generato dalla serie (6.21) e perciò $\{w_k\}_{k\geq1}$ non è una base. Dunque, $\{w_k\}_{k\geq1}$ è una base se e solo se è vera *i)*.

Veniamo ora alla seconda parte. Se $\{w_k\}_{k\geq1} \subset H$ è una base in H, ogni x può essere approssimato dalle somme parziali della serie di Fourier (6.21) e quindi *ii)* è vera. Viceversa, se vale *ii)*, dato $x \in H$ e $\varepsilon > 0$, possiamo trovare $S_N = \sum_{k=1}^{N} a_j w_j$ tale che $\|x - S_N\| \leq \varepsilon$. Poiché

$$\left\| x - \sum_{k=1}^{N} (x, w_k)\, w_k \right\| \leq \|x - S_N\| \leq \varepsilon,$$

dall'arbitrarietà di ε, deduciamo che la (6.21) è vera per x e concludiamo che $\{w_k\}_{k\geq1}$ è una base in H. $\qquad\square$

Vale il seguente risultato.

Teorema 4.3. *Ogni spazio di Hilbert separabile ammette una base ortonormale.*

Dimostrazione (cenno). Poiché H è separabile, esiste una successione $\{z_k\}_{k\geq1}$ densa in H. Eliminando, se necessario, gli elementi che sono generati da combinazioni lineari di altri elementi della successione, possiamo assumere che $\{z_k\}_{k\geq1}$ costituisca un *insieme indipendente*, tale cioè che ogni sottoinsieme finito di $\{z_k\}_{k\geq1}$ è composto da elementi indipendenti.

Allora, si può costruire una base ortonormale $\{e_k\}_{k\geq1}$ applicando a $\{z_k\}_{k\geq1}$ il cosiddetto *procedimento di Gram-Schmidt*, che consiste in due passi.

Primo passo: si definisce per induzione la successione $\{\tilde{e}_k\}_{k\geq1}$ nel modo seguente. Si pone $\tilde{e}_1 = z_1$. Noto $\tilde{e}_{k-1}$ si costruisce $\tilde{e}_k$ sottraendo da z_k la sua proiezione sul sottospazio generato da $\tilde{e}_1, ..., \tilde{e}_{k-1}$:

$$\tilde{e}_k = z_k - \frac{(z_k, \tilde{e}_{k-1})}{\|\tilde{e}_{k-1}\|^2}\tilde{e}_{k-1} - \cdots - \frac{(z_k, \tilde{e}_1)}{\|\tilde{e}_1\|^2}\tilde{e}_1.$$

In questo modo, $\tilde{e}_k$ è ortogonale a $\tilde{e}_1, ..., \tilde{e}_{k-1}$.

Secondo passo: sia $w_k = \tilde{e}_k/\|\tilde{e}_{k-1}\|$. Poiché $\{z_k\}_{k\geq1}$ è denso in H, allora l'insieme delle combinazioni lineari finite delle w_k risulta denso in H. Per il Microteorema 4.2, $\{w_k\}_{k\geq1}$ è una base ortonormale in H. $\qquad\square$

Nelle applicazioni, le basi ortonormali intervengono nella soluzione di particolari problemi per equazioni a derivate parziali, spesso in relazione al metodo di separazione delle variabili. Tipici esempi vengono dallo studio delle vibrazioni di una corda *nonomogenea* oppure dalla diffusione in una sbarra con proprietà termiche non costanti (e.g. col coefficiente di conduttività termica $\kappa = \kappa(x, t)$). Il primo esempio conduce all'equazione delle onde

$$\rho(x) u_{tt} - \tau u_{xx} = 0.$$

Separando le variabili, ponendo cioè $u(x,t) = v(x) z(t)$, per il fattore v troviamo l'equazione

$$\tau v'' + \lambda \rho(x) v = 0.$$

Il secondo esempio conduce all'equazione del calore

$$\rho c_v u_t - (\kappa u')' = 0.$$

Separando le variabili, troviamo, sempre per il fattore spaziale,

$$(\kappa v')' + \lambda c_v \rho v = 0.$$

Le equazioni trovate appartengono ad una classe di equazioni differenziali ordinarie della forma

$$(pu')' + qu + \lambda wu = 0 \qquad (6.22)$$

dette equazioni di *Sturm-Liouville*. In generale si cercano soluzioni della (6.22) in un intervallo (a, b), $-\infty \leq a < b \leq +\infty$, soddisfacenti particolari condizioni agli estremi (problema ai limiti). Ipotesi naturali su p e q sono p, q continue in (a, b), con $p > 0$; La funzione w, detta funzione *peso*, è anch'essa continua e positiva in (a, b).

In generale, il problema ai limiti ha soluzioni non banali (cioè non identicamente nulle) solo per particolari valori di λ, detti *autovalori*. Le soluzioni corrispondenti si chiamano *autofunzioni*, che, opportunamente normalizzate, costituiscono una base ortonormale nello spazio di Hilbert $L_w^2(a, b)$, l'insieme delle funzioni misurabili (secondo Lebesgue) in (a, b) tali che

$$\|u\|_{L_w^2}^2 = \int_a^b u^2(x) w(x) \, dx < \infty.$$

$L_w^2(a, b)$ è uno spazio di Hilbert rispetto al prodotto interno definito da

$$(u, v)_w = \int_a^b u(x) v(x) w(x) \, dx.$$

Vediamo alcuni esempi[5].

- *Polinomi di Chebyshev*. Consideriamo il problema

$$\begin{cases} (1 - x^2) u'' - xu' + \lambda u = 0 & \text{in } (-1, 1) \\ |u(-1)| < \infty, \qquad |u(1)| < \infty. \end{cases}$$

---

[5] Per le dimostrazioni si può consultare per esempio, *Courant-Hilbert*, Vol I, 1953.

L'equazione differenziale è nota come equazione di *Chebyshev* e può essere scritta nella forma (6.22):

$$((1-x^2)^{1/2}u')' + \lambda \left(1-x^2\right)^{-1/2} u = 0$$

che evidenzia la funzione peso $w(x) = \left(1-x^2\right)^{-1/2}$. Gli autovalori sono $\lambda_n = n^2$, $n = 0, 1, 2, \ldots$. Le corrispondenti autofunzioni sono i *polinomi di Chebyshev* T_n, definiti ricorsivamente dalla relazione

$$T_{n+1} = 2xT_n - T_{n-1} \qquad (n > 1)$$

con $T_0(x) = 1, T_1(x) = x$. Per esempio,

$$T_2(x) = 2x^2 - 1, T_3(x) = 4x^3 - 3x, T_4(x) = 8x^4 - 8x^2 - 1.$$

I polinomi normalizzati $\sqrt{1/\pi}T_0$, $\sqrt{2/\pi}T_1$, ..., $\sqrt{2/\pi}T_n$, ... costituiscono una base ortonormale in $L_w^2(-1,1)$.

• *Polinomi di Legendre.* Consideriamo il problema (si veda anche il Problema 8.2)

$$\left((1-x^2)u'\right)' + \lambda u = 0 \qquad \text{in } (-1,1)$$

con le condizioni di Neumann pesate:

$$\left(1-x^2\right)u'(x) \to 0 \qquad \text{per } x \to \pm 1.$$

L'equazione differenziale è nota come equazione di *Legendre*. Gli autovalori sono $\lambda_n = n(n+1)$, $n = 0, 1, 2, \ldots$ Le corrispondenti autofunzioni sono i *polinomi di Legendre*, definiti ricorsivamente dalla relazione

$$(n+1)L_{n+1} = (2n+1)xL_n - nL_{n-1} \qquad (n > 1)$$

con $L_0(x) = 1, L_1(x) = x$, oppure dalla formula (di *Rodrigues*)

$$L_n(x) = \frac{1}{2^n n!} \frac{d^n}{dx^n} \left(x^2 - 1\right)^n \qquad (n \geq 0).$$

Per esempio, $L_2(x) = \frac{1}{2}(3x^2 - 1)$, $L_3(x) = \frac{1}{2}(5x^3 - 3x)$.

I polinomi normalizzati

$$\sqrt{\frac{2n+1}{2}}L_n$$

costituiscono una base ortonormale in $L^2(-1,1)$ (cioè con funzione peso $w(x) = 1$). Ogni funzione $f \in L^2(-1,1)$ ha uno sviluppo

$$f(x) = \sum_{n=0}^{+\infty} f_n L_n(x)$$

dove

$$f_n = \frac{2n+1}{2} \int_{-1}^{1} f(s) L_n(s)\, ds,$$

con convergenza in $L^2(-1,1)$.

• *Polinomi di Hermite.* Consideriamo il problema

$$\begin{cases} u'' - 2xu' + 2\lambda u = 0 & \text{in } (-\infty, +\infty) \\ e^{-x^2/2} u(x) \to 0 & \text{per } x \to \pm\infty. \end{cases}$$

L'equazione differenziale è nota come equazione di *Hermite* e può essere scritta nella forma (6.22):

$$(e^{-x^2} u')' + 2\lambda e^{-x^2} u = 0$$

che mostra la funzione peso $w(x) = e^{-x^2}$. Gli autovalori sono $\lambda_n = n$, $n = 0, 1, 2, \ldots$. Le corrispondenti autofunzioni sono i *polinomi di Hermite*, importanti in Meccanica Quantistica (si veda il Problema 6.5), definiti dalla seguente formula di *Rodrigues*:

$$H_n(x) = (-1)^n\, e^{x^2} \frac{d^n}{dx^n} e^{-x^2} \qquad (n \geq 0).$$

Per esempio

$$H_0(x) = 1, \quad H_1(x) = 2x, \quad H_2(x) = 4x^2 - 2, \quad H_3(x) = 8x^3 - 12x.$$

I polinomi normalizzati $\pi^{-1/4}(2^n n!)^{-1/2} H_n$ costituiscono una base ortonormale in $L_w^2(\mathbb{R})$, con $w(x) = e^{-x^2}$. Ogni $f \in L_w^2(\mathbb{R})$ ha uno sviluppo

$$f(x) = \sum_{n=0}^{\infty} f_n H_n(x)$$

dove

$$f_n = [\pi^{1/2} 2^n n!]^{-1} \int_{\mathbb{R}} f(x) H_n(x) e^{-x^2}\, dx,$$

con convergenza in $L_w^2(\mathbb{R})$.

• *Funzioni di Bessel.* Dopo aver separato le variabili nel modello per la vibrazione di una membrana circolare si perviene alla seguente equazione di *Bessel parametrica di ordine p* (si veda il Problema 6.7):

$$x^2 u'' + xu' + (\lambda x^2 - p^2) u = 0 \qquad x \in (0, a) \tag{6.23}$$

dove $p \geq 0$, $\lambda \geq 0$, con le condizioni agli estremi

$$|u(0)| < \infty, \quad u(a) = 0. \tag{6.24}$$

La (6.23) si può scrivere come equazione di Sturm-Liouville:

$$(xu')' + \left(\lambda x - \frac{p^2}{x}\right) u = 0$$

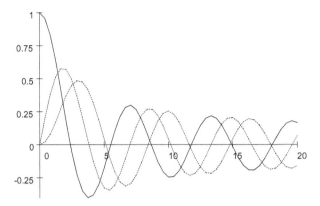

Figura 6.2 Le funzioni di Bessel J_0, J_1, J_2

che evidenzia il peso $w(x) = x$. Il cambiamento di variabili $z = \sqrt{\lambda}x$ reduce la (6.23) all'equazione *di Bessel di ordine p*

$$z^2 \frac{d^2u}{dz^2} + z\frac{du}{dz} + \left(z^2 - p^2\right)u = 0 \qquad (6.25)$$

dove la dipendenza dal parametro λ è rimossa. Le sole soluzioni limitate di (6.25) sono le *funzioni di Bessel di primo genere, di ordine p*, date da (Figura 6.2)

$$J_p(z) = \sum_{k=0}^{\infty} \frac{(-1)^k}{\Gamma(k+1)\,\Gamma(k+p+1)} \left(\frac{z}{2}\right)^{p+2k}$$

dove

$$\Gamma(s) = \int_0^\infty e^{-t}t^{s-1}dt \qquad (6.26)$$

è la funzione Γ di Eulero. In particolare, se $p = n \geq 0$, intero

$$J_n(z) = \sum_{k=0}^{\infty} \frac{(-1)^k}{k!\,(k+n)!} \left(\frac{z}{2}\right)^{n+2k}.$$

Per ogni p, esiste una successione infinita $\{\alpha_{pj}\}_{j\geq1}$ di zeri positivi di J_p:

$$J_p(\alpha_{pj}) = 0 \qquad (j = 1, 2, ...).$$

Ne segue che gli autovalori del problema (6.23), (6.24) sono dati da $\lambda_{pj} = \left(\frac{\alpha_{pj}}{a}\right)^2$, con corrispondenti autofunzioni $u_{pj}(x) = J_p\left(\frac{\alpha_{pj}}{a}x\right)$. Le autofunzioni normalizzate

$$\frac{\sqrt{2}}{aJ_{p+1}(\alpha_{pj})} J_p\left(\frac{\alpha_{pj}}{a}x\right)$$

costituiscono una base ortonormale in $L^2_w\,(0,a)$, con $w\,(x) = x$. Ogni funzione $f \in L^2_w\,(0,a)$ ha uno sviluppo in serie di *Fourier-Bessel*, dato da

$$f\,(x) = \sum_{j=1}^{\infty} f_j J_p \left(\frac{\alpha_{pj}}{a} x\right),$$

dove

$$f_j = \frac{2}{a^2 J^2_{p+1}\,(\alpha_{pj})} \int_0^a x f\,(x) J_p \left(\frac{\alpha_{pj}}{a} x\right) dx,$$

convergente in $L^2_w\,(0,a)$.

6.5 Operatori lineari. Spazio duale

6.5.1 Operatori lineari

Siano H_1 e H_2 spazi di Hilbert. **Un operatore lineare** da H_1 in H_2 è una funzione

$$L : H_1 \to H_2$$

tale che[6] $\forall \alpha, \beta \in \mathbb{R}$ e $\forall x, y \in H_1$

$$L(\alpha x + \beta y) = \alpha L x + \beta L y.$$

Per ogni operatore lineare sono definiti *nucleo e immagine*.

Il **nucleo** di L, indicato con $\mathcal{N}\,(L)$ o anche Ker(L), è la controimmagine del vettore nullo (in H_2):

$$\mathcal{N}\,(L) = \{x \in H_1 : L x = 0\}$$

e risulta un sottospazio di H_1.

L'**immagine** di L, indicata con $\mathcal{R}\,(L)$ o anche Im(L), è l'insieme delle immagini dei punti di H_1:

$$\mathcal{R}\,(L) = \{y \in H_2 : \exists x \in H_1, L x = y\}$$

e risulta un sottospazio di H_2.

Gli operatori lineari che ci interessano sono quelli continui. Se la dimensione di H è finita, ogni operatore lineare è continuo (il lettore se ne convinca). Non è così in dimensione infinita: un operatore lineare non è necessariamente continuo. D'altro canto, per un operatore lineare, la continuità equivale alla limitatezza, secondo la definizione seguente.

---

[6] Se un operatore L è lineare, si può scrivere $L x$ anziché $L\,(x)$, quando ciò non generi confusione.

Definizione 5.1. *Un operatore* L *si dice* **limitato** *se esiste una costante* C *tale che*

$$\|Lx\|_{H_2} \le C \|x\|_{H_1} \qquad \forall x \in H_1. \tag{6.27}$$

La (6.27) indica che la sfera di raggio R in H_1 viene trasformata da L in un insieme contenuto nella sfera di raggio CR in H_2. La costante C si può dunque interpretare come un controllo del "tasso di espansione" operato da L. Se, in particolare, $C < 1$, L opera una contrazione delle norme dei vettori in H_1.

Se $x \ne 0$, usando la linearità di L si può scrivere la (6.27) nella forma

$$\left\| L\left(\frac{x}{\|x\|_{H_1}}\right) \right\|_{H_2} \le C$$

che, poiché $\frac{x}{\|x\|_{H_1}}$ ha norma unitaria in H_1, equivale a richiedere

$$\sup_{\|x\|_{H_1}=1} \|Lx\|_{H_2} = K < \infty. \tag{6.28}$$

Evidentemente $K \le C$.

Veniamo ora all'equivalenza tra limitatezza e continuità.

Microteorema 5.1. *Un operatore lineare* $L : H_1 \to H_2$ *è limitato se e solo se è continuo.*

Dimostrazione. Sia L limitato. Dalla (6.27) si ha, $\forall x, x_0 \in H_1$,

$$\|L(x - x_0)\|_{H_2} \le C \|x - x_0\|_{H_1}$$

e quindi, se $\|x - x_0\|_{H_1} \to 0$, anche $\|Lx - Lx_0\|_{H_2} = \|L(x - x_0)\|_{H_2} \to 0$. Ciò mostra la continuità di L.

Sia L continuo. In particolare L è continuo in $x = 0$ e quindi esiste δ tale che

$$\|Lx\|_{H_2} \le 1 \qquad \text{se } \|x\|_{H_1} \le \delta.$$

Sia ora $y \in H_1$ con $\|y\|_{H_1} = 1$. Posto $z = \delta y$, si ha $\|z\|_{H_1} = \delta$ che implica

$$\delta \|Ly\|_{H_2} = \|Lz\|_{H_2} \le 1$$

e cioè

$$\|Ly\|_{H_2} \le \frac{1}{\delta}$$

che implica la (6.28) con $K \le \frac{1}{\delta}$.   □

Nota 5.1. Se $L \in \mathcal{L}(H_1, H_2)$ allora $\mathcal{N}(L)$ è un sottospazio *chiuso* di H_1. Infatti, se $\{x_n\} \subset \mathcal{N}(L)$ e $x_n \to x$, allora $0 = Lx_n \to Lx$ e perciò $x \in \mathcal{N}(L)$; dunque $\mathcal{N}(L)$ contiene tutti i suoi punti limite e quindi è chiuso.

Dati due spazi di Hilbert H_1 and H_2, indichiamo con

$$\mathcal{L}(H_1, H_2)$$

l'insieme di *tutti gli operatori lineari limitati da* H_1 *in* H_2. Se $H_1 = H_2$ scriviamo semplicemente $\mathcal{L}(H)$.

Dati due operatori L, $G \in \mathcal{L}(H_1, H_2)$, si possono definire in modo naturale altri due operatori nella stessa classe, *somma* e *prodotto per uno scalare*: se $x \in H_1$ e $\lambda \in \mathbb{R}$, definiamo

$$(G + L)(x) = Gx + Lx$$
$$(\lambda L) x = \lambda L x.$$

L'insieme $\mathcal{L}(H_1, H_2)$ risulta così dotato di una struttura di spazio vettoriale. Inoltre, possiamo usare il numero K nella (6.28) come norma in $\mathcal{L}(H_1, H_2)$:

$$\|L\|_{\mathcal{L}(H_1, H_2)} = \sup_{\|x\|_{H_1} = 1} \|Lx\|_{H_2} . \tag{6.29}$$

Qualora non vi sia confusione, scriveremo semplicemente $\|L\|$ invece di $\|L\|_{\mathcal{L}(H_1, H_2)}$. Sottolineiamo che, per ogni $L \in \mathcal{L}(H_1, H_2)$, si ha

$$\|Lx\|_{H_2} \leq \|L\| \, \|x\|_{H_1} .$$

Lo spazio che ne risulta è completo; infatti:

Microteorema 5.2. *Con la norma* (6.29) *lo spazio* $\mathcal{L}(H_1, H_2)$ *è di Banach.*

Lasciamo la prova delle affermazioni precedenti e del Microteorema 5.2 al lettore. Ci concentriamo invece su alcuni esempi importanti.

Esempio 5.1. Sia $\mathbf{A}$ una matrice di ordine $m \times n$ ad elementi reali. Dall'Algebra Lineare segue che l'operatore

$$L : \mathbf{x} \longmapsto \mathbf{A}\mathbf{x}$$

è lineare e continuo da $\mathbb{R}^n$ in $\mathbb{R}^m$. Per calcolarne la norma, osserviamo che:

$$\|\mathbf{A}\mathbf{x}\|^2 = \mathbf{A}\mathbf{x} \cdot \mathbf{A}\mathbf{x} = \mathbf{A}^\top \mathbf{A}\mathbf{x} \cdot \mathbf{x}.$$

La matrice $\mathbf{A}^\top \mathbf{A}$ è quadrata di ordine n ed è simmetrica e semidefinita positiva. Ora,

$$\sup_{\|\mathbf{x}\| \leq 1} \left(\mathbf{A}^\top \mathbf{A}\mathbf{x} \cdot \mathbf{x} \right) = \sup_{\|\mathbf{x}\| = 1} \left(\mathbf{A}^\top \mathbf{A}\mathbf{x} \cdot \mathbf{x} \right) = \Lambda_M$$

dove Λ_M è il massimo autovalore di $\mathbf{A}^\top \mathbf{A}$. Pertanto $\|L\| = \sqrt{\Lambda_M}$.

Esempio 5.2. Sia V sottospazio *chiuso* di uno spazio di Hilbert H. Le proiezioni definite nel Teorema 2.1,

$$x \longmapsto P_V x, \qquad x \longmapsto Q_V x = x - P_V x$$

sono operatori lineari continui da H in H. La linearità di P, e quindi anche quella di Q, segue subito dalla caratterizzazione (6.20) nella Nota 4.1. Infatti, dati $x, y \in H$, poniamo $u = P_V x$ e $w = P_V y$. Si ha $u + w \in V$ e dalla (6.20),

$$(x - u, v) = 0, \quad (y - w, v) = 0 \qquad \forall v \in V. \tag{6.30}$$

Dunque, sommando le due equazioni nella (6.30) si ottiene

$$(x + y - (u + v), v) = 0, \qquad \forall v \in V$$

che implica, $u + v = P_V(x + y)$, ovvero la linearità di P.

Inoltre, da $\|x\|^2 = \|P_V x\|^2 + \|Q_V x\|^2$ segue subito che

$$\|P_V x\| \le \|x\|, \qquad \|Q_V x\| \le \|x\|$$

per cui vale la (6.27) con $C = 1$. Poiché $P_V x = x$ se $x \in V$ e $Q_V x = x$ se $x \in V^\perp$, segue che $\|P_V\| = \|Q_V\| = 1$. Infine, osserviamo che

$$\mathcal{N}(P_V) = \mathcal{R}(Q_V) = V^\perp \quad e \quad \mathcal{N}(Q_V) = \mathcal{R}(P_V) = V.$$

Esempio 5.3. Siano V e H spazi di Hilbert, $V \subset H$. Un elemento di V può essere pensato anche come elemento di H. In tal modo risulta definito l'operatore $I_{V \to H} : V \to H$ tale che

$$I_{V \to H}(u) = u,$$

che si chiama *iniezione canonica di V in H*. $I_{V \to H}$ è chiaramente un operatore lineare ed è *continuo se esiste un numero C* tale che

$$\|u\|_H \le C \|u\|_V, \qquad \text{per ogni } u \in V.$$

In tal caso si dice che V **è immerso con continuità in** H e si scrive

$$V \hookrightarrow H.$$

Per esempio, $H^1_{per}(0, 2\pi) \hookrightarrow L^2(0, 2\pi)$ e se Ω è limitato, $C(\overline{\Omega}) \hookrightarrow L^2(\Omega)$.

6.5.2 Funzionali e spazio duale

Nel caso in cui $H_2 = \mathbb{R}$ (oppure $\mathbb{C}$, per gli spazi di Hilbert sui complessi), invece di operatore si usa il termine *funzionale*. La seguente definizione è importante.

Definizione 5.2. *L'insieme dei funzionali lineari e continui su uno spazio di Hilbert H prende il nome di spazio duale di H e si indica col simbolo H^** (anziché $\mathcal{L}(H, \mathbb{R})$).

La norma di $L \in H^*$ si indica col simbolo $\|L\|_{H^*}$. Dalla (6.29)

$$\|L\|_{H^*} = \sup_{\|x\|=1} |Lx|.$$

Esempio 5.4. Sia H uno spazio di Hilbert. Fissato $y \in H$, il funzionale

$$L_y : x \longmapsto (x, y)$$

è continuo. Infatti, la disuguaglianza di Schwarz dà $|(x, y)| \leq \|x\| \, \|y\|$ e quindi $L_y \in H^*$ e $\|L_y\|_{H^*} \leq \|y\|$. In realtà si ha

$$\|L_y\|_{H^*} = \|y\| \qquad (6.31)$$

poiché, scegliendo $x = y$, si trova

$$\|y\|^2 = |L_y y| \leq \|L_y\|_{H^*} \, \|y\|$$

da cui $\|L_y\|_{H^*} \geq \|y\|$.

Esempio 5.5. Il funzionale $x \longmapsto \|x\|$ è continuo ma non lineare.

La determinazione del duale di uno spazio di Hilbert è un problema importante che verrà risolto grazie al prossimo *Teorema di Riesz*. L'esempio 5.4 mostra che il prodotto scalare con un elemento y fissato è un elemento del duale la cui norma è esattamente $\|y\|$. Dall'Algebra Lineare è ben noto che *tutti* i funzionali lineari in uno spazio finito-dimensionale possono essere rappresentati in questo modo. Precisamente, se L è lineare in $\mathbb{R}^n$, esiste un vettore $\mathbf{u}_L \in \mathbb{R}^n$ tale che

$$L\mathbf{x} = \mathbf{u}_L \cdot \mathbf{x} \qquad \text{per ogni } \mathbf{x} \in \mathbb{R}^n.$$

Negli spazi di Hilbert vale un risultato analogo per i funzionali lineari e *continui*.

Teorema 5.3 (di Rappresentazione di Riesz). *Sia H uno spazio di Hilbert. Per ogni $L \in H^*$ esiste un unico elemento $u_L \in H$ tale che :*

$$Lx = (u_L, x) \qquad \text{per ogni } x \in H. \qquad (6.32)$$

Inoltre

$$\|L\|_{H^*} = \|u_L\|. \qquad (6.33)$$

Dimostrazione. Iniziamo dall'esistenza di u_L. Sia $\mathcal{N}$ il nucleo di L. Se $\mathcal{N} = H$, la tesi segue scegliendo $u_L = 0$. Se $\mathcal{N} \subset H$, allora (Nota 5.1) $\mathcal{N}$ è un sottospazio *chiuso* di H.

Dal Teorema di Proiezione si deduce che esiste un elemento non nullo $z \in \mathcal{N}^\perp$. Allora $Lz \neq 0$, e, dato un qualunque elemento $x \in H$, l'elemento

$$w = x - \frac{Lx}{Lz} z$$

appartiene a $\mathcal{N}$. Infatti

$$Lw = L\left(x - \frac{Lx}{Lz} z\right) = Lx - \frac{Lx}{Lz} Lz = 0.$$

Essendo $z \in \mathcal{N}^\perp$, si ha

$$0 = (z, w) = (z, x) - \frac{Lx}{Lz} \|z\|^2$$

ossia

$$Lx = \frac{L(z)}{\|z\|^2} (z, x).$$

La (6.32) vale dunque con $u_L = L(z) \|z\|^{-2} z$.

Per l'unicità, osserviamo che, se esistesse $v \in H$, $v \neq u_L$, tale che

$$Lx = (v, x) \quad \text{per ogni } x \in H,$$

sottraendo quest'equazione dalla (6.32), seguirebbe che

$$(u_L - v, x) = 0 \qquad \text{per ogni } x \in H,$$

che implica $v = u_L$ (perché?).

Infine, l'uguaglianza $\|L\|_{H^*} = \|u_L\|$ segue dalla (6.31), essendo $L = L_{u_L}$ nelle notazioni dell'Esempio 5.4. $\square$

Diciamo che u_L è *l'elemento di Riesz associato ad* L *rispetto al prodotto interno* $(\cdot, \cdot)$ in H. Possiamo introdurre in H^* il prodotto interno definito dalla relazione

$$(L_1, L_2)_{H^*} = (u_{L_1}, u_{L_2}).$$

In tal modo H^* risulta uno spazio di Hilbert. L'operatore $\mathcal{J} : H^* \to H$ dato da

$$L \longmapsto u_L$$

si chiama operatore *di Riesz* o anche *isometria canonica* tra H^* ed H in quanto è lineare, biunivoca e conserva le norme:

$$\|L\|_{H^*} = \|u_L\|.$$

In ultima analisi, il Teorema di Rappresentazione permette l'**identificazione di uno spazio di Hilbert col suo duale**.

Esempio 5.6. $L^2(\Omega)$ si può identificare con il suo duale. Tutti i funzionali lineari e continui su $L^2(\Omega)$ sono dunque della forma

$$L_g : f \longmapsto \int_\Omega fg,$$

con $g \in L^2(\Omega)$.

$\Rightarrow$ **Warning.** Vi sono situazioni in cui l'identificazione di cui sopra richiede cautela. Un tipico caso che incontreremo nella sottosezione 6.8.1, al quale rimandiamo per le dimostrazioni, si presenta considerando una coppia di spazi di Hilbert V, H tali che

$$V \hookrightarrow H,$$

con V denso in H. In questa situazione, identificando H e H^*, si può immergere H in V^* associando ad ogni $u \in H$ l'elemento di V^* definito da

$$v \longmapsto (u, v)_H \qquad \text{per ogni } v \in V. \tag{6.34}$$

Si prova allora che

$$V \hookrightarrow H \hookrightarrow V^* \tag{6.35}$$

con H denso in V^*. A questo punto l'identificazione di V e V^* è proibita poiché la (6.35) diventerebbe assurda! Infatti, in quel caso, ogni elemento $w \in V$ identificherebbe l'elemento di V^* definito dalla relazione

$$v \longmapsto (w, v)_V \quad \text{per ogni } v \in V.$$

D'altra parte, essendo $V \hookrightarrow H$, w è anche un elemento di H ed allora, dalla (6.34) dovremmo anche avere

$$(w, v)_V = (w, v)_H \quad \text{per ogni } v \in V,$$

che è una relazione assurda non appena le norme in H e V non siano equivalenti.

$\Rightarrow$ **Nota importante sulla simbologia.** Dato uno spazio di Hilbert H abbiamo sempre indicato il prodotto scalare in H con il simbolo $(\cdot, \cdot)$ oppure, se esiste rischio di confusione, con $(\cdot, \cdot)_H$. Sia ora $L \in H^*$. Abbiamo indicato l'*azione di L* su un elemento $x \in H$ semplicemente con Lx. Quando sia utile o necessario mettere in evidenza la *dualità (pairing)* tra H^* e H useremo la notazione $\langle L, x \rangle_*$ oppure, qualora dovessero sorgere ambiguità, $\langle L, x \rangle_{H^* \times H}$.

6.5.3 Aggiunto di un operatore limitato

La nozione di *operatore aggiunto* generalizza quella di matrice trasposta di una matrice $\mathbf{A}$ di ordine $m \times n$ e svolge un ruolo cruciale nel determinare condizioni necessarie e/o sufficienti di compatibilità sui dati per la risolubilità di molti problemi. La matrice trasposta $\mathbf{A}^\top$ è caratterizzata dall'identità

$$(\mathbf{A}\mathbf{x}, \mathbf{y})_{\mathbb{R}^m} = (\mathbf{x}, \mathbf{A}^\top \mathbf{y})_{\mathbb{R}^n}, \qquad \forall \mathbf{x} \in \mathbb{R}^n, \forall \mathbf{y} \in \mathbb{R}^m$$

ed è precisamente di questa relazione che ci serviremo per definire la nozione di operatore aggiunto.

Sia $L \in \mathcal{L}(H_1, H_2)$. Se y è un elemento fissato in H_2, la formula

$$T_y : x \longmapsto (Lx, y)_{H_2}$$

definisce un *elemento di H_1^**. Infatti,

$$|T_y x| = |(Lx, y)_{H_2}| \leq \|Lx\|_{H_2} \|y\|_{H_2} \leq \|L\|_{\mathcal{L}(H_1, H_2)} \|y\|_{H_2} \|x\|_{H_1}$$

cosicché $\|T_y\|_{H_1^*} \leq \|L\|_{\mathcal{L}(H_1, H_2)} \|y\|_{H_2}$.

Per il Teorema di Riesz, a tale funzionale è associato biunivocamente un elemento di H_1, che dipende da y e che denotiamo con $L^* y$, tale che

$$T_y x = (x, L^* y)_{H_1} \qquad \forall x \in H_1, \forall y \in H_2.$$

L^* è un operatore da H_2 in H_1 che si chiama *aggiunto di L*. Precisamente:

Definizione 5.3. *L'operatore* $L^* : H_2 \to H_1$, *definito dall'identità*

$$(Lx, y)_{H_2} = (x, L^*y)_{H_1}, \qquad \forall x \in H_1, \forall y \in H_2 \qquad (6.36)$$

si chiama **aggiunto** *di* L.

In altri termini, L^* associa all'elemento $y \in H_2$ l'unico elemento $L^*y \in H_1$ tale che la (6.36) sia valida. Naturalmente, la formula ha senso grazie all'identificazione di H_1^* e H_2^* con H_1 e H_2, rispettivamente.

Esempio 5.7. Sia $\mathcal{J} : H^* \to H$ l'operatore di Riesz. Allora $\mathcal{J}^* = \mathcal{J}^{-1} : H \to H^*$. Infatti, per ogni $F \in H^*$ e $v \in H$, abbiamo:

$$(\mathcal{J}F, v)_H = \langle F, v \rangle_* = \left(F, \mathcal{J}^{-1}v \right)_{H^*}.$$

Esempio 5.8. Sia $T : L^2(0, 1) \to L^2(0, 1)$ definito da

$$Tu(x) = \int_0^x u.$$

Usando la disuguaglianza di Schwarz, si ha

$$\int_0^1 |Tu|^2 = \int_0^1 \left| \int_0^x u(t)\, dt \right|^2 dx \leq \int_0^1 \left(x \int_0^x u^2 \right) dx \leq \frac{1}{2} \int_0^1 u^2$$

e quindi

$$\|Tu\|_0 \leq 2^{-1/2} \|u\|_0$$

da cui si vede che T è continuo.

Per determinarne l'aggiunto, osserviamo che

$$(Tu, v)_0 = \int_0^1 \left[v(x) \int_0^x u \right] dx = \text{integrando per parti}$$

$$= \int_0^1 u \int_0^1 v - \int_0^1 \left[u(x) \int_0^x v \right] dx = \int_0^1 \left[u \int_x^1 v \right] dx = (u, T^*v)_0$$

dove

$$T^*v(x) = \int_x^1 v.$$

Le matrici simmetriche corrispondono agli operatori autoaggiunti. Diciamo che L è **autoaggiunto** se $L^* = L$. Per gli operatori autoaggiunti, deve necessariamente essere $H_1 = H_2 = H$ e la (6.36) si riduce a

$$(Lx, y) = (x, Ly).$$

Un esempio di operatore autoaggiunto in uno spazio di Hilbert H è la proiezione P_V su un sottospazio chiuso V. Infatti, ricordando il Teorema di Proiezione, possiamo scrivere:

$$(P_V x, y) = (P_V x, P_V y + Q_V y) = (P_V x, P_V y)$$
$$= (P_V x + Q_V x, P_V y) = (x, P_V y).$$

Importanti operatori autoaggiunti sono associati ad *inversi di operatori differenziali*, come vedremo nel Capitolo 8.

Le seguenti proprietà sono conseguenze immediate della definizione di aggiunto (per la dimostrazione si veda il Problema 6.9).

Microteorema 5.4. *Siano* $L, L_1 \in \mathcal{L}(H_1, H_2)$ *e* $L_2 \in \mathcal{L}(H_2, H_3)$. *Allora:*

(a) $L^* \in \mathcal{L}(H_2, H_1)$; *inoltre* $L^{**} = L$ *e*

$$\|L^*\|_{\mathcal{L}(H_2, H_1)} = \|L\|_{\mathcal{L}(H_1, H_2)};$$

(b) $(L_2 L_1)^* = L_1^* L_2^*$. *In particolare, se* L *è un isomorfismo anche* L^* *è un isomorfismo e*

$$\left(L^{-1}\right)^* = (L^*)^{-1}.$$

Le relazioni tra nucleo e immagine di L e del suo aggiunto L^* sono sostanzialmente le stesse del caso finito dimensionale. Abbiamo infatti:

Teorema 5.5 *Per ogni* $L \in \mathcal{L}(H_1, H_2)$.

a) $\overline{\mathcal{R}(L)} = \mathcal{N}(L^*)^{\perp}$.

b) $\mathcal{R}(L^*)^{\perp} = \mathcal{N}(L)$.

Dimostrazione. a) Sia $z \in \mathcal{R}(L)$. Allora $z = Lx$ per qualche $x \in H_1$ e, se $y \in \mathcal{N}(L^*)$, si ha

$$(z, y)_{H_2} = (Lx, y)_{H_2} = (x, L^* y)_{H_1} = 0.$$

Perciò $\mathcal{R}(L) \subseteq \mathcal{N}(L^*)^{\perp}$. Essendo $\mathcal{N}(L^*)^{\perp}$ chiuso (Nota 4.2), segue anche che

$$\overline{\mathcal{R}(L)} \subseteq \mathcal{N}(L^*)^{\perp}.$$

D'altra parte, se $z \in \mathcal{R}(L)^{\perp}$, per ogni $x \in H_1$ si ha

$$0 = (Lx, z)_{H_2} = (x, L^* z)_{H_1}$$

per cui deve essere $L^* z = 0$. Pertanto $\mathcal{R}(L)^{\perp} \subseteq \mathcal{N}(L^*)$, che equivale a $\mathcal{N}(L^*)^{\perp} \subseteq \overline{\mathcal{R}(L)}$.

b) Dalla a) con $L = L^*$ si ha

$$\overline{\mathcal{R}(L^*)} = \mathcal{N}(L)^{\perp}.$$

Passando agli ortogonali si ottiene la tesi. □

6.6 Problemi variazionali astratti

6.6.1 Forme bilineari. Teorema di Lax-Milgram

Nella formulazione variazionale dei problemi al contorno per operatori differenziali, un ruolo importante è svolto dalle *forme bilineari*. Se V_1, V_2 sono spazi pre-Hilbertiani, una **forma bilineare in** $V_1 \times V_2$ è una funzione

$$a : V_1 \times V_2 \to \mathbb{R}$$

che soddisfa le seguenti proprietà:

i) per ogni $y \in V_2$, fissato, la funzione $x \longmapsto a(x, y)$ è lineare su V_1;

ii) per ogni $x \in V_1$, fissato, la funzione $y \longmapsto a(x, y)$ è lineare su V_2.

Se $V_1 = V_2$ diremo semplicemente *forma bilineare in* V, anziché in $V \times V$.

Nota 6.1. Se il campo di scalari è $\mathbb{C}$, si parla di forme *sesquilineari*, anziché bilineari, e la *ii)* è sostituita dalla seguente:

ii_{bis}) per ogni $x \in V_1$, fissato, la funzione $y \longmapsto a(x, y)$ è *antilineare*[7] su V_2.

Esempi

6.1. Il prodotto interno in uno spazio di Hilbert V è una forma bilineare in V.

6.2. La formula

$$a(u, v) = \int_a^b p(x)u'v' \, dx + \int_a^b q(x)u'v \, dx + \int_a^b r(x)uv \, dx,$$

dove p, q, r sono funzioni limitate, definisce una forma bilineare in $C^1([a, b])$, spazio pre-Hilbertiano rispetto al prodotto interno

$$(u, v)_{1,2} = \int_a^b uv + \int_a^b u'v'.$$

6.3. Sia Ω un dominio limitato in $\mathbb{R}^n$. La formula

$$a(u, v) = \int_\Omega \left(\nabla u \cdot \nabla v + u\mathbf{b}(\mathbf{x}) \cdot \nabla v + a(\mathbf{x}) uv \right) \, d\mathbf{x}$$

($\mathbf{b}$, a limitate) definisce una forma bilineare in $C^1(\overline{\Omega})$, spazio pre-Hilbertiano rispetto al prodotto interno

$$(u, v)_{1,2} = \int_\Omega uv + \int_\Omega \nabla u \cdot \nabla v.$$

Siano ora V uno spazio di Hilbert, $a = a(u, v)$ una forma bilineare in V e $F \in V^*$. Consideriamo il seguente problema, che prende il nome di *problema variazionale astratto*:

$$\begin{cases} \textit{Trovare } u \in V \\ \qquad \textit{tale che} \\ a(u, v) = \langle F, v \rangle_* , \quad \forall v \in V. \end{cases} \tag{6.37}$$

Come vedremo molti problemi per equazioni differenziali possono essere formulati in modo da rientrare in questa classe. Il teorema fondamentale è il seguente.

---

[7] Cioè

$$a(x, \alpha y + \beta z) = \overline{\alpha} a(x, y) + \overline{\beta} a(x, z).$$

Teorema 6.1 (di Lax-Milgram). *Sia V uno spazio di Hilbert reale, con prodotto interno $(\cdot, \cdot)$ e norma $\|\cdot\|$. Siano $a = a(u, v)$ una forma bilineare in V ed $F \in V^*$. Se:*

*i) a è **continua**, cioè esiste una costante positiva M tale che*

$$|a(u, v)| \leq M \|u\| \|v\|, \qquad \forall u, v \in V;$$

*ii) a è V−**coerciva**, cioè esiste una costante $\alpha > 0$ tale che*

$$a(v, v) \geq \alpha \|v\|^2, \qquad \forall v \in V. \tag{6.38}$$

Allora esiste un'unica soluzione $\overline{u} \in V$ del problema (6.37). Inoltre vale la seguente stima di stabilità:

$$\|\overline{u}\| \leq \frac{1}{\alpha} \|F\|_{V^*}. \tag{6.39}$$

Nota 6.2. La disuguaglianza (6.38) che esprime la coercività di a può essere considerata come una versione astratta delle stime *dell'energia,* che abbiamo già incontrato nei capitoli precedenti. Di solito, essa costituisce il punto più critico nell'applicazione del Teorema 6.1. Torneremo nella Sezione 6.8 sulla risolubilità del problema (6.37) quando a non è V−coerciva.

Nota 6.3. La disuguaglianza (6.39) si chiama *stima di stabilità* per il motivo seguente. Il funzionale F, elemento di V^*, codifica i dati del problema (6.37). Poiché per ogni F il teorema assicura l'esistenza di un'unica soluzione $u = u(F)$, la corrispondenza

$$F \longmapsto u(F)$$

risulta una *funzione* da V^* a V. Siano ora $\lambda, \mu \in \mathbb{R}$, $F_1, F_2 \in V^*$ e u_1, u_2 le corrispondenti soluzioni. In base alla bilinearità di a, abbiamo che

$$a(\lambda u_1 + \mu u_2, v) = \lambda a(u_1, v) + \mu a(u_2, v) =$$
$$= \lambda \langle F_1, v \rangle_* + \mu \langle F_2, v \rangle_*.$$

Si deduce che la soluzione corrispondente ad una combinazione lineare dei dati è la combinazione lineare delle soluzioni corrispondenti o, in altri termini, la corrispondenza dati-soluzione è *lineare.* Per il problema (6.37) vale dunque il *principio di sovrapposizione.* Applicando la (6.39) alla differenza $u_1 - u_2$, le considerazioni precedenti permettono di scrivere

$$\|u_1 - u_2\| \leq \frac{1}{\alpha} \|F_1 - F_2\|_{V^*}$$

che mostra come la corrispondenza dati-soluzione sia una funzione **Lipschitziana** con costante di Lipschitz pari a $\frac{1}{\alpha}$. Questa costante riveste un ruolo particolarmente importante, perché controlla la variazione in norma della soluzione in seguito ad una variazione sui dati, misurata attraverso la norma

$\|F_1 - F_2\|_{V^*}$. Naturalmente, il problema è tanto "più stabile" quanto più elevata è la costante α di coercività. Tutte queste proprietà si sintetizzano nell'unico enunciato seguente: *l'operatore che associa ad $F \in V^*$ la soluzione $u = u(F) \in V$ del problema variazionale è un isomorfismo continuo tra V^* e V.*

Dimostrazione del Teorema 6.1. Per maggior chiarezza dividiamo la dimostrazione in vari passi.

1. *Riscrittura del problema* (6.37). Per ogni $u \in V$, fissato, dalla continuità di a, segue che l'applicazione

$$v \mapsto a\,(u,v)$$

è lineare e continua in V e definisce perciò un elementodi V^*. In base al Teorema di Rappresentazione, esiste un unico elemento $A\,[u] \in V$ tale che

$$a\,(u,v) = (A[u], v)\,, \qquad \forall v \in V. \tag{6.40}$$

Analogamente, essendo $F \in V^*$, esiste un unico $z_F \in V$ tale che

$$\langle F, v \rangle_* = (z_F, v) \qquad \forall v \in V$$

e inoltre, $\|F\|_{V^*} = \|z_F\|$. Di conseguenza, il problema (6.37) può essere riformulato nel modo seguente:

$$\begin{cases} \textit{Trovare } u \in V \\ \qquad \textit{tale che} \\ (A\,[u]\,,v) = (z_F, v)\,, \qquad \forall v \in V \end{cases}$$

che a sua volta equivale a **trovare** u **tale che**

$$A\,[u] = z_F. \tag{6.41}$$

Vogliamo dimostrare che l'equazione (6.41) ha esattamente una soluzione. A tale scopo mostriamo che

$$A : V \to V$$

è un operatore *lineare, continuo, iniettivo e suriettivo.*

2. *Linearità e continuità di A.* Usiamo ripetutamente la definizione di A e la bilinearità di a. Per dimostrare la linearità di A, scriviamo, per ogni $u_1, u_2, v \in V$ e $\lambda_1, \lambda_2 \in \mathbb{R}$:

$$(A\,[\lambda_1 u_1 + \lambda_2 u_2]\,,v) = a\,(\lambda_1 u_1 + \lambda_2 u_2, v) = \lambda_1 a\,(u_1, v) + \lambda_2 a\,(u_2, v)$$
$$= \lambda_1\,(A\,[u_1]\,,v) + \lambda_2\,(A\,[u_2]\,,v) = (\lambda_1 A\,[u_1] + \lambda_2 A\,[u_2]\,,v)$$

da cui

$$A\,[\lambda_1 u_1 + \lambda_2 u_2] = \lambda_1 A\,[u_1] + \lambda_2 A\,[u_2]\,.$$

Pertanto A è lineare e possiamo scrivere Au invece di $A\,[u]$. Per la continuità, osserviamo che:

$$\|Au\|^2 = (Au, Au) = a(u, Au)$$
$$\leq M\,\|u\|\,\|Au\|$$

da cui

$$\|Au\| \leq M\,\|u\|\,.$$

3. *A è iniettivo e ha immagine chiusa*, cioè:

$$\mathcal{N}(A) = \{0\} \quad \text{e} \quad \mathcal{R}(A) \text{ è un sottospazio chiuso di } V.$$

Infatti, dalla coercività di a, si ricava

$$\alpha \|u\|^2 \le a(u,u) = (Au,u) \le \|Au\| \|u\|$$

da cui

$$\|u\| \le \frac{1}{\alpha} \|Au\|. \tag{6.42}$$

Se perciò $Au = 0$, deve essere $u = 0$ e quindi $\mathcal{N}(A) = \{0\}$.

Per mostrare che $\mathcal{R}(A)$ *è un sottospazio chiuso di* V occorre considerare una successione $\{y_m\} \subset \mathcal{R}(A)$ tale che $y_m \to y \in V$ per $m \to +\infty$ e mostrare che $y \in \mathcal{R}(A)$.

Essendo $y_m \in \mathcal{R}(A)$, esiste u_m tale che $Au_m = y_m$. Dalla (6.42) si ha

$$\|u_k - u_m\| \le \frac{1}{\alpha} \|y_k - y_m\|$$

per cui, essendo $\{y_m\}$ di Cauchy, lo è anche $\{u_m\}$. Poiché V è completo, esiste $u \in V$ tale che

$$u_m \to u$$

e la continuità di A implica che $y_m = Au_m \to Au$. Deve dunque essere $Au = y$, per cui $y \in \mathcal{R}(A)$ e $\mathcal{R}(A)$ è chiuso.

4. *A è suriettivo, cioè* $\mathcal{R}(A) = V$. Per assurdo sia $\mathcal{R}(A) \subset V$. Essendo $\mathcal{R}(A)$ sottospazio chiuso, per il Teorema di Proiezione esiste $z \ne 0$, $z \in \mathcal{R}(A)^\perp$. In particolare, ciò implica che

$$0 = (Az, z) = a(z, z) \ge \alpha \|z\|^2$$

da cui $z = 0$. Contraddizione. Deve dunque essere $\mathcal{R}(A) = V$.

5. *Esistenza e unicità della soluzione di* (6.37). Poiché A è suriettivo e iniettivo, esiste ed è unico $\overline{u} \in V$ tale che $A\overline{u} = z_F$. Per quanto visto al punto **1**, $\overline{u}$ è anche l'unica soluzione del problema (6.37).

6. *Stima di stabilità*. Dalla (6.42) con $u = \overline{u}$, si trova

$$\|\overline{u}\| \le \frac{1}{\alpha} \|A\overline{u}\| = \frac{1}{\alpha} \|z_F\| = \frac{1}{\alpha} \|F\|_{V^*}$$

che conclude la dimostrazione. $\qquad\qquad\qquad\qquad\qquad\qquad\qquad\qquad\square$

Nota 6.4. *Una variante del Teorema* 4.1. A volte, nella formulazione astratta occorre considerare soluzioni in uno spazio di Hilbert W mentre le funzioni test che entrano nell'equazione variazionale devono essere scelte in un differente spazio di Hilbert V. Esiste una variante (dovuta a J. Nečas) del Teorema di Lax-Milgram utile in questa situazione. Precisamente, la formulazione del problema è la seguente: siano W e V spazi di Hilbert, $a = a(u, v)$ una forma bilineare in $W \times V$ e $F \in V^*$.

Consideriamo il seguente *problema variazionale astratto:*

$$\begin{cases} \textit{Trovare } u \in W \\ \qquad \textit{tale che} \\ a\,(u,v) = \langle F, v \rangle_*, \quad \forall v \in V. \end{cases} \tag{6.43}$$

Teorema 6.2. *Assumiamo le seguenti ipotesi sulla forma bilineare a:*

i) esiste M tale che:

$$|a(u,v)| \le M \, \|u\|_W \, \|v\|_V, \qquad \forall u \in W, \forall v \in V;$$

ii) esiste una costante $\alpha > 0$ tale che

$$\sup_{\|v\|_V = 1} a(u,v) \ge \alpha \, \|u\|_W, \qquad \forall u \in W;$$

iii)

$$\sup_{u \in W} a(u,v) > 0, \qquad \forall v \in V.$$

Allora il problema (6.43) ha un'unica soluzione $\overline{u} \in W$. Inoltre vale la seguente stima di stabilità:

$$\|\overline{u}\|_W \le \frac{1}{\alpha} \, \|F\|_{V^*}. \tag{6.44}$$

La condizione *ii)* è una coercività asimmetrica, mentre la *iii)* assicura che, fissato v in V, la forma bilineare assume almeno un valore positivo.

La dimostrazione ricalca quella del Teorema di Lax-Milgram (Problema 6.10).

6.6.2 Minimizzazione di funzionali quadratici

Se la forma bilineare a è simmetrica, cioè se

$$a\,(u,v) = a\,(v,u) \qquad \forall u, v \in V,$$

al problema variazionale astratto (6.37) è associato in modo naturale un problema di minimo. Infatti, consideriamo il funzionale quadratico

$$E\,(v) = \frac{1}{2} a\,(v,v) - \langle F, v \rangle_*.$$

Il problema (6.37) è allora equivalente a minimizzare il funzionale E, nel senso espresso nel seguente teorema.

Teorema 6.3. *Sia a simmetrica. Allora u è soluzione del problema (6.37) se e solo se u minimizza E, ovvero*

$$E\,(u) = \min_{v \in V} E\,(v).$$

Dimostrazione. Per ogni $\varepsilon \in \mathbb{R}$ e ogni $v \in V$ si ha

$$E\left(u + \varepsilon v\right) - E\left(u\right)$$
$$= \left\{ \tfrac{1}{2} a\left(u + \varepsilon v, u + \varepsilon v\right) - \langle F, u + \varepsilon v \rangle_* \right\} - \left\{ \tfrac{1}{2} a\left(u, u\right) - \langle F, u \rangle_* \right\}$$
$$= \varepsilon \left\{ a\left(u, v\right) - \langle F, v \rangle_* \right\} + \tfrac{1}{2} \varepsilon^2 a\left(v, v\right).$$

Se ora u è soluzione del problema (6.37), si ha $a\left(u, v\right) - \langle F, v \rangle_* = 0$ e perciò

$$E\left(u + \varepsilon v\right) - E\left(u\right) = \tfrac{1}{2} \varepsilon^2 a\left(v, v\right) \geq 0$$

per cui u minimizza E. Viceversa, se u minimizza E allora

$$E\left(u + \varepsilon v\right) - E\left(u\right) \geq 0,$$

che implica

$$\varepsilon \left\{ a\left(u, v\right) - \langle F, v \rangle_* \right\} + \tfrac{1}{2} \varepsilon^2 a\left(v, v\right) \geq 0.$$

Questa disuguaglianza forza l'annullamento del termine in ε (perché?) e cioè

$$a\left(u, v\right) - \langle F, v \rangle_* = 0, \qquad \forall v \in V, \tag{6.45}$$

ossia u è soluzione del problema (6.37). $\qquad\square$

Ponendo $\varphi\left(\varepsilon\right) = E\left(u + \varepsilon v\right)$, i calcoli appena fatti mostrano che

$$\varphi'(0) = a\left(u, v\right) - \langle F, v \rangle_*.$$

Pertanto, il funzionale lineare

$$v \longmapsto a\left(u, v\right) - \langle F, v \rangle_*$$

si interpreta come la **derivata di** E nel punto u lungo la "direzione" v e scriviamo

$$E'\left(u\right) v = a\left(u, v\right) - \langle F, v \rangle_*. \tag{6.46}$$

Nel Calcolo delle Variazioni, E' prende il nome di **variazione prima di** E e si indica col simbolo δE. L'equazione *variazionale*

$$E'\left(u\right) v = a\left(u, v\right) - \langle F, v \rangle_* = 0, \qquad \forall v \in V \tag{6.47}$$

si chiama **equazione d'Eulero** per il funzionale E. Questa equazione può essere considerata una versione astratta del *principio dei lavori virtuali*, mentre il funzionale E rappresenta in genere un'energia.

Nota 6.5. Se a è simmetrica e coerciva, essa definisce in V un prodotto scalare, avendone tutte le proprietà:

$$\left(\cdot, \cdot\right)_a = a\left(u, v\right).$$

In tal caso, esistenza ed unicità per il problema (6.37) seguono direttamente dal Teorema di Rappresentazione di Riesz per il funzionale F, in riferimento al prodotto scalare $\left(\cdot, \cdot\right)_a$. Dal Teorema 6.3 segue allora che *esiste un unico elemento u che minimizza il funzionale E*.

6.6.3 Approssimazione e metodo di Galerkin

La soluzione u del problema variazionale astratto (6.37) soddisfa l'equazione

$$a(u, v) = \langle F, v \rangle_* \qquad (6.48)$$

per ogni elemento v dello spazio di Hilbert V. Nelle applicazioni concrete, è importante poter calcolare approssimazioni accurate della soluzione e la dimensione infinita di V è l'ostacolo principale. Spesso, tuttavia, V può essere scritto come *unione di sottospazi finito-dimensionali*, cosicché l'idea per ottenere soluzioni approssimate è "proiettare" l'equazione (6.48) su quei sottospazi. Questo è il **metodo di Galerkin**. In linea di principio, aumentando la dimensione del sottospazio dovrebbe migliorare l'approssimazione. Più precisamente, si cerca di costruire una successione $\{V_k\}$ di sottospazi di V con le seguenti proprietà:

a) ogni V_k è *finito dimensionale*: $\dim V_k = k$;

b) $V_k \subset V_{k+1}$ (in realtà, non strettamente necessario);

c) $\overline{\cup V_k} = V$.

Per eseguire la proiezione, si seleziona una base $\psi_1, \psi_2, ..., \psi_k$ per V_k. Si cerca poi un'approssimazione della soluzione u nella forma

$$u_k = \sum_{j=1}^{k} c_j \psi_j, \qquad (6.49)$$

risolvendo il problema *proiettato*

$$a(u_k, v) = \langle F, v \rangle_*, \qquad \forall v \in V_k. \qquad (6.50)$$

Poiché gli elementi $\psi_1, \psi_2, ..., \psi_k$ costituiscono una base per V_k, è sufficiente richiedere che

$$a(u_k, \psi_r) = \langle F, \psi_r \rangle_*, \qquad r = 1, ..., k. \qquad (6.51)$$

Sostituendo la (6.49) nella (6.51), troviamo le k equazioni lineari algebriche

$$\sum_{j=1}^{k} c_j a(\psi_j, \psi_r) = \langle F, \psi_r \rangle_* \qquad r = 1, 2, ..., k \qquad (6.52)$$

per coefficienti incogniti $c_1, c_2, ..., c_k$. Introducendo i vettori

$$\mathbf{c} = \begin{pmatrix} c_1 \\ c_2 \\ \vdots \\ c_k \end{pmatrix}, \quad \mathbf{F} = \begin{pmatrix} F\psi_1 \\ F\psi_2 \\ \vdots \\ F\psi_k \end{pmatrix}$$

e la matrice $\mathbf{A} = (a_{rj})$ di ordine k i cui elementi sono

$$a_{rj} = a(\psi_j, \psi_r), \qquad j, r = 1, ..., k,$$

possiamo scrivere il sistema di equazioni (6.52) nella forma compatta

$$\mathbf{Ac} = \mathbf{F}. \tag{6.53}$$

$\mathbf{A}$ si chiama *matrice di rigidezza o di stiffness* e gioca un ruolo decisivo nell'analisi numerica del problema.

Se la forma bilineare a è coerciva, la matrice $\mathbf{A}$ è *definita positiva*. Infatti, sia $\boldsymbol{\xi} \in \mathbb{R}^k$. Sfruttando la bilinearità e la coercività di a abbiamo:

$$\begin{aligned}
\mathbf{A}\boldsymbol{\xi} \cdot \boldsymbol{\xi} &= \sum_{r,j=1}^{k} a_{rj}\xi_r\xi_j = \sum_{r,j=1}^{k} a\left(\psi_j, \psi_r\right)\xi_r\xi_j \\
&= \sum_{r,j=1}^{k} a\left(\xi_j\psi_j, \xi_r\psi_r\right) = a\left(\sum_{i=1}^{k}\xi_j\psi_j, \sum_{j=1}^{k}\xi_r\psi_r\right) \\
&\geq \alpha \left\|\mathbf{v}\right\|^2
\end{aligned}$$

dove

$$\mathbf{v} = \sum_{j=1}^{k} \xi_j\psi_j \in V_k.$$

Poiché $\{\psi_1, \psi_2, ..., \psi_k\}$ è una base in V_k, si ha che $\mathbf{v} = \mathbf{0}$ se e solo se $\boldsymbol{\xi} = \mathbf{0}$. Ciò mostra che $\mathbf{A}$ è definita positiva ed in particolare invertibile.

Per ogni $k \geq 1$, esiste dunque un'unica soluzione approssimata u_k in V_k del sistema lineare algebrico (6.53).

Occorre ora dimostrare che, se $k \to \infty$, u_k tende alla vera soluzione u, ossia la *convergenza del metodo*, e controllare l'errore commesso ad ogni passo nell'approssimazione. A questo proposito risulta importante il seguente lemma che mostra, tra l'altro, il peso delle costanti di continuità (M) e di coercività (α) della forma bilineare. Questo ha conseguenze rilevanti dal punto di vista numerico.

Lemma 6.4 (di Céa). *Valgano le ipotesi del Teorema di Lax-Milgram. Supponiamo che u_k sia soluzione del problema approssimato (6.51) e che u sia la soluzione del problema originale. Allora*

$$\|u - u_k\| \leq \frac{M}{\alpha} \inf_{v \in V_k} \|u - v\|. \tag{6.54}$$

Dimostrazione. Osserviamo subito che si ha

$$a\left(u_k, v\right) = \langle F, v \rangle_*, \qquad \forall v \in V_k$$

e anche

$$a\left(u, v\right) = \langle F, v \rangle_*, \qquad \forall v \in V_k.$$

Sottraendo membro a membro si ottiene

$$a\left(u - u_k, v\right) = 0, \qquad \forall v \in V_k.$$

In particolare, essendo $v - u_k \in V_k$, si ha

$$a\left(u - u_k, v - u_k\right) = 0, \qquad \forall v \in V_k$$

che implica

$$a\left(u - u_k, u - u_k\right) = a\left(u - u_k, u - v\right) + a\left(u - u_k, v - u_k\right)$$
$$= a\left(u - u_k, u - v\right).$$

Allora si può scrivere, usando continuità e coercività di a,

$$\alpha \left\| u - u_k \right\|^2 \le a\left(u - u_k, u - u_k\right) \le M \left\| u - u_k \right\| \left\| u - v \right\|$$

da cui, semplificando,

$$\left\| u - u_k \right\| \le \frac{M}{\alpha} \left\| u - v \right\|. \tag{6.55}$$

Questa disuguaglianza vale per ogni $v \in V_k$ con la costante $\frac{M}{\alpha}$ indipendente da k. Vale perciò anche se a secondo membro si passa all'estremo inferiore su $v \in V_k$. $\square$

Convergenza del metodo di Galerkin. Poiché abbiamo supposto che $\overline{\cup V_k} = V$, esiste una successione $\{w_k\} \subset V_k$ tale che $w_k \to u$ se $k \to \infty$. Dal Lemma 6.4, per ogni k si ha:

$$\left\| u - u_k \right\| \le \frac{M}{\alpha} \inf_{v \in V_k} \left\| u - v \right\| \le \frac{M}{\alpha} \left\| u - w_k \right\|$$

da cui

$$\left\| u - u_k \right\| \to 0$$

ossia la convergenza del metodo di Galerkin.

6.7 Compattezza

6.7.1 Compattezza e convergenza debole

Nello studio dei problemi al contorno per equazioni a derivate parziali e nella messa a punto di metodi numerici per l'approssimazione della soluzione, ci si scontra spesso con problemi di convergenza. Una situazione tipica è quella in cui si riesce a costruire una successione di candidate approssimanti e si vuole sapere se effettivamente queste convergono in qualche senso opportuno alla soluzione. Spesso, attraverso stime cosiddette *dell'energia*[8], si riesce a mostrare che queste successioni sono *limitate* in qualche spazio di Hilbert. Come si può usare questa informazione? Sebbene non ci possiamo aspettare che queste successioni convergano, potremmo ragionevolmente cercare di estrarre almeno una sottosuccessione convergente. In altri termini stiamo richiedendo alla nostra successione *una proprietà di compattezza*. Soffermiamoci brevemente su questo importante concetto topologico[9].

---

[8] In genere, si tratta di controllare la norma L^2 di una funzione e del suo gradiente.

[9] Per le dimostrazioni, si può vedere *Rudin, 1964* o *Yhosida, 1968*.

Sia dunque X uno spazio topologico. Dato un insieme $E \subseteq X$, si dice *copertura aperta* di E una *famiglia di aperti* la cui unione contiene E.

Definizione 7.1 (Compattezza 1). *Diciamo che $E \subseteq X$ è* **compatto** *se da ogni copertura aperta di E si può estrarre una sottocopertura finita. Diciamo che E è precompatto o relativamente compatto se la sua chiusura è compatta.*

Negli spazi metrici e quindi, in particolare negli spazi di Banach e di Hilbert, si può dare una caratterizzazione degli insiemi compatti in termini di successioni convergenti, che risulta molto più operativa della Definizione 7.1.

Definizione 7.2 (Compattezza 2). *Diciamo che $E \subseteq X$ è* **sequenzialmente compatto** *o* **compatto per successioni** *se da ogni successione infinita $\{x_k\} \subset E$ si può estrarre una sottosuccessione $\{x_{k_s}\}$ convergente ad un elemento di E.*

Vale il seguente importante teorema.

Teorema 7.1 (Compattezza 3). *Siano X uno spazio* **metrico** *ed $E \subseteq X$. E è compatto se e solo se è sequenzialmente compatto.*

Vediamo alcune relazioni tra *chiusura, limitatezza e compattezza*. Gli insiemi compatti in $\mathbb{R}^n$ sono tutti e solo gli insiemi *chiusi e limitati*. Si può dimostrare che ciò succede **solamente** negli spazi vettoriali a dimensione finita. Precisamente (si veda il Problema 6.11):

Teorema 7.2. *Sia X uno spazio normato. Se la sfera unitaria $\{x \in X: \|x\| \le 1\}$ è compatta allora X ha dimensione finita.*

Anche in dimensione infinita è vero che un sottoinsieme compatto di uno spazio normato è sempre chiuso e limitato (Problema 6.12), ma non è vero il viceversa come mostra il seguente esempio.

Esempio 7.1. Sia

$$l^2 = \left\{ \mathbf{a} = \{a_k\}_{k \ge 1} : \sum_{k=1}^{\infty} a_k^2 < \infty, a_k \in \mathbb{R} \right\}$$

lo spazio di Hilbert delle successioni reali a quadrato sommabile, con

$$(\mathbf{a}, \mathbf{b}) = \sum_{k=1}^{\infty} a_k b_k \qquad e \qquad \|\mathbf{a}\|^2 = \sum_{k=1}^{\infty} a_k^2.$$

Sia $E = \{\mathbf{e}^k\}_{k \ge 1}$, dove $\mathbf{e}^1 = \{1, 0, 0, \ldots\}$, $\mathbf{e}^2 = \{0, 1, 0, \ldots\}$, ecc. E costituisce una base ortonormale dello spazio l^2 ed è un insieme chiuso (poiché non ha punti di accumulazione) e limitato (poiché $\|\mathbf{e}^j\| = 1$ per ogni $j \ge 1$).

Tuttavia, E non è sequenzialmente compatto. Infatti, $\|\mathbf{e}^j - \mathbf{e}^k\| = \sqrt{2}$ se $j \ne k$ e perciò nessuna sottosuccessione estratta da $\{\mathbf{e}^k\}_{k \ge 1}$ è convergente.

In generale, se $E = \{e_k\}_{k \ge 1}$ è una base ortonormale in uno spazio di Hilbert H a dimensione infinita, E è chiuso e limitato ma non compatto.

6.7.2 Criteri di compattezza in $C\left(\overline{\Omega}\right)$ e in $L^p\left(\Omega\right)$

Riconoscere che un sottoinsieme di uno spazio normato è compatto o pre-compatto è di solito piuttosto complicato. Una caratterizzazione degli insiemi precompatti nello spazio $C\left(\overline{\Omega}\right)$, dove Ω è un dominio limitato è dato dal seguente importante teorema[10].

Teorema 7.3 (di Ascoli-Arzelà). *Siano $\Omega \subset \mathbb{R}^n$ un dominio limitato ed $E \subset C\left(\overline{\Omega}\right)$. Allora E è precompatto in $C\left(\overline{\Omega}\right)$ se e solo se valgono le seguenti condizioni:*

i) E è limitato in $C\left(\overline{\Omega}\right)$, cioè esiste $M > 0$ tale che

$$\|u\|_{C(\overline{\Omega})} \leq M, \qquad \forall u \in E; \tag{6.56}$$

ii) E è equicontinuo, cioè, per ogni $\varepsilon > 0$ esiste $\delta = \delta\left(\varepsilon\right) > 0$ tale che se $\mathbf{x}, \mathbf{x} + \mathbf{h} \in \overline{\Omega}$ e $|\mathbf{h}| < \delta$ allora

$$|u\left(\mathbf{x} + \mathbf{h}\right) - u\left(\mathbf{x}\right)| < \varepsilon, \qquad \forall u \in E. \tag{6.57}$$

Si noti che la (*ii*) equivale a richiedere che

$$\lim_{\mathbf{h} \to \mathbf{0}} \|u\left(\cdot + \mathbf{h}\right) - u\left(\cdot\right)\|_{C(\overline{\Omega})} = 0, \quad \text{uniformemente rispetto a } u \in E.$$

Mentre, di solito, la limitatezza è una condizione relativamente facile da provare, non è così per l'equicontinuità. Un caso particolarmente significativo si verifica se E è costituito da funzioni *equihölderiane*, ossia se E è limitato nella norma di $C^{0,\alpha}\left(\overline{\Omega}\right)$, $0 < \alpha \leq 1$, o a maggior ragione di $C^1\left(\overline{\Omega}\right)$, e non solo in quella di $C\left(\overline{\Omega}\right)$. Precisiamo questa osservazione nel seguente corollario.

Corollario 7.4. *Siano $\Omega \subset \mathbb{R}^n$ un dominio limitato ed $E \subset C^{0,\alpha}\left(\overline{\Omega}\right)$, $0 < \alpha \leq 1$. Se esiste $M > 0$ tale che*

$$\|u\|_{C^{0,\alpha}(\overline{\Omega})} \leq M, \qquad \forall u \in E \tag{6.58}$$

allora E è precompatto in $C\left(\overline{\Omega}\right)$.

Dimostrazione. La (6.58) significa che

$$\|u\|_{C(\overline{\Omega})} + \sup_{\substack{\mathbf{x}, \mathbf{y} \in \overline{\Omega} \\ \mathbf{x} \neq \mathbf{y}}} \frac{|u\left(\mathbf{x}\right) - u\left(\mathbf{y}\right)|}{|\mathbf{x} - \mathbf{y}|^{\alpha}} \leq M, \qquad \forall u \in E.$$

Deduciamo, in particolare, $\|u\|_{C(\overline{\Omega})} \leq M$, che è la (6.56), e inoltre

$$|u\left(\mathbf{x} + \mathbf{h}\right) - u\left(\mathbf{x}\right)| \leq M |\mathbf{h}|^{\alpha}, \qquad \forall \mathbf{x}, \mathbf{x} + \mathbf{h} \in \overline{\Omega}, \forall u \in E \tag{6.59}$$

che implica (perché?) la (*ii*) del Teorema 7.3. $\square$

---

[10] Ricordiamo che la norma in $C\left(\overline{\Omega}\right)$ è $\|f\|_{C(\overline{\Omega})} = \max_{\overline{\Omega}} |f|$.

Per gli spazi $L^p(\Omega)$, $1 \le p < \infty$, esiste un analogo del Teorema di Ascoli-Arzelà, dovuto a M. Riesz-Fréchet-Kolmogoroff, in cui la norma in $C(\overline{\Omega})$ è sostituita da quella in $L^p(\Omega)$:

Teorema 7.5. *Siano $\Omega \subset \mathbb{R}^n$ un dominio limitato ed $E \subset L^p(\Omega)$, $1 \le p < \infty$. Allora E è precompatto in $L^p(\Omega)$ se e solo se valgono le seguenti condizioni:*

i) E è limitato in $L^p(\Omega)$, cioè esiste $M > 0$ tale che

$$\|u\|_{L^p(\Omega)} \le M, \qquad \forall u \in E;$$

ii) E è equicontinuo in norma $L^p(\Omega)$, cioè, pensando u estesa a zero fuori da Ω,

$$\lim_{\mathbf{h} \to \mathbf{0}} \|u(\cdot + \mathbf{h}) - u(\cdot)\|_{L^p(\Omega)} = 0, \quad \text{uniformemente rispetto a } u \in E.$$

L'analogo del Corollario 7.4. è il seguente; lo useremo più avanti.

Corollario 7.6. *Siano Ω un dominio limitato di $\mathbb{R}^n$ ed $E \subset L^p(\Omega)$. Se E è limitato in $L^p(\Omega)$ ed esistono α ed L, positivi, tali che, pensando u estesa a zero fuori da Ω,*

$$\int_\Omega |u(\mathbf{x} + \mathbf{h}) - u(\mathbf{x})|^p \, dx \le L \, |\mathbf{h}|^\alpha, \qquad \forall \mathbf{h} \in \mathbb{R}^n, \forall u \in E \qquad (6.60)$$

allora E è precompatto in $L^p(\Omega)$.

La (6.60) è una condizione di *equihölderianità in norma $L^p(\Omega)$* degli elementi di E. Vedremo nel capitolo sugli spazi di Sobolev esempi di compatti in $L^2(\Omega)$.

6.7.3 Convergenza debole e compattezza

Abbiamo visto che la compattezza in uno spazio normato è equivalente alla compattezza per successioni. Nelle applicazioni citate all'inizio della sezione, ciò si traduce in una condizione molto restrittiva per le successioni approssimanti.

Fortunatamente, negli spazi normati, ed in particolare in quelli di Hilbert, esiste un'altra nozione di convergenza, molto più flessibile, che, come vedremo, si adatta perfettamente alla formulazione variazionale dei problemi al bordo per equazioni a derivate parziali.

Sia H uno spazio di Hilbert con prodotto interno $(\cdot, \cdot)$ e norma $\|\cdot\|$. Se $F \in H^*$, sappiamo che $\langle F, x_k \rangle_* \to \langle F, x \rangle_*$ ogni volta che $\|x_k - x\| \to 0$. Può darsi però che

$$\langle F, x_k \rangle_* \to \langle F, x \rangle_*$$

per ogni elemento F del duale, senza che $\|x_k - x\| \to 0$. Diremo allora che x_k converge *debolmente* a x. Precisamente:

Definizione 7.3. *Una successione* $\{x_k\} \subset H$ *converge debolmente a* $x \in H$, *e in tal caso scriviamo*

$$x_k \rightharpoonup x$$

(con la "mezza freccia"), *se*

$$\langle F, x_k \rangle_* \to \langle F, x \rangle_*, \qquad \forall F \in H^*.$$

La convergenza in norma è allora detta anche *convergenza forte*. Dal Teorema di Riesz, segue subito che $\{x_k\} \subset H$ *converge debolmente a* $x \in H$ se e solo se

$$(x_k, y) \to (x, y), \qquad \forall y \in H.$$

Il limite debole è unico poiché $x_k \rightharpoonup x$ e $x_k \rightharpoonup z$ implicano

$$(x - z, y) = 0 \qquad \forall y \in H,$$

da cui $x = z$. Inoltre, dalla disuguaglianza di Schwarz si ha

$$|(x_k - x, y)| \le \|x_k - x\| \, \|y\|$$

e perciò la convergenza forte implica quella debole.

Le due nozioni di convergenza forte e debole sono equivalenti in spazi vettoriali a dimensione finita. In generale non sono equivalenti, come mostra il prossimo esempio.

Esempio 7.2. Sia $H = L^2(0, 2\pi)$. La successione $\{v_k\}_{k \ge 1} = \{\cos kx\}_{k \ge 1}$ è debolmente convergente a zero. Infatti, per ogni $f \in L^2(0, 2\pi)$,

$$(f, v_k)_0 = \int_0^{2\pi} f(x) \cos kx \, dx \to 0$$

per $k \to \infty$ (Teorema di Riemann-Lebesgue sui coefficienti di Fourier di f). Tuttavia

$$\|v_k\|_0 = \sqrt{\pi}$$

e quindi $\{v_k\}$ non può convergere fortemente a zero.

Nota 7.1. Se $L \in \mathcal{L}(H_1, H_2)$ e $x_n \rightharpoonup x$ in H_1 non è detto che $Lx_k \to Lx$ in H_2. È vero tuttavia che $Lx_k \rightharpoonup Lx$. Infatti, per ogni $y \in H_2$,

$$(L(x_n - x), y)_{H_2} = (x_n - x, L^*y)_{H_1} \to 0.$$

Dunque, se L è (fortemente) continuo allora è anche *debolmente sequenzialmente continuo*.

$\Rightarrow$ **Warning**: Non sempre *forte implica debole*! Sia $E \subset H$ chiuso (fortemente). Possiamo dedurre che E è anche *debolmente sequenzialmente chiuso*? La risposta è *no*. Infatti, "fortemente chiuso" significa che E contiene i punti limite di tutte le successioni $\{x_k\} \subset E$, convergenti in norma. Supponiamo ora che $x_k \rightharpoonup x$ (solo debolmente); poiché la convergenza non è forte non possiamo affermare che $x \in E$. Pertanto, in generale, E *non è debolmente sequenzialmente chiuso*[11].

Per esempio, sia $E = \{v_k\}$ dove $v_k\,(x) = \cos kx$, come nell'Esempio 7.2. Allora E è un sottoinsieme fortemente chiuso in $L^2\,(0, 2\pi)$ e contenuto nell'insieme $\{v \in L^2\,(0, 2\pi) : \|v\| = \sqrt{\pi}\}$. Tuttavia $v_k \rightharpoonup 0 \notin E$ e quindi E *non* è debolmente sequenzialmente chiuso.

Abbiamo osservato che la norma in uno spazio di Hilbert è (fortemente) continua. Rispetto alla convergenza debole è solo *inferiormente semicontinua*, come mostra la proprietà 2 nel seguente teorema.

Teorema 7.7. *Sia $\{x_k\} \subset H$ tale che $x_k \rightharpoonup x$. Allora:*

1) $\{x_k\}$ *è limitata;*

2) $\|x\| \leq \liminf_{k \to \infty} \|x_k\|$ *(semicontinuità inferiore debole).*

Omettiamo la dimostrazione di 1). Per la 2) è sufficiente osservare che

$$\|x\|^2 = \lim_{k \to \infty} (x_k, x) = \liminf_{k \to \infty} (x_k, x) \leq \|x\| \liminf_{k \to \infty} \|x_k\|$$

e semplificare per $\|x\|$. L'Esempio 7.2 indica che nella 2) può esserci il segno di minore stretto.

Abbiamo affermato che è utile avere a disposizione criteri di compattezza. Nel paragrafo precedente abbiamo visto che, in generale, la limitatezza di un insieme non è sufficiente per avere un insieme precompatto in norma (ossia fortemente). Se però rinunciamo alla convergenza forte e ci accontentiamo di quella debole, allora le cose migliorano.

Infatti, vale il seguente teorema, che indica come i limitati in uno spazio di Hilbert siano *debolmente compatti per successioni*. La dimostrazione è elementare se supponiamo che H sia anche *separabile*, ossia che *esista un insieme numerabile, denso in H*. La faremo in questo caso.

Teorema 7.8. *Ogni successione limitata in uno spazio di Hilbert H contiene una sottosuccessione debolmente convergente.*

Dimostrazione (nel caso H separabile[12]). Poiché H è separabile esiste una successione $\{z_k\}$ densa in H. Sia ora $\{x_j\}$ una successione limitata: $\|x_j\| \leq M, \forall j \geq 1$. Dividiamo la dimostrazione in tre passi.

1. Usiamo un tipico procedimento "diagonale" per costruire una sottosuccessione $\{x_s^{(s)}\}$ tale che la successione di numeri reali $(x_s^{(s)}, z_k)$ sia convergente per ogni z_k

---

[11] Si veda il Problema 6.14.

[12] Al quale del resto ci si può sempre ricondurre considerando, anzichè H, la chiusura H_0 del sottospazio generato dalle combinazioni lineari finite di elementi della successione.

fissato. La successione numerica

$$(x_j, z_1)$$

è limitata in $\mathbb{R}$ e quindi esiste una sottosuccessione $\{x_j^{(1)}\} \subset \{x_j\}$ tale che

$$(x_j^{(1)}, z_1)$$

è convergente. Per la stessa ragione, da $\{x_j^{(1)}\}$ si può estrarre una sottosuccessione $\{x_j^{(2)}\}$ tale che

$$(x_j^{(2)}, z_2)$$

è convergente. Procedendo induttivamente si costruisce una sottosuccessione $\{x_j^{(k)}\}$ tale che

$$(x_j^{(k)}, z_k)$$

converge. Consideriamo ora la successione diagonale $\{x_s^{(s)}\}$, ottenuta selezionando $x_1^{(1)}$ da $\{x_j^{(1)}\}$, $x_2^{(2)}$ da $\{x_j^{(2)}\}$ e così via. Abbiamo allora che

$$(x_s^{(s)}, z_k)$$

è convergente per ogni $k \geq 1$, fissato.

2. Usiamo la densità di $\{z_k\}$ per mostrare che $(x_s^{(s)}, z)$ converge per ogni $z \in H$. Infatti, fissati $\varepsilon > 0$ e $z \in H$, possiamo trovare z_k tale che $\|z - z_k\| < \varepsilon$. Scriviamo

$$(x_s^{(s)} - x_m^{(m)}, z) = (x_s^{(s)} - x_m^{(m)}, z - z_k) + (x_s^{(s)} - x_m^{(m)}, z_k). \qquad (6.61)$$

Se s ed m sono abbastanza grandi, abbiamo

$$\left| (x_s^{(s)} - x_m^{(m)}, z_k) \right| < \varepsilon$$

poiché $(x_s^{(s)}, z_k)$ è convergente. Per il primo termine nella (6.61), dalla disuguaglianza di Schwarz si ha

$$\left| (x_s^{(s)} - x_m^{(m)}, z - z_k) \right| \leq \left\| x_s^{(s)} - x_m^{(m)} \right\| \|z - z_k\| \leq 2M\varepsilon.$$

Se quindi s ed m sono abbastanza grandi, abbiamo

$$\left| (x_s^{(s)} - x_m^{(m)}, z) \right| \leq (2M + 1)\varepsilon,$$

per cui la successione $(x_s^{(s)} - x_m^{(m)}, z)$ è fondamentale in $\mathbb{R}$ e perciò convergente.

3. Usiamo il Teorema di Riesz per identificare il limite debole della successione $\{x_s^{(s)}\}$. Definiamo un funzionale lineare T su H ponendo

$$Tz = \lim_{s \to \infty} (x_s^{(s)}, z).$$

Poiché $\left\| x_s^{(s)} \right\| \leq M$, si ha

$$|Tz| \leq M \|z\|$$

da cui $T \in H^*$. Dal Teorema di Riesz, esiste allora $x_\infty \in H$ tale che

$$Tz = (x_\infty, z), \qquad \forall z \in H.$$

Si ha perciò, per $s \to \infty$,

$$(x_s^{(s)}, z) \to (x_\infty, z), \qquad \forall z \in H$$

ossia che

$$x_s^{(s)} \rightharpoonup x_\infty. \qquad\qquad\qquad \Box$$

Procedendo come nell'ultima parte della dimostrazione precedente si dimostra la seguente proprietà di *completezza debole*.

Teorema 7.9. *Ogni successione* $\{x_n\}$ *debolmente convergente in uno spazio di Hilbert* H, *converge debolmente ad un elemento* x *di* H.

L'enunciato sembra, a prima vista ... tautologico. In realtà, il fatto che le successioni numeriche (x_n, z) siano convergenti per ogni z potrebbe, in linea di principio, non implicare l'esistenza di un elemento $x \in H$, che *rappresenti tutti i limiti*, ossia tale che $(x_n, z) \to (x, z)$. Ma negli spazi di Hilbert vale il Teorema di Rappresentazione!

Esempio 7.3. Sia $H = L^2(\Omega)$, Ω aperto di $\mathbb{R}^n$. Il Teorema 7.9 implica che, se $\{u_k\}_{k \geq 1} \subset L^2(\Omega)$ è una successione limitata, se cioè esiste $M > 0$ tale che

$$\|u_k\|_0 \leq M, \qquad \text{per ogni } k \geq 1,$$

allora esiste una sottosuccessione $\{u_{k_m}\}_{m \geq 1}$ e $u \in L^2(\Omega)$ tale che

$$\int_\Omega u_{k_m} v \to \int_\Omega uv, \qquad \text{per ogni } v \in L^2(\Omega),\, m \to +\infty.$$

6.7.4 Operatori compatti

Per definizione, ogni operatore in $\mathcal{L}(H_1, H_2)$ trasforma insiemi limitati in H_1 in insiemi limitati in H_2. La sottoclasse degli operatori che trasportano insiemi *limitati* in insiemi *precompatti* è particolarmente importante.

Definizione 7.4. *Siano* H_1 *e* H_2 *spazi di Hilbert e* $L \in \mathcal{L}(H_1, H_2)$. L *si dice* compatto *se, per ogni insieme limitato* $E \subset H_1$, *l'immagine* $L(E)$ *è precompatta in* H_2.

Vi sono condizioni equivalenti, a volte più comode della definizione precedente, per determinare la compattezza di un operatore. Il seguente teorema indica che un operatore è compatto se e solo se "converte convergenza debole in convergenza forte". Precisamente:

Microteorema 7.10. $L \in \mathcal{L}(H_1, H_2)$ *è compatto se e solo se, per ogni successione* $\{x_k\} \subset H_1$,

$$x_k \rightharpoonup 0 \quad \text{in } H_1 \qquad \text{implica} \qquad Lx_k \to 0 \quad \text{in } H_2. \qquad (6.62)$$

Dimostrazione. Supponiamo che valga la (6.62). Siano $E \subset H_1$, limitato, e $\{z_k\} \subset L(E)$. Allora $z_k = Lx_k$ con $x_k \in E$. Per il Teorema 7.9, esiste in E una sottosuccessione $\{x_{k_s}\}$ debolmente convergente a $x \in H_1$. Allora $y_s = x_{k_s} - x \rightharpoonup 0$ in H_1 e, per la (6.62), $Ly_s \to 0$ in H_2, ossia $z_{k_s} = Lx_{k_s} \to Lx \equiv z$ in H_2. Essendo

$\{Lx_{k_s}\} \subset L(E)$, concludiamo che $L(E)$ è precompatto per successioni e quindi precompatto in H_2.

Viceversa, sia L compatto e $x_k \rightharpoonup 0$ in H_1. In base alla Nota 7.1, $Lx_k \rightharpoonup 0$. Supponiamo che $Lx_k \nrightarrow 0$. Allora, esistono $\bar{\varepsilon} > 0$ e infiniti indici k_j tali che $\|Lx_{k_j}\| > \bar{\varepsilon}$. Poiché

$$x_{k_j} \rightharpoonup 0,$$

dal Teorema 7.7 $\{x_{k_j}\}$ è limitata in H_1 per cui $\{Lx_{k_j}\}$ contiene una sottosuccessione (che continuiamo ad indicare con) $\{Lx_{k_j}\}$ fortemente, e quindi debolmente convergente ad un elemento $y \in H_2$. D'altra parte, abbiamo anche $Lx_{k_j} \rightharpoonup 0$ che implica $y = 0$. Dunque $\|Lx_{k_j}\| \to 0$. Contraddizione. $\qquad\square$

Esempio 7.4. Sia $H^1_{per}(0, 2\pi)$ lo spazio di Hilbert introdotto nell'Esempio 3.4. L'immersione

$$I_{H^1 \to L^2} \colon H^1_{per}(0, 2\pi) \to L^2(0, 2\pi)$$

è compatta (Problema 6.15).

Esempio 7.5. In base al Teorema 7.2, l'operatore identità $I : H \to H$ è compatto se e solo se $\dim H < \infty$. Ogni operatore con immagine a dimensione finita è compatto.

Esempio 7.6. Sia $Q = (0,1) \times (0,1)$ e $g \in C(\overline{Q})$. Definiamo

$$Tv(x) = \int_0^1 g(x,y) v(y) \, dy. \tag{6.63}$$

Vogliamo dimostrare che T è compatto da $L^2(0,1)$ in $L^2(0,1)$. Infatti, per ogni $x \in (0,1)$, abbiamo

$$|Tv(x)| \le \int_0^1 |g(x,y) v(y)| \, dy \le \|g(x,\cdot)\|_{L^2(0,1)} \|v\|_{L^2(0,1)}, \tag{6.64}$$

da cui

$$\int_0^1 |Tv(x)|^2 \, dx \le \|g\|^2_{L^2(Q)} \|v\|^2_{L^2(0,1)}$$

che implica $Tv \in L^2(0,1)$ e mostra la continuità di T. Per controllare la compattezza, usiamo il Microteorema 7.10. Sia $\{v_k\} \subset L^2(0,1)$, tale che $v_k \rightharpoonup 0$, cioè

$$\int_0^1 v_k w \to 0, \qquad \text{per ogni } w \in L^2(0,1). \tag{6.65}$$

Vogliamo provare che $Tv_k \to 0$ in $L^2(0,1)$. Essendo debolmente convergente, la successione $\{v_k\}$ è limitata, per cui esiste M tale che $\|v_k\|_{L^2(0,1)} \le M$ per ogni k. Dalla (6.64) si ha

$$|Tv_k(x)| \le M \|g(x,\cdot)\|_{L^2(0,1)}.$$

Inoltre, inserendo $w(\cdot) = g(x, \cdot)$ nella (6.65) si deduce che

$$Tv_k(x) = \int_0^1 g(x, y) v_k(y)\, dy \to 0 \qquad \text{per ogni } x \in (0, 1).$$

Il Teorema della Convergenza Dominata[13] implica allora che $Tv_k \to 0$ in $L^2(0, 1)$. Dunque T è compatto.

Microteorema 7.11. *Sia* $L : H_1 \to H_2$ *compatto. Allora:*

a) *l'aggiunto* $L^* : H_2 \to H_1$ *è compatto;*

b) *se* $G \in \mathcal{L}(H_2, H_3)$ *oppure* $G \in \mathcal{L}(H_0, H_1)$, *gli operatori composti* $G \circ L$ *oppure* $L \circ G$ *sono compatti.*

Dimostrazione. a) Usiamo il Microteorema 7.10. Sia $\{x_n\} \subset H_2$, $x_n \rightharpoonup 0$ e facciamo vedere che $\|L^* x_n\|_{H_1} \to 0$. Abbiamo:

$$\|L^* x_n\|_{H_1}^2 = (L^* x_n, L^* x_n)_{H_1} = (x_n, L L^* x_n)_{H_2}.$$

Essendo $L^* \in \mathcal{L}(H_2, H_1)$, si ha $L^* x_n \rightharpoonup 0$ in H_1 e allora, per la compattezza di L, $L L^* x_n \to 0$. Poiché $\|x_n\|_{H_2} \leq M$, abbiamo infine

$$\|L^* x_n\|_{H_1}^2 = (x_n, L L^* x_n)_{H_2} \leq M \|L L^* x_n\|_{H_2} \to 0.$$

b) La lasciamo come esercizio.   □

6.8 Teorema dell'Alternativa di Fredholm

6.8.1 Alternativa per problemi variazionali astratti

Torniamo al problema variazionale astratto

$$a(u, v) = \langle F, v \rangle_* \qquad \forall v \in V, \tag{6.66}$$

dove $F \in V^*$, e supponiamo che il Teorema di Lax-Milgram non possa essere applicato, per esempio a causa della non coercività della forma bilineare a. In questa situazione può succedere che il problema non abbia soluzione, a meno che certe condizioni di compatibilità su F non siano soddisfatte. Un esempio tipico è dato dal problema di Neumann

$$\begin{cases} -\Delta u = f & \text{in } \Omega \\ \partial_\nu u = g & \text{su } \partial\Omega. \end{cases}$$

Una condizione necessaria e sufficiente di risolubilità è data da

$$\int_\Omega f + \int_{\partial\Omega} g = 0. \tag{6.67}$$

Inoltre, se vale la (6.67), esistono infinite soluzioni, che differiscono a due a due per una costante. La condizione (6.67) ha una precisa interpretazione fisica ed un significato matematico profondo, con radici nell'Algebra Lineare!

---

[13] Appendice B.

Infatti, i risultati che stiamo per presentare estendono fatti ben noti, riguardanti la risolubilità di sistemi lineari algebrici della forma

$$\mathbf{A}\mathbf{x} = \mathbf{b} \tag{6.68}$$

dove $\mathbf{A}$ è una matrice quadrata di ordine n e $\mathbf{b} \in \mathbb{R}^n$. Vale la seguente dicotomia: *o il sistema (6.68) ha un'unica soluzione per ogni $\mathbf{b}$ oppure il sistema omogeneo $\mathbf{A}\mathbf{x} = \mathbf{0}$ ha soluzioni non banali.*

Più precisamente, il sistema (6.68) è risolubile se e solo se il vettore $\mathbf{b}$ appartiene allo *spazio generato dalle colonne di* $\mathbf{A}$, che coincide con il complemento ortogonale del nucleo della matrice trasposta $\ker(\mathbf{A}^\top)$. Pertanto, se $\mathbf{w}_1, ..., \mathbf{w}_s$ è una base di $\ker(\mathbf{A}^\top)$, il sistema (6.68) è risolubile se e solo se $\mathbf{b}$ soddisfa le s condizioni di compatibilità, $0 \le s \le n$,

$$\mathbf{b} \cdot \mathbf{w}_j = 0 \qquad j = 1, ..., s.$$

Infine, $\ker(\mathbf{A})$ e $\ker(\mathbf{A}^\top)$ hanno la stessa dimensione e se $\mathbf{v}_1, ..., \mathbf{v}_s$ è una base di $\ker(\mathbf{A})$, la soluzione generale del sistema (6.68) è data da:

$$\mathbf{x} = \overline{\mathbf{x}} + \sum\nolimits_{j=1}^{s} c_j \mathbf{v}_j$$

dove $\overline{\mathbf{x}}$ è una qualunque soluzione di (6.68) e $c_1, ..., c_s$ sono costanti arbitrarie.

L'estensione di questi risultati al caso infinito-dimensionale richiede cautela. In particolare, per enunciare un analogo teorema di dicotomia per il problema variazionale (6.66), è necessario precisarne l'ambientazione funzionale, per evitare confusioni.

Il problema (6.66) coinvolge due spazi di Hilbert: V, dove cerchiamo le soluzioni, e V^* dove assegniamo il dato F. Introduciamo un terzo spazio di Hilbert H, intermedio tra V e V^*. Usiamo i simboli

$$(\cdot, \cdot) = (\cdot, \cdot)_H, \qquad \|\cdot\| = \|\cdot\|_H$$

per il prodotto interno e per la norma in H, rispettivamente, mentre con

$$\langle \cdot, \cdot \rangle_* \quad \text{oppure} \quad \langle \cdot, \cdot \rangle_{V^* \times V}$$

indichiamo la dualità tra V^* e V.

Nei problemi differenziali, di solito $H = L^2(\Omega)$, con Ω dominio limitato in $\mathbb{R}^n$, mentre V è un suo sottospazio (di Sobolev), i cui elementi sono funzioni dotate di un opportuno numero di derivate e che soddisfano qualche condizione al bordo. In sostanza, abbiamo una terna V, H, V^*, e vogliamo che:

1. $V \hookrightarrow H$, cioé V sia *immerso con continuità in* H. Ciò significa che l'operatore identità

$$I_{V \to H} : V \to H$$

è continuo, ossia esiste un numero C tale che

$$\|u\| \le C \|u\|_V \qquad \forall u \in V; \tag{6.69}$$

2. V sia *denso in* H.

Vediamo alcune conseguenze delle ipotesi 1 e 2. Usando il Teorema di Riesz, identifichiamo H col suo duale H^*. Come conseguenza, possiamo *immergere* H in V^* *con continuità*. Infatti, osserviamo che, fissato $u \in H$, il funzionale T_u definito da

$$\langle T_u, v \rangle_* = (u, v) \qquad \forall v \in V, \tag{6.70}$$

è continuo in V. Ciò segue dalla disuguaglianza di Schwarz e dalla (6.69):

$$|(u, v)| \leq \|u\| \, \|v\| \leq C \, \|u\| \, \|v\|_V. \tag{6.71}$$

Dunque abbiamo una corrispondenza continua $u \longmapsto T_u$, da H in V^*, con

$$\|T_u\|_{V^*} \leq C \, \|u\|.$$

Inoltre, se $T_u = 0$ allora

$$(u, v) = 0 \quad \forall v \in V$$

che forza $u = 0$, in virtù della densità di V in H.

Deduciamo quindi che la corrispondenza $u \longmapsto T_u$ è *iniettiva* e definisce pertanto l'immersione continua $I_{H \to V^*}$. In pratica, possiamo *identificare u* con l'elemento T_u di V^*, con la conseguenza che, invece della (6.70), siamo autorizzati a scrivere

$$\langle u, v \rangle_* = (u, v) \qquad \forall v \in V : \tag{6.72}$$

a sinistra della (6.72) u è visto come elemento di V^* mentre a destra come elemento di H.

Abbiamo già osservato nel Paragrafo 6.5.2 che l'identificazione di H con H^* proibisce di identificare V con V^*.

Si può poi dimostrare che V e H *sono densi in* V^*. Abbiamo perciò

$$V \hookrightarrow H \hookrightarrow V^*$$

e, sotto le condizioni 1 e 2, chiamiamo (V, H, V^*) **terna Hilbertiana**.

Questa è l'ambientazione giusta. Per enunciare il risultato principale, occorre introdurre le nozioni di coercività debole e di aggiunta di una forma bilineare.

Definizione 8.1. *Diciamo che la forma bilineare* $a(u, v)$ *è debolmente* $(V, H) - coerciva$ *se esistono* $\lambda_0 \in \mathbb{R}$ *e* $\alpha > 0$ *tali che*

$$a_{\lambda_0}(v, v) \equiv a(v, v) + \lambda_0 \|v\|^2 \geq \alpha \|v\|_V^2 \qquad \forall v \in V.$$

La forma bilineare *aggiunta* di a è definita dalla relazione

$$a^*(u, v) = a(v, u),$$

ottenuta scambiando i ruoli di u e v nell'espressione analitica di a. Nelle applicazioni, a^* è associata al cosiddetto *aggiunto formale* di un operatore differenziale (si veda la sottosezione 8.5.1). Evidentemente, a è simmetrica se $a = a^*$.

Indicheremo con $\mathcal{N}(a)$ e $\mathcal{N}(a^*)$ i *nuclei* di a e a^*, rispettivamente, e cioè l'insieme delle soluzioni u e w dei problemi variazionali omogenei:

$$a(u, v) = 0, \quad \forall v \in V \qquad e \qquad a^*(w, v) = 0, \quad \forall v \in V.$$

Sottolineiamo che $\mathcal{N}(a)$ e $\mathcal{N}(a^*)$ sono sottospazi di V.

Teorema 8.1 (Alternativa I). *Sia (V, H, V^*) una terna Hilbertiana tale che l'immersione di V in H sia* **compatta**. *Sia a una forma bilineare in V, continua e (V, H) – debolmente coerciva. Allora vale la seguente dicotomia.*

a) L'equazione

$$a(u, v) = \langle F, v \rangle_* \qquad \forall v \in V \tag{6.73}$$

ha un'unica soluzione $\overline{u}$ per ogni $F \in V^*$ ed esiste C, indipendente da $\overline{u}$ e F, tale

$$\|\overline{u}\|_V \leq C \|F\|_{V^*} \tag{6.74}$$

oppure

b)

$$0 < \dim\mathcal{N}(a) = \dim\mathcal{N}(a^*) = d < \infty$$

e (6.73) è risolubile se e solo se $\langle F, w \rangle_* = 0$ per ogni $w \in \mathcal{N}(a^*)$.

Nel caso *b)*, se $\{w_1, w_2, ..., w_d\}$ è una base di $\mathcal{N}(a^*)$, la (6.73) è risolubile se e solo se valgono d *condizioni di compatibilità*

$$\langle F, w_j \rangle_* = 0, \qquad j = 1, ..., d.$$

In questo caso, la soluzione generale dell'equazione (6.73) ha la forma

$$u = \overline{u} + \sum_{j=1}^{d} c_j z_j$$

dove $\overline{u}$ è una qualunque soluzione di (6.73), $\{z_1, ..., z_d\}$ è una base di $\mathcal{N}(a)$ e $c_1, ..., c_d$ sono costanti arbitrarie.

La dimostrazione del Teorema 8.1 segue da un risultato più generale, noto come Teorema dell'Alternativa di Fredholm, che presentiamo nel prossimo paragrafo.

Applicheremo ampiamente il teorema nel Capitolo 8. Qui ci limitiamo ad un esempio preliminare.

Esempio 8.1. Siano $V = H^1_{per}(0, 2\pi)$, $H = L^2(0, 2\pi)$ e $r = r(t)$ una funzione continua e *positiva* in $[0, 2\pi]$. Sappiamo che l'immersione di V in H è compatta (Esempio 7.4). Inoltre, poiché $C_0^1([0, 2\pi]) \subset V$, segue che V è denso in H. La terna Hilbertiana (V, H, V^*) soddisfa dunque le ipotesi del Teorema 8.1.

Data $f \in H$, consideriamo il problema variazionale

$$\int_0^{2\pi} u'v'r dt = \int_0^{2\pi} fv\, dt, \qquad \forall v \in V. \tag{6.75}$$

La forma bilineare $a(u,v) = \int_0^{2\pi} u'v'r dt$ è continua in V essendo

$$|a(u,v)| \le r_{\max} \|u'\|_0 \|v'\|_0 \le r_{\max} \|u\|_1 \|v\|_1,$$

ma non è $V-$coerciva. Infatti $a(u,u) = 0$ se u è costante.

Tuttavia è $(V,H)-$debolmente coerciva poiché

$$a(u,u) + \|u\|_0^2 = \int_0^{2\pi} (u')^2 r dt + \int_0^{2\pi} u^2 dt \ge \min\{r_{\min}, 1\} \|u\|_1^2.$$

Infine, abbiamo

$$\left| \int_0^{2\pi} fv\, dt \right| \le \|f\|_0 \|v\|_0 \le \|f\|_0 \|v\|_1$$

per cui il funzionale

$$F : v \mapsto \int_0^{2\pi} fv dt$$

definisce un elemento di V^*.

Siamo nelle ipotesi del Teorema 8.1. Essendo a simmetrica si ha $\mathcal{N}(a) = \mathcal{N}(a^*)$. Gli elementi di $\mathcal{N}(a)$ sono le soluzioni dell'equazione

$$a(u,v) = \int_0^{2\pi} u'v'r dt = 0, \qquad \forall v \in V. \tag{6.76}$$

Ponendo $v = u$ in (6.76) otteniamo

$$\int_0^{2\pi} (u')^2 r dt = 0$$

che forza $u(t) \equiv$ costante, essendo $r(t) > 0$ in $[0, 2\pi]$. Deduciamo che $\dim \mathcal{N}(a) = 1$ e che $w(t) \equiv 1$ genera $\mathcal{N}(a)$. Dal Teorema 8.1 traiamo la seguente conclusione: l'equazione (6.75) è risolubile se e solo se

$$\langle F, 1 \rangle_* = \int_0^{2\pi} f dt = 0.$$

Inoltre, in questo caso, la (6.75) ha infinite soluzioni della forma $u = \overline{u} + c$, dove $\overline{u}$ è una qualunque soluzione di (6.75).

Il problema variazionale ha una semplice interpretazione formale come problema ai limiti. Integrando per parti e ricordando che $v(0) = v(2\pi)$, la (6.75) diventa

$$\int_0^{2\pi} [(-ru')' - f]v dt + v(0)[r(2\pi)u'(2\pi) - r(0)u'(0)] = 0, \qquad \forall v \in V. \tag{6.77}$$

Scegliendo v nulla in $0, 2\pi$ troviamo

$$\int_0^{2\pi} [-(ru')' - f]v\,dt = 0, \qquad \forall v \in V,\ v(0) = v(2\pi) = 0$$

che implica

$$(u'r)' = -f \quad \text{in } (0, 2\pi).$$

La (6.77) si riduce allora a

$$v(0)[r(2\pi)u'(2\pi) - r(0)u'(0)] = 0, \qquad \forall v \in V$$

che a sua volta implica

$$r(2\pi)u'(2\pi) = r(0)u'(0).$$

In conclusione, il problema (6.75) costituisce la formulazione variazionale del seguente problema ai limiti:

$$\begin{cases} (ru')' = -f & \text{in } (0, 2\pi) \\ u(0) = u(2\pi) \\ r(2\pi)u'(2\pi) = r(0)u'(0). \end{cases}$$

È importante sottolineare che la condizione $u(0) = u(2\pi)$, che esprime la periodicità dei dati di Dirichlet, è imposta dalla scelta dello spazio V mentre la condizione $r(2\pi)u'(2\pi) = r(0)u'(0)$, ossia la periodicità dei dati di Neumann, è incorporata nell'equazione (6.75).

6.8.2 Teorema dell'Alternativa di Fredholm

Enunciamo ora il Teorema dell'Alternativa negli spazi di Hilbert. In realtà esso vale anche negli spazi di Banach[14], definendo opportunamente la nozione di operatore aggiunto. Introduciamo prima un po' di terminologia.

Siano V_1, V_2 spazi di Hilbert e $\Phi \in \mathcal{L}(V_1, V_2)$. Diciamo che Φ è un *operatore di Fredholm* se $\mathcal{N}(\Phi)$ e $\mathcal{R}(\Phi)^\perp$ *hanno dimensione finita*. Si chiama *indice di* Φ il numero intero

$$\text{ind}(\Phi) = \dim\mathcal{N}(\Phi) - \dim\mathcal{R}(\Phi)^\perp = \dim\mathcal{N}(\Phi) - \dim\mathcal{N}(\Phi^*).$$

Teorema 8.2 (Alternativa II, di Fredholm). *Siano H uno spazio di Hilbert e $K : H \to H$ un operatore compatto. Allora*

$$\Phi = K - I$$

è un operatore di Fredholm con indice zero. Inoltre, $\Phi^* = K^* - I$,

---

[14] Si veda per esempio, *Gilbarg-Trudinger*, 2001.

$$\mathcal{R}\left(\Phi\right) = \mathcal{N}\left(\Phi^{*}\right)^{\perp} \tag{6.78}$$

e

$$\mathcal{N}\left(\Phi\right) = \{0\} \iff \mathcal{R}\left(\Phi\right) = H. \tag{6.79}$$

Nota 8.1. La (6.79) indica che Φ è iniettivo se e solo se è suriettivo. Ovvero, per l'equazione $Ku - u = f$, l'unicità della soluzione implica l'esistenza di una soluzione, per ogni $f \in H$, e viceversa. Basta allora verificare una sola delle due! Inoltre, poiché $\Phi \in \mathcal{L}(H)$, se Φ è biunivoco anche $\Phi^{-1} \in \mathcal{L}(H)$ e quindi esiste C tale che[15]

$$\|u\| \leq C\|f\|.$$

Lo stesso risultato vale per l'aggiunto $\Phi^{*} = K^{*} - I$ e per la relativa equazione $K^{*}w - w = g$.

Nota 8.2. Sia $d = \dim \mathcal{R}\left(\Phi\right)^{\perp} = \dim \mathcal{N}\left(\Phi^{*}\right) > 0$. La (6.78) indica che l'equazione $Ku - u = f$ è risolubile se e solo se $f \perp \mathcal{N}\left(\Phi^{*}\right)$, cioè se e solo se $(f, w) = 0$ per ogni y soluzione di $K^{*}w - w = 0$. Ciò si traduce in d relazioni lineari indipendenti per f.

Nota 8.3. Il teorema vale anche nel caso di operatori della forma

$$K - \lambda I$$

con $\lambda \neq 0$. Il caso $\lambda = 0$ non si può includere nel teorema. Banalmente, l'operatore $K = 0$ (che è compatto) ha nucleo coincidente con tutto H e quindi, se $\dim H = \infty$, il teorema non vale. Ma vi sono casi più significativi. Per esempio, basta prendere l'operatore (con immagine unidimensionale, quindi compatto) dato da

$$Ku = (Lu)u_0$$

dove $L \in H^{*}$ e u_0 è fissato in H, che supponiamo a dimensione infinita. Il nucleo di K è costituito dagli elementi $u \in H$ tali che

$$Ku = (Lu)u_0 = 0.$$

Dal Teorema di Riesz, esiste $z_L \in H$ tale che $Lu = (z_L, u)$. Il nucleo $\mathcal{N}(K)$ coincide quindi con il sottospazio ortogonale a z_L, che ha dimensione infinita.

La dimostrazione del Teorema 8.2 si semplifica notevolmente nel caso in cui K sia anche autoaggiunto ed infatti diventa una semplice conseguenza del Teorema 9.1, nella prossima sezione.

---

[15] Vale infatti il seguente risultato, conseguenza del cosiddetto *Teorema della Mappa Aperta (Open Mapping Theorem)*: siano X e Y spazi di Banach e $L \in \mathcal{L}(X, Y)$. Se L è iniettivo e suriettivo, allora $L^{-1} \in \mathcal{L}(Y, X)$.

Dimostrazione (parziale) *del Teorema* 8.1. La strategia è scrivere l'equazione

$$a\left(u,v\right) = \langle F,v \rangle_* \tag{6.80}$$

nella forma

$$(K - I_V)u = g$$

dove I_V è l'identità in V e $K : V \to V$ è compatto.
Sia $J : V \to V^*$ l'immersione di V in V^*. Possiamo scrivere

$$J = I_{V \to H} \circ I_{H \to V^*},$$

cioè come composizione delle immersioni $I_{V \to H}$ e $I_{H \to V^*}$. Poiché $I_{V \to H}$ è compatto e $I_{H \to V^*}$ è continuo, deduciamo dal Microteorema 7.11 che J **è compatto**. Essendo $(u,v) = \langle Ju, v \rangle_*$, possiamo scrivere la (6.80) nella forma

$$a_{\lambda_0}\left(u,v\right) \equiv a\left(u,v\right) + \lambda_0\left(u,v\right) = \langle \lambda_0 Ju + F, v \rangle_*$$

dove $\lambda_0 > 0$ è scelto in modo che $a_{\lambda_0}\left(u,v\right)$ sia $V-$coerciva. Fissato $u \in V$, il funzionale lineare

$$v \mapsto a_{\lambda_0}\left(u,v\right)$$

è continuo in V, per cui esiste $L \in \mathcal{L}\left(V, V^*\right)$ tale che

$$\langle Lu, v \rangle_* = a_{\lambda_0}\left(u,v\right) \qquad \forall u, v \in V.$$

Dunque, l'equazione $a\left(u,v\right) = \langle F,v \rangle_*$ è equivalente a

$$\langle Lu, v \rangle_* = \langle \lambda_0 Ju + F, v \rangle_* \qquad \forall v \in V$$

ossia a

$$Lu = \lambda_0 Ju + F. \tag{6.81}$$

Poiché a_{λ_0} è V-coerciva, dal Teorema di Lax-Milgram, l'operatore L è un isomorfismo continuo tra V e V^* e quindi possiamo scrivere la (6.81) nella forma

$$\lambda_0 L^{-1} Ju - u = -L^{-1}F.$$

Ponendo

$$g = -L^{-1}F \in V \quad \text{e} \quad K = \lambda_0 L^{-1}J,$$

la (6.81) diventa

$$(K - I_V)u = g$$

dove $K : V \to V$.
Poiché J è compatto e L^{-1} è continuo, K è compatto. Applicando il Teorema dell'Alternativa e riscrivendo le conclusioni in termini della forma bilineare di partenza, si conclude la dimostrazione[16]. □

---

[16] Omettiamo i dettagli, che lasciamo per esercizio.

6.9 Spettro di un operatore compatto autoaggiunto

6.9.1 Risolvente e spettro (reale) di un operatore lineare continuo

Siano $\mathbf{A}$ una matrice quadrata di ordine n e λ un numero complesso. Allora, o l'equazione

$$\mathbf{Ax} - \lambda\mathbf{x} = \mathbf{b}$$

ha un'unica soluzione per ogni $\mathbf{b}$ oppure esiste un vettore $\mathbf{u} \neq \mathbf{0}$ tale che

$$\mathbf{Au} = \lambda\mathbf{u}.$$

In quest'ultimo caso si dice che $\lambda, \mathbf{u}$ costituiscono una coppia *autovalore-autovettore*. L'insieme degli autovalori si chiama *spettro della matrice* $\mathbf{A}$; indichiamolo con $\sigma_P(\mathbf{A})$. Se $\lambda \notin \sigma_P(\mathbf{A})$ è quindi ben definita la matrice *risolvente* $(\mathbf{A}-\lambda\mathbf{I})^{-1}$. L'insieme

$$\rho(\mathbf{A}) = \mathbb{C}\backslash\sigma_P(\mathbf{A})$$

si chiama *risolvente di* $\mathbf{A}$. Se $\lambda \in \sigma_P(\mathbf{A})$ il nucleo $\mathcal{N}(\mathbf{A}-\lambda\mathbf{I})$ è il sottospazio generato dagli autovettori di $\mathbf{A}$ associati a λ e prende il nome di *autospazio di* $\mathbf{A}$ associato a λ. Si noti che $\sigma_P(\mathbf{A}) = \sigma_P(\mathbf{A}^\mathsf{T})$.

Un caso particolarmente importante è quello delle matrici *simmetriche:* tutti gli autovalori $\lambda_1, \dots \lambda_n$ sono reali (non necessariamente distinti) ed esiste in $\mathbb{R}^n$ una base ortonormale di autovettori $\mathbf{u}_1, \dots, \mathbf{u}_n$. L'azione di $\mathbf{A}$ si scompone nella somma delle proiezioni sui suoi autospazi secondo la formula[17] (*decomposizione spettrale di* $\mathbf{A}$):

$$\mathbf{A} = \lambda_1\mathbf{u}_1\mathbf{u}_1^\mathsf{T} + \lambda_2\mathbf{u}_2\mathbf{u}_2^\mathsf{T} + \dots + \lambda_n\mathbf{u}_n\mathbf{u}_n^\mathsf{T}.$$

Vogliamo generalizzare questi concetti nell'ambito degli spazi di Hilbert. Una motivazione è ... il metodo di separazione di variabili, che abbiamo già avuto modo di usare più volte.

Col metodo di separazione delle variabili si costruiscono soluzioni di problemi al contorno per sovrapposizione di soluzioni particolari, il cui calcolo esplicito, d'altra parte, si può effettuare solo in presenza di geometrie particolari. Che cosa si può dire in generale? Vediamolo su un esempio nel caso dell'equazione di diffusione.

Esempio 9.1. Sia da risolvere in $\Omega \subset \mathbb{R}^2$, dominio limitato, il problema

$$\begin{cases} u_t = \Delta u & (x,y) \in \Omega, \, t > 0 \\ u(x,y,0) = g(x,y) & (x,y) \in \Omega \\ u(x,y,t) = 0 & (x,y) \in \partial\Omega, \, t > 0. \end{cases}$$

---

[17] Gli $\mathbf{u}_j$ sono vettori colonna; $\mathbf{u}_j\mathbf{u}_j^\mathsf{T}$ è una matrice $n \times n$, a volte indicata con il simbolo $\mathbf{u}_j \otimes \mathbf{u}_j$.

Cerchiamo soluzioni della forma

$$u\left(x, y, t\right) = v\left(x, y\right) w\left(t\right).$$

Sostituendo e riordinando i termini nel solito modo si trova

$$\frac{w'\left(t\right)}{w\left(t\right)} = \frac{\Delta v\left(x, y\right)}{v\left(x, y\right)} = -\lambda,$$

che conduce ai due problemi

$$w' + \lambda w = 0 \qquad t > 0$$

e

$$\begin{cases} -\Delta v = \lambda v & \text{in } \Omega \\ v = 0 & \text{su } \partial\Omega. \end{cases} \tag{6.82}$$

Un valore λ per cui esiste una soluzione non identicamente nulla v del problema (6.82) si dice *autovalore di Dirichlet dell'operatore* $-\Delta$ *in* Ω e v è un'*autofunzione corrispondente*. Il problema originale si può risolvere se:

a) esiste una successione di autovalori (reali) λ_n con autofunzioni corrispondenti u_n. In corrispondenza ad ogni λ_n si trova $w_n\left(t\right) = e^{-\lambda_n t}$;

b) il dato iniziale g può essere "sviluppato" in serie di autofunzioni:

$$g\left(x, y\right) = \sum g_n u_n\left(x, y\right).$$

La soluzione è allora data da

$$u\left(x, y, t\right) = \sum g_n e^{-\lambda_n t} u_n\left(x, y\right)$$

dove la serie converge in qualche senso opportuno.

La condizione b) richiede che l'insieme delle autofunzioni di $-\Delta$ costituisca una base (meglio se ortonormale) per lo spazio dei possibili dati iniziali. Ciò conduce in modo naturale al problema di determinare lo *spettro* di un operatore lineare in uno spazio di Hilbert, ed in particolare, degli operatori compatti ed autoaggiunti. Spesso, infatti gli "inversi" di operatori differenziali sono operatori di questo tipo, come vedremo nel Capitolo 8.

Definiamo *risolvente e spettro* di un operatore lineare e continuo. Anche se l'ambientazione naturale (e talvolta necessaria) sarebbe in $\mathbb{C}$, ci limitiamo allo spettro reale, sia per semplicità sia perché è il caso che ci interessa qui.

Definizioni 9.1. *Siano H uno spazio di Hilbert reale, $L \in \mathcal{L}\left(H\right)$ ed I l'identità in H.*

a) L'insieme risolvente $\rho\left(L\right)$ di L è l'insieme dei numeri reali λ tali che $L - \lambda I$ è iniettivo e suriettivo:

$$\rho\left(L\right) = \left\{\lambda \in \mathbb{R}: L - \lambda I \text{ è iniettivo e suriettivo}\right\}.$$

b) Lo spettro (reale) di L è $\sigma\left(L\right) = \mathbb{R} \backslash \rho\left(L\right).$

Nota 9.1. Se $\lambda \in \rho(L)$, il *risolvente* $R_\lambda = (L - \lambda I)^{-1}$ è limitato[18].

Se la dimensione di H è finita lo spettro di un operatore lineare limitato è costituito solo da autovalori. In dimensione infinita lo spettro può essere suddiviso in tre sottoinsiemi. Infatti, se $\lambda \in \sigma(L)$ possono verificarsi tre fatti.

Può succedere che $L - \lambda I$ non sia iniettivo, per cui $(L - \lambda I)^{-1}$ non esiste. Ciò significa che $\mathcal{N}(L - \lambda I) \neq \emptyset$ ovvero che l'equazione

$$Lx = \lambda x \tag{6.83}$$

ha soluzioni non nulle.

Diciamo allora che λ è un *autovalore di L* e che le soluzioni non nulle di (6.83) sono gli *autovettori* di L corrispondenti a λ. Lo spazio vettoriale generato da questi autovettori si chiama *autospazio di λ* e coincide con $\mathcal{N}(L - \lambda I)$.

Definizione 9.2. *L'insieme $\sigma_P(L)$ degli autovalori di L si chiama spettro puntuale di L.*

D'altra parte puo succedere che $L - \lambda I$ sia iniettivo, ma non suriettivo, che la sua immagine $\mathcal{R}(L - \lambda I)$ sia densa in H, ma che $(L - \lambda I)^{-1}$ sia illimitato. Diciamo allora che λ appartiene a $\sigma_C(L)$, lo *spettro continuo di L*.

Infine, può essere che $L - \lambda I$ sia iniettivo e che la sua immagine $\mathcal{R}(L - \lambda I)$ *non* sia densa in H. Questa condizione definisce lo *spettro residuo* $\sigma_R(L)$ *di L*.

Esempio 9.2. Siano $H = l^2$ ed L l'operatore lineare da l^2 in l^2 che associa a $\mathbf{x} = \{x_1, x_2, ...\} \in l^2$ l'elemento $\mathbf{y} = \{0, x_1, x_2, ...\}$ (*shift operator*). Si ha:

$$(L - \lambda I)x = \{-\lambda x_1, x_1 - \lambda x_2, x_2 - \lambda x_3, ...\}.$$

Se $\lambda \neq 0$, allora $\lambda \in \rho(L)$ e infatti, per ogni $\mathbf{z} = \{z_1, z_2, ...\} \in l^2$,

$$(L - \lambda I)^{-1} \mathbf{z} = \left\{ -\frac{z_1}{\lambda}, -\frac{z_2}{\lambda} + \frac{z_1}{\lambda^2}, ... \right\}.$$

Essendo $\mathcal{R}(L)$ costituita dalle successioni con primo elemento nullo, si deduce che $\mathcal{R}(L)$ non è densa in l^2 e quindi che $0 \in \sigma_R(L) = \sigma(L)$.

6.9.2 Operatori compatti autoaggiunti

Siamo soprattutto interessati allo spettro di un operatore *compatto e autoaggiunto*. Il seguente teorema è fondamentale.

Teorema 9.1. *Sia H uno spazio di Hilbert separabile con* $\dim H = \infty$ *e* $K \in \mathcal{L}(H)$ *compatto e autoaggiunto. Allora:*

---

[18] Sempre conseguenza del Teorema della Mappa Aperta (Nota 15, a pié pagina).

a) $0 \in \sigma(K)$ e $\sigma(K) \setminus \{0\} = \sigma_P(K) \setminus \{0\}$;

b) $\sigma_P(K) \setminus \{0\}$ *è finito oppure è una successione che tende a zero. Inoltre, se* $\lambda \in \sigma_P(K) \setminus \{0\}$ *allora* $\dim \mathcal{N}(K - \lambda I) < \infty$;

c) *H ha una base ortonormale* $\{u_m\}$ *che consiste di autovettori di K.*

Lo spettro di un operatore compatto ed autoaggiunto contiene dunque $\lambda = 0$, che può essere o non essere un autovalore.

Gli altri elementi di $\sigma(L)$, se infiniti, sono autovalori che possono essere ordinati in una successione decrescente $|\lambda_1| \geq |\lambda_2| \geq \cdots$, con $\lambda_m \to 0$, per $m \to \infty$. L'autospazio di un autovalore non nullo ha dimensione finita[19].

Per la dimostrazione, faremo uso dei due seguenti microteoremi.

Microteorema 9.2. *Sia* $K \in \mathcal{L}(H)$, *compatto ed autoaggiunto. Allora*

$$\|K\|_{\mathcal{L}(H)} = \sup_{\|u\|=1} |(Ku, u)|. \tag{6.84}$$

Dimostrazione. Poniamo $S(K) = \sup_{\|u\|=1} |(Ku, u)|$. Essendo $|(Ku, u)| \leq \|Ku\| \|u\|$ e ricordando che $\|K\|_{\mathcal{L}(H)} = \sup_{\|u\|=1} \|Ku\|$, si ha:

$$S(K) \leq \sup_{\|u\|=1} \|Ku\| = \|K\|_{\mathcal{L}(H)}.$$

D'altra parte si ha, per ogni $u \in H$:

$$\|Ku\| = \sup_{\|v\|=1} |(Ku, v)|. \tag{6.85}$$

Essendo K autoaggiunto, possiamo scrivere:

$$(Ku, v) = \frac{1}{4} \{(K(u+v), u+v) - (K(u-v), u-v)\}.$$

Dalla disuguaglianza di Schwarz e dalla legge del parallelogrammo, otteniamo, se $\|u\| = \|v\| = 1$:

$$|(Ku, v)| \leq \frac{S(K)}{4} \{\|u+v\|^2 + \|u-v\|^2\}$$

$$= \frac{S(K)}{4} \{2\|u\|^2 + 2\|v\|^2\} = S(K).$$

Da questa disuguaglianza e dalla (6.85) ricaviamo

$$\|K\|_{\mathcal{L}(H)} \leq S(K)$$

che conclude la dimostrazione.   □

---

[19] Le proprietà *a*) e *b*) valgono per K compatto anche non autoaggiunto ed H non necessariamente separabile.

Microteorema 9.3. *Sia $K \in \mathcal{L}(H)$, compatto ed autoaggiunto. Poniamo*

$$m = \inf_{\|u\|=1} (Ku, u) \qquad M = \sup_{\|u\|=1} (Ku, u).$$

a) Se $M > 0$ allora esiste z tale che $(Kz, z) = M$ e $\|z\| = 1$. Inoltre, M risulta il massimo autovalore di K e z è un autovettore corrispondente.

b) Se $m < 0$ allora esiste z tale che $(Kz, z) = m$ e $\|z\| = 1$. Inoltre m è il minimo autovalore di K e z è un autovettore corrispondente.

Dimostrazione. Sia $M > 0$. Consideriamo una successione massimizzante $\{x_n\} \subset H$, tale cioè che $\|x_n\| = 1$ e $(Kx_n, x_n) \to M$. In base al Teorema 7.8 esiste una sottosuccessione, che continuiamo ad indicare con $\{x_n\}$, debolmente convergente ad un certo elemento $z \in H$. Proviamo che $M = (Kz, z)$. Scriviamo:

$$(Kx_n, x_n) - (Kz, z) = (Kx_n - Kz, x_n) + (Kz, x_n - z).$$

Poiché $x_n \rightharpoonup z$ si ha $(Kz, x_n - z) \to 0$. Per la compattezza di K abbiamo $Kx_n \to Kz$ e allora

$$|(Kx_n - Kz, x_n)| \le \|Kx_n - Kz\| \to 0.$$

Pertanto $(Kx_n, x_n) - (Kz, z) \to 0$, che implica $M = (Kz, z)$.
Mostriamo ora che $\|z\| = 1$. Infatti, dal Teorema 7.7 abbiamo

$$\|z\| \le \liminf \|x_n\| = 1.$$

Se fosse $h = \|z\| < 1$, posto $w = z/h$ avremmo $\|w\| = 1$ e

$$M \ge (Kw, w) = \frac{(Kz, z)}{h^2} = \frac{M}{h^2} > M.$$

Contraddizione. Dunque $\|z\| = 1$.
Basta ora dimostrare che M è un autovalore e che z è un autovettore corrispondente. Da quanto precede, segue che

$$M = (Kz, z) = \max_{u \ne 0} \frac{(Ku, u)}{\|u\|^2}.$$

Usiamo un procedimento tipico del Calcolo delle Variazioni. Per ogni $v \in H$ fissato arbitrariamente e $t \in (-\varepsilon, \varepsilon)$, con ε abbastanza piccolo, si ha $\|z + tv\| > 0$ e perciò in $(-\varepsilon, \varepsilon)$ è ben definita la funzione

$$t \longmapsto \varphi(t) = \frac{(K(z + tv), z + tv)}{\|z + tv\|^2} = \frac{t^2 (Kv, v) + 2t(Kz, v) + (Kz, z)}{t^2 \|v\|^2 + 2t(z, v) + \|z\|^2}.$$

Poiché $\varphi(0) = M$ e $\varphi(t) \le M$ in $(-\varepsilon, \varepsilon)$, φ ha un massimo nell'origine e quindi $\varphi'(0) = 0$. Abbiamo:

$$\varphi'(t) = \frac{2[t(Kv, v) + (Kz, v)]\|z + tv\|^2 - 2(K(z + tv), z + tv)[t\|v\|^2 + (z, v)]}{\|z + tv\|^4}.$$

Perciò, ricordando che $\|z\| = 1$, l'equazione $\varphi'(0) = 0$ si traduce nella relazione:

$$(Kz, v) - (Kz, z)(z, v) = 0$$

ossia

$$(Kz - Mz, v) = 0.$$

Dall'arbitrarietà di v deduciamo che $Kz = Mz$ e perciò M è un autovalore. Il caso $m < 0$ si tratta in modo simile.   □

Nota 9.2. I Microteoremi 9.2 e 9.3 implicano che, se K è compatto e autoaggiunto e non è l'operatore nullo, allora K ammette sempre un autovalore non nullo dato da

$$m = \min_{u \neq 0} \frac{(Ku, u)}{\|u\|^2} \quad \text{oppure} \quad M = \max_{u \neq 0} \frac{(Ku, u)}{\|u\|^2}.$$

Il rapporto $\frac{(Ku,u)}{\|u\|^2}$ si chiama *quoziente di Rayleigh*.

Dimostrazione del Teorema 9.1. La suddividiamo in vari passi.

1. Mostriamo che $0 \in \sigma(K)$. Supponiamo che $0 \notin \sigma(K)$. Allora K è biunivoco da H su H e quindi esiste K^{-1}. Ma allora scrivendo $I = K \circ K^{-1}$, l'operatore identità I risulta compatto come composizione di un limitato e di un compatto[20]. Ricordando l'Esempio 7.5, si deduce che $\dim H < \infty$, contro l'ipotesi. Questo prova *a*).

2. Siano λ e μ autovalori distinti di K. Allora i rispettivi autospazi sono ortogonali. Infatti, siano $Ku = \lambda u$ e $Kv = \mu v$. Allora

$$\lambda(u, v) = (Ku, v) = (u, Kv) = \mu(u, v)$$

che implica $(u, v) = 0$, essendo $\lambda \neq \mu$.

3. Se $\lambda \in \sigma_P(K) \setminus \{0\}$, allora $\dim \mathcal{N}(K - \lambda I) < \infty$. Se la dimensione fosse infinita, esisterebbe una successione ortonormale $\{w_m\}$ contenuta in $\mathcal{N}(K - \lambda I)$ ed avremmo, per $m \neq n$:

$$\|Kw_m - Kw_n\| = |\lambda| \|w_m - w_n\| \geq \sqrt{2}|\lambda| > 0.$$

Dunque, $\{Kw_m\}$ non può avere sottosuccessioni convergenti, contro la compattezza di K.

4. Supponiamo che $\sigma_P(K) \setminus \{0\}$ sia infinito e mostriamo che è una successione che tende a zero. Infatti, per ogni $\varepsilon > 0$ esiste solo un numero finito di autovalori λ tali che $|\lambda| > \varepsilon$. Per provarlo, supponiamo che esista una successione $\{\lambda_m\}$ infinita di elementi distinti di $\sigma_p(K) \setminus \{0\}$ tali che $|\lambda_m| > \varepsilon$. Se $\{e_m\}$ è la corrispondente successione di autovettori normalizzati, cioè $\|e_m\| = 1$, abbiamo che $e_m \rightharpoonup 0$ (Problema 6.16). Essendo K compatto, si deduce che $\|Ke_m\| = |\lambda_m| \to 0$, contraddizione. Perciò $\sigma_P(K) \setminus \{0\}$ è numerabile ed ha 0 come unico punto di accumulazione. Da **2** e **3** segue *b*).

5. Dimostriamo *c*). Supponiamo che K non sia l'operatore nullo. Dalla (6.84), $(Ku, u) \neq 0$ per qualche u; diciamo $(Ku, u) > 0$. Dal Microteorema 9.3. deduciamo che $M = \max_{\|u\|=1}(Ku, u)$ è un autovalore e quindi che $\sigma_P(K) \setminus \{0\}$ non è vuoto. In tal caso, sia $\{\lambda_n^*\}_{n \geq 1}$ la successione, finita o infinita degli autovalori non nulli e distinti di K. Poniamo $H_0 = \mathcal{N}(K)$ e, per $n \geq 1$,

$$H_n = \mathcal{N}(K - \lambda_n^* I).$$

---

[20] Microteorema 5.7.

Sappiamo dai punti **2** e **3** che i sottospazi H_n, $n \geq 0$, sono a due a due ortogonali e che

$$0 \leq \dim H_0 \leq \infty \qquad e \qquad 0 < \dim H_n < \infty.$$

Sia $V = \cup_{m \geq 0} V_m$, dove $V_m = \oplus_{0 \leq n \leq m} H_n$ è la somma diretta degli spazi H_n con $0 \leq n \leq m$. Dimostriamo che

$$H = \overline{V}.$$

A tale scopo basta dimostrare che $V^\perp = \{0\}$. Osserviamo che $K(V^\perp) \subseteq V^\perp$ poiché, se $u \in V^\perp$ e $v \in V$ si ha

$$(Ku, v) = (u, Kv) = 0.$$

Ne segue che la restrizione $\widetilde{K}$ di K a $V^\perp$ è un operatore compatto ed autoaggiunto. Se ora $V^\perp \neq \{0\}$, per i Microteoremi 9.2 e 9.3, $V^\perp$ dovrebbe contenere un autovettore di $\widetilde{K}$, che sarebbe automaticamente un autovettore di K. Ma ciò è impossibile essendo $V^\perp$ ortogonale ad ogni autovettore.

A questo punto scegliamo in ogni autospazio H_n una base ortonormale, osservando che, essendo H separabile[21], H_0 ha una base ortonormale numerabile. L'unione di queste basi forma una base ortonormale numerabile di autovettori per H. Questo prova il punto *c*).

6. Rimane da dimostrare che $\sigma(K) \setminus \{0\} = \sigma_P(K) \setminus \{0\}$. Occorre provare che, se $\lambda \neq 0$ non è un autovalore, l'equazione

$$Ku - \lambda u = f \tag{6.86}$$

ha una e una sola soluzione.

Sia $\{e_j\}$ una base ortonormale di autovettori per H e $\{\lambda_j\}$ la successione di *tutti* gli autovalori, ciascuno ripetuto in accordo alla propria molteplicità. Per ogni $u \in H$ si ha $u = \sum (u, e_j) e_j$, dove la somma è estesa a *tutti* gli indici. Di conseguenza, per la continuità di K, possiamo scrivere:

$$Ku = \sum (u, e_j) K e_j = \sum \lambda_j (u, e_j) e_j, \qquad \forall u \in H. \tag{6.87}$$

Data $f \in H$, determiniamo la soluzione di (6.86). Scriviamo $f = \sum (f, e_j) e_j$ ed inseriamo la (6.87) nella (6.86); troviamo

$$\sum (\lambda_j - \lambda)(u, e_j) e_j = \sum (f, e_j) e_j. \tag{6.88}$$

Se ora $\lambda \neq 0$ non è un autovalore, allora $\lambda_j - \lambda \neq 0$ per ogni j, e l'unica soluzione della (6.86) è data dalla formula

$$u = (K - \lambda I)^{-1} f = \sum (\lambda_j - \lambda)^{-1} (f, e_j) e_j \tag{6.89}$$

purché la serie converga. Infatti, la serie in (6.89) è convergente per ogni $f \in H$ poiché, essendo $\lambda \neq 0$, si ha:

$$\sup |\lambda_j - \lambda|^{-1} < \infty \qquad e \qquad \sum |(f, e_j)|^2 = \|f\|^2.$$

Ciò mostra che $K - \lambda I$ è iniettivo e suriettivo e perciò $\lambda \in \rho(K)$. La dimostrazione del teorema è conclusa. $\qquad \square$

---

[21] È l'unico punto in cui si usa la separabilità di H.

Nota 9.3. Sottolineiamo che la (6.87) esprime la *decomposizione spettrale di K*, mentre la (6.89) è una formula per il risolvente $(K - \lambda I)^{-1}$.

Dimostrazione del Teorema dell'Alternativa nel caso K autoaggiunto. La dimostrazione del Teorema 9.1 implica che se $\lambda = 1$ non è autovalore di K, l'equazione

$$\Phi(u) = Ku - u = f \qquad (6.90)$$

ha una ed una sola soluzione data dalla (6.89). Se invece $\lambda = 1$ è autovalore di K, allora, dalla (6.88) con $\lambda = 1$, si deduce immediatamente che (6.90) è risolubile se e solo se $(f, e_j) = 0$ per ogni $e_j \in \mathcal{N}(\Phi)$. Cio equivale a $\mathcal{R}(\Phi) = \mathcal{N}(\Phi)^\perp$. Le altre affermazioni sono ovvie, dato che $\Phi^* = \Phi$. $\qquad\square$

6.9.3 Applicazione ai problemi variazionali astratti

Applichiamo il Teoremi 8.1 e 9.1 ai problemi variazionali astratti. L'impostazione è quella del Teorema 8.1 che prevede una terna Hilbertiana (V, H, V^*), tale che l'immersione di V in H sia compatta. Assumiamo anche che H sia separabile.

Sia a una forma bilineare V, continua e (V, H)−debolmente coerciva; in particolare:

$$a_{\lambda_0}(v, v) \equiv a(v, v) + \lambda_0 \|v\|^2 \geq \alpha \|v\|_V^2 \qquad \forall v \in V. \qquad (6.91)$$

Le nozioni di *risolvente e spettro* si introducono facilmente. Consideriamo il problema

$$a(u, v) = \lambda(u, v) + \langle F, v \rangle_* \qquad \forall v \in V. \qquad (6.92)$$

L'insieme *risolvente* $\rho(a)$ è l'insieme dei numeri reali λ tali che (6.92) ha una e una sola soluzione u_F per ogni $F \in V^*$ e l'applicazione

$$S_{a,\lambda} : F \longmapsto u_F$$

è un isomorfismo continuo tra V^* e V.

Lo *spettro* (reale) è

$$\sigma(a) = \mathbb{R} \backslash \rho(a)$$

mentre lo *spettro puntuale* $\sigma_P(a)$ è il sottoinsieme degli *autovalori,* ossia dei numeri reali λ tali che il problema omogeneo

$$a(u, v) = \lambda(u, v) \qquad \forall v \in V \qquad (6.93)$$

ha soluzioni (*autovettori*) non nulle. Si noti che, per il Teorema 8.1 dell'Alternativa, si ha che $\sigma(a) = \sigma_P(a)$. Chiamiamo *autospazio associato all'autovalore* λ lo spazio generato dai corrispondenti autovettori, che indichiamo con $\mathcal{N}(a, \lambda)$.

Poiché $H \hookrightarrow V^*$, possiamo considerare l'applicazione $S_{\lambda_0} \in \mathcal{L}(H)$, data dalla restrizione ad H dell'applicazione $S_{a_{\lambda_0},0}$. Esaminiamo la relazione tra $\sigma_P(S_{\lambda_0})$ e $\sigma_P(a_{\lambda_0})$.

Anzitutto, osserviamo che $0 \notin \sigma_P(S_{\lambda_0})$, altrimenti avremmo $S_{\lambda_0} f = 0$ per qualche $f \in H$, $f \neq 0$, che porta alla contradizione

$$0 = a_{\lambda_0}(0, v) = (f, v)_H \qquad \forall v \in V.$$

Inoltre, è anche chiaro che $0 \in \rho(a_{\lambda_0})$, essendo a_{λ_0} coerciva e perciò

$$\sigma_P(a_{\lambda_0}) \subset (0, +\infty). \tag{6.94}$$

Dimostriamo ora che : $\lambda \in \sigma_P(a_{\lambda_0})$ *se e solo se* $\mu = 1/\lambda \in \sigma_P(S_{\lambda_0})$. *Inoltre:*

$$\mathcal{N}(a_{\lambda_0}, \lambda) = \mathcal{N}(S_{\lambda_0} - \mu I)$$

e dal Teorema 8.1, $N(a_{\lambda_0}, \lambda)$ ha dimensione $d < \infty$; d si chiama molteplicità di λ.

Dimostrazione. Sia λ un autovalore di a_{λ_0} e f un corrispondente autovettore, cioè

$$a_{\lambda_0}(f, v) = \lambda(f, v)_H \qquad \forall v \in V. \tag{6.95}$$

Allora $f \in V \subset H$ e, ponendo $\mu = 1/\lambda$, la (6.95) è equivalente a

$$a_{\lambda_0}(\mu f, v) = (f, v)_H$$

ossia a

$$S_{\lambda_0} f = \mu f. \tag{6.96}$$

Perciò $\mu \in \sigma_P(S_{\lambda_0})$ e f è un autovettore corrispondente. Poiché (6.95) e (6.96) sono equivalenti, la dimostrazione è conclusa. □

Possiamo ora dimostrare il seguente risultato.

Teorema 9.4. *Siano V, H spazi di Hilbert, con H separabile, a dimensione infinita, V denso in H, e tali che l'immersione di V in H sia* **compatta**. *Sia a una forma bilineare in V, continua, simmetrica e debolmente coerciva (valga la (6.91)). Allora:*

(a) $\sigma(a) = \sigma_P(a) \subset (-\lambda_0, +\infty)$. La successione degli autovalori é infinita e può essere ordinata in una successione $\{\lambda_m\}_{m \geq 1}$ non decrescente, dove ogni λ_m appare un numero finito di volte, in accordo alla propria molteplicitá. Inoltre, $\lambda_m \to +\infty$;

(b) se u, v sono autovettori corrispondenti ad autovalori differenti, allora $a(u, v) = 0 = (u, v)$. Inoltre, H ha una base ortonormale $\{u_m\}_{m \geq 1}$ di autovettori di a; con u_m corrispondente a λ_m, $m \geq 1$;

(c) la successione $\{u_m / \sqrt{\lambda_m + \lambda_0}\}_{m \geq 1}$ costituisce una base ortonormale in V, rispetto al prodotto scalare

$$((u, v)) = a(u, v) + \lambda_0(u, v). \tag{6.97}$$

Dimostrazione. Poiché $S_{\lambda_0}(H) \subset V$ e V è immerso con compattezza in H, S_{λ_0} è compatto. Inoltre, per la simmetria di a, S_{λ_0} è autoaggiunto, cioè

$$(S_{\lambda_0} f, g) = (f, S_{\lambda_0} g) \qquad \text{per ogni } f, g \in H.$$

Infatti, siano $u = S_{\lambda_0} f$ e $w = S_{\lambda_0} g$. Allora, per ogni $v \in V$,

$$a_{\lambda_0}(u, v) = (f, v) \quad \text{e} \quad a_{\lambda_0}(w, v) = (g, v).$$

In particolare,
$$a_{\lambda_0}(u, w) = (f, w) \quad e \quad a_{\lambda_0}(w, u) = (g, u)$$
cosicché, essendo $a_{\lambda_0}(u, w) = a_{\lambda_0}(w, u)$ e $(g, u) = (u, g)$, possiamo scrivere
$$(S_{\lambda_0} f, g) = (u, g) = (f, w) = (f, S_{\lambda_0} g)$$
e perciò S_{λ_0} è autoaggiunto.

Poiché $0 \notin \sigma_P(S_{\lambda_0})$, dal Teorema 9.1 a) e b) segue che
$$\sigma(S_{\lambda_0}) \setminus \{0\} = \sigma_P(S_{\lambda_0})$$
e che gli autovalori (tutti positivi) costituiscono una successione $\{\mu_m\}$ con $\mu_m \downarrow 0$. Usando il Teorema dell'Alternativa, il Teorema 9.1 c) e la relazione vista sopra tra $\sigma_P(S_{\lambda_0})$ e $\sigma_P(a_{\lambda_0})$, (a) e (b) seguono facilmente.

Infine se $\{u_m\}_{m \geq 1}$ è una base ortonormale di autovettori di a in H, allora[22]
$$a(u_m, u_k) = \lambda_m(u_m, u_k) = \lambda_m \delta_{mk}$$
da cui
$$((u_m, u_k)) \equiv a_{\lambda_0}(u_m, u_k) = (\lambda_m + \lambda_0)\delta_{mk}.$$
Ciò mostra che $\{u_m/\sqrt{\lambda_m + \lambda_0}\}$ è un sistema ortonormale in V. Per provare che è una base, osserviamo che, se $v \in V$ e
$$((u_m, v)) = 0 \quad \text{per ogni } m \geq 1$$
allora si ha anche
$$a_{\lambda_0}(u_m, v) = (\lambda_m + \lambda_0)(u_m^\cdot, v) = 0 \quad \text{per ogni } m \geq 1$$
che implica $v = 0$, essendo $\{u_m\}_{m \geq 1}$ una base ortonormale di autovettori di a in H. Di conseguenza, il vettore nullo è l'unico elemento in V ortogonale al sottospazio generato da $\{u_m/\sqrt{\lambda_m + \lambda_0}\}$, rispetto al prodotto scalare $((\cdot, \cdot))$. $\square$

Vedremo nel Capitolo 8 che per una forma a bilineare, simmetrica e V-coerciva, il primo autovalore λ_1 riveste particolare importanza. Vogliamo caratterizzarlo come *minimo del quoziente di Rayleigh*
$$R(u) = \frac{a(u, u)}{\|u\|^2}.$$

Microteorema 9.5 (Principio variazionale per il primo autovalore). *Siano V e H spazi di Hilbert. Assumiamo che H sia separabile a dimensione infinita ed inoltre che $V \subset H$ con immersione* **compatta**. *Sia a una forma bilineare in V, continua, simmetrica e V-coerciva.*

1) Se λ_1, u_1 sono, rispettivamente, il primo autovalore di a ed un autovettore corrispondente, allora
$$\lambda_1 = R(u_1) = \min_{v \in V, v \neq 0} R(v). \tag{6.98}$$

---

[22] δ_{mk} è il simbolo di Kronecker.

2) *Viceversa, se*

$$R(w) = \lambda_1 = \min_{v \in V, v \neq 0} R(v)$$

allora w è un autovettore di a con autovalore λ_1, cioè soddisfa l'equazione

$$a(w,v) = \lambda_1(w,v) \qquad \forall v \in V.$$

Dimostrazione. (1) Sia $\{\lambda_m\}_{m \geq 1}$ la successione degli autovalori di a. Per il Teorema 9.4 esiste una base $\{u_m\}_{m \geq 1}$ di autovettori corrispondenti, ortonormale in H. Allora, per ogni $v \in H$ possiamo scrivere $v = \sum_{m \geq 1}(v, u_m) u_m$ e quindi:

$$\|v\|^2 = \sum_{m \geq 1}(v, u_m)^2.$$

D'altra parte, dal Teorema 9.4, la successione $\{u_m / \sqrt{\lambda_m}\}_{m \geq 1}$ è una base ortogonale in V rispetto al prodotto scalare $((u,v)) = a(u,v)$. Pertanto, un elemento v appartiene a V se e solo se

$$\|v\|_V^2 = \sum_{m \geq 1} \frac{1}{\lambda_m} a(v, u_m)^2 = \sum_{m \geq 1} \lambda_m (v, u_m)^2 < \infty.$$

Ne segue che, essendo $\lambda_m \geq \lambda_1$ per ogni $m > 1$,

$$a(v,v) \geq \lambda_1 \sum_{m \geq 1}(v, u_m)^2 = \lambda_1 \|v\|^2$$

e inoltre

$$a(u_1, u_1) = \lambda_1.$$

Deduciamo che $\lambda_1 \leq R(v)$ e che $\lambda_1 = R(u_1)$, cioè la (6.98).

(2) Sia $v \in V$ fissato arbitrariamente e poniamo $v(t) = w + tv$. Se $t \in (-\varepsilon, \varepsilon)$, con ε abbastanza piccolo, si ha $\|w + tv\| > 0$ per cui in $(-\varepsilon, \varepsilon)$ è ben definita la funzione $\psi(t) = R(v(t))$. Poiché $\psi(0) = \lambda_1 \leq \psi(t)$ in $(-\varepsilon, \varepsilon)$, deve essere $\psi'(0) = 0$. Eseguendo i calcoli e sfruttando la simmetria e la bilinearità di a, si trova

$$a(w,v) - \lambda_1(w,v) = 0.$$

Dall'arbitrarietà di v segue la tesi.   □

6.10 Teoremi di Punto Fisso

I teoremi di punto fisso costituiscono una strumento fondamentale per risolvere problemi *nonlineari* che possono essere formulati mediante un'equazione della forma

$$F(x) = x. \tag{6.99}$$

Una soluzione della (6.99) è un punto che viene trasformato da F in sé stesso e per questa ragione è detto *punto fisso di F*.

In generale, F è un operatore da uno spazio funzionale (e.g. metrico o normato) X in sé. Qui consideriamo due tipi di teoremi.

1. Teoremi per operatori cosiddetti *di contrazione*.
2. Teoremi per operatori *compatti*.

Il più importante teorema nella prima categoria è il *Teorema delle Contrazioni* di Banach-Caccioppoli, il cui ambiente funzionale naturale è quello degli spazi metrici completi. Questo teorema dà una condizione sufficiente per esistenza, unicità e stabilità di un punto fisso, costruito mediante iterazione dell'operatore F (tecnica nota come *metodo delle approssimazioni successive*).

Tra quelli dell'altro tipo, consideriamo i teoremi di *Schauder* e di *Leray-Schauder*, ambientati negli spazi di Banach. Questi teoremi non danno informazioni sull'unicità del punto fisso.

Applicazioni delle tecniche di punto fisso basate sui precedenti teoremi si trovano nelle Sezioni 8.8 and 11.2.

6.10.1 *Teorema delle Contrazioni*

Sia (M, d) uno spazio metrico e $F : M \to M$. Diciamo che F è una *contrazione stretta* se esiste un numero ρ, $0 < \rho < 1$, tale che

$$d(F(x), F(y)) \leq \rho \, d(x, y) \qquad \forall x, y \in M. \tag{6.100}$$

Evidentemente, ogni contrazione è continua. Per esempio, una funzione $\mathbf{F} = (F_1, ..., F_n) : \mathbb{R}^n \to \mathbb{R}^n$ è una contrazione se è differenziabile e $\sup_{\mathbb{R}} |\nabla F_j(\mathbf{x})| \leq \rho < 1/\sqrt{n}$.

La disuguaglianza (6.100) esprime il fatto che F contrae la distanza di due punti di almeno un fattore $\rho < 1$. Questo fatto conferisce alla successione ricorsiva $x_{m+1} = F(x_m)$, $m \geq 0$, $x_0 \in M$ assegnato, una notevole stabilità asintotica particolarmente utile nei procedimenti di approssimazione numerica. Precisamente, abbiamo:

Teorema 10.1. *Sia (M, d) uno spazio metrico completo e $F : M \to M$ una contrazione stretta:*

$$d(F(x), F(y)) \leq \rho \, d(x, y), \qquad \forall x, y \in M.$$

Allora esiste un unico punto fisso $x^* \in M$ di F. Inoltre, per ogni $x_0 \in M$ assegnato, la successione ricorsiva

$$x_{m+1} = F(x_m), \quad m \geq 0 \tag{6.101}$$

converge a x^*.

Dimostrazione. Sia $x_0 \in M$ assegnato. Mostriamo che la successione (6.101) è di Cauchy. Infatti, abbiamo, per $j \geq 1$,

$$x_{j+1} = F(x_j), \quad x_j = F(x_{j-1})$$

per cui

$$d(x_{j+1}, x_j) = d(F(x_j), F(x_{j-1})) \leq \rho d(x_j, x_{j-1}).$$

Iterando da $j - 1$ a $j = 1$, troviamo

$$d(x_{j+1}, x_j) \leq \rho^j d(x_1, x_0).$$

Usando la disuguaglianza triangolare, se $m > k$, si ottiene

$$d(x_m, x_k) \leq \sum_{j=k}^{m-1} d(x_{j+1}, x_j) \leq d(x_1, x_0) \sum_{j=k}^{m-1} \rho^j \leq d(x_1, x_0) \frac{\rho^k}{1 - \rho}.$$

Dunque, se $k \to \infty$, $d(x_m, x_k) \to 0$ e $\{x_m\}$ è di Cauchy. Per la completezza di (M, d), esiste $x^* \in M$ tale che $x_m \to x^*$. Passando al limite per $m \to \infty$ nella relazione ricorsiva (6.101), deduciamo $x^* = F(x^*)$, i.e. x^* è punto fisso di F. Se y^* è un altro punto fisso di F, abbiamo

$$d(x^*, y^*) = d(F(x^*), F(y^*)) \leq \rho d(x^*, y^*)$$

ossia

$$(1 - \rho)\, d(x^*, y^*) \leq 0$$

che implica $d(x^*, y^*) = 0$. Quindi $x^* = y^*$ e cioè il punto fisso è unico. □

Sottolineiamo che il punto iniziale x_0 è scelto arbitrariamente in M. Da un altro punto di vista, il Teorema 10.1 afferma che il sistema dinamico definito dalla successione ricorsiva (6.101) ha un unico punto di equilibrio x^*. Inoltre, x^* è asintoticamente stabile, con bacino di attrazione coincidente con M.

6.10.2 Teorema di Schauder

Il Teorema di Schauder estende agli spazi di Banach il seguente Teorema di Punto Fisso di Brouwer, valido in $\mathbb{R}^n$:

Teorema 10.2. *Sia $S \subset \mathbb{R}^n$ una sfera chiusa e $T : S \to S$ una funzione continua. Allora T ha un punto fisso $\mathbf{x}^*$.*

In dimensione $n = 1$, il Teorema 10.2 equivale ad affermare che il grafico di una funzione continua $f : [0, 1] \to [0, 1]$ interseca la retta $y = x$ almeno una volta. Per la dimostrazione è sufficiente osservare che, ponendo $w(x) = f(x) - x$, abbiamo $w(0) \geq 0$, $w(1) \leq 0$, per cui w ha uno zero, diciamo $\overline{x}$. Dunque $w(\overline{x}) = 0$ che significa $f(\overline{x}) = \overline{x}$. In dimensione $n > 1$ esistono diverse dimostrazioni, tutte non banali[23].

Il Teorema di Brower continua a valere se la sfera S è sostituita da un insieme S' *omeomorfo* (i.e. *topologicamente equivalente*) a S. Ciò significa che esiste una funzione biunivoca $\varphi : S \leftrightarrow S'$ (un *omeomorfismo*) tale che φ e φ^{-1} sono continue. Un omeomorfismo è la realizzazione matematica di una deformazione continua.

La difficoltà nell'estendere il Teorema di Brower a infinite dimensioni risiede nel fatto che una sfera chiusa in uno spazio di Banach infinito dimensionale *non può essere compatta*. Un modo per superare questa difficoltà è considerare insiemi *compatti e convessi*. Ricordiamo che E è *convesso* se, per ogni $x, y \in E$, il segmento di retta di estremi x, y è contenuto in E.

---

[23] Si veda *Gilbarg-Trudinger*, 1998, o la dimostrazione particolarmente elegante di *P. Lax*, The American Mathematical Monthly, Vol. 106, No. 6.

Siano X uno spazio di Banach ed $E \subset X$. L' *inviluppo convesso di E*, indicato con $co\{E\}$, è *il più piccolo insieme convesso contenente E*. Precisamente:

$$co\{E\} = \{\cap F : F \text{ convesso}, E \subset F\}.$$

Il simbolo $\overline{co}\{E\}$ indica la chiusura di coE e si chiama *inviluppo convesso chiuso di E*. Un'importante proprietà degli inviluppi convessi è espressa nel seguente teorema[24].

Teorema 10.3 (di Charatheodory). *Se E è compatto, allora $\overline{co}\{E\}$ è compatto.*

Un importante esempio di insieme compatto e convesso è l'*inviluppo convesso chiuso di* un numero finito di punti:

$$\overline{co}\{x_1, x_2, ..., x_N\} = \left\{\sum_{i=1}^{N} \lambda_i x_i : 0 \le \lambda_i \le 1, \sum_{i=1}^{N} \lambda_i = 1\right\}.$$

Teorema 10.4 (di Schauder). *Sia X uno spazio di Banach. Assumiamo che:*

i) $A \subseteq X$, compatto e convesso;

ii) $T : A \to A$ è continuo.

Allora T ha un punto fisso $x^* \in A$.

Dimostrazione. L'idea è approssimare T per mezzo di operatori su spazi a dimensione finita, per applicare il Teorema di Brouwer.

Poiché A è compatto, per ogni $\varepsilon > 0$, possiamo trovare una copertura di A composta di un numero finito N_ε di sfere aperte $B_1 = B_\varepsilon(x_1),..., B_{N_\varepsilon} = B_\varepsilon(x_{N_\varepsilon})$. Sia ora

$$A_\varepsilon = \overline{co}\{x_1, x_2, ..., x_N\}.$$

Essendo A chiuso e convesso, $A_\varepsilon \subseteq A$. Inoltre, A_ε è omeomorfo alla sfera unitaria chiusa in $\mathbb{R}^{M_\varepsilon}$, per un opportuno M_ε, $M_\varepsilon \le N_\varepsilon$. Definiamo $P_\varepsilon : A \to A_\varepsilon$ nel modo seguente:

$$P_\varepsilon(x) = \frac{\sum_{i=1}^{N_\varepsilon} \text{dist}(x, A - B_i)x_i}{\sum_{i=1}^{N_\varepsilon} \text{dist}(x, A - B_i)}, \quad x \in A.$$

Osserviamo che $\text{dist}(x, A - B_i) \neq 0$ se $x \in B_i$, per cui il denominatore non si annulla, per ogni $x \in A$. Inoltre, $P_\varepsilon(x)$ coincide con una combinazione lineare convessa dei punti x_i e quindi $P_\varepsilon(x) \in A_\varepsilon$. P_ε è continuo, essendo una combinazione

---

[24] Per la dimostrazione si veda e.g. *Taylor*, 1958.

lineare finita di distanze e, per ogni $x \in A$, abbiamo:

$$\|P_\varepsilon(x) - x\| \leq \frac{\sum_{i=1}^{N} \text{dist}(x, A - B_i) \|x_i - x\|}{\sum_{i=1}^{N} \text{dist}(x, A - B_i)} < \varepsilon \tag{6.102}$$

essendo $\text{dist}(x, A - B_i) = 0$, se $x \notin B_i$.

Ora, l'operatore $P_\varepsilon \circ T : A_\varepsilon \to A_\varepsilon$ è continuo e, per il teorema di Brouwer, ha un punto fisso x_ε:

$$(P_\varepsilon \circ T)(x_\varepsilon) = x_\varepsilon.$$

Per la compattezza di A, esiste una successione $\{x_{\varepsilon_j}\}$ e un punto $x^* \in A$ tali che $x_{\varepsilon_j} \to x^*$ se $\varepsilon_j \to 0$. Dalla (6.102) con $x = T(x_{\varepsilon_j})$, deduciamo

$$\|x_{\varepsilon_j} - T(x_{\varepsilon_j})\| = \|(P_{\varepsilon_j} \circ T)(x_{\varepsilon_j}) - T(x_{\varepsilon_j})\| < \varepsilon_j.$$

Passando al limite per $\varepsilon_j \to 0$, per la continuità della norma, otteniamo $\|x^* - T(x^*)\| = 0$, i.e. $x^* = T(x^*)$. $\square$

Il Teorema di Schauder richiede la compattezza di A, che è un'ipotesi onerosa in dimensione infinita. Nelle applicazioni a problemi per equazioni e derivate parziali, è più conveniente formulare varianti nelle quali la compattezza è richiesta all'immagine $T(A)$ o all'operatore T stesso, piuttosto che ad A. Una prima variante è la seguente.

Teorema 10.5. *Sia X uno spazio di Banach. Assumiamo che:*

i) $A \subseteq X$ *è chiuso e convesso;*

ii) $T : A \to A$ *è continuo;*

iii) $\overline{T(A)}$ *è compatto in X.*

Allora T ha un punto fisso $x^* \in A$.

Dimostrazione. Sia $K = \overline{co}\{\overline{T(A)}\}$, l'inviluppo convesso chiuso di $\overline{T(A)}$. Poiché $\overline{T(A)}$ è compatto, K è compatto per il Teorema 10.2 e $K \subseteq A$. Inoltre $T(K) \subseteq T(A) \subseteq K$. Dunque, la restrizione $T : K \to K$ soddisfa le ipotesi del Teorema 2.3 e quindi T ha un punto fisso $x^* \in K$. $\square$

Una seconda variante usa la *compattezza di T*. Ricordiamo che T è compatto se l'immagine di un insieme limitato ha chiusura compatta. Sottolineiamo che se T è lineare e compatto allora è anche continuo ma ciò non è vero in generale se T è non lineare[25].

Teorema 10.6. *Sia X uno spazio di Banach. Assumiamo che:*

i) $A \subset X$ *è chiuso, limitato e convesso;*

ii) $T : A \to A$ *è compatto e continuo;*

Allora T ha un punto fisso $x^* \in A$.

Dimostrazione. Basta osservare che $\overline{T(A)}$ è compatto in A e usare il Teorema 10.5. $\square$

---

[25] Ci si convince con semplici esempi di funzioni reali di variabili reali.

6.10.3 Teorema di Leray-Schauder

Una ulteriore variante del Teorema di Schauder si ottiene mantenendo compattezza e continuità dell'operatore T e sostituendo la convessità di A con l'esistenza di una famiglia di operatori T_s, $0 \le s \le 1$, dove $T_1 = T$ e T_0 è un operatore compatto che ha un punto fisso.

L'esempio più semplice è la famiglia $T_s = sT$, con $T_0 = 0$, che ha l'ovvio punto fisso $x = 0$. L'ipotesi distintiva del teorema è che se la famiglia di operatori T_s, $0 \le s \le 1$, ha punti fissi, questi punti costituiscono un insieme limitato. Si tratta di una cosiddetta *stima a priori* per i punti fissi della famiglia; *a priori* perchè non sappiamo se questi esistano o meno. Sotto queste ipotesi possiamo concludere che T_1 ha un punto fisso.

Teorema 10.7 (di Leray-Schauder). *Sia X uno spazio di Banach e $T : X \to X$ tale che:*

i) T è compatto;

ii) esiste M tale che, per ogni soluzione (x, s), $0 \le s \le 1$, dell'equazione

$$x = sT(x),$$

si ha

$$\|x\| < M. \tag{6.103}$$

Allora T ha un punto fisso in X.

Dimostrazione. Sia

$$B_M = \{x \in X : \|x\| \le M\}$$

Definiamo un operatore $P : B_M \to B_M$ mediante la formula

$$P(x) = \begin{cases} T(x) & \text{se } \|T(x)\| \le M \\ M\dfrac{T(y)}{\|T(y)\|} & \text{se } \|T(y)\| > M. \end{cases}$$

B_M è chiuso, convesso e limitato e P è continuo. Inoltre, essendo $T(B_M)$ precompatto, anche $P(B_M)$ è precompatto[26]. Per il Teorema 2.4 esiste $x^* \in B_M$ tale che $P(x^*) = x^*$.

Ma x^* è anche punto fisso per T. Se non lo fosse, si avrebbe $P(x^*) \ne T(x^*)$. Di conseguenza deve essere $\|T(x^*)\| > M$ e

$$x^* = P(x^*) = \frac{M}{\|T(x^*)\|}T(x^*) \tag{6.104}$$

[26] Sia $\{y_m\} \subset P(B_M)$, limitata. In corrispondenxa, esiste una successione $\{x_m\} \subset B_M$ tale che:

$$y_m = T(x_m) \quad \text{se } \|T(x_m)\| \le M$$

oppure

$$y_m = M\frac{T(x_m)}{\|T(x_m)\|} \quad \text{se } \|T(x_m)\| > M.$$

Poiché $T(B_M)$ è precompatto, esiste una sottosuccessione $\{T(x_{m_j})\}$ tale che $T(x_{m_j}) \to z$. Se $\|z\| \le M$, $P(x_{m_j}) \to z$ mentre se $\|z\| > M$, $P(x_{m_j}) \to Mz/\|z\|$.

ossia
$$x^* = sT(x^*), \quad \text{con } s = \frac{M}{\|T(x^*)\|} < 1.$$

Per la *ii)* si ha $\|x^*\| < M$ mentre la (6.104) implica $\|x^*\| = M$. Contraddizione. □

Problemi

6.1. *Principio di Indeterminazione di Heisenberg.* Sia $\psi \in C^1(\mathbb{R})$ tale che $x[\psi(x)]^2 \to 0$ per $|x| \to \infty$ e $\int_\mathbb{R} [\psi(x)]^2 \, dx = 1$. Mostrare che

$$1 \le 4 \int_\mathbb{R} x^2 |\psi(x)|^2 \, dx \int_\mathbb{R} |\psi'(x)|^2 \, dx.$$

(Se ψ è la funzione d'onda di Schrödinger, il primo fattore a secondo membro è una misura della dispersione della densità di una particella, mentre il secondo è una misura della dispersione del suo momento lineare).

6.2. Dimostrare la completezza di l^2.

[*Suggerimento.* Sia $\{\mathbf{x}^k\}$ di Cauchy in l^2, dove $\mathbf{x}^k = \{x_m^k\}_{m \ge 1}$. In particolare, $|x_m^k - x_m^h| \to 0$ per $h, k \to \infty$, m fissato, e quindi $x_m^h \to x_m$ per ogni m. Definire $\mathbf{x} = \{x_m\}$ e mostrare che, dato $\varepsilon > 0$,

$$\sum_{m=1}^M \left| x_m^k - x_m \right|^2 < \varepsilon$$

per ogni M, se k è sufficientemente grande. Dedurre che $\mathbf{x}^k \to \mathbf{x}$ in l^2].

6.3. Sia H uno spazio di Hilbert e V un sottospazio chiuso di H. Mostrare che $u = P_V x$ se e solo se

$$\begin{cases} \mathbf{1.} \ u \in V \\ \mathbf{2.} \ (x - u, v) = 0, \ \forall v \in V. \end{cases}$$

6.4. Sia $f \in L^2(-1, 1)$. Trovare il polinomio di grado $\le n$ che meglio approssima f in norma $L^2(-1, 1)$, ossia il polinomio p che minimizza

$$\int_{-1}^1 (f - q)^2$$

tra tutti i polinomi q di grado $\le n$.

[*Risposta.* $p(x) = a_0 L_0(x) + a_1 L_1(x) + \ldots + a_n L_n(x)$, dove L_n è l'$n-$esimo polinomio di Legendre e $a_j = (n + 1/2)(f, L_n)_{L^2(-1,1)}$].

6.5. *Equazione di Hermite e oscillatore armonico quantistico.* Si consideri l'equazione

$$w'' + (2\lambda + 1 - x^2) w = 0 \qquad x \in \mathbb{R} \tag{6.105}$$

con la condizione $w(x) \to 0$ per $x \to \pm\infty$.

a) Mostrare che il cambio di variabile $z = w e^{x^2/2}$ trasforma (6.105) nell'equazione di Hermite per z:

$$z'' - 2xz' + 2\lambda z = 0$$

con $e^{-x^2/2} z(x) \to 0$ per $x \to \pm\infty$.

b) Si consideri l'equazione d'onda di Schrödinger per l'oscillatore armonico:

$$\psi'' + \frac{8\pi^2 m}{h^2}\left(E - 2\pi^2 m\nu^2 x^2\right)\psi = 0 \qquad x \in \mathbb{R}$$

dove m è la massa della particella, E è l'energia totale, h è la costante di Plank e ν è la frequenza della vibrazione. Le soluzioni fisicamente ammissibili sono quelle che soddisfano le seguenti condizioni:

$$\psi \to 0 \ \text{ per } x \to \pm\infty \qquad e \qquad \|\psi\|_{L^2(\mathbb{R})} = 1.$$

Dimostrare che esiste una soluzione se e solo se

$$E = h\nu\left(n + \frac{1}{2}\right) \qquad n = 0, 1, 2\ldots$$

e, per ogni n, la corrispondente soluzione è data da

$$\psi_n(x) = k_n H_n\left(2\pi\sqrt{\nu m/h}x\right)\exp\left(-\frac{2\pi^2\nu m}{h}x^2\right)$$

dove $k_n = \left(\dfrac{4\pi\nu m}{2^{2n}\left(n!\right)^2 h}\right)^{1/2}$ e H_n è l'$n-$esimo polinomio di Hermite.

6.6. Usando la separazione delle variabili, risolvere il seguente problema di diffusione in tre dimensioni (r, θ, φ coordinate sferiche, $0 \leq \theta \leq 2\pi$, $0 \leq \varphi \leq \pi$):

$$\begin{cases} \Delta u = 0 & r < 1, 0 < \varphi < \pi \\ u(1, \varphi) = g(\varphi) & 0 \leq \varphi \leq \pi. \end{cases}$$

[*Risposta:* $u(r, \varphi) = \sum_{n=0}^{\infty} a_n r^n L_n(\cos\varphi)$, dove L_n è l'$n-$esimo polinomio di Legendre e

$$a_n = \frac{2n+1}{2}\int_{-1}^{1} g\left(\cos^{-1} x\right) L_n(x)\, dx.$$

A un certo punto, è richiesto il cambio di variabili $x = \cos\varphi$].

6.7. L'ampiezza u delle piccole vibrazioni di una membrana circolare di raggio a, fissata al bordo, soddisfa l'equazione delle onde bidimensionale $u_{tt} = \Delta u$, con la condizione $u(a, \theta, t) = 0$. Supponiamo che inizialmente la membrana sia a riposo. Scrivere la soluzione del problema.

[*Risposta:*

$$u(r, \theta, t) = \sum_{p,j=0}^{\infty} J_p(\alpha_{pj}r)\left\{A_{pj}\cos p\theta + B_{pj}\sin p\theta\right\}\cos(\sqrt{\alpha_{pj}}t)$$

dove i coefficienti A_{pj} e B_{pj} sono determinati dallo sviluppo di $g(r, \theta)$ in serie di Fourier-Bessel].

6.8. Nel calcolo differenziale, diciamo che una funzione $f : \mathbb{R}^n \to \mathbb{R}$ è differenziabile in un punto $\mathbf{x}_0$ se esiste un funzionale lineare $L : \mathbb{R}^n \to \mathbb{R}$ tale che

$$f(\mathbf{x}_0 + \mathbf{h}) - f(\mathbf{x}_0) = L\mathbf{h} + o(\|\mathbf{h}\|) \qquad \text{as } \mathbf{h} \to \mathbf{0}.$$

Determinare l'elemento di Riesz associato a L, rispetto ai seguenti prodotti interni in $\mathbb{R}^n$:

a) $(\mathbf{x}, \mathbf{y}) = \mathbf{x} \cdot \mathbf{y} = \sum_{j=1}^n x_j y_j$,   b) $(\mathbf{x}, \mathbf{y})_{\mathbf{A}} = \mathbf{A}\mathbf{x} \cdot \mathbf{y} = \sum_{i,j=1}^n a_{ij} x_i y_j$,

dove $\mathbf{A} = (a_{ij})$ è una matrice *simmetrica* e *definita positiva*.

6.9. Dimostrare il Microteorema 5.4.

[*Suggerimento.* Usando direttamente le definizioni di norma e di aggiunto, mostrare prima che

$$\|L^*\|_{\mathcal{L}(H_2, H_1)} \leq \|L\|_{\mathcal{L}(H_1, H_2)}$$

e poi che $L^{**} = L$.

Invertire i ruoli di L e L^* per ottenere $\|L^*\|_{\mathcal{L}(H_2, H_1)} \geq \|L\|_{\mathcal{L}(H_1, H_2)}$].

6.10. Dimostrare il Teorema 6.2.

[*Suggerimento.* Imitare la dimostrazione del Teorema di Lax-Milgram].

6.11. Dimostrare il Teorema 7.2 nel caso in cui X sia uno spazio di Hilbert.

6.12. Siano X uno spazio di Banach ed $E, F \subset X$. Provare i seguenti fatti:

a) se E è compatto, allora è chiuso e limitato;

b) sia $E \subset F$ con F compatto; se E è chiuso allora E è compatto.

6.13. *Proiezione su un convesso chiuso.* Siano H uno spazio di Hilbert ed $E \subset H$, chiuso e convesso. Dimostrare che:

a) per ogni $x \in H$, esiste un unico elemento $P_E x \in E$ (la *proiezione di x su E*) tale che

$$\|P_E x - x\| = \inf_{v \in E} \|v - x\| \, ;$$

b) $x^* = P_E x$ se e solo se $x^* \in E$ e

$$(x^* - x, v - x^*) \geq 0 \qquad \text{per ogni } v \in E; \tag{6.106}$$

c) dare un'interpretazione geometrica della (6.106).

[*Suggerimento.* a) Seguire la dimostrazione del Teorema di Proiezione 4.1. b) Sia $0 \leq t \leq 1$ e si definisca

$$\varphi(t) = \|x^* + t(v - x^*) - x\|^2 \qquad v \in E.$$

Mostrare che $x^* = P_E x$ se e solo se $\varphi'(0) \geq 0$. Controllare che $\varphi'(0) \geq 0$ è equivalente alla (6.106)].

6.14. Siano H uno spazio di Hilbert ed $E \subset H$, chiuso e convesso. Dimostrare che E è *debolmente chiuso per successioni*.

[*Suggerimento.* Sia $\{x_k\} \subset E$ tale che $x_k \rightharpoonup x$. Usare la (6.106) per dimostrare che $P_E x = x$, per cui $x \in E$].

6.15. Mostrare che l'immersione di $H^1_{per}(0, 2\pi)$ in $L^2(0, 2\pi)$ è compatta. [*Suggerimento.* Sia $\{u_k\} \subset H^1_{per}(0, 2\pi)$ con

$$\|u_k\|^2 = \sum_{m \in \mathbb{Z}} \left(1 + m^2\right) |\widehat{u_k}_m|^2 < M.$$

Dimostrare che, per ogni m fissato, esiste una successione $\widehat{u_{k_j}}_m$ convergente ad un numero U_m per $k_j \to +\infty$. Mostrare poi che

$$\sum_{m \in \mathbb{Z}} \left(1 + m^2\right) |U_m|^2 < M.$$

Porre $u(x) = \sum_{m \in \mathbb{Z}} U_m e^{imx}$ e mostrare infine che $u_{k_j} \to u$ in $L^2(0, 2\pi)$].

6.16. Sia $\{e_k\}$ una base ortonormale in H. Dimostrare che $e_k \rightharpoonup 0$. [*Suggerimento.* Ricordare che ogni $x \in H$ si può scrivere nella forma

$$x = \sum_{k=1}^{\infty} (x, e_k) e_k$$

e che $\|x\|^2 = \cdots$] .

6.17. Sia $L : L^2(\mathbb{R}) \to L^2(\mathbb{R})$ definito da $Lv(x) = v(-x)$. Mostrare che $\sigma(L) = \sigma_P(L) = \{1, -1\}$.

6.18. Siano (M, d) uno spazio metrico completo e $F(\cdot, \cdot) : M \times \mathbb{R} \to M$ con le seguenti proprietà:

$i)$ esiste ρ, $0 < \rho < 1$, tale che

$$d(F(x, b), F(y, b) \leq \rho d(x, y), \quad \forall x, y \in M, \forall b \in \mathbb{R};$$

$ii)$ esiste un numero $L > 0$ tale che

$$d(F(x, b_1), F(x, b_1)) \leq L |b_1 - b_2|, \quad \forall x \in M, \forall b_1, b_2 \in \mathbb{R}.$$

Mostrare che l'equazione $F(x, b) = x$ ha un unico punto fisso $x^* = x^*(b)$ per ogni $b \in \mathbb{R}$ e

$$d(x^*(b_1), x^*(b_2)) \leq \frac{L}{1 - \rho} |b_1 - b_2|, \quad \forall b_1, b_2 \in \mathbb{R}.$$

Capitolo 7
Distribuzioni e spazi di Sobolev

7.1 Distribuzioni

7.1.1 Considerazioni preliminari

Abbiamo già avuto modo di incontrare la *delta di Dirac* a proposito della soluzione fondamentale dell'equazione del calore. Un'altra interessante situazione è la seguente, nella quale si vede come la misura di Dirac sia legata a fenomeni di tipo impulsivo.

In riferimento alla Figura 7.1, consideriamo una massa m in moto rettilineo lungo l'asse x con velocità costante $\mathbf{v} = v\mathbf{i}$. Ad un certo istante t_0 avviene un urto *elastico* con una parete verticale, in seguito al quale la massa si muove con la stessa velocità in senso opposto $-v\mathbf{i}$. Indicate con v_1, v_2 le velocità scalari in due istanti $t_1 < t_2$, in base alle leggi della meccanica dovrebbe essere,

$$m(v_2 - v_1) = \int_{t_1}^{t_2} F(t)\, dt$$

dove F denota l'intensità della forza complessiva agente sulla massa. Se $t_1 < t_2 < t_0$ oppure $t_0 < t_1 < t_2$ allora $v_2 = v_1 = v$ oppure $v_2 = v_1 = -v$ e quindi $F = 0$: nessuna forza agisce sulla massa prima e dopo l'urto. Ma se

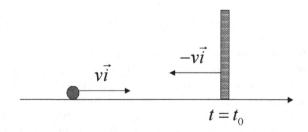

$$t = t_0$$

Figura 7.1 Urto elastico al tempo $t = t_0$

© Springer-Verlag Italia 2016
S. Salsa, *Equazioni a derivate parziali. Metodi, modelli e applicazioni*, 3a edizione,
UNITEXT – La Matematica per il 3+2 97, DOI 10.1007/978-88-470-5785-2_7

$t_1 < t_0 < t_2$, il primo membro è uguale a $2mv \neq 0$ mentre se insistiamo a modellare l'intensità della forza con una funzione F, l'integrale a destra è sempre nullo ed otteniamo una contraddizione.

In tal caso, infatti, F è una forza concentrata nell'istante t_0, di intensità $2mv$, cioè

$$F(t) = 2mv\, \delta(t - t_0).$$

In questo capitolo vedremo come la misura di Dirac si inquadri perfettamente nella teoria delle *funzioni generalizzate* o *distribuzioni di L. Schwartz*. L'idea chiave è **descrivere un oggetto matematico mediante l'azione che questo esercita su un opportuno spazio di funzioni test** φ.

Nel caso della δ di Dirac nell'origine, tale azione si esprime mediante il seguente funzionale lineare (si veda la Definizione 2.2):

$$\varphi \longmapsto \langle \delta, \varphi \rangle = \varphi(0).$$

La δ si identifica dunque con questo funzionale lineare, ed è quest'ultimo che prende il nome di *funzione generalizzata* o *distribuzione*. Naturalmente, per un principio di coerenza, tra le *funzioni generalizzate* devono trovar posto le *usuali* funzioni dell'Analisi. Questo fatto implica che la scelta dell'insieme di funzioni test non può essere arbitraria. Infatti, consideriamo un dominio $\Omega \subseteq \mathbb{R}^n$ e sia $u \in L^2(\Omega)$. Un modo naturale di definire l'*azione* di u su una funzione test φ è associare ad u il funzionale lineare

$$I_u : \varphi \longmapsto (u, \varphi)_0 = \int_\Omega u\varphi\, d\mathbf{x}.$$

Possiamo **identificare** u col **funzionale** I_u? In altri termini: è possibile risalire ad u dalla conoscenza del valore $I_u(\varphi)$ su tutte le φ? Se scegliessimo $L^2(\Omega)$ come spazio di funzioni test, questo è vero. Infatti se $v \in L^2(\Omega)$ è tale che $I_u(\varphi) = I_v(\varphi)$ per ogni $\varphi \in L^2(\Omega)$, abbiamo

$$0 = I_u(\varphi) - I_v(\varphi) = \int_\Omega (u - v)\varphi\, d\mathbf{x}. \tag{7.1}$$

Scegliendo $\varphi = u - v$, si ha

$$\int_\Omega (u - v)^2 d\mathbf{x} = 0$$

che forza $u = v$ q.o. in Ω.

D'altra parte, però, non possiamo usare tutte le funzioni test in $L^2(\Omega)$ perché in generale sono definite solo q.o. ed allora $\langle \delta, \varphi \rangle = \varphi(0)$ potrebbe non avere senso. La questione è dunque se sia possibile risalire ad u dalla conoscenza del valore $I_u(\varphi)$ quando φ varia su un insieme di funzioni *regolari*.

Certamente ciò è impossibile se pensiamo ai valori di $I_u(\varphi)$ in corrispondenza a "poche" funzioni φ, per esempio un numero finito. Ma è ragionevole che vi sia una concreta possibilità di individuare univocamente u dai valori di $I_u(\varphi)$, se φ varia in un sottoinsieme **denso** in $L^2(\Omega)$. Infatti, sia $I_u(\varphi) = I_v(\varphi)$ per ogni funzione test. Data $\psi \in L^2(\Omega)$, per via della densità dell'insieme delle funzioni test in $L^2(\Omega)$, esiste una successione di funzioni $\{\varphi_k\}$ tale che $\|\varphi_k - \psi\|_0 \to 0$. Allora[1],

$$0 = \int_\Omega (u-v)\varphi_k \, d\mathbf{x} \to \int_\Omega (u-v)\psi \, d\mathbf{x}$$

cosicché la (7.1) vale in realtà *per ogni* $\psi \in L^2(\Omega)$ che, come abbiamo visto, implica $u - v = 0$ q.o. Perciò la "distribuzione" I_u identifica univocamente u.

Dunque, l'insieme delle funzioni test deve essere *denso in $L^2(\Omega)$* se vogliamo che le funzioni in $L^2(\Omega)$ possano essere viste come *distribuzioni*.

Tuttavia, la ragione principale che porta all'introduzione delle distribuzioni di Schwartz non si riduce ad una mera estensione della nozione di funzione ma risiede nella possibilità di allargare significativamente il dominio di applicabilità del *calcolo differenziale*.

L'idea è utilizzare la formula di integrazione per parti per "scaricare" le operazioni di derivazione sulle funzioni test. In realtà, non si tratta di un'idea completamente nuova. L'abbiamo già usata, per esempio, nel paragrafo 2.3.3, quando abbiamo interpretato la delta di Dirac in $x = 0$ come derivata della funzione di Heaviside $\mathcal{H}$, (si veda la formula (2.53)). Anche l'allargamento della nozione di soluzione per una legge di conservazione (paragrafo 4.4.2) o per l'equazione delle onde (paragrafo 5.4.2) segue più o meno la stessa filosofia.

Nella prima parte del capitolo, illustriamo i concetti basilari della Teoria delle Distribuzioni di Schwartz, finalizzati all'introduzione degli spazi di Sobolev. Il riferimento principale è il libro di *L. Schwartz*, 1966, al quale rimandiamo anche per le dimostrazioni non incluse qui.

7.1.2 Funzioni test e mollificatori

Ricordiamo che, data una funzione continua v definita in un dominio $\Omega \subseteq \mathbb{R}^n$, *per supporto di v si intende la chiusura dell'insieme dei punti in cui v è diversa da zero:*
$$\mathrm{supp}\,(v) = \Omega \cap \text{chiusura di } \{\mathbf{x} \in \mathbb{R}^n : v(\mathbf{x}) \neq 0\}.$$

Si può definire il supporto, o meglio, il supporto essenziale, anche di una funzione f che sia solo misurabile, non necessariamente continua, in Ω. Sia infatti Z l'unione degli aperti nei quali $f = 0$ q.o. L'insieme $\Omega \setminus Z$ prende il nome di *supporto essenziale* di f, indicato con lo stesso simbolo $\mathrm{supp}(v)$.

Diciamo che una funzione *ha supporto compatto in Ω* se $\mathrm{supp}(v)$ *è un sottoinsieme compatto di Ω.*

---

[1] Osservare che:
$$\left| \int_\Omega (u-v)(\varphi_k - \psi) \, d\mathbf{x} \right| \leq \|u-v\|_0 \, \|\varphi_k - \psi\|_0.$$

Definizione 1.1. *Indichiamo con $C_0^\infty (\Omega)$ l'insieme delle funzioni di classe $C^\infty (\Omega)$ a supporto compatto in Ω. Le funzioni in $C_0^\infty (\Omega)$ si chiamano* **funzioni test**.

Esempio 1.1. La funzione

$$\eta (\mathbf{x}) = \begin{cases} c\exp \left(\frac{1}{|\mathbf{x}|^2 - 1} \right) & 0 \le |\mathbf{x}| < 1 \\ \\ 0 & |\mathbf{x}| \ge 1 \end{cases} \tag{7.2}$$

dove c è una costante, appartiene a $C_0^\infty (\mathbb{R}^n)$.

La (7.2) è un esempio tipico di funzione test. Insieme all'operazione di convoluzione tra funzioni permette di generare altre funzioni test. Richiamiamo brevemente la definizione ed alcune proprietà della convoluzione. Date due funzioni u, v definite in $\mathbb{R}^n$, la *convoluzione tra u e v* è definita dalla formula

$$(u * v) (\mathbf{x}) = \int_{\mathbb{R}^n} u (\mathbf{x} - \mathbf{y}) v (\mathbf{y}) \, d\mathbf{y} = \int_{\mathbb{R}^n} u (\mathbf{y}) v (\mathbf{x} - \mathbf{y}) \, d\mathbf{y}.$$

Le proprietà di sommabilità di $u * v$ dipendono da quelle di u e v nel modo indicato dal seguente teorema.

Teorema 1.1 (di Young). *Siano $u \in L^p(\mathbb{R}^n)$ e $v \in L^q(\mathbb{R}^n)$, $p, q \in [1, \infty]$. Allora, $u * v \in L^r(\mathbb{R}^n)$ dove $\frac{1}{r} = \frac{1}{p} + \frac{1}{q} - 1$ e*

$$\|u * v\|_{L^r(\mathbb{R}^n)} \le \|u\|_{L^p(\mathbb{R}^n)} \|u\|_{L^q(\mathbb{R}^n)}. \tag{7.3}$$

Vediamo come si usa la convoluzione per *regolarizzare* funzioni "selvagge". La ricetta è la seguente: si prende la funzione η nella (7.2), che ha le seguenti proprietà:

$$\eta \ge 0 \quad \text{e} \quad \text{supp}(\eta) = \overline{B}_1 (\mathbf{0}),$$

dove, ricordiamo, $B_R (\mathbf{0}) = \{\mathbf{x} \in \mathbb{R}^n \colon |\mathbf{x}| < R\}$.

Si sceglie $c = \left(\int_{B_1(\mathbf{0})} \exp \left(\frac{1}{|\mathbf{x}|^2 - 1} \right) d\mathbf{x} \right)^{-1}$ in modo che $\int_{\mathbb{R}^n} \eta = 1$. Si pone, per $\varepsilon > 0$,

$$\eta_\varepsilon (\mathbf{x}) = \frac{1}{\varepsilon^n} \eta \left(\frac{|\mathbf{x}|}{\varepsilon} \right) \tag{7.4}$$

che appartiene a $C_0^\infty (\mathbb{R}^n)$ (e quindi a tutti gli $L^p (\mathbb{R}^n)$), con supporto coincidente con $\overline{B}_\varepsilon (\mathbf{0})$ e $\int_{\mathbb{R}^n} \eta_\varepsilon = 1$.

Sia ora $f \in L^p(\Omega)$. Se si definisce $f = 0$ fuori da Ω, si ottiene una funzione in $L^p(\mathbb{R}^n)$, che continuiamo a chiamare f, per la quale la convoluzione $f * \eta_\varepsilon$ è ben definita in tutto $\mathbb{R}^n$:

$$f_\varepsilon (\mathbf{x}) = (f * \eta_\varepsilon) (\mathbf{x}) = \int_\Omega \eta_\varepsilon (\mathbf{x} - \mathbf{y}) f (\mathbf{y}) \, d\mathbf{y}$$

$$= \int_{\{|\mathbf{z}| \le 1\}} \eta (\mathbf{z}) f (\mathbf{x} - \varepsilon \mathbf{z}) \, d\mathbf{z}.$$

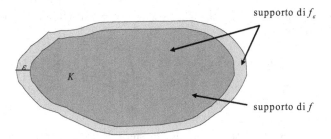

Figura 7.2 Supporto della convoluzione con un mollificatore

Anche se f è molto irregolare, f_ε è sempre di classe C^∞; per questo motivo η_ε si chiama *mollificatore*.

Inoltre, quando $\varepsilon \to 0$, f_ε approssima f nel senso precisato nel seguente lemma, che ci limitiamo ad enunciare.

Lemma 1.2. *Sia* $f \in L^p(\Omega)$, $1 \le p \le \infty$; *allora* f_ε *ha le seguenti proprietà:*

1. *il supporto di* f_ε *è un* $\varepsilon-$*intorno del supporto di* f *(Figura 7.2):*

$$\operatorname{supp}(f_\varepsilon) = \{\mathbf{x} \in \mathbb{R}^n : \operatorname{dist}(\mathbf{x}, \operatorname{supp}(f)) \le \varepsilon\};$$

2. $f_\varepsilon \in C^\infty(\mathbb{R}^n)$ *e se il supporto di* f *è un compatto* $K \subset \Omega$, *allora* $f_\varepsilon \in C_0^\infty(\Omega)$, *per* $\varepsilon < \operatorname{dist}(K, \partial\Omega)$;

3. *se* $\varepsilon \to 0$, $f_\varepsilon \to f$ *quasi ovunque in* Ω;

4. *se* $f \in C(\Omega)$, *allora* $f_\varepsilon \to f$ *uniformemente in ogni compatto* $K \subset \Omega$;

5. *se* $1 \le p < \infty$, *allora*

$$\|f_\varepsilon\|_{L^p(\Omega)} \le \|f\|_{L^p(\Omega)} \quad e \quad \|f_\varepsilon - f\|_{L^p(\Omega)} \to 0 \ \text{per} \ \varepsilon \to 0.$$

Nota 1.1. Sia $f \in L^1_{loc}(\Omega)$, cioè $f \in L^1(\Omega')$ per ogni[2] $\Omega' \subset\subset \Omega$. La convoluzione f_ε è ben definita se $\mathbf{x}$ si mantiene a distanza $> \varepsilon$ dal bordo di Ω, cioè se $\mathbf{x}$ appartiene all'insieme

$$\Omega_\varepsilon = \{\mathbf{x} \in \Omega : \operatorname{dist}(\mathbf{x}, \partial\Omega) > \varepsilon\}.$$

Nota 1.2. Sottolineiamo che la proprietà 5 è *falsa* in $L^\infty(\Omega)$: una funzione discontinua e limitata *non è approssimabile in norma* L^∞ (cioè *uniformemente!*) da funzioni regolari.

Nota 1.3. La convoluzione con un mollificatore si può usare per costruire funzioni in $C_0^\infty(\Omega)$ che assumano sempre valori tra 0 ed 1 e valore 1 in un dato compatto $K \subset \Omega$. Vediamo come si fa. Siano $K^\varepsilon \subset \Omega$ un $\varepsilon-$intorno di K e $f = \chi_{K^\varepsilon}$ la funzione caratteristica di K^ε.

---

[2] $\Omega' \subset\subset \Omega$ significa che la chiusura di Ω' è compatta e contenuta in Ω.

Allora, se $\varepsilon < \frac{1}{2}\text{dist}(K, \partial\Omega)$ si ha $f_\varepsilon = \chi_{K^\varepsilon} * \eta_\varepsilon \in C_0^\infty(\Omega)$. Osserviamo che $0 \le f_\varepsilon \le 1$. Infatti:

$$f_\varepsilon(\mathbf{x}) = \int_\Omega \eta_\varepsilon(\mathbf{x} - \mathbf{y})\, \chi_{K^\varepsilon}(\mathbf{y})\, d\mathbf{y} = \int_{K^\varepsilon \cap B_\varepsilon(\mathbf{x})} \eta_\varepsilon(\mathbf{x} - \mathbf{y})\, d\mathbf{y}$$

$$\le \int_{B_\varepsilon(\mathbf{0})} \eta_\varepsilon(\mathbf{y})\, d\mathbf{y} \le 1.$$

Inoltre $f_\varepsilon \equiv 1$ in K. Infatti, se $\mathbf{x} \in K$, la sfera $B_\varepsilon(\mathbf{x})$ è contenuta in K^ε e quindi

$$\int_{K^\varepsilon \cap B_\varepsilon(\mathbf{x})} \eta_\varepsilon(\mathbf{x} - \mathbf{y})\, d\mathbf{y} = \int_{B_\varepsilon(\mathbf{0})} \eta_\varepsilon(\mathbf{y})\, d\mathbf{y} = 1.$$

Questo tipo di funzioni si rivelerà utile in seguito, nel paragrafo 7.6.2.

Teorema 1.3. $C_0^\infty(\Omega)$ *è denso in* $L^p(\Omega)$ *per ogni* $1 \le p < \infty$.

Dimostrazione. Indichiamo con $L_c^p(\Omega)$ lo spazio delle funzioni p-sommabili a supporto (essenziale) compatto in Ω. Se $f \in L_c^p(\Omega)$ con supporto $K \subset \Omega$, compatto, dalla proprietà 1 del Lemma 1.2, il supporto di f_ε è *un $\varepsilon-$intorno di* K, che, per ε piccolo, è ancora un sottoinsieme compatto di Ω. Dalle proprietà 2 e 5 si deduce che $C_0^\infty(\Omega)$ è denso in $L_c^p(\Omega)$, se $1 \le p < \infty$.

D'altra parte $L_c^p(\Omega)$ è a sua volta denso in $L^p(\Omega)$: infatti, prendiamo una successione di compatti $\{K_m\}$ tale che

$$K_m \subset K_{m+1} \subset \Omega \qquad e \qquad \cup K_m = \Omega.$$

Se indichiamo con χ_{K_m} la funzione caratteristica di K_m, abbiamo

$$\left\{\chi_{K_m} f\right\} \subset L_c^p(\Omega) \qquad e \qquad \left\| \chi_{K_m} f - f \right\|_{L^p} \to 0 \qquad \text{per } m \to +\infty$$

per il Teorema della Convergenza Dominata[3]. $\qquad\qquad\qquad\qquad\qquad\qquad\square$

7.1.3 Le distribuzioni

Convinti della bontà dell'insieme $C_0^\infty(\Omega)$, lo dotiamo di una topologia su misura, che illustriamo definendo la *convergenza che essa induce*. Ricordiamo che il simbolo

$$D^\alpha = \frac{\partial^{\alpha_1}}{\partial x_1^{\alpha_1}} \cdots \frac{\partial^{\alpha_n}}{\partial x_1^{\alpha_n}}, \qquad \alpha = (\alpha_1, ..., \alpha_n),$$

indica una generica derivata di ordine $|\alpha| = \alpha_1 + ... + \alpha_n$.

Definizione 1.2. *Siano* $\{\varphi_k\} \subset C_0^\infty(\Omega)$ *e* $\varphi \in C_0^\infty(\Omega)$. *Si dice che* $\varphi_k \to \varphi$ *in* $C_0^\infty(\Omega)$ *se:*

1. *esiste un compatto* $K \subset \Omega$ *che contiene i supporti di tutte le* φ_k;
2. $D^\alpha \varphi_k \to D^\alpha \varphi$ *uniformemente in* Ω, $\forall \alpha = (\alpha_1, ..., \alpha_n)$.

[3] Appendice B.

Si può mostrare che il limite così definito, se esiste, è unico. È entrato in uso il simbolo $\mathcal{D}(\Omega)$ per indicare lo spazio $C_0^\infty(\Omega)$ dotato della nozione di convergenza appena descritta.

Seguendo la discussione all'inizio del capitolo, spostiamo il nostro interesse sui funzionali lineari su $\mathcal{D}(\Omega)$. Se L è uno di questi, usiamo il *crochet*

$$\langle L, \varphi \rangle$$

per indicare l'azione di L su una funzione φ. Un funzionale lineare

$$L : \mathcal{D}(\Omega) \to \mathbb{R}$$

si dice *continuo* in $\mathcal{D}(\Omega)$ quando

$$\langle L, \varphi_k \rangle \to \langle L, \varphi \rangle, \qquad \text{se } \varphi_k \to \varphi \text{ in } \mathcal{D}(\Omega).$$

Notiamo incidentalmente che, data la linearità di L, è sufficiente considerare $\varphi = 0$.

Definizione 1.3. *Una distribuzione in Ω è un funzionale lineare e continuo su $\mathcal{D}(\Omega)$. L'insieme delle distribuzioni si indica con il simbolo $\mathcal{D}'(\Omega)$.*

Due distribuzioni F e G coincidono quando la loro azione su tutte le funzioni test è la stessa, cioè quando

$$\langle F, \varphi \rangle = \langle G, \varphi \rangle, \qquad \forall \varphi \in \mathcal{D}(\Omega).$$

Ad ogni $u \in L^2(\Omega)$ corrisponde il funzionale I_u la cui azione su φ è

$$\langle I_u, \varphi \rangle = \int_\Omega u\varphi \, dx. \tag{7.5}$$

Se $\varphi_k \to \varphi$ in $\mathcal{D}(\Omega)$ è facile controllare che $\langle I_u, \varphi_k \rangle \to \langle I_u, \varphi \rangle$ e quindi I_u è *una distribuzione in Ω*, che, come abbiamo visto, possiamo identificare (ed indicare) con u. La nozione di distribuzione generalizza dunque quella di funzione (in L^2) e la dualità $\langle \cdot, \cdot \rangle$ tra $\mathcal{D}(\Omega)$ e $\mathcal{D}'(\Omega)$ generalizza il prodotto scalare in $L^2(\Omega)$.

Le stesse considerazioni si possono ripetere se $u \in L^1_{loc}(\Omega)$, in quanto l'integrale (7.5) ha perfettamente senso, essendo $\varphi \in \mathcal{D}(\Omega)$. Quindi $L^1_{loc}(\Omega) \subset \mathcal{D}'(\Omega)$.

Se $u : \Omega \to \mathbb{R}$ è una funzione ma $u \notin L^1_{loc}$, u **non può** rappresentare una distribuzione, poiché per qualche $\varphi \in \mathcal{D}(\Omega)$ l'integrale nella (7.5) non è finito. Per esempio $u(x) = 1/x$ non appartiene a $L^1_{loc}(\mathbb{R})$ e $\int_\Omega u\varphi \, dx$ non esiste (nel senso di Lebesgue) non appena il supporto di φ contiene l'origine.

D'altra parte esistono distribuzioni che *non* possono essere rappresentate da funzioni, come la *delta di Dirac* nel prossimo esempio.

Esempio 1.2 (*Delta di Dirac*). Il funzionale lineare $\delta_n : \mathcal{D}(\mathbb{R}^n) \to \mathbb{R}$, definito dalla relazione

$$\langle \delta_n, \varphi \rangle = \varphi(\mathbf{0})$$

è un elemento di $\mathcal{D}'(\mathbb{R}^n)$, come facilmente si verifica, che prende il nome di *delta di Dirac, nell'origine*. Per indicarla si usa anche la notazione (impropria, ma comoda) $\delta_n(\mathbf{x})$. Analogamente il funzionale lineare $\delta_n(\mathbf{x} - \mathbf{y})$ definito da

$$\langle \delta_n(\mathbf{x} - \mathbf{y}), \varphi \rangle = \varphi(\mathbf{y})$$

si chiama *delta di Dirac nel punto* $\mathbf{y}$.

Queste sono notazioni che abbiamo già usato nei capitoli precedenti. Ricordiamo che $\delta_1 = \delta$.

In $\mathcal{D}'(\Omega)$ si può inserire facilmente una struttura di spazio vettoriale: se α, β sono scalari, reali o complessi, $\varphi \in \mathcal{D}(\Omega)$ e $L_1, L_2 \in \mathcal{D}'(\Omega)$, si definisce $\alpha L_1 + \beta L_2 \in \mathcal{D}'(\Omega)$ mediante la formula

$$\langle \alpha L_1 + \beta L_2, \varphi \rangle = \alpha \langle L_1, \varphi \rangle + \beta \langle L_2, \varphi \rangle.$$

In $\mathcal{D}'(\Omega)$ introduciamo la seguente nozione di convergenza (debole): $\{L_k\}$ converge a L in $\mathcal{D}'(\Omega)$ se

$$\langle L_k, \varphi \rangle \to \langle L, \varphi \rangle, \qquad \forall \varphi \in \mathcal{D}(\Omega).$$

Ancora si può mostrare che il limite così definito, se esiste, è unico.

Esempio 1.3. Abbiamo visto nella Sezione 2.8 che, se $\Gamma_D(\mathbf{x}, t)$ è la soluzione fondamentale dell'equazione del calore $u_t - D\Delta u = 0$ e $\varphi \in \mathcal{D}(\mathbb{R}^n)$, allora

$$\lim_{t \to 0^+} \int_{\mathbb{R}^n} \Gamma_D(\mathbf{y} - \mathbf{x}, t) \varphi(\mathbf{x}) \, d\mathbf{x} = \varphi(\mathbf{y}).$$

In termini di distribuzioni ciò significa che, per $\mathbf{y}$ fissato,

$$\Gamma_D(\mathbf{y} - \mathbf{x}, t) \to \delta_n(\mathbf{x} - \mathbf{y}) \qquad \text{in } \mathcal{D}'(\mathbb{R}^n), \text{ se } t \to 0^+.$$

Esempio 1.4. Se $1 \le p \le \infty$, abbiamo le **immersioni continue**

$$L^p(\Omega) \hookrightarrow L^1_{loc}(\Omega) \hookrightarrow \mathcal{D}'(\Omega).$$

Ciò significa che, se $u_k \to u$ in $L^p(\Omega)$ o in $L^1_{loc}(\Omega)$, allora[4] $u_k \to u$ anche in $\mathcal{D}'(\Omega)$.

Per riconoscere o costruire distribuzioni, a volte si rivela comodo il seguente teorema di *completezza*:

Microteorema 1.4. *Sia* $\{F_k\} \subset \mathcal{D}'(\Omega)$ *tale che*

$$\lim_{k \to \infty} \langle F_k, \varphi \rangle \tag{7.6}$$

esiste finito, per ogni $\varphi \in \mathcal{D}(\Omega)$. *Indichiamo con* $F(\varphi)$ *il limite* (7.6). *Allora* $F \in \mathcal{D}'(\Omega)$ *e* $F_k \to F$ *in* $\mathcal{D}'(\Omega)$.

---

[4] Per esempio, se $\varphi \in \mathcal{D}(\Omega)$, si ha, usando la disuguaglianza di Hölder:

$$\left| \int_\Omega (u_k - u)\varphi d\mathbf{x} \right| \le \|u_k - u\|_{L^p(\Omega)} \|\varphi\|_{L^q(\Omega)}$$

dove $q = p/(p-1)$. Se dunque $\|u_k - u\|_{L^p(\Omega)} \to 0$, anche $\int_\Omega (u_k - u)\varphi d\mathbf{x} \to 0$, da cui la convergenza in $\mathcal{D}'(\Omega)$.

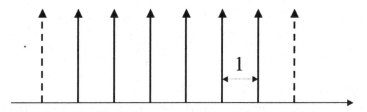

Figura 7.3 Un treno di ... impulsi $(\mathcal{P} = 1)$

In particolare, se la serie (numerica)

$$\sum_{k=1}^{\infty} \langle F_k, \varphi \rangle$$

è convergente per ogni $\varphi \in \mathcal{D}(\Omega)$, allora $F \equiv \sum_{k=1}^{\infty} F_k$ definisce una distribuzione in $\mathcal{D}'(\Omega)$. Un esempio importante è il seguente.

Esempio 1.5 (*Pettine di Dirac*). Sia $\mathcal{P} > 0$. Per ogni $\varphi \in \mathcal{D}(\mathbb{R})$, la serie numerica

$$\sum_{k=-\infty}^{\infty} \langle \delta(x - k\mathcal{P}), \varphi \rangle = \sum_{k=-\infty}^{\infty} \varphi(k\mathcal{P})$$

è convergente, poiché solo un numero finito di addendi è diverso da zero[5]. In base al teorema di completezza, la serie

$$\mathrm{comb}_{\mathcal{P}}(x) = \sum_{k=-\infty}^{\infty} \delta(x - k\mathcal{P}) \tag{7.7}$$

definisce una distribuzione in $\mathcal{D}'(\mathbb{R})$, che si chiama **pettine di Dirac**. Il nome è dovuto al fatto che essa modella un treno di impulsi equidistanziati, concentrati nei punti $k\mathcal{P}$, $k \in \mathbb{Z}$, a volte graficamente visualizzato nella pittoresca Figura 7.3.

• *Supporto di una distribuzione*. La delta di Dirac è *concentrata in un punto*. Tecnicamente si dice che il suo **supporto** coincide con un punto. Il supporto di una distribuzione si può definire in generale, nel modo seguente. Vogliamo caratterizzare il più piccolo insieme chiuso fuori dal quale una distribuzione F si annulla. Non si può procedere come nel caso di una funzione continua, definendo il supporto come la chiusura dell'insieme in cui essa è diversa da zero, poiché le distribuzioni non sono definite su sottoinsiemi di $\mathbb{R}^n$ ma sugli elementi di $\mathcal{D}(\Omega)$.

Procediamo per via indiretta: cominciamo col dire che *una distribuzione* $F \in \mathcal{D}'(\Omega)$ *si annulla su un aperto* A di $\mathbb{R}^n$ se

$$\langle F, \varphi \rangle = 0$$

---

[5] Il supporto di φ è contenuto in un intervallo limitato, al quale appartiene solo un numero finito di punti $k\mathcal{P}$.

per tutte le $\varphi \in \mathcal{D}(\Omega)$ con supporto contenuto in A. Sia ora $\mathcal{A}$ l'*unione di tutti gli aperti* A sui quali F si annulla. Questo è un insieme aperto. Definiamo

$$\operatorname{supp}(F) = \Omega \backslash \mathcal{A}.$$

Per esempio, $\operatorname{supp}(\operatorname{comb}) = \mathbb{Z}$.

Nota 1.4. Le distribuzioni sono definite, in generale, sugli elementi di $\mathcal{D}(\Omega)$. Se però $F \in \mathcal{D}'(\Omega)$, con supporto compatto $K \subset \Omega$, allora si può estendere la definizione di $\langle F, v \rangle$ ad ogni $v \in C^\infty(\Omega)$, **non necessariamente con supporto compatto**. Infatti, sia $\psi \in \mathcal{D}(\Omega)$, $0 \le \psi \le 1$, tale che $\psi \equiv 1$ in un intorno di K (ricordare la Nota 1.3). Allora $v\psi \in \mathcal{D}(\Omega)$ e possiamo definire

$$\langle F, v \rangle = \langle F, v\psi \rangle.$$

Occorre controllare che $\langle F, v\psi \rangle$ non dipende dalla scelta di ψ. Infatti, se ψ_1 ha le stesse proprietà di ψ, allora

$$\langle F, v\psi \rangle - \langle F, v\psi_1 \rangle = \langle F, v(\psi - \psi_1) \rangle = 0$$

poiché $\psi - \psi_1 = 0$ in un intorno di K (si veda il Problema 7.4).

7.2 Calcolo differenziale

7.2.1 Derivata nel senso delle distribuzioni

Vogliamo estendere alle distribuzioni il calcolo differenziale. Naturalmente dobbiamo abbandonare l'idea di una definizione tradizionale, in quanto, già per funzioni in $L^1_{loc}(\Omega)$, che possono presentare discontinuità, le derivate nel senso classico non esistono.

L'idea è allora di "scaricare" l'operazione di derivata sulle funzioni test, per le quali non ci sono problemi, in quanto differenziabili con continuità infinite volte. Lo strumento chiave è la formula di integrazione per parti, nota in dimensione maggiore di uno come formula di Gauss.

Cominciamo ad esaminare l'idea su una funzione $u \in C^1(\Omega)$. Se φ è una funzione test, dalla formula di Gauss abbiamo, indicando con $\boldsymbol{\nu} = (\nu_1, ..., \nu_n)$ il versore normale esterno a $\partial\Omega$,

$$\int_\Omega \varphi \partial_{x_i} u \, d\mathbf{x} = \int_{\partial\Omega} \varphi u \, \nu_i \, d\sigma - \int_\Omega u \partial_{x_i} \varphi \, d\mathbf{x}$$

$$= -\int_\Omega u \partial_{x_i} \varphi \, d\mathbf{x}$$

essendo $\varphi = 0$ su $\partial\Omega$. L'equazione

$$\int_\Omega \varphi \, \partial_{x_i} u \, d\mathbf{x} = -\int_\Omega u \, \partial_{x_i} \varphi \, d\mathbf{x}$$

corrisponde, in termini di distribuzioni, a scrivere

$$\langle \partial_{x_i} u, \varphi \rangle = -\langle u, \partial_{x_i} \varphi \rangle. \tag{7.8}$$

La (7.8) mostra che l'azione di $\partial_{x_i} u$ sulla funzione test φ equivale all'azione di u su $-\partial_{x_i}\varphi$. D'altra parte, la (7.8) ha perfettamente senso se sostituiamo u con $F \in \mathcal{D}'(\Omega)$ e non è difficile controllare che il funzionale lineare

$$\varphi \mapsto -\langle F, \partial_{x_i}\varphi \rangle$$

è continuo in $\mathcal{D}(\Omega)$. Questo porta alla seguente fondamentale definizione.

Definizione 2.1 *Sia* $F \in \mathcal{D}'(\Omega)$. *La derivata* $\partial_{x_i} F$ *è la distribuzione definita dalla formula*

$$\langle \partial_{x_i} F, \varphi \rangle = -\langle F, \partial_{x_i}\varphi \rangle, \qquad \forall \varphi \in \mathcal{D}(\Omega).$$

Dalla (7.8) si vede che, se $u \in C^1(\Omega)$, le sue derivate nel senso delle distribuzioni coincidono con quelle classiche. Per questo motivo manteniamo lo stesso simbolo nei due casi.

La derivata di una distribuzione è **sempre definita!** Poiché, poi, la derivata di una distribuzione è ancora una distribuzione, segue subito il confortevole fatto che **ogni distribuzione è derivabile infinite volte** (ovviamente in $\mathcal{D}'(\Omega)$). Si possono così definire le derivate di ordine superiore di qualunque $F \in \mathcal{D}'(\Omega)$.

Per esempio,

$$\partial_{x_i x_k} F = \partial_{x_i}(\partial_{x_k} F)$$

è definita dalla formula

$$\langle \partial_{x_i x_k} F, \varphi \rangle = \langle u, \partial_{x_i x_k}\varphi \rangle. \tag{7.9}$$

Non solo. Poiché φ è regolare, allora $\partial_{x_i x_k}\varphi = \partial_{x_k x_i}\varphi$ per cui la (7.9) implica

$$\partial_{x_i x_k} F = \partial_{x_k x_i} F.$$

Come conseguenza, per **ogni** $F \in \mathcal{D}'(\Omega)$ possiamo scambiare l'ordine di derivazione *senza alcuna restrizione*.

Esempio 2.1. Sia $u(x) = \mathcal{H}(x)$, la funzione di Heaviside. In $\mathcal{D}'(\mathbb{R})$, si ha

$$\mathcal{H}' = \delta.$$

Infatti, sia $\varphi \in \mathcal{D}(\mathbb{R})$. Per definizione

$$\langle \mathcal{H}', \varphi \rangle = -\langle \mathcal{H}, \varphi' \rangle.$$

D'altra parte $\mathcal{H} \in L^1_{loc}(\mathbb{R})$, per cui

$$\langle \mathcal{H}, \varphi' \rangle = \int_{\mathbb{R}} \mathcal{H}(x)\varphi'(x)\, dx = \int_0^\infty \varphi'(x)\, dx = -\varphi(0)$$

e quindi

$$\langle \mathcal{H}', \varphi \rangle = \varphi(0) = \langle \delta, \varphi \rangle$$

da cui $\mathcal{H}' = \delta$. Procedendo analogamente si dimostra che, se $S(x) = \text{sign}(x)$ si ha

$$S' = 2\delta \quad \text{in } \mathcal{D}'(\mathbb{R}).$$

Un altro aspetto dell'idilliaca relazione tra calcolo differenziale e distribuzioni è contenuto nel seguente teorema che esprime la continuità in $\mathcal{D}'(\Omega)$ di ogni derivata D^α.

Microteorema 2.1. *Se $F_k \to F$ in $\mathcal{D}'(\Omega)$ allora $D^\alpha F_k \to D^\alpha F$ in $\mathcal{D}'(\Omega)$, per ogni multi-indice α.*

Dimostrazione. $F_k \to F$ in $\mathcal{D}'(\Omega)$ significa che $\langle F_k, \varphi \rangle \to \langle F, \varphi \rangle$, $\forall \varphi \in \mathcal{D}(\Omega)$. In particolare si ha

$$\langle D^\alpha F_k, \varphi \rangle = (-1)^{|\alpha|}\langle F_k, D^\alpha \varphi \rangle \longrightarrow (-1)^{|\alpha|}\langle F, D^\alpha \varphi \rangle = \langle D^\alpha F, \varphi \rangle,$$

essendo $D^\alpha \varphi \in \mathcal{D}(\Omega)$. $\qquad \square$

Come conseguenza, se $\sum_{k=1}^\infty F_k = F$ in $\mathcal{D}'(\Omega)$, allora

$$\sum_{k=1}^\infty D^\alpha F_k = D^\alpha F \quad \text{in } \mathcal{D}'(\Omega).$$

Dunque, la derivazione termine a termine è **sempre** permessa in $\mathcal{D}'(\Omega)$.

Più complessa (perciò la evitiamo) è la dimostrazione del seguente teorema che esprime un fatto ben noto per funzioni di n variabili.

Microteorema 2.2. *Sia Ω un dominio in $\mathbb{R}^n$. Se $F \in \mathcal{D}'(\Omega)$ e $\partial_{x_j} F = 0$ per ogni $j = 1, ..., n$, allora F è una funzione costante.*

7.2.2 Gradiente, divergenza, rotore, Laplaciano

Non c'è alcun problema nel definire *distribuzioni a valori in* $\mathbb{R}^n$. Prendiamo come spazio di funzioni test $\mathcal{D}(\Omega; \mathbb{R}^n)$, ossia l'insieme dei vettori $\varphi = (\varphi_1, ..., \varphi_n)$ le cui componenti appartengono a $\mathcal{D}(\Omega)$.

Una distribuzione in $\mathcal{D}'(\Omega; \mathbb{R}^n)$ è costituita da una $n-upla$ di elementi di $\mathcal{D}'(\Omega)$. La dualità tra $\mathcal{D}(\Omega; \mathbb{R}^n)$ e $\mathcal{D}'(\Omega; \mathbb{R}^n)$ è assegnata dalla formula

$$\langle \mathbf{F}, \boldsymbol{\varphi} \rangle = \sum_{i=1}^n \langle F_i, \varphi_i \rangle. \tag{7.10}$$

• *Gradiente.* Data una distribuzione $F \in \mathcal{D}'(\Omega)$, $\Omega \subset \mathbb{R}^n$, il suo gradiente (distribuzionale) è semplicemente definito come il vettore

$$\nabla F = (\partial_{x_1} F, \partial_{x_2} F, ..., \partial_{x_n} F)$$

che è un elemento di $\mathcal{D}'(\Omega; \mathbb{R}^n)$. Dalla (7.10) si ha, se $\boldsymbol{\varphi} = (\varphi_1, ..., \varphi_n) \in \mathcal{D}(\Omega; \mathbb{R}^n)$,

$$\langle \nabla F, \boldsymbol{\varphi} \rangle = \sum_{i=1}^n \langle \partial_{x_i} F, \varphi_i \rangle = -\sum_{i=1}^n \langle F, \partial_{x_i} \varphi_i \rangle = -\langle F, \text{div}\,\boldsymbol{\varphi} \rangle$$

da cui:
$$\langle \nabla F, \varphi \rangle = -\langle F, \mathrm{div}\varphi \rangle. \tag{7.11}$$

• *Divergenza.* Se $\mathbf{F} \in \mathcal{D}'(\Omega; \mathbb{R}^n)$ si definisce

$$\mathrm{div}\mathbf{F} = \sum_{i=1}^{n} \partial_{x_i} F_i.$$

Chiaramente si ha $\mathrm{div}\mathbf{F} \in \mathcal{D}'(\Omega)$. Se $\varphi \in \mathcal{D}(\Omega)$

$$\langle \mathrm{div}\mathbf{F}, \varphi \rangle = \langle \sum_{1=1}^{n} \partial_{x_i} F_i, \varphi \rangle = -\sum_{1=1}^{n} \langle F_i, \partial_{x_i}\varphi \rangle = -\langle \mathbf{F}, \nabla\varphi \rangle$$

da cui

$$\langle \mathrm{div}\mathbf{F}, \varphi \rangle = -\langle \mathbf{F}, \nabla\varphi \rangle. \tag{7.12}$$

• L'*operatore di Laplace* $\Delta = \mathrm{div}\nabla$ è definito in $\mathcal{D}'(\Omega)$ da

$$\Delta F = \sum_{i=1}^{n} \partial_{x_i x_i} F.$$

Se $\varphi \in \mathcal{D}(\Omega)$, allora
$$\langle \Delta F, \varphi \rangle = \langle F, \Delta\varphi \rangle.$$

Usando le (7.11), (7.12), si ha:

$$\langle \Delta F, \varphi \rangle = \langle F, \mathrm{div}\nabla\varphi \rangle = -\langle \nabla F, \nabla\varphi \rangle = \langle \mathrm{div}\nabla F, \varphi \rangle$$

per cui $\Delta = \mathrm{div}\nabla$ anche in $\mathcal{D}'(\Omega)$.

• Sia $n = 3$. Il *rotore* di un vettore $\mathbf{F} \in \mathcal{D}'(\Omega; \mathbb{R}^3)$ è un vettore in $\mathcal{D}'(\Omega; \mathbb{R}^3)$ definito dalla formula

$$\mathrm{rot}\ \mathbf{F} = (\partial_{x_2} F_3 - \partial_{x_3} F_2, \partial_{x_3} F_1 - \partial_{x_1} F_3, \partial_{x_1} F_2 - \partial_{x_2} F_1).$$

Se $\boldsymbol{\varphi} = (\varphi_1, \varphi_2, \varphi_3) \in \mathcal{D}(\Omega; \mathbb{R}^3)$, è facile controllare che

$$\langle \mathrm{rot}\ \mathbf{F}, \boldsymbol{\varphi} \rangle = \sum_{i=1}^{3} \langle (\mathrm{rot}\ \mathbf{F})_i, \varphi_i \rangle = \langle \mathbf{F}, \mathrm{rot}\ \boldsymbol{\varphi} \rangle.$$

Esempio 2.2 ($\Rightarrow$ importante). Consideriamo la **soluzione fondamentale** dell'equazione di Laplace in $\mathbb{R}^3$

$$u(\mathbf{x}) = \frac{1}{4\pi} \frac{1}{|\mathbf{x}|}.$$

Notiamo che $u \in L^1_{loc}(\mathbb{R}^3)$ e quindi $u \in \mathcal{D}'(\mathbb{R}^3)$. Vogliamo dimostrare che, in $\mathcal{D}'(\mathbb{R}^3)$,

$$-\Delta u = \delta_3. \tag{7.13}$$

Osserviamo subito che, se $\Omega \subset \mathbb{R}^n$ è una regione che *non contiene l'origine*, u è *armonica in Ω*, ovvero

$$\Delta u = 0 \qquad \text{in } \Omega$$

in senso classico e quindi anche in $\mathcal{D}'\left(\mathbb{R}^3\right)$. Sia dunque $\varphi \in \mathcal{D}\left(\mathbb{R}^3\right)$ tale che $\mathbf{0} \in \text{supp}(\varphi)$. Si ha essendo $u \in L^1_{loc}\left(\mathbb{R}^3\right)$:

$$\langle \Delta u, \varphi \rangle = \langle u, \Delta\varphi \rangle = \frac{1}{4\pi} \int_{\mathbb{R}^3} \frac{1}{|\mathbf{x}|} \Delta\varphi\left(\mathbf{x}\right) d\mathbf{x}. \tag{7.14}$$

Vorremmo a questo punto integrare per parti, per scaricare l'operatore di Laplace su $1/|\mathbf{x}|$. La funzione integranda non è però continua nell'origine per cui dobbiamo procedere con cautela, escludendo dal dominio di integrazione una sferetta $B_r = B_r\left(\mathbf{0}\right)$, centrata nell'origine, e scrivendo

$$\int_{\mathbb{R}^3} \frac{1}{|\mathbf{x}|} \Delta\varphi\left(\mathbf{x}\right) d\mathbf{x} = \lim_{r\to 0} \int_{B_R \backslash B_r} \frac{1}{|\mathbf{x}|} \Delta\varphi\left(\mathbf{x}\right) d\mathbf{x} \tag{7.15}$$

dove $B_R = B_R\left(\mathbf{0}\right)$ è una sfera che contiene il supporto di φ. Un'integrazione per parti nella corona sferica $C_{R,r} = B_R \backslash B_r$ dà[6]

$$\int_{B_R \backslash B_r} \frac{1}{|\mathbf{x}|} \Delta\varphi\left(\mathbf{x}\right) d\mathbf{x} = \int_{\partial B_r} \frac{1}{r} \partial_{\boldsymbol{\nu}}\varphi\left(\mathbf{x}\right) d\sigma - \int_{C_{R,r}} \nabla\left(\frac{1}{|\mathbf{x}|}\right) \cdot \nabla\varphi\left(\mathbf{x}\right) d\mathbf{x}$$

dove $\boldsymbol{\nu} = -\frac{\mathbf{x}}{|\mathbf{x}|}$ è il versore normale a ∂B_r, che punta verso l'esterno della corona. Integrando per parti l'ultimo integrale, si ha:

$$\int_{B_R \backslash B_r} \nabla\left(\frac{1}{|\mathbf{x}|}\right) \cdot \nabla\varphi\left(\mathbf{x}\right) d\mathbf{x} = \int_{\partial B_r} \partial_{\boldsymbol{\nu}}\left(\frac{1}{|\mathbf{x}|}\right) \varphi\left(\mathbf{x}\right) d\sigma - \int_{C_{R,r}} \Delta\left(\frac{1}{|\mathbf{x}|}\right) \varphi\left(\mathbf{x}\right) d\mathbf{x}$$

$$= \int_{\partial B_r} \partial_{\boldsymbol{\nu}}\left(\frac{1}{|\mathbf{x}|}\right) \varphi\left(\mathbf{x}\right) d\sigma$$

poiché $\Delta\left(\frac{1}{|\mathbf{x}|}\right) = 0$ nella corona sferica $C_{R,r}$. Dai calcoli fatti finora, si ha, dunque:

$$\int_{B_R \backslash B_r} \frac{1}{|\mathbf{x}|} \Delta\varphi\left(\mathbf{x}\right) d\mathbf{x} = \int_{\partial B_r} \frac{1}{r} \partial_{\boldsymbol{\nu}}\varphi\left(\mathbf{x}\right) d\sigma - \int_{\partial B_r} \partial_{\boldsymbol{\nu}}\left(\frac{1}{|\mathbf{x}|}\right) \varphi\left(\mathbf{x}\right) d\sigma. \tag{7.16}$$

Abbiamo:

$$\frac{1}{r}\left|\int_{\partial B_r} \partial_{\boldsymbol{\nu}}\varphi\left(\mathbf{x}\right) d\sigma\right| \leq \frac{1}{r} \int_{\partial B_r} \left|\partial_{\boldsymbol{\nu}}\varphi\left(\mathbf{x}\right)\right| d\sigma \leq 4\pi r \max_{\mathbb{R}^3} |\nabla\varphi|$$

e perciò

$$\lim_{r\to 0} \int_{\partial B_r} \frac{1}{r} \partial_{\boldsymbol{\nu}}\varphi\left(\mathbf{x}\right) d\sigma = 0.$$

---

[6] Ricordare che $\varphi = 0$ e $\nabla\varphi = \mathbf{0}$ su ∂B_R.

Inoltre, essendo

$$\partial_\nu \left(\frac{1}{|\mathbf{x}|} \right) = \nabla \left(\frac{1}{|\mathbf{x}|} \right) \cdot \left(-\frac{\mathbf{x}}{|\mathbf{x}|} \right) = \left(-\frac{\mathbf{x}}{|\mathbf{x}|^3} \right) \cdot \left(-\frac{\mathbf{x}}{|\mathbf{x}|} \right) = \frac{1}{|\mathbf{x}|^2}$$

possiamo scrivere

$$\int_{\partial B_r} \partial_\nu \left(\frac{1}{|\mathbf{x}|} \right) \varphi(\mathbf{x})\, d\sigma = 4\pi \frac{1}{4\pi r^2} \int_{\partial B_r} \varphi(\mathbf{x})\, d\sigma \to 4\pi\varphi(\mathbf{0}).$$

Da (7.16) abbiamo quindi

$$\lim_{r \to 0} \int_{B_R \setminus B_r} \frac{1}{|\mathbf{x}|} \Delta\varphi(\mathbf{x})\, d\mathbf{x} = -4\pi\varphi(\mathbf{0})$$

e infine, la (7.14) dà

$$\langle \Delta u, \varphi \rangle = -\varphi(\mathbf{0}) = -\langle \delta_3, \varphi \rangle$$

da cui $-\Delta u = \delta_3$.

7.3 Operazioni con le Distribuzioni

7.3.1 Moltiplicazione. Regola di Leibniz

Somma e moltiplicazione per uno scalare sono definite per le distribuzioni in modo ovvio. Occupiamoci della moltiplicazione tra distribuzioni. Le cose non sono così lisce come per la derivazione. Consideriamo, per esempio, il prodotto $\delta \cdot \delta = \delta^2$ in $\mathcal{D}'(\mathbb{R})$.

Come si può definire? Abbiamo visto che la derivazione risulta essere un'operazione continua in $\mathcal{D}'(\Omega)$ e certamente, per un principio di coerenza, vogliamo mantenere questa continuità nella costruzione delle altre operazioni in $\mathcal{D}'(\Omega)$. Di conseguenza, un'idea per definire δ^2 potrebbe essere la seguente: si prende una successione $\{u_k\}$ di funzioni che approssimano δ in $\mathcal{D}'(\mathbb{R})$, si calcola u_k^2, si definisce

$$\delta^2 = \lim_{k \to \infty} u_k^2 \qquad \text{in } \mathcal{D}'(\mathbb{R}).$$

Poiché di successioni che approssimano δ in $\mathcal{D}'(\mathbb{R})$ ce ne sono infinite (Problema 7.1), occorre che la definizione sia *indipendente dalla successione approssimante*. Vale a dire: per il calcolo di δ^2 dobbiamo essere autorizzati a scegliere una qualunque successione approssimante. Questa è un'illusione, poiché, se

$$u_k = k\chi_{[0,1/k]}$$

si ha

$$u_k \to \delta \qquad \text{in } \mathcal{D}'(\mathbb{R})$$

ma, se $\varphi \in \mathcal{D}(\mathbb{R})$, usando il teorema del valor medio, si ha

$$\int_{\mathbb{R}} u_k^2 \varphi = k^2 \int_0^{1/k} \varphi = k\varphi(x_k)$$

dove x_k è un punto opportuno appartenente a $[0, 1/k]$. Se $\varphi(0) \neq 0$, si conclude che

$$\int_{\mathbb{R}} u_k^2 \varphi \to \infty, \qquad k \to \infty$$

e cioè che la successione $\{u_k^2\}$ *non converge in* $\mathcal{D}'(\mathbb{R})$.

Il metodo, quindi, non funziona e non sembra che ce ne sia uno ragionevole per definire δ^2. Si rinuncia pertanto a definire δ^2 come una distribuzione e, a maggior ragione, a definire il prodotto tra due distribuzioni generali. Restringiamo il campo d'azione. Se $F \in \mathcal{D}'(\Omega)$ e $u \in C^\infty(\Omega)$, si definisce il prodotto uF con la formula

$$\langle uF, \varphi \rangle = \langle F, u\varphi \rangle, \qquad \forall \varphi \in \mathcal{D}(\Omega),$$

scaricando cioè il prodotto sulla funzione test. Ciò è possibile in quanto $u\varphi \in \mathcal{D}(\Omega)$ e, se $\varphi_k \to \varphi$ in $\mathcal{D}(\Omega)$, è facile controllare che anche $u\varphi_k \to u\varphi$ in $\mathcal{D}(\Omega)$; inoltre, essendo $F \in \mathcal{D}'(\Omega)$,

$$\langle uF, \varphi_k \rangle = \langle F, u\varphi_k \rangle \to \langle F, u\varphi \rangle = \langle uF, \varphi \rangle$$

per cui uF è ben definito come elemento di $\mathcal{D}'(\Omega)$. Questa operazione risulta essere continua in $\mathcal{D}'(\Omega)$.

Esempio 3.1. Sia $u \in C^\infty(\mathbb{R})$. Si ha

$$u\delta = u(0)\delta.$$

Infatti, se $\varphi \in \mathcal{D}(\mathbb{R})$,

$$\langle u\delta, \varphi \rangle = \langle \delta, u\varphi \rangle = u(0)\varphi(0) = \langle u(0)\delta, \varphi \rangle.$$

In particolare,

$$x\delta = 0.$$

• *Regola di Leibniz:* Se $F \in \mathcal{D}'(\Omega)$ e $u \in C^\infty(\Omega)$, vale la formula:

$$\partial_{x_i}(uF) = u\,\partial_{x_i}F + \partial_{x_i}u\,F.$$

Basta controllare che le distribuzioni a primo e secondo membro hanno la stessa azione su una test $\varphi \in \mathcal{D}(\Omega)$; si ha:

$$\langle \partial_{x_i}(uF), \varphi \rangle = -\langle uF, \partial_{x_i}\varphi \rangle = -\langle F, u\partial_{x_i}\varphi \rangle$$

mentre

$$\langle u\,\partial_{x_i}F + \partial_{x_i}u\,F, \varphi\rangle = \langle \partial_{x_i}F, u\varphi\rangle + \langle F, \varphi\partial_{x_i}u\rangle$$
$$= -\langle F, \partial_{x_i}(u\varphi)\rangle + \langle F, \varphi\partial_{x_i}u\rangle = \langle F, u\partial_{x_i}\varphi\rangle$$

da cui la formula.

Esempio 3.2. Da $x\delta = 0$, usando la formula di Leibniz, ricaviamo

$$\delta + x\delta' = 0.$$

7.3.2 Composizione

Anche l'operazione di composizione richiede cautela. Per esempio, se $F = \delta$ e $\psi(x) = x^3$, c'è un modo naturale di definire $F \circ \psi$?

Procedendo come prima, considerando la successione $u_k = k\chi_{[0,1/k]}$, possiamo calcolare $w_k = u_k \circ \psi$ e poi il limite per $k \to \infty$. Abbiamo, se $\varphi \in \mathcal{D}'(\mathbb{R})$,

$$\int_{\mathbb{R}} w_k\varphi = k\int_{\mathbb{R}} \chi_{[0,1/k]}(x^3)\,\varphi(x)\,dx = k\int_0^{k^{-1/3}} \varphi(x)\,dx = k^{2/3}\varphi(x_k)$$

per un opportuno $x_k \in [0, 1/k]$. Ancora, se $\varphi(0) \neq 0$, concludiamo che il limite è infinito e $F \circ \psi$ non ha significato. Occorre rinunciare alla composizione fre due distribuzioni generali. Per vedere ciò che si può fare, analizziamo la situazione per le funzioni.

Consideriamo una trasformazione $\psi : \Omega' \to \Omega$, **biunivoca**, con ψ e ψ^{-1} **di classe C^∞**. Sia $F : \Omega \to \mathbb{R}$ una funzione di classe C^1. Posto

$$w = F \circ \psi$$

abbiamo, se $\varphi \in \mathcal{D}(\Omega')$, usando il cambio di variabili $\mathbf{y} = \psi(\mathbf{x})$,

$$\int_{\Omega'} w(\mathbf{x})\,\varphi(\mathbf{x})\,d\mathbf{x} = \int_{\Omega'} F(\psi(\mathbf{x}))\,\varphi(\mathbf{x})\,d\mathbf{x}$$
$$= \int_{\Omega} F(\mathbf{y})\,\varphi(\psi^{-1}(\mathbf{y}))\,\big|\det J_{\psi^{-1}}(\mathbf{y})\big|\,d\mathbf{y}$$

che si legge, in termini di distribuzioni:

$$\langle F \circ \psi, \varphi\rangle = \langle F, \varphi \circ \psi^{-1} \cdot \big|\det J_{\psi^{-1}}\big|\rangle. \tag{7.17}$$

Questa formula ha senso anche se $F \in \mathcal{D}'(\Omega)$ e definisce un elemento di $\mathcal{D}'(\Omega)$:

Definizione 3.1. Se $F \in \mathcal{D}'(\Omega)$ e $\psi : \Omega' \to \Omega$ è biunivoca, con ψ e ψ^{-1} di classe C^∞, allora la formula (7.17) definisce la composizione $F \circ \psi$ come elemento di $\mathcal{D}'(\Omega)$.

Si noti che $\psi(x) = x^3$ è biunivoca, di classe $C^\infty(\mathbb{R})$ ma $\psi^{-1}(y) = \sqrt[3]{y}$ che non è differenziabile in $y = 0$.

Ci permetteremo abusi di notazione, scrivendo $F(\psi(x))$ anzichè $F \circ \psi$. Per esempio, la scrittura (comoda e scorretta) $\delta(a\mathbf{x})$ indica la distribuzione $\delta \circ \psi$ con $\psi(\mathbf{x}) = a\mathbf{x}$ (scrittura scomoda e corretta).

Esempio 3.3. In $\mathcal{D}'(\mathbb{R}^n)$, si ha (controllare)

$$\delta_n(a\mathbf{x}) = \frac{1}{|a|^n}\delta_n(\mathbf{x}).$$

Possiamo estendere alle distribuzioni alcune nozioni proprie delle funzioni.

Siano $\lambda \in \mathbb{R}$, $\mathbf{P} \in \mathbb{R}^n$, $\mathbf{P} \neq 0$. Una distribuzione $F \in \mathcal{D}'(\mathbb{R}^n)$ si dice:

- *radiale*, se

$$F(\mathbf{Ax}) = F(\mathbf{x}), \qquad \text{per ogni matrice ortogonale } \mathbf{A};$$

- *omogenea di grado* λ, se

$$F(t\mathbf{x}) = t^\lambda F(\mathbf{x}), \qquad \forall t > 0;$$

- *pari, dispari*, se rispettivamente,

$$F(-\mathbf{x}) = F(\mathbf{x}),\, F(-\mathbf{x}) = -F(\mathbf{x});$$

- *periodica di periodo* $\mathbf{P}$, se $F(\mathbf{x} + \mathbf{P}) = F(\mathbf{x})$.

Per esempio, $\delta_n \in \mathcal{D}'(\mathbb{R}^n)$ è radiale, pari e omogenea di grado $\lambda = -n$; comb$_{\mathcal{P}} \in \mathcal{D}'(\mathbb{R})$ è periodica di periodo $\mathcal{P}$.

Esempio 3.4. Sia $f : \mathbb{R} \to \mathbb{R}$ biunivoca, con f e f^{-1} di classe C^∞ e $f(x_0) = 0$. Allora, necessariamente $f'(x_0) \neq 0$ e vale la seguente formula in $\mathcal{D}'(\mathbb{R})$:

$$\delta(f(x)) = \frac{\delta(x - x_0)}{|f'(x_0)|}. \tag{7.18}$$

Infatti, sia $\varphi \in \mathcal{D}(\mathbb{R})$. ponendo $g = f^{-1}$, abbiamo, poiché $\det J_g(y) = g'(y) = [f'(g(y))]^{-1}$:

$$\langle \delta \circ f, \varphi \rangle = \langle \delta, \varphi \circ g \cdot |\det J_g| \rangle = \langle \delta, \frac{\varphi \circ g}{|f' \circ g|} \rangle = \frac{\varphi(g(0))}{|f'(g(0))|} = \frac{\varphi(x_0)}{|f'(x_0)|}$$

e

$$\left\langle \frac{\delta(x - x_0)}{|f'(x_0)|}, \varphi \right\rangle = \frac{1}{|f'(x_0)|} \langle \delta, \varphi(x + x_0) \rangle = \frac{\varphi(x_0)}{|f'(x_0)|}.$$

Dal confronto delle due formula si ottiene la (7.18).

Esempio 3.5. Sia $r > 0$. In $\mathcal{D}'(\mathbb{R}^3)$ abbiamo:

$$\langle \delta_3(|\mathbf{x}| - r), \varphi(\mathbf{x}) \rangle_{\mathcal{D}'(\mathbb{R}^3)} = r^2 \int_{\partial B_1} \varphi(r\boldsymbol{\omega})\, d\omega = \int_{\partial B_r} \varphi(\boldsymbol{\sigma})\, d\sigma$$

per ogni $\varphi \in \mathcal{D}'\left(\mathbb{R}^3\right)$. Infatti, la formula corrisponde tal seguente cambio formale in coordinate sferiche:

$$\int_{\mathbb{R}^3} \delta_3\left(|\mathbf{x}| - r\right)\varphi\left(\mathbf{x}\right)d\mathbf{x} = \int_0^{+\infty} \delta\left(\rho - r\right)\int_{\partial B_1} \varphi\left(\rho\boldsymbol{\sigma}\right)\rho^2 d\sigma d\rho = r^2 \int_{\partial B_1} \varphi\left(r\boldsymbol{\sigma}\right)d\sigma.$$

7.3.3 Divisione

La divisione nell'ambito delle distribuzioni è piuttosto complicata, anche restringendosi al caso $F \in \mathcal{D}'\left(\Omega\right)$ e $u \in C^\infty\left(\Omega\right)$. Dividere F per u significa trovare $G \in \mathcal{D}'\left(\Omega\right)$ tale che $uG = F$. Se u *non si annulla mai*, non ci sono problemi perché in questo caso $\frac{1}{u} \in C^\infty\left(\Omega\right)$ e ci si riporta al caso del prodotto; la risposta è, semplicemente,

$$G = \frac{1}{u}F.$$

Se u si annulla la cosa si complica. Ci limiteremo qui a un caso particolare.

Sia $I \subseteq \mathbb{R}$ un **intervallo aperto** e $u \in C^\infty\left(I\right)$. Se z è uno *zero* di u, diciamo che z ha *ordine finito* $m\left(z\right)$ se u si annulla in z insieme alle sue derivate fino all'ordine $m\left(z\right) - 1$, incluso, mentre la derivata di ordine $m\left(z\right)$ **non** si annulla in z.

Per esempio, $u\left(x\right) = \sin x - x$ ha l'unico zero $z = 0$, che è del terz'ordine.

Microteorema 3.1. *Supponiamo che gli zeri (anche infiniti) $z_1, z_2, \ldots$ di u siano tutti isolati e di ordine $m\left(z_1\right), m\left(z_2\right), \ldots$. Allora l'equazione*

$$uG = 0$$

ha infinite soluzioni in $\mathcal{D}'\left(I\right)$, assegnate dalla formula seguente:

$$G = \sum_j \sum_{k=0}^{m(z_j)-1} c_{j,k}\delta_{z_j}^{(k)} \tag{7.19}$$

dove $c_{j,k}$ sono costanti arbitrarie e $\delta_{z_j}^{(k)}$ è la derivata di ordine k di δ_{z_j}.

La (7.19) è una conseguenza della formula seguente:

$$x^m\delta^{(k)} = 0 \quad \text{in } \mathcal{D}'\left(I\right), \quad \text{se } 0 \leq k < m.$$

Infatti, se $\varphi \in \mathcal{D}\left(\mathbb{R}\right)$ e $0 \leq k < m$,

$$\left\langle x^m\delta^{(k)}, \varphi\right\rangle = \left\langle \delta^{(k)}, x^m\varphi\right\rangle = (-1)^k D^k\left[x^m\varphi\left(x\right)\right]_{|x=0} = 0.$$

Esempio 3.6. Le soluzioni in $\mathcal{D}'\left(\mathbb{R}\right)$ dell'equazione

$$(\sin x - x)G = 0$$

sono le distribuzioni della forma

$$G = c_{1,0}\delta + c_{1,1}\delta' + c_{1,2}\delta'', \qquad (c_{1,0}, \ c_{1,1}, \ c_{1,2} \in \mathbb{R}).$$

7.3.4 Convoluzione

Anche la convoluzione tra distribuzioni richiede qualche cautela. Vediamo perché. Se $u, w \in L^1(\mathbb{R}^n)$ e $\varphi \in \mathcal{D}(\mathbb{R}^n)$ possiamo scrivere:

$$\langle u * w, \varphi \rangle = \langle \int_{\mathbb{R}^n} u(\mathbf{x} - \mathbf{y}) w(\mathbf{y}) \, d\mathbf{y}, \varphi \rangle =$$

$$= \int_{\mathbb{R}^n} \left[\int_{\mathbb{R}^n} u(\mathbf{x} - \mathbf{y}) w(\mathbf{y}) \, d\mathbf{y} \right] \varphi(\mathbf{x}) \, d\mathbf{x} = (\text{Teorema di Fubini})$$

$$= \int_{\mathbb{R}^n} \int_{\mathbb{R}^n} u(\mathbf{x}) w(\mathbf{y}) \varphi(\mathbf{x} + \mathbf{y}) d\mathbf{y} d\mathbf{x}.$$

Ci chiediamo: l'ultima formula ha senso se u e v sono distribuzioni generiche? La risposta è negativa, in quanto, la funzione

$$\phi(\mathbf{x}, \mathbf{y}) = \varphi(\mathbf{x} + \mathbf{y})$$

non ha, in generale, supporto compatto[7] in $\mathbb{R}^n \times \mathbb{R}^n$, anche se φ ha supporto compatto in $\mathbb{R}^n$ (a meno che $\varphi \equiv 0$). Occorre limitare ancora una volta il raggio d'azione.

Diciamo subito che, con qualche sforzo, si può definire la convoluzione tra due distribuzioni quando almeno una delle due ha supporto compatto. In questa "brochure di sopravvivenza" ci limitiamo a definire la convoluzione tra una distribuzione T, a supporto compatto, ed una funzione $u \in C^\infty(\mathbb{R}^n)$. Per $\mathbf{x}$ fissato, sia $\psi^{\mathbf{x}}(\mathbf{y}) = \mathbf{x} - \mathbf{y}$ cosicché $u(\mathbf{x} - \mathbf{y}) = u \circ \psi^{\mathbf{x}}$.

Se $T \in L^1(\mathbb{R}^n)$, con supporto compatto, allora la definizione usuale di convoluzione è

$$(T * u)(\mathbf{x}) = \int_{\mathbb{R}^n} T(\mathbf{y}) u(\mathbf{x} - \mathbf{y}) \, d\mathbf{y} = \langle T, u \circ \psi^{\mathbf{x}} \rangle. \tag{7.20}$$

Poiché $u \circ \psi^{\mathbf{x}} \in C^\infty(\mathbb{R}^n)$, ricordando la Nota 1.4, il crochet a destra ha senso anche se T è una distribuzione a supporto compatto. Abbiamo perciò:

Definizione 3.2. *Siano* $T \in \mathcal{D}'(\mathbb{R}^n)$, *con supporto compatto, e* $u \in C^\infty(\mathbb{R}^n)$. *Allora la formula*

$$(T * u)(\mathbf{x}) = \langle T, u \circ \psi^{\mathbf{x}} \rangle \tag{7.21}$$

definisce una funzione di classe $C^\infty(\mathbb{R}^n)$ *che si chiama convoluzione tra* T *e* u.

Nei seguenti esempi, le formule sono dimostrate sotto le ipotesi del teorema precedente, ma valgono non appena la convoluzione sia ben definita.

Esempio 3.7. (Importante). Sia $u \in C^\infty(\mathbb{R}^n)$. Si ha

$$(\delta * u)(\mathbf{x}) = (u * \delta)(\mathbf{x}) = \langle \delta, u(\mathbf{x} - \cdot) \rangle = u(\mathbf{x})$$

---

[7] Per esempio: se $\varphi \in \mathcal{D}'(\mathbb{R})$ e $\text{supp}(\varphi) = [a, b]$, allora $\text{supp}\varphi(x + y)$ in $\mathbb{R}^2$ è la striscia illimitata $a \leq x + y \leq b$.

e cioè

$$\delta * u = u. \tag{7.22}$$

La distribuzione di Dirac opera dunque come elemento **unità** rispetto al prodotto di convoluzione. La formula (7.22) vale in realtà per ogni distribuzione u, in quanto δ ha supporto compatto. In particolare:

$$\delta * \delta = \delta.$$

• *Convoluzione e derivazione.* Le operazioni di convoluzione e derivazione commutano tra loro. Precisamente, vale la formula

$$\partial_{x_j} (T * u) (\mathbf{z}) = \partial_{x_j} T * u = T * \partial_{x_j} u.$$

Infatti, per esempio

$$(\partial_{x_j} T * u)(\mathbf{z}) = \langle \partial_{x_j} T, u \circ \psi^{\mathbf{z}} \rangle = - \langle T, \partial_{x_j} (u \circ \psi^{\mathbf{z}}) \rangle$$
$$= \langle T, \partial_{x_j} u \circ \psi^{\mathbf{z}} \rangle = (T * \partial_{x_j} u) (\mathbf{z}).$$

In particolare: se $T = \mathcal{H}$ è la funzione di Heaviside e $u \in \mathcal{D}(\mathbb{R})$,

$$(\mathcal{H} * u)' = (\mathcal{H}' * u) = \delta * u = u.$$

$\Rightarrow$ **Warning.** Per la convoluzione tra funzioni valgono la proprietà commutativa e associativa. Per la convoluzione tra distribuzioni vale la proprietà *commutativa*, ma *non l'associativa.* Consideriamo infatti il seguente caso: $1, \delta', \mathcal{H} \in \mathcal{D}'(\mathbb{R})$; si ha

$$1 * \delta' = (1 * \delta)' = 1' = 0$$

e quindi

$$(1 * \delta') * \mathcal{H} = 0 * \mathcal{H} = 0.$$

D'altra parte,

$$\delta' * \mathcal{H} = \delta * \mathcal{H}' = \delta * \delta = \delta$$

e quindi

$$1 * (\delta' * \mathcal{H}) = 1 * \delta = 1.$$

Il problema è che due tra le tre distribuzioni considerate hanno supporto non compatto. Se *almeno due tra esse* avessero supporto compatto allora si può dimostrare che il prodotto è anche associativo.

Esempio 3.8. Sia $u \in C(\mathbb{R})$, $u = 0$ fuori dall'intervallo $[0, \mathcal{P}]$. Si ha

$$(u * \text{comb}_{\mathcal{P}})(x) = u * \sum_{k=-\infty}^{+\infty} \delta(x - k\mathcal{P})$$
$$= \sum_{k=-\infty}^{+\infty} u * \delta(x - k\mathcal{P}) = \sum_{k=-\infty}^{+\infty} u(x - k\mathcal{P}).$$

La funzione

$$\sum_{k=-\infty}^{+\infty} u(x - k\mathcal{P})$$

è l'estensione periodica di u su $\mathbb{R}$ (è cioè periodica di periodo $\mathcal{P}$ e coincide con u in $[0, \mathcal{P}]$).

7.3.5 Prodotto diretto o tensoriale

Il prodotto *diretto* o *tensoriale* di due distribuzioni F, G, indicato col simbolo $F \otimes G$, è un'operazione che permette di costruire una distribuzione in $\mathcal{D}'(\mathbb{R}^m \times \mathbb{R}^n)$ patendo da due distribuzioni in $\mathcal{D}'(\mathbb{R}^m)$ e $\mathcal{D}'(\mathbb{R}^n)$, rispettivamente. Per evitare confusione, indichiamo con $\mathbf{x}$ la variabile indipendente in $\mathbb{R}^m$ e con $\mathbf{y}$ quella in $\mathbb{R}^n$. Se trattassimo il caso di due funzioni $u \in L^1_{loc}(\mathbb{R}^m)$ e $v \in L^1_{loc}(\mathbb{R}^n)$, il prodotto tensoriale di u e v è definito semplicemente dalla formula

$$w(\mathbf{x}, \mathbf{y}) = (u \otimes v)(\mathbf{x}, \mathbf{y}) = u(\mathbf{x}) v(\mathbf{y}).$$

Come distribuzione, l'azione di w su una funzione test $\varphi \in \mathcal{D}(\mathbb{R}^m \times \mathbb{R}^n)$ è data da (usando il Teorema di Fubini):

$$\int_{\mathbb{R}^m \times \mathbb{R}^n} w(\mathbf{x}, \mathbf{y}) \varphi(\mathbf{x}, \mathbf{y}) \, d\mathbf{x} d\mathbf{y} =$$

$$\int_{\mathbb{R}^m} u(\mathbf{x}) \left(\int_{\mathbb{R}^n} v(\mathbf{y}) \varphi(\mathbf{x}, \mathbf{y}) \, d\mathbf{y} \right) d\mathbf{x} = \int_{\mathbb{R}^m} v(\mathbf{y}) \left(\int_{\mathbb{R}^n} u(\mathbf{x}) \varphi(\mathbf{x}, \mathbf{y}) \, d\mathbf{x} \right) d\mathbf{y}.$$

Questa formula può essere estesa alle distribuzioni. Infatti, siano $F \in \mathcal{D}'(\mathbb{R}^m)$, $G \in \mathcal{D}'(\mathbb{R}^n)$ e $\varphi \in \mathcal{D}(\mathbb{R}^m \times \mathbb{R}^n)$. Allora le due funzioni

$$\psi_{(1)}(\mathbf{x}) = \langle G, \varphi(\mathbf{x}, \cdot) \rangle \quad \text{and} \quad \psi_{(2)}(\mathbf{y}) = \langle F, \varphi(\cdot, \mathbf{y}) \rangle$$

sono funzioni test in $\mathcal{D}(\mathbb{R}^m)$ e $\mathcal{D}(\mathbb{R}^n)$, rispettivamente. Vale il seguente teorema[8].

Teorema 3.2. *Date $F \in \mathcal{D}'(\mathbb{R}^m)$ e $G \in \mathcal{D}'(\mathbb{R}^n)$, esiste un'unica distribuzione $W \in \mathcal{D}'(\mathbb{R}^m \times \mathbb{R}^n)$ tale che, per ogni $\varphi \in \mathcal{D}(\mathbb{R}^m \times \mathbb{R}^n)$:*

$$\langle W, \varphi \rangle = \left\langle F, \psi_{(1)} \right\rangle = \left\langle G, \psi_{(2)} \right\rangle. \tag{7.23}$$

In particolare, per ogni $\varphi_1 \in \mathcal{D}(\mathbb{R}^m)$, e ogni $\varphi_2 \in \mathcal{D}(\mathbb{R}^n)$,

$$\langle W, \varphi_1 \varphi_2 \rangle = \langle F, \varphi_1 \rangle \langle G, \varphi_2 \rangle.$$

La distribuzione definita nel Teorema 3.2 si chiama prodotto *diretto* o *tensoriale* di F e G e si indica col simbolo $F \otimes G$, come abbiamo già accennato.

Non ci sono difficoltà nel definire il prodotto tensoriale di un numero k di distribuzioni. Il prodottto così definito risulta associativo e si può scrivere senza ambiguità

$$F_1 \otimes F_2 \otimes \cdots \otimes F_k.$$

Esempio 3.9. Indichiamo con δ_3 e con δ le distribuzioni Delta in dimensione tre e uno, rispettivamete. Verifichiamo che, in $\mathcal{D}'(\mathbb{R}^3)$, $\delta_3(\mathbf{x}) =$

---

[8] Si veda *Yoshida* 1971.

$\delta\left(x_{1}\right)\otimes\delta\left(x_{2}\right)\otimes\delta\left(x_{3}\right)$. Infatti, sia $\varphi\in\mathcal{D}\left(\mathbb{R}^{3}\right)$. Abbiamo, da un lato, $\langle\delta_{3},\varphi\rangle=\varphi\left(\mathbf{0}\right)$, dall'altro

$$\langle\delta\left(x_{1}\right)\otimes\delta\left(x_{2}\right)\otimes\delta\left(x_{3}\right),\varphi\left(x_{1},x_{2},x_{3}\right)\rangle=\langle\delta\left(x_{1}\right)\otimes\delta\left(x_{2}\right),\varphi\left(x_{1},x_{2},0\right)\rangle$$
$$=\langle\delta\left(x_{1}\right),\varphi\left(x_{1},0,0\right)\rangle=\varphi\left(\mathbf{0}\right).$$

Esempio 3.10. Sia $g\in L_{loc}^{1}\left(\mathbb{R}\right)$. Calcoliamo $g\left(x\right)\otimes\delta'\left(y\right)$. Sia $\varphi\in\mathcal{D}\left(\mathbb{R}\times\mathbb{R}\right)$. Abbiamo:

$$\langle g\left(x\right)\otimes\delta'\left(y\right),\varphi\left(x,y\right)\rangle=\langle g\left(x\right),\langle\delta'\left(y\right),\varphi\left(x,y\right)\rangle\rangle=-\langle g\left(x\right),\langle\delta\left(y\right),\varphi_{y}\left(x,y\right)\rangle\rangle$$
$$=-\langle g\left(x\right),\varphi_{y}\left(x,0\right)\rangle=-\int_{\mathbb{R}}g\left(x\right)\varphi_{y}\left(x,0\right)dx.$$

7.4 Trasformata di Fourier

7.4.1 Distribuzioni temperate

Per definire la trasformata di Fourier di una distribuzione $F\in\mathcal{D}'(\mathbb{R}^{n})$, lo spazio giusto di funzioni test non è $\mathcal{D}(\mathbb{R}^{n})$. Infatti, l'idea è, come al solito, di "scaricare" la trasformata sulla funzione test, ma si presenta il problema che se $\varphi\in\mathcal{D}(\mathbb{R}^{n})$, la sua trasformata di Fourier

$$\widehat{\varphi}\left(\boldsymbol{\xi}\right)=\int_{\mathbb{R}^{n}}e^{-i\mathbf{x}\cdot\boldsymbol{\xi}}\varphi\left(\mathbf{x}\right)d\mathbf{x}$$

non può appartenere a $\mathcal{D}(\mathbb{R}^{n})^{9}$. Occorre perciò allargare lo spazio delle funzioni test ad uno spazio che si comporti bene rispetto alla trasformata. Lo spazio giusto è quello delle funzioni che decrescono all'infinito più rapidamente di qualunque potenza negativa di $|\mathbf{x}|$, che ovviamente contiene $\mathcal{D}\left(\mathbb{R}^{n}\right)$. Conviene poi considerare *funzioni e distribuzioni a valori complessi*.

Definizione 4.1. *Indichiamo con* $\mathcal{S}\left(\mathbb{R}^{n}\right)$ *lo spazio delle funzioni* $v\in C^{\infty}\left(\mathbb{R}^{n}\right)$ *a* **decrescenza rapida** *all'infinito, tali cioè che*

$$D^{\alpha}v\left(\mathbf{x}\right)=o\left(|\mathbf{x}|^{-m}\right),\qquad|\mathbf{x}|\rightarrow\infty,$$

per ogni $m\in\mathbb{N}$ *e ogni multi-indice* α.

---

[9] Per esempio, supponiamo che il supporto di $\varphi\in\mathcal{D}\left(\mathbb{R}\right)$ sia contenuto nell'intervallo $(-a,a)$ e che φ non sia identicamente nulla. Si può scrivere

$$\widehat{\varphi}\left(\xi\right)=\int_{-a}^{a}e^{-ix\xi}\varphi\left(x\right)dx=\int_{-a}^{a}\sum_{n=0}^{\infty}\frac{(-ix\xi)^{n}}{n!}\varphi\left(x\right)dx=\sum_{n=0}^{\infty}\frac{(-i\xi)^{n}}{n!}\int_{-a}^{a}x^{n}\varphi\left(x\right)dx.$$

Essendo

$$\left|\int_{-a}^{a}x^{n}\varphi\left(x\right)dx\right|\leq2\max|\varphi|\,a^{n+1},$$

si vede che $\widehat{\varphi}\left(\xi\right)$ è una funzione analitica della variabile ξ in tutto il piano complesso e perciò non può annullarsi su alcun intervallo dell'asse reale, a meno che non sia identicamente nulla. Ma in tal caso si avrebbe anche $\varphi\equiv0$.

Esempio 4.1. Siano $v_1(\mathbf{x}) = e^{-|\mathbf{x}|^2}$ e $v_2(\mathbf{x}) = e^{-|x|^2}\sin(e^{|\mathbf{x}|^2})$. Allora $v_1 \in \mathcal{S}(\mathbb{R}^n)$ mentre $v_2 \notin \mathcal{S}(\mathbb{R}^n)$.

Come abbiamo fatto per $\mathcal{D}(\mathbb{R}^n)$, dotiamo $\mathcal{S}(\mathbb{R}^n)$ di una convergenza su misura. Se $\beta = (\beta_1, ..., \beta_n)$ è un multiindice si pone

$$\mathbf{x}^\beta = x_1^{\beta_1} \cdots x_1^{\beta_n}.$$

Definizione 4.2. *Siano* $\{v_k\} \subset \mathcal{S}(\mathbb{R}^n)$ *e* $v \in \mathcal{S}(\mathbb{R}^n)$. *Si dice che*

$$v_k \to v \qquad in \; \mathcal{S}(\mathbb{R}^n)$$

se qualunque siano i multi-indici α, β,

$$\mathbf{x}^\beta D^\alpha v_k \to \mathbf{x}^\beta D^\alpha v, \quad uniformemente \; in \; \mathbb{R}^n.$$

Nota 4.1. Se il limite esiste è unico. Inoltre, se $\{v_k\} \subset \mathcal{D}(\mathbb{R}^n)$ e $v_k \to v$ in $\mathcal{D}(\mathbb{R}^n)$ allora si ha anche

$$v_k \to v \quad in \; \mathcal{S}(\mathbb{R}^n)$$

poiché, per funzioni a supporto contenuto in un compatto comune, la moltiplicazione per $\mathbf{x}^\beta$ non ha nessuna influenza sulla convergenza. Notiamo invece che se $v_k \to v$ in $\mathcal{S}(\mathbb{R}^n)$ non è detto che $v_k \to v$ in $\mathcal{D}(\mathbb{R}^n)$ (perché?).

Le distribuzioni per le quali è definita la trasformata di Fourier sono gli elementi di $\mathcal{D}'(\mathbb{R}^n)$ che risultano continui anche rispetto alla convergenza in $\mathcal{S}(\mathbb{R}^n)$.

Definizione 4.3. $T \in \mathcal{D}'(\mathbb{R}^n)$ *si dice* **temperata** *se*

$$\langle T, v_k \rangle \to 0$$

per ogni $\{v_k\} \subset \mathcal{D}(\mathbb{R}^n)$ *tale che* $v_k \to 0$ *in* $\mathcal{S}(\mathbb{R}^n)$. *L'insieme delle distribuzioni temperate si indica con* $\mathcal{S}'(\mathbb{R}^n)$.

Vogliamo definire l'azione di una distribuzione temperata su *tutti* gli elementi di $\mathcal{S}(\mathbb{R}^n)$, non solo su $\mathcal{D}(\mathbb{R}^n)$. A questo scopo, osserviamo che $\mathcal{D}(\mathbb{R}^n)$ è denso in $\mathcal{S}(\mathbb{R}^n)$.

Infatti, data $v \in \mathcal{S}(\mathbb{R}^n)$, si può sempre trovare una successione di funzioni $\{v_k\} \subset \mathcal{D}(\mathbb{R}^n)$ tale che $v_k \to v$ in $\mathcal{S}(\mathbb{R}^n)$. Per esempio, sia $\rho = \rho(s)$, $s \in \mathbb{R}_+$, di classe $C^\infty(\mathbb{R})$, uguale a 1 nell'intervallo $[0, 1]$ e nulla per $s \geq 2$ (Figura 7.4). La funzione $\rho(|\mathbf{x}|/k)$ è allora uguale ad 1 nella sfera $\{|\mathbf{x}| < k\}$ ed è nulla fuori dalla sfera $\{|\mathbf{x}| < 2k\}$. Con un pò di pazienza, è facile convincersi che la successione

$$v_k(\mathbf{x}) = v(\mathbf{x})\rho(|\mathbf{x}|/k)$$

è contenuta in $\mathcal{D}(\mathbb{R}^n)$ e converge a v in $\mathcal{S}(\mathbb{R}^n)$. Di conseguenza, $\mathcal{D}(\mathbb{R}^n)$ è *denso in* $\mathcal{S}(\mathbb{R}^n)$.

Se ora $v \in \mathcal{S}(\mathbb{R}^n)$ e $T \in \mathcal{S}'(\mathbb{R}^n)$, si definisce

$$\langle T, v \rangle = \lim_{k \to \infty} \langle T, v_k \rangle$$

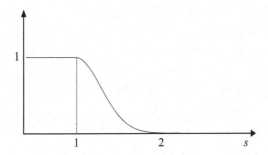

Figura 7.4 Una funzione regolare e decrescente, uguale a 1 in $[0,1]$ e nulla per $s \geq 2$

dove $\{v_k\} \subset \mathcal{D}(\mathbb{R}^n)$, $v_k \to v$ in $\mathcal{S}(\mathbb{R}^n)$. Si può dimostrare che il limite esiste finito ed è indipendente dalla successione approssimante $\{v_k\}$. Dunque, **una distribuzione temperata è un funzionale lineare e continuo in** $\mathcal{S}(\mathbb{R}^n)$.

Esempi 4.2. Le seguenti distribuzioni sono temperate (lasciamo la verifica come esercizio).

a. Ogni polinomio.

b. Ogni distribuzione a supporto compatto. In particolare, la δ_n di Dirac e ogni sua derivata di qualunque ordine sono distribuzioni temperate.

c. $L^p(\mathbb{R}^n) \subset \mathcal{S}'(\mathbb{R}^n)$ per ogni p, $1 \leq p \leq \infty$. Abbiamo inoltre:

$$\mathcal{S}(\mathbb{R}^n) \hookrightarrow L^p(\mathbb{R}^n) \hookrightarrow \mathcal{S}'(\mathbb{R}^n).$$

Invece:

d. $e^x \notin \mathcal{S}'(\mathbb{R})$ (perché?).

Anche in $\mathcal{S}'(\mathbb{R}^n)$ abbiamo un teorema di completezza, utile a riconoscere o a costruire distribuzioni temperate. Diciamo che *una successione* $\{T_k\} \subset \mathcal{S}'(\mathbb{R}^n)$ *converge a* T *in* $\mathcal{S}'(\mathbb{R}^n)$ se

$$\langle T_k, v \rangle \to \langle T, v \rangle, \quad \forall v \in \mathcal{S}(\mathbb{R}^n).$$

Teorema 4.1. *Sia* $\{T_k\} \subset \mathcal{S}'(\mathbb{R}^n)$ *tale che*

$$\lim_{k \to \infty} \langle T_k, v \rangle \text{ esiste finito } \quad \forall v \in \mathcal{S}(\mathbb{R}^n).$$

Allora il limite definisce un elemento T *in* $\mathcal{S}'(\mathbb{R}^n)$ *e* T_k *converge a* T *in* $\mathcal{S}'(\mathbb{R}^n)$.

Esempio 4.3. Il *pettine di Dirac* $\text{comb}(x)$ è una distribuzione temperata. Infatti, se $v \in \mathcal{S}(\mathbb{R})$, si ha

$$\langle \text{comb}(x), v \rangle = \sum_{k=-\infty}^{\infty} v(k)$$

e la serie è convergente in quanto $v(k) \to 0$ più rapidamente di $|k|^{-m}$ per ogni intero $m > 0$. In base al Teorema 4.1, $\text{comb}(x) \in \mathcal{S}'(\mathbb{R})$. In generale, ogni distribuzione periodica è temperata.

Nota 4.2. *Convoluzione.* Se $T \in \mathcal{S}'(\mathbb{R}^n)$ e $v \in \mathcal{S}(\mathbb{R}^n)$ si può definire la convoluzione con la formula (7.21); si ottiene ancora una funzione di classe $C^\infty(\mathbb{R}^n)$, appartenente anche a $\mathcal{S}'(\mathbb{R}^n)$.

7.4.2 Trasformata di Fourier in $\mathcal{S}'(\mathbb{R}^n)$

Se $u \in L^1(\mathbb{R}^n)$ la sua **trasformata di Fourier** è definita dalla formula

$$\widehat{u}(\boldsymbol{\xi}) = \mathcal{F}[u](\boldsymbol{\xi}) = \int_{\mathbb{R}^n} e^{-i\mathbf{x}\cdot\boldsymbol{\xi}} u(\mathbf{x}) \; d\mathbf{x}.$$

Ricordiamo che $\widehat{u} \in C(\mathbb{R})$ e (Teorema di Riemann-Lebesgue) $\widehat{u}(\boldsymbol{\xi}) \to 0$ se $|\boldsymbol{\xi}| \to +\infty$. In generale comunque, anche se u ha supporto compatto, non è detto che $\widehat{u}$ appartenga ad $L^1(\mathbb{R}^n)$. Per esempio, la trasformata della "porta" $p_a(x) = \chi_{[-a,a]}(x)$ è la funzione

$$\widehat{p}(\xi) = 2 \, \frac{\sin(a\xi)}{\xi}$$

che non appartiene[10] a $L^1(\mathbb{R})$. Quando anche $\widehat{u} \in L^1(\mathbb{R}^n)$, si può ricostruire u da $\widehat{u}$ mediante la trasformazione inversa.

Teorema 4.2 (di inversione). *Siano $u \in L^1(\mathbb{R}^n)$, $\widehat{u} \in L^1(\mathbb{R}^n)$. Allora vale la formula di inversione*

$$u(\mathbf{x}) = \frac{1}{(2\pi)^n} \int_{\mathbb{R}^n} e^{i\mathbf{x}\cdot\boldsymbol{\xi}} \; \widehat{u}(\boldsymbol{\xi}) \; d\boldsymbol{\xi} = \mathcal{F}^{-1}[\widehat{u}](\mathbf{x}).$$

In particolare il teorema di inversione vale per le funzioni di $\mathcal{S}(\mathbb{R}^n)$ in quanto, se $u \in \mathcal{S}(\mathbb{R}^n)$ allora (esercizio) anche $\widehat{u} \in \mathcal{S}(\mathbb{R}^n)$. Si può poi mostrare che

$$u_k \to u \qquad \text{in } \mathcal{S}(\mathbb{R}^n)$$

se e solo

$$\widehat{u}_k \to \widehat{u} \qquad \text{in } \mathcal{S}(\mathbb{R}^n)$$

e cioè che

$$\mathcal{F}, \mathcal{F}^{-1} : \mathcal{S}(\mathbb{R}^n) \to \mathcal{S}(\mathbb{R}^n)$$

sono *operatori continui*[11].

---

[10] Appendice B.

[11] Facciamo la dimostrazione per $\mathcal{F}$ nel caso $n = 1$. Si ha (si veda più avanti la proprietà $\mathcal{F}2$):

$$\|\xi^m D^r \widehat{u}_k - \xi^m D^r \widehat{u}\|_{L^\infty(\mathbf{R})} = \|\mathcal{F}[D^m x^r (u_k - u)]\|_{L^\infty(\mathbf{R})} \le \|w_k\|_{L^1(\mathbf{R})}$$

dove $w_k = D^m x^r (u_k - u)$. Sia ora $p(x) = 1 + x^2$. Si ha, moltiplicando e dividendo per $p(x)$:

$$\|w_k\|_{L^1(\mathbf{R})} \le \left\| \frac{1}{p} \right\|_{L^1(\mathbf{R})} \|p w_k\|_{L^\infty(\mathbf{R})}$$

a cui la tesi poiché $\|p w_k\|_{L^\infty(\mathbf{R})} \to 0$.

Per definire la trasformata di Fourier in $\mathcal{S}'(\mathbb{R}^n)$ usiamo la solita tecnica di scaricare tutto sulle funzioni test, che ora sono gli elementi di $\mathcal{S}(\mathbb{R}^n)$. Osserviamo preliminarmente che, se u, $v \in \mathcal{S}(\mathbb{R}^n)$,

$$\langle \widehat{u}, v \rangle = \left\langle \int_{\mathbb{R}^n} e^{-i\mathbf{x}\cdot\boldsymbol{\xi}} u(\mathbf{x}) d\mathbf{x}, v \right\rangle = \int_{\mathbb{R}^n} \left(\int_{\mathbb{R}^n} e^{-i\mathbf{x}\cdot\boldsymbol{\xi}} u(\mathbf{x}) d\mathbf{x} \right) v(\boldsymbol{\xi}) d\boldsymbol{\xi}$$

$$= \int_{\mathbb{R}^n} \left(\int_{\mathbb{R}^n} e^{-i\mathbf{x}\cdot\boldsymbol{\xi}} v(\boldsymbol{\xi}) d\boldsymbol{\xi} \right) u(\mathbf{x}) d\mathbf{x} = \langle u, \widehat{v} \rangle$$

e quindi vale la seguente *identità di Parseval debole:*

$$\langle \widehat{u}, v \rangle = \langle u, \widehat{v} \rangle. \tag{7.24}$$

Il punto è che l'ultimo crochet ha senso anche se $u = T \in \mathcal{S}'(\mathbb{R}^n)$ e definisce una distribuzione temperata.

Lemma 4.3 *Sia $T \in \mathcal{S}'(\mathbb{R}^n)$. Il funzionale lineare*

$$v \mapsto \langle T, \widehat{v} \rangle, \qquad \forall v \in \mathcal{S}(\mathbb{R}^n)$$

definisce una distribuzione temperata.

Dimostrazione. Sia $v_k \to v$ in $\mathcal{D}(\mathbb{R}^n)$ allora si ha anche $v_k \to v$ in $\mathcal{S}(\mathbb{R}^n)$ e, per quanto appena visto, $\widehat{v}_k \to \widehat{v}$ in $\mathcal{S}(\mathbb{R}^n)$. Poiché $T \in \mathcal{S}'(\mathbb{R}^n)$,

$$\lim_{k\to\infty} \langle T, \widehat{v}_k \rangle = \langle T, \widehat{v} \rangle$$

e quindi $v \mapsto \langle T, \widehat{v} \rangle$ definisce una distribuzione. Se $v_k \to 0$ in $\mathcal{S}(\mathbb{R}^n)$, allora $\widehat{v}_k \to 0$ in $\mathcal{S}(\mathbb{R}^n)$ e quindi $\langle T, \widehat{v}_k \rangle \to 0$. Dunque $v \mapsto \langle T, \widehat{v} \rangle$ è una distribuzione temperata.$\square$

Possiamo ora definire la trasformata di Fourier di $T \in \mathcal{S}'(\mathbb{R}^n)$.

Definizione 4.4. *Sia $T \in \mathcal{S}'(R^n)$. La trasformata di Fourier $\widehat{T} = \mathcal{F}[T]$ è la distribuzione temperata definita dalla formula*

$$\langle \widehat{T}, v \rangle = \langle T, \widehat{v} \rangle, \qquad \forall v \in \mathcal{S}(\mathbb{R}^n).$$

Come si vede, secondo tradizione, la trasformata è stata "scaricata" sulla test in $\mathcal{S}(\mathbb{R}^n)$. Di conseguenza, continuano a valere le proprietà della trasformata di una funzione. Vediamone alcune. Siano $T \in \mathcal{S}'(\mathbb{R}^n)$ e $v \in \mathcal{S}(\mathbb{R}^n)$.

$\mathcal{F}$1. Traslazione. Se $\mathbf{a} \in \mathbb{R}^n$,

$$\mathcal{F}[T(\mathbf{x} - \mathbf{a})] = e^{-i\mathbf{a}\cdot\boldsymbol{\xi}} \widehat{T} \quad \text{e} \quad \mathcal{F}[e^{i\mathbf{a}\cdot\mathbf{x}} T] = \widehat{T}(\boldsymbol{\xi} - \mathbf{a}).$$

Infatti, $(v = v(\boldsymbol{\xi}))$:

$$\langle \mathcal{F}[T(\mathbf{x} - \mathbf{a})], v \rangle = \langle T(\mathbf{x} - \mathbf{a}), \widehat{v} \rangle = \langle T, \widehat{v}(\mathbf{x} + \mathbf{a}) \rangle$$
$$= \langle T, \mathcal{F}[e^{-i\mathbf{a}\cdot\boldsymbol{\xi}} v] \rangle = \langle \widehat{T}, e^{-i\mathbf{a}\cdot\boldsymbol{\xi}} v \rangle = \langle e^{-i\mathbf{a}\cdot\boldsymbol{\xi}} \widehat{T}, v \rangle.$$

$\mathcal{F}$2. Trasformata e derivazione.

$$a) \; \mathcal{F}[\partial_{x_j} T] = i\xi_j \widehat{T}. \quad \text{e} \quad b) \; \mathcal{F}[x_j T] = i\partial_{\xi_j} \widehat{T}.$$

Infatti:

$$\langle \mathcal{F}\left[\partial_{x_j}T\right], v\rangle = \langle \partial_{x_j}T, \widehat{v}\rangle = -\left\langle T, \partial_{\xi_j}\widehat{v}\right\rangle$$
$$= \langle T, \mathcal{F}\left[ix_j v\right]\rangle = \langle i\xi_j\widehat{T}, v\rangle.$$

Per la seconda formula, abbiano:

$$\langle \mathcal{F}\left[x_j T\right], v\rangle = \langle x_j T, \widehat{v}\rangle = \langle T, x_j\widehat{v}\rangle$$
$$= \left\langle T, -i\mathcal{F}[\partial_{\xi_j}v]\right\rangle = \langle -i\widehat{T}, \partial_{\xi_j}v\rangle = \langle i\partial_{\xi_j}\widehat{T}, v\rangle.$$

F3. Cambio di scala.

$$\mathcal{F}\left[T\left(h\mathbf{x}\right)\right] = \frac{1}{|h|^n}\widehat{T}\left(\frac{\boldsymbol{\xi}}{h}\right) \qquad (h \in \mathbb{R}, h \neq 0).$$

Si ha:

$$\langle \mathcal{F}\left[T\left(h\mathbf{x}\right)\right], v\rangle = \langle T\left(h\mathbf{x}\right), \widehat{v}\rangle = \langle T, \frac{1}{|h|^n}\widehat{v}\left(\frac{\mathbf{x}}{h}\right)\rangle$$
$$= \langle T, \mathcal{F}\left[v\left(h\boldsymbol{\xi}\right)\right]\rangle = \langle \widehat{T}, v\left(h\boldsymbol{\xi}\right)\rangle = \langle \frac{1}{|h|^n}\widehat{T}\left(\frac{\boldsymbol{\xi}}{h}\right), v\rangle.$$

In particolare, scegliendo $h = -1$, si deduce che, se T è *pari o dispari*, $\widehat{T}$ è *pari o dispari, rispettivamente.*

F4. Formula di inversione. La trasformazione inversa $\mathcal{F}^{-1}$ è definita in modo perfettamente analogo dalla formula

$$\langle \mathcal{F}^{-1}\left[T\right], v\rangle = \langle T, \mathcal{F}^{-1}\left[v\right]\rangle.$$

Vale la formula di inversione

$$\mathcal{F}^{-1}\mathcal{F}\left[T\right] = T$$

la cui verifica è immediata.

F5. Trasformata di una convoluzione. Se $v \in \mathcal{S}(\mathbb{R}^n)$ e $T \in \mathcal{S}'(\mathbb{R}^n)$,

$$\mathcal{F}\left[v * T\right] = \widehat{v}\cdot\widehat{T}.$$

Omettiamo la dimostrazione.

Esempio 4.4. In $\mathcal{S}'(\mathbb{R}^n)$ si ha:

$$\widehat{\delta}_n = 1, \qquad \widehat{1} = (2\pi)^n\,\delta_n.$$

Infatti,

$$\langle \widehat{\delta}_n, v\rangle = \langle \delta_n, \widehat{v}\rangle = \int_{\mathbb{R}^n} v\left(\mathbf{x}\right)d\mathbf{x} = \langle 1, v\rangle.$$

Per la seconda formula:

$$\langle \widehat{1}, v\rangle = \langle 1, \widehat{v}\rangle = \int_{\mathbb{R}^n} \widehat{v}\left(\boldsymbol{\xi}\right)d\boldsymbol{\xi} = (2\pi)^n\,v\left(\mathbf{0}\right)$$
$$= \langle (2\pi)^n\,\delta_n, v\rangle.$$

7.4.3 Formula di sommazione di Poisson. Trasformata del pettine di Dirac

Come applicazione della teoria svolta, dimostriamo due formule, particolarmente importanti in teoria dei segnali.

Teorema 4.4 (Formula di sommazione di Poisson). *Per ogni* $v \in \mathcal{S}(\mathbb{R})$ *vale la formula:*

$$\sum_{k=-\infty}^{+\infty} \widehat{v}(k) = 2\pi \sum_{k=-\infty}^{+\infty} v(2\pi k). \qquad (7.25)$$

Dimostrazione. Consideriamo la funzione

$$\varphi(x) = \sum_{k=-\infty}^{+\infty} v(x + 2\pi k).$$

Essendo $v \in \mathcal{S}(\mathbb{R})$ la serie converge uniformemente in ogni intervallo compatto di $\mathbb{R}$ e perciò definisce una funzione di classe $C^{\infty}(\mathbb{R})$ e periodica di periodo 2π:

$$\varphi(x + 2\pi) = \sum_{k=-\infty}^{+\infty} v(x + 2\pi + 2\pi k) = \sum_{k=-\infty}^{+\infty} v(x + 2\pi k) = \varphi(x).$$

Calcoliamo l'ennesimo coefficiente di Fourier di φ. Si trova:

$$\begin{aligned}
\widehat{\varphi}_n &= \frac{1}{2\pi} \int_0^{2\pi} e^{-int} \varphi(t)\, dt = \frac{1}{2\pi} \int_0^{2\pi} e^{-int} \sum_{k=-\infty}^{+\infty} v(t + 2\pi k)\, dt \\
&= \frac{1}{2\pi} \sum_{k=-\infty}^{+\infty} \int_0^{2\pi} e^{-int} v(t + 2\pi k)\, dt \\
&= \frac{1}{2\pi} \sum_{k=-\infty}^{+\infty} \int_{2\pi k}^{2\pi(k+1)} e^{-int} v(t)\, dt = \frac{1}{2\pi} \int_{\mathbb{R}} e^{-int} v(t)\, dt = \frac{1}{2\pi} \widehat{v}(n).
\end{aligned}$$

Si può allora scrivere

$$\varphi(x) = \sum_{k=-\infty}^{+\infty} v(x + 2\pi k) = \sum_{n=-\infty}^{+\infty} \widehat{\varphi}_n e^{inx} = \frac{1}{2\pi} \sum_{n=-\infty}^{+\infty} \widehat{v}(n) e^{inx}$$

che per $x = 0$ dà la (7.25).   □

Corollario 4.5. *Il pettine di Dirac è invariante rispetto alla trasformata di Fourier. Precisamente, si ha:*

$$\mathcal{F}[\mathrm{comb}_1] = \frac{1}{2\pi} \mathrm{comb}_{2\pi}. \qquad (7.26)$$

Dimostrazione. Se $v \in \mathcal{S}(\mathbb{R})$ si ha, essendo $\mathrm{comb}(x) = \sum_{k=-\infty}^{+\infty} \delta(x - k)$,

$$\langle \mathcal{F}[\mathrm{comb}_1], v \rangle = \langle \mathrm{comb}_1, \widehat{v} \rangle = \sum_{k=-\infty}^{+\infty} \widehat{v}(k)$$

mentre

$$\langle \mathrm{comb}_{2\pi}, v \rangle = \sum_{k=-\infty}^{+\infty} v(2\pi k).$$

Dalla (7.25) si ricava subito la (7.26).   □

7.4.4 Trasformata di Fourier in $L^2\left(\mathbb{R}^n\right)$

Poiché $L^2\left(\mathbb{R}^n\right) \subset \mathcal{S}'\left(\mathbb{R}^n\right)$, per ogni funzione di $L^2\left(\mathbb{R}^n\right)$ è ben definita la trasformata di Fourier. Vale il seguente teorema, che enunciamo per funzioni complesse (la barra sta per coniugato).

Teorema 4.6 (Di Plancherel). $u \in L^2\left(\mathbb{R}^n\right)$ se e solo se $\widehat{u} \in L^2\left(\mathbb{R}^n\right)$. Inoltre, se $u, v \in L^2\left(\mathbb{R}^n\right)$ allora vale la seguente **identità di Parseval forte**

$$\int_{\mathbb{R}^n} \widehat{u} \cdot \overline{\widehat{v}} = (2\pi)^n \int_{\mathbb{R}^n} u \cdot \overline{v}. \tag{7.27}$$

In particolare

$$\|\widehat{u}\|^2_{L^2(\mathbb{R}^n)} = (2\pi)^n \|u\|^2_{L^2(\mathbb{R}^n)}. \tag{7.28}$$

La (7.28) indica un fatto importante: *la trasformata di Fourier è un'isometria in* $L^2\left(\mathbb{R}^n\right)$ *(modulo il fattore* $(2\pi)^n$*).*

Dimostrazione. Poiché $\mathcal{S}\left(\mathbb{R}^n\right)$ è denso in $L^2\left(\mathbb{R}^n\right)$, basta dimostrare la (7.27) per $u, v \in \mathcal{S}\left(\mathbb{R}^n\right)$. Tutto il resto segue facilmente. Sia $w = \overline{\widehat{v}}$. Abbiamo, dalla (7.24):

$$\int_{\mathbb{R}^n} \widehat{u} \cdot w = \int_{\mathbb{R}^n} u \cdot \widehat{w}.$$

D'altra parte si controlla facilmente che

$$\widehat{w}\left(\mathbf{x}\right) = \int_{\mathbb{R}^n} e^{-i\mathbf{x}\cdot\mathbf{y}} \overline{\widehat{v}}\left(\mathbf{y}\right) d\mathbf{y} = (2\pi)^n \, \overline{\mathcal{F}^{-1}\left[\widehat{v}\right]}\left(\mathbf{x}\right) = (2\pi)^n \, \overline{v}\left(\mathbf{x}\right)$$

da cui la (7.27). □

Esempio 4.5. Calcoliamo

$$\int_{\mathbb{R}} \left(\frac{\sin x}{x}\right)^2 dx.$$

Sappiamo che la trasformata di Fourier di $\chi_{[-1,1]}$ è $2\sin\xi/\xi$ che appartiene a $L^2\left(\mathbb{R}\right)$. Dalla (7.28) abbiamo

$$4\int_{\mathbb{R}} \left(\frac{\sin\xi}{\xi}\right)^2 d\xi = 2\pi \int_{\mathbb{R}} \left(\chi_{[-1,1]}\left(x\right)\right)^2 dx = 4\pi$$

da cui

$$\int_{\mathbb{R}} \left(\frac{\sin x}{x}\right)^2 dx = \pi.$$

7.5 Spazi di Sobolev

Gli spazi di Sobolev costituiscono uno degli ambienti funzionali adatti al trattamento dei problemi al contorno per operatori differenziali. Noi ci limiteremo agli spazi di Sobolev Hilbertiani che useremo in seguito, sviluppando gli elementi teorici strettamente necessari.[12]

7.5.1 Una costruzione astratta

Il seguente teorema astratto permette di generare spazi di Sobolev in modo flessibile. Gli ingredienti della costruzione sono:

- lo spazio $\mathcal{D}'(\Omega; \mathbb{R}^n)$, in particolare, per $n = 1$, $\mathcal{D}'(\Omega)$;
- due spazi di Hilbert H e Z, con

$$Z \hookrightarrow \mathcal{D}'(\Omega; \mathbb{R}^n)$$

per qualche $n \geq 1$. In particolare,

$$v_k \to v \text{ in } Z \quad \textbf{implica} \quad v_k \to v \text{ in } \mathcal{D}'(\Omega; \mathbb{R}^n); \tag{7.29}$$

- un operatore L lineare e continuo da H in $\mathcal{D}'(\Omega; \mathbb{R}^n)$ (tipicamente un gradiente o una divergenza).

Con queste ipotesi, abbiamo:

Teorema 5.1. *Definiamo*

$$W = \{v \in H : Lv \in Z\}$$

e

$$(u, v)_W = (u, v)_H + (Lu, Lv)_Z. \tag{7.30}$$

Allora W è uno spazio di Hilbert con prodotto interno dato dalla (7.30). L'immersione di W in H è continua e la restrizione di L a W è continua da W in Z.

Dimostrazione. È facile verificare che (7.30) ha effettivamente le proprietà di un prodotto interno, con norma indotta

$$\|u\|_W^2 = \|u\|_H^2 + \|Lu\|_Z^2$$

e quindi W è pre-Hilbertiano. Occorre verificare la completezza. Sia $\{v_k\}$ una successione di Cauchy in W. Dobbiamo mostrare che esiste $v \in H$ tale che

$$v_k \to v \text{ in } H \quad \text{e} \quad Lv_k \to Lv \text{ in } Z.$$

---

[12] Ometteremo le dimostrazioni più tecniche, che si possono trovare, per esempio nei classici libri *Adams*, 1975, o *Mazja*, 1985.

Osserviamo che $\{v_k\}$ è di Cauchy in H e $\{Lv_k\}$ è di Cauchy in Z. Esistono quindi $v \in H$ e $z \in Z$ tali che

$$v_k \to v \quad \text{in } H \qquad \text{e} \quad Lv_k \to z \quad \text{in } Z.$$

Per la continuità di L e per la (7.29), si deduce che

$$Lv_k \to Lv \text{ in } \mathcal{D}'\left(\Omega;\mathbb{R}^n\right) \quad \text{e} \quad Lv_k \to z \text{ in } \mathcal{D}'\left(\Omega;\mathbb{R}^n\right).$$

Ma il limite di una successione in $\mathcal{D}'\left(\Omega;\mathbb{R}^n\right)$, se esiste, è unico, perciò

$$Lv = z.$$

Dunque $Lv_k \to Lv$ in Z, per cui $v_k \to v$ in W e W è di Hilbert. La continuità dell'immersione di W in H segue da

$$\|u\|_H \leq \|u\|_W$$

mentre la continuità di $L_{|W} : W \to Z$ segue da

$$\|Lu\|_Z \leq \|u\|_W.$$

La dimostrazione è completa.   □

Nota 5.1. La norma indotta dal prodotto scalare (7.30) è

$$\|u\|_W = \sqrt{\|u\|_H^2 + \|Lu\|_Z^2}$$

e si chiama *norma del grafico di* L.

7.5.2 Lo spazio $H^1\left(\Omega\right)$

Sia Ω un dominio in $\mathbb{R}^n$. Nel Teorema 5.1 scegliamo

$$H = L^2(\Omega), \quad Z = L^2(\Omega;\mathbb{R}^n) \hookrightarrow \mathcal{D}'(\Omega;\mathbb{R}^n)$$

e $L : H \to \mathcal{D}'\left(\Omega;\mathbb{R}^n\right)$ dato da

$$L = \nabla$$

dove il gradiente è da considerarsi nel senso delle distribuzioni. Allora W è lo **spazio di Sobolev** delle funzioni in $L^2\left(\Omega\right)$ le *cui derivate prime, nel senso delle distribuzioni, sono funzioni in* $L^2\left(\Omega\right)$. Per questo spazio si usa il simbolo[13] $H^1(\Omega)$. In formule:

$$H^1(\Omega) = \left\{ v \in L^2(\Omega) : \nabla v \in L^2(\Omega;\mathbb{R}^n) \right\}.$$

In altri termini, se $v \in H^1(\Omega)$, ogni derivata parziale $\partial_{x_i} v$ non è una qualsiasi distribuzione ma è ancora una funzione $v_i \in L^2(\Omega)$. Questo vuol dire che

$$\langle \partial_{x_i} v, \varphi \rangle = -(v, \partial_{x_i}\varphi)_0 = (v_i, \varphi)_0, \qquad \forall \varphi \in \mathcal{D}\left(\Omega\right)$$

---

[13] Anche $H^{1,2}(\Omega)$ o $W^{1,2}\left(\Omega\right)$ sono usati.

e, più esplicitamente, che

$$\int_\Omega v(\mathbf{x}) \, \partial_{x_i} \varphi(\mathbf{x}) \, dx = - \int_\Omega v_i(\mathbf{x}) \, \varphi(\mathbf{x}) \, dx, \qquad \forall \varphi \in \mathcal{D}(\Omega).$$

In molte situazioni concrete, l'integrale di Dirichlet

$$\int_\Omega |\nabla v|^2$$

rappresenta un'energia. Le funzioni di $H^1(\Omega)$ sono dunque associate a *con-figurazioni ad energia finita*. Da qui l'importanza e l'adeguatezza di questo spazio. Dal Teorema 5.1 e dal fatto che $L^2(\Omega)$ è separabile[14], abbiamo:

Microteorema 5.2. $H^1(\Omega)$ *è uno spazio di Hilbert separabile, immerso con continuità in* $L^2(\Omega)$. *Il gradiente è un operatore continuo da* $H^1(\Omega)$ *in* $L^2(\Omega; \mathbb{R}^n)$.

Prodotto interno e norma in $H^1(\Omega)$ sono dati, rispettivamente, da

$$(u, v)_{H^1(\Omega)} = \int_\Omega uv \, dx + \int_\Omega \nabla u \cdot \nabla v \, dx$$

e

$$\|u\|^2_{H^1(\Omega)} = \int_\Omega u^2 dx + \int_\Omega |\nabla u|^2 \, dx.$$

Se non c'è rischio di confusione, useremo i simboli

$$(u, v)_{1,2} \quad \text{invece di} \quad (u, v)_{H^1(\Omega)}$$

e[15]

$$\|u\|_{1,2} \quad \text{invece di} \quad \|u\|_{H^1(\Omega)}.$$

Esempio 5.1. Sia $\Omega = B_{1/2}(\mathbf{0}) = \{\mathbf{x} \in \mathbb{R}^2 : |\mathbf{x}| < 1/2\}$ e

$$u(\mathbf{x}) = (-\log |\mathbf{x}|)^a, \qquad \mathbf{x} \neq \mathbf{0}.$$

Si ha, utilizzando le coordinate polari:

$$\int_{B_{1/2}(\mathbf{0})} u^2 = 2\pi \int_0^{1/2} (-\log r)^{2a} \, r dr < \infty \qquad \text{per ogni } a \in \mathbb{R}$$

---

[14] Infatti, $H^1(\Omega)$ si può identificare con un sottospazio di

$$L^2(\Omega) \times L^2(\Omega) \times ... \times L^2(\Omega) = L^2(\Omega; \mathbb{R}^{n+1})$$

che è separabile, considerando i suoi elementi come vettori del tipo

$$u, u_{x_1}, ..., u_{x_n}.$$

[15] I numeri $1, 2$ nei simboli $\|\cdot\|_{1,2}$ e $(\cdot, \cdot)_{1,2}$ significano "derivate *prime* in L^2".

e quindi $u \in L^2 \left(B_{1/2} \left(\mathbf{0} \right) \right)$ per ogni $a \in \mathbb{R}$. Si ha, poi,

$$u_{x_i} = -a x_i \left| \mathbf{x} \right|^{-2} \left(-\log \left| \mathbf{x} \right| \right)^{a-1}, \ i = 1, 2,$$

e quindi

$$\left| \nabla u \right| = \left| a \left(-\log \left| \mathbf{x} \right| \right)^{a-1} \right| \left| \mathbf{x} \right|^{-1}.$$

Utilizzando ancora le coordinate polari, troviamo:

$$\int_{B_{1/2}(\mathbf{0})} \left| \nabla u \right|^2 = 2\pi a^2 \int_0^{1/2} \left| \log r \right|^{2a-2} r^{-1} dr.$$

L'integrale è finito solo se $2 - 2a > 1$ ossia se $a < 1/2$. Non è difficile controllare che le derivate appena calcolate coincidono con le derivate di u nel senso delle distribuzioni e quindi $u \in H^1 \left(B_{1/2} \left(\mathbf{0} \right) \right)$ solo se $a < 1/2$.

Sottolineiamo che se $a > 0$, u è **illimitata** in un intorno dell'origine.

Abbiamo affermato che gli spazi di Sobolev sono un ambiente adatto a risolvere equazioni a derivate parziali. Occorre a questo punto fare alcune precisazioni. Quando si scrive $f \in L^2 \left(\Omega \right)$, possiamo certamente pensare ad una singola funzione

$$f : \Omega \to \mathbb{R} \ (\text{o } \mathbb{C})$$

a quadrato sommabile secondo Lebesgue. Se però vogliamo sfruttare la struttura di spazio di Hilbert di $L^2 \left(\Omega \right)$, occorre identificare due funzioni quando esse siano uguali a meno di insiemi di misura zero. Adottando questo punto di vista, un singolo elemento di $L^2 \left(\Omega \right)$ è, in realtà, *una classe di equivalenza* di cui f è *un rappresentante* che serve ad identificarla. Ciò si porta dietro una sgradevole conseguenza: non ha senso parlare di *valore di una funzione di $L^2 \left(\Omega \right)$ in un punto*!

Gli stessi discorsi valgono naturalmente anche per le "funzioni" di $H^1 \left(\Omega \right)$, poiché $H^1 \left(\Omega \right) \subset L^2 \left(\Omega \right)$. Ma se trattiamo un problema di equazioni a derivate parziali, certamente vorremmo poter parlare *di valore della soluzione in un punto*!

Forse ancor più importante è il problema *delle tracce sul bordo di un dominio*. Per traccia di una funzione sul bordo di un dominio Ω si intende la sua restrizione a $\partial \Omega$. Che significato si può attribuire a una condizione di Dirichlet o peggio, di Neumann, che richiedono di poter valutare la restrizione di una funzione o della sua derivata su $\partial \Omega$, che ha misura nulla?

Si potrebbe obiettare che, in fondo, si lavora sempre con un rappresentante e che nel calcolo numerico della soluzione, le operazioni di discretizzazione coinvolgono sempre un numero finito di punti, rendendo invisibile la distinzione tra funzioni continue, in $L^2 \left(\Omega \right)$ o in $H^1 \left(\Omega \right)$. Che bisogno c'è dunque di affannarsi a dare un significato preciso alla traccia di una funzione in $H^1 \left(\Omega \right)$?

Una ragione viene proprio dall'Analisi Numerica, in particolare dalla necessità di controllo degli errori di approssimazione e dalle stime di stabilità della corrispondenza dati-soluzione. Chiediamoci ad esempio: se un dato di

Dirichlet è noto a meno di un errore dell'ordine di ε in media quadratica (cioè in norma $L^2(\partial\Omega)$) si può stimare o controllare in termini di ε l'errore sulla corrispondente soluzione?

Se ci si accontenta della norma in $L^2(\Omega)$ (o anche della norma $L^\infty(\Omega)$) *all'interno* del dominio, la stima è possibile; se invece, come quasi sempre accade, è richiesta una stima "dell'energia" in tutto il dominio (ossia la norma $L^2(\Omega;\mathbb{R}^n)$ del gradiente della soluzione), la norma $L^2(\partial\Omega)$ del dato al bordo non è sufficiente. Quali informazioni aggiuntive occorrono per ripristinare il controllo? La risposta è contenuta proprio nella caratterizzazione della nozione di traccia della Sezione 7.7, che utilizzeremo ampiamente nel Capitolo 8.

Risolveremo il problema della traccia di una funzione in $H^1(\Omega)$ mediante approssimazione con funzioni regolari, per le quali questa nozione è ben definita. Vi sono però due casi in cui il problema viene risolto più semplicemente; vale la pena di segnalarli subito: sono il caso unidimensionale e il caso delle funzioni a traccia nulla. Cominciamo col primo caso.

7.5.2.1 Caratterizzazione di $H^1(a, b)$

Come mostrato nell'Esempio 5.1, una funzione in $H^1(\Omega)$ può essere illimitata. Questo non accade in una dimensione. Infatti, il fatto di possedere derivate in $L^2(\Omega)$ conferisce agli elementi di $H^1(\Omega)$ ulteriori proprietà di regolarità. Per esempio, gli elementi di $H^1(a, b)$ *sono funzioni continue in* $[a, b]$. In realtà, per esprimerci con precisione avremmo dovuto scrivere: *all'interno di ogni classe di equivalenza esiste un rappresentante continuo.* Questa locuzione è un po' scomoda per cui, con abuso di linguaggio, diremo semplicemente che *una funzione di* $H^1(\Omega)$ possiede una certa proprietà, sottointendendo la scelta del rappresentante "giusto".

Microteorema 5.3. *Sia* $u \in L^2(a, b)$. *Allora* $u \in H^1(a, b)$ *se e solo se* u *è continua in* $[a, b]$ *ed esiste* $w \in L^2(a, b)$ *tale che*

$$u(y) = u(x) + \int_x^y w(s)\,ds, \qquad \forall x, y \in [a, b]. \tag{7.31}$$

Inoltre $u' = w$ *(sia nel senso delle distribuzioni che quasi ovunque).*

Dimostrazione. Supponiamo che u sia continua in $[a, b]$ e che valga la formula (7.31). Scegliamo $x = a$. A meno di traslazioni del grafico di u, possiamo ritenere che $u(a) = 0$, perciò

$$u(y) = \int_a^y w(s)\,ds, \qquad \forall y \in [a, b].$$

Sia ora $v \in \mathcal{D}(a, b)$. Si ha

$$\langle u', v \rangle = -\langle u, v' \rangle = -\int_a^b u(s)v'(s)\,ds = -\int_a^b \left[\int_a^s w(t)\,dt\right] v'(s)\,ds =$$

(scambiando l'ordine di integrazione)

$$= -\int_a^b \left[\int_t^b v'(s)\,ds\right] w(t)\,dt = \int_a^b v(t)w(t)\,dt = \langle w, v \rangle.$$

Perciò $u' = w$ in $\mathcal{D}'(a,b)$ e quindi $u \in H^1(a,b)$. Viceversa, sia $u \in H^1(a,b)$. Poniamo

$$v(x) = \int_a^x u'(s)\,ds, \qquad x \in [a,b]. \tag{7.32}$$

La funzione v è continua in $[a,b]$ e da quanto appena mostrato si ha $v' = u'$ in $\mathcal{D}'(a,b)$. Dal Microteorema 2.2 segue che $u = v + C$, $C \in \mathbb{R}$ per cui u è continua in $[a,b]$. Dalla (7.32) si ha poi,

$$u(y) - u(x) = v(y) - v(x) = \int_x^y u'(s)\,ds$$

che è la (7.31).

Infine, dal Teorema di Differenziazione di Lebesgue (Appendice B) si deduce che $u' = w$ anche q.o. in (a,b). $\qquad\square$

Essendo $u \in H^1(a,b)$ continua in $[a,b]$, il valore $u(x_0)$ di u in un punto qualsiasi $x_0 \in [a,b]$ ha perfettamente senso ed in particolare non vi sono problemi nel definire la traccia di u agli estremi dell'intervallo e cioè i valori $u(a)$ e $u(b)$.

7.5.3 Lo spazio $H_0^1(\Omega)$

Sia $\Omega \subseteq \mathbb{R}^n$. Caratterizziamo le funzioni *a traccia nulla su* $\partial\Omega$.

Definizione 5.1 *Indichiamo con $H_0^1(\Omega)$ la chiusura di $\mathcal{D}(\Omega)$ in $H^1(\Omega)$.*

Più esplicitamente, $u \in H_0^1(\Omega)$ se e solo se esiste una successione $\{\varphi_k\} \subset \mathcal{D}(\Omega)$ tale che $\varphi_k \to u$ in $H^1(\Omega)$, cioè tale che $\|\varphi_k - u\|_0 \to 0$ e $\|\nabla\varphi_k - \nabla u\|_0 \to 0$ per $k \to \infty$.

Poiché le funzioni di $\mathcal{D}(\Omega)$ hanno traccia nulla su $\partial\Omega$, ogni $u \in H_0^1(\Omega)$ "eredita per densità" questa proprietà: le funzioni di $H_0^1(\Omega)$ sono precisamente le funzioni di $H^1(\Omega)$ alle quali attribuiamo *traccia nulla su* $\partial\Omega$. Evidentemente, $H_0^1(\Omega)$ è un sottospazio di Hilbert di $H^1(\Omega)$.

Per gli elementi di $H_0^1(\Omega)$ vale la disuguaglianza seguente dovuta a *Poincaré*, particolarmente utile nella soluzione di problemi al contorno per equazioni a derivate parziali.

Teorema 5.4. *Sia $\Omega \subset \mathbb{R}^n$ un dominio limitato. Esiste una costante positiva C_P (costante di Poincaré) che dipende solo da n e da Ω, tale che, per ogni $u \in H_0^1(\Omega)$,*

$$\|u\|_0 \le C_P \|\nabla u\|_0. \tag{7.33}$$

Dimostrazione. Usiamo un metodo tipico per dimostrare disuguaglianze in $H_0^1(\Omega)$. Supponiamo di aver dimostrato la formula (7.33) per ogni $v \in \mathcal{D}(\Omega)$. Per estenderla a $u \in H_0^1(\Omega)$, scegliamo una successione $\{v_k\} \subset \mathcal{D}(\Omega)$ che converge a u in $H_0^1(\Omega)$ per $k \to \infty$, e cioè

$$\|v_k - u\|_0 \to 0, \qquad \|\nabla v_k - \nabla u\|_0 \to 0.$$

In particolare

$$\|v_k\|_0 \to \|u\|_0, \qquad \|\nabla v_k\|_0 \to \|\nabla u\|_0.$$

Poiché la (7.33) è vera per le v_k, si ha

$$\|v_k\|_0 \le C_P \|\nabla v_k\|_0 \, .$$

Passando al limite per $k \to \infty$ si ottiene la (7.33) per u. Basta dunque dimostrare la (7.33) per $v \in \mathcal{D}(\Omega)$. A tale scopo osserviamo che, dal teorema della divergenza, essendo $v = 0$ su $\partial\Omega$, si ha

$$\int_\Omega \mathrm{div}\,(v^2\mathbf{x})\,d\mathbf{x} = 0. \tag{7.34}$$

Poiché

$$\mathrm{div}\,(v^2\mathbf{x}) = 2v\nabla v \cdot \mathbf{x} + nv^2$$

dalla (7.34) deduciamo

$$\int_\Omega v^2 d\mathbf{x} = -\frac{2}{n}\int_\Omega v\nabla v \cdot \mathbf{x}\,dx.$$

Poiché Ω è limitato, si ha $\max_{\mathbf{x}\in\Omega}|\mathbf{x}| = M < \infty$ e quindi, per la disuguaglianza di Schwarz,

$$\int_\Omega v^2 dx \le \frac{2}{n}\left|\int_\Omega v\nabla v \cdot \mathbf{x}\,dx\right| \le \frac{2M}{n}\left(\int_\Omega v^2 dx\right)^{1/2}\left(\int_\Omega |\nabla v|^2\,dx\right)^{1/2}.$$

Dopo aver semplificato per $\left(\int_\Omega v^2 dx\right)^{1/2}$ otteniamo

$$\|v\|_0 \le C_P \|\nabla v\|_0$$

con $C_P = 2M/n$. ☐

Il valore $C_P = 2M/n$ non costituisce, in generale, la migliore costante possibile nella (7.33). Infatti, quest'ultima è data da $1/\sqrt{\lambda_1}$, dove

$$\lambda_1 = \min\left\{\|\nabla v\|_0^2 : v \in H_0^1(\Omega),\, \|v\|_0 = 1\right\}.$$

Come vedremo nella sottosezione 8.3.3, λ_1 coincide col primo autovalore di Dirichlet per l'operatore di Laplace.

La (7.33) implica che in $H_0^1(\Omega)$ la norma $\|u\|_{1,2}$ è equivalente a $\|\nabla u\|_0$. Infatti,

$$\|u\|_{1,2} = \sqrt{\|u\|_0^2 + \|\nabla u\|_0^2}$$

e dalla (7.33),

$$\|\nabla u\|_0 \le \|u\|_{1,2} \le \sqrt{C_P^2 + 1}\,\|\nabla u\|_0 \, .$$

$\Rightarrow$ Salvo avviso contrario, quando Ω è limitato, **in $H_0^1(\Omega)$ sceglieremo**

$$(u,v)_1 = (\nabla u, \nabla v)_0 \qquad \text{e} \qquad \|u\|_1 = \|\nabla u\|_0$$

come prodotto interno e norma, rispettivamente.

7.5.4 Duale di $H_0^1(\Omega)$

Nelle applicazioni alle equazioni a derivate parziali, in connessione con l'uso del Teorema di Lax-Milgram, il duale di $H_0^1(\Omega)$ svolge un ruolo rilevante. Infatti merita un simbolo speciale.

Definizione 5.2. *Si indica con $H^{-1}(\Omega)$ il duale dello spazio $H_0^1(\Omega)$ con la norma*

$$\|F\|_{H^{-1}(\Omega)} = \sup\left\{|Fv| : v \in H_0^1(\Omega),\ \|v\|_1 \leq 1\right\}.$$

É importante osservare che, poiché $\mathcal{D}(\Omega)$ è denso (per definizione) e immerso con continuità in $H_0^1(\Omega)$, $H^{-1}(\Omega)$ è uno *spazio di distribuzioni*. Ciò significa due cose:

a) se $F \in H^{-1}(\Omega)$, la sua restrizione a $\mathcal{D}(\Omega)$ è una distribuzione;

b) la restrizione di F a $\mathcal{D}(\Omega)$ identifica F ovvero: se $F, G \in H^{-1}(\Omega)$ e $F\varphi = G\varphi$ per ogni $\varphi \in \mathcal{D}(\Omega)$, allora $F = G$.

Per dimostrare *a)* è sufficiente osservare che se $\varphi_k \to \varphi$ in $\mathcal{D}(\Omega)$ allora $\varphi_k \to \varphi$ anche in $H_0^1(\Omega)$ e quindi $F\varphi_k \to F\varphi$. Perciò $F \in \mathcal{D}'(\Omega)$.

Per dimostrare *b)*, siano $u \in H_0^1(\Omega)$ e $\varphi_k \to u$ in $H_0^1(\Omega)$, con $\varphi_k \in \mathcal{D}(\Omega)$. Allora, essendo $F\varphi_k = G\varphi_k$, abbiamo

$$Fu = \lim_{k \to +\infty} F\varphi_k = \lim_{k \to +\infty} G\varphi_k = Gu$$

da cui $F = G$.

Le proprietà *a)* e *b)* indicano che $H^{-1}(\Omega)$ è in corrispondenza *biunivoca* con un sottospazio di $\mathcal{D}'(\Omega)$ e in questo senso possiamo scrivere

$$H^{-1}(\Omega) \subset \mathcal{D}'(\Omega).$$

Quali sono le distribuzioni che appartengono a $H^{-1}(\Omega)$? Il seguente teorema dà una risposta soddisfacente.

Teorema 5.5. *$H^{-1}(\Omega)$ è l'insieme di distribuzioni della forma*

$$F = f_0 + \operatorname{div} \mathbf{f} \tag{7.35}$$

dove $f_0 \in L^2(\Omega)$ e $\mathbf{f} = (f_1, ..., f_n) \in L^2(\Omega; \mathbb{R}^n)$. Inoltre

$$\|F\|_{H^{-1}(\Omega)} \leq \|f_0\|_0 + \|\mathbf{f}\|_0. \tag{7.36}$$

Dimostrazione. Sia $F \in H^{-1}(\Omega)$. Dal Teorema di Rappresentazione di Riesz, esiste un'unica $u \in H_0^1(\Omega)$ tale che

$$(u, v)_{1,2} = Fv \qquad \forall v \in H_0^1(\Omega).$$

Poiché

$$(u, v)_{1,2} = (\nabla u, \nabla v)_0 + (u, v)_0 = -\langle \operatorname{div} \nabla u, v \rangle + (u, v)_0$$

in $\mathcal{D}'(\Omega)$, segue che la (7.35) vale con $f_0 = u$ e $\mathbf{f} = -\nabla u$. Inoltre $\|F\|_{H^{-1}(\Omega)} \leq \|u\|_0 + \|\nabla u\|_0$.

Viceversa, sia $F = f_0 + \operatorname{div} \mathbf{f}$, con $f_0 \in L^2(\Omega)$ e $\mathbf{f} = (f_1, ..., f_n) \in L^2(\Omega; \mathbb{R}^n)$. Allora $F \in \mathcal{D}'(\Omega)$ e, ponendo $Fv = \langle F, v \rangle$, abbiamo:

$$Fv = \int_\Omega f_0 v \, d\mathbf{x} + \int_\Omega \mathbf{f} \cdot \nabla v \, d\mathbf{x} \qquad \forall v \in \mathcal{D}(\Omega).$$

Dalla disuguaglianza di Schwarz, otteniamo

$$|Fv| \leq \{\|f_0\|_0 + \|\mathbf{f}\|_0\} \|v\|_{1,2} \tag{7.37}$$

e quindi F è continuo in $\mathcal{D}(\Omega)$ nella norma di H_0^1.

Rimane da dimostrare che F ha un'unica estensione continua a tutto $H_0^1(\Omega)$. Siano $u \in H_0^1(\Omega)$ e $\{v_k\} \subset \mathcal{D}(\Omega)$ tali che $\|v_k - u\|_{1,2} \to 0$. Allora ponendo $v = v_k - v_h$ nella (7.37) ricaviamo:

$$|Fv_k - Fv_h| \leq \{\|f_0\|_0 + \|\mathbf{f}\|_0\} \|v_k - v_h\|_{1,2}.$$

Pertanto $\{Fv_k\}$ è una successione di Cauchy in $\mathbb{R}$ e perciò converge a un limite che è indipendente dalla successione che approssima u (controllare) e che possiamo indicare con Fu. Infine, poiché

$$|Fu| = \lim_{k \to \infty} |Fv_k| \quad \text{e} \quad \|u\|_{1,2} = \lim_{k \to \infty} \|v_k\|_{1,2},$$

dalla (7.37) segue che

$$|Fu| \leq \{\|f_0\|_0 + \|\mathbf{f}\|_0\} \|u\|_{1,2}$$

ossia che $F \in H^{-1}(\Omega)$ e che vale la (7.36). $\qquad \square$

Nota 5.2. Gli elementi del duale di $H_0^1(\Omega)$ sono dunque rappresentati *da somme di una funzione in $L^2(\Omega)$ e di derivate prime* (nel senso delle distribuzioni) *di funzioni in $L^2(\Omega)$*. La notazione $H^{-1}(\Omega)$ sta proprio a ricordare che l'operatore di divergenza "consuma" una derivata. In particolare, $L^2(\Omega) \hookrightarrow H^{-1}(\Omega)$.

Esempio 5.2. Se $n = 1$, la δ di Dirac in zero appartiene a $H^{-1}(-a, a)$; ricordiamo infatti che $\delta = \mathcal{H}'$, dove $\mathcal{H}$ è la funzione di Heaviside, e $\mathcal{H} \in L^2(-a, a)$.

Se però $n \geq 2$ e $\mathbf{0} \in \Omega$, $\delta_n \notin H^{-1}(\Omega)$. Per esempio, siano $n = 2$ e $\Omega = B_{1/2}(\mathbf{0})$. Se fosse $\delta_n \in H^{-1}(\Omega)$, potremmo scrivere

$$|\varphi(\mathbf{0})| \leq K \|\varphi\|_{H_0^1(\Omega)} \quad \text{per ogni } \varphi \in H_0^1(\Omega),$$

e usando, la densità di $\mathcal{D}(\Omega)$ in $H_0^1(\Omega)$, questa disuguaglianza si estenderebbe a ogni $u \in H_0^1(\Omega)$. Ma ciò è impossibile, in quanto in $H_0^1(\Omega)$ esistono funzioni illimitate in un intorno dell'origine, come abbiamo visto nell'Esempio 5.1.

Esempio 5.3. Sia Ω un dominio *limitato e regolare* in $\mathbb{R}^n$ e sia $u = \chi_\Omega$ la sua funzione caratteristica. Poiché $\chi_\Omega \in L^2(\mathbb{R}^n)$, la distribuzione $\mathbf{F} = \nabla \chi_\Omega$

appartiene a $H^{-1}(\mathbb{R}^n; \mathbb{R}^n)$. Il supporto di $\mathbf{F}$ coincide con $\partial\Omega$ e la sua azione su una funzione test $\varphi \in \mathcal{D}(\mathbb{R}^n; \mathbb{R}^n)$ è descritta dalla formula seguente:

$$\langle \nabla\chi_\Omega, \varphi \rangle = -\int_{\mathbb{R}^n} \chi_\Omega \mathrm{div}\, \varphi\, d\mathbf{x} = -\int_{\partial\Omega} \varphi \cdot \boldsymbol{\nu}\, d\sigma.$$

Si può riguardare $\mathbf{F}$ come una "delta distribuita uniformemente sul bordo di Ω".

Nota 5.3. È importante evitare confusioni tra $H^{-1}(\Omega)$ e $H^1(\Omega)^*$, il duale di $H^1(\Omega)$. Poiché, in generale, $\mathcal{D}(\Omega)$ **non è denso** in $H^1(\Omega)$, lo spazio $H^1(\Omega)^*$ **non** è uno spazio di distribuzioni. Infatti, sebbene la restrizione a $\mathcal{D}(\Omega)$ di ogni $T \in H^1(\Omega)^*$ sia una distribuzione, tale restrizione **non** identifica T. Come semplice esempio, prendiamo $\mathbf{f} \in \mathbb{R}^n$, costante. Definiamo

$$T\varphi = \int_\Omega \mathbf{f} \cdot \nabla\varphi\, d\mathbf{x}.$$

Poiché $|T\varphi| \le |\mathbf{f}|\,\|\nabla\varphi\|_0$, deduciamo che $T \in H^1(\Omega)^*$. Tuttavia, la restrizione di T a $\mathcal{D}(\Omega)$ è *il funzionale zero*, poiché in $\mathcal{D}'(\Omega)$ abbiamo:

$$\langle T, \varphi \rangle = \int_\Omega \mathbf{f} \cdot \nabla\varphi\, d\mathbf{x} = -\int_\Omega \mathrm{div}\, \mathbf{f} \cdot \varphi\, d\mathbf{x} = -\langle \mathrm{div}\, \mathbf{f}, \varphi \rangle = 0 \qquad \forall \varphi \in \mathcal{D}(\Omega).$$

7.5.5 Gli spazi $H^m(\Omega)$, $m > 1$

Se facciamo intervenire derivate di ordine superiore, otteniamo nuovi spazi di Sobolev. Sia N il numero di multiindici $\alpha = (\alpha_1, ..., \alpha_n)$ tali che $|\alpha| = \sum_{i=1}^n \alpha_i \le m$. Nel Teorema 5.1 scegliamo

$$H = L^2(\Omega), \quad Z = L^2(\Omega; \mathbb{R}^N) \hookrightarrow \mathcal{D}'(\Omega; \mathbb{R}^N)$$

e $L : L^2(\Omega) \to \mathcal{D}'(\Omega; \mathbb{R}^N)$ definito da

$$Lv = \{D^\alpha v\}_{|\alpha| \le m}.$$

Allora W identifica lo **spazio di Sobolev** $H^m(\Omega)$, che consiste delle funzioni in $L^2(\Omega)$, *le cui derivate nel senso delle distribuzioni fino all'ordine m incluso sono funzioni in $L^2(\Omega)$*. In formule:

$$H^m(\Omega) = \left\{ v \in L^2(\Omega) : D^\alpha v \in L^2(\Omega), \quad \forall \alpha : |\alpha| \le m \right\}.$$

Dal Teorema 5.1, deduciamo subito il seguente risultato.

Microteorema 5.6. *$H^m(\Omega)$ è uno spazio di Hilbert separabile, immerso con continuità in $L^2(\Omega)$. Gli operatori di derivazione D^α, $|\alpha| \le m$, sono continui da $H^m(\Omega)$ in $L^2(\Omega)$.*

Prodotto interno e norma in H^m sono dati, rispettivamente, da

$$(u, v)_{H^m(\Omega)} = (u, v)_{m,2} = \sum_{|\alpha| \leq m} \int_\Omega D^\alpha u D^\alpha v \, d\mathbf{x}$$

e

$$\|u\|^2_{H^m(\Omega)} = \|u\|^2_{m,2} = \sum_{|\alpha| \leq m} \int_\Omega |D^\alpha u|^2 \, d\mathbf{x}.$$

Se $u \in H^m(\Omega)$, ogni derivata di ordine k di u appartiene a $H^{m-k}(\Omega)$; in altri termini, se $|\alpha| = k \leq m$,

$$D^\alpha u \in H^{m-k}(\Omega)$$

e $H^m(\Omega) \hookrightarrow H^{m-k}(\Omega)$, per ogni $k \geq 1$.

Esempio 5.4. Sia $\Omega = B_1(\mathbf{0}) \subset \mathbb{R}^3$ e consideriamo $u(x) = |\mathbf{x}|^{-a}$. Come nell'Esempio 5.1 si ha che $u \in H^1(B_1(\mathbf{0}))$ se $a < 1/2$. Calcoliamo le derivate seconde di u:

$$u_{x_i x_j} = a(a+2) x_i x_j |\mathbf{x}|^{-a-4} - a\delta_{ij} |\mathbf{x}|^{-a-2}.$$

Si ha

$$|u_{x_i x_j}| \leq |a(a+2)| |\mathbf{x}|^{-a-2}$$

per cui $u_{x_i x_j} \in L^2(B_1(\mathbf{0}))$ se $2a + 4 < 3$, ossia $a < -\frac{1}{2}$. Per questi valori di a, dunque, $u \in H^2(B_1(\mathbf{0}))$.

7.5.6 Regole di calcolo

Le principali regole di calcolo differenziale per funzioni in $H^m(\Omega)$ ricalcano quelle classiche, anche se alcune dimostrazioni non sono elementari.

Prodotto. Siano $u \in H^1(\Omega)$ e $v \in \mathcal{D}(\Omega)$. Allora $uv \in H^1(\Omega)$ e

$$\nabla(uv) = u\nabla v + v\nabla u.$$

La formula continua a valere nel caso $u, v \in H^1(\Omega)$. In tal caso, però,

$$uv \in L^1(\Omega) \quad \text{e} \quad \nabla(uv) \in L^1(\Omega; \mathbb{R}^n).$$

Composizione *I.* Siano $u \in H^1(\Omega)$ e $g : \Omega' \to \Omega$ biunivoca e Lipschitziana. Allora la funzione composta

$$u \circ g : \Omega' \to \mathbb{R}$$

appartiene a $H^1(\Omega')$ e

$$\partial_{x_i} [u \circ g](\mathbf{x}) = \sum_{k=1}^n \partial_{x_k} u(g(\mathbf{x})) \partial_{x_i} g_k(\mathbf{x})$$

quasi ovunque e nel senso delle distribuzioni. In particolare, il cambio di variabili $\mathbf{y} = g(\mathbf{x})$ trasforma $H^1(\Omega)$ in $H^1(\Omega')$.

Composizione *II*. Siano $u \in H^1(\Omega)$ e $f : \mathbb{R} \to \mathbb{R}$, Lipschitziana. Allora la funzione composta

$$f \circ u : \Omega \to \mathbb{R}$$

appartiene ad $H^1(\Omega)$ e

$$\partial_{x_i}[f \circ u] = (f' \circ u)\partial_{x_i}u \qquad \text{in } \mathcal{D}'(\Omega). \tag{7.38}$$

Oltre che nel senso delle distribuzioni, la formula (7.38) vale anche puntualmente q.o. in Ω.

In particolare, scegliendo rispettivamente

$$f(t) = |t|, \quad f(t) = \max\{t, 0\} \quad \text{e} \quad f(t) = -\min\{t, 0\},$$

segue che le funzioni

$$|u|, \quad u^+ = \max\{u, 0\} \quad \text{e} \quad u^- = -\min\{u, 0\}$$

appartengono tutte ad $H^1(\Omega)$. Per queste funzioni, la (7.38) dà:

$$\nabla u^+ = \begin{cases} \nabla u & \text{se } u > 0 \\ 0 & \text{se } u \le 0 \end{cases}, \quad \nabla u^- = \begin{cases} 0 & \text{se } u \ge 0 \\ -\nabla u & \text{se } u < 0 \end{cases}$$

e $\nabla(|u|) = \nabla u^+ + \nabla u^-$, $\nabla u = \nabla u^+ - \nabla u^-$. Come conseguenza, se $u \in H^1(\Omega)$ è costante in un insieme $K \subseteq \Omega$, allora $\nabla u = 0$ q.o. in K.

7.5.7 Trasformata di Fourier e spazi di Sobolev

Gli spazi $H^m(\mathbb{R}^n)$, $m \ge 1$, possono essere definiti in termini di trasformata di Fourier. Infatti, per il Teorema 4.6

$$u \in L^2(\mathbb{R}^n) \qquad \text{se e solo se} \qquad \widehat{u} \in L^2(\mathbb{R}^n)$$

e

$$\|u\|^2_{L^2(\mathbb{R}^n)} = (2\pi)^{-n}\|\widehat{u}\|^2_{L^2(\mathbb{R}^n)}.$$

Segue subito che, per qualunque multi-indice α con $|\alpha| \le m$,

$$D^\alpha u \in L^2(\mathbb{R}^n) \qquad \text{se e solo se} \qquad \boldsymbol{\xi}^\alpha \widehat{u} \in L^2(\mathbb{R}^n)$$

e

$$\|D^\alpha u\|^2_{L^2(\mathbb{R}^n)} = (2\pi)^{-n}\|\boldsymbol{\xi}^\alpha \widehat{u}\|^2_{L^2(\mathbb{R}^n)}.$$

Se poi notiamo che, per un'opportuna costante $C = C(n, m)$, si ha

$$|\boldsymbol{\xi}^\alpha|^2 \le |\boldsymbol{\xi}|^{2|\alpha|} \le C(1 + |\boldsymbol{\xi}|^2)^m$$

si deduce immediatamente il seguente microteorema.

Microteorema 5.7. *Sia* $u \in L^2(\mathbb{R}^n)$. *Allora:*

i) $u \in H^m(\mathbb{R}^n)$ *se e solo se* $(1 + |\boldsymbol{\xi}|^2)^{m/2}\widehat{u} \in L^2(\mathbb{R}^n)$;

ii) le norme

$$\|u\|_{H^m(\mathbb{R}^n)} \qquad e \qquad \left\|(1 + |\boldsymbol{\xi}|^2)^{m/2}\widehat{u}\right\|_{L^2(\mathbb{R}^n)}$$

sono equivalenti.

Il Microteorema 5.7 porta in modo naturale alla definizione mediante trasformata di Fourier degli spazi di Sobolev di *ordine reale*. Infatti, se $u \in L^2(\mathbb{R}^n)$, l'appartenenza di u allo spazio $H^m(\mathbb{R}^n)$ è equivalente al fatto che, moltiplicando per $|\boldsymbol{\xi}|^m$ la trasformata di Fourier di u, si ottiene una funzione in $L^2(\mathbb{R}^n)$. D'altra parte non c'è ragione di limitare l'esponente m agli interi ed allora si perviene alla seguente definizione.

Definizione 5.3. *Sia* $s \in \mathbb{R}$, $0 < s < \infty$. *Si indica con* $H^s(\mathbb{R}^n)$ *lo spazio delle funzioni* u *tali che*

$$(1 + |\boldsymbol{\xi}|^2)^{s/2}\widehat{u} \in L^2(\mathbb{R}^n).$$

Possiamo considerare gli elementi di $H^s(\mathbb{R}^n)$ come funzioni in $L^2(\mathbb{R}^n)$ tali che le loro "derivate di ordine s" appartengono ad $L^2(\mathbb{R}^n)$.

Teorema 5.8. $H^s(\mathbb{R}^n)$ *è uno spazio di Hilbert rispetto al prodotto interno*

$$(u, v)_{H^s(\mathbb{R}^n)} = \int_{\mathbb{R}^{n-1}} (1 + |\boldsymbol{\xi}|^2)^s \widehat{u}\, \overline{\widehat{v}}\, d\boldsymbol{\xi},$$

con norma

$$\|u\|_{H^s(\mathbb{R}^n)} = \left\|(1 + |\boldsymbol{\xi}|^s)\,\widehat{u}\right\|_{L^2(\mathbb{R}^n)}.$$

Lo spazio $H^{1/2}(\mathbb{R}^n)$ delle funzioni che hanno "derivate di ordine 1/2" in $L^2(\mathbb{R}^n)$ avrà un ruolo importante nella Sezione 7.

7.6 Approssimazioni con funzioni regolari ed estensioni

7.6.1 Approssimazioni locali

Le funzioni di $H^1(\Omega)$ possono essere piuttosto irregolari. Tuttavia, usando la convoluzione con un mollificatore, ogni $u \in H^1(\Omega)$ può essere approssimata *localmente* da funzioni regolari, nel senso che l'approssimazione vale in ogni compatto contenuto in Ω.

Riprendiamo il mollificatore $\eta_\varepsilon = \frac{1}{\varepsilon^n}\eta\left(\frac{|\mathbf{x}|}{\varepsilon}\right)$ definito in (7.4) e sia Ω_ε l'insieme dei punti $\mathbf{x}$ a distanza maggiore di ε dal bordo di Ω, cioè

$$\Omega_\varepsilon = \{\mathbf{x} \in \Omega : \text{dist}\,(\mathbf{x}, \partial\Omega) > \varepsilon\}.$$

Abbiamo:

Teorema 6.1. *Sia* $u \in H^1(\Omega)$ *e poniamo, per* $\varepsilon > 0$, *piccolo,* $u_\varepsilon = \eta_\varepsilon * u$. *Allora*

1. $u_\varepsilon \in C^\infty(\Omega_\varepsilon)$;
2. *se* $\varepsilon \to 0$, $u_\varepsilon \to u$ *in* $H^1(\Omega')$ *per ogni* $\Omega' \subset\subset \Omega$.

Dimostrazione. La 1 è già stata considerata nel Lemma 1.2. Per la 2, osserviamo innanzitutto che, per le proprietà della convoluzione, si ha

$$\partial_{x_i} u_\varepsilon = \eta_\varepsilon * \partial_{x_i} u \tag{7.39}$$

per ogni $i = 1, 2, ..., n$. La tesi segue ora dalla 5 del Lemma 1.2. $\square$

7.6.2 Estensioni e approssimazioni globali

Il Teorema 6.1 permette di approssimare una funzione di $H^1(\Omega)$ con funzioni regolari, se ci manteniamo ad una distanza positiva da $\partial \Omega$. Ci chiediamo se l'approssimazione sia possibile in tutto Ω, possibilmente nella sua chiusura $\overline{\Omega}$. Ciò risulterebbe molto comodo in vista del trattamento di problemi al contorno per equazioni a derivate parziali.

Definizione 6.1. *Indichiamo con* $\mathcal{D}(\overline{\Omega})$ *l'insieme delle restrizioni a* Ω *delle funzioni di* $\mathcal{D}(\mathbb{R}^n)$.

In altri termini, $\varphi \in \mathcal{D}(\overline{\Omega})$ se esiste $\psi \in \mathcal{D}(\mathbb{R}^n)$ tale che $\varphi = \psi$ in $\overline{\Omega}$. Ovviamente $\mathcal{D}(\overline{\Omega}) \subset C^\infty(\overline{\Omega})$. Ci chiediamo:

$$\mathcal{D}(\overline{\Omega}) \text{ è denso in } H^1(\Omega)? \tag{7.40}$$

Il caso $\Omega = \mathbb{R}^n$ è speciale poiché in questo caso $\mathcal{D}(\Omega)$ coincide con $\mathcal{D}(\overline{\Omega})$. Abbiamo:

Teorema 6.2. $\mathcal{D}(\mathbb{R}^n)$ *è denso in* $H^1(\mathbb{R}^n)$. *In particolare* $H^1(\mathbb{R}^n) = H_0^1(\mathbb{R}^n)$.

Dimostrazione. Osserviamo prima che $H_c^1(\mathbb{R}^n)$, il sottospazio delle funzioni a supporto (essenziale) compatto in $\mathbb{R}^n$, è denso in $H^1(\mathbb{R}^n)$. Infatti, sia $u \in H^1(\mathbb{R}^n)$ e sia $v \in \mathcal{D}(\mathbb{R}^n)$, tale che $0 \le v \le 1$ in $\mathbb{R}^n$ e $v \equiv 1$ se $|\mathbf{x}| \le 1$. Definiamo

$$u_s(\mathbf{x}) = v\left(\frac{\mathbf{x}}{s}\right) u(\mathbf{x}).$$

Allora $u_s \in H_c^1(\mathbb{R}^n)$ e

$$\nabla u_s(\mathbf{x}) = v\left(\frac{\mathbf{x}}{s}\right) \nabla u(\mathbf{x}) + \frac{1}{s} u(\mathbf{x}) \nabla v\left(\frac{\mathbf{x}}{s}\right).$$

Usando il Teorema della Convergenza Dominata, non è difficile mostrare che[16], per $s \to \infty$,

$$u_s \to u \quad \text{in } H^1(\mathbb{R}^n).$$

D'altra parte, $\mathcal{D}(\mathbb{R}^n)$ è denso in $H_c^1(\mathbb{R}^n)$. Infatti, se $u \in H_c^1(\mathbb{R}^n)$, si ha

$$u_\varepsilon = u * \eta_\varepsilon \in \mathcal{D}(\mathbb{R}^n)$$

e $u_\varepsilon \to u$ in $H^1(\mathbb{R}^n)$. $\square$

---

[16] Osservare che $|u_s| \le |u|$ e $|\nabla u_s| \le |\nabla u| + M|u|$ dove $M = \max|\nabla v|$.

In generale (7.40) ha risposta negativa, come mostra il seguente esempio.

Esempio 6.1. Sia

$$\Omega = \{(\rho, \theta) : 0 < \rho < 1, 0 < \theta < 2\pi\}.$$

Il dominio Ω è costituito dal cerchio unitario aperto, privato del raggio

$$\{(\rho, \theta) : 0 < \rho < 1, \theta = 0\}.$$

La chiusura $\overline{\Omega}$ coincide col cerchio chiuso $\overline{B}_1$. Sia

$$u(\rho, \theta) = \rho^{1/2} \cos(\theta/2).$$

Allora $u \in L^2(\Omega)$, poiché u è limitata. Inoltre[17],

$$|\nabla u|^2 = u_\rho^2 + \frac{1}{\rho^2} u_\theta^2 = \frac{1}{4\rho} \qquad \text{in } \Omega,$$

e quindi $u \in H^1(\Omega)$. Tuttavia, $u(\rho, 0+) = \rho^{1/2}$ mentre $u(\rho, 2\pi-) = -\rho^{1/2}$. Quindi u ha una discontinuità a salto attraverso $\theta = 0$ per cui $u \notin H^1(B_1)$ e nessuna successione di funzioni regolari in $\overline{\Omega}$ può convergere a u in $H^1(\Omega)$.

La difficoltà nell'Esempio 6.1 risiede nel fatto che Ω si trova in entrambi i lati di una parte della sua frontiera (il raggio $0 < \rho < 1, \theta = 0$). Quindi, per avere una speranza che (7.40) sia vera occorre evitare domini con tale anomalia.

Posta questa condizione su Ω, il Teorema 6.1 suggerisce una strategia per risolvere il problema dell'approssimazione con funzioni di $\mathcal{D}(\overline{\Omega})$: data $u \in H^1(\Omega)$, si estende la definizione di u a tutto $\mathbb{R}^n$ e poi si applica il Teorema 6.2.

Il problema che si presenta è: data $u \in H^1(\Omega)$, è sempre possibile estendere la definizione di u a tutto $\mathbb{R}^n$, in modo che la nuova funzione appartenga a $H^1(\mathbb{R}^n)$? Introduciamo la nozione di *operatore di estensione*.

Definizione 6.2. *Diciamo che un operatore lineare $E : H^1(\Omega) \to H^1(\mathbb{R}^n)$ è un operatore di estensione se, $\forall u \in H^1(\Omega)$:*

1. *$Eu = u$ in Ω;*

2. *se Ω è limitato, Eu ha supporto compatto;*

3. *E è continuo:*

$$\|Eu\|_{H^1(\mathbb{R}^n)} \leq c(n, \Omega) \|u\|_{H^1(\Omega)}.$$

Come costruire E? Si potrebbe pensare di definire $Eu = 0$ fuori da Ω (si chiama *estensione banale*). Ciò sicuramente funziona se $u \in H_0^1(\Omega)$, ma *solo* in questo caso. Infatti si può mostrare che $u \in H_0^1(\Omega)$ se *e solo se* la sua estensione banale appartiene a $H^1(\mathbb{R}^n)$.

---

[17] Appendice C.

Per esempio, sia $u \in H^1(0, \infty)$ con $u(0) = a \neq 0$. Allora $u \notin H_0^1(0, \infty)$. Sia Eu l'estensione banale di u. In $\mathcal{D}'(\mathbb{R})$ abbiamo $(Eu)' = u' + a\delta$ che non è una funzione in $L^2(\mathbb{R})$.

Occorre dunque usare un altro metodo. Se Ω è un semispazio, cioè

$$\Omega = \mathbb{R}_+^n = \{(x_1, ..., x_n) : x_n > 0\}$$

un operatore di estensione può essere costruito per riflessione nel modo seguente.

• *Metodo di riflessione.* Sia $u \in H^1(\mathbb{R}_+^n)$. Scriviamo $\mathbf{x} = (\mathbf{x}', x_n)$, $\mathbf{x}' \in \mathbb{R}^{n-1}$. Riflettiamo in modo pari rispetto all'iperpiano $x_n = 0$, ponendo $Eu = \tilde{u}$ dove

$$\tilde{u}(\mathbf{x}) = u(\mathbf{x}', |x_n|).$$

Allora si può dimostrare che, in $\mathcal{D}'(\mathbb{R}^n)$

$$\tilde{u}_{x_j}(\mathbf{x}) = \begin{cases} u_{x_j}(\mathbf{x}', |x_n|) & j < n \\ u_{x_n}(\mathbf{x}', |x_n|) \operatorname{sign} x_n & j = n. \end{cases} \tag{7.41}$$

È ora facile controllare che E possiede le proprietà 1,2,3 nella Definizione 6.2. In particolare,

$$\|Eu\|_{H^1(\mathbb{R}^n)}^2 = 2\|u\|_{H^1(\mathbb{R}_+^n)}^2.$$

• *Operatore di estensione per domini Lipschitziani.* Sia Ω un dominio limitato e Lipschitziano. Per costruire un operatore di estensione faremo uso di due idee generali, utili anche in altri contesti: *localizzazione* e *riduzione ad un semispazio*.

Localizzazione. Si basa sul seguente lemma. Ricordiamo che, dato un insieme K, per *copertura aperta di K* si intende una famiglia $\mathcal{U}$ di insiemi aperti tale che $K \subset \cup_{U \in \mathcal{U}} U$.

Lemma 6.3 (Partizione dell'unità). *Sia $K \subset \mathbb{R}^n$, compatto, e $U_1, ..., U_N$ una copertura aperta di K. Allora esistono N funzioni $\psi_1, ..., \psi_N$ con le seguenti proprietà.*

1. Per ogni $j = 1, ..., N$, $\psi_j \in C_0^\infty(U_j)$ e $0 \leq \psi_j \leq 1$.

2. Per ogni $\mathbf{x} \in K$,

$$\sum_{j=1}^N \psi_j(\mathbf{x}) = 1.$$

Dimostrazione. Poiché $K \subset \cup_{j=1}^N U_j$ e ogni U_j è aperto, possiamo trovare degli aperti $A_j \subset\subset U_j$ tali che

$$K \subset \cup_{j=1}^N A_j.$$

Siano χ_{A_j} la funzione caratteristica di A_j ed η_ε il mollificatore (7.4). Definiamo $\varphi_{j,\varepsilon} = \eta_\varepsilon * \chi_{A_j}$.

Ricordando la Nota 1.3, possiamo fissare ε così piccolo da avere $\varphi_{j,\varepsilon} \in C_0^\infty(U_j)$ e $\varphi_{j,\varepsilon} > 0$ su A_j. Le funzioni

$$\psi_j = \frac{\varphi_{j,\varepsilon}}{\sum_{s=1}^N \varphi_{s,\varepsilon}}$$

soddisfano le condizioni 1 e 2.   □

L'insieme di funzioni $\psi_1, ..., \psi_N$ si chiama *partizione dell'unità per* K, *associata alla copertura* $U_1, ..., U_N$. Se ora $u : K \to \mathbb{R}$, la procedura di localizzazione consiste nello scrivere

$$u = \sum_{j=1}^N \psi_j u \tag{7.42}$$

cioè come una somma di funzioni $u_j = \psi_j u$ con supporto compatto contenuto in U_j.

Riduzione ad un semispazio. Prendiamo una copertura aperta di $\partial\Omega$ costituita da N sfere $B_j = B(\mathbf{x}_j)$, centrate in $\mathbf{x}_j \in \partial\Omega$ e tali che $\partial\Omega \cap B_j$ sia il grafico di una funzione Lipschitziana $y_n = \varphi_j(\mathbf{y}')$. Questo è possibile, essendo $\partial\Omega$ compatto. Sia inoltre $A_0 \subset \Omega$ un aperto contenente $\Omega \backslash \cup_{j=1}^N B_j$ (Figura 7.5).

In tal modo $A_0, B_1, ..., B_N$ è una copertura aperta di $\overline{\Omega}$. Sia $\psi_0, \psi_1, ..., \psi_N$ una partizione dell'unità per $\overline{\Omega}$, associata a $A_0, B_1, ..., B_N$.

Dalla definizione di dominio Lipschitziano (Sezione 1.6), per ogni B_j, $1 \leq j \leq N$, esiste una trasformazione bi-Lipschitziana $\mathbf{z} = \mathbf{\Phi}_j(\mathbf{x})$ tale che

$$\mathbf{\Phi}_j(B_j \cap \Omega) \equiv U_j \subset \mathbb{R}_+^n$$

dove U_j è un aperto, e (Figura 7.6)

$$\mathbf{\Phi}_j(B_j \cap \partial\Omega) \equiv \Gamma_j \subset \partial\mathbb{R}_+^n = \{z_n = 0\}.$$

Sia ora $u \in H^1(\Omega)$. Poniamo $u_j = \psi_j u$. Allora il supporto di $w_j = u_j \circ \mathbf{\Phi}_j^{-1}$ è compatto e contenuto in $U_j \cup \Gamma_j$, cosicché, estendendo w_j a zero in $\mathbb{R}_+^n \backslash U_j$, otteniamo $w_j \in H^1(\mathbb{R}_+^n)$.

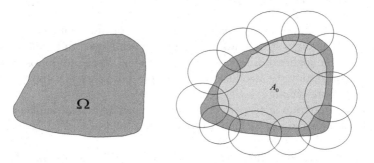

Figura 7.5 Un insieme Ω e una copertura aperta della sua chiusura

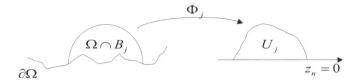

Figura 7.6 La trasformazione bi-Lipschitziana Φ_j *spiana* $B_j \cap \partial\Omega$

La funzione $Ew_j = \tilde{w}_j$, ottenuta col metodo di riflessione, appartiene a $H^1(\mathbb{R}^n)$. Ora torniamo alle variabili originali. Definiamo

$$Eu_j = \tilde{w}_j \circ \Phi_j, \qquad 1 \le j \le N.$$

Allora Eu_j ha supporto compatto in B_j, $Eu_j = 0$ fuori da B_j e $Eu_j = u_j$ in $\Omega \cap B_j$. Infine, siano $u_0 = \psi_0 u_0$ ed Eu_0 l'estensione banale di u_0. Poniamo

$$Eu = \sum_{j=0}^{N} Eu_j.$$

A questo punto non è difficile controllare che E soddisfa le proprietà 1, 2, 3 della Definizione 6.2. Abbiamo dimostrato il seguente risultato.

Teorema 6.4. *Sia $\Omega = \mathbb{R}_+^n$ oppure un dominio limitato e Lipschitziano. Allora esiste un operatore di estensione $E : H^1(\Omega) \to H^1(\mathbb{R}^n)$.*

Dai Teoremi 6.2 e 6.4 segue subito il seguente teorema di approssimazione globale:

Teorema 6.5. *Se $\Omega = \mathbb{R}_+^n$ oppure Ω è un dominio limitato e Lipschitziano, allora $\mathcal{D}(\overline{\Omega})$ è **denso** in $H^1(\Omega)$. In altri termini, per ogni $u \in H^1(\Omega)$, esiste una successione $\{u_m\} \subset \mathcal{D}(\overline{\Omega})$ tale che*

$$u_m \to u \text{ in } L^2(\Omega) \quad e \quad \nabla u_m \to \nabla u \text{ in } L^2(\Omega; \mathbb{R}^n).$$

7.7 Tracce

7.7.1 Tracce di funzioni in $H^1(\Omega)$

La possibilità di approssimare ogni $u \in H^1(\Omega)$ con funzioni in $\mathcal{D}(\overline{\Omega})$ rappresenta un utilissimo strumento nella gestione degli spazi di Sobolev. Molte proprietà che si vogliono dimostrare in questi spazi, vengono dimostrate per funzioni regolari, dove i calcoli sono agevoli, per poi passare al limite su una successione approssimante.

Applichiamo questa idea per introdurre la nozione di *restrizione di u su* $\Gamma = \partial\Omega$. Tale restrizione si chiama **traccia di** u su Γ e sarà un elemento di $L^2(\Gamma)$.

Anzitutto osserviamo che se $\Omega = \mathbb{R}_+^n$ allora $\Gamma = \mathbb{R}^{n-1}$ e lo spazio $L^2(\Gamma)$ è ben definito. Se Ω è un dominio limitato e Lipschitziano si può definire $L^2(\Gamma)$

per localizzazione. Più precisamente, sia $B_1, ..., B_N$ una copertura aperta di Γ costituita da sfere centrate in punti su Γ, come nel Paragrafo 7.6.2.

Se $g : \Gamma \to \mathbb{R}$, scriviamo $g = \sum_{j=1}^{N} \psi_j g$ dove $\psi_1, ..., \psi_N$ è una partizione dell'unità per Γ, associata a $B_1, ..., B_N$. Poiché $\Gamma \cap B_j$ è il grafico di una funzione Lipschitziana $y_n = \varphi_j(\mathbf{y}')$, su $\Gamma \cap B_j$ c'è una nozione naturale di "elemento d'area", dato da

$$d\sigma = \sqrt{1 + |\nabla\varphi|^2}d\mathbf{y}'.$$

Diciamo allora che $g \in L^2(\Gamma)$ se[18]

$$\|g\|_{L^2(\Gamma)}^2 = \sum_{j=1}^{N} \int_{\Gamma \cap B_j} \psi_j |g|^2 \, d\sigma < \infty \qquad (7.43)$$

e definiamo

$$\int_{\Gamma} g \, d\sigma = \sum_{j=1}^{N} \int_{\Gamma \cap B_j} \psi_j g \, d\sigma.$$

$L^2(\Gamma)$ è uno spazio di Hilbert rispetto al prodotto interno

$$(g, h)_{L^2(\Gamma)} = \sum_{j=1}^{N} \int_{\Gamma \cap B_j} \psi_j gh \, d\sigma.$$

Torniamo al problema della traccia. Consideriamo solo $n > 1$ poiché abbiamo già visto che il problema non si pone se $n = 1$. La strategia consiste nei seguenti due passi.

Sia $\tau_0 : \mathcal{D}(\overline{\Omega}) \to L^2(\Gamma)$ l'operatore che associa ad ogni funzione appartenente a $\mathcal{D}(\overline{\Omega})$ la sua restrizione $v_{|\Gamma}$ a Γ: $\tau_0 v = v_{|\Gamma}$. Ciò ha perfettamente senso trattandosi di funzioni regolari.

Primo passo: dimostrare che

$$\|\tau_0 u\|_{L^2(\Gamma)} \leq c(\Omega, n) \|u\|_{1,2}.$$

Ciò significa che τ_0 è continuo da $\mathcal{D}(\overline{\Omega}) \subset H^1(\Omega)$ in $L^2(\Gamma)$.

Secondo passo: estendere τ_0 a tutto $H^1(\Omega)$ usando la densità di $\mathcal{D}(\overline{\Omega})$ in $H^1(\Omega)$.

Un'analogia elementare può essere utile. Consideriamo una funzione $f : \mathbb{Q} \to \mathbb{R}$, definita dunque solo sui numeri razionali. Vogliamo estendere la definizione di f a tutti i numeri reali. Come si può fare? Sia x irrazionale. Poiché $\mathbb{Q}$ è denso in $\mathbb{R}$, possiamo prendere una successione $\{r_k\} \subset \mathbb{Q}$ tale che $r_k \to x$. Calcoliamo ora $f(r_n)$ e definiamo $f(x)$ come limite di $f(r_n)$. Questo corrisponde al secondo passo. Naturalmente occorre controllare che il limite esiste, dimostrando, per esempio, che la successione $\{f(r_n)\}$ è di Cauchy, e che non

---

[18] La norma (7.43) dipende dalla scelta della copertura aperta e dalla partizione dell'unità. Tuttavia, norme corrispondenti a coperture e partizioni differenti sono tutte equivalenti ed inducono la stessa topologia su $L^2(\Gamma)$.

dipende dalla scelta della successione approssimante $\{r_n\}$. Ciò è vero se f è *uniformemente* continua[19] su $\mathbb{Q}$, in analogia col primo passo.

Teorema 7.1. *Sia $\Omega = \mathbb{R}_+^n$ oppure un dominio limitato e Lipschitziano. Allora esiste un operatore lineare (operatore di traccia) $\boldsymbol{\tau}_0 : H^1(\Omega) \to L^2(\Gamma)$ tale che:*

1. $\boldsymbol{\tau}_0 u = u_{|\Gamma}$ *se $u \in \mathcal{D}\left(\overline{\Omega}\right)$;*
2. $\|\boldsymbol{\tau}_0 u\|_{L^2(\Gamma)} \leq c\left(\Omega, n\right) \|u\|_{1,2}$.

Dimostrazione. Sia $\Omega = \mathbb{R}_+^n$. Dimostriamo la 2 per le funzioni $u \in \mathcal{D}\left(\overline{\Omega}\right)$. In questo caso $\boldsymbol{\tau}_0 u = u(\mathbf{x}', 0)$ e occorre dimostrare che esiste una costante c tale che

$$\int_{\mathbb{R}^{n-1}} \left|u(\mathbf{x}', 0)\right|^2 d\mathbf{x}' \leq c \|u\|_{H^1(\mathbb{R}_+^n)}^2 \qquad \forall u \in \mathcal{D}\left(\overline{\Omega}\right). \tag{7.44}$$

Si ha, per ogni $x_n \in (0, 1)$,

$$u(\mathbf{x}', 0) = u(\mathbf{x}', x_n) - \int_0^{x_n} u_{x_n}\left(\mathbf{x}', t\right) dt.$$

Ricordando la disuguaglianza elementare $(a + b)^2 \leq 2a^2 + 2b^2$, otteniamo

$$\left|u(\mathbf{x}', 0)\right|^2 \leq 2 \left|u(\mathbf{x}', x_n)\right|^2 + 2 \left(\int_0^1 \left|u_{x_n}\left(\mathbf{x}', t\right)\right| dt\right)^2$$

$$\leq 2 \left|u(\mathbf{x}', x_n)\right|^2 + 2 \int_0^1 \left|u_{x_n}\left(\mathbf{x}', t\right)\right|^2 dt$$

essendo, per la disuguaglianza di Schwarz,

$$\left(\int_0^1 \left|u_{x_n}\left(\mathbf{x}', t\right)\right| dt\right)^2 \leq \int_0^1 \left|u_{x_n}\left(\mathbf{x}', t\right)\right|^2 dt.$$

Integrando rispetto ad $\mathbf{x}'$ in $\mathbb{R}^{n-1}$ e rispetto ad x_n in $(0, 1)$ si ricava la (7.44) con $c = 2$.

Supponiamo ora che $u \in H^1\left(\mathbb{R}_+^n\right)$. Poiché $\mathcal{D}\left(\overline{\Omega}\right)$ è denso in $H^1\left(\mathbb{R}_+^n\right)$, si può trovare una successione $\{u_k\} \subset \mathcal{D}\left(\overline{\Omega}\right)$ tale che $u_k \to u$ in $H^1\left(\mathbb{R}_+^n\right)$. Dalla linearità di $\boldsymbol{\tau}_0$ e dalla (7.44) otteniamo

$$\|\boldsymbol{\tau}_0 u_h - \boldsymbol{\tau}_0 u_k\|_{L^2(\mathbb{R}^{n-1})} \leq \sqrt{2} \|u_h - u_k\|_{H^1(\mathbb{R}_+^n)}.$$

Essendo $\{u_k\}$ di Cauchy in $H^1\left(\mathbb{R}_+^n\right)$, si deduce che $\{\boldsymbol{\tau}_0 u_k\}$ è di Cauchy in $L^2\left(\mathbb{R}^{n-1}\right)$ e quindi risulta definito un unico elemento $u_0 \in L^2\left(\mathbb{R}^{n-1}\right)$ tale che

$$\boldsymbol{\tau}_0 u_k \to u_0 \qquad \text{in } L^2\left(\mathbb{R}^{n-1}\right).$$

Questo elemento non dipende dalla successione $\{u_k\}$ approssimante. Infatti, se $\{v_k\} \subset \mathcal{D}\left(\overline{\Omega}\right)$ è un'altra successione tale che $v_k \to u$ in $H^1\left(\mathbb{R}_+^n\right)$, allora

$$\|v_k - u_k\|_{H^1(\mathbb{R}_+^n)} \to 0.$$

---

[19] Una funzione f è *uniformemente continua* in un insieme A se, fissato $\varepsilon > 0$, esiste δ dipendente solo da ε tale che $|f(x) - f(y)| < \varepsilon$ per ogni $x, y \in A$, $|x - y| < \delta$.

Da

$$\|\boldsymbol{\tau}_0 v_k - \boldsymbol{\tau}_0 u_k\|_{L^2(\mathbb{R}^{n-1})} \le \sqrt{2}\,\|v_k - u_k\|_{H^1(\mathbb{R}^n_+)}$$

segue che anche $\boldsymbol{\tau}_0 v_k \to u_0$ in $L^2(\mathbb{R}^{n-1})$.

Se $u \in H^1(\mathbb{R}^n_+)$, ha dunque senso definire $\boldsymbol{\tau}_0 u = u_0$. L'operatore così definito soddisfa i requisiti 1, 2 del Teorema 7.1.

Se Ω è un dominio limitato e Lipschitziano, il teorema si dimostra per localizzazione e riduzione a un semispazio. Omettiamo i dettagli. $\qquad\square$

Definizione 7.1. *La funzione $\boldsymbol{\tau}_0 u$ si chiama* **traccia** *di u su Γ; per essa si può usare la notazione $u_{|\Gamma}$.*

Come corollario del Teorema 7.1, si può provare una formula di integrazione per parti per le funzioni di $H^1(\Omega)$. Precisamente si ha:

Corollario 7.2. *Nelle ipotesi del Teorema 6.1, vale la formula*

$$\int_\Omega \nabla u \cdot \mathbf{v}\, d\mathbf{x} = -\int_\Omega u\, \mathrm{div}\mathbf{v}\, d\mathbf{x} + \int_\Gamma (\boldsymbol{\tau}_0 u)\,(\boldsymbol{\tau}_0\mathbf{v}) \cdot \boldsymbol{\nu}\, d\sigma \qquad (7.45)$$

per ogni $u \in H^1(\Omega)$ e $\mathbf{v} \in H^1(\Omega; \mathbb{R}^n)$, dove $\boldsymbol{\nu}$ è la normale esterna a Γ e $\boldsymbol{\tau}_0\mathbf{v} = (\boldsymbol{\tau}_0 v_1, ..., \boldsymbol{\tau}_0 v_n)$.

Dimostrazione. La (7.45) vale se $u \in \mathcal{D}(\overline{\Omega})$ e $\mathbf{v} \in \mathcal{D}(\overline{\Omega}; \mathbb{R}^n)$. Siano $u \in H^1(\Omega)$ e $\mathbf{v} \in H^1(\Omega; \mathbb{R}^n)$. Scegliamo due successioni $\{u_k\} \subset \mathcal{D}(\overline{\Omega})$ e $\{\mathbf{v}_k\} \subset \mathcal{D}(\overline{\Omega}; \mathbb{R}^n)$ tali che $u_k \to u$ in $H^1(\Omega)$ e $\mathbf{v}_k \to \mathbf{v}$ in $H^1(\Omega; \mathbb{R}^n)$. Allora:

$$\int_\Omega \nabla u_k \cdot \mathbf{v}_k\, d\mathbf{x} = -\int_\Omega u_k\, \mathrm{div}\, \mathbf{v}_k\, d\mathbf{x} + \int_\Gamma (\boldsymbol{\tau}_0 u_k)\,(\boldsymbol{\tau}_0 \mathbf{v}_k) \cdot \boldsymbol{\nu}\, d\sigma.$$

Se si passa al limite per $k \to \infty$, sfruttando la continuità di $\boldsymbol{\tau}_0$, si ottiene la (7.45) per u e $\mathbf{v}$. $\qquad\square$

Non è sorprendente che il nucleo dell'operatore $\boldsymbol{\tau}_0$ sia precisamente[20] $H^1_0(\Omega)$:

$$\boldsymbol{\tau}_0 u = 0 \iff u \in H^1_0(\Omega).$$

Con metodo analogo si può definire la traccia di una funzione di $H^1(\Omega)$ solo su una parte Γ_0 della sua frontiera. Enunciato e dimostrazione sono analoghi.

Teorema 7.3. *Siano $\Omega = \mathbb{R}^n_+$ oppure un dominio limitato e Lipschitziano e Γ_0 un sottoinsieme aperto di Γ. Allora esiste un operatore lineare di traccia $\boldsymbol{\tau}_{\Gamma_0} : H^1(\Omega) \to L^2(\Gamma_0)$ tale che:*

1. *$\boldsymbol{\tau}_{\Gamma_0} u = u_{|\Gamma_0}$ se $u \in \mathcal{D}(\overline{\Omega})$;*

2. *$\|\boldsymbol{\tau}_{\Gamma_0} u\|_{L^2(\Gamma_0)} \le c(\Omega, n)\,\|u\|_{1,2}.$*

La funzione $\boldsymbol{\tau}_{\Gamma_0} u$ si chiama *traccia di u su Γ_0*, spesso indicata con $u_{|\Gamma_0}$. Il nucleo di $\boldsymbol{\tau}_{\Gamma_0}$ è indicato con $H^1_{0,\Gamma_0}(\Omega)$:

$$\boldsymbol{\tau}_{\Gamma_0} u = 0 \iff u \in H^1_{0,\Gamma_0}(\Omega).$$

---

[20] Tuttavia, solo la dimostrazione dell'implicazione " $\Longleftarrow$ " è facile. La dimostrazione dell'altra implicazione " $\Longrightarrow$ " è piuttosto tecnica.

Questo spazio può essere caratterizzato in un altro modo. Sia V_{0,Γ_0} l'insieme delle funzioni in $\mathcal{D}\left(\overline{\Omega}\right)$, nulle in un intorno di $\overline{\Gamma}_0$. Allora:

Microteorema 7.4. $H^1_{0,\Gamma_0}(\Omega)$ è la chiusura di V_{0,Γ_0} in $H^1(\Omega)$.

7.7.2 Tracce di funzioni in $H^m(\Omega)$

Abbiamo visto che una funzione $u \in H^m(\mathbb{R}^n_+)$, $m \geq 1$, ha traccia su $\Gamma = \partial\mathbb{R}^n_+$. Se però, per esempio, $m = 2$, ogni derivata di u appartiene ad $H^1(\mathbb{R}^n_+)$ ed ha perciò traccia su Γ. In particolare, possiamo definire la traccia su Γ della derivata $\partial_{x_n} u$. Poniamo

$$\boldsymbol{\tau}_1 u = (\partial_{x_n} u)_{|\Gamma} \ .$$

In generale, per $m \geq 2$, possiamo definire le tracce delle derivate $\partial^j_{x_n} u$, per $j = 0, 1, ..., m-1$, e porre

$$\boldsymbol{\tau}_j u = (\partial^j_{x_n} u)_{|\Gamma} \ .$$

Risulta così definito un operatore di traccia $\boldsymbol{\tau} : H^m(\mathbb{R}^n_+) \to L^2(\Gamma; \mathbb{R}^m)$, dato da

$$\boldsymbol{\tau} u = (\boldsymbol{\tau}_0 u, ..., \boldsymbol{\tau}_{m-1} u)$$

che, in base al Teorema 7.1, soddisfa le seguenti condizioni:

1. $\boldsymbol{\tau} u = (u_{|\Gamma}, \partial_{x_n} u_{|\Gamma}, ..., \partial^{m-1}_{x_n} u_{|\Gamma})$, se $u \in \mathcal{D}\left(\overline{\mathbb{R}^n_+}\right)$;

2. $\|\boldsymbol{\tau} u\|_{L^2(\Gamma; \mathbb{R}^m)} \leq c \|u\|_{H^m(\mathbb{R}^n_+)}$.

L'operatore $\boldsymbol{\tau}$ associa ad ogni $u \in H^m(\mathbb{R}^n_+)$ la traccia su Γ delle derivate di u fino all'ordine $m-1$ nella direzione x_n. Questa direzione corrisponde alla *normale interna su* $\Gamma = \partial\mathbb{R}^n_+$.

Analogamente, per un dominio limitato Ω di classe C^m (ipotesi necessaria per estendere funzioni da $H^m(\Omega)$ a $H^m(\mathbb{R}^n)$) possiamo definire le tracce su Γ delle derivate di u fino all'ordine $m-1$ nella direzione normale al dominio che, per coerenza con le scelte dei capitoli precedenti, scegliamo diretta verso l'esterno. In conclusione, abbiamo il teorema seguente, dove $\boldsymbol{\nu}$ indica il versore normale esterno ad Ω.

Teorema 7.5. *Sia* $\Omega = \mathbb{R}^n_+$ *oppure un dominio limitato e di classe* C^m, $m \geq 2$. *Allora esiste un operatore lineare di traccia* $\boldsymbol{\tau} : H^m(\Omega) \to L^2(\Gamma; \mathbb{R}^m)$ *tale che:*

1. $\boldsymbol{\tau} u = (u_{|\Gamma}, \frac{\partial u}{\partial \nu}_{|\Gamma}, ..., \frac{\partial^{m-1} u}{\partial \nu^{m-1}}_{|\Gamma})$ *se* $u \in \mathcal{D}\left(\overline{\Omega}\right)$;

2. $\|\boldsymbol{\tau} u\|_{L^2(\Gamma; \mathbb{R}^m)} \leq c(\Omega, n) \|u\|_{H^m(\Omega)}$.

Il nucleo dell'operatore $\boldsymbol{\tau}$ è lo spazio $H^m_0(\Omega)$, dato dalla *chiusura di* $\mathcal{D}(\Omega)$ *in* $H^m(\Omega)$. Precisamente,

$$\boldsymbol{\tau} u = (0, ..., 0) \quad \Longleftrightarrow \quad u \in H^m_0(\Omega).$$

Evidentemente, $H_0^m(\Omega)$ è un sottospazio di Hilbert di $H^m(\Omega)$. Se $u \in H_0^m(\Omega)$, u e le sue derivate normali fino all'ordine $m-1$ hanno traccia nulla su Γ.

Con lo stesso metodo, possiamo definire la traccia delle derivate normali di u, fino all'ordine $m-1$, su Γ_0 aperto regolare in Γ.

7.7.3 Spazi di tracce

L'operatore di traccia $\tau_0 : H^1(\Omega) \to L^2(\Gamma)$ **non** è suriettivo. In altri termini, vi sono funzioni in $L^2(\Gamma)$ che *non* sono tracce di funzioni in $H^1(\Omega)$. La domanda naturale è quindi: quali funzioni $g \in L^2(\Gamma)$ sono tracce di funzioni in $H^1(\Omega)$? La risposta non è elementare: si potrebbe dire che queste funzioni sono quelle che posseggono *mezze derivate in* $L^2(\Gamma)$. È come se nell'operazione di restrizione una funzione di $H^1(\Omega)$ debba rassegnarsi a perdere "metà di ognuna delle sue derivate". Cominciamo coll'esaminare il caso del semispazio.

Teorema 7.6. *Sia* $\tau_0 : H^1(\mathbb{R}_+^n) \to L^2(\mathbb{R}^{n-1})$ *l'operatore di traccia. Allora*

$$\operatorname{Im}\tau_0 = H^{1/2}(\mathbb{R}^{n-1}).$$

Dimostrazione. Mostriamo che $\operatorname{Im}\tau_0 \subseteq H^{1/2}(\mathbb{R}^{n-1})$. Sia $u \in \mathcal{D}(\overline{\mathbb{R}_+^n})$. Scriviamo $\mathbf{x} = (\mathbf{x}', x_n)$, con $\mathbf{x}' \in \mathbb{R}^{n-1}$, e definiamo $g(\mathbf{x}') = u(\mathbf{x}', 0)$. Vogliamo dimostrare che

$$\|g\|_{H^{1/2}(\mathbb{R}^{n-1})}^2 = \int_{\mathbb{R}^{n-1}} (1 + |\boldsymbol{\xi}'|^2)^{1/2} |\widehat{g}(\boldsymbol{\xi}')|^2 \, d\boldsymbol{\xi}' \le \frac{1}{2\pi} \|u\|_{H^1(\mathbb{R}_+^n)}^2.$$

Estendiamo u a tutto $\mathbb{R}^n$ per riflessione pari rispetto all'iperpiano $x_n = 0$ ed esprimiamo $\widehat{g}$ in termini di $\widehat{u}$. In base alla formula di inversione, possiamo scrivere:

$$u(\mathbf{x}', x_n) = \frac{1}{(2\pi)^n} \int_{\mathbb{R}^{n-1}} e^{i\mathbf{x}'\cdot\boldsymbol{\xi}'} \left(\int_{\mathbb{R}} \widehat{u}(\boldsymbol{\xi}', \xi_n) e^{ix_n\xi_n} d\xi_n \right) d\boldsymbol{\xi}'$$

cosicché

$$g(\mathbf{x}') = u(\mathbf{x}', 0) = \frac{1}{(2\pi)^{n-1}} \int_{\mathbb{R}^{n-1}} e^{i\mathbf{x}'\cdot\boldsymbol{\xi}'} \left(\frac{1}{2\pi} \int_{\mathbb{R}} \widehat{u}(\boldsymbol{\xi}', \xi_n) d\xi_n \right) d\boldsymbol{\xi}'.$$

Questa formula indica che

$$\widehat{g}(\boldsymbol{\xi}') = \frac{1}{2\pi} \int_{\mathbb{R}} \widehat{u}(\boldsymbol{\xi}', \xi_n) d\xi_n$$

e quindi

$$\|g\|_{H^{1/2}(\mathbb{R}^{n-1})}^2 = \frac{1}{(2\pi)^2} \int_{\mathbb{R}^{n-1}} (1 + |\boldsymbol{\xi}'|^2)^{1/2} \left| \int_{\mathbb{R}} \widehat{u}(\boldsymbol{\xi}', \xi_n) d\xi_n \right|^2 d\boldsymbol{\xi}'.$$

Osserviamo ora i seguenti due fatti. Primo, dalla disuguaglianza di Schwarz, abbiamo:

$$\left| \int_{\mathbb{R}} \widehat{u}(\boldsymbol{\xi}', \xi_n) d\xi_n \right| \le \int_{\mathbb{R}} (1 + |\boldsymbol{\xi}|^2)^{-1/2}(1 + |\boldsymbol{\xi}|^2)^{1/2} |\widehat{u}(\boldsymbol{\xi}', \xi_n)| d\xi_n$$

$$\le \left(\int_{\mathbb{R}} (1 + |\boldsymbol{\xi}|^2) |\widehat{u}(\boldsymbol{\xi}', \xi_n)|^2 d\xi_n \right)^{1/2} \left(\int_{\mathbb{R}} (1 + |\boldsymbol{\xi}|^2)^{-1} d\xi_n \right)^{1/2}.$$

Secondo:[21]

$$\int_{\mathbb{R}} (1+|\boldsymbol{\xi}|^2)^{-1} d\xi_n = \int_{\mathbb{R}} (1+|\boldsymbol{\xi}'|^2 + \xi_n^2)^{-1} d\xi_n = \frac{\pi}{(1+|\boldsymbol{\xi}'|^2)^{1/2}}.$$

Di conseguenza, possiamo scrivere:

$$\|g\|^2_{H^{1/2}(\mathbb{R}^{n-1})} \leq \frac{1}{4\pi} \int_{\mathbb{R}^n} (1+|\boldsymbol{\xi}|^2) |\widehat{u}(\boldsymbol{\xi})|^2 d\boldsymbol{\xi}$$

$$= \frac{1}{4\pi} \|u\|^2_{H^1(\mathbb{R}^n)} = \frac{1}{2\pi} \|u\|^2_{H^1(\mathbb{R}^n_+)}.$$

Essendo $\mathcal{D}\left(\overline{\mathbb{R}^n_+}\right)$ denso in $H^1(\mathbb{R}^n_+)$, l'ultima disuguaglianza risulta vera per ogni $u \in H^1(\mathbb{R}^n_+)$ e mostra che $\operatorname{Im}\boldsymbol{\tau}_0 \subseteq H^{1/2}(\mathbb{R}^{n-1})$.

Per dimostrare l'inclusione opposta, sia $g \in H^{1/2}(\mathbb{R}^{n-1})$ e definiamo

$$u(\mathbf{x}', x_n) = \frac{1}{(2\pi)^{n-1}} \int_{\mathbb{R}^{n-1}} e^{-(1+|\boldsymbol{\xi}'|)x_n} \widehat{g}(\boldsymbol{\xi}') e^{i\mathbf{x}' \cdot \boldsymbol{\xi}'} d\boldsymbol{\xi}', \quad x_n \geq 0.$$

Allora $u(\mathbf{x}', 0) = g(\mathbf{x}')$ e si può mostrare che $u \in H^1(\mathbb{R}^n_+)$. Quindi $g \in \operatorname{Im}\boldsymbol{\tau}_0$ e perciò $H^{1/2}(\mathbb{R}^{n-1}) \subseteq \operatorname{Im}\boldsymbol{\tau}_0$. $\qquad\square$

Se Ω è un dominio limitato e Lipschitziano è possibile definire $H^{1/2}(\Gamma)$ per localizzazione e riduzione ad un semispazio come abbiamo fatto per $L^2(\Gamma)$. In tal modo si può inserire in $H^{1/2}(\Gamma)$ un prodotto interno rispetto al quale risulta uno spazio di Hilbert, immerso con continuità in $L^2(\Gamma)$. Si dimostra che $H^{1/2}(\Gamma)$ coincide con $\operatorname{Im}\boldsymbol{\tau}_0$:

$$H^{1/2}(\Gamma) = \left\{ u_{|\Gamma} : u \in H^1(\Omega) \right\}. \tag{7.46}$$

Cambiando un poco punto di vista, potremmo adottare la (7.46) come definizione di $H^{1/2}(\Gamma)$ e munirlo della norma (equivalente)

$$\|g\|_{H^{1/2}(\Gamma)} = \inf \left\{ \|u\|_{H^1(\Omega)} : u \in H^1(\Omega), \ u_{|\Gamma} = g \right\}. \tag{7.47}$$

Questa norma è la più piccola tra le norme di tutti gli elementi in $H^1(\Omega)$ che hanno la stessa traccia g su Γ e tiene conto del fatto che l'operatore di traccia $\boldsymbol{\tau}_0$ non è iniettivo, essendo $H^1_0(\Omega)$ il suo nucleo. In particolare, vale la seguente *disuguaglianza di traccia*

$$\left\| u_{|\Gamma} \right\|_{H^{1/2}(\Gamma)} \leq \|u\|_{1,2}, \tag{7.48}$$

che mostra la continuità dell'operatore $\boldsymbol{\tau}_0$ da $H^1(\Omega)$ su $H^{1/2}(\Gamma)$.

Procedendo allo stesso modo, se Γ_0 è un aperto in Γ, possiamo definire lo spazio $H^{1/2}(\Gamma_0)$ che coincide con $\operatorname{Im}\boldsymbol{\tau}_{\Gamma_0}$, ovvero:

$$H^{1/2}(\Gamma_0) = \left\{ u_{|\Gamma_0} : u \in H^1(\Omega) \right\}.$$

---

[21] $\int_{\mathbb{R}} (a^2 + t^2)^{-1} dt = \left[\frac{1}{a} \arctan\left(\frac{t}{a}\right) \right]_{-\infty}^{+\infty} = \frac{\pi}{a}$ $(a > 0)$.

Possiamo munire $H^{1/2}(\Gamma_0)$ con la norma

$$\|g\|_{H^{1/2}(\Gamma_0)} = \inf\left\{\|u\|_{H^1(\Omega)} : u \in H^1(\Omega),\ u_{|\Gamma_0} = g\right\}.$$

In particolare, vale la *disuguaglianza di traccia*

$$\left\|u_{|\Gamma_0}\right\|_{H^{1/2}(\Gamma_0)} \le \|u\|_{H^1(\Omega)} \qquad (7.49)$$

che mostra la continuità dell'operatore τ_{Γ_0} da $H^1(\Omega)$ su $H^{1/2}(\Gamma_0)$.

Infine, se $\Omega = \mathbb{R}^n_+$ oppure un dominio limitato e di classe C^m, $m \ge 2$, lo spazio di tracce delle funzioni in $H^m(\Omega)$ è lo spazio di Sobolev di ordine frazionario $H^{m-1/2}(\Gamma)$, che mostra sempre una perdita di "mezza derivata". Coerentemente, la traccia di una derivata normale subirà una perdita di un'ulteriore ordine di derivazione ed appartiene così allo spazio $H^{m-3/2}(\Gamma)$; l'ultima derivata normale appartiene a $H^{1/2}(\Gamma)$. Abbiamo quindi

$$\tau : H^m(\Omega) \to \left(H^{m-1/2}(\Gamma), H^{m-3/2}(\Gamma), ..., H^{1/2}(\Gamma)\right)$$

ed il nucleo di τ è $H^m_0(\Omega)$ chiusura di $\mathcal{D}(\Omega)$ nella norma di $H^m(\Omega)$.

7.8 Compattezza e immersioni

7.8.1 Teorema di Rellich

Poiché $\|u\|_0 \le \|u\|_{1,2}$ abbiamo $H^1(\Omega) \hookrightarrow L^2(\Omega)$ e cioè ogni successione $\{u_k\}$ convergente in $H^1(\Omega)$ è anche convergente in $L^2(\Omega)$. Nessuna condizione è richiesta al dominio Ω.

Se assumiamo Ω **limitato** e **Lipschitziano** allora l'immersione di $H^1(\Omega)$ in $L^2(\Omega)$ è anche **compatta**. Ciò vuol dire che una successione $\{u_k\}$ limitata in $H^1(\Omega)$ ha la seguente notevole proprietà:

Esistono una sottosuccessione $\left\{u_{k_j}\right\}$ ed un elemento $u \in H^1(\Omega)$, tali che

- $u_{k_j} \to u$ in $L^2(\Omega)$;

- $u_{k_j} \rightharpoonup u$ in $H^1(\Omega)$ (cioè u_{k_j} converge debolmente[22] a u in $H^1(\Omega)$).

In realtà, solo la prima proprietà è conseguenza della compattezza dell'immersione. La seconda è una proprietà generale degli spazi di Hilbert: ogni sottoinsieme limitato è *sequenzialmente debolmente compatto* (Teorema 6.7.8). Le conseguenze di queste proprietà sono rilevanti, come si potrà apprezzare più avanti.

Teorema 8.1 (di Rellich). *Se Ω è limitato e Lipschitziano, l'immersione di $H^1(\Omega)$ in $L^2(\Omega)$ è compatta.*

---

[22] Paragrafo 6.7.3.

Dimostrazione. Usiamo il criterio di compattezza espresso nel Teorema 6.7.5. Osserviamo prima che, per ogni $v \in \mathcal{D}(\mathbb{R}^n)$, possiamo scrivere:

$$v(\mathbf{x}+\mathbf{h}) - v(\mathbf{x}) = \int_0^1 \frac{d}{dt} v(\mathbf{x}+t\mathbf{h})\, dt = \int_0^1 \nabla v(\mathbf{x}+t\mathbf{h}) \cdot \mathbf{h}\, dt$$

da cui

$$|v(\mathbf{x}+\mathbf{h}) - v(\mathbf{x})|^2 = \left| \int_0^1 \nabla v(\mathbf{x}+t\mathbf{h}) \cdot \mathbf{h}\, dt \right|^2 \le |\mathbf{h}|^2 \int_0^1 |\nabla v(\mathbf{x}+t\mathbf{h})|^2\, dt.$$

Integrando su $\mathbb{R}^n$ troviamo

$$\int_{\mathbb{R}^n} |v(\mathbf{x}+\mathbf{h}) - v(\mathbf{x})|^2\, d\mathbf{x} \le |\mathbf{h}|^2 \int_{\mathbb{R}^n} d\mathbf{x} \int_0^1 |\nabla v(\mathbf{x}+t\mathbf{h})|^2\, dt$$

$$\le |\mathbf{h}|^2 \|\nabla v\|_{L^2(\mathbb{R}^n)}^2$$

cosicché

$$\int_{\mathbb{R}^n} |v(\mathbf{x}+\mathbf{h}) - v(\mathbf{x})|^2\, d\mathbf{x} \le |\mathbf{h}|^2 \|\nabla v\|_{L^2(\mathbb{R}^n)}^2. \tag{7.50}$$

Poiché $\mathcal{D}(\mathbb{R}^n)$ è denso in $H^1(\mathbb{R}^n)$, la (7.50) continua a valere per ogni $u \in H^1(\mathbb{R}^n)$. Sia ora $S \subset H^1(\Omega)$ limitato, ovvero esiste un numero M tale che:

$$\|u\|_{H^1(\Omega)} \le M, \qquad \forall u \in S.$$

Per il Teorema 6.4, ogni $u \in S$ ha un'estensione $\widetilde{u} \in H^1(\mathbb{R}^n)$, con supporto contenuto in un aperto $\Omega' \supset\supset \Omega$. Allora $\widetilde{u} \in H_0^1(\Omega')$ e inoltre

$$\|\nabla \widetilde{u}\|_{L^2(\Omega')} \le c(\Omega, n) \|\nabla u\|_{L^2(\Omega)} \le c(\Omega, n)\, M.$$

Indichiamo con $\widetilde{S}$ l'insieme di tali estensioni. Allora la (7.50) vale per ogni $\widetilde{u} \in \widetilde{S}$:

$$\int_{\Omega'} |\widetilde{u}(\mathbf{x}+\mathbf{h}) - \widetilde{u}(\mathbf{x})|^2\, d\mathbf{x} \le |\mathbf{h}|^2 \|\nabla \widetilde{u}\|_{L^2(\mathbb{R}^n)}^2 \le c^2 M^2 |\mathbf{h}|^2.$$

In base al Teorema 6.7.5, $\widetilde{S}$ è precompatto in $L^2(\Omega')$ e quindi S è precompatto in $L^2(\Omega)$. $\qquad\square$

Nota 8.1. Come si vede dalla dimostrazione, la compattezza dell'immersione deriva dall'esistenza di un operatore di estensione (Definizione 6.2) da $H^1(\Omega)$ in $H^1(\mathbb{R}^n)$; da qui l'esigenza di avere una certa regolarità del dominio. D'altra parte, le funzioni di $H_0^1(\Omega)$ hanno estensione banale in $H^1(\mathbb{R}^n)$ senza restrizioni sul dominio ed infatti è sufficiente che Ω sia solo limitato per avere immersione compatta $H_0^1(\Omega)$ in $L^2(\Omega)$. Conclusione: *se Ω è limitato, l'immersione di $H_0^1(\Omega)$ in $L^2(\Omega)$ è compatta.*

7.8.2 Disuguaglianze di Poincaré

Nella teoria generale dei problemi al contorno per equazioni a derivate parziali, risultano di particolare utilità certe disuguaglianze, note come **disuguaglianze di Poincaré**. Queste affermano che, sotto opportune ipotesi, la norma in $H^1(\Omega)$ è equivalente alla norma del gradiente in $L^2(\Omega)$, ossia che esiste una costante C_P, che dipende solo dalla dimensione n e da Ω, tale che

$$\|u\|_0 \leq C_P \|\nabla u\|_0. \tag{7.51}$$

La (7.51) è precisamente una **disuguaglianza di Poincaré**. È chiaro che essa non può valere in generale, poiché non è vera già nel caso $u = $ costante $\neq 0$. Le ipotesi che garantiscono la validità di (7.51) richiedono, sostanzialmente, che u abbia "abbastanza zeri". Abbiamo già dimostrato (Teorema 5.4) che la (7.51) vale se $u \in H_0^1(\Omega)$ (qui u "si annulla" sull'intero bordo di Ω). Altre condizioni sotto le quali la (7.51) vale sono le seguenti:

1. $u \in H_{0,\Gamma_0}^1(\Omega)$ (qui u "si annulla" su un aperto non vuoto $\Gamma_0 \subset \partial\Omega$);

2. $u \in H^1(\Omega)$ e $u = 0$ su un insieme $S \subset \Omega$ con misura

$$|S| = a > 0;$$

3. $u \in H^1(\Omega)$ e $\int_\Omega u = 0$ (u ha media nulla in Ω).

Teorema 8.2. *Sia Ω un dominio limitato e Lipschitziano. Allora esiste C_P tale che*

$$\|u\|_0 \leq C_P \|\nabla u\|_0 \tag{7.52}$$

per ogni u che soddisfi una tra le ipotesi 1-3.

Dimostrazione. Facciamo una dimostrazione astratta, valida sotto una qualunque tra le ipotesi 1-3. Per fissare le idee, useremo l'ipotesi 1. Ragioniamo per assurdo supponendo che (7.52) sia falsa. Ciò significa che per ogni intero naturale $j \geq 1$, esiste una funzione $u_j \in H_{0,\Gamma_0}^1(\Omega)$ tale che

$$\|u_j\|_0 > j \|\nabla u_j\|_0. \tag{7.53}$$

Normalizziamo le u_j in $L^2(\Omega)$ ponendo

$$w_j = \frac{u_j}{\|u_j\|_0}.$$

Allora, dalla (7.53),

$$\|w_j\|_0 = 1 \quad \text{e} \quad \|\nabla w_j\|_0 < \frac{1}{j} \leq 1.$$

Ne segue che la successione $\{w_j\}$ è limitata in $H^1(\Omega)$ e per il Teorema di Rellich esiste una sottosuccessione, che continuiamo a chiamare $\{w_j\}$, e $w \in H_{0,\Gamma_0}^1(\Omega)$ tali che:

- $w_j \to w$ in $L^2(\Omega)$;

- $\nabla w_j \rightharpoonup \nabla w$ in $L^2(\Omega)$.

Per la continuità della norma,

$$\|w\|_0 = \lim_{j \to \infty} \|w_j\|_0 = 1.$$

D'altra parte, poiché la norma è semicontinua inferiormente rispetto alla convergenza debole (Teorema 6.7.7),

$$\|\nabla w\|_0 \le \liminf_{j \to \infty} \|\nabla w_j\|_0 = 0$$

per cui $\nabla w = \mathbf{0}$ ed essendo Ω connesso, si deduce che w è costante. Siccome $w \in H_{0,\Gamma_0}^1 (\Omega)$ deve essere $w = 0$, che contraddice $\|w\|_0 = \lim_{j \to \infty} \|w_j\|_0 = 1$.
La dimostrazione negli altri casi è identica.   □

Nota 8.2. Siano Ω limitato e Lipschitziano e $u \in H^1(\Omega)$. Posto $\frac{1}{|\Omega|} \int_\Omega u = u_\Omega$, si ha che $w = u - u_\Omega$ ha media nulla e quindi per w vale la (7.52). Si ha dunque:

$$\|u - u_\Omega\|_0 \le C_P \|\nabla u\|_0 \qquad \forall u \in H^1(\Omega).$$

7.8.3 Disuguaglianze di Sobolev in $\mathbb{R}^n$

Dal Microteorema 5.3, sappiamo che le funzioni di $H^1(a,b)$ sono continue in $[a,b]$ e perciò limitate. Inoltre, vale la disuguaglianza

$$\max_{[a,b]} |v| \le C \|v\|_{H^1(a,b)}$$

con la costante C che dipende dalla lunghezza dell'intervallo.

D'altra parte, l'Esempio 5.1 implica che una disuguaglianza dello stesso tipo è falsa in dimensione maggiore di uno. Tuttavia, il fatto di possedere gradiente in $L^2(\Omega)$ implica una migliore sommabilità, nel senso che, se $u \in H^1(\Omega)$ allora $u \in L^p(\Omega)$ per opportuni $p > 2$. Non solo, la norma di u in $L^p(\Omega)$ può essere controllata dalla norma di u in $H^1(\Omega)$.

Per renderci conto di quali p possano andar bene, consideriamo una disuguaglianza del tipo

$$\|u\|_{L^p(\mathbb{R}^n)} \le c \|\nabla u\|_{L^2(\mathbb{R}^n)} \tag{7.54}$$

e supponiamo che *valga* **per ogni** $u \in \mathcal{D}(\mathbb{R}^n)$, *con la costante c che può dipendere da p,n ma* **non da** u. Facciamo ora un tipico "ragionamento di analisi dimensionale".

La (7.54) deve essere *invariante per dilatazioni dello spazio,* nel senso seguente. Sia $u \in \mathcal{D}(\mathbb{R}^n)$ ed operiamo la dilatazione (od omotetia) di rapporto $\lambda > 0$, definita da $\mathbf{x} \longmapsto \lambda \mathbf{x}$. La funzione

$$u_\lambda(\mathbf{x}) = u(\lambda \mathbf{x})$$

appartiene ancora a $\mathcal{D}(\mathbb{R}^n)$ e quindi la (7.54) deve valere per u_λ con la costante c **indipendente da** λ; cioè:

$$\|u_\lambda\|_{L^p(\mathbb{R}^n)} \le c \|\nabla u_\lambda\|_{L^2(\mathbb{R}^n)}. \tag{7.55}$$

Ora

$$\int_{\mathbb{R}^n} |u_\lambda|^p \, d\mathbf{x} = \int_{\mathbb{R}^n} |u(\lambda\mathbf{x})|^p \, d\mathbf{x} = \frac{1}{\lambda^n} \int_{\mathbb{R}^n} |u(\mathbf{y})|^p \, d\mathbf{y}$$

mentre

$$\int_{\mathbb{R}^n} |\nabla u_\lambda|^2 \, d\mathbf{x} = \int_{\mathbb{R}^n} |\nabla u(\lambda\mathbf{x})|^2 \, d\mathbf{x} = \frac{1}{\lambda^{n-2}} \int_{\mathbb{R}^n} |\nabla u(\mathbf{y})|^2 \, d\mathbf{y}.$$

Inserendo nella (7.55) troviamo:

$$\frac{1}{\lambda^{n/p}} \left(\int_{\mathbb{R}^n} |u|^p \, d\mathbf{y} \right)^{1/p} \leq c(n,p) \frac{1}{\lambda^{(n-2)/2}} \left(\int_{\mathbb{R}^n} |\nabla u|^2 \, d\mathbf{y} \right)^{1/2}$$

ossia

$$\|u\|_{L^p(\mathbb{R}^n)} \leq c\lambda^{1-\frac{n}{2}+\frac{n}{p}} \|\nabla u\|_{L^2(\mathbb{R}^n)}.$$

L'indipendenza da λ forza la condizione $1 - \frac{n}{2} + \frac{n}{p} = 0$. Se $n > 2$, troviamo che l'esponente corretto è dunque

$$p^* = \frac{2n}{n-2},$$

che si chiama *esponente di Sobolev* per $H^1(\mathbb{R}^n)$. Il risultato esatto è espresso nel seguente teorema di *Sobolev, Gagliardo, Nirenberg* del quale omettiamo la lunga e tecnica dimostrazione.

Teorema 8.3. *Siano $n \geq 3$ e $u \in H^1(\mathbb{R}^n)$. Allora $u \in L^{p^*}(\mathbb{R}^n)$ con $p^* = \frac{2n}{n-2}$ e vale la disuguaglianza*

$$\|u\|_{L^{p^*}(\mathbb{R}^n)} \leq c \|\nabla u\|_{L^2(\mathbb{R}^n)}$$

dove $c = c(n)$.

Restano esclusi i casi $n = 1$ ed $n = 2$. Il caso $n = 1$ è elementare (Problema 7.18 (b)).

Il caso $n = 2$ è critico. Infatti, ponendo formalmente $n = 2$, si otterrebbe $p = \infty$. Data la densità di $\mathcal{D}(\mathbb{R}^n)$ in $H^1(\mathbb{R}^n)$ ciò implicherebbe che, per ogni $u \in H^1(\mathbb{R}^n)$, si avrebbe

$$\|u\|_{L^\infty(\mathbb{R}^n)} \leq c \|\nabla u\|_{L^2(\mathbb{R}^n)}$$

ma sappiamo dall'Esempio 5.1 che vi sono funzioni in $H^1(\mathbb{R}^n)$ illimitate. Il risultato corretto è il seguente.

Microteorema 8.4. *a) Sia $u \in H^1(\mathbb{R})$. Allora $u \in C(\mathbb{R}) \cap L^\infty(\mathbb{R})$ e vale la disuguaglianza*

$$\|u\|_{L^\infty(\mathbb{R})} \leq \|u\|_{H^1(\mathbb{R})}.$$

b) Sia $u \in H^1(\mathbb{R}^2)$. Allora $u \in L^p(\mathbb{R}^2)$ per $2 \leq p < \infty$ e vale la disuguaglianza

$$\|u\|_{L^p(\mathbb{R}^2)} \leq c(p) \|u\|_{H^1(\mathbb{R}^2)}.$$

7.8.4 Immersione di Sobolev in domini limitati

Nel caso di domini limitati con il solito grado di regolarità, i risultati sono molto più articolati.

Teorema 8.5. *Sia Ω un dominio limitato e Lipschitziano. Allora*

1. *se $n > 2$, $H^1(\Omega) \hookrightarrow L^p(\Omega)$ per $2 \leq p \leq p^*$. Se $2 \leq p < p^*$, l'immersione è compatta;*

2. *se $n = 2$, $H^1(\Omega) \hookrightarrow L^p(\Omega)$ per $2 \leq p < \infty$. L'immersione è compatta.*

Nei casi indicati vale inoltre la disuguaglianza

$$\|u\|_{L^p(\Omega)} \leq c(n, p, \Omega) \|u\|_{H^1(\Omega)}.$$

Per esempio, nel caso $n = 3$, abbiamo $p^* = \frac{2n}{n-2} = 6$, perciò $H^1(\Omega) \hookrightarrow L^6(\Omega)$ e

$$\|u\|_{L^6(\Omega)} \leq c(\Omega) \|u\|_{H^1(\Omega)}.$$

Il Teorema 8.5 indica quello che "possiamo spremere" da una funzione di H^1 in termini di ulteriore regolarità. È naturale aspettarsi qualcosa in più per funzioni di H^m, con $m > 1$. Infatti, vale il seguente teorema, dove il simbolo $[s]$ indica la *parte intera di s*.

Teorema 8.6. *Sia Ω un dominio limitato e Lipschitziano. Se $m > n/2$ allora*

$$H^m(\Omega) \hookrightarrow C^{k,\alpha}(\overline{\Omega}),$$

dove $k = m - \left[\frac{n}{2}\right] - 1$ e $\alpha = m - \frac{n}{2} - k = \frac{1}{2}$ se n è dispari, altrimenti α è un qualunque numero in $(0,1)$. L'immersione è compatta e vale inoltre la disuguaglianza

$$\|u\|_{C^{k,\alpha}(\overline{\Omega})} \leq c(n, m, \alpha, \Omega) \|u\|_{H^m(\Omega)}.$$

Vediamo alcuni esempi.

In dimensione $n = 2$, occorrono almeno due derivate in L^2 per avere continuità:

$$H^2(\Omega) \hookrightarrow C^{0,\alpha}(\overline{\Omega}), \quad 0 < \alpha < 1.$$

Infatti, n è pari e per $m = 2$, si ha $k = m - \left[\frac{n}{2}\right] - 1 = 0$. Analogamente

$$H^3(\Omega) \hookrightarrow C^{1,a}(\overline{\Omega}), \, 0 < \alpha < 1,$$

essendo $k = m - \left[\frac{n}{2}\right] - 1 = 3 - 1 - 1 = 1$.

In dimensione $n = 3$, si ha

$$H^2(\Omega) \hookrightarrow C^{0,1/2}(\overline{\Omega}) \quad \text{e} \quad H^3(\Omega) \hookrightarrow C^{1,1/2}(\overline{\Omega})$$

essendo nel primo caso $k = m - \left[\frac{n}{2}\right] - 1 = 2 - \left[\frac{3}{2}\right] - 1 = 0$ mentre, nel secondo, $k = m - \left[\frac{n}{2}\right] - 1 = 3 - \left[\frac{3}{2}\right] - 1 = 1$. In entrambi i casi $\alpha = m - \frac{n}{2} - k = \frac{1}{2}$.

Nota 9.1. Se $u \in H^m(\Omega)$ per ogni $m \geq 1$, allora $u \in C^\infty(\overline{\Omega})$.

7.9 Spazi dipendenti dal tempo

7.9.1 Funzioni a valori in spazi di Hilbert

Problemi per equazioni non stazionarie (di tipo parabolico o iperbolico) vengono ambientati in spazi dipendenti dal tempo. Data una funzione $u = u(\mathbf{x}, t)$, dipendente dallo spazio e dal tempo, è a volte conveniente adottare un punto di vista leggermente diverso, separando i ruoli di spazio e tempo. Supponiamo che t vari in un intervallo temporale $[0, T]$ e che per ogni t, o per lo meno, per quasi ogni $t \in [0, T]$, la funzione $u(\cdot, t)$ appartenga ad uno spazio di Hilbert V separabile (per esempio $L^2(\Omega)$ o $H^1(\Omega)$).

Possiamo allora pensare u come funzione della sola variabile t a valori in V:

$$u : [0, T] \to V.$$

Quando adottiamo questa convenzione, scriviamo $u(t)$ e $\dot{u}(t)$ invece di $u(\mathbf{x}, t)$ e $u_t(\mathbf{x}, t)$.

• *Spazi di funzioni continue*. Cominciamo a introdurre l'insieme $C([0, T]; V)$ delle funzioni continue $u : [0, T] \to V$. Con la norma

$$\|u\|_{C([0, T]; V)} = \max_{0 \le t \le T} \|u(t)\|_V \,.$$

$C([0, T]; V)$ è uno spazio di Banach. Diciamo che $v : [0, T] \to V$ è la derivata (forte) di u se

$$\left\| \frac{u(t + h) - u(t)}{h} - v(t) \right\|_V \to 0$$

per ogni $t \in [0, T]$. Usiamo i soliti simboli u' o $\dot{u}$ per denotare la derivata di u.

Il simbolo $C^1([0, T]; V)$ indica lo spazio di Banach delle funzioni continue e derivabili, con derivata appartenente a $C([0, T]; V)$, con la norma

$$\|u\|_{C^1([0, T]; V)} = \|u\|_{C([0, T]; V)} + \|\dot{u}\|_{C([0, T]; V)}$$

Analogamente, possiamo definire gli spazi $C^k([0, T]; V)$ e $C^\infty([0, T]; V)$, mentre $\mathcal{D}(0, T; V)$ indica il sottospazio di $C^\infty([0, T]; V)$ delle funzioni a supporto compatto in $(0, T)$.

• *Integrali e spazi di funzioni integrabili (o sommabili)*. Possiamo estendere a questo tipo di funzioni le nozioni di *misurabilità* e di *integrale* senza eccessivo sforzo, seguendo la procedura indicata in Appendice B.

Per prima cosa introduciamo l'insieme delle funzioni $s : [0, T] \to V$ che assumono solo un numero finito di valori diversi. Queste funzioni di dicono *semplici* e sono della forma

$$s(t) = \sum_{j=1}^{N} \chi_{E_j}(t) u_j \qquad (0 \le t \le T) \tag{7.56}$$

dove $u_1, ..., u_N \in V$ e $E_1, ..., E_N$ sono sottoinsiemi di $[0, T]$, misurabili secondo Lebesgue, a due a due disgiunti.

Una funzione $f : [0, T] \to V$ si dice *misurabile* se esiste una successione $s_k : [0, T] \to V$ di funzioni semplici tale che, per $k \to \infty$,

$$\|s_k(t) - f(t)\|_V \to 0, \qquad \text{q.o. in } [0, T].$$

Non è difficile dimostrare che, se f è *misurabile* e $v \in V$, la funzione (reale) $t \longmapsto (f(t), u)_V$ è misurabile secondo Lebesgue in $[0, T]$.

La nozione di integrale è definita prima per funzioni semplici. Se s è data dalla (7.56), definiamo

$$\int_0^T s(t) \, dt = \sum_{j=1}^N |E_j| \, u_j.$$

Abbiamo poi:

Definizione 9.1. *Diciamo che $f : [0, T] \to V$ è integrabile in $[0, T]$ se è misurabile ed esiste una successione $s_k : [0, T] \to V$ di funzioni semplici tale che*

$$\int_0^T \|s_k(t) - f(t)\|_V \to 0 \qquad \text{per } k \to \infty. \tag{7.57}$$

Se f è integrabile in $[0, T]$, definiamo

$$\int_0^T f(t) \, dt = \lim_{k \to \infty} \int_0^T s_k(t) \, dt \qquad \text{per } k \to \infty. \tag{7.58}$$

Poiché (controllare)

$$\left\| \int_0^T [s_h(t) - s_k(t)] \, dt \right\|_V \leq \int_0^T \|s_h(t) - s_k(t)\|_V \, dt$$

$$\leq \int_0^T \|s_h(t) - f(t)\|_V \, dt + \int_0^T \|s_k(t) - f(t)\|_V \, dt,$$

dalla (7.57) segue che la successione

$$\left\{ \int_0^T s_k(t) \, dt \right\}$$

è di Cauchy in V, cosicché il limite (7.58) è ben definito e non dipende dalla scelta della successione approssimante $\{s_k\}$.

Vale il seguente importante teorema.

Teorema 9.1 (di Bochner). *Una funzione misurabile $f : [0, T] \to V$ è integrabile in $[0, T]$ se e solo se la funzione reale $t \longmapsto \|f(t)\|_V$ è integrabile in $[0, T]$. Inoltre*

$$\left\| \int_0^T f(t) \, dt \right\|_V \leq \int_0^T \|f(t)\|_V \, dt \tag{7.59}$$

e

$$\left(u, \int_0^T f(t) \, dt \right)_V = \int_0^T (u, f(t))_V \, dt, \qquad \forall u \in V. \tag{7.60}$$

La (7.59) generalizza la ben nota disuguaglianza valida per funzioni reali o complesse. Per il Teorema di Rappresentazione di Riesz, la (7.60) indica che l'azione di un funzionale lineare, appartenente al duale V^*, *commuta con l'operazione di integrazione*.

Possiamo ora introdurre gli spazi $L^p(0, T; V)$, $1 \le p \le \infty$. Indichiamo con $L^p(0, T; V)$ l'insieme delle funzioni misurabili $u : [0, T] \to V$ tali che:

se $1 \le p < \infty$

$$\|u\|_{L^p(0,T;V)} = \left(\int_0^T \|u(t)\|_V^p \, dt \right)^{1/p} < +\infty \qquad (7.61)$$

mentre, se $p = +\infty$,

$$\|u\|_{L^\infty(0,T;V)} = \operatorname{ess\,sup}_{0 \le t \le T} \|u(t)\|_V < +\infty.$$

Con le norme indicate sopra, $L^p(0, T; V)$, $1 \le p \le +\infty$, diventa uno spazio di Banach. Se $p = 2$, la norma (7.61) è indotta dal prodotto interno

$$(u, v)_{L^2(0,T;V)} = \int_0^T (u(t), v(t))_V \, dt$$

rispetto al quale $L^2(0, T; V)$ è uno spazio di Hilbert.

Come nel caso scalare, $\mathcal{D}(0, T; V)$ è denso in $L^p(0, T; V)$, per $1 \le p < \infty$.

Se $u \in L^1(0, T; V)$, la funzione $t \longmapsto \int_0^t u(s) \, ds$ è continua e

$$\frac{d}{dt} \int_0^t u(s) \, ds = u(t) \quad \text{q.o. in } (0, T).$$

Concludiamo con un risultato utile nelle applicazioni alle equazioni di evoluzione: la convergenza debole in $L^2(0, T; V)$ "mantiene la limitatezza".

Microteorema 9.2. *Sia $\{u_k\} \subset L^2(0, T; V)$, debolmente convergente a u. Supponiamo che esista C, indipendente da k, tale che*

$$\|u_k\|_{L^\infty(0,T;V)} \le C.$$

Allora anche

$$\|u\|_{L^\infty(0,T;V)} \le C.$$

7.9.2 Spazi di Sobolev dipendenti dal tempo

Per definire gli *spazi di Sobolev*, abbiamo bisogno della nozione di derivata *nel senso delle distribuzioni per funzioni* $u \in L^1_{loc}(0, T; V)$. In generale, la derivata debole $\dot{u}$ è definita dall'operatore lineare

$$\varphi \mapsto \langle \dot{u}, \varphi \rangle = - \int_0^T u(t) \, \dot{\varphi}(t) \, dt \qquad (7.62)$$

da $\mathcal{D}(0, T)$ in V. Come al solito, il crochet $\langle \cdot, \cdot \rangle$ indica l'*azione* della distribuzione $\dot{u}$ sulla funzione test φ. Infatti, abbiamo

$$\|\langle \dot{u}, \varphi \rangle \|_V \leq \left\| \int_0^T u(t) \dot{\varphi}(t) dt \right\|_V \leq K \max |\dot{\varphi}(t)|$$

dove K è l'integrale di $\|u(t)\|_V$ sul supporto di φ. Quindi $\dot{u}$ è continuo rispetto alla convergenza in $\mathcal{D}(0, T)$ e definisce un elemento di $\mathcal{D}'(0, T; V)$.

Dunque, diciamo che $\dot{u} \in L^1_{loc}(0, T; V)$ è la *derivata nel senso delle distribuzioni* di u se

$$\langle \dot{u}, \varphi \rangle = \int_0^T \varphi(t) \dot{u}(t) dt = - \int_0^T \dot{\varphi}(t) u(t) dt \qquad (7.63)$$

per ogni $\varphi \in \mathcal{D}(0, T)$ o, equivalentemente, se

$$\int_0^T \varphi(t) (\dot{u}(t), v)_V dt = - \int_0^T \dot{\varphi}(t) (u(t), v)_V dt \qquad \forall v \in V. \qquad (7.64)$$

Indichiamo con $H^1(0, T; V)$ *lo spazio di Sobolev delle funzioni* $u \in L^2(0, T; V)$ tali che $\dot{u} \in L^2(0, T; V)$. Questo è uno spazio di Hilbert rispetto al prodotto interno

$$(u, v)_{H^1(0,T;V)} = \int_0^T \{(u(t), v(t))_V + (\dot{u}(t), \dot{u}(t))_V\} dt.$$

Abbiamo visto che, nel caso unidimensionale, le funzioni di $H^1(a, b)$ sono continue in $[a, b]$ e vale per esse il teorema fondamentale del calcolo integrale. In un certo senso, gli spazi appena introdotti sono "unidimensionali" rispetto a t, per cui non è sorprendente il seguente teorema.

Teorema 9.3. *Sia* $u \in H^1(0, T; V)$. *Allora* $u \in C([0, T]; V)$ *e*

$$\|u\|_{L^\infty(0,T;V)} \leq C(T) \|u\|_{H^1(0,T;V)}.$$

Inoltre, vale il teorema fondamentale del calcolo:

$$u(t) = u(s) + \int_s^t \dot{u}(r) dr \qquad 0 \leq s \leq t \leq T.$$

Se V e W sono spazi di Hilbert separabili con

$$V \hookrightarrow W$$

ha senso definire lo spazio di Hilbert

$$H^1(0, T; V, W) = \{u \in L^2(0, T; V) : \dot{u} \in L^2(0, T; W)\},$$

dove $\dot{u}$ è intesa nel senso delle distribuzioni in $\mathcal{D}'(0,T;W)$, dotato della norma

$$\|u\|^2_{H^1(0,T;V,W)} = \|u\|^2_{L^2(0,T;V)} + \|\dot{u}\|^2_{L^2(0,T;W)}.$$

Infatti, il funzionale lineare

$$\varphi \longmapsto \langle \dot{u}, \varphi \rangle = \int_0^T \varphi(t)\,\dot{u}(t)\,dt = -\int_0^T \dot{\varphi}(t)\,u(t)\,dt$$

definisce una distribuzione $\dot{u} \in \mathcal{D}'(0,T;W)$. Basta osservare che, poiché $V \hookrightarrow W$, abbiamo $\|u\|_W \le C\,\|u\|_V$ e quindi possiamo scrivere

$$\|\langle \dot{u}, \varphi \rangle\|_W \le \max|\dot{\varphi}(t)| \int_0^T \|u(t)\|_W\,dt \le C \max|\dot{\varphi}(t)|\sqrt{T}\left(\int_0^T \|u(t)\|^2_V\,dt\right)^{1/2}$$

che mostra la continuità di $\dot{u}$ rispetto alla convergenza in in $\mathcal{D}(0,T)$.

Questa situazione si presenta tipicamente in problemi iniziali/al bordo per operatori d'evoluzione. Data una terna Hilbertiana

$$V \hookrightarrow H \hookrightarrow V^*,$$

con V e H separabili, vedremo nel Capitolo 9 che l'ambientazione funzionale naturale è precisamente lo spazio $H^1(0,T;V,V^*)$. Il seguente risultato è fondamentale[23].

Teorema 9.4. *Sia (V,H,V) una terna Hilbertiana, con V e H separabili. Allora:*

a) $C^\infty([0,T];V)$ è denso in $H^1(0,T;V,V^*)$.

b) $H^1(0,T;V,V^*) \hookrightarrow C([0,T];H)$, cioè

$$\|u\|_{C([0,T];H)} \le C(T)\,\|u\|_{H^1(0,T;V,V^*)}.$$

c) Se $u,v \in H^1(0,T;V,V^*)$, vale la seguente formula di integrazione per parti: per ogni $s,t \in [0,T]$

$$\int_s^t \{\langle \dot{u}(r), v(r)\rangle_* + \langle u(r), \dot{v}(r)\rangle_*\}\,dr = (u(t), v(t))_H - (u(s), v(s))_H.$$
$$(7.65)$$

Nota 9.1. Dalla (7.65) si deduce che

$$\frac{d}{dt}(u(t), v(t))_H = \langle \dot{u}(t), v(t)\rangle_* + \langle u(t), \dot{v}(t)\rangle_*$$

per quasi ogni $t \in [0,T]$ e (ponendo $u = v$)

$$\int_s^t \frac{d}{dt}\|u(r)\|^2_H\,dt = \|u(t)\|^2_H - \|u(s)\|^2_H.$$
$$(7.66)$$

---

[23] Per la dimostrazione, si veda *Dautray-Lions*, volume 5, capitolo XVIII, 1985.

Problemi

7.1. *Approssimazione della* δ.

a) Siano B_r la sfera di raggio r centrata nell'origine e χ_{B_r} la sua funzione caratteristica. Mostrare che

$$\lim_{r \to 0} \frac{1}{|B_r|} \chi_{B_r} = \delta_n \quad \text{in } \mathcal{D}'(\mathbb{R}^n).$$

b) Sia η_ε il mollificatore definito nella (7.4). Mostrare che

$$\lim_{\varepsilon \to 0} \eta_\varepsilon = \delta_n \quad \text{in } \mathcal{D}'(\mathbb{R}^n).$$

7.2. Sia $\{x_k\} \subset \mathbb{R}$, $x_k \to +\infty$. Mostrare che la serie $\sum_{k=1}^\infty c_k \delta(x - x_k)$ converge in $\mathcal{D}'(\mathbb{R})$ qualunque sia la successione numerica $\{c_k\} \subset \mathbb{R}$.

7.3. Dimostrare che la serie

$$\sum_{k=1}^\infty c_k \sin kx$$

converge in $\mathcal{D}'(\mathbb{R})$ se la successione numerica $\{c_k\}$ è a *crescita lenta*, se cioè esiste $p \in \mathbb{R}$ tale che $c_k = O(k^p)$ per $k \to \infty$.

7.4. Dimostrare che se $F \in \mathcal{D}'(\mathbb{R}^n)$, $v \in \mathcal{D}(\mathbb{R}^n)$ e v si annulla in un aperto contenente il supporto di F, allora $\langle F, v \rangle = 0$. È vero che $\langle F, v \rangle = 0$ se v si annulla *solo* sul supporto di F?

7.5. Mostrare, in base al Microteorema di completezza 1.4, che la relazione

$$\langle T, \varphi \rangle = \lim_{r \to 0} \int_{\{|x| > r\}} \frac{\varphi(x)}{x} dx, \quad \forall \varphi \in \mathcal{D}(\mathbb{R}), \tag{7.67}$$

definisce una distribuzione $T \in \mathcal{D}'(\mathbb{R})$. Questa distribuzione si indica col simbolo $v.p.\frac{1}{x}$. Controllare poi che $x \cdot \left(v.p.\frac{1}{x} \right) = 1$.

[*Suggerimento.* Mostrare che il limite nella (7.67) esiste finito per ogni $\varphi \in \mathcal{D}(\mathbb{R})$. L'ultimo integrale si chiama *valor principale secondo Cauchy*, da cui il simbolo $v.p.\frac{1}{x}$].

7.6. Siano $u(x) = |x|$ e $S(x) = \text{sign}(x)$. Controllare che $u' = S$ in $\mathcal{D}'(\mathbb{R})$.

7.7. Sia $u(x) = \ln|x|$. Dimostrare che $u' = v.p.\frac{1}{x}$ in $\mathcal{D}'(\mathbb{R})$.

[*Suggerimento.* Scrivere

$$\langle u', \varphi \rangle = -\langle u, \varphi' \rangle = -\int_{\mathbb{R}} \ln|x| \, \varphi'(x) \, dx = -\lim_{\varepsilon \to 0} \int_{\{|x| > \varepsilon\}} \ln|x| \, \varphi'(x) \, dx$$

e integrare per parti].

7.8. Mostrare che, se $u(x_1, x_2) = -\frac{1}{4\pi} \ln(x_1^2 + x_2^2)$ allora

$$-\Delta u = \delta_2 \quad \text{in } \mathcal{D}'(\mathbb{R}^2).$$

7.9. Verificare che la soluzione dell'equazione $xT = 1$ in $\mathcal{D}'(\mathbb{R})$ è data da

$$T = v.p.\frac{1}{x} + c\delta \quad (c \in \mathbb{R}). \tag{7.68}$$

7.10. *Trasformata di* x. Dimostrare la formula

$$\widehat{x} = 2\pi i \,\delta'.$$

[*Suggerimento.* Scrivere $\widehat{x} = \mathcal{F}[x \cdot 1]$ ed usare la proprietà 2 b) della trasformata di Fourier e l'Esempio 4.4].

7.11. Sia $g, h \in C_0^\infty(\mathbb{R}^n)$.

a) Mostrare che $u \in C^2(\mathbb{R}^n \times [0, +\infty))$ è una soluzione del seguente problema di Cauchy globale

$$\begin{cases} u_{tt} - c^2 \Delta u = 0 & \mathbf{x} \in \mathbb{R}^n, t > 0 \\ u(\mathbf{x},0) = g(\mathbf{x}), \; u_t(\mathbf{x},0) = h(\mathbf{x}) & \mathbf{x} \in \mathbb{R}^n \end{cases} \qquad (n = 1, 2, 3) \qquad (7.69)$$

se e solo se $u^0(\mathbf{x},t)$, l'estensione di u a zero per $t < 0$, è una soluzione in $\mathcal{D}'(\mathbb{R}^n \times \mathbb{R})$ dell'equazione

$$u_{tt}^0 - c^2 \Delta u^0 = g(\mathbf{x}) \otimes \delta'(t) + h(\mathbf{x}) \otimes \delta(t). \qquad (7.70)$$

b) Sia $K = K(\mathbf{x},t)$ la soluzione fondamentale dell'equazione delle onde in dimensione $n = 1, 2, 3$. Dedurre da a) che $K^0(\mathbf{x},t)$ soddisfa

$$K_{tt}^0 - c^2 \Delta K^0 = \delta_n(\mathbf{x}) \otimes \delta(t) \qquad \text{in } \mathcal{D}'(\mathbb{R}^n \times \mathbb{R}).$$

[*Suggerimento.* a) Sia u soluzione di (7.70). Ciò significa che, per ogni $\varphi \in \mathcal{D}(\mathbb{R}^n \times \mathbb{R})$,

$$\int_\mathbb{R} \int_{\mathbb{R}^n} u^0 \left(\varphi_{tt} - c^2 \Delta \varphi\right) dt d\mathbf{x} = -\int_{\mathbb{R}^n} g(\mathbf{x}) \varphi_t(\mathbf{x}, 0) d\mathbf{x} + \int_{\mathbb{R}^n} h(\mathbf{x}) \varphi(\mathbf{x}, 0) d\mathbf{x}. \qquad (7.71)$$

Integrare due volte per parti il primo integrale, tenendo conto che $u^0 = u^0(\mathbf{x},t) = \mathcal{H}(t) u(\mathbf{x},t)$, per ottenere

$$\int_0^{+\infty} \int_{\mathbb{R}^n} \left(u_{tt} - c^2 \Delta u\right) \varphi \, dt d\mathbf{x}$$
$$= \int_{\mathbb{R}^n} [u(\mathbf{x},0) - g(\mathbf{x})] \varphi_t(\mathbf{x}, 0) d\mathbf{x} - \int_{\mathbb{R}^n} [u_t(\mathbf{x},0) - h(\mathbf{x})] \varphi(\mathbf{x}, 0) d\mathbf{x}. \qquad (7.72)$$

Scegliere arbitrariamente $\varphi \in \mathcal{D}(\mathbb{R}^n \times (0, +\infty))$ per ritrovare l'equazione delle onde. Scegliere $\psi_0, \psi_1 \in \mathcal{D}(\mathbb{R}^n)$ e $b(t) \in C_0^\infty([0, +\infty))$ tale che $b(0) = 1$ e $b'(0) = 0$. Osservare che la funzione

$$\psi(\mathbf{x},t) = (\psi_0(\mathbf{x}) + t \psi_1(\mathbf{x})) \beta(t)$$

appartiene a $\mathcal{D}(\mathbb{R}^n \times [0, +\infty))$. Inserire ψ in (7.72) e usare l'arbitrarietà di ψ_0, ψ_1 per dedurre che u soddisfa anche le condizioni iniziali.

Viveversa, sia u soluzione di (7.69). Con una doppia integrazione per parti, usando le condizioni iniziali, si ottiene

$$0 = \int_0^{+\infty} \int_{\mathbb{R}^n} u(\varphi_{tt} - c^2 \Delta \varphi) dt d\mathbf{x} + \int_{\mathbb{R}^n} g(\mathbf{x}) \varphi_t(\mathbf{x}, 0) d\mathbf{x} - \int_{\mathbb{R}^n} h(\mathbf{x}) \varphi(\mathbf{x}, 0) d\mathbf{x}$$

che è equivalente a (7.71).

b) Ricordare che $K(\mathbf{x},0) = 0$, $K_t(\mathbf{x},0) = \delta_3(\mathbf{x})$].

7.12. Sia $g \in C_0^\infty (\mathbb{R}^n)$, $f \in C(\mathbb{R}^n \times (0, +\infty))$.

a) Mostrare che $u \in C^{2,1} (\mathbb{R}^n \times [0, +\infty))$ è una soluzione del seguente problema di Cauchy globale

$$\begin{cases} u_t - \Delta u = f(\mathbf{x}, t) & \mathbf{x} \in \mathbb{R}^n, \, t > 0 \\ u(\mathbf{x}, 0) = g(\mathbf{x}) & \mathbf{x} \in \mathbb{R}^n \end{cases} \tag{7.73}$$

se e solo se $u^0 (\mathbf{x}, t)$, l'estensione di u a zero per $t < 0$, è soluzione in $\mathcal{D}'(\mathbb{R}^n \times \mathbb{R})$ dell'equazione

$$u_t^0 - \Delta u^0 = f^0 (\mathbf{x}, t) + g(\mathbf{x}) \otimes \delta(t) \qquad \text{in } \mathcal{D}'(\mathbb{R}^n \times \mathbb{R}). \tag{7.74}$$

b) Sia $\Gamma = \Gamma(\mathbf{x}, t)$ la soluzione fondamentale dell'equazione del calore in dimensione $n = 1, 2, 3$. Dedurre da a) che $\Gamma^0 (\mathbf{x}, t)$ soddisfa

$$\Gamma_t^0 - \Delta \Gamma^0 = \delta_n (\mathbf{x}) \otimes \delta(t) \qquad \text{in } \mathcal{D}'(\mathbb{R}^n \times \mathbb{R}).$$

7.13. Siano $u(x) = \text{sign}(x)$ e $\mathcal{H} = \mathcal{H}(x)$ la funzione di Heaviside. Dimostrare le seguenti formule:

$$\widehat{u}(\xi) = \frac{2}{i} p.v. \frac{1}{\xi}, \qquad \widehat{\mathcal{H}}(\xi) = \pi \delta + \frac{1}{i} p.v. \frac{1}{\xi}.$$

[*Suggerimento.* a) Provare che $u' = 2\delta$. Trasformando questa equazione si ottiene

$$\xi \widehat{u}(\xi) = -2i.$$

Risolvere questa equazione usando la (7.68) e ricordare che $\widehat{u}$ è dispari mentre δ è pari.

b) Scrivere $\mathcal{H}(x) = \frac{1}{2} + \frac{1}{2} \text{sign}(x)$ e usare a)].

7.14. Siano $\Omega = B_1 (\mathbf{0}) \subset \mathbb{R}^n$, $n > 2$, e $u(\mathbf{x}) = |\mathbf{x}|^{-a}$, $\mathbf{x} \neq \mathbf{0}$. Determinare per quali valori di a, $u \in H^2(\Omega)$.

7.15. Nel Teorema 5.1 scegliamo

$$H = L^2(\Omega; \mathbb{R}^n), \quad Z = L^2(\Omega) \hookrightarrow \mathcal{D}'(\Omega)$$

e $L : H \to \mathcal{D}'(\Omega)$ dato $L = \text{div}$. Identificare lo spazio di Sobolev W che ne risulta.

7.16. Siano X e Z spazi di Banach e $Z \hookrightarrow \mathcal{D}'(\Omega; \mathbb{R}^n)$ (e.g. $L^p(\Omega)$ o $L^p(\Omega; \mathbb{R}^n)$). Sia $L : X \to \mathcal{D}'(\Omega; \mathbb{R}^n)$ un operatore lineare e continuo (e.g. un gradiente o una divergenza). Definiamo

$$W = \{v \in X : Lv \in Z\}$$

con norma

$$\|u\|_W^2 = \|u\|_X^2 + \|Lu\|_Z^2.$$

Dimostrare che W è uno spazio di Banach, immerso con continuità in X.

[*Suggerimento*. Imitare la dimostrazione del Teorema 5.1].

7.17. *Lo spazio di Sobolev* $W^{1,p}(\Omega)$. Sia $\Omega \subseteq \mathbb{R}^n$. Per $p \geq 1$, definiamo

$$W^{1,p}(\Omega) = \{v \in L^p(\Omega) : \nabla v \in L^p(\Omega; \mathbb{R}^n)\}.$$

Usando il risultato del Probema 7.16, dimostrare che $W^{1,p}(\Omega)$ è uno spazio di Banach.

7.18. Sia $u \in H^s(\mathbb{R})$. (*a*) Mostrare che, se $s > 1/2$, allora $u \in C(\mathbb{R})$ e $u(x) \to 0$ per $x \to \pm\infty$.

(*b*) Dedurre che, se $s = 1$, si ha $u \in C(\mathbb{R}) \cap L^\infty(\mathbb{R})$ e $\|u\|_{L^\infty(\mathbb{R})} \leq \|u\|_{H^1(\mathbb{R})}$.

[*Suggerimento*. (*a*) Mostrare che $\widehat{u} \in L^1(\mathbb{R})$].

7.19. Sia

$$H_{0,a}^1(a, b) = \left\{u \in H^1(a, b) : u(a) = 0\right\}.$$

Vale la disuguaglianza di Poincaré in $H_{0,a}^1(a, b)$?

7.20. *Disuguaglianza di Poincaré in domini illimitati*. Sia $n > 1$ e

$$\Omega = \left\{(\mathbf{x}', x_n) : \mathbf{x}' \in \mathbb{R}^{n-1}, \, 0 < x_n < d\right\}.$$

Dimostrare che la disuguaglianza di Poincaré vale in $H_0^1(\Omega)$.

7.21. Sia Ω un dominio limitato e Lipschitziano in $\mathbb{R}^n$. Poniamo $\Gamma = \partial\Omega$.

a) Mostrare che

$$(u, v)_{1,\partial} = \int_\Gamma u_{|\Gamma} \, v_{|\Gamma} \, d\sigma + \int_\Omega \nabla u \cdot \nabla v \, d\mathbf{x}$$

è un prodotto interno in $H^1(\Omega)$.

b) Mostrare che la norma

$$\|u\|_{1,\partial} = \left(\int_\Gamma u_{|\Gamma}^2 \, d\sigma + \int_\Omega |\nabla u|^2 \, d\mathbf{x}\right)^{1/2} \tag{7.75}$$

è equivalente a $\|u\|_{1,2}$.

Capitolo 8
Formulazione variazionale di problemi ellittici

8.1 Equazioni ellittiche

L'equazione di Poisson $\Delta u = f$ è il prototipo delle *equazioni ellittiche*, già classificate nel caso bidimensionale nella Sezione 5.5. Questo tipo di equazioni si presenta nella modellazione di una vasta classe di fenomeni, spesso in condizioni di equilibrio. Tipicamente, in modelli di diffusione, trasporto e reazione come quelli considerati nel Capitolo 2, le condizioni di stazionarietà, che possono corrispondere a situazioni a regime dove non c'è più dipendenza dal tempo, conducono ad equazioni ellittiche. Esse intervengono inoltre nella teoria dei potenziali elettrostatici ed elettromagnetici, nonché nella determinazione dei modi di vibrazione di strutture elastiche (per esempio attraverso il metodo di separazione delle variabili per l'equazione delle onde).

Precisiamo che cosa si intende per *equazione ellittica* in dimensione n. Siano Ω un dominio di $\mathbb{R}^n$, $\mathbf{A} = \mathbf{A}(\mathbf{x}) = (a_{ij}(\mathbf{x}))$ una matrice quadrata di ordine n, $\mathbf{b} = \mathbf{b}(\mathbf{x})$ e $\mathbf{c} = \mathbf{c}(\mathbf{x})$ campi vettoriali in $\mathbb{R}^n$, $a = a(\mathbf{x})$ ed $f = f(\mathbf{x})$ funzioni reali. Un'equazione della forma

$$-\sum_{i,j=1}^{n} \partial_{x_i}\left(a_{ij}(\mathbf{x})\,u_{x_j}\right) + \sum_{i=1}^{n} \partial_{x_i}\left(b_i(\mathbf{x})u\right) + \sum_{i=1}^{n} c_i(\mathbf{x})u_{x_i} + a(\mathbf{x})\,u = f(\mathbf{x}) \quad (8.1)$$

oppure

$$-\sum_{i,j=1}^{n} a_{ij}(\mathbf{x})\,u_{x_i x_j} + \sum_{i=1}^{n} c_i(\mathbf{x})\,u_{x_i} + a(\mathbf{x})\,u = f(\mathbf{x}) \qquad (8.2)$$

si dice **ellittica in** Ω se $\mathbf{A}$ è **definita positiva** in Ω, se cioè vale la seguente *condizione di ellitticità*:

$$\sum_{i,j=1}^{n} a_{ij}(\mathbf{x})\,\xi_i\xi_j > 0, \qquad \forall \mathbf{x} \in \Omega,\ \forall \boldsymbol{\xi} \in \mathbb{R}^n,\ \boldsymbol{\xi} \neq \mathbf{0}.$$

© Springer-Verlag Italia 2016
S. Salsa, *Equazioni a derivate parziali. Metodi, modelli e applicazioni*, 3a edizione, UNITEXT – La Matematica per il 3+2 97, DOI 10.1007/978-88-470-5785-2_8

Si dice che la (8.1) è in *forma di divergenza*, poiché si può scrivere nel seguente modo:

$$-\underbrace{\operatorname{div}(\mathbf{A}\nabla u)}_{\textit{diffusione}} + \underbrace{\operatorname{div}(\mathbf{b}u) + \mathbf{c}\cdot\nabla u}_{\textit{trasporto}} + \underbrace{au}_{\textit{reazione}} = \underbrace{f}_{\textit{sorgente esterna}} \tag{8.3}$$

che mette in evidenza la particolare struttura del primo termine. Generalmente quest'ultimo modella fenomeni di diffusione in mezzi non omogenei e/o non isotropi, per i quali, per esempio, vale una legge costitutiva per la funzione di flusso $\mathbf{q}$ del tipo Fourier o Fick:

$$\mathbf{q} = -\mathbf{A}\nabla u$$

dove u rappresenta la temperatura o la concentrazione di una sostanza (o altro ancora). Il termine $-\operatorname{div}(\mathbf{A}\nabla u)$ è quindi associato al fenomeno di diffusione termica o molecolare. La matrice $\mathbf{A}$ si chiama *matrice di diffusione*; la dipendenza di $\mathbf{A}$ da $\mathbf{x}$ indica che la diffusione avviene in modo non isotropo. Usando la *disuguaglianza della conduzione del calore*

$$-\mathbf{q}\cdot\nabla u \geq 0,$$

che traduce il ben noto fatto che il calore fluisce sempre in verso opposto al gradiente di temperatura, si ottiene

$$\mathbf{A}\nabla u \cdot \nabla u \geq 0$$

che chiarisce origine e significato fisico della condizione di ellitticità.

Gli esempi esaminati nel Capitolo 2 ci guidano al significato degli altri termini nella (8.3). In particolare, $\operatorname{div}(\mathbf{b}u)$ modella *convezione o trasporto* e corrisponde ad una funzione di flusso data da

$$\mathbf{q} = \mathbf{b}u.$$

Il vettore $\mathbf{b}$ ha le dimensioni di una *velocità*. Si pensi, per esempio, al caso del fumo emesso da un impianto industriale che diffonde trasportato dal vento. In questo caso $\mathbf{b}$ è la velocità del vento. Si noti che, se $\operatorname{div}\mathbf{b} = 0$, allora $\operatorname{div}(\mathbf{b}u)$ si riduce a $\mathbf{b}\cdot\nabla u$ che è della stessa forma del terzo termine $\mathbf{c}\cdot\nabla u$. Anche quest'ultimo è dunque un termine di trasporto, ma come vedremo, è bene inserire entrambi i termini.

Il termine au, che chiamiamo termine *di reazione* può avere diversi significati. Per esempio, se u è la concentrazione di una sostanza, a può rappresentare un tasso di decomposizione ($a > 0$) o di crescita ($a < 0$).

Infine, f rappresenta l'azione di un agente esogeno, distribuita in Ω (per esempio proporzionale al calore sottratto o fornito nell'unità di tempo).

La (8.2) si dice in *forma di non divergenza*. Se gli elementi a_{ij} di $\mathbf{A}$ sono differenziabili, la (8.2) si può scrivere in forma di divergenza aggiungendo e togliendo $\sum_{i,j=1}^{n} (\partial_{x_i} a_{ij}) u_{x_j}$. Viceversa, se nella (8.1) gli elementi a_{ij} di $\mathbf{A}$ e le componenti b_j di **b** sono tutte differenziabili, si può calcolare la divergenza di $A\nabla u$ e $\mathbf{b}u$ e ricondursi alla forma di *non divergenza*

$$-\sum_{i,j=1}^{n} a_{ij}u_{x_ix_j} + \sum_{k=1}^{n}\tilde{b}_k u_{x_k} + \tilde{a}u = f$$

dove

$$\tilde{b}_k = \sum_{i=1}^{n}\partial_{x_i}a_{ik} + b_k + c_k \quad \text{e} \quad \tilde{a} = \text{div}\mathbf{b} + a.$$

Quando però si trattano casi in cui le proprietà fisiche in gioco sono distribuite in modo irregolare, per esempio discontinuo, tutti o alcuni degli elementi a_{ij} e b_j risultano *non differenziabili* ed occorre mantenere la forma di divergenza. In questi casi, tuttavia, occorre dare un significato all'equazione!

Anche la forma di *non divergenza* è associata a fenomeni di diffusione attraverso la considerazione di processi stocastici che generalizzano il moto Browniano e che sono detti *processi di diffusione*. In casi non troppo complicati si può procedere con varianti della passeggiata aleatoria del Capitolo 2. Per esempio, considerando una passeggiata aleatoria in $h\mathbb{Z}^2$, simmetrica lungo ciascun asse, separatamente, e passando al limite in modo opportuno per h e τ (il passo temporale) tendenti a zero, si ottiene un'equazione del tipo

$$u_t = D_1(x,y)\,u_{xx} + D_2(x,y)\,u_{yy}$$

con matrice di diffusione

$$\mathbf{A}(x,y) = \begin{pmatrix} D_1(x,y) & 0 \\ 0 & D_2(x,y) \end{pmatrix}$$

dove $D_1(x,y) > 0$, $D_2(x,y) > 0$.

Nel caso stazionario, si trova un'equazione ellittica in forma di non divergenza.

Nella prossima sezione, esaminiamo brevemente alcune nozioni di soluzione proponibili per questo genere di equazioni servendoci come modello dell'equazione di Poisson $-\Delta u + au = f$.

Successivamente svilupperemo i fondamenti della teoria per le equazioni ellittiche in forma di divergenza, riformulando i più comuni problemi (di Dirichlet, Neumann, Robin e misti) nel quadro funzionale astratto della Sezione 6.6.

8.2 Tipi di soluzione

Siano dati: *un dominio limitato* $\Omega \subset \mathbb{R}^n$ *e due funzioni* $a, f : \Omega \to \mathbb{R}$. *Si vuole determinare una funzione* u *che soddisfi*

$$-\Delta u + a(\mathbf{x})\,u = f(\mathbf{x}) \qquad \text{in } \Omega \tag{8.4}$$

e inoltre

$$\text{condizioni su } \partial\Omega \tag{8.5}$$

che possono assumere le forme usuali.

Che cosa vuol dire *risolvere* il problema (8.4)? La risposta è ovvia da un lato, molto meno da un altro. La parte ovvia è l'obiettivo finale: si vuole mostrare *esistenza, unicità, stabilità* della soluzione; sulla base di questi risultati, si vuole poi *calcolare* la soluzione, mediante i metodi dell'Analisi Numerica.

Meno ovvio è il *significato di soluzione*. Infatti, ogni problema, ed in particolare quello di Poisson, si può formulare in vari modi e ad ognuno di questi è associata una nozione di soluzione. È importante, allora, selezionare quella "più efficiente" per il problema in esame, dove per efficienza si potrebbe intendere il miglior compromesso tra *facilità di formulazione e di risolubilità teorica, sufficiente generalità, adattabilità ai metodi numerici*.

Analizziamo brevemente varie nozioni disponibili di soluzione per il problema di Poisson.

- Soluzioni **classiche**. Hanno due derivate continue; l'equazione differenziale e le condizioni al bordo sono intese nel senso classico (puntuale) dell'Analisi.
- Soluzioni **forti**. Sono funzioni nello spazio di Sobolev $H^2(\Omega)$; hanno quindi due derivate in $L^2(\Omega)$, nel senso delle distribuzioni. L'equazione differenziale vale quasi ovunque (cioè puntualmente, a meno di insiemi di misura nulla secondo Lebesgue) e le condizioni al bordo sono soddisfatte nel senso delle tracce.
- Soluzioni **distribuzionali**. Sono funzioni in $L^1_{loc}(\Omega)$ e l'equazione vale nel senso delle distribuzioni:

$$\int_\Omega \{-u\Delta\varphi + au\varphi\}\, d\mathbf{x} = \int_\Omega f\varphi\, d\mathbf{x}, \quad \forall\varphi \in \mathcal{D}(\Omega).$$

  Le condizioni al bordo potrebbero essere interpretate in un opportuno senso debole.
- Soluzioni **deboli o variazionali**. Sono funzioni nello spazio di Sobolev $H^1(\Omega)$. Il problema è riformulato nel quadro funzionale astratto della Sezione 6.6. In molti casi, la nuova formulazione rappresenta una versione del *principio dei lavori virtuali*.

Naturalmente c'è qualcosa che collega tutte queste nozioni ed è un *principio di coerenza* che si può formulare così: se tutti i dati del problema (dominio, coefficienti, dati al bordo, forzante esterna) e la soluzione sono regolari, *tutte le nozioni di soluzione devono risultare equivalenti*. Le nozioni *non-classiche* costituiscono dunque un "allargamento" della nozione di soluzione, rispetto a quella classica.

Una questione che si pone naturalmente e che ha importanti riflessi sul controllo dell'errore nei metodi numerici è stabilire il grado di regolarità ottimale della soluzione. Più precisamente, ci si chiede:

sia u soluzione non classica del problema di Poisson: quanto si trasferisce la regolarità dei dati a, f e del dominio Ω sulla soluzione?

Una risposta esauriente richiede tecniche abbastanza complicate, per cui ci limiteremo solo ad enunciare alcuni risultati significativi per l'Analisi Numerica.

La teoria per soluzioni classiche e forti, che richiede strumenti matematici piuttosto avanzati, è ben consolidata ed il lettore può trovarla nei libri specialistici indicati in bibliografia. Dal punto di vista numerico, il *metodo delle differenze finite* è aderente alla forma differenziale del problema e dunque possiamo dire che esso miri ad approssimare soluzioni classiche.

La teoria distribuzionale è stata ampiamente trattata, è molto generale, ma non è la più indicata per il trattamento dei problemi al contorno.

Proprio il senso in cui sono assunti i dati al bordo del dominio rappresenta uno dei punti delicati quando si voglia "allargare" il concetto di soluzione.

Per i nostri scopi, la nozione più conveniente di soluzione è l'ultima: infatti, porta ad una formulazione molto flessibile con un elevato grado di generalità e con una teoria basata, sostanzialmente, su due teoremi di Analisi Funzionale (Teoremi di *Lax-Milgram* e *dell'Alternativa di Fredholm*). Inoltre, l'analogia (e spesso la coincidenza) col principio dei lavori virtuali indica aderenza all'interpretazione fisica. Infine, la formulazione debole è quella naturale per implementare le varie versioni del *metodo di Galerkin* (*con elementi finiti, metodi spettrali, ecc.*), di cui si fa ampio uso nella moderna teoria dell'approssimazione per le equazioni a derivate parziali.

Occupiamoci dunque della formulazione debole, partendo, per meglio motivare definizioni e scelte, proprio dal caso dell'equazione di Poisson.

8.3 Formulazioni variazionali per l'equazione di Poisson

Esaminiamo formulazione debole e soluzione dei problemi di Dirichlet e Neumann per l'equazione di Poisson. In generale, per la formulazione debole uno dei punti chiave è incorporare le condizioni al bordo nella formulazione stessa.

I passi tipici sono i seguenti:

1. Scegliere uno spazio di funzioni *test, regolari ed adattate alla condizione al bordo*. Moltiplicare l'equazione differenziale per una *funzione test* arbitraria ed integrare l'equazione così ottenuta su Ω.
2. Assumere che dati e soluzione siano regolari e "scaricare" un ordine di derivazione dal termine di diffusione alla funzione test mediante integrazione per parti, usando le condizioni al bordo.
3. Ambientare l'equazione integrale ottenuta in un opportuno spazio di Hilbert, che, in generale, coincide con uno spazio di Sobolev, chiusura topologica dello spazio di funzioni test di partenza (nella norma di Sobolev). Si ricava così la *formulazione variazionale*.
4. Controllare che la scelta dello spazio di funzioni test e la conseguente formulazione variazionale ottenuta siano quelle corrette. In base al principio di coerenza, basta assumere che dati e soluzione siano regolari, rifare i calcoli in senso inverso e ricavare la formulazione originale.
5. Formulare il problema come *problema variazionale astratto* (Sezione 6.6) e usare il Teorema di Lax-Milgram (o anche il Teorema di Rappresentazione di Riesz, se la forma bilineare è simmetrica).

8.3.1 *Condizioni di Dirichlet*

Sia $\Omega \subset \mathbb{R}^n$ un *dominio limitato*. Vogliamo scrivere una formulazione variazionale del problema

$$\begin{cases} -\Delta u + a\,(\mathbf{x})\,u = f\,(\mathbf{x}) & \text{in } \Omega \\ u = 0 & \text{su } \partial\Omega \end{cases} \tag{8.6}$$

e risolverlo. Procediamo formalmente, seguendo i passi 1-5 descritti sopra.

1. Scegliamo $C_0^\infty\,(\Omega)$ come classe di funzioni test. Le funzioni in questa classe sono regolari ed hanno supporto compatto in Ω. In particolare, quindi, sono *nulle su* $\partial\Omega$. Moltiplichiamo l'equazione differenziale per $v \in C_0^\infty\,(\Omega)$ ed integriamo su Ω:

$$\int_\Omega \{-\Delta u\,v + auv\}\,d\mathbf{x} = \int_\Omega fv\,d\mathbf{x}.$$

Si noti che questa equazione vale *per ogni* $v \in C_0^\infty\,(\Omega)$, essendo v arbitraria.

2. Integriamo per parti il primo termine; essendo $v = 0$ su $\partial\Omega$, si ottiene

$$\int_\Omega \{\nabla u \cdot \nabla v + auv\}\,d\mathbf{x} = \int_\Omega fv\,d\mathbf{x}, \qquad \forall v \in C_0^\infty\,(\Omega).$$

3. Osserviamo che il problema (8.6) si è trasformato in un'equazione integrale valida su uno spazio di funzioni test infinito-dimensionale, nel quale intervengono solo derivate del prim'ordine. È allora naturale cercare la soluzione u nello spazio di Sobolev $H_0^1\,(\Omega)$, chiusura di $C_0^\infty\,(\Omega)$ in $H^1\,(\Omega)$, ed allargare la classe delle funzioni test ad $H_0^1\,(\Omega)$. Di conseguenza, $a \in L^\infty\,(\Omega)$ ed $f \in L^2\,(\Omega)$ appaiono ipotesi ragionevoli.

La **formulazione variazionale** è dunque la seguente: *Determinare* $u \in H_0^1\,(\Omega)$ *tale che*

$$\int_\Omega \{\nabla u \cdot \nabla v + auv\}\,d\mathbf{x} = \int_\Omega fv\,d\mathbf{x}, \qquad \forall v \in H_0^1\,(\Omega). \tag{8.7}$$

4. Sia $u \in H_0^1\,(\Omega)$ una soluzione di (8.7) che sia regolare, diciamo di classe $C^2\,(\overline{\Omega})$. Allora $u = 0$ su $\partial\Omega$ e si può invertire l'integrazione per parti per tornare a

$$\int_\Omega \{-\Delta u + au - f\}\,v\,d\mathbf{x} = 0.$$

Se a ed f sono continue in $\overline{\Omega}$, l'arbitrarietà di v, implica allora che $-\Delta u + au - f = 0$ in Ω. Per soluzioni regolari, le due formulazioni (8.6) e (8.7) sono dunque equivalenti.

5. Sia $V = H_0^1\,(\Omega)$. Introduciamo la forma bilineare

$$B\,(u,v) = \int_\Omega \{\nabla u \cdot \nabla v + auv\}\,d\mathbf{x}$$

e il funzionale lineare L definito da

$$Lv = \int_\Omega fv\,d\mathbf{x}.$$

Il problema è allora equivalente a *determinare una funzione* $u \in V$ tale che

$$B(u,v) = Lv, \quad \forall v \in V.$$

Ricordiamo che, essendo[1]

$$\|u\|_0 \le C_P \|\nabla u\|_0,$$

si può scegliere $\|u\|_1 = \|\nabla u\|_0$ e $(u,v)_1 = (\nabla u, \nabla v)$ come norma e prodotto scalare in V, rispettivamente. Esistenza, unicità e dipendenza continua della soluzione seguono dal Teorema di Lax-Milgram, sotto l'ulteriore ipotesi di non negatività di a.

Teorema 3.1. *Assumiamo che* $f \in L^2(\Omega)$ *e che* $a \in L^\infty(\Omega)$, $a \ge 0$ q.o. *in* Ω. *Allora il problema* (8.7) *ha una sola soluzione* $u \in H_0^1(\Omega)$. *Inoltre*

$$\|\nabla u\|_0 \le C_P \|f\|_0.$$

Dimostrazione. Usiamo il Teorema di Lax-Milgram. Si ha, dalle disuguaglianze di Schwarz e di Poincaré:

$$|B(u,v)| \le \|\nabla u\|_0 \|\nabla v\|_0 + \|a\|_{L^\infty(\Omega)} \|u\|_0 \|v\|_0$$
$$\le (1 + C_P^2 \|a\|_{L^\infty(\Omega)}) \|\nabla u\|_0 \|\nabla v\|_0$$

per cui B è continua in $H_0^1(\Omega)$. La coercività segue da

$$B(u,u) = \int_\Omega \{|\nabla u|^2 + au^2\}\, d\mathbf{x} \ge \|\nabla u\|_0^2$$

essendo $a \ge 0$. Ancora dalle disuguaglianze di Schwarz e di Poincaré si ha

$$|Lv| = \left| \int_\Omega fv \, d\mathbf{x} \right| \le \|f\|_0 \|v\|_0$$
$$\le C_P \|f\|_0 \|\nabla v\|_0$$

per cui $L \in H^{-1}(\Omega)$ e $\|L\|_{H^{-1}(\Omega)} \le C_P \|f\|_0$. La tesi segue ora dal Teorema di Lax-Milgram. $\square$

Nota 3.1. Per fissare le idee, supponiamo che $a = 0$ e che u rappresenti la posizione di equilibrio di una membrana elastica. La (8.7) corrisponde al *principio dei lavori virtuali*. Infatti, $B(u,v)$ rappresenta il lavoro effettuato dalle forze elastiche interne in seguito ad uno *spostamento virtuale* v, mentre Lv esprime quello delle forze esterne. L'equazione in forma debole equivale all'uguaglianza di questi due lavori. Inoltre, data la simmetria della forma bilineare B, la soluzione del problema di Dirichlet **minimizza in** $H_0^1(\Omega)$ **il funzionale di Dirichlet** (Paragrafo 6.6.2)

$$E(u) = \underbrace{\frac{1}{2} \int_\Omega |\nabla u|^2 \, d\mathbf{x}}_{\text{Energia elastica interna}} - \underbrace{\int_\Omega fu \, d\mathbf{x}}_{\text{Energia potenziale esogena}}$$

[1] Disuguaglianza di Poincaré, Teorema 7.5.4.

che ha il significato di **energia potenziale totale**. L'equazione in forma debole coincide allora con l'equazione di Eulero del funzionale E. Ancora in accordo col principio dei lavori virtuali, la posizione di equilibrio u, soluzione dell'equazione in forma debole, è quella che *minimizza l'energia potenziale tra tutte le posizioni ammissibili*. Osservazioni analoghe valgono per gli altri tipi di condizioni al bordo.

Nota 3.2. Poiché la forma bilineare B è simmetrica e coerciva in $H_0^1(\Omega)$, la relazione

$$(u, v)_B = B(u, v)$$

definisce un prodotto scalare in questo spazio (Nota 6.6.5). Essendo $L \in H^{-1}(\Omega)$, il Teorema 3.1 segue allora direttamente dal Teorema di Rappresentazione di Riesz.

Considereremo condizioni di Dirichlet non omogenee nella sottosezione 8.4.1.

8.3.2 Condizioni di Neumann

Siano $\Omega \subset \mathbb{R}^n$ un dominio limitato e *Lipschitziano*. Vogliamo scrivere una formulazione variazionale del problema

$$\begin{cases} -\Delta u + au = f & \text{in } \Omega \\ \partial_\nu u = g & \text{su } \partial\Omega \end{cases} \tag{8.8}$$

dove $\boldsymbol{\nu}$ indica il versore normale esterno a $\partial\Omega$. Come per il problema di Dirichlet, procediamo formalmente seguendo i passi 1-5.

1. Non c'è un modo naturale di scegliere lo spazio di funzioni test in modo da incorporare il dato di Neumann, per cui scegliamo $C^\infty(\overline{\Omega})$ come classe di funzioni test. Moltiplichiamo l'equazione differenziale per $v \in C^\infty(\overline{\Omega})$ ed integriamo su Ω; deduciamo l'equazione

$$\int_\Omega \{-\Delta u\, v + auv\}\ d\mathbf{x} = \int_\Omega fv\ d\mathbf{x}, \qquad \forall v \in C^\infty(\overline{\Omega}).$$

2. Integriamo per parti il primo termine, usando la condizione di Neumann; si ottiene

$$\int_\Omega \{\nabla u \cdot \nabla v\ d\mathbf{x} + auv\}\ d\mathbf{x} = \int_\Omega fv\ d\mathbf{x} + \int_{\partial\Omega} gv\ d\sigma \qquad \forall v \in C^\infty(\overline{\Omega}).$$

3. Anche il problema (8.8) si è trasformato in un'equazione integrale valida su uno spazio di funzioni test infinito-dimensionale, nel quale intervengono solo derivate del prim'ordine. Ricordiamo ora che, per il Teorema 7.6.5, $C^\infty(\overline{\Omega})$ è denso in $H^1(\Omega)$, che perciò appare come lo spazio di Sobolev adatto al problema di Neumann. Pertanto, cerchiamo la soluzione in $H^1(\Omega)$ e allarghiamo lo spazio di funzioni test a $H^1(\Omega)$.

La **formulazione variazionale** è dunque la seguente: *Determinare* $u \in H^1(\Omega)$ *tale che:*

$$\int_\Omega \{\nabla u \cdot \nabla v + auv\}\, d\mathbf{x} = \int_\Omega fv\, d\mathbf{x} + \int_{\partial\Omega} gv\, d\sigma, \qquad \forall v \in H^1(\Omega). \quad (8.9)$$

Si noti come, diversamente dal problema di Dirichlet, la condizione al bordo è nascosta nell'equazione. Si dice che la condizione di Neumann è *una condizione naturale* (cioè non forzata). L'ultimo integrale fa intervenire la traccia di v su $\partial\Omega$, ben definita in quanto Ω è un dominio Lipschitziano. Ricordiamo (Teorema 7.7.1) che in tal caso vale la disuguaglianza "di traccia"

$$\|v\|_{L^2(\partial\Omega)} \le \overline{C}(n, \Omega)\, \|v\|_{1,2}. \quad (8.10)$$

Di conseguenza, richieste ragionevoli sui dati sono $a \in L^\infty(\Omega)$, $f \in L^2(\Omega)$ e $g \in L^2(\partial\Omega)$.

4. Sia ora $u \in C^2(\overline{\Omega})$ una soluzione di (8.9). Se a, f e g sono continue in $\overline{\Omega}$ e $\partial\Omega$, rispettivamente, e il bordo di Ω è regolare, si può facilmente tornare indietro con l'integrazione per parti per arrivare all'equazione

$$\int_\Omega \{-\Delta u + au - f\}\, v\, d\mathbf{x} + \int_{\partial\Omega} \{\partial_\nu u - g\}\, v\, d\sigma = 0$$

valida per ogni $v \in C^\infty(\overline{\Omega})$. Scegliendo in particolare $v \in C_0^\infty(\Omega)$, l'integrale sul bordo è nullo e, data l'arbitrarietà di v, si recupera l'equazione differenziale

$$-\Delta u + au - f = 0 \qquad \text{in } \Omega.$$

Scegliendo v non nulla al bordo, abbiamo ora

$$\int_{\partial\Omega} \{\partial_\nu u - g\}\, v\, d\sigma = 0$$

e l'arbitrarietà di v implica che deve essere $\partial_\nu u = g$ su $\partial\Omega$, recuperando anche la condizione di Neumann. Per soluzioni regolari, le due formulazioni (8.8) e (8.9) sono dunque equivalenti.

5. Sia $V = H^1(\Omega)$. Introduciamo la forma bilineare

$$B(u, v) = \int_\Omega \{\nabla u \cdot \nabla v + auv\}\, d\mathbf{x}$$

e il funzionale lineare L definito da

$$Lv = \int_\Omega fv\, d\mathbf{x} + \int_{\partial\Omega} gv\, d\sigma.$$

Il problema è allora equivalente a *determinare una funzione* $u \in V$ *tale che*

$$B(u, v) = Lv, \quad \forall v \in V.$$

La buona posizione del problema segue dal Teorema di Lax-Milgram, sotto l'ulteriore ipotesi che $a \geq a_0 > 0$ q.o. in Ω. Precisamente, abbiamo:

Teorema 3.2. *Sia $\Omega \subset \mathbb{R}^n$ un dominio limitato e lipschitziano. Siano inoltre $f \in L^2(\Omega)$, $g \in L^2(\partial\Omega)$ e $a \in L^\infty(\Omega)$. Se*

$$a(\mathbf{x}) \geq a_0 > 0 \qquad \text{q.o. in } \Omega, \tag{8.11}$$

il problema di Neumann ha un'unica soluzione $u \in H^1(\Omega)$. Inoltre

$$\|u\|_{1,2} \leq \frac{1}{\min\{1, a_0\}} \left\{ \|f\|_0 + \overline{C} \|g\|_{L^2(\partial\Omega)} \right\}.$$

Dimostrazione. Controlliamo le ipotesi del Teorema di Lax-Milgram. Si ha, usando la disuguaglianza di Schwarz,

$$|B(u,v)| \leq \|\nabla u\|_0 \|\nabla v\|_0 + \|a\|_{L^\infty(\Omega)} \|u\|_0 \|v\|_0$$
$$\leq \max\left\{ 1, \|a\|_{L^\infty(\Omega)} \right\} \|u\|_{1,2} \|v\|_{1,2}$$

per cui B è continua in $H^1(\Omega)$. La coercività di B segue dalla (8.11):

$$B(u,u) = \int_\Omega |\nabla u|^2 \, d\mathbf{x} + \int_\Omega au^2 d\mathbf{x} \geq \min\{1, a_0\} \|u\|_{1,2}^2.$$

Infine, usando la (8.10):

$$|Lv| \leq \left| \int_\Omega fv \, d\mathbf{x} \right| + \left| \int_{\partial\Omega} gv \, d\sigma \right|$$
$$\leq \|f\|_0 \|v\|_0 + \|g\|_{L^2(\partial\Omega)} \|v\|_{L^2(\partial\Omega)}$$
$$\leq \left\{ \|f\|_0 + \overline{C} \|g\|_{L^2(\partial\Omega)} \right\} \|v\|_{1,2}.$$

Il funzionale L è dunque continuo in $H^1(\Omega)$ con

$$\|L\|_{H^1(\Omega)^*} \leq \|f\|_{L^2(\Omega)} + \overline{C} \|g\|_{L^2(\partial\Omega)}.$$

La tesi segue dal Teorema di Lax-Milgram. $\qquad \square$

Nota 3.3. Senza la condizione $a(\mathbf{x}) \geq a_0 > 0$ q.o. in Ω, non c'è, in generale, esistenza nè unicità della soluzione. Supponiamo, per esempio $a \equiv 0$; allora, aggiungendo ad una soluzione una qualunque costante, si ottiene ancora una soluzione dello stesso problema. L'unicità si ripristina richiedendo, per esempio, che u abbia integrale nullo in $\Omega : \int_\Omega u = 0$.

L'esistenza di una soluzione richiede la seguente condizione di compatibilità sui dati f e g:

$$\int_\Omega f \, d\mathbf{x} + \int_{\partial\Omega} g \, d\sigma = 0 \tag{8.12}$$

come si ottiene semplicemente sostituendo $v = 1$ nell'equazione

$$\int_\Omega \nabla u \cdot \nabla v \, d\mathbf{x} = \int_\Omega fv \, d\mathbf{x} + \int_{\partial\Omega} gv \, d\sigma$$

che deve essere valida per ogni $v \in H^1(\Omega)$; si noti che, essendo Ω limitato, la funzione $v = 1$ appartiene a $H^1(\Omega)$.

Se non vale la (8.12) non esiste alcuna soluzione. Viceversa, vedremo più avanti[2] che, se questa condizione è verificata, una soluzione esiste. La (8.12) non è in realtà misteriosa. Consideriamo il caso della membrana con bordo libero di scorrere lungo una guida verticale. In questo caso $g = 0$ e la (8.12) si riduce a $\int_\Omega f d\mathbf{x} = 0$. Questa condizione esprime l'ovvio fatto, che, in condizioni di equilibrio, la risultante del carico sulla membrana deve annullarsi.

8.3.3 Autovalori e autofunzioni dell'operatore di Laplace

Nel capitolo sugli elementi di Analisi Funzionale abbiamo visto come l'efficacia del metodo di separazione delle variabili per un dato problema sia legata all'esistenza di una base di autofunzioni associate a quel problema. I risultati astratti della sottosezione 6.9.3 sullo spettro di una forma bilineare forniscono gli strumenti necessari per analizzare le proprietà spettrali degli operatori uniformemente ellittici ed in particolare dell'operatore di Laplace. Occorre sottolineare che lo spettro di un operatore differenziale deve essere sempre *associato a specifiche condizioni al bordo e cioè al tipo di problema che si vuole considerare*.

Possiamo, per esempio, considerare le *autofunzioni di Dirichlet* per l'operatore di Laplace in un dominio Ω limitato, ossia le soluzioni *non banali* del problema

$$\begin{cases} -\Delta u = \lambda u & \text{in } \Omega \\ \quad\; u = 0 & \text{su } \partial\Omega. \end{cases} \tag{8.13}$$

Una soluzione debole di (8.13) è una funzione $u \in H_0^1(\Omega)$ tale che

$$a(u,v) \equiv (\nabla u, \nabla v)_0 = \lambda (u,v)_0 \qquad \forall v \in H_0^1(\Omega).$$

Essendo Ω limitato, la forma bilineare a è $H_0^1(\Omega)$ –coerciva ed inoltre l'immersione di $H_0^1(\Omega)$ in $L^2(\Omega)$ è compatta. Dal Teorema 6.9.4 abbiamo:

Teorema 3.3. *Sia Ω un dominio limitato. Allora*

a) esiste in $L^2(\Omega)$ una base ortonormale $\{u_k\}_{k\geq1}$ di autofunzioni di Dirichlet per l'operatore di Laplace;

b) i corrispondenti autovalori $\{\lambda_k\}_{k\geq1}$ sono tutti positivi e possono essere ordinati in una successione crescente

$$0 < \lambda_1 \leq \lambda_2 \leq \cdots \leq \lambda_k \leq \cdots,$$

con $\lambda_k \to +\infty$. Ogni autospazio ha dimensione finita;

c) la successione $\{u_k/\sqrt{\lambda_k}\}_{k\geq1}$ costituisce una base ortonormale in $H_0^1(\Omega)$ rispetto al prodotto scalare $(u,v)_1 = (\nabla u, \nabla v)_0$.

---

[2] Teorema 4.4.

Dal Microteorema 6.9.5, deduciamo poi il seguente **principio variazionale per il primo autovalore di Dirichlet** λ_1:

$$\lambda_1 = R(u_1) = \min\left\{R(v) : v \in H_0^1(\Omega), v \neq 0\right\} \tag{8.14}$$

dove $R(v)$ è il quoziente di Rayleigh:

$$R(v) = \frac{\int_\Omega |\nabla v|^2}{\int_\Omega v^2}. \tag{8.15}$$

Inoltre, dalla (8.14) si deduce che

$$\|u\|_0 \leq \frac{1}{\sqrt{\lambda_1}} \|\nabla u\|_0$$

per ogni $u \in H_0^1(\Omega)$ e l'uguaglianza vale se e solo se u è un autovettore corrispondente a λ_1. Un'interessante conseguenza è che $1/\sqrt{\lambda_1}$ è la *migliore (cioé la piú piccola) costante di Poincaré per il dominio* Ω.

Altre informazoni su λ_1 e sul suo autospazio sono contenute nel seguente teorema.

Microteorema 3.4. *Sia* Ω *un dominio di classe* C^∞. *Allora* λ_1 *è semplice, ossia il corrispondente autospazio ha dimensione 1 e ogni autofunzione* w_1 *corrispondente a* λ_1 *ha segno costante in* Ω.

Dimostrazione. Mostriamo prima che w_1 ha segno costante. Posto $z = |w_1|$ si ha che $R(z) = R(w_1)$ e quindi, dal Microteorema 6.9.5 deduciamo che z è soluzione dell'equazione

$$(\nabla z, \nabla v)_0 = \lambda_1 (z, v)_0 \qquad \forall v \in H_0^1(\Omega).$$

Poiché Ω è di classe C^∞, allora (si veda il Teorema 6.4) $z \in C^\infty(\overline{\Omega})$ per cui soddisfa l'equazione

$$-\Delta z = \lambda_1 z \qquad \text{in } \Omega \tag{8.16}$$

in senso classico e si annulla su $\partial\Omega$. Essendo $z \geq 0$ e $\lambda_1 > 0$, dalla (8.16) segue che z è *superarmonica in* Ω e per il principio di massimo (si veda la sottosezione 3.8.1), concludiamo che $z = |w_1| > 0$ in Ω. Pertanto w_1 non si annulla in Ω ed essendo continua ha segno costante.

Come conseguenza, l'autospazio di λ_1 ha dimensione 1, generato per esempio dall'autovettore normalizzato u_1. Se così non fosse, dovrebbe esistere un'altra autofunzione w_1 ortogonale in $L^2(\Omega)$ a u_1. Ma ciò è impossibile, avendo w_1 e u_1 segno costante in Ω. □

Anche gli altri autovalori hanno una caratterizzazione variazionale. Per esempio, indicando con V_1 l'autospazio corrispondente a λ_1, si ha (si veda il Problema 8.16):

$$\lambda_2 = \min\left\{R(v) : v \neq 0, v \in H_0^1(\Omega) \cap V_1^\perp\right\}. \tag{8.17}$$

Teoremi analoghi al 3.3 valgono per gli altri tipi di problemi e per operatori più generali (si veda il Problema 8.18). Per esempio, le *autofunzioni di Neumann* *per l'operatore di Laplace in Ω* sono le soluzioni non banali del problema

$$\begin{cases} -\Delta u = \mu u & \text{in } \Omega \\ \partial_\nu u = 0 & \text{su } \partial\Omega. \end{cases} \tag{8.18}$$

Una soluzione debole di (8.18) è una funzione $u \in H^1(\Omega)$ tale che

$$a(u,v) \equiv (\nabla u, \nabla v)_0 = \mu(u,v)_0 \qquad \forall v \in H^1(\Omega).$$

Se Ω è limitato e Lipschitziano, l'immersione di $H^1(\Omega)$ in $L^2(\Omega)$ è compatta. Inoltre, la forma bilineare a è debolmente $H^1(\Omega)$ −coerciva, infatti

$$a(u,u) + (u,u)_0 = \|u\|_{1,2}^2$$

e quindi, dal Teorema 6.9.4 abbiamo:

Teorema 3.5. *Sia Ω un dominio limitato e Lipschitziano. Allora*

a) esiste in $L^2(\Omega)$ una base ortonormale $\{w_k\}_{k \geq 1}$ di autofunzioni di Neumann per l'operatore di Laplace;

b) i corrispondenti autovalori $\{\mu_k\}_{k \geq 1}$ possono essere ordinati in una successione non decrescente

$$0 = \mu_1 \leq \mu_2 \leq \cdots \leq \mu_k \leq \cdots,$$

con $\mu_k \to +\infty$. Ogni autospazio ha dimensione finita;

c) la successione $\{w_k/\sqrt{\mu_k+1}\}_{k \geq 1}$ costituisce una base ortonormale in $H^1(\Omega)$ rispetto al prodotto scalare $(u,v)_{1,2} = (\nabla u, \nabla v)_0 + (u,v)_0$.

8.3.4 Un risultato di stabilità asintotica

I risultati precedenti possono essere usati per dimostrare che, sotto ipotesi ragionevoli, per $t \to \infty$, una soluzione dell'equazione di diffusione tende in media quadratica alla soluzione del problema stazionario corrispondente. Come situazione modello consideriamo la seguente. Sia $u \in C^{2,1}(\overline{\Omega} \times [0, +\infty))$ la soluzione del problema

$$\begin{cases} u_t - \Delta u = f(\mathbf{x}) & \mathbf{x} \in \Omega, \, t > 0 \\ u(\mathbf{x},0) = U(\mathbf{x}) & \mathbf{x} \in \Omega \\ u(\boldsymbol{\sigma},t) = 0 & \boldsymbol{\sigma} \in \partial\Omega, \, t > 0 \end{cases}$$

dove Ω è limitato e Lipschitziano. Indichiamo con $u_\infty = u_\infty(\mathbf{x})$ la soluzione del problema stazionario

$$\begin{cases} -\Delta u_\infty = f & \text{in } \Omega \\ u_\infty = 0 & \text{su } \partial\Omega. \end{cases}$$

Microteorema 3.6. *Nelle ipotesi indicate sopra, si ha, per $t \geq 0$,*

$$\|u\left(\cdot,t\right) - u_\infty\|_0 \leq e^{-\lambda_1 t} \left\{C_P^2 \|f\|_0 + \|U\|_0\right\}, \tag{8.19}$$

dove λ_1 è il primo autovalore di Dirichlet per l'operatore di Laplace in Ω.

Dimostrazione. Poniamo $g\left(\mathbf{x}\right) = U\left(\mathbf{x}\right) - u_\infty\left(\mathbf{x}\right)$. La funzione $w\left(\mathbf{x},t\right) = u\left(\mathbf{x},t\right) - u_\infty\left(\mathbf{x}\right)$ è soluzione del problema

$$\begin{cases} w_t - \Delta w = 0 & \mathbf{x} \in \Omega, \, t > 0 \\ w\left(\mathbf{x},0\right) = g\left(\mathbf{x}\right) & \mathbf{x} \in \Omega \\ w\left(\boldsymbol{\sigma},t\right) = 0 & \boldsymbol{\sigma} \in \partial\Omega, \, t > 0. \end{cases} \tag{8.20}$$

Usiamo il metodo di separazione di variabili per trovare la soluzione del problema (8.20). Cercando soluzioni del tipo $w\left(\mathbf{x},t\right) = v\left(\mathbf{x}\right) z\left(t\right)$ si trova:

$$\frac{z'\left(t\right)}{z\left(t\right)} = \frac{\Delta v\left(\mathbf{x}\right)}{v\left(\mathbf{x}\right)} = -\lambda$$

con λ costante. Risolviamo il problema agli autovalori

$$\begin{cases} -\Delta v = \lambda v & \text{in } \Omega \\ v = 0 & \text{su } \partial\Omega. \end{cases}$$

Dal Teorema 3.3, esiste in $L^2\left(\Omega\right)$ una base ortonormale $\{u_k\}_{k \geq 1}$ costituita da autovettori, corrispondenti ad una successione nondecrescente di autovalori $\{\lambda_k\}_{k \geq 1}$, con $\lambda_1 > 0$ e $\lambda_k \to +\infty$. Si può allora scrivere

$$g\left(\mathbf{x}\right) = \sum_1^\infty g_k u_k\left(\mathbf{x}\right) \qquad \text{e} \qquad \|g\|_0^2 = \sum_{k=1}^\infty g_k^2$$

dove $g_k = \left(u_k, g\right)$. Di conseguenza si trova $z\left(t\right) = e^{-\lambda_k t}$ e poi

$$w\left(\mathbf{x},t\right) = \sum_1^\infty e^{-\lambda_k t} g_k u_k\left(\mathbf{x}\right).$$

Pertanto

$$\|u\left(\cdot,t\right) - u_\infty\|_0^2 = \|w\left(\cdot,t\right)\|_0^2 = \sum_{k=1}^\infty e^{-2\lambda_k t} g_k^2$$

e poiché $\lambda_k > \lambda_1$ per ogni k, si ha

$$\|u\left(\cdot,t\right) - u_\infty\|_0^2 \leq \sum_{k=1}^\infty e^{-2\lambda_1 t} g_k^2 = e^{-2\lambda_1 t} \|g\|_0^2.$$

Dal Teorema 3.1 si ha, in particolare, $\|u_\infty\|_0 \leq C_P^2 \|f\|_0$, e quindi

$$\|g\|_0 \leq \|U\|_0 + \|u_\infty\|_0 \leq \|U\|_0 + C_P^2 \|f\|_0$$

da cui la (8.19). $\qquad \square$

Il Microteorema 3.6 implica che lo stato stazionario u_∞ è *asintoticamente stabile in norma* $L^2\left(\Omega\right)$ per $t \to +\infty$. La velocità di convergenza allo stato stazionario è molto rapida, infatti esponenziale, ed è determinata dal primo autovalore di Dirichlet del Laplaciano in Ω.

8.4 Equazioni generali in forma di divergenza

In questa sezione consideriamo operatori ellittici con termini generali di diffusione e trasporto. Sia $\Omega \subset \mathbb{R}^n$ un dominio *limitato* e poniamo

$$\mathcal{L}u = -\operatorname{div}\left(\mathbf{A}\left(\mathbf{x}\right)\nabla u - \mathbf{b}\left(\mathbf{x}\right)u\right) + \mathbf{c}\left(\mathbf{x}\right)\cdot\nabla u + a\left(\mathbf{x}\right)u \qquad (8.21)$$

dove $\mathbf{A} = (a_{ij})_{i,j=1,\dots,n}$, $\mathbf{b} = (b_1,\dots,b_n)$, $\mathbf{c} = (c_1,\dots,c_n)$ e a è una funzione reale.

D'ora in poi assumeremo le seguenti ipotesi.

1. L'operatore differenziale $\mathcal{L}$ è *uniformemente ellittico*: esistono due numeri positivi α ed M tali che tale che:

$$\sum\nolimits_{i,j=1}^{n} a_{ij}\left(\mathbf{x}\right)\xi_i\xi_j \geq \alpha\left|\boldsymbol{\xi}\right|^2 \quad\text{e}\quad \left|a_{ij}\left(\mathbf{x}\right)\right| \leq M, \quad \forall\boldsymbol{\xi}\in\mathbb{R}^n, \text{ q.o. in } \Omega.$$
$$(8.22)$$

La costante α prende il nome di *costante di ellitticità di $\mathcal{L}$*.

2. I coefficienti b_j, c_j, a sono *limitati* per ogni $j = 1,\dots,n$:

$$\left|b_j\left(\mathbf{x}\right)\right| \leq b_\infty, \quad \left|c_j\left(\mathbf{x}\right)\right| \leq c_\infty, \quad \left|a\left(\mathbf{x}\right)\right| \leq a_\infty, \qquad \text{q.o. in } \Omega. \qquad (8.23)$$

Vogliamo estendere la teoria della sezione precedente per questo tipo di operatori. In questa sezione indichiamo prima qualche condizione sufficiente per la buona posizione dei soliti problemi al bordo, basati sull'uso del Teorema di Lax-Milgram.

D'altra parte, queste condizioni appaiono talvolta troppo restrittive. Quando non sono soddisfatte ed il Teorema di Lax-Milgram non è utilizzabile, informazioni sulla risolubilità dei vari problemi al contorno si possono ottenere dal Teorema dell'Alternativa 6.8. Sottolineiamo che il grado di generalità raggiunto permette di trattare il caso di coefficienti *discontinui*, anche nel termine di diffusione e in quello convettivo.

La condizione di uniforme ellitticità (8.22) è necessaria per l'applicazione dei teoremi di Lax-Milgram e dell'Alternativa. Se si ha solo $\mathbf{A}\left(\mathbf{x}\right)\boldsymbol{\xi}\cdot\boldsymbol{\xi} \geq 0$ entriamo nel campo delle equazioni ellittiche *degeneri* per le quali la teoria è molto più complessa[3]. Le nostre ipotesi sono comunque verificate nella maggior parte delle applicazioni concrete.

Nella presentazione seguiremo lo schema delle sezioni precedenti, partendo con il problema di Dirichlet.

---

[3] Rimandiamo al classico Oleĭnik-Radkevič, *Second Order Equations With Nonnegative Characteristic Form*, A.M.S, Providence, Rhode Island, 1973.

8.4.1 Problema di Dirichlet

Occupiamoci del problema

$$
\begin{cases}
\mathcal{L}u = f + \operatorname{div} \mathbf{f} & \text{in } \Omega \\
u = 0 & \text{su } \partial\Omega
\end{cases}
\tag{8.24}
$$

dove $f \in L^2(\Omega)$ e $\mathbf{f} \in L^2(\Omega; \mathbb{R}^n)$.

Il secondo membro dell'equazione richiede qualche parola di commento. Nel Capitolo 7 abbiamo indicato il duale di $H_0^1(\Omega)$ con il simbolo $H^{-1}(\Omega)$. Sappiamo (Teorema 7.5.5) che ogni elemento $F \in H^{-1}(\Omega)$ si può identificare con una distribuzione in $\mathcal{D}'(\Omega)$ della forma

$$
F = f + \operatorname{div} \mathbf{f}
$$

e inoltre

$$
\|F\|_{H^{-1}(\Omega)} \le C_P \|f\|_0 + \|\mathbf{f}\|_0 .
\tag{8.25}
$$

A secondo membro dell'equazione differenziale (8.24) si trova quindi un *generico elemento del duale di $H_0^1(\Omega)$*.

Per arrivare alla formulazione debole seguiamo il metodo illustrato nella sezione precedente. Moltiplichiamo entrambi i membri dell'equazione per una funzione $v \in C_0^\infty(\Omega)$ ed integriamo su Ω:

$$
\int_\Omega \{-\operatorname{div}(\mathbf{A}\nabla u - \mathbf{b}u)\, v\} \, d\mathbf{x} + \int_\Omega \{\mathbf{c} \cdot \nabla u + au\} v \, d\mathbf{x} = \int_\Omega \{f + \operatorname{div} \mathbf{f}\} v \, d\mathbf{x}.
$$

Procedendo formalmente, integriamo per parti il primo termine e quello contenente div $\mathbf{f}$. Essendo $v = 0$ su $\partial\Omega$, troviamo:

$$
\int_\Omega \{-\operatorname{div}(\mathbf{A}\nabla u - \mathbf{b}u)\, v\} \, d\mathbf{x} = \int_\Omega \{\mathbf{A}\nabla u \cdot \nabla v - \mathbf{b}u \cdot \nabla v\} \, d\mathbf{x}
$$

e

$$
\int_\Omega v \operatorname{div} \mathbf{f} \, d\mathbf{x} = -\int_\Omega \mathbf{f} \cdot \nabla v \, d\mathbf{x}.
$$

L'equazione che si ottiene è quindi la seguente:

$$
\int_\Omega \{\mathbf{A}\nabla u \cdot \nabla v - \mathbf{b}u \cdot \nabla v + \mathbf{c}v \cdot \nabla u + auv\} \, d\mathbf{x} = \int_\Omega \{fv - \mathbf{f} \cdot \nabla v\} \, d\mathbf{x}
$$

per ogni $v \in C_0^\infty(\Omega)$.

Allarghiamo lo spazio delle funzioni test a $H_0^1(\Omega)$ e introduciamo la forma bilineare

$$
B(u, v) = \int_\Omega \{\mathbf{A}\nabla u \cdot \nabla v - \mathbf{b}u \cdot \nabla v + \mathbf{c}v \cdot \nabla u + auv\} \, d\mathbf{x}
$$

e il funzionale lineare

$$Fv = \int_\Omega \{fv - \mathbf{f} \cdot \nabla v\} \, d\mathbf{x}.$$

La **formulazione variazionale** del problema (8.24) è dunque la seguente: determinare $u \in H_0^1(\Omega)$ tale che

$$B(u,v) = Fv, \qquad \forall v \in H_0^1(\Omega). \tag{8.26}$$

Non è difficile controllare (lo lasciamo come esercizio) che se i coefficienti dell'equazione e la soluzione sono regolari **le due formulazioni** (8.24) e (8.26) **sono equivalenti.**

Il seguente teorema indica alcune ipotesi sotto le quali il problema è ben posto.

Teorema 4.1. *Assumiamo che valgano le ipotesi* (8.23),(8.22) *e che* $f \in L^2(\Omega)$, $\mathbf{f} \in L^2(\Omega; \mathbb{R}^n)$. *Allora, se* $\mathbf{b}$ *e* $\mathbf{c}$ *sono funzioni Lipschitziane e*

$$\frac{1}{2} \operatorname{div}(\mathbf{b} - \mathbf{c}) + a \geq 0, \text{ q.o. in } \Omega \tag{8.27}$$

allora il problema (8.26) *ha un'unica soluzione. Inoltre vale la seguente stima di stabilità:*

$$\|\nabla u\|_0 \leq \frac{1}{\alpha} \{C_P \|f\|_0 + \|\mathbf{f}\|_0\}. \tag{8.28}$$

Dimostrazione. Applichiamo il Teorema di Lax-Milgram con $V = H_0^1(\Omega)$. Sotto le ipotesi (8.23) e (8.22) la forma bilineare è *continua*. Infatti, dalla disuguaglianza di Schwarz si ha:

$$\left| \int_\Omega \mathbf{A} \nabla u \cdot \nabla v \, d\mathbf{x} \right| \leq \int_\Omega \sum_{i,j=1}^n |a_{ij} u_{x_i} v_{x_j}| \, d\mathbf{x}$$

$$\leq \int_\Omega \sum_{i,j=1}^n |a_{ij}| \, |\nabla u| \, |\nabla v| \, d\mathbf{x}$$

$$\leq n^2 M \int_\Omega |\nabla u| \, |\nabla v| \, d\mathbf{x} \leq n^2 M \|\nabla u\|_0 \|\nabla v\|_0.$$

Inoltre, usando anche la disuguaglianza di Poincaré,

$$\left| \int_\Omega [-u\mathbf{b} \cdot \nabla v + v\mathbf{c} \cdot \nabla u] \, d\mathbf{x} \right| \leq \sqrt{n} C_P(b_\infty + c_\infty) \|\nabla u\|_0 \|\nabla v\|_0$$

e

$$\left| \int_\Omega auv \, d\mathbf{x} \right| \leq a_\infty \int_\Omega |u| \, |v| \, d\mathbf{x} \leq a_\infty C_P^2 \|\nabla u\|_0 \|\nabla v\|_0.$$

Raggruppando tutte le disuguaglianze si ha

$$|B(u,v)| \leq \left(n^2 M + \sqrt{n} C_P(b_\infty + c_\infty) + a_\infty C_P^2 \right) \|\nabla u\|_0 \|\nabla v\|_0$$

per cui B è continua.

Analizziamo la coercività di B. Abbiamo:

$$B(u,u) = \int_\Omega \left\{ \mathbf{A}\nabla u \cdot \nabla u - (\mathbf{b} - \mathbf{c})u \cdot \nabla u + au^2 \right\} d\mathbf{x}.$$

Poiché $u = 0$ su $\partial\Omega$, integrando per parti otteniamo

$$\int_\Omega (\mathbf{b} - \mathbf{c})u \cdot \nabla u \, d\mathbf{x} = \frac{1}{2} \int_\Omega (\mathbf{b} - \mathbf{c}) \cdot \nabla u^2 d\mathbf{x} = -\frac{1}{2} \int_\Omega \mathrm{div}(\mathbf{b} - \mathbf{c}) \cdot u^2 d\mathbf{x}.$$

Da (8.22) e (8.27) segue che

$$B(u,u) \geq \alpha \int_\Omega |\nabla u|^2 \, d\mathbf{x} + \int_\Omega \left[\frac{1}{2}\mathrm{div}(\mathbf{b} - \mathbf{c}) + a \right] u^2 d\mathbf{x} \geq \alpha \|\nabla u\|_0^2$$

e quindi B è $V-$coerciva.

Poiché sappiamo già che $F \in H^{-1}(\Omega)$, il Teorema di Lax-Milgram garantisce esistenza, unicità e stabilità per il problema (8.26). In particolare, dalla (8.25),

$$\|\nabla u\|_0 \leq \frac{1}{\alpha} \left\{ C_P \|f\|_0 + \|\mathbf{f}\|_0 \right\}. \qquad \square$$

Nota 4.1. Se la matrice $\mathbf{A}$ è simmetrica e $\mathbf{b} = \mathbf{c} = \mathbf{0}$, la soluzione u minimizza in $H_0^1(\Omega)$ il funzionale "energia"

$$E(u) = \frac{1}{2} \int_\Omega \left\{ \mathbf{A}\nabla u \cdot \nabla u + au^2 - 2fu \right\} d\mathbf{x}.$$

Con le ovvie modifiche dovute alla presenza della matrice $\mathbf{A}$, si possono ripetere gli stessi discorsi della Nota 3.1. L'equazione in forma debole coincide allora con l'equazione di Eulero del funzionale E.

Consideriamo ora il caso di condizioni di Dirichlet **non omogenee**, cioè il problema

$$\begin{cases} \mathcal{L}u = f + \mathrm{div}\,\mathbf{f} & \text{in } \Omega \\ u = g & \text{su } \partial\Omega. \end{cases} \qquad (8.29)$$

Se $g \in H^{1/2}(\partial\Omega)$, spazio delle tracce su $\partial\Omega$ delle funzioni di $H^1(\Omega)$, ci si riconduce subito al caso omogeneo ponendo

$$w = u - \tilde{g}$$

dove $\tilde{g}$ è un *rilevamento* di g in $H^1(\Omega)$. In questo caso, richiediamo che il dominio sia *Lipschitziano*, per assicurare l'esistenza di $\tilde{g}$. La funzione w appartiene a $H_0^1(\Omega)$ e soddisfa l'equazione

$$\mathcal{L}w = f + \mathrm{div}\,(\mathbf{f} + \mathbf{A}\nabla \tilde{g} - \mathbf{b}\tilde{g}) - \mathbf{c} \cdot \nabla \tilde{g} - a\tilde{g}$$

che è dello stesso tipo di quella precedente, essendo, per le ipotesi su $\mathbf{b}, \mathbf{c}$ e a,

$$f + \mathbf{c} \cdot \nabla \tilde{g} + a\tilde{g} \in L^2(\Omega) \qquad \text{and} \qquad \mathbf{f} + \mathbf{A}\nabla \tilde{g} - \mathbf{b}\tilde{g} \in L^2(\Omega; \mathbb{R}^n).$$

In base al Teorema di Lax-Milgram, esiste un'unica soluzione del problema omogeneo ed inoltre

$$\|\nabla w\|_0 \le C_P \{\|f - \mathbf{c} \cdot \nabla \tilde{g} - a\tilde{g}\|_0 + \|\mathbf{f} + \mathbf{A}\nabla \tilde{g} - \mathbf{b}\tilde{g}\|_0\} \qquad (8.30)$$
$$\le C\left(\alpha, n, M, a_\infty, b_\infty, c_\infty\right) \{\|f\|_0 + \|\mathbf{f}\|_0 + \|\tilde{g}\|_{1,2}\},$$

stima valida qualunque sia il rilevamento $\tilde{g}$ di g. Poiché

$$\|u\|_{1,2} \le \|w\|_{1,2} + \|\tilde{g}\|_{1,2} \le (1 + C_P)^{\frac{1}{2}} \|\nabla w\|_0 + \|\tilde{g}\|_{1,2} \qquad (8.31)$$

e

$$\|g\|_{H^{1/2}(\partial\Omega)} = \inf\left\{\|\tilde{g}\|_{1,2} : \tilde{g} \in H^1(\Omega),\ \tilde{g}_{|\partial\Omega} = g\right\},$$

passando all'estremo inferiore su $\tilde{g}$ nelle (8.30) e (8.31), si ricava che *esiste un'unica soluzione* $u \in H^1(\Omega)$ *del problema* (8.29) ed inoltre:

$$\|u\|_{1,2} \le C\left(\alpha, n, M, a_\infty, b_\infty, c_\infty\right) \left\{\|f\|_0 + \|\mathbf{f}\|_0 + \|g\|_{H^{1/2}(\partial\Omega)}\right\}.$$

Esempio 4.1. La Figura 8.1 mostra la soluzione del seguente problema di Dirichlet nel semicerchio $B_1^+(0,0) \subset \mathbb{R}^2$:

$$\begin{cases} -\Delta u - \rho u_\theta = 0 & \rho < 1, 0 < \theta < \pi \\ u(\rho, 1) = \sin(\theta/2) & 0 \le \theta \le \pi \\ u(\rho, 0) = 0,\ u(\rho, \pi) = -\rho & \rho \le 1 \end{cases} \qquad (8.32)$$

dove (ρ, θ) sono coordinate polari. Si osservi che in coordinate cartesiane si ha

$$-\rho u_\theta = y u_x - x u_y$$

per cui questo termine rappresenta un termine di trasporto del tipo $\mathbf{c} \cdot \nabla u$ con $\mathbf{c} = (y, -x)$. Poiché $\text{div}\, \mathbf{c} = 0$, $\mathbf{b} = \mathbf{0}$ e $a = 0$, il Teorema 4.1 assicura la buona posizione del problema.

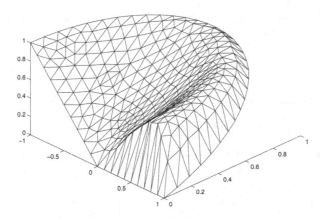

Figura 8.1 Soluzione del problema nell'Esempio 4.1

Alternativa per il problema di Dirichlet

Vedremo più avanti che il problema (8.24) è ben posto sotto la condizione $\mathrm{div}\,\mathbf{b} + a \geq 0$, che non coinvolge il coefficiente $\mathbf{c}$. In particolare, questa condizione è verificata se $a(\mathbf{x}) \geq 0$ e $\mathbf{b}(\mathbf{x}) = \mathbf{0}$ q.o. in Ω.

In generale comunque, si può dire che la forma bilineare è solo *debolmente coerciva*, esiste cioè $\lambda_0 \in \mathbb{R}$ tale che

$$\tilde{B}(u,v) \equiv B(u,v) + \lambda_0 (u,v)_0 = B(u,v) + \lambda_0 \int_\Omega uv \, d\mathbf{x}$$

è *coerciva*. Infatti, usando la disuguaglianza elementare $|ab| \leq \varepsilon a^2 + \frac{1}{4\varepsilon} b^2$, $\forall \varepsilon > 0$, possiamo scrivere

$$\left| \int_\Omega (\mathbf{b} - \mathbf{c})u \cdot \nabla u \, d\mathbf{x} \right| \leq \sqrt{n}\,(b_\infty + c_\infty) \int_\Omega |u \cdot \nabla u| \, d\mathbf{x}$$

$$\leq \varepsilon \|\nabla u\|_0^2 + \frac{n(b_\infty + c_\infty)^2}{4\varepsilon} \|u\|_0^2$$

e quindi

$$\tilde{B}(u,u) \geq \alpha \|\nabla u\|_0^2 + \lambda_0 \|u\|_0^2 - \varepsilon \|\nabla u\|_0^2 - \left(\frac{n(b_\infty + c_\infty)^2}{4\varepsilon} + a_\infty \right) \|u\|_0^2 . \tag{8.33}$$

Se scegliamo, per esempio, $\varepsilon = \alpha/2$ e $\lambda_0 = a_\infty + n(b_\infty + c_\infty)^2/4\varepsilon$, otteniamo

$$\tilde{B}(u,u) \geq \frac{\alpha}{2} \|\nabla u\|_0^2$$

che mostra la coercività di $\tilde{B}$. Introduciamo ora la terna Hilbertiana

$$V = H_0^1(\Omega), \ H = L^2(\Omega), \ V^* = H^{-1}(\Omega)$$

e ricordiamo che, essendo Ω **limitato**, l'immersione di V in H è compatta. Per applicare il Teorema dell'Alternativa al problema variazionale (8.26) occorre introdurre la forma bilineare *aggiunta di B*, data da

$$B^*(u,v) = \int_\Omega \left\{ (\mathbf{A}^\top \nabla u + \mathbf{c}u) \cdot \nabla v - \mathbf{b}v \cdot \nabla u + auv \right\} \, d\mathbf{x} = B(v,u),$$

associata all'aggiunto formale $\mathcal{L}^*$ di $\mathcal{L}$ definito dalla formula

$$\mathcal{L}^* u = -\mathrm{div}\left(\mathbf{A}^\top \nabla u + \mathbf{c}u \right) - \mathbf{b} \cdot \nabla u + cu.$$

Ora possiamo applicare il Teorema 6.8.1 al problema (8.26). Concludiamo che:

a) *i sottospazi* $\mathcal{N}_B$ *ed* $\mathcal{N}_{B^*}$ *delle soluzioni dei due problemi omogenei*

$$B(u,v) = 0, \quad \forall v \in H_0^1(\Omega) \qquad e \qquad B^*(w,v) = 0, \quad \forall v \in H_0^1(\Omega)$$

hanno la stessa dimensione d, $0 \leq d < \infty$;

b) il problema

$$B\left(u,v\right)=Fv,\qquad\forall v\in H_{0}^{1}\left(\Omega\right)$$

ha soluzione se e solo se $Fw=0$ per ogni $w\in\mathcal{N}_{B^{*}}$.

Traduciamo le conclusioni in termini meno astratti.

Teorema 4.2. *Sia Ω un dominio limitato, $f\in L^{2}\left(\Omega\right)$ e $\mathbf{f}\in L^{2}\left(\Omega;\mathbb{R}^{n}\right)$. Supponiamo che valgano le ipotesi (8.23) e (8.22). Allora:*

a) o $\mathcal{L}$ è un isomorfismo continuo tra $H_{0}^{1}\left(\Omega\right)$ e $H^{-1}\left(\Omega\right)$ e quindi il problema (8.24) ha un'unica soluzione debole ed esiste $C=C\left(\alpha,n,M,a_{\infty},\ b_{\infty},c_{\infty}\right)$ tale che

$$\left\|\nabla u\right\|_{0}\le C\left\{\left\|f\right\|_{0}+\left\|\mathbf{f}\right\|_{0}\right\};$$

b) oppure i problemi omogeneo e omogeneo aggiunto, rispettivamente,

$$\begin{cases}\mathcal{L}u=0 & \text{in }\Omega\\ u=0 & \text{su }\partial\Omega,\end{cases}\qquad\begin{cases}\mathcal{L}^{*}w=0 & \text{in }\Omega\\ w=0 & \text{su }\partial\Omega\end{cases}\qquad(8.34)$$

hanno (ciascuno) d soluzioni linearmente indipendenti con $0<d<\infty$;

c) il problema (8.24) ha soluzione se e solo se

$$\int_{\Omega}\left\{fw-\mathbf{f}\cdot\nabla w\right\}d\mathbf{x}=0\qquad(8.35)$$

per ogni soluzione w del problema omogeneo aggiunto.

Il Teorema 4.2 indica che, se si dimostra l'unicità della soluzione del problema (8.24), automaticamente si ha esistenza e dipendenza continua dai dati (stabilità). Per dimostrare l'unicità si possono usare principi di massimo come quello che considereremo nel Paragrafo 8.4.5.

Le (8.35) costituiscono un insieme di d *condizioni di compatibilità* che i dati devono soddisfare, affinché il problema sia risolubile.

8.4.2 Problema di Neumann

Il **problema di Neumann** per un operatore in forma di divergenza si formula assegnando sulla frontiera del dominio il flusso associato al termine di diffusione. Il flusso è composto da due termini: $\mathbf{A}\nabla u\cdot\boldsymbol{\nu}$, dovuto al termine di diffusione $-\text{div}\mathbf{A}\nabla u$, e $-\mathbf{b}u\cdot\boldsymbol{\nu}$, dovuto al termine convettivo $\text{div}(\mathbf{b}u)$, dove $\boldsymbol{\nu}$ è la normale esterna su $\partial\Omega$. Poniamo

$$\partial_{\nu}^{\mathcal{L}}u=\left(\mathbf{A}\nabla u-\mathbf{b}u\right)\cdot\boldsymbol{\nu}=\sum_{i,j=1}^{n}a_{ij}u_{x_{j}}\nu_{i}-u\sum_{j=1}^{n}b_{j}\nu_{j}$$

che prende il nome di *derivata conormale di u*. Dovendo esistere un versore normale almeno in quasi tutti i punti di $\partial\Omega$, occorre richiedere una certa regolarità a Ω, per esempio che Ω sia **Lipschitziano**. Il problema di Neumann per l'operatore $\mathcal{L}$ è dunque il seguente:

$$\begin{cases} \mathcal{L}u = f & \text{in } \Omega \\ \partial_\nu^\mathcal{L} u = g & \text{su } \partial\Omega \end{cases} \tag{8.36}$$

con $f \in L^2(\Omega)$ e $g \in L^2(\partial\Omega)$. La formulazione variazionale del problema (8.36) si ottiene con la solita tecnica. Moltiplicando l'equazione differenziale $\mathcal{L}u = f$ per una funzione test $v \in H^1(\Omega)$ ed integrando per parti, si ha, formalmente,

$$\int_\Omega \{(\mathbf{A}\nabla u - \mathbf{b}u) \cdot \nabla v + (\mathbf{c} \cdot \nabla u)v + auv\}\, d\mathbf{x} = \int_\Omega fv\, d\mathbf{x} + \int_{\partial\Omega} gv\, d\sigma$$

essendo $(\mathbf{A}\nabla u - \mathbf{b}u) \cdot \boldsymbol{\nu} = g$ su $\partial\Omega$. Introducendo la forma bilineare

$$B(u,v) = \int_\Omega \{(\mathbf{A}\nabla u - \mathbf{b}u) \cdot \nabla v + (\mathbf{c} \cdot \nabla u)v + auv\}\, d\mathbf{x} \tag{8.37}$$

e il funzionale lineare

$$Fv = \int_\Omega fv\, d\mathbf{x} + \int_{\partial\Omega} gv\, d\sigma$$

siamo condotti alla seguente **formulazione variazionale**, che, come si controlla facilmente, equivale alla formulazione (8.36) nel caso in cui tutti i dati siano regolari:

Determinare $u \in H^1(\Omega)$ *tale che*

$$B(u,v) = Fv, \quad \forall v \in H^1(\Omega). \tag{8.38}$$

Un insieme di condizioni che assicurano la buona posizione del problema sono indicate nel seguente teorema.

Teorema 4.3. *Sia Ω limitato e Lipschitziano. Assumiamo che valgano le ipotesi (8.23), (8.22) e che $f \in L^2(\Omega)$, $g \in L^2(\partial\Omega)$. Se $a(\mathbf{x}) \geq a_0 > 0$ q.o.in Ω e*

$$\alpha_0 \equiv \min\left\{\alpha - \sqrt{n}(b_\infty + c_\infty)/2, a_0 - \sqrt{n}(b_\infty + c_\infty)/2\right\} > 0, \tag{8.39}$$

allora il problema (8.38) ha un'unica soluzione. Inoltre, vale la seguente stima di stabilità:

$$\|u\|_{1,2} \leq \frac{1}{\alpha_0}\left\{\|f\|_0 + \overline{C}(n,\Omega)\|g\|_{L^2(\partial\Omega)}\right\}. \tag{8.40}$$

Dimostrazione. Controlliamo che la forma bilineare B ed il funzionale lineare F soddisfino le ipotesi del Teorema di Lax-Milgram.

Continuità di B. Procedendo come per il problema di Dirichlet si trova

$$|B(u,v)| \leq \left(M + \sqrt{n}(b_\infty + c_\infty) + a_\infty\right)\|u\|_{1,2}\|v\|_{1,2}.$$

per cui B è continua in $H^1(\Omega)$.

Coercività di B. Si ha:

$$B(u,u) \geq \alpha \int_\Omega |\nabla u|^2 \, d\mathbf{x} - \left| \int_\Omega [(\mathbf{b} - \mathbf{c}) \cdot \nabla u] \, u \, d\mathbf{x} \right| + \int_\Omega a u^2 d\mathbf{x}.$$

Dalla disuguaglianza di Schwarz,

$$\left| \int_\Omega [(\mathbf{b} - \mathbf{c}) \cdot \nabla u] \, u \, d\mathbf{x} \right| \leq \sqrt{n}(b_\infty + c_\infty) \, \|\nabla u\|_0 \, \|u\|_0$$

$$\leq \frac{\sqrt{n}(b_\infty + c_\infty)}{2} \, \|u\|_{1,2}^2 \, .$$

Quindi, se vale (8.39), si ottiene

$$B(u,u) \geq \alpha_0 \, \|u\|_{1,2}^2$$

per cui B è coerciva. Infine, per la disuguaglianza di Schwarz e quella di traccia (8.10), abbiamo:

$$|Fv| \leq \int_\Omega |fv| \, d\mathbf{x} + \int_{\partial\Omega} |gv| \, d\sigma \leq \|f\|_0 \|v\|_0 + \|g\|_{L^2(\partial\Omega)} \|v\|_{L^2(\partial\Omega)}$$

$$\leq \left\{ \|f\|_{L^2(\Omega)} + \overline{C}(n,\Omega) \|g\|_{L^2(\partial\Omega)} \right\} \|v\|_{1,2}$$

e quindi $F \in H^1(\Omega)^*$, con

$$\|F\|_{H^1(\Omega)^*} \leq \|f\|_0 + \overline{C}(n,\Omega) \|g\|_{L^2(\partial\Omega)} \, . \qquad \square$$

Alternativa per il problema di Neumann

La forma bilineare B è coerciva anche sotto le condizioni

$$(\mathbf{b} - \mathbf{c}) \cdot \boldsymbol{\nu} \leq 0 \text{ q.o. su } \partial\Omega \quad \text{e} \quad \frac{1}{2}\text{div}(\mathbf{b} - \mathbf{c}) + a_0 \geq c_0 > 0 \text{ q.o in } \Omega,$$

come si può dimostrare imitando la dimostrazione del Teorema 4.1. In generale, B è solo *debolmente coerciva*. Infatti, scegliendo nella (8.33), per esempio, $\varepsilon = \alpha/2$ e $\lambda_0 = a_\infty + n(b_\infty + c_\infty)^2/4\varepsilon + \alpha/2$, troviamo

$$\tilde{B}(u,u) \equiv B(u,u) + \lambda_0 \|u\|_0^2 \geq \frac{\alpha}{2} \|u\|_{1,2}^2$$

e quindi $\tilde{B}$ è coerciva. Introduciamo ora la terna Hilbertiana

$$V = H^1(\Omega), \, H = L^2(\Omega), \, V^* = H^1(\Omega)^*$$

e ricordiamo che, essendo Ω *limitato e Lipschitziano*, l'immersione di V in H è compatta. Applicando il Teorema 6.8.1, otteniamo il seguente risultato.

Teorema 4.4. *Siano Ω un dominio limitato e Lipschitziano, $f \in L^2(\Omega)$ e $g \in L^2(\partial\Omega)$. Supponiamo che valgano le ipotesi (8.23) e (8.22). Vale la seguente dicotomia:*

a) o il problema (8.36) ha un'unica soluzione debole $u \in H^1(\Omega)$ ed esiste $C = C(\alpha, n, M, a_\infty, b_\infty, c_\infty)$ tale che

$$\|u\|_{1,2} \leq C \left\{ \|f\|_0 + \|g\|_{L^2(\partial\Omega)} \right\};$$

b) oppure i problemi omogeneo e omogeneo aggiunto, rispettivamente,

$$\begin{cases} \mathcal{L}u = 0 & \text{in } \Omega \\ (\mathbf{A}\nabla u - \mathbf{b}u) \cdot \boldsymbol{\nu} = 0 & \text{su } \partial\Omega, \end{cases} \qquad \begin{cases} \mathcal{L}^* w = 0 & \text{in } \Omega \\ (\mathbf{A}^\top \nabla w + \mathbf{c}w) \cdot \boldsymbol{\nu} = 0 & \text{su } \partial\Omega \end{cases}$$

hanno (ciascuno) d soluzioni linearmente indipendenti, con $0 < d < \infty$;

c) il problema (8.36) ha soluzione se e solo se

$$Fw = \int_\Omega fw \, d\mathbf{x} + \int_{\partial\Omega} gw \, d\sigma = 0 \tag{8.41}$$

per ogni soluzione w del problema omogeneo aggiunto.

Nota 4.2. Se $\mathbf{b} = \mathbf{c} = \mathbf{0}$ e $a = 0$, allora le soluzioni w del problema omogeneo aggiunto sono le funzioni costanti. Infatti, in questo caso, w è soluzione di

$$B^*(u,v) = \int_\Omega \mathbf{A}^\top \nabla w \cdot \nabla v \, d\mathbf{x} = 0 \qquad \forall v \in H^1(\Omega).$$

Inserendo $v = w$ si trova, per l'ellitticità uniforme

$$0 = \int_\Omega \mathbf{A}^\top \nabla w \cdot \nabla w \, d\mathbf{x} \geq \alpha \|\nabla w\|_0^2$$

e quindi w è costante. Pertanto si ha $d = 1$ e la condizione necessaria e sufficiente di risolubilità è

$$\int_\Omega f \, d\mathbf{x} + \int_{\partial\Omega} g \, d\sigma = 0$$

come abbiamo più volte affermato.

8.4.3 Problema di Robin

La formulazione variazionale del **problema di Robin**

$$\begin{cases} \mathcal{L}u = f & \text{in } \Omega \\ \partial_\nu^{\mathcal{L}} u + hu = g & \text{su } \partial\Omega \end{cases} \tag{8.42}$$

si ricava da quella per il problema di Neumann. Basta osservare che su $\partial\Omega$ si ha $\partial_\nu^{\mathcal{L}} u = \mathbf{A}\nabla u \cdot \boldsymbol{\nu} - \mathbf{b}u \cdot \boldsymbol{\nu} = -hu + g$ e si perviene subito al **problema variazionale** seguente:

Determinare $u \in H^1(\Omega)$ tale che, $\forall v \in H^1(\Omega)$,

$$\int_\Omega \{(\mathbf{A}\nabla u - \mathbf{b}u) \cdot \nabla v + (\mathbf{c} \cdot \nabla u)v + auv\}\, d\mathbf{x} + \int_{\partial\Omega} huv\, d\sigma$$

$$= \int_\Omega fv\, d\mathbf{x} + \int_{\partial\Omega} gv\, d\sigma.$$

Poniamo

$$B_{Rob}(u, v) \equiv B(u, v) + \int_{\partial\Omega} huv\, d\sigma.$$

Come per il problema di Neumann, siano Ω *limitato* e *Lipschitziano*, $f \in L^2(\Omega)$ e $g \in L^2(\partial\Omega)$. Di diverso rispetto ai casi precedenti c'è solo l'ultimo termine. Assumiamo che $h \in L^\infty(\partial\Omega)$. Controlliamo le ipotesi del Teorema di Lax-Milgram (ormai mitico). Dalle disuguaglianze di Schwarz e di traccia si ha:

$$\left|\int_{\partial\Omega} huv\, d\sigma\right| \leq \|h\|_{L^\infty(\Omega)} \|u\|_{L^2(\partial\Omega)} \|v\|_{L^2(\partial\Omega)}$$

$$\leq \overline{C}^2 \|h\|_{L^\infty(\Omega)} \|u\|_{1,2} \|v\|_{1,2}$$

e quindi B_{Rob} è continua. Procedendo come per il problema di Neumann, se vale la (8.39), si ottiene

$$B_{Rob}(u, u) \geq \alpha_0 \|u\|_{1,2}^2 + \int_{\partial\Omega} hu^2\, d\sigma.$$

Se quindi $h(\mathbf{x}) \geq 0$ q.o. su $\partial\Omega$, B_{Rob} è anche *coerciva*. In tal caso abbiamo esistenza ed unicità di una soluzione debole del problema (8.42) e vale la stima di stabilità (8.40).

In generale, la forma bilineare è solo debolmente coerciva B. Si può usare ancora il Teorema dell'Alternativa 6.8.1 e formulare (lasciamo l'onere al lettore) un teorema perfettamente analogo al Teorema 4.4.

8.4.4 Problema misto

Come per l'equazione di Poisson, sia $\Omega \subset \mathbb{R}^n$ un *dominio limitato, Lipschitziano* e sia $\Gamma_D \subset \partial\Omega$ non vuoto e aperto in $\partial\Omega$. Poniamo poi $\Gamma_N = \partial\Omega \backslash \Gamma_D$. Assumiamo infine che $a \in L^\infty(\Omega)$, $f \in L^2(\Omega)$, $g \in L^2(\Gamma_N)$ e consideriamo il problema misto

$$\begin{cases} \mathcal{L}u = f & \text{in } \Omega \\ u = 0 & \text{su } \Gamma_D \\ (\mathbf{A}\nabla u - \mathbf{b}u) \cdot \boldsymbol{\nu} = g & \text{su } \Gamma_N. \end{cases}$$

Lo spazio di Sobolev naturale nel quale ambientare la formulazione debole è lo spazio $H^1_{0,\Gamma_D}(\Omega)$ delle funzioni in $H^1(\Omega)$ a traccia nulla su Γ_D, con la norma

$$\|u\|_{H^1_{0,\Gamma_D}(\Omega)} = \|\nabla u\|_0.$$

Ricordiamo infatti che in questo spazio vale la disuguaglianza di Poincaré, la cui costante indichiamo sempre con C_P e che vale una disuguaglianza di traccia del tipo

$$\|v\|_{L^2(\Gamma_N)} \le \widetilde{C} \|\nabla v\|_0 .$$

Introducendo il funzionale lineare

$$Fv = \int_\Omega fv \, d\mathbf{x} + \int_{\Gamma_N} gv \, d\sigma$$

si perviene alla seguente **formulazione variazionale**:

Determinare $u \in H^1_{0,\Gamma_D}(\Omega)$ tale che,

$$B(u, v) = Fv, \qquad \forall v \in H^1_{0,\Gamma_D}(\Omega). \tag{8.43}$$

Con metodi ormai usuali, si può dimostrare il seguente risultato.

Teorema 4.5. *Supponiamo che valgano le (8.23) e (8.22) e che $f \in L^2(\Omega)$, $g \in L^2(\Gamma_N)$. Se **b** e **c** sono Lipschitziani e*

$$(\mathbf{b} - \mathbf{c}) \cdot \boldsymbol{\nu} \le 0 \;\; su \;\Gamma_N, \quad \frac{1}{2}\mathrm{div}\,(\mathbf{b} - \mathbf{c}) + a \ge 0, \quad q.o. \; in \; \Omega,$$

allora, il problema (8.43) ha un'unica soluzione $u \in H^1_{0,\Gamma_D}(\Omega)$. Inoltre, vale la seguente stima di stabilità:

$$\|\nabla u\|_0 \le \frac{1}{\alpha} \left\{ C_P \|f\|_0 + \overline{C} \|g\|_{L^2(\Gamma_N)} \right\}.$$

Nota 4.3. Se $u = g_0$ su Γ_D, se cioè i dati di Dirichlet non sono omogenei, si può pensare ad un rilevamento $\widetilde{g}_0 \in H^1(\Omega)$ di g_0 in Ω e porre $w = u - \widetilde{g}_0$. Allora $w \in H^1_{0,\Gamma_D}(\Omega)$ e il problema per w è

$$B(w, v) = -B(\widetilde{g}_0, v) + \int_\Omega fv \, d\mathbf{x} + \int_{\Gamma_N} gv \, d\sigma \qquad \forall v \in H^1_{0,\Gamma_D}(\Omega).$$

In generale, la forma bilineare è solo debolmente coerciva. Si può usare ancora il Teorema dell'Alternativa e formulare (lo lasciamo fare al lettore) un teorema perfettamente analogo al Teorema 4.4. Osserviamo solo che la condizione di compatibilità sui dati ha la forma

$$Fw = \int_\Omega f \, w \, d\mathbf{x} + \int_{\Gamma_N} g \, w \, d\sigma = 0$$

per ogni w soluzione del problema omogeneo aggiunto

$$\begin{cases} \mathcal{L}^* w = 0 & in \; \Omega \\ w = 0 & su \; \Gamma_D \\ (\mathbf{A}^\top \nabla w + \mathbf{c}w) \cdot \boldsymbol{\nu} = 0 & su \; \Gamma_N. \end{cases}$$

Un'osservazione finale. Abbiamo visto come i Teoremi di Lax-Milgram e dell'Alternativa permettano di unificare il trattamento di un'ampia classe di problemi al contorno per equazioni ellittiche. Abbiamo sempre lavorato in domini limitati, perché questa è la situazione alla quale ci si riduce quando si voglia risolvere numericamente il problema. La teoria si può comunque estendere al caso di domini illimitati, richiedendo condizioni all'infinito sulla soluzione, per esempio che

$$u(\mathbf{x}) \to 0 \quad \text{se } |\mathbf{x}| \to \infty.$$

Nella formulazione debole, tale condizione è di fatto incorporata nella richiesta che $u \in H^1(\Omega)$. Naturalmente, il metodo variazionale indicato dai teoremi citati non è onnipotente, in quanto dipende dalle ipotesi di continuità e coercività o coercività debole della forma bilineare e dalla richiesta che il secondo membro appartenga al duale dello spazio di Hilbert che si considera di volta in volta.

Per esempio, in dimensione $n > 1$, con il metodo variazionale non si può risolvere (per lo meno direttamente) il problema

$$-\Delta u = \delta_n \quad \text{in } \mathbb{R}^n$$

poiché $\delta_n \notin H^{-1}(\mathbb{R}^n)$. La soluzione, che si chiama *soluzione fondamentale dell'operatore di Laplace*, è

$$u(\mathbf{x}) = \begin{cases} -\frac{1}{2\pi} \ln |\mathbf{x}| & n = 2 \\ \frac{1}{(n-2)\omega_n} \frac{1}{|\mathbf{x}|^{n-2}} & n \geq 3 \end{cases}$$

dove ω_n è la misura della superficie sferica $\{\mathbf{x} \in \mathbb{R}^n \colon |\mathbf{x}| = 1\}$, come si può verificare con un calcolo diretto[4].

8.5 Principi di massimo

Abbiamo già incontrato una versione del principio di massimo a proposito dell'equazione di Laplace. Questo principio ha un'estensione naturale nel caso di operatori in forma di divergenza. Data l'ambientazione negli spazi di Sobolev, l'affermazione che una funzione è positiva (negativa) sul bordo di un dominio Ω è da intendersi nel *senso delle tracce seguente*, più restrittivo della condizione di positività (negatività) quasi ovunque sul bordo.[5] Ricordiamo prima che se $u \in H^1(\Omega)$ allora anche la sua parte positiva $u^+ = \max\{u, 0\}$ e la sua parte negativa $u^- = \max\{-u, 0\}$ appartengono a $H^1(\Omega)$.

Diciamo allora che $u \leq 0$ *(risp. ≥ 0) su $\partial\Omega$ (nel senso delle tracce o di $H^1(\Omega)$) se $u^+ \in H_0^1(\Omega)$ (risp. $u^- \in H_0^1(\Omega)$)*. Le altre disuguaglianze seguono

---

[4] I casi $n = 2, 3$ sono trattati nella Sezione 7.2.

[5] Per approfondire si veda *Kinderlehrer-Stampacchia, 1980*.

in modo naturale. Per esempio, $u \leq v$ su $\partial\Omega$ se $u - v \leq 0$ su $\partial\Omega$. Si può poi definire

$$\sup_{\partial\Omega} u = \inf\left\{k : u \leq k \text{ su } \partial\Omega\right\}, \qquad \inf_{\partial\Omega} u = \sup\left\{k : u \geq k \text{ su } \partial\Omega\right\}$$

che coincidono con i soliti estremo superiore e inferiore nel caso di funzioni continue su $\partial\Omega$. Supponiamo ora che $u \in H^1(\Omega)$ soddisfi la disuguaglianza

$$\mathcal{L}u = -\operatorname{div}(\mathbf{A}\nabla u - \mathbf{b}u) + \mathbf{c} \cdot \nabla u + au \leq 0$$

in senso debole, e cioè che, $\forall v \in H_0^1(\Omega)$, $v \geq 0$ q.o. in Ω

$$\int_\Omega \left\{(\mathbf{A}\nabla u - \mathbf{b}u)\nabla v + \mathbf{c}v \cdot \nabla u + auv\right\} \, d\mathbf{x} \leq 0. \tag{8.44}$$

Definizione 5.1. *Se vale la (8.44) diciamo che u è sottosoluzione di $\mathcal{L}$; u è soprasoluzione se $-u$ è sottosoluzione, se cioè vale la disuguaglianza opposta per ogni $v \in H_0^1(\Omega)$, $v \geq 0$ q.o. in Ω.*

Abbiamo:

Teorema 5.1 (Principio di massimo debole). *Supponiamo che valgano (8.23) e (8.22). Inoltre, sia $\mathbf{b}$ Lipschitziana e*

$$\operatorname{div}\mathbf{b} + a \geq 0 \quad \text{q.o. in } \Omega. \tag{8.45}$$

Allora, se u è sottosoluzione (soprasoluzione) di $\mathcal{L}$ in Ω si ha:

$$\operatorname*{ess\,sup}_\Omega u \leq \sup_{\partial\Omega} u^+ \qquad \left(\operatorname*{ess\,inf}_\Omega u \geq \inf_{\partial\Omega}(-u^-)\right). \tag{8.46}$$

In particolare, se $u \leq 0$ (≥ 0) su $\partial\Omega$ allora $u \leq 0$ (≥ 0) q.o. in Ω.

Dimostrazione. La facciamo solo nel caso $\mathbf{b} = \mathbf{c} = 0$. Sia u sottosoluzione; abbiamo:

$$\int_\Omega \mathbf{A}\nabla u \cdot \nabla v \, d\mathbf{x} \leq -\int_\Omega auv \, d\mathbf{x}, \qquad \forall v \in H_0^1(\Omega), v \geq 0 \text{ q.o. in } \Omega.$$

Sia $l = \sup_{\partial\Omega} u^+ < +\infty$ (altrimenti non c'è nulla da dimostrare). Scegliamo come funzione test $v = \max\{u - l, 0\}$, che è nonnegativa e appartiene a $H_0^1(\Omega)$. Osserviamo che nell'insieme $\{u > l\}$, dove $v > 0$, si ha $\nabla u = \nabla v$ e quindi, usando l'ellitticità e $a \geq 0$, si trova

$$\alpha \int_{\{u>l\}} |\nabla v|^2 \, d\mathbf{x} = \alpha \int_{\{u>l\}} |\nabla u|^2 \, d\mathbf{x} \leq -\int_{\{u>l\}} au\,(u - l) \, d\mathbf{x} \leq 0$$

per cui deve essere o $|\{u > l\}| = 0$ oppure $\nabla v = 0$ q.o. In entrambi i casi, essendo $v \in H_0^1(\Omega)$, si deduce $v = 0$ q.o. ossia $u \leq l$ q.o. Il caso soprasoluzione si tratta in modo simile. $\qquad\square$

Nota 5.1. Nella (8.46) non è possibile sostituire $\sup_{\partial\Omega} u^+$ con $\sup_{\partial\Omega} u$ oppure $\inf_{\partial\Omega}(-u^-)$ con $\inf_{\partial\Omega} u$. Un semplice controesempio in dimensione

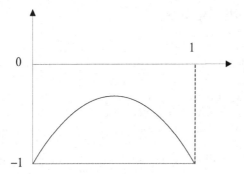

Figura 8.2 La soluzione di $-u'' + u = 0$ in $(0,1)$, $u(0) = u(1) = -1$

uno è mostrato in Figura 8.2. La soluzione di $u'' - u = 0$ in $(0,1)$, con $u(0) = u(1) = -1$ ha un *massimo negativo*, che è maggiore di -1.

Immediata conseguenza del principio di massimo debole è l'unicità (e quindi anche l'esistenza, in base al Teorema 4.2) per il problema di Dirichlet:

Corollario 5.2. *Siano $\Omega \subset \mathbb{R}^n$ un dominio limitato e Lipschitziano,*

$$f \in L^2(\Omega), \ \mathbf{f} \in L^2(\Omega; \mathbb{R}^n) \ e \ g \in H^{1/2}(\partial\Omega).$$

Se vale la (8.45), il problema

$$\begin{cases} \mathcal{L}u = f + \operatorname{div} \mathbf{f} & \text{in } \Omega \\ u = g & \text{su } \partial\Omega \end{cases}$$

ha un'unica soluzione $u \in H^1(\Omega)$ e

$$\|u\|_{1,2} \le C(n, \alpha, M, b_\infty, c_\infty, a_\infty) \left\{ \|f\|_0 + \|\mathbf{f}\|_0 + \|g\|_{H^{1/2}(\partial\Omega)} \right\}.$$

Per il problema misto, abbiamo il seguente teorema, la cui dimostrazione ricalca quella del Teorema 5.1.

Teorema 5.3. *Siano $\Gamma_D \subset \partial\Omega$, aperto in $\partial\Omega$, e $u \in H^1(\Omega)$ tale che, $\forall v \in H^1_{0,\Gamma_D}(\Omega)$, $v \ge 0$, q.o. in Ω,*

$$\int_\Omega \{(\mathbf{A}\nabla u - \mathbf{b}u)\nabla v + \mathbf{c}v \cdot \nabla u + auv\} \, d\mathbf{x} \le 0 \quad (\ge 0).$$

Se $\mathbf{b}$ è Lipschitziano e

$$\mathbf{b} \cdot \boldsymbol{\nu} \le 0 \ \text{q.o. su } \Gamma_N, \quad \operatorname{div}\mathbf{b} + a \ge 0 \ \text{q.o. in } \Omega$$

allora

$$\operatorname*{ess\,sup}_\Omega u \le \sup_{\Gamma_D} u^+ \qquad \left(\operatorname*{ess\,inf}_\Omega u \ge \inf_{\Gamma_D}(-u^-) \right).$$

In particolare, se $u \le 0$ (≥ 0) su Γ_D allora $u \le 0$ (≥ 0) q.o. in Ω.

8.6 Questioni di regolarità

Nel caso dei problemi di Dirichlet e di Neumann, abbiamo controllato che
se una soluzione debole è regolare, per esempio se ha due derivate continue,
allora dalla formulazione variazionale si può risalire a quella classica cosicché
anche la soluzione è in realtà classica.

Un problema importante e, in generale, molto complesso, è stabilire il grado
di regolarità ottimale di una soluzione debole, a partire da quello dei dati del
problema, che sono: *il dominio Ω, i dati al bordo, i coefficienti dell'operatore $\mathcal{L}$
ed il termine forzante* (di solito a secondo membro dell'equazione). Tale grado
di regolarità influisce, tra l'altro, sulla rapidità di convergenza dei metodi
numerici. Per avere un'idea di ciò che possiamo aspettarci, consideriamo, per
esempio, il problema di Dirichlet omogeneo

$$\begin{cases} \mathcal{L}u = F & \text{in } \Omega \\ u = 0 & \text{su } \partial\Omega \end{cases}$$

dove F è un elemento di $H^{-1}(\Omega)$, Ω limitato. Con le ipotesi fatte, in base
al Teorema di Lax-Milgram, si può dire che la soluzione $u \in H_0^1(\Omega)$ e non
molto di più. Dalle disuguaglianze di Sobolev, infatti, segue che $u \in L^p(\Omega)$
con $p = \frac{2n}{n-2}$, se $n \geq 3$, o in ogni $L^p(\Omega)$, $2 \leq p < \infty$, se $n = 2$, ma il guadagno
ottenuto non altera di molto la regolarità di u.

Rovesciando la situazione, si può dire che, partendo da una funzione in
$H_0^1(\Omega)$ e applicando ad essa un operatore del secondo ordine, "si consumano
due derivate": la perdita di una derivata porta da $H_0^1(\Omega)$ ad $L^2(\Omega)$ ed un
ulteriore consumo di una derivata porta ad $H^{-1}(\Omega)$: è come se l'apice -1
segnalasse il "debito" di una derivata.

Consideriamo però il caso particolare in cui $u \in H^1(\mathbb{R}^n)$ è soluzione del
problema

$$-\Delta u + u = f \quad \text{in } \mathbb{R}^n$$

e chiediamoci: *se $f \in L^2(\mathbb{R}^n)$ qual è la regolarità ottimale di u?*

Seguendo il ragionamento un po' pittoresco appena fatto dovremmo osservare quanto segue: è vero che si parte ancora da $u \in H^1(\mathbb{R}^n)$, ma applicando
l'operatore del secondo ordine

$$-\Delta + I$$

dove I indica l'operatore *identità,* si approda ad $f \in L^2(\mathbb{R}^n)$, senza più derivate ma anche *senza debiti!*, per cui si sarebbe tentati di concludere che si è
partiti in realtà da una funzione in $H^2(\mathbb{R}^n)$. Questo è proprio ciò che capita
e lo vediamo utilizzando la trasformata di Fourier. Notiamo, infatti, che entrambi i membri dell'equazione sono distribuzioni temperate, essendo funzioni
di $L^2(\mathbb{R}^n)$ e perciò possiamo calcolare la loro trasformata di Fourier. Essendo

$$\widehat{\partial_{x_i}u}(\boldsymbol{\xi}) = i\xi_i\widehat{u}(\boldsymbol{\xi}), \qquad \widehat{\partial_{x_ix_j}u}(\boldsymbol{\xi}) = -\xi_i\xi_j\widehat{u}(\boldsymbol{\xi})$$

si ha $-\widehat{\Delta u}(\boldsymbol{\xi}) = |\boldsymbol{\xi}|^2\, \widehat{u}(\boldsymbol{\xi})$ e l'equazione trasformata è

$$(1 + |\boldsymbol{\xi}|^2)\widehat{u}(\boldsymbol{\xi}) = \widehat{f}(\boldsymbol{\xi})$$

da cui

$$\widehat{u}(\boldsymbol{\xi}) = \frac{\widehat{f}(\boldsymbol{\xi})}{1 + |\boldsymbol{\xi}|^2}. \tag{8.47}$$

Dalla (8.47) ricaviamo subito l'informazione che volevamo e cioè che *ogni derivata seconda di u appartiene a* $L^2(\mathbb{R}^n)$. Ciò segue dai seguenti fatti:

- il teorema di *Plancherel:*

$$\|\widehat{v}\|_{L^2(\mathbb{R}^n)}^2 = (2\pi)^n \|v\|_{L^2(\mathbb{R}^n)}^2\,;$$

- la disuguaglianza elementare

$$2\,|\xi_i\xi_j| < 1 + |\boldsymbol{\xi}|^2, \forall i, j = 1, ..., n;$$

- il semplice calcolo

$$\int_{\mathbb{R}^n} |u_{x_i x_j}(\mathbf{x})|^2\, d\mathbf{x} = \int_{\mathbb{R}^n} \xi_i^2 \xi_j^2 |\widehat{u}(\boldsymbol{\xi})|^2\, d\boldsymbol{\xi} = \int_{\mathbb{R}^n} \frac{\xi_i^2 \xi_j^2 \left|\widehat{f}(\boldsymbol{\xi})\right|^2}{(1 + |\boldsymbol{\xi}|^2)^2}\, d\boldsymbol{\xi}$$

$$< \frac{1}{4}\int_{\mathbb{R}^n} \left|\widehat{f}(\boldsymbol{\xi})\right|^2\, d\boldsymbol{\xi} = \frac{(2\pi)^n}{4}\int_{\mathbb{R}^n} |f(\mathbf{x})|^2\, d\mathbf{x}.$$

Si deduce dunque che $u \in H^2(\mathbb{R}^n)$ con un guadagno (significativo) di una derivata rispetto alla regolarità di partenza. Si noti inoltre che abbiamo anche ottenuto la disuguaglianza

$$\|u_{x_i x_j}\|_{L^2(\mathbb{R}^n)} \le \frac{(2\pi)^{n/2}}{2}\, \|f\|_{L^2(\mathbb{R}^n)}.$$

Possiamo spingerci oltre. Se $f \in H^1(\mathbb{R}^n)$, cioè f possiede derivate prime in $L^2(\mathbb{R}^n)$, con un calcolo perfettamente analogo si deduce che $u \in H^3(\mathbb{R}^n)$. Alternativamente, si può derivare l'equazione ed osservare che, per ogni $j = 1, ..., n$, la derivata u_{x_j} soddisfa l'equazione

$$-\Delta u_{x_j} + u_{x_j} = f_{x_j} \quad \text{in } \mathbb{R}^n$$

che ha *secondo membro in* $L^2(\mathbb{R}^n)$, ed applicare quanto appena visto a u_{x_j}. Iterando il ragionamento, concludiamo che, per ogni $m \ge 0$,

$$\text{se } f \in H^m(\mathbb{R}^n) \qquad \text{allora} \qquad u \in H^{m+2}(\mathbb{R}^n).$$

Utilizzando il Teorema di Immersione di Sobolev possiamo allora dedurre che, se m è sufficientemente grande, u è una soluzione classica.

Infatti, in base al Teorema 7.8.6, se $u \in H^{m+2}(\mathbb{R}^n)$, allora $u \in C_{loc}^{k,\alpha}(\mathbb{R}^n)$ con $k = m - \left[\frac{n}{2}\right]$ e con $\alpha = m - \frac{n}{2} - k$ se n è dispari oppure $\forall \alpha \in (0,1)$ se n è pari. Pertanto, non appena $m > 2 + \frac{n}{2}$ si ha che u è almeno in $C_{loc}^2(\mathbb{R}^n)$. Come immediata conseguenza abbiamo il notevole risultato che

$$\text{se } f \in C^\infty(\mathbb{R}^n) \qquad \text{allora} \qquad u \in C^\infty(\mathbb{R}^n).$$

Superando difficoltà tecniche di una certa rilevanza, il risultato precedente può essere esteso al caso di un operatore *uniformemente ellittico* in forma di divergenza ed alle soluzioni dei problemi di *Dirichlet, Neumann, Robin*. La regolarità per un problema misto richiede condizioni ulteriori di compatibilità dei dati sul confine tra Γ_D e Γ_N, sulle quali non insistiamo.

Ci sono due tipi di risultati di regolarità. Il primo riguarda la *regolarità interna*, ossia la regolarità della soluzione in sottoinsiemi compatti di un dominio Ω. L'altro riguarda la *regolarità globale* e cioè la regolarità della soluzione fino al bordo di Ω. Le dimostrazioni sono molto tecniche per cui ci limitiamo ai soli enunciati.

In tutti i teoremi di questa sezione assumiamo che u sia soluzione variazionale di

$$\mathcal{L}u = f \qquad \text{in } \Omega$$

con $\Omega \subset \mathbb{R}^n$, limitato. Manteniamo le ipotesi (8.23) e (8.22).

8.6.1 Regolarità interna

Cominciamo con un risultato di regolarità interna H^2. Si noti che nessuna condizione su $\partial\Omega$ è richiesta.

Teorema 6.1. (Regolarità interna H^2). *Assumiamo che $f \in L^2(\Omega)$ e che i coefficienti a_{ij} e b_j, $i,j = 1, ..., n$, siano Lipschitziani in Ω. Allora $u \in H_{loc}^2(\Omega)$ e se $\Omega' \subset\subset \Omega$,*

$$\|u\|_{H^2(\Omega')} \leq C_2 \left\{ \|f\|_0 + \|u\|_0 \right\}. \tag{8.48}$$

Dunque u è una *soluzione forte* (Sezione 2) in Ω. La costante C_2 nella (8.48) dipende dai parametri $n, \alpha, b_\infty, c_\infty, a_\infty, M$ ed inoltre dalla distanza di Ω' da $\partial\Omega$ e dalle costanti di Lipschitz di a_{ij} e b_j, $i,j = 1, ..., n$.

Nota 6.1. La presenza della norma $\|u\|_0$ a destra della (8.48) è necessaria[6], poiché, in generale, la forma bilineare B associata a $\mathcal{L}$ è solo *debolmente coerciva*.

Se aumentiamo la regolarità dei coefficienti e di f la regolarità di u aumenta corrispondentemente:

Teorema 6.2. (Regolarità interna H^m). *Siano $f \in L^2(\Omega) \cap H_{loc}^m(\Omega)$, $a_{ij}, b_j \in C^{m+1}(\Omega)$ e $c_j, a \in C^m(\Omega)$, $m \geq 1$, $i,j = 1, ..., n$.*

---

[6] Per esempio, $u(x) = \sin x$ è soluzione dell'equazione $u'' + u = 0$. Ovviamente non possiamo controllare una qualunque norma di u col solo secondo membro!

Allora $u \in H^{m+2}_{loc}(\Omega)$ e se $\Omega' \subset\subset \Omega'' \subset\subset \Omega$,

$$\|u\|_{H^{m+2}(\Omega')} \leq C_m \left\{ \|f\|_{H^m(\Omega'')} + \|u\|_0 \right\}. \tag{8.49}$$

Come conseguenza, se $a_{ij}, b_j, c_j, a, f \in C^\infty(\Omega)$, allora $u \in C^\infty(\Omega)$.

La costante C_m nella (8.49) dipende, oltre che dai soliti parametri, anche dalla distanza di Ω' da Ω'' e dalle norme di a_{ij}, b_j, in $C^{m+1}(\Omega'')$ e di $c_j, a,$in $C^m(\Omega'') \; i, j = 1, ..., n$.

8.6.2 Regolarità globale

Ci occupiamo ora della regolarità di una soluzione (non necessariamente unica!) dei problemi considerati nelle sezioni precedenti.

Esaminiamo prima la regolarità $H^2(\Omega)$. Se $u \in H^2(\Omega)$, la sua traccia su $\partial\Omega$ appartiene a $H^{3/2}(\partial\Omega)$ per cui il dato di Dirichlet g_D deve essere assegnato in questo spazio. Analogamente, la traccia della derivata normale di u appartiene a $H^{1/2}(\partial\Omega)$ e quindi un dato g_N di Neumann o Robin deve essere assegnato in questo spazio. Inoltre, il dominio deve essere sufficientemente regolare, diciamo C^2, per poter definire le tracce di u e $\partial_\nu u$.

Riassumendo, assumiamo che u sia una soluzione di $\mathcal{L}u = f$ in Ω, con una delle seguenti condizioni al bordo:

$$u = g_D \in H^{3/2}(\partial\Omega)$$

oppure

$$\partial_\nu^{\mathcal{L}} + hu = g_N \in H^{1/2}(\partial\Omega),$$

con

$$0 \leq h(\boldsymbol{\sigma}) \leq h_0 \quad \text{su } \partial\Omega.$$

Abbiamo:

Teorema 6.3. *Sia Ω limitato e di classe C^2. Assumiamo che i coefficienti $a_{ij}, b_j, i, j = 1, ..., n$, siano Lipschitziani in Ω, h sia Lischitziana su $\partial\Omega$ e che $f \in L^2(\Omega)$. Allora $u \in H^2(\Omega)$ e valgono le disuguaglianze*

$$\|u\|_{H^2(\Omega)} \leq \overline{C}_2 \left\{ \|u\|_0 + \|f\|_0 + \|g_D\|_{H^{3/2}(\partial\Omega)} \right\} \qquad \text{(Dirichlet)},$$

$$\|u\|_{H^2(\Omega)} \leq \tilde{C}_2 \left\{ \|u\|_0 + \|f\|_0 + \|g_N\|_{H^{1/2}(\partial\Omega)} \right\} \qquad \text{(Neumann/Robin)}.$$

Le costanti $\overline{C}_2$ e $\tilde{C}_2$ dipendono da Ω, h_0, dai parametri $n, \alpha, b_\infty, c_\infty, a_\infty, M$ e dalle costanti di Lipschitz di $a_{ij}, b_j, i, j = 1, ..., n$ e di h.

Un 'aumento della regolarità dei dati si riflette in un aumento corrispondente della regolarità della soluzione variazionale.

Teorema 6.4. *Siano Ω di classe C^{m+2} e $f \in H^m(\Omega)$. Se:*

1. $a_{ij}, b_j \in C^{m+1}(\overline{\Omega})$, $c_j, a \in C^m(\overline{\Omega})$, $i, j = 1, ..., n$;
2. $g_D \in H^{m+3/2}(\partial\Omega)$, $g_N \in H^{m+1/2}(\partial\Omega)$ e $h \in C^{m+1}(\partial\Omega)$

allora $u \in H^{m+2}(\Omega)$ e inoltre

$$\|u\|_{H^{m+2}(\Omega)} \leq \overline{C}_m \left\{ \|u\|_0 + \|f\|_{H^m(\Omega)} + \|g\|_{H^{m+3/2}(\partial\Omega)} \right\} \quad \text{(Dirichlet)},$$

$$\|u\|_{H^{m+2}(\Omega)} \leq \widetilde{C}_m \left\{ \|u\|_0 + \|f\|_{H^m(\Omega)} + \|g\|_{H^{m+1/2}(\partial\Omega)} \right\} \text{(Neumann/Robin)}.$$

In particolare, se Ω è di classe C^∞, $f \in C^\infty(\overline{\Omega})$, tutti i coefficienti appartengono a $C^\infty(\overline{\Omega})$, $h \in C^\infty(\partial\Omega)$ e tutti i dati al bordo appartengono a $C^\infty(\partial\Omega)$, allora anche $u \in C^\infty(\overline{\Omega})$.

Le costanti $\overline{C}_m$ e $\widetilde{C}_m$ dipendono oltre che dai soliti parametri, anche dalle norme di a_{ij}, b_j in $C^{m+1}(\overline{\Omega})$, di c_j, a, in $C^m(\overline{\Omega})$, $i, j = 1, ..., n$ e di h in $C^{m+1}(\partial\Omega)$.

Vale la pena di sottolineare un caso particolarmente importante. Se Ω è di classe C^2 e $f \in L^2(\Omega)$, la soluzione del problema di Dirichlet omogeneo

$$\begin{cases} -\Delta u = f & \text{in } \Omega \\ u = 0 & \text{su } \partial\Omega \end{cases}$$

appartiene ad $H^2(\Omega) \cap H_0^1(\Omega)$ ed esiste $C_b = C_b(n, \Omega)$ tale che

$$\|u\|_{H^2(\Omega)} \leq C_b \|f\|_0 = C_b \|\Delta u\|_0. \tag{8.50}$$

Poiché si ha anche

$$\|\Delta u\|_0 \leq \|u\|_{H^2(\Omega)}$$

deduciamo la seguente importante conclusione:

Corollario 6.5. *Se Ω è di classe C^2 e $u \in H^2(\Omega) \cap H_0^1(\Omega)$ allora*

$$\|\Delta u\|_0 \leq \|u\|_{H^2(\Omega)} \leq C_b \|\Delta u\|_0.$$

In altri termini, $\|\Delta u\|_0$ e $\|u\|_{H^2(\Omega)}$ sono norme equivalenti in $H^2(\Omega) \cap H_0^1(\Omega)$.

Vedremo nella prossima sezione un'applicazione del Corollario 6.5 ad un problema di equilibrio di una piastra.

8.6.3 Domini con angoli

I precedenti risultati valgono in domini con bordo "liscio", ma, come abbiamo già osservato, in molti casi concreti occorre considerare domini Lipschitziani. La teoria generale diventa un po' troppo elaborata, per cui ci limitiamo a presentare due casi particolarmente significativi.

Esempio 6.1. Consideriamo il settore circolare piano, definito in coordinate polari da:

$$S_\alpha = \{(r, \theta) : 0 < r < 1, -\alpha/2 < \theta < \alpha/2\} \qquad (0 < \alpha < 2\pi).$$

La funzione

$$u(r, \theta) = r^{\frac{\pi}{\alpha}} \cos \frac{\pi}{\alpha}\theta$$

è armonica in S_α, in quanto parte reale della funzione

$$f(z) = z^{\frac{\pi}{\alpha}},$$

olomorfa in S_α. Inoltre, u si annulla sui lati del settore:

$$u(r, -\alpha/2) = u(r, \alpha/2) = 0, \qquad 0 \le r \le 1 \tag{8.51}$$

e

$$u(1, \theta) = \cos \frac{\pi}{\alpha}\theta, \qquad 0 \le \theta \le \alpha. \tag{8.52}$$

Focalizziamo l'attenzione nell'intorno dell'origine. Il caso $\alpha = \pi$ è banale, in quanto il settore S_α è un semicerchio e $u(r, \theta) = \mathrm{Re}\,z = x_1 \in C^\infty(\overline{S}_\alpha)$. Supponiamo d'ora in poi $\alpha \ne \pi$. Poiché

$$|\nabla u|^2 = u_r^2 + \frac{1}{r^2}u_\theta^2 = \frac{\pi^2}{\alpha^2}r^{2\left(\frac{\pi}{\alpha}-1\right)}$$

si ha

$$\int_{S_\alpha} |\nabla u|^2 \, dx_1 dx_2 = \frac{\pi^2}{\alpha} \int_0^1 r^{2\frac{\pi}{\alpha}-1} dr = \frac{\pi}{2}$$

e quindi $u \in H^1(S_\alpha)$ ed è l'unica soluzione debole di $\Delta u = 0$ in S_α con le condizioni (8.51), (8.52). Non è poi difficile verificare che, per ogni $i, j = 1, 2$,

$$\left|u_{x_i x_j}\right| \sim r^{\frac{\pi}{\alpha}-2} \qquad r \sim 0$$

e quindi

$$\int_{S_\alpha} \left|u_{x_i x_j}\right|^2 \, dxdy \sim \int_0^1 r^{2\frac{\pi}{\alpha}-3} dr.$$

L'ultimo integrale è convergente solo per $2\frac{\pi}{\alpha} - 3 > -1$ ossia $\alpha < \pi$. La conclusione è che $u \in H^2(S_\alpha)$ *solo se* $\alpha < \pi$, *cioè se il settore è convesso*. Se $\alpha > \pi$, $u \notin H^2(S_\alpha)$ (Figura 8.3).

Morale: *in un intorno di angoli non convessi ci aspettiamo una bassa regolarità della soluzione* (meno di H^2).

Esempio 6.2. Il secondo esempio è un problema misto. La funzione

$$u(r, \theta) = r^{\frac{1}{2}} \sin \frac{\theta}{2}$$

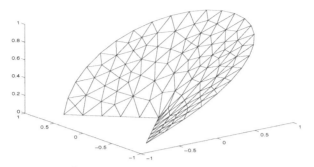

Figura 8.3 Il caso $\alpha = \dfrac{3}{2}\pi$ nell'Esempio 6.1

è soluzione debole nel semicerchio

$$S_\pi = \{(r,\theta) : 0 < r < 1, \quad 0 < \theta < \pi\}$$

del problema misto

$$\begin{cases} \Delta u = 0 & \text{in } S_\pi \\ u\,(1,\theta) = \sin\frac{\theta}{2} & 0 < \theta < \pi \\ u\,(r,0) = 0 & \\ u_{x_2}\,(r,\pi) = 0 & 0 < r < 1. \end{cases}$$

Infatti, $|\nabla u|^2 = \frac{1}{4r}$, cosicché

$$\int_{S_\pi} |\nabla u|^2 \, dx_1 dx_2 = \frac{\pi}{8}$$

e quindi $u \in H^1\,(S_\pi)$; inoltre,

$$u_{x_2} = u_r \sin\theta + \frac{1}{r}u_\theta \cos\theta = \frac{1}{2\sqrt{r}}\cos\frac{\theta}{2}$$

e quindi $u_{x_2}\,(r,\pi) = 0$ se $\theta = \pi$. Tuttavia, lungo la semiretta $\theta = \pi/2$, per esempio, si ha

$$\left|u_{x_i x_j}\right| \sim r^{-\frac{3}{2}} \qquad r \sim 0$$

per cui

$$\int_{S_\alpha} \left|u_{x_i x_j}\right|^2 dxdy \sim \int_0^1 r^{-2} dr = \infty.$$

pertanto $u \notin H^2\,(S_\pi)$.

Si vede quindi che la soluzione ha un basso grado di regolarità vicino all'origine, nonostante in un suo intorno il bordo sia liscio. Non è un caso che l'origine separi le regioni di Dirichlet e Neumann (Figura 8.4).

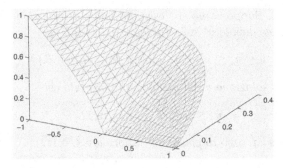

Figura 8.4 La soluzione dell'Esempio 6.2

Morale: *in generale, in un problema misto, ci si aspetta un basso grado di regolarità della soluzione (meno di H^2) vicino al confine tra le regioni di Dirichlet e di Neumann.*

8.7 Alcune applicazioni della teoria

8.7.1 Uno schema iterativo per equazioni semilineari

Il principio di massimo può essere a volte usato per risolvere problemi non-lineari. Siano $\Omega \subset \mathbb{R}^n$ un dominio limitato e Lipschitziano, $g \in H^1(\Omega)$ ed $f \in C^1(\mathbb{R})$, Consideriamo il seguente problema di Dirichlet per l'equazione di Poisson semilineare:

$$\begin{cases} -\Delta u = f(u) & \text{in } \Omega \\ u = g & \text{su } \partial\Omega. \end{cases} \tag{8.53}$$

Una soluzione debole di (8.53) è una funzione $u \in H^1(\Omega)$ tale che $u = g$ su $\partial\Omega$ e

$$\int_\Omega \nabla u \cdot \nabla v \, d\mathbf{x} = \int_\Omega f(u) v \, d\mathbf{x} \qquad \forall v \in H_0^1(\Omega). \tag{8.54}$$

Dobbiamo introdurre anche i concetti di sotto e soprasoluzione. Diciamo che $u_* \in H^1(\Omega)$ è *sottosoluzione debole* del problema (8.53) se $u_* \leq g$ su $\partial\Omega$ e

$$\int_\Omega \nabla u_* \cdot \nabla v \, d\mathbf{x} \leq \int_\Omega f(u_*) v \, d\mathbf{x} \qquad \forall v \in H_0^1(\Omega), \ v \geq 0 \text{ q.o. in } \Omega.$$

Analogamente, $u^* \in H^1(\Omega)$ è *soprasoluzione debole* del problema (8.53) se $u^* \geq g$ su $\partial\Omega$ e

$$\int_\Omega \nabla u^* \cdot \nabla v \, d\mathbf{x} \geq \int_\Omega f(u^*) v \, d\mathbf{x} \qquad \forall v \in H_0^1(\Omega), \ v \geq 0 \text{ q.o. in } \Omega.$$

Vogliamo dimostrare il seguente risultato.

Teorema 7.1. *Supponiamo che esistano una sottosoluzione debole u_* ed una soprasoluzione debole u^* del problema (8.53) tali che:*

$$a \leq u_* \leq u^* \leq b \quad \text{q.o. in } \Omega, \quad (a, b \in \mathbb{R}). \tag{8.55}$$

Allora esiste una soluzione u del problema (8.53) tale che

$$u_* \leq u \leq u^* \quad \text{q.o. in } \Omega.$$

Inoltre, se Ω, g ed f sono di classe C^∞ allora $u \in C^\infty\left(\overline{\Omega}\right)$.

Dimostrazione. Sia $M = \max_{[a,b]} |f'|$. Allora la funzione $F(s) = f(s) + Ms$ è nondecrescente in $[a, b]$. Scriviamo l'equazione di Poisson nella forma seguente:

$$-\Delta u + Mu = F(u).$$

L'idea è di sfruttare la teoria lineare per definire ricorsivamente una successione di funzioni $\{u_k\}_{k \geq 1}$ che converga ad una soluzione. Sia u_1 la soluzione del problema

$$\begin{cases} -\Delta u_1 + Mu_1 = F(u_*) & \text{in } \Omega \\ u_1 = g & \text{su } \partial\Omega. \end{cases}$$

Data u_k, sia u_{k+1} la soluzione di

$$\begin{cases} -\Delta u_{k+1} + Mu_{k+1} = F(u_k) & \text{in } \Omega \\ u_{k+1} = g & \text{su } \partial\Omega. \end{cases} \tag{8.56}$$

Faciamo vedere che $\{u_k\}$ è una sucessione non decrescente, intrappolata tra u_* e u^*; precisamente:

$$u_* \leq u_k \leq u_{k+1} \leq u^* \quad \text{q.o. in } \Omega, \forall k \geq 1. \tag{8.57}$$

Controlliamo prima che $u_* \leq u_1$ in Ω. Poniamo $h_1 = u_* - u_1$. Essendo $u_* \leq g$ su $\partial\Omega$ si ha $h_1 \leq 0$ su $\partial\Omega$ e inoltre

$$\int_\Omega (\nabla h_1 \cdot \nabla v + Mh_1 v) d\mathbf{x} \leq 0, \qquad \forall v \in H_0^1(\Omega), \, v \geq 0 \text{ in } \Omega.$$

Dal principio di massimo debole deduciamo $h_1 \leq 0$ q.o. in Ω. Analogamente, si dimostra che $u_1 \leq u^*$ q.o. in Ω. Procediamo ora induttivamente. Assumendo che

$$u_* \leq u_{k-1} \leq u_k \leq u^* \quad \text{q.o. in } \Omega \tag{8.58}$$

vogliamo dimostrare che $u_* \leq u_k \leq u_{k+1} \leq u^*$ q.o. in Ω. Sia $w_k = u_k - u_{k+1}$. Abbiamo $w_k = 0$ su $\partial\Omega$ e

$$\int_\Omega (\nabla w_k \cdot \nabla v + Mw_k v) \, d\mathbf{x} = \int_\Omega [F(u_{k-1}) - F(u_k)] v \, d\mathbf{x} \qquad \forall v \in H_0^1(\Omega).$$

Poiché F è nondecrescente in $[a, b]$, deduciamo da (8.58) che $F(u_{k-1}) - F(u_k) \leq 0$ q.o. in Ω per cui

$$\int_\Omega (\nabla w_k \cdot \nabla v + Mw_k v) \, d\mathbf{x} \leq 0 \quad \forall v \in H_0^1(\Omega), \, v \geq 0 \text{ in } \Omega.$$

Dal principio di massimo debole deduciamo che $u_* \leq u_k \leq u_{k+1}$ q.o. in Ω. Analogamente si dimostra che $u_{k+1} \leq u^*$.

Pertanto la (8.57) è provata e u_k converge q.o. in Ω a una funzione limitata u, per $k \to +\infty$. Poiché $a \leq u_k \leq b$ e quindi $F(a) \leq F(u_k) \leq F(b)$, dal Teorema della Convergenza Dominata abbiamo che $u_k \to u$ anche in $L^2(\Omega)$ e

$$\int_\Omega F(u_k) v \, d\mathbf{x} \to \int_\Omega F(u) v \, d\mathbf{x} \quad \text{per } k \to \infty,$$

per ogni $v \in H_0^1(\Omega)$.

D'altra parte, dalle stime di stabilità per il problema di Dirichlet (8.56), abbiamo:

$$\|u_k\|_{1,2} \leq C(n, M, \Omega) \left\{ \|F(u_{k-1})\|_0 + \|g\|_{H^{1/2}(\partial\Omega)} \right\}$$
$$\leq C_1(n, M, \Omega) \left\{ \max\{|F(a)|, |F(b)|\} + \|g\|_{H^{1/2}(\partial\Omega)} \right\}.$$

Dunque $\{u_k\}$ è limitata in $H^1(\Omega)$ ed esiste perciò una sottosuccessione $\{u_{k_j}\}$ che converge debolmente in $H^1(\Omega)$ ad un elemento che deve coincidere con u, essendo $u_{k_j} \to u$ in $L^2(\Omega)$.

Di conseguenza, l'intera successione $\{u_k\}$ converge a u e possiamo passare al limite nell'equazione

$$\int_\Omega (\nabla u_{k+1} \cdot \nabla v + M u_{k+1} v) \, d\mathbf{x} = \int_\Omega F(u_k) v \, d\mathbf{x} \quad \forall v \in H_0^1(\Omega)$$

e ottenere (8.54).

Per la regolarità, osserviamo che $F(u) \in L^\infty(\Omega)$ e quindi, dal Teorema 6.3, $u \in H^2(\Omega)$. Allora $F(u) \in H^2(\Omega)$ che implica $u \in H^4(\Omega)$ (Teorema 6.4). Procedendo in questo modo (si chiama *bootstapping*) si arriva a $u \in C^\infty(\overline{\Omega})$. $\square$

Il Teorema 7.1 riconduce la risolubilità del problema (8.53) alla ricerca di una sottosoluzione u_* e di una soprasoluzione u^* con la proprietà (8.55); u_* e u^* prendono il nome di *barriera inferiore* e *superiore*, rispettivamente. In generale non si può asserire che la soluzione sia unica. Vediamo un esempio di non unicità.

Esempio 7.1. Consideriamo il seguente problema per l'equazione di Fischer stazionaria:

$$\begin{cases} -\Delta u = ru(1-u) & \text{in } \Omega \\ u = 0 & \text{su } \partial\Omega \end{cases}$$

dove $r > 0$. Chiaramente $u_* \equiv 0$ è una soluzione. Assumiamo che il dominio Ω sia di classe C^∞ e che il primo autovalore di Dirichlet per l'operatore di Laplace sia $\lambda_1 < r$ (vero se il dominio è sufficientemente grande). Possiamo allora dimostrare che esiste una soluzione *positiva* in Ω. In base al Teorema 7.1 è sufficiente esibire una barriera inferiore positiva in Ω ed una barriera superiore, limitata.

Si vede subito che $u^* \equiv 1$ è una barriera *superiore*. Dobbiamo trovare una barriera *inferiore*, positiva. Sia w_1 la prima autofunzione corrispondente a λ_1. Dal Microteorema 3.5, sappiamo che $w_1 > 0$ in Ω e dal Teorema 6.4, che

$w_1 \in C^\infty(\overline{\Omega})$. Poniamo $u_* = \sigma w_1$ e mostriamo che se σ è positivo e sufficiente-mente piccolo allora u_* è una barriera inferiore. Infatti, poiché $-\Delta w_1 = \lambda_1 w_1$, abbiamo:

$$-\Delta u_* - ru_*(1 - u_*) = \sigma w_1[\lambda_1 - r + r\sigma w_1]. \tag{8.59}$$

Se $m = \max_{\overline{\Omega}} w_1$ e $\sigma < (r - \lambda_1)/rm$, allora il membro a destra nella (8.59) è negativo e quindi u_* è una barriera *inferiore*, positiva.

Dal Teorema 7.1. deduciamo l'esistenza di una soluzione $u \in C^\infty(\overline{\Omega})$ tale che $w_1 \leq u \leq 1$.

L'unicità della soluzione del problema (8.53) è garantita, per esempio, se f è decrescente:

$$f'(s) \leq 0, \ s \in \mathbb{R}.$$

Infatti, in tal caso, se u_1 e u_2 sono soluzioni di (8.53), abbiamo $w = u_1 - u_2 \in H_0^1(\Omega)$ e possiamo scrivere

$$-\Delta w = f(u_1) - f(u_2) = c(\mathbf{x})w$$

dove $c(\mathbf{x}) = f'(\bar{u}(\mathbf{x}))$, con $\bar{u}$ opportuno tra u_1 e u_2. Poiché $c \leq 0$, ricaviamo $\int_\Omega |\nabla w|^2 \leq 0$ da cui $w \equiv 0$ ovvero $u_1 = u_2$.

8.7.2 Equilibrio di una piastra

Consideriamo il problema di determinare la configurazione di equilibrio di una piastra metallica piana sotto un carico verticale $\mathbf{q} = (0, 0, q)$.

Assumiamo che la piastra sia costituita da materiale isotropo e che soddi-sfi la legge di Hooke dell'*elasticità lineare*.[7] Inoltre lo spessore della piastra è ritenuto trascurabile rispetto alle altre dimensioni, per cui il problema è essenzialmente bidimensionale. Se $\Omega \subset \mathbb{R}^2$ rappresenta la sezione trasversale della piastra, lo *spostamento verticale* della piastra può essere descritto da una funzione $u = u(x, y)$. Si può dimostrare che u è soluzione dell'equazione del quart'ordine

$$\Delta\Delta u = \Delta^2 u = \frac{q}{D} \equiv f \qquad \text{in } \Omega,$$

dove D codifica le proprietà elastiche del materiale.

---

[7] Legge di Hooke:

$$\sigma_{ij}(\mathbf{u}) = 2\mu\varepsilon_{ij}(\mathbf{u}) + \lambda\delta_{ij}\text{div } \mathbf{u} \quad (i, j = 1, 2, 3)$$

dove (σ_{ij}) è il *tensore degli sforzi* e

$$\varepsilon_{ij}(\mathbf{u}) = \frac{1}{2}\left\{\frac{\partial u_i}{\partial x_j} + \frac{\partial u_j}{\partial x_i}\right\}$$

è il *tensore di deformazione*.

L'operatore Δ^2 si chiama operatore **biarmonico** o **bi-laplaciano ed è un operatore** *ellittico*.[8] Le soluzioni di $\Delta^2 u = 0$ si chiamano funzioni *biarmoniche*. In due dimensioni l'espressione esplicita di Δ^2 è data da

$$\Delta^2 = \frac{\partial^4}{\partial x^4} + 2\frac{\partial^4}{\partial x^2 \partial y^2} + \frac{\partial^4}{\partial y^4}.$$

Se la piastra è fissata rigidamente al bordo (*clamped plate*), allora u e la sua derivata normale sono nulle su $\partial\Omega$. Siamo così condotti al problema

$$\begin{cases} \Delta^2 u = f & \text{in } \Omega \\ u = \partial_\nu u = 0 & \text{su } \partial\Omega. \end{cases}$$

Vogliamo arrivare ad una formulazione variazionale del problema. Per ottenerla, moltiplichiamo l'equazione biarmonica per una funzione test $v \in C_0^\infty(\Omega)$ e integriamo su Ω:

$$\int_\Omega \Delta^2 u \, v \, d\mathbf{x} = \int_\Omega f \, v \, d\mathbf{x}. \tag{8.61}$$

Integrando due volte per parti, ed usando le condizioni $v = \partial_\nu v = 0$ su $\partial\Omega$, abbiamo:

$$\int_\Omega \Delta^2 u \, v \, d\mathbf{x} = \int_\Omega \text{div}\,(\nabla\Delta u) \, v \, d\mathbf{x} = \int_{\partial\Omega} \partial_\nu(\Delta u) \, v \, d\sigma - \int_\Omega \nabla\Delta u \cdot \nabla v \, d\mathbf{x}$$

$$= -\int_{\partial\Omega} \Delta u \, \partial_\nu v \, d\sigma + \int_\Omega \Delta u \Delta v \, d\mathbf{x} = \int_\Omega \Delta u \Delta v \, d\mathbf{x}.$$

La (8.61) diventa:

$$\int_\Omega \Delta u \Delta v \, d\mathbf{x} = \int_\Omega f v \, d\mathbf{x}. \tag{8.62}$$

Allarghiamo lo spazio di funzioni test prendendo la chiusura di $C_0^\infty(\Omega)$ in $H^2(\Omega)$, che è precisamente lo spazio $H_0^2(\Omega)$ delle funzioni con traccia nulla e con derivata normale nulla. Poiché $H_0^2(\Omega) \subset H_0^1(\Omega) \cap H^2(\Omega)$, se Ω è di classe C^2, in base al Corollario 6.5 possiamo scegliere in questo spazio la norma $\|u\|_{H_0^2(\Omega)} = \|\Delta u\|_0$ e il prodotto interno $(u,v)_{H_0^2(\Omega)} = (\Delta u, \Delta v)_0$.

---

[8] È possibile dare la definizione di *ellitticità* per un operatore di ordine superiore al secondo (si veda *Renardy-Rogers*, 2004). Per esempio, consideriamo l'operatore $\mathcal{L} = \sum_{|\alpha|=m} a_\alpha D^\alpha, m \geq 2$ lineare a coefficienti costanti di ordine m, dove $\alpha = (\alpha_1, ..., \alpha_n)$ è un multi-indice. Associamo ad $\mathcal{L}$ il suo **simbolo**, dato da

$$S_\mathcal{L}(\boldsymbol{\xi}) = \sum_{|\alpha|=m} a_\alpha (i\boldsymbol{\xi})^\alpha.$$

Allora $\mathcal{L}$ è un operatore **ellittico** se $S_\mathcal{L}(\boldsymbol{\xi}) \neq 0$ per ogni $\boldsymbol{\xi} \in \mathbb{R}^n$, $\boldsymbol{\xi} \neq \mathbf{0}$. Ne segue che un operatore ellittico deve avere ordine pari. Il simbolo di $\mathcal{L} = \Delta^2$ in 2 dimensioni è $\xi_1^4 + 2\xi_1^2\xi_2^2 + \xi_2^4$, che è positivo se $(\xi_1, \xi_2) \neq (0,0)$. Quindi Δ^2 è ellittico. Notiamo infine che, se $m = 2$, ritroviamo l'usuale nozione di ellitticità.

Siamo così condotti alla seguente formulazione debole:

Determinare $u \in H_0^2(\Omega)$ *tale che*

$$\int_\Omega \Delta u \Delta v \, d\mathbf{x} = \int_\Omega fv \, d\mathbf{x}, \qquad \forall v \in H_0^2(\Omega). \tag{8.63}$$

Vale il seguente risultato.

Microteorema 7.2. *Siano* Ω *limitato, di classe* C^2 *e* $f \in L^2(\Omega)$. *Esiste un'unica soluzione* $u \in H_0^2(\Omega)$ *di* (8.63). *Inoltre vale la stima di stabilità*

$$\|\Delta u\|_0 \leq C(n, \Omega) \|f\|_0.$$

Dimostrazione. La forma bilineare

$$B(u, v) = \int_\Omega \Delta u \cdot \Delta v \, d\mathbf{x}$$

coincide con il prodotto interno in $H_0^2(\Omega)$. Posto

$$Lv = \int_\Omega fv \, d\mathbf{x},$$

abbiamo

$$|L(v)| = \int_\Omega |fv| \, d\mathbf{x} \leq \|f\|_0 \|v\|_0 \leq C_b \|f\|_0 \|\Delta v\|_0$$

per cui $L \in H_0^2(\Omega)^*$. La tesi segue allora direttamente dal Teorema di Rappresentazione di Riesz. □

Nota 7.1. Nelle ipotesi indicate, la soluzione debole dell'equazione biarmonica appartiene a $H_0^2(\Omega)$. In realtà, ponendo $w = \Delta u$, abbiamo che $\Delta w = f$ con $f \in L^2(\Omega)$ per cui, ancora dal Corollario 6.5, abbiamo $w \in H_{loc}^2(\Omega)$ che implica a sua volta, $u \in H_{loc}^4(\Omega)$, fatto del resto non troppo sorprendente.

8.7.3 Il sistema di Stokes

Equazioni di Navier-Stokes e numero di Reynolds

Abbiamo accennato nella sottosezione 3.4.3 che le equazioni di Navier-Stokes

$$\frac{\partial \mathbf{u}}{\partial t} + (\mathbf{u} \cdot \nabla)\mathbf{u} = \nu \Delta \mathbf{u} - \frac{1}{\rho}\nabla p + \frac{1}{\rho}\mathbf{f} \tag{8.64}$$

$$\operatorname{div} \mathbf{u} = 0 \tag{8.65}$$

traducono, rispettivamente, equazione del momento lineare e condizione di incomprimibilità per il moto di un fluido viscoso, omogeneo e incomprimibile: ricordiamo che $\mathbf{u}$ rappresenta la velocità del fluido, p è la pressione, ρ è la densità (costante), $\mathbf{f}$ è una forza per unità di volume e $\nu = \mu/\rho$ (*viscosità cinematica*[9]) è il rapporto tra viscosità (costante) e densità del fluido. Sottolineiamo che la pressione p compare solo attraverso il suo gradiente ed è perciò definita a meno di una costante additiva.

All'equazione di Navier-Stokes vanno aggiunte una *condizione iniziale*

$$\mathbf{u}(0) = \mathbf{g}$$

oltre a condizioni al bordo nel dominio $\Omega \subset \mathbb{R}^n$ ($n = 2, 3$) occupato dal fluido, che consideriamo limitato, come condizioni di periodicità o di Dirichlet o altro ancora. Tipicamente, l'osservazione di fluidi reali rivela che le componenti tangenziali e normali della loro velocità su una parete rigida sono uguali a quelli della parete stessa. Se la parete è ferma, si ha dunque $\mathbf{u} = \mathbf{0}$. La condizione sulla componente tangenziale della velocità è nota come condizione di *aderenza* (*no slip condition*).

Volendo mettere in luce il ruolo del termine convettivo $(\mathbf{u} \cdot \nabla)\mathbf{u}$, adimensionalizziamo il problema basandoci sulle seguenti *quantità primarie*: la densità ρ (*massa* $\times$ *lunghezza*$^{-3}$), la viscosità cinematica[10] ν (*lunghezza*$^2 \times$ *tempo*$^{-1}$), una lunghezza L legata al dominio Ω, per esempio il diametro, oppure $|\Omega|^{1/n}$, e una velocità U, per esempio $U = \|\mathbf{g}\|_{L^\infty}$.

Riscaliamo ora le variabili del problema nel modo seguente

$$\mathbf{x} \longmapsto \frac{\mathbf{x}}{L}, \quad t \longmapsto \frac{\nu t}{L^2}, \quad \mathbf{u} \mapsto \frac{\mathbf{u}}{U}, \quad p \mapsto \frac{pL}{\rho\nu U}, \quad \mathbf{f} \mapsto \frac{L^2}{\nu U}\mathbf{f}.$$

Dopo calcoli elementari, la (8.65) rimane invariata, mentre la (8.64) assume la seguente forma adimensionale (utilizzando gli stessi simboli per le variabili riscalate):

$$\frac{\partial \mathbf{u}}{\partial t} + \mathcal{R}(\mathbf{u} \cdot \nabla)\mathbf{u} = \Delta \mathbf{u} - \nabla p + \mathbf{f} \tag{8.66}$$

dove compare l'unico parametro

$$\mathcal{R} = \frac{UL}{\nu}$$

detto *numero di Reynolds*. $\mathcal{R}$ rappresenta una misura del rapporto tra la "scala delle velocità imposte" e quella delle "velocità viscose" determinata da L e dal tempo di diffusione L^2/ν. Basso numero di Reynolds significa alta viscosità o moto debolmente influenzato dai dati iniziali, corrispondente ad una dinamica vincolata. Alto numero di Reynolds significa bassa viscosità oppure moto fortemente influenzato dai dati iniziali.

Il fatto che $\mathcal{R}$ sia il coefficiente del termine non lineare convettivo indica che per $\mathcal{R} \to 0$ l'equazione si linearizza nell'equazione di diffusione per il campo di

---

[9] Si veda la Sezione A.3.

[10] Tipici valori di ν sono, alla pressione di un'atmosfera e a 20 gradi centigradi,

$$10^{-2} \mathrm{cm}^2/\mathrm{sec} \text{ per l'acqua e } 15 \times 10^{-2} \mathrm{cm}^2/\mathrm{sec} \text{ per l'aria.}$$

velocità. Il moto corrispondente è "super viscoso", nel senso che l'inerzia non gioca alcun ruolo. All'altro estremo l'inerzia diventa dominante. Il numero di Reynolds può dunque essere interpretato come una misura del rapporto tra inerzia e viscosità.

Equazioni di Stokes

Le equazioni di Stokes sono la versione stazionaria delle equazioni di Navier-Stokes, nella forma adimensionale (8.66) e linearizzata per $\mathcal{R} \to 0$ (ossia a basso numero di Reynolds). Abbiamo cioè il problema:

$$\begin{cases} -\Delta\mathbf{u} = \mathbf{f} - \nabla p & \text{in } \Omega \\ \text{div } \mathbf{u} = 0 & \text{in } \Omega \\ \mathbf{u} = \mathbf{0} & \text{su } \partial\Omega \end{cases} \qquad (8.67)$$

dove Ω è un dominio limitato di $\mathbb{R}^n$ ($n = 2$ o 3).

Vogliamo analizzare la buona posizione del problema riformulandolo convenientemente in senso debole. A questo scopo procediamo formalmente con la tecnica usuale, supponendo che tutto sia regolare. Moltiplichiamo entrambi i membri dell'equazione differenziale per una funzione test $\mathbf{v} \in C_0^\infty(\Omega; \mathbb{R}^n)$, integriamo su Ω ed integriamo per parti il primo termine. Usando la notazione

$$\nabla\mathbf{u} : \nabla\mathbf{v} = \sum_{i,j=1}^{3} \frac{\partial u_i}{\partial x_j} \frac{\partial v_i}{\partial x_j}$$

si ottiene:

$$\int_\Omega \nabla\mathbf{u} : \nabla\mathbf{v} \, d\mathbf{x} = \int_\Omega \mathbf{f} \cdot \mathbf{v} \, d\mathbf{x} + \int_\Omega p \, \text{div } \mathbf{v} \, d\mathbf{x}, \qquad \forall \mathbf{v} \in C_0^\infty(\Omega; \mathbb{R}^n). \quad (8.68)$$

Moltiplichiamo poi l'equazione div $\mathbf{u} = 0$ per $q \in L^2(\Omega)$ e integriamo su Ω; si ha:

$$\int_\Omega q \, \text{div } \mathbf{u} \, d\mathbf{x} = 0, \qquad \forall q \in L^2(\Omega). \qquad (8.69)$$

Viceversa, se $\mathbf{u} = \mathbf{0}$ su $\partial\Omega$ e soddisfa la (8.68), si torna indietro con l'integrazione per parti e si trova:

$$\int_\Omega (-\Delta\mathbf{u} - \mathbf{f} + \nabla p)\mathbf{v} \, d\mathbf{x} = 0, \qquad \forall \mathbf{v} \in C_0^\infty(\Omega; \mathbb{R}^n)$$

che implica

$$-\Delta\mathbf{u} - \mathbf{f} + \nabla p = 0 \quad \text{in } \Omega.$$

La (8.69) implica poi che

$$\text{div } \mathbf{u} = 0 \quad \text{in } \Omega.$$

Abbiamo così controllato che, per funzioni regolari nulle al bordo di Ω, il sistema (8.67) è equivalente alle equazioni (8.68) e (8.69).

Queste ultime suggeriscono l'ambientazione funzionale naturale per la formulazione variazionale del problema. Incorporiamo la condizione nulla di Dirichlet scegliendo per $\mathbf{u}$ lo spazio $H_0^1(\Omega; \mathbb{R}^n)$ e osserviamo che, per densità, la (8.68) è vera per ogni $\mathbf{v} \in H_0^1(\Omega; \mathbb{R}^n)$. Normalizziamo la pressione introducendo lo spazio di Hilbert[11]

$$Q = \left\{ q \in L^2(\Omega) : \int_\Omega q = 0 \right\}$$

e richiedendo che p appartenga a Q. Sia, infine, $\mathbf{f} \in L^2(\Omega; \mathbb{R}^n)$.

Definizione 7.1. Si chiama *soluzione variazionale o debole del problema* (8.67) una coppia $(\mathbf{u}, p)$ tale che:

$$\begin{cases} \mathbf{v} \in H_0^1(\Omega; \mathbb{R}^n), \quad p \in Q \\ \int_\Omega \nabla \mathbf{u} : \nabla \mathbf{v} \, d\mathbf{x} = \int_\Omega \mathbf{f} \cdot \mathbf{v} \, d\mathbf{x} + \int_\Omega p \, \mathrm{div}\, \mathbf{v} \, d\mathbf{x} & \forall \mathbf{v} \in H_0^1(\Omega; \mathbb{R}^n) \\ \int_\Omega q \, \mathrm{div}\, \mathbf{u} \, d\mathbf{x} = 0 & \forall q \in Q. \end{cases}$$
(8.70)

Vogliamo dimostrare esistenza, unicità e stabilità della soluzione debole. Un uso diretto del lemma di Lax-Milgram (o del Teorema di Rappresentazione di Riesz) è problematico, data la presenza della pressione incognita p a secondo membro. Per superare questa difficoltà si può scegliere inizialmente, come spazio di funzioni test, invece di $H_0^1(\Omega; \mathbb{R}^n)$, il suo sottospazio di Hilbert V_{div} dei vettori a divergenza nulla, con la norma (vale la disuguaglianza di Poincaré)

$$\|\mathbf{u}\|_{V_{div}}^2 = \int_\Omega |\nabla \mathbf{u}|^2 \, d\mathbf{x} = \int_\Omega \sum_{i,j=1}^n \left(\frac{\partial u_i}{\partial x_j} \right)^2 d\mathbf{x}.$$

La seconda delle (8.70) diventa allora

$$\int_\Omega \nabla \mathbf{u} : \nabla \mathbf{v} \, d\mathbf{x} = \int_\Omega \mathbf{f} \cdot \mathbf{v} \, d\mathbf{x} \qquad \forall \mathbf{v} \in V_{div}$$
(8.71)

in cui la pressione non compare. La forma bilineare

$$a(\mathbf{u}, \mathbf{v}) = \int_\Omega \nabla \mathbf{u} : \nabla \mathbf{v} \, d\mathbf{x}$$

è limitata (per la disuguaglianza di Schwarz) e coerciva in V_{div}; inoltre $\mathbf{f} \in (V_{div})^*$. Il Teorema di Lax-Milgram produce un'unica soluzione $\mathbf{u} \in V_{div}$, che dunque incorpora anche la condizione $\mathrm{div}\, \mathbf{u} = 0$. Inoltre ($C_p$ costante di Poincaré):

$$\|\mathbf{u}\|_{V_{div}} \le C_p \|\mathbf{f}\|_0 .$$

---

[11] Altre normalizzazioni sono possibili e a volte più convenienti.

Naturalmente la nostra soluzione è incompleta, in quanto occorre recuperare la pressione. D'altra parte, la (8.71) equivale ad asserire che il vettore

$$\mathbf{g} = \Delta\mathbf{u} + \mathbf{f}$$

considerato come elemento di $H^{-1}(\Omega;\mathbb{R}^n)$, soddisfa l'equazione

$$\langle \mathbf{g}, \mathbf{v} \rangle_{H^{-1} \times H_0^1} = 0, \qquad \forall \mathbf{v} \in V_{div}$$

ossia $\mathbf{g}$ si annulla su V_{div}. Ora, gli elementi di $H^{-1}(\Omega;\mathbb{R}^n)$ che si annullano su V_{div} hanno una forma speciale, come indicato nel seguente teorema.

Teorema 7.3. *Sia Ω un dominio limitato e Lipschitziano. Un funzionale* $\mathbf{g}$*, lineare e continuo su $H_0^1(\Omega;\mathbb{R}^n)$, soddisfa la condizione*

$$\langle \mathbf{g}, \mathbf{v} \rangle_{H^{-1} \times H_0^1} = 0, \qquad \forall \mathbf{v} \in V_{div} \tag{8.72}$$

se e solo se esiste $p \in L^2(\Omega)$ tale che

$$-\nabla p = \mathbf{g}$$

ossia

$$\langle \mathbf{g}, \mathbf{v} \rangle_{H^{-1} \times H_0^{-1}} = \langle -\nabla p, \mathbf{v} \rangle_{H^{-1} \times H_0^{-1}} = \int_\Omega p \, \mathrm{div}\, \mathbf{v} \, d\mathbf{x}, \qquad \forall \mathbf{v} \in H_0^1(\Omega;\mathbb{R}^n) \,.$$

La funzione p è unica a meno di una costante additiva.

La dimostrazione è piuttosto complessa[12]. Ci limitiamo alla seguente osservazione che indica la plausibilità del risultato. Mettiamoci in dimensione $n = 3$; assumiamo che $\mathbf{g} \in C^1(\overline{\Omega};\mathbb{R}^3)$ e che Ω sia un dominio semplicemente connesso. Se $\mathbf{V} \in \mathcal{D}(\Omega;\mathbb{R}^3)$, essendo

$$\mathrm{div}\,\mathrm{rot}\,\mathbf{V} = \mathbf{0}$$

possiamo scrivere la (8.72) per $\mathbf{v} = \mathrm{rot}\mathbf{V}$. Applicando la formula 8 di Gauss, in Appendice C, abbiamo

$$0 = \int_\Omega \mathbf{g} \cdot \mathrm{rot}\, \mathbf{V} \, d\mathbf{x} = \int_\Omega \mathrm{rot}\, \mathbf{g} \cdot \mathbf{V} \, d\mathbf{x} - \int_{\partial\Omega} (\mathbf{g} \times \mathbf{V}) \cdot \boldsymbol{\nu} \, d\mathbf{x}$$
$$= \int_\Omega \mathrm{rot}\, \mathbf{g} \cdot \mathbf{V} \, d\mathbf{x}$$

che, data l'arbitrarietà di $\mathbf{V}$, implica

$$\mathrm{rot}\,\mathbf{g} = \mathbf{0}.$$

Poiché Ω è un dominio semplicemente connesso esiste un potenziale scalare p di $\mathbf{g}$, tale cioè che $-\nabla p = \mathbf{g}$.

---

[12] Si veda *Galdi,* 1994.

Grazie alla caratterizzazione del Teorema 7.3, posiamo affermare che esiste un'unica $p \in Q$ tale che

$$\mathbf{g} = \Delta \mathbf{u} + \mathbf{f} = -\nabla p.$$

La coppia $(\mathbf{u}, p)$ così trovata è soluzione del problema originale. Vale dunque il seguente

Teorema 7.4. *Se Ω è un dominio limitato e Lipschitziano e $f \in L^2(\Omega; \mathbb{R}^n)$, il problema (8.67) ha un'unica soluzione debole $(\mathbf{u}, p)$ con $\mathbf{u} \in H_0^1(\Omega; \mathbb{R}^n)$ e $p \in Q$.*

Nota 7.1. *La pressione come moltiplicatore.* Data la simmetria della forma bilineare a, la soluzione $\mathbf{u}$ *minimizza il funzionale energia*

$$E(\mathbf{v}) = \frac{1}{2} \int_\Omega \left\{ |\nabla \mathbf{v}|^2 - 2\mathbf{f} \cdot \mathbf{v} \right\} dx$$

in V_{div}. Equivalentemente, $\mathbf{u}$ minimizza il funzionale in tutto $H_0^1(\Omega; \mathbb{R}^n)$ con il vincolo div $\mathbf{u} = 0$. Se introduciamo un moltiplicatore $p \in Q$ e il *funzionale lagrangiano*

$$\mathcal{L}(\mathbf{v}) = \int_\Omega \left\{ \frac{1}{2} |\nabla \mathbf{v}|^2 - \mathbf{f} \cdot \mathbf{v} - q \operatorname{div} \mathbf{v} \right\} dx,$$

il sistema (8.70) costituisce la condizione necessaria di ottimalità (equazione di Eulero-Lagrange). La pressione q appare dunque come *moltiplicatore associato al vincolo di solenoidalità*.

8.7.4 Equazione di Navier Stokes stazionaria

Formulazione variazionale. Esistenza di una soluzione

Ci occupiamo ora dell'equazione di Navier-Stokes stazionaria ($\rho = 1$), in un dominio $\Omega \subset \mathbb{R}^n$, con $n = 2$ o $n = 3$:

$$-\nu \Delta \mathbf{u} + (\mathbf{u} \cdot \nabla)\mathbf{u} = -\nabla p + \mathbf{f} \tag{8.73}$$

Assumiamo inoltre la condizione di incomprimibilità

$$\operatorname{div} \mathbf{u} = 0 \tag{8.74}$$

e la condizione di Dirichlet omogenea

$$\mathbf{u} = \mathbf{0} \quad \text{su } \partial\Omega \tag{8.75}$$

che esprime *aderenza* al bordo di Ω.

Linearizzando la (8.73), trascurando cioè il termine non lineare convettivo $(\mathbf{u} \cdot \nabla)\mathbf{u}$, si ottiene l'equazione di Stokes considerata nella sezione precedente. La nozione di soluzione variazionale o debole del problema (8.73), (8.74), (8.75) è analoga alla 7.1:

Definizione 7.2. Si chiama *soluzione variazionale o debole del problema* (8.73), (8.74), (8.75) una coppia $(\mathbf{u}, p)$ tale che $\mathbf{u} \in H_0^1(\Omega; \mathbb{R}^n)$, $p \in Q$ e

$$\int_\Omega \{\nu \nabla \mathbf{u} : \nabla \mathbf{v} + (\mathbf{u} \cdot \nabla) \mathbf{u} \cdot \mathbf{v}\} \, d\mathbf{x} = \int_\Omega \{\mathbf{f} \cdot \mathbf{v} + p \, \mathrm{div} \, \mathbf{v}\} \, d\mathbf{x}, \qquad (8.76)$$

per ogni $\mathbf{v} \in H_0^1(\Omega; \mathbb{R}^n)$,

$$\int_\Omega q \, \mathrm{div} \, \mathbf{u} \, d\mathbf{x} = 0, \qquad \text{per ogni } q \in Q. \qquad (8.77)$$

La presenza del termine non lineare rende il problema complesso. Intanto, in generale non ci si può aspettare unicità e anche la dimostrazione dell'esistenza richiede un certo sforzo. Usando il teorema di Leray-Schauder 6.10.7 si può provare il seguente risultato.

Teorema 7.5. *Siano $\Omega \subset \mathbb{R}^n$ ($n = 2$ o 3) un dominio limitato e Lipschitziano e $\mathbf{f} \in L^2(\Omega; \mathbb{R}^n)$. Allora esiste una soluzione debole (u, p) del problema* (8.73), (8.74), (8.75).

Dimostrazione. La dividiamo in vari passi.

1. *Eliminazione della pressione.* Come nel caso dell'equazione di Stokes, cerchiamo prima una soluzione debole nello spazio

$$V_{div} = \left\{\mathbf{v} \in H_0^1(\Omega; \mathbb{R}^n) : \mathrm{div} \, \mathbf{v} = 0\right\}$$

dell'equazione (8.76), che si riduce a

$$\nu \int_\Omega \nabla \mathbf{u} : \nabla \mathbf{v} \, d\mathbf{x} = \int_\Omega \mathbf{f} \cdot \mathbf{v} \, d\mathbf{x} - \int_\Omega (\mathbf{u} \cdot \nabla) \mathbf{u} \cdot \mathbf{v} \, d\mathbf{x} \qquad \text{per ogni } \mathbf{v} \in V_{div}. \quad (8.78)$$

Una volta trovata $\mathbf{u}$, si determina la pressione $p \in L^2(\Omega)$ usando ancora il Teorema 7.3.

2. *Riduzione ad un problema di punto fisso.* Introduciamo la *forma trilineare*

$$b(\mathbf{u}, \mathbf{w}, \mathbf{v}) = \int_\Omega (\mathbf{u} \cdot \nabla) \mathbf{w} \cdot \mathbf{v} \, d\mathbf{x}, \qquad \text{per } \mathbf{u}, \mathbf{w}, \mathbf{v} \in V_{div}$$

e scriviamo (8.78) nella forma

$$\nu \int_\Omega \nabla \mathbf{u} : \nabla \mathbf{v} \, d\mathbf{x} = \int_\Omega \mathbf{f} \cdot \mathbf{v} \, d\mathbf{x} - b(\mathbf{u}, \mathbf{u}, \mathbf{v}).$$

Fissiamo ora $\mathbf{w} \in V_{div}$ e consideriamo il *problema lineare*

$$a(\mathbf{u}, \mathbf{v}) = F_\mathbf{w}(\mathbf{v}), \qquad \forall \mathbf{v} \in V_{div} \qquad (8.79)$$

dove

$$a(\mathbf{u}, \mathbf{v}) = \nu \int_\Omega \nabla \mathbf{u} : \nabla \mathbf{v} \, d\mathbf{x}$$

e

$$F_\mathbf{w}(\mathbf{v}) = \int_\Omega \mathbf{f} \cdot \mathbf{v} \, d\mathbf{x} - b(\mathbf{w}, \mathbf{w}, \mathbf{v}).$$

Proveremo nel prossimo punto 3 che, per ogni $\mathbf{w}$ fissato in V_{div}, il problema (8.79) ammette un'unica soluzione $\mathbf{u}$, usando il lemma di Lax-Milgram. Poiché

$$a(\mathbf{u}, \mathbf{u}) = \nu \int_\Omega \nabla \mathbf{u} : \nabla \mathbf{u} \; d\mathbf{x} = \nu \|\mathbf{u}\|^2_{V_{div}},$$

la forma bilineare $a(\mathbf{u}, \mathbf{v})$ è continua e coerciva in V_{div} e quindi basta controllare che il funzionale $F_\mathbf{w}$ sia continuo in V_{div}. Per questo occorre studiare alcune proprietà della forma $b(\mathbf{u}, \mathbf{w}, \mathbf{v})$.

Come conseguenza, risulta definito un operatore $T : V_{div} \to V_{div}$ mediante la formula

$$\mathbf{u} = T(\mathbf{w})$$

che associa cioè a $\mathbf{w}$ la soluzione $\mathbf{u}$ del problema lineare.

Ora, *ogni punto fisso dell'operatore* T, cioè ogni $\mathbf{u}^*$ tale che $T(\mathbf{u}^*) = \mathbf{u}^*$, è *soluzione della* (8.78). Per concludere la dimostrazione, occorre dunque mostrare che T ha un punto fisso.

3. *Soluzione del problema lineare.* Poichè $\operatorname{div} \mathbf{u} = 0$ e $\mathbf{w}, \mathbf{v}$ sono nulle su $\partial\Omega$ si ha

$$b(\mathbf{u}, \mathbf{w}, \mathbf{v}) + b(\mathbf{u}, \mathbf{v}, \mathbf{w}) = \int_\Omega \sum_{i,j=1}^n \left[u_i \frac{\partial w_j}{\partial x_i} v_j + u_i \frac{\partial v_j}{\partial x_i} w_j \right] d\mathbf{x}$$

$$= \int_\Omega \mathbf{u} \cdot \nabla(\mathbf{w} \cdot \mathbf{v}) \; d\mathbf{x} = \int_\Omega (\mathbf{w} \cdot \mathbf{v}) \operatorname{div} \mathbf{u} \; d\mathbf{x} = 0$$

e quindi

$$b(\mathbf{u}, \mathbf{w}, \mathbf{v}) = -b(\mathbf{u}, \mathbf{v}, \mathbf{w}). \tag{8.80}$$

In particolare

$$b(\mathbf{u}, \mathbf{w}, \mathbf{w}) = 0. \tag{8.81}$$

Poiché

$$|(\mathbf{u} \cdot \nabla) \mathbf{w} \cdot \mathbf{v}| \le |\mathbf{u}| \, |\nabla \mathbf{w}| \, |\mathbf{v}|$$

e[13]

$$\int_\Omega |\mathbf{u}| \, |\nabla \mathbf{w}| \, |\mathbf{v}| \; d\mathbf{x} \le \|\mathbf{u}\|_{L^4(\Omega:\mathbb{R}^n)} \|\mathbf{w}\|_{V_{div}} \|\mathbf{v}\|_{L^4(\Omega:\mathbb{R}^n)},$$

si ha

$$|b(\mathbf{u}, \mathbf{w}, \mathbf{v})| \le \|\mathbf{u}\|_{L^4(\Omega:\mathbb{R}^n)} \|\mathbf{w}\|_{V_{div}} \|\mathbf{v}\|_{L^4(\Omega:\mathbb{R}^n)} \tag{8.82}$$

essendo

$$\frac{1}{4} + \frac{1}{2} + \frac{1}{4} = 1.$$

Usiamo ora il teorema di immersione di Sobolev. Si ha, per $n = 2$

$$H^1_0(\Omega) \subset L^s(\Omega)$$

---

[13] Disuguaglianza di Hoelder "a tre fattori":

$$\int_\Omega fgh \; d\mathbf{x} \le \|f\|_{L^p} \|g\|_{L^q} \|h\|_{L^r}$$

con $p, q, r > 1$,

$$\frac{1}{p} + \frac{1}{q} + \frac{1}{r} = 1$$

per ogni $s \geq 2$, con immersione compatta. Per $n = 3$, si ha

$$H_0^1(\Omega) \subset L^s(\Omega)$$

per ogni $s \in [2,6]$, con immersione compatta se $s < 6$. Nei casi indicati vale inoltre la disuguaglianza

$$\|\mathbf{u}\|_{L^s(\Omega;\mathbb{R}^n)} \leq \tilde{C} \|\mathbf{u}\|_{V_{div}}$$

con $\tilde{C} = \tilde{C}(s, \Omega)$ Possiamo dunque scrivere:

$$|b(\mathbf{u}, \mathbf{w}, \mathbf{v})| \leq \tilde{C}^2 \|\mathbf{u}\|_{V_{div}} \|\mathbf{w}\|_{V_{div}} \|\mathbf{v}\|_{V_{div}}. \tag{8.83}$$

Per $\mathbf{u} = \mathbf{w}$ fissato in V_{div}, deduciamo quindi che il funzionale

$$\mathbf{v} \longmapsto b(\mathbf{w}, \mathbf{w}, \mathbf{v})$$

definisce un elemento di V_{div}^*. Sappiamo già che l'integrale $\int_\Omega \mathbf{f} \cdot \mathbf{v} \, d\mathbf{x}$ definisce un elemento del duale di V_{div}. Pertanto, $F_\mathbf{w}$ è un elemento di V_{div}^* e il Teorema di Lax-Milgram implica che esiste un'unica soluzione $\mathbf{u}$ di (8.79) tale che

$$\|\mathbf{u}\|_{V_{div}} \leq \frac{1}{\nu} \left\{ C_p \|\mathbf{f}\|_{L^2(\Omega;\mathbb{R}^n)} + \tilde{C}^2 \|\mathbf{w}\|_{V_{div}}^2 \right\}$$

La formula $\mathbf{u} = T(\mathbf{w})$ definisce perciò un operatore

$$T : V_{div} \to V_{div}.$$

4. *T ha un punto fisso.* Per usare il Teorema di Leray-Schauder occorre mostrare che:

a) $T : V_{div} \to V_{div}$ è compatto e continuo.

b) L'insieme delle soluzioni dell'equazione

$$\mathbf{u} = sT(\mathbf{u}), \quad 0 \leq s \leq 1,$$

è limitato in $H^1(\Omega;\mathbb{R}^n)$.

Dimostriamo a). T porta limitati in precompatti. Supponiamo che $\{\mathbf{w}_k\}$ sia una successione limitata in V_{div}, cioè

$$\|\mathbf{w}_k\|_{V_{div}} \leq M. \tag{8.84}$$

Vogliamo dimostrare che esiste una sottosuccessione di $\{T(\mathbf{w}_k)\}$, convergente. Per definizione, si ha, ricordando la (8.80):

$$a(T(\mathbf{w}_k) - T(\mathbf{w}_h), \mathbf{v}) = -b(\mathbf{w}_k, \mathbf{w}_k, \mathbf{v}) + b(\mathbf{w}_h, \mathbf{w}_h, \mathbf{v})$$
$$= b(\mathbf{w}_k, \mathbf{v}, \mathbf{w}_k) - b(\mathbf{w}_h, \mathbf{v}, \mathbf{w}_h).$$

Sottraendo ed aggiungendo $b(\mathbf{w}_k, \mathbf{v}, \mathbf{w}_h)$, troviamo

$$a(T(\mathbf{w}_k) - T(\mathbf{w}_h), \mathbf{v}) = b(\mathbf{w}_k, \mathbf{v}, \mathbf{w}_k - \mathbf{w}_h) - b(\mathbf{w}_h - \mathbf{w}_k, \mathbf{v}, \mathbf{w}_h).$$

Dalle (8.82) e (8.84) abbiamo:

$$|a(T(\mathbf{w}_k) - T(\mathbf{w}_h), \mathbf{v})|$$
$$\leq (\|\mathbf{w}_k\|_{L^4(\Omega;\mathbb{R}^n)} + \|\mathbf{w}_h\|_{L^4(\Omega;\mathbb{R}^n)}) \|\mathbf{v}\|_{V_{div}} \|\mathbf{w}_k - \mathbf{w}_h\|_{L^4(\Omega;\mathbb{R}^n)}$$
$$\leq 2\tilde{C}M \|\mathbf{w}_k - \mathbf{w}_h\|_{L^4(\Omega;\mathbb{R}^n)} \|\mathbf{v}\|_{V_{div}}.$$

Scegliendo $\mathbf{v} = T(\mathbf{w}_k) - T(\mathbf{w}_h)$ si ottiene, dopo semplici operazioni,

$$\|T(\mathbf{w}_k) - T(\mathbf{w}_h)\|_{V_{div}} \leq \frac{2\tilde{C}M}{\nu} \|\mathbf{w}_k - \mathbf{w}_h\|_{L^4(\Omega;\mathbb{R}^n)} . \tag{8.85}$$

Per la compattezza dell'immersione di $H_0^1(\Omega;\mathbb{R}^n)$ in $L^4(\Omega;\mathbb{R}^n)$, esiste una sottosuccessione $\{\mathbf{w}_{kj}\}$ convergente in $L^4(\Omega;\mathbb{R}^n)$ e quindi

$$\|\mathbf{w}_{k_j} - \mathbf{w}_{k_m}\|_{L^4(\Omega;\mathbb{R}^n)} \to 0$$

se $j, m \to \infty$. Dalla (8.85) con $k = k_j$, $h = k_m$, si ricava che $\{T(\mathbf{w}_{k_j})\}$ è di Cauchy in V_{div} e quindi convergente.

Facciamo ora vedere che T è continuo. Sia $\{\mathbf{w}_k\}$ sia una successione convergente in V_{div} a $\mathbf{w}$. In particolare $\{\mathbf{w}_k\}$ è limitata, diciamo $\|\mathbf{w}_k\|_{V_{div}} \leq M_0$.
Allora $\mathbf{u}_k - \mathbf{u}_h = T(\mathbf{w}_k) - T(\mathbf{w}_k)$, è soluzione dell'equazione

$$a(\mathbf{u}_k - \mathbf{u}_h, \mathbf{v}) = -b(\mathbf{w}_k, \mathbf{w}_k, \mathbf{v}) + b(\mathbf{w}_h, \mathbf{w}_h, \mathbf{v}).$$

Procedendo come sopra, si ricava, ricordando la (8.81),

$$\|\mathbf{u}_k - \mathbf{u}_h\|_{V_{div}} \leq \frac{2\tilde{C}^2 M}{\nu} \|\mathbf{w}_k - \mathbf{w}_h\|_{V_{div}}$$

per cui $\{\mathbf{u}_k\}$ è di Cauchy in V_{div}, quindi convergente a $\mathbf{u} \in V_{div}$. Passando al limite nell'equazione

$$a(\mathbf{u}_k, \mathbf{v}) = (\mathbf{f}, \mathbf{v})_{L^2(\Omega;\mathbb{R}^n)} - b(\mathbf{w}_k, \mathbf{w}_k, \mathbf{v})$$

si ottiene

$$a(\mathbf{u}, \mathbf{v}) = (\mathbf{f}, \mathbf{v})_{L^2(\Omega;\mathbb{R}^n)} - b(\mathbf{w}, \mathbf{w}, \mathbf{v})$$

per ogni $\mathbf{v} \in V_{div}$. Dunque $\mathbf{u} = T(\mathbf{w})$ e T è anche continuo.

b) L'ultima cosa che resta da fare è dimostrare che l'insieme delle soluzioni dell'equazione

$$\mathbf{u} = sT(\mathbf{u}), \quad 0 < s \leq 1$$

è limitato in $H^1(\Omega;\mathbb{R}^n)$. Ma $\mathbf{u} = sT(\mathbf{u})$, per definizione, significa che

$$\frac{\nu}{s} \int_\Omega \nabla \mathbf{u} : \nabla \mathbf{v} \, dx = \int_\Omega \mathbf{f} \cdot \mathbf{v} \, dx - b(\mathbf{u}, \mathbf{u}, \mathbf{v}), \quad \forall \mathbf{v} \in V_{div}.$$

In particolare, se $\mathbf{v} = \mathbf{u}$, si ha $b(\mathbf{u}, \mathbf{u}, \mathbf{u}) = 0$ e quindi

$$\nu \|\mathbf{u}\|_{V_{div}} = s \int_\Omega \mathbf{f} \cdot \mathbf{u} \, dx \leq \|\mathbf{f}\|_{L^2(\Omega;\mathbb{R}^n)} \|\mathbf{u}\|_{L^2(\Omega;\mathbb{R}^n)}$$

$$\leq C_P \|\mathbf{f}\|_{L^2(\Omega;\mathbb{R}^n)} \|\mathbf{u}\|_{V_{div}}$$

da cui

$$\|\mathbf{u}\|_{V_{div}} \leq \frac{C_P \|\mathbf{f}\|_{L^2(\Omega;\mathbb{R}^n)}}{\nu}$$

che conclude la dimostrazione. $\square$

Unicità

Non si può concludere, in generale, che la soluzione trovata col teorema di Leray-Schauder sia unica e in realtà vi sono esempi in cui non lo è. Se però $\|\mathbf{f}\|_{L^2(\Omega;\mathbb{R}^n)}$ è abbastanza piccola oppure ν è abbastanza grande, col *Teorema delle Contrazioni* 6.10.1 si può mostrare che c'è unicità. A questo proposito, "linearizziamo" il problema in modo diverso, considerando, per $\mathbf{w} \in V_{div}$ fissato, il problema lineare

$$\nu \int_\Omega \nabla\mathbf{u} : \nabla\mathbf{v} \, d\mathbf{x} + b(\mathbf{w}, \mathbf{u}, \mathbf{v}) = \int_\Omega \mathbf{f} \cdot \mathbf{v}, \qquad \forall \mathbf{v} \in V_{div}. \tag{8.86}$$

La forma bilineare

$$\tilde{a}(\mathbf{u}, \mathbf{v}) = \nu \int_\Omega \nabla\mathbf{u} : \nabla\mathbf{v} \, d\mathbf{x} + b(\mathbf{w}, \mathbf{u}, \mathbf{v})$$

è continua in V_{div} (dalla (8.83)). E' anche coerciva, poiché $b(\mathbf{w}, \mathbf{v}, \mathbf{v}) = 0$ e

$$\tilde{a}(\mathbf{v}, \mathbf{v}) = \nu \int_\Omega \nabla\mathbf{v} : \nabla\mathbf{v} \, d\mathbf{x} + b(\mathbf{w}, \mathbf{v}, \mathbf{v}) = \nu \|\mathbf{v}\|_{V_{div}}.$$

Il Teorema di Lax-Milgram implica che esiste un'unica soluzione $\mathbf{u} = T(\mathbf{w})$ di (8.86) e vale la stima di stabilità

$$\|T\mathbf{w}\|_{V_{div}} \leq \frac{C_P}{\nu} \|\mathbf{f}\|_{L^2(\Omega;\mathbb{R}^n)}.$$

Poniamo

$$M = \frac{C_P}{\nu} \|\mathbf{f}\|_{L^2(\Omega;\mathbb{R}^n)}$$

e consideriamo

$$B_M = \left\{ \mathbf{w} \in V_{div} : \|\mathbf{w}\|_{V_{div}} \leq M \right\}.$$

Con la distanza $d(\mathbf{w}_1, \mathbf{w}_2) = \|\mathbf{w}_1 - \mathbf{w}_2\|_{V_{div}}$, B_M è uno spazio *metrico completo* e la formula $\mathbf{u} = T(\mathbf{w})$ definisce un operatore

$$T : B_M \to B_M.$$

Facciamo vedere che, se il numero positivo M è abbastanza piccolo, T è una contrazione in B_M e cioè che esiste $\delta < 1$ tale che

$$\|T(\mathbf{z}) - T(\mathbf{w})\|_{V_{div}} \leq \delta \|\mathbf{z} - \mathbf{w}\|_{V_{div}}, \qquad \forall \mathbf{z}, \mathbf{w} \in B_M.$$

Infatti, procedendo come prima, si ha, aggiungendo e sottraendo $b(\mathbf{w}_2, T(\mathbf{w}_1), \mathbf{v})$,

$$\tilde{a}(T(\mathbf{w}_2) - T(\mathbf{w}_1), \mathbf{v}) = -b(\mathbf{w}_2, T(\mathbf{w}_2), \mathbf{v}) + b(\mathbf{w}_1, T(\mathbf{w}_1), \mathbf{v})$$
$$= -b(\mathbf{w}_2, T(\mathbf{w}_2) - T(\mathbf{w}_1), \mathbf{v}) - b(\mathbf{w}_1 - \mathbf{w}_2, T(\mathbf{w}_1), \mathbf{v})$$

per ogni $\mathbf{v} \in V_{div}$. Ponendo $\mathbf{v} = T(\mathbf{w}_2) - T(\mathbf{w}_1)$, si ricava, ricordando la (8.81)

$$\|T(\mathbf{z}) - T(\mathbf{w})\|_{V_{div}} \leq \frac{M\tilde{C}^2}{\nu} \|\mathbf{w}_2 - \mathbf{w}_1\|_{V_{div}}$$

E quindi T è una contrazione se

$$\frac{\tilde{C}^2 M}{\nu} < 1.$$

Abbiamo dimostrato il seguente:

Teorema 7.6. *Siano* $\Omega \subset \mathbb{R}^n$ *(*$n = 2$ *o* 3*) un dominio limitato e Lipschitziano e* $\mathbf{f} \in L^2(\Omega; \mathbb{R}^n)$. *Se*

$$\frac{\tilde{C}^2 C_P}{\nu^2} \|\mathbf{f}\|_{L^2(\Omega;\mathbb{R}^n)} < 1$$

allora esiste un'unica soluzione debole (u, p) *del problema* (8.73), (8.74), (8.75).

Nota 7.2. La dimostrazione del Teorema delle Contrazioni indica che la soluzione del Teorema 6.2 si può costruire mediante la successione ricorsiva seguente. Si sceglie un elemento qualunque $\mathbf{u}_0 \in B_M$ e si definisce

$$\mathbf{u}_{k+1} = T(\mathbf{u}_k) \qquad k \geq 0.$$

In altri termini, calcolato $\mathbf{u}_k$, $\mathbf{u}_{k+1}$ è l'unica soluzione del problema

$$\nu \int_\Omega \nabla \mathbf{u} : \nabla \mathbf{v} \, d\mathbf{x} + b(\mathbf{u}_k, \mathbf{u}, \mathbf{v}) = \int_\Omega \mathbf{f} \cdot \mathbf{v}, \qquad \forall \mathbf{v} \in V_{div}.$$

La successione così definita converge in V_{div} al punto fisso.

8.7.5 Equazioni dell'elastostatica lineare

Il sistema di equazioni dell'elastostatica lineare modella le piccole deformazioni di un corpo solido, che a riposo occupa un dominio limitato $\Omega \subset \mathbb{R}^3$. Assumiamo che Ω è regolare (o anche poliedrale) e scriviamo $\partial\Omega = \Gamma_D \cup \Gamma_N$, $\Gamma_D \cap \Gamma_N = \varnothing$, con Γ_D di misura superficiale positiva. Sotto l'azione di una forza di volume $\mathbf{f}$ in Ω e di una forza di trazione $\mathbf{h}$, agente su Γ_N, il corpo subisce una deformazione e ogni punto si muove da una posizione $\mathbf{x}$ a $\mathbf{x} + \mathbf{u}(\mathbf{x})$. Qui $\mathbf{f}, \mathbf{h}$ sono campi vettoriali in $\mathbb{R}^3$. Dati $\mathbf{f}, \mathbf{h}$, vogliamo determinare lo spostamento $\mathbf{u}$ in una situazione di equilibrio.

Per la formulazione del modello matematico, abbiamo bisogno di leggi generali e di leggi costitutive per $\mathbf{u}$.

A questo proposito, introduciamo il *tensore di deformazione*

$$\boldsymbol{\varepsilon}(\mathbf{u}) = \frac{1}{2}\left(\nabla\mathbf{u} + (\nabla\mathbf{u})^\top\right) = \frac{1}{2}\left(\frac{\partial u_i}{\partial x_j} + \frac{\partial u_j}{\partial x_i}\right)_{i,j=1,2,3}$$

e il *tensore degli sforzi* **T**, a valori nell'insieme delle matrici simmetriche 3×3. In elasticità lineare, questi tensori sono legati dalla *legge di Hooke's*

$$\mathbf{T}(\mathbf{u}) = 2\mu\varepsilon(\mathbf{u}) + \lambda(\mathrm{div}\mathbf{u})\mathbf{I}_3, \tag{8.87}$$

dove μ, λ sono i cosiddetti coefficienti di Lamé e $\mathbf{I}_3$ è la matrice identità in $\mathbb{R}^3$. Assumendo che il corpo sia omogeneo ed isotropo rispetto ad una deformazione, i coefficienti μ, λ sono costanti e

$$\mu > 0, \ 2\mu + 3\lambda > 0. \tag{8.88}$$

Alle due leggi costitutive (8.87), (8.88) si aggiungono la legge di conservazione del momento lineare e l'equazione che esprime il bilancio delle forze di trazione sulla parte Γ_N della superficie del corpo. Assumiamo inoltre che la parte Γ_D di $\partial\Omega$ sia mantenuta fissa. Arriviamo dunque al problema misto ($\boldsymbol{\nu}$ normale esterna a $\partial\Omega$):

$$\begin{cases} \mathrm{div}\,\mathbf{T} + \mathbf{f} = \mathbf{0} & \text{in } \Omega \\ \mathbf{u} = \mathbf{0} & \text{su } \Gamma_D \\ \mathbf{T} \cdot \boldsymbol{\nu} = \mathbf{h} & \text{su } \Gamma_N. \end{cases} \tag{8.89}$$

Poiché $\mathrm{div}\mathbf{T} = \mu\Delta\mathbf{u} + (\mu + \lambda)\,\mathrm{grad}\,\mathrm{div}\,\mathbf{u}$, la prima equazione in (8.89) può essere scritta nella forma equivalente

$$-\mu\Delta\mathbf{u} - (\mu + \lambda)\,\mathrm{grad}\,\mathrm{div}\,\mathbf{u} = \mathbf{f},$$

nota come *equazione di Navier*.

Per risolvere il problema (8.89), deriviamo una formulazione variazionale e ne analizziamo la buona posizione. Le condizioni al bordo suggeriscono che l'ambientazione funzionale naturale è lo spazio di Sobolev

$$V = H^1_{0,\Gamma_D}\left(\Omega; \mathbb{R}^3\right) = \left\{\mathbf{v} \in H^1\left(\Omega; \mathbb{R}^3\right) : \mathbf{v} = \mathbf{0} \text{ su } \Gamma_D\right\}.$$

Poiché in V vale la disuguaglianza di Poincarè, V è uno spazio di Hilbert con la norma

$$\|\mathbf{v}\|_V^2 = \sum_{i,j=1}^3 \int_\Omega \left(\frac{\partial v_i}{\partial x_j}\right)^2 d\mathbf{x}.$$

Moltiplichiamo ora l'equazione differenziale in (8.89) per $\mathbf{v} \in V$ (interpretabile come "*spostamento virtuale*") e integriamo per parti il primo integrale, usando le condizioni al bordo. Troviamo[14]:

$$0 = \int_\Omega (\mathrm{div}\,\mathbf{T} + \mathbf{f}) \cdot \mathbf{v}\, d\mathbf{x} = \int_\Omega \sum_{i,j=1}^3 \frac{\partial T_{ij}}{\partial x_j} v_i \, d\mathbf{x} + \int_\Omega \mathbf{f} \cdot \mathbf{v}\, d\mathbf{x}$$

$$= -\int_\Omega \sum_{i,j=1}^3 T_{ij} \frac{\partial v_i}{\partial x_j}\, d\mathbf{x} + \int_{\Gamma_N} \mathbf{h} \cdot \mathbf{v}\, d\sigma + \int_\Omega \mathbf{f} \cdot \mathbf{v}\, d\mathbf{x}.$$

---

[14] Ricordiamo che $(\mathrm{div}\,\mathbf{T})_i = \sum_{j=1}^3 \frac{\partial T_{ij}}{\partial x_j}$.

Dalla legge di Hooke's (8.87), deduciamo

$$\sum_{i,j=1}^{3} T_{ij} \frac{\partial v_i}{\partial x_j} = 2\mu \sum_{i,j=1}^{3} \varepsilon_{ij}(\mathbf{u}) \frac{\partial v_i}{\partial x_j} + \lambda \, \text{div} \mathbf{u} \, \text{div} \mathbf{v}.$$

Inoltre, data la simmetria del tensore di deformazione, segue che

$$\sum_{i,j=1}^{3} \varepsilon_{ij}(\mathbf{u}) \frac{\partial v_i}{\partial x_j} = \sum_{i,j=1}^{3} \varepsilon_{ij}(\mathbf{u}) \varepsilon_{ij}(\mathbf{v})$$

e quindi si arriva alla seguente formulazione variazionale del problema dell'elastostatica lineare:

Determinare $\mathbf{u} \in V$ *tale che*

$$\int_{\Omega} [2\mu \sum_{i,j=1}^{3} \varepsilon_{ij}(\mathbf{u}) \varepsilon_{ij}(\mathbf{v}) + \lambda \, \text{div} \mathbf{u} \, \text{div} \mathbf{v}] \, d\mathbf{x} = \int_{\Gamma_N} \mathbf{h} \cdot \mathbf{v} \, d\sigma + \int_{\Omega} \mathbf{f} \cdot \mathbf{v} \, d\mathbf{x}$$

(8.90)

per ogni $\mathbf{v} \in V$.

Non è difficile controllare che, in ipotesi di regolarità, la formulazione variazionale è equivalente al sistema (8.89).

Abbiamo bisogno della seguente importante disuguaglianza[15]:

Lemma 7.7 (*Disuguaglianza di Korn*). *Sia* Ω *un dominio regolare o un poliedro. Esiste una costante* $\gamma > 0$ *dipendente da* Ω, *tale che*

$$\int_{\Omega} \{ \sum_{i,j=1}^{3} \varepsilon_{ij}^2(\mathbf{v}) + |\mathbf{v}|^2 \} d\mathbf{x} \geq \gamma \|\mathbf{v}\|_{H^1(\Omega;\mathbb{R}^3)}^2 \qquad \forall \mathbf{v} \in H^1(\Omega;\mathbb{R}^3).$$

Vale il seguente teorema

Teorema 7.8. *Siano* $\mathbf{f} \in L^2(\Omega;\mathbb{R}^3)$ *e* $\mathbf{h} \in L^2(\Gamma_N;\mathbb{R}^3)$. *Se* Γ_D *ha misura superficiale positiva, il problema variazionale dell'elastostatica lineare ha un'unica soluzione* $\mathbf{u} \in V$. *Inoltre:*

$$\|\mathbf{u}\|_V \leq \frac{C}{\mu} \left\{ \|\mathbf{f}\|_{L^2(\Omega;\mathbb{R}^3)} + \|\mathbf{h}\|_{L^2(\Gamma_N;\mathbb{R}^3)} \right\}.$$

Dimostrazione. Usiamo il Teorema di Lax-Milgram. Definiamo

$$B(\mathbf{u},\mathbf{v}) = \int_{\Omega} [2\mu \sum_{i,j=1}^{3} \varepsilon_{ij}(\mathbf{u}) \varepsilon_{ij}(\mathbf{v}) + \lambda \, \text{div} \mathbf{u} \, \text{div} \mathbf{v}] d\mathbf{x}$$

e

$$F\mathbf{v} = \int_{\Gamma_N} \mathbf{h} \cdot \mathbf{v} \, d\sigma + \int_{\Omega} \mathbf{f} \cdot \mathbf{v} \, d\mathbf{x}.$$

[15] Per la dimostrazione si veda e.g. Dautray, Lions, vol II, 1985.

Vogliamo determinare $\mathbf{u} \in V$ tale che

$$B(\mathbf{u}, \mathbf{v}) = F\mathbf{v}, \qquad \text{per ogni } \mathbf{v} \in V.$$

Usando le disuguaglianze di Schwarz e Poincaré e il Teorema di Traccia 7.7.5, è facile controllare che $F \in V^*$ e che la forma bilineare B è continua in $V \times V$. Lasciamo i dettagli al lettore. La difficoltà è dimostrare la coercività di B. Poiché

$$B(\mathbf{v}, \mathbf{v}) = \int_\Omega [2\mu \sum_{i,j=1}^{3} \varepsilon_{ij}(\mathbf{v})\,\varepsilon_{ij}(\mathbf{v}) + \lambda(\operatorname{div}\mathbf{v})^2] d\mathbf{x} \geq$$

$$\geq \int_\Omega [2\mu \sum_{i,j=1}^{3} \varepsilon_{ij}(\mathbf{v})\,\varepsilon_{ij}(\mathbf{v})] d\mathbf{x},$$

la coercività di B segue se si prova che esiste $\theta > 0$ tale che

$$\sum_{i,j=1}^{3} \int_\Omega \varepsilon_{ij}^2(\mathbf{v})\ d\mathbf{x} \geq \theta \|\mathbf{v}\|_V^2, \qquad \forall \mathbf{v} \in V. \tag{8.91}$$

Per assurdo, supponiamo che ciò non sia vero. Poniamo

$$\|\varepsilon(\mathbf{v})\|_d^2 = \sum_{i,j=1}^{3} \int_\Omega \varepsilon_{ij}^2(\mathbf{v})\ d\mathbf{x}$$

Allora, per ogni intero $n \geq 1$, possiamo trovare $\mathbf{v}_n$ tale che

$$\|\varepsilon(\mathbf{v}_n)\|_d < \frac{1}{n} \|\mathbf{v}_n\|_V.$$

Normalizziamo la successione $\{\mathbf{v}_n\}$ ponendo

$$\mathbf{w}_n = \frac{\mathbf{v}_n}{\|\mathbf{v}_n\|_{L^2(\Omega;\mathbb{R}^3)}}.$$

Abbiamo ancora

$$\|\varepsilon(\mathbf{w}_n)\|_d < \frac{1}{n} \|\mathbf{w}_n\|_V \qquad \text{per ogni } n \geq 1.$$

Dal Lemma 7.7 deduciamo che

$$\|\mathbf{w}_n\|_V^2 \leq \gamma^{-1} \left(\|\varepsilon(\mathbf{w}_n)\|_d^2 + \|\mathbf{w}_n\|_{L^2(\Omega;\mathbb{R}^3)}^2 \right) \leq \gamma^{-1} \left(\frac{1}{n^2} \|\mathbf{w}_n\|_V^2 + 1 \right)$$

da cui, per $n^2 > 2/\gamma$,

$$\frac{1}{2} \|\mathbf{w}_n\|_V^2 \leq \gamma^{-1}.$$

Dunque, la successione $\{\mathbf{w}_n\}$ è limitata in V. Inoltre

$$\|\mathbf{w}_n\|_{L^2(\Omega;\mathbb{R}^3)} = 1 \qquad \text{e} \qquad \|\varepsilon(\mathbf{w}_n)\|_d \to 0.$$

Per il Teorema di Rellich 7.8.1, esiste un sottosuccessione, che continuiamo ad indicare con $\{\mathbf{w}_n\}$ tale che

$$\mathbf{w}_n \rightharpoonup \mathbf{w} \qquad \text{in } V$$

e

$$\mathbf{w}_n \to \mathbf{w} \quad \text{in } L^2\left(\Omega; \mathbb{R}^3\right).$$

Per la semicontinuità debole della norma (Teorema 7.7.7) possiamo scrivere

$$\|\varepsilon\left(\mathbf{w}\right)\|_d \leq \lim_{n \to +\infty} \inf \|\varepsilon\left(\mathbf{w}_n\right)\|_d = 0$$

da cui $\varepsilon\left(\mathbf{w}\right) = 0$ q.o. in Ω. Per un classico risultato nella teoria dei corpi rigidi, $\varepsilon\left(\mathbf{w}\right) = 0$ se e solo se

$$\mathbf{w}\left(\mathbf{x}\right) = \mathbf{a} + \mathbf{M}\mathbf{x}$$

dove $\mathbf{a} \in \mathbb{R}^3$ e $\mathbf{M}$ è una matrice antisimmetrica, cioè $\mathbf{M} = -\mathbf{M}^\top$. Ora, $|\Gamma_D| > 0$ e perciò Γ_D contiene tre vettori linearmente indipendenti. Poiché $\mathbf{w} = \mathbf{0}$ su Γ_D, deduciamo che deve essere $\mathbf{a} = \mathbf{0}$ e $\mathbf{M} = \mathbf{O}$, in contraddizione con

$$1 = \|\mathbf{w}_n\|_{L^2\left(\Omega;\mathbb{R}^3\right)} \to \|\mathbf{w}\|_{L^2\left(\Omega;\mathbb{R}^3\right)}. \qquad \square$$

Nota 7.3. La formulazione variazionale (8.90) corrisponde al *principio dei lavori virtuali* in Meccanica. Infatti essa esprime il bilancio tra il lavoro effettuato dalle forze elastiche interne (dato da $B\left(\mathbf{u}, \mathbf{v}\right)$) e quello compiuto dalle forze esterne (dato da $F\mathbf{v}$) in seguito allo spostamento virtuale $\mathbf{v}$. Inoltre, data la simmetria della forma bilineare B, la soluzione $\mathbf{u}$ minimizza l'energia di deformazione

$$E\left(\mathbf{v}\right) = \frac{1}{2} \int_\Omega [2\mu \sum_{i,j=1}^3 \varepsilon_{ij}^2\left(\mathbf{v}\right) + \lambda(\operatorname{div}\mathbf{v})^2] d\mathbf{x}$$

tra tutti gli spostamenti virtuali ammissibili. La formulazione variazionale coincide dunque con l'equazione di Eulero del funzionale E. $\qquad \square$

Nota 7.4. Nel caso in cui $\Gamma_1 = \partial\Omega$, nel qual caso $\mathbf{v} \in H_0^1\left(\Omega;\mathbb{R}^3\right)$, la dimostrazione del Lemma 7.7 è abbastanza semplice. Osserviamo prima che

$$\sum_{i,j=1}^3 \varepsilon_{ij}^2\left(\mathbf{v}\right) = \sum_{i,j=1}^3 \frac{1}{4}\left(\frac{\partial v_i}{\partial x_j} + \frac{\partial v_j}{\partial x_i}\right)^2 = \frac{1}{2} \sum_{i,j=1}^3 \left[\left(\frac{\partial v_i}{\partial x_j}\right)^2 + \frac{\partial v_i}{\partial x_j}\frac{\partial v_j}{\partial x_i}\right].$$

$$(8.92)$$

Dalla formula di Gauss, abbiamo

$$\int_\Omega \frac{\partial v_i}{\partial x_j}\frac{\partial v_j}{\partial x_i} d\mathbf{x} = \int_{\partial\Omega} \nu_i v_j \frac{\partial v_i}{\partial x_j} d\sigma - \int_\Omega \frac{\partial^2 v_i}{\partial x_i \partial x_j} v_j \, d\mathbf{x}$$

$$= \int_{\partial\Omega} \left(\nu_i v_j \frac{\partial v_i}{\partial x_j} - \nu_j v_j \frac{\partial v_i}{\partial x_i}\right) d\sigma + \int_\Omega \frac{\partial v_i}{\partial x_i}\frac{\partial v_j}{\partial x_j} \, d\mathbf{x}$$

$$= \int_\Omega \frac{\partial v_i}{\partial x_i}\frac{\partial v_j}{\partial x_j} \, d\mathbf{x}$$

e quindi

$$\int_\Omega \sum_{i,j=1}^3 \varepsilon_{ij}^2\,(\mathbf{v})\ d\mathbf{x} = \frac{1}{2}\int_\Omega |\nabla\mathbf{v}|^2\ d\mathbf{x} + \frac{1}{2}\int_\Omega (\mathrm{div}\,\mathbf{v})^2\,d\mathbf{x}$$

$$\geq \frac{1}{2}\,\|\mathbf{v}\|_V^2$$

che implica subito la disuguaglianza voluta.

Nota 7.5. *Una formula notevole.* Dalla (8.92), aggiungendo e sottraendo

$$\frac{1}{2}\sum_{i,j=1,i\neq j}^3 \frac{\partial v_i}{\partial x_j}\frac{\partial v_j}{\partial x_i}$$

e osservando che

$$|\mathrm{rot}\,\mathbf{v}|^2 = \sum_{i,j=1,i\neq j}^3 \left[\left(\frac{\partial v_i}{\partial x_j}\right)^2 - \frac{\partial v_i}{\partial x_j}\frac{\partial v_j}{\partial x_i}\right],$$

si ha, se $\mathbf{v} \in H_0^1\left(\Omega;\mathbb{R}^3\right)$

$$\int_\Omega \sum_{i,j=1}^3 \varepsilon_{ij}^2\,(\mathbf{v})\ d\mathbf{x} = \frac{1}{2}\int_\Omega |\mathrm{rot}\,\mathbf{v}|^2\ d\mathbf{x} + \int_\Omega (\mathrm{div}\,\mathbf{v})^2\,d\mathbf{x}$$

da cui la formula

$$\int_\Omega |\nabla\mathbf{v}|^2\ d\mathbf{x} = \int_\Omega |\mathrm{rot}\,\mathbf{v}|^2\ d\mathbf{x} + \int_\Omega (\mathrm{div}\,\mathbf{v})^2\,d\mathbf{x}$$

che mostra come la norma del gradiente di $\mathbf{v} \in H_0^1\left(\Omega;\mathbb{R}^3\right)$ sia espressa in termini delle norma di rotore e divergenza di $\mathbf{v}$.

8.8 Un problema di controllo ottimo

I problemi di controllo ottimo sono sempre più importanti nella tecnologia moderna. Vogliamo applicare la teoria variazionale che abbiamo sviluppato finora a un semplice problema di controllo di una temperatura.

8.8.1 Struttura del problema

Supponiamo che la temperatura u di un corpo omogeneo, che occupa un dominio limitato e regolare $\Omega \subset \mathbb{R}^3$, soddisfi le seguenti condizioni stazionarie:

$$\begin{cases} \mathcal{L}u \equiv -\Delta u + \mathrm{div}\,(\mathbf{b}u) = z & \text{in } \Omega \\ u = 0 & \text{su } \partial\Omega \end{cases} \tag{8.93}$$

dove $\mathbf{b} \in C^1\left(\overline{\Omega};\mathbb{R}^3\right)$ è assegnato, con $\mathrm{div}\,\mathbf{b} \geq 0$ in Ω.

In (8.93) distinguiamo due tipi di variabili: la variabile di **controllo** z, che prendiamo in $H = L^2(\Omega)$, e la variabile di **stato** u.

Coerentemente, le (8.93) si chiamano **equazioni di stato**. Dato un controllo z, dal Corollario 5.2 il problema (8.93) ha un'unica soluzione variazionale $u[z] \in V = H_0^1(\Omega)$ dove il simbolo $u[z]$ sottolinea la dipendenza di u dal controllo z. Dunque, ponendo

$$a(u,v) = \int_\Omega (\nabla u \cdot \nabla v - u\mathbf{b} \cdot \nabla v)\, d\mathbf{x},$$

$u[z]$ soddisfa l'equazione di **stato** in forma debole

$$a(u[z],v) = (z,v)_0 \qquad \forall v \in V \tag{8.94}$$

e

$$\|u[z]\|_1 \le \|z\|_0. \tag{8.95}$$

Dai risultati di regolarità (Teorema 6.3) segue che $u \in H^2(\Omega) \cap H_0^1(\Omega)$ e quindi u soddisfa l'equazione di stato puntualmente q.o. in Ω (*soluzione forte*).

Il problema è scegliere il termine di sorgente z in modo da minimizzare la "distanza" di u da uno stato di riferimento u_d, assegnato (target state).

Naturalmente vi sono diversi modi di misurare la distanza tra u e u_d. Se siamo interessati ad una distanza che coinvolga solo i valori di u e u_d in un sottoinsieme aperto $\Omega_0 \subseteq \Omega$, una scelta ragionevole può essere

$$J(u,z) = \frac{1}{2}\int_{\Omega_0}(u - u_d)^2\, d\mathbf{x} + \frac{\beta}{2}\int_\Omega z^2 d\mathbf{x} \tag{8.96}$$

dove $\beta > 0$.

$J(u,z)$ prende il nome di **funzionale costo (performance index)**. Il secondo termine in (8.96) si chiama *termine di penalizzazione*; il suo ruolo è duplice: da una parte serve ad evitare l'uso di controlli "troppo grossi" nella minimizzazione J, dall'altra assicura la coercività di J, come vedremo più avanti.

Riassumendo, possiamo scrivere il nostro problema di controllo nel modo seguente:

Determinare $(u^*, z^*) \in V \times H$, *tali che*

$$\begin{cases} J(u^*, z^*) = \min_{(u,z)\in V\times H} J(u,z) \\[2mm] \text{sotto le condizioni} \\[2mm] \mathcal{L}u = z \ \text{ in } \Omega, \ \ u = 0 \ \text{ su } \partial\Omega. \end{cases} \tag{8.97}$$

Se (u^*, z^*) è una coppia minimizzante, u^* e z^* si chiamano **stato ottimo** e **controllo ottimo**, rispettivamente.

Quando il controllo z è definito su un aperto $\Omega_0 \subseteq \Omega$, si dice che il controllo è *distribuito*. Può essere che z sia definito solo su $\partial\Omega$ ed allora si tratta di un controllo *alla frontiera*.

Analogamente, quando nel funzionale costo (8.96) intervengono i valori di u in $\Omega_0 \subseteq \Omega$, diciamo che l'*osservazione di u è distribuita*. D'altra parte, in alcuni casi si può osservare u o $\partial_{\boldsymbol{\nu}} u$ solo su $\Gamma \subseteq \partial\Omega$. Questi casi corrispondono ad *osservazioni alla frontiera* e il funzionale costo assume conseguentemente una forma appropriata. Alcuni esempi si trovano nei Problemi 8.19-8.21.

Le principali questioni da affrontare in un problema di controllo sono le seguenti:

- stabilire esistenza e/o unicità della coppia ottima (u^*, z^*);
- derivare condizioni necessarie e/o sufficienti di ottimalità;
- costruire algoritmi per l'approssimazione numerica di (u^*, z^*).

8.8.2 Esistenza e unicità della coppia ottima

Dato $z \in H$, possiamo sostituire nell'espressione di J l'unica soluzione $u = u[z]$ di (8.94) ottenendo il funzionale

$$\tilde{J}(z) = J(u[z], z) = \frac{1}{2} \int_{\Omega_0} (u[z] - u_d)^2 \, d\mathbf{x} + \frac{\beta}{2} \int_{\Omega} z^2 d\mathbf{x},$$

dipendente solo da z. Pertanto, il problema di minimo (8.97) si riduce a trovare un controllo ottimo $z^* \in H$ tale che

$$\tilde{J}(z^*) = \min_{z \in H} \tilde{J}(z). \tag{8.98}$$

Noto z^*, lo stato ottimo è dato da $u^* = u[z^*]$.

La strategia per provare l'esistenza e l'unicità del controllo ottimo si basa sulla relazione tra minimizzazione di funzionali quadratici a problemi variazionali astratti per forme bilineari simmetriche, espressa nel Teorema 6.6.3. Il punto chiave è scrivere $\tilde{J}(z)$ nel modo seguente:

$$\tilde{J}(z) = \frac{1}{2} b(z, z) - Fz + q \tag{8.99}$$

dove q è un numero reale, (irrilevante nell'ottimizzazione) e:

- $b(z, w)$ è una forma bilineare in H, *simmetrica, continua e $H-$coerciva*;
- F è un funzionale *lineare e continuo* in H.

Allora, in base al Teorema 6.6.3, esiste un unico minimizzante $z^* \in H$ di $\tilde{J}$. Inoltre, z^* minimizza $\tilde{J}$ se e solo se z^* è soluzione dell'equazione di Eulero (si veda (6.47))

$$\tilde{J}'(z^*) w = b(z^*, w) - Fw = 0 \qquad \forall w \in H. \tag{8.100}$$

Queste considerazioni portano al seguente risultato:

Teorema 8.1. *Esiste un unico controllo ottimo $z^* \in H$. Inoltre z^* è ottimo se e solo se z^* soddisfa la seguente equazione di Eulero, dove $u^* = u\,[z^*]$:*

$$\tilde{J}'(z^*)\,w = \int_{\Omega_0} (u^* - u_d)\,u\,[w]\;d\mathbf{x} + \beta \int_{\Omega} z^* w\;d\mathbf{x} = 0 \qquad \forall w \in H. \quad (8.101)$$

Dimostrazione. Seguendo la strategia indicata sopra, scriviamo $\tilde{J}(z)$ nella forma (8.99).
Prima notiamo che la funzione $z \mapsto u\,[z]$ è *lineare*. Infatti, se $\alpha_1, \alpha_2 \in \mathbb{R}$, allora $u\,[\alpha_1 z_1 + \alpha_2 z_2]$ è la soluzione di $\mathcal{L}u\,[\alpha_1 z_1 + \alpha_2 z_2] = \alpha_1 z_1 + \alpha_2 z_2 u_1$. Essendo $\mathcal{L}$ lineare,

$$\mathcal{L}\left(\alpha_1 u\,[z_1] + \alpha_2 u\,[z_2]\right) = \alpha_1 \mathcal{L}u\,[z_1] + \alpha_2 \mathcal{L}u\,[z_2] = \alpha_1 z_1 + \alpha_2 z_2$$

e quindi, per unicità, $u\,[\alpha_1 z_1 + \alpha_2 z_2] = \alpha_1 u\,[z_1] + \alpha_2 u\,[z_2]$.
Di conseguenza,

$$b\,(z, w) = \int_{\Omega_0} u\,[z]\,u\,[w]\,d\mathbf{x} + \beta \int_{\Omega} zw\;d\mathbf{x} \qquad (8.102)$$

è una forma bilineare e

$$Fw = \int_{\Omega_0} u\,[w]\,u_d\;d\mathbf{x} \qquad (8.103)$$

è un funzionale lineare in H.
Inoltre, b è simmetrica (ovvio), continua e $H-$coerciva. Infatti, usando la (8.95) e le disuguaglianze di Schwarz e Poincaré ed essendo $\Omega_0 \subseteq \Omega$ abbiamo

$$|b\,(z, w)| \le \|u\,[z]\|_{L^2(\Omega_0)} \|u\,[w]\|_{L^2(\Omega_0)} + \beta \|z\|_0 \|w\|_0$$
$$\le (C_P^2 + \beta) \|z\|_0 \|w\|_0$$

per cui b è continua. La $H-$coercività di b segue da

$$b\,(z, z) = \int_{\Omega_0} u^2\,[z]\,d\mathbf{x} + \beta \int_{\Omega} z^2\;d\mathbf{x} \ge \beta \|z\|_0^2 \,.$$

Infine, dalla (8.95), usando la disuguaglianza di Poincaré,

$$|Fw| \le \|u_d\|_{L^2(\Omega_0)} \|u\,[w]\|_{L^2(\Omega_0)} \le C_P \|u_d\|_0 \|w\|_0 \,,$$

per cui F è continuo in H.
Se ora poniamo $q = \int_{\Omega_0} u_d^2\;d\mathbf{x}$, è facile controllare che

$$\tilde{J}(z) = \frac{1}{2} b\,(z, z) - Fz + q.$$

Applicando il Teorema 6.6.3 deduciamo esistenza ed unicità del controllo ottimo z^*. L'equazione di Eulero (8.100) si traduce nella (8.101) dopo calcoli elementari. $\square$

8.8.3 Moltiplicatori di Lagrange e condizioni di ottimalità

L'equazione di Eulero (8.101) dà una caratterizzazione del controllo ottimo z^* poco adatta al suo calcolo.

Per ottenere condizioni più maneggevoli, cambiamo punto di vista, considerando l'equazione di stato $\mathcal{L}u\,[z] = -\Delta u + \mathrm{div}(\mathbf{b}u) = z$, con $u \in V$, come un *vincolo* per u e z.

L'idea è allora imitare il procedimento che si usa per l'ottimizzazione vincolata per funzioni di più variabili, introducendo un *moltiplicatore* (*adjoint state*) p, da scegliersi opportunamente, e scrivere $\tilde{J}(z)$ nella forma *lagrangiana* seguente:

$$\frac{1}{2}\int_{\Omega_0}(u[z]-u_d)^2\,d\mathbf{x}+\frac{\beta}{2}\int_{\Omega}z^2 d\mathbf{x}+\int_{\Omega}p[z-\mathcal{L}u[z]]\,d\mathbf{x}. \qquad (8.104)$$

Infatti abbiamo aggiunto ... zero. Poiché $z\longmapsto u[z]$ è una funzione lineare,

$$\tilde{L}z=\int_{\Omega}p(z-\mathcal{L}u[z])\,d\mathbf{x}$$

è un funzionale lineare e continuo in H e quindi il Teorema 8.1 dà l'equazione di Eulero:

$$\tilde{J}'(z^*)\,w=\int_{\Omega_0}(u^*-u_d)\,u[w]\ d\mathbf{x}+\int_{\Omega}(p+\beta z^*)w\ d\mathbf{x}-\int_{\Omega}p\,\mathcal{L}u[w]\,d\mathbf{x}=0$$
$$(8.105)$$

per ogni $w\in H$. Integriamo due volte per parti l'ultimo termine, ricordando che $u[w]=0$ su $\partial\Omega$. Troviamo:

$$\int_{\Omega}p\mathcal{L}u[w]\,d\mathbf{x}=\int_{\partial\Omega}p\left(-\partial_{\nu}u[w]+(\mathbf{b}\cdot\boldsymbol{\nu})u[w]\right)d\sigma$$
$$+\int_{\Omega}(-\Delta p-\mathbf{b}\cdot\nabla p)\,u[w]\ d\mathbf{x}$$
$$=-\int_{\partial\Omega}p\,\partial_{\nu}u[w]\ d\sigma+\int_{\Omega}\mathcal{L}^*p\,u[w]\ d\mathbf{x},$$

dove $\mathcal{L}^*=-\Delta-\mathbf{b}\cdot\nabla$ è l'aggiunto formale di $\mathcal{L}$. La (8.105) diventa:

$$\tilde{J}'(z^*)\,w=\int_{\Omega}\left\{(u^*-u_d)\,\chi_{\Omega_0}-\mathcal{L}^*p\right\}u[w]\,d\mathbf{x}+\int_{\partial\Omega}p\partial_{\nu}u[w]\,d\sigma$$
$$+\int_{\Omega}(p+\beta z^*)w d\mathbf{x}=0.$$

A questo punto scegliamo il moltiplicatore in modo da annullare i primi due termini. Basta prendere $p=p^*\in V$, soluzione del seguente problema **aggiunto**:

$$\begin{cases}\mathcal{L}^*p=(u^*-u_d)\,\chi_{\Omega_0} & \text{in }\Omega\\ p=0 & \text{su }\partial\Omega.\end{cases} \qquad (8.106)$$

Usando (8.106), la (8.105) si riduce a

$$\tilde{J}'(z^*)\,w=\int_{\Omega}(p^*+\beta z^*)w\ d\mathbf{x}=0 \qquad \forall w\in H, \qquad (8.107)$$

equivalente a $p^*+\beta z^*=0$ q.o in Ω.

Riassumendo, abbiamo dimostrato il seguente risultato:

Teorema 8.2. *Il controllo z^* ed il corrispondente stato $u^* = u(z^*)$ sono ottimi se e solo se esiste un moltiplicatore p^* tale che z^*, u^* e p^* soddisfano le seguenti condizioni di ottimalità:*

$$\begin{cases} \mathcal{L}u^* = -\Delta u^* + \operatorname{div}(\mathbf{b}u^*) = z^* & \text{in } \Omega,\, u^* = 0 \text{ su } \partial\Omega \\ \mathcal{L}^*p^* = -\Delta p^* - \mathbf{b}\cdot\nabla p^* = (u^* - u_d)\chi_{\Omega_0} & \text{in } \Omega,\, p^* = 0 \text{ su } \partial\Omega \\ p^* + \beta z^* = 0 & \text{in } \Omega. \end{cases}$$

Possiamo generare le equazioni di stato ed aggiunta in forma debole, introducendo il *Lagrangiano* $L = L(u, z, p)$, dato da

$$L(u, z, p) = J(u, z) - a(u, p) + (z, p)_0.$$

Osserviamo che L è lineare in p, e quindi[16], per ogni $v \in V$,

$$L_p'(u^*, z^*, p^*)\, v = -a(u^*, v) + (z^*, v)_0 = 0$$

che corrisponde all'equazione di stato. Inoltre, per ogni $\varphi \in V$,

$$\begin{aligned} L_u'(u^*, z^*, p^*)\,\varphi &= J_u'(u^*, z^*)\,\varphi - a(\varphi, p^*) \\ &= (u^* - u_d, \varphi)_{L^2(\Omega_0)} - a^*(p^*, \varphi) = 0 \end{aligned}$$

che corrisponde all'equazione aggiunta, mentre, per ogni $w \in H$,

$$\mathcal{L}_z'(u^*, z^*, p^*)\, w = \beta(w, z^*)_0 + (w, p^*)_0 = 0$$

che costituisce l'equazione di Eulero.

Nota 8.1. È interessante esaminare il comportamento di $\tilde{J}(z^*)$ per $\beta \to 0$. Nel nostro caso è possibile mostrare che $\tilde{J}(z^*) \to 0$ se $\beta \to 0$.

8.8.4 Un algoritmo iterativo

Dall'equazione di Eulero (8.107) e dal Teorema di Rappresentazione di Riesz deduciamo che

$$p^* + \beta z^* \text{ è l'elemento di Riesz associato a} \tilde{J}'(z^*),$$

che in questo caso prende il nome di **gradiente di** $\tilde{J}$ **in** z^* e si indica col simbolo $\nabla\tilde{J}(z^*)$. Dunque, abbiamo:

$$\nabla\tilde{J}(z^*) = p^* + \beta z^*.$$

Come nel caso dell'ottimizzazione in dimensione finita, $-\nabla\tilde{J}(z^*)$ rappresenta la *direzione di massima discesa per J (steepest descent)*. Ciò è alla base di

---

[16] $\mathcal{L}_p'$, $\mathcal{L}_z'$ e $\mathcal{L}_u'$ indicano le derivate del funzionale quadratico L rispetto a p, z, u, rispettivamente.

numerose procedure per costruire iterativamente una successione $\{z_k\}_{k \geq 0}$ di controlli, convergente al controllo ottimo. Come esempio, indichiamo come si possa costruire una di queste successioni approssimanti.

Si sceglie un controllo iniziale z_0. Se z_k è noto ($k \geq 0$), si calcola z_{k+1} col seguente schema.

1. Si risolve l'equazione di stato $a(u_k, v) = (z_k, v)_0$, $\forall v \in V$.

2. Noto u_k, si risolve l'equazione aggiunta

$$a^*(p_k, \varphi) = (u_k - u_d, \varphi)_{L^2(\Omega_0)} \qquad \forall \varphi \in V.$$

3. Si pone

$$z_{k+1} = z_k - \tau_k \nabla \tilde{J}(z_k) \tag{8.108}$$

e si seleziona il *parametro di rilassamento* τ_k per assicurare che

$$\tilde{J}(z_{k+1}) < \tilde{J}(z_k). \tag{8.109}$$

Chiaramente, la (8.109) implica la convergenza della successione di numeri reali $\{J(z_k)\}$, sebbene in generale non a zero. Riguardo la scelta del parametro di rilassamento, ci sono diverse possibilità. Per esempio, se $\beta \ll 1$, sappiamo che il valore ottimo di $\tilde{J}(z^*)$ è vicino a zero (Nota 8.1) ed allora possiamo scegliere

$$\tau_k = \tilde{J}(z_k) \left| \nabla \tilde{J}(z_k) \right|^{-2}.$$

Con questa scelta, la (8.108) corrisponde al metodo di Newton:

$$z_{k+1} = z_k - \frac{\nabla \tilde{J}(z_k)}{\left| \nabla \tilde{J}(z_k) \right|^2} \tilde{J}(z_k).$$

Anche $\tau_k = \tau$, costante, può funzionare, come nell'esempio seguente dove $\tau = 10$.

Esempio 8.1. Sia $\Omega = (0,4) \times (0,4) \subset \mathbb{R}^2$ e $\Omega_0 = (2.5, 3.5) \times (2.5, 3.5)$. Consideriamo il problema (8.97), con $u_d = \chi_{\Omega_0}$, $\beta = 10^{-4}$ e sistema di stato

$$-\Delta u + 3.5 u_x + 1.5 u_y = z, \text{ in } \Omega \text{ e } u = 0 \text{ su } \partial\Omega.$$

In base al Teorema 8.1, esiste un unico controllo ottimo z^*. Il sistema aggiunto è

$$-\Delta p - 3.5 p_x - 1.5 p_y = (u - 1) \chi_{\Omega_0}, \text{ in } \Omega \text{ e } p = 0 \text{ on } \partial\Omega.$$

Le Figure 8.5 e 8.6 mostrano stato e controllo ottimo, rispettivamente, con le loro isocline.[17] Si noti l'avvallamento al centro di Ω_0 nel grafico z^*, in cui

---

[17] Ringrazio Luca Dedè, del laboratorio Mox, Dipartimento di Matematica del Politecnico di Milano, che ha elaborato le immagini.

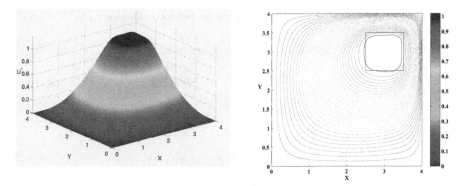

Figura 8.5 Stato ottimo u^* nell'Esempio 8.1

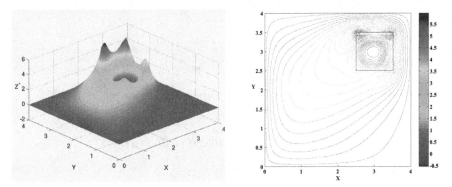

Figura 8.6 Controllo ottimo z^* nell'Esempio 8.1

z^* assume un minimo negativo. Ciò è dovuto al fatto che, senza controllo, la soluzione dell'equazione di stato tenderebbe a valori maggiori di uno in Ω_0 per cui il controllo deve bilanciare questo effetto.

Problemi

8.1. Scrivere la formulazione variazionale del problema

$$\begin{cases} \cos x \, u'' - \sin x \, u' - xu = 1 & 0 < x < \pi/4 \\ u'(0) = -u(0), \, u(\pi/4) = 0. \end{cases}$$

Discutere esistenza ed unicità.

8.2. *Equazione di Legendre.* Sia

$$X = \left\{ v \in L^2(-1,1) : \left(1 - x^2\right)^{1/2} v' \in L^2(-1,1) \right\}$$

con prodotto interno

$$(u,v)_X = \int_{-1}^{1} \left[uv + \left(1 - x^2\right) u'v' \right] dx.$$

a) Controllare ch $(u, v)_X$ è effettivamente un prodotto interno e che X è uno spazio di Hilbert.

b) Data $f \in L^2(-1, 1)$, studiare il problema variazionale

$$(u, v)_X = \int_{-1}^{1} fv \, dx \qquad \forall v \in X. \tag{8.110}$$

c) Determinare a quale problema è associata la formulazione variazionale (8.110).

[*a*) *Suggerimento*. Usare il Teorema 7.4, con

$$H = L^2(-1, 1) \quad \text{e} \quad Z = L_w^2(-1, 1),$$

$w(x) = (1 - x^2)^{1/2}$. Controllare che $Z \hookrightarrow \mathcal{D}'(-1, 1)$.

b) *Suggerimento*. Usare il Teorema di Lax-Milgram.

c) *Risposta:* Il problema è:

$$\begin{cases} -\left[(1 - x^2)u'\right]' + u = f & -1 < x < 1 \\ (1 - x^2)u'(x) \to 0 & \text{per } x \to \pm 1. \end{cases}$$

L'equazione è di Legendre, con condizioni naturali di Neumann agli estremi].

8.3. Siano

$$V = H_{per}^1(0, 2\pi) = \left\{ u \in H^1(0, 2\pi) : u(0) = u(2\pi) \right\}$$

e F il funzionale lineare

$$F : v \longmapsto \int_0^{2\pi} tv(t) \, dt.$$

Controllare che $F \in V^*$ e determinare esplicitamente l'elemento di Riesz associato a F, ossia l'elemento $u \in V$ tale che $(u, v)_{1,2} = Fv$, $\forall v \in V$.

8.4. Sia $\Omega = (0, 1) \times (0, 1) \subset \mathbb{R}^2$. Dimostrare che il funzionale

$$E(v) = \frac{1}{2} \int_\Omega \left\{ |\nabla v|^2 - 2xv \right\} dxdy$$

ha un'unica minimizzante $u \in H_0^1(\Omega)$. Scrivere l'equazione di Eulero e trovare una formula esplicita per u.

8.5. *Condizioni di trasmissione* (I). Considerare il problema

$$\begin{cases} (p(x)u')' = f & \text{in } (a, b) \\ u(a) = u(b) = 0 \end{cases} \tag{8.111}$$

dove $f \in L^2(a, b)$, $p(x) = p_1 > 0$ in (a, c) e $p(x) = p_2 > 0$ in (c, b). Mostrare che il problema (8.111) ha un'unica soluzione in $H^1(a, b)$, soddisfacente le seguenti condizioni:

$$\begin{cases} p_1 u'' = f & \text{in } (a, c) \\ p_2 u'' = f & \text{in } (c, b) \\ p_1 u'(c-) = p_2 u'(c+). \end{cases}$$

Si osservi il salto delle derivate u nel punto $x = c$ (Figura 8.7).

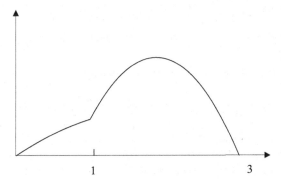

1   3

Figura 8.7 La soluzione del problema di trasmissione $(p(x)u')' = -1$, $u(0) = u(3) = 0$, con $p(x) = 3$ in $(0,1)$ e $p(x) = 1/2$ in $(1,3)$

8.6. Consideriamo il sottospazio di $H^1(\Omega)$

$$V = \left\{ u \in H^1(\Omega) : \int_{\partial\Omega} u \, d\sigma = 0 \right\}.$$

a) Mostrare che V è uno spazio di Hilbert rispetto al prodotto interno $(u,v)_1 = (\nabla u, \nabla v)_0$ e determinare a quale tipo di problema è associata la seguente formulazione variazionale: *determinare $u \in V$ tale che*

$$\int_\Omega \{\nabla u \cdot \nabla v + uv\} \, d\mathbf{x} = \int_\Omega fv \, d\mathbf{x}, \qquad \forall v \in V.$$

b) Provare che se $f \in L^2(\Omega)$ esiste un'unica soluzione.

[*Risposta.* a) $-\Delta u + u = f$, $\partial_\nu u = $ costante. b) Applicare il Teorema di Lax-Milgram].

8.7. Siano $\Omega \subset \mathbb{R}^n$ e $g \in H^{1/2}(\partial\Omega)$. Definiamo

$$H^1_g(\Omega) = \{v \in H^1(\Omega) : v = g \text{ su } \partial\Omega\}.$$

Dimostrare il seguente risultato, noto come **Principio di Dirichlet**: *Sia $u \in H^1_g(\Omega)$ armonica in Ω. Allora, posto*

$$D(v) = \int_\Omega |\nabla v|^2 \, d\mathbf{x} \quad \text{(integrale di Dirichlet)}$$

si ha

$$D(u) = \min_{v \in H^1_g(\Omega)} D(v).$$

[*Suggerimento.* In $H^1(\Omega)$ usare il prodotto interno

$$(u,v)_{1,\partial} = \int_{\partial\Omega} uv \, d\sigma + \int_\Omega \nabla u \cdot \nabla v \, d\mathbf{x}$$

e la norma (si veda il Problema 7.21):

$$\|v\|_{1,\partial} = \left(\int_{\partial\Omega} v^2 \, d\sigma + \int_\Omega |\nabla v|^2 \, d\mathbf{x} \right)^{1/2}. \tag{8.112}$$

Allora, minimizzare $D(v)$ su $H_g^1(\Omega)$ equivale a minimizzare $\|v\|_{1,\partial}^2$. Se $v \in H_g^1(\Omega)$ e $u \in H_g^1(\Omega)$ è armonica in Ω, scrivere $v = u + w$, con $w \in H_0^1(\Omega)$. Mostrare che $(u, w)_{1,\partial} = 0$ e concludere che $\|u\|_{1,\partial}^2 \leq \|v\|_{1,\partial}^2]$.

8.8. Considerare il seguente problema di Neumann:

$$
\begin{cases}
-\Delta u_1 + u_1 - u_2 = f_1 & \text{in } \Omega \\
-\Delta u_2 + u_1 + u_2 = f_2 & \text{in } \Omega \\
\partial_\nu u_1 = \partial_\nu u_2 = 0 & \text{su } \partial\Omega.
\end{cases}
$$

Dare una formulazione variazionale e dimostrare un teorema di buona posizione. [*Suggerimento.* La formulazione variazionale è:

$$
\int_\Omega \{\nabla u_1 \cdot \nabla v_1 + \nabla u_2 \cdot \nabla v_2 + u_1 v_1 - u_2 v_1 + u_1 v_2 + u_2 v_2\}
$$
$$
= \int_\Omega (f_1 v_1 + f_2 v_2)
$$

per ogni $(v_1, v_2) \in H^1(\Omega) \times H^1(\Omega)]$.

8.9. *Condizioni di trasmissione* (II). Siano Ω_1 e Ω domini Lipschitziani in $\mathbb{R}^n$ tali che $\Omega_1 \subset\subset \Omega$. Sia $\Omega_2 = \Omega \setminus \overline{\Omega}_1$. In Ω_1 e Ω_2 consideriamo le seguenti forme bilineari

$$
a_k(u, v) = \int_{\Omega_k} \mathbf{A}^k(\mathbf{x}) \nabla u \cdot \nabla v \, d\mathbf{x} \qquad (k = 1, 2)
$$

con $\mathbf{A}^k$ *uniformemente ellittiche*. Assumiamo che gli elementi di A^k siano **continui in** $\overline{\Omega}_k$, ma che la matrice

$$
\mathbf{A}(\mathbf{x}) = \begin{cases} \mathbf{A}^1(\mathbf{x}) & \text{in } \overline{\Omega}_1 \\ \mathbf{A}^2(\mathbf{x}) & \text{in } \Omega_2 \end{cases}
$$

possa avere *una discontinuità a salto attraverso* $\Gamma = \partial\Omega_1$. Sia $u \in H_0^1(\Omega)$ la soluzione debole dell'equazione

$$
a(u, v) = a_1(u, v) + a_2(u, v) = (f, v)_0 \qquad \forall v \in H_0^1(\Omega),
$$

dove $f \in L^2(\Omega)$.

a) Di quale problema al bordo u è soluzione debole?

b) Quali condizioni su Γ esprimono la connessione tra u_1 e u_2?

[*Riposta: b)* $u_{1|_\Gamma} = u_{2|_\Gamma}$ e $\mathbf{A}^1 \nabla u_1 \cdot \boldsymbol{\nu} = \mathbf{A}^2 \nabla u_2 \cdot \boldsymbol{\nu}$, dove $\boldsymbol{\nu}$ è la normale interna per $\Omega_1]$.

8.10. Consideriamo il problema di Neumann

$$
\begin{cases}
-\Delta u + \mathbf{c} \cdot \nabla u = f & \text{in } \Omega \\
\partial_\nu u = 0 & \text{su } \partial\Omega
\end{cases}
\tag{8.113}
$$

con Ω regolare, $\mathbf{c} \in C^1(\overline{\Omega})$ e $f \in L^2(\Omega)$. Sia $V = H^1(\Omega)$ e

$$
B(u, v) = \int_\Omega \{\nabla u \cdot \nabla v + (\mathbf{c} \cdot \nabla u)v\} \, d\mathbf{x}.
$$

Trovare l'errore nel seguente ragionamento. Se div $\mathbf{c} = 0$, possiamo scrivere

$$\int_\Omega (\mathbf{c} \cdot \nabla u) \, u \, dx = \frac{1}{2} \int_\Omega \mathbf{c} \cdot \nabla(u^2) \, dx = \frac{1}{2} \int_{\partial\Omega} u^2 \mathbf{c} \cdot \boldsymbol{\nu} \, d\sigma.$$

Se dunque $\mathbf{c} \cdot \boldsymbol{\nu} \geq c_0 > 0$, abbiamo:

$$B(u, u) \geq \|\nabla u\|_0^2 + c_0 \|u\|_{L^2(\partial\Omega)}^2 \geq C \|u\|_{1,2}^2$$

cosicché B è $V-$coerciva ed il problema (8.113) ha un'unica soluzione!

8.11. Sia $\Omega = (0, \pi) \times (0, \pi)$. Studiare la risolubilità del problema di Dirichlet

$$\begin{cases} \Delta u + 2u = f & \text{in } Q \\ u = 0 & \text{su } \partial Q. \end{cases}$$

Esaminare, in particolare, i casi $f(x, y) = 1$ e $f(x, y) = x - \pi/2$.

8.12. Sia $B_1^+ = \{(x, y) \in \mathbb{R}^2 : x^2 + y^2 < 1, \, y > 0\}$. Esaminare la risolubilità del problema di Robin

$$\begin{cases} -\Delta u = f & \text{in } B_1^+ \\ \partial_\nu u + yu = 0 & \text{su } \partial B_1^+. \end{cases}$$

8.13. Sia $\Omega = (0, 1) \times (0, 1) \subset \mathbb{R}^2$. Discutere, al variare del parametro reale a, la risolubilità del problema misto

$$\begin{cases} \Delta u + au = 1 & \text{in } \Omega \\ u = 0 & \text{su } \partial\Omega \setminus \{y = 0\} \\ \partial_\nu u = x & \text{su } \{y = 0\}. \end{cases}$$

8.14. Sia $\Omega \subset \mathbb{R}^3$ dominio limitato e Lipschitziano $f \in L^2(\Omega)$ e $a, b \in L^\infty(\Omega)$, con $\int_\Omega b(x) \, dx \neq 0$. Consideriamo il seguente problema (non locale) di Neumann:

$$\begin{cases} -\Delta u + a(x) \int_\Omega b(z) u(z) \, dz = f(x) & \text{in } \Omega \\ \partial_\nu u = 0 & \text{su } \partial\Omega. \end{cases} \tag{8.114}$$

a) Dare una formulazione debole del problema.

b) Analizzarne la risolubilità.

8.15. Dare una formulazione variazionale del seguente problema:

$$\begin{cases} \Delta^2 u = f & \text{in } \Omega \\ u = 0 & \text{su } \partial\Omega \\ \Delta u + \rho \partial_\nu u = 0 & \text{su } \partial\Omega \end{cases}$$

dove ρ è una costante *positiva* e Ω è regolare.

Controllare che la giusta ambientazione funzionale è $H^2(\Omega) \cap H_0^1(\Omega)$, cioè lo spazio delle funzioni in $H^2(\Omega)$ a traccia nulla su $\partial\Omega$. Enunciare e dimostrare un risultato di buona posizione del problema variazionale.

[*Suggerimento*. La formulazione variazionale è

$$\int_\Omega \Delta u \cdot \Delta v \, dx + \int_{\partial\Omega} \rho \partial_\nu u \cdot \partial_\nu v \, d\sigma = \int_\Omega fv \, dx, \qquad \forall v \in H^2(\Omega) \cap H_0^1(\Omega).$$

Per la buona posizione, controllare che vale la disuguaglianza $\|\partial_\nu v\|_{L^2(\partial\Omega)} \leq \|\Delta v\|_0$, $\forall v \in H^2(\Omega) \cap H_0^1(\Omega)$].

8.16. Sia λ_1 il primo autovalore di Dirichlet per il Laplaciano e V_1 l'autospazio corrispondente.

a) Mostrare che il secondo autovalore di Dirichlet λ_2 soddisfa il seguente principio variazionale, dove $R(v)$ è il quoziente di Rayleigh (8.15):

$$\lambda_2 = \min \left\{ R(v) : v \neq 0, \, v \in H_0^1(\Omega) \cap V_1^\perp, \right\}.$$

b) Quale principio variazionale soddisfano gli altri autovalori di Dirichlet?

8.17. Sia $\Omega \subset \mathbb{R}^n$ un dominio limitato e regolare e $a \in C^\infty(\overline{\Omega})$, $a \geq 0$ in Ω. Considerare il seguente problema agli autovalori:

$$\begin{cases} -\Delta u + a(\mathbf{x}) u = \lambda u & \text{in } \Omega \\ u = 0 & \text{su } \partial\Omega. \end{cases}$$

a) Verificare che esiste una base di autofunzioni ortonormale in $L^2(\Omega)$, in corrispondenza ad una successione crescente di autovalori $\{\lambda_k\}_{k \geq 1}$ con $\lambda_k \to +\infty$. Rispetto a quale prodotto scalare, questa base, opportunamente normalizzata, è ortonormale anche in $H_0^1(\Omega)$?

b) Mostrare che l'autovalore principale $\lambda_1 = \lambda_1(\Omega, a)$ è positivo. Quale quoziente di Rayleigh minimizza λ_1?

c) Dedurre le seguenti proprietà di monotonia e di stabilità del primo autovalore:

1. se $a_1 \leq a_2$ in Ω allora $\lambda_1(\Omega, a_1) \leq \lambda_1(\Omega, a_2)$;

2. $|\lambda_1(\Omega, a_1) - \lambda_1(\Omega, a_2)| \leq \|a_1 - a_2\|_{L^\infty(\Omega)}$;

3. se $\Omega_1 \subset \Omega_2$ allora $\lambda_1(\Omega_1, a) \geq \lambda_1(\Omega_2, a)$.

8.18. Sia $\mathcal{L}u = -\text{div}(\mathbf{A}(\mathbf{x}) \nabla u) + a(\mathbf{x}) u$, con $\mathbf{A}$ simmetrica e a *limitata*, non necessariamente ≥ 0. Nel caso in cui Ω e tutti i coefficienti siano regolari, enunciare e dimostrare gli analoghi dei Teoremi 3.3 e 3.5.

8.19. *Osservazione e controllo distribuiti, condizioni di Neumann.* Siano $\Omega \subset \mathbb{R}^n$ un dominio limitato e regolare e Ω_0 un sottoinsieme **aperto** (non vuoto) di Ω. Poniamo $V = H^1(\Omega)$, $H = L^2(\Omega)$ e consideriamo il seguente problema di controllo. *Minimizzare il funzionale costo*

$$J(u, z) = \frac{1}{2} \int_{\Omega_0} (u - u_d)^2 \, d\mathbf{x} + \frac{1}{2} \int_\Omega z^2 d\mathbf{x}$$

al variare di $(u, z) \in H^1(\Omega) \times L^2(\Omega)$, *con sistema di stato*

$$\begin{cases} \mathcal{L}u = -\Delta u + a_0 u = z & \text{in } \Omega \\ \partial_\nu u = g & \text{su } \partial\Omega \end{cases} \tag{8.116}$$

dove a_0 *è una costante positiva,* $g \in L^2(\partial\Omega)$ *e* $z \in L^2(\Omega)$.

a) Mostrare che esiste un'unica coppia minimizzante.

b) Scrivere le condizioni di ottimalità: problema aggiunto ed equazione di Eulero.

[*a*) *Suggerimento*. Imitare la dimostrazione del Teorema 8.1, osservando che se $u[z]$ è la soluzione di (8.116) la funzione $z \longmapsto u[z] - u[0]$ è lineare. Scrivere poi

$$\tilde{J}(z) = \frac{1}{2} \int_{\Omega_0} (u[z] - u[0] + u[0] - u_d)^2 \, d\mathbf{x} + \frac{1}{2} \int_\Omega z^2 d\mathbf{x}$$

e modificare coerentemente la forma bilineare (8.102).

b) *Risposta.* Il problema aggiunto è (qui $\mathcal{L} = \mathcal{L}^*$)

$$\begin{cases} -\Delta p + a_0 p = (u - z_d)\chi_{\Omega_0} & \text{in } \Omega \\ \partial_\nu p = 0 & \text{su } \partial\Omega \end{cases}$$

dove χ_{Ω_0} è la funzione caratteristica di Ω_0. L'equazione di Eulero è: $p + z = 0$ in $L^2(\Omega)$].

8.20. *Osservazione distribuita e controllo del flusso alla frontiera. Sia $\Omega \subset \mathbb{R}^n$* un dominio limitato e regolare. Consideriamo il seguente problema di controllo. *Minimizzare il funzionale costo*

$$J(u,z) = \frac{1}{2}\int_\Omega (u - u_d)^2 \, dx + \frac{1}{2}\int_{\partial\Omega} z^2 dx$$

al variare di $(u,z) \in H^1(\Omega) \times L^2(\partial\Omega)$, con sistema di stato

$$\begin{cases} -\Delta u + a_0 u = f & \text{in } \Omega \\ \partial_\nu u = z & \text{su } \partial\Omega \end{cases}$$

dove a_0 è una costante positiva, $f \in L^2(\Omega)$ e $z \in L^2(\partial\Omega)$.

a) Mostrare che esiste un'unica coppia minimizzante.

b) Scrivere le condizioni di ottimalità: problema aggiunto ed equazione di Eulero.

[a) *Suggerimento.* Vedere il Problema 8.20a. b) *Risposta.* Il problema aggiunto è

$$\begin{cases} -\Delta p + a_0 p = u - z_d & \text{in } \Omega \\ \partial_\nu p = 0 & \text{su } \partial\Omega. \end{cases}$$

L'equazione di Eulero è: $p + z = 0$ in $L^2(\partial\Omega)$].

8.21. *Osservazione alla frontiera e controllo distribuito, condizioni di Dirichlet.* Sia no $\Omega \subset \mathbb{R}^n$ un dominio limitato e regolare e $u_d \in L^2(\partial\Omega)$. Consideriamo il seguente problema di controllo. *Minimizzare il funzionale costo*

$$J(u,z) = \frac{1}{2}\int_{\partial\Omega} (\partial_\nu u - u_d)^2 \, d\sigma + \frac{\beta}{2}\int_\Omega z^2 dx \qquad (\beta > 0)$$

al variare di $(u,z) \in H^2(\Omega) \times L^2(\Omega)$, con sistema di stato

$$\begin{cases} -\Delta u + \mathbf{c}\cdot\nabla u = f + z, & \text{in } \Omega \\ u = 0 & \text{su } \partial\Omega \end{cases}$$

dove $\mathbf{c}$ è un vettore costante e $f \in L^2(\Omega)$.

a) Mostrare che, per i risultati di regolarità ellittica, $J(u,z)$ è ben definito e che esiste un'unica coppia minimizzante.

b) Scrivere le condizioni di ottimalità: problema aggiunto ed equazione di Eulero.

[a) *Suggerimento.* Imitare la dimostrazione del Teorema 8.1, cambiando opportunamente la forma bilineare (8.102).

b) *Risposta*. Il problema aggiunto è:

$$\begin{cases} \mathcal{E}^* p = -\Delta u - \mathrm{div}(\mathbf{c}u) = 0 & \text{in } \Omega \\ p = \partial_\nu u - u_d & \text{su } \partial\Omega. \end{cases}$$

L'equazione di Eulero è: $p + \beta z = 0$ in $L^2(\Omega)]$.

8.22. Sia $\Omega \subset \mathbb{R}^n$ un dominio limitato e regolare; sia $g : \mathbb{R} \to \mathbb{R}$ limitata e Lipschitziana, con costante di Lipschitz K e $g(0) = 0$. Considerare il seguente problema:

$$\begin{cases} -\Delta u + u = 1 & \text{in } \Omega \\ \partial_\nu u = g(u) & \text{su } \partial\Omega. \end{cases} \tag{8.117}$$

Dare una formulazione debole e mostrare che esiste una soluzione $\overline{u} \in H^2(\Omega)$.

[*Suggerimento*. Fissare $w \in H^1(\Omega)$. Controllare che $g(w)$ ha una traccia in $H^{1/2}(\partial\Omega)$ e che

$$\|g(w)\|_{H^{1/2}(\partial\Omega)} \le C_0(n, \Omega) K \|(w)\|_{H^1(\Omega)}.$$

Sia $u = T(w)$ l'unica soluzione del problema $-\Delta u + u = 1$ in $\Omega, \partial_\nu u = g(w)$ su $\partial\Omega$. Usare la regolarità ellittica e il Teorema 8.1 di Rellich per mostrare che $T : H^1(\Omega) \to H^1(\Omega)$ è compatto e continuo. Usare infine il Teorema di Schauder 6.10.6 per concludere].

8.23. Siano $\Omega \subset \mathbb{R}^3$ un dominio limitato e regolare e $f \in L^2(\Omega)$. Considerare il seguente problema semilineare:

$$\begin{cases} -\Delta u + u^3 = f & \text{in } \Omega \\ u = 0 & \text{su } \partial\Omega. \end{cases} \tag{$*$}$$

a) Dare una formulazione debole del problema (ricordare che $H_0^1(\Omega) \hookrightarrow L^6(\Omega)$ per $n = 3$).

b) Mostrare che esiste una sola soluzione $z \in H^2(\Omega) \cap H_0^1(\Omega)$ del problema lineare

$$\begin{cases} -\Delta z + w^3 = f & \text{in } \Omega \\ z = 0 & \text{su } \partial\Omega \end{cases}$$

per ogni $w \in H_0^1(\Omega)$ e ricavare una stima di stabilità.

c) Usare il Teorema 6.10.7 di Leray-Schauder per mostrare che esiste una soluzione $u \in H_0^1(\Omega)$ del problema $(*)$.

d) Mostrare che la soluzione è unica.

8.24 Siano $\Omega \subset \mathbb{R}^n$ un dominio limitato e regolare e $f, g \in C^\infty(\overline{\Omega})$. Considerare il seguente problema di Dirichlet:

$$\begin{cases} -\Delta u + u = \dfrac{|v|}{1 + |u| + |v|} + f & \text{in } \Omega \\[2mm] -\Delta v + v = \dfrac{|u|}{1 + |u| + |v|} + g & \text{in } \Omega \\[2mm] u = v = 0 & \text{su } \partial\Omega. \end{cases} \tag{8.118}$$

Dare una formulazione debole del problema e dimostrare che:

a) (8.118) ha una soluzione debole $(u, v) \in H_0^1(\Omega) \times H_0^1(\Omega)$.

b) Se (u, v) è una soluzione debole di (8.118) allora $(u, v) \in H^3(\Omega) \times H^3(\Omega)$.

c) Se (u, v) è una soluzione debole di (8.118) e $f \geq 0, g \geq 0$ in Ω allora $u \geq 0, v \geq 0$ in Ω. Inoltre $(u, v) \in C^\infty(\overline{\Omega}) \times C^\infty(\overline{\Omega})$, cioè (u, v) è una soluzione classica di (8.118).

d) Se (u, v) è una soluzione debole di (8.118) e $0 \leq f \leq g$ allora $u \leq v$ in Ω. In particolare, se $f \equiv g \geq 0$ allora $u = v$ e al soluzione del problema (8.118) è unica.

[*Suggerimento. a*) Sia $X = L^2(\Omega) \times L^2(\Omega)$ con la norma $\|(u, v)\|_X^2 = \|u\|_{L^2(\Omega)}^2 + \|v\|_{L^2(\Omega)}^2$. Per $(u_0, v_0) \in X$ fissato, risolvere il sistema lineare disaccoppiato

$$
\begin{cases}
-\Delta u + u = \dfrac{|v_0|}{1 + |u_0| + |v_0|} + f & \text{in } \Omega \\[3mm]
-\Delta v + v = \dfrac{|u_0|}{1 + |u_0| + |v_0|} + g & \text{in } \Omega \\[3mm]
u = v = 0 & \text{su } \partial\Omega.
\end{cases}
\tag{8.119}
$$

Sia $T : X \to X$ l'applicazione che associa a (u_0, v_0) la soluzione del problema (8.119). Mostrare che T è compatto e continuo. Usare il Teorema di Schauder 6.10.6 per dimostrare che T ha un punto fisso.

b) Usare i teoremi di regolarità ellittica.

c) Usare il principio di massimo, liberarsi dei valori assoluti e usare ripetutamente i teoremi di regolarità ellittica per aumentare la regolarità della soluzione (questo procedimento prende il nome di *boothstrapping*].

Capitolo 9
Formulazione debole per problemi di evoluzione

9.1 Equazioni paraboliche

Nel Capitolo 2 abbiamo considerato l'equazione del calore ed alcune sue generalizzazioni, come nel modello di diffusione e reazione (Sezione 2.7) o nel modello di Black-Scholes (Sezione 2.9). Questi tipi di equazioni rientrano nella classe delle equazioni *paraboliche*, che abbiamo già classificato in dimensione spaziale 1 nella sottosezione 5.5.1.

Sia $\Omega \subset \mathbb{R}^n$ un dominio *limitato* e consideriamo il cilindro spazio-temporale $Q_T = \Omega \times (0, T)$, $T > 0$ (Figura 9.1). Siano $\mathbf{A} = \mathbf{A}(\mathbf{x}, t)$ una matrice quadrata di ordine n, $\mathbf{b} = \mathbf{b}(\mathbf{x}, t)$, $\mathbf{c} = \mathbf{c}(\mathbf{x}, t)$ vettori in $\mathbb{R}^n$, $a = a(\mathbf{x}, t)$ e $f = f(\mathbf{x}, t)$ funzioni reali. Un'equazione in *forma di divergenza* del tipo

$$u_t - \operatorname{div}(\mathbf{A}\nabla u - \mathbf{b}u) + \mathbf{c} \cdot \nabla u + au = f \tag{9.1}$$

oppure in *forma di non divergenza* del tipo

$$u_t - \operatorname{Tr}(\mathbf{A}D^2 u) + \mathbf{b} \cdot \nabla u + au = f \tag{9.2}$$

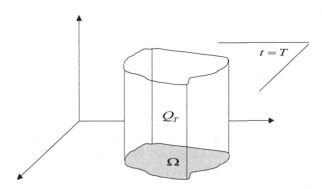

Figura 9.1 Cilindro spazio-temporale

© Springer-Verlag Italia 2016
S. Salsa, *Equazioni a derivate parziali. Metodi, modelli e applicazioni*, 3a edizione,
UNITEXT – La Matematica per il 3+2 97, DOI 10.1007/978-88-470-5785-2_9

si dice **parabolica** in Q_T se

$$A\left(\mathbf{x},t\right)\boldsymbol{\xi}\cdot\boldsymbol{\xi}>0 \qquad \forall(\mathbf{x},t)\in Q_T, \forall\boldsymbol{\xi}\in\mathbb{R}^n,\ \boldsymbol{\xi}\neq\mathbf{0}.$$

Per le equazioni paraboliche si possono ripetere le stesse considerazioni fatte nella Sezioni 8.1 e 8.2 a proposito delle equazioni ellittiche e delle diverse nozioni di soluzione, con le ovvie correzioni dovute alla situazione evolutiva. Per identiche ragioni, svilupperemo la teoria per le equazioni in forma di divergenza. Sia dunque[1]

$$\mathcal{P}u = u_t + \mathcal{E}u \equiv u_t - \mathrm{div}(\mathbf{A}\left(\mathbf{x},t\right)\nabla u) + \mathbf{c}\left(\mathbf{x},t\right)\cdot\nabla u + a\left(\mathbf{x},t\right)u.$$

La matrice $\mathbf{A} = (a_{i,j}\left(\mathbf{x},t\right))$ codifica le proprietà di anisotropia del mezzo rispetto alla diffusione. Per esempio (si veda la sottosezione 2.6.2) una matrice del tipo

$$\begin{pmatrix} \alpha & 0 & 0 \\ 0 & \varepsilon & 0 \\ 0 & 0 & \varepsilon \end{pmatrix}$$

con $\alpha \gg \varepsilon > 0$, indica elevata propensione del mezzo a diffondere in direzione dell'asse x_1, rispetto alle altre direzioni. Come già nel caso stazionario (ellittico), per controllare la stabilità degli algoritmi numerici, è importante saper confrontare gli effetti dei termini di trasporto e reazione con quello di diffusione. Assumeremo le seguenti ipotesi:

1. L'operatore differenziale $\mathcal{P}$ è *uniformemente parabolico*: esistono due numeri positivi ν ed M tali che tale che:

$$\nu\left|\boldsymbol{\xi}\right|^2 \leq \sum_{i,j=1}^{n} a_{ij}(\mathbf{x},t)\xi_i\xi_j \quad \text{e} \quad |a_{ij}(\mathbf{x},t)| \leq M, \quad \forall\boldsymbol{\xi}\in\mathbb{R}^n,\ \text{q.o. in } Q_T \tag{9.3}$$

   per ogni $i,j = 1,...,n$.
2. I coefficienti $\mathbf{c}$ e a sono limitati (appartengono cioè a $L^\infty(Q_T)$), con

$$|\mathbf{c}\left(\mathbf{x},t\right)| \leq \gamma_0,\ \ |a\left(\mathbf{x},t\right)| \leq \alpha_0,\ \text{q.o. in } Q_T. \tag{9.4}$$

Consideriamo problemi del tipo seguente:

$$\begin{cases} u_t + \mathcal{E}u = f & \text{in } Q_T \\ u\left(\mathbf{x},0\right) = g\left(\mathbf{x}\right) & \mathbf{x}\in\Omega \\ \mathcal{B}u\left(\boldsymbol{\sigma},t\right) = 0 & (\boldsymbol{\sigma},t)\in S_T \end{cases} \tag{9.5}$$

dove $S_T = \partial\Omega \times (0,T)$ è la parte laterale di Q_T e $\mathcal{B}u = 0$ corrisponde ad una delle solite condizioni al bordo *omogenee*. Per esempio, $\mathcal{B}u = \mathbf{A}\nabla u \cdot \boldsymbol{\nu} + hu$ per la condizione di Neumann/Robin, $\mathcal{B}u = u$ per la condizione di Dirichlet.

---

[1] Per semplicità assumiamo $\mathbf{b} = \mathbf{0}$.

Il prototipo delle equazioni paraboliche è naturalmente l'equazione del calore. Ci serviamo del problema di Cauchy-Dirichlet per questa equazione per introdurre una possibile *formulazione debole*. Faremo uso di integrali per funzioni a valori in uno spazio di Hilbert e di spazi di Sobolev dipendenti dal tempo. Una breve introduzione a queste nozioni e ai risultati che ci serviranno si trova nella Sezione 7.10. Successivamente riformuleremo i più comuni problemi iniziali/al bordo in una forma astratta generale. Come nel caso ellittico, lo strumento principale per la soluzione del problema astratto è costituito da una variante evolutiva del Teorema di Lax Milgram.

9.2 Il problema di Cauchy-Dirichlet per l'equazione del calore

Consideriamo il problema

$$\begin{cases} u_t - \Delta u = f & \text{in } Q_T \\ u(\boldsymbol{\sigma},t) = 0 & \text{su } S_T \\ u(\mathbf{x},0) = g(\mathbf{x}) & \text{in } \Omega \end{cases} \tag{9.6}$$

dove $\Omega \subset \mathbb{R}^n$ è un dominio *limitato*. Procediamo formalmente come nel caso ellittico moltiplicando l'equazione di diffusione per una funzione regolare $v = v(\mathbf{x},t)$, nulla su S_T, e integriamo su Q_T. Troviamo

$$\int_{Q_T} u_t(\mathbf{x},t) v(\mathbf{x},t) \, d\mathbf{x}dt - \int_{Q_T} \Delta u(\mathbf{x},t) v(\mathbf{x},t) \, d\mathbf{x}dt = \int_{Q_T} f(\mathbf{x},t) v(\mathbf{x},t) \, d\mathbf{x}dt.$$

Integrando per parti il secondo termine rispetto a $\mathbf{x}$, otteniamo, essendo $v = 0$ su S_T :

$$\int_{Q_T} u_t(\mathbf{x},t) v(\mathbf{x},t) \, d\mathbf{x}dt + \int_{Q_T} \nabla u(\mathbf{x},t) \cdot \nabla v(\mathbf{x},t) \, d\mathbf{x}dt$$
$$= \int_{Q_T} f(\mathbf{x},t) v(\mathbf{x},t) \, d\mathbf{x}dt. \tag{9.7}$$

Tutto ciò ricorda quanto abbiamo fatto nel caso ellittico, tranne che per la presenza di u_t. Inoltre, qui occorre tener conto in qualche modo della condizione iniziale. Quale può essere un'ambientazione funzionale appropriata?

Anzitutto, poiché stiamo considerando equazioni di evoluzione, conviene adottare il punto di vista della Sezione 7.9 e considerare $u = u(\mathbf{x},t)$ come funzione che associa ad ogni $t \in [0,T]$ una funzione di $\mathbf{x}$, vista come elemento di un'opportuno spazio di Hilbert V, ossia $u : [0,T] \to V$. Adottando questa convenzione, scriveremo $u(t)$ invece di $u(\mathbf{x},t)$ e $\dot{u}$ invece di u_t. Coerentemente, scriveremo $f(t)$ invece di $f(\mathbf{x},t)$.

Ora, la condizione omogenea di Dirichlet, cioè $u(t) = 0$ su $\partial\Omega$ per $t \in [0, T]$, suggerisce che lo spazio naturale per u sia $L^2(0, T; V)$, dove $V = H_0^1(\Omega)$, dotato del prodotto interno

$$(w, z)_1 = (\nabla w, \nabla z)_0,$$

e della norma indotta $\|\nabla w\|_0$. In particolare, per il Teorema di Fubini, segue che $u(t) \in V$ q.o. in $(0, T)$.

Ricordiamo che i simboli

$$(\cdot, \cdot)_0 \quad \mathbf{e} \quad \|\cdot\|_0$$

indicamo il prodotto interno e la norma in $L^2(\Omega)$ e $L^2(\Omega; \mathbb{R}^n)$.

Con queste notazioni, la (9.7) diventa, separando spazio e tempo:

$$\int_0^T (\dot{u}(t), v(t))_0 \, dt + \int_0^T (\nabla u(t), \nabla v(t))_0 \, dt = \int_0^T (f(t), v(t))_0 dt. \quad (9.8)$$

Esaminando il primo integrale, sembrerebbe appropriato richiedere che $\dot{u} \in L^2(0, T; L^2(\Omega))$. Tuttavia ciò non è coerente con la scelta $u(t) \in V$, poiché abbiamo $\Delta u(t) \in V^* = H^{-1}(\Omega)$ e, dall'equazione di diffusione,

$$\dot{u}(t) = \Delta u(t) + f(t). \quad (9.9)$$

Quindi deduciamo che lo spazio naturale per $\dot{u}(t)$ è $L^2(0, T; V^*)$. Di conseguenza, il primo integrale in (9.8) deve essere interpretato come

$$\langle \dot{u}(t), v \rangle_*$$

dove $\langle \cdot, \cdot \rangle_*$ indica la dualità tra V^* e V.

Dalla (9.9) si vede che un'ipotesi appropriata per f è $f \in L^2(0, T; V^*)$ e invece di $(f(t), v(t))_0$ occorre scrivere $\langle f(t), v(t) \rangle_*$. Dal Teorema 7.9.3 sappiamo allora che

$$u \in C([0, T]; L^2(\Omega))$$

cosicché la condizione iniziale $u(0) = g$ ha senso se $g \in L^2(\Omega)$ e significa che $\|u(t) - g\|_0 \to 0$, se $t \to 0^+$.

Le considerazioni fatte conducono ad una *prima formulazione debole* problema (9.6)

Definizione 2.1. *Siano $f \in L^2(0, T; V^*)$ e $g \in L^2(\Omega)$. Diciamo che $u \in L^2(0, T; V)$, con $\dot{u} \in L^2(0, T; V^*)$, è una soluzione debole del problema (9.6) se:*

1. per ogni $v \in L^2(0, T; V)$,

$$\int_0^T \langle \dot{u}(t), v(t) \rangle_* \, dt + \int_0^T (\nabla w(t), \nabla v(t))_0 \, dt = \int_0^T \langle f(t), v(t) \rangle_* \, dt. \quad (9.10)$$

2. $u(0) = 0$.

Non è difficile mostrare che, se una soluzione debole è regolare, cioé $u \in C^{2,1}\left(\overline{Q}_T\right)$, allora è una soluzione classica. Lasciamo la verifica al lettore. Pertanto, in condizioni di regolarità, le formulazioni classica e debole sono equivalenti. La Definizione 2.1 è piuttosto soddisfacente e adatta a numerose applicazioni, come per esempio, in problemi di controllo ottimo (si veda la sottosezione 9.4.1). Tuttavia, per il trattamento numerico del prolema (9.6) è spesso più conveniente la seguente formulazione alternativa.

Definizione 2.2. *Una funzione $u \in L^2\left(0,T;V\right)$ è soluzione debole del problema (9.6) se $\dot{u} \in L^2\left(0,T;V^*\right)$ e,*

1. *per ogni $w \in V$ e quasi ogni $t \in (0,T)$,*

$$\langle \dot{u}\left(t\right), w \rangle_* + \left(\nabla u\left(t\right), \nabla w\right)_0 = \langle f\left(t\right), w \rangle_* . \tag{9.11}$$

2. $u\left(0\right) = g$.

Nota 2.1. La (9.11) si può intendere equivalentemente nel senso delle distribuzioni in $\mathcal{D}'\left(0,T\right)$ dando alla dualità $\langle \dot{u}\left(t\right), v \rangle_*$ un significato più esplicito. Infatti, per ogni $v \in V$, la funzione reale $t \mapsto z\left(t\right) = \langle \dot{u}\left(t\right), v \rangle_*$ è una distribuzione in $\mathcal{D}'\left(0,T\right)$ e

$$\langle \dot{u}\left(t\right), v \rangle_* = \frac{d}{dt}\left(u\left(t\right), v\right)_0 \qquad \text{in } \mathcal{D}'\left(0,T\right). \tag{9.12}$$

Per dimostrare la (9.12), osserviamo prima che, essendo $u \in L^2\left(0,T;V\right)$ e $\dot{u} \in L^2\left(0,T;V^*\right)$, abbiamo, per ogni $v \in V$,

$$\int_0^T \left(u\left(t\right), v\right)_0^2 dt \leq \|v\|_0^2 \int_0^T \|u\left(t\right)\|_0^2 dt < \infty$$

e

$$\int_0^T \langle \dot{u}\left(t\right), v \rangle_*^2 dt \leq \|\nabla v\|_0^2 \int_0^T \|\dot{u}\left(t\right)\|_{V^*}^2 dt < \infty.$$

Perciò le funzioni reali

$$t \longmapsto \left(u\left(t\right), v\right)_0 \quad \text{e } t \longmapsto \langle \dot{u}\left(t\right), v \rangle_*$$

appartengono a $L^2\left(0,T\right) \subset \mathcal{D}'\left(0,T\right)$.

Inoltre, essendo $u\left(t\right) \in V$, si ha $\langle u\left(t\right), v \rangle_* = \left(u\left(t\right), v\right)_0$ (sottosezione 6.8.1) e quindi, dal Teorema di Bochner 7.9.1 e dalla definizione di $\dot{u}$ in $\mathcal{D}'\left(0,T\right)$, si può scrivere, per ogni $v \in V$ e per ogni $\varphi \in \mathcal{D}\left(0,T\right)$:

$$\int_0^T \langle \dot{u}\left(t\right), v \rangle_* \varphi\left(t\right) dt = -\int_0^T \langle u\left(t\right), v \rangle_* \dot{\varphi}\left(t\right) dt = -\int_0^T \left(u\left(t\right), v\right)_0 \dot{\varphi}\left(t\right) dt$$

che equivale alla (9.12).

Come conseguenza, la (9.11) si può scrivere nella forma seguente:

$$\frac{d}{dt}\left(u\left(t\right),w\right)_0 + \left(\nabla u\left(t\right),\nabla w\right)_0 = \langle f\left(t\right),w\rangle_*$$

nel senso delle distribuzioni in $\mathcal{D}'\left(0,T\right)$ e per ogni $w \in V$.

Dimostriamo ora l'equivalenza delle due definizioni 2.1 e 2.2

Teorema 2.1. *Le definizioni 2.1 e 2.2 sono equivalenti.*

Dimostrazione. Assumiamo che u è una soluzione debole nel senso della Definizione 2.1. Vogliamo provare che la (9.11) vale per ogni $v \in V$ e quasi ogni $t \in (0,T)$. Se non fosse vero, esisterebbero $w \in V$ e un insieme $E \subset (0,T)$ di misura positiva, tali che

$$\langle \dot{u}\left(t\right),w\rangle_* + \left(\nabla u\left(t\right),\nabla w\right)_0 - \langle f\left(t\right),w\rangle_* > 0 \ \text{ per ogni } t \in E.$$

Allora la (9.10) non è vera per $v\left(t\right) = \chi_E\left(t\right)w$. Contraddizione.

Sia ora u soluzione debole nel senso della Definizione 2.2. Sia $\{w_j\}_{j\geq 1}$ una base ortonormale numerabile in V. Per ogni $w = w_j$, la (9.11) vale a meno di un insieme F_j di misura nulla. Sia $E_0 = E\backslash U_{j\geq 1}F_j$. Allora E_0 ha misura T e (9.11) è vera per ogni w_j, $j \geq 1$ e ogni $t \in E_0$. Sia $v \in L^2\left(0,T;V\right)$ e poniamo $c_j\left(t\right) = \left(v\left(t\right),w_j\right)_V$,

$$v_N\left(t\right) \equiv \sum_1^N c_j\left(t\right)w_j.$$

Scegliamo $w = w_j$ in (9.11), moltiplichiamo per $c_j\left(t\right)$ e sommiamo per j da 1 a N. Troviamo

$$\langle \dot{u}\left(t\right),v_N\left(t\right)\rangle_* + \left(\nabla w\left(t\right),v_N\left(t\right)\right)_0 = \langle f\left(t\right),v_N\left(t\right)\rangle_*, \quad \forall t \in E_0. \tag{9.13}$$

Poiché $v_N\left(t\right) \to v\left(t\right)$ in V per quasi ogni $t \in (0,T)$, segue che

$$\langle \dot{u}\left(t\right),v\left(t\right)\rangle_* + \left(\nabla w\left(t\right),v\left(t\right)\right)_0 = \langle f\left(t\right),v\left(t\right)\rangle_*, \quad \text{q.o. in } (0,T). \tag{9.14}$$

Integrando la (9.14) rispetto a t su $(0,T)$ otteniamo la (9.10).   □

9.3 Problemi parabolici astratti

9.3.1 Formulazione

In questa sezione formuliamo un Problema Parabolico Astratto ($\mathcal{PPA}$ nel seguito) e diamo una nozione di soluzione debole. Tutti i più comuni (e molti non comuni ...) problemi lineari iniziali/al bordo per una vasta classe di operatori differenziali possono essere riformulati come $\mathcal{PPA}$. In questo quadro generale dimostriamo un teorema di esistenza, unicità e stabilità, che svolge lo stesso ruolo del Teorema di Lax-Milgram nel caso ellittico.

Guidati dall'esempio della Sezione 2, evidenziamo i punti principali nella formulazione astratta.

- *Ambientazione funzionale.* L'ambiente funzionale è costituito da una terna Hilbertiana (V, H, V^*), dove H e V sono **separabili**. Indichiamo con $\langle \cdot, \cdot \rangle_*$ la dualità tra V e V^* e con $\|\cdot\|_*$ la norma in V^*. La scelta di V dipende dalle condizioni al bordo. Le scelte usuali sono $V = H_0^1(\Omega)$ per la condizione di Dirichlet, $V = H^1(\Omega)$ per i problemi di Neumann e di Robin, $V = H_{0,\Gamma_D}^1(\Omega)$ nel caso del problema misto Dirichlet/Neumann o Dirichlet/Robin. Il dominio Ω si può prendere limitato e Lipschitziano.

- *I dati g ed f e la soluzione.* Assumiamo che il dato iniziale $g \in H$ e che il termine di sorgente distribuita $f \in L^2(0, T; V^*)$. Coerentemente cerchiamo una soluzione nello spazio di Hilbert

$$H^1(0, T; V, V^*) = \left\{ u : u \in L^2(0, T; V), \ \dot{u} \in L^2(0, T; V^*) \right\}$$

con prodotto interno

$$(u, v)_{H^1(0,T;V,V^*)} = \int_0^T (u(t), v(t))_V \, dt + \int_0^T (\dot{u}(t), \dot{v}(t))_{V^*} \, dt$$

e norma

$$\|u\|_{H^1(0,T;V,V^*)}^2 = \int_0^T \|u(t)\|_V^2 \, dt + \int_0^T \|\dot{u}(t)\|_{V^*}^2 \, dt.$$

- *La forma bilineare.* È assegnata una forma bilineare, in generale dipendente dal tempo,

$$B(w, z; t) : V \times V \to \mathbb{R}, \ \text{per quasi ogni } t \in (0, T).$$

Adottiamo le seguenti **ipotesi**.

(*i*) *Continuità*: esiste $\mathcal{M} = \mathcal{M}(T) > 0$, tale che

$$|B(w, z; t)| \leq \mathcal{M} \|w\|_V \|z\|_V, \quad \forall w, z \in V, \text{ q.o. in } (0, T). \tag{9.15}$$

(*ii*) *$V - H$ coercività debole*: esistono numeri positivi λ e α tali che

$$B(w, w; t) + \lambda \|w\|_H^2 \geq \alpha \|w\|_V^2, \quad \forall w \in V, \text{ q.o. in } (0, T). \tag{9.16}$$

(*iii*) *Misurabilità rispetto a t*: la funzione $t \mapsto B(w, z; t)$ è misurabile per ogni $w, z \in V$.

Nota 3.1. Nell'ipotesi (*i*), per ogni $u, v \in L^2(0, T; V)$, la funzione

$$t \mapsto B(u(t), v(t); t)$$

appartiene a $L^1(0, T)$.

Il **Problema Parabolico Astratto** può essere formulato nel modo seguente.

Trovare $u \in H^1 (0, T; V, V^*)$ tale che:

$\mathcal{PA}_1$. *Per ogni $v \in L^2 (0, T; V)$,*

$$\int_0^T \langle \dot{u}(s), v(s) \rangle_* \, ds + \int_0^T B(u(s), v(s); s) \, ds = \int_0^T \langle f(s), v(s) \rangle_* \, ds.$$
(9.17)

$\mathcal{PA}_2$. $u(0) = g$.

Dal Teorema 7.9.3, sappiamo che

$$H^1 (0, T; V, V^*) \hookrightarrow C([0, T]; H).$$

Quindi $\mathcal{PA}_2$ ha perfettamente senso e significa che $\|u(t) - g\|_H \to 0$ per $t \to 0$.

La condizione $\mathcal{PA}_1'$ si può formulare nella forma equivalente

$\mathcal{PA}_1'$. *Per ogni $w \in V$ e quasi ogni $t \in (0, T)$,*

$$\langle \dot{u}(t), w \rangle_* + B(u(t), w; t) = \langle f(t), w \rangle_*.$$
(9.18)

L'equivalenza delle condizioni $\mathcal{PA}_1$ e $\mathcal{PA}_1'$ segue dalla separabilità di V e dal Teorema 6.4.2, ripetendo con piccoli cambiamenti la dimostrazione del Teorema 2.1. In particolare, dalla dimostrazione segue un'altra condizione equivalente alla $\mathcal{PA}_1'$:

$\mathcal{PA}_1''$. *Per ogni $v \in L^2 (0, T; V)$,*

$$\langle \dot{u}(t), v(t) \rangle_* + B(u(t), v(t); t) = \langle f(t), v(t) \rangle_* \quad \text{per quasi ogni } t \in (0, T).$$
(9.19)

Il nostro obiettivo è provare il seguente teorema.

Teorema 3.1. *Il Problema Parabolico Astratto ha un'unica soluzione u. Inoltre, valgono le seguenti stime:*

$$\|u(t)\|_H^2, \; \alpha \int_0^t \|u(s)\|_V^2 \, ds \leq e^{2\lambda t} \left\{ \|g\|_H^2 + \frac{1}{\alpha} \int_0^t \|f(s)\|_{V^*}^2 \, ds \right\}$$
(9.20)

e

$$\int_0^t \|\dot{u}(s)\|_{V^*}^2 \, ds \leq \left\{ C_0 \|g\|_H^2 + C_1 \int_0^t \|f(s)\|_{V^*}^2 \, ds \right\}$$
(9.21)

per ogni $t \in [0, T]$, con $C_0 = 2\alpha^{-1} \mathcal{M}^2 e^{2\lambda t}$, $C_1 = 2\alpha^{-2} \mathcal{M}^2 e^{2\lambda t} + 2$.

Si noti come le costanti nelle stime (9.20) e (9.21) peggiorino al crescere di t, a meno che la forma bilineare B non sia coerciva. Infatti, in questo caso abbiamo $\lambda = 0$ e le costanti C_0, C_1 sono indipendenti dal tempo. Ciò si rivela di particolare utilità nello studio del comportamento asintotico della soluzione per $t \to +\infty$.

Spezziamo la dimostrazione del Teorema 3.1 nei due Lemmi 3.2 e 3.5. Nel primo dimostriamo se u è una soluzione di $\mathcal{PPA}$, valgono le stime (9.20) e (9.21), dette *stime di stabilità o dell'energia*. Queste stime forniscono un controllo delle norme

$$\|u\|_{H^1(0,T;V,V^*)} \quad e \quad \|u\|_{C([0,T];H)}$$

della soluzione, in termini delle norme $\|f\|_{L^2(0,T;V^*)}$ e $\|g\|_H$ dei dati. Unicità e stabilità seguono immediatamente.

Nel secondo, Lemma 3.5, dimostriamo l'esistenza di una soluzione. A tale scopo, approssimiamo il $\mathcal{PPA}$ per mezzo di una successione di problemi di Cauchy per opportune equazioni differenziali ordinarie in spazi a dimensione finita. Le soluzioni di questi problemi sono dette *approssimazioni di Faedo-Galerkin*. Il problema è ora mostrare che si può estrarre dalla successione di approssimanti una successione convergente in qualche senso alla soluzone del $\mathcal{PPA}$. Lo strumento chiave è il Teorema 6.7.8 di compattezza debole: *in uno spazio di Hilbert ogni successione limitata ammette una sottosuccessione debolmente convergente*. Le stime richieste corrispondono alle stime dell'energia.

9.3.2 Stime dell'energia. Unicità e stabilità

In questo paragrafo proviamo il seguente lemma.

Lemma 3.2. *Sia u una soluzione del Problema Parabolico Astratto. Allora le stime dell'energia (9.20) and (9.21) valgono per u. In particolare, il Problema Parabolico Astratto ha al più una sola soluzione.*

Per la dimostrazione, useremo il seguente lemma elementare, noto come *Lemma di Gronwall*.

Lemma 3.3. *Siano Ψ e G funzioni continue in $[0,T]$, con G non decrescente e $\gamma > 0$. Se*

$$\Psi(t) \le G(t) + \gamma \int_0^t \Psi(s)\,ds, \qquad \text{per ogni } t \in [0,T], \qquad (9.22)$$

allora

$$\Psi(t) \le G(t)\,e^{\gamma t}, \qquad \text{per ogni } t \in [0,T].$$

Dimostrazione. Sia

$$R(s) = \gamma \int_0^s \Psi(r)\,dr.$$

Allora, per ogni $s \in [0,T]$,

$$R'(s) = \gamma\Psi(s) \le \gamma \left[G(s) + \gamma \int_0^s \Psi(r)\,dr \right] = \gamma\left[G(s) + R(s)\right].$$

Moltiplicando entrambi i membri per $\exp(-\gamma s)$, possiamo scrivere la precedente disuguaglianza nella forma

$$\frac{d}{ds}\left[R(s)\exp(-\gamma s)\right] \le \gamma G(s)\exp(-\gamma s).$$

Integrando su $(0, t)$, si trova ($R(0) = 0$):

$$R(t) \leq \gamma \int_0^t G(s) e^{\gamma(t-s)} ds \leq G(t)(e^{\gamma t} - 1), \qquad \text{per ogni } t \in [0, T].$$

e da (9.22) la conclusione segue facilmente. $\square$

Dimostrazione del Lemma 3.2. Scegliamo $v(s) = u(s) \chi_{(0,t)}(s)$ nella (9.17). Troviamo,

$$\int_0^t \langle \dot{u}(s), u(s) \rangle_* \, ds + \int_0^t B(u(s), u(s); s) \, ds = \int_0^t \langle f(s), u(s) \rangle_* \, ds. \qquad (9.23)$$

Dalla Nota 7.9.1, abbiamo $\langle \dot{u}(s), u(s) \rangle_* = \frac{1}{2} \frac{d}{ds} \|u(s)\|_H^2$. Inoltre[2],

$$\left| \langle f(s), u(s) \rangle_* \right| \leq \|f(s)\|_{V*} \|u(s)\|_V \leq \frac{1}{2\alpha} \|f(s)\|_{V*}^2 + \frac{\alpha}{2} \|u(s)\|_V^2.$$

Usando l'ipotesi (9.16) sulla forma bilineare B, possiamo scrivere, dopo semplici aggiustamenti,

$$\|u(t)\|_H^2 + \alpha \int_0^t \|u(s)\|_V^2 \, ds \leq \|g\|_H^2 + \frac{1}{\alpha} \int_0^t \|f(s)\|_{V*}^2 \, ds + 2\lambda \int_0^t \|u(s)\|_H^2 \, ds. \quad (9.24)$$

In particolare, ponendo

$$\Psi(t) = \|u(t)\|_H^2, \; G(t) = \|g\|_H^2 + \frac{1}{\alpha} \int_0^t \|f(s)\|_{V*}^2 \, ds, \; \gamma = 2\lambda,$$

la (9.24) implica

$$\Psi(t) \leq G(t) + \gamma \int_0^t \Psi(s) \, ds.$$

Dal Lemma di Gronwall deduciamo che $\Psi(t) \leq G(t) e^{\gamma t}$ in $[0, T]$, ossia

$$\|u(t)\|_H^2 \leq e^{2\lambda t} \left\{ \|g\|_H^2 + \frac{1}{\alpha} \int_0^t \|f(s)\|_{V*}^2 \, ds \right\}. \qquad (9.25)$$

Usando ancora le (9.24) e (9.25) otteniamo

$$\alpha \int_0^t \|u(s)\|_V^2 \, ds \leq \left(1 + \int_0^t 2\lambda e^{2\lambda s} ds \right) \left\{ \|g\|_H^2 + \frac{1}{\alpha} \int_0^t \|f(s)\|_{V*}^2 \, ds \right\} \quad (9.26)$$

$$= e^{2\lambda t} \left\{ \|g\|_H^2 + \frac{1}{\alpha} \int_0^t \|f(s)\|_{V*}^2 \, ds \right\}.$$

Rimane da stimare $\|\dot{u}\|_{L^2(0,t;V*)} = \int_0^t \|\dot{u}(s)\|_{V*}^2 \, ds$. Scriviamo la (9.18) nella forma

$$\langle \dot{u}(s), w \rangle_* = -B(u(s), w; s) + \langle f(s), w \rangle_*$$

e osserviamo che, usando l'ipotesi (9.15) su B, per ogni $w \in V$ e per quasi ogni $s \in (0, t)$, possiamo scrivere:

$$\left| \langle \dot{u}(s), w \rangle_* \right| \leq \left\{ \mathcal{M} \|u(s)\|_V + \|f(s)\|_{V*} \right\} \|w\|_V.$$

---

[2] Ricordando la disuguaglianza elementare $2ab \leq a^2/\alpha + \alpha b^2$, $\forall a, b \in \mathbb{R}$, $\forall \alpha > 0$.

Dalla definizione di norma in V^* ricaviamo

$$\|\dot{u}(s)\|_{V^*} \le \mathcal{M} \|u(s)\|_V + \|f(s)\|_{V^*} .$$

Quadrando ed integrando su $(0,t)$, troviamo

$$\int_0^t \|\dot{u}(s)\|_{V^*}^2 \, ds \le 2\mathcal{M}^2 \int_0^t \|u(s)\|_V^2 \, ds + 2\int_0^t \|f(s)\|_{V^*}^2 \, ds.$$

Infine, usando la (9.26), deduciamo

$$\int_0^t \|\dot{u}(s)\|_{V^*}^2 \, ds \le \frac{2\mathcal{M}^2 e^{2\lambda t}}{\alpha} \left\{ \|g\|_H^2 + \frac{1}{\alpha} \int_0^t \|f(s)\|_{V^*}^2 \, ds \right\} + 2\int_0^t \|f(s)\|_{V^*}^2$$

da cui segue la (9.21).   □

9.3.3 Le approssimazioni di Faedo-Galerkin

Come abbiamo accennato all'inizio di questa sezione, per dimostrare l'esistenza di una soluzione, approssimiamo il nostro $\mathcal{PPA}$ mediante una successione di problemi di Cauchy per un opportuno sistema di equazioni differenziali ordinarie (EDO) in spazi a dimensione finita. Più precisamente, procediamo secondo i seguenti passi.

• *Selezione di una base numerabile per V.* Poiché V è separabile, per il Teorema 6.4.3, possiamo selezionare una base numerabile $\{w_k\}_{k=1}^\infty$ (per esempio una base ortonormale). In particolare, gli spazi a dimensione finita $V_m = \text{span}\{w_1, ..., w_m\}$ soddisfano le condizioni

$$V_m \subset V_{m+1}, \quad \overline{\cup V_m} = V.$$

Poiché V è denso in H, esiste una successione $g_m = \sum_{j=1}^m \hat{g}_{jm} w_j \in V_m$ tale che $g_m \to g$ in H.

• *Approssimazioni di Faedo-Galerkin.* Poniamo

$$u_m(t) = \sum_{j=1}^m c_{jm}(t)\, w_j, \tag{9.27}$$

con $c_{jm} \in H^1(0,T)$, e consideriamo il seguente problema di Cauchy:

Determinare $u_m \in H^1(0,T;V)$ tale che, per ogni $s = 1, ..., m$,

$$\begin{cases} (\dot{u}_m(t), w_s)_H + B(u_m(t), w_s; t) = \langle f(t), w_s \rangle_*, & \text{q.o. } t \in (0,T) \\ u_m(0) = g_m. \end{cases} \tag{9.28}$$

Sottolineiamo che, poiché l'equazione differenziale in (9.28) è vera per ogni elemento della base w_s, $s = 1, ..., m$, allora è vera per ogni $v \in V_m$. Inoltre, essendo $\dot{u}_m \in L^2(0,T;V_m)$, abbiamo

$$(\dot{u}_m(t), v)_H = \langle \dot{u}_m(t), v \rangle_* .$$

Chiamiamo le u_m *approssimazioni di Faedo-Galerkin* della soluzione u. Inserendo (9.27) nella (9.28), si vede che (9.28) è equivalente al seguente problema di Cauchy per un sistema di equazioni differenziali ordinarie, lineari, con coefficienti limitati e misurabili, nelle incognite c_{jm} : *per ogni* $s = 1, ..., m$,

$$\begin{cases} \sum_{j=1}^{m} (w_j, w_s)_H \, \dot{c}_{jm}(t) + \sum_{j=1}^{m} B(w_j, w_s; t) \, c_{jm} = \langle f(t), w_s \rangle_* , \text{ q.o. } t \in [0, T] \\ c_{jm}(0) = \hat{g}_{jm}, \ j = 1, ..., m. \end{cases}$$

Introduciamo le matrici $m \times m$

$$\mathbf{W} = ((w_j, w_s))_{j,s=1,...,m}^{\top}, \qquad \mathbf{B}(t) = (B(w_j, w_s; t))_{j,s=1,...,m}^{\top}$$

e i vettori

$$\mathbf{C}_m^{\top}(t) = (c_{1m}(t), ..., c_{mm}(t))^{\top},$$

$$\mathbf{g}_m^{\top} = (\hat{g}_{1m}, ..., \hat{g}_{mm}),$$

$$\mathbf{F}_m^{\top}(t) = (f_1(t), ..., f_m(t))^{\top}$$

dove $f_s(t) = \langle f(t), w_s \rangle_*$. Poiché i vettori w_j sono indipendenti, $\mathbf{W}$ è non singolare. Il precedente problema di Cauchy può allora essere riscritto nella forma

$$\dot{\mathbf{C}}_m(t) + \mathbf{W}^{-1} \mathbf{B}(t) \, \mathbf{C}_m(t) = \mathbf{W}^{-1} \mathbf{F}_m(t), \ \ \mathbf{C}_m(0) = \mathbf{g}_m. \tag{9.29}$$

Per un teorema di Carathéodory [3], il problema (9.29) ha un'unica soluzione $\mathbf{C}_m \in H^1(0, T; \mathbb{R}^m)$. Di conseguenza, $u_m \in H^1(0, T; V)$ e soddisfa le ipotesi del Lemma 3.2. Dunque, vale il seguente lemma.

Lemma 3.4. *Il Problema 9.28 ha un'unica soluzione* $u_m \in H^1(0, T; V)$ *e per* u_m *valgono le stime dell'energia (9.20) e (9.21), con* g_m *invece di* g.

9.3.4 Esistenza

Proviamo ora l'esistenza di una soluzione.

Lemma 3.5. *La successione delle approssimazioni di Faedo-Galerkin converge debolmente in* $H^1(0, T; V, V^*)$ *alla soluzione del Problema Parabolico Astratto.*

Dimostrazione. Sia $\{u_m\}$ la successione di approssimanti. Poiché $g_m \to g$ in H, segue che, per m grande, $\|g_m\|_H \leq 1 + \|g\|_H$. Allora, il Lemma 3.2 dà, per un'opportuna costante $C_0 = C_0(\alpha, \lambda, \mathcal{M}, T)$,

$$\|u_m\|_{L^2(0,T;V)}, \ \|\dot{u}_m\|_{L^2(0,T;V^*)} \leq C_0 \left\{ 1 + \|g\|_H + \|f\|_{L^2(0,T;V^*)} \right\}.$$

In altri termini, le successioni $\{u_m\}$ e $\{\dot{u}_m\}$ sono limitate in $L^2(0, T; V)$ e $L^2(0, T; V^*)$, rispettivamente. Il Teorema 6.7.8. di compattezza debole implica che esiste una

---

[3] Si veda e.g. *A.E. Coddington, N.Levinson*, 1955.

sottosuccessione $\{u_{m_k}\}$ tale che[4]

$$u_{m_k} \rightharpoonup u \text{ in } L^2(0,T;V) \quad \text{e} \quad \dot{u}_{m_k} \rightharpoonup \dot{u} \text{ in } L^2(0,T;V^*).$$

Mostriamo che u è l'unica soluzione del nostro $\mathcal{PPA}$.

Anzitutto, dire che $u_{m_k} \rightharpoonup u$, *debolmente in* $L^2(0,T;V)$, per $k \to \infty$, significa che

$$\int_0^T (u_{m_k}(t),v(t))_V \, dt \to \int_0^T (u(t),v(t))_V \, dt$$

per ogni $v \in L^2(0,T;V)$. Analogamente, $\dot{u}_{m_k} \rightharpoonup \dot{u}$ *debolmente in* $L^2(0,T;V^*)$ significa che

$$\int_0^T \langle \dot{u}_{m_k}(t),v(t)\rangle_* \, dt \to \int_0^T \langle \dot{u}(t),v(t)\rangle_* \, dt$$

per ogni $v \in L^2(0,T;V)$.

Usando l'equivalenza delle condizioni (9.18) e (9.19), possiamo scrivere

$$\int_0^T \langle \dot{u}_{m_k}(t),v(t)\rangle_* \, dt + \int_0^T B(u_{m_k}(t),v(t);t)\, dt = \int_0^T \langle f(t),v(t)\rangle_* \, dt \quad (9.30)$$

per ogni $v \in L^2(0,T;V_{m_k})$. Sia $N \le m_k$ e $w \in V_N$. Data $\varphi \in C_0^\infty(0,T)$, inseriamo $v(t) = \varphi(t)w$ nella (9.30). Mantenendo N fissato e facendo tendere $m_k \to +\infty$, grazie alla convergenza debole di u_{m_k} e $\dot{u}_{m_k}$ nei rispettivi spazi, deduciamo

$$\int_0^T \{\langle \dot{u}(t),w\rangle_* + B(u(t),w;t) - \langle f(t),w\rangle_*\}\varphi(t)\, dt = 0. \quad (9.31)$$

Passando al limite per $N \to \infty$, segue che (9.31) vale per ogni $w \in V$. L'arbitrarietà di φ implica allora che

$$\langle \dot{u}(t),w\rangle_* + B(u(t),w;t)\, dt = \langle f(t),w\rangle_* \quad (9.32)$$

per quasi ogni $t \in (0,T)$ e per ogni $w \in V$.

Rimane da verificare la condizione iniziale $u(0) = g$. Nella (9.31) scegliamo $\varphi(t) \in C^1([0,T])$, con $\varphi(0) = 1$, $\varphi(T) = 0$. Integrando per parti il primo termine (si veda il Teorema 7.9.4 c) troviamo

$$\int_0^T \{-(u(t),w)_H \, \dot{\varphi}(t) + B(u(t),w;t)\varphi(t) - \langle f(t),w\rangle_* \varphi(t)\}\, dt = (u(0),w)_H. \quad (9.33)$$

Analogamente, inserendo $v(t) = \varphi(t)w$ con $w \in V_{m_k}$ nella (9.30) e integrando per parti, troviamo

$$\int_0^T \{-(u_{m_k}(t),w)_H \, \dot{\varphi}(t) + B(u_{m_k}(t),w;t)\varphi(t) - \langle f(t),w\rangle_* \varphi(t)\}\, dt = (g_{m_k},w)_H.$$

Se $m_k \to +\infty$, il primo membro dell'ultima equazione converge al primo membro dalla (9.33), mentre

$$(g_{m_k},w)_H \to (g,w)_H.$$

Deduciamo allora che $(u(0),w)_H = (g,w)_H$, per ogni $w \in V$. La densità di V in H implica $u(0) = g$.

---

[4] Rigorosamente, $\dot{u}_{m_k} \rightharpoonup z$ in $L^2(0,T;V^*)$ e si mostra che $z = \dot{u}$.

Pertanto u è la soluzione del nostro $\mathcal{PPA}$. Infine, osserviamo che, data l'unicità della soluzione, l'intera successione $\{u_m\}$ converge debolmente a u, non soltanto una sottosuccessione. La dimostrazione è completa. $\qquad\square$

9.4 Equazioni Paraboliche

9.4.1 Problemi per l'equazione del calore

In questa sezione esaminiamo alcune applicazioni dei risultati della Sezione 3. Iniziamo con l'equazione del calore.

• *Il problema di Cauchy-Dirichlet.* Abbiamo già introdotto la formulazione debole del problema di Cauchy-Dirichlet (9.6) nelle Definizioni 2.1 e 2.2. La terna Hilbertiana è $V = H_0^1(\Omega)$, $H = L^2(\Omega)$, $V^* = H^{-1}(\Omega)$, mentre la forma bilineare è $B(u,v) = (\nabla u, \nabla v)_0$. In riferimento alle ipotesi su B a pagina 561, *i*) vale con $\mathcal{M} = 1$ e *ii*) vale con $\alpha = 1$, $\lambda = 0$, poiché B è coerciva. La *iii*) è non serve essendo B indipendente da t. Dal Teorema 3.1 deduciamo:

Microteorema 4.1. *Se $f \in L^2\left(0,T;H^{-1}(\Omega)\right)$ e $g \in L^2(\Omega)$, il Problema (9.6) ha un'unica soluzione debole $u \in H^1\left(0,T;H_0^1(\Omega),H^{-1}(\Omega)\right)$. Inoltre, le seguenti stime valgono per ogni $t \in [0,T]$:*

$$\|u(t)\|_0^2\, , \quad \int_0^t \|\nabla u(s)\|_0^2\, ds \leq \|g\|_0^2 + \int_0^t \|f(s)\|_{H^{-1}(\Omega)}^2\, ds$$

e

$$\int_0^t \|\dot{w}(s)\|_{H^{-1}(\Omega)}^2\, ds \leq 2\|g\|_0^2 + 4\int_0^t \|f(s)\|_{H^{-1}(\Omega)}^2\, ds.$$

• *Problemi di Cauchy-Neumann/Robin.* Sia Ω un dominio limitato e *Lipschitziano.* Consideriamo il seguente problema[5]:

$$\begin{cases} u_t - \Delta u = f & \text{in } Q_T \\ u(\mathbf{x},0) = g(\mathbf{x}) & \text{in } \Omega \\ \partial_\nu u(\boldsymbol{\sigma},t) + h(\boldsymbol{\sigma})u(\boldsymbol{\sigma},t) = 0 & \text{su } S_T. \end{cases} \qquad (9.34)$$

Assumiamo che $f \in L^2\left(0,T;L^2(\Omega)\right)$, $g \in L^2(\Omega)$, $h \in L^\infty(\partial\Omega)$ e $h \geq 0$. Scegliendo la terna Hilbertiana $V = H^1(\Omega)$, $H = L^2(\Omega)$, $V^* = H^1(\Omega)^*$, una formulazione debole del problema (9.34) è:

Trovare $u \in H^1\left(0,T;H^1(\Omega),H^1(\Omega)^*\right)$ tale che $u(0) = g$ e

$$\langle \dot{u}(t),v \rangle_* + B(u(t),v) = (f(t),v)_0, \quad \forall v \in H^1(\Omega), \text{ q.o. in } (0,T),$$

---

[5] Per condizioni non omogenee si veda il Problema 9.3.

dove, come nel caso ellittico,

$$B\left(u,v\right) = \left(\nabla u, \nabla v\right)_0 + \int_{\partial\Omega} huv \, d\sigma. \tag{9.35}$$

Controlliamo le ipotesi *i*), *ii*), pag. 561. Ricordiamo che, dal Teorema di traccia 7.7.1, abbiamo

$$\|u\|_{L^2(\partial\Omega)} \le c_{tr} \|u\|_{H^1(\Omega)} \, .$$

Allora

$$|B\left(u,v\right)| \le \left(1 + c_{tr}^2 \|h\|_{L^\infty(\partial\Omega)}\right) \|u\|_{H^1(\Omega)} \|v\|_{H^1(\Omega)}$$

cosicché B è continua, con $\mathcal{M} = 1 + c_{tr}^2 \|h\|_{L^\infty(\partial\Omega)}$. Inoltre, poiché $h \ge 0$ q.o. su $\partial\Omega$,

$$B\left(u,u\right) \ge \|\nabla u\|_0^2 = \|u\|_{H^1(\Omega)}^2 - \|u\|_0^2 \, .$$

B è dunque debolmente coerciva, con $\alpha = \lambda = 1$. Infine, poiché $\|f\left(s\right)\|_* \le \|f\left(s\right)\|_0$ q.o. in $(0,T)$, dal Teorema 3.1 concludiamo che:

Microteorema 4.2. *Se* $f \in L^2\left(0,T;L^2\left(\Omega\right)\right)$ *e* $g \in L^2\left(\Omega\right)$, *il problema (9.34) ha un'unica soluzione debole* $u \in H^1\left(0,T;H^1\left(\Omega\right),H^1\left(\Omega\right)^*\right)$ *e, per ogni* $t \in [0,T]$,

$$\|u\left(t\right)\|_0^2, \ \int_0^t \|w\left(s\right)\|_{H^1(\Omega)}^2 \, ds \le e^{2t} \left\{\|g\|_0^2 + \int_0^t \|f\left(s\right)\|_0^2 \, ds\right\}$$

e

$$\int_0^t \|\dot{w}\left(s\right)\|_*^2 \, ds \le \left\{C \|g\|_0^2 + \left(C + 2\right) \int_0^t \|f\left(s\right)\|_0^2 \, ds\right\}$$

con $C = 2\mathcal{M}^2 e^{2t}$.

• *Condizioni miste Dirichlet-Neumann.* Sia Ω un dominio limitato e *Lipschitziano*. Consideriamo il seguente problema:

$$\begin{cases} u_t - \Delta u = f & \text{in } Q_T \\ u\left(\mathbf{x},0\right) = g\left(\mathbf{x}\right) & \text{in } \Omega \\ \partial_\nu u\left(\boldsymbol{\sigma},t\right) = 0 & \text{su } \Gamma_N \times (0,T) \\ u\left(\boldsymbol{\sigma},t\right) = 0 & \text{su } \Gamma_D \times (0,T) \end{cases} \tag{9.36}$$

dove Γ_D è un aperto in $\partial\Omega$ e $\Gamma_N = \partial\Omega\backslash\Gamma_D$. Per la formulazione debole, siano $H = L^2\left(\Omega\right)$ e $V = H^1_{0,\Gamma_D}\left(\Omega\right)$, con prodotto interno $(u,v)_V = \left(\nabla u, \nabla v\right)_0$. Ricordiamo che in $H^1_{0,\Gamma_D}\left(\Omega\right)$ vale la disuguaglianza di Poincaré:

$$\|v\|_0^2 \le C_P \|\nabla v\|_0^2 \, . \tag{9.37}$$

Una formulazione debole del problema (9.36) è la seguente:

Trovare $u \in H^1(0, T; V, V^*)$ tale che $u(0) = g$ e

$$\langle \dot{u}(t), v \rangle_* + B(u(t), v) = (f(t), v)_0, \quad \forall v \in V, \text{ q.o in } (0, T),$$

dove $B(u, v) = (\nabla u, \nabla v)_0$.

La forma bilineare $B(u, v) = (\nabla u, \nabla v)_0$ è continua con $\mathcal{M} = 1$ e coerciva, con $\alpha = 1$. Inoltre $\|f(t)\|_{V^*} \leq C_P \|f(t)\|_0$ per q.o. $t \in (0, T)$. Dal Teorema 3.1 concludiamo che:

Microteorema 4.3. *Se $f \in L^2(0, T; L^2(\Omega))$ e $g \in L^2(\Omega)$, il problema (9.36) ha un'unica soluzione debole $u \in H^1(0, T; V, V^*)$. Inoltre, valgono le seguenti stime:*

$$\|u(t)\|_0^2, \quad \int_0^t \|\nabla w(s)\|_0^2 \, ds \leq \|g\|_0^2 + C_P^2 \int_0^t \|f(s)\|_0^2 ds$$

e

$$\int_0^t \|\dot{w}(s)\|_*^2 \, ds \leq \left\{ 2\|g\|_0^2 + 4C_P^2 \int_0^t \|f(s)\|_0^2 ds \right\}.$$

• *Un problema di controllo ottimo.* Usando lo stesso metodo della Sezione 8.8, possiamo risolvere un semplice problema di controllo ottimo. Si voglia, per esempio, controllare una sorgente di calore distribuita in Q_T, data da $z = z(\mathbf{x}, t)$ z, allo scopo di **minimizzare la distanza dell'osservazione di u al tempo $t = T$, da una temperatura fissata u_d.** Misurando la distanza in norma $L^2(\Omega)$, si è condotti a minimizzare il funzionale *costo*

$$J(u, z) = \frac{1}{2} \|u(T) - u_d\|_0^2 + \frac{\beta}{2} \int_0^T \|z(t)\|_0^2 dt \qquad (\beta > 0)$$

sotto le condizioni (*equazioni di stato*)

$$\begin{cases} u_t - \Delta u = z & \text{in } Q_T \\ u = 0 & \text{su } S_T \\ u(\mathbf{x}, 0) = g(\mathbf{x}) & \text{in } \Omega. \end{cases} \qquad (9.38)$$

Se $g \in H = L^2(\Omega)$ e la classe dei controlli ammissibili è $L^2(Q_T)$, sappiamo dalla teoria svolta che il problema (9.38) ha un'unica soluzione debole $u = u[z] \in H^1(0, T; V, V^*)$, dove $V = H_0^1(\Omega)$, per ogni controllo z. Sostituendo $u[z]$ in J, otteniamo il funzionale *costo ridotto*

$$\tilde{J}(z) = J(u[z], z) = \frac{1}{2} \|u(T; z) - u_d\|_0^2 + \frac{\beta}{2} \int_0^T \|z(t)\|_0^2 dt, \qquad (9.39)$$

dove abbiamo posto $u(t; z) = u[z](t)$.

Poiché l'applicazione $z \mapsto u\,[z] - u\,[0] \equiv u_0\,[z]$ è lineare, scrivendo

$$\tilde{J}(z) = \frac{1}{2} \left\| u_0\,(T; z) + u\,[T; 0] - u_d \right\|_0^2 + \frac{\beta}{2} \int_0^T \left\| z\,(t) \right\|_0^2 dt,$$

è facile controllare che $\tilde{J}$ ha la forma

$$\tilde{J}(z) = \frac{1}{2} b\,(z, z) + Lz + q$$

dove

$$b\,(z, w) = (u_0(T; z), u_0(T; w))_0 + \beta \int_0^T (z\,(t)\,, w\,(t))_0 \, dt$$

e

$$Lz = (u_0\,(T; z)\,, u\,(T; 0) - u_d)_0$$

con $q = \frac{1}{2} \left\| u\,(T; 0) - u_d \right\|_0^2$.

Dal Teorema 8.1, deduciamo che **esiste un unico controllo ottimo** z^*, con corrispondente stato ottimo $u^* = u[z^*]$. Inoltre, z^* è caratterizzato dalla seguente *equazione di Eulero*:

$$\tilde{J}'\,(z^*)\,[w] = b\,(z^*, w) + Lw$$

che, dopo qualche aggiustamento, si può scrivere nella forma seguente:

$$\tilde{J}'\,(z^*)\,[w] = (u^*(T) - u_d, u_0(T; w))_0 + \beta \int_0^T (z^*\,(t)\,, w\,(t))_0 \, dt$$

per ogni $w \in L^2\,(Q_T)$.

Usando il metodo dei moltiplicatori di Lagrange come nel paragrafo 8.8.3, possiamo ottenere condizioni di ottimalità più maneggevoli. Infatti, scriviamo il funzionale costo (9.39) nella seguente forma:

$$\tilde{J}(z) = \frac{1}{2} \left\| u\,(T; z) - u_d \right\|_0^2 + \frac{\beta}{2} \int_0^T \left\| z\,(t) \right\|_0^2 dt$$

$$+ \int_0^T \left\{ (z\,(t)\,, p\,(t))_0 - \langle \dot{u}\,(t; z)\,, p\,(t) \rangle_* - (\nabla u\,(t; z)\,, p\,(t))_0 \right\} dt$$

dove abbiamo introdotto il moltiplicatore $p \in H^1\,(0, T; V, V^*)$, riservandoci di sceglierlo opportunamente in seguito. Osserviamo che l'ultimo integrale è nullo, essendo u soluzione dell'equazione di stato, scritta in forma debole.

Ricordando la formula (7.65) di integrazione per parti,

$$\int_0^T \langle \dot{u}\,(t; z)\,, p\,(t) \rangle_* \, dt = (u\,(T; z)\,, p\,(T))_H - (u\,(0; z)\,, p\,(0))_H$$

$$- \int_0^T \langle \dot{p}\,(t)\,, u\,(t; z) \rangle_* \, dt,$$

abbiamo

$$\tilde{J}(z) = \frac{1}{2} \| u(T;z) - u_d \|_0^2 + \frac{\beta}{2} \int_0^T \| z(t) \|_0^2 \, dt$$

$$+ \int_0^T \{ (z(t), p(t))_0 + \langle \dot{p}(t), u(t;z) \rangle_* - (\nabla u(t;z), \nabla p(t))_0 \} \, dt$$

$$- (u(T;z), p(T))_H + (u(0;z), p(0))_H.$$

Calcolando la derivata di $\tilde{J}$ su una variazione $w \in L^2(Q_T)$, troviamo:

$$J'(z^*) w = (u^*(T) - u_d, u_0(T;w))_0 + \int_0^T (\beta z^*(t) + p(t), w(t))_0 \, dt$$

$$- (u_0(T;w), p(T))_H + \int_0^T \{ \langle \dot{p}(t), u_0(t;w) \rangle_* - (\nabla u_0(t;w), \nabla p(t))_0 \} \, dt.$$

Scegliamo ora il moltiplicatore p in modo da eliminare nell'espressione di $J'(z^*)$ i termini contenenti u_0, essendo questi dipendenti dalla variazione w. Sia dunque $p = p^*$ la soluzione debole del seguente problema, detto *problema aggiunto*:

$$\begin{cases} p_t^* + \Delta p^* = 0 & \text{in } Q_T \\ p^* = 0 & \text{su } S_T \\ p^*(\mathbf{x}, T) = u^*(T) - u_d & \text{in } \Omega. \end{cases} \qquad (9.40)$$

Con questa scelta, l'equazione di Eulero si riduce a

$$\tilde{J}'(z^*)[w] = \int_0^T (\beta z^* + p^*, w)_0 \, dt = 0, \qquad \forall w \in L^2(Q_T),$$

da cui

$$\beta z^* + p^* = 0 \quad \text{q.o. in } Q_T. \qquad (9.41)$$

In conclusione, abbiamo il seguente teorema.

Microteorema 4.4. *Il controllo z^* e lo stato $u^*[z^*]$ sono ottimi se e solo se esiste un moltiplicatore $p^* \in H^1(0, T; V, V^*)$, tale che z^*, u^* e p^* soddisfino le equazioni di stato (9.38), il problema aggiunto (9.40) e l'equazione di Eulero (9.41).*

Nota 4.1. Sottolineiamo che il problema aggiunto è un problema ai valori *finali*, che è ben posto per l'equazione del calore *backward*.

9.5 Equazioni generali

9.5.1 Esistenza ed unicità

In questa sezione consideriamo il problema (9.5) per equazioni generali in forma di divergenza del tipo

$$u_t - \text{div}(\mathbf{A}(\mathbf{x}, t) \nabla u) + \mathbf{c}(\mathbf{x}, t) \cdot \nabla u + a(\mathbf{x}, t) u = f(\mathbf{x}, t).$$

Scegliamo una terna Hilbertiana (V, H, V^*), dove $H = L^2(\Omega)$ e V è uno spazio di Sobolev tale che $H_0^1(\Omega) \subseteq V \subseteq H^1(\Omega)$. In generale, Ω è un dominio limitato e *Lipschitziano*. Introduciamo la forma bilineare

$$B(u, v; t) = \int_\Omega \{ \mathbf{A}(\mathbf{x}, t) \nabla u \cdot \nabla v + (\mathbf{c}(\mathbf{x}, t) \cdot \nabla u) v + a(\mathbf{x}, t) uv \} \, d\mathbf{x}$$

oppure, nel caso di condizioni al bordo di Robin/Neumann,

$$B(u, v; t) = \int_\Omega \{ \mathbf{A}(\mathbf{x}, t) \nabla u \cdot \nabla v + (\mathbf{c}(\mathbf{x}, t) \cdot \nabla u) v + a(\mathbf{x}, t) uv \} \, d\mathbf{x}$$
$$+ \int_{\partial \Omega} h(\boldsymbol{\sigma}) uv \, d\sigma$$

dove $h \in L^\infty(\partial\Omega)$, $h \geq 0$ q.o. su $\partial\Omega$. La formulazione debole del problema (9.5) è:

Trovare $u \in H^1(0, T; V, V^*)$ tale che $u(0) = g$ e

$$\int_0^T \{ \langle \dot{u}(s), v(s) \rangle_* + B(u(s), v(s); s) \} \, ds = \int_0^T \langle f(s), v(s) \rangle_* \, ds,$$

$\forall v \in L^2(0, T; V)$ *o, equivalentemente,*

$$\langle \dot{u}(t), v \rangle_* + B(u(t), v; t) = \langle f(t), v \rangle_*, \quad \forall v \in V, \text{ q.o. in } (0, T).$$

Osserviamo che B dipende in generale da t. Sotto le ipotesi (9.3) e (9.4), imitando quanto fatto per il caso ellittico nelle Sezioni 8.4.2, 8.4.3 e 8.4.4, si prova facilmente che

$$|B(u, v; t)| \leq \mathcal{M} \|u\|_V \|v\|_V$$

e perciò B è *continua* in V. La costante $\mathcal{M}$ dipende solo da n, T e da M, γ_0, α_0, cioè dalla grandezza dei coefficienti a_{ij}, c_j, a (e da Ω e $\|h\|_{L^\infty(\partial\Omega)}$ nel caso di condizioni di Robin).

Inoltre, B è *debolmente coerciva*. Infatti, dalla (9.4) abbiamo, per ogni $\varepsilon > 0$:

$$\int_\Omega (\mathbf{c} \cdot \nabla u) u \, d\mathbf{x} \geq -\gamma_0 \|\nabla u\|_0 \|u\|_0 \geq -\frac{\gamma_0}{2} \left[\varepsilon \|\nabla u\|_0^2 + \frac{1}{\varepsilon} \|u\|_0^2 \right]$$

e

$$\int_\Omega au^2 d\mathbf{x} \geq -\alpha_0 \|u\|_0^2,$$

per cui, essendo $h \geq 0$ q.o. su $\partial\Omega$,

$$B(u, u; t) \geq \left(\nu - \frac{\gamma_0 \varepsilon}{2} \right) \|\nabla u\|_0^2 - \left(\frac{\gamma_0}{2\varepsilon} + \alpha_0 \right) \|u\|_0^2. \tag{9.42}$$

Ora, se $\gamma_0 = 0$, cioè. $\mathbf{c} = \mathbf{0}$, l'ipotesi $ii)$, pag. 561, vale con qualunque $\lambda > \alpha_0$. Se $\gamma_0 > 0$, scegliamo nella (9.42)

$$\varepsilon = \frac{\nu}{\gamma_0} \quad e \quad \lambda = 2\left(\frac{\gamma_0}{2\varepsilon} + \alpha_0\right) = 2\left(\frac{\gamma_0^2}{2\nu} + \alpha_0\right).$$

In tal modo si ottiene

$$B\left(u,v;t\right) + \lambda \left\|u\right\|_0^2 \geq \frac{\nu}{2} \left\|\nabla u\right\|_0^2 + \frac{\lambda}{2} \left\|u\right\|_0^2 \geq \min\left\{\frac{\nu}{2}, \frac{\lambda}{2}\right\} \left\|u\right\|_{H^1(\Omega)}^2$$

e perciò B è *debolmente coerciva*, qualunque sia V. Inoltre, per u, v fissati in V, la funzione $t \longmapsto B\left(u,v;t\right)$ è misurabile per il Teorema di Fubini.

Dal Teorema 3.1 traiamo la seguente conclusione.

Teorema 5.1. *Se $f \in L^2\left(0,T;V^*\right)$ e $g \in L^2\left(\Omega\right)$, esiste un'unica soluzione debole u del problema (9.5). Valgono inoltre le seguenti stime:*

$$\max_{t \in [0,T]} \left\|u\left(t\right)\right\|_0^2, \quad \int_0^T \left\|u\right\|_V^2 \, dt \leq C\left\{\int_0^T \left\|f(t)\right\|_*^2 \, dt + \left\|g\right\|_0^2\right\}$$

e

$$\int_0^T \left\|u'\left(t\right)\right\|_*^2 \, dt \leq C\left\{\int_0^T \left\|f(t)\right\|_*^2 \, dt + \left\|g\right\|_0^2\right\}$$

dove, in generale, C dipende solo da T, ν, M, γ_0, α_0 (e Ω, $\left\|h\right\|_{L^\infty(\partial\Omega)}$ per la condizione di Robin).

Nota 5.1. Il metodo funziona anche con condizioni non omogenee. Per esempio, per il problema di Cauchy-Dirichlet, se il dato al bordo è la traccia di una funzione $\varphi \in L^2\left(0,T;H^1\left(\Omega\right)\right)$ con $\dot{\varphi} \in L^2\left(0,T;L^2\left(\Omega\right)\right)$, il cambio di variabili $w = u - \varphi$ riduce il problema a condizioni omogenee.

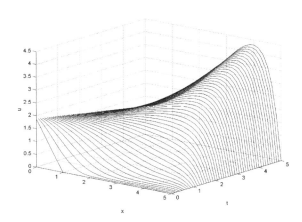

Figura 9.2 La soluzione del problema (9.43)

Esempio 5.1. La Figura 9.2 mostra il grafico della soluzione del seguente problema di Cauchy-Dirichlet:

$$\begin{cases} u_t - u_{xx} + 2u_x = 0.2tx & 0 < x < 5, t > 0 \\ u(x,0) = \max(2 - 2x, 0) & 0 < x < 5 \\ u(0,t) = 2 - t/6, u(5,t) = 0 & t > 0. \end{cases} \quad (9.43)$$

Si osservi la tendenza del termine di deriva $2u_x$ di "trasportare verso destra" il dato iniziale e l'effetto del termine di sorgente $0.2tx$ di far crescere la soluzione nel tempo, vicino a $x = 5$.

9.5.2 Regolarità

Come nel caso ellittico, la regolarità della soluzione aumenta con la regolarità dei dati. Per brevità ci limitiamo a dare i dettagli nel caso del problema di Cauchy-Dirichlet (9.6) per l'equazione del calore. Precisamente, abbiamo:

Teorema 5.2. *Siano Ω un dominio limitato e Lipschitziano e u la soluzione debole del problema (9.6). Se $g \in H_0^1(\Omega)$ e $f \in L^2(0,T;L^2(\Omega))$, allora $u \in L^\infty(0,T;H_0^1(\Omega))$, $\dot{u} \in L^2(0,T;L^2(\Omega))$ e*

$$\max_{s \in [0,T]} \|\nabla u(s)\|_0^2 + \int_0^T \|\dot{u}(s)\|_0^2 \, ds \leq \|\nabla g\|_0^2 + \int_0^T \|f(s)\|_0^2 \, ds \quad (9.44)$$

Se, inoltre, Ω è di classe C^2, allora $u \in L^2(0,T;H^2(\Omega))$ e

$$\int_0^T \|u(s)\|_{H^2(\Omega)}^2 \, ds \leq C(n,\Omega) \left\{ \|\nabla g\|_0^2 + \int_0^T \|f(s)\|_0^2 \, ds \right\} \quad (9.45)$$

Dimostrazione. Ritorniamo alla formulazione debole per le approssimazioni di Faedo-Galerkin, che in questo caso è:

$$\begin{cases} (\dot{u}_m(t), w_s)_0 + (\nabla u_m(t), \nabla w_s)_0 = (f(t), w_s)_0, & \text{per q.o. } t \in [0,T] \\ u_m(0) = g_m, \end{cases} \quad (9.46)$$

per ogni $s = 1, ..., m$. Come base $\{w_s\}$ in $H_0^1(\Omega)$ prendiamo una successione di autofunzioni di Dirichlet per l'operatore di Laplace in Ω. In particolare (Teorema 8.3.3), possiamo scegliere la base $\{w_s\}$ ortonormale in $L^2(\Omega)$ e ortogonale in $H_0^1(\Omega)$. Scriviamo $u(t) = \sum_{j=1}^\infty c_j(t) w_j$ con convergenza in V, e $u_m(t) = \sum_{j=1}^m c_j(t) w_j$. Osserviamo che $\dot{u}_m(t) \in L^2(\Omega)$ per quasi ogni $t \in (0,T)$. Moltiplicando l'equazione differenziale in (9.46) per $\dot{c}_j(t)$ e sommando per for $j = 1, ..., m$, otteniamo

$$\|\dot{u}_m(t)\|_0^2 + (\nabla u_m(t), \nabla \dot{u}_m(t))_0 = (f(t), \dot{u}_m(t))_0, \quad (9.47)$$

per quasi ogni $t \in [0,T]$. Ora, abbiamo

$$(\nabla u_m(t), \nabla \dot{u}_m(t))_0 = \frac{1}{2} \frac{d}{dt} \|\nabla u_m(t)\|_0^2, \qquad \text{q.o. in } (0,T)$$

e, per la disuguaglianza di Schwarz,

$$(f(t), \dot{u}_m(t))_0 \leq \|f(t)\|_0 \|\dot{u}_m(t)\|_0 \leq \frac{1}{2}\|f(t)\|_0^2 + \frac{1}{2}\|\dot{u}_m(t)\|_0^2.$$

Da questa disuguaglianza e da (9.47), deduciamo

$$\frac{d}{dt}\|\nabla u_m(t)\|_0^2 + \|\dot{u}_m(t)\|_0^2 \leq \|f(t)\|_0^2, \qquad \text{per q.o. } t \in (0, T).$$

Integrando su $(0, t)$ otteniamo, essendo $\|\nabla g_m\|_0^2 \leq \|\nabla g\|_0^2$,

$$\|\nabla u_m(t)\|_0^2 + \int_0^t \|\dot{u}_m(s)\|_0^2 \, ds \leq \int_0^t \|f(s)\|_0^2 \, ds + \|\nabla g\|_0^2. \tag{9.48}$$

Passando al limite per $m \to \infty$, ricaviamo che la stessa stima vale per u e quindi che $u \in L^\infty\left(0, T; H_0^1(\Omega)\right)$, $\dot{u} \in L^2\left(0, T; L^2(\Omega)\right)$ e che vale (9.44). In particolare, poiché $\dot{u}(t) \in L^2(\Omega)$ per q.o. $t \in (0, T)$, possiamo scrivere

$$(\nabla u(t), \nabla v)_0 = (f(t) - \dot{u}(t), v)_0$$

per q.o. $t \in [0, T]$ e ogni $v \in V$.

Ora, dal Teorema 8..6.3 di regolarità ellittica deduciamo che $u(t) \in H^2(\Omega)$ per quasi ogni $t \in [0, T]$ e che

$$\|u(t)\|_{H^2(\Omega)}^2 \leq C(n, \Omega)\left\{\|f(t)\|_0^2 + \|\dot{u}(t)\|_0^2\right\}.$$

Integrando su $(0, T)$ e usando (9.48) per u, otteniamo $u \in L^2(0, T; H^2(\Omega))$ e la stima (9.45).   □

Nota 5.2. Il Teorema 4.7 continua a valere con $H^1(\Omega)$ al posto di $H_0^1(\Omega)$. Anche la dimostrazione è la stessa, usando la autofunzioni di Neumann per l'operatore di Laplace anziché quelle di Dirichlet. In questo modo otteniamo un risultato di regolarità per il problema di Neumann omogeneo e le stime (9.44), (9.45).

Ulteriore regolarità globale richiede che i dati f e g soddisfino opportune condizioni di compatibilità su $\partial\Omega \times \{t = 0\}$. Assumiamo che Ω sia regolare, $f \in C^\infty\left(\overline{Q}_T\right)$ e $g \in C^\infty\left(\overline{\Omega}\right)$. Supponiamo che $u \in C^\infty\left(\overline{Q}_T\right)$. Poiché $u = 0$ sulla parte laterale, abbiamo

$$u = \partial_t u = \cdots = \partial_t^j u = \cdots = 0, \quad \forall j \geq 0, \text{ su } S_T \tag{9.49}$$

che, per continuità, vale anche per $t = 0$ su $\partial\Omega$. D'altra parte, dall'equazione del calore abbiamo

$$\partial_t u = \Delta u + f, \qquad \partial_t^2 u = \Delta(\partial_t u) + \partial_t f = \Delta^2 u + \Delta f + \partial_t f$$

e, in generale ($\Delta^0 = Identità$)

$$\partial_t^j u = \Delta^j u + \sum_{k=0}^{j-1} \Delta^k \partial_t^{j-1-k} f, \quad \forall j \geq 1, \text{ in } Q_T.$$

Per $t = 0$ abbiamo $\Delta^j u\,(0) = \Delta^j g$ e dalla (9.49) deduciamo le relazioni

$$g = 0 \quad \text{e} \quad \Delta^j g + \sum_{k=0}^{j-1} \Delta^k \partial_t^{j-1-k} f\,(0) = 0, \qquad \forall j \geq 1, \text{ su } \partial\Omega. \qquad (9.50)$$

Le condizioni (9.50) sono dunque necessarie per avere $u \in C^\infty\left(\overline{Q}_T\right)$. Risultano anche sufficienti, come indicato dal seguente teorema che ci limitiamo ad enunciare[6].

Teorema 5.3. *Siano Ω un dominio limitato e Lipschitziano e u la soluzione debole del problema (9.6). Se $f \in C^\infty\left(\overline{Q}_T\right)$, $g \in C^\infty\left(\overline{\Omega}\right)$ e le condizioni di compatibilità (9.50) sono soddisfatte, allora $u \in C^\infty\left(\overline{Q}_T\right)$.*

Nota 5.3. I precedenti risultati di regolarità possono essere estesi ad equazioni più generali. Per esempio, assumiamo che $\mathbf{A}$ sia simmetrica e che i coefficienti a_{ij}, c_j e a (anche h nel caso di condizioni di Robin) *non dipendano* da t. Allora, se $f \in L^2\,(0,T;H)$ e $g \in V$, la soluzione debole u del problema omogeneo di Cauchy-Dirichlet o di Cauchy-Robin/Neumann appartiene a $L^\infty\,(0,T;V)$, mentre $\dot{u} \in L^2\,(0,T;H)$. Se inoltre Ω è di classe C^2 e i coefficienti a_{ij} sono Lipschitziani in $\overline{\Omega}$, allora $u \in L^2\left(0,T;H^2\,(\Omega)\right)$. La dimostrazione è analoga a quella del Teorema 5.2. Inoltre, se tutti i dati sono di classe C^∞, allora $u \in C^\infty\,(Q_T)$. La regolarità fino alla frontiera di Q_T richiede condizioni di compatibilità che generalizzano quelle in (9.50) per le quali rimandiamo a testi più specializzati segnalati in bibliografia.

9.5.3 Principi di massimo debole

Le soluzioni deboli soddisfano principi di massimo che generalizzano quelli nel Capitolo 2. Consideriamo l'operatore

$$\mathcal{P}u = u_t - \operatorname{div}(\mathbf{A}\,(\mathbf{x},t)\,\nabla u) + a\,(\mathbf{x},t)\,u,$$

dove $\mathbf{A}$ e a soddisfano le ipotesi (9.3) e (9.4), e la forma bilineare associata

$$B\,(w,v;t) = \int_\Omega \{\mathbf{A}\,(\mathbf{x},t)\,\nabla w \cdot \nabla v + a\,(\mathbf{x},t)\,wv\}\,d\mathbf{x}.$$

Siano Ω un dominio limitato e Lipschitziano, $f \in L^2\left(0,T;H^{-1}\,(\Omega)\right)$ e $g \in L^2\,(\Omega)$. Sotto queste ipotesi, sappiamo che esiste un'unica soluzione debole

$$u \in H^1\left(0,T;H_0^1\,(\Omega)\,,H^{-1}\,(\Omega)\right)$$

del problema

$$\langle \dot{u}\,(t)\,,v\rangle_* + B\,(u\,(t)\,,v;t) = \langle f\,(t)\,,v\rangle_* \qquad (9.51)$$

per quasi ogni $t \in (0,T)$ e ogni $v \in H_0^1\,(\Omega)$, con $u\,(0) = g$.

---

[6] Per la dimostrazione, si veda e.g. *Brezis*, 2010.

Diciamo che $f(t) \geq 0$ in $\mathcal{D}'(\Omega)$ q.o. in $(0, T)$ se $\langle f(t), \varphi \rangle \geq 0$ q.o. in $(0, T)$, $\forall \varphi \in \mathcal{D}(\Omega)$, $\varphi \geq 0$ in Ω. Vale il seguente risultato.

Teorema 5.4. *Sia u una soluzione debole del problema (9.51). Se $g \geq 0$ q.o. in Ω e $f(t) \geq 0$ in $\mathcal{D}'(\Omega)$ q.o. in $(0, T)$, allora, per ogni $t \in [0, T]$,*

$$u(t) \geq 0 \text{ q.o. in } \Omega.$$

Proof. Per semplicità, diamo la dimostrazione sotto le ipotesi addizionali che i coefficienti a_{ij}, a siano indipendenti dal tempo, $f \in L^2(\Omega)$ e $g \in H_0^1(\Omega)$. Allora, dalla Nota 4.4, sappiamo che $\dot{u} \in L^2\left(0, T; L^2(\Omega)\right)$ e che u soddisfa l'equazione

$$(\dot{u}(t), v)_0 + B(u(t), v) = (f(t), v)_0 \tag{9.52}$$

per quasi ogni $t \in (0, T)$ e ogni $v \in H_0^1(\Omega)$.

Poiché $u = 0$ su S_T, allora $u^-(t) = \max\{-u(t), 0\} \in H_0^1(\Omega)$ q.o. in $(0, T)$. Pertanto possiamo scegliere $v(t) = -u^-(t) \leq 0$ come funzione test in (9.52). Ricordando che $u(t) = u^+(t) - u^-(t)$, troviamo, essendo $|a| \leq \alpha_0$ q.o. in Ω,

$$B(u(t), -u^-(t)) = \int_\Omega \left\{ \mathbf{A}(\mathbf{x}) \nabla u^-(t) \cdot \nabla u^-(t) + a(\mathbf{x}) \left(u^-(t)\right)^2 \right\} d\mathbf{x}$$
$$\geq -\alpha_0 \|u^-(t)\|_0^2$$

e, poiché $f \geq 0$ q.o. in Ω,

$$\left(f(t), -u^-(t)\right)_0 \leq 0, \quad \text{q.o. in } (0, T).$$

Dunque, dalla (9.52) e dalla formula $(\dot{u}(t), -u^-(t))_0 = \frac{1}{2}\frac{d}{dt}\|u^-(t)\|_0^2$, deduciamo che

$$\frac{1}{2}\frac{d}{dt}\|u^-(t)\|_0^2 \leq \alpha_0 \|u^-(t)\|_0^2 \tag{9.53}$$

q.o. in $[0, T]$. Ora, $g = u(0) \geq 0$ q.o. in Ω implica $\|u^-(0)\|_0^2 = 0$. Dalla (9.53) segue che $u^-(t) = 0$ e quindi $u(t) = u^+(t) \geq 0$, q.o. in Ω, per ogni $t \in [0, T]$, essendo $u^- \in C\left([0, T]; L^2(\Omega)\right)$. $\square$

Nota 5.4. Vi sono principi di massimo per altri tipi di problemi (si veda il Problema 9.7). Sia $u \in H^1\left(0, T; H^1(\Omega), H(\Omega)^*\right)$ la soluzione del problema di Cauchy-Neumann

$$\langle \dot{u}(t), v \rangle_* + B(u(t), v; t) = (f(t), v)_0 + (q(t), v)_{L^2(\partial\Omega)}$$

q.o. in $(0, T)$ e per ogni $v \in H^1(\Omega)$, con $u(0) = g$.

Assumiamo che $f \in L^2(Q_T)$, $g \in L^2(\Omega)$ e $q \in L^2(S_T)$. In questo caso, il principio di massimo afferma che, se $g \geq 0$ q.o. in Ω, $f \geq 0$ q.o. in Q_T e $q \geq 0$ q.o. su S_T, allora $u(t) \geq 0$ q.o. in Ω, per ogni $t \in [0, T]$.

In altri termini, se

$$\begin{cases} \mathcal{P}u \geq 0 & \text{in } Q_T \\ \mathbf{A}\nabla u \cdot \boldsymbol{\nu} \geq 0 & \text{su } S_T \\ u(\mathbf{x}, 0) \geq 0 & \text{in } \Omega \end{cases}$$

allora $u \geq 0$ in Q_T.

9.6 Un'equazione di diffusione e reazione non lineare

9.6.1 Uno schema iterativo

In questa sezione ci serviamo della teoria svolta per analizzare il seguente problema di Cauchy-Neumann:

$$\begin{cases} u_t - \Delta u = f(u) & \text{in } Q_T \\ \partial_\nu u = 0 & \text{su } S_T \\ u(\mathbf{x}, 0) = g(\mathbf{x}) & \text{in } \Omega. \end{cases} \tag{9.54}$$

Assumiamo che Ω sia un dominio limitato e *Lipschitziano* e che $f \in C^1(\mathbb{R})$, $g \in L^\infty(\Omega) \cap H^1(\Omega)$.

Il semplice esempio dell'equazione ordinaria $\dot{u} = u^2$, mostra che, in generale, non ci possiamo aspettare esistenza di una soluzione nell'intero intervallo $[0, T]$. Come nel caso ellittico (sottosezione 8.7.1), l'esistenza di una soluzione può essere dimostrata col metodo delle sopra\sottosoluzioni. Sia $V = H^1(\Omega)$.

Definizione 6.1. *Sia* $u \in C([0, T]; L^2(\Omega)) \cap L^2(0, T; V)$, *con* $\dot{u} \in L^2(0, T; L^2(\Omega))$. *Diciamo che* u *è una sottosoluzione debole del problema (9.54) se* $u(0) \leq g$ *e, per ogni* $v \in L^2(0, T; V)$, $v \geq 0$ *q.o. in* Q_T,

$$\int_0^T \{(\dot{u}(t), v(t))_0 + (\nabla u(t), v(t))_0\} \, dt \leq \int_0^T (f(u(t)), v(t))_0 \, dt. \tag{9.55}$$

Analogamente, u é soprasoluzione se $u(0) \geq g$ e la (9.55) vale col $\geq$.

Diciamo poi che u è soluzione debole di (9.54), se u è sia sotto sia soprasoluzione debole. Il seguente è un lemma di confronto tra sotto e soprasoluzioni.

Lemma 6.1 *Siano v e w, sotto e soprasoluzione debole del problema (9.54), rispettivamente. Allora*

$$v \leq w \quad \text{q.o. in } Q_T.$$

Dimostrazione. La funzione $z = w - v$ soddisfa, in forma debole, il sistema

$$\begin{cases} z_t - \Delta z \geq f(w) - f(v) & \text{in } Q_T \\ \partial_\nu z \geq 0 & \text{su } S_T \\ z(\mathbf{x}, 0) \geq 0 & \text{in } \Omega. \end{cases}$$

Poiché w e v sono limitate, abbiamo $a \leq v, w \leq b$ q.o. in Q_T, per qualche $a, b \in \mathbb{R}$. Per il Teorema del valor medio, possiamo scrivere, per un opportuno φ tra v e w, $f(w) - f(v) = f'(\varphi) z$. Ponendo $c(\mathbf{x}, t) = -f'(\varphi)$, abbiamo $|c| \leq \max_{[a,b]} |f'|$ e

$$w_t - \Delta w + c(\mathbf{x}, t) w \geq 0.$$

Dal principio di massimo debole (si veda la Nota 5.4) deduciamo $w \geq 0$ q.o. in Q_T. $\qquad \square$

Possiamo ora costruire uno schema iterativo che conduce ad un risultato di esistenza ed unicità per il problema (9.54).

Teorema 6.2. *Siano $\overline{u}$ e $\underline{u}$, rispettivamente, sopra e sotto soluzione debole, limitate, del problema (9.54). Allora esiste un'unica soluzione debole u tale che*

$$\underline{u} \le u \le \overline{u} \quad q.o. \ in \ Q_T. \tag{9.56}$$

Dimostrazione. Abbiamo $a \le \overline{u}, \underline{u} \le b$ q.o. in Q_T, per opportuni $a, b \in \mathbb{R}$. Poniamo $F(s) = f(s) + M$, con $M = \max_{[a,b]} |f'|$, cosicché

$$F'(s) = f'(s) + M \ge -M + M = 0,$$

per cui F risulta nondecrescente in $[a, b]$. Riscriviamo l'equazione originale nella forma

$$u_t - \Delta u + Mu = f(u) + Mu \equiv F(u).$$

Definiamo $u_0 = \underline{u}$ e sia u_1 la soluzione debole del problema lineare

$$\begin{cases} \partial_t u_1 - \Delta u_1 + Mu_1 = F(u_0) & \text{in } Q_T \\ \partial_\nu u_1 = 0 & \text{su } S_T \\ u_1(\mathbf{x}, 0) = g(\mathbf{x}) & \text{in } \Omega. \end{cases} \tag{9.57}$$

Poiché $F(u_0)$ è limitata in Q_T e $g \in H^1(\Omega)$, dalla Nota 5.2 esiste un'unica soluzione debole $u_1 \in C([0, T]; L^2(\Omega)) \cap L^2(0, T; V)$, con $\dot{u}_1 \in L^2(0, T; L^2(\Omega))$.

La funzione $w_1 = u_1 - u_0$ è una soluzione debole del problema

$$\begin{cases} \partial_t w_1 - \Delta w_1 + Mw_1 \ge F(u_0) - F(u_0) = 0 & \text{in } Q_T \\ \partial_{\boldsymbol{\nu}} w_1 \ge 0 & \text{su } S_T \\ w_1(\mathbf{x}, 0) \ge 0 & \text{in } \Omega. \end{cases}$$

Dal principio di massimo debole e dal Lemma 6.2, ricaviamo $a \le u_0 \le u_1$, q.o. in Q_T. In modo analogo si deduce che $u_1 \le \overline{u} \le b$, q.o. in Q_T. Abbiamo, dunque:

$$a \le u_0 \le u_1 \le \overline{u} \le b, \quad q.o. \ in \ Q_T.$$

Procediamo ora per induzione. Assumiamo che $k > 1$ e che $u_{k-1} \in C([0, T]; L^2(\Omega)) \cap L^2(0, T; V)$, con $\dot{u}_{k-1} \in L^2(0, T; L^2(\Omega))$, sia tale che

$$a \le u_0 \le u_1 \le \cdots \le u_{k-2} \le u_{k-1} \le \overline{u} \le b \quad q.o. \ in \ Q_T. \tag{9.58}$$

Sia u_k la soluzione debole del problema

$$\begin{cases} \partial_t u_k - \Delta u_k + Mu_k = F(u_{k-1}) & \text{in } D_T \\ \partial_{\boldsymbol{\nu}} u_k = 0 & \text{su } S_T \\ u_k(\mathbf{x}, 0) = g(\mathbf{x}) & \text{in } \Omega. \end{cases} \tag{9.59}$$

Allora anche $u_k \in C([0, T]; L^2(\Omega)) \cap L^2(0, T; V)$, con $\dot{u}_k \in L^2(0, T; L^2(\Omega))$. Inoltre, la funzione $w_k = u_k - u_{k-1}$ è soluzione debole del problema

$$\begin{cases} \partial_t w_k - \Delta w_k + Mw_k \ge F(u_{k-1}) - F(u_{k-2}) & \text{in } Q_T \\ \partial_{\boldsymbol{\nu}} w_k \ge 0 & \text{su } S_T \\ w_k(\mathbf{x}, 0) \ge 0 & \text{in } \Omega. \end{cases}$$

Essendo F nondecrescente, dalla (9.58) si ha $F(u_{k-1}) - F(u_{k-2}) \geq 0$. Usando ancora il principio di massimo e il Lemma 6.1, deduciamo che

$$\underline{u} \leq u_0 \leq u_1 \leq \cdots \leq u_{k-1} \leq u_k \leq \overline{u} \leq b \qquad \text{q.o. in } Q_T.$$

Poiché $\{u_k\}$ è nondecrescente e limitata, converge q.o. e in $L^2(Q_T)$ a una funzione limitata u. Inoltre, ricordando la Nota 5.2, dalle stime (9.44) e (9.45), possiamo estrarre una sottosuccessione $\{u_{k_m}\}$ convergente a u debolmente in $L^2(0, T; V)$, con $\{\dot{u}_{k_m}\}$ convergente debolmente a $\dot{u}$ in $L^2(0, T; L^2(\Omega))$. Poiché il limite di ogni sottosuccessione convergente è unico, le intere successioni convergono debolmente a u e $\dot{u}$, rispettivamente. È dunque possibile passare al limite per $k \to +\infty$, per ogni $v \in L^2(0, T; V)$ fissato, nell'equazione

$$\int_0^T \left\{ (\dot{u}_k(t), v(t))_0 + (\nabla u_k(t), \nabla v(t))_0 + M(u_k, (t) v(t))_0 \right\} dt$$

$$= \int_0^T (F(u_{k-1}(t)), v(t))_0 \, dt$$

e dedurre che u è soluzione debole di (9.54). Ciò prova l'esistenza.

L'unicità segue dal Lemma 6.1. Infatti, se u_1 e u_2 sono due soluzioni del problema (9.54), esssendo entrambe sopra e sottosoluzione, il Lemma 6.1 dà $u_1 \geq u_2$ e $u_2 \geq u_1$. □

Nota 6.1. Se nella dimostrazione del Teorema 6.2 si pone $u_0 = \overline{u}$, si ottiene una successione noncrescente $\{u_k\}$, convergente alla soluzione u.

Nota 6.2. In alcuni casi esistono sopra/sottosoluzioni *indipendenti dal tempo*. In questo caso, la soluzione ottenuta nel Teorema 6.1 esiste per ogni $t > 0$. Inoltre, u è cresente rispetto al tempo, cioè $u(t_2) \geq u(t_1)$ se $t_2 > t_1$ (Problema 9.10).

9.6.2 Un problema di Cauchy-Neumann per l'equazione di Fisher-Kolmogoroff

Applichiamo i risultati precedenti al seguente problema di Cauchy-Neumann per l'equazione di Fisher-Kolmogoroff:

$$\begin{cases} w_\tau = D\Delta w + aw\left(1 - \dfrac{w}{N}\right) & \Omega \times (0, +\infty) \\ \partial_\nu w = 0 & \text{su } \partial\Omega \times (0, +\infty) \\ w(\mathbf{y}, 0) = G(\mathbf{y}) & \text{in } \Omega, \end{cases} \tag{9.60}$$

dove $G \geq 0$. Abbiamo già incontrato l'equazione di Fisher Kolmogoroff nella sottosezione 2.10.2 e la sua versione stazionaria, con condizioni di Dirichlet omogenee nell'Esempio 8.7.1. Facciamo riferimento a quegli esempi per il significato dei coefficienti a, D e N. Per analizzare il problema (9.60), è conveniente introdurre variabili adimensionali, riscalando opportunamente $\mathbf{y}, \tau$ e w. Per riscalare la variabile spaziale possiamo usare $L = \text{diam}(\Omega)$ o $L = |\Omega|^{1/n}$ come lunghezze tipiche e porre $\mathbf{x} = \mathbf{y}/L$. Sia $\Omega_L = \{\mathbf{x} : L\mathbf{x} \in \Omega\}$ il dominio trasformato.

Per riscalare il tempo, abbiamo almeno due scelte. Per esempio, ricordando che la dimensione di a è $[tempo]^{-1}$ e quelle di D sono $[lunghezza]^2 \times [tempo]^{-1}$, possiamo porre

$$t = a\tau \quad \text{o} \quad t = \frac{D\tau}{L^2}.$$

Scegliamo la seconda opzione. Infine, per riscalare w, usiamo la capacità dell'ambiente N e poniamo

$$u(\mathbf{x}, t) = \frac{1}{N} w \left(L\mathbf{x}, \frac{L^2 t}{D} \right).$$

Dopo calcoli di routine, otteniamo per u il problema

$$\begin{cases} u_t = \Delta u + \lambda u (1-u) & \Omega_L \times (0, +\infty) \\ \partial_\nu u = 0 & \text{su } \partial\Omega \times (0, +\infty) \\ u(\mathbf{x}, 0) = g(\mathbf{x}) & \text{in } \Omega_L, \end{cases} \tag{9.61}$$

dove $\lambda = aL^2/D$, $g(\mathbf{x}) = G(L\mathbf{x})/N$ sono parametri adimensionali. Vale il seguente risultato.

Microteorema 6.3. *Se $g \in H^1(\Omega_L)$ e $0 \le g \le 1$ q.o. in Ω_L, allora esiste un'unica soluzione debole u del problema di Cauchy-Neumann (9.61) e $0 \le u(t) \le 1$ per ogni $t > 0$, q.o. in Ω_L. Inoltre, se $m = \text{essinf}_{\Omega_L} g > 0$, allora*

$$\|u(t) - 1\|_{L^\infty(\Omega_L)} \to 0 \qquad \text{per } t \to +\infty. \tag{9.62}$$

Dimostrazione. Osserviamo che $\underline{u} = 0$ e $\overline{u} = 1$ sono sotto/soprasoluzioni costanti del problema (9.61), rispettivamente. Per il Teorema 6.1 e la Nota 6.2, esiste un'unica soluzione debole u e $0 \le u(t) \le 1$ q.o. in Ω_L, per ogni $t > 0$. Per dimostrare (9.62), sia $z = z(t)$ la soluzione dell'equazione differenziale ordinaria $\dot{z} = z(1-z)$, con $z(0) = m$. Allora z è una sottosoluzione del problema (9.61) e $z(t) < 1$ per ogni $t > 0$. Deduciamo che

$$z(t) \le u(\mathbf{x}, t) \le 1 \quad \text{per q.o. } \mathbf{x} \in \Omega_L \text{ e ogni } t > 0.$$

Poiché $z(t) \to 1$ se $t \to +\infty$, la (9.62) segue. $\qquad \square$

Il Microteorema 6.3 asserisce che dati iniziali positivi evolvono verso lo stato stazionario $\overline{u} = 1$, indipendentemente dal valore del parametro $\lambda = aL^2/D$. La conclusione sarebbe diversa se imponessimo condizioni di Dirichlet omogenee $u = 0$ su $\partial\Omega_L \times (0, +\infty)$. In questo caso $\underline{u} = 0$ è una soluzione e $\overline{u} = 1$ è supersoluzione. Ancora concludiamo che esiste un'unica soluzione debole del problema di Cauchy-Dirichlet, ma il comportamento asintotico di u per $t \to +\infty$ dipende da λ. Infatti[7], se λ_1 è il primo autovalore di Dirichlet per l'operatore di Laplace in Ω_L e $\lambda \le \lambda_1$, allora $\|u(t)\|_{L^\infty(\Omega_L)} \to 0$ se $t \to +\infty$ mentre, se $\lambda > \lambda_1$, $\|u(t) - u_s\|_{L^\infty(\Omega_L)} \to 0$ per $t \to +\infty$, dove u_s è lo stato stazionario trovato nell'Esempio 8.7.1

---

[7] Si veda e.g. *J. D. Murray*, 2001, Vol 2.

9.7 L'equazione delle onde

9.7.1 Equazioni iperboliche

La propagazione di onde in mezzi non omogenei ed anisotropi conduce ad equazioni *iperboliche* del secondo ordine, generalizzazione della classica equazione delle onde $u_{tt} - c^2 \Delta u = f$. Con le stesse notazioni delle sezioni precedenti, un'equazione in *forma di divergenza* del tipo

$$u_{tt} - \operatorname{div}(\mathbf{A}(\mathbf{x},t) \nabla u) + \mathbf{b}(\mathbf{x},t) \cdot \nabla u + c(\mathbf{x},t) u = f(\mathbf{x},t) \qquad (9.63)$$

o di *non-divergenza* del tipo

$$u_{tt} - \operatorname{tr}(\mathbf{A}(\mathbf{x},t) D^2 u) + \mathbf{b}(\mathbf{x},t) \cdot \nabla u + c(\mathbf{x},t) u = f(\mathbf{x},t) \qquad (9.64)$$

si dice **iperbolica** in in $Q_T = \Omega \times (0, T)$ se

$$\mathbf{A}(\mathbf{x},t) \boldsymbol{\xi} \cdot \boldsymbol{\xi} > 0 \qquad \text{q.o. in } Q_T, \forall \boldsymbol{\xi} \in \mathbb{R}^n, \boldsymbol{\xi} \neq \mathbf{0}.$$

Alcuni tipici problemi associati ad un'equazione iperbolica sono quelli già considerati per l'equazione delle onde. Assegnata f nel cilindro spazio-temporale Q_T, si vuole determinare una soluzione u of (9.63) o (9.64) che inoltre soddisfi le *condizioni iniziali* (*o di Cauchy*)

$$u(\mathbf{x},0) = g(\mathbf{x}), \quad u_t(\mathbf{x},0) = h(\mathbf{x}) \qquad \text{in } \Omega$$

e una delle solite condizioni su $S_T = \partial \Omega \times (0, T)$, di *Dirichlet, Neumann, di Robin o miste*.

Anche se dal punto di vista fenomenologico le equazioni iperboliche presentano sostanziali differenze da quelle paraboliche, per le equazioni in forma di divergenza, è possibile una formulazione debole simile a quella della sezione precedente, che può essere analizzata ancora col metodo di Faedo-Galerkin. In realtà, nel caso di equazioni generali, se i coefficienti a_{ij} non sono sufficientemente regolari (per esempio di classe $C^1(\overline{Q_T})$) la teoria è un pò più complicata; per questa ragione ci limitiamo all'equazione delle onde.

9.7.2 Il problema di Cauchy-Dirichlet

Consideriamo il problema

$$\begin{cases} u_{tt} - c^2 \Delta u = f & \text{in } Q_T \\ u = 0 & \text{su } S_T \\ u(\mathbf{x},0) = g(\mathbf{x}), \, u_t(\mathbf{x},0) = h(\mathbf{x}) & \text{in } \Omega. \end{cases} \qquad (9.65)$$

Per trovare una formulazione debole, procediamo formalmente e moltiplichiamo l'equazione delle onde per una funzione regolare $v = v(\mathbf{x},t)$, nulla su S_T. Integrando su Q_T, troviamo

$$\int_{Q_T} u_{tt}\left(\mathbf{x},t\right) v\left(\mathbf{x},t\right) d\mathbf{x}dt - c^2 \int_{Q_T} \Delta u\left(\mathbf{x},t\right) v\left(\mathbf{x},t\right) d\mathbf{x}dt$$
$$= \int_{Q_T} f\left(\mathbf{x},t\right) v\left(\mathbf{x},t\right) d\mathbf{x}dt.$$

Integrando per parti il secondo termine rispetto ad $\mathbf{x}$, otteniamo, essendo $v = 0$ su $\partial\Omega$,

$$\int_{Q_T} u_{tt}\left(\mathbf{x},t\right) v\left(\mathbf{x},t\right) d\mathbf{x}dt + c^2 \int_{Q_T} \nabla u\left(\mathbf{x},t\right) \cdot \nabla v\left(\mathbf{x},t\right) d\mathbf{x}dt$$
$$= \int_{Q_T} f\left(\mathbf{x},t\right) v\left(\mathbf{x},t\right) d\mathbf{x}dt.$$

che diventa, nelle notazioni delle sezioni precedenti, separando spazio e tempo,

$$\int_0^T \left(\ddot{u}\left(t\right),v\left(t\right)\right)_0 dt + c^2 \int_0^T \left(\nabla u\left(t\right),\nabla v\left(t\right)\right)_0 dt = \int_0^T \left(f\left(t\right),v\left(t\right)\right)_0 dt,$$

dove $\ddot{u}$ sostituisce u_{tt}. Lo spazio naturale per u è $L^2\left(0,T;H_0^1\left(\Omega\right)\right)$. Dunque, per quasi ogni $t > 0$, $u\left(t\right) \in V = H_0^1\left(\Omega\right)$, e $\Delta u\left(t\right) \in V^* = H^{-1}\left(\Omega\right)$. D'altra parte, dall'equazione delle onde abbiamo

$$u_{tt} = c^2 \Delta u + f.$$

per cui è naturale richiedere che $\ddot{u} \in L^2\left(0,T;V^*\right)$. Coerentemente, un'ipotesi naturale per $\dot{u}$ è $\dot{u} \in L^2\left(0,T;H\right)$, $H = L^2\left(\Omega\right)$, spazio intermedio tra $L^2\left(0,T;V\right)$ e $L^2\left(0,T;V^*\right)$. Pertanto, cerchiamo soluzioni u tali che

$$u \in L^2\left(0,T;V\right), \quad \dot{u} \in L^2\left(0,T;H\right), \quad \ddot{u} \in L^2\left(0,T;V^*\right). \tag{9.66}$$

Assumiamo (per semplicità) che $f \in L^2\left(0,T;H\right)$ e che

$$u\left(0\right) = g \in V, \ \dot{u}\left(0\right) = h \in H. \tag{9.67}$$

Dai Teoremi 7.9.2 e 7.9.3, essendo $H \hookrightarrow V^*$, deduciamo che

$$u \in C\left(\left[0,T\right];H\right) \quad \text{e} \quad \dot{u} \in C\left(\left[0,T\right];V^*\right)$$

e quindi (9.67) ha senso.

Le precedenti considerazioni portano alla seguente definizione.

Definizione 7.1. *Siano $f \in L^2\left(0,T;H\right)$ e $g \in V$, $h \in H$. Diciamo che $u \in L^2\left(0,T;V\right)$ è una soluzione debole del problema (9.65) se $\dot{u} \in L^2\left(0,T;H\right)$, $\ddot{u} \in L^2\left(0,T;V^*\right)$ e:*

1. per ogni $v \in L^2(0, T; V)$,

$$\int_0^T \langle \ddot{u}(t), v(t) \rangle_* \, dt + c^2 \int_0^T (\nabla u(t), \nabla v(t))_0 \, dt = \int_0^T (f(t), v(t))_0 \, dt;$$
(9.68)

2. $u(0) = g$, $\dot{u}(0) = h$.

Come nel caso dell'equazione del calore, la condizione 1 è equivalente alla seguente (Problema 9.13):

1'. per ogni $v \in V$ e q.o. in $(0, T)$,

$$\langle \ddot{u}(t), v \rangle_* + c^2 (\nabla u(t), \nabla v)_0 = (f(t), v)_0.$$
(9.69)

Nota 7.1. Se f, g, h sono regolari e u è una soluzione debole del problema (9.65), che sia anche regolare, allora u è una soluzione classica. Lasciamo la facile verifica al lettore.

Nota 7.2. Come nella Nota 2.1, la (9.69) può intendersi nel senso delle distribuzioni in $\mathcal{D}'(0, T)$. Infatti (Problema 9.14), per ogni $v \in V$, la funzione reale

$$t \mapsto w(t) = \langle \ddot{u}(t), v \rangle_*$$

è una distibuzione in $\mathcal{D}'(0, T)$ e

$$w(t) = \frac{d^2}{dt^2} (u(t), v)_0 \qquad \text{in } \mathcal{D}'(0, T).$$
(9.70)

Di conseguenza, la (9.69) si può scrivere nella forma

$$\frac{d^2}{dt^2} (u(t), v)_0 + c^2 (\nabla u(t), \nabla v)_0 = (f(t), v)_0$$

per ogni $v \in V$ e nel senso delle distribuzioni in $\mathcal{D}'(0, T)$.

9.7.3 Il metodo di Faedo-Galerkin

Vogliamo dimostrare che il problema (9.65) possiede esattamente una soluzione debole e che questa dipende con continuità dai dati, in una norma opportuna. Usiamo ancora il Metodo di Faedo-Galerkin, ma in modo più diretto, senza riferimento ad un problema astratto. Vediamo i passi principali.

1. Sia $\{w_k\}_{k=1}^\infty$ *una base ortonormale in H e ortogonale in V.* Possiamo scrivere

$$g = \sum_{k=1}^\infty \hat{g}_k w_k, \qquad h = \sum_{k=1}^\infty \hat{h}_k w_k$$

dove $\hat{g}_k = (g, w_k)_0$, $\hat{h}_k = (h, w_k)_0$ e dove le serie convergono in V e H, rispettivamente.

2. Poniamo

$$V_m = \text{span} \{w_1, w_2, ..., w_m\}$$

e definiamo

$$u_m(t) = \sum_{k=1}^{m} r_k(t) w_k, \qquad g_m = \sum_{k=1}^{m} \hat{g}_k w_k, \qquad h_m = \sum_{k=1}^{m} \hat{h}_k w_k.$$

Costruiamo la successione $\{u_m\}$ di approssimazioni di Galerkin risolvendo il seguente problema approssimato finito-dimensionale:

Determinare $u_m \in H^2(0, T; V)$ *tale che, per ogni* $s = 1, ..., m$,

$$\begin{cases} (\ddot{u}_m(t), w_s)_0 + c^2 (\nabla u_m(t), \nabla w_s)_0 = (f(t), w_s)_0, & 0 \le t \le T \\ u_m(0) = g_m, \quad \dot{u}_m(0) = h_m. \end{cases} \tag{9.71}$$

Si osservi che la prima equazione in (9.71) è vera per ogni elemento w_s della base scelta in V_m se e solo se risulta vera per *ogni* funzione test $v \in V_m$. Inoltre, essendo $u_m \in H^2(0, T; V)$, si ha $\ddot{u}_m \in L^2(0, T; V)$ e quindi

$$\langle \ddot{u}_m(t), v \rangle_* = (\ddot{u}_m(t), v)_0.$$

3. Si dimostra che le successioni $\{u_m\}$, $\{\dot{u}_m\}$ e $\{\ddot{u}_m\}$ sono limitate in $L^2(0, T; V)$ $L^2(0, T; H)$ e $L^2(0, T; V^*)$, rispettivamente (*stime dell'energia*). Allora il Teorema 6.7.8 di compattezza debole implica che esiste una sottosuccessione $\{u_{m_k}\}$ debolmente convergente in $L^2(0, T; V)$ ad un certo elemento u, mentre $\{\dot{u}_{m_k}\}$ e $\{\ddot{u}_{m_k}\}$ convergono debolmente in $L^2(0, T; H)$ e $L^2(0, T; V^*)$ a $\dot{u}$ e $\ddot{u}$, rispettivamente.

4. Si dimostra che la funzione u costruita nel punto **3** è l'unica soluzione debole del problema (9.65), per cui le intere successioni $\{u_m\}$, $\{\dot{u}_m\}$ e $\{\ddot{u}_m\}$ convergono debolmente a u, $\dot{u}$, $\ddot{u}$ nei loro rispettivi spazi.

9.7.4 Soluzione del problema approssimato

Vale il seguente lemma.

Lemma 7.1. *Per ogni* $m \ge 1$, *esiste un'unica soluzione del problema* (9.71). *In particolare, essendo* $u_m \in H^2(0, T; V)$, *si ha* $u_m \in C^1([0, T]; V)$.

Dimostrazione. Osserviamo che, poiché le $w_1, w_2, ..., w_m$ sono ortonormali in H,

$$(\ddot{u}_m(t), w_s)_0 = \sum_{k=1}^{m} (w_k, w_s)_0 \ddot{r}_k(t) = \ddot{r}_s(t)$$

e poiché sono ortogonali in V,

$$c^2 \sum_{k=1}^{m} (\nabla w_k, \nabla w_s)_0 r_k(t) = c^2 (\nabla w_s, \nabla w_s)_0 r_s(t) = c^2 \|\nabla w_s\|_0^2 r_s(t).$$

Poniamo

$$F_s(t) = (f(t), w_s)_0, \qquad \mathbf{F}(t)^\top = (F_1(t), ..., F_m(t))^\top$$

e

$$\mathbf{R}_m(t)^\top = (r_1(t), ..., r_m(t))^\top, \quad \mathbf{g}_m = (\hat{g}_1, ..., \hat{g}_m)^\top, \quad \mathbf{h}_m = \left(\hat{h}_1, ..., \hat{h}_m\right)^\top.$$

Se introduciamo la matrice diagonale

$$\mathbf{W} = \mathrm{diag}\left\{\|\nabla w_1\|_0^2, \|\nabla w_2\|_0^2, ..., \|\nabla w_m\|_0^2\right\}$$

di ordine m, il problema (9.71) è equivalente al seguente sistema di m equazioni differenziali ordinarie disaccoppiate, lineari, con coefficienti costanti e termine di sorgente in $L^2(0, T; \mathbb{R}^m)$:

$$\ddot{\mathbf{R}}_m(t) + c^2 \mathbf{W} \mathbf{R}_m(t) = \mathbf{F}_m(t), \qquad \text{q.o. in } (0, T), \tag{9.72}$$

con le condizioni iniziali

$$\mathbf{R}_m(0) = \mathbf{g}_m, \quad \dot{\mathbf{R}}_m(0) = \mathbf{h}_m.$$

Poiché $\mathbf{F}_m \in L^2(0, T; \mathbb{R}^m)$, il sistema (9.72) ha un'unica soluzione $\mathbf{R}_m(t) \in H^2(0, T; \mathbb{R}^m)$. Essendo

$$u_m(t) = \sum_{k=1}^m r_k(t) w_k,$$

si deduce che $u_m \in H^2(0, T; V)$. $\qquad\qquad\qquad\qquad\qquad\qquad\qquad\qquad\qquad$ $\square$

9.7.5 Stime dell'energia

Vogliamo mostrare che dalla successione $\{u_m\}$ delle soluzioni del problema (9.71) si può estrarre una sottosuccessione convergente ad una soluzione del problema originale. Occorre mostrare che opportune norme di Sobolev di u_m si possono controllare con opportune norme dei dati, **con costanti di maggiorazione indipendenti da** m. Inoltre, tali stime devono essere abbastanza potenti da permettere il passaggio al limite nell'equazione

$$(\ddot{u}_m(t), v)_0 + c^2(\nabla u_m(t), \nabla v)_0 = (f(t), v)_0.$$

In questo caso si riesce a controllare le norme di u_m in $L^\infty(0, T; V)$, di $\dot{u}_m$ in $L^\infty(0, T; H)$ e di $\ddot{u}$ in $L^2(0, T; V^*)$, cioè le norme

$$\max_{t \in [0, T]} \|\nabla u_m(t)\|_0, \quad \max_{t \in [0, T]} \|\dot{u}_m(t)\|_0 \quad \text{e} \quad \int_0^T \|\ddot{u}_m(t)\|_*^2 \, dt.$$

Teorema 7.2 (Stima di u_m e di $\dot{u}_m$). *Sia u_m la soluzione del problema (9.71). Allora, per ogni $t \in [0, T]$*:

$$\|\dot{u}_m(t)\|_0^2 + c^2\|\nabla u_m(t)\|_0^2 \le e^t\left\{\|\nabla g\|_0^2 + \|h\|_0^2 + \int_0^t \|f(s)\|_0^2 \, ds\right\}. \tag{9.73}$$

Dimostrazione. Poiché $u_m \in H^2\left(0, T; V\right)$, possiamo scegliere $v = \dot{u}_m\left(t\right)$ come funzione test nel problema (9.71). Troviamo:

$$\left(\ddot{u}_m\left(t\right), \dot{u}_m\left(t\right)\right)_0 + c^2 \left(\nabla u_m\left(t\right), \nabla \dot{u}_m\left(t\right)\right)_0 = \left(f\left(t\right), \dot{u}_m\left(t\right)\right)_0 \qquad (9.74)$$

q.o. in $\left(0, T\right)$. Osserviamo ora che, sempre q.o. in $t \in \left(0, T\right)$,

$$\left(\ddot{u}_m\left(t\right), \dot{u}_m\left(t\right)\right)_0 = \frac{1}{2}\frac{d}{dt}\left\|\dot{u}_m\left(t\right)\right\|_0^2,$$

e

$$\left(\nabla u_m\left(t\right), \nabla \dot{u}_m\left(t\right)\right)_0 = \frac{c^2}{2}\frac{d}{dt}\left\|\nabla u_m\left(t\right)\right\|_0^2.$$

Per la disuguaglianza di Schwarz,

$$\left(f\left(t\right), \dot{u}_m\left(t\right)\right)_0 \leq \left\|f\left(t\right)\right\|_0 \left\|\dot{u}_m\left(t\right)\right\|_0 \leq \frac{1}{2}\left\|f\left(t\right)\right\|_0^2 + \frac{1}{2}\left\|\dot{u}_m\left(t\right)\right\|_0^2,$$

cosicché dalla (9.74) deduciamo che

$$\frac{d}{dt}\left\{\left\|\dot{u}_m\left(t\right)\right\|_0^2 + c^2\left\|\nabla u_m\left(t\right)\right\|_0^2\right\} \leq \left\|f\left(t\right)\right\|_0^2 + \left\|\dot{u}_m\left(t\right)\right\|_0^2.$$

Integriamo ora su $\left(0, t\right)$, ricordando che $u_m\left(0\right) = g_m$, $\dot{u}_m\left(0\right) = h_m$ ed osservando che, dalle proprietà di ortogonalità delle w_k, si ha

$$\left\|\nabla g_m\right\|_0^2 \leq \left\|\nabla g\right\|_0^2, \quad \left\|h_m\right\|_0^2 \leq \left\|h\right\|_0^2.$$

Troviamo:

$$\left\|\dot{u}_m\left(t\right)\right\|_0^2 + c^2\left\|\nabla u_m\left(t\right)\right\|_0^2$$

$$\leq \left\|h_m\right\|_0^2 + c^2\left\|\nabla g_m\right\|_0^2 + \int_0^t \left\|f\left(s\right)\right\|_0^2 ds + \int_0^t \left\|\dot{u}_m\left(s\right)\right\|_0^2 ds$$

$$\leq \left\|h\right\|_0^2 + c^2\left\|\nabla g\right\|_0^2 + \int_0^t \left\|f\left(s\right)\right\|_0^2 ds + \int_0^t \left\|\dot{u}_m\left(s\right)\right\|_0^2 ds.$$

Poniamo

$$\Psi\left(t\right) = \left\|\dot{u}_m\left(t\right)\right\|_0^2 + c^2\left\|\nabla u_m\left(t\right)\right\|_0^2, \quad G\left(t\right) = \left\|h\right\|_0^2 + c^2\left\|\nabla g\right\|_0^2 + \int_0^t \left\|f\left(s\right)\right\|_0^2 ds.$$

Osserviamo che Ψ e G sono positive e continue in $\left[0, T\right]$. Allora abbiamo

$$\Psi\left(t\right) \leq G\left(t\right) + \int_0^t \Psi\left(s\right) ds$$

e dal Lemma di Gronwall 3.3, deduciamo che, per ogni $t \in \left[0, T\right]$,

$$\left\|\dot{u}_m\left(t\right)\right\|_0^2 + c^2\left\|\nabla u_m\left(t\right)\right\|_0^2 \leq e^t\left\{\left\|h\right\|_0^2 + c^2\left\|\nabla g\right\|_0^2 + \int_0^t \left\|f\left(s\right)\right\|_0^2 ds\right\}. \qquad \square$$

Vediamo ora come si controlla la norma di $\ddot{u}_m$ in $L^2\left(0, T; V^*\right)$.

Teorema 7.3 (Stima di $\ddot{u}_m$). *Sia u_m la soluzione del problema (9.71). Allora, per ogni $t \in [0, T]$,*

$$\int_0^t \|\ddot{u}_m(s)\|_{V^*}^2 \, ds \leq C_1 \left\{ \|\nabla g\|_0^2 + \|h\|_0^2 \right\} + C_2 \int_0^t \|f(s)\|_0^2 \, ds \qquad (9.75)$$

dove $C_1 = 2c^2(e^t - 1)$ e $C_2 = C_1 + 2C_P^2$.

Dimostrazione. Sia $v \in V$ e scriviamo

$$v = w + z$$

con $w \in V_m = \text{span}\{w_1, w_2, ..., w_m\}$ e $z \in V_m^\perp$. Poiché le $w_1, ..., w_k$ sono ortogonali in V, si ha

$$\|\nabla w\|_0 \leq \|\nabla v\|_0.$$

Utilizzando w come funzione test nel problema (9.71), si trova

$$(\ddot{u}_m(t), v)_0 = (\ddot{u}_m(t), w)_0 = -c^2 (\nabla u_m(t), \nabla w)_0 + (f(t), w)_0.$$

Essendo

$$\left| (\nabla u_m(t), \nabla w)_0 \right| \leq \|\nabla u_m(t)\|_0 \|\nabla w\|_0 \quad \text{e} \quad \left| (f(t), w)_0 \right| \leq C_P \|f(t)\|_0 \|\nabla w\|_0$$

possiamo scrivere

$$\left| (\ddot{u}_m(t), v)_0 \right| \leq \left\{ c^2 \|\nabla u_m(t)\|_0 + C_P \|f(t)\|_0 \right\} \|\nabla w\|_0$$
$$\leq \left\{ c^2 \|\nabla u_m(t)\|_0 + C_P \|f(t)\|_0 \right\} \|\nabla v\|_0.$$

Per definizione di norma in V^*, si ottiene

$$\|\ddot{u}_m(t)\|_* \leq c^2 \|\nabla u_m(t)\|_0 + C_P \|f(t)\|_0.$$

Quadrando entrambi i membri e integrando su $(0, t)$, troviamo

$$\int_0^t \|\ddot{u}_m(s)\|_*^2 \, ds \leq 2c^4 \int_0^t \|\nabla u_m(s)\|_0^2 \, ds + 2C_P^2 \int_0^t \|f(s)\|_0^2 \, ds$$

e dal Teorema 7.2 segue la (9.75). □

9.7.6 Esistenza, unicità e stabilità

I Teoremi 7.2 e 7.3 implicano che le successioni $\{u_m\}$ e $\{\dot{u}_m\}$ sono limitate in $L^\infty(0, T; V)$ e $L^\infty(0, T; H)$ rispettivamente, quindi, in particolare, in $L^2(0, T; V)$ e $L^2(0, T; H)$, mentre la successione $\{\ddot{u}_m\}$ è limitata in $L^2(0, T; V^*)$.

Dal Teorema 6.7.8 deduciamo che esiste una sottosuccessione che per semplicità di notazioni indichiamo ancora con $\{u_m\}$, tale che, per $m \to \infty$,[8]

$$u_m \rightharpoonup u \quad \text{in } L^2(0, T; V)$$
$$\dot{u}_m \rightharpoonup \dot{u} \quad \text{in } L^2(0, T; H)$$
$$\ddot{u}_m \rightharpoonup \ddot{u} \quad \text{in } L^2(0, T; V^*).$$

---

[8] Rogorosamente, $u_m \rightharpoonup u$ *in* $L^2(0, T; V)$, $\dot{u}_m \rightharpoonup w$ *in* $L^2(0, T; H)$, $\ddot{u}_m \rightharpoonup z$ *in* $L^2(0, T; V^*)$ e si dimostra che $w = \dot{u}$, $z = \ddot{u}$.

Allora u è l'unica soluzione del problema (9.65). Vale infatti il seguente teorema.

Teorema 7.4. *Siano $f \in L^2(0,T;H)$, $g \in V$, $h \in H$. Allora u è l'unica soluzione debole del problema (9.65). Inoltre,*

$$\|u\|^2_{L^\infty(0,T;V)} + \|\dot{u}\|^2_{L^\infty(0,T;H)} + \|\ddot{u}\|^2_{L^2(0,T;V^*)}$$
$$\leq C \left\{ \|\nabla g\|^2_0 + \|h\|^2_0 + \|f\|^2_{L^2(0,T;H)} \right\}$$

dove $C = C(c, T, \Omega)$.

Dimostrazione. **Esistenza**. Sappiamo che

$$\int_0^T (\nabla u_m(t), \nabla v(t))_0 \, dt \to \int_0^T (\nabla u(t), \nabla v(t))_0 \, dt$$

per ogni $v \in L^2(0,T;V)$,

$$\int_0^T (\dot{u}_m(t), w(t))_0 \, dt \to \int_0^T (\dot{u}(t), w(t))_0 \, dt$$

per ogni $w \in L^2(0,T;H)$, e

$$\int_0^T (\ddot{u}_m(t), v(t))_0 \, dt = \int_0^T \langle \ddot{u}_m(t), v(t) \rangle_* \, dt \to \int_0^T \langle \ddot{u}(t), v(t) \rangle_* \, dt$$

per ogni $v \in L^2(0,T;V)$,

Vogliamo usare queste proprietà per passare al limite per $m \to +\infty$ nel problema (9.71), tenendo presente che le funzioni test per ogni m devono essere scelte in V_m. Siano $N \leq m$ e $w \in V_N$. Sia $\varphi \in C_0^\infty(0,T)$ e inseriamo $v(t) = \varphi(t) w$ come test nella (9.71). Integrando su $(0,T)$, troviamo

$$\int_0^T \left\{ (\ddot{u}_m(t), w)_0 + c^2 (\nabla u_m, \nabla w)_0 - (f(t), w)_0 \right\} \varphi(t) \, dt = 0. \tag{9.76}$$

Mantenendo N fissato e passando al limite per $m \to +\infty$, per la convergenza debole di u_m e $\ddot{u}_m$ nei loro rispetivi spazi, otteniamo

$$\int_0^T \left\{ (\ddot{u}(t), w)_0 + c^2 (\nabla u(t), \nabla w)_0 - (f(t), w)_0 \right\} \varphi(t) \, dt = 0. \tag{9.77}$$

Passando ora al limite per $N \to \infty$, deduciamo che la (9.77) vale per ogni $w \in V$. Ne segue, per l'arbitrarietà di φ, che

$$\langle \ddot{u}(t), w \rangle_* + c^2 (\nabla u(t), \nabla w)_0 = (f(t), w)_0$$

per ogni $w \in V$ e per quasi ogni $t \in (0,T)$. Quindi u soddisfa (9.69) e sappiamo che $u \in C([0,T];H)$, $\dot{u} \in C([0,T];V^*)$.

Per controllare le condizioni iniziali, sia $v(t) = \varphi(t) w + \psi(t) z$ con $w, z \in V$ e $\varphi, \psi \in C^2([0,T])$ tali che

$$\varphi(0) = 1, \dot{\varphi}(0) = \varphi(T) = \dot{\varphi}(T) = 0, \quad \dot{\psi}(0) = 1, \psi(0) = \psi(T) = \dot{\psi}(T) = 0.$$

Con questa v, integrando per parti due volte, usando il Teorema 7.9.4 c), e la densità di H in V^*, possiamo scrivere, essendo $\dot{u}(0) \in V^*$,

$$\int_0^T \langle \ddot{u}(t), v(t)\rangle_* \, dt = \int_0^T (u(t), \ddot{v}(t))_0 \, dt - \langle \dot{u}(0), z\rangle_* + (u(0), w)_0.$$

Inserendo dunque questa v nella (9.68) troviamo

$$\int_0^T \left\{ (u(t), \ddot{v}(t))_0 + c^2 (\nabla u(t), \nabla v(t))_0 - (f(t), v(t))_0 \right\} = \langle \dot{u}(0), z\rangle_* - (u(0), w)_0. \tag{9.78}$$

D'altra parte, sia $v_N(t) = \varphi(t) w_N + \psi(t) z_N$, dove w_N, z_N sono le proiezioni di w, z, rispettivamente, su V_N. Inserendo v_N come test nella (9.68), integrando per parti due volte e passando al limite prima per $m \to +\infty$ poi per $N \to \infty$, deduciamo che

$$\int_0^T \left\{ \langle u(t), \ddot{v}(t)\rangle_* + c^2 (\nabla u(t), \nabla v(t))_0 - (f(t), v(t))_0 \right\} = (h, z)_0 - (g, w)_0. \tag{9.79}$$

Dalle (9.78) e (9.79) segue che

$$\langle \dot{u}(0), z\rangle_* - (u(0), w)_0 = (h, z)_0 - (g, w)_0 = \langle h, z\rangle_* - (g, w)_0,$$

per ogni $w, z \in V$. Poiché V è denso in H, l'arbitrarietà di w e z implica

$$\dot{u}(0) = h \quad \text{e} \quad u(0) = g.$$

Unicità. Assumiamo $g = h \equiv 0$ $f \equiv 0$. Vogliamo dimostrare che $u \equiv 0$. La dimostrazione sarebbe più facile se potessimo scegliere $\dot{u}$ come test nella (9.69), ma $\dot{u}(t)$ non appartiene a V. Per s fissato, definiamo

$$v(t) = \begin{cases} \int_t^s u(r) \, dr & \text{se } 0 \le t \le s \\ 0 & \text{se } s \le t \le T. \end{cases}$$

Abbiamo $v(t) \in V$ per ogni $t \in [0, T]$ e perciò possiamo inserirla come test nella (9.69). Dopo un'integrazione su $(0, T)$, deduciamo

$$\int_0^s \left\{ \langle \ddot{u}(t), v(t)\rangle_* + c^2 (\nabla u(t), \nabla v(t))_0 \right\} dt = 0. \tag{9.80}$$

Integrando per parti, si ha.

$$\int_0^s \langle \ddot{u}(t), v(t)\rangle_* \, dt = -\int_0^s (\dot{u}(t), \dot{v}(t))_0 \, dt = \int_0^s (\dot{u}(t), u(t))_0 \, dt$$
$$= \frac{1}{2} \int_0^s \frac{d}{dt} \|u(t)\|_0^2 \, dt,$$

essendo $v(s) = \dot{u}(0) = 0$ e $\dot{v}(t) = -u(t)$, se $0 < t < s$. D'altra parte,

$$\int_0^s (\nabla u(t), \nabla v(t))_0 \, dt = -\int_0^s (\nabla \dot{v}(t), \nabla v(t))_0 \, dt = -\frac{1}{2} \int_0^s \frac{d}{dt} \|\nabla v(t)\|_0^2 \, dt.$$

Quindi, dalla (9.80), si ricava

$$\int_0^s \frac{d}{dt}\left\{ \|u\left(t\right)\|_0^2 - c^2 \|\nabla v\left(t\right)\|_0^2 \right\} dt = 0$$

ossia

$$\|u\left(s\right)\|_0^2 + c^2 \|\nabla v\left(0\right)\|_0^2 = 0$$

che implica $u\left(s\right) \equiv 0$.

Stabilità. Per dimostrare la stima di stabilità, usiamo il Microteorema 7.9.2 (per i primi due termini) e la debole semicontinuità inferiore dalla norma in $L^2(0,T;V^*)$ per passare al limite per $m \to \infty$ nella (9.73). $\square$

Problemi

9.1. Si consideri il Problema Parabolico Astratto della Sezione 3, sotto le ipotesi di pag. 561. Mostrare che $w\left(t\right) = e^{-\lambda_0 t} u\left(t\right)$, con $\lambda_0 > \lambda$, soddisfa un problema simile con una forma bilineare coerciva.

9.2. Si consideri il problema

$$\begin{cases} u_t - \left(a\left(x\right)u_x\right)_x + b\left(x\right)u_x + c(x)u = f\left(x,t\right) & 0 < x < 1, 0 < t < T \\ u\left(x,0\right) = g\left(x\right), & 0 \le x \le 1 \\ u\left(0,t\right) = 0, \, u\left(1,t\right) = k\left(t\right). & 0 \le t \le T. \end{cases}$$

1) Con un opportuno cambiamento di variabile per u ridursi a condizioni di Dirichlet omogenee.

2) Scrivere una formulazione debole per il problema così ottenuto.

3) Dimostrare la buona posizione del problema, precisando le ipotesi sui coefficienti a, b, c e sui dati f, g. Ricavare una stima di stabilità per la soluzione u del problema originale.

9.3. Si consideri il problema di Cauchy-Neumann (9.34) con condizioni non-omogenee $\partial_\nu u = q$, con $q \in L^2\left(S_T\right)$.

a) Scrivere una formulazione debole del problema e derivare le stime dell'energia.

b) Dedurre esistenza ed unicità della soluzione.

9.4. Sia

$$\Omega = \left\{ \mathbf{x} \in \mathbb{R}^2 : x_1 + 4x_2^2 < 4 \right\}, \, \Gamma_D = \partial\Omega \cap \{x_1 \ge 0\}, \, \Gamma_N = \partial\Omega\backslash\Gamma_D.$$

Si consideri il problema misto

$$\begin{cases} u_t - \mathrm{div}\left(A_\alpha\left(\mathbf{x}\right)\nabla u\right) + \mathbf{b}\left(\mathbf{x}\right) \cdot \nabla u - \alpha u = x_2 & \text{in } \Omega \times (0,T) \\ u\left(\mathbf{x},0\right) = \mathcal{H}(x_1) & \text{in } \Omega \\ u\left(\boldsymbol{\sigma},t\right) = 0 & \text{su } \Gamma_D \times [0,T] \\ A_\alpha\left(\boldsymbol{\sigma}\right)\nabla u\left(\boldsymbol{\sigma},t\right) \cdot \boldsymbol{\nu}\left(\boldsymbol{\sigma}\right) = -\sigma_1 & \text{su } \Gamma_N \times [0,T] \end{cases}$$

dove $\mathcal{H}$ è la funzione di Heaviside e

$$A_a(\mathbf{x}) = \begin{pmatrix} 1 & 0 \\ 0 & \alpha e^{|\mathbf{x}|^2} \end{pmatrix}, \quad \mathbf{b}(\mathbf{x}) = \begin{pmatrix} x_2 \\ x_2/|x_2| \end{pmatrix}.$$

Determinare per quali valori del parametro reale α, il problema è uniformemente parabolico. Dare una formulazione debole a analizzarne la buona posizione.

9.5 La concentrazione di potassio $c = c(\mathbf{x}, t)$, $\mathbf{x} = (x, y, z)$, in una regione limitata Ω, soddisfa il seguente problema:

$$\begin{cases} c_t - \operatorname{div}(\mu \nabla c) - \sigma c = 0 & \text{in } \Omega \times (0, T) \\ \mu \nabla c \cdot \boldsymbol{\nu} + \chi c = c_{ext}, & \text{su } S_T \\ c(\mathbf{x}, 0) = c_0(\mathbf{x}, 0). & \text{in } \Omega \end{cases}$$

dove: c_{ext} è una concentrazione esterna, nota, σ e χ sono scalari positivi e $\mu = \mu(\mathbf{x})$ è strettamente positivo. Scrivere una formulazione debole e analizzarne la buona posizione, sotto opportune condizioni su Ω, μ, c_{ext} e c_0.

9.6. Enunciare e dimostrare un analogo del Teorema 5.2, per l'equazione del calore con condizioni omogenee di Robin/Neumann.

9.7. Enunciare e dimostrare un analogo del Teorema 5.4 per il problema di Cauchy-Robin.

9.8. Siano Ω un dominio limitato e Lipschitziano e u la soluzione debole del problema

$$\begin{cases} u_t - \Delta u = 0 & \text{in } \Omega \times (0, T) \\ u = 0 & \text{su } S_T \\ u(0) = g & \text{in } \Omega. \end{cases}$$

Dimostrare che se $g \in C(\overline{\Omega})$ con $g = 0$ su $\partial \Omega$, allora $u \in C^\infty(Q_T) \cap C(\overline{Q}_T)$.

[*Suggerimento.* Sia $\{g_m\} \subset C_0^\infty(\Omega)$ tale che $\|g_m - g\|_{L^\infty(\Omega)} \to 0$ per $m \to +\infty$. Sia u_m la soluzione debole corrispondente al dato iniziale g_m. Controllare che $u_m \in C^\infty(\overline{Q}_T)$. Mostrare che

$$\|u_m(t) - u(t)\|_{L^\infty(\Omega)} \le \|g_m - g\|_{L^\infty(\Omega)}$$

per ogni $t \in [0, T]$].

9.9. Sia $\Omega \subset \mathbb{R}^n$ un dominio limitato e Lipschitziano, $Q_T = \Omega \times (0, T)$. Per $k \ge 1$, sia u_k la soluzione debole del seguente poblema di Cauchy-Dirichlet:

$$\begin{cases} \mathcal{P}_k u_k = \partial_t u_k - \operatorname{div}(\mathbf{A}_k(\mathbf{x}, t) \nabla u_k) + \mathbf{c}_k(\mathbf{x}, t) \cdot \nabla u_k + a_k(\mathbf{x}, t) u_k = f & \text{in } Q_T \\ u_k = 0 & \text{su } S_T \\ u_k(\mathbf{x}, 0) = g(\mathbf{x}) & \text{in } \Omega \end{cases}$$

dove $f \in L^2(0, T; H^{-1}(\Omega))$, $g \in L^2(\Omega)$ e $\mathcal{P}_k$ è un operatore uniformemente parabolico soddisfacente le condizioni (9.3) e (9.4), pag. 556. Assumiamo che, per $k \to +\infty$,

$$\mathbf{A}_k \to \mathbf{A}_0 \text{ in } L^\infty(Q_T; \mathbb{R}^{n^2}), \quad \mathbf{c}_k \to \mathbf{c}_0 \text{ in } L^\infty(Q_T; \mathbb{R}^n), \quad a_k \to a_0 \text{ in } L^\infty(Q_T).$$

Sia u_0 la soluzione debole dello stesso problema per l'operatore $\mathcal{P}_0$. Mostrare che $u_k \to u$ in $L^2(0, T; H_0^1(\Omega))$ e in $C([0, T; L^2(\Omega)])$, e inoltre $\dot{u}^k \to \dot{u}$ in $L^2(0, T; H^{-1}(\Omega))$.

9.10. Siano φ e ψ sotto e soprasoluzioni limitate del problema (9.54), pag. 579, rispettivamente. Sia u la soluzione costruita nel Teorema 6.2, con $u(\mathbf{x},0) = \varphi(\mathbf{x})$. Mostrare che:

a) u esiste per ogni $t > 0$;

b) $u(\mathbf{x},t_2) \geq u(\mathbf{x},t_1)$ q.o. in Ω, se $t_2 > t_1$.

[*Suggerimento. b*). Applicare il Principio di Massimo nella Nota 5.4 a $U(t) = u(t + \delta) - u(t)$, $t \geq 0, \delta > 0$].

9.11. Considerare il problema di Cauchy-Neumann

$$\begin{cases} u_{tt} - c^2 \Delta u = f & \text{in } \Omega \times (0,T) \\ u_{\boldsymbol{\nu}}(0,t) = 0 & \text{su } \partial\Omega \times [0,T] \\ u(\mathbf{x},0) = g(\mathbf{x}), \, u_t(\mathbf{x},0) = h(\mathbf{x}). & \text{in } \Omega. \end{cases}$$

Scrivere una formulazione debole e provare gli analoghi dei Teoremi 7.2, 7.3, 7.4.

9.12. *Reazione concentrata.* Si consideri il problema

$$\begin{cases} u_{tt} - u_{xx} + u(x,t)\,\delta(x) = 0 & -1 < x < 1, \, 0 < t < T \\ u(x,0) = g(x), \, u_t(x,0) = h(x) & -1 \leq x \leq 1 \\ u(-1,t) = u(1,t) = 0. & 0 \leq t \leq T. \end{cases}$$

dove $\delta(x)$ denota la delta di Dirac nell'origine.

a) Scrivere una formulazione debole del problema

b) Provarne la buona posizione e scrivere le stime di stabilità sotto opportune ipotesi su g e h.

[*Suggerimento. a*) Siano $V = H_0^1(-1,1)$ e $H = L^2(-1,1)$. Una formulazione debole è: *determinare* $u \in L^2(-1,1;V)$, *con* $\dot{u} \in L^2(-1,1;H)$ *e* $\ddot{u} \in L^2(-1,1;V^*)$, *tale che, per ogni* $v \in V$,

$$\langle \ddot{u}(t), v \rangle_* + (u_x(t), v_x) + u(0,t)\,v(0) = 0 \qquad \text{per q.o. } t \in (0,T)$$

e

$$\|u(t) - g\|_H \to 0, \quad \|\dot{u}(t) - h\|_{V^*} \to 0$$

se $t \to 0$].

9.13. Mostrare che le due condizioni (9.69) e (9.68), pag. 585, sono equivalenti.

9.14. Sia $u \in L^2(0,T;V)$, *con* $\dot{u} \in L^2(0,T;H)$ *e* $\ddot{u} \in L^2(0,T;V^*)$. Mostrare che, per ogni $v \in V$, la funzione $t \mapsto w(t) = \langle \ddot{u}(t), v \rangle_*$ è una distribuzione in $\mathcal{D}'(0,T)$ e

$$w(t) = \frac{d^2}{dt^2}(u(t), v)_0 \quad \text{in } \mathcal{D}'(0,T).$$

Capitolo 10
Sistemi di leggi di conservazione del prim'ordine

10.1 Introduzione

Il moto di un fluido comprimibile con viscosità trascurabile (e.g. l'aria) oppure la propagazione di onde in acque poco profonde sono tipici fenomeni che conducono a sistemi di equazioni del prim'ordine. Questo capitolo si propone come un'introduzione ai concetti base in questa importante area delle equazioni a derivate parziali non lineari, la cui teoria è ancora largamente incompleta. Introduciamo le seguenti notazioni:

$$\mathbf{u} : \mathbb{R}^n \times [0, T] \to U \subseteq \mathbb{R}^m, \qquad \mathbf{F} : U \subseteq \mathbb{R}^m \to \mathcal{M}_{m,n}$$

dove $\mathcal{M}_{m,n}$ è l'insieme delle matrici di ordine $m \times n$. In questo contesto $\mathbf{u}$ è una *variabile di stato* che possiamo denotare come un punto in $\mathbb{R}^m$ o come un vettore colonna. Se $\Omega \subset \mathbb{R}^n$ è un dominio limitato, l'equazione

$$\frac{d}{dt} \int_\Omega \mathbf{u} \, d\mathbf{x} = - \int_{\partial\Omega} \mathbf{F}(\mathbf{u}) \cdot \boldsymbol{\nu} \, d\sigma \qquad (\boldsymbol{\nu} \text{ normale esterna}) \qquad (10.1)$$

equaglia il tasso di variazione della quantità $\int_\Omega \mathbf{u} \, d\mathbf{x}$ al flusso *entrante* di $\mathbf{u}$ attraverso $\partial\Omega$, governato dalla *funzione di flusso* $\mathbf{F}$.

Se si può eseguire la derivazione sotto il segno di integrale, usando la formula di Gauss per il secondo membro, si ottiene

$$\int_\Omega [\mathbf{u}_t + \text{div}\mathbf{F}(\mathbf{u})] \, d\mathbf{x} = \mathbf{0}. \qquad (10.2a)$$

Se la (10.2a) vale in una regione arbitraria Ω, si deduce il *sistema di m equazioni scalari*

$$\mathbf{u}_t + \text{div}\mathbf{F}(\mathbf{u}) = \mathbf{0}. \qquad (10.3)$$

che prende il nome di *legge di conservazione*.

La teoria per questo genere di equazioni è ben sviluppata solo per $n = 1$ e qui ci limiteremo a presentare i concetti e i risultati più importanti in questo

© Springer-Verlag Italia 2016
S. Salsa, *Equazioni a derivate parziali. Metodi, modelli e applicazioni*, 3a edizione,
UNITEXT – La Matematica per il 3+2 97, DOI 10.1007/978-88-470-5785-2_10

caso. Per semplicità, svilupperemo la teoria con $U = \mathbb{R}^m$. Se $n = 1$, la (10.3) diventa

$$\mathbf{u}_t + \mathbf{F}(\mathbf{u})_x = \mathbf{0}. \tag{10.4}$$

In condizioni di regolarità, si può eseguire la derivata rispetto ad x e scrivere la (10.4) nella forma seguente, *non conservativa,*

$$\mathbf{u}_t + D\mathbf{F}(\mathbf{u})\,\mathbf{u}_x = \mathbf{0}, \tag{10.5}$$

dove $D\mathbf{F}$ indica la matrice Jacobiana di $\mathbf{F}$:

$$\begin{pmatrix} F^1_{u_1} & \cdots & F^1_{u_m} \\ & \ddots & \\ F^m_{u_1} & \cdots & F^m_{u_m} \end{pmatrix}.$$

Il sistema (10.5) è un caso particolare di sistemi *quasilineari* della forma

$$\mathbf{u}_t + \mathbf{A}(x, t, \mathbf{u})\,\mathbf{u}_x = \mathbf{f}(x, t, \mathbf{u}), \tag{10.6}$$

dove $\mathbf{A}$ è una matrice $m \times m$ e

$$\mathbf{f} : \mathbb{R} \times \mathbb{R} \times \mathbb{R}^m \to \mathbb{R}^m.$$

Se $\mathbf{A}$ non dipende da $\mathbf{u}$ il sistema si dice *semilineare*, mentre se $\mathbf{A}$ non dipende da $\mathbf{u}$ e

$$\mathbf{f}(x, t, \mathbf{u}) = \mathbf{B}(x, t)\,\mathbf{u} + \mathbf{c}(x, t),$$

il sistema si dice *lineare.*

Per esempio, il cambio di variabili

$$u_x = w_1 \quad \text{and} \quad u_t = w_2$$

trasforma l'equazione delle onde $u_{tt} - c^2 u_{xx} = f$ nel sistema lineare

$$\mathbf{w}_t + \mathbf{A}\mathbf{w}_x = \mathbf{f}, \tag{10.7}$$

dove $\mathbf{w} = \begin{pmatrix} w_1 \\ w_2 \end{pmatrix}$, $\mathbf{f} = \begin{pmatrix} 0 \\ f \end{pmatrix}$ e

$$\mathbf{A} = \begin{pmatrix} 0 & -1 \\ -c^2 & 0 \end{pmatrix}.$$

Si osservi che la matrice $\mathbf{A}$ possiede due autovalori distinti $\lambda_\pm = \pm c$, con autovettori

$$\mathbf{v}_+ = \begin{pmatrix} 1 \\ -c \end{pmatrix} \quad \text{e} \quad \mathbf{v}_- = \begin{pmatrix} 1 \\ c \end{pmatrix}$$

normali alle due famiglie di caratteristiche $x - ct = k$, $x + ct = k$. Ciò riflette la natura *iperbolica* dell'equazione delle onde. Per analogia, diamo la seguente definizione[1].

---

[1] La nozione di iperbolicità è analizzata in generale in *M. Renardy and R. C. Rogers, 1993.*

Definizione 1.1. *Il sistema (o semplicemente la matrice* **A***) si dice stret-tamente iperbolico (iperbolica) se per ogni* $(x, t, \mathbf{u}) \in \mathbb{R} \times \mathbb{R} \times \Omega$, *la matrice* **A** *possiede* m *autovalori reali e distinti*

$$\lambda_1 (x, t, \mathbf{u}) < \lambda_2 (x, t, \mathbf{u}) < \ ... < \lambda_m (x, t, \mathbf{u}).$$

Se **A** è strettamente iperbolica, esistono m autovettori linearmente indipendenti

$$\mathbf{r}_1 (x, t, \mathbf{u}), \ \mathbf{r}_2 (x, t, \mathbf{u}), ..., \mathbf{r}_m (x, t, \mathbf{u})$$

e se $\boldsymbol{\Gamma} = (\mathbf{r}_1 \mid \mathbf{r}_2 \mid ... \mid \mathbf{r}_m)$ è la matrice ottenuta per accostamento dei vettori colonna $\mathbf{r}_1, \mathbf{r}_2, ..., \mathbf{r}_m$, allora possiamo diagonalizzare la matrice **A** scrivendo:

$$\boldsymbol{\Gamma}^{-1} \mathbf{A} \boldsymbol{\Gamma} = \boldsymbol{\Lambda} = \text{diag}(\lambda_1, \ \lambda_2, ..., \lambda_m). \tag{10.8}$$

Le righe della matrice inversa $\boldsymbol{\Gamma}^{-1}$, che indichiamo con

$$\mathbf{l}_1^\top (x, t, \mathbf{u}), \ \mathbf{l}_2^\top (x, t, \mathbf{u}), ..., \mathbf{l}_m^\top (x, t, \mathbf{u}),$$

sono *autovettori sinistri* di **A**, essendo $\boldsymbol{\Gamma}^{-1} \mathbf{A} = \boldsymbol{\Lambda} \boldsymbol{\Gamma}^{-1}$. Ovviamente si ha

$$\mathbf{l}_j^\top \mathbf{r}_k = \delta_{jk}$$

dove δ_{jk} denota il simbolo di Kronecker.

In particolare, per $m = 2$, dati i due autovettori $\mathbf{r}_1$ ed $\mathbf{r}_2$, un vettore $\mathbf{l}_1^\top$ è autovettore sinistro (con autovalore λ_1) *se e solo se* $\mathbf{l}_1^\top \mathbf{r}_2 = 0$ e analogamente, $\mathbf{l}_2^\top$ è autovettore sinistro (con autovalore λ_2) *se e solo se* $\mathbf{l}_2^\top \mathbf{r}_1 = 0$.

Per illustrare la teoria faremo continuamente riferimento a due esempi classici ed importanti.

Esempio 1.1. *Dinamica dei gas.* Consideriamo un gas in moto lungo un tubo unidimensionale. Usando coordinate Euleriane, sia x la coordinata lungo l'asse del tubo e siano $\rho (x, t), v (x, t), p (x, t), E (x, t)$, densità, velocità, pressione ed energia per unità di massa del gas, al punto x e al tempo t, rispettivamente. Il moto del gas è governato dalle leggi di conservazione per la *massa, il momento lineare, l'energia*, che forniscono, per le quattro variabili termodinamiche di cui sopra, il seguente sistema di tre equazioni:

$$\begin{cases} \rho_t + (\rho v)_x = 0 & \text{(massa)} \\ (\rho v)_t + (\rho v^2 + p)_x = 0 & \text{(momento)} \\ (\rho E)_t + ([\rho E + p]v)_x = 0 & \text{(energia).} \end{cases} \tag{10.9}$$

Per chiudere il modello, abbiamo bisogno di un'equazione di stato, per esempio della forma $p = p (\rho, e)$, dove $e = E - \frac{v^2}{2}$ è l'energia interna per unità di massa. Un caso speciale è quello di un *gas ideale* per cui $p = R\rho e / c_v$, dove c_v il calore specifico a volume costante. Ponendo

$$\mathbf{q} = \begin{pmatrix} \rho \\ \rho v \\ \rho E \end{pmatrix} \quad \text{e} \quad \mathbf{F} = \begin{pmatrix} \rho v \\ \rho v^2 + p \\ (\rho E + p)v \end{pmatrix},$$

possiamo riscrivere (10.9) nella forma

$$\mathbf{q}_t + \mathbf{F}\left(\mathbf{q}\right)_x = \mathbf{0}.$$

In condizioni di regolarità, dopo calcoli elementari, il sistema (10.9) può essere scritto nella forma non conservativa

$$\begin{cases} \rho_t + v\rho_x + \rho v_x = 0 \\ v_t + vv_x + \rho^{-1}p_x = 0 \\ E_t + vE_x + p\rho^{-1}v_x = 0. \end{cases} \tag{10.10}$$

La terza equazione può essere ulteriormente semplificata introducendo l'entropia per unità di massa s e usando il secondo principio della Termodinamica:

$$T\frac{Ds}{Dt} = \frac{DE}{Dt} - \frac{p}{\rho^2}\frac{D\rho}{Dt} \tag{10.11}$$

dove T è la temperatura assoluta. Infatti, scrivendo più esplicitamente la (10.11), si ha:

$$T\left(s_t + vs_x\right) = E_t + vE_x - p\rho^{-2}\left(\rho_t + v\rho_x\right)$$

e dalle prima e terza equazione in (10.10), deduciamo

$$s_t + vs_x = 0.$$

Dunque, il sistema (10.10) può essee scritto nella forma:

$$\begin{cases} \rho_t + v\rho_x + \rho v_x = 0 \\ v_t + vv_x + \rho^{-1}p_x = 0 \\ s_t + vs_x = 0. \end{cases} \tag{10.12}$$

In questo caso come equazione di stato si assegna $p = p\left(\rho, s\right)$, con $p_\rho = c^2 > 0$, $p_s > 0$ e inoltre[2]

$$p_{\rho\rho} + \frac{2}{\rho}p_\rho = \frac{2c}{\rho}\left(\rho c_\rho + c\right) > 0.$$

Per un gas politropico ideale, $p\left(\rho, s\right) = (\gamma - 1)\rho s$, con $\gamma > 1$. Osservando che

$$p_x = p_\rho\rho_x + p_s s_x$$

e ponendo

$$\mathbf{z} = \begin{pmatrix} \rho \\ v \\ s \end{pmatrix}, \qquad \mathbf{A}\left(\mathbf{z}\right) = \mathbf{A}\left(\rho, v, s\right) = \begin{pmatrix} v & \rho & 0 \\ p_\rho/\rho & v & p_s/\rho \\ 0 & 0 & v \end{pmatrix},$$

il sistema (10.12) è equivalente a

$$\mathbf{z}_t + \mathbf{A}\left(\mathbf{z}\right)\mathbf{z}_x = \mathbf{0}.$$

---

[2] Si veda *Godlewsky-Raviart, 1996*.

Gli autovalori di **A** sono:

$$\lambda_1\left(\rho,v,s\right)=v-c,\quad \lambda_2\left(\rho,v,s\right)=v,\quad \lambda_3\left(\rho,v,s\right)=v+c \qquad (10.13)$$

con corrispondenti autovettori

$$\mathbf{r}_1=\begin{pmatrix}\rho\\-c\\0\end{pmatrix},\,\mathbf{r}_2=\begin{pmatrix}p_s\\0\\-c^2\end{pmatrix},\,\mathbf{r}_3=\begin{pmatrix}\rho\\c\\0\end{pmatrix}. \qquad (10.14)$$

Il sistema della dinamica dei gas (10.10) è dunque strettamente iperbolico.

Esempio 1.2. *Il sistema-p (p-system).* Usando coordinate Lagrangiane, si può derivare un altro modello per il moto di un gas lungo un tubo. Sotto l'ipotesi di flusso *isoentropico*[3], l'equazione di stato è della forma $p=p\left(w\right)$ e le equazioni di moto si riducono al sistema seguente:

$$\begin{cases} w_t-v_x=0 \\ v_t+p\left(w\right)_x=0, \end{cases} \qquad (10.15)$$

che prende il nome di *sistema-p*. Qui $w=\rho^{-1}$ è il *volume specifico del gas* (quindi $w>0$), v è la sua velocità e x rappresenta la posizione di una particella di gas che si muove lungo il tubo.

Ipotesi naturali su p sono:

$$a\left(w\right)\equiv -p'\left(w\right)>0 \quad \text{e} \quad a'\left(w\right)=-p''\left(w\right)<0$$

per ogni $w>0$ e cioè p è *decrescente e convessa*. Inoltre assumiamo che

$$\lim_{w\to 0^+} p\left(w\right)=+\infty.$$

Queste ipotesi sono verificate per esempio nel caso di un gas ideale politropico, per il quale $p\left(w\right)=kw^{-\gamma}$, dove $k>0$ dipende dall'entropia e $\gamma\geq 1$.

Il sistema-p può essere scritto nella forma (10.4) ponendo

$$\mathbf{u}=\begin{pmatrix}w\\v\end{pmatrix}\quad\text{e}\quad \mathbf{F}\left(\mathbf{u}\right)=\begin{pmatrix}-v\\p\left(w\right)\end{pmatrix}.$$

Poiché

$$\mathbf{A}\left(\mathbf{u}\right)=D\mathbf{F}\left(\mathbf{u}\right)=\begin{pmatrix}0 & -1\\-a\left(w\right) & 0\end{pmatrix},$$

A è strettamente iperbolica con autovalori

$$\lambda_1=-\sqrt{a\left(w\right)}\quad\text{e}\quad \lambda_2=\sqrt{a\left(w\right)} \qquad (10.16)$$

---

[3] Cioè nessuno scambio di calore avviene tra le particelle di fluido e l'entropia è in equilibrio termodinamico. Una trasformazione isoentropica è anche detta *adiabatica*.

Un flusso è detto *omoentropico* se l'entropia è spazialmente uniforme

con autovettori corrispondenti

$$\mathbf{r}_1(w,v) = \begin{pmatrix} 1 \\ \sqrt{a(w)} \end{pmatrix} \quad \text{e} \quad \mathbf{r}_2(w,v) = \begin{pmatrix} 1 \\ -\sqrt{a(w)} \end{pmatrix}. \qquad (10.17)$$

Il nostro principale obiettivo è l'analisi del problema di Riemann (Sezione 4) per il sistema (10.4), data la sua importanza come problema modello e anche perché costituisce un passo chiave nella costruzione di metodi di approssimazione numerica. Dopo alcuni concetti generali sui sistemi iperbolici lineari, risolviamo il problema di Riemann nel caso dei sistemi lineari omogenei a coefficienti costanti. Nella Sezione 3 iniziamo l'analisi del sistema quasilineare (10.3), sotto ipotesi di stretta iperbolicità, introducendo le nozioni di caratteristica e di invarianti di Riemann. Successivamente, come nel caso scalare $m = 1$, trattato nel Capitolo 4, costruiamo soluzioni speciali sotto forma di onde di rarefazione, discontinuità a contatto e onde d'urto (shocks), estendendo la condizione di entropia di Lax per selezionare soluzioni fisicamente ammissibili. L'ultima Sezione è dedicata ad una completa analisi del problema di Riemann per il sistema-p.

10.2 Sistemi iperbolici lineari

10.2.1 Caratteristiche

Abbiamo visto nel Capitolo 4 che, nell'analisi dei modelli scalari ($m = 1$), un ruolo importante è svolto dalle *linee caratteristiche*, lungo le quali si trasportano le informazioni sui dati. Ci si può chiedere se il concetto di linea caratteristica si estenda al caso vettoriale e se possa essere usato per risolvere il problema ai valori iniziali. Cominciamo con il seguente problema di Cauchy per il caso lineare:

$$\begin{cases} \mathbf{u}_t + \mathbf{A}(x,t)\mathbf{u}_x = \mathbf{B}(x,t)\mathbf{u} + \mathbf{c}(x,t) & x \in \mathbb{R},\, t > 0 \\ \mathbf{u}(x,0) = \mathbf{g}(x) & x \in \mathbb{R}. \end{cases} \qquad (10.18)$$

Ragioniamo per analogia, in riferimento all'equazione lineare scalare

$$u_t + a(x,t)u_x = b(x,t)u + c(x,t) \qquad (10.19)$$

con dato iniziale

$$u(x,0) = g(x), \qquad x \in \mathbb{R}.$$

Per questa equazione, una caratteristica (o meglio la sua proiezione sul piano x,t) è definita come una curva γ di equazione $x = x(t)$, soluzione dell'equazione differenziale ordinaria

$$\dot{x} = a(x,t).$$

Calcolando u lungo la caratteristica, ponendo cioè $z(t) = u(x(t),t)$ e differenziando, si ha

$$\dot{z} = u_t + \dot{x}u_x = u_t + a(x,t)u_x.$$

Usando poi la (10.19) e la condizione iniziale, si trova il problema di Cauchy

$$\begin{cases} \dot{z} = b(x(t),t)z + c(x(t),t) \\ z(0) = u(x(0),0) = g(x(0)). \end{cases} \tag{10.20}$$

Risolvendo (10.20), otteniamo i valori di u lungo γ.

Nel caso dei sistemi ci si può ricondurre facilmente a qualcosa di simile se il sistema è **strettamente iperbolico**. In tal caso, infatti, sappiamo che esistono m autovettori linearmente indipendenti

$$\mathbf{r}_1(x,t),\ \mathbf{r}_2(x,t),...,\mathbf{r}_m(x,t)$$

e se $\mathbf{\Gamma} = (\mathbf{r}_1 \mid \mathbf{r}_2 \mid ... \mid \mathbf{r}_m)$, poniamo $\mathbf{v} = \mathbf{\Gamma}^{-1}\mathbf{u}$. Usando la (10.8), per il vettore $\mathbf{v}$ il sistema (10.18) diventa

$$\begin{cases} \mathbf{v}_t + \mathbf{\Lambda}\mathbf{v}_x = \mathbf{B}^*\mathbf{v} + \mathbf{c}^* & x \in \mathbb{R},\, t > 0 \\ \mathbf{v}(x,0) = \mathbf{\Gamma}^{-1}\mathbf{g}(x) = \mathbf{g}^*(x) & x \in \mathbb{R}, \end{cases} \tag{10.21}$$

dove $\mathbf{B}^* = \mathbf{\Gamma}^{-1}\mathbf{B}\mathbf{\Gamma} - \mathbf{\Gamma}^{-1}(\mathbf{A}\mathbf{\Gamma}_x + \mathbf{\Gamma}_t)$ e $\mathbf{c}^* = \mathbf{\Gamma}^{-1}\mathbf{c}$.

Nel sistema (10.21) i primi membri delle equazioni sono *disaccoppiati* e l'equazione per la componente v_k di $\mathbf{v}$ ha la forma

$$\frac{\partial v_k}{\partial t} + \lambda_k \frac{\partial v_k}{\partial x} = \sum_{j=1}^{m} b_{kj}^* v_j + c_k^*. \tag{10.22}$$

Si noti che se $b_{kj}^* = 0$ per $j \neq k$, allora le equazioni sono interamente disaccoppiate ed ognuna è della forma (10.19). E' naturale quindi definire come **linee caratteristiche** le m soluzioni delle equazioni

$$\frac{dx}{dt} = \lambda_k(x,t), \qquad k = 1,...,m.$$

10.2.2 Soluzioni classiche del problema di Cauchy

Risolviamo ora il sistema (10.18). Sotto opportune ipotesi sulle matrici $\mathbf{A}, \mathbf{B}$ e sui vettori $\mathbf{c}$ e $\mathbf{g}$, esiste un'unica soluzione classica, i.e. di classe C^1 nella striscia $\mathbb{R} \times [0,T]$. Per costruirla, usiamo il Teorema delle Contrazioni 7.10.1 in un opportuno spazio di Banach. Precisamente, vale il seguente teorema

Teorema 2.1. *Sia* $S = \mathbb{R} \times [0, T]$. *Assumiamo che la matrice* **A** *sia strettamente iperbolica e inoltre:*

i) gli elementi di **A** *e* **B** *siano di classe* $C^1(S)$, *limitati, con derivate limitate;*

ii) i vettori **c** *e* **g** *siano di classe* $C^1(S)$ *e* $C^1(\mathbb{R})$, *rispettivamente, limitati con derivate limitate .*

Allora il problema di Cauchy (10.18) ha una e una sola soluzione **u** *di classe* $C^1(S)$.

Proof. Basta risolvere il sistema (10.21). Osserviamo preliminarmente che, poiché gli autovalori $\lambda_k = \lambda_k(x, t)$ di **A** sono semplici, in base al Teorema sulle Funzioni Implicite, si può mostrare che ogni $\lambda_k \in C^1(S)$ ed è limitato con derivate limitate in S. In particolare, esiste un numero $L > 0$ tale che

$$|\lambda_k(x, t)| \leq L \qquad x \in \mathbb{R}, \, 0 \leq t \leq T$$

per ogni $k = 1, ..., m$. Inoltre, da queste limitazioni e dalle ipotesi i) e ii), possiamo trovare dei numeri positivi β, γ, η tali che:

$$\sup_S |b_{ij}^*(x, t)| \leq \beta, \qquad \sup_S |\mathbf{c}^*(x, t)| \leq \gamma, \qquad \sup_{\mathbb{R}} |\mathbf{g}^*(x)| \leq \eta.$$

Sia ora (ξ, τ), $\tau \leq T_1 \leq T$, con T_1 da scegliersi opportunamente. Consideriamo le m caratteristiche Γ_i uscenti da (ξ, τ), di equazione $x_i(t) = x_i(t; \xi, \tau)$, dove $x_i = x_i(t)$ risolve l'equazione differenziale

$$\frac{dx_i}{dt} = \lambda_i(x_i, t).$$

Si osservi che x_i è differenziabile con continuità[4] rispetto a ξ, τ. Essendo ogni λ_i di classe C^1 e $|\lambda_i(x, t)| \leq L$, ogni Γ_i è ben definita in un intervallo comune $0 \leq t \leq \tau$. Definiamo $w_i(t) = v_i(x_i(t; \xi, \tau), t)$. Allora

$$\dot{w}_i = \lambda_i \partial_x v_i + \partial_t v_i$$

e dalla (10.21) deduciamo

$$\dot{w}_i(t) = c_i^*(x_i(t; \xi, \tau)) + \sum_{j=1}^{m} b_{ij}^*(x_i(t; \xi, \tau), t)) w_j((t; \xi, \tau)).$$

Integrando su $(0, \tau)$, troviamo, ricordando che $w_i(\tau) = v_i(\xi, \tau)$,

$$v_i(\xi, \tau) = g_i^*(x_i(0; \xi, \tau)) + \int_0^\tau [c_i^*(x_i(s; \xi, \tau), s)$$

$$+ \sum_{j=1}^{m} b_{ij}^*(x_i(s; \xi, \tau), s) v_j(x_i(s; \xi, \tau), s)]ds \qquad (10.23)$$

---

[4] Usiamo i teoremi sulla dipendenza dalle condizioni iniziali de le soluzioni di un problema di Cauchy per sistemi di equazioni differenziali ordinarie. Si veda e.g. *E. A. Coddington, N, Levinson*, 1955.

per ogni $i = 1, ..., m$. Sia $\mathbf{G}(\xi, \tau)$ il vettore di componenti

$$g_i^*(x_i(0; \xi, \tau)) + \int_0^\tau c_i^*(x_i(s; \xi, \tau), s)\, ds \quad i = 1, ..., m.$$

Allora (10.23) si può scrivere come equazione di punto fisso e cioè

$$\mathbf{v} = \mathbf{G} + \mathcal{P}\mathbf{v}, \tag{10.24}$$

dove $\mathbf{z} = \mathcal{P}(\mathbf{v})$ ha componenti

$$z_i(\xi, \tau) = \int_0^\tau \sum_{j=1}^m b_{ij}^*(x_i(s; \xi, \tau), s)\, v_j(x_i(s; \xi, \tau), s)\, ds.$$

Introduciamo ora lo spazio di Banach

$$X = C_b(\mathbb{R} \times [0, T_1]; \mathbb{R}^m)$$

delle funzioni continue e limitate in $\mathbb{R} \times [0, T_1]$, con la norma

$$\|\mathbf{z}\|_X = \sup_{i=1,...,m} \{|w_i(x, t)|; \ x \in \mathbb{R},\, 0 \le t \le T_1\}.$$

Si ha $\mathcal{P} : X \to X$ e inoltre

$$\|\mathcal{P}\mathbf{z}\|_X \le T_1 m\beta \|\mathbf{v}\|_X.$$

Pertanto, se $T_1 m\beta < 1$, $\mathcal{P}$ è una contrazione e quindi la (10.24) ha una sola soluzione $\mathbf{v} \in X$. Inoltre, la successione

$$\mathbf{v}^{n+1} = \mathbf{G} + \mathcal{P}\mathbf{v}^n, \quad \mathbf{v}_0 = \mathbf{0} \tag{10.25}$$

converge a $\mathbf{v}$ in X. Dunque, $\mathbf{v}$ risolve il sistema (10.23). Per dedurre che $\mathbf{v}$ è soluzione del problema (10.21), occorre ancora dimostrare che $\mathbf{v}$ possiede derivate parziali prime continue. A tale scopo introduciamo lo spazio di Banach

$$X^1 = \{\mathbf{w} \in X : \mathbf{w}_x \in X\},$$

con la norma $\|\mathbf{w}\|_{X^1} = \max\{\|\mathbf{w}\|_X, \|\mathbf{w}_x\|_X\}$. Sia $\mathcal{P}^1$ la restrizione di $\mathcal{P}$ a X^1. Allora $\mathcal{P}^1 : X^1 \to X^1$ e

$$\left\|\mathcal{P}^1 \mathbf{w}\right\|_{X^1} \le \rho \|\mathbf{w}\|_{X^1},$$

dove

$$\rho = T_1 m\left\{\left(\beta + \sup |\partial_x b_{ij}^*|\right) \sup |\partial_\xi x_i(t; \xi, \tau)|\right\} + T_1 m\beta.$$

Se $\rho < 1$, i.e. se T_1 è sufficientemente piccolo, dipendente solo dai dati del problema originale, allora $\mathcal{P}^1$ è una contrazione. Quindi anche $\partial_\xi \mathbf{v}^n$ converge in X ed il limite è $\partial_\xi \mathbf{v}$. Ora, poiché $\mathbf{v}^n \in X$, possiamo derivare $\mathcal{P}\mathbf{v}^n$ rispetto a τ. Deduciamo che anche $\partial_\tau \mathbf{v}^n$ converge in X e che il limite è $\partial_\tau \mathbf{v}$. Dunque $\mathbf{v}$ risolve il problema (10.21) ed è chiaramente l'unica soluzione per il modo col quale è stata costruita.

Il procedimento può essere iterato, risolvendo il problema di Cauchy con tempo iniziale $t = T_1$ e dato iniziale $\mathbf{g}(x) = \mathbf{v}(x, T_1)$. In questo modo otteniamo un'estensione della soluzione all'intervallo $0 \le t \le 2T_1$. Dopo un numero finito di passi otteniamo la soluzione nella striscia $\mathbb{R} \times [0, T]$. $\qquad\square$

10.2.3 Sistemi lineari omogenei a coefficienti costanti. Problema di Riemann

Nel caso particolare dei *sistemi omogenei a coefficienti costanti,* cioè

$$\mathbf{u}_t + \mathbf{A}\mathbf{u}_x = \mathbf{0} \qquad x \in \mathbb{R},\, t > 0, \tag{10.26}$$

l'equazione (10.22) diventa

$$\frac{\partial v_k}{\partial t} + \lambda_k \frac{\partial v_k}{\partial x} = 0 \qquad x \in \mathbb{R},\, t > 0 \tag{10.27}$$

e la sua soluzione generale è l'onda progressiva $v_k(x,t) = w_k(x - \lambda_k t)$, dove w_k è una funzione arbitraria, differenziabile. Poiché $\mathbf{u} = \mathbf{\Gamma}\mathbf{v}$, la soluzione generale della (10.26) è data dalla seguente combinazione lineare di onde progressive:

$$\mathbf{u}(x,t) = \sum_{k=1}^{m} v_k(x,t)\mathbf{r}_k = \sum_{k=1}^{m} w_k(x - \lambda_k t)\mathbf{r}_k. \tag{10.28}$$

Scegliendo $w_k = g_k^*$ otteniamo l'unica soluzione soddisfacente la condizione iniziale $\mathbf{u}(x,0) = \mathbf{g}(x)$.

Possiamo calcolare esplicitamente la (10.28) nel caso particolarmente importante (problema di Riemann) :

$$\mathbf{g}(x) = \begin{cases} \mathbf{u}_L & x < 0 \\ \mathbf{u}_R & x > 0. \end{cases}$$

Poiché gli autovettori $\mathbf{r}_1, ..., \mathbf{r}_k$ costituiscono una base in $\mathbb{R}^m$, possiamo scrivere:

$$\mathbf{u}_L = \sum_{k=1}^{m} \alpha_k \mathbf{r}_k \quad \text{and} \quad \mathbf{u}_R = \sum_{k=1}^{m} \beta_k \mathbf{r}_k. \tag{10.29}$$

Ogni scalare v_k è dunque soluzione dalla (10.27) con dato iniziale

$$v_k(x,0) = \begin{cases} \alpha_k & x < 0 \\ \beta_k & x > 0 \end{cases}$$

e quindi

$$v_k(x,t) = \begin{cases} \alpha_k & x < \lambda_k t \\ \beta_k & x > \lambda_k t. \end{cases}$$

Per scrivere l'espressione analitica di $\mathbf{u}$, dividiamo il semipiano in $m+1$ settori delimitati dalle caratteristiche come in Figura 10.1, ricordando che

$$\lambda_1 < \lambda_2 < \cdots < \lambda_{m-1} < \lambda_m.$$

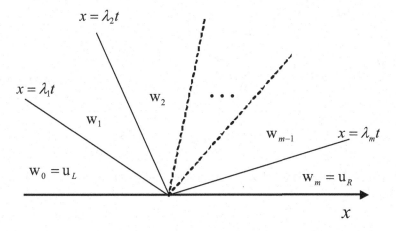

Figura 10.1 Caratteristiche e soluzione del problema di Riemann

Nel settore $S_0 = \{x < \lambda_1 t, \ t > 0\}$ si ha anche $x < \lambda_k t$ per ogni $k = 2, ..., m$. Quindi, in S_0, otteniamo $v_k(x,t) = \alpha_k$ per ogni $k = 1, ..., m$. Dalle (10.28), (10.29) deduciamo:

$$\mathbf{u}(x,t) = \sum_{k=1}^{m} v_k(x,t)\,\mathbf{r}_k = \sum_{k=1}^{m} \alpha_k \mathbf{r}_k = \mathbf{u}_L.$$

Analogamente, nel settore $S_m = \{x > \lambda_m t, \ t > 0\}$ si ha $v_k(x,t) = \beta_k$ per ogni $k = 1, ..., m$ e quindi $\mathbf{u} = \mathbf{u}_R$.

Sia ora $1 \le j \le m - 1$. Nel settore

$$S_j = \{\lambda_j t < x < \lambda_{j+1} t, \ t > 0\}$$

si ha

$$\cdots < \lambda_{j-1} < \lambda_j < \frac{x}{t} < \lambda_{j+1} < \lambda_{j+2} < \cdots, \qquad (t > 0)$$

per cui $\mathbf{u}$ assume il valore costante

$$\mathbf{w}_j = \sum_{k=1}^{j} \beta_k \mathbf{r}_k + \sum_{k=j+1}^{m} \alpha_k \mathbf{r}_k \qquad 1 \le j \le m - 1. \tag{10.30}$$

In conclusione, la soluzione del problema di Riemann è una soluzione di autosimilarità della forma seguente (Figura 10.1):

$$\mathbf{u}(x,t) = \mathbf{w}\left(\frac{x}{t}; \mathbf{u}_l, \mathbf{u}_r\right) = \begin{cases} \mathbf{w}_0 = \mathbf{u}_l & \frac{x}{t} < \lambda_1 \\ \quad\mathbf{w}_1 & \lambda_1 < \frac{x}{t} < \lambda_2 \\ \quad\vdots & \qquad\vdots \\ \mathbf{w}_{m-1} & \lambda_{m-1} < \frac{x}{t} < \lambda_m \\ \mathbf{w}_m = \mathbf{u}_r & \lambda_m < \frac{x}{t}. \end{cases} \tag{10.31}$$

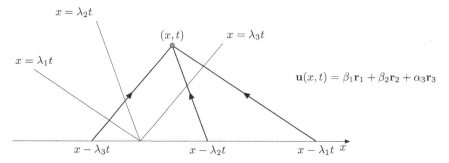

Figura 10.2 Calcolo della soluzione del problema di Riemann dell'Esempio 2.1 nel punto (x, t)

Esempio 2.1. Sia $m = 3$, con stati initiali

$$\mathbf{u}_L = \sum_{k=1}^{3} \alpha_k \mathbf{r}_k \quad \text{and} \quad \mathbf{u}_R = \sum_{k=1}^{3} \beta_k \mathbf{r}_k.$$

La costruzione della soluzione è illustrata in Figura 10.2 dove si vede il contributo dei dati iniziali al valore di $\mathbf{u}$ in (x, t), trasportato lungo le caratteristiche uscenti da (x, t).

Se definiamo

$$J^-(x, t) = \{k : x < \lambda_k t\} \quad \text{e} \quad J^+(x, t) = \{k : x > \lambda_k t\},$$

possiamo scrivere l'espressione analitica della soluzione nelle seguenti forme:

$$\mathbf{u}(x, t) = \mathbf{u}_l + \sum_{k \in J^+(x, t)} (\beta_k - \alpha_k) \mathbf{r}_k = \mathbf{u}_r - \sum_{k \in J^-(x, t)} (\beta_k - \alpha_k) \mathbf{r}_k. \quad (10.32)$$

Ora, per ogni $k = 1, ..., m$, lungo la caratteristica $x = \lambda_k t$, la soluzione $\mathbf{u}$ presenta un salto da sinistra a destra pari a

$$[\mathbf{u}(\cdot, t)]_k = \mathbf{w}_k - \mathbf{w}_{k-1} = (\beta_k - \alpha_k) \mathbf{r}_k \qquad (t > 0) \qquad (10.33)$$

e quindi la (10.32) esprime il valore di $\mathbf{u}$ come combinazione lineare di questi salti. Si vede quindi che la discontinuità iniziale si spezza nella somma di m discontinuità, ognuna delle quali si propaga con una propria velocità caratteristica λ_k, $k = 1, 2, ..., m$. Diciamo che gli stati $\mathbf{u}_l$ e $\mathbf{u}_r$ sono *connessi da m discontinuità a contatto*.

Poiché $\mathbf{A}\mathbf{r}_k = \lambda_k \mathbf{r}_k$, si deduce che, per $t > 0$,

$$\mathbf{A}[\mathbf{u}(\cdot, t)]_k = \lambda_k(\beta_k - \alpha_k) \mathbf{r}_k = \lambda_k [\mathbf{u}(\cdot, t)]_k. \quad (10.34)$$

Come vedremo, la (10.34) corrisponde alla condizione di Rankine-Hugoniot, per una *discontinuità a contatto*.

• *Rette di Hugoniot.* Osserviamo che la (10.34) vale, in generale, solo per $t > 0$, a meno che il salto iniziale $\mathbf{u}_r - \mathbf{u}_l$ *sia un autovettore di* $\mathbf{A}$. Quando ciò si verifica, cioè se

$$\mathbf{u}_r - \mathbf{u}_l = (\beta_j - \alpha_j)\mathbf{r}_j$$

per un certo indice j, allora deve essere $\beta_k = \alpha_k$ per $k \neq j$ e dalla (10.34) ricaviamo

$$\mathbf{u}(x,t) = \begin{cases} \mathbf{u}_l & x < \lambda_j t \\ \mathbf{u}_r & x > \lambda_j t. \end{cases}$$

La soluzione consiste, dunque, della sola discontinuità iniziale, che si propaga alla velocità λ_j. Le altre caratteristiche *non* trasportano salti. In questa situazione, gli stati $\mathbf{u}_l$ e $\mathbf{u}_r$ sono connessi da una singola discontinuità a contatto.

Cambiamo punto di vista; fissiamo $\mathbf{u}_l$ e chiediamoci quali stati $\mathbf{u}$ possono essere connessi ad $\mathbf{u}_l$ (*a destra*[5] di $\mathbf{u}_l$) da una singola $j-$*discontinuità a contatto*, per qualche $j = 1, ..., m$. Da quanto appena visto, occorre che il vettore $\mathbf{u} - \mathbf{u}_l$ sia parallelo a $\mathbf{r}_j$, cioè che

$$\mathbf{A}(\mathbf{u} - \mathbf{u}_l) = \lambda_j(\mathbf{u} - \mathbf{u}_l). \tag{10.35}$$

L'insieme degli stati $\mathbf{u}$ che soddisfano la (10.35) coincide con la retta di equazione

$$\mathbf{u}(s) = \mathbf{u}_l + s\mathbf{r}_j \qquad s \in \mathbb{R}$$

che prende il nome di $j - $ *esima retta di Hugoniot uscente da* $\mathbf{u}_l$.

Conclusione: gli stati $\mathbf{u}$ che possono essere connessi ad $\mathbf{u}_l$ (*alla destra di* $\mathbf{u}_l$) da una singola discontinuità a contatto sono esattamente gli stati che si trovano su una delle m rette di Hugoniot uscenti da $\mathbf{u}_l$.

Nota 2.1. Come già nel caso scalare, in presenza di intervalli semi-infiniti o finiti, occorre cautela nell'assegnare i dati.. Consideriamo un problema in un intervallo $[a, b]$:

$$\mathbf{u}_t + \mathbf{A}\mathbf{u}_x = \mathbf{0}, \qquad x \in [0, R], t > 0 \tag{10.36}$$

con la condizione iniziale

$$\mathbf{u}(x,0) = \mathbf{g}(x), \qquad x \in [0, R].$$

Quali dati occorre assegnare sui lati $x = a$ e $x = b$ affinché il problema risulti ben posto? Consideriamo la $k - $ *esima* equazione del sistema disaccoppiato

$$\frac{\partial v_k}{\partial t} + \lambda_k \frac{\partial v_k}{\partial x} = 0.$$

Supponiamo che $\lambda_k > 0$, cosicché la corrispondente caratteristica γ_k è *inflow* su $x = 0$ e *outflow su* $x = R$ (Sezione 4.2.4). Guidati dal caso scalare, occorre

---

[5] Cioè $\mathbf{u}$ è assegnato per $x > 0$.

assegnare i valori di v_k *solo su* $x = 0$. Al contrario, se $\lambda_k < 0$, i valori di v_k devono assegnarsi su $x = R$. Possiamo dunque trarre le seguenti conclusioni: supponiamo che r autovalori (diciamo $\lambda_1, \lambda_2, ..., \lambda_r$) sono positivi e gli altri $m-r$ autovalori sono negativi. *Allora i valori* $v_1, ..., v_r$ *devono essere assegnati su* $x = 0$ *e i valori di* $v_{r+1}, ..., v_m$ *su* $x = R$. In termini della soluzione originale $\mathbf{u}$, ciò significa assegnare su $x = 0$, r combinazioni lineari indipendenti delle componenti di $\mathbf{u}$:

$$\left(\mathbf{\Gamma}^{-1}\mathbf{u}\right)_k = \sum_{j=1}^{m} c^{jk} u_j \qquad k = 1, 2, ..., r,$$

mentre altre $m - r$ vanno assegnate su $x = R$.

10.3 Leggi di conservazione quasilineari

10.3.1 Caratteristiche e invarianti di Riemann

In questa sezione ci occupiamo di sistemi del tipo

$$\mathbf{u}_t + \mathbf{F}\left(\mathbf{u}\right)_x = \mathbf{0} \tag{10.37}$$

in $\mathbb{R} \times (0, +\infty)$, dove $\mathbf{F}$ è di classe C^2 nel suo dominio, che, per semplicità supponiamo sia $\mathbb{R}^m$. Assumiamo che la matrice $D\mathbf{F} = \mathbf{A}$ sia **strettamente iperbolica,** con autovalori

$$\lambda_1\left(\mathbf{u}\right) < \lambda_2\left(\mathbf{u}\right) < \cdots < \lambda_m\left(\mathbf{u}\right)$$

e corrispondenti autovettori $\mathbf{r}_1\left(\mathbf{u}\right), ..., \mathbf{r}_m(\mathbf{u})$. Sotto queste ipotesi, gli autovalori e gli autovettori sono funzioni di $\mathbf{u}$, di classe[6] C^2.

Ad ogni autovalore $\lambda_k\left(\mathbf{u}\right)$, $k = 1, ..., m$, possiamo associare una famiglia di linee caratteristiche, definite dall'equazione differenziale ordinaria

$$\dot{x} = \lambda_k\left(\mathbf{u}\left(x, t\right)\right).$$

Nel caso u scalare la soluzione è costante lungo le caratteristiche e quindi le caratteristiche "trasportano il valore iniziale di u". Nel caso vettoriale **non è più così**, a meno che il sistema si possa disaccoppiare.

Quali informazioni trasportano le caratteristiche?

Per vederlo, consideriamo gli autovettori (riga) sinistri di $\mathbf{A}\left(\mathbf{u}\right)$,

$$\mathbf{l}_1^\top\left(\mathbf{u}\right), \ \mathbf{l}_2^\top\left(\mathbf{u}\right), ..., \mathbf{l}_m^\top\left(\mathbf{u}\right).$$

---

[6] Si veda e.g. *F. John*, 1982.

Se $\mathbf{u}$ è una soluzione classica di (10.37) in $\mathbb{R} \times (0, T)$, si ha

$$\mathbf{u}_t + \mathbf{A}(\mathbf{u})\,\mathbf{u}_x = \mathbf{0}$$

o equivalentemente, essendo $\mathbf{l}_k^\top(\mathbf{u})\,\mathbf{A}(\mathbf{u}) = \mathbf{l}_k^\top(\mathbf{u})\,\lambda_k(\mathbf{u})$,

$$\mathbf{l}_k^\top(\mathbf{u})(\mathbf{u}_t + \lambda_k(\mathbf{u})\,\mathbf{u}_x) = 0 \qquad k = 1, ..., m. \tag{10.38}$$

Il sistema (10.38) si chiama *sistema caratteristico*. Ognuna delle equazioni (10.38) coinvolge la derivazione di $\mathbf{u}$ solo nella direzione di Γ_k. Indicando con $D_{\Gamma_k}\mathbf{u}$ questa derivata, abbiamo dunque

$$\mathbf{l}_k^\top(\mathbf{u}) \cdot D_{\Gamma_k}\mathbf{u} = 0 \qquad k = 1, ..., m. \tag{10.39}$$

In generale, quindi, l'informazione trasportata lungo la caratteristica Γ_k è espressa dall'equazione scalare (10.39).

Anche se, in generale, $\mathbf{u}$ non si mantiene costante lungo le caratteristiche, possiamo però chiederci se esistono delle funzioni scalari $R = R(\mathbf{u})$, che mantengano valore costante lungo le stesse. Distinguiamo i casi $m = 2$ e $m > 2$.

• **Caso $m = 2$.** Scriviamo $\mathbf{u} = (w, v)$ e consideriamo la caratteristica Γ_1 di equazione $\dot{x} = \lambda_1(\mathbf{u}(x, t))$. Se vogliamo che $R(\mathbf{u}(x, t))$ resti costante lungo Γ_1, la derivata $D_{\Gamma_1}R(\mathbf{u})$ deve essere nulla, cioè

$$\frac{d}{dt}R(\mathbf{u}(x(t), t)) = \nabla R(\mathbf{u}) \cdot (\dot{x}\mathbf{u}_x + \mathbf{u}_t) = \nabla R(\mathbf{u}) \cdot (\lambda_1(\mathbf{u})\mathbf{u}_x + \mathbf{u}_t) \equiv 0. \tag{10.40}$$

Poiché $\mathbf{u}_t = -\mathbf{A}(\mathbf{u})\mathbf{u}_x$, la(10.40) equivale a

$$[\nabla R(\mathbf{u})\lambda_1(\mathbf{u}) - \nabla R(\mathbf{u})\mathbf{A}(\mathbf{u})] \cdot \mathbf{u}_x \equiv 0. \tag{10.41}$$

Ora, la (10.41) è soddisfatta se $\nabla R(\mathbf{u})$ è un *autovettore sinistro* $\mathbf{l}_1^\top(\mathbf{u})$ per $\mathbf{A}(\mathbf{u})$. Essendo la dimensione $m = 2$, ciò equivale a

$$\nabla R(\mathbf{u}) \cdot \mathbf{r}_2(\mathbf{u}) \equiv 0. \tag{10.42}$$

Poiché la (10.42) coinvolge l'autovettore $\mathbf{r}_2$, R si chiama $2-$*invariante di Riemann*. Scrivendo

$$\mathbf{r}_2(w, v) = \begin{pmatrix} r_{21}(w, v) \\ r_{22}(w, v) \end{pmatrix}$$

e $R = R(w, v)$, la (10.42) si può scrivere esplicitamente nella forma

$$r_{21}\frac{\partial R}{\partial w} + r_{22}\frac{\partial R}{\partial v} = 0,$$

che è un'equazione scalare del prim'ordine per R.

Analogamente, un $1-invariante\ di\ Riemann$ è una funzione scalare S che si mantiene costante lungo la caratteristica Γ_2, di equazione $\dot{x} = \lambda_2 \left(\mathbf{u}\left(x,t\right)\right)$. S si trova risolvendo l'equazione

$$\nabla S\left(\mathbf{u}\right) \cdot \mathbf{r}_1\left(\mathbf{u}\right) \equiv 0 \tag{10.43}$$

che, se

$$\mathbf{r}_1\left(w,v\right) = \begin{pmatrix} r_{21}\left(w,v\right) \\ r_{22}\left(w,v\right) \end{pmatrix}$$

e $S = \left(w,v\right),$ si scrive nella forma più esplicita

$$r_{11}\frac{\partial S}{\partial w} + r_{12}\frac{\partial S}{\partial v} = 0.$$

• **Caso** $m > 2$. Le equazioni (10.42) and (10.43) esprimono il fatto che gli invarianti S e R sono costanti *lungo le curve integrali degli autovettori* $\mathbf{r}_1$ ed $\mathbf{r}_2$, rispettivamente. Seguendo quest'idea, gli invarianti di Riemann possono essere introdotti anche per $m > 2$.

Definizione 3.1. *Una funzione regolare* $w_k : \mathbb{R}^m \to \mathbb{R}$ *si dice* k-*invariante di Riemann se soddisfa la seguente equazione del prim'ordine:*

$$\nabla w_k\left(\mathbf{u}\right) \cdot \mathbf{r}_k\left(\mathbf{u}\right) \equiv 0. \tag{10.44}$$

Se $\xi \longmapsto \mathbf{v}\left(\xi\right)$ è una curva integrale di $\mathbf{r}_k$, se cioè

$$\frac{d}{d\xi}\mathbf{v}\left(\xi\right) = \mathbf{r}_k\left(\mathbf{v}\left(\xi\right)\right),$$

allora

$$\frac{d}{d\xi}w_k\left(\mathbf{v}\left(\xi\right)\right) = \nabla w_k\left(\mathbf{v}\left(\xi\right)\right) \cdot \frac{d}{d\xi}\mathbf{v}\left(\xi\right) = \nabla w_k\left(\mathbf{v}\left(\xi\right)\right) \cdot \mathbf{r}_k\left(\mathbf{v}\left(\xi\right)\right) \equiv 0$$

e quindi un k-invariante di Riemann è costante lungo le traiettorie di $\mathbf{r}_k$.

In generale, gli invarianti di Riemann esistono solo localmente. Infatti abbiamo[7]:

Microteorema 3.1. *Per ogni* $k = 1, ..., m$, *esistono localmente* $(m-1)$ k-*invarianti di Riemann i cui gradienti sono linearmente indipendenti.*

Esempio 3.1. Il *sistema-p*. Ricordando la (10.17), è facile verificare che

$$R\left(w,v\right) = v + \int_{w_0}^{w}\sqrt{a\left(s\right)}ds \quad \text{e} \quad S\left(w,v\right) = v - \int_{w_0}^{w}\sqrt{a\left(s\right)}ds$$

$(w_0 > 0,$ arbitrario) sono *invarianti di Riemann* per il p-sistema.

---

[7] Si veda *Godlewski, Raviart*, 1996.

Esempio 3.2. *Dinamica dei gas.* Qui $m = 3$ e quindi abbiamo 3 coppie di invarianti.

La coppia di 1−invarianti $w_{1j} = w_{1j}(\rho, v, s)$, $j = 1, 2$, si calcola risolvendo l'equazione

$$\nabla w \cdot \mathbf{r}_1 = \rho w_\rho - c w_v = 0.$$

Il sistema delle caratteristiche per questa equazione scalare è dato (formalmente) da

$$\frac{d\rho}{\rho} = -\frac{dv}{c} = \frac{ds}{0}.$$

Dalla seconda equazione, si ha $ds = 0$ e quindi $s = $ costante, per cui $w_{11}(\rho, v, s) = s$ è un integrale primo del sistema. Essendo questo costante sulle traiettorie di $\mathbf{r}_1$, deduciamo che w_{11} è un 1−invariante di Riemann.

Abbiamo poi l'equazione

$$-\frac{dv}{d\rho} = \frac{c}{\rho}$$

ovvero ($c^2 = p_\rho$)

$$-dv = \frac{\sqrt{p_\rho}}{\rho} d\rho.$$

Sia

$$l = l(\rho, s) = \int \frac{\sqrt{p_\rho(\rho, s)}}{\rho} d\rho \qquad (10.45)$$

una primitiva di $\sqrt{p_\rho}/\rho$ rispetto a ρ. Allora un altro integrale primo del sistema caratteristico è

$$w_{12}(\rho, v, s) = v + l(\rho, s)$$

che dunque è il secondo 1−invariante di Riemann. Con calcoli simili si trova la coppia di 3−invarianti data da $w_{31}(\rho, v, s) = s$ e $w_{32}(\rho, v, s) = v - l(\rho, s)$.

Per la coppia di 2−invarianti, $w_{2j} = w_{2j}(\rho, v, s)$, $j = 1, 2$, risolviamo l'equazione

$$\nabla w \cdot \mathbf{r}_2 = p_s w_\rho - c^2 w_s = 0.$$

Essendo $p_\rho = c^2$, troviamo il sistema caratteristico

$$\frac{d\rho}{p_s} = \frac{dv}{0} = -\frac{ds}{p_\rho}$$

da cui $dv = 0$ e $p_\rho d\rho + p_s ds = dp = 0$. Abbiamo quindi la coppia di 2−invarianti

$$w_{21}(\rho, v, s) = v \quad \text{e} \quad w_{22}(\rho, v, s) = p.$$

In conclusione, le tre coppie di invarianti sono:

$$\{s, v + l\}, \quad \{v, p\}, \quad \{s, v - l\}.$$

Gli invarianti di Riemann possono essere usati per risolvere problemi concreti nel contesto della dinamica dei fluidi, per esempio il problema di Riemann in gas dinamica (si veda *Godlewski-Raviart*, 1996).

10.3.2 Soluzioni integrali e condizioni di Rankine-Hugoniot

La definizione di soluzione *integrale* o *debole* del problema di Cauchy

$$\begin{cases} \mathbf{u}_t + \mathbf{F}\left(\mathbf{u}\right)_x = \mathbf{0} \text{ in } \mathbb{R} \times (0, +\infty) \\ \mathbf{u}\left(x, 0\right) = \mathbf{g}\left(x\right) \text{ in } \mathbb{R} \end{cases} \qquad (10.46)$$

è perfettamente analoga al caso $m = 1$. Sia $\mathbf{v} : \mathbb{R} \times [0, +\infty) \to \mathbb{R}^m$ una funzione *test*, cioè almeno di classe C^1 e nulla al di fuori di un sottoinsieme compatto del semipiano $\mathbb{R} \times [0, +\infty)$. Eseguiamo il prodotto scalare di $\mathbf{v}$ con entrambi i membri della (10.3) e integriamo sul semipiano $\mathbb{R} \times [0, +\infty)$; si trova:

$$\int_0^\infty dt \int_{\mathbb{R}} \left[\mathbf{v} \cdot \mathbf{u}_t + \mathbf{v} \cdot \mathbf{F}\left(\mathbf{u}\right)_x\right] dx = 0$$

Integriamo per parti i due addendi; si ottiene:

$$\int_0^\infty dt \int_{\mathbb{R}} \left[\mathbf{v}_t \cdot \mathbf{u} + \mathbf{v}_x \cdot \mathbf{F}\left(\mathbf{u}\right)\right] dx + \int_{\mathbb{R}} \mathbf{v}\left(x, 0\right) \cdot \mathbf{g}\left(x\right) \; dx = 0. \qquad (10.47)$$

L'integrazione per parti è stata effettuata supponendo che $\mathbf{u}$ fosse regolare, ma il risultato finale, la (10.47) ha senso anche per $\mathbf{u}$ limitata (anche localmente).

Definizione 3.2. *Una funzione localmente limitata* $\mathbf{u} : \mathbb{R} \times [0, +\infty) \to \mathbb{R}^m$ *si dice soluzione integrale del problema di Cauchy (10.46) se l'equazione (10.47) vale per ogni funzione test* $\mathbf{v} \in C\left(\mathbb{R} \times [0, +\infty)\right)$, *a supporto compatto in* $(\mathbb{R} \times [0, +\infty))$.

Come nel caso scalare, una soluzione integrale che sia di classe C^1 soddisfa il problema di Cauchy in senso classico. Inoltre, nella classe delle soluzioni integrali di classe C^1 a tratti,[8] le sole discontinuità ammissibili nel semipiano $t > 0$ sono quelle che, lungo una linea di discontinuità Γ di equazione $x = s\left(t\right)$, soddisfano la seguente equazione vettoriale di Rankine-Hugoniot,

$$\sigma\left[\mathbf{u}^+ - \mathbf{u}^-\right] = \left[\mathbf{F}(\mathbf{u}^+) - \mathbf{F}(\mathbf{u}^-)\right] \qquad (10.48)$$

che consiste di m equazioni scalari, dove $\mathbf{u}^+$ e $\mathbf{u}^-$ sono i valori assunti da $\mathbf{u}$ su Γ da destra e sinistra, rispettivamente, e $\sigma = \dot{s}\left(t\right)$ è la velocità della discontinuità. La dimostrazione ricalca a quella della sottosezione 4.4.3.

---

[8] $\mathbf{u}; \mathbb{R} \times [0, \infty) - \mathbb{R}$ è C^1 a tratti se esiste un numero finito di curve regolari Γ_j di discontinuità per $\mathbf{u}$ tali che $\mathbf{u}$ è C^1 da ogni lato di Γ_j, fino a Γ_j.

10.4 Il problema di Riemann

In questa sezione, il nostro obiettivo è risolvere il sistema

$$\mathbf{u}_t + \mathbf{F}(\mathbf{u})_x = \mathbf{0} \tag{10.49}$$

in $\mathbb{R} \times (0, +\infty)$ con la condizione iniziale

$$\mathbf{g}(x,0) = \begin{cases} \mathbf{u}_l & \text{per } x < 0 \\ \mathbf{u}_r & \text{per } x > 0. \end{cases} \tag{10.50}$$

dove $\mathbf{u}_l$ e $\mathbf{u}_r$ sono stati costanti. Ricordiamo che $\mathbf{F}$ è una funzione regolare (almeno di classe $C^2(\mathbb{R}^m)$).

Rivediamo brevemente il caso scalare ($m = 1$),

$$u_t + q(u)_x = 0 \qquad x \in \mathbb{R}, \, t > 0. \tag{10.51}$$

Abbiamo visto nella sottosezione 4.4.4 che il problema di Riemann per l'equazione (10.51) ha un'unica soluzione entropica, che si può scrivere esplicitamente. Supponiamo $q \in C^2(\mathbb{R})$, $q''(u) > 0$. Il caso $q''(u) < 0$ è analogo.

Se $u_l < u_r$, la soluzione integrale, definita e continua per $t > 0$, è costruita *connettendo* i due *stati* u_l e u_r mediante un'*onda di rarefazione;* cioè:

$$u(x,t) = \begin{cases} u_l & \frac{x}{t} < q'(u_l) \\ f\left(\frac{x}{t}\right) & q'(u_l) < \frac{x}{t} < q'(u_r) \\ u_r & \frac{x}{t} > q'(u_r) \end{cases}$$

dove $f = (q')^{-1}$, funzione inversa di q'. Si tratta di una soluzione di autosimilarità del tipo $h(x,t) = h\left(\frac{x}{t}\right)$, costante lungo un fascio di semirette la cui unione costituisce un settore con vertice nell'origine. L'invertibilità di q' richiede che $q''(u)$ *abbia un segno costante* e cioè che l'equazione sia *veramente* (si dice *genuinamente*) *non lineare*.

Se viceversa $u_l > u_r$, allora u si costruisce connettendo i due stati u_l e u_r mediante un'*onda d'urto*, cioè

$$u(x,t) = \begin{cases} u_l & \frac{x}{t} < \sigma(u_l, u_r) \\ u_r & \frac{x}{t} > \sigma(u_l, u_r) \end{cases} \tag{10.52}$$

dove $\sigma = \sigma(u_l, u_r)$ è la velocità dello shock, data dalla *condizione di Rankine-Hugoniot*:

$$\sigma(u_l, u_r) = \frac{q(u_r) - q(u_l)}{u_r - u_l}.$$

Ricordiamo che la *condizione di entropia,* imposta per eliminare la possibilità di discontinuità *non fisicamente accettabili,* implica la disuguaglianza (dell'entropia)

$$q'(u_r) < \sigma(u_l, u_r) < q'(u_l). \tag{10.53}$$

La (10.53) indica che le caratteristiche "entrano" nella linea d'urto da entrambi i lati.

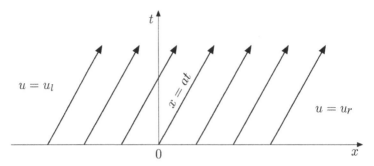

Figura 10.3 Discontinuità a contatto

D'altra parte, nel caso lineare $u_t + au_x = 0$, la soluzione è data da

$$u(x,t) = \begin{cases} u_l & x < at \\ u_r & x > at \end{cases}$$

che presenta una linea di discontinuità parallela alle caratteristiche; si chiama *discontinuità a contatto* (Figura 10.3)

Consideriamo ora il caso $m-$dimensionale, $m > 1$. Ricordando il caso dei sistemi lineari a coefficienti costanti, ci aspettiamo che la discontinuità iniziale, in generale, si spezzi in m discontinuità a contatto, che si propagano con una velocità propria. Tuttavia, nel caso non lineare queste onde semplici non sono tutte dello stesso tipo: intervengono onde di rarefazione, d'urto e discontinuità a contatto, che introduciamo nelle prossime sezioni. Per risolvere il problema di Riemann procederemo per gradi, cercando prima quali coppie di stati costanti $\mathbf{u}_l$ e $\mathbf{u}_r$ possono essere connessi mediante:

- onde di rarefazione;
- onde d'urto;
- discontinuità a contatto.

La soluzione generale sarà infine espressa mediante un mix di queste soluzioni speciali.

10.4.1 Onde e curve di rarefazione. Sistemi genuinamente non lineari

Cominciamo ad esaminare l'esistenza di soluzioni del sistema (10.49) del tipo

$$\mathbf{u}(x,t) = \mathbf{v}(\theta(x,t)) \qquad (10.54)$$

dove θ è una funzione scalare. Queste soluzioni prendono il nome di *onde semplici* (*simple waves*). Sostituendo (10.54) in (10.49), otteniamo l'equazione

$$\mathbf{v}'(\theta)\theta_t + \mathbf{A}(\mathbf{v}(\theta))\mathbf{v}'(\theta)\theta_x = \mathbf{0}$$

che, assumendo $\theta_x \neq 0$, riscriviamo nella forma

$$\mathbf{A}\left(\mathbf{v}\left(\theta\right)\right)\mathbf{v}'\left(\theta\right) = -\frac{\theta_t}{\theta_x}\mathbf{v}'\left(\theta\right). \tag{10.55}$$

Trascurando il caso banale $\mathbf{v}'\left(\theta\right) = \mathbf{0}$, si vede che la (10.55) è soddisfatta se

$$\mathbf{A}\left(\mathbf{v}\left(\theta\right)\right)\mathbf{v}'\left(\theta\right) = \lambda\left(\mathbf{v}(\theta)\right)\mathbf{v}'\left(\theta\right),$$

dove $\theta = \theta\left(x,t\right)$ è una soluzione dell'equazione scalare

$$\theta_t + \lambda\left(\mathbf{v}(\theta)\right)\theta_x = 0. \tag{10.56}$$

In altri termini, la (10.55) è soddisfatta se $\mathbf{v}'\left(\theta\right)$ è uno degli *autovettori* $\mathbf{r}_k\left(\mathbf{v}\left(\theta\right)\right)$ di $\mathbf{A}\left(\mathbf{v}\left(\theta\right)\right)$, con *corrispondente autovalore* $\lambda_k(\mathbf{v}(\theta))$.

Si noti che, se $\mathbf{v}'\left(\theta\right) \neq \mathbf{0}$ in un intervallo (θ_0, θ_1), l'indice k non dipende da θ in quell'intervallo, essendo gli autovalori distinti e regolari come funzione di θ. Possiamo dunque usare la notazione $\mathbf{v}_k\left(\theta\right)$, e scrivere

$$\mathbf{v}_k'\left(\theta\right) = \mathbf{r}_k\left(\mathbf{v}_k\left(\theta\right)\right). \tag{10.57}$$

La (10.57) esprime il fatto che la curva $\mathbf{v}_k = \mathbf{v}_k\left(\theta\right)$ è una curva integrale del campo vettoriale $\mathbf{r}_k$. Fissato uno stato $\mathbf{u}_0 \in \mathbb{R}^m$, indichiamo con $R_k\left(\mathbf{u}_0\right)$ la curva integrale di $\mathbf{r}_k$ che soddisfa la condizione iniziale $\mathbf{v}_k\left(\theta_0\right) = \mathbf{u}_0$, per qualche θ_0.

Data la regolarità di $\mathbf{v}_k, R_k\left(\mathbf{u}_0\right)$ è univocamente definita, almeno in un intorno di θ_0, e possiamo risolvere per $\theta = \theta\left(x,t\right)$ l'equazione (10.56), che diventa

$$\theta_t + \lambda_k\left(\mathbf{v}_k(\theta)\right)\theta_x = 0. \tag{10.58}$$

Ponendo

$$q_k\left(\theta\right) = \int_{\theta_0}^{\theta} \lambda_k\left(\mathbf{v}_k(s)\right)ds,$$

la (10.58) si può scrivere nella forma

$$\theta_t + q_k\left(\theta\right)_x = 0 \tag{10.59}$$

che è una legge di conservazione scalare. Poiché

$$q_k'\left(\theta\right) = \lambda_k\left(\mathbf{v}_k(\theta)\right) \tag{10.60}$$

e

$$q_k''\left(\theta\right) = \nabla\lambda_k\left(\mathbf{v}_k(\theta)\right) \cdot \mathbf{v}_k'\left(\theta\right) = \nabla\lambda_k\left(\mathbf{v}_k(\theta)\right) \cdot \mathbf{r}_k\left(\mathbf{v}\left(\theta\right)\right),$$

distinguiamo i seguenti casi, in accordo con la seguente definizione, dove per *coppia caratteristica* intendiamo una delle coppie autovalore/autovettore $\lambda_k\left(\mathbf{u}\right), \mathbf{r}_k\left(\mathbf{u}\right)$.

Definizione 4.1. *Diciamo che:*

a) *la coppia caratteristica* $\lambda_k(\mathbf{u})$, $r_k(\mathbf{u})$ *è genuinamente non lineare se*

$$\nabla\lambda_k(\mathbf{u}) \cdot \mathbf{r}_k(\mathbf{u}) \neq 0 \qquad per\ ogni\ \mathbf{u} \in \mathbb{R}^m. \tag{10.61}$$

b) *Il sistema è genuinamente non lineare se*

$$\nabla\lambda_k(\mathbf{u}) \cdot \mathbf{r}_k(\mathbf{u}) \neq 0 \qquad per\ ogni\ \mathbf{u} \in \mathbb{R}^m\ e\ ogni\ k = 1, ..., m.$$

c) *La coppia caratteristica* $\lambda_k(\mathbf{u})$, $r_k(\mathbf{u})$ *è linearmente degenere se*

$$\nabla\lambda_k(\mathbf{u}) \cdot \mathbf{r}_k(\mathbf{u}) = 0 \qquad per\ ogni\ \mathbf{u} \in \mathbb{R}^m. \tag{10.62}$$

Tornando alla costruzione dell'onda semplice, assumiamo che la coppia $\lambda_k(\mathbf{u})$, $\mathbf{r}_k(\mathbf{u})$ sia *genuinamente non lineare*. Allora, la funzione

$$\theta \mapsto q'_k(\theta) = \lambda_k(\mathbf{v}_k(\theta))$$

è invertibile. Posto $f_k = (q'_k)^{-1}$, una soluzione della (10.59) è data da

$$\theta_k(x, t) = f_k\left(\frac{x}{t}\right)$$

e dalla (10.54) otteniamo l'*onda semplice*:

$$\mathbf{u}_k(x, t) = \mathbf{v}_k\left(f_k\left(\frac{x}{t}\right)\right). \tag{10.63}$$

Si osservi che, se $\mathbf{v}_k(\theta) = \mathbf{u}$, allora $\mathbf{u}_k = \mathbf{u}$ sulla semiretta $x = \lambda_k(\mathbf{u})t$.

Definizione 4.2. *L'onda semplice* $\mathbf{u}_k$ *prende il nome di* k-**onda di rarefazione** (centrata in $(0,0)$) *uscente da* $\mathbf{u}_0$.

Riassumendo, data una coppia caratteristica genuinamente nonlineare $\lambda_k(\mathbf{v})$, $\mathbf{r}_k(\mathbf{v})$, per costruire una k-onda di rarefazione centrata nell'origine e uguale a $\mathbf{u}_0$ sulla semiretta $x = \lambda_k(\mathbf{u}_0)t$, si risolve prima il problema di Cauchy

$$\begin{cases} \mathbf{v}'_k(\theta) = \mathbf{r}_k(\mathbf{v}_k(\theta)) \\ \mathbf{v}_k(\theta_0) = \mathbf{u}_0. \end{cases} \tag{10.64}$$

Trovata $\mathbf{v}_k = \mathbf{v}_k(\theta)$, si calcola la funzione inversa f_k di $\theta \mapsto \lambda_k(\mathbf{v}_k(\theta))$ e poi dalla (10.63), si ottiene

$$\mathbf{u}_k(x, t) = \mathbf{v}_k\left(f_k\left(\frac{x}{t}\right)\right).$$

Nota 4.1. Sia $(\lambda_k(\mathbf{u}), \mathbf{r}_k(\mathbf{u}))$ linearmente degenere. Allora, per definizione, $w = \lambda_k(\mathbf{u})$ è un k-invariante di Riemann.

Esempio 4.1. Il *sistema-p*. Ricordando le (10.16) e (10.17), abbiamo:

$$\nabla \lambda_1 (\mathbf{u}) \cdot \mathbf{r}_1 (\mathbf{u}) = \frac{-a'(w)}{2\sqrt{a(w)}} > 0, \qquad \nabla \lambda_2 (\mathbf{u}) \cdot \mathbf{r}_2 (\mathbf{u}) = \frac{a'(w)}{2\sqrt{a(w)}} < 0$$

per ogni (w, v), $w > 0$. Il *sistema-p* è quindi genuinamente non lineare.

Esempio 4.2. *Dinamica dei gas*. Ricordando le (10.13) e (10.14), abbiamo:

$$\nabla \lambda_1 = \begin{pmatrix} -c_\rho \\ 1 \\ -c_s \end{pmatrix}, \quad \nabla \lambda_2 = \begin{pmatrix} 0 \\ 1 \\ 0 \end{pmatrix}, \quad \nabla \lambda_3 = \begin{pmatrix} c_\rho \\ 1 \\ c_s \end{pmatrix}$$

e quindi

$$\nabla \lambda_1 \cdot \mathbf{r}_1 = -(c + \rho c_\rho)$$
$$\nabla \lambda_2 \cdot \mathbf{r}_2 \equiv 0$$
$$\nabla \lambda_3 \cdot \mathbf{r}_3 = (c + \rho c_\rho).$$

Le coppie $\lambda_1, \mathbf{r}_1$ e $\lambda_3, \mathbf{r}_3$ sono quindi *genuinamente non lineari* mentre la coppia $\lambda_2, \mathbf{r}_2$ è *linarmente degenere*.

10.4.2 Soluzione del problema di Riemann mediante un'onda di rarefazione

Vediamo ora quando sia possibile risolvere il problema (10.49), (10.50) mediante una singola onda di rarefazione. In altri termini, cerchiamo quali coppie di stati $\mathbf{u}_l$, $\mathbf{u}_r$ possano essere connessi da un'onda di rarefazione. Esaminiamo brevemente la k-onda di rarefazione uscente da $\mathbf{u}_l$, definita da

$$\mathbf{u}_k (x, t) = \mathbf{v}_k \left(f_k \left(\frac{x}{t} \right) \right)$$

con $\mathbf{v}_k (\theta_0) = \mathbf{u}_l$. Questa funzione è costante lungo le semirette uscenti da $(0, 0)$. In particolare, essendo per la definizione di f_k

$$f_k (\lambda_k (\mathbf{v}_k (\theta))) = \theta,$$

sulla semiretta $x = \lambda_k (\mathbf{v}_k (\theta)) t$, θ fissato, si ha

$$\mathbf{u}_k (x, t) = \mathbf{v}_k (\theta)$$

e sulla semiretta $x = \lambda_k (\mathbf{u}_l) t$

$$\mathbf{u}_k (x, t) = \mathbf{v}_k (\theta_0) = \mathbf{u}_l.$$

Si vede dunque che agli stati $\mathbf{v}_k (\theta)$ che possono essere connessi a *destra* con $\mathbf{u}_l$ devono corrispondere *pendenze* $\lambda_k (\mathbf{v}_k (\theta))$ *maggiori di* $\lambda_k (\mathbf{u}_l)$. Per formalizzare rigorosamente questa affermazione esaminiamo la struttura delle curve integrali $R_k\left(\mathbf{u}_l\right)$, $k=1,...,m$. Se $\lambda_k\left(\mathbf{u}_l\right),r_k\left(\mathbf{u}_l\right)$ è genuinamente non lineare, $R_k\left(\mathbf{u}_l\right)$ prende il nome di k-**curva di rarefazione** uscente da $\mathbf{u}_l$.

Teorema 4.1. (Struttura di una k-curva di rarefazione). *Supponiamo che, per l'indice k, $1\leq k\leq m$, la coppia $\lambda_k\left(\mathbf{u}\right),r_k\left(\mathbf{u}\right)$ sia genuinamente non lineare e fissiamo uno stato $\mathbf{u}_0$. In un intorno di $\mathbf{u}_0$, la curva $R_k\left(\mathbf{u}_0\right)$ ammette una parametrizzazione*

$$\varepsilon\longmapsto\varphi_k\left(\varepsilon;\mathbf{u}_0\right),\qquad|\varepsilon|\leq\varepsilon_0,$$

per ε_0 opportuno, tale che:

$$\mathbf{\Phi}_k\left(\varepsilon;\mathbf{u}_0\right)=\mathbf{u}_0+\varepsilon r_k\left(\mathbf{u}_0\right)+\frac{\varepsilon^2}{2}D\mathbf{r}_k\left(\mathbf{u}_0\right)\cdot r_k\left(\mathbf{u}_0\right)+o\left(\varepsilon^2\right).\qquad(10.65)$$

Inoltre, possiamo suddividere $R_k\left(\mathbf{u}_0\right)$ nei seguenti tre insiemi disgiunti:

$$R_k\left(\mathbf{u}_0\right)=R_k^+\left(\mathbf{u}_0\right)\cup\{\mathbf{u}_0\}\cup R_k^-\left(\mathbf{u}_0\right)\qquad(10.66)$$

dove

$$R_k^+\left(\mathbf{u}_0\right)=\{\mathbf{u}\in R_k\left(\mathbf{u}_0\right):\lambda_k\left(\mathbf{u}\right)>\lambda_k\left(\mathbf{u}_0\right)\}\qquad(10.67)$$

e

$$R_k^-\left(\mathbf{u}_0\right)=\{\mathbf{u}\in R_k\left(\mathbf{u}_0\right):\lambda_k\left(\mathbf{u}\right)<\lambda_k\left(\mathbf{u}_0\right)\}.\qquad(10.68)$$

Dimostrazione. Normalizziamo $r_k\left(\mathbf{u}\right)$ in modo che sia

$$\nabla\lambda_k\left(\mathbf{u}\right)\cdot r_k\left(\mathbf{u}\right)\equiv1.\qquad(10.69)$$

Sia $\theta\longmapsto\mathbf{v}_k\left(\theta\right)$ la soluzione del problema di Cauchy (10.64) con $\theta_0=\lambda_k\left(\mathbf{u}_0\right)$:

$$\begin{cases}\mathbf{v}_k'\left(\theta\right)=\mathbf{r}_k\left(\mathbf{v}_k\left(\theta\right)\right)\\\mathbf{v}_k\left(\lambda_k\left(\mathbf{u}_0\right)\right)=\mathbf{u}_0.\end{cases}$$

La funzione $\mathbf{v}_k=\mathbf{v}_k\left(\theta\right)$ esiste almeno in un intervallo $\lambda_k\left(\mathbf{u}_0\right)-\varepsilon_0\leq\theta\leq\lambda_k\left(\mathbf{u}_0\right)+\varepsilon_0$, con $\varepsilon_0>0$. Usando la (10.69), abbiamo:

$$\frac{d}{d\theta}\lambda_k\left(\mathbf{v}_k\left(\theta\right)\right)=\nabla\lambda_k\left(\mathbf{v}_k\left(\theta\right)\right)\cdot\mathbf{r}_k\left(\mathbf{v}_k\left(\theta\right)\right)\equiv1.$$

In particolare, osserviamo che $\theta\mapsto\lambda_k\left(\mathbf{v}_k\left(\theta\right)\right)$ è strettamente crescente. Integrando tra $\lambda_k\left(\mathbf{u}_0\right)$ e θ e usando $\mathbf{v}_k\left(\lambda_k\left(\mathbf{u}_0\right)\right)=\mathbf{u}_0$, otteniamo

$$\lambda_k\left(\mathbf{v}_k\left(\theta\right)\right)=\theta.$$

Quindi, vicino a $\mathbf{u}_0$, possiamo scrivere

$$R_k\left(\mathbf{u}_0\right)=\{\mathbf{v}\left(\theta\right):\lambda_k\left(\mathbf{u}_0\right)-\varepsilon_0\leq\theta\leq\lambda_k\left(\mathbf{u}_0\right)+\varepsilon_0\}.$$

Poniamo $\theta=\lambda_k\left(\mathbf{u}_0\right)+\varepsilon$ e

$$\varphi_k\left(\varepsilon;\mathbf{u}_0\right)=\mathbf{v}_k\left(\lambda_k\left(\mathbf{u}_0\right)+\varepsilon\right),\qquad|\varepsilon|\leq\varepsilon_0.$$

Abbiamo:

$$\varphi_k(0; \mathbf{u}_0) = \mathbf{v}_k(\lambda_k(\mathbf{u}_0)) = \mathbf{u}_0$$

e

$$\frac{d}{d\varepsilon}\varphi_k(\varepsilon; \mathbf{u}_0)_{|\varepsilon=0} = \mathbf{r}_k(\mathbf{v}_k(\lambda_k(\mathbf{u}_0))) = \mathbf{r}_k(\mathbf{u}_0). \tag{10.70}$$

Inoltre, essendo

$$\frac{d^2}{d\theta^2}\mathbf{v}_k(\theta) = D\mathbf{r}_k(\mathbf{v}_k(\theta))\frac{d}{d\theta}\mathbf{v}_k(\theta) = D\mathbf{r}_k(\mathbf{v}_k(\theta)) \cdot \mathbf{r}_k(\mathbf{v}_k(\theta)),$$

deduciamo che

$$\frac{d^2}{d\varepsilon^2}\varphi_k(0; \mathbf{u}_0)_{|\varepsilon=0} = D\mathbf{r}_k(\mathbf{u}_0) \cdot \mathbf{r}_k(\mathbf{u}_0). \tag{10.71}$$

Dalle (10.70) e (10.71), segue la (10.65). Infine, poiché $\lambda_k(\mathbf{v}_k(\theta)) = \theta$, possiamo scrivere

$$R_k(\mathbf{u}_0) = \{\mathbf{v}_k(\theta) : \lambda_k(\mathbf{u}_0) - \varepsilon_0 \leq \lambda_k(\mathbf{v}_k(\theta)) \leq \lambda_k(\mathbf{u}_0) + \varepsilon_0\} \tag{10.72}$$

e, per ottenere la decomposizione (10.66), basta definire

$$R_k^-(\mathbf{u}_0) = \{\mathbf{v}(\theta) : \lambda_k(\mathbf{u}_0) - \varepsilon_0 \leq \lambda_k(\mathbf{v}_k(\theta)) < \lambda_k(\mathbf{u}_0)\}$$

e

$$R_k^+(\mathbf{u}_0)\{\mathbf{v}(\theta) : \lambda_k(\mathbf{u}_0) < \lambda_k(\mathbf{v}_k(\theta)) \leq \lambda_k(\mathbf{u}_0) + \varepsilon_0\}. \qquad \square$$

Nota 4.2. Sottolineiamo che, sotto la condizione di normalizzazione (10.69), il tratto $R_k^+(\mathbf{u}_0)$ di $R_k(\mathbf{u}_0)$ corrisponde ai valori positivi di ε, nella parametrizzazione (10.65).

Sia ora $\mathbf{u}_0 = \mathbf{u}_l$ lo stato iniziale sinistro (assegnato cioè per $x < 0$). In base al Teorema 4.1, possiamo scrivere

$$R_k(\mathbf{u}_l) = R_k^+(\mathbf{u}_l) \cup \{\mathbf{u}_l\} \cup R_k^-(\mathbf{u}_l)$$

con

$$R_k^+(\mathbf{u}_l) = \{\mathbf{u} \in R_k(\mathbf{u}_l) : \lambda_k(\mathbf{u}) > \lambda_k(\mathbf{u}_l)\}. \tag{10.73}$$

Il prossimo teorema indica che se $\mathbf{u}_r \in R_k^+(\mathbf{u}_l)$, è possibile risolvere il problema di Riemann mediante una *k*-**onda** di rarefazione. In altri termini, $R_k^+(\mathbf{u}_l)$ costituisce l'insieme degli stati iniziali *destri* $\mathbf{u}_r$ (assegnati cioè per $x > 0$) che possono essere connessi con $\mathbf{u}_l$, mediante una *k*-onda di rarefazione.

Teorema 4.2. *Supponiamo che, per qualche* k, $1 \leq k \leq m$:

i) $\lambda_k(\mathbf{u}), \mathbf{r}_k(\mathbf{u})$ *è genuinamente nonlineare;*

ii) $\mathbf{u}_r \in R_k^+(\mathbf{u}_l)$.

Allora esiste una soluzione integrale, continua, del problema di Riemann, con stati iniziali $\mathbf{u}_l$, $\mathbf{u}_r$, *data da una k-onda di rarefazione.*

Dimostrazione. Poiché $\mathbf{u}_r \in R_k^+(\mathbf{u}_l)$, *esistono due numeri* θ_r *e* θ_l *tali che*

$$\mathbf{u}_l = \mathbf{v}_k(\theta_l) \quad \text{e} \quad \mathbf{u}_r = \mathbf{v}_k(\theta_r).$$

Assumiamo che $\theta_l < \theta_r$. Il caso opposto è simile. Dall'ipotesi ii), deduciamo $\lambda_k(\mathbf{u}_r) > \lambda_k(\mathbf{u}_l)$. Dalla (10.60), abbiamo

$$q'_k(\theta_r) = \lambda_k(\mathbf{u}_r) \quad \text{e} \quad q'_k(\theta_l) = \lambda_k(\mathbf{u}_l),$$

per cui $q'_k(\theta_l) < q'_k(\theta_r)$. Per identiche ragioni, q'_k è strettamente crescente nell'intervallo $[\theta_l, \theta_r]$ e quindi q_k è strettamente convessa. Pertanto possiamo risolvere l'equazione scalare (10.59), cioè

$$\theta_t + (q_k(\theta))_x = 0,$$

con dati iniziali

$$g(x,0) = \begin{cases} \theta_l & x < 0 \\ \theta_r & x > 0. \end{cases}$$

La soluzione è data dalla formula

$$\theta_k(x,t) = \begin{cases} \theta_l & x < \lambda_k(\mathbf{u}_l)\,t \\ f_k\left(\dfrac{x}{t}\right) & \lambda_k(\mathbf{u}_l)\,t < x < \lambda_k(\mathbf{u}_r)\,t \\ \theta_r & x > \lambda_k(\mathbf{u}_r)\,t \end{cases}$$

dove $f_k = (q'_k)^{-1}$. Di conseguenza, la k-onda di rarefazione

$$\mathbf{u}_k(x,t) = \mathbf{v}_k(\theta_k(x,t)) = \begin{cases} \mathbf{u}_l & x < \lambda_k(\mathbf{u}_l)\,t \\ \mathbf{v}_k\left(f_k\left(\dfrac{x}{t}\right)\right) & \lambda_k(\mathbf{u}_l)\,t < x < \lambda_k(\mathbf{u}_r)\,t \quad (10.74) \\ \mathbf{u}_r & x > \lambda_k(\mathbf{u}_r)\,t \end{cases}$$

è soluzione del problema di Riemann, con stati iniziali $\mathbf{u}_l, \mathbf{u}_r$.   □

10.4.3 Condizione di entropia di Lax. Onde d'urto e discontinuità a contatto

Abbiamo visto nella Sezione 3.2 che, lungo una linea di discontinuità Γ, la legge di conservazione per una soluzione di classe C^1 a tratti si esprime mediante la condizione di Rankine-Hugoniot, data da:

$$\sigma[\mathbf{u}_r - \mathbf{u}_l] = [\mathbf{F}(\mathbf{u}_r) - \mathbf{F}(\mathbf{u}_l)] \qquad \text{su } \Gamma, \qquad (10.75)$$

dove $\mathbf{u}_l$ e $\mathbf{u}_r$ denotano i valori che $\mathbf{u}$ assume sulla curva Γ da sinistra e destra, rispettivamente, e σ è la velocità della discontinuità. Sappiamo già dal caso scalare, che la condizione di Rankine-Hugoniot non è sufficiente a selezionare una soluzione ammissibile dal punto di vista fisico e che un modo per risolvere il problema è di introdurre una condizione di entropia, come abbiamo fatto nel paragrafo 4.4.4. Occorre dunque una generalizzazione della condizione di entropia al caso vettoriale. Tra le varie condizioni esistenti in letteratura, ci limitiamo ad introdurre la *condizione di entropia di Lax*, diretta generalizzazione della (10.53). Le onde d'urto che soddisfano tale condizione saranno dette *ammissibili* o *entropiche*.

Per introdurre la condizione d'entropia, proviamo a considerare la situazione nel caso *scalare* dal seguente punto di vista euristico. Per determinare univocamente una linea d'urto, occorre conoscere i valori u_l, u_r e σ. La condizione di Rankine-Hugoniot fornisce un'equazione per queste tre incognite.

Ora, se vale la (10.53), le caratteristiche *entrano* nella linea d'urto e quindi trasportano dai dati iniziali i valori di u_l ed u_r, rispettivamente. Abbiamo dunque, in linea di principio, il corretto numero di informazioni per *selezionare univocamente* u_l, u_r, σ sulla linea di discontinuità Γ.

Nel caso vettoriale, le condizioni di Rankine-Hugoniot (10.75) forniscono m equazioni scalari per σ e per le m componenti di $\mathbf{u}_l$ e $\mathbf{u}_r$, cioè per $2m+1$ scalari. Mancano $m+1$ informazioni. Da dove le ricaviamo?

Assumiamo che, per qualche k, $1 \leq k \leq m$, la coppia caratteristica $\lambda_k(\mathbf{u}_r)$, $r_k(\mathbf{u})$ sia *genuinamente non lineare* e che si abbia

$$\lambda_k(\mathbf{u}_r) < \sigma < \lambda_{k+1}(\mathbf{u}_r).$$

Ciò significa che k caratteristiche *entrano da destra* nella linea di discontinuità, che, quindi, forniscono k informazioni sui valori di $\mathbf{u}_r$, mediante le (2.46).

Analogamente, supponiamo che, per qualche j, $1 \leq j \leq m$, si abbia

$$\lambda_j(\mathbf{u}_l) < \sigma < \lambda_{j+1}(\mathbf{u}_l).$$

Ciò significa che $m-j$ caratteristiche *entrano da sinistra* nella linea di discontinuità e quindi forniscono $m-j$ informazioni sui valori di $\mathbf{u}_l$. Vogliamo che sia

$$k + (m - j) = m + 1$$

da cui

$$j = k - 1.$$

In conclusione, una possibile condizione che generalizza quella di entropia del caso scalare è la seguente: **per un indice k si ha:**

$$\lambda_k(\mathbf{u}_r) < \sigma < \lambda_{k+1}(\mathbf{u}_r) \qquad (10.76)$$

e

$$\lambda_{k-1}(\mathbf{u}_l) < \sigma < \lambda_k(\mathbf{u}_l). \qquad (10.77)$$

Possiamo riscrivere le due relazioni precedenti nella forma seguente:

$$\lambda_k(\mathbf{u}_r) < \sigma < \lambda_k(\mathbf{u}_l) \qquad (10.78)$$

e

$$\lambda_{k-1}(\mathbf{u}_l) < \sigma < \lambda_{k+1}(\mathbf{u}_r). \qquad (10.79)$$

La (10.78) implica che, per l'indice k, la velocità σ dello shock è intermedia tra quelle delle caratteristiche provenienti da lati opposti. La (10.79) indica che ciò accade per il **solo indice** k.

Osserviamo che se $m = 1$, la (10.79) non c'è e la (10.78) si riduce alla (10.53). Se $k = 1$ o $k = m$, la (10.79) si riduce, rispettivamente, a

$$\sigma < \lambda_2 (\mathbf{u}_r) \quad \text{oppure} \quad \lambda_{m-1} (\mathbf{u}_l) < \sigma.$$

Introduciamo la seguente definizione.

Definizione 4.3. *Diciamo che una discontinuità è ammissibile se:*

a) *la coppia* $\lambda_k (\mathbf{u}_r)$, $r_k (\mathbf{u})$ *è genuinamente nonlineare e valgono le condizioni* (10.78), (10.79);

b) *la coppia* $\lambda_k (\mathbf{u}_r)$, $r_k (\mathbf{u})$ *è linearmente degenere e*

$$\lambda_k (\mathbf{u}_r) = \sigma = \lambda_k (\mathbf{u}_l) \,.$$

Nel caso a) la discontinuità prende il nome di k**-onda d'urto** (o k**-shock**), nel caso b) si chiama *discontinuità a contatto,* come vedremo meglio più avanti.

10.4.4 Soluzione del problema di Riemann mediante una singola onda d'urto

Esploriamo ora la possibilità di risolvere il problema (10.49), (10.50) per mezzo di una singola onda d'urto. In altri termini, esaminiamo quali stati $\mathbf{u}_l$, $\mathbf{u}_r$ possono essere connessi mediante un k-shock. Guidati dal caso lineare nella sottosezione 10.2.3, introduciamo il seguente insieme.

Definizione 4.4. *Dato uno stato* $\mathbf{u}_0 \in \mathbb{R}^m$, *l'insieme di Rankine-Hugoniot di* $\mathbf{u}_0$, *indicato con* $S (\mathbf{u}_0)$, *è l'insieme degli stati* $\mathbf{u} \in \mathbb{R}^m$ *per i quali esiste uno scalare* $\sigma = \sigma (\mathbf{u}, \mathbf{u}_0)$ *tale che*

$$\mathbf{F} (\mathbf{u}) - \mathbf{F} (\mathbf{u}_0) = \sigma (\mathbf{u}, \mathbf{u}_0) (\mathbf{u} - \mathbf{u}_0) \,. \tag{10.80}$$

Se $\mathbf{u}$ è vicino a $\mathbf{u}_0$, possiamo scrivere

$$\mathbf{F} (\mathbf{u}) - \mathbf{F} (\mathbf{u}_0) \sim D\mathbf{F} (\mathbf{u}_0) (\mathbf{u} - \mathbf{u}_0) \,,$$

cosicché $\sigma (\mathbf{u}, \mathbf{u}_0) \sim \lambda (\mathbf{u}_0)$, con $\lambda (\mathbf{u}_0)$ autovalore di $D\mathbf{F} (\mathbf{u}_0)$. D'altra parte, nel caso lineare, $S (\mathbf{u}_0)$ coincide con l'unione delle m rette di Hugoniot passanti per $\mathbf{u}_0$, ciascuna parallela ad uno degli autovettori $\mathbf{r}_k$. Di conseguenza, nel caso non lineare ci si aspetta che $S (\mathbf{u}_0)$ sia costituito dall'unione di m curve regolari, ciascuna tangente in $\mathbf{u}_0$ ad uno degli autovettori di $D\mathbf{F} (\mathbf{u}_0)$. Precisamente, vale il seguente teorema[9].

Teorema 4.3. *Sia* $\mathbf{u}_0 \in \mathbb{R}^m$. *Vicino a* $\mathbf{u}_0$, $S (\mathbf{u}_0)$ *consiste nell'unione di* m *curve* $S_k (\mathbf{u}_0)$ *di classe* C^2. *Inoltre, per ogni* $k = 1, 2, ..., m$, *esiste una parametrizzazione di* $S_k (\mathbf{u}_0)$ *data da*

$$\varepsilon \longmapsto \boldsymbol{\psi}_k (\varepsilon; \mathbf{u}_0) \,, \qquad |\varepsilon| \leq \varepsilon_0$$

---

[9] Per la dimostrazione si veda *Godlewsky-Raviart,* 1996.

per un opportuno $\varepsilon_0 > 0$, con le seguenti proprietà:

i) $\boldsymbol{\psi}_k (\varepsilon; \mathbf{u}_0) = \mathbf{u}_0 + \varepsilon \mathbf{r}_k (\mathbf{u}_0) + \dfrac{\varepsilon^2}{2} D\mathbf{r}_k (\mathbf{u}_0) \cdot \mathbf{r}_k (\mathbf{u}_0) + o\left(\varepsilon^2\right)$;

ii) $\sigma \left(\boldsymbol{\psi}_k (\varepsilon; \mathbf{u}_0), \mathbf{u}_0\right) = \lambda_k (\mathbf{u}_0) + \dfrac{\varepsilon}{2} \nabla \lambda_k (\mathbf{u}_0) \cdot \mathbf{r}_k (\mathbf{u}_0) + o(\varepsilon)$.

I Teoremi 4.1 e 4.3 implicano, in particolare, che le curve $S_k (\mathbf{u}_0)$ e $R_k (\mathbf{u}_0)$ *hanno un contatto del second'ordine in* $\mathbf{u}_0$.

Se la coppia caratteristica $\lambda_k (\mathbf{u})$, $\mathbf{r}_k (\mathbf{u})$ è genuinamente non lineare, $S_k (\mathbf{u}_0)$ prende il nome di *k-linea d'urto uscente da* $\mathbf{u}_0$.

In questo caso, vicino ad uno stato $\mathbf{u}_l$, possiamo decomporre $S_k (\mathbf{u}_l)$ nei tre seguenti sottoinsiemi disgiunti:

$$S_k (\mathbf{u}_l) = S_k^+ (\mathbf{u}_l) \cup \{\mathbf{u}_l\} \cup S_k^- (\mathbf{u}_l) \tag{10.81}$$

dove

$$S_k^- (\mathbf{u}_l) = \{\mathbf{u} \in S_k (\mathbf{u}_l): \lambda_k (\mathbf{u}) < \sigma (\mathbf{u}, \mathbf{u}_l) < \lambda_k (\mathbf{u}_l)\} \tag{10.82}$$

che chiameremo parte *ammissibile* o *entropica*, e

$$S_k^+ (\mathbf{u}_l) = \{\mathbf{u} \in S_k (\mathbf{u}_l): \lambda_k (\mathbf{u}_l) < \sigma (\mathbf{u}, \mathbf{u}_l) < \lambda_k (\mathbf{u})\} \tag{10.83}$$

Dimostrazione della decomposizione (10.81). Usiamo la normalizzazione

$$\nabla \lambda_k (\mathbf{u}) \cdot \mathbf{r}_k (\mathbf{u}) \equiv 1. \tag{10.84}$$

Per il Teorema 4.3 possiamo scrivere:

$$\sigma_k (\varepsilon) \equiv \sigma \left(\boldsymbol{\psi}_k (\varepsilon; \mathbf{u}_l), \mathbf{u}_l\right) = \lambda_k (\mathbf{u}_l) + \dfrac{\varepsilon}{2} + o(\varepsilon)$$

$$\mathbf{u}_k (\varepsilon) \equiv \boldsymbol{\psi}_k (\varepsilon; \mathbf{u}_l) = \mathbf{u}_l + \varepsilon \mathbf{r}_k (\mathbf{u}_l) + o(\varepsilon).$$

Quindi

$$\lambda_k (\mathbf{u}_k (\varepsilon)) = \lambda_k (\mathbf{u}_l) + \varepsilon \nabla \lambda_k (\mathbf{u}_l) \cdot \mathbf{r}_k (\mathbf{u}_l) + o(\varepsilon) = \lambda_k (\mathbf{u}_l) + \varepsilon + o(\varepsilon)$$

$$= \sigma_k (\varepsilon) + \dfrac{\varepsilon}{2} + o(\varepsilon).$$

Pensando a $\mathbf{u}_k (\varepsilon)$ come un possibile stato iniziale per $x > 0$ nel problema di Riemann, selezioniamo gli stati che soddisfano le condizioni di entropia (10.76), (10.77), pag. 621:

$$\lambda_k (\mathbf{u}_k (\varepsilon)) < \sigma_k (\varepsilon) < \lambda_{k+1} (\mathbf{u}_k (\varepsilon))$$

$$\lambda_{k-1} (\mathbf{u}_l) < \sigma_k (\varepsilon) < \lambda_k (\mathbf{u}_l).$$

Anzitutto, abbiamo $\lambda_k (\mathbf{u}_k (\varepsilon)) < \sigma_k (\varepsilon)$ se e solo se $\varepsilon < 0$ e $|\varepsilon|$ è sufficientemente piccolo. Inoltre, poiché $\sigma_k (\varepsilon) \to \lambda_k (\mathbf{u}_l)$ e $\lambda_{k+1} (\mathbf{u}_k (\varepsilon)) \to \lambda_{k+1} (\mathbf{u}_l)$ per $\varepsilon \to 0$, otteniamo

$$\sigma_k (\varepsilon) < \lambda_{k+1} (\mathbf{u}_k (\varepsilon))$$

per $|\varepsilon|$ piccolo. D'altra parte, $\sigma_k(\varepsilon) < \lambda_k(\mathbf{u}_l)$ se e solo se $\varepsilon < 0$ e $|\varepsilon|$ è sufficientemente piccolo. Essendo $\lambda_{k-1}(\mathbf{u}_l) < \lambda_k(\mathbf{u}_l)$, deduciamo

$$\lambda_{k-1}(\mathbf{u}_l) < \sigma_k(\varepsilon)$$

per $|\varepsilon|$ sufficientemente piccolo.

Possiamo perciò distinguere sulla curva $S_k(\mathbf{u}_l)$, la *parte ammissibile (entropica)*, data da

$$S_k^-(\mathbf{u}_l) = \{\mathbf{u}_k(\varepsilon) \colon \lambda_k(\mathbf{u}_k(\varepsilon)) < \sigma_k(\varepsilon) < \lambda_k(\mathbf{u}_l)\}$$

e correspondente ai valori $\varepsilon < 0$, e l'altra parte, data da

$$S_k^+(\mathbf{u}_l) = \{\mathbf{u}_k(\varepsilon) \colon \lambda_k(\mathbf{u}_l) < \sigma_k(\varepsilon) < \lambda_k(\mathbf{u}_k(\varepsilon))\}.$$

Questi due insiemi corrispondono precisamente a (10.82) e (10.83), rispettivamente. □

A questo punto, la dimostrazione del seguente teorema è immediata.

Teorema 4.4. *Supponiamo che, per qualche indice k, $1 \le k \le m$:*

i) la coppia $\lambda_k(\mathbf{u})$, $r_k(\mathbf{u})$ è genuinamente non lineare;

ii) $\mathbf{u}_r \in S_k^-(\mathbf{u}_l)$.

Allora esiste una k-onda d'urto (k-shock), soluzione integrale ammissibile del problema di Riemann, con dati iniziali $\mathbf{u}_l$, $\mathbf{u}_r$, data da:

$$\mathbf{u}_k(x,t) = \begin{cases} \mathbf{u}_l & \text{per } x < \sigma(\mathbf{u}_l, \mathbf{u}_r)\,t \\ \mathbf{u}_r & \text{per } x > \sigma(\mathbf{u}_l, \mathbf{u}_r)\,t. \end{cases} \tag{10.85}$$

10.4.5 Il caso linearmente degenere

Esaminiamo ora il caso linearmente degenere, che come vedremo dà origine ad una discontinuità a contatto. Vale il seguente teorema di struttura.

Teorema 4.5. *Supponiamo che la coppia $\lambda_k(\mathbf{u})$, $r_k(\mathbf{u})$ sia linearmente degenere. Allora, per ogni $\mathbf{u}_0 \in \mathbb{R}^m$:*

i) $S_k(\mathbf{u}_0) = R_k(\mathbf{u}_0)$;

ii) $\sigma(\boldsymbol{\psi}_k(\varepsilon; \mathbf{u}_0), \mathbf{u}_0) = \lambda_k(\boldsymbol{\psi}_k(\varepsilon; \mathbf{u}_0)) = \lambda_k(\mathbf{u}_0)$;

iii) per ogni k-invariante di Riemann w si ha

$$w(\boldsymbol{\psi}_k(\varepsilon; \mathbf{u}_0)) = w(\mathbf{u}_0).$$

Dimostrazione. Sia $\mathbf{v}_k = \mathbf{v}_k(\theta)$ l'equazione $R_k(\mathbf{u}_0)$, con $\mathbf{v}_k(0) = \mathbf{u}_0$. Dunque $\mathbf{v}_k'(\theta) = \mathbf{r}_k(\mathbf{v}(\theta))$. Poiché

$$\nabla\lambda_k(\mathbf{u}) \cdot \mathbf{r}_k(\mathbf{u}) \equiv 0,$$

la funzione $\theta \longmapsto \lambda_k\left(\mathbf{v}_k\left(\theta\right)\right)$ è costante e uguale a $\lambda_k\left(\mathbf{u}_0\right)$. Possiamo perciò scrivere:

$$
\begin{aligned}
\mathbf{F}\left(\mathbf{v}_k\left(\theta\right)\right) - \mathbf{F}\left(\mathbf{u}_0\right) &= \int_0^\theta \frac{d}{ds}\mathbf{F}\left(\mathbf{v}_k\left(s\right)\right) ds \\
&= \int_0^\theta D\mathbf{F}\left(\mathbf{v}_k\left(s\right)\right) \frac{d}{ds}\mathbf{v}_k\left(s\right) ds = \int_0^\theta D\mathbf{F}\left(\mathbf{v}_k\left(s\right)\right) \mathbf{r}_k\left(\mathbf{v}_k\left(s\right)\right) ds \\
&= \int_0^\theta \lambda_k\left(\mathbf{v}_k\left(s\right)\right) \mathbf{r}_k\left(\mathbf{v}_k\left(s\right)\right) ds = \lambda_k\left(\mathbf{u}_0\right) \int_0^\theta \frac{d}{ds}\mathbf{v}_k\left(s\right) ds \\
&= \lambda_k\left(\mathbf{u}_0\right)\left(\mathbf{v}_k\left(\theta\right) - \mathbf{u}_0\right).
\end{aligned}
$$

Ne segue che $\mathbf{v}_k = \mathbf{v}_k\left(\theta\right)$ definisce simultaneamente sia $S_k\left(\mathbf{u}_0\right)$ sia $R_k\left(\mathbf{u}_0\right)$ e che vale la ii). La iii) segue dal fatto che ogni k-invariante di Riemann è costante lungo le linee integrali di $\mathbf{r}_k$. $\square$

Come immediata conseguenza,abbiamo il seguente teorema:

Teorema 4.6. *Supponiamo che la coppia $\lambda_k\left(\mathbf{u}\right), r_k\left(\mathbf{u}\right)$ sia linearmente degenere e che*

$$\mathbf{u}_r \in S_k\left(\mathbf{u}_l\right).$$

Allora una soluzione integrale del problema di Riemann con dati iniziali è data da

$$
\mathbf{u}\left(x,t\right) = \begin{cases} \mathbf{u}_l & \text{per } x < \sigma t \\ \mathbf{u}_r & \text{per } x > \sigma t \end{cases} \tag{10.86}
$$

con

$$\sigma = \lambda_k\left(\mathbf{u}_l\right) = \lambda_k\left(\mathbf{u}_r\right) = \sigma\left(\mathbf{u}_r, \mathbf{u}_l\right).$$

La soluzione (10.86) si chiama *k-discontinuità a contatto*. Infatti, le caratteristiche a destra e a sinistra sono *parallele alla linea di discontinuità*. In fluidodinamica, per esempio, ciò significa che le particelle di fluido non attraversano la discontinuità (si veda la Figura 10.3, pag. 614).

10.4.6 Soluzioni locali del problema di Riemann

Possiamo ora risolvere (almeno localmente) il problema di Riemann con stati generici $\mathbf{u}_l$ e $\mathbf{u}_r$. Sia $k \in \{1, ..., m\}$.

Se la coppia $\lambda_k\left(\mathbf{u}\right), \mathbf{r}_k\left(\mathbf{u}\right)$ è genuinamente nonlineare poniamo

$$T_k\left(\mathbf{u}_l\right) = S_k^-\left(\mathbf{u}_l\right) \cup \{\mathbf{u}_l\} \cup R_k^+\left(\mathbf{u}_l\right).$$

Per i Teoremi 4.1 e 4.3, $T_k\left(\mathbf{u}_l\right)$ è una curva di classe C^2 in un intorno di $\mathbf{u}_l$ e possiamo usare per $T_k\left(\mathbf{u}_l\right)$ una parametrizzazione del tipo:

$$
\mathbf{u}_k\left(\varepsilon; \mathbf{u}_l\right) = \begin{cases} \varphi_k\left(\varepsilon; \mathbf{u}_l\right) & \varepsilon > 0 \\ \psi_k\left(\varepsilon; \mathbf{u}_l\right) & \varepsilon < 0 \end{cases}
$$

con $|\varepsilon| < \varepsilon_0$. Abbiamo visto che, se $\mathbf{u}_r$ coincide con uno degli stati su $T_k\left(\mathbf{u}_l\right)$, per qualche $k \in \{1, ..., m\}$, allora il problema di Riemann può essere risolto da una singola k-onda di rarefazione o k-onda d'urto.

Se la coppia $\lambda_k(\mathbf{u}), \mathbf{r}_k(\mathbf{u})$ è linearmente degenere poniamo

$$T_k(\mathbf{u}_l) = S_k(\mathbf{u}_l) = R_k(\mathbf{u}_l)$$

e la parametrizziamo ponendo, per esempio,

$$\mathbf{u}_k(\varepsilon; \mathbf{u}_l) = \boldsymbol{\psi}_k(\varepsilon; \mathbf{u}_l) \qquad \text{per } |\varepsilon| < \varepsilon_0.$$

In questo caso, se $\mathbf{u}_r$ coincide con uno degli stati su $T_k(\mathbf{u}_l)$, il problema di Riemann può essere risolto con una singola k-discontinuità a contatto.

Quando $\mathbf{u}_r$ non appartiene ad alcuna delle curve $T_k(\mathbf{u}_l)$, in generale, il problema Riemann si può risolvere se $\mathbf{u}_l$ e $\mathbf{u}_r$ sono abbastanza vicini. Indichiamo con $\mathcal{S}$ la classe delle soluzioni integrali, consistenti di al più $m+1$ stati costanti, connessi da onde di rarefazione, discontinuità a contatto oppure onde d'urto ammissibili (che cioè soddisfano le condizioni di entropia (10.78), (10.79)). Vale il seguente risultato[10].

Teorema 4.7. *Assumiamo che per ogni* k, $1 \leq k \leq m$, *la coppia caratteristica* $\lambda_k(\mathbf{u}), \mathbf{r}_k(\mathbf{u})$ *sia genuinamente non lineare o linearmente degenere. Dato* $\mathbf{u}_l \in \mathbb{R}^m$, *esiste un intorno* $N(\mathbf{u}_l)$ *di* u_l *tale che, se* $\mathbf{u}_r \in N(\mathbf{u}_l)$, *il problema di Riemann ha un'unica soluzione appartenente ad* $\mathcal{S}$.

10.5 Il problema di Riemann per il sistema-p

In questa sezione procediamo ad un'analisi sistematica del *sistema-p*

$$\begin{cases} w_t - v_x = 0 \\ v_t + p(w)_x = 0 \end{cases}$$

per arrivare alla soluzione del problema di Riemann. Ricordiamo che il sistema-p è genuinamente nonlineare, con autovalori

$$\lambda_1(w, v) = -\sqrt{a(w)} \quad \text{e} \quad \lambda_2(v, u) = \sqrt{a(w)}$$

ed autovettori corrispondenti, dati rispettivamente da

$$\mathbf{r}_1(w, v) = \begin{pmatrix} 1 \\ \sqrt{a(w)} \end{pmatrix} \qquad \mathbf{r}_2(w, v) = \begin{pmatrix} 1 \\ -\sqrt{a(w)} \end{pmatrix}.$$

Ricordiamo anche che p è decrescente e convessa, cioè

$$a(w) = -p'(w) > 0 \quad \text{e} \quad a'(w) = -p''(w) < 0 \tag{10.87}$$

e che

$$\lim_{w \to 0^+} p(w) = +\infty. \tag{10.88}$$

Assegnati i due stati iniziali

$$\mathbf{u}_l = (w_l, v_l) \quad \text{e} \quad \mathbf{u}_r = (w_r, v_r)$$

con $w_l, w_r > 0$, analizziamo prima le onde d'urto.

---

[10] Per la dimostrazione si veda, per esempio, *Godlewski-Raviart, 1996*.

Onde d'urto

Essendo $m = 2$, abbiamo due tipi di onde d'urto ammissibili (*entropiche*). Per determinarli, troviamo prima $S(\mathbf{u}_l)$, l'insieme di Rankine-Hugoniot di $\mathbf{u}_l$ (Definizione 4.4). Poiché

$$\mathbf{F}(\mathbf{u}) = \begin{pmatrix} -v \\ p(w) \end{pmatrix},$$

$S(\mathbf{u}_l)$ è l'insieme degli stati $\mathbf{u} = (w, v)$ che soddisfano le condizioni

$$\begin{cases} (w - w_l)\sigma = (v_l - v) \\ (v - v_l)\sigma = (p(w) - p(w_l)). \end{cases} \tag{10.89}$$

Risolvendo per v, troviamo

$$v - v_l = \pm\sqrt{(p(w) - p(w_l))(w_l - w)}. \tag{10.90}$$

• **1-onda d'urto.** Consideriamo la coppia $\lambda_1, \mathbf{r}_1$. Gli stati sulla parte entropica $S_1^-(\mathbf{u}_l)$, definita dalla (10.82) per $k = 1$, soddisfano la condizione (10.78) di entropia

$$\lambda_1(w, v) < \sigma < \lambda_1(w_l, v_l)$$

ossia

$$-\sqrt{a(w)} < \sigma < -\sqrt{a(w_l)}, \tag{10.91}$$

che implica $\sigma < 0$ (si dice che l'onda d'urto è un *back shock*) e $w_l > w$, poiché $a' < 0$. Dalla prima delle (10.89), essendo $\sigma < 0$, si ricava allora $v_l > v$. Dalle considerazioni precedenti, si deduce che la curva $S_1^- = S_1^-(\mathbf{u}_l)$ è definita dalla (10.90) scegliendo il segno negativo e perciò dall'equazione

$$v = v_l - \sqrt{(p(w) - p(w_l))(w_l - w)} \qquad w_l > w. \tag{10.92}$$

Poiché

$$\frac{dv}{dw} = -\frac{p'(w)(w_l - w) - (p(w) - p(w_l))}{2\sqrt{(p(w) - p(w_l))(w_l - w)}} > 0, \tag{10.93}$$

v è crescente rispetto a w e si può controllare che $d^2v/dw^2 < 0$.

Riassumendo: *gli stati iniziali* $\mathbf{u}_r = (w_r, v_r)$ *che possono essere connessi da una 1-onda d'urto con lo stato* $\mathbf{u}_l = (w_l, v_l)$ *si trovano su una una curva* $S_1^- = S_1^-(\mathbf{u}_l)$, *regolare, crescente e concava del piano* v, w *(Figura 10.4). La soluzione del corrispondente problema di Riemann è data dalla formula seguente:*

$$\mathbf{u}(x, t) = \begin{cases} \mathbf{u}_l & \text{per } x < \sigma t \\ \mathbf{u}_r & \text{per } x < \sigma t \end{cases} \tag{10.94}$$

dove $\sigma = \frac{v_r - v_l}{w_l - w_r}$.

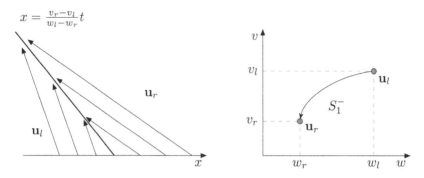

Figura 10.4 Stati connessi da una 1-onda d'urto

• **2-onda d'urto.** Consideriamo ora la coppia $\lambda_2, \mathbf{r}_2$. Sia $S_2^- = S_2^- (\mathbf{u}_l)$ definita dalla (10.82) per $k = 2$. Gli stati su $S_2^- = S_2^- (\mathbf{u}_l)$ soddisfano la condizione di entropia

$$\lambda_2 (w, v) < \sigma < \lambda_2 (w_l, v_l)$$

cioè

$$\sqrt{a(w)} < \sigma < \sqrt{a(w_l)}.$$

In particolare, deduciamo che $\sigma > 0$ (si dice che l'onda d'urto è un *front shock*) e che $w_l < w$. Dalla prima delle (10.89), essendo $\sigma > 0$, si ricava $v_l > v$. Pertanto, la curva $S_2^- = S_2^- (\mathbf{u}_l)$ è ancora definita dall'equazione (10.90) col segno meno, cioè.

$$v = v_l - \sqrt{(p(w) - p(w_l))(w_l - w)} \qquad \text{con } w_l < w. \tag{10.95}$$

Dalla (10.93) segue che $dv/dw < 0$ ed è facile controllare che $d^2v/dw^2 > 0$.

Riassumendo: *gli stati iniziali* $\mathbf{u}_r = (w_r, v_r)$ *che possono essere connessi da una 2-onda d'urto con lo stato* $\mathbf{u}_l = (w_l, v_l)$ *si trovano su una una curva* $S_2^- = S_2^- (\mathbf{u}_l)$, *regolare, decrescente e convessa del piano* v, w *(Figura 10.5).* *La soluzione del corrispondente problema di Riemann è ancora data dalla* (10.94).

Onde di rarefazione

Essendo il sistema genuinamente non lineare, avremo due onde di rarefazione. In base al Teorema 4.2 occorre costruire le curve $R_1^+ = R_1^+ (\mathbf{u}_l)$ e $R_2^+ = R_2^+ (\mathbf{u}_l)$.

• **1-onda di rarefazione.** Consideriamo la coppia caratteristica

$$\lambda_1 (w, v) = -\sqrt{a(w)}, \quad \mathbf{r}_1 (w, v) = \begin{pmatrix} 1 \\ \sqrt{a(w)} \end{pmatrix}.$$

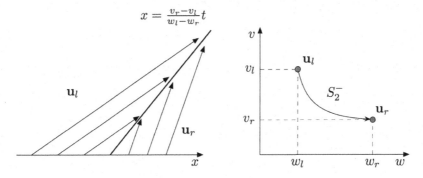

Figura 10.5 Stati connessi da una 2-onda d'urto

Per costruire la curva $R_1 = R_1(\mathbf{u}_l)$ occorre risolvere il sistema (10.57), pag. 615. Scrivendo $\mathbf{v}(\theta) = (w(\theta), v(\theta))$, si trova

$$\frac{dw}{d\theta} = 1, \qquad \frac{dv}{d\theta} = \sqrt{a(w(\theta))}. \tag{10.96}$$

La scelta di $\theta = w$ come parametro, dà l'equazione

$$\frac{dv}{dw} = \sqrt{a(w)}. \tag{10.97}$$

Successivamente si determina $w = w(x,t)$ risolvendo l'equazione

$$w_t + \lambda_1(w)w_x = w_t - \sqrt{a(w)}w_x = 0. \tag{10.98}$$

La soluzione dalla (10.97) uscente dallo stato $\mathbf{u}_l$ è data da:

$$v(w) = v_l + \int_{w_l}^{w} \sqrt{a(s)}ds. \tag{10.99}$$

Gli stati sulla parte ammissibile $R_1^+ = R_1^+(\mathbf{u}_l)$ della curva $R_1(\mathbf{u}_l)$ soddisfano la relazione $\lambda_1(w,v) > \lambda_1(w_l, v_l)$, ossia $\sqrt{a(w)} < \sqrt{a(w_l)}$, che implica $w > w_l$. La curva $R_1^+ = R_1^+(\mathbf{u}_l)$ ha quindi equazione

$$v(w) = v_l + \int_{w_l}^{w} \sqrt{a(s)}ds \qquad \text{con } w > w_l.$$

Osserviamo che $w \mapsto v(w)$ è crescente e $d^2v/dw^2 = a'(w)/2\sqrt{a(w)} < 0$. In particolare, imponendo $v_r = v(w_r)$, $w_r > w_l$, otteniamo $v_l < v_r$.

Infine, dalla (10.98), ricaviamo $w(x,t) = f\left(-\frac{x}{t}\right)$, dove f è l'inversa della funzione $w \longmapsto \sqrt{a(w)}$.

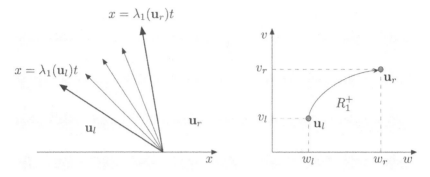

Figura 10.6 Stati connessi da una 1-onda di rarefazione

Riassumendo: *gli stati iniziali* $\mathbf{u}_r = (w_r, v_r)$ *che possono essere connessi allo stato* $\mathbf{u}_l = (w_l, v_l)$ *da una 1-onda di rarefazione si trovano su una curva* $R_1^+ = R_1^+ (\mathbf{u}_l)$, *crescente e concava del piano* w, v (Figura 10.6). *La soluzione del corrispondente problema di Riemann* (*back rarefaction wave*) *è data da:*

$$\mathbf{u}_1(x,t) = \begin{cases} (w_l, u_l) & x \leq -\sqrt{a(w_l)}t \\ \left(w(x,t), v_l + \int_{w_l}^{w(x,t)} \sqrt{a(s)}ds\right) & -\sqrt{a(w_l)}t < x < -\sqrt{a(w_r)}t \\ (w_r, v_r) & x \geq -\sqrt{a(w_r)}t \end{cases}$$

dove $w(x,t) = f\left(-\frac{x}{t}\right)$ *e* f *è l'inversa della funzione* $w \longmapsto \sqrt{a(w)}$.

- **2-onda di rarefazione**. Consideriamo ora la coppia caratteristica

$$\lambda_2(w,v) = \sqrt{a(w)}, \quad \mathbf{r}_2(w,v) = \begin{pmatrix} 1 \\ -\sqrt{a(w)} \end{pmatrix}.$$

Per costruire la curva $R_2 = R_2(\mathbf{u}_l)$ procediamo come prima. Il sistema (10.57) è

$$\frac{dw}{d\theta} = 1, \qquad \frac{dv}{d\theta} = -\sqrt{a(w(\theta))}$$

che si riduce all'equazione

$$\frac{dv}{dw} = -\sqrt{a(w)}. \tag{10.100}$$

Successivamente si determina $w = w(x,t)$ risolvendo l'equazione

$$w_t + \lambda_2(w) w_x = w_t + \sqrt{a(w)} w_x = 0. \tag{10.101}$$

La soluzione della (10.100) con dato iniziale $\mathbf{u}_l$ è data da:

$$v(w) = v_l - \int_{w_l}^{w} \sqrt{a(s)}ds.$$

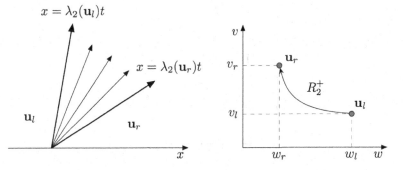

Figura 10.7 Stati connessi da una 2-onda di rarefazione

Gli stati sulla parte ammissibile $R_2^+ = R_2^+ (\mathbf{u}_l)$ di $R_2 (\mathbf{u}_l)$ soddisfano la relazione $\lambda_2 (w, v) > \lambda_2 (w_l, v_l)$, ossia $\sqrt{a(w)} > \sqrt{a(w_l)}$, che implica $w < w_l$. La curva $R_2^+ = R_2^+ (\mathbf{u}_l)$ ha quindi equazione

$$v(w) = v_l - \int_{w_l}^w \sqrt{a(s)}ds \qquad \text{con } w < w_l.$$

Osserviamo che $w \mapsto v(w)$ è decrescente e $d^2 v/dw^2 = -a'(w)/2\sqrt{a(w)} > 0$. In particolare, imponendo $v_r = v(w_r)$, con $w_r < w_l$, deduciamo che $v_l < v_r$. Infine, dalla (10.101), troviamo $w(x,t) = f\left(\frac{x}{t}\right)$.

Riassumendo: *gli stati iniziali* $\mathbf{u}_r = (w_r, v_r)$ *che possono essere connessi allo stato* $\mathbf{u}_l = (w_l, v_l)$ *da una 2-onda di rarefazione si trovano su una curva* $R_2^+ = R_2^+ (\mathbf{u}_l)$, *decrescente e convessa del piano* w, v (Figura 10.7). *La soluzione del corrispondente problema di Riemann* (front rarefaction wave) *è data da*

$$\mathbf{u}_2(x,t) = \begin{cases} (w_l, u_l) & x \le \sqrt{a(w_l)}t \\ \left(w(x,t), v_l - \int_{w_l}^{w(x,t)} \sqrt{a(s)}ds\right) & \sqrt{a(w_l)}t < x < \sqrt{a(w_r)}t \\ (w_r v_r) & x \ge \sqrt{a(w_r)}t \end{cases}$$

dove $w(x,t) = f\left(\frac{x}{t}\right)$ e f è l'inversa della funzione $w \longmapsto \sqrt{a(w)}$.

La soluzione nel caso generale

Dai risultati delle sezioni precedenti, si deduce che, assegnato uno stato iniziale *sinistro* (cioè per $x < 0$)) $\mathbf{u}_l = (v_l, w_l)$, le due curve di classe C^2,

$$W_1(\mathbf{u}_l) = R_1^+ (\mathbf{u}_l) \cup \{\mathbf{u}_l\} \cup S_1^- (\mathbf{u}_l) \qquad \text{e} \qquad W_2(\mathbf{u}_l) = R_2^+ (\mathbf{u}_l) \cup \{\mathbf{u}_l\} \cup S_2^- (\mathbf{u}_l),$$

suddividono il piano v, w in quattro regioni I, II, III, IV, come mostrato in Figura 10.8.

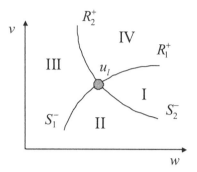

Figura 10.8 Suddivisione del piano v, w indotta dalle curve $W_1 (\mathbf{u}_l)$ e $W_2 (\mathbf{u}_l)$

Se $\mathbf{u}_r$ si trova su una di queste due curve, possiamo risolvere il problema con una sola onda di rarefazione o d'urto. In generale, in base al Teorema 4.7, esiste un intorno $\mathcal{N} (\mathbf{u}_l)$ tale che, se $\mathbf{u}_r \in \mathcal{N} (\mathbf{u}_l)$, il problema di Riemann ha un'unica soluzione nella classe $\mathcal{S}$, che consiste di tre stati, connessi da onde di rarefazione e/o onde d'urto ammissibili (entropiche). Nel caso del sistema-p possiamo essere più precisi riguardo all'intorno $\mathcal{N} (\mathbf{u}_l)$. Precisamente, vogliamo mostrare che se $\mathbf{u}_r$ si trova in una nelle regioni I, II, III il problema di Riemann ha un'unica soluzione nella classe $\mathcal{S}$, mentre se $\mathbf{u}_r$ si trova nella regione IV occorre, in generale, che $\mathbf{u}_r$ sia sufficientemente vicino a $\mathbf{u}_l$. Cominciamo a dimostrare il seguente risultato.

Teorema 5.1. *Se $\mathbf{u}_r$ si trova in una nelle regioni I, II, III esiste un'unica soluzione integrale del problema di Riemann, appartenente alla classe $\mathcal{S}$.*

Dimostrazione. Sia $\mathcal{F}$ la famiglia di curve W_2 uscenti da punti su $W_1 (\mathbf{u}_l)$. Precisamente, poniamo

$$\mathcal{F} = \{W_2 (\mathbf{u}_0) : \mathbf{u}_0 \in W_1 (\mathbf{u}_l)\} .$$

Per dimostrare il teorema, basta dimostrare che ogni punto $\mathbf{u}_r$ in una delle regioni I, II, III appartiene ad una ed una sola curva $W_2 (\mathbf{u}_0)$ della famiglia $\mathcal{F}$. Infatti, se ciò è vero, possiamo costruire la soluzione connettendo prima $\mathbf{u}_l$ a $\mathbf{u}_0$ mediante una 1-onda di rarefazione oppure una 1-onda d'urto e successivamente connettendo $\mathbf{u}_0$ a $\mathbf{u}_r$ mediante una 2-onda di rarefazione oppure una 2-onda d'urto. la posizione di $\mathbf{u}_r$ determina i tipi di onda da scegliere.

Per fissare le idee, assumiamo che $\mathbf{u}_r$ appartenga alla regione I. In riferimento alla Figura 10.9, consideriamo i punti $\mathbf{p} (w) = (w, v (w)) \in W_1 (\mathbf{u}_l)$, con $w_l < w < w_r$.

Poiché la pendenza delle curve $S_2^- (\mathbf{p})$ è negativa e limitata, queste curve intersecano la retta $w = w_r$ in un punto $\varphi (\mathbf{p} (w)) = (w_r, V (w))$. Essendo $\mathbf{p} \in R_1^+ (\mathbf{u}_l)$, possiamo scrivere (si veda la (10.99)):

$$v (w) = v_l + \int_{w_l}^{w} \sqrt{a (s)} ds$$

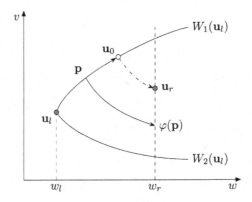

Figura 10.9 L'applicazione φ nella dimostrazione del Teorema 5.1

e poiché $\varphi\left(\mathbf{p}\right) \in S_2^-\left(\mathbf{p}\right)$, abbiamo (si veda la (10.95)):

$$V\left(w\right) = v\left(w\right) - \sqrt{\left(p\left(w_r\right) - p\left(w\right)\right)\left(w - w_r\right)}$$
$$= v_l + \int_{w_l}^{w} \sqrt{a\left(s\right)}ds - \sqrt{\left(p\left(w_r\right) - p\left(w\right)\right)\left(w - w_r\right)}.$$

L'applicazione $w \longmapsto \varphi\left(\mathbf{p}\left(w\right)\right)$ è dunque continua e, se w è vicino a w_r, il punto $\varphi\left(\mathbf{p}\left(w\right)\right)$ si trova sopra $\mathbf{u}_r$. Essendo $\varphi\left(\mathbf{u}_l\right)$ sotto $\mathbf{u}_r$, per continuità, esiste un punto $\mathbf{u}_0$ tale che $\varphi\left(\mathbf{u}_0\right) = \mathbf{u}_r$.

Questo mostra che ogni punto $\mathbf{u}_r$ della regione I appartiene a una delle curve della famiglia $\mathcal{F}$. Per l'unicità, basta controllare che dV/dw è strettamente positiva. Abbiamo, infatti:

$$\frac{dV}{dw} = \sqrt{a\left(w\right)} - \frac{p\left(w_r\right) - p\left(w\right) + p'\left(w\right)\left(w_r - w\right)}{2\sqrt{\left(p\left(w_r\right) - p\left(w\right)\right)\left(w - w_r\right)}} > 0,$$

essendo $p'\left(w\right) < 0$ e $w_r > w$. Pertanto, se $\mathbf{u}_r$ appartiene alla regione I la dimostrazione è completa.

Se $\mathbf{u}_r$ appartiene alla regione III i ragionamenti sono analoghi. Se $\mathbf{u}_r$ è nella regione II, facciamo vedere che la retta orizzontale $v = v_r$ interseca $S_1^-\left(\mathbf{u}_l\right)$ e $S_2^-\left(\mathbf{u}_l\right)$ in due punti $\mathbf{p}_1 = \left(w_1, v_r\right)$ and $\mathbf{p}_1 = \left(w_2, v_r\right)$, univocamente determinati. Per trovare w_2, risolviamo l'equazione (si veda la 10.95, pag. 628)

$$v_r = v_l - \sqrt{\left(p\left(w_l\right) - p\left(w\right)\right)\left(w - w_l\right)} \qquad w > w_l. \tag{10.102}$$

Ora, la funzione

$$w \mapsto v_l - \sqrt{\left(p\left(w_l\right) - p\left(w\right)\right)\left(w - w_l\right)}$$

è biunivoca tra $[w_l, +\infty)$ e $[-\infty, v_l)$. Poiché $v_r < v_l$, esiste esattamente un valore w_2, soluzione della (10.102).

Analogamente, usando il fatto che $p\left(w\right) \to +\infty$ per $w \to 0^+$, esiste un'unica soluzione w_1 dell'equazione (si veda la 10.92, pag. 627).

$$v_r = v_l - \sqrt{\left(p\left(w_l\right) - p\left(w\right)\right)\left(w - w_l\right)} \qquad w < w_l.$$

Per concludere si segue il procedimento usato nel caso $\mathbf{u}_r \in I$. Lasciamo i dettagli al lettore. $\qquad\qquad\qquad\qquad\qquad\qquad\qquad\qquad\qquad\qquad\qquad\qquad\qquad\qquad\quad\square$

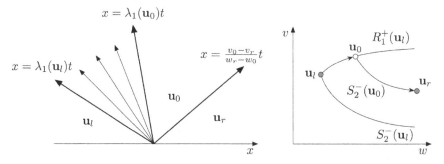

Figura 10.10 Soluzione del problema di Riemann quando $\mathbf{u}_r$ appartiene alla regione I

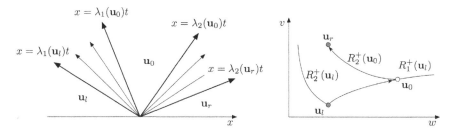

Figura 10.11 La soluzione del problema di Riemann quando $\mathbf{u}_r$ appartiene alla regione IV

La costruzione della soluzione quando $\mathbf{u}_r$ è nella regione I è descritta in Figura 10.10: $\mathbf{u}_l$ è connesso a $\mathbf{u}_0$ da una 1-onda di rarefazione (*back rarefaction wave*) e poi $\mathbf{u}_0$ è connesso a $\mathbf{u}_r$ mediante una 2-onda d'urto (*front-shock*).

Quando $\mathbf{u}_r$ si trova nella regione IV, *sufficientemente vicino* a $\mathbf{u}_l$, la soluzione può essere costruita come negli altri casi, come mostrato in Figura 10.11: si connette $\mathbf{u}_l$ a $\mathbf{u}_0$ mediante una 1-onda di rarefazione (*back rarefaction wave*) e poi si connette $\mathbf{u}_0$ a $\mathbf{u}_r$ mediante una 2-onda di rarefazione (*front rarefaction wave*).

Mostriamo ora che, se $\mathbf{u}_r$ appartiene alla regione IV, non è sempre possibile costruire una soluzione nella classe che stiamo considerando.

Proposizione 5.2 *Sia $\mathbf{u}_r$ appartenente alla regione IV e assumiamo che*

$$v_\infty \equiv \int_{w_l}^{+\infty} \sqrt{a\,(w)}\,dw < \infty. \tag{10.103}$$

Se $v_r > v_l + 2v_\infty$, il problema di Riemann non ha soluzione nella classe $\mathcal{S}$.

Dimostrazione. Se vale la (10.103), la curva di rarefazione $R_1^+(\mathbf{u}_l)$, di equazione

$$v = v_l + \int_{w_l}^{w} \sqrt{a\,(s)}\,ds,$$

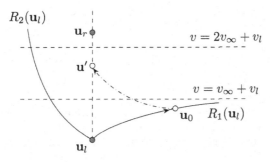

Figura 10.12 Non esistenza per il problema di Riemann

ha un asintoto orizzontale, dato dalla retta di equazione $v = v_\infty + v_l$. In riferimento alla Figura 10.12, consideriamo lo stato $\mathbf{u}_r = (w_l, v_r)$ con $v_r > 2v_\infty + v_l$. Facciamo vedere che nessuna 2-curva di rarefazione uscente da un punto $R_1^+(\mathbf{u}_l)$ può passare per $\mathbf{u}_r$.

Infatti, per ogni stato $\mathbf{u}_0 = (w_0, v_0) \in R_1^+(\mathbf{u}_l)$ si ha

$$v_0 = v_l + \int_{w_l}^{w_0} \sqrt{a(s)} ds < v_l + v_\infty.$$

D'altra parte, se $\mathbf{u}' = (w_r, v') \in R_2^+(\mathbf{u}_0) \cap \{w = w_r\}$, necessariamente

$$v' = v_0 - \int_{w_0}^{w_l} \sqrt{a(s)} ds = v_0 + \int_{w_l}^{w_0} \sqrt{a(s)} ds < v_l + 2v_\infty < v_r.$$

Non c'è dunque modo di connettere $\mathbf{u}_l$ a $\mathbf{u}_r$. □

Nota 5.1. Osserviamo che la (10.103) è vera nell'importante caso dei gas politropici, in cui

$$a(w) = \gamma k w^{-\gamma - 1} \qquad \gamma > 1.$$

Per avere un'interpretazione fisica del fenomeno, consideriamo la situazione limite in cui $v_r = 2v_\infty + v_l$. Allora $\mathbf{u}_r = (w_r, v_r)$ formalmente appartiene ad una 2-curva di rarefazione uscente dal punto all'infinito $\mathbf{u}_0 = (+\infty, v_\infty + v_l)$. Poiché $\lambda_1(\mathbf{u}_0) = \lambda_2(\mathbf{u}_0) = 0$, la soluzione del problema di Riemann è descritta in Figura 10.11, ma con le due onde di rarefazione separate dalla semiretta verticale $x = 0$. Su tale semiretta si ha $w = 1/\rho = +\infty$ ossia $\rho = 0$, che, nel caso del moto di un gas lungo un tubo, corrisponde alla formazione di una zona di vuoto.

Problemi

11.1. *Il sistema del telegrafo.* Il seguente sistema

$$\begin{cases} LI_t + V_x + RI = 0, \\ CV_t + I_x + GV = 0 \end{cases} \quad (x \in \mathbb{R}, \, t > 0)$$

descrive il flusso elettrico in un cavo coassiale con dispersione a terra. La variabile x è una coordinata lungo il cavo. $I = I(x,t)$ e $V(x,t)$ rappresentano la corrente nel cavo interno e il voltaggio, rispettivamente. Le proprietà elettriche del sistema sono codificate nelle costanti positive C, G capacità e conduttanza al suolo, R, L resistenza e induttanza. Assegniamo le condizioni iniziali

$$I(x,0) = I_0(x), \, V(x,0) = V_0(x).$$

a) Controllare che il sistema è strettamente iperbolico.

b) Nel caso speciale $RC = GL$, mostrare che il sistema è disaccoppiato e si riduce alle equazioni

$$w_t^\pm \pm \frac{1}{\sqrt{LC}} w_x^\pm = -\frac{R}{L} w^\pm \tag{10.104}$$

con condizion iiniziali

$$w^\pm(x,0) = \frac{1}{2}\left[\frac{I_0(x)}{\sqrt{C}} \pm \frac{V_0(x)}{\sqrt{L}}\right] \equiv w_0^\pm(x).$$

c) Nel caso $RC = GL$, trovare una formula esplicita per la soluzione (U, V).

[*Risposta. c)* La soluzione è data dalla seguente sovrapposizione di due onde progressive smorzate:

$$\begin{pmatrix} U(x,t) \\ V(x,t) \end{pmatrix} = \left\{ w_0^+(x + t/\sqrt{LC}) \begin{pmatrix} \sqrt{C} \\ \sqrt{L} \end{pmatrix} + w_0^-(x - t/\sqrt{LC}) \begin{pmatrix} \sqrt{C} \\ -\sqrt{L} \end{pmatrix} \right\} e^{-\frac{R}{L}t}.]$$

11.2. Mostrare che un k-invariante di Riemann è costante lungo una k-onda di rarefazione.

11.3. Si consideri il sistema-p. È possibile avere un'onda d'urto con una sola componente discontinua?

11.4. Si consideri la soluzione del problema di Riemann per il sistema-p quando $\mathbf{u}_r$ è nella regione I. Invece di procedere come in Figura 10.10, sarebbe possibile connettere $\mathbf{u}_l$ con uno stato intermedio $\mathbf{u}_0$ su $S_2^-(\mathbf{u}_l)$ mediante una 2 – due onda d'urto *(front shock)* e poi connettere $\mathbf{u}_0$ a $\mathbf{u}_r$ mediante una 1 – onda di rarefazione *(back rarefaction wave)*?

11.5 Descrivere come nelle Figure 10.10 e 10.11 la struttura della soluzione del problema di Riemann per il sistema-p quando $\mathbf{u}_r$ appartiene ad una delle regioni II e III.

11.6. Nel problema di Riemann per il sistema delle dinamica dei gas si assegnano i due stati (ρ_l, v_l, p_l) e (ρ_r, v_r, p_r). Si assuma di essere in presenza di una discontinuità che si propaga alla velocità σ. Sia $U = v - \sigma$, che rappresenta la velocità relativa del gas rispetto alla discontinuità.

a) Usando il sistema nella forma conservativa (10.9), mostrare che le condizioni di Rankine-Hugoniot si possono scrivere nella forma seguente:

$$\begin{cases} [\rho U] = 0 \\ [\rho U^2 + p] = 0 \\ [(\rho (E + \tfrac{1}{2} U^2) + p) U] = 0. \end{cases}$$

b) Poniamo $M = \rho U$. Qual è il significato fisico di M? Mostrare che, se $M = 0$, la discontinuità deve essere una discontinuità a contatto.

[*Risposta. b*) M rappresenta il flusso di massa attraverso la discontinuità. Se $M = 0$, il flusso di massa attraverso la discontinuità è nullo e si ha necessariamente $U_l = U_r = 0$. Quindi $v_r = v_l = \sigma$ e dalla seconda delle condizioni di Rankine-Hugoniot deduciamo $p_r = p_l$. Poiché abbiamo una discontinuità, deve essere $\rho_l \neq \rho_r$ e quindi abbiamo una 2-discontinuità a contatto con $\sigma = \lambda_2 = v$. Si può mostrare che, se $M \neq 0$, si ha una 1-onda oppure una 2-onda d'urto].

11.7. Onde in acqua poco profonda *(the shallow water system)* (I). Studiamo un modello che governa il moto dell'acqua (a densità costante), sotto la condizione che il rapporto tra la profondità dell'acqua e la lunghezza media delle onde di superficie sia piccola. Altre ipotesi semplificatrici sono le seguenti:

1. Il moto è essenzialmente bidimensionale e noi usiamo un sistema di riferimento dove x e y sono le coordinate orizzontale e verticale, rispettivamente. In questo sistema di coordinate, la superficie libera è descritta da un grafico $y = h(x, t)$, mentre il fondo è piatto, al livello $y = 0$ (Figura 10.13).

2. L'accelerazione verticale è molto minore dell'accelerazione di gravità g e la componente orizzontale u della velocità del fluido non ha variazioni significative nella direzione verticale. Di conseguenza, $u = u(x, t)$.

Sotto le ipotesi precedenti, il sistema che governa il moto si riduce alla conservazione della massa e al bilancio del momento lineare nella direzione x, e prende la forma seguente:

$$\begin{cases} h_t + uh_x + hu_x = 0 \\ u_t + gh_x + uu_x = 0. \end{cases} \tag{10.105}$$

a) Mostrare che il sistema (10.105) è strettamente iperbolico e genuinamente nonlineare.

b) Calcolare gli invarianti di Riemann.

[*Risposta. a*) Gli autovalori sono $\lambda_1(h, u) = u - \sqrt{gh}$, $\lambda_2(h, u) = u + \sqrt{gh}$, con autovettori

$$\mathbf{r}_1(h, u) = (-\sqrt{h}, \sqrt{g})^\top, \quad \mathbf{r}_2(h, u) = (\sqrt{h}, \sqrt{g})^\top.$$

Inoltre $\nabla \lambda_1 \cdot \mathbf{r}_1 = \nabla \lambda_2 \cdot \mathbf{r}_2 = \tfrac{3}{2}\sqrt{g}$.

b) Gli invarianti di Riemann sono $R(h, u) = u - 2\sqrt{hg}$, $S(h, u) = u + 2\sqrt{hg}$].

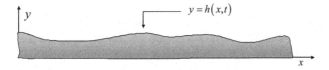

Figura 10.13 Sistema di riferimento per il modello *shallow waters*

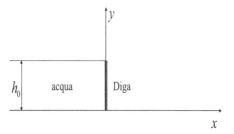

Figura 10.14 Rappresentazione schematica per il problema della diga

11.8. Onde in acqua poco profonda (II): il problema della *rottura di una diga*. Assumiamo che una quantità d'acqua poco profonda e immobile, di altezza h_0, è tenuta nel dominio $x < 0$ da una diga posta in $x = 0$ (Figura 10.14). A valle della diga non c'è acqua. Supponiamo che la diga subisca un crollo improvviso al tempo $t = 0$ e che si voglia determinare il flusso d'acqua u e il profilo h della superficie libera per $t > 0$. Notiamo che $0 \leq h \leq h_0$ e $u \geq 0$. In accordo al modello nel Problema 11.7, si tratta di risolvere il problema di Riemann per il sistema (10.105), con stati iniziali $(h_l, u_l) = (h_0, 0)$ e $(h_r, u_r) = (0, 0)$. Si chiede di trovare l'espressione analitica della soluzione, completando i dettagli nei passi seguenti, in linea con l'analisi fatta per il sistema-p. Poniamo $c_0 = \sqrt{gh_0}$

1. Esaminare quali stati (h, u) possono essere connessi a $(h_0, 0)$. In particolare, mostrare che questi stati appartengono alla curva di rarefazione $R_1^+ (h_0, 0)$, le cui equazioni parametriche sono le seguenti:

$$h(\theta) = \left(\sqrt{h_0} - \frac{\theta}{2} \right)^2 , \quad u(\theta) = \sqrt{g}\theta \qquad \text{con } \theta \geq 0$$

ossia, eliminando θ,

$$u = 2 \left(c_0 - \sqrt{gh} \right) \tag{10.106}$$

nel primo quadrante del piano degli stati $h \geq 0, u \geq 0$. Controllare che, se $(h, u) \in R_1^+ (h_0, 0)$, allora

$$\lambda_1 (h, u) > -c_0 = \lambda_1 (h_0, 0). \tag{10.107}$$

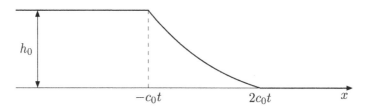

Figura 10.15 Il profilo di h nel problema della diga, al tempo t

2. Dedurre da (10.106) e (10.107), che gli stati $(h_0, 0)$ e $(0, 2c_0)$ sono connessi da una 1−onda di rarefazione definita nel settore

$$-c_0 t < x < 2c_0 t$$

e che lo stato $(0, 2c_0)$ è connesso a $(0, 0)$ da una 2−onda d'urto, per $x > 2c_0 t$.

3. Calcolare la funzione inversa di

$$\theta \longmapsto \lambda_1\left(h\left(\theta\right), u\left(\theta\right)\right) = \frac{3}{2}\sqrt{g\theta} - c_0,$$

per ricavare la seguente espressione analitica per la 1−onda di rarefazione (in Figura 10.15 il profilo di h):

$$h\left(x, t\right) = \frac{1}{9g}\left(2c_0 - \frac{x}{t}\right)^2, \quad u\left(x, t\right) = \frac{2}{3}\left(c_0 + \frac{x}{t}\right).$$

Appendice A
Analisi dimensionale

A.1 Un esempio preliminare

L'idea che sta alla base dell'*analisi dimensionale* è molto semplice: le leggi della Fisica non dipendono dalle unità di misura scelte per misurare le quantità coinvolte. Come conseguenza, le relazioni matematiche che esprimono tali leggi devono possedere proprietà generali di omogeneità o simmetria. L'analisi dimensionale è un metodo per determinare ed analizzare tali relazioni in riferimento ad un dato fenomeno, utilizzando solo una conoscenza qualitativa dei principi sottostanti, senza necessariamente servirsi di modelli matematici concreti come potrebbe essere un'equazione differenziale. Vogliamo dare qui i primi rudimenti di questa tecnica, rimandando ai testi specializzati, e specialmente [*Barenblatt*, 2002], per gli approfondimenti.

Nel Capitolo 2, sottosezione 2.3.2, abbiamo visto un esempio di utilizzo dell'analisi dimensionale per esaminare la propagazione del calore in una sbarra infinita da una sorgente istantanea localizzata in un punto. Come ipotesi di partenza abbiamo assunto che la temperatura fosse una funzione dello spazio, del tempo, dell'energia e del coefficiente di diffusione. L'obiettivo era arrivare ad una relazione funzionale fra quantità adimensionali. L'esatta forma di questa funzione è stata poi determinata sfruttando il fatto che la temperatura fosse soluzione dell'equazione del calore. In generale, se il modello matematico non è disponibile occorre procedere usando dati sperimentali.

Vediamo subito un esempio classico.

• *Periodo nelle oscillazioni di un pendolo.* Il classico esempio di uso dell'analisi dimensionale è la determinazione del periodo delle piccole oscillazioni di un pendolo verticale di lunghezza l. Dall'analisi elementare, sappiamo che l'angolo (in radianti) $\alpha = \alpha(t)$, che il pendolo forma con la verticale, è soluzione dell'equazione differenziale

$$l\ddot{\alpha}(t) = -g \sin \alpha(t)$$

dove g indica l'accelerazione di gravità. Se α è piccolo, $\sin \alpha \sim \alpha$ e l'equazione

© Springer-Verlag Italia 2016
S. Salsa, *Equazioni a derivate parziali. Metodi, modelli e applicazioni*, 3a edizione,
UNITEXT – La Matematica per il 3+2 97, DOI 10.1007/978-88-470-5785-2_A

differenziale è approssimata da

$$\ddot{\alpha}(t) + \frac{g}{l}\alpha(t) = 0$$

che ha soluzione generale

$$\alpha(t) = A\cos\omega t + B\sin\omega t \qquad (A, B \in \mathbb{R})$$

dove $\omega^2 = g/l$. Si trova quindi il periodo

$$\mathcal{P} = \frac{2\pi}{\omega} = 2\pi\sqrt{\frac{l}{g}}. \tag{A.1}$$

Ora, usando l'analisi dimensionale, è possibile ricavare la dipendenza funzionale (A.1), tranne l'esatto valore della costante moltiplicativa 2π, senza ricorrere ad alcuna equazione differenziale.

Il ragionamento è il seguente. Da che cosa dipende il periodo $\mathcal{P}$? Dovrebbe essere ragionevole che dipenda solo da l, g, dalla massa m del pendolo e dall'angolo massimo di oscillazione α_0. Pertanto ipotizziamo una relazione funzionale del tipo

$$\mathcal{P} = f(l, g, m, \alpha_0) \tag{A.2}$$

che sia valida in ogni sistema di unità di misura. Le quantità l, g, m hanno dimensioni (fisiche) *indipendenti,* in quanto nessuna di essa ha dimensione esprimibile in termini delle altre due. L'angolo α_0 è invece adimensionale.

Cerchiamo una combinazione delle quantità l, m, g che abbia le stesse dimensioni fisiche di $\mathcal{P}$. In altri termini, cerchiamo a, b, c tali che

$$[\mathcal{P}] = [l]^a [g]^b [m]^c.$$

Indichiamo con L, M, T le dimensioni di lunghezza, massa e tempo, rispettivamente. Essendo $[\mathcal{P}] = T$, $[l] = L$, $[g] = LT^{-2}$, $[m] = M$ deve essere

$$T = L^{a+b}T^{-2b}M^c$$

da cui $a + b = 0, -2b = 1$ e $c = 0$. Dunque, $a = 1/2, b = -1/2, c = 0$ e $[\mathcal{P}] = [l]^{1/2}[g]^{-1/2}$. Questo semplice calcolo indica che la quantità

$$\Pi = \sqrt{\frac{g}{l}}\mathcal{P}$$

è adimensionale. Moltiplicando la (A.2) per $\sqrt{g/l}$ otteniamo

$$\Pi = \sqrt{\frac{g}{l}}\mathcal{P} = \sqrt{\frac{g}{l}}f(l, g, m, \alpha_0) = F(l, g, m, \alpha_0).$$

Essendo Π adimensionale, anche $F(l, g, m, \alpha_0)$ deve esserlo. Ma questo implica che F *non può dipendere da* l, g, m perché altrimenti ogni cambiamento di unità di misura di queste variabili provocherebbe una variazione di $F(l, g, m, \alpha_0)$ mentre lascerebbe Π invariato. Pertanto siamo giunti alla conclusione che deve essere

$$\sqrt{\frac{g}{l}}\mathcal{P} = F(\alpha_0) \tag{A.3}$$

ossia che

$$\mathcal{P} = \sqrt{\frac{l}{g}}F(\alpha_0).$$

Assumiamo ora che le oscillazioni siano piccole, cioè α_0 sia piccolo. Dalla (A.3) e dal significato di α_0 ricaviamo che $F(\alpha_0) = F(-\alpha_0)$ sicché, assumendo che F sia regolare, possiamo scrivere

$$F(\alpha_0) = F(0) + \frac{1}{2}F''(0)\alpha_0^2 + \frac{1}{4!}F^{(4)}(0)\alpha_0^4 + o\left(\alpha_0^5\right).$$

Di conseguenza, al prim'ordine $F(\alpha_0) \sim F(0)$ e

$$\mathcal{P} \sim F(0)\sqrt{\frac{l}{g}}.$$

A questo punto, la costante $F(0)$ può essere determinata sperimentalmente.

Prima di presentare il metodo dell'analisi dimensionale in generale è meglio soffermarsi un momento sul concetto di dimensione di una data quantità fisica.

A.2 Dimensioni e leggi fisiche

Abbiamo parlato continuamente di *dimensioni fisiche* di una data quantità. Per quanto diremo in seguito, è bene precisare esattamente il concetto di dimensione fisica.

Fissiamo una classe di sistemi di unità di misura: per esempio la classe in cui lunghezza, massa e tempo sono le grandezze fondamentali. All'interno di una stessa classe, la scelta delle unità di misura per le grandezze fondamentali definisce un *sistema*. Per esempio i due sistemi c, g, s (centimetro, grammo, secondo) ed m, kg, s (metro, kilogrammo massa, secondo) appartengono alla stessa classe.

Consideriamo per esempio la densità di un corpo materiale ρ. Se l'unità di lunghezza cambia di un fattore L e l'unità di massa cambia di un fattore M, i valori numerici della densità cambiano di un fattore $L^{-3}M$. Il fattore è il medesimo all'interno della stessa classe di sistemi e definisce una funzione

$$(L, M, T) \longmapsto L^{-3}M$$

che prende il nome di *funzione dimensione* (o semplicemente *dimensione*) di ρ. In generale, *la dimensione di una quantità fisica è la funzione che determina il fattore con cui cambia il valore numerico di quella quantità, quando si passa da un sistema di unità misura ad un altro, all'interno di una stessa classe.*

La dimensione di una quantità fisica q si indica col simbolo $[q]$. Per esempio, abbiamo appena visto che $[\rho] = L^{-3}M$.

All'interno di una stessa classe, si dicono *adimensionali* le quantità i cui valori numerici rimangono invariati nel passaggio da un sistema all'altro. Le altre quantità si dicono allora *dimensionali*.

Abbiamo già avuto modo di constatare l'importanza della procedura di adimensionalizzazione di un modello matematico (sottosezione 2.1.4 e Sezione 4.9) ed infatti essa costituisce uno degli aspetti dell'analisi dimensionale.

La funzione dimensione non può avere un'espressione analitica qualsiasi. Infatti, supponiamo che all'interno di una data classe di sistemi, $L_1, L_2, ..., L_N$ rappresentino le dimensioni delle grandezze fondamentali. Come conseguenza (non banale) del fatto che nessun sistema all'interno di una classe è privilegiato, *la funzione dimensione è sempre un prodotto di potenze delle L_j, $j = 1, ..., N$.*

In altri termini, se q è una qualunque grandezza fisica, avremo

$$[q] = L_1^{a_1} L_2^{a_2} \cdots L^{a_N}$$

con opportuni esponenti numerici a_j. Pertanto è impossibile trovare, per esempio, dimensioni che contengano esponenziali o logaritmi.

Fissate le dimensioni delle grandezze fondamentali $L_1, L_2, ..., L_N$, consideriamo k quantità $p_1, ..., p_k$ con dimensioni

$$[p_j] = L_1^{a_{1j}} L_2^{a_{2j}} \cdots L_N^{a_{Nj}} \qquad j = 1, ..., k.$$

Diciamo che $p_1, ..., p_k$ hanno *dimensioni indipendenti se nessuna delle dimensioni $[p_j]$ è esprimibile come prodotto di potenze delle altre dimensioni.* In termini algebrici, ciò significa che i vettori

$$(a_{1j}, a_{2j}..., a_{Nj}) \qquad j = 1, ..., k$$

generano un sottospazio di $\mathbb{R}^N$ *di dimensione k.* Si noti che, in questo contesto, le dimensioni L_j delle grandezze fondamentali corrispondono alla base canonica in $\mathbb{R}^N$.

A.3 Il teorema Pi di Buckingham

Possiamo ora descrivere in generale il metodo dell'analisi dimensionale. Supponiamo che un dato fenomeno fisico sia caratterizzato da un insieme di quantità scalari $q_1, ..., q_n$ e che un'altra quantità q dipenda da quelle attraverso una relazione funzionale del tipo

$$q = f(q_1, q_2, ..., q_n). \tag{A.4}$$

Assumiamo di essere all'interno di una classe di sistemi di unità di misura con grandezze fondamentali di dimensioni $L_1, ..., L_N$ e che all'interno di questa classe la relazione (A.4) sia la stessa per tutti i sistemi. Si dice allora che la relazione è **completa**. Possiamo scrivere

$$[q] = L_1^{b_1} L_2^{b_2} \cdots L_N^{b_N}$$

e

$$[q_j] = L_1^{a_{1j}} L_2^{a_{2j}} \cdots L_N^{a_{Nj}} \qquad j = 1, ..., n.$$

Il nostro obiettivo è *trasformare la* (A.4) *in una relazione funzionale del tipo*

$$\Pi = \mathcal{F}(\Pi_1, ..., \Pi_{n-k})$$

dove le quantità $\Pi, \Pi_1, ..., \Pi_{n-k}$ *siano adimensionali.*

Distinguiamo vari passi.

Passo 1. Dividiamo l'insieme delle quantità $q_1, ..., q_n$ in due sottoinsiemi

$$\{p_1, ..., p_k\} \ e \ \{s_1, ..., s_{n-k}\}$$

in modo che $p_1, ..., p_k$, dette *quantità primarie*, abbiano *dimensioni indipendenti* e che le dimensioni delle $s_1, ..., s_{n-k}$, dette *quantità secondarie*, siano esprimibili come prodotti di potenze delle dimensioni delle p_j, $j = 1, ..., k$. Si abbia cioè:

$$[s_j] = [p_1]^{\alpha_{1j}} [p_2]^{\alpha_{2j}} \cdots [p_k]^{\alpha_{kj}} \qquad j = 1, ..., n-k. \qquad (A.5)$$

Questa selezione può essere sempre fatta ed è possibile che sia $k = n$ (le dimensioni di tutte le quantità sono indipendenti) oppure $k = 0$ (tutte le quantità sono adimensionali). Naturalmente, k è il massimo numero di quantità indipendenti tra le $q_1, ..., q_n$.

Riscriviamo allora la (A.4) nella forma

$$q = f(p_1, ..., p_k; s_1, ..., s_{n-k}). \qquad (A.6)$$

Da questa relazione si deduce che anche la dimensione di q può essere espressa in termini delle dimensioni delle quantità primarie:

$$[q] = [p_1]^{\beta_1} [p_2]^{\beta_2} \cdots [p_k]^{\beta_k}. \qquad (A.7)$$

Se così non fosse, la dimensione di q sarebbe indipendente dalle dimensioni di $p_1, ..., p_k$ e quindi, con un opportuno cambio di unità di misura, si potrebbe lasciare invariato q e cambiare il valore di $f(p_1, ..., p_k; s_1, ..., s_{n-k})$.

Passo 2. Usando le (A.5), definiamo le quantità $\tilde{s}_j = p_1^{\alpha_{1j}} p_2^{\alpha_{2j}} \cdots p_k^{\alpha_{kj}}$ ed introduciamo le quantità *adimensionali*

$$\Pi_j = \frac{s_j}{\tilde{s}_j} \qquad j = 1, ..., n-k. \qquad (A.8)$$

Analogamente, usando la (A.7), definiamo $\tilde{q} = p_1^{\beta_1} p_2^{\beta_2} \cdots p_k^{\beta_k}$ ed introduciamo la quantità *adimensionale*

$$\Pi = \frac{q}{\tilde{q}} . \tag{A.9}$$

Passo **3**. Dividiamo la (A.6) per $\tilde{q}$ e scriviamo, utilizzando le (A.8):

$$\Pi = \frac{1}{\tilde{q}} f\left(p_1, ..., p_k; \tilde{s}_1 \Pi_1, ..., \tilde{s}_{n-k} \Pi_{n-k}\right).$$

Essendo $\tilde{q}$ ed $\tilde{s}_j$ esprimibili in termini di $p_1, ..., p_k$, questa relazione può essere riscritta a sua volta nella forma seguente:

$$\Pi = \mathcal{F}\left(p_1, ..., p_k; \Pi_1, ..., \Pi_{n-k}\right). \tag{A.10}$$

A questo punto è chiaro che $\mathcal{F}$ **non** può dipendere dalle quantità primarie $p_1, ..., p_k$. Se così non fosse, cambiando sistema di unità di misura, avremmo una variazione nel valore di $\mathcal{F}\left(p_1, ..., p_k; \Pi_1, ..., \Pi_{n-k}\right)$ mentre Π, essendo adimensionale, rimarrebbe invariato. Deduciamo dunque la relazione

$$\Pi = \mathcal{F}\left(\Pi_1, ..., \Pi_{n-k}\right) \tag{A.11}$$

nella quale tutte le quantità sono adimensionali.

Sintetizziamo la conclusione nel seguente risultato.

Teorema Pi di Buckingham. *Sia*

$$q = f\left(q_1, q_2, ..., q_n\right), \tag{A.12}$$

una relazione funzionale, completa all'interno di una classe di sistemi di unità di misura. Sia k, $0 \le k \le n$, il massimo numero tra le quantità $q_1, q_2, ..., q_n$ aventi dimensioni indipendenti.

Allora la (A.12) può essere riscritta come una relazione funzionale del tipo (A.11), dove le $\Pi, \Pi_1, ..., \Pi_{n-k}$ sono combinazioni adimensionali delle quantità $q, q_1, q_2, ..., q_n$.

In termini di quantità primarie e secondarie, la relazione (A.11) si scrive esplicitamente nella seguente forma:

$$q = p_1^{\beta_1} p_2^{\beta_2} \cdots p_k^{\beta_k} \mathcal{F}\left(\frac{s_1}{p_1^{\alpha_{11}} p_2^{\alpha_{21}} \cdots p_k^{\alpha_{k1}}}, ..., \frac{s_{n-k}}{p_1^{\alpha_{1(n-k)}} p_2^{\alpha_{2(n-k)}} \cdots p_k^{\alpha_{k(n-k)}}}\right).$$

Nel caso del pendolo abbiamo $n = 4$ e $q_1 = l$, $q_2 = g$, $q_3 = m$, $q_4 = \alpha_0$, mentre $q = \mathcal{P}$, il periodo d'oscillazione. Inoltre $N = k = 3$ e la scelta per le grandezze primarie è obbligata: $p_1 = l$, $p_2 = g$, $p_3 = m$. Qui abbiamo solo

$$\Pi = \sqrt{\frac{g}{l}} \mathcal{P}.$$

Nel caso della propagazione del calore da una sorgente istantanea concentrata nell'origine abbiamo $n = 4$, $q_1 = x$, $q_2 = t$, $q_3 = D$, $q_4 = Q$, mentre $q = u^*$.

Inoltre $N = k = 3$ e scegliendo t, D e Q come quantità primarie abbiamo trovato

$$\Pi = \frac{u\sqrt{Dt}}{Q} \quad e \quad \Pi_1 = \frac{x}{\sqrt{Dt}}.$$

La relazione $\Pi = \mathcal{F}(\Pi_1)$ non è altro che la (2.39).

Discutiamo brevemente altri due esempi che illustrano quale tipo di informazioni si possano ricavare dall'analisi dimensionale.

Esempio A1. *Energia rilasciata da un'esplosione nucleare.* Questo classico esempio è dovuto a Sir G.I. Taylor[1]. In un'esplosione atomica, si verifica un rapido rilascio di energia E all'interno di una regione molto piccola. Un'onda d'urto sferica si sviluppa intorno al punto in cui avviene la detonazione. Vogliamo determinare l'energia rilasciata nella prima fase dell'esplosione. Invece di riferirsi direttamente ad E, conviene scegliere il raggio dell'onda d'urto r come la quantità q nel Teorema Pi. Ora, r dipende da E, dal tempo t, dalla densità iniziale dell'aria ρ e dalla pressione atmosferica. Poiché nei primi istanti dell'esplosione la pressione dietro l'onda d'urto è circa 1000 volte quella atmosferica, l'influenza di quest'ultima può essere trascurata. Possiamo dunque scrivere

$$r = f(E, t, \rho)$$

e quindi $n = 3$.

Usiamo il sistema m, kg, s, indicando come al solito con L, M e T, rispettivamente, le dimensioni di lunghezza, massa e tempo. Abbiamo

$$[E] = ML^2T^{-2}, \quad [t] = T, \quad [\rho] = ML^{-3}.$$

Si controlla facilmente che le dimensioni di E, t e ρ sono indipendenti, per cui coincidono con le quantità primarie; quindi $k = 3$ e $n - k = 0$. Ne segue che la funzione $\mathcal{F}$ nella (A.11) non ha argomenti e perciò è una costante C.

Ricaviamo ora la dimensione di r in funzione delle dimensioni di E, t e ρ. Dobbiamo cercare β_1, β_2 e β_3 tali che

$$[r] = [E]^{\beta_1} [t]^{\beta_2} [\rho]^{\beta_3}$$

ossia tali che:

$$L = M^{\beta_1+\beta_3} L^{2\beta_1-3\beta_3} T^{-2\beta_1+\beta_2}.$$

Si trova $\beta_1 = 1/5$, $\beta_2 = 2/5$ e $\beta_3 = -1/5$ e quindi la quantità

$$\Pi = \frac{r}{E^{1/5}t^{2/5}\rho^{-1/5}}$$

è adimensionale. La (A.11) diventa $\Pi = C$, ossia

$$r = CE^{1/5}t^{2/5}\rho^{-1/5}.$$

---

[1] Taylor, G.I., *The formation of a blast by a very intense explosion. II. The athomic axplosion of 1945.* Proc. Roy. Soc. A201, 159-174.

Notiamo espressamente come questa relazione derivi da un puro ragionamento dimensionale. Mediante esperimenti con piccole esplosioni, Taylor trovò per la costante C un valore molto vicino ad uno. Ne segue che, passando ai logaritmi, possiamo scrivere, con buona approssimazione,

$$\frac{5}{2}\log r = \frac{1}{2}\log\frac{E}{\rho} + \log t$$

che, nelle coordinate logaritmiche $x = \log t$ e $y = \frac{5}{2}\log r$ diventa la retta:

$$y = x + \frac{1}{2}\log\frac{E}{\rho}.$$

Misurazioni ottenute da una serie di fotografie di J. Mack durante un test nucleare rivelarono un notevole accordo con la predizione teorica. Taylor riuscì quindi a determinare l'energia dell'esplosione dalla dipendenza sperimentale del raggio in funzione del tempo, che forniva l'intersezione della retta con l'asse y.

Incidentalmente, il valore trovato da Taylor per l'energia nel test era $E = 19,2$ Kilotoni (1 Kilotone $= 4,186 \times 10^{12}$ Joule). Successivamente è stato dimostrato con metodi più moderni che $E = 21$ Kilotoni.

Esempio A2. *Il Teorema di Pitagora.* Dimostriamo il Teorema di Pitagora usando l'analisi dimensionale. L'area A di un triangolo rettangolo $\mathcal{T}$ dipende dalla lunghezza dell'ipotenusa c e, per esempio, dall'angolo acuto minore φ (in radianti). Possiamo dunque scrivere

$$A = f(c, \varphi).$$

Poiché φ è adimensionale, abbiamo $k = 1$ e l'analisi dimensionale dà

$$\Pi = \frac{A}{c^2} = \mathcal{F}(\varphi)$$

ossia

$$A = c^2 \mathcal{F}(\varphi). \tag{A.13}$$

Ora, l'altezza divide il triangolo $\mathcal{T}$ in due triangoli simili con ipotenusa rispettivamente data dai cateti a e b del triangolo e aventi lo stesso angolo acuto minore φ. Se indichiamo le aree di questi due triangoli con A_1 e A_2, l'analisi dimensionale dà

$$A_1 = a^2 \mathcal{F}(\varphi) \quad \text{e} \quad A_2 = b^2 \mathcal{F}(\varphi),$$

dove $\mathcal{F}$ è la stessa funzione. Essendo $A = A_1 + A_2$ otteniamo

$$c^2 \mathcal{F}(\varphi) = a^2 \mathcal{F}(\varphi) + b^2 \mathcal{F}(\varphi)$$

da cui

$$c^2 = a^2 + b^2.$$

Appendice B
Misure e integrali

Presentiamo una breve introduzione su misura e integrazione.

B.1 Misura di Lebesgue

B.1.1 Un problema di ... conteggio

Due persone, che per ragioni di privacy indichiamo con R ed L, devono calcolare il valore totale di un insieme M di monete da un centesimo fino a due euro. R decide di suddividere le monete in mucchi, ciascuno, diciamo, di 10 monete qualsiasi, di calcolare il valore di ciascun mucchio e poi di sommare i valori così ottenuti. L, invece, decide di suddividere le monete in mucchi omogenei, da un centesimo, da due e così via, contenenti cioè monete dello stesso tipo, di calcolare il valore di ogni mucchio e poi di sommarne i valori.

In termini più analitici, introduciamo la funzione "valore"

$$V : M \to \mathbb{N}$$

che associa ad ogni elemento di M (cioè ad ogni moneta) il suo valore in euro. R *suddivide il dominio* di V in sottoinsiemi disgiunti, somma i valori di V su tali sottoinsiemi e poi somma il tutto. L consideraogni punto p del *codominio* di V (cioè il valore di ogni singola moneta) corrispondente ad un centesimo, due centesimi e così via. Considera *la controimmagine* $V^{-1}(p)$ (i mucchi omogenei di monete), calcola il valore corrispondente ed infine somma il tutto al variare di p.

Questi due modi di procedere corrispondono alla "filosofia" sottostante la definizione dei due integrali di Riemann e di Lebesgue, rispettivamente. Essendo la nostra funzione valore definita su un insieme discreto e a valori interi, in entrambi i casi non vi sono problemi nel sommare i suoi valori e la scelta di uno o dell'altro metodo è determinata da un criterio di efficienza. Di solito, il metodo di L è ritenuto più efficiente.

© Springer-Verlag Italia 2016
S. Salsa, *Equazioni a derivate parziali. Metodi, modelli e applicazioni*, 3a edizione,
UNITEXT – La Matematica per il 3+2 97, DOI 10.1007/978-88-470-5785-2_B

Nel caso di funzioni a valori reali (o complessi) si tratta di "somme sul continuo" ed inevitabilmente occorre un passaggio al limite su somme approssimanti. La "filosofia" di L risulta allora un pò più laboriosa e richiede lo sviluppo di nuovi strumenti. Esaminiamo il caso particolare di una funzione *positiva*, definita e *limitata* su un intervallo contenuto in $\mathbb{R}$. Sia

$$f : [a, b] \to [\inf f, \sup f].$$

Per definire l'integrale di Riemann, si suddivide l'intervallo $[a, b]$ in sottointervalli $I_1, ..., I_N$ (i mucchi di R), in ogni intervallo I_k si sceglie un valore ξ_k e si calcola $f(\xi_k) l(I_k)$ (il valore approssimato del mucchio $k - esimo$), dove $l(I_k)$ è la *lunghezza* di I_k. Si sommano i valori $f(\xi_k) l(I_k)$ e si definisce

$$(R) \int_a^b f = \lim_{\delta \to 0} \sum_{k=1}^{N} f(\xi_k) l(I_k)$$

dove δ è la massima ampiezza dei sottointervalli della suddivisione. Il limite deve esistere finito ed essere indipendente dalla scelta dei punti ξ_k. Questo, forse, è il punto più delicato della definizione di Riemann.

Ma passiamo all'integrale secondo Lebesgue. Stavolta si suddivide l'intervallo $[\inf f, \sup f]$ in sottointervalli $[y_{k-1}, y_k]$ (i valori in euro) con

$$\inf f = y_0 < y_1 < ... < y_{N-1} < y_N = \sup f.$$

Si considerano le controimmagini $E_k = f^{-1}([y_{k-1}, y_k])$ (i mucchi omogenei di L) e se ne calcola la ... *lunghezza?* Ma E_k, in generale, *non* è un intervallo o un unione di intervalli; potrebbe essere un insieme molto irregolare. Ecco che si presenta la necessità di associare ad insiemi come gli E_k una *misura che generalizzi la lunghezza degli intervalli*. Occorre quindi introdurre quella che si chiama *misura di Lebesgue* di un insieme E, che si indica con $|E|$. Potendo misurare gli E_k (il numero di monete in ogni mucchio), si sceglie un'ordinata qualunque $\overline{\alpha}_k \in [y_{k-1}, y_k]$ e si calcola $\overline{\alpha}_k |E_k|$ (valore approssimato del mucchio $k - esimo$). Si sommano i valori $\overline{\alpha}_k |E_k|$ e si definisce

$$(L) \int_a^b f = \lim_{\delta \to 0} \sum_{k=1}^{N} \overline{\alpha}_k |E_k|$$

dove δ è la massima ampiezza degli intervalli $[y_{k-1}, y_k]$. Si può dimostrare che, sotto le nostre ipotesi, il limite esiste ed è indipendente dalla scelta di $\overline{\alpha}_k$. Possiamo dunque scegliere $\overline{\alpha}_k = y_{k-1}$, cioè l'ordinata più bassa nell'intervallo considerato. Questa osservazione è alla base della definizione generale dell'integrale di Lebesgue che presenteremo più avanti: il numero $\sum_{k=1}^{N} y_{k-1} |E_k|$ non è altro che l'integrale di una funzione che assume un numero finito di valori, $y_0 < ... < y_{N-1}$, e che approssima per difetto f. L'integrale di f è allora l'estremo superiore di questi numeri.

La teoria risultante ha notevolissimi vantaggi rispetto a quella di Riemann. Per esempio, la classe delle funzioni integrabili è molto più ampia: una funzione integrabile secondo Riemann è *sempre* integrabile anche secondo Lebesgue (e il valore dei due integrali coincide), ma non è vero il viceversa; inoltre non c'è bisogno di distinzione tra insiemi limitati e non, tra funzioni limitate e non. Un aspetto più rilevante è che le operazioni di passaggio al limite e di derivazione sotto il segno di integrale, nonchè di integrazione per serie, sono significativamente semplificate. Inoltre, gli spazi di funzioni sommabili secondo Lebesgue costituiscono gli ambienti funzionali più comunemente usati in un grande numero di questioni teoriche ed applicate.

Infine, la costruzione della misura e dell'integrale di Lebesgue può essere notevolmente generalizzata, come accenneremo nella sottosezione B.1.5.

Per le dimostrazioni dei teoremi enunciati in questa Appendice, il lettore interessato può consultare, per esempio, *Rudin, 1964 e 1974, Royden, 1988, Pagani e Salsa,* vol II, 2016 o *Zygmund e Weeden, 1977.*

B.1.2 Misure e funzioni misurabili

Che cosa vuol dire introdurre una misura in un insieme Ω? Una misura è da considerarsi una *funzione d'insieme*, nel senso che è definita su una particolare classe di sottoinsiemi, detti *misurabili*, e che deve "comportarsi bene" rispetto alle operazioni insiemistiche fondamentali: unione, intersezione e complementare.

Cominciamo introducendo le classi di sottoinsiemi più adatte allo scopo: le *σ-algebre*.

Definizione B.1. *Una famiglia $\mathcal{F}$ di sottoinsiemi di Ω si chiama σ-algebra se:*

i) $\varnothing, \Omega \in \mathcal{F}$;

ii) $A \in \mathcal{F}$ implica $\Omega \backslash A \in \mathcal{F}$;

iii) se $\{A_k\}_{k \in \mathbb{N}} \subset \mathcal{F}$ allora anche $\cup A_k$ e $\cap A_k$ appartengono a $\mathcal{F}$.

Esempio B.1. Se $\Omega = \mathbb{R}^n$, la più piccola σ-algebra $\mathcal{B}$ che contiene *tutti* i sottoinsiemi *aperti* di $\mathbb{R}^n$ si chiama *σ-algebra di Borel*. I suoi elementi sono detti *insiemi di Borel* o *boreliani* e tipicamente si ottengono da unioni e/o intersezioni di un'infinità al più numerabile di aperti e/o di chiusi.

Definizione B.2. *Data una σ-algebra $\mathcal{F}$ in un insieme Ω, una misura su $\mathcal{F}$ è una funzione*

$$\mu : \mathcal{F} \to \mathbb{R}$$

tale che:

i) $\mu(A) \geq 0$ per ogni $A \in \mathcal{F}$;

ii) se $A_1, A_2, \dots$ sono insiemi a due a due disgiunti in $\mathcal{F}$, allora

$$\mu(\cup_{k \geq 1} A_k) = \sum_{k \geq 1} \mu(A_k) \qquad (\sigma\text{-}additività).$$

Gli elementi di $\mathcal{F}$ si chiamano insiemi $\mathcal{F}$-misurabili.

Il seguente teorema stabilisce l'esistenza in $\mathbb{R}^n$ di una σ-*algebra* $\mathcal{M}$, che contiene $\mathcal{B}$, e di una misura su $\mathcal{M}$ tale che la misura degli insiemi che ben conosciamo corrisponda a quella abituale: alla lunghezza per gli intervalli contenuti in $\mathbb{R}$, all'area per le figure piane standard, al volume per i ... solidi noti in $\mathbb{R}^3$.

Teorema B.1. *In $\mathbb{R}^n$ esiste una $\sigma-$algebra $\mathcal{M}$ e una misura*

$$|\cdot|_n : \mathcal{M} \to [0, +\infty]$$

con le seguenti proprietà:

1. *ogni insieme aperto, e quindi ogni insieme chiuso, appartiene a $\mathcal{M}$;*
2. *se $A \in \mathcal{M}$ ed A ha misura nulla, ogni sottoinsieme di A appartiene a $\mathcal{M}$ e ha misura nulla;*
3. *se*

$$A = \{\mathbf{x} \in \mathbb{R}^n : a_j < x_j < b_j; j = 1, ..., n\}$$

allora $|A| = \prod_{j=1}^{n} (b_j - a_j)$.

Gli elementi di $\mathcal{M}$ sono gli *insiemi misurabili secondo Lebesgue* e $|\cdot|_n$ (o semplicemente $|\cdot|$ se non c'è pericolo di confusione) si chiama *misura n-dimensionale di Lebesgue*. Lavorando in $\mathbb{R}^n$, sarà sottointeso che *misurabile* significherà *misurabile secondo Lebesgue*, salvo avviso contrario.

Non tutti i sottoinsiemi di $\mathbb{R}^n$ sono misurabili. Tuttavia, i sottoinsiemi non misurabili sono piuttosto[1] ... patologici!

Gli insiemi di misura nulla sono piuttosto importanti. Eccone alcuni esempi: gli insiemi costituiti da un'infinità numerabile di punti, come l'insieme $\mathbb{Q}$ dei numeri razionali; in $\mathbb{R}^2$, rette e archi di curva regolari ; in $\mathbb{R}^3$, rette, piani e loro sottoinsiemi, curve e superfici regolari.

Si noti che una segmento di retta ha misura nulla in $\mathbb{R}^2$, ma naturalmente non in $\mathbb{R}$.

Sia $A \in \mathcal{M}$. Si dice che *una proprietà vale quasi ovunque in A o per quasi ogni punto di A* (in breve q.o. in A) se è vera in tutti i punti di A tranne che in un sottoinsieme di misura nulla.

Per esempio, la successione $f_k(x) = \exp(-n|\sin x|)$ converge a zero q.o. in $\mathbb{R}$; una funzione Lipschitziana è differenziabile q.o. nel suo dominio (Teorema 1.6.1, di Rademacher).

L'integrale di Lebesgue è definito per funzioni *misurabili*; la proprietà che le caratterizza è che la controimmagine di ogni insieme chiuso è misurabile.

Definizione B.3. *Sia $A \subseteq \mathbb{R}^n$ misurabile e $f : A \to \mathbb{R}$. Si dice che f è misurabile se $f^{-1}(C)$ è misurabile per ogni insieme chiuso $C \subseteq \mathbb{R}$.*

Naturalmente, invece degli insiemi chiusi, nella definizione B.3 si potrebbero usare equivalentemente gli aperti.

---

[1] *Rudin*, 1974 o *Pagani e Salsa*, vol II, 2016.

Sono per esempio misurabili: le funzioni continue; somme e prodotti di funzioni misurabili; la composizione $g \circ f$ se f è continua e g misurabile; limiti puntuali di successioni di funzioni misurabili.

Per una funzione $f : A \to \mathbb{R}$, misurabile, possiamo definire il suo *estremo superiore essenziale*:

$$\operatorname{ess\,sup} f = \inf \left\{ K : f \le K \quad \text{q.o. in } A \right\}.$$

Si noti che, se $f = \chi_{\mathbb{Q}}$, la funzione caratteristica dei razionali, si ha $\sup f = 1$, ma $\operatorname{esssup} f = 0$, essendo $|\mathbb{Q}| = 0$.

Ogni funzione misurabile può essere approssimata da funzioni **semplici**. Una funzione $s \colon A \subseteq \mathbb{R}^n \to \mathbb{R}$ si dice **semplice** *se assume un numero finito* di valori $s_1, \dots, s_N$, in corrispondenza a insiemi misurabili $A_1, \dots, A_N$, contenuti in A. Introducendo le funzioni caratteristiche χ_{A_j}, si può scrivere una funzione semplice nella forma

$$s = \sum_{j=1}^{N} s_j \chi_{A_j}.$$

Vale il seguente

Teorema B.2. *Sia $f : A \to \mathbb{R}$, misurabile. Esiste una successione $\{s_k\}$ di funzioni semplici convergente ad f in ogni punto di A. Se inoltre $f \ge 0$, si può scegliere $\{s_k\}$ monotona non decrescente.*

B.2 Integrale di Lebesgue

Possiamo ora definire l'integrale di Lebesgue di una funzione misurabile su un insieme A misurabile. Per una funzione semplice $s = \sum_{j=1}^{N} s_j \chi_{A_j}$ definiamo

$$\int_A s = \sum_{j=1}^{N} s_j |A_j|$$

con la convenzione che se $s_j = 0$ e $|A_j| = +\infty$, $s_j |A_j| = 0$.

Se $f \ge 0$ è misurabile, definiamo

$$\int_A f = \sup \int_A s$$

dove l'estremo superiore è calcolato al variare di s tra tutte le funzioni semplici s tali che $s \le f$ in A.

In generale, se f è misurabile, scriviamo $f = f^+ - f^-$, dove $f^+ = \max\{f, 0\}$ e $f^- = \max\{-f, 0\}$ sono le parti positiva e negativa di f, rispettivamente. Definiamo poi

$$\int_A f = \int_A f^+ - \int_A f^-$$

**a condizione che almeno uno dei due integrali a secondo membro
sia finito.**

Se entrambi gli integrali sono finiti, la funzione f si dice **integrabile o
sommabile** in A. Dalla definizione, segue subito che una funzione misurabile
f è *integrabile se e solo se* $|f|$ *è integrabile*.

Tutte le funzioni Riemann integrabili su un insieme A sono anche Legesgue
integrabili. Un esempio interessante di funzione non integrabile in $(0, +\infty)$ è
$h(x) = \sin x / x$. Infatti[2]

$$\int_0^{+\infty} \frac{|\sin x|}{x} dx = +\infty.$$

Osserviamo che, viceversa, l'integrale di Riemann *generalizzato di h esiste
finito* e infatti si può provare che

$$\lim_{N \to +\infty} \int_0^N \frac{\sin x}{x} dx = \frac{\pi}{2}.$$

L'insieme delle funzioni integrabili in A si indica con $L^1(A)$. Se identifichiamo
due funzioni quando sono uguali q.o. in A, $L^1(A)$ diventa uno spazio di Banach
con la norma

$$\|f\|_{L^1(A)} = \int_A |f|.$$

Indichiamo con $L^1_{loc}(A)$ l'insieme delle funzioni *localmente sommabili*, cioè
sommabili in ogni sottoinsieme compatto di A.

B.2.1 Alcuni teoremi fondamentali

I seguenti teoremi sono tra i più importanti e utili nella teoria dell'integrazione.

Teorema B.3 (della convergenza dominata). *Sia $\{f_k\}$ una successione di
funzioni integrabili in A tali che:*

i) $f_k \to f$ *q.o. in A;*

ii) esiste una funzione $g \geq 0$, integrabile in A e tale che $|f_k| \leq g$ q.o. in A.
Allora $f \in L^1(A)$ e f_k converge ad f in $L^1(A)$, cioè

$$\|f_k - f\|_{L^1(A)} \to 0 \quad \text{per } k \to +\infty.$$

In particolare

$$\lim_{k \to \infty} \int_A f_k = \int_A f.$$

---

[2] Si può scrivere

$$\int_0^{+\infty} \frac{|\sin x|}{x} dx = \sum_{k=1}^{\infty} \int_{(k-1)\pi}^{k\pi} \frac{|\sin x|}{x} dx \geq \sum_{k=1}^{\infty} \frac{1}{k\pi} \int_{(k-1)\pi}^{k\pi} |\sin x| \, dx = \sum_{k=1}^{\infty} \frac{2}{k\pi} = +\infty.$$

Se f_k converge ad f in $L^1(A)$ non è detto che f_k converga puntualmente q.o. ad f, tuttavia ciò è vero per almeno una sottosuccessione. Infatti, si ha:

Teorema B.4. *Sia* $\{f_k\}$ *una successione di funzioni integrabili in* A *tali che* $\|f_k - f\|_{L^1(A)} \to 0$ *per* $k \to +\infty$. *Allora esiste una sottosuccessione* $\{f_{k_j}\}$ *tale che* $f_{k_j} \to f$ *q.o. per* $j \to +\infty$.

Una situazione che si incontra spesso in questo libro è la seguente. Sia $f \in L^1(A)$ e, per $\varepsilon > 0$, poniamo $A_\varepsilon = \{\mathbf{x} \in A: |f(\mathbf{x})| > \varepsilon\}$. Allora abbiamo

$$\int_{A_\varepsilon} f \to \int_A f \quad \text{per } \varepsilon \to 0.$$

Questo segue dal Teorema B.3 poiché, per ogni successione $\varepsilon_k \to 0$, abbiamo $|f_k| = |f| \chi_{A_{\varepsilon_k}} \le |f|$ e $f_k \to f$ in ogni punto di A. Pertanto

$$\int_{A_{\varepsilon_k}} f = \int_A f \chi_{A_{\varepsilon_k}} \to \int_A f \quad \text{per } \varepsilon \to 0.$$

Teorema B.5 (della convergenza monotona). *Sia* $\{f_k\}$ *una successione di funzioni misurabili e non negative in* A *tali che*

$$f_1 \le f_2 \le \dots \le f_k \le f_{k+1} \le \dots .$$

Allora

$$\lim_{k \to \infty} \int_A f_k = \int_A \lim_{k \to \infty} f_k.$$

Sia $C_0(A)$ l'insieme delle funzioni continue in A, a supporto compatto. Un fatto molto importante è che ogni funzione sommabile può essere approssimata in norma $L^1(A)$ da una funzione in $C_0(A)$.

Teorema B.6 (di densità). *Sia* $f \in L^1(A)$. *Allora, per ogni* $\delta > 0$, *esiste una funzione* $g \in C_0(A)$ *tale che*

$$\|f - g\|_{L^1(A)} < \delta.$$

Il teorema fondamentale del calcolo si estende all'integrale di Lebesgue nella forma seguente.

Teorema B.7 (di differenziazione). *Sia* $f : \mathbb{R}^n \to \mathbb{R}$, *localmente integrabile. Allora, per quasi ogni* $\mathbf{x} \in \mathbb{R}^n$,

$$\frac{1}{|B_r(\mathbf{x})|} \int_{B_r(\mathbf{x})} f \to f(\mathbf{x}), \quad \text{se } r \to 0.$$

In particolare, se $f \in L^1(\mathbb{R})$,

$$\frac{d}{dx} \int_a^x f(t)\, dt = f(x) \qquad \text{q.o. } x \in \mathbb{R}.$$

Lo scambio dell'ordine di integrazione può essere effettuato sotto la semplice ipotesi di integrabilità. Siano

$$I_1 = \{\mathbf{x} \in \mathbb{R}^n : -\infty \le a_i < x_i < b_i \le \infty; i = 1, ..., n\}$$

e

$$I_2 = \{\mathbf{y} \in \mathbb{R}^m : -\infty \le a_j < y_j < b_j \le \infty; j = 1, ..., m\}.$$

Teorema B.8 (di Fubini). *Sia f integrabile su $I = I_1 \times I_2 \subset \mathbb{R}^{n+m}$. Allora*

1. *per quasi ogni $\mathbf{x} \in I_1$, $f(\mathbf{x}, \mathbf{y})$ è misurabile in I_2 come funzione di $\mathbf{y}$;*
2. *come funzione di $\mathbf{x}$, $\int_{I_2} f(\mathbf{x}, \mathbf{y}) \, d\mathbf{y}$ è misurabile in I_1 e vale la formula*

$$\int_I f(\mathbf{x}, \mathbf{y}) \, d\mathbf{x} d\mathbf{y} = \int_{I_1} d\mathbf{x} \int_{I_2} f(\mathbf{x}, \mathbf{y}) \, d\mathbf{y}.$$

Se $f \in L^1(B_R(\mathbf{p}))$ vale la seguente formula, che può essere considerata una versione del Teorema di Fubini, in coordinate polari:

$$\int_{B_R(\mathbf{p})} f(\mathbf{x}) \, d\mathbf{x} = \int_0^R ds \int_{\partial B_s(\mathbf{p})} f(\boldsymbol{\sigma}) \, d\sigma. \tag{B.1}$$

Ne segue che, per quasi ogni $r \in (0, R)$ si ha:

$$\frac{d}{dr} \int_{B_r(\mathbf{p})} f(\mathbf{x}) \, d\mathbf{x} = \int_{\partial B_s(\mathbf{p})} f(\boldsymbol{\sigma}) \, d\sigma.$$

B.3 Integrali rispetto a una misura qualunque

L'integrale di Lebesgue è definito per funzioni *misurabili*; la proprietà che le caratterizza è che la controimmagine di ogni insieme chiuso è misurabile. La definizione si può estendere ad un contesto molto generale. Sia $\mathcal{F}$ una σ-*algebra* in un insieme Ω.

Definizione B.4. Sia $A \subseteq \Omega$ un insieme $\mathcal{F}$-misurabile e $f : A \to \mathbb{R}$. Si dice che f è $\mathcal{F}$-misurabile se $f^{-1}(C) \in \mathcal{F}$ per ogni insieme chiuso $C \subseteq \mathbb{R}$.

Sia ora $\mu : \mathcal{F} \to \mathbb{R}$ una misura. Con la stessa procedura usata per definire l'integrale di Lebesgue possiamo definire l'integrale rispetto a μ di una funzione f che sia $\mathcal{F}$-misurabile. Descriviamo brevemente i passi principali.

Se f è *semplice*, cioè $f = \sum_{j=1}^N s_j \chi_{A_j}$, poniamo

$$\int_A f \, d\mu = \sum_{j=1}^N s_j \mu(A_j).$$

Se $f \ge 0$ definiamo

$$\int_A f \, d\mu = \sup \left\{ \int_A s \, d\mu : s \le f, \, s \text{ semplice} \right\}.$$

Infine, se $f = f^+ - f^-$, definiamo

$$\int_A f \, d\mu = \int_A f^+ \, d\mu - \int_A f^- \, d\mu$$

posto che almeno uno degli integrali a secondo membro sia finito.

Misure di notevole importanza sono le misure di probabilità. In questo contesto le funzioni misurabili sono le variabili aleatorie.

Una *misura di probabilità* P *su* $\mathcal{F}$ è una misura nel senso delle Definizione B.2, tale che $P(\Omega) = 1$ e

$$P : \mathcal{F} \to [0,1].$$

La terna $(\Omega, \mathcal{F}, P)$ prende il nome di *spazio di probabilità*. Gli elementi ω di Ω si interpretano come *eventi elementari*, mente gli insiemi $A \in \mathcal{F}$ rappresentano gli *eventi* e $P(A)$ è la probabilità che A si verifichi.

Un esempio tipico è la terna

$$\Omega = [0,1], \, \mathcal{F} = \mathcal{M} \cap [0,1], \, P(A) = |A|$$

che modella la *scelta a caso* (cioè *uniforme*) di un punto in $[0, 1]$.

Una *variabile aleatoria* uni-dimensionale in $(\Omega, \mathcal{F}, P)$ è una funzione

$$X : \Omega \to \mathbb{R}$$

$\mathcal{F}$-misurable.

Per esempio, il *numero k di passi a destra dopo N passi* nella passeggiata aleatoria della Sezione 2.4 è una variabile aleatoria. Qui Ω è l'insieme dei cammini di N passi.

Se

$$\int_\Omega |X| \, dP < \infty,$$

l'integrale

$$E(X) = \langle X \rangle = \int_\Omega X \, dP$$

è detto *valore atteso* (*expectation*) di X, mentre

$$\mathrm{Var}(X) = \int_\Omega (X - E(X))^2 \, dP$$

è la *varianza di X*.

Per variabili aleatorie *n-dimensionali*,

$$\mathbf{X} : \Omega \to \mathbb{R}^n,$$

lavorando componente per componente, si possono dare definizioni analoghe.

Appendice C
Identità e formule

Raggruppiamo alcune formule e identità di uso frequente.

C.1 Gradiente, divergenza, rotore, Laplaciano

Siano $\mathbf{F}$ un campo vettoriale e f uno scalare, regolari in $\mathbb{R}^3$.

C.1.1 Coordinate cartesiane ortogonali

1. *gradiente*:
$$\nabla f = \frac{\partial f}{\partial x}\mathbf{i} + \frac{\partial f}{\partial y}\mathbf{j} + \frac{\partial f}{\partial z}\mathbf{k},$$

2. *divergenza*:
$$\nabla \cdot \mathbf{F} = \frac{\partial}{\partial x}F_x + \frac{\partial}{\partial y}F_y + \frac{\partial}{\partial z}F_z,$$

3. *Laplaciano*:
$$\Delta f = \frac{\partial^2 f}{\partial x^2} + \frac{\partial^2 f}{\partial y^2} + \frac{\partial^2 f}{\partial z^2},$$

4. *rotore*:
$$\nabla \times \mathbf{F} = \begin{vmatrix} \mathbf{i} & \mathbf{j} & \mathbf{k} \\ \partial_x & \partial_y & \partial_z \\ F_x & F_y & F_z \end{vmatrix}.$$

C.1.2 Coordinate cilindriche

$$x = r\cos\theta, \ y = r\sin\theta, \ z = z \qquad (r > 0, \ 0 \le \theta \le 2\pi)$$

$$\mathbf{e}_r = \cos\theta\mathbf{i} + \sin\theta\mathbf{j}, \ \mathbf{e}_\theta = -\sin\theta\mathbf{i} + \cos\theta\mathbf{j}, \ \mathbf{e}_z = \mathbf{k}.$$

© Springer-Verlag Italia 2016
S. Salsa, *Equazioni a derivate parziali. Metodi, modelli e applicazioni*, 3a edizione,
UNITEXT – La Matematica per il 3+2 97, DOI 10.1007/978-88-470-5785-2_C

1. *gradiente*:

$$\nabla f = \frac{\partial f}{\partial r}\mathbf{e}_r + \frac{1}{r}\frac{\partial f}{\partial \theta}\mathbf{e}_\theta + \frac{\partial f}{\partial z}\mathbf{e}_z,$$

2. *divergenza* ($\mathbf{F} = F_r\mathbf{e}_r + F_\theta\mathbf{e}_\theta + F_z\mathbf{k}$):

$$\nabla \cdot \mathbf{F} = \frac{1}{r}\frac{\partial}{\partial r}(rF_r) + \frac{1}{r}\frac{\partial}{\partial \theta}F_\theta + \frac{\partial}{\partial z}F_z,$$

3. *Laplaciano*:

$$\Delta f = \frac{\partial^2 f}{\partial r^2} + \frac{1}{r}\frac{\partial f}{\partial r} + \frac{1}{r^2}\frac{\partial^2 f}{\partial \theta^2} + \frac{\partial^2 f}{\partial z^2} = \frac{1}{r}\frac{\partial}{\partial r}\left(r\frac{\partial f}{\partial r}\right) + \frac{1}{r^2}\frac{\partial^2 f}{\partial \theta^2} + \frac{\partial^2 f}{\partial z^2},$$

4. *rotore*:

$$\nabla \times \mathbf{F} = \frac{1}{r}\begin{vmatrix} \mathbf{e}_r & r\mathbf{e}_\theta & \mathbf{e}_z \\ \partial_r & \partial_\theta & \partial_z \\ F_r & rF_\theta & F_z \end{vmatrix}.$$

C.1.3 Coordinate sferiche

$$x = r\cos\theta\sin\psi, \ y = r\sin\theta\sin\psi, \ z = r\cos\psi$$

$$(r > 0, \ 0 \le \theta \le 2\pi, \ 0 \le \psi \le \pi)$$

$$\mathbf{e}_r = \cos\theta\sin\psi\mathbf{i} + \sin\theta\sin\psi\mathbf{j} + \cos\psi\mathbf{k}$$
$$\mathbf{e}_\theta = -\sin\theta\mathbf{i} + \cos\theta\mathbf{j}$$
$$\mathbf{e}_\psi = \cos\theta\cos\psi\mathbf{i} + \sin\theta\cos\psi\mathbf{j} - \sin\psi\mathbf{k}.$$

1. *gradiente*:

$$\nabla f = \frac{\partial f}{\partial r}\mathbf{e}_r + \frac{1}{r\sin\psi}\frac{\partial f}{\partial \theta}\mathbf{e}_\theta + \frac{1}{r}\frac{\partial f}{\partial \psi}\mathbf{e}_\psi,$$

2. *divergenza* ($\mathbf{F} = F_r\mathbf{e}_r + F_\theta\mathbf{e}_\theta + F_\psi\mathbf{e}_\psi$):

$$\nabla \cdot \mathbf{F} = \underbrace{\frac{\partial}{\partial r}F_r + \frac{2}{r}F_r}_{\text{parte radiale}} + \frac{1}{r}\underbrace{\left[\frac{1}{\sin\psi}\frac{\partial F_\theta}{\partial \theta} + \frac{\partial F_\psi}{\partial \psi} + \cot\psi F_\psi\right]}_{\text{parte sferica}},$$

3. *Laplaciano*:

$$\Delta f = \underbrace{\frac{\partial^2 f}{\partial r^2} + \frac{2}{r}\frac{\partial f}{\partial r}}_{\text{parte radiale}} + \frac{1}{r^2}\underbrace{\left\{\frac{1}{(\sin\psi)^2}\frac{\partial^2 f}{\partial \theta^2} + \frac{\partial^2 f}{\partial \psi^2} + \cot\psi\frac{\partial f}{\partial \psi}\right\}}_{\text{parte sferica (operatore di Laplace-Beltrami)}},$$

4. *rotore*:

$$\nabla \times \mathbf{F} = \frac{1}{r^2\sin\psi}\begin{vmatrix} \mathbf{e}_r & r\mathbf{e}_\psi & r\sin\psi\mathbf{e}_\theta \\ \partial_r & \partial_\psi & \partial_\theta \\ F_r & rF_\psi & r\sin\psi F_z \end{vmatrix}.$$

C.2 Identità e formule

C.2.1 Formule di Gauss

Siano, in $\mathbb{R}^n$, $n \geq 2$:

- Ω dominio limitato con frontiera regolare $\partial\Omega$ e normale esterna $\boldsymbol{\nu}$,
- $\mathbf{u}, \mathbf{v}$ campi vettoriali regolari fino alla frontiera di Ω,
- φ, ψ campi scalari regolari fino alla frontiera di Ω,
- $d\sigma$ l'elemento di superficie su $\partial\Omega$.

Valgono le seguenti formule:

1. $\int_\Omega \nabla \cdot \mathbf{u} \, d\mathbf{x} = \int_{\partial\Omega} \mathbf{u} \cdot \boldsymbol{\nu} \, d\sigma$ (formula della divergenza),

2. $\int_\Omega \nabla\varphi \, d\mathbf{x} = \int_{\partial\Omega} \varphi\boldsymbol{\nu} \, d\sigma$,

3. $\int_\Omega \Delta\varphi \, d\mathbf{x} = \int_{\partial\Omega} \nabla\varphi \cdot \boldsymbol{\nu} \, d\sigma = \int_{\partial\Omega} \partial_\nu\varphi \, d\sigma$,

4. $\int_\Omega \psi \, \nabla \cdot \mathbf{F} \, d\mathbf{x} = \int_{\partial\Omega} \psi\mathbf{F} \cdot \boldsymbol{\nu} \, d\sigma - \int_\Omega \nabla\psi \cdot \mathbf{F} \, d\sigma$ (integrazione per parti),

5. $\int_\Omega \psi\Delta\varphi \, d\mathbf{x} = \int_{\partial\Omega} \psi\partial_\nu\varphi \, d\sigma - \int_\Omega \nabla\varphi \cdot \nabla\psi \, d\mathbf{x}$ (identità di Green I),

6. $\int_\Omega (\psi\Delta\varphi - \varphi\Delta\psi) \, d\mathbf{x} = \int_{\partial\Omega} (\psi\partial_\nu\varphi - \varphi\partial_\nu\psi) \, d\sigma$ (identità di Green II),

7. $\int_\Omega \nabla \times \mathbf{u} \, d\mathbf{x} = - \int_{\partial\Omega} \mathbf{u} \times \boldsymbol{\nu} \, d\sigma$,

8. $\int_\Omega \mathbf{u} \cdot (\nabla \times \mathbf{v}) \, d\mathbf{x} = \int_\Omega \mathbf{v} \cdot (\nabla \times \mathbf{u}) \, d\mathbf{x} - \int_{\partial\Omega} (\mathbf{u} \times \mathbf{v}) \cdot \boldsymbol{\nu} \, d\sigma$.

C.2.2 Formule di Stokes

Consideriamo in $\mathbb{R}^3$:

- S una superficie regolare, il cui bordo è una linea regolare C,
- $\boldsymbol{\nu}$ versore normale a S, $\mathbf{t}$ versore tangente a C, tali che C sia orientata positivamente rispetto a S (avanzando in direzione e verso di $\boldsymbol{\nu}$ e ruotando nella direzione e verso di $\mathbf{t}$ si simula il movimento di una vite destrorsa),
- ds l'elemento di lunghezza su C,
- $d\sigma$ l'elemento di superficie su S.

Valgono le seguenti formule:

1. $\int_S \nabla \times \mathbf{u} \cdot \boldsymbol{\nu} \, d\sigma = \int_C \mathbf{u} \cdot \mathbf{t} \, ds$ (formula del rotore),

2. $\int_S \nabla\varphi \times \boldsymbol{\nu} \, d\sigma = - \int_C \varphi\mathbf{t} \, ds$,

3. $\int_C \varphi\nabla\psi \cdot \mathbf{t} \, ds = \int_C \psi\nabla\varphi \cdot \mathbf{t} \, ds$.

C.2.3 Identità vettoriali

1. $\nabla \cdot (\nabla \times \mathbf{u}) = 0$,
2. $\nabla \times \nabla \varphi = \mathbf{0}$,
3. $\nabla \cdot (\varphi \mathbf{u}) = \varphi \, \nabla \cdot \mathbf{u} + \nabla \varphi \cdot \mathbf{u}$,
4. $\nabla \times (\varphi \mathbf{u}) = \varphi \, \nabla \times \mathbf{u} + \nabla \varphi \times \mathbf{u}$,
5. $\nabla \times (\mathbf{u} \times \mathbf{v}) = (\mathbf{v} \cdot \nabla) \, \mathbf{u} - (\mathbf{u} \cdot \nabla) \, \mathbf{v} + (\nabla \cdot \mathbf{v}) \, \mathbf{u} - (\nabla \cdot \mathbf{u}) \, \mathbf{v}$,
6. $\nabla \cdot (\mathbf{u} \times \mathbf{v}) = (\nabla \times \mathbf{u}) \cdot \mathbf{v} - (\nabla \times \mathbf{v}) \cdot \mathbf{u}$,
7. $\nabla (\mathbf{u} \cdot \mathbf{v}) = \mathbf{u} \times (\nabla \times \mathbf{v}) + \mathbf{v} \times (\nabla \times \mathbf{u}) + (\mathbf{u} \cdot \nabla) \, \mathbf{v} + (\mathbf{v} \cdot \nabla) \, \mathbf{u}$,
8. $(\mathbf{u} \cdot \nabla) \, \mathbf{u} = (\nabla \times \mathbf{u}) \times \mathbf{u} + \frac{1}{2} \nabla \, |\mathbf{u}|^2$,
9. $\nabla \times \nabla \times \mathbf{u} = \nabla(\nabla \cdot \mathbf{u}) - \Delta \mathbf{u}$ (rot rot = grad div− Laplaciano).

Riferimenti bibliografici

Equazioni a derivate parziali

R. Dautray, J. L. Lions. *Mathematical Analysis and Numerical Methods for Science and Technology*. Vol. 1–5. Springer-Verlag, Berlin Heidelberg, 1985.

E. DiBenedetto, *Partial Differential Equations*. Birkhäuser, 1995.

A. Friedman. *Partial Differential Equations of parabolic Type*. Prentice-Hall, Englewood Cliffs, 1964.

G. Galdi. *Introduction to the Mathematical Theory of Navier-Stokes Equations*. Vol. 1 e 2. Springer-Verlag, New York, 1994.

D. Gilbarg, N. Trudinger. *Elliptic Partial Differential Equations of Second Order*. II ed., Springer-Verlag, Berlin Heidelberg, 1998.

F. John. *Partial Differential Equations*. IV ed., Springer-Verlag, New York, 1982.

O. Kellog. *Foundations of Potential Theory*. Springer-Verlag, New York, 1967.

G. M. Lieberman. *Second Order Parabolic Partial Differential Equations*. World Scientific, Singapore, 1996.

J. L. Lions, E. Magenes. *Non-homogeneous Boundary Value Problems and Applications*. Springer-Verlag, New York, 1972.

R. Mc Owen. *Partial Differential Equations: Methods and Applications*. Prentice-Hall, New Jersey, 1996.

M. Protter, H. Weinberger. *Maximum Principles in Differential Equations*. Prentice-Hall, Englewood Cliffs, 1984.

J. Rauch. *Partial Differential Equations*. Springer-Verlag, Heidelberg, 1992.

M. Renardy, R. C. Rogers. *An Introduction to Partial Differential Equations*. Springer-Verlag, New York, 1993.

S. Salsa, G. Verzini: *Partial Differential Equations in Action. Complements and Exercises*. Springer International Publishing, Switzerland, 2015.

J. Smoller. *Shock Waves and Reaction-Diffusion Equations*. Springer-Verlag, New York, 1983.

© Springer-Verlag Italia 2016
S. Salsa, *Equazioni a derivate parziali. Metodi, modelli e applicazioni*, 3a edizione,
UNITEXT – La Matematica per il 3+2 97, DOI 10.1007/978-88-470-5785-2

W. Strauss. *Partial Differential Equation: An Introduction.* Wiley, New York, 1992.

D. V. Widder. *The Heat Equation.* Academic Press, New York, 1975.

Modelli matematici e matematica applicata

A. J. Acheson. *Elementary Fluid Dynamics.* Clarendon Press, Oxford, 1990.

G. I. Barenblatt. *Scaling, Self-similarity, and intermediate asymptotics,* Cambridge University Press, 2002.

J. Billingham, A. C. King. *Wave Motion.* Cambridge University Press, Cambridge, 2000.

R. Courant, D. Hilbert. *Methods of Mathematical Phisics.* Vol. 1 e 2. Wiley, New York, 1953.

R. Dautray, J. L. Lions. *Mathematical Analysis and Numerical Methods for Science and Technology.* Vol. 1-5. Springer-Verlag, Berlin Heidelberg, 1985.

C. C. Lin, L. A. Segel. *Mathematics Applied to Deterministic Problems in the Natural Sciences.* SIAM Classics in Applied Mathematics, IV ed., 1995.

J. D. Murray. *Mathematical Biology* (Vol I e II). Springer-Verlag, Berlin Heidelberg, 2001.

L. A. Segel. *Mathematics Applied to Continuum Mechanics.* Dover Publications, Inc., New York, 1987.

A. B. Tayler. *Mathematical Models in Applied Mathematics.* Clarendon Press, Oxford, 2001.

G. B. Whitham. *Linear and Nonlinear Waves.* Wiley-Interscience, 1974.

Equazioni stocastiche e Finanza Matematica

L. Arnold. *Stochastic Differential Equations: Theory and Applications.* Wiley, New York, 1974.

M. Baxter, A. Rennie. *Financial Calculus: An Introduction to Derivative Pricing.* Cambridge University Press, Cambridge, 1996.

B. K. Øksendal. *Stochastic Differential Equations: An Introduction with Applications.* IV ed., Springer-Verlag, Berlin Heidelberg, 1995.

P. Wilmott, S. Howison, J. Dewinne. *The Mathematics of Financial Derivatives. A Student Introduction.* Cambridge University Press, Cambridge, 1996.

Analisi e Analisi Funzionale

R. Adams. *Sobolev Spaces.* Academic Press, New York, 1975.

H. Brezis. *Analisi Funzionale.* Liguori Editore, Napoli, 1986.

E. A. Coddington, N. Levinso. *Theory of Ordinary Differential Equations.* McGraw-Hill, New York, 1955.

L. C. Evans, R. F. Gariepy. *Measure Theory and Fine properties of Functions.* CRC Press, 1992.

I. M. Gelfand, E. Shilow. *Generalized Functions, Vol. 1: Properties and Operations.* Academic Press, 1964.

V. G. Maz'ya. *Sobolev Spaces.* Springer-Verlag, Berlin Heidelberg, 1985.

C. Pagani, S. Salsa. *Analisi Matematica.* volumi I e II. Zanichelli, Bologna, seconda edizione, 2015 e 2016.

W. Rudin. *Real and Complex Analysis* (2nd ed). McGraw-Hill, New York, 1974.

L. Schwartz. *Théorie des Distributions.* Hermann, Paris, 1966.

A. E. Taylor. *Introduction to Functional Analysis.* John Wiley & Sons, 1958.

K. Yoshida. *Functional Analysis.* Springer-Verlag, Berlin Heidelberg, 1965.

W. Ziemer. *Weakly Differentiable Functions.* Springer-Verlag, Berlin Heidelberg, 1989.

Analisi Numerica

R. Dautray, J. L. Lions. *Mathematical Analysis and Numerical Methods for Science and Technology.* Vol. 4 e 6. Springer-Verlag, Berlin Heidelberg, 1985.

E. Godlewski, P. A. Raviart. *Numerical Approximation of Hyperbolic Systems of Conservation Laws.* Springer-Verlag, New York, 1996.

A. Quarteroni. *Modellistica Numerica per Problemi Differenziali.* 4th ed., Springer-Verlag Italia, Milano, 2008.

A. Quarteroni, A. Valli. *Numerical Approximation of Partial Differential Equations.* Springer-Verlag, Berlin Heidelberg, 1994.

Indice analitico

© Springer-Verlag Italia 2016
S. Salsa, *Equazioni a derivate parziali. Metodi, modelli e applicazioni*, 3a edizione,
UNITEXT – La Matematica per il 3+2 97, DOI 10.1007/978-88-470-5785-2

Finito di stampare nel mese di marzo 2016

Printed in the United States
By Bookmasters